JN448613

생각하며 배우는

대학물리학 2판

한빛아카데미
Hanbit Academy, Inc.

지은이 **이기영** klee@inha.ac.kr

작은 철 클러스터의 전자구조 연구로 1984년 미국 루이지애나 주립대학교에서 박사 학위를 취득하고, 미국 아르곤 국립연구소 연구원을 거쳐 인하대학교 물리학과 교수로 재직했다. 루이지애나 주립대학교와 뉴욕 주립대학교 방문교수를 지냈으며, 주 연구 분야는 고체물리학 이론 분야다. 역서로는 『위그너의 회상』(대웅, 1995)이 있으며, 저서로는 『전자기학』(인하대 출판부, 1998), 『물리학과 우리생활』(인하대학교 출판부, 1999), 『어디서나 무엇이든 물리학』(창비, 2018)이 있다.

약력

- 1972년 2월 : 서울대학교 사범대학 물리학 학사
- 1975년 2월 : 서강대학교 물리학 석사
- 1984년 5월 : 미국 루이지애나 주립대학교 물리학 박사(Ph.D)
- 1984년 1월 ~ 1985년 8월 : 미국 아르곤 국립연구소 박사후 연구원
- 1985년 9월 ~ 2014년 8월 : 인하대학교 물리학과 교수
- 2014년 9월 ~ : 인하대학교 물리학과 명예교수

생각하며 배우는 대학물리학 2판

초판발행 2024년 6월 28일

지은이 이기영 / **펴낸이** 전태호
펴낸곳 한빛아카데미(주) / **주소** 서울시 서대문구 연희로2길 62 한빛아카데미(주) 2층
전화 02-336-7112 / **팩스** 02-336-7199
등록 2013년 1월 14일 제 2017-000063호 / **ISBN** 979-11-5664-037-0 93420

총괄 박현진 / **책임편집** 김평화 / **기획 · 편집** 심진성 / **교정** 이정현
디자인 표지 박정우 내지 이아란 / **전산편집** 임희남 / **제작** 박성우, 김정우
영업 김태진, 김성삼, 이정훈, 임현기, 이성훈, 김주성 / **마케팅** 김호철, 심지연

이 책에 대한 의견이나 오탈자 및 잘못된 내용은 출판사 홈페이지나 아래 이메일로 알려주십시오.
파본은 구매처에서 교환하실 수 있습니다. 책값은 뒤표지에 표시되어 있습니다.

홈페이지 www.hanbit.co.kr / 이메일 question@hanbit.co.kr

Published by HANBIT Academy, Inc. Printed in Korea

UNIVERSITY PHYSICS
for Scientists
and Engineers

생각하며 배우는
대학물리학

2판

이기영 지음

한빛아카데미
Hanbit Academy, Inc.

지은이 머리말

스스로 생각해야만 물리학의 원리를 깨우칠 수 있다!

물리학은 자연과학의 가장 기초가 되는 학문으로, 자연과학이나 공학을 공부하는 사람들에게 그 중요성을 아무리 강조해도 지나치지 않다. 그러나 일반적으로 물리학은 어렵다는 인식 때문에 잘 배우고 싶어도 꺼리거나 포기하는 경우가 많다. 그 이유 중 하나는 국내 교육 설정에 맞는 교과서가 없기 때문일 것이다. 현재 사용되는 대부분의 교과서는 번역서로, 기술 방식이나 방대한 분량 등이 우리나라 교육 실정과 잘 맞지 않는 부분이 있다. 필자는 이러한 불만족스러운 점들을 개선하고 싶은 마음에서 이 책을 집필했다. 이 책은 역사적 순서를 따르는 전통적인 번역서들의 기술 방식과 달리 개념적 순서에 따라 기술하는 방식을 택해 효율적으로 학습할 수 있도록 했다. 또한 '읽기 편한 교과서'를 만들자는 뜻에서 각 주제의 내용이 서로 연관되게 구성했다. 이 책을 읽어나가는 학생들이 그런 편안함을 느낄 수 있기를 기대한다.

뛰어난 학자들은 학습과 관련해 다음과 같이 강조한다.

> "가르친다는 것은 불가능하다.
> 교사가 할 수 있는 유일한 일은 배우려는 학생을 돕는 것뿐이다."

이 말은 스스로 생각하며 공부해야만 그 원리를 깨우칠 수 있다는 뜻으로 해석할 수 있다. 예컨대, 어떤 사람이 목적지를 찾아 여행을 한다고 할 때, 스스로 생각하며 판단한 길을 간 경우에는 오랜 시간이 지나도 그 길을 잊지 않는다. 그러나 누군가가 가르쳐주는 길만 따라간 경우에는 나중에 그 길을 다시 기억해내기가 어렵다. 스스로 생각하냐 하지 않느냐의 차이도 이와 같다. 그런 의미에서 이 책을 읽기만 해서는 물리학의 중요한 개념들을 이해할 수 없다는 점을 강조하고 싶다. 이 책에는 생각하고 넘어가야 할 중요한 개념이 무엇인지 알려주는 [물음]이라는 요소가 있다. 주어진 [물음]의 답을 생각하면서 천천히 읽다 보면 중요한 개념을 스스로 깨닫게 될 것이라 확신한다.

이 책의 독자들 중에는 기초 수준보다 좀 더 깊은 내용에 관심을 갖는 사람도 있을 것이다. 그런 이들의 호기심을 충족시키기 위해 이 책에서는 필수적이진 않지만 흥미롭거나, 중요하지만 기초 수준에서 다소 어렵다고 판단되는 내용들을 [참고] 요소로 수록했다. 또한 이 책에서 다루는 거의 모든 공식에는 유도 과정이 설명되어 있는데, 일부 유도 과정은 대학 기초물리학 수준에서 다루거나 이해하기 어려울 수도 있다. 이러한 고급 내용들은 [심화]로 정리했는데, 그 부분은 교수자가 선택적으로 강의하거나 학생이 선택적으로 학습하기를 권한다.

이 책에서 다루는 내용

전반부인 1~4부에서는 뉴턴의 운동법칙을 이해하고 적용하는 내용을 담았다. 1~3부에서는 역학 분야, 4부에서는 열역학 분야를 다룬다. 1~2부에서는 물체를 형태가 없는 하나의 질점으로 취급하여 그 운동을 다뤘다. 1부에서는 힘, 가속도, 질량 등의 개념을, 2부에서는 에너지와 운동량이라는 개념을 도입했다. 3부에서는 그런 개념을 토대로 진동운동, 회전운동, 유체운동 등의 운동을 다루고, 4부에서는 눈에 보이지 않는 기체 분자 운동 세계에까지 뉴턴의 운동법칙을 적용하여 온도와 압력 같은 열역학 개념을 설명했다.

후반부인 5~8부에서는 물질세계를 전기적 측면에서 보는 내용을 다룬다. 모든 물질은 전기를 띤 입자로 이루어져 있으며, 수직항력, 마찰력, 부력, 장력 등이 생기는 원인이나 번개나 벼락 현상, 수증기가 물방울로 맺히는 현상 등 우리 주위의 사실상 모든 현상은 전기 현상과 관련되어 있다. 5~6부에서는 전자기학 분야를 소개한다. 5부에서는 멈춰 있는 전하들에 의한 여러 현상을, 6부에서는 운동하는 전하들이 만드는 전류 현상과 자기 현상을 다룬다. 7부에서는 광학 분야를 다룬다. 빛을 전자기 파동 현상으로 보고 빛의 여러 가지 흥미로운 현상들을 파동의 입장에서 다룬다. 8부에서 양자론 분야를 소개한다. 빛은 파동이면서 입자성도 가지는 미묘한 존재라는 개념에서 출발해 미시적인 원자세계가 양자세계라는 점을 다룬다.

2판을 내며

2판에서는 초판에서 미진했던 일부 이론들을 보완하고, 이에 따라 [예제] 및 [물음]도 추가했다. 어렵게 쓰인 부분들은 좀 더 쉽게 다듬었다. 보다 의미 있는 변화로는 상대성이론과 양자론 부분을 더 깊이 다룬 것이다. 상대성이론이나 양자론 같은 분야를 기초물리학 과정에서 얼마나 깊이 다루어야 하는지는 논란의 여지가 있겠지만, 현대물리학 및 물리학 전개 과정에서도 해당 분야의 도입은 매우 중요하다. 그런 의미에서 열역학 부분에 양자론적 관점이 필요한 통계물리학 내용도 추가했다. 이번에 추가된 부분들은 전통적 기초물리학 과정에서는 깊이 다루지 않는, 조금 어려울 수 있는 부분이므로 학습환경에 맞게 골라 교수 · 학습하기를 권고한다.

또한 초판에서는 물리학을 이해하는 데 중요한 부분인 [연습문제]가 충분치 않았다는 점이 가장 마음에 걸렸다. 2판에서는 이 점을 보완하기 위해 [연습문제]를 대폭 추가했는데, * 표시로 문제별 난이도 구분을 했으므로 이 또한 선택하여 학습하기 바란다.

감사의 글

이 책은 여러 사람의 도움으로 이루어졌다. 특히 이 책의 원고를 읽고 도움을 주신 인하대학교 물리학과의 이병찬, 김기식, 이재우, 윤진희, 차동우 교수와 여러 학생들에게 감사드린다. 특히 전체 원고를 집중적으로 검토해주신 서울대학교 물리교육과 이성묵 교수께 깊이 감사드린다. 또한 연습문제를 포함한 2판의 내용 논의에 도움을 주신 서울대학교 홍종배 교수, 교원대학교 윤성현 교수에게도 감사드린다.

지은이 **이기영**

이 책의 구성

PART 1

힘과 운동

Force and Motion

우리가 살고 있는 세계는 운동하는 것들로 가득 차 있다. 따라서 운동하는 물체가 '왜', '어떻게' 운동하는지 알고 싶다는 것은 인간이 지닌 원초적 호기심이며 욕구라 볼 수 있다. 지금부터 물질세계가 무엇으로 구성되고, 힘을 받는 물체는 어떤 운동을 하는지 등을 알아보는 것으로, 오묘하고 신비로운 물질세계로의 여행을 떠나보자.

파트 도입글

해당 파트에서 학습할 내용을 소개합니다.

물음

본문에서 살펴본 개념에 대해 스스로 생각해볼 수 있는 질문을 제시합니다.

물음 1-1 우리가 보는 달과 태양은 크기가 비슷하게 보인다.[3] 태양이 달보다 훨씬 크지만, 달보다 더 멀리 떨어져 있어서 그렇게 보일 뿐이다. 실제로 달까지의 거리는 지구 반지름의 약 60배고, 태양까지의 거리는 약 23,450배다.

(a) 이로부터 추정되는 태양의 반지름은 달의 반지름의 몇 배인가?

(b) 태양이 달과 같은 물질로 구성되어 있다고 가정하면(실제로는 그렇지 않다), 태양의 질량은 달의 질량의 몇 배인가?

1.2 매우 작은 스케일의 세계

원자의 세계

우리 세계에는 매우 다양한 종류의 물질과 물체가 있다. 예를 들어 주위를 둘러보면 물, 나무, 흙, 공기 등 여러 가지 것들이 있다. 그렇다면 이 모든 것들에 어떤 공통점이 있을까? 인간은 예로부터 모든 물질을 이루는 기본 단위가 존재한다고 생각해왔고, 그 기본 단위를 **원자**atom[4]라고 명명했다. 이는 모든 물질은 단지 100가지 정도의 원자로 이루어져 있다는 사실이 밝혀지며, 과학적으로 확인되었다. 돌덩이, 나무토막, 우리의 몸과 같은 물질이 100가지 정도의 기본 원자로 만들어져 있다는 사실은 매우 놀라운 발견이었다.

3 이런 경우 입체각이 같다고 말한다.

4 atom이란 'terminate'라는 단어에 부정을 나타내는 접두사 'a'가 붙어 '더는 잘리지 않는 것'이라는 뜻을 갖는다.

각주

본문의 내용 중 용어 설명이나 부가적인 설명을 담았습니다.

참고 타이타닉 호 침몰 이야기

우리는 일상생활에서 항상 관성을 경험한다. 관성의 특징은 항해하는 배에서 특히 잘 드러난다. 예컨대, 작은 배는 작은 풍랑에도 쉽게 위험에 처하지만, 큰 배는 웬만한 태풍에도 항해를 지속할 정도로 안정적이다. 비행기도 마찬가지여서 큰 비행기는 웬만한 기류 변화에도 쉽게 흔들리지 않지만, 작은 비행기는 조금만 기류가 변해도 큰 위협이 될 수 있다. 하지만 큰 물체는 관성이 너무 커서 운동 방향을 바꾸기 쉽지 않다는 문제가 있다. 예를 들어 당시에는 가장 커서 가장 안전하다고 믿었던 호화 여객선 타이타닉 호가 빠른 속력으로 항해하다가 멀리 떠 있던 빙산을 피하지 못해 침몰한 사건이 있었다. 즉 관성이 매우 크다는 것은 큰 물체에게 장점이 되기도 하지만, 단점이 될 수도 있다. 장애물이 나타날 가능성이 있다면 큰 물체는 좀 더 느린 속도로 운동해야 한다.

참고

본문을 이해하는 데 도움이 되는 흥미로운 내용들을 담았습니다.

예제 4-2 줄로 연결된 두 물체

질량이 각각 m_1, m_2인 두 물체가 줄로 연결되어 있다. 질량이 m_2인 물체는 매달려 있고, 질량이 m_1인 물체는 수평면에서 미끄러진다. 바닥면과의 운동마찰계수가 μ일 때, 각 물체의 가속도 크기를 구하라.

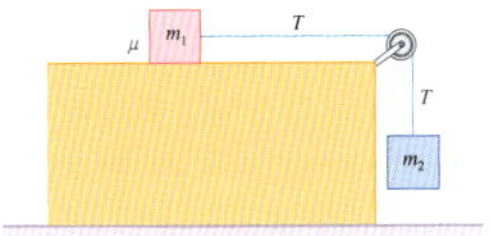

풀이

줄의 장력 세기를 T라고 쓰면, 운동 방향을 양(+)의 방향으로 정할 때, m_1에 작용하는 마찰력 세기는 $f=\mu N=\mu m_1 g$이므로 각 물체의 운동방정식은 다음과 같다.

$$m_2 a = m_2 g - T$$
$$m_1 a = T - \mu m_1 g$$

따라서 두 물체는 $\dfrac{(m_2-\mu m_1)g}{m_1+m_2}$ 크기의 가속도로 계속 가속되어야 한다.

예제 및 풀이

본문에서 다룬 개념을 적용한 문제와 그에 대한 풀이 과정을 제시합니다.

개념 확인 문제

연습문제를 풀기에 앞서 개념을 잘 이해했는지 확인합니다.

[개념 확인 문제]

(1) 초음파는 인체의 내부 구조를 보는 데 사용되기도 한다. 인체 내부에서 액체와 장기를 구별하는 데는 초음파가 X선보다 효율적이기 때문이다. 그 이유는 무엇인가?

(2) 음파의 빠르기가 파장에 상관없이 모두 일정하다는 사실은 어떤 실험적 근거로부터 추정할 수 있는가?

(3) 박쥐는 자신이 내는 초음파가 물체로부터 반사되어 오는 점을 이용해 물체까지의 거리나 방향, 모양 등을 인식한다. 그것이 어떻게 가능한지 설명하라.

(4) 어떤 인공위성이 일정한 진동수의 라디오파를 낸다고 한다. 지상의 관측소에서는 그 파동 신호를 받아 자체적으로 가지고 있던 어떤 표준 진동수 파동과 중첩시켜 맥놀이 현상을 만들어 스피커로 맥놀이 소리를 듣는다. 인공위성이 지상 관측소에 접근할 때와, 관측소 상공에 있을 때, 그리고 관측소에서 멀어질 때 소리는 각각 어떻게 달라지는가?

연습문제

해당 장에서 학습한 내용을 다양한 문제를 통해 정리합니다.

CHAPTER 06 연습문제

1 삼각형의 세 변의 길이가 각각 a, b, c이고, 길이가 a와 b인 두 변 사이의 각이 θ인 경우 $c^2=a^2+b^2-2ab\cos\theta$가 성립한다는 것이 코사인 제2법칙이다. 각 변을 변위벡터로 나타내고, 스칼라 곱을 이용하여 이 법칙을 증명하라.

2 진공청소기로 방을 청소하고 있다. 진공청소기를 수평 방향과 $\theta=30.0°$를 이루도록 $F=50.0\,\text{N}$의 힘으로 끌어당겨 $3.0\,\text{m}$만큼 이동한 경우에 힘이 한 일은 얼마인가?

선택적 학습을 위한 난이도 표시

(* 조금 어려움, ** 매우 어려움)

*23 번지 점프

질량이 $75\,\text{kg}$인 철수가 다리 위에서 용수철 상수가 $50\,\text{N/M}$인 점프줄을 이용해 번지 점프를 하려고 한다. 뛰어내린 다음 $15\,\text{m}$ 자유낙하한 상태부터 번지 점프 줄이 늘어나기 시작한다고 한다.

(a) $15\,\text{m}$ 자유낙하한 위치에서 철수의 운동에너지 K는 얼마인가?

(b) 줄이 늘어난 길이 L은 얼마인가?

(c) 철수는 다리로부터 얼마의 거리를 낙하한 다음 일단 멈추게 되는가?

**24 엘리베이터의 추락 가능성

엘리베이터가 추락하는 사태에 대비해 엘리베이터 통로 밑바닥에 용수철을 설치하기도 한다. 엘리베이터의 질량이 M일 때, 밑바닥으로부터 높이가 H인 곳에서 엘리베이터가 추락하는 경우 엘리베이터의 가속도가 $5.0g$ 이하가 되도록 만들려고 한다. 용수철 상수가 k인 용수철 끝의 평형상태 위치를 기준점으로 하고, 충돌이나 마찰에 의한 에너지 손실을 무시한다고 했을 때, 다음 물음에 답하라.

(a) 아래로 향하는 것을 양(+)의 방향이라고 할 때 질량이 M인 엘리베이터의 운동방정식을 나타내라.

(b) 엘리베이터가 추락한 후 용수철이 최대로 압축된 길이 x_0는 얼마인가?

(c) 최대로 압축된 상태에서의 가속도가 $5.0g$보다 크지 않게 하려면 용수철 상수의 최대 크기는 얼마가 되어야 하는가?

(d) (c)의 경우 용수철이 압축된 길이는 얼마인가?

이 책의 사용 설명서

■ 권장 학습법

물리학을 잘 이해하려면 반드시 스스로 생각하는 과정이 필요합니다. 즉 누가 설명해주는 것을 이해하려고 노력하는 것보다는 잠깐이라도 곰곰이 생각하는 시간을 갖는 것이 중요합니다. 그런 의미에서 이 책의 본문에 나오는 [물음]은 매우 중요합니다. [물음]에 있는 내용은 반드시 그 의미를 생각해본 후에 다음 단계로 넘어가기 바랍니다.

■ 강의 보조 자료

한빛아카데미 홈페이지에서 '교수회원'으로 가입하신 분은 인증 후 교수용 강의 보조 자료를 제공받을 수 있습니다. 한빛아카데미 홈페이지 상단의 〈교수전용공간〉 메뉴를 클릭하세요.

http://www.hanbit.co.kr/academy

■ 연습문제 해답

이 책은 대학 강의용 교재로 개발되었으므로 연습문제 풀이는 제공하지 않습니다.
단, 〈연습문제 도움말〉과 〈연습문제 정답〉은 아래의 경로에서 내려받을 수 있습니다.

한빛아카데미 홈페이지 접속 → [도서명] 검색 → 도서 상세 페이지의 [부록/예제소스]

■ 참고문헌

- D.Halliday, R.Resnick, J.Walker, 『Fundamentals of Physics, 4th ed.』, John Wiley and Sons, 1994
- D.C.Giancoli, 『Physics for Scientists and Engineers, 4th ed.』, Pearson Education Inc., 2008
- R. P. Feynman, R. Leighton, M. Sands, 'Feynman Lectures on Physics', Vol. 1–3, Addison Wesley
- C. Kittel, Walter D. Knight, et al., 'Berkeley Physics Course', Vol. 1–5, McGraw-Hill

■ 권장 스케줄표

두 학기 권장 스케줄을 제안하니, 수업 환경에 따라 적절히 활용하시기 바랍니다.

• Volume 1

주	해당 파트	해당 장	주제
1	PART 1	1장	우리 물질세계
2		2장	운동의 기술
3		3장	특수상대성이론
4		4장	힘과 운동
5		5장	공간에서의 운동
6	PART 2	6장	에너지와 일
7		7장	다체계의 운동
8	중간고사		
9	PART 3	8장	강체의 회전운동
10		9장	진동운동
11		10장	유체역학
12		11장	파동운동
13	PART 4	12장	온도와 열
14		13장	열기관과 열역학 법칙
15	기말고사		

• Volume 2

주	해당 파트	해당 장	주제
1	PART 5	14장	전기장과 가우스 법칙
2		15장	전위와 전기 위치에너지
3		16장	축전기와 유전체
4	PART 6	17장	전류
5		18, 19장	자기장, 물질의 자성
6		20장	전자기 유도 현상과 패러데이 법칙
7		21장	교류회로
8	중간고사		
9	PART 7	22장	기하광학
10		23장(23.1～23.4절)	간섭과 에돌이
11		23장(23.5～23.8절)	간섭과 에돌이
12	PART 8	24장	양자가설과 물질파
13		25장	원자의 구조와 파동함수
14		26장	핵과 기본 입자
15	기말고사		

목차

CHAPTER 04 힘과 운동

CHAPTER 05 공간에서의 운동

PART 2 에너지와 운동량

CHAPTER 06 에너지와 일

CHAPTER 07 다체계의 운동

목차

PART 3 고체와 유체

PART 4 분자 운동과 열역학

CHAPTER 12 온도와 열

CHAPTER 13 열기관과 열역학 법칙

목차

Volume 2

PART 5 멈춰 있는 전하들

CHAPTER 14 전기장과 가우스 법칙

CHAPTER 15 전위와 전기 위치에너지

CHAPTER 16 축전기와 유전체

PART 6 움직이는 전하들

CHAPTER 17 전류

CHAPTER 18 자기장

CHAPTER 19 물질의 자성

CHAPTER 20 전자기 유도 현상과 패러데이 법칙

목차

PART 8 양자론

CHAPTER 24 양자가설과 물질파

CHAPTER 25 원자의 구조와 파동함수

CHAPTER 26 핵과 기본 입자

우리가 겪을 수 있는 가장 아름다운 경험은 바로 신비로움이다.
그것이야말로 진정한 예술과 과학이 시작되는 요람의 역할을 하는 근본적인 감성이다.
그 신비로움을 모른다거나, 더 이상 호기심을 느끼지 못하거나 경탄하지 못한다면
그는 죽은 것이나 마찬가지이며, 그의 눈은 장님이나 다름없다.
_ 아인슈타인

PART 1

힘과 운동

Force and Motion

우리가 살고 있는 세계는 운동하는 것들로 가득 차 있다. 따라서 운동하는 물체가 '왜', '어떻게' 운동하는지 알고 싶다는 것은 인간이 지닌 원초적 호기심이며 욕구라 볼 수 있다. 지금부터 물질세계가 무엇으로 구성되고, 힘을 받는 물체는 어떤 운동을 하는지 등을 알아보는 것으로, 오묘하고 신비로운 물질세계로의 여행을 떠나보자.

CHAPTER

01 우리 물질세계

Our Material World

1.1 매우 큰 스케일의 세계

"우리가 겪을 수 있는 가장 아름다운 경험은 바로 신비로움이다. 그것이야말로 진정한 예술과 과학이 시작되는 요람의 역할을 하는 근본적인 감성이다. 그 신비로움을 모른다거나, 더 이상 호기심을 느끼지 못하거나 경탄하지 못한다면 그는 죽은 것이나 마찬가지이며, 그의 눈은 장님이나 다름없다."

이는 아인슈타인이 1931년 잡지에 기고한 글 중 한 부분으로, 그가 느낀 자연의 신비로움이 얼마나 강렬했는지 보여준다.

물질세계에 대한 호기심을 바탕으로 자연세계의 신비로움을 탐구하는 학문인 과학은 아마도 하늘의 별을 보는 것으로부터 시작되었을 것이다. 해나 달을 포함해 밤하늘에 보이는 수많은 별은 태초부터 인간에게 끝없는 호기심과 경외심의 원천이었다. 옛사람들은 별을 관찰해 점성술을 만들고, 그것으로 미래를 예측해보기도 했다.

지금부터 수백 년 전까지만 해도 천체와 우주에 대한 인간의 인식은 매우 단순한 수준에 머물러 있었다. 즉 인간이 사는 무한히 평평한 대지가 우주의 중심이며, 태양을 포함한 모든 천체가 지구를 중심으로 돈다고 생각했던 것이다. 그러나 15세기에 이르러 케플러와 갈릴레오와 같은 과학자들이 등장하면서, 인간은 서서히 우주와 우리의 관계를 깨닫기 시작했다. 즉 지구가 우주의 중심이 아니며, 단지 우주에 존재하는 수많은 별 중의 하나인 태양이라는 별의 주위를 도는 **행성**[1]임을 깨닫게 된 것이다. 이 사실을 깨닫고 난 후, 인간이 우주를 인식하고 이해하는 수준이나 능력은 급속도로 성장하기 시작했다.

---

1 **떠돌이별**이라고도 한다. 일본어에서 온 용어인 '혹성'은 표준어가 아니다.

과학에서 **별**star은 **항성**이라고도 하며, 스스로 빛을 내는 천체를 뜻한다. 물론 태양 같은 별들도 언젠가는 죽어서 빛을 내지 못하게 될 수도 있다. 별은 그 삶의 마지막 단계에 이르면 대부분 폭발하면서 **블랙홀**black hole 같은 특이한 상태의 천체가 되는 것으로 알려져 있다. 반면 행성은 스스로 빛을 내지 못하면서 항성 주위를 도는 천체를 뜻한다. 태양계는 별이라 부를 수 있는 태양과 그 태양에 속해 있는 지구나 금성, 목성 같은 행성들로 이루어져 있다. 한편, 지구와 같은 행성에 속한 달과 같은 천체는 **위성**satellite이라고 한다.

그림 1-1 은하계 상상도

태양은 10개 가량의 행성을 거느리며, **은하계**galaxy라고 하는 수많은 별의 집단에 속한 하나의 별에 불과하다. 은하계를 이루는 수많은 별은 한 중심점을 기준으로 회전 운동을 하는 원판 모양을 이루며, 자신과 비슷한 다른 은하계와 서로 어울려 **은하단**galaxy cluster을 이루고 있다. 은하단을 이루는 은하계들은 서로 매우 멀리 떨어져 있는데, 그 은하계들도 모두 자신이 속한 은하단의 중심점을 기준으로 회전 운동을 한다. 한편, 그런 은하단들이 모여 또다시 초은하단이라는 거대 집단을 이루는데, 이처럼 우주는 마치 끝이 없는 것처럼 계속 펼쳐져 있는 것이다.

천체의 스케일

천체계의 스케일은 우리가 보통 생각하는 것과는 매우 다르다. 예컨대, 태양과 그것이 거느린 행성 간의 거리를 잠시 생각해보면, 교과서에 실려 있던 그림들이 실제 태양계를 얼마나 개략적으로 나타냈는지 알게 될 것이다. 태양을 지름이 1 m인 공에 비유한다면, 지구는 그 공에서 얼마만큼 떨어진 큰 물체로 비유할 수 있을까? 이 경우, 지구는 태양으로부터 약 200 m 떨어진 곳에 있는 지름이 약 1 cm인 공으로 비유할 수 있다. 지구가 그렇게 작고, 태양으로부터 그렇게 멀리 떨어졌다는 사실을 처음 인식했을 수도 있다. 그리고 교과서에서 태양계 모양을 실제 스케일대로 그리지 못한 이유도 이제 이해할 수 있을 것이다.

지구가 태양으로부터 200 m 떨어져 있다고 할 때, 태양계의 가장자리를 도는 **명왕성**Pluto은 10 km 정도 떨어진 곳에 있고,[2] 태양과 가장 가까운 별은 태양으로부터 약 100,000 km나 떨어져 있다. 우리는 이런 방대한 스케일에 놀라지 않을 수 없다. 이 거리는 태양계의 크기(만약 명왕성을 태양계에 포함시킨다면)를 1이라 할 때 10,000에 해당하는 거리로서, 태양 같은 별들은 서로 만나거나 가까워질 가능성이 거의 없을 정도로 매우 멀리 떨어져 있다는 의미다. 즉 우주는 마치 텅 비어 있는 공간에 드문드문 먼지가 있는 꼴로 비유할 수 있다.

또한 지구 표면을 얇게 덮고 있는 '지각(땅껍질)'의 두께를 나타내는 스케일에 대해서도 잘못된 인식을 갖고 있는 경우가 많다. 에베레스트 산은 매우 높지만, 그 높이를 지구 반지름에 대한 비율로 나타내면

---

2 2006년 국제천문연맹(IAU)은 명왕성을 태양계에 속한 행성이 아니라고 발표했고, 이에 따라 명왕성은 태양계에서 퇴출되었다.

겨우 1/700도 안 된다. 지구 반지름이 6,400 km 정도인데, 에베레스트의 높이는 겨우 9 km 정도이기 때문이다. 마찬가지로 가장 깊은 바다 깊이를 지구 반지름에 대한 비율로 나타낼 때도 매우 작은 값이 된다. 따라서 우리가 보기에 지표면이 아무리 험하다 해도 지구를 커다란 공에 비유한다면 표면이 아주 매끈한 공과 같다는 것을 알 수 있다.

물음 1-1 우리가 보는 달과 태양은 크기가 비슷하게 보인다.[3] 태양이 달보다 훨씬 크지만, 달보다 더 멀리 떨어져 있어서 그렇게 보일 뿐이다. 실제로 달까지의 거리는 지구 반지름의 약 60배고, 태양까지의 거리는 약 23,450배다.

(a) 이로부터 추정되는 태양의 반지름은 달의 반지름의 몇 배인가?

(b) 태양이 달과 같은 물질로 구성되어 있다고 가정하면(실제로는 그렇지 않다), 태양의 질량은 달의 질량의 몇 배인가?

1.2 매우 작은 스케일의 세계

원자의 세계

우리 세계에는 매우 다양한 종류의 물질과 물체가 있다. 예를 들어 주위를 둘러보면 물, 나무, 흙, 공기 등 여러 가지 것들이 있다. 그렇다면 이 모든 것들에 어떤 공통점이 있을까? 인간은 예로부터 모든 물질을 이루는 기본 단위가 존재한다고 생각해왔고, 그 기본 단위를 **원자**atom[4]라고 명명했다. 이는 모든 물질은 단지 100가지 정도의 원자로 이루어져 있다는 사실이 밝혀지며, 과학적으로 확인되었다. 돌덩이, 나무토막, 우리의 몸과 같은 물질이 100가지 정도의 기본 원자로 만들어져 있다는 사실은 매우 놀라운 발견이었다.

원자가 물질의 기본 단위라는 것은 틀림없는 사실이다. 그러나 과연 원자가 정말로 더는 자를 수 없는 마지막 물질 단위일까? 사실 원자 자체도 양전하를 가진 핵과 음전하를 가진 전자로 이루어져 있음이 알려지게 되었다. 또한 핵도 양성자와 중성자라는 더 기본적인 입자로 이루어졌다는 사실도 차차 알려지게 되었다.

따라서 우리는, 물질세계가 단지 세 가지 기본 입자인 양성자와 중성자, 전자로 만들어진 것으로 생각할 수도 있다. 그러나 우리 물질세계에서는 수많은 다른 입자들도 만들어졌다가 사라지기를 반복한다. 그런 입자들은 수명이 매우 짧다. 그에 반해 양성자와 중성자, 전자는 사실상 영원히 존재하는 안정된 입자들이므로, 이와 같은 세 가지 기본 입자들이 물질을 구성하고 있다고 봐도 좋다.

우주와 같은 거대한 스케일의 세계가 우리가 보통 생각해 오던 것과 다른 것처럼, 미시적 세계의 스케일도 마찬가지다. 원자의 크기는 보통 10^{-10} m의 단위로 나타내는데, 이 크기는 1/10 nm(나노미터)

3 이런 경우 입체각이 같다고 말한다.

4 atom이란 'terminate'라는 단어에 부정을 나타내는 접두사 'a'가 붙어 '더는 잘리지 않는 것'이라는 뜻을 갖는다.

로 나타내기도 한다.[5] 한편, 원자핵의 일반적 크기는 10^{-15}m 정도이므로 원자핵의 크기를 1m라 가정한다면, 원자의 크기는 100,000m에 해당된다. 태양의 지름에 대한 태양계의 크기와 원자핵의 지름에 대한 원자의 크기의 비가 비슷하다는 점은, 비록 둘 사이에 아무런 관계가 없더라도 상당히 흥미롭다.

물음 1-2 원자핵 반지름이 원자 반지름의 10^{-5}일 때, 핵의 부피는 원자 부피의 몇 배인가?

우리가 경험할 수 있으며, 우리에게 익숙한 공간 세계를 '중간계'라고 이름 붙여보자. 원자 스케일의 '미시적 세계'나 우주 스케일의 '광대한 세계'는 우선 그 크기조차 가늠하기 어려운, 신비로움으로 가득 찬 세계다. 즉 아주 크거나 아주 작은 극한 스케일에서는 '중간계'에서 상상할 수 없는 신비로운 세계가 펼쳐져 있는 것이다.

참고 걸리버의 소인국 이야기

영국의 작가 스위프트가 쓴 소설 『걸리버 여행기』에는 보통 사람보다 아주 작은 사람들이 사는 소인국 이야기가 나온다. 평범한 인간을 1/10 크기로 축소한 소인국이나 열 배로 확대한 거인국이 있다고 가정할 때, 그들의 세계는 우리 세계와는 매우 다를 것이다. 다음의 예를 생각해보자. 인간의 키와 발바닥 넓이를 조사한 자료가 있다고 하자. 어떤 사람보다 키가 두 배로 큰 사람의 발바닥 평균 넓이는 대략 몇 배 정도일까? 길이가 두 배가 되면 넓이는 네 배가 된다는 평범한 수학적 사실에 근거해 이 문제를 다뤄보자. 이 경우, 보통 사람을 그대로 확대해 키가 두 배가 되도록 하면 몸을 지탱하는 발바닥의 넓이와 다리뼈의 굵기는 네 배가 되어야 할 것이다. 왜냐하면 넓이는 길이의 제곱에 비례하기 때문이다.

그러나 이러한 분석은 수학적으로는 옳으나 물리적으로는 옳지 않다. 그 이유는 우리가 중력의 영향을 받으며 살고 있기 때문이다. 다리는 몸무게를 지탱하는 역할을 하며, 특별히 단단한 뼈가 아닌 한, 같은 단면적의 뼈가 지탱할 수 있는 무게는 같다. 따라서 키가 두 배로 되면 몸의 부피는 여덟 배로 늘어나므로, 여덟 배로 늘어난 몸무게를 지탱하기 위해서는 발바닥 넓이나 다리뼈의 굵기도 여덟 배가 되어야 한다.

우리 세계에 존재하는 육지 동물 중 가장 큰 코끼리의 다리 둘레를 보면, 코끼리의 몸집이 커짐에 따라 보기에 이상할 정도로 다리가 굵어지는 것을 볼 수 있는데, 바로 이런 이유 때문이다. 이러한 고찰을 처음으로 했던 사람이 바로 갈릴레오인데, 그는 아주 단순해 보이는 사실 속에 내포된 과학적 모순을 깨달았던 것이다.

출처 : http://www.zimbio.com

우리는 모두 우리가 경험하거나 볼 수 있는 현상들을 통해 자연세계를 인식한다. 그러나 물리학이 다루는 시간과 공간 스케일의 세계는 우리의 경험만으로는 이해할 수 없는 부분이 있으므로 걸리버 이야기에서와 같이 과학적으로 모순되는 문제가 생겨날 수 있다.

5 옹스트롬(Å : Angstrom)이라는 길이 단위도 가끔 쓰이는데, 1Å $= 10^{-10}$m로 정의하며, 이 단위는 원자의 크기를 나타내는 척도로 오래전부터 사용되어 왔다.

표 1-1 거리 스케일(단위 : m)

공간계	거리
우주 경계	150억 광년[6]
가까운 다른 은하계	10^{23} (220만 광년)
우리 은하계 중심	10^{20} (10만 광년)
태양과 가장 가까운 별	10^{17} (4광년)
태양계 크기	10^{13}
태양까지의 거리	1.5×10^{11}
달까지의 거리	3.8×10^{8}
에베레스트 산의 높이	10^{4}
인간의 크기	1
바이러스 크기	10^{-7}
원자 크기	10^{-10}
원자핵 크기	10^{-15}

표 1-2 시간 스케일(단위 : s)

시간계	시간
우주의 나이	10^{18} (150억년)
인간 출현	10^{14} (100만년)
인간 수명	10^{9} (100년)
1일	10^{5}
심장박동 주기	1
음파 주기	10^{-3}
라디오파 주기	10^{-6}
분자 회전 주기	10^{-12}
(빛의) 원자 통과 시간	10^{-18}

물음 1-3 공이나 책과 같이 우리가 주위에서 보는 물체의 크기는 1㎝, 1m 등과 같이 미터 단위로 측정할 수 있다. 우리가 주위에서 볼 수 있는 물체는 원자가 몇 개나 모여서 이루어진 것인지 짐작해보자.

(a) 정육면체 모양의 물체의 한 변의 길이를 0.1m라 가정하면, 그 부피는 얼마인가?

(b) 원자의 지름은 10^{-10}m이다. 원자를 한 변의 길이가 10^{-10}m인 정육면체로 본다면, 원자를 차곡차곡 쌓아 (a)의 물체를 이루었을 때 물체 속 원자 개수는 몇 개인가?

원자의 질량

원자의 질량은 너무 작아서 저울로는 측정할 수 없다. 원자세계의 질량은 원자 단위로 나타내는데, **국제단위계**SI라고 하는 단위계에서 1원자 단위는 1u(unit)로 나타내고, 양성자와 중성자를 더한 수가 12인 탄소 원자핵의 질량을 12u로 정한다. 예컨대, 양성자 하나와 전자 하나로 이루어진 수소 원자의 질량은 약 1u가 된다.[7]

물질의 양을 나타내는 거시적 단위는 화학에서 더 많이 쓰이는 단위인 **몰**mol이다. 어떤 물질 1몰이란, 그 물질을 이루는 분자의 분자량이 M이라 할 때, M그램(g)만큼의 양을 나타낸다. 예를 들어 수소 원자 두 개가 결합해 이루어진 수소 분자의 분자량은 2u이므로, 수소 1몰이란 수소 2g을 뜻한다.

흥미로운 사실은, 어떤 물질이든 그 물질의 1몰은 **아보가드로수**Avogadro's number만큼의 원자로 이루어진다는 점이다. 아보가드로수는 약 6×10^{23} 크기의 수로, 거의 '1조의 1조 배'에 해당하는 엄청난 크기의 수인데, 연필이나 지우개, 우리 몸과 같은 물체는 1조의 1조 배에 해당하는 엄청난 수의 원자가 모여 이루어진 것이라 생각할 수 있다.

6 1광년이란 빛이 1년 동안 진행한 거리를 뜻한다.

7 전자의 질량은 양성자 질량의 약 1/2,000밖에 되지 않는다. 따라서 원자의 질량을 다룰 때는 전자의 질량은 무시해도 좋다.

물음 1-4 인체는 약 10^{15}개의 세포로 이루어져 있다고 한다. 인체를 이루는 원자의 개수가 10^{27}개라면 세포 하나는 약 몇 개의 원자로 이루어져 있는가?

분자의 세계

물질이 원자로 이루어졌음을 알게 된 일은 과학의 위대한 성취였다. 그러나 잠시 생각해보면, 우리는 곧 '그 원자들은 왜 서로 덩어리를 이루는가?'라는 의문을 갖게 될 것이다. 즉 나무토막 하나는 수많은 원자가 서로 연결된 덩어리인데, 무슨 이유로 그 원자들이 한 덩어리가 된 채로 유지되는가 하는 점이다. 이러한 현상은 바로 원자가 전기를 띤 입자들로 이루어져 있기 때문에 비롯된 것이다. 즉 원자의 전기적 특성 때문에 원자들 사이에 서로 당기는 힘이 생기는 것인데, 그 원인에 대해서는 앞으로 차차 살펴보기로 하자.

자연세계는 음악의 세계에 비유할 수 있다. 예를 들어 피아노로 낼 수 있는 소리는 수십 가지 정도밖에 되지 않는다. 하지만 작곡가는 수십여 가지 음들을 토대로 무한히 많은, 새로운 곡을 '창조'할 수 있다. 작곡가가 아름다운 곡을 작곡하듯이, 자연세계도 100여 가지의 원자를 가지고 수많은 물질을 만들어낸다.

원자는 종류에 따라 다른 특성을 띤다. 예컨대, 헬륨(He)이나 네온(Ne) 같은 원자는 다른 원자와 결합하기를 좋아하지 않는다. 그러나 원자 대부분은 서로 결합해 덩어리가 되고자 하는 성질을 띠고, 그 덩어리는 대개 결합한 채로 유지된다. 우리 주위에 있는 대부분의 물질은 거의 모두 그렇게 뭉친 덩어리들 단위로 이루어져 있으며, 그런 원자 덩어리를 **분자**라고 한다. 대기를 이루고 있는 공기는 주로 질소와 산소로 이루어져 있는데, 질소나 산소들은 두 개의 원자가 쌍을 이루어 만든 분자 상태로 존재한다. 그러나 일반적으로 분자들은 많은 수의 원자들로 이루어지며, 각 분자마다 독특한 자신만의 구조를 갖는다.[8]

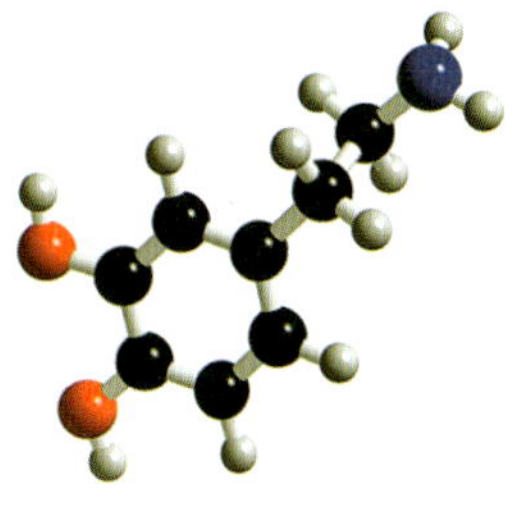

그림 1-2 분자
출처 : http://www.3dchem.com

한편, 자연이 만들어낸 분자 중에는 매우 흥미로운 것들도 있다. 예컨대, 나무토막이나 고무같이 생명체에게서 온 물체들은 **폴리머**polymer라고 하는 매우 긴 사슬 모양의 거대한 분자로 이루어져 있다. 일반적으로 생명체를 이루는 분자들은 매우 복잡한 구조를 가진 거대한 분자들인데, 대부분은 탄소(C) 원자를 포함하며, 흔히 **유기 분자**organic molecule라고 한다. 대표적인 유기 분자로는 단백질, 지방, 효소, 아미노산, 헤모글로빈 등이 있다.

우리 세계를 이루는 물질 분자에는 물 분자와 같이 자연이 스스로 만들어내는 것도 있고, 원래 자연 속에는 존재하지 않았지만 인간이 인위적으로 만들어낸, 인공감미료 분자 같은 것도 있다. 원자들을 결합해 화합물을 만들거나 그 화합물의 성질에 관심을 두는 분야를 **화학**Chemistry이라고 한다. 즉 화학자는

8 예를 들어 물은 두 개의 수소 원자와 한 개의 산소 원자가 특정한 구조로 결합한 상태의 분자(H_2O)들로 이루어져 있다.

자연 속에 이미 존재하는 분자의 특성이나 또는 지금까지 존재하지 않았던 새로운 분자를 합성해 그 분자들에 어떤 흥미로운 특성이 있는지에 관심을 둔다. 예컨대, 의약품 화합물인 아스피린이나 스웨덴의 **노벨**Nobel이 처음 발견한 강력한 폭발력이 있는 화합물인 **티앤 티**Tri-Nitro Toluene 등은 인류 문명에 큰 변화를 가져온 화합물들이다.

그림 1-3
알프레드 노벨, 1833~1896

한편, 화합물 분자가 매우 정교하며 복잡한 성질을 띠는 유기 분자라면 그 분자들은 생명 현상의 원인이 될 수도 있다. 유기 분자에서 발현되는 신비로운 생명 현상에 관심을 두는 분야를 **생물학**Biology이라고 한다. 유기 분자의 특성을 이해하기는 매우 어렵지만, 그 특성을 알아냈다고 해도 그 분자 간의 복잡한 상호작용으로 인한 생명 현상을 이해하는 것은 또 다른 문제다. 따라서 우리는 생명 현상을 신비로운 영역에 둘 수밖에 없다. 물질세계가 어떤 과정을 거쳐 이렇게 정교하고 복잡한 유기 분자를 만들어낼 수 있었는지 이해하기는 어렵다. 그러나 태양계 안에서 그런 분자들이 만들어졌고, 그런 분자들로부터 생명체가 생겨나 우리가 존재하게 된 것이다.

참고 생명의 정의

생명체는 너무나 신비로워서 생명체가 무엇인지조차 정의하기 어렵다. 무엇을 생명체라고 말할 수 있는지에 대해 여러 가지 정의가 제안되었다. 생명체의 정의로 잘 알려진 세 가지 대표적 정의는 다음과 같다.

① 자체 복제를 할 수 있는 존재 ② 대사 작용을 하는 존재 ③ 호흡 작용을 하는 존재

사실 이 중 어떤 것도 생명체의 과학적 정의로는 적합하지 않다. 각각의 정의에 대해 예외가 되는 생명 현상이 존재하기 때문이다. 무엇이 생명 현상인지조차 과학적으로 정의할 수 없다는 사실은 생명체를 더욱 신비롭게 만든다.[9]

1.3 물리학이란 무엇인가?

그렇다면 **물리학**Physics은 어떤 학문인가? 물리학은 물질을 이루는 가장 기본 단위 입자에서부터 천체에 이르기까지 물질세계 속의 모든 것들에 관한 학문이다. 이처럼 물리학의 대상은 물질세계 전체에 대한 것이므로, 원론적으로는 화학과 생물학을 포괄하는 학문이라 할 수 있다. 또한 우리 생활에 직접적으로 영향을 주는 문제들을 다루는 **공학**Engineering도 물리학의 영역에 속한다고 할 수 있다. 큰 스케일에서 보면 모든 물질세계가 물리학의 대상이지만, 화학이나 생물학 또는 그 응용과학인 공학 같은 학문 분야가 따로 존재하는 이유는, 그런 학문이 우리 생활에 직접적으로 많은 영향을 주기 때문이다. 또한 그 분야들이 우리가 쉽게 이해하기 어려운, 복잡한 그 나름의 자체 세계를 가지고 있기 때문이다.

9 생명에 관한 새로운 관점에 관심이 있다면 『삶과 온생명』(현암사, 2014)을 참고하길 바란다.

서양에서 출발한 현대 과학은 광범위한 대상을 작은 단위로 나누어 다루는 분석적 방법을 택하는 특징이 있다. 예컨대, 현대 과학은 물질을 이루는 근원이 되는 입자가 있다고 가정하고, 그런 입자들에 관심을 둔다. 따라서 광범위한 자연 현상을 다루려면 현대 과학은 필연적으로 세분화·전문화될 수밖에 없게 된다. 따라서 특정 분야의 과학자는 자신이 연구하는 아주 좁은 영역에서만 전문가일 뿐이며, 전체적인 자연 현상을 이해하기가 더욱 어려워지게 된다.

또한 최근에 이르러 많은 과학자들은 이와 같은 분석적 방법으로는 자연 현상을 궁극적으로 이해할 수 없을 것이라는 생각을 하기 시작했다. 그런 이유로, 오늘날 현대 과학은 물리학, 화학, 생물학의 경계가 명백하지 않은 통합 학문의 방향을 추구하기도 한다. 예를 들어 물리학의 양자론적인 접근 방법을 통해 화학을 다루기도 하고, 물리학의 전기나 자기적인 이해를 통한 방법으로 생물학을 다루기도 한다. 그러므로 현대 과학은 물리학, 화학, 생물학의 통합적 이해가 있어야 하는 단계에 와 있다고도 볼 수 있다.

물리학의 한계

물리학은 '자연 현상의 예측'을 목표로 삼고 있지만, 현재의 물리학 수준으로는 생명 현상을 설명하거나 이해할 수 없다. 왜냐하면 물리학은 인간의 행동은커녕 가장 단순한 생명체인 **바이러스**virus나 박테리아 또는 굼벵이의 행동조차 예측할 수 없기 때문이다. 특히 바이러스는 생명체라고 부를 수 있는지 없는지조차 말할 수 없는 존재다. 이 사실은 어떤 존재를 생명체로 명쾌하게 정의하기가 어렵다는 것을 의미한다.

"무엇을 생명체라고 정의할 수 있는가?"라는 질문에 대해 필자는 생명체를 '자신의 정신세계를 가진 존재'라고 정의하고 싶다. 인간뿐만 아니라 바이러스나 박테리아 같은 존재까지도, 생존을 위해 본능이나 자신의 의지에 따라 스스로 판단하고 행동하는 것처럼 보이기 때문이다.

인간의 정신세계 속에는 경제학, 심리학, 철학, 문학, 법학, 신학 등과 같은 인문, 사회과학의 모든 분야가 포함된다. 그런 정신세계는 물질세계로부터 생겨났지만, 물리학의 범주를 벗어난다. 정신세계를 현재의 물리학 범주에 포함하지 못하는 이유는 명백한데, 그것은 정신세계에서 다루는 사랑이나 증오 같은 심리적인 양들을 객관적으로 측정해 다룰 방법이 없기 때문이다. 그런 한계에도 불구하고, 물리학의 궁극적 목표는 생명체를 포함하는 자연의 기본 현상을 이해하는 것이다.

물론 생명 현상과 그 정신세계는 이해하기 어려운 것이다. 그러나 그런 생명체 세계가 아닌 단순한 물질세계 안에서조차도 자연의 기본 현상을 이해한다는 것은 쉬운 일이 아니다. 예컨대, 이 책의 마지막 부분에서 다룰 현대 양자론의 입장을 따르면, 단순한 물질세계조차도 그 **실체**reality 자체를 우리에게 보여주지 않는 것이 우리 물질세계의 본성인지도 모른다. 양자론에 의하면, 우리는 객관적 관측자로서 자연 세계의 실체를 파악할 수 없는, 단지 자연 현상을 예측하는 단계에 머무는 존재로 생각되고 있기 때문이다. 즉 현대 양자론은 어떤 경우에도 우리에게 '결정적 예측'을 추구하는 것을 포기하고, 오로지 '확률적 예측'만 추구하라는 매우 '겸손한' 입장을 요구하고 있는 것이다. 그러나 그런 한계가 있더라도, 또 그것이 영원히 이루어질 수 없는 '희망'으로만 남는다 하더라도, 물리학의 궁극적인 목표는 정신세계를 포함한 물질세계의 모든 현상을 이해하는 것이다.

아인슈타인이 대중과 나눈 대화를 보면, 인간의 한계가 잘 이해된다.

Q : "선생님은 누구보다 많은 것을 알고 계신데, 왜 아직도 공부를 계속하십니까?"
A : "내가 아는 것들은 어떤 원둘레 안에 들어 있는 지식이라 할 수 있습니다. 그러나 더 많이 알게 될수록 원의 경계도 더 늘어납니다. 따라서 많이 알면 알수록 모르는 것도 더 많아진다고 할 수 있지요."

물리학과 수학

자연과학의 기초가 되는 물리학의 발전은 수학의 발전을 통해 이루어져 왔다. 인간이 물질세계를 이해하려고 노력하면서부터 깨닫게 된 흥미로운 사실은, 자연세계를 기술하거나 이해하는 데 수학이라는 학문이 매우 유용하다는 점이었다. 학문적 입장에서 수학은 자연과학처럼 보이기도 하고, 인문과학처럼 보이기도 한다.

수학을 자연과학의 일부로 보는 견해는 아마도 자연세계를 기술하는 언어로 수학을 사용하기 때문일 것이다. 그러나 수학은 '논리'만으로 이루어진 학문으로, 물질세계와는 특별한 관련이 없다. 그런데도 불구하고 우리가 깨달은 놀라운 사실은, '순전히 논리적인' 수학이 이상할 정도로 물질세계와 밀접한 관련을 맺고 있다는 점이다. 그러므로 물리학을 공부하기 위해서는 기초적인 수학 지식이 반드시 필요하다.

"물리학에서 수학은 의미를 전달하는 언어 수단이다."

따라서 수학적 방법을 통하지 않고 물리학을 공부할 수는 없다. 그러나 수학을 모른다고 해서 물질세계의 진리를 이해할 수 없다는 뜻은 아니다. 우리가 깨달은 과학적 진리들은 물론 수학적 방법을 통해 얻었지만, 수학을 모르더라도 우리는 오묘한 자연세계의 진리들을 이해하고 감탄할 수 있다. 예컨대, 아인슈타인의 일반상대성이론에 사용되는 복잡한 수학을 이해하지는 못해도 비유를 통해 우주가 어떻게 생겼는지는 상상할 수 있다.

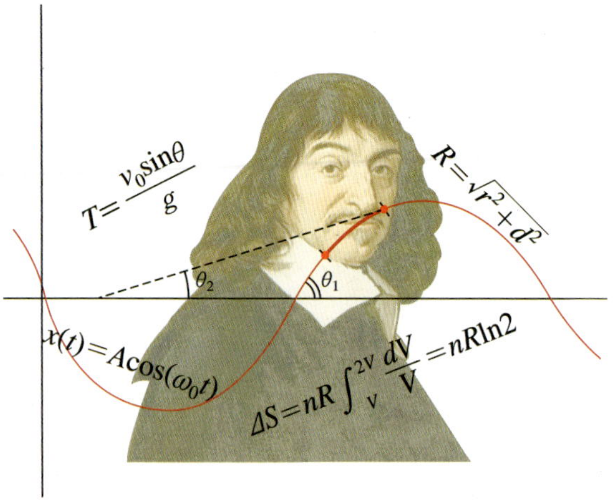

그림 1-4 물리학과 수학의 관계

CHAPTER

02 운동의 기술

Description of Motion

2.1 과학의 시작 : 관성의 법칙

과학은 아마도 천체의 운동을 이해하려는 노력에서 시작되었을 것이다. 인간은 아주 오래전부터 하늘에 떠 있는 수많은 별을 신비로움과 경외의 눈으로 바라보는 동시에 별들의 정체와 운동에 호기심을 품어왔다. 천체뿐만 아니라 우리 주위의 물체들도 역시 운동한다. 운동하지 않는 세상은 죽은 세상이며, 우리에게 아무런 흥밋거리도 주지 못한다.

천체들은 사실상 영원히 그 운동을 계속하지만, 지표면에서 운동하는 모든 물체의 운동은 결국은 모두 멈추게 된다. 즉 우리 주위에서 보는 물체 운동의 공통적인 특성은, "운동하는 물체를 그대로 내버려두면 언젠가는 멈춘다"는 것이다. 예컨대, 물체를 끌려면 계속해서 힘을 줘야지 그러지 않으면 곧 멈춰버린다. 이런 당연한 이유 때문에 고대의 유명한 과학자인 아리스토텔레스가

"일정한 운동상태를 유지하려면 일정한 힘을 계속 줘야 한다."

라고 말했을 때, 아무도 그 말에 이의를 제기하지 못했다. 이후 물체 운동에 관한 이러한 생각이 잘못되었다는 것을 깨달은 사람은 이탈리아의 갈릴레오였다. 갈릴레오는 실제 실험이 아닌, 순전히 머릿속으

그림 2-1 아리스토텔레스, B.C. 384~322

그림 2-2 갈릴레오 갈릴레이, 1564~1642

로만 상상하는 실험인 **사고실험**thought experiment[1]을 통해 모든 운동에 '마찰력'이라는 힘이 존재하며, 그 존재를 우리가 알아채지 못했다고 설명했다. 그리고 바로 그 깨달음으로부터 인간은 자연세계의 질서를 새롭게 인식하기 시작했다.

갈릴레오의 사고실험은 다음과 같은 것이었다. 표면이 미끄러운 그릇 속을 굴러가는 구슬의 운동을 생각해보자. 경사면을 굴러 내려온 구슬은 반대편 경사면의 거의 같은 높이까지 올라갔다가 돌아오는 운동을 반복한다. 그릇의 표면이 미끄러울수록 구슬의 운동은 완전한 왕복 운동에 가까워진다. 이번엔 그릇의 크기가 상당히 커서 반대편 경사면까지의 거리가 매우 먼 경우를 생각해보자. 이때 구슬은 어디까지 굴러갈 것인가? 갈릴레오는 마찰이 없다면 구슬은 영원히 굴러갈 것이라 생각했다. 그리고 모든 운동하는 물체가 멈추는 이유는 마찰력 때문이라고 보았으며, 이를 다음과 같이 설명했다.

"일단 운동하던 물체는 마찰력만 없다면 영원히 운동을 계속한다."

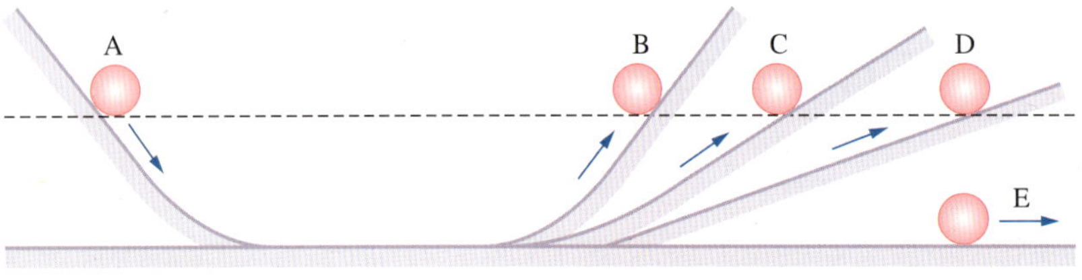

그림 2-3 갈릴레이의 사고실험

갈릴레오가 마찰력의 존재를 처음 깨닫기 전까지, 인류가 마찰력의 존재를 깨닫기 어려웠던 가장 큰 이유는 아마도 마찰력이 모든 운동에 개입되어 있었기 때문일 것이다. 마치 우리 주위에 언제나 있는 공기처럼 말이다. 갈릴레오의 생각에 따르면, 운동상태가 변한다면 그것을 변하게 하는 요인이 있어야 하는데, 그것이 바로 우리가 '힘'이라 부르던 것이었다. 즉 힘이란 다음과 같이 정의할 수 있다.

"힘이란 물체의 운동상태를 변화시키는 요인이다."

이를 다른 말로 하면, "힘을 작용하면 운동상태가 변한다"가 될 수 있다. 따라서 우리 주위에서 운동하는 모든 물체는 결국은 마찰력이라는 힘 때문에 멈춘다고 생각할 수 있다.

예컨대, 갈릴레오의 생각에 따르면 일정한 속도로 운동하는 수레에는 아무런 힘도 작용하지 않아야 한다. 그러나 우리는 소가 엄연히 수레를 끄는 힘을 작용한다는 사실을 알고 있지 않은가? 이 경우, 갈릴레오는 수레에는 소가 끄는 힘 외에 다른 힘이 작용해 그 힘들의 전체 효과가 결국 아무런 힘도 작용하지 않는 상태와 같아진다고 설명했다. 다른 힘은 물론 마찰력을 뜻하는데, 마찰력의 세기는 소가 끄는 힘과 같은 세기이면서 단지 방향만 반대로서 두 힘의 효과는 상쇄되어 마치 아무런 힘도 작용하지 않는 것과 같아진다고 설명한 것이다.

1 독일어인 Gedanken Experiment라는 말로 더 잘 알려져 있다.

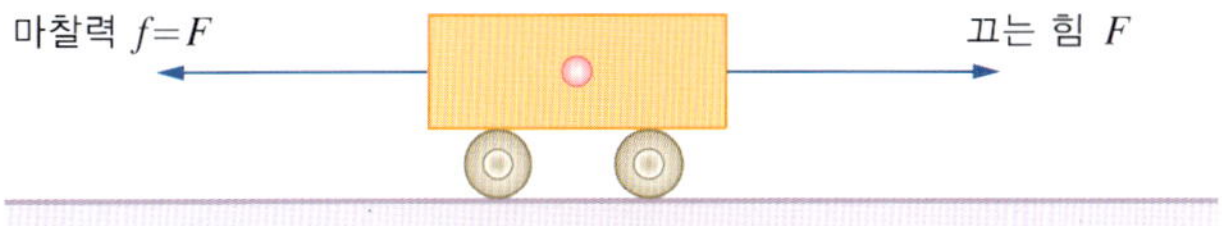

그림 2-4 일정한 속도로 끌려가는 수레의 운동

마찰이 없는 상태에서 모든 물체가 일정한 운동상태를 계속 유지한다는 갈릴레오의 발견을 흔히 **뉴턴의 운동 제1법칙**Newton's first law of motion 또는 **관성의 법칙**law of inertia이라 한다.

관성기준계

어떤 물체가 운동할 때, 관측자에 따라 그 운동은 당연히 다르게 보인다. 관측자가 운동을 기술하는 좌표계를 **기준계**reference frame라 하며, 그 기준계에서 관성의 법칙이 성립하는 경우 해당 기준계를 **관성기준계**inertial reference frame라고 한다. 예컨대, 우리 주위의 물체들은 관성의 법칙에 따라 운동을 한다고 볼 수 있다. 왜냐하면 마찰력을 받지 않는 것으로 보이는 물체들은 관성의 법칙에 따라 운동하기 때문이다. 그러므로 우리가 운동을 기술하는 지표면 기준계는 관성기준계라고 봐도 좋다.

흥미로운 사실은 지표면에 있는 관측자의 기준계가 관성기준계라면, 지표면에서 일정한 속도로 달리는 기차에 있는 관측자의 기준계 역시 관성기준계가 된다는 사실이다. 즉 한 관성기준계에서 볼 때 일정한 속도로 운동하는 모든 관측자의 기준계는 모두 관성기준계가 된다.[2]

마찰이 없는 세계

마찰력은 우리가 쓰는 에너지의 많은 부분을 불필요한 열에너지로 소모하게 하지만, 마찰력이 없는 세계가 더 편리한 것은 아니다. 만약 마찰력이 없다면 우리는 일상에서 큰 불편을 겪을 것이다. 우선 우리가 걷기 위해서는 마찰력이 필요하다. 발바닥과 지면 간의 마찰이 없으면 우리는 걸을 수 없을 뿐만 아니라 이동하기 위해 반동反動 가스총이라도 가지고 다녀야 할 것이다. 또 모든 것이 너무 미끄러워 물체를 쥐고 있지도 못할 것이다. 과연 기름이 뿌려진 미끄러운 얼음판 가운데서 밖으로 나올 수 있는 방법이 있을까? 그런 얼음판에서는 걸을 수도 없지만, 기어 나올 수도, 굴러 나올 수도 없다. 이처럼 마찰력은 우리에게 반드시 필요한 힘이다. 마찰력은 운동을 다루는 데 매우 중요한 힘이므로 나중에 다시 다루기로 하자.

천체의 운동

인간은 처음에는 지구가 우주의 중심이고, 모든 천체가 지구를 중심으로 돈다는 '천동설'을 믿었다. 그러나 천동설의 여러 문제점이 드러나면서 지구는 태양계에 있는 수많은 행성 중 하나에 불과하며, 태양을 중심으로 지구가 돈다는 '지동설'을 받아들이게 되었다. 그러나 지동설을 받아들인 뒤에도 천체의 운

2 그러나 지구는 자전운동을 하므로 지표면에서 운동을 기술하는 기준계는 엄밀한 의미에서는 관성기준계가 아니라는 사실을 곧 알게 될 것이다.

동은 여전히 이해하기 어려운 것들 투성이었다. 예컨대, 지구가 태양 주위를 돌고, 달이 지구 주위를 도는 운동을 한다는 사실이 알려진 뒤, 사람들은 '달은 왜 멈추지 않고, 계속해서 지구를 돌 수 있는가?'를 가장 궁금해했다.

그림 2-5 중세 시대의 천체 운동 개념

갈릴레오가 관성의 법칙을 깨닫기 전까지, 사람들은 날개 달린 천사와 같은 무엇이 달을 쉬지 않고 밀고 있다고 생각했다. 종교의 위력이 막강하던 중세 시대에는 천체를 미는 역할을 당연히 '천사'가 하리라 생각할 수밖에 없었다. 그러나 그 모든 천체를 천사가 항상 밀고 있다는 생각은 쉽게 납득할 수 없는 것이었다.

관성의 법칙을 통해 인간은 물체가 일정한 상태의 운동을 계속하기 위해서는 힘이 필요 없음을 알게 되었다. 즉 천체의 운동이 마찰력의 영향을 받지 않는다고 가정하면, 천체는 운동을 영원히 계속할 수 있다는 것을 알게 된 것이다. 그러나 관성의 법칙을 깨달았다고 해도 그 사실만으로 달이 지구를 도는 운동을 설명할 수는 없었다. 마찰력이 없는 운동에서는 이제 천사의 존재가 불필요해졌지만, 그 경우 달은 '방향도 변하지 않고, 빠르기도 변하지 않는 직선운동'을 해야 하기 때문이다.

'힘을 작용하면 운동상태가 변한다'라는 관점에서 보면, 운동상태가 계속 변하는 운동에는 어떤 형태로든 힘이 계속 작용한다고 봐야 한다. 문제는 '어떤 방향'으로 힘이 작용하는가 하는 점이다. 운동 방향을 바꾸려면 운동하는 물체를 옆으로 밀거나 당겨야 한다는 경험적 사실을 토대로 한다면, 곧장 앞으로 나아가려는 달의 운동 방향을 바꾸도록 달에 작용하는 힘은 지구 쪽으로 달을 미는 힘이라 짐작할 수 있다. 즉 이제는 달을 지구 쪽으로 밀고 있는 천사들이 필요해진 것이다.

그림 2-6
아이작 뉴턴, 1643~1727

영국의 뉴턴은 지구가 달을 끌어당기는 힘을 작용한다면 천사들이 애써 그런 일을 할 필요가 없다는 것을 깨달았다. 물론 이 경우에도 달이 궤도를 돌게 하는 초속도는 필요하다. 초속도가 없다면 정지한 달은 곧 바로 지구와 충돌할 것이기 때문이다. 달이 어떻게 원운동을 시작할 수 있는 초속도를 얻었는지는 각자의 상상에 맡기기로 하자.

지구가 달을 끌어당기는 힘으로 인해 달이 원운동을 한다고 가정하면, 우리는 태초부터 인간이 이해하지 못했던 힘, 즉 공중에 던져진 모든 물체가 왜 다시 땅으로 떨어져야만 하는지도 더불어 설명할 수 있다. 뉴턴은 지구에 있는 모든 물체를 지표면에 묶어 두는 힘이 지구가 물체를 끌어당기는 힘에서 비롯된 것임을 달의 운동을 통해 처음으로 깨달았던 것이다.

2.2 물리량과 그 측정

달이 지구를 도는 운동이건 공중에서 떨어지는 돌의 운동이건, 그 운동을 분석하려면 시간에 따른 그 물체의 위치를 측정해야 한다. 즉 이처럼 어떤 현상을 이해하기 위해서는 그 현상에 관계되는 양들을 측정하는 것부터 시작해야 한다. 떨어지는 물체의 운동과 같이 자연계의 많은 현상은 객관적인 측정이 가능한 것들이다. 예를 들어 우리는 일정한 시간 간격으로 물체의 위치를 측정할 수 있다.

'객관적으로 측정할 수 있는 양'을 **물리량**이라고 부른다. 예를 들어 사람의 키나 몸무게 등을 물리량이라 한다. 물리학에서 다루는 모든 현상을 다루기 위한 물리량의 수는 매우 많다. 그러나 그 수많은 물리량들은 모두 몇 가지 기본 물리량을 조합해 나타낼 수 있다. 예를 들어 넓이라는 물리량은 '길이×길이'로 나타낼 수 있다. 국제 도량형총회에서는 **기본 물리량**을 [표 2-1]과 같이 정했다.

기본 물리량을 측정하려면 어떤 기준이 필요한데, 필요에 따라 여러 방법으로 기준을 정한다. 예를 들어 일상적인 **길이**의 표준은 **미터원기**[3]를 이용해 정해지는데, 미터원기라는 물체의 길이를 1m로 정한다. 한편, 미시적 세계까지 다루는 현대 과학에서는 엄밀한 길이의 표준이 필요하므로 좀 더 정교한 방식으로 1m 길이를 정의하기도 한다. 1983년 제17차 국제도량형총회에서는 1m를 빛이 진공 속에서 1/299,792,458초 동안 진행한 거리로 정의했다. 물론 이는 빛의 빠르기가 299,792,458m/s와 같다는 말이기도 하다.

질량은 쉽게 이해하기 어려운 물리량이지만, 단순하게 무게를 나타내는 척도로 생각해도 좋다. **질량**의 표준은 **킬로그램원기**를 이용해 정해지는데, 킬로그램원기라는 물체의 질량을 1kg으로 정한다. 한편, 원자 단위의 미세한 질량을 측정하려면 좀 더 세밀한 표준이 필요하므로 원자량이 12인 탄소(C) 원자의 질량을 12u로 정한다. 미터원기나 킬로그램원기는 산화작용에 의한 영향을 최소화하기 위해 백금-이리듐 합금으로 되어 있다.

시간의 표준으로는 세슘의 한 동위원소에서 나오는 빛이 어느 횟수만큼 진동하는 데 걸리는 시간을 **초**[second]라는 단위로 정한다.[4] 우리가 흔히 쓰는 전자시계는 수정 결정의 자연 진동수를 이용한 것으로, 세슘원자 시계보다는 정밀도가 약간 낮지만 실용적인 면에서는 아무 문제가 없다.

---

3 미터원기의 원본은 프랑스에 있으며, 우리나라를 포함한 여러 나라에 복제품이 있다. 미터원기는 산화작용에 의한 영향을 최소화하기 위해 백금 합금으로 만들어져 있다.

4 1967년 제13차 국제도량형총회에서 1초는 세슘원자가 내는 어떤 특정 진동수 빛이 9,192,631,770번 진동하는 데 걸리는 시간으로 정의했다.

현대 과학에서는 원자에서부터 천체까지 광범위한 세계를 다루는데, 미터 단위로 나타내면 원자핵의 크기는 약 10^{-15} m고, 태양의 크기는 약 10^{6} m다. 흔히 지수 형식 대신 간단한 접두어를 붙여 물리량 크기를 나타내는데, 킬로[kilo]는 10^{3}, 메가[mega]는 10^{6}, 기가[giga]는 10^{9} 단위를 나타낸다. 예컨대, $1\,\text{kg} = 10^{3}\,\text{g}$, $1\,\text{MW} = 10^{6}\,\text{W}$와 같이 나타낸다. 더 작은 세계를 다룰 때는 10^{-3}을 뜻하는 밀리[mili], 10^{-6}을 뜻하는 마이크로[micro], 10^{-9}을 뜻하는 나노[nano] 같은 접두어가 유용하다. 예컨대, $1\,\text{mg} = 10^{-3}\,\text{g}$, $1\,\mu\text{m} = 10^{-6}\,\text{m}$와 같이 나타낸다.

표 2-1 국제단위계[SI]의 일곱 가지 기본 물리량

길이	m(미터)
질량	kg(킬로그램)
시간	s(초)
전류	A(암페어)
온도	K(켈빈)
물질의 양	mol(몰)
광도	cd(칸델라)

표 2-2 배수 기호표

접두어	기호	배수
페타(peta)	P	10^{15}
테라(tera)	T	10^{12}
기가(giga)	G	10^{9}
메가(mega)	M	10^{6}
킬로(kilo)	k	10^{3}
데시(deci)	d	10^{-1}
센티(centi)	c	10^{-2}
밀리(milli)	m	10^{-3}
마이크로(micro)	μ	10^{-6}
나노(nano)	n	10^{-9}
피코(pico)	p	10^{-12}
펨토(femto)	f	10^{-15}

물론 객관적인 측정이 불가능하거나 측정하기가 매우 어려운 경우도 있다. 예를 들어 인간 사이의 정이나 사랑 같은 감정에도 크고 작은 정도의 차이가 있겠지만, 그것들을 객관적으로 측정할 수는 없다. 따라서 그런 양들은 물리량이 아니다.

물음 2-1 무선 통신에 쓰이는 전자기 파동의 진동수는 약 1GHz다. 여기에서 $1\,\text{Hz} = 1\,\text{s}^{-1}$으로 정의하는 양으로, 1Hz(헤르츠)는 1초에 1번 진동하는 진동수를 뜻한다. 진동수가 1GHz인 파동은 1초에 몇 번 진동하는가?

물음 2-2 각 변의 길이가 1nm(나노미터)인 정육면체 나노입자에는 약 몇 개의 원자가 있다고 추정되는가? 단, 원자는 한 변의 길이가 10^{-10}, 즉 1/10nm인 정육면체 형태로 가정하라.

2.3 위치벡터와 변위벡터

위치벡터

우리는 특정 위치를 나타낼 때 방향과 거리를 사용한다. 예컨대, "우리 집은 이곳에서 동쪽으로 5 km 정도 떨어진 곳에 있다."라거나 "우리 학교는 이곳에서 북쪽으로 10 km 떨어진 곳에 있다."라고 한다. 이때 무의식적으로 내가 있는 위치를 좌표계의 기준점으로 잡고 집이나 학교의 위치를 기술한다. 이처럼 방향과 거리를 말로 표현하기도 하지만, 기호로 나타낼 수도 있다. 예컨대, 내가 있는 이곳을 좌표계의 기준점으로 잡고, 집이나 학교까지 화살표 기호를 그려서 위치를 나타낸다. 화살표로 나타낸 위치와 같이

'크기뿐만 아니라 방향까지 알려주는 양'

을 **벡터**[vector]라고 한다. 한편, 벡터와 구별하기 위해 '단지 크기만 알려주는 양'을 **스칼라**[scalar]라고 한다. 즉 위치를 나타내는 화살표는 위치벡터라고 하는 벡터를 나타낸다. 물체의 운동을 분석하려면 먼저 시간에 따른 위치를 측정해야 한다. 어떤 양 q가 벡터양이면, 그 양이 벡터임을 나타내기 위해 문자 위에 화살표를 얹어 $\vec{q}$와 같이 나타내거나 굵은 글씨체를 써서 $\mathbf{q}$로 나타낸다.

지구가 태양을 돌거나 달이 지구를 도는 운동은 사실상 원운동이다. 예컨대, [그림 2-7]에서 점 O를 태양이라 하면 지구를 점 A로 나타낼 수 있다. 이때 지구 위치를 나타내는 벡터는 $\overrightarrow{OA}$와 같이 나타내고, 그 벡터를 점 A의 **위치벡터**라 한다. 어떤 물체의 위치벡터는 기준점에 따라 달라지는 양이다. 일단 기준점을 정해서 얻은 위치벡터는 크기와 방향만 있는 양임에 유의하자. 이때 OA의 길이를 r이라 하면, 위치벡터 $\overrightarrow{OA}$는 굵은 글씨체를 써서 $\mathbf{r}$로 나타내기도 한다.

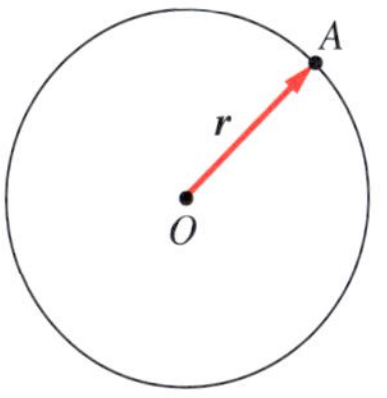

그림 2-7 원운동을 하는 물체의 위치벡터

벡터의 몇 가지 기호 정의

다음은 벡터를 다룰 때 자주 사용하는 정의들이다.

(1) 벡터 $\mathbf{r}$의 크기는 벡터 $\mathbf{r}$에 절댓값 기호를 붙여 $|\mathbf{r}|$로 나타낸다. 즉 $|\mathbf{r}| = r$이다.

(2) $2\mathbf{r}$과 같이 벡터에 스칼라양인 숫자를 곱한 양은, 벡터 $\mathbf{r}$과 같은 방향이면서 크기만 2배로 늘어난 벡터를 나타낸다.

(3) 크기가 1인 벡터를 **단위벡터**라고 하는데, 문자 위에 **캐럿**[carat] 기호(^)를 얹어 나타낸다. 벡터 $\mathbf{r}$의 방향을 가진 단위벡터는 $\hat{\mathbf{r}}$로 나타내고, 위치벡터는 $\mathbf{r} = r\hat{\mathbf{r}}$로 나타낼 수 있다.

(4) $-\mathbf{r}$처럼 벡터에 $-$ 기호를 붙이면 벡터 $\mathbf{r}$과 크기는 같지만, 방향이 반대임을 나타낸다.

벡터의 덧셈연산

숫자로 덧셈, 뺄셈을 하는 것처럼 벡터로도 **연산**operation을 할 수 있다. 예를 들어 벡터 $\boldsymbol{A}$, $\boldsymbol{B}$가 있을 때, 두 벡터에 덧셈 기호(+)를 넣은 연산, 즉 $\boldsymbol{A}+\boldsymbol{B}$를 벡터의 **덧셈연산**이라고 한다. 덧셈 결과로 얻은 양 $\boldsymbol{A}+\boldsymbol{B}$는 새로운 벡터를 뜻하며, 두 벡터의 **합벡터**라 한다. 예컨대, $\boldsymbol{A}+\boldsymbol{B}=\boldsymbol{C}$라고 쓰면 합벡터 $\boldsymbol{C}$는 벡터 $\boldsymbol{B}$의 시작점을 벡터 $\boldsymbol{A}$의 화살표 머리에 오도록 평행 이동한 후, 벡터 $\boldsymbol{A}$의 시작점에서 평행 이동한 벡터 $\boldsymbol{B}$의 화살표 머리까지 잇는 화살표 벡터로 정의한다.

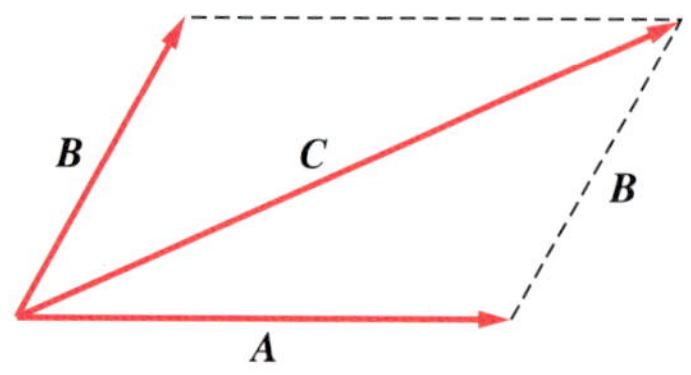

그림 2-8 $\boldsymbol{A}+\boldsymbol{B}$의 덧셈연산

두 벡터의 덧셈연산에서는 벡터의 순서를 바꿔서 연산을 해도 결과가 같다. 벡터가 세 개인 경우에도 어떤 두 벡터를 먼저 연산해도 결과가 같다는 것을 쉽게 확인할 수 있다. 즉 교환법칙과 결합법칙이 모두 성립한다.

물음 2-3 다음 물음에 답하라.

(a) 두 벡터 $\boldsymbol{A}$, $\boldsymbol{B}$가 있을 때, 벡터의 덧셈연산의 정의를 사용해 다음 관계가 있음을 보여라.

$$\boldsymbol{A}+\boldsymbol{B}=\boldsymbol{B}+\boldsymbol{A}$$

즉 벡터의 덧셈연산은 '교환법칙'을 만족시킨다.

(b) 세 벡터 $\boldsymbol{A}$, $\boldsymbol{B}$, $\boldsymbol{C}$가 있을 때, 다음 관계가 있음을 보여라.

$$\boldsymbol{A}+(\boldsymbol{B}+\boldsymbol{C})=(\boldsymbol{A}+\boldsymbol{B})+\boldsymbol{C}$$

즉 세 벡터에서 덧셈연산은 어떤 순서로 해도 상관없으며, 따라서 '결합법칙'도 만족시킨다.

이 책에서는 앞으로 x, y, z로 위치를 나타내는 **직각좌표계**Cartesian coordinates를 주로 사용하고, 각 방향으로의 단위벡터를 $\hat{i}$, $\hat{j}$, $\hat{k}$ 기호[5]로 나타낼 것이다.

이와 같은 단위벡터를 사용해 벡터의 덧셈연산의 의미를 다시 알아보자. 먼저 두 벡터 $\boldsymbol{A}$, $\boldsymbol{B}$의 방향이 같은 경우, 예컨대 벡터의 방향이 x축이면 두 벡터를 $\boldsymbol{A}=A\hat{i}$, $\boldsymbol{B}=B\hat{i}$로 나타낼 수 있다. 이때 A의 부호가 음수면 벡터 $\boldsymbol{A}$도 $-x$축 방향, 즉 x축의 $(-)$ 방향을 향한다는 뜻임에 유의하자. 만약 두 벡터가 x축 방향이라고 가정하면, 합벡터의 크기는 $A+B$이고 방향은 변하지 않으므로 $(A+B)\hat{i}$로 나타낼 수 있다. 즉 벡터의 덧셈이 단순한 산술식 덧셈과 같아지는 것이다. 한편, 두 벡터 $\boldsymbol{A}$, $\boldsymbol{B}$ 사이에 뺄셈 기호(−)를 넣은 연산을 **뺄셈연산**이라고 하는데, $\boldsymbol{A}-\boldsymbol{B}$는 다음과 같이 정의한다.

---

5 $\hat{i}$, $\hat{j}$, $\hat{k}$ 대신 $\hat{x}$, $\hat{y}$, $\hat{z}$로도 많이 사용한다.

$$A - B = A + (-B) \tag{2.1}$$

즉 뺄셈연산은 음(−)의 방향 벡터를 덧셈연산한 것이다.

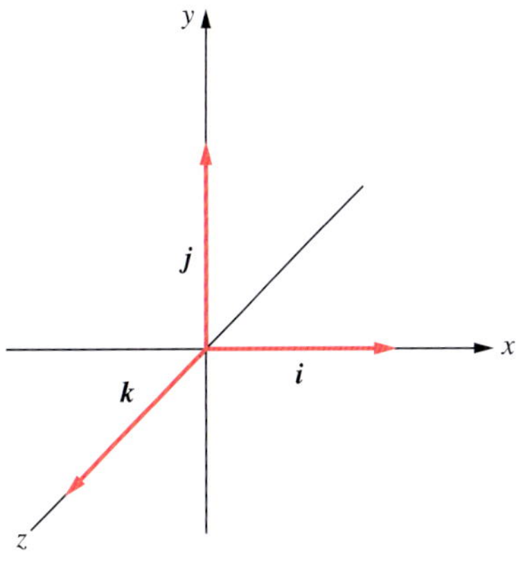

그림 2-9 직각좌표계에서의 단위벡터

물음 2-4 두 벡터 $\boldsymbol{A}=3\hat{i}$, $\boldsymbol{B}=5\hat{i}$가 있다. $\boldsymbol{A}-\boldsymbol{B}$ 벡터의 크기와 방향을 구하라.

벡터의 성분

직각좌표계에서 어떤 물체의 위치 좌표를 x, y, z로 나타낸다면 그 물체의 위치벡터는 $\boldsymbol{r} = x\hat{i} + y\hat{j} + z\hat{k}$로 나타낸다. 이때 $x\hat{i}$, $y\hat{j}$, $z\hat{k}$를 각각 벡터 $\boldsymbol{r}$의 **성분벡터**라고 한다. 어떤 경우에는 단위벡터를 생략하고, 각 성분의 크기만 표시해 $\boldsymbol{r} = (x, y, z)$로 쓰기도 한다. 한편, 원운동을 기술할 때는 직각좌표계 대신 극좌표계를 흔히 쓴다. 극좌표계 위치는 r, θ로, 그 단위벡터는 각각 $\hat{r}$, $\hat{\theta}$로 나타낸다.

두 벡터의 덧셈연산 결과는 직각좌표계의 벡터 성분으로 쉽게 나타낼 수 있다. [그림 2-10]으로부터 우리는 두 벡터 $\boldsymbol{A} = (A_x, A_y, A_z)$, $\boldsymbol{B} = (B_x, B_y, B_z)$의 덧셈연산 결과가 $\boldsymbol{A} + \boldsymbol{B} = (A_x + B_x, A_y + B_y, A_z + B_z)$와 같음을 알 수 있다.

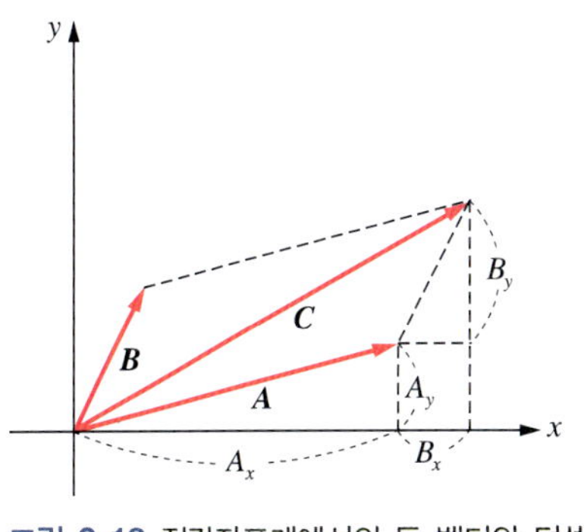

그림 2-10 직각좌표계에서의 두 벡터와 덧셈연산 벡터

변위벡터

두 시각에서의 위치벡터가 알려지면, 처음 위치에서부터 다음 위치까지 잇는 화살표는 그 시간 동안 물체가 어느 방향으로 얼마나 이동했는지 알려주는 위치 변화량이 된다. 위치 변화량을 **변위**displacement라고 하는데, 변위 역시 벡터이므로 **변위벡터**라고도 한다.

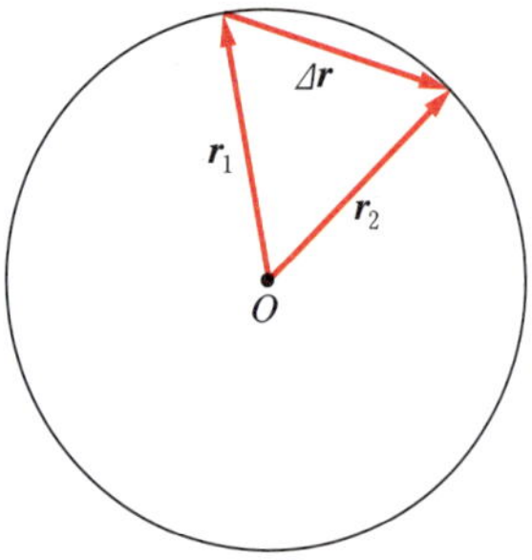

그림 2-11 좌표계의 원점에서 시작하는 두 벡터와 변위벡터

두 위치벡터를 $\boldsymbol{r}_1$, $\boldsymbol{r}_2$라 할 때, 그 변위벡터를 $\Delta\boldsymbol{r}$로 나타내면 변위벡터는 $\boldsymbol{r}_1 + \Delta\boldsymbol{r} = \boldsymbol{r}_2$와 같이 나타낼 수 있다. 그리고 뺄셈연산을 통해 다음과 같이 나타낼 수도 있다.

$$\Delta\boldsymbol{r} = \boldsymbol{r}_2 - \boldsymbol{r}_1 \tag{2.2}$$

물음 2-5 어떤 물체의 두 위치벡터 $\boldsymbol{r}_1$, $\boldsymbol{r}_2$가 처음과 나중 시각의 위치를 나타낸다고 할 때, 물체가 이동한 변위벡터 $\Delta\boldsymbol{r}$을 $\boldsymbol{r}_2 - \boldsymbol{r}_1$으로 나타낼 수 있음을 보여라.

물음 2-6 원운동에서 원을 한 바퀴 도는 데 걸리는 시간을 주기라고 하고, 이를 T로 나타낸다. 원운동에서 중심점은 원점이다.

(a) 특정 시각의 위치벡터와 그 시각에서부터 1/4 주기 후의 위치벡터를 화살표로 나타내라.

(b) 변위벡터를 화살표로 나타내라.

2.4 빠르기와 속도

빠르기(속력)

운동하는 물체에서 가장 관심을 끄는 것은 역시 물체의 **빠르기**speed [6]다. 빠르기는 '일정한 시간 동안 물체가 얼마나 이동했는가?'를 나타낸다. 예를 들어 원운동을 하는 인공위성의 빠르기가 얼마인지를 알려면 위성이 이동한 거리와 그동안 걸린 시간을 알면 된다. 지구 표면에 매우 가까이 붙어서 도는 인공위성은 지구 한 바퀴를 도는 데 약 90분이 걸린다. 그러므로 지구 중심에서 인공위성까지의 거리를 지구 반지름인 약 6,400 km라고 할 때, 위성의 빠르기 v는 다음과 같이 계산할 수 있다.

---

6 빠르기를 흔히 속력이라고 하는데, 이 책에서는 '속력'이라는 용어 대신 '빠르기'라는 용어를 쓰기로 한다.

$$빠르기\ v = 이동\ 거리/시간 = 2\pi \times 6,400\,\mathrm{km}/1.5\,\mathrm{h} \approx 26,810\,\mathrm{km/h} \tag{2.3}$$

즉 인공위성은 시속 26,810km 정도의 빠르기로 운동한다. 일상생활에서는 빠르기가 의미가 있는 양이지만, 물리학에서 운동을 분석하는 데에는 그다지 쓸모가 없다.

물음 2-7 달이 원운동을 한 번 하는 데는 약 28일이 걸린다. 지구 반지름은 6,400km고, 지구에서 달까지의 거리는 지구 반지름의 약 60배다. 달의 빠르기를 시속으로 나타내라.

속도

물체의 운동을 분석하려면 빠르기라는 양만으로는 충분하지 않다. 왜냐하면 물체는 공간 속에서 운동하므로 빠르기뿐만 아니라 운동 방향도 고려해야 하기 때문이다. 즉 운동을 분석하려면 '어떤 방향으로 얼마나 빠르게' 운동하는지에 관한 자료가 필요하다. 빠르기와 방향을 나타낸 양을 **속도**velocity라고 한다. 속도는 벡터양이고, '빠르기'는 '속도벡터의 크기를 나타내는 양'으로 흔히 속력이라고 불리기도 한다.

변위벡터는 공간에서 물체가 얼마나 멀리, 어떤 방향으로 이동했는지 알려주는 양이므로 속도를 구할 때 매우 유용한 양이다. 일정한 시간 간격으로 측정한 변위벡터들은 그 자체로 이미 '어느 방향으로 얼마나 빨리 이동했는지'를 알려주기 때문이다. 어떤 시간 구간 동안의 변위벡터가 알려지면, 그 시간 구간에서의 속도는 변위벡터를 그 시간 구간의 크기로 나눈 값으로 정의한다. 즉 어떤 두 시각 t_1, t_2에서의 물체의 위치를 각각 r_1, r_2로 나타내면, 두 위치벡터의 변화량인 변위벡터 $\Delta\boldsymbol{r}$은 $\boldsymbol{r}_2 - \boldsymbol{r}_1$로 나타낼 수 있다. 여기에 두 시각 구간의 크기를 Δt라 쓰기로 했을 때, 속도는 다음과 같이 정의할 수 있다.

$$두\ 시각\ t_1, t_2의\ 구간\ 속도 = \left(\frac{1}{\Delta t}\right)\Delta\boldsymbol{r} = \frac{\boldsymbol{r}_2 - \boldsymbol{r}_1}{t_2 - t_1} \tag{2.4}$$

속도벡터는 $\boldsymbol{v}$ 기호로 나타낸다. 속도는 유한한 시간 구간인 Δt 동안의 변위벡터로 정의한 것이므로, 정확하게는 '두 시각 t_1, t_2의 시간 구간 동안의 **평균속도**'라고 말해야 옳다. 속도벡터의 방향은 물론 변위벡터의 방향인 $\Delta\boldsymbol{r}$ 방향이다. 변위벡터의 방향은 물체의 운동 방향이므로 '속도벡터의 방향은 곧 운동 방향'임에 유의하자.

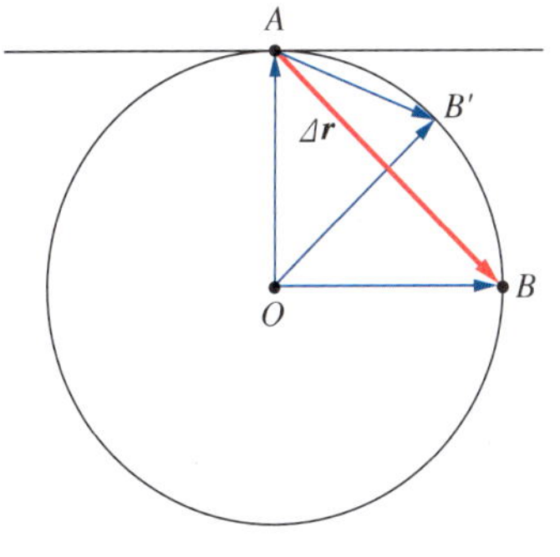

그림 2-12 원운동을 하는 물체의 평균속도 방향

이제 등속 원운동을 하는 물체의 평균속도 방향을 다뤄보자. [그림 2-12]에서 시계방향으로 원운동을 하는 물체의 처음 위치가 A, t_0 시간이 지난 후 물체의 위치를 B라고 하면 그 시간 구간의 변위벡터는 남동쪽 방향이다. 즉 두 위치 구간에서의 평균속도는 남동쪽을 향한다.

순간속도

물체 위치를 측정하는 시간 간격은 언제나 유한하다. 따라서 실제로 측정할 수 있는 자료를 바탕으로 계산된 속도는 언제나 평균속도가 될 수밖에 없다. 그리고 평균속도는 시간 구간을 어떻게 취하는지에 따라 값이 달라진다. 만약 측정한 시간 구간이 매우 짧아서 t_2와 t_1을 사실상 같다고 볼 수 있을 때는 $t_2 \approx t_1$이므로, 그 구간의 평균속도는 시각 t_1의 속도라고 할 수 있다.[7] 따라서 평균속도는 $v(t_1)$과 같이 쓸 수 있으며, 그 값을 시각 t_1의 **순간속도**instantaneous velocity 또는 줄여서 **속도**라고 한다. 우리는 속도라는 물리량을 흔히 사용하지만, (순간)속도는 측정시간 구간이 극한적 수준으로 짧은 경우에만 얻어질 수 있으므로, 속도를 실험적으로 아무런 오차 없이 측정하는 것은 불가능한 일이라고 말할 수 있다.

물체의 운동 경로가 알려져 있을 때, 어느 한 점에서의 순간속도 방향은 그 점에서의 운동경로 접선 방향이 되는 것을 보일 수 있다. 예컨대, [그림 2-12]에서 처음 위치 시각에서 $t_0/2$ 시간이 지난 후 위치는 B'이 되므로, 그 측정시간 구간의 평균속도 방향은 더 이상 남동쪽이 아니다. 이런 식으로 측정시간을 점차 줄여 가면 결국 위치 A에서의 속도가 점 A에서의 접선 방향이 됨을 유추할 수 있다.

또 하나 유사한 예를 들어보자. 원운동에서 호의 한 부분을 확대해 가면 호가 결국 직선처럼 보이는 단계에 이른다. 이는 마치 둥근 지구의 한 부분을 확대해 가면 평평한 지표면처럼 보이는 것과 같은 이치다. 이때 직선 방향은 그 위치에서의 접선 방향과 같아진다. 일반적으로 시간 간격이 충분히 작을 때의 평균속도 방향인 순간속도의 방향은 '곡선의 접선 방향'이라 할 수 있다.

2.5 직선운동에서의 속도

물체의 운동을 분석하려면 먼저 시간에 따른 위치를 측정해야 하는데, 방향과 빠르기가 변하지 않는 운동인 직선운동을 기록하기가 가장 쉽다. 예컨대, 일정한 속도로 운동하는 물체의 위치를 일정한 시간 간격으로 기록한 자료가 있다고 하자. 이때 직선의 운동 방향을 직각좌표계의 x축으로 정하고, 그 축 위의 한 점을 기준점(원점)으로 정하면, 물체의 위치벡터는 $\boldsymbol{r}(t) = x(t)\hat{i}$로 나타낼 수 있다. 이때 $x(t)$는 시각 t에서의 물체의 위치 좌표로서, 물체가 기준점에서 어느 방향에 있는가에 따라 양(+)의 값이나 음(−)의 값을 갖는다. 이런 사실은 직선운동에서는 벡터 기호를 쓰지 않고, $x(t)$와 같이 한 숫자로 위치벡터를 나타내도 좋다는 뜻이다.

위치벡터를 단지 하나의 숫자 x로 나타낸 것과 마찬가지로 직선운동에서는 변위벡터도 하나의 숫자로 나타낼 수 있다. 예를 들어 물체의 처음 위치를 x_1, 나중 위치를 x_2라고 하면, 변위벡터는 $(x_2 - x_1)\hat{i}$이지만, $x_2 - x_1$이라는 숫자가 변위벡터를 나타낸다. 즉 숫자의 부호로 방향을 나타내고 있다는 사실에 유의하기 바란다.

---

7 이 경우, 수학의 미분 기호를 사용해 $\lim t_2 \to t_1$ 또는 $\Delta t = t_2 - t_1$으로 쓰고, $\lim \Delta t \to 0$으로 나타낸다.

만약 x_1, x_2가 각각 시각 t_1, t_2에서의 위치라면, 그 시간 구간에서의 평균속도는 다음과 같이 계산할 수 있다.

$$< v > = \frac{x_2 - x_1}{t_2 - t_1} \tag{2.5}$$

일정한 빠르기로 움직이는 운동에서는 어떤 시간 구간을 취하든지 속도가 일정하다. 하지만 일반적으로는 시간 구간을 어떻게 취하는지에 따라 평균속도가 달라진다. 순간속도는 무한히 가까운 두 시각에서의 위치 정보가 있어야 얻을 수 있으므로, 실험으로는 순간속도를 정확히 측정할 수는 없지만 짧은 시간 간격으로 위치를 측정해 나갈수록 더 정확한 값을 측정할 수 있다.

등속도 운동

방향이 변하지 않고 일정한 빠르기를 유지하는 운동을 **등속도 운동**이라 하며, 가장 단순한 운동 형태다. 앞에서 살펴본 것처럼 등속도 운동에서는 평균속도와 순간속도가 같으므로($< v > = v$), 이 둘을 구별할 필요가 없다. 이제 속도가 v_0로 일정한 물체의 운동을 다뤄보자(앞으로 일정한 값을 갖는 양에는 아래첨자로 0을 붙이기로 한다). 이때 속도는 다음과 같이 나타낸다.

$$v_0 = \frac{x_2 - x_1}{t_2 - t_1} \tag{2.6}$$

물론 두 위치는 각 시각에서의 위치인 $x_2 = x(t_2)$, $x_1 = x(t_1)$을 나타낸다. 따라서 이 식을 다시 쓰면 다음과 같다.

$$x_2 = x_1 + v_0(t_2 - t_1) \tag{2.7}$$

또한 $t_1 = 0$, $t_2 = t$라고 나타내고, 초기 위치인 $x(0)$을 x_0라 쓰면, 이 식을 다음과 같이 쓸 수도 있다.

$$x(t) = x_0 + v_0 t \tag{2.8}$$

흥미로운 사실은, 속도와 시간의 그래프에서 이동 거리는 속도-시간 그래프의 넓이와 같아진다는 점이다.

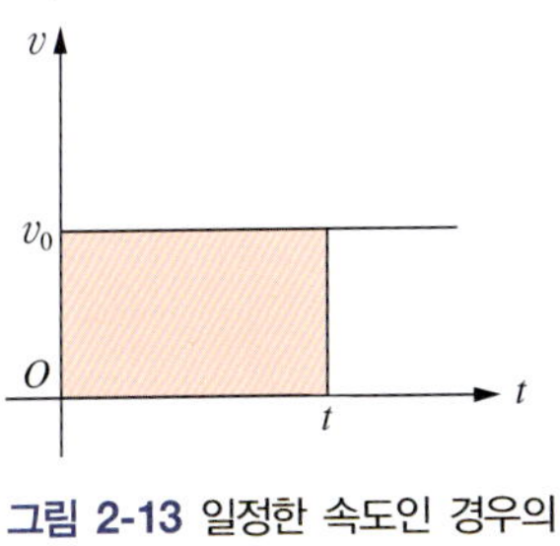

그림 2-13 일정한 속도인 경우의 속도-시간 그래프

2.6 가속도

앞에서 우리는 운동을 분석하는 데 빠르기보다 속도벡터가 더 중요하다고 말했다. 매 순간에서의 속도를 얻으면, 그 다음 중요한 양은 그 속도가 시간에 따라 어떻게 달라지는지에 대한 것이다. 시간에 따른 속도의 변화를 나타내는 양을 **가속도**acceleration라 하며, a 기호로 나타낸다. 가속도는 벡터양인 속도의 변화량이므로 당연히 벡터양이다. 두 시각에서의 속도를 구한다면 속도 변화량 벡터는 $\boldsymbol{v}_2 - \boldsymbol{v}_1$이므로, '두 시각 구간'에서의 **평균가속도**는 다음과 같이 정의한다.

$$< \boldsymbol{a} > = \frac{\boldsymbol{v}_2 - \boldsymbol{v}_1}{t_2 - t_1} \tag{2.9}$$

속도에서처럼 **순간가속도**란 시간 간격이 '충분히 작은 시간 구간의 평균가속도'를 뜻하며, 가속도라고 말할 때는 일반적으로 순간가속도를 뜻한다. 한편 미분 기호를 쓰면 시각 t_1에서의 순간가속도를 다음과 같이 나타낼 수 있다.

$$\boldsymbol{a}(t_1) = \lim_{t_2 \to t_1} \frac{\boldsymbol{v}_2 - \boldsymbol{v}_1}{t_2 - t_1} \tag{2.10}$$

식 (2.10)에서 보듯이 '가속도 방향은 속도 변화량 방향'임에 유의하기 바란다. 속도도 위치로부터 얻은 간접적인 양이기 때문에 추상적인 개념이지만, 가속도는 속도로부터 얻은 양이기 때문에 더욱 추상적이다. 따라서 속도보다 가속도의 개념을 이해하기가 더 어렵다. 그러나 위치 변화량인 변위가 속도에 대응되는 것과 같이 속도 변화량이 곧 가속도에 대응된다는 점을 고려하면 가속도의 개념을 이해하는 데 도움이 된다.

물음 2-8 어떤 두 시각에서의 속도벡터 $\boldsymbol{v}_1$, $\boldsymbol{v}_2$가 다음과 같다고 할 때, 평균가속도 벡터를 그림에 표시하라.

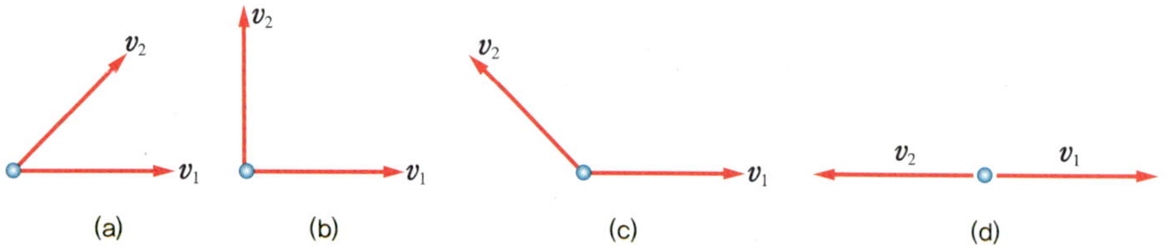

예제 2-1 **운동하는 자동차의 가속도**

동쪽으로 달리던 자동차가 1분 후에는 남쪽으로 향했다. 자동차의 빠르기는 60 km/h(시속 60 km)로 일정했다.

(a) 1분 동안의 속도 변화량은 어느 방향인가?

(b) 1분 동안의 평균 가속도 크기는 얼마인가?

풀이

(a) 처음과 나중 속도를 각각 v_1, v_2라고 하면, 속도 변화량 Δv는 $v_2 - v_1 = \Delta v$ 또는 $v_1 + \Delta v = v_2$로 쓸 수 있다. 동쪽을 향하는 벡터에 남서쪽을 향하는 동일한 크기의 벡터를 더해야 합벡터가 남쪽이 되므로, 속도 변화량 벡터는 남서쪽 방향이다.

(b) 빠르기 v는 1km/(분)이고, 속도 변화량 크기는 $\sqrt{2}v$이므로 평균 가속도 크기는 약 1.4km/(분)^{2}이다.

물음 2-9 일정한 빠르기로 원운동을 하는 물체가 있다. 물체가 원을 한 바퀴 도는 데 걸리는 시간을 T라고 하고, 빠르기를 v_0라고 하자. 시계방향으로 원운동을 하는 물체의 처음 위치를 A라고 할 때, 그 위치에서의 속도는 접선 방향인 동쪽이 된다. 그리고 시간 $T/4$가 지난 후 위치 B에서의 속도는 남쪽을 향한다.

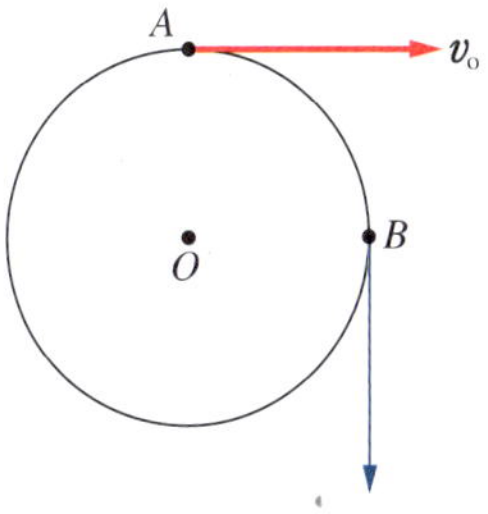

(a) $T/4$ 구간에서 속도벡터 변화량 방향, 즉 평균가속도 방향은 어느 방향인가?

(b) $T/4$ 구간에서 평균가속도의 크기가 $4\sqrt{2}v_0/T$임을 보여라.

직선운동의 가속도

일정한 시간 간격으로 위치를 측정했을 때 점들이 일정한 간격으로 찍혀 있다면, 각 시간 구간의 변위벡터는 모두 같은 크기와 방향을 가진 벡터이므로, 속도는 일정하다. 따라서 속도 변화량은 0이 되어 가속도가 0이 된다. 그러나 속도가 변하는 운동에서는 가속도가 더 이상 0이 아니다. 예를 들어 점점 빨라지는 운동을 기록할 경우에는 위치를 기록한 점들의 간격도 점점 커진다. 이때는 매시간 구간마다 변위벡터가 달라진다.

벡터의 화살표 표시를 이용해, 주어진 위치로부터 변위벡터를 쉽게 얻었던 것처럼 속도벡터의 화살표 표시를 이용하면 가속도를 나타내는 속도 변화량 벡터도 쉽게 얻을 수 있다. 이제 직선운동에서 물체가 점점 빨라지는 경우와 느려지는 경우에 속도와 가속도 방향을 살펴보자. 먼저 [그림 2-14]와 같이 점점 빠르게 움직이는 물체의 위치를 일정한 시간 간격으로 측정한 자료를 보자.

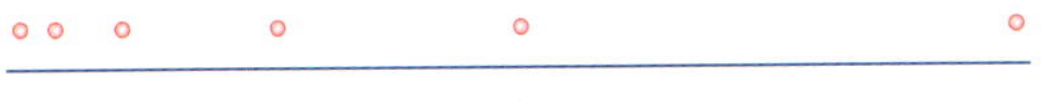

그림 2-14 일정한 시간 간격으로 측정한 위치 자료

각 구간을 연결해 얻은 벡터가 바로 각 구간 사이에서의 평균속도 벡터 방향이다. 이제 평균속도를 그 구간 중간 시점에서의 순간속도라고 취급하면, 각 시간 구간에서의 속도벡터 변화량은 운동 방향인 오른쪽을 향하는 벡터가 된다. 그러므로 이 운동에서는 속도와 가속도 모두 오른쪽을 향한다.

물음 2-10 다음 그림은 직선운동에서 점점 느리게 가는 경우를 나타낸 위치 자료다.

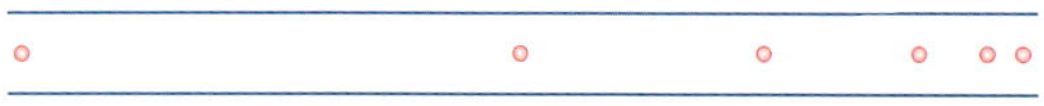

(a) 각 시간 구간의 속도벡터 방향과 속도벡터의 상대적 크기를 그림에 나타내라.
(b) 이 운동에서 가속도 방향은 어느 방향인가?

따라서 점점 빨라지는 운동에서의 가속도 방향은 운동 방향과 같지만, 점점 느려지는 운동에서의 가속도 방향은 운동 방향과 반대임을 알 수 있다. 직선운동을 분석할 때는 앞서 언급한 것처럼 '숫자로 속도벡터를 나타낼 수 있다는 점'이 편리하다. 직선운동에서 속도를 v로 나타내고, 두 시각에서의 속도를 각각 v_1, v_2라 하면, 속도 변화량은 $\Delta v = v_2 - v_1$이 된다. 이때 두 위치가 각각 시각 t_1, t_2에서의 위치일 때, 그 시간 구간에서의 평균가속도는 다음과 같이 쓸 수 있다.

$$< a > = \frac{v_2 - v_1}{t_2 - t_1} = \frac{\Delta v}{\Delta t} \tag{2.11}$$

물음 2-11 왼쪽(−) 방향으로 운동하는 물체의 빠르기가 점점 빨라질 때 평균가속도는 어느 방향(부호)인가?

2.7 등가속도 운동

가속도의 크기와 방향이 언제나 일정한 운동을 **등가속도 운동**이라 하며, 가장 단순한 가속도 운동 형태다. 등속도 운동과 마찬가지로, 평균가속도는 어떤 시간 구간을 취해도 값이 같으므로 평균가속도 $< a >$는 순간가속도 a와 같아져서 $< a > = a$가 된다. 따라서 물체의 가속도가 a_0로, 일정한 직선운동에서의 가속도는 다음과 같다.

$$a_0 = \frac{v_2 - v_1}{t_2 - t_1} \tag{2.12}$$

한편, $v(t_2) = v_2$, $v(t_1) = v_1$으로 나타내면, 이 식은 다음과 같아진다.

$$v(t_2) = v(t_1) + a_0(t_2 - t_1) \tag{2.13}$$

이때 $t_1 = 0$, $t_2 = t$라 하고 $v(0) = v_0$로 나타내면, 다음과 같이 쓸 수도 있다.

$$v(t) = v_0 + a_0 t \tag{2.14}$$

가속도와 시간 간 그래프를 그리면, 어떤 시간 구간에서 생긴 속도 변화량은 가속도 그래프의 넓이와 같아진다.

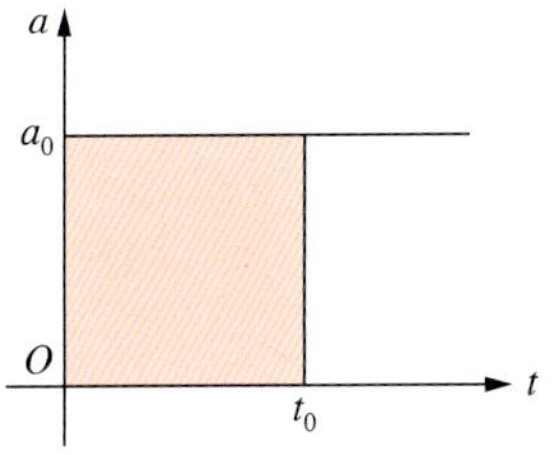

그림 2-15 등가속도 운동에서의 가속도-시간 관계

등가속도 운동에서 속도는 일정한 기울기로 증가하는 양이 된다. 한편, 물체의 이동 거리는 속도-시간 그래프의 넓이와 같으므로, 초속도가 v_0인 경우 시각 t가 될 때까지 이동한 거리는 다음과 같다.

$$x(t) - x_0 = v_0 t + \frac{1}{2}a_0 t^2 \tag{2.15}$$

여기에서 x_0는 초기 위치(시각 $t = 0$에서의 위치)를 나타낸다.

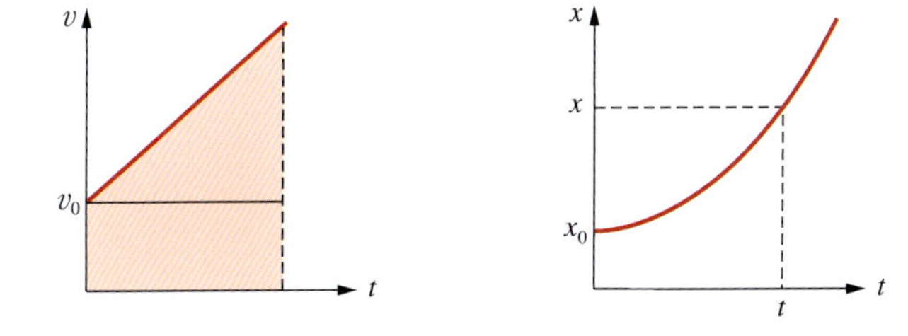

(a) 등가속도 운동의 시간-속도 관계 (b) 등가속도 운동의 시간-변위 관계

그림 2-16 등가속도 운동에서의 시간-속도와 시간-변위 관계

물음 2-12 정지한 상태에서 일정한 가속도 크기 a로 운동하는 경우, 거리 x까지 이동했을 때의 빠르기는 $v^2 = 2ax$로 나타낼 수 있음을 보여라.

물음 2-13 처음 속도 v_0로 미끄러지던 썰매가 일정한 가속도 크기 a_0로 멈췄다. 멈출 때까지 이동한 거리가 $v_0^2/2a_0$임을 보여라.

CHAPTER 02 연습문제

1 인간의 몸을 한 변의 길이가 $0.50\,m$ 인 정육면체라고 가정하면, 인간의 몸은 몇 개의 원자로 이루어져 있는가? 단, 원자를 한 변의 길이가 $10^{-10}\,m$ 인 정육면체로 취급하라.

2 낮은 궤도의 인공위성이 90분에 지구를 한 바퀴 돈다고 한다. 지구 반지름이 6,400km 이고 위성이 지표면을 따라 운동한다고 할 때, 인공위성 빠르기를 시속과 초속으로 나타내라.

3 재채기를 할 때 보통 약 0.50초 동안 눈을 감는다. $100\,km/h$ 의 빠르기로 달리는 자동차에서 재채기를 하는 동안 자동차가 이동한 거리는 얼마인가?

4 어떤 초음속 전투기의 빠르기가 시속 1,980km 라 한다. 조종사가 눈을 깜박일 때 눈을 감고 있는 시간을 0.10초라고 가정할 때, 조종사가 눈을 깜박이는 동안 전투기가 날아간 거리는 얼마인가?

5 고속도로로 300km 떨어진 다른 도시에 오전 11시 15분까지 자동차로 가려고 한다. 오전 8시에 출발해 $100\,km/h$ 의 빠르기로 100km 를 갔지만, 도로공사 때문에 다음 40km 를 $40\,km/h$ 의 빠르기로 가게 되었다. 정해진 시각까지 도착하려면 나머지 구간에서 얼마나 빨리 달려야 하는가?

6 중력의 영향이 무시되는 우주 공간의 영역에서 우주선이 $10.0\,m/s^2$의 일정한 가속도로 직진하고 있다.

(a) 우주선이 정지상태에서 출발한다고 할 때, 광속인 $3.0 \times 10^8\,m/s$ 의 10% 빠르기에 도달하는 데 걸리는 시간은 얼마인가?

(b) 그 시간 동안 우주선의 비행거리는 얼마인가?

7 빠르기가 시속 20km 인 두 기차가 마주 달리고 있다. 두 기차가 600m 떨어진 상태에서, 새 한 마리가 한쪽 기차를 출발해 다른 쪽 기차까지 날아갔다가 다시 돌아오는 운동을 계속한다고 하자. 새의 빠르기가 시속 30km 라면, 기차가 충돌할 때까지 새가 난 거리는 얼마인가?

8 방울뱀은 $50\,m/s^2$의 가속도로 먹이를 공격할 수 있다고 한다. 정지상태에서 이 가속도로 $100\,km/h$ 의 빠르기를 얻으려면 몇 초가 걸리는가?

9 어떤 제트 여객기는 이륙하기 위해 $300\,km/h$ 의 빠르기가 필요하다고 한다. 활주로 길이가 2.0km 라면 필요한 가속도 크기는 몇 km/h^2인가?

10 시속 110km로 달리던 자동차에 브레이크를 작동하면, 일정한 가속도로 50m를 이동한 후 정지한다고 한다.

(a) 가속도 크기는 얼마인가?

(b) 멈추는 데 걸린 시간은 얼마인가?

(c) 운전자가 브레이크를 작동하기 시작하는 데 필요한 시간이 0.4초라면, 자동차가 멈출 때까지 이동한 거리는 얼마인가?

11 동쪽으로 달리던 자동차의 방향이 1분 후에는 남쪽으로 향했다. 자동차의 빠르기는 60km/h로 일정했다.

(a) 1분 동안의 속도 변화량은 어느 방향인가?

(b) 1분 동안의 평균 가속도 크기는 몇 km/h^2인가?

12 위치와 시간이 $x(t) = 5.0t^2$으로 표현되는 운동이 있다. 시간 단위는 초(s), 위치 단위는 미터(m)이다.

(a) $t = (1.00, 1.01)$초 구간, $t = (1.01, 1.02)$초 구간에서의 평균속도는 얼마인가?

(b) (a)에서 얻은 속도를 순간속도라 가정하고, $t = 1.01$초에서의 평균가속도 크기는 얼마인가?

(c) $x(t) = 5.0t^2$의 미분 표현으로부터 얻은 $t = 1.01$초에서의 가속도 크기는 얼마인가?

13 직선 위에서 운동하는 어떤 물체의 위치를 $x(t) = -4t + t^3$으로 나타낼 수 있다고 한다. 여기에서 시간 단위는 초(s), 위치 단위는 미터(m)이다.

(a) $t = (2, 4)$초 구간과 $t = (4, 6)$초 구간의 평균속도 크기는 각각 얼마인가?

(b) (a)의 결과로부터 얻은 속도를 각각 두 시각 3초와 5초에서의 (순간)속도라 볼 때, $t = (2, 6)$초 구간의 평균가속도 크기는 얼마인가?

(c) $t = (3, 4)$초와 $t = (4, 5)$초 구간의 평균속도 크기는 각각 얼마인가?

(d) (c)의 결과로부터 얻은 속도를 각각 두 시각 3.5초와 4.5초에서의 (순간)속도라 볼 때, $t = (3, 5)$초 구간의 평균가속도 크기는 얼마인가?

14 딱따구리의 부리가 나무기둥에 부딪치는 순간 딱따구리의 부리 빠르기는 7.49m/s라 한다. 부리는 나무껍질 속 1.87mm까지 들어가 멈춘다고 한다. 가속도가 일정하다고 가정하면 부리의 가속도 크기는 얼마인가?

므로, 지구의 운동 방향과 그에 수직인 방향으로 빛이 진행할 때 간섭 현상이 생길 것으로 생각했던 것이다. 그러나 그들은 어떤 간섭 현상도 관찰할 수 없었으므로 정지한 에테르 속을 운동하는 지구의 '절대속도'를 측정하는 데 실패했다.

에테르의 존재를 확인할 수 없다는 사실을 포함한 여러 가지를 고려한 결과, 아인슈타인은 절대기준계가 실제로 존재하는지를 의심했다. 즉 그는 절대기준계는 존재하지 않는다고 보았다. 그런 가정 속에는 우주의 중심이 존재하지 않는다는 사실을 내포하고 있기 때문에 그것은 매우 혁명적인 생각이었다.

또한 아인슈타인은 빛의 매질이라 가정했던 에테르가 없다면 어떤 관측자가 측정하든 광속(빛의 빠르기)은 항상 일정하다고 가정했다. 그리고 그 두 가지 가정이 사실인 경우, 그로부터 어떤 결과가 얻어지는지 다뤄보았다. 그런 가정에 기초한 이론을 **특수상대성이론**special theory of relativity이라고 한다. 즉 특수상대성이론(또는 특수상대론)에서 가정한 두 가지 사실은 다음과 같다.

(1) 절대기준계란 존재하지 않는다.
이 사실은 '우주의 중심은 존재하지 않는다' 또는 '모든 관성기준계는 동등하다'라고도 나타낼 수 있다.
(2) 진공에서의 광속은 관측자의 상태와 무관하게 언제나 일정하다.

특수상대성이론은 매우 단순한 이 두 가지 가정을 기초로 한 이론이지만, 그 결과는 이전까지 인간이 갖고 있던 고정 관념을 완전히 뒤집는 것이었다. 예컨대, 그 이론을 통해 우리는 시간과 공간이 서로 분리될 수 없게 얽힌 양들이라는 사실을 깨닫게 되었다. 시간과 공간이 서로 얽혀 있다는 것은 경험적으로는 이해하기 어렵다. 이는 우리가 살고 있는 시공간을 '절대적'인 3차원 공간과 '절대적'으로 흘러가는 시간으로 인식하고 살아가기 때문이다. 이제 특수상대성이론에서 얻은 두 가지 유명한 현상인 시간 늘어남 현상과 길이 수축 현상을 알아보자.

시간 늘어남 현상

특수상대성이론의 흥미로운 결과 중 하나는 시간이 절대적인 양이 아니라는 점이다. 즉 100년이라는 시간은 우주에 있는 다른 관측자에게는 1,000년, 10,000년도 넘는 시간이 될 수도 있는데, 이런 현상을 **시간 늘어남 현상**이라고 한다. 시간 늘어남 현상이란 '운동하는 계에 있는 시계는 정지한 계의 시계보다 더 느리게 간다'는 현상이다. 예컨대, (직접 측정해 확인하기는 어렵지만) 달리는 사람의 손목시계는 서 있는 사람의 손목시계보다 더 느리게 간다.

특수상대성이론의 두 가정을 따르는 경우, 시간이 왜 상대적인 양이 되는지를 이해하기 위해 빛을 이용해 시간을 측정하는 방법을 생각해보자. 예컨대, 마주보는 두 거울 사이에서 수직으로 빛을 오가게 한 다음, 그 빛이 한쪽 거울에서 다른 거울까지 왕복하는 데 걸리는 시간을 1이라고 정하자. 우리는 1시간 단위마다 심장이 한 번 뛴다고 생각할 수 있다.

이제 나에게 우주인인 쌍둥이 형이 있으며, 우주여행을 하는 형에게도 거울 시계가 있다고 가정하자. 우주선에 탄 형은 자신의 손에 있는 거울 시계도 지구에서와 같이 1이라는 시간마다(또는 심장이 한 번 뛸 때마다) 빛이 두 거울 사이를 왕복한다고 생각할 것이다. 이번에는 지구에 있는 내가 형의 거울 시계를 바라본다고 가정해보자. 형의 입장에서는 자신이 가진 거울 시계의 빛은 당연히 거울 사이를 수직으로 운동하는 것으로 보인다. 그러나 내가 볼 때 형의 거울 시계는 운동하므로, 거울 시계의 빛은 비스듬한 방향으로 진행하는 것으로 보인다.

이 단계에서 '광속은 누구에게나 일정하다'라는 가정을 도입하면, 형의 거울 시계에서 빛이 한 번 왕복하는 동안 나의 거울 시계 빛은 여러 번 왕복한다. 즉 나의 시계로 10년이 흐르는 동안 형의 시계로는 겨우 1년이 흘렀을 수도 있다. 또는 형의 심장이 한 번 뛰는 동안 내 심장은 10번 뛴다고 말할 수도 있다. 즉 정지한 거울 시계로는 거울 시계의 빛이 한 번 왕복하는 동안 1시간 단위가 흘러가지만, 그 거울 시계가 운동한다고 보는 사람에게는 100시간 단위가 흘러갈 수도 있다.

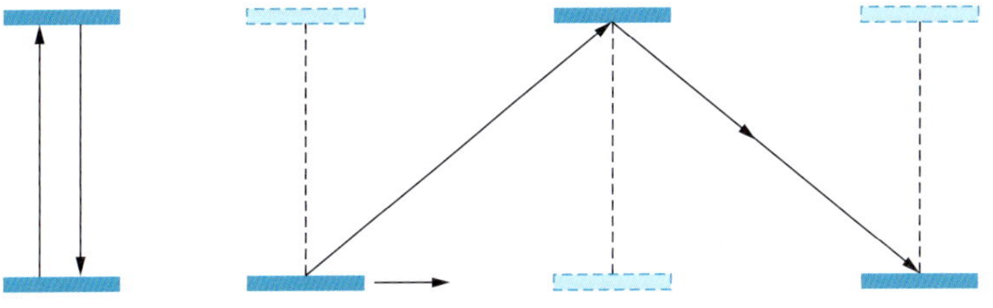

그림 3-3 정지한 거울 시계와 운동하는 거울 시계

그러므로 거울 시계에서 빛이 왕복하는 시간은 관측자에 따라 다르게 측정된다. 그중에서 거울 시계가 정지해 있다고 보는 관측자가 측정한 시간이 가장 짧은데, 그 가장 짧은 시간을 **고유시간**proper time이라고 한다. 고유시간이란 관측자 몸에 붙어 있는 손목시계로 측정한 시간이라고 생각하면 좋다. 이처럼 특수상대성이론은 '다른 사람이 보기에는' 수명을 얼마든지 연장할 수 있는 방법을 알려주지만, 안타깝게도 각자 '자신이 가진 시계의 시간(즉 정지한 시계의 시간 또는 나의 손목시계 시간)으로는' 똑같은 수명만을 허락한다.

이제 거울 시계의 거울 간격을 h라고 하고, 그 거울이 속도 V로 운동하는 경우 시간이 얼마나 더 느리게 가는지 계산해보자. 정지한 거울 시계가 형이 탄 우주선 속에 있고, 빛이 아래쪽 거울에서 위쪽 거울까지 가는 데 걸리는 시간을 T_0라고 하면, 그 시간은 $T_0 = \dfrac{h}{c}$가 된다. 이 시간이 곧 빛이 거울 사이로 이동하는 데 걸리는 고유시간이다. 한편, 지구에 있는 동생이 본 거울 시계는 속도 V로 운동하는 우주선 속에 있다. 이때 빛이 거울 사이로 이동하는 데 걸리는 시간을 지구에서 측정한 결과가 T라고 하면, 그 값은 다음 식을 이용해 구할 수 있다.

$$(cT)^2 = (VT)^2 + h^2 \tag{3.4}$$

따라서 다음과 같은 결과를 얻는다.

$$T = \frac{h}{\sqrt{c^2 - V^2}} = \frac{1}{\sqrt{1-(V/c)^2}}\,T_0 \qquad (3.5)$$

이 결과는 $\gamma = \frac{1}{\sqrt{1-(V/c)^2}}$ 이라고 하여, 흔히 $T = \gamma T_0$ 형태로 나타내기도 한다. 시간 늘어남 현상의 좋은 예는 입자 붕괴 현상에서 볼 수 있다. 우주에서 날아오는 입자들에 의해 대기 중에서 수없이 만들어졌다가 소멸하는 입자 중에는 **뮤온**muon이라는 것이 있는데, 이 입자는 고공에서 만들어진 후 거의 광속으로 떨어진다. 이 입자를 실험실에서 만들면 수명이 약 2/1,000,000초다. 따라서 상식적으로 보기에는 대기 중에서 만들어진 뮤온이 다른 입자로 변하기까지 이동한 거리는 약 600 m가 되어야 옳다. 그러나 실제 관측 결과는 약 10 km로 알려져 있다. 운동하는 뮤온은 실험실에서 만들어진 정지한 뮤온보다 100배 이상 오래 살아남는 것이다.

≫ 참고 쌍둥이 패러독스

특수상대성이론의 예측은 실험적으로 모두 증명되었다. 예컨대, 뮤온처럼 정지한 상태에서 2/1,000,000초만 존재하고 곧 다른 입자로 변하는 입자가 있을 때, 그 입자가 거의 광속으로 운동하는 경우에는 매우 오랜 시간 후에나 다른 입자로 변한다. 또한 비행기에 태워 오래 운동시킨 시계의 시간이 지상에 있는 시계의 시간보다 더 느리게 간다는 사실은 쌍둥이 패러독스twin paradox 실험을 통해 증명되었다.

이런 사실은 미래에 가능할 것으로 생각되는, 매우 먼 별로 여행하는 것도 가능한 것처럼 보이게 한다. 우주선의 빠르기를 광속 수준으로 만들기는 쉽지 않겠지만, 만약 그렇게 할 수 있게 되면 우주선에 탄 우주인의 시계는 지구의 시계보다 더 느리게 갈 것이다. 즉 우주선 내의 모든 현상은 마치 필름을 천천히 돌릴 때처럼 느린 영상으로 보이며, 지구에서 관측하기에 우주인의 맥박, 숨쉬기 등 모든 것이 느려진다. 따라서 지구에 있는 우리의 시간이 100년이 지나가는 동안 우주인의 시간은 채 1년도 지나가지 않을 수도 있다. 따라서 우주인은 자신이 1광년을 여행했다고 생각하지만, 우리가 보기에는 이미 100광년의 거리를 달려가 있을 수 있다. 이는 우주인이 별로 나이를 먹지 않은 채 매우 먼 별까지 여행할 수 있음을 뜻한다. 물론 그가 여행을 떠난 얼마 후부터 지구에는 그의 후손들만이 살고 있을 것이다.

또한 이런 사실은 생명 연장의 꿈도 꾸게 한다. 만약 쌍둥이가 태어났을 때, 쌍둥이 형을 우주선에 태워 매우 빠르게 여행시키면 지구에 남은 동생보다 더 오래 살 수 있지 않을까? 그런데 다시 생각하면 그 반대도 가능하다는 생각이 든다. 즉 우주선을 타고 가는 형이 볼 때는 동생이 운동하므로 동생이 더 오래 산다고 생각할 것이기 때문이다. 이 두 사람의 계는 실제로 완전한 대칭계로서, 두 사람 모두 상대방이 더 오래 산다고 보며, 그 점에서는 두 사람 모두 옳다.

이때 누가 실제로 더 오래 사는지 확인할 수 있을까? 그 방법은 물론 우주여행을 떠난 형이 지구로 돌아와 동생을 다시 만나는 길뿐이다. 그럴 때 실제로 누가 더 젊을까? 이 문제는 등속도 운동을 하는 두 기준계에 관한 이론인 특수상대성이론의 범주를 벗어나는 것이다. 왜냐하면 형이 우주여행을 마친 후 다시 돌아오려면 등속도 운동이 아닌 가속운동을 해야 하기 때문이다. 여행을 떠났다가 돌아오는 형과 지구에 남은 동생의 기준계는 형이 가속운동을 하는 동안에는 더 이상 대칭계가 아니다. 가속운동을 하는 기준계의 물리학을 '일반상대성이론'이라고 하며, 그 이론에 의하면 가속되는 계의 시계가 더 느리게 간다. 따라서 우주여행을 한 형이 좀 더 젊어진다.

길이 수축 현상

절대적 시간과 절대적 공간 개념을 갖고 있는 우리로서는, 앞서 소개한 시간 늘어남 현상을 이해하는 것이 쉽지 않다. 시간 늘어남 현상이 가져오는 다른 문제점을 알아보기 위해 뮤온의 예로 돌아가자.

하늘에서 떨어지는 뮤온은 지상에 있는 뮤온보다 확실히 더 오래 산다. 그러나 뮤온에 달라붙어 같이 떨어지는 관측자는 자신의 뮤온은 정지해 있고 지상의 뮤온이 운동하므로, 지상의 뮤온이 더 오래 산다고 측정한다. 그렇다면 실제로 어떤 뮤온이 더 오래 산 것일까? 시간 늘어남 현상을 제대로 이해했다고 생각하는 사람도 이 단계에서는 결국 혼란을 느끼게 될 것이다. 시간과 공간이 뒤섞여 우리의 상식적인 관념을 뒤흔들어 놓았기 때문이다. 이런 어려움 때문에 상대성이론을 이해하기가 어려웠고, 그에 대한 수많은 **역설**paradox이 생겨났던 것이다.

이 현상을 뮤온과 같이 거의 광속으로 운동하는 관측자가 자신의 이동 거리를 측정한다고 가정해 다시 다뤄보자. 그가 보기에 뮤온은 정지한 상태이므로 자신의 뮤온이 2/1,000,000초 후에 붕괴했다고 기록할 것이다. 한편, 그가 보는 지상계도 거의 광속으로 운동한다. 그러므로 그는 뮤온과 자신이 겨우 600 m 정도 날아간 후에 뮤온이 붕괴했다고 측정한다. 그러나 지상의 관측자는 그 뮤온이 10 km나 운동했다고 주장한다. 과연 무엇이 잘못된 것일까? 관성기준계의 동등성을 고려할 때, 이러한 물음에 대한 답은 물론 '두 기준계의 주장이 모두 옳다'라고 해야 한다.

그렇다면 어떤 논리를 적용해야 이런 이상한 상황을 이해할 수 있을까? 이런 상황에 대한 유일하고도 단순한 설명은 운동하는 물체의 길이가 줄어들었다고 하는 것뿐이다. 즉 뮤온을 따라 운동하는 관측자에게 지표면계는 운동하므로 지표면에서의 10 km가 600 m로 측정된다고 해야만 한다. 이와 같은 설명 결과를 **길이 수축**length contraction **현상**이라고 한다. 예컨대, 기찻길 옆에 10 m 간격으로 전신주가 서 있다고 할 때, 달리는 기차에 탄 사람이 측정한 전신주 간격은 10 m보다 짧을 것이다.

이렇게 되면 우리의 혼란스러움은 극도에 달한다. 시간도 절대적이지 않은데, 길이마저도 보는 사람에 따라 다르게 측정된다는 말인가? 우리의 직관에 어긋난 이런 혼란스러움은 시간과 공간이 독립적인 양이 아니라 서로 얽혀 있는 관계이기 때문에 발생한다.

상대성이론이 나오기 전까지 사람들은 절대적 3차원 공간에서 절대적 시간이 흘러간다는 우주관을 갖고 있었다. 즉 공간과 시간은 서로 완전히 분리되어 있어서 어느 누가 측정하든지 절대적 크기를 갖는다고 생각했다. 그러나 상대성이론에서의 공간과 시간은 서로 뒤섞여 서로에게 영향을 주는 양으로, 측정하는 사람에 따라 크기가 달라지는 양들이다. 즉 상대성이론으로 인해 거리나 시간의 흐름이 관측자에 따라 달라진다는 새로운 인식의 지평을 열게 된 것이다.

이제 속도 V로 운동하는 막대가 얼마나 짧아지는지 계산해보자. 지상계에서 볼 때 속도 V로 떨어지는 뮤온이 붕괴하는 데 걸린 시간이 T라고 하면, 이동 거리는 VT가 된다. 그 거리를 정지한 막대 길이라고 하고, L_0라 하자. 한편, 뮤온계에서는 자신이 붕괴하기까지 걸린 시간이 T_0이므로 그동안 자신은 VT_0 거리만큼 이동했다고 본다. 뮤온계에서 측정한 길이를 L이라 하면 $T = \gamma T_0$ 관계로부터 길이 L은 $L = \frac{1}{\gamma} L_0$가 된다. 그러므로 운동하는 막대의 길이는 정지한 상태의 길이보다 짧아진다.

동시성

운동하는 경우에 물체 길이가 짧아진다는 현상을 이해하려면, **길이**가 무엇을 뜻하는 양인지 다시 생각해봐야 한다. 그러나 먼저 **동시성**simultaneity 문제를 생각해보자.

동시성 문제란 다음과 같은 것이다. 예를 들어 어떤 사람이 "달리는 버스의 머리와 꼬리 부분에 어느 순간 동시에 번개가 쳤다."라고 말하는 경우를 생각해보자. 이는 상대성이론을 알기 전까지는 아무 문제가 없는 평범한 서술이었다. 그러나 특수상대성이론의 가정을 도입하면 문제가 생긴다.

그림 3-4 달리는 버스 앞과 뒤에 동시에 치는 번개

먼저 '동시성'이 무엇인지부터 정의해보자. 두 사건이 '동시'에 발생했다는 것은 그 사건들이 발생하는 순간에 사건이 발생한 지점에 있는 시계들의 시각이 똑같다는 것을 뜻한다. 예컨대, 직선으로 이어진 서울-부산 간 선로가 있고, 길이가 매우 긴 기차가 부산을 향해 달리는 경우를 생각해보자. 이때 지상계 관측자가 볼 때 번개가 기차의 머리와 꼬리에 '동시에' 번개가 쳤다는 말은 서울과 부산에 있는 (지상계의) 두 시계가 같은 시각에 번개가 쳤다고 말하는 것과 같다.

이제 부산 방향으로 향하는 기차가 있다고 가정해보자. 지상계 관측자가 동시에 쳤다고 볼 번개를 기차에 탄 관측자가 본다고 하자. 그 경우 기차에 탄 관측자는 기차 앞머리(부산 쪽)에 친 번개를 먼저 보고, 조금 후에야 기차 뒤(서울 쪽)에 친 번개를 볼 것이다. 즉 두 관측자 중 한 관측자에게 '동시에' 일어난 사건은 다른 관측자에게는 더 이상 동시에 일어난 사건이 아니다.

이를 바탕으로 '길이' 개념을 다시 생각해보자. 정지한 막대의 양 끝 위치를 측정하면 그 위치의 차이를 통해 막대의 길이를 얻을 수 있다. 이때 막대의 양 끝 위치는 같은 시각에 '동시에' 측정할 때나 그렇지 않을 때나 똑같다. 그러나 지표면에 대해 운동하는 막대의 양 끝 위치를 측정하는 경우에는, 막대가 운동한다고 보는 지표면 관측자와 막대를 따라 운동하는 관측자의 '동시'가 서로 다르다. 상대성이론에서 물체의 길이는 물체의 양 끝 위치를 '동시에' 측정해 그 위치의 차이로 정의한다. 즉 막대의 '길이'는 일정하지 않고, 관측자에 따라 달라진다. 이때 (우리가 관례적으로는 말하는) 정지한 막대의 양 끝 위치 차이로부터 얻은 길이가 가장 길며, 그 막대 길이를 **고유 길이**proper length라고 한다.

물음 3-2 두 위치의 시계가 같은 시각을 나타내는지 확인하는 방법은 무엇인가? 예컨대, 서울과 부산의 시계를 맞추려면 어떻게 하면 될까?

참고 통나무집 역설

상대성이론이 등장한 후 우리의 상식으로 이해할 수 없는 상황들이 제시되면서 많은 과학자들이 상대성이론의 '모순'을 지적했다. 유명한 예로 **통나무집 역설**[barn paradox]이 있다. 양쪽에 문이 있는 통나무집과 그 집의 길이보다 긴 막대가 있다고 하자. 막대가 정지해 있는 상태에서 막대의 길이는 통나무집 길이보다 길어서, 막대를 집 안에 넣고서 집의 양쪽 문을 닫을 수는 없다. 이제 막대를 빠르게 운동시킨다고 하자. 운동하는 막대는 짧아지므로 통나무집에 막대를 넣은 채 양쪽 문을 닫을 수 있을까? 운동하는 물체의 길이는 짧아지므로 물론 그렇게 할 수 있다.

반면, 막대가 정지해 있고 통나무집 전체가 운동한다고 생각하는 관측자를 보자. 이 경우에는 통나무집의 길이가 줄어든다. 따라서 막대를 가둔다는 것은 상상할 수도 없는 일이다. 이 역설은 동시성 문제와 연관이 있다. 즉 한 관측자가 동시라고 생각한 두 사건이 다른 관측자에게는 다른 시간에 일어나는 것이다. 통나무집 안에 있는 사람은 '동시에' 양쪽 문을 닫았다고 생각한다. 즉 통나무집 안에 있는 사람이 '동시에' 양쪽 문을 닫는 순간, 막대 길이는 짧아져 있고, 막대는 틀림 없이 집안에 들어 있다. 그러나 우리는 다음과 같이 되물을 수도 있다.

'막대에 탄 사람도 과연 양쪽 문을 동시에 닫았다고 할 것인가?'

3.3 로렌츠 변환

우리는 어떤 사람이 측정한 속도를 v라 하고, 그 사람에 대해 일정한 속도 V로 운동하는 다른 사람이 측정한 속도를 v'이라고 하면, 두 속도 사이에는 $v = v' + V$ 관계가 있다는, 상대속도에 관한 갈릴레오 변환 관계를 알아보았다. 그 경우 우리는 시간이 절대적인 양이라 생각했으므로 관계식을 유도할 때 두 관측자의 시간도 당연히 같다고 취급했다. 그러나 상대성이론의 세계에서는 시간도 관측자에 따라 달라지는 상대적인 양이므로 상대속도 변환식은 다시 다뤄져야 한다. 상대론적으로는 그 관계식이 옳지 않다는 사실을 광속의 관계를 통해 쉽게 알 수 있다. 예컨대, 그 변환식으로는 정지한 관측자와 x축 방향으로 속도 V로 운동하는 관측자가 측정하는 x축 방향 속도 사이에는 $v = v' + V$ 관계가 성립하지만, 그 속도 V가 만약 광속이라면, $c = c + V$라는 결과를 얻게 되어 광속은 언제나 c로 일정하다고 한 가정과 어긋난다.

앞에서 다룬 바와 같이, 상대론의 가정을 따르면 길이와 시간은 관측자에 따라 달라지는 상대적인 양이다. 즉 두 관측자의 위치 좌표와 시간이 모두 다르게 측정된다. 따라서 두 관측자 사이의 올바른 속도 관계를 얻으려면 위치와 시간이 동시에 변환된다고 보는 것이 마땅하므로, 그런 가정으로부터 새로운 변환식을 알아보기로 하자.

상대성이론에서는 무엇을 관측한 결과를 항상 '어느 시각, 어느 위치' 결과라고 기술하는데, 이를 **사건**[event]이라고 한다. 예컨대, 직선 위에 있는 어떤 물체의 위치를 관측한 경우, '그 물체는 시각 t에서 위치 x에 있다'와 같이 기술하고, (t, x)로 표기함으로써 사건을 나타낸다.

이제 계 S에 대해 속도 V로 운동하는 계 S'이 있을 때, 어떤 사건을 두 기준계에서 측정한 결과가 각각 (t, x), (t', x')이라고 하자. 이때 갈릴레오 변환식에 의하면 그 위치가 $x' = x - Vt$ 형태와 같아진다. 한편, 상대론의 가정에서 두 기준계는 완전히 대칭적이므로 계 S에서 볼 때 계 S'이 속도 V로 운동한다면, 계 S'에서 볼 때 계 S는 당연히 $-V$ 속도로 운동한다. 그러므로 계 S'에서의 사건 (t', x')을 계 S에서 측정한 위치는 당연히 $x = x' + Vt'$ 형태로 나타내야 한다. 이 변환 관계에서 우리는 위치와 시간 모두가 변하는 가능성을 고려했지만, 이런 형태 변환은 $t' = t$인 경우에만 성립한다는 것을 쉽게 알 수 있다. 즉 두 기준계에서의 시간이 같다고 가정하면 결국 상대론적으로는 옳지 않은 갈릴레오 변환식을 다시 얻게 되는 것을 알 수 있다. 이와 같은 문제점을 해결하기 위해 다음과 같은 변환 관계를 가정해보자.

$$
\begin{aligned}
x' &= a(x - Vt) \\
x &= a'(x' + Vt')
\end{aligned}
\tag{3.6}
$$

여기에서 상수 a, a'은 임의로 도입한 양들로, 두 기준계는 서로 완전히 대칭적이므로(즉 서로의 속도가 반대 방향인 점을 제외하고는 완전히 동등하므로), 당연히 $a' = a$가 되어야 한다.

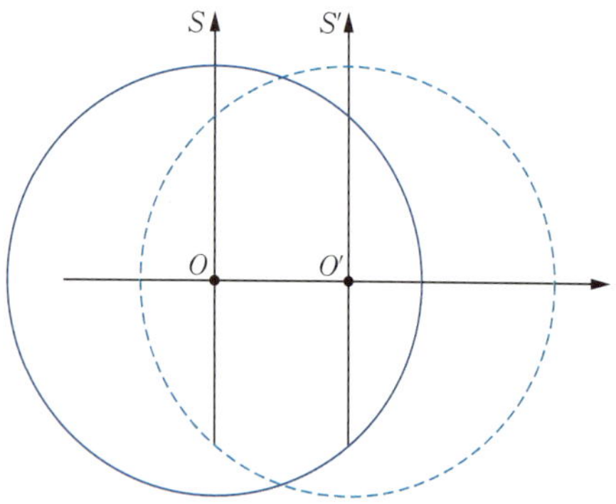

그림 3-5 두 기준계에서 본 빛의 파면

a를 얻기 위해 어느 순간 한 광원에서 나온 빛을 두 기준계에서 관측하는 경우를 생각해보자. 광원에서 빛이 나오는 순간 두 관측자 좌표계의 기준점이 일치한다고 가정하면 두 관측자 모두 빛이 자신의 좌표계 기준점을 중심으로 동심구 모양으로 퍼지는 것으로 본다. 왜냐하면 두 관측자 모두 자신의 좌표계 원점에서 빛이 나와 광속으로 퍼져나간다고 보기 때문이다.

한편, 두 관측자 모두 그 빛의 속도를 c로 측정하게 되므로, 어느 순간 x축 위에서 그 빛의 파면을 측정한다면, 두 기준계 관측자는 각각 자신의 시간 t, t'을 사용해 파면 위치를 각각 $x = ct$, $x' = ct'$으로 나타낼 것이다. 따라서 앞선 변환 관계 $x' = a(x - Vt)$에서 $x' = ct'$으로 대치하면 $ct' = a(x - Vt)$ 관계를 얻고, 마찬가지로 $ct = a(x' + Vt')$ 관계를 얻을 수 있다.

물음 3-3 $ct' = a(x - Vt)$와 $ct = a(x' + Vt')$에서 $x = ct$, $x' = ct'$인 사실을 이용하면 $\beta = \dfrac{V}{c}$로 나타낼 때 $a^2(1 - \beta^2) = 1$, 즉 $a = \pm\dfrac{1}{\sqrt{1-\beta^2}}$임을 증명하라.

얻어진 a의 부호는 두 부호(+, −)일 가능성이 있지만 $V=0$인 경우에는 $x'=x$여야 하므로 (+) 부호만이 적합함을 알 수 있다. 이 경우, a는 흔히 γ 기호로 나타내 $\gamma=\dfrac{1}{\sqrt{1-\beta^2}}$로 정의한다. 따라서 우리는 상대성이론의 가정에 부합하는 가장 단순한 변환식으로 $x'=\gamma(x-Vt)$를 얻게 되었다.

물음 3-4 $x'=\gamma(x-Vt)$라는 관계의 x'을 $ct=a(x'+Vt')$이라는 관계에서 얻은 x' 표현으로 대치해 시간 변환식 $t'=\gamma\left(t-\dfrac{V}{c^2}x\right)$를 구하라.

이 결과에 덧붙여, 기준계 S'의 운동 방향과 무관한 y축, z축 좌표에는 변화가 없다고 가정하면, 시간과 3차원 공간에 대한 변환 관계를 다음과 같이 나타낼 수 있다.

$$\begin{aligned} x' &= \gamma(x-Vt) \\ y' &= y \\ z' &= z \\ t' &= \gamma\left(t-\frac{V}{c^2}x\right) \end{aligned} \tag{3.7}$$

이와 같은 관계식을 **로렌츠 변환식**Lorentz transformation이라고 한다. 이 관계식은 빠르기 V가 광속보다 매우 작아지면 갈릴레오 변환식과 같아진다. 또한 상대론적으로는 시간과 공간이 서로 분리될 수 없도록 뒤엉켜 있는, 즉 관측자에 따라 값이 달라질 수 있는 상대적인 양이라는 점도 보여준다.

물음 3-5 로렌츠 변환식 (3.7)을 이용해, 역변환인 $x=\gamma(x'+Vt')$, $y=y'$, $z=z'$, $t=\gamma\left(t'+\dfrac{V}{c^2}x'\right)$을 유도하라.

물음 3-6 계 S에서 시각 $t=0$에 좌표계 원점에서 나온 빛이 시각 t_0에 x축 위의 어떤 위치에서 관측되었다. 계 S에 대해 x축 방향으로 빠르기 V로 운동하는 계 S'에서 볼 때, 그 빛이 관측된 시각과 x좌표는 각각 $\gamma t_0(1-V/c)$, $\gamma t_0(c-V)$임을 보여라.

예제 3-1

지구 실험실에 있는 빛 시계에서 빛이 바닥면 거울에서 천장 거울까지 가는데 t_0의 시간이 걸린다. 시각 $t=0$에서 지구를 떠나 빠르기 $(3/5)c$로 날아가는 우주선이 있다.

(a) 빛이 천장 거울에 도달할 때 우주선에서는 얼마의 시간이 흘렀는가?

(b) 빠르기 $(4/5)c$로 운동하는 다른 우주선이 있다면, 그 우주선에서는 얼마의 시간이 흘렀는가?

풀이

(a) 지구계를 S, 우주선계를 S'이라 하자. 계 S에서 빛이 바닥을 떠난 사건 (t,x)는 $(0,0)$이고, 천장에 도착한 사건 (t_2, x_2)는 $(t_0, 0)$이다. 그러므로 로렌츠 변환식에서 계 S'에서의 시각은 각각 $t_1'=0$, $t_2'=\gamma t_0$이다. 이제 빠르기가 $(3/5)c$라면 $\gamma=1.25$이고 $\Delta t'=t_2'-t_1'$이 우주선에서 측정한 시간 간격이므로, $\gamma t_0=1.25t_0$의 시간이 흘렀다는 것을 알 수 있다(우주선에서는 지구에 있는 빛 시계가 운동하는 것으로 보

이는데, 운동하는 시계는 더 느리게 가므로 우주선에서 $1.25t_0$의 시간이 가는 동안 지구에서는 t_0의 시간이 흐른다고 해석할 수 있다).

(b) 빠르기가 $(4/5)c$라면 $\gamma = 5/3 \approx 1.67$이므로 $\gamma t_0 = 1.67t_0$의 시간이 흘렀다는 것을 알 수 있다.

이 예제의 결과에서 알 수 있듯이, 지구 실험실에 있는 빛 시계로는 t_0의 시간이 흐르지만, 운동하는 다른 모든 계에서는 그보다 더 긴 시간이 흐른다. 이 경우, 지구계에 고정된 시계로 측정한 시간 간격 t_0를 **고유시간 간격**이라고 부른다. 당연히 지구계에 대해 운동하는 다른 계에서 측정한 두 사건 시간 간격은 고유시간 간격보다 언제나 크다. **고유시간**은 흔히 τ로 나타내므로 고유시간 간격 t_0를 $\Delta\tau$로 나타내고, 운동하는 다른 기준계에서 측정한 시간 간격을 Δt로 나타내면, 두 사건의 시간 간격 관계는 $\Delta\tau = \sqrt{1-V/c)^2}\,\Delta t$로 나타낼 수 있다.

이 결과에 의하면, 우주선에서 125년이 흐르는 동안 지구에서는 100년의 시간이 흐르는 것이다. 이제부터 다음과 같은 반대 상황을 다뤄보자.

예제 3-2

시각 $t=0$에서, 지구를 떠나 빠르기 $(3/5)c$로 날아가는 우주선이 있다. 그 우주선에 둔 빛 시계에서 빛이 바닥 거울에서 천장 거울까지 가는 데 t_0의 시간이 걸린다. 빛이 천장에 도달할 때 지구에서는 $1.25t_0$의 시간이 흘렀음을 보여라.

풀이

지구계를 S, 우주선계를 S'이라 하자. 우주선계 S'에서 빛이 바닥을 떠난 사건 (t_1', x_1')은 $(0, 0)$이고, 빛이 천장에 도착한 사건 (t_2', x_2')은 $(t_0, 0)$이다. 그러므로 로렌츠 변환식에서 지구계 S에서의 시각은 각각 $t_1 = 0$, $t_2 = \gamma t_0$이고, 빠르기가 $(3/5)c$라면 $\gamma = 1.25$이므로 지구계 S에서의 시간 간격 $\Delta t = t_2 - t_1$은 γt_0가 되어 $1.25t_0$의 시간이 흐른다(지구에서는 우주선계 빛 시계가 운동하는 것으로 보이는데, 운동하는 시계는 더 느리게 가므로 우주선에서 t_0 시간이 가는 동안 지구에서는 $1.25t_0$의 시간이 흐른다).

이 두 예제의 결과는 서로 상반된다. 즉 우주선에 둔 시계를 다룬 경우, 지구에서 125년이 흐르는 동안 우주선에서 100년이 흐를 뿐이며, 우주선에 있는 사람이 더 오래 살게 된다. 그렇다면 무엇이 잘못되었고 어느 결과가 옳을까? 지구계와 우주선계는 서로 완전한 대칭적 관계에 있어 동등하므로, 두 결과 모두 옳은 답이 된다. 즉 두 사람 모두에게는 상대방이 운동하므로 자기보다 더 오래 살지만, 각자는 자신의 고유수명인 100년을 살 뿐이다.

이제 이 결과를 이용해 앞에서 다룬 길이 수축 현상을 다시 다뤄보자. 이 경우, 우주선은 빠르기 $(3/5)c$로 운동하는데 그때 지구에서는 $1.25t_0$의 시간이 흐르므로, 지구에서는 우주선이 거리 $0.75ct_0$만큼 이동한다. 한편, 우주선에서 볼 때 지구도 같은 빠르기로 운동하므로, 우주선 시간이 t_0만큼 흐르는 동안 우주선에서는 우주선이 단지 $0.6ct_0$ 거리만큼 이동한 것으로 본다. 이것을 앞에서 다룬 뮤온이 낙하하는 현상에 적용한다면, 뮤온은 긴 거리만큼 떨어지지만, 뮤온계는 그것보다 짧은 거리만 떨어진다고 보는 것으로 해석할 수 있다.

상대론에서의 상대속도

이제 두 기준계에서의 속도가 어떤 관계를 갖는지 알아보자. 기준계 v에서의 속도는 $v_x = \dfrac{dx}{dt}$로 정의된 양이다. 마찬가지로 기준계 S'에서의 속도는 그 계에서의 시간 변화량 dt'에 대응하는 위치 변화량 dx'을 이용해 $v_x{}' = \dfrac{dx'}{dt'}$으로 정의된다. 한편, 위치 변화량 dx'은 변환식 $x' = \gamma(x - Vt)$으로부터 $dx' = \gamma(dx - Vdt)$로 쓸 수 있고, 시간 변화량 dt'은 변환식 $t' = \gamma\left(t - \dfrac{V}{c^2}x\right)$로부터 $dt' = \gamma\left(dt - \dfrac{V}{c^2}dx\right)$로 나타낼 수 있다. 따라서 두 계에서의 속도 정의식 $v_x = \dfrac{dx}{dt}$, $v_x{}' = \dfrac{dx'}{dt'}$으로부터 다음과 같은 상대속도 변환식을 얻는다.

$$v_x{}' = \frac{v_x - V}{1 - \dfrac{V}{c^2}v_x} \tag{3.8}$$

이 식은, $\dfrac{V}{c^2}v_x \ll 1$이면 갈릴레오 변환식의 상대속도 변환식과 같아지는 것을 알 수 있다.

물음 3-7 계 S에서의 광속 c는 계 S'에서 얼마로 측정되는가?

상대론에서의 길이 정의

막대의 길이는 물론 막대 양 끝 위치의 차이를 말한다. 관습적으로 우리는 정지한 막대의 양 끝 위치를 측정하므로, 그 길이를 측정하는 데 아무런 문제가 없다. 즉 그 경우 우리는 막대의 양 끝 위치를 '동시에' 측정했다고 아무 어려움 없이 말할 수 있다. 예컨대, 양 끝 위치를 측정한 사건은 (t, x_1), (t, x_2)로 쓸 수 있으며, 그 경우 막대 길이를 $L = x_2 - x_1$으로 정의할 수 있다. 그러나 막대가 운동하는 상태에 있다면 그 길이를 어떻게 측정할 것인가?

이제 막대가 정지한 것으로 보는 계를 S라고 하고, 그 계에 대해 속도 V로 운동하는 계를 S'이라고 하자. 이때 계 S'에서 측정한 길이는 '계 S'에서 동시에 측정한' 막대의 양 끝 위치 사건의 위치 차이 $x_2{}' - x_1{}'$을 뜻하며, 그 값을 L'으로 나타내기로 하자. 한편, 로렌츠 변환식을 따르면, 어떤 시각 t'에서 측정한 막대의 양 끝 사건은 다음과 같이 나타낼 수 있다.

$$\begin{aligned} x_1 &= \gamma(x_1{}' + Vt') \\ x_2 &= \gamma(x_2{}' + Vt') \end{aligned} \tag{3.9}$$

따라서 우리는 $L = x_2 - x_1 = \gamma(x_2{}' - x_1{}')$ 관계를 얻게 되므로 $L' = \dfrac{1}{\gamma}L$이라는 결과를 얻는다. 즉 막대의 길이를 막대의 양 끝 위치에서 '동시에' 측정한 사건에서의 위치 차이로 정의한다면, 놀랍게도 운동하는 막대의 길이 L'은 정지한 막대의 길이보다 더 짧아진다. 그러므로 길이 수축 현상이란 동시성에 기초해 길이를 정의한 결과임을 알 수 있다.

참고 우주의 모양

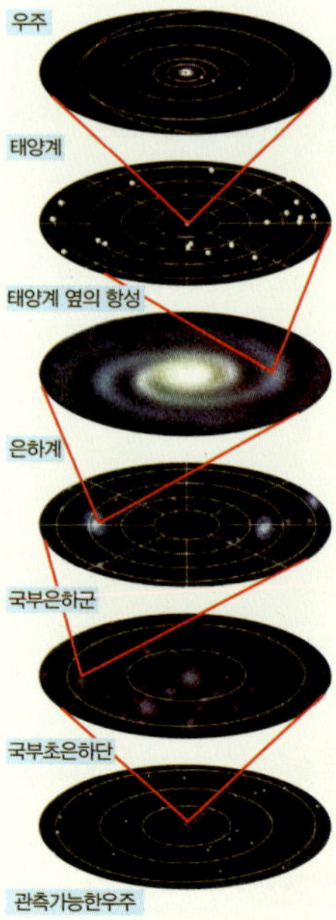

우리 은하계를 벗어나면 다른 은하 안드로메다가 있지만, 그 은하는 우리 은하계와 매우 멀리 떨어져 있다. 우리 은하계가 속한 은하들은 은하단이라는 집단을 이루고 있으며, 은하단들은 더 큰 집단인 초은하단을 이루는 것으로 보인다. 망원경의 크기가 커질수록 더 먼 곳에 있는 별을 더 많이 볼 수 있는데, 별들은 사방 어느 곳이나 똑같이 많아진다. 따라서 우리가 사는 곳이 우주의 중심인 것처럼 보인다. 그러나 우리 은하계가 우주에 퍼져 있는 수많은 은하 중 하나라는 사실을 생각해보면, 우리 은하가 왜 우주의 중심이어야 하는지에 대한 설명이 궁색해진다. 즉 다른 은하에 가서 보아도 우주의 별들은 사방 어느 곳에나 골고루 퍼져 있을 것이다. 그런 의미에서는 우리가 우주의 중심에 있지도 않을 뿐더러 '우주의 중심'이 있을 것 같지도 않아 보인다.

그렇다면 우주의 끝은 존재하는 것일까? 우주는 어떻게 생긴 것일까? 우리가 있는 곳이 우주의 중심이 아니고, 우주의 어느 곳도 우주의 중심이 아니라면, '그렇다면 도대체 우주는 어떻게 생겼단 말인가?'라는 생각을 하게 될 것이다. 아인슈타인이 상대성이론을 통해 설명하는 우주의 모양은 안타깝게도 그림이나 말로는 표현하기 어렵다. 상대성이론을 근거로 한 우주론에 따르면, 우리가 있는 곳이 바로 우주의 중심이며, 우주의 어떤 곳이나 모두 우주의 중심이라는 사실로 요약할 수 있다. 모든 곳이 우주의 중심이라는 말은 한편으로는 어떤 곳도 우주의 중심이 아니라는 말과 같기도 하다.

우주의 모양은 다음과 같은 비유로 설명할 수 있다. 먼저 커다란 원둘레 위에서만 살 수 있는 1차원 세계의 존재를 상상해보자. 그 존재는 원둘레 위로만 다닐 수 있으므로, 원이 매우 클 경우에는 자신이 사는 세계가 1차원 직선 세계라고 생각한다. 그러나 2차원 평면에서 전체를 볼 수 있는 존재가 보면, 그 직선은 원둘레의 일부일 뿐이다. 또 그가 자신이 살고 있는 우주의 끝이 어디인지 알아보려고 여행을 떠난다면, 결국 제자리로 돌아올 것이다.

이제 공의 표면에서만 살 수 있는 존재를 생각해보자. 공이 매우 크다면 공의 국지적 표면은 평면과 같으므로, 그는 자신이 2차원 평면 세계에 살고 있다고 생각하게 된다. 그러나 3차원 공간에서 전체를 볼 수 있는 존재가 보면, 그 평면은 공 표면의 일부일 뿐이다. 또 그가 자신이 살고 있는 우주의 끝이 어디인지 알아보려고 여행을 떠난다면, 결국 제자리로 돌아올 것이다.

3.4 포벡터 심화

사건 포벡터

로렌츠 변환식을 유도하는 과정에서, 원점에서 나온 빛의 파면을 x축 위에서 측정하는 경우 그 파면은 $x = ct$ 또는 $x' = ct'$ 관계를 만족한다고 보았다. 이 관계는 $x - ct = 0$과 같은 형태로 나타낼 수 있지만, 3차원 공간에서의 파면방정식은 $x^2 + y^2 + z^2 - (ct)^2 = 0$ 형태로 나타내야 한다. 그리고 모든 기준계에서는 자신의 좌표계 원점에서 빛이 나와 퍼져 나간다고 보기 때문에, 예컨대 임의계 S와 임의계 S'에서의 파면방정식은 다음과 같은 관계를 만족해야 한다.

$$x^2 + y^2 + z^2 - (ct)^2 = (x')^2 + (y')^2 + (z')^2 - (ct')^2 = 0 \tag{3.10}$$

흥미로운 점은 이 관계식을 $x^2+y^2+z^2+(ict)^2=(x')^2+(y')^2+(z')^2+(ict')^2$ 형태로 나타낼 수 있다는 점인데, 여기에서 $i=\sqrt{-1}$ 이다.

이제부터 3차원 공간 세계로 돌아가 좌표축이 회전되는 상황에 관해 생각해보자. 어떤 좌표계와, 그 좌표계와 기준점은 같지만 좌표축이 회전되어 좌표축 방향이 달라진 좌표계가 있다고 할 때, 두 좌표계에서 나타낸 어떤 점의 위치가 각각 (x,y,z), (x',y',z')라 하자. 이때 원점에서 그 점까지의 거리는 두 좌표계에서 똑같다. 따라서 그 거리의 제곱도 같으므로 $x^2+y^2+z^2=(x')^2+(y')^2+(z')^2$ 관계가 성립한다.

흥미로운 사실은 좌표계 회전 변환에서와 같이, 로렌츠 변환식에 의한 변환 결과가 $x^2+y^2+z^2+(ict)^2=(x')^2+(y')^2+(z')^2+(ict')^2$을 만족한다는 것이다. 이 관계는, 1개의 '허수 시간 좌표'와 세 개의 '실수 공간 좌표'로 나타낸 어떤 4차원 공간에서 (ict,x,y,z), (ict',x',y',z')의 '거리'가 기준계의 선택에 무관하게 일정하다는 것을 나타낸다.

물음 3-8 식 (3.7)의 로렌츠 변환식을 이용해 $(x')^2+(y')^2+(z')^2+(ict')^2$을 정리하면 그 결과가 $x^2+y^2+z^2+(ict)^2$과 같아짐을 보여라.

'어떤 계에서 측정해도 변하지 않는 양'이 존재한다는 사실을 아는 것은 여러모로 유용한데, 그런 특성을 가지는 4차원 벡터를 **포벡터**four-vector 또는 **4차원 벡터**라고 한다. 포벡터는 유용한 개념으로, 앞으로 도입될 다른 포벡터들을 고려해 $(ict,\ x,\ y,\ z)$와 같이 '사건'을 나타낸 포벡터를 **사건 포벡터**라고 부르기로 하자. 포벡터에서는 $x^2+y^2+z^2+(ict)^2$과 같은 양을 도입할 수 있는데 이를 '스칼라 곱'이라고 하며 벡터의 '크기'를 나타내는 양이라고 볼 수 있다.

원점에서 어떤 점까지의 거리는 좌표계가 회전되어도 불변인 것처럼, 어떤 공간에서 두 점 사이의 거리의 제곱인 $(\Delta x)^2+(\Delta y)^2+(\Delta z)^2$도 불변이라는 사실은 명백하다.

이와 마찬가지로 '4차원 시공간에서의 간격'인 **시공간 간격**spacetime interval이라는 양 $(\Delta s)^2$은 $(\Delta s)^2=(c\Delta t)^2-[(\Delta x)^2+(\Delta y)^2+(\Delta z)^2]$과 같이 정의된다. 이 정의는 $(\Delta s)^2=-[(ic\Delta t)^2+(\Delta x)^2+(\Delta y)^2+(\Delta z)^2]$으로 바꿔 쓸 수 있는데, 이 시공간 간격도 계의 선택에 무관하게 불변임은 쉽게 알 수 있다.

[참고] 일반적으로 $(\Delta s)^2$을 시공간 간격이라고 부르지만, Δs를 시공간 간격이라 부르는 경우도 있다. 두 사건 사이의 시공간 간격 $(\Delta s)^2$이 0이면 두 사건은 광속으로 서로 연관된 두 사건(한 사건으로부터 광속으로 이동했을 때 다른 사건에 도달하는 두 사건)이지만, 시공간 간격은 음(−)의 값을 가질 수도 있는데 그때 두 사건은 광속으로도 연결되지 않는, 인과적으로 서로 무관한 사건이 된다. 실제 세계에서 일어나는 두 사건은 모두 시공간 간격이 양(+)의 값인 사건으로, 한 사건이 다른 사건에 영향을 주는 인과 관계가 있을 수 있다.

물음 3-9 기준계 S의 좌표계 원점에서 빛이 나온 사건은 4차원 좌표로 나타내면 $(0,0,0,0)$이다. 그리고 시각 t_0에 x축 위의 어떤 위치에서 빛을 관측한 사건은 $(ict_0,ct_0,0,0)$으로 쓸 수 있다.

(a) 두 사건의 시공간 간격은 0임을 보여라.

(b) 기준계 S에 대해 빠르기 V로 운동하는 기준계 S'에서 두 사건의 시공간 간격이 0임을 보여라.

속도 포벡터

앞에서 우리는 어떤 시각, 어떤 위치에서 일어난 사건을 (ict, x, y, z)로 나타내고 그렇게 나타낸 4차원 벡터를 '사건 포벡터'라고 했다. 지금부터 사건 포벡터를 통해 얻을 수 있는 다른 포벡터에는 무엇이 있는지 알아보자.

먼저 생각해볼 수 있는 것은 속도라는 양이다. 3차원 공간의 어떤 좌표계에서 측정한 속도 $\boldsymbol{v}$는 $\frac{d\boldsymbol{r}}{dt}=\frac{d}{dt}(x, y, z)=\left(\frac{dx}{dt}, \frac{dy}{dt}, \frac{dz}{dt}\right)$로 나타낼 수 있다. 그러므로 $(v_x, v_y, v_z)=\left(\frac{dx}{dt}, \frac{dy}{dt}, \frac{dz}{dt}\right)$라 쓰고, 사건 포벡터를 시간에 대해 미분해서 얻은 $\frac{d}{dt}(ict, x, y, z)=(ic, v_x, v_y, v_z)$라는 양을 사건 포벡터에 대응하는 속도 포벡터로 가정해볼 수 있다.

그러나 $v=\sqrt{v_x^2+v_y^2+v_z^2}$이라 쓰면 네 개의 성분을 가진 어떤 기준계 S에서 이것의 스칼라곱은 $-c^2+v^2$이 된다. 그런데 사건 포벡터가 (ict', x', y', z')으로 측정되는 다른 기준계 S'에서 그 연산을 하면 (ic, v'_x, v'_y, v'_z)라는 결과가 얻어지고 스칼라곱은 $-c^2+v'^2$이 된다. 그러므로 그런 4차원 벡터는 포벡터의 특성을 만족시키지 못함을 알 수 있다. 포벡터는 스칼라곱이 기준계 선택에 무관하게 일정해야 하기 때문이다.

그렇다면 사건 포벡터의 특성을 유지하면서 새로운 포벡터를 찾으려면 어떻게 해야 할까? 시간은 기준계의 선택에 따라 다른 양이지만, '고유시간 τ'라는, '사건 포벡터 좌표에 고정된 시계의 시간'을 정의할 수 있다. 고유시간은 기준계의 선택에 무관한 시간으로, 기준계 S에서 측정한 어떤 두 사건 포벡터의 시간 간격을 Δt라고 하면 그 시간 간격 Δt는 고유시간 간격 $\Delta\tau$와 $\Delta\tau=\sqrt{1-(v/c)^2}\,\Delta t$ 관계를 가진다. (그리고 기준계 S'에서 측정한 그 경우 시간 간격을 $\Delta t'$이라면 그것은 $\Delta\tau$와 $\Delta\tau=\sqrt{1-(v'/c)^2}\,\Delta t'$ 관계를 가진다.)

그러므로 $d\tau=\sqrt{1-(v/c)^2}\,dt$라고 쓰면, $d\tau$는 계에 무관한 스칼라양이므로 $\frac{d}{d\tau}(ict, x, y, z)=\left(ic\frac{dt}{d\tau}, \frac{dx}{d\tau}, \frac{dy}{d\tau}, \frac{dz}{d\tau}\right)$라는 양이 포벡터의 특성을 유지한다고 기대할 수 있다.

이제 $d\tau=\frac{1}{\gamma}dt$라 하고 이 표현을 다시 풀어 쓰면 $(ic\gamma, \gamma v_x, \gamma v_y, \gamma v_z)$ 또는 $\left(\frac{ic}{\sqrt{1-(v/c)^2}}, \frac{v_x}{\sqrt{1-(v/c)^2}}, \frac{v_y}{\sqrt{1-(v/c)^2}}, \frac{v_z}{\sqrt{1-(v/c)^2}}\right)$라 쓸 수 있는데, 이것을 **속도 포벡터**velocity four vector, four-velocity라 한다.

물음 3-10 속도 포벡터의 스칼라곱은 $-c^2$이 됨을 보여라.

CHAPTER 03 연습문제

1 시속 $50.0\,\text{km}$의 남풍(남쪽에서 북쪽으로 부는 바람)이 부는 상태에서 동쪽으로 비행하는 비행기가 있다. 바람이 없는 상태에서 비행기의 빠르기는 시속 $500\,\text{km}$이다.

(a) 비행기의 기수가 동쪽을 향할 때, 비행기는 동쪽에서 각 θ만큼 북쪽 방향으로 치우친 방향으로 향하게 된다. 이때 $\tan\theta$값은 얼마인가?

(b) 비행기의 빠르기 v는 얼마인가?

(c) 비행기가 동쪽으로 가기 위해서는 기수를 각 θ'만큼 동쪽에서 남쪽 방향으로 향해야 한다. 그 경우 비행기 빠르기 v와 $\tan\theta'$값은 각각 얼마인가?

2 지구로부터 65광년 떨어진 별까지 여행하려고 한다. 어떤 빠르기로 나는 우주선 계에서 그 거리가 25광년으로 측정되었다.

(a) 우주선의 빠르기는 얼마인가?

(b) 별까지 도달하는 데 걸리는 시간은 우주선 속의 우주인 시계로 얼마인가?

(c) 별까지 도달하는 데 걸리는 시간은 지구 시계로 얼마인가?

3 상대성이론에서는 길이 수축 결과나 시간 지연 결과가 고전적(비상대론적) 길이나 고전적 시간과 다르다. 그 차이가 1.0%가 되려면 어떤 빠르기로 운동해야 하는가?

4 지구를 향해 $0.60c$의 빠르기로 날아오는 운석이 있다. 지구와 그 운석을 잇는 직선 방향으로 운석보다 더 먼 거리에 있던 우주선이, 그 운석을 추격하기 위해 지구를 향해 $0.90c$의 빠르기로 날아오는 경우 우주선에서 측정한 운석의 빠르기는 얼마인가?

5 어떤 기준계에서 측정할 때, x축 위의 두 위치 $x=0$, $x=l$에 있던 두 램프에 동시에 불이 켜졌다. x축 방향으로 빠르기 v로 운동하는 관측자가 볼 때, 두 램프에 불이 켜진 시간차는 얼마인가?

6 정지한 계 S에서 볼 때 계 S'이 x축 방향으로 V의 빠르기로 운동한다고 한다. 계 S에서 측정한 어떤 물체의 x축 방향 속도가 v_x라고 하면, 계 S'에서 측정한 그 물체의 속도는 $v_x{}' = \dfrac{v_x - V}{1-\dfrac{V}{c^2}v_x}$로 표현된다.

이로부터 $v_x = \dfrac{v_x{}' + V}{1+\dfrac{V}{c^2}v_x{}'}$ 관계가 성립함을 보여라.

**7 로켓 엔진

실험실에 있는 정지한 로켓 엔진에서 뿜어져 나오는 분사 물질의 빠르기가 u_0이다. 즉 로켓에 탄 사람이 볼 때 분사 물질은 u_0의 빠르기로 뿜어져 나간다.

(a) 로켓의 빠르기가 V이다. 특수상대성이론을 적용하지 않는 경우, 외부에서 측정한 분사 물질의 빠르기는 얼마인가?

(b) 특수상대성이론을 적용한 경우, 로켓 빠르기가 u_0일 때와 $2u_0$일 때 외부에서 측정한 분사 물질의 빠르기는 각각 얼마인가?

8 우주선의 빠르기가 $0.800\,c$이다. 우주선 속에서 탄환을 빠르기 $0.600\,c$로 우주선 운동 방향으로 발사했다면, 외부관측자가 측정한 탄환의 빠르기는 얼마인가?

9 $v_y{}' = \dfrac{dy'}{dt'}$, $v_z{}' = \dfrac{dz'}{dt'}$으로 정의된다. $dy' = dy$, $dz' = dz$와 $dt' = \gamma\left(dt - \dfrac{V}{c^2}dx\right)$을 이용해 $v_y{}' = v_y \cdot \dfrac{1}{\gamma\left(1 - \dfrac{V}{c^2}v_x\right)}$과 $v_z{}' = v_z \cdot \dfrac{1}{\gamma\left(1 - \dfrac{V}{c^2}v_x\right)}$의 관계를 유도하라.

CHAPTER

04 힘과 운동

Force and Motion

4.1 뉴턴의 운동 제2법칙

3장에서 다룬 것처럼 시간과 공간은 서로 얽혀 있어 분리될 수 없다. 그러나 우리는 3차원 공간 속에서 시간이 흘러가는 세계에 살고 있다고 인식한다. 실제로는 시간과 공간이 뒤엉킨 4차원 시공간 속에 살지만 우리는 주어진 공간 속에서 흘러가는 시간 속에서 사는 것이라 인식하는 것이다. 그러나 확실한 것은, 절대공간이나 절대시간은 존재하지 않으며 길이나 시간 등은 관측자에 따라 다른 값으로 측정될 수 있는 양들이란 사실이다. 그러므로 우리의 감각이나 경험을 토대로 물리 현상을 기술하는 경우, 그 결과가 잘못될 수도 있음을 인정해야 한다.

그러나 우리 주위에서 볼 수 있는 물체들의 빠르기는 일반적으로 상대성이론이 필요할 만큼 빠르지 않을 뿐만 아니라 상대성이론으로 물체의 모든 운동을 기술하기도 쉬운 일이 아니다. 그러므로 지금부터는 3차원 (절대)공간에서 (절대)시간이 흘러간다고 보고, 우리 주위의 물체 운동을 다루기로 하자.[1] 즉 지금부터 우리가 다루는 내용들은 특별한 언급이 없는 한 비상대론적인 논의에 의한 것으로 엄밀한 의미에서 근사적 기술이라고 할 수 있다.

우리에게 직접적으로 영향을 주는 물리적 현상들은 대부분 힘과 그 힘에 의한 운동에 관한 것들이라 볼 수 있다. 물론 더 나아가면 우리 물질세계는 더 오묘한 다른 면을 가진 세계이기도 하지만, 힘과 운동의 문제로부터 우리의 논의를 시작해보자. '힘'은 이해하거나 다루기 매우 어려운 개념이다. 그러나 우리는 앞에서 언급한 '힘이 작용하지 않는 한 물체의 운동상태는 항상 일정하다'라고 했던 갈릴레오의 깨달음으로부터 시작해 힘을 다음과 같이 다시 표현할 수 있다.

1 이와 같이 가정하고 물체의 운동을 다루는 분야를 **고전 역학**(classical mechanics)이라고 한다.

3장에서 우리는 직선운동의 위치벡터나 속도벡터, 가속도벡터 등을 스칼라양처럼 썼다. 하지만 실제로는 부호가 방향을 나타내는 벡터양이었던 것처럼 $a = \frac{1}{m}F$도 벡터식이라는 점에 유의해야 한다. 즉 3차원 공간에서 벡터 기호로 나타내면 운동법칙은 $\boldsymbol{a} \propto \boldsymbol{F}$ 또는 $\boldsymbol{a} = \frac{1}{m}\boldsymbol{F}$라고 쓸 수 있다.

이 식의 의미를 더 알아보기 위해 가속도 정의식 $\boldsymbol{a} = \frac{d\boldsymbol{v}(t)}{dt}$를 사용하면 운동방정식은 $\frac{d\boldsymbol{v}(t)}{dt} = \frac{1}{m}\boldsymbol{F}$가 된다. 또한 속도의 정의식인 $\boldsymbol{v} = \frac{d\boldsymbol{v}(t)}{dt}$를 사용하면 다음 식을 얻는다.

$$\frac{d^2\boldsymbol{r}(t)}{dt^2} = \frac{1}{m}\boldsymbol{F} \tag{4.4}$$

식 (4.4)는 질량이 m인 물체의 위치벡터 $\boldsymbol{r}(t)$가 시간에 따라 힘 $\boldsymbol{F}$에 의해 어떻게 변하는지를 나타내는, 시간에 대한 2차 미분방정식이다. 이 식은 매우 단순해 보이지만 다루기가 쉽지 않으며, 일상적으로 다루는 모든 물리학 문제는 궁극적으로는 이 미분방정식의 풀이를 얻는 것으로 귀착된다고 할 수 있다.

질량과 힘의 단위

비례상수를 이용해 질량 개념을 도입한다고 해도 '힘'이 완전히 정의되는 것은 아니다. 즉 $F = ma$로 힘을 정의한다고 해도, 질량을 정의하지 않고는 힘을 기술할 수 없다. 따라서 힘을 정량적으로 나타내려면 질량의 절대적 기준이 필요한데, 앞서 말한 것처럼 국제단위계[SI]에서는 **킬로그램원기**의 질량을 1 kg으로 정해 절대적 기준으로 삼고 있다. 이처럼 질량의 단위를 정하면, 힘의 단위는 당연히 $\mathrm{kg \cdot m/s^2}$이 된다. 힘의 단위는 **뉴턴**(N)이라 하며 다음과 같이 정한 양이다.

$$1\mathrm{N} = 1\mathrm{kg} \cdot \mathrm{m/s^2} \tag{4.5}$$

물음 4-1 더 작은 힘의 크기 단위인 다인[dyne]은 $1\mathrm{dyne} = 1\mathrm{g \cdot cm/s^2}$으로 정의한다. 1N은 몇 다인에 해당되는가?

≫ 참고 타이타닉 호 침몰 이야기

우리는 일상생활에서 항상 관성을 경험한다. 관성의 특징은 항해하는 배에서 특히 잘 드러난다. 예컨대, 작은 배는 작은 풍랑에도 쉽게 위험에 처하지만, 큰 배는 웬만한 태풍에도 항해를 지속할 정도로 안정적이다. 비행기도 마찬가지여서 큰 비행기는 웬만한 기류 변화에도 쉽게 흔들리지 않지만, 작은 비행기는 조금만 기류가 변해도 큰 위협이 될 수 있다. 하지만 큰 물체는 관성이 너무 커서 운동 방향을 바꾸기 쉽지 않다는 문제가 있다. 예를 들어 당시에는 가장 커서 가장 안전하다고 믿었던 호화 여객선 타이타닉 호가 빠른 속력으로 항해하다가 멀리 떠 있던 빙산을 피하지 못해 침몰한 사건이 있었다. 즉 관성이 매우 크다는 것은 큰 물체에게 장점이 되기도 하지만, 단점이 될 수도 있다. 장애물이 나타날 가능성이 있다면 큰 물체는 좀 더 느린 속도로 운동해야 한다.

4.2 무게와 질량

우리는 앞에서 우리 주위의 모든 운동이 마찰력의 영향을 벗어날 수 없기 때문에 마찰력이 존재한다는 사실을 깨닫는 것이 얼마나 어려웠는지 다룬 바 있다. 물체가 땅에 떨어지는 현상 역시 어느 누구도 관심을 갖지 않는다. 왜냐하면 우리 주위의 모든 물체가 중력의 영향을 받기 때문에 그것은 '당연한' 일이기 때문이다. 당연하다는 말은 그렇지 않은 예외를 보기 어렵다는 뜻이기도 하다. 예컨대, 공기의 존재도 그렇다. 높은 산에 올라가면 숨 쉬기가 어려워지므로 공기의 존재를 어렴풋이 깨달을 수 있지만, 평상시에는 공기가 언제 어디서나 당연히 있기 때문에 그 존재를 깨닫기가 쉽지 않다.

우리가 경험한 바에 따르면, 힘이란 보통 두 물체들이 접촉한 상태에서만 작용한다. 따라서 우리는 두 물체가 접촉한 상태에서 서로 힘을 작용하면 당연한 것으로 여기지만, 자석처럼 서로 떨어진 상태에서 작용하는 힘은 신비롭게 생각한다. 마찰력의 존재를 깨닫는 것도 어렵지만, 중력의 존재를 깨닫기가 더 어려운 이유 중 하나는 중력도 자기력과 같이 서로 떨어진 상태에서 작용하는 힘이기 때문이다.

실제로 '사과는 왜 땅에 떨어질까?'라는 의문을 기록에 남긴 사람은 역사상 없었던 것 같다. 뉴턴은 달의 운동을 이해하려고 애쓰다가 지구가 달을 당기는 힘이 작용한다는 것을 깨달았고, 그 힘이 바로 '모든 물체를 땅으로 떨어지게 하는 힘'이라는 사실을 깨달았다. 공중에 있던 물체가 떨어지는 현상과 달이 지구를 도는 현상이 같은 원인에 의한 것이라는 깨달음은 인간의 지적 역사에서 엄청난 사건이었다.

뉴턴은 질량이 있는 두 물체 사이에 작용하는 힘이 어떤 두 물체 사이에도 작용하기 때문에 그 힘을 **만유인력**universal gravitation이라고 불렀다. 지구가 물체에 작용하는 만유인력은 특별히 **중력**gravitational force이라고 부른다. 지구에 사는 우리가 우주 공간으로 날아가버리지 않고, 지표면에 머물 수 있는 것은 중력 때문이다. 즉 중력은 우리가 지구인이 될 수 있도록 만들어준다. 또 공중에 던진 물체는 중력 때문에 다시 지표면으로 떨어진다.

지표면 근처에서 수직 방향으로 던져 올린 물체의 운동은 중력의 영향을 받으며, 실험으로 측정한 가속도의 크기는 '물체에 상관없이' 항상 일정하다. 지표면 근처에서 그 값은 약 $9.8\,\mathrm{m/s^2}$으로, **중력가속도**라고 하며 g라고 표현한다. 놀라운 점은 중력가속도 g가 물체의 무게와 상관없이 항상 일정하다는 사실이다. 즉 공기의 저항력을 고려하지 않는다면 모든 물체는 놀라울 정도로 정확하게 일정한 중력가속도 g로 떨어진다. 예컨대, 질량이 m_1인 물체와 m_2인 물체가 있을 때, 운동법칙 $a = \frac{1}{m}F$로부터 $g = \frac{F_1}{m_1} = \frac{F_2}{m_2}$이므로, 두 물체에 작용하는 중력은 각각 $F_1 = m_1 g$, $F_2 = m_2 g$가 된다. 이는 물체에 작용하는 중력이 질량에 '정확히' 비례함을 나타낸다.

질량이 m인 물체에 작용하는 중력 mg를 물체의 **무게**weight라고 한다. 즉 무게는 질량이 커질수록 커진다. '중력의 세기는 질량에 정확히 비례한다'는 사실은 만유인력 법칙의 중요한 특성이다. 중력가속도 크기 g는 높은 곳으로 올라갈수록 작아지고, 적도면 근처로 이동할수록 작아지는 특징을 가진 양으로,

크기가 일정하지 않다. 예를 들어 북극에서 측정한 물체의 무게는 적도면에서 측정한 것보다 더 크다. 이는 북극에서 측정한 중력가속도의 크기가 적도에서 측정한 것보다 더 크다는 것을 뜻한다.

물음 4-2 질량이 60kg인 사람이 받는 무게, 즉 중력의 세기는 얼마인가?

중력을 이용한 질량 측정

앞에서 우리는 질량을 관성의 척도로 정의했다. 따라서 임의의 물체와 킬로그램원기에 똑같은 크기의 힘을 주었을 때 측정한 각각의 가속도를 비교해 그 물체의 질량을 측정할 수 있다. 즉 두 물체가 가진 질량의 상대적 크기는 똑같은 크기의 힘을 작용했을 때 두 물체의 가속도 비인 $\frac{a_2}{a_1}$를 이용해 $\frac{a_2}{a_1} = \frac{m_1}{m_2}$이라는 관계로부터 얻을 수 있다. 이와 같은 방법으로 측정한 질량은 관성의 상대적 크기를 이용해 측정하므로, **관성질량**inertial mass이라고도 한다.

그러나 매번 가속 실험을 통해서만 물체의 질량을 측정해야 한다면 매우 번거로울 것이다. 이때 물체의 무게가 관성질량에 놀라우리만큼 정확히 비례한다는 사실을 이용한다면, 단지 무게를 비교하는 것만으로도 불편함을 해소할 수 있다. 즉 매번 가속 실험을 하지 않고 단순히 저울로 무게를 비교해도 질량을 측정할 수 있다. 무게 비교를 통해 측정한 질량을 **중력질량**gravitational mass이라고 하는데, 중력질량이 관성질량과 정확히 일치한다는 사실은 정말 놀라운 일이 아닐 수 없다.

4.3 등가성 원리

뉴턴의 만유인력의 법칙에 의하면 중력은 질량에 비례한다. 지표면에 있는 모든 물체는 일정한 가속도인 중력가속도 g로 떨어지는데, 그것이 곧 중력이 질량에 비례한다는 사실을 나타낸다. 아인슈타인은 중력이 왜 질량에 비례해야 하는지에 대한 이유를 찾고자 했다. 그는 지표면에 있는 모든 물체가 같은 가속도로 떨어지는 현상으로부터 **등가성 원리**equivalence principle라고 하는 다음과 같은 가정을 제시했다.

즉 무중력 상태인 우주 공간에서, 창문을 가린 방의 천장 밖에 줄을 달아 가속도 g로 끌어올리면, 그 속에 있는 물체들의 운동이 어떻게 될 것인가 생각해보았다. 그 경우 모든 물체는 무겁고 가벼운 것과 상관없이 어떤 힘을 받아 가속도 g로 떨어져야 할 것이다. 아인슈타인은 가속되는 사람이 받는 어떤 힘과 중력(만유인력)을 구별할 수 있는 방법이 전혀 없다고 보았다. 예컨대, 엘리베이터에 갇힌 사람을 공중에서 자유낙하시키면 그는 자신이 지구 중력장에서 자유낙하하는지 아니면 중력이 없는 우주 공간의 한곳에 있는지를 실험적으로 알아낼 수 없다는 것이다. 즉 중력은 가속되는 계의 어떤 힘과 완전히 동등한데, 그것이 바로 등가성 원리다.

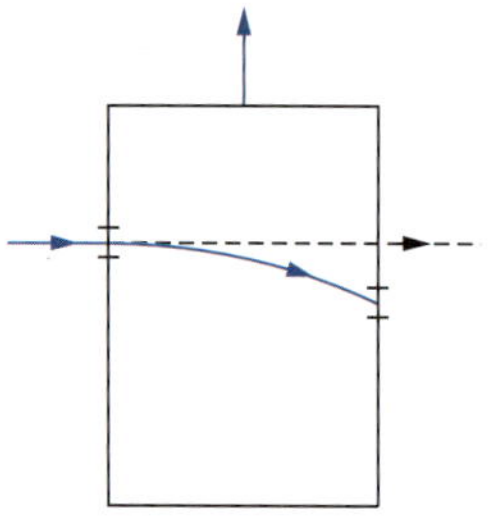

그림 4-1 가속되는 방 속을 지나는 빛

등가성 원리에 따르면 흥미로운 결과를 얻을 수 있다. 예를 들어 가속되는 방 속에서는 빛조차도 휘어져 지나간다. 한편, 등가성 원리에 의해 중력은 가속되는 계와 같은 효과로 취급되므로, 빛은 중력에 의해서도 휘어진 경로로 진행해야 한다. 그런 사실은 1919년 영국의 아서 에딩턴 경이 일식 현상 때 별의 위치를 측정한 실험으로 입증되었다.

이러한 가정에 의하면, 힘을 받은 물체의 운동 방향이 바뀌는 이유는 물체가 운동하는 공간이 휘어져 있기 때문이라 해석할 수도 있다. 예컨대, 태양 주위를 통과하는 빛은 태양 주위의 공간이 휘어져 있으므로 태양 쪽으로 휘어진다. 아인슈타인의 일반상대성이론은 태양 근처를 통과하는 빛이 태양에 의해 휘어지는 현상을 관측함으로써 검증되었다.

물음 4-3 가속되지 않고 단지 등속도로 끌려 올라가는 방이 있을 때, 이 방을 가로지르는 빛의 경로를 그려라. 빛의 경로는 기울어진 직선 모양인가? 곡선 모양인가?

≫ 참고 마하의 원리

속도라는 용어에 관측자의 상태에 따라 달라지는 상대속도의 의미만 있을 뿐 절대속도란 존재하지 않는다고 할 때, '절대 가속도'라는 물리량이 존재하는지에 대한 의문도 생긴다. 그런 의문을 다루기 위해 우리가 살고 있는 지구계와 나머지 부분으로 우주가 나뉘어 있다고 가정해보자. 그리고 지구 밖에 있는 관측자가 보기에, 정지해 있던 지구가 어떤 이유로 자전하기 시작했다고 하자. 지구가 자전하면 지구에 있는 바닷물에 영향을 주어 적도 부분을 불룩하게 만들 것이다.

이번에는 처음 상태로 돌아가 지구에 있는 관측자 입장에서 다시 생각해보자. 다시 어떤 이유로, 그 관측자가 보기에 지구를 제외한 우주의 나머지 부분이 회전하기 시작했다고 하자. 이런 상황에서도 '지구의 적도 부분에 더 많은 바닷물이 고일 것인가?'라는 의문이 생긴다. 물론 이에 대한 답을 얻기 위해 실험적으로 검증하는 것은 불가능하다.

이런 경우, 뉴턴은 지구의 바닷물에는 아무 영향이 없을 것이라고 보았다. 그러나 아인슈타인을 포함한 몇몇 과학자는 적도 부분에 바닷물이 고일 것이라고 보았다. 즉 어떤 계와 나머지 우주와의 상대적 가속도만이 진정한 의미가 있다고 본 것이다. 따라서 두 번째 경우에도 지구계는 나머지 우주에 대해 회전하므로, 첫 번째 경우와 똑같다는 것이다. 이와 같은 견해를 마하의 원리^Mach's principle^라고 한다.

4.4 여러 가지 힘

우리는 지금까지 공중에서 떨어지는 물체와 같이 중력을 받는 물체의 운동을 다뤘다. 공중에서 떨어지는 물체는 바닥에 닿으면 멈춘다. 이는 바닥면에 놓인 물체에 작용하는 합력이 0임을 뜻한다. 즉 바닥면에 놓인 물체에는 중력 외에 다른 힘이 작용하고 있고, 그 힘은 바닥면에 수직으로 밀어내는 방향으로 작용하므로, 흔히 **수직항력**이라고 한다.

이처럼 우리 주위에서 보는 힘에는 중력 외에도 여러 가지 형태의 힘이 있다. 예컨대, 유체 속에 잠긴 물체는 유체가 들어 올리는 **부력**^buoyant force^이라는 힘을 받고, 미끄러지거나 굴러가는 물체 등의 모든 운동하는 물체에는 **마찰력**frictional force이 작용한다. 또한 용수철과 같은 물체는 자신을 변형하려는 외부로부터의 힘에 저항하는데, 그런 힘을 **탄성력**elastic force이라고 한다. 또한 **전하**electric charge라고 하는 전기를 띤 입자들 간에는 **전기력**electric force이 작용하고, 자석이라는 신기한 물체에는 서로 밀거나 당기는 **자기력**magnetic force이 작용한다. 흥미로운 사실은, (중력을 제외한) 이와 같은 모든 힘의 근원은 전기력에서 나온다는 점이다. 예컨대, 우리는 자기력도 근원적으로 봤을 때 전기 현상임을 알게 되었지만, 그런 사실을 쉽게 알아차리기는 어렵다. 따라서 우리 주위에서 일어나는 모든 현상은, 중력을 제외하고는 모두 전기력에 의해 생기는 일인데, 그 힘이 수직항력이나 마찰력 같은 힘으로 보인다고 할 수 있다. 이제 마찰력에 관한 논의는 잠시 뒤로 미루고, 나머지 몇 가지 힘의 특성에 관해 살펴보자.

탄성력

움직일 수 없게 고정된 물체에 힘을 작용하면 물체는 가속되지 못하고 변형된다. 변형되는 정도는 물체마다 다른데, 예컨대 돌 같은 단단한 물체는 아주 조금 변형되지만, 고무나 플라스틱 같은 물체는 쉽게 변형된다.

한편, 물체를 변형시킨 힘을 치우면 원래의 모습으로 돌아가려는 경향이 있는데 이런 특성을 **탄성**elasticity이라고 한다. 즉 외부로부터 힘을 받는 고정된 물체는 마치 용수철처럼 변형되는데, 그 경우 물체가 외력에 대응해 작용하는 힘을 **탄성력**elastic force이라고 한다. 탄성력은 물체가 자신을 변형시키려는 힘에 대응해 원래 상태로 돌아가려는 방향으로 작용하기 때문에 **복원력**restoring force이라고도 한다. 그런 (가상) 용수철의 탄성은 경우에 따라 다르므로 변형의 정도도 경우에 따라 달라진다. 용수철이나 고무는 늘어나거나 찌그러지기 쉬우므로 탄성의 특징이 잘 드러나는 물체들이다. 그러나 돌이나 유리 또는 다이아몬드와 같이 단단한 물체도 힘을 주면 변형되므로 탄성이 있는 물체로 볼 수 있다.

모든 물체는 보이지 않는 (가상) 용수철로 연결된 원자들로 이루어졌다고 볼 수 있으므로 용수철의 특성을 띠어야 한다. 실제로 모든 물체에서는 단단함의 여부와 상관없이, 물체의 변형된 크기 x와 작용하는 힘 F 사이에 단순한 비례관계가 성립한다. 즉 물체가 변형된 크기를 x라고 나타내면, 그 변형이 너무 크지 않은 경우 탄성력 F와 다음과 같은 비례관계를 갖는다.

$$x \propto F \tag{4.6}$$

이 비례관계를 **후크[3]의 법칙**Hooke's law이라고 한다. 흥미로운 점은, 이런 단순한 관계가 모든 물체에 적용되는 일반적인 특성이라는 것이다. 그 이유는 물론 그 기원이 원자들 간의 보이지 않는 용수철들에 의한 힘이기 때문이다. 후크의 법칙은 가속될 수 없는 상태에 있는 물체에 적용되는 탄성 법칙으로, 자유로이 가속될 수 있는 경우에 가속도와 힘이 $a \propto F$라는 관계를 맺는다는 뉴턴의 운동 제2법칙에 대응되는 법칙이다.

---

3 후크(R. Hooke)는 뉴턴 시대의 과학자로, 당시에는 뉴턴에 버금가는 유명한 과학자였다.

그러나 힘이 매우 커지면 이 비례관계는 더 이상 성립하지 않고 용수철은 결국 끊어진다. 예컨대, 밧줄에 매단 물체는 밧줄이라는 (가상) 용수철을 늘어나게 하는데, 매달아놓은 물체가 너무 무거워 용수철이 늘어날 수 있는 한계를 넘으면 밧줄이 끊어진다. 후크의 법칙은 비례상수 $\frac{1}{k}$을 도입해 $x = \frac{1}{k}F$ 또는

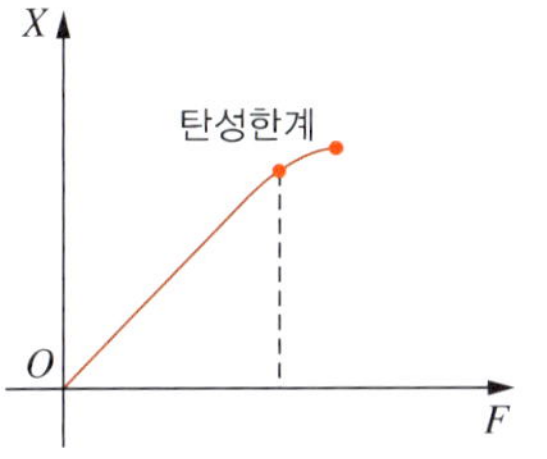

그림 4-2 변형 곡선

$$F = kx \tag{4.7}$$

와 같이 쓸 수 있는데, 여기에서 k를 **용수철 상수**spring constant라고 한다.

용수철에 달린 물체의 위치 x를 벡터로 취급하는 경우, 탄성력의 방향은 위치벡터 방향과 언제나 반대가 된다. 즉 용수철이 늘어나는 방향을 양(+)의 방향으로 정하면, 탄성력은 용수철이 수축되는 방향인 음(−)의 방향으로 작용한다. 한편, 탄성력은 용수철이 수축되면 늘어나려는 방향으로 작용한다. 그러므로 식 (4.7)을 1차원 벡터 표현으로 $F = -kx$와 같이 나타내기도 한다.

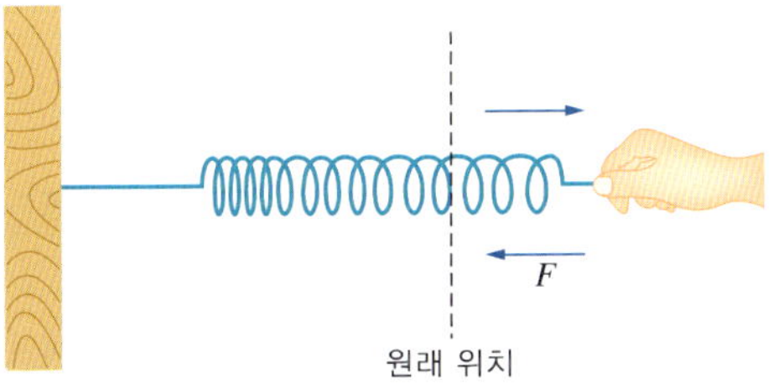

그림 4-3 탄성력

그림 4-4 물체와 바닥면 사이에 있는 가상 용수철

수직항력

우리 몸이 지표면 위에 서 있을 때 우리 몸이 바닥면(또는 지구)에 작용하는 힘은, 몸을 이루는 원자들과 지표면 물질 원자들의 전기적 반발력 때문에 생긴다. 이때 그 힘을 우리 몸과 지표면 사이에 존재하는 보이지 않는 용수철, 즉 가상 용수철이 밀어내는 힘이라고 생각할 수도 있다. 즉 우리 몸과 바닥면 사이에는 탄성력이 작용하고 있다. 이 경우, 탄성력은 수직 방향으로 서로 밀어내는 방향으로 작용하므로 **수직항력**이라고 부르며, N[4]으로 나타낸다. 수직항력은 중력과 서로 크기가 같고 방향이 반대인 힘이다.

---

4 수직 또는 정상적이라는 뜻을 가진 normal의 머리글자다.

부력과 장력

우리는 **부력**buoyant force이라는 말도 사용하는데, 부력이란 유체 속에 들어 있는 물체를 유체가 띄워 올리는 힘을 뜻한다. 부력은 유체를 이루는 물질 분자들이 유체에 잠긴 물체의 분자들을 전기적으로 밀어내는 힘 때문에 생긴다. 즉 유체 속에서는 깊이가 깊어질수록 분자들끼리 밀어내는 힘의 세기가 더 강해지므로, 결국 바닥면에서 물체를 밀어 올리는 힘의 세기가 위에서 밀어 내리는 힘보다 더 커지기 때문에 부력이 생긴다. 이때 분자들끼리 밀어내는 힘을 분자 사이에 있는 (가상) 용수철이 밀어내는 힘으로 볼 수 있다. 따라서 부력도 미시적으로 보면 탄성력의 한 형태라고 생각할 수 있다.

≫ 참고 원자 사이에 작용하는 힘

원자는 핵을 둘러싼 전자들로 구성되어 있으므로, 두 원자가 가까워지면 전자들끼리 마주치게 되어 서로 밀어내는 힘이 작용한다. 그러나 원자 사이가 가까워지면, 미시적 세계의 특징인 양자 현상으로 인해 두 원자가 결합해 한 덩어리처럼 될 수도 있는데, 이때 화학적 결합이 이루어졌다고 말한다. 거시적으로 볼 때 화학적 결합이란 한 원자의 핵이 가까이 다가온 다른 원자의 전자까지도 끌어당기기 때문에 발생한다고 생각할 수 있다. 즉 두 원자가 각각 자신에 속한 전자들만 끌어당기는 것이 아니라, 매우 가까이 다가온 다른 원자의 전자까지 탐내어 끌어당기는 것이다. 한편, 두 원자의 원자핵까지 가까워질 정도로 다가가게 되면, 핵들은 더 큰 힘으로 밀어내게 된다. 즉 원자가 가까이 다가가는 정도가 어떤 한계를 넘으면 두 핵이 결합해 하나의 핵이 될 수도 있는데, 이를 핵융합 현상이라 한다. 태양은 이런 핵융합 현상으로 막대한 빛에너지를 만들어낸다.

우리는 또 **장력**tension이란 말도 자주 사용한다. 장력은 '늘어날 때 작용하는 힘'이라는 뜻이다. 물체에 끈을 연결해 끌어당기면 끄는 힘은 끈을 매개 물질로 하여 물체에 작용한다. 이때 끈은 수많은 분자들이 용수철로 연결된 것으로 생각할 수 있다. 물체를 끌어당기면 가상 용수철들이 모두 늘어나는데, 가상 용수철들이 늘어나면서 작용하는 힘이 바로 끈의 장력이다. 즉 장력은 끈이 늘어났을 때 작용하는 탄성력이다. 따라서 끈을 용수철로 보았을 때, 그 용수철이 얼마나 늘어나는지가 끈에 작용하는 장력 세기의 척도라고 할 수 있다.

끈의 질량을 무시한다면 끈의 장력은 끈의 모든 부분에서 똑같다. 즉 어느 부분을 잘라 용수철로 다시 연결한다고 해도 용수철이 늘어나는 길이는 동일하다. 그러나 끈의 질량을 무시하지 않는다면 각 부분의 장력이 달라진다는 사실을 곧 알게 될 것이다.

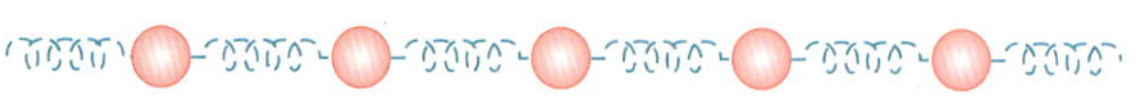

그림 4-5 가상 용수철로 연결된 입자들

4.5 힘의 합력과 기본 힘

여러 힘의 합력

경사면에서 굴러 내려가는 공은 굴러 내려가는 방향으로 힘이 작용하기 때문에 확실히 점점 빨라진다. 그러나 우리 주위의 많은 운동에서는 일정한 힘을 작용해도 속도가 변하지 않는다. 예컨대, 소는 일정한 힘을 줘서 수레를 끌지만, 수레의 속도는 일정하다. 이런 운동에서는 뉴턴의 운동법칙이 성립하지 않는 것일까? 물론 그렇지 않다. 수레가 일정한 속도 운동, 즉 가속도가 0인 운동을 한다는 것은 물론 수레에 작용하는 힘이 0임을 뜻한다. 그리고 갈릴레오가 깨달은 것처럼 이 수레에는 마찰력이 작용하며, 그 힘은 소가 작용하는 힘을 정확히 상쇄시키는 크기와 방향으로 작용한다고 봐야 한다.

이처럼 운동하는 물체에는 여러 개의 힘이 동시에 작용한다. 그 경우 만약 한 물체에 두 힘 $\boldsymbol{F}_1$, $\boldsymbol{F}_2$가 동시에 작용한다면, 그 운동은 두 힘 벡터의 덧셈연산으로 얻은 힘 벡터 $\boldsymbol{F}=\boldsymbol{F}_1+\boldsymbol{F}_2$가 작용할 때의 운동과 같다는 것을 실험적으로 확인할 수 있다. 이는 또한 세 개의 힘 $\boldsymbol{F}$, $\boldsymbol{F}_1$, $\boldsymbol{F}_2$가 한 물체에 동시에 작용할 때, 그 힘들이 $\boldsymbol{F}+\boldsymbol{F}_1+\boldsymbol{F}_2=0$이라는 관계를 만족한다면, 결과적으로 그 물체에는 아무런 알짜 힘도 작용하지 않는 것을 뜻한다. 그런 상태를 힘의 **평형상태**라고 한다.

한 물체에 두 개 이상의 힘이 동시에 작용할 때, 두 힘끼리 더하는 과정을 반복하면 전체 힘의 효과는 물론 $\boldsymbol{F}=\boldsymbol{F}_1+\boldsymbol{F}_2+\cdots$ 와 같이 되며, 그 힘을 물체에 작용하는 여러 힘의 **합력**이라고 한다.

물음 4-4 오른쪽 그림을 보면, 힘의 크기가 각각 $\boldsymbol{F}_0$인 두 개의 힘이 보트가 진행하는 방향의 45°각도로 작용하고 있다. 두 힘을 대치할 수 있는 하나의 힘을 작용하려 할 때, 그 힘의 세기와 방향을 구하라.

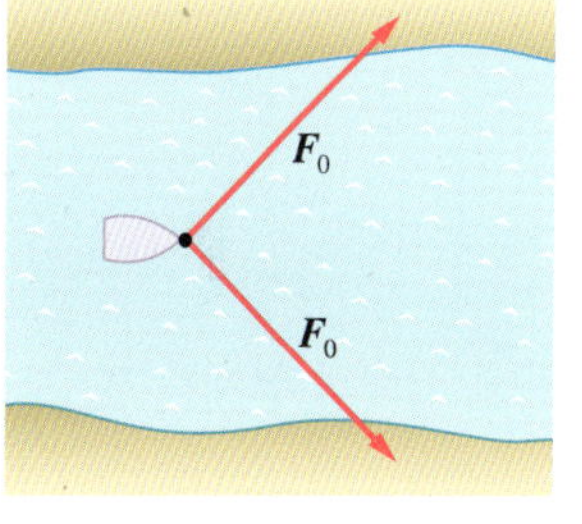

네 가지 기본 힘

앞에서 우리는, 우리가 경험하는 사실상 모든 힘의 근원이 전기력이라고 했다. 그렇다면 모든 힘의 근원이 전기력이라고 말할 수 있는가? 만유인력도 그럴까? 전기를 띠지 않은 달과 지구 사이에는 전기력이 작용할 리가 없다. 따라서 중력은 전기력과 다른 특성을 가진 힘임이 틀림없다.

우리는 전기력과 중력을 매일 경험하며 살고 있다. 그러나 우리가 직접 경험하지는 못하지만, 그 힘들과 다른 종류의 힘은 없을까? 원자핵 안에 핵자들이 뭉쳐 있는 현상은 어떨까? 원자핵 안의 양성자들끼리 서로 밀어내는 전자기력은 엄청난 크기의 힘이다. 그런데 핵 안의 핵자들은 어떻게 그 좁은 공간에서 뭉쳐진 채로 있는 것일까? 중력의 크기는 워낙 작으므로 뭉치게 하는 힘이 중력일 리는 없다. 따라서 우리는 핵자, 즉 양성자나 중성자들 사이에는 서로 간의 거리가 아주 가까워지면 엄청난 힘으로 서로 당기는 힘이 있을 것으로 생각하게 된다. 물론 이 힘은 전자기력이나 중력과는 다른 특성을 가지며, **강력**强力 또는 **핵력**이라고 한다. 핵력 외에도 핵을 이루는 입자 간에는 '약력'이라는 힘도 작용한다. 약력은 원자핵 붕괴 현상을 설명할 때 필요한 힘이다.

4.6 뉴턴의 운동 제2법칙의 적용

일반적으로 한 물체에는 여러 개의 힘이 동시에 작용하므로 힘 $\boldsymbol{F}$는 여러 힘의 합력을 나타낸다고 볼 수 있다. 보통 운동을 기술할 때 가장 어려운 단계가 그 물체에 어떤 힘들이 작용하는지 파악하는 것이다. 이때 문제를 다루는 데 도움이 되는 중요한 사고과정을 다음의 세 가지 단계로 나누면 편리하다.

(1) 질량이 있는 모든 물체를 파악하는 단계 : 대부분 문제에서는 질량이 있는 물체를 지정하고 그 질량의 크기를 제시하므로, 이 단계의 답은 문제 속에 이미 주어져 있다.
(2) 각 물체에 작용하는 힘들을 파악하는 단계 : 모든 문제의 핵심이 되는 부분이다.
(3) 각 물체에 운동방정식을 적용하는 단계 : 각 물체의 운동방정식을 모두 쓰는 것으로, 그리 어렵지 않다.

만약 직선 위의 운동이 아니라 3차원 공간에서의 운동인 경우, 직각좌표계로 나타낸다고 하면 힘은 각 축 성분 힘의 벡터 덧셈으로 $\boldsymbol{F} = F_x\hat{i} + F_y\hat{j} + F_z\hat{k}$와 같이 나타낼 수 있다. 따라서 각 축 방향으로 운동법칙을 다시 쓰면, 다음과 같이 나타낼 수 있다.

$$a_x = \frac{1}{m}F_x,\ a_y = \frac{1}{m}F_y,\ a_z = \frac{1}{m}F_z \tag{4.8}$$

이제 실제적 문제를 몇 개 골라 운동법칙을 어떻게 적용해 기술하는지 다뤄보자.

수직으로 던진 공

지표면에서 수직 방향으로 던져 올린 공은 올라갈수록 점점 느려지다가 결국 멈추고 다시 지표면으로 떨어진다. 이 모든 과정에서 공에 작용하는 힘은 공기의 마찰력을 무시한다면 오직 중력뿐이다. 이때 공의 질량을 m이라고 하면 중력의 크기는 mg가 된다.

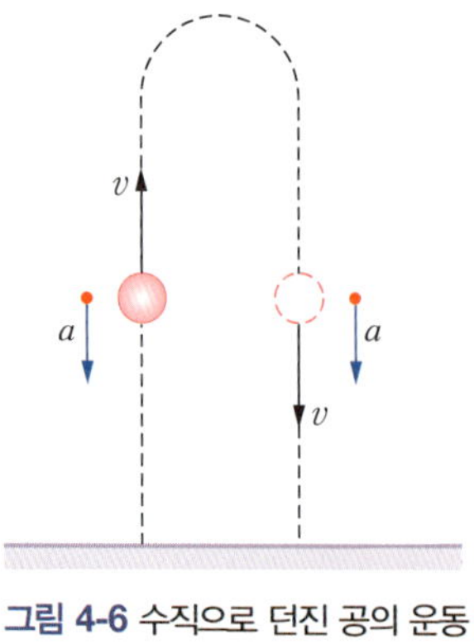

그림 4-6 수직으로 던진 공의 운동

이제 지표면을 기준 위치로 하고 위로 올라가는 방향을 양(+)의 방향이라 정해 운동을 분석해보자. 중력의 방향은 내려오는 방향이므로 이 경우 중력을 벡터로 나타내면 $F = -mg$로 써야 한다. 따라서 가속도는 $a = \frac{F}{m} = -g$로 나타낼 수 있다. 이제 지표면의 위치를

$x=0$이라 하고, 던져 올리는 순간인 $t=0$에서의 공의 속도, 즉 초기 속도를 v_0라 하면 앞 장에서 다룬 것처럼 공의 속도와 위치는 각각 다음과 같아진다.

$$v(t)=v_0-gt \tag{4.9}$$

$$x(t)=v_0 t-\frac{1}{2}gt^2 \tag{4.10}$$

한편, 식 (4.9), (4.10)에서 시간을 소거하면 어떤 시각에서의 속도와 높이 사이 관계를 $v^2-v_0^2=-2gx$로 나타낼 수 있고, 이로부터 공의 최고점 도달 높이는 $H=\dfrac{v_0^2}{2g}$임을 알 수 있다. 예컨대, 두 배 더 빠르게 던져 올린 공은 도달 높이가 네 배에 이른다.

물음 4-5 지표면 위치에서 수직 방향으로 초속도 v_0로 던진 공이 있다.

(a) 이 공이 최고 위치에 도달하는 데 걸리는 시간을 구하라.

[HINT] 속도가 0이 되기까지의 시간이다.

(b) 최고점 도달 높이를 구하라.

[HINT] 속도가 0이 되는 시각의 높이이다.

(c) 지표면에 다시 도달하는 시간을 구하라.

[HINT] 위치가 다시 0이 되는 조건이다.

연결된 두 물체

질량이 각각 m_1, m_2인 두 물체가 질량이 무시되는 밧줄로 연결된 채 일정한 힘 F_0로 끌려간다고 하자. 이처럼 여러 개의 물체가 연결되어 운동하는 경우에는 뉴턴의 운동법칙을 각각의 물체에 적용해야 한다.

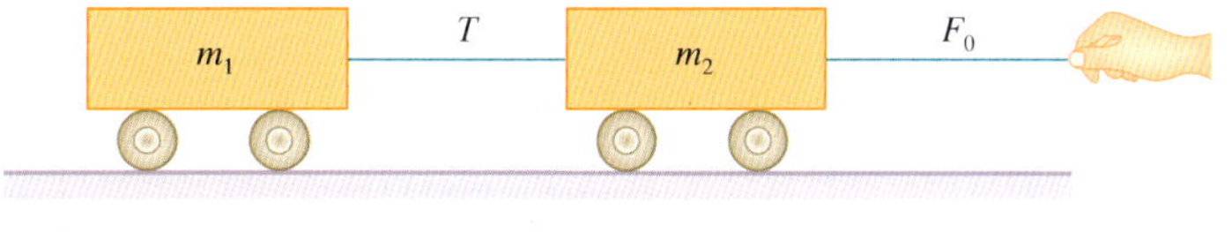

그림 4-7 연결된 두 물체에 작용하는 힘

이때 밧줄이 어떤 크기의 힘으로 각 물체를 당기는지 알려면 밧줄을 용수철로 대치한 후 용수철이 얼마나 늘어나는지를 측정하면 된다. 늘어난 용수철은 양쪽 물체를 똑같은 크기의 힘으로 당기므로 장력 세기를 T라 하면, 각 물체의 운동방정식은 다음과 같이 나타낼 수 있다.

$$\begin{aligned} m_1 a &= T \\ m_2 a &= F_0 - T \end{aligned} \tag{4.11}$$

여기에서 두 물체는 한 덩어리로 운동하므로 같은 가속도 a로 운동한다고 가정할 수 있고, 두 식을 더하면 가속도는 $a = \dfrac{F_0}{m_1 + m_2}$임을 알 수 있다. 즉 두 물체를 질량이 $M = m_1 + m_2$인 한 덩어리의 물체로 본다면, 밧줄의 장력 크기에 상관없이 한 덩어리 물체는 단순히 $\dfrac{F_0}{M}$의 가속도로 운동한다는 당연한 결과를 얻게 된다.

우리는 앞에서 질량이 없는 밧줄의 장력은 밧줄의 모든 부분에서 똑같지만, 질량이 있다면 그렇지 않다고 말했다. 이 문제에서 우리는 질량이 m_2인 물체를 질량이 없는 밧줄로 생각해볼 수 있다. 그 경우에는 $m_2 a = F_0 - T = 0$에서 F_0와 T가 같아진다. 즉 $m_2 = 0$이면 밧줄 양 끝에서의 장력이 같다.

물음 4-6 다음 물음에 답하라.

(a) 밧줄의 장력 세기는 얼마인가?

(b) 밧줄의 질량이 m_0로 무시할 수 없는 크기라면, 물체들의 가속도는 얼마인가?

(c) 정확히 중간 지점에서 밧줄의 장력 세기는 얼마인가?

[HINT] 밧줄을 두 개로 잘랐다고 가정하고, 두 개로 잘린 밧줄을 각각 다른 물체로 취급한다.

(d) 질량이 M인 물체를 질량이 m인 밧줄에 연결해 끌려고 한다. 밧줄을 끄는 힘의 세기를 F_0라 할 때, 물체에 연결된 밧줄 부분의 장력, 즉 물체에 작용하는 힘의 세기는 얼마인가?

도르래에 연결된 물체

도르래는 운동 방향을 바꾸거나 적은 크기의 힘으로 무거운 물체를 들어 올릴 때 사용하는 도구이다. 이제 질량이 각각 m_1, m_2인 두 물체가 있으며, 하나는 마찰이 없는 수평면 위에, 다른 하나는 밧줄에 연결되어 도르래에 매달려 있다고 하자. 이 경우, 밧줄과 도르래에 질량이 없다고 하고 운동을 다뤄보자.

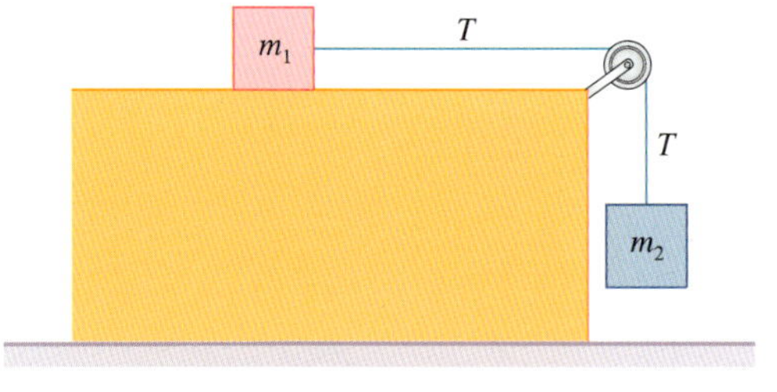

그림 4-8 도르래로 연결된 두 물체

먼저 운동에 영향을 주는 힘을 찾아보면 m_1에는 밧줄이 끄는 장력 T만 작용함을 알 수 있다. 또한 m_2에는 중력 $m_2 g$와 밧줄의 장력이 작용한다. 이제 운동 방향을 양(+)의 방향으로 정하면, 각 물체의 운동방정식은 다음과 같이 나타낼 수 있다.

$$\begin{aligned} m_1 a &= T \\ m_2 a &= m_2 g - T \end{aligned} \tag{4.12}$$

따라서 가속도는 $a = \dfrac{m_2}{m_1 + m_2} g$가 된다. 결과적으로 이 문제는 앞의 두 물체 문제에서 일정하게 끄는 힘 F_0를 $m_2 g$로 대치한 경우와 마찬가지 상황임을 알 수 있다.

물음 4-7 이때 장력 세기는 얼마인가?

예제 4-1 도르래

질량이 무시되는 줄로 연결된 두 물체가 질량이 무시되는 도르래 바퀴에 매달려 있다. 두 물체의 질량은 각각 m_1, m_2이다. 연결된 두 물체는 같은 가속도로 운동하는데, 그 가속도를 구하라.

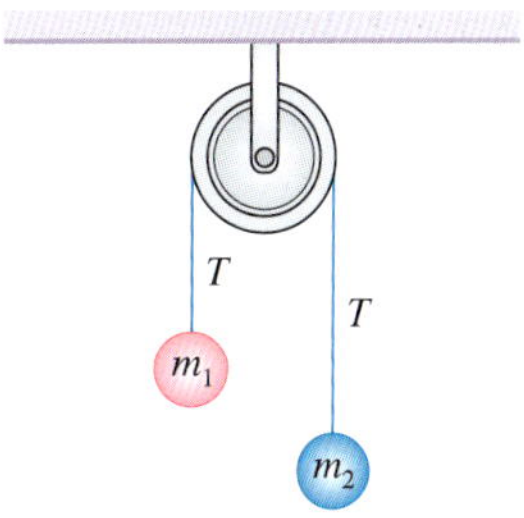

풀이

먼저 줄이 이동할 수 있는 방향 중에서 m_2가 떨어지는 방향을 양(+)의 방향이라 하면, m_1의 경우에는 올라가는 방향이 양(+)의 방향이 됨을 유의하자. 이때 각 물체에 작용하는 힘은 중력과 줄이 당기는 힘뿐이다. 줄의 질량을 무시하면, 줄의 장력은 줄의 모든 부분에서 똑같으므로, 각 물체를 당기는 힘의 세기는 같은 크기인 T로 쓸 수 있다. 두 물체의 가속도를 a라고 하면, 각 물체의 운동방정식은 다음과 같이 나타낼 수 있다.

$$m_2a = m_2g - T$$

$$m_1a = T - m_1g$$

따라서 가속도는 $a = \frac{m_2 - m_1}{m_2 + m_1}g$가 되며, $m_2 > m_1$이라면 $a > 0$이므로, 가속도 방향은 m_2가 떨어지는 방향이 된다. 당연하지만, 이 결과는 전체 질량 $m_1 + m_2$가 합력 $(m_2 - m_1)g$에 의해 가속되는 것을 나타낸다.

물음 4-8 이때 줄의 장력 세기는 얼마인가?

경사면에서 미끄러지는 물체

이제 마찰이 없는 경사면에서 미끄러져 내려오는, 질량이 m인 물체의 운동을 알아보자. 한 물체에 여러 개의 힘이 작용하는 경우에는, 그 힘들을 운동 방향 성분과 운동 방향에 상관없는 성분으로 분리하는 것이 편리하다. 예컨대, 수평 방향으로 달리는 자동차의 경우에는, 수직항력과 같이 운동 방향에 상관없는 힘은 고려할 필요가 없다.

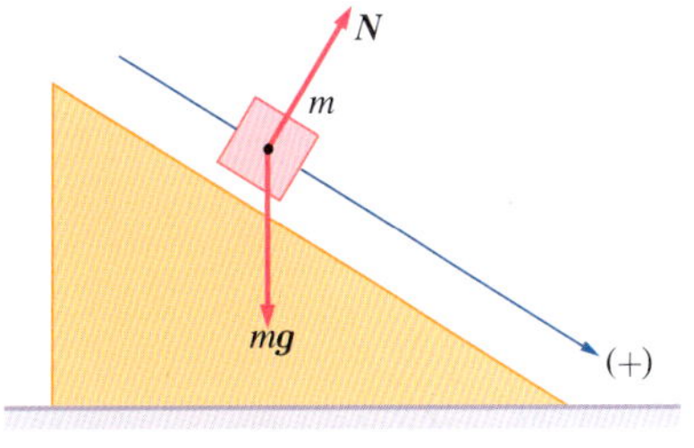

그림 4-9 경사면 위의 물체

이 경우, 물체에는 당연히 중력이 작용한다. 또 경사면에 접촉하고 있으므로, 물체는 경사면이 밀어내는 힘인 수직항력도 받는다. 따라서 물체에는 중력과 수직항력이라는 두 개의 힘이 작용한다.

물음 4-9 다음 물음에 답하라.

(a) [그림 4-9]에서 물체가 미끄러져 내려오는 방향을 양(+)의 방향으로 정하면 내려오는 방향의 힘을 $mg\sin\theta$로 나타낼 수 있음을 보여라.

(b) 그 물체의 가속도는 $a = g\sin\theta$로 나타낼 수 있음을 보여라.

이 문제로부터 경사면을 이용해 물체를 끌어 올리려면 어떤 크기의 힘이 필요한지 알아볼 수 있다. 이 경우, 미끄러져 내려오는 방향의 힘이 $mg\sin\theta$로 알려졌으므로, 만약 끌어 올리는 힘이 더 크면 물체는 당연히 끌려 올라간다. 이 힘의 세기는 물체를 바로 들어 올리는 데 필요한 힘의 세기인 mg보다 작으며, 경사각을 작게 하면 사실상 매우 작은 힘으로도 무거운 물체를 들어 올릴 수 있음을 뜻한다.

그러나 끌어 올리는 힘이 $mg\sin\theta$보다 크면 물론 물체는 점점 빠른 속도로 올라갈 것이다. 즉 물체를 일정한 속도로 끌어 올리려면 $mg\sin\theta$의 힘이 필요하다는 것을 뜻한다. 실제로는 이 크기의 힘을 작용할 때 물체가 힘의 평형에 이르므로 정지해 있거나, 일정한 속도로 끌려 올라가거나, 일정한 속도로 미끄러져 내려올 수도 있다. 따라서 이런 경우에 물체를 끌어 올리려면 $mg\sin\theta$보다 크지만 무시할 수 있을 정도의 크기인 1.00 ⋯ 01배의 힘을 준다고 생각하는 것이 편한데, 그 크기는 $mg\sin\theta$와 같다고 말할 수 있다.

4.7 마찰력

수레에 힘을 작용해 끌어당기려고 하면 힘의 세기가 어느 정도에 이르기까지 수레가 전혀 움직이지 않다가 어느 순간 갑자기 움직이기 시작한다. 그 이유는 물론 물체와 접촉면과의 **마찰력**friction 때문이다. 이제부터 마찰력의 특성에 관해 다뤄보자.

물체가 다른 물체와 접촉하며 운동할 때, 마찰력은 보통 운동을 방해하는 방향으로 작용해 결국 운동을 멈추게 한다. 예컨대, 마찰력을 받지 않는 천체들은 운동을 계속할 수 있지만, 우리 주위의 모든 물체는 마찰력을 받기 때문에 결국 운동을 멈추게 된다. 우리는 사실 공기나 중력같이 항상 우리 주위에 있는 것들의 존재는 잘 알아채지 못한다. 마찰력도 마찬가지여서 갈릴레오가 '사고실험'을 통해 깨닫기 전까지 우리는 그 존재를 깨닫지 못했던 것이다.

그렇다면 마찰력의 근원은 무엇일까? 마찰력은 서로 접촉한 상태에서 작용하므로 그 근원은 접촉하는 원자들 간에 작용하는 힘이라 짐작할 수 있다. 그러므로 마찰력의 근원도 전기력임을 추정할 수 있다. 즉 접촉한 두 물체의 원자끼리는 화학적 결합까지는 아니더라도 서로 약하게 결합된 상태로 있을 수 있는데, 이때 두 물체를 떼어내려고 하면 약하게 연결되었던 용수철들이 끊어지면서 마찰력을 만든다고 볼 수 있다.

정지마찰력과 운동마찰력

정지해 있는 물체에 힘을 작용할 때, 힘이 어느 정도 크기에 이를 때까지는 움직이지 못하게 하는 마찰력을 **정지마찰력**static friction이라고 한다. 즉 물체에 힘을 작용해도 움직이지 않을 때의 정지마찰력 세기는 작용하는 힘의 세기와 같다. 이때 작용하는 힘의 세기가 점점 커지면 정지마찰력 세기도 마찬가지로 커지는데, 그 세기가 어느 정도 이상이 되면 물체가 움직이기 시작하고, 그때의 마찰력을 **최대정지마찰력**이라고 한다.

물체에 작용하는 힘이 점점 세지다가 최대정지마찰력 세기에 이르면 물체가 갑자기 움직이기 시작하는데, 움직이는 상태에서 작용하는 마찰력 세기는 정지마찰력 세기보다 더 작아진다. 운동하는 물체에 작용하는 마찰력 세기는 물체 속도가 매우 크지 않으면 거의 일정한 크기를 유지하는데, 그때의 마찰력을 **운동마찰력**[kinetic friction]이라고 한다.

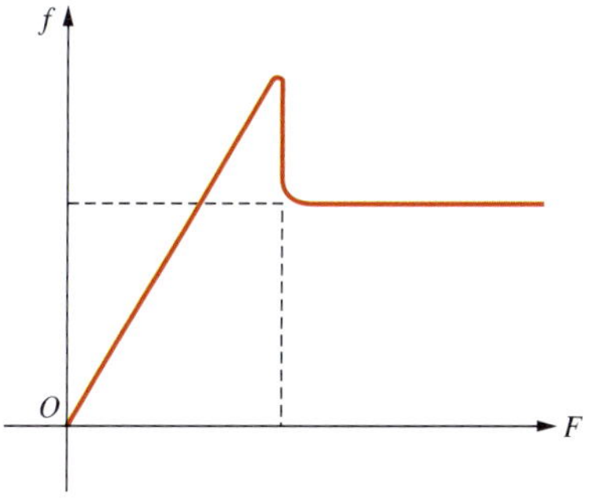

그림 4-10 외력 세기에 따른 마찰력 세기

실험을 해보면, 물체와 접촉면이 서로 얼마나 세게 밀어내는지에 따라 마찰력의 세기가 달라지는 것을 알 수 있다. 즉 마찰력 세기를 f, 수직항력의 세기를 N이라 하면, 다음과 같은 비례관계로 나타낼 수 있다.

$$f \propto N \tag{4.13}$$

이 비례관계에 비례상수를 도입해, 정지마찰력에 적용하는 경우에는 $f_s = \mu_s N$으로, 운동마찰력에 적용하는 경우에는 $f_k = \mu_k N$으로 나타낸다. 이때 μ_s, μ_k를 각각 **정지마찰계수**와 **운동마찰계수**라고 한다. 마찰계수가 μ라고 하면 일반적으로 그 값은 운동마찰계수 μ_k를 뜻한다.

중요하면서도 흥미로운 마찰력의 특징 중 하나는 물체와 접촉면과의 거시적 접촉 면적이 좁든 넓든 상관없이 마찰력 세기가 변하지 않는다는 점이다. 마찰력 세기가 거시적 접촉 면적에 무관하고 단지 수직항력의 세기에만 비례한다는 점은 다음과 같은 논리로 설명할 수 있다.

즉 접촉면의 물체 분자들이 서로 약한 용수철로 연결된 쌍을 이루고 있고, 물체가 움직일 때 분자 쌍들이 분리됨으로써 마찰력이 생긴다고 보는 논리다. 미시적으로 보면 물체와 물체 사이에는 수많은 분자가 맞닿아 있는데, 물체는 접촉해 있는 부분에서 분자들 간의 반발력 때문에 다른 물체와 분리되어 있다. 이때 맞닿은 분자 쌍들이 밀어내는 힘의 세기를 일정한 크기라고 가정하면 접촉한 분자들의 수는 물체 무게에 비례해야 마땅하다. 한편, 물체 무게는 거시적 접촉 면적에 상관없이 일정하므로 접촉한 분자들의 수는 거시적 접촉 면적에 무관하다. 따라서 마찰력이 거시적 접촉 면적에 무관하게 되는 것이다.

진공상태에서의 마찰력은 공기 중에서보다 더 큰데, 미시적 측면에서 보면 그 사실이 쉽게 이해된다. 즉 공기가 없는 상태에서는 접촉면의 분자들이 훨씬 쉽게 분자 쌍을 만들 수 있기 때문이다. 그런 이유로 표면이 매끄러운 두 물체가 진공상태에서 접촉한 경우에는 마찰계수가 매우 커진다. 즉 접촉한 분자 쌍들이 매우 단단히 결합해서 사실상 한 덩어리 물체가 되기 때문이다. 여기에서 유의할 점은 마찰력의 원인은 매우 다양하며, 마찰계수는 단지 복잡한 원인에 의한 그 힘을 거시적으로 기술하기 위해 도입된 양일 뿐이라는 점이다. 즉 마찰계수는 이론적으로 계산할 수 있는 양이 아니다.

물음 4-10 질량이 100kg인 물체가 질량이 무시되는 밧줄에 묶인 채 일정한 속도로 끌려가고 있다. 밧줄을 끄는 힘의 크기는 220N이다. 단, 중력가속도의 크기는 $10\,m/s^2$이다. 물체와 바닥면 사이의 운동마찰계수는 얼마인가?

참고 빠르게 운동하는 경우의 마찰력

우리가 지금까지 다룬 마찰력의 근원은 접촉면 분자들끼리의 상호작용이었는데, 운동하는 물체는 그와 같은 마찰력 외에 다른 원인에 의한 마찰력도 받는다고 봐야 한다. 왜냐하면 물체와 바닥의 표면은 매우 거친 요철[凹凸] 형태로 되어 있으므로 물체가 운동하면서 요철 부분에서 충돌이 일어나기 때문이다. 한편, 물체의 빠르기가 커질수록 충돌 횟수는 더 많아지므로, 요철에 의한 마찰력은 물체 빠르기에도 의존하게 된다.

따라서 마찰력을 표현할 때는 어떤 형태로든 물체의 빠르기에 의존하는 항이 추가되어야 옳다. 예컨대, 요철 부분의 충돌 횟수는 빠르기 v에 비례하므로 마찰력은 $f = \mu N + bv$(b는 상수) 형태로 나타낼 수 있다. 이때 빠르기에 비례하는 bv 항은 물체의 빠르기가 작은 경우에는 무시해도 좋지만, 빠르기가 충분히 커지는 경우에는 μN 항보다 더 커질 수도 있다.

정지거리

자동차를 많이 이용하는 현대에는, 자동차가 급정거하는 경우 자동차가 멈출 때까지 필요한 정지거리에 대한 물리적 사실을 이해하는 것이 매우 중요하다. 자동차가 급정거하는 경우, 오직 마찰력에 의해서만 차가 멈춘다고 할 때 정지거리에 관해 알아보기로 하자.

먼저 자동차에 작용하는 힘을 생각해보면 '중력과 수직항력 그리고 마찰력'의 세 가지가 있음을 알 수 있다. 이 경우, 차가 수평 방향으로만 운동하므로 수직항력 크기는 중력과 같아진다. 그러므로 차의 질량을 m이라 할 때 수직항력은 $N = mg$이고, 따라서 마찰력 크기를 f_0라 쓰면 $f_0 = \mu mg$가 되어 일정한 세기가 된다. 급정거할 때 자동차에 운동마찰력만 작용해 그 세기가 f_0로 일정하다고 하면, 가속도 크기는 $a = \frac{\mu mg}{m} = \mu g$로 일정하게 된다. 한편, 차가 진행하는 방향을 양(+)의 방향으로 정하면 마찰력은 그 반대 방향으로 작용한다. 이때 마찰력을 벡터 형식으로 나타내면 $-f_0$가 되어 가속도를 $a = \frac{-f_0}{m}$로 나타낼 수 있다.

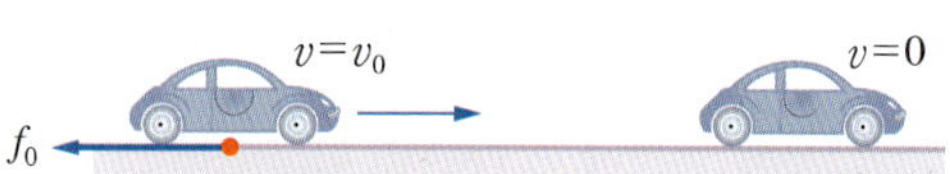

그림 4-11 자동차와 안전거리

이제 차의 빠르기를 v_0라고 하고, 빠르기와 이동 거리에 관한 관계식 $v^2 - v_0^2 = 2ax$를 이용하면, 빠르기 v가 0이 될 때까지 이동한 거리 v는 $\frac{v_0^2}{2a}$이 되는데, 이 값을 **정지거리**라고 한다. 이 결과에서 중요한 사실은 정지거리가 '빠르기 v_0의 제곱'에 비례한다는 점이다. 예컨대, 빠르기가 시속 100km일 때의 정지거리가 100m라면, 시속 120km로 달리는 경우의 정지거리는 144m가 된다.

물음 4-11 비행기가 이륙하는 데 필요한 활주로의 길이는 비행기 질량 m과 엔진 추진력 F_0에 따라 달라진다. 이륙하는 데 필요한 속도가 v_0일 때 필요한 활주로 길이는 얼마인가?

물음 4-12 경사면에 있는 물체가 미끄러져 내려오지 않는 이유는 마찰력 때문이다. 이때 정지마찰계수를 μs라고 하자. 수평상태의 경사면을 서서히 들어 올리면 경사면 각도가 임계각 θ_0에 이를 때까지는 물체가 멈춰 있다가 어느 각도 이상이 되면 미끄러져 내려오기 시작한다.

(a) 경사면에 수직 방향으로는 힘의 평형상태가 된다. 수직항력을 N이라 할 때, 그 세기가 $N = mg\cos\theta$임을 보여라.

(b) 임계각에서 정지마찰력 세기 $\mu_s N$이 $mg\sin\theta_0 = \mu_s mg\cos\theta_0$라는 관계를 만족함을 보여라.

(c) 따라서 정지마찰계수를 $\mu_s = \tan\theta_0$로 나타낼 수 있음을 보여라.

[HINT] 정지마찰계수를 측정할 때 경사각이 임계각에 이르면 물체가 미끄러지기 시작한다. 그 상태에서 물체의 운동 방향으로 작용하는 중력 세기는 정지마찰력 세기와 같다고 할 수 있다.

4.8 저항력과 마찰력

마찰계수는 일반적으로 상수로 취급하지만, 물체가 운동하면 상황에 따라 크기가 달라질 수 있다. 지금까지 우리가 논의한 마찰력은 접촉한 분자 간의 힘을 근원으로 하지만, 운동하는 상태에서는 그 힘 외에 다른 원인에 의한 힘들이 더 나타날 수 있기 때문이다. 예컨대, 물체 표면은 매끄럽게 보이긴 하지만, 자세히 들여다보면 울퉁불퉁하고 거칠다. 따라서 운동을 하면 분자 쌍들의 분자력이 아닌, 거친 부분들이 충돌함으로써 생기는 힘들이 운동을 방해한다. 예컨대, 수레가 운동할 때 수레바퀴가 울퉁불퉁한 땅바닥이나 작은 돌 등에 부딪치며 힘을 받을 수 있다. 또한 운동하는 물체는 공기 분자와 충돌함으로써 힘을 받기도 한다.

접촉한 분자 쌍 사이의 느슨한 전기적 결합이 아닌, 공기 분자나 거친 표면 충돌에 의해 발생하는 이러한 힘들을 흔히 **저항력**이라고도 하고, 넓은 의미에서 **마찰력**이라고도 한다. 운동 속도가 빨라져 저항력 효과가 주도하는 단계에 이르면, 저항력을 포함한 마찰력은 대개 '빠르기에 비례'하는 힘으로 나타낼 수 있다. 예컨대, 공중에서 떨어지는 우박에 작용하는 공기 저항력 f는 빠르기 v와 $f \propto v$의 비례관계를 갖는다. 그러나 빠르기가 매우 빨라지면 공기의 소용돌이 효과 등을 포함한 다른 원인에 의한 저항력이 나타나는데, 그 크기는 빠르기의 제곱에 비례하는 상태에 이르기도 한다.

이처럼 공기나 거친 표면 등에 의한 저항력 때문에 물체에 일정한 크기의 힘을 계속 작용한다고 해도 계속 가속되지는 않는다. 즉 속도가 빨라질수록 저항력을 포함한 마찰력도 계속 커져서 결국 힘의 평형상태에 이를 수밖에 없기 때문이다. 그 예로, 다음과 같이 도르래로 연결된 두 물체의 운동을 다뤄보자.

예제 4-2 줄로 연결된 두 물체

질량이 각각 m_1, m_2인 두 물체가 줄로 연결되어 있다. 질량이 m_2인 물체는 매달려 있고, 질량이 m_1인 물체는 수평면에서 미끄러진다. 바닥면과의 운동마찰계수가 μ일 때, 각 물체의 가속도 크기를 구하라.

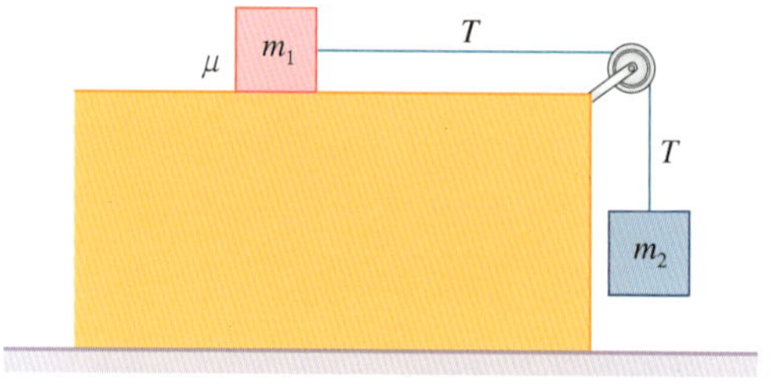

풀이

줄의 장력 세기를 T라고 쓰면, 운동 방향을 양(+)의 방향으로 정할 때, m_1에 작용하는 마찰력 세기는 $f=\mu N=\mu m_1 g$이므로 각 물체의 운동방정식은 다음과 같다.

$$m_2 a = m_2 g - T$$

$$m_1 a = T - \mu m_1 g$$

따라서 두 물체는 $\frac{(m_2-\mu m_1)g}{m_1+m_2}$ 크기의 가속도로 계속 가속되어야 한다.

물음 4-13 자동차 엔진의 추진력이 일정하면 자동차는 일정한 속도로 달린다. 왜냐하면 자동차에는 저항력을 포함한 마찰력이 작용하기 때문이다. 추진력 세기가 F_0로 일정할 때, 빠르기는 v_0로 일정하다고 한다. 마찰력 세기가 $f=bv$(여기에서 b는 상수)와 같이 빠르기에 비례한다고 할 때, 마찰력 상수 b는 얼마인가?

종단속도(끝속도)

공중에서 떨어지는 모든 물체는 공기의 저항력 때문에 무거울수록 더 빨리 떨어진다. 그러나 '무거울수록 더 빨리 떨어진다'라는 명제가 과학적으로 항상 옳은 것은 아니다. 갈릴레오는 그 명제가 옳지 않을 수도 있다는 것을 증명하기 위해 피사의 사탑(이탈리아의 피사[Pisa]라는 도시의 기울어진 탑)에 올라가 실험을 했다는 유명한 일화가 있다. 그가 실제로 실험을 했는지는 알 수 없지만, 그 당시 갈릴레오는 틀림없이 매우 무거운 쇳덩어리와 그보다 덜 무거운 쇳덩어리를 가지고 실험했을 것이다. 떨어지는 동안 물체가 받는 공기의 저항력 크기를 무시할 수 있으려면, 물체의 중력 크기가 공기 저항력보다 매우 커야 하기 때문이다. 사실이 어떠하든 갈릴레오는 '(공기의 저항력이 무시된다면) 모든 물체는 똑같은 속도로 떨어진다'라는 명제를 증명하고 싶었을 것이다.

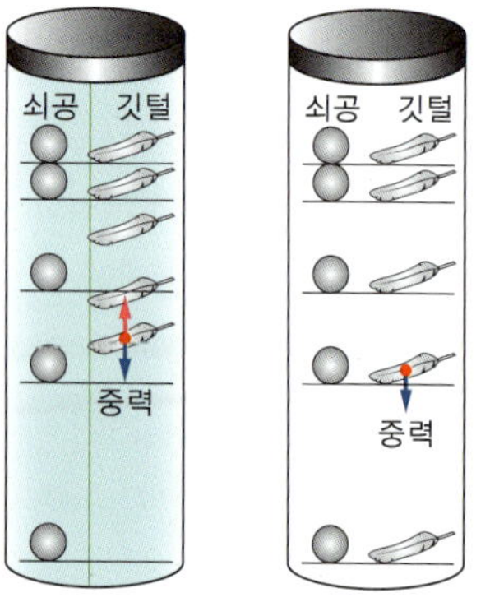

그림 4-12 공중에서 떨어지는 물체의 속도 비교

우리는 여러 사례를 통해 '물체가 무거울수록 더 빨리 떨어진다'라고 생각한다. 사실 그런 단순한 명제가 옳지 않은 경우는 쉽게 찾을 수 있다. 예컨대, 똑같은 무게를 가진 솜 덩어리 두 개를 준비해, 그중 하나를 작은 부피로 뭉친 다음 두 솜덩어리를 같이 떨어뜨리면 부피를 작게 만든 솜덩어리가 더 빨리 떨어진다. 이것은 떨어지는 속도가 물체의 부피에 의해 영향을 받는 것을 뜻한다.

공중에서 떨어지는 모든 물체는 어느 한계에 이르면 더는 빨라지지 않고 결국 일정한 속도로 떨어지는데, 그 속도를 **종단속도**terminal velocity 또는 **끝속도**라고 한다. 물체가 이처럼 무한정 빠르게 떨어지지 못하는 이유는 물론 공기 저항 때문이다. 떨어지는 물체는 빨리 떨어질수록 더 많은 공기 분자와 충돌할 수밖에 없는데, 따라서 공기의 저항력은 속도가 빨라질수록 점점 커진다. 그러므로 떨어지는 물체는 결국 일정한 속도에 이르게 마련이다. 즉 공기에 의한 마찰력이 물체의 무게와 같아지는 단계에 이르면 일정한 속도로만 운동하게 된다.

공중에서 떨어지는 물체에 작용하는 공기의 저항력 세기 f는 속도가 매우 크지 않으면 빠르기 v에 비례한다고 해도 좋으므로 $f \propto v$라는 관계로 나타낼 수 있다. 이제 b를 비례상수로 도입하면, 떨어지는 방향을 양(+)의 방향으로 할 때 저항력을 $f = -bv$로 쓸 수 있으므로, 질량이 m인 물체의 운동방정식을 $a = \frac{1}{m}(mg - bv)$로 나타낼 수 있다.

한편, 물체가 종단속도에 이르면 가속도는 0이 되므로 종단속도를 v_0라 쓰면,

$$v_0 = \frac{mg}{b} \tag{4.14}$$

로 나타낼 수 있다. 즉 종단속도는 질량의 크기에 비례하므로 무거운 물체일수록 결국 더 빨리 떨어진다. 예컨대, 이슬비의 빗방울은 가벼워서 아주 느린 종단속도로 떨어지지만, 굵은 빗방울은 더 빨리 떨어지고, 그보다 더 무거운 우박은 매우 빠르게 떨어진다. 높은 곳에서 떨어지는 개미나 쥐는 무게가 가벼우므로 종단속도가 느린 편이다. 그러나 사람은 무거운 편이라 종단속도가 매우 빠르므로, 높은 곳에서 떨어지면 그만큼 아주 위험하다.

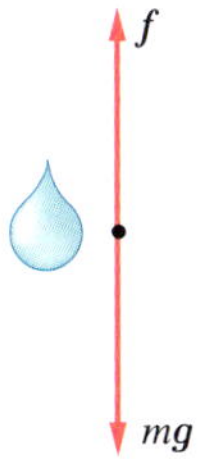

그림 4-13 종단속도로 떨어지는 물방울에 작용하는 힘

물음 4-14 몸무게가 10kg인 아이의 종단속도 크기는 60kg인 어른의 종단속도 크기의 몇 배인가?

≫ 참고 대기권의 역할

지구를 둘러싼 대기가 우리에게 꼭 필요한 존재임을 일상생활에서 깨닫기는 쉽지 않다. 사실 대기는 거친 우주로부터 지구 생명체를 보호하는 어머니의 역할을 해왔다. 지구 대기권에는 하루 평균 300톤가량의 운석(별똥별)이 들어오는 것으로 알려졌다. 그 운석들의 속도는 매우 빠르다. 다행히 공기가 있기 때문에 대기권에 들어오면 대기와 마찰해 운석들은 거의 타버리고 만다. 몇몇 영화에서는 커다란 운석이 지구와 충돌하는 이야기를 다루기도 하지만, 그런 일이 일어날 가능성은 적어 보인다. 그러나 인간의 생존 역사보다 더 긴 시간을 돌아보면, 지구는 여러 차례 매우 큰 운석과 충돌한 것으로 보인다. 미국 애리조나 주나 러시아 시베리아 지역에는 운석이 떨어졌던 곳으로 추정되는 매우 큰 분지^crater^가 있는데, 그 정도 크기의 운석이라면 지구에 상당한 충격을 주었으리라 생각된다. 한때 지구를 지배했던 공룡이 갑작스럽게 멸종하게 된 원인도 지구와 운석이 충돌했기 때문인 것으로 추정된다. 충돌 당시 만들어진 먼지가 몇 년간 하늘을 뒤덮어 모든 식물이 죽고 그것을 먹고 사는 모든 동물도 멸종했으리라는 것이다. 우리 인간도 그런 운명을 피할 수는 없을 것이다. 하지만 인간의 생존 역사인 수백만 년은 우주의 수십억 년 역사에서는 길지 않은 기간이므로, 인간의 생존 역사에서 그런 일이 벌어질 가능성은 그리 커 보이지 않는다.

대기는 하늘에서 떨어지는 우박이나 운석으로부터 우리를 보호해주는 역할만 하는 것이 아니다. 대기권을 벗어날 정도로 높은 곳은 태양으로부터 날아오는 강력한 에너지를 가진 **우주선 입자**^cosmic ray^들 때문에 매우 위험하다. 태양은 수많은 방사능 입자를 사방으로 내뿜는다. 그 입자들은 거의 빛의 속도로 지구에 날아드는데, 지구의 자기장이 일차적으로 이들의 접근을 막는다. 하지만 지구 자기장만으로는 모든 우주선 입자를 막아내기는 어려우므로 결국 대기권까지 우주선 입자가 들어오게 된다.

대기는 이때도 중요한 역할을 한다. 우주선 입자들은 대기권 공기의 장막을 통과해야 하는데, 수많은 공기 분자와 충돌해가며 장막을 통과해 지표면까지 도달할 가능성은 거의 없기 때문이다. 대기는 이처럼 다양한 방법으로 지구의 생명체가 살아갈 수 있는 환경을 만들어준다.

4.9 뉴턴의 운동 제3법칙

만유인력의 법칙을 설명할 때 이미 언급한 이야기이지만, 어떤 종류의 힘이든 두 물체 간의 힘은 '상호작용' 형태로 작용하며, 한 물체만 힘을 받고 다른 물체는 힘을 받지 않는 일은 없다. 이때 물체 A가 물체 B에 힘을 작용하면 물체 B도 그 반대 방향으로 똑같은 크기의 힘을 물체 A에 작용시키는데, 그 사실을 **작용-반작용의 법칙**^law of action-reaction^ 또는 **뉴턴의 운동 제3법칙**이라고 한다. 작용-반작용 법칙에서 유의해야 할 점은 작용력과 반작용력은 각각 다른 물체, 즉 물체 A와 B에 각각 작용한다는 점이다.

그림 4-14 중력과 수직항력

힘의 특성을 잘 파악하지 못하는 상태에서 작용-반작용 법칙을 이해하기란 그리 쉬운 일이 아니다. 즉 작용-반작용이 두 물체 사이에서 발생하는 관계라는 점에 유의하지 않으면 다음과 같은 혼란에 쉽게 빠질 수 있다. 예컨대, 지면에 놓여 있는 바위를 생각해보자. 바위에는 중력과 수직항력의 두 힘이 작용하고 있다. 이때 중력과 수직항력의 크기는 서로 같고, 방향은 반대로 작용한다.

이때 수직항력은 중력에 대응되는 반작용력인가? 답은 물론 아니다. 그 이유는 두 힘 모두 바위라는 한 물체에 작용되는 힘들이기 때문이다. 중력은 지구가 바위를 당기는 힘이므로 중력에 대응되는 반작용력은 바위가 지구를 당기는 힘이다. 이런 상황은 물체가 바닥면에 놓여 있지 않고 공중에 떠 있는 상태로 보면 더 쉽게 이해할 수 있다. 물체가 바닥면에 있는 경우에는 접촉면의 전기력이라는 다른 힘이 개입되어 우리를 혼란스럽게 만들기 때문이다. 전기력인 수직항력에 대응되는 반작용력은 바위가 지면을 내리누르는 힘이다. 이는 바위와 지면 사이에 보이지 않는 용수철이 있어 양방향으로 밀어내는 것으로 비유할 수 있다. 작용과 반작용에 관해서는 다음과 같은 유명한 물음이 있다. 여러분은 이러한 물음에 어떻게 답하겠는가?

"작용-반작용 법칙에 의하면, 말이 마차를 끌 때 마차도 같은 크기의 힘으로 말을 당긴다.
그러므로 말은 마차를 끌 수 없다."

물음 4-15 마찰이 무시되는 얼음 위에서 질량이 30kg인 사람이 질량이 60kg인 사람을 밧줄로 연결해 60N의 힘으로 끌어당기고 있다. 두 사람의 가속도 크기를 각각 구하라.

참고 작용-반작용 법칙은 언제나 성립하는가?

작용-반작용 원리는 더 깊이 생각해보면 매우 어려운 개념이다. 예컨대, 매우 멀리 떨어져 있는 별 1과 별 2를 생각해보자. 두 별은 만유인력으로 서로를 당기고 있다. 어느 순간, 별 1의 위치가 바뀌었다고 하자. 이때 별 1은 옮겨진 위치에서 별 2를 잇는 선 쪽으로 바로 끌린다. 그러나 별 2가 별 1의 위치가 변했음을 알아차리기 위해서는 빛의 빠르기로 두 별을 여행하는 시간이 필요하다. 따라서 별 2는 별 1의 위치가 바뀐 줄 모르는 상태로 얼마간은 별 1의 원래 위치를 향해 끌린다. 즉 어느 정도의 시간 동안은 작용-반작용 원리가 성립하지 않는 것처럼 보이게 된다.

작용-반작용 원리가 성립하지 않을 것 같은 예는 전자기력에서는 아주 흔하다. 예컨대, 서로 수직 방향으로 운동하는 두 전하끼리 작용하는 전기력과 자기력을 합한 힘에는 작용-반작용 원리가 성립하지 않는 것처럼 보인다. 이는 모든 전자기 현상이 상대론적 현상임을 암시한다. 이와 같은 예들을 설명하려면 마당[field] 또는 장[場]이라는 개념이 필요하다. 즉 물체 간의 모든 상호작용은 장이라는 형태로 이루어진다는 개념이다. 장은 우리 눈에는 보이지 않지만, 그 자체가 힘의 요소를 갖고 있다고 봐야 한다. 따라서 앞의 예와 같이 장의 형태로 숨겨진 힘까지 고려해야만 작용-반작용 법칙이 성립한다고 할 수 있다.

CHAPTER 04 연습문제

▶ 4장의 모든 연습문제에서 중력가속도 크기는 $g = 10\mathrm{m/s^2}$이다.

1 오른쪽 그림과 같이, 마찰이 없는 평면 위에 질량이 각각 $m_A = 5.0\,\mathrm{kg}$, $m_B = 2.0\,\mathrm{kg}$인 두 물체 A, B가 붙어 있다. $F = 14\,\mathrm{N}$의 힘이 물체 A에 작용하고 있다.

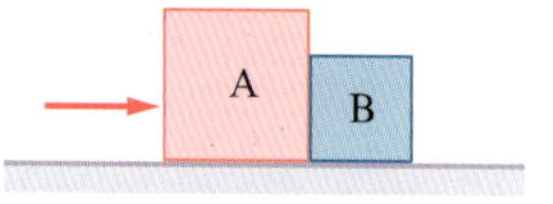

(a) 두 물체는 한 덩어리로 운동하는데, 그때 가속도 크기는 얼마인가?

(b) 물체 B에 작용하는 힘의 세기(물체 A가 물체 B를 미는 힘의 세기)는 얼마인가?

(c) 같은 크기의 힘이 물체 A가 아니라 물체 B에 작용하는 경우, 물체 A에 작용하는 힘의 세기는 얼마인가?

2 질량이 각각 $m_1 = 6.0\,\mathrm{kg}$, $m_2 = 4.0\,\mathrm{kg}$, $m_3 = 2.0\,\mathrm{kg}$인 세 개의 물체가 끈으로 연결되어 있다. 그중에서 질량이 $2.0\,\mathrm{kg}$인 물체에 $F = 60\,\mathrm{N}$의 힘을 작용해 세 물체를 끌려고 한다.

(a) 물체들의 가속도 크기는 얼마인가?

(b) 질량이 $6.0\,\mathrm{kg}$인 물체와 $4.0\,\mathrm{kg}$인 물체를 연결한 끈의 장력 세기는 얼마인가?

(c) 질량이 $4.0\,\mathrm{kg}$인 물체와 $2.0\,\mathrm{kg}$인 물체를 연결한 끈의 장력 세기는 얼마인가?

3 질량이 각각 m인 N개의 차량이 연결된 열차가 F의 힘으로 끄는 기관차에 끌려가고 있다. 단, 마찰력은 무시한다.

(a) 열차의 가속도 크기 a는 얼마인가?

(b) 열차의 마지막 차량을 끄는 힘의 세기는 얼마인가?

(c) 기관차에 직접 연결된 차량이 그 다음 차량을 끄는 힘의 세기는 얼마인가?

4 질량이 m인 밧줄로 질량이 M인 물체를 연결해 끌려고 한다.

(a) 밧줄을 끄는 힘의 세기를 F_0라 할 때, 물체에 연결된 밧줄 부분의 장력, 즉 물체에 작용되는 힘의 세기 T_1은 얼마인가?

(b) 정확히 중간점 위치에서 밧줄의 장력 세기 T_2는 얼마인가?

5 오른쪽 그림과 같은 두 개의 도르래 조합을 이용해, 힘 F를 작용해 질량이 M인 물체를 들어 올리려고 한다.

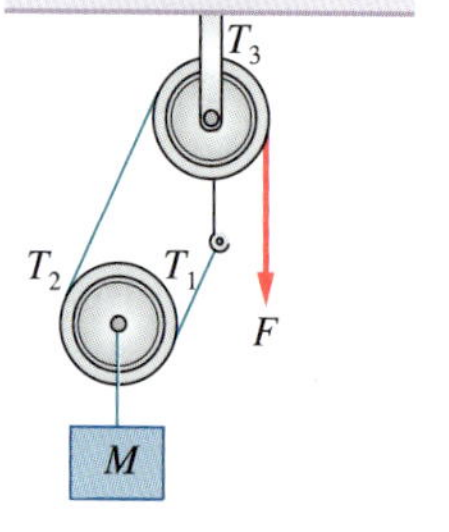

(a) 물체를 들어 올리기 위해 필요한 최소한의 힘 F는 얼마인가?

(b) 장력 T_1, T_2와 천장에 연결된 부분 장력 T_3는 각각 얼마인가?

6 다음 그림과 같이, 도르래로 연결된 두 물체의 질량이 각각 m_1, m_2이고 경사면의 각도가 θ_1, θ_2인 경사면에 걸쳐 평형을 이루고 있다.

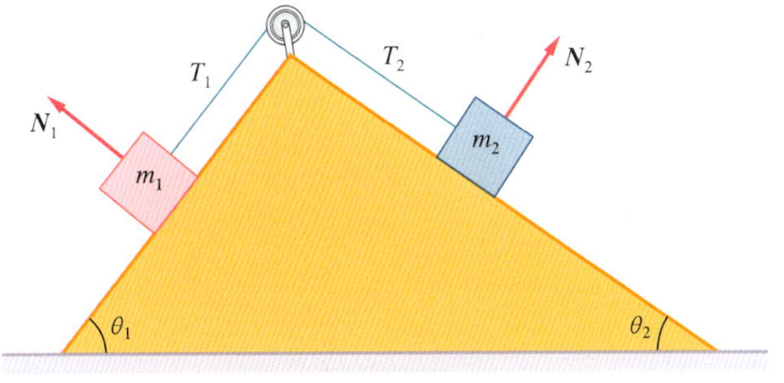

(a) 두 물체에 작용하는 수직항력의 세기는 각각 얼마인가?

(b) 두 물체를 연결한 끈에 작용하는 장력 세기는 얼마인가?

(c) 두 물체의 질량 비 $\dfrac{m_2}{m_1}$는 얼마인가?

[HINT] 이 문제는 두 물체 대신 구슬 꾸러미를 구조 물체에 걸쳐 놓았다고 가정하고 각 변에 걸친 구슬 수의 비를 구해서 풀 수도 있다. 즉 양변의 길이를 각각 d_1, d_2라고 하면 $d_1\sin\theta_1 = d_2\sin\theta_2$가 되는데, 각 변의 길이는 구슬 수에 비례하며, 곧 각 꾸러미의 질량에 비례한다.

7 질량이 60.0 N인 눈썰매가, 눈과 눈썰매 사이의 운동마찰계수가 0.100인 눈 위에서 수평으로 끌리고 있다. 눈썰매 위에 무게가 70.0 N인 펭귄이 앉아 있고, 펭귄과 눈썰매 사이의 정지마찰계수는 0.700이다.

(a) 펭귄과 눈썰매 사이 최대정지마찰력 세기는 얼마인가?

(b) 눈썰매와 펭귄의 질량을 각각 m_1, m_2라 할 때, 최대정지마찰력 세기에서 펭귄 가속도 표현을 주어진 값으로 나타내라.

(c) 눈썰매에 작용하는 힘의 최대 세기는 얼마인가? (그 힘의 세기는 곧 펭귄이 미끄러지지 않도록 끄는 경우 힘의 최대 세기이다.)

***8** 언덕에서 굴러 떨어지는 통나무

경사각이 θ인 언덕의 경사면 위에 직각 모양 단면을 가진 회랑을 설치하고, 그 회랑을 통해 산 위에서 질량이 m인 통나무를 굴려서 떨어뜨리려고 한다.

(a) 통로 양면에서 통나무를 밀어 올리는 수직항력의 세기를 각각 N이라 할 때, 그 합력이 통나무에 작용하는 총 수직항력이 된다. 그렇다면 N의 크기는 얼마인가?

(b) 통나무와 접촉면 사이의 운동마찰계수가 μ인 경우, 미끄러지는 통나무의 가속도 크기는 얼마인가?

***9** 움직이는 경사면 위에 놓인 물체

오른쪽 그림과 같이, 질량이 M인 나무토막이 마찰이 무시되는 평면 위에 놓여 있다. 나무토막이 경사각이 θ인 경사면을 이룰 때, 경사면에 둔 물체가 미끄러져 내리면 나무토막도 밀려나게 된다. 이때 물체와 경사면 사이의 마찰력을 무시한다면, 나무토막에 수평 방향으로 일정한 힘을 작용하여 물체가 경사면에서 미끄러져 내리지 않게 하면서 나무토막이 운동하게 할 수 있다.

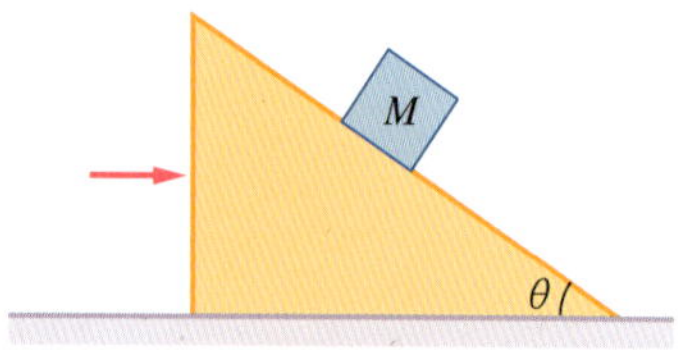

(a) 전체계(나무토막과 물체)의 가속도 크기 a를 주어진 값들로 나타내라.

(b) 물체는 수직 방향으로는 운동하지 않는다. 나무토막이 물체에 작용하는 수직항력 세기 N을 주어진 값들로 나타내라.

(c) 작용하는 힘의 세기 F는 얼마인가?

10 수평면에 놓인 삼각형 모양 물체의 양쪽 경사면에 질량이 각각 m_1, m_2인 물체를 두고, 삼각형의 꼭짓점 위치에 둔 도르래로 두 물체를 연결했다. 두 물체가 놓인 양쪽 경사면의 경사각이 각각 θ_1, θ_2일 때, 물체의 가속도 크기가 $\dfrac{m_2\sin\theta_2 - m_1\sin\theta_1}{m_1+m_2}g$임을 보여라.

11 질량이 각각 65 kg과 125 kg인 두 개의 물체가 서로 닿은 채로 평면 위에 놓여 있다. 바닥면과의 운동마찰계수는 0.18이라고 한다. 이때 650 N의 힘이 65 kg의 물체에 작용한다.

(a) 두 물체의 가속도 크기는 얼마인가?

(b) 두 물체가 서로를 미는 힘의 세기는 얼마인가?

(c) 650 N의 힘이 125 kg의 물체에 작용하는 경우, 두 물체의 가속도 크기와 두 물체가 서로 미는 힘의 세기는 각각 얼마인가?

12 오른쪽 그림과 같이, 질량이 2.0 kg인 물체 A가 도르래를 통해 질량이 m_1인 물체 B에 연결되어 있다. 물체 B는 평면 위에 놓여 있고, 평면과 물체 B 사이의 정지마찰계수와 운동마찰계수는 각각 0.40과 0.30이라 한다.

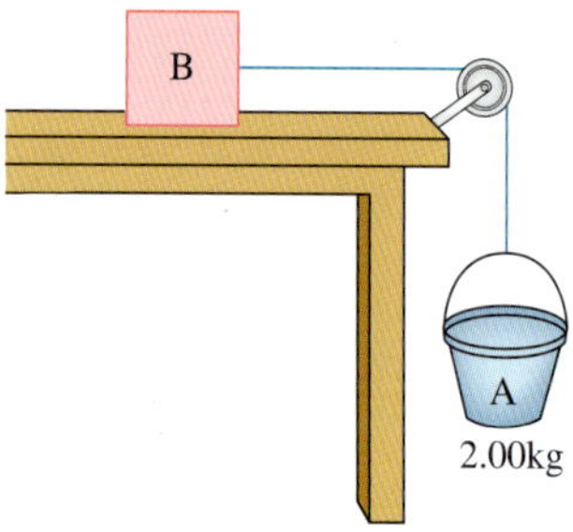

(a) 물체 A가 정지한 채로 매달려 있으려면, m_1의 크기는 얼마 이상이어야 하는가?

(b) 물체 A가 일정한 빠르기로 떨어지려면, m_1의 크기는 얼마여야 하는가?

13 일정하게 가속되는 엘리베이터에 질량이 m인 사람이 타고 있다. 이때 그 사람에게는 중력과 저울이 밀어 올리는 수직항력 N이라는 두 가지 힘이 작용한다.

(a) 올라가는 방향을 양(+)의 방향으로 정하고, 엘리베이터가 일정한 가속도 a_0로 운동하는 경우의 운동방정식을 기술하라.

(b) 엘리베이터에 탄 사람이 받는 수직항력 N의 크기, 즉 무게는 얼마인가?

14 공기 저항력 세기는 보통 $f = b_1 v + b_2 v^2$ 형태로, 빠르기에 의존한다고 볼 수 있다. 여기에서 b_1, b_2는 상수다(매우 빠른 속도가 아니면 b_2는 무시할 수 있다). 이 경우, 질량이 m인 물방울의 종단속도 크기 v는 $v = \dfrac{-b_1 + \sqrt{b_1^2 + 4b_2 mg}}{2b_2}$ 임을 보여라.

***15** 수평면과 각 θ를 이루는 비탈면을 따라 질량이 m인 물체를 빠르기 v_0로 던져 올렸다.

(a) 마찰력이 없는 경우, 물체가 지표면으로부터 올라간 수직 높이 H는 얼마인가?

(b) 마찰계수가 μ일 때, 지표면으로부터 올라간 수직 높이 H'은 얼마인가?

(c) 마찰력이 있는 경우, 던져 올린 물체가 다시 바닥면에 도착할 때의 빠르기는 얼마인가?

16 책상 위에 놓인 물체(질량이 M)가 도르래를 통해 공중에 매달린 돌(질량이 m)에 연결되어 끌리고 있다. 물체와 책상 사이의 마찰계수는 μ이다.

(a) 돌과 물체의 가속도는 얼마인가?

(b) 줄의 장력 세기 T는 얼마인가?

***17** 질량이 각각 5.0 kg과 2.0 kg인 두 물체 A, B가 질량이 무시되는 막대로 연결되어 경사각이 30°인 경사면을 미끄러져 내려오고 있다. 이때 물체 A는 물체 B보다 더 높은 곳에 있고, 물체와 경사면 사이의 운동마찰계수는 $\mu = 0.2$이다.

(a) 두 물체의 가속도 크기 a는 얼마인가?

(b) 질량이 5 kg인 물체와 경사면 사이의 운동마찰계수가 $\mu = 0.3$으로 늘어난 경우, 막대에 작용하는 장력 세기는 얼마인가?

18 어떤 사람이 질량이 200 kg인 물체를 끌려고 한다. 물체와 바닥면 사이의 운동마찰계수는 0.10이다. 사람의 무게가 60 kg일 때, 사람과 바닥면 사이의 정지마찰계수 크기가 얼마 이상이 되어야 미끄러지지 않고 물체를 끌 수 있는가?

19 에스키모인이 끄는 썰매가 얼음판 위에서 일정한 빠르기로 운동한다. 썰매의 질량은 m이고, 썰매와 얼음판 사이의 마찰계수는 μ이다.

(a) 썰매를 끄는 힘이 운동 방향(수평 방향)이라면, 끄는 힘의 세기는 얼마인가?

(b) 썰매를 끄는 힘이 수평 방향으로부터 각 θ만큼 위로 향한다면, 힘의 세기는 얼마인가?

[참고] 이 문제에서는 썰매가 일정한 빠르기로 운동한다고 했을 뿐 그 빠르기가 얼마인지는 명시되지 않았다. 즉 계산된 힘의 세기로 끌리는 썰매 빠르기는 어떤 빠르기라도 가능하다는 뜻으로, 현실 상황을 올바로 기술한 것이라고 볼 수 없다. 그런 문제점은 마찰력이 수직항력에만 의존한다는 가정에서 온 것으로, 현실적으로는 빠르기에 의존하는 마찰력 효과가 고려되어야 함을 알 수 있다.

20 각도 θ로 경사진 빗면에 질량이 m인 물체가 놓여 있고, 물체와 면 사이의 운동마찰계수는 μ이다. 빗면과 평행하게 빗면 위쪽으로 물체에 일정한 힘을 주어 물체를 일정한 빠르기로 밀어 올리는 경우, 그 힘 F를 m, θ, μ와 중력가속도 g로 나타내라.

***21** 질량이 200 kg인 물체를 끌어 올리는 밧줄이 있다. 밧줄은 이 물체를 $1.0\,\mathrm{m/s^2}$ 이상의 가속도로 끌어 올리지는 않는다.

(a) 밧줄에 작용하는 최대 장력 T는 얼마인가?

(b) 이 물체를 엘리베이터라고 할 때, 엘리베이터가 $1.0\,\mathrm{m/s^2}$로 올라가는 동안 그 안에 탄 무게가 60 kg인 사람의 발밑에 있는 용수철 저울의 눈금은 얼마인가?

***22** 무게가 600 N인 학생이 엘리베이터 안의 저울 위에 있다. 학생이 측정한 저울의 눈금이 720 N이라면 엘리베이터는 어느 방향으로, 어떤 가속도 크기 a_0로 운동하고 있는가?

***23** 질량이 $m = 7{,}600\,\mathrm{kg}$인 헬리콥터가 질량이 $m' = 1{,}400\,\mathrm{kg}$인 물체를 줄에 매단 채로 $a = 0.8\,\mathrm{m/s^2}$의 가속도로 수직 상승하고 있다.

(a) 헬리콥터의 양력(들어 올리는 힘) 세기 N은 얼마인가?

(b) 물체를 매단 줄에 작용하는 장력 세기 T는 얼마인가?

****24** 질량이 $m_1 = 40\,\mathrm{kg}$인 물체 A가 질량이 $m_2 = 20\,\mathrm{kg}$인 물체 B 위에 얹혀 있고, 물체 B는 어떤 받침대 위에 놓여 있다.

(a) 물체 A와 B에 어떤 힘들이 작용하는가?

(b) 아래에 있는 물체가 위에 있는 물체를 들어 올리는 힘의 세기 N은 얼마인가?

(c) 받침대를 치우는 순간, 두 물체의 가속도 크기는 각각 얼마인가?

***25** 다음 그림과 같이, 1.5 kg의 질량을 가진 물체가 7.5 kg의 질량을 가진 물체 위에 놓여 있고, 두 물체는 도르래를 통해 줄로 연결되어 있다. 이 계의 운동에서 마찰력은 무시된다.

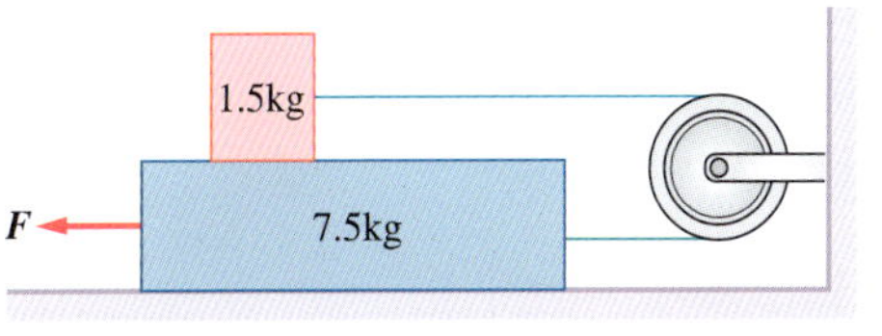

(a) 1.5 kg의 질량을 가진 물체를 $3.0\,\text{m/s}^2$의 가속도 크기로 가속시키기 위해 7.5 kg의 질량을 가진 물체에 작용해야 하는 힘의 크기는 얼마인가?

(b) (a)에서와 같이 가속되는 경우에 줄에 작용하는 장력 T는 얼마인가?

***26** 질량이 28.0 kg인 물체가 책상 위에 놓여 있는데 도르래를 통해 질량이 2.00 kg인 통[bucket]에 연결된 상태다. 물체와 책상 면 사이의 정지마찰계수와 운동마찰계수는 각각 0.45, 0.32이고 통에 모래를 조금씩 채우려고 한다.

(a) 정지한 물체가 미끄러지기 시작할 때 통에 담긴 모래의 질량 m은 얼마인가?

(b) 통의 가속도는 얼마인가?

****27** 질량이 m인 물체가 임의의 반지름을 가진 공의 표면에 놓여 있다. 물체와 공 사이의 정지마찰계수는 μ_s라 하고, 수직축으로부터 물체가 있는 곳까지의 각은 θ이다.

(a) 물체가 미끄러져 내리기 시작하는 각 θ는 얼마인가?

(b) 정지마찰계수가 $\mu_s = 0.70$일 때 각의 크기는 얼마인가?

CHAPTER

05 공간에서의 운동

Motion in 3D Space

5.1 지표면 근처의 공간 운동

정지한 물체에 일정한 힘을 작용하면 물체의 운동 방향은 작용하는 힘의 방향과 같다. 그러나 운동 중인 물체에 힘을 작용하는 경우, 운동 방향이 반드시 힘의 방향과 같지는 않다. 예컨대, 공중으로 던진 공은 중력을 받지만, 올라가는 동안에는 중력과 정반대 방향으로 운동한다. 또 수평 방향으로 던진 공에는 수직 방향으로 중력이 작용하지만, 공은 수직 방향이 아닌 곡선 운동을 한다. 즉 뉴턴의 운동법칙이 뜻하는 바는 '속도 방향'이 아니라 '속도 변화량의 방향', 즉 가속도 방향이 힘의 방향과 같다는 것이다. 그러므로 어느 순간의 운동 방향과 힘의 방향은 직접적으로는 전혀 상관이 없다.

공중으로 던진 공은 곡선을 그리며 날아가는데, 곡선 모양은 공을 던지는 순간의 빠르기와 던진 각도마다 다르다. 공중으로 던진 공의 운동을 분석하는 일은 어려울 것 같지만, 실제로는 그렇지 않다. 공간에서의 곡선 운동을 잘 살펴보면, 평면 속에서 운동한다는 사실을 알 수 있기 때문이다. 예를 들어 [그림 5-1]에 나타낸 수평 방향으로 던진 공이 날아가는 운동을 기록한 자료를 살펴보면, 전체 궤적이 한 평면 속에 있음을 볼 수 있다. 따라서 공간에서의 운동은 (x, y) 좌표로 나타낸 평면 운동으로 다뤄도 좋다.

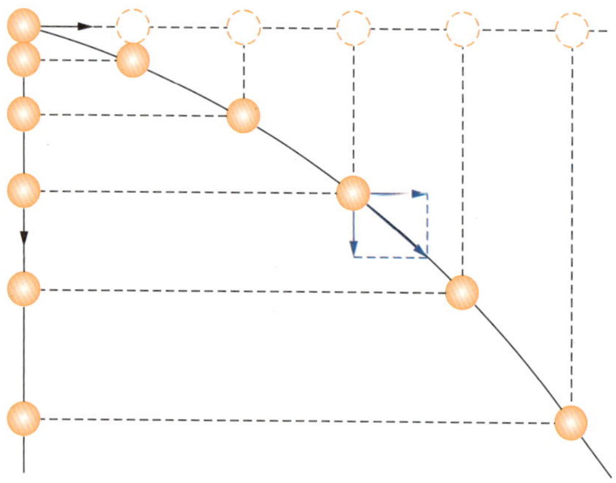

그림 5-1 자유낙하하는 공과 수평으로 던진 공의 낙하 운동

물음 5-1 [그림 5-1]은 수평으로 던진 공의 위치를 일정한 시간 간격으로 기록한 것이다. 수평 방향으로 이동한 거리는 매시간 간격에서 어떤 특성이 있는가?

이 운동을 분석한 결과는 다음과 같이 요약할 수 있다.

(1) 수평 방향으로는 등속도 운동을 한다.
(2) 수직 방향으로는 자유낙하하는 물체와 똑같이 일정한 가속도 운동을 한다.

흥미로운 사실은 공중에서 떨어지는 물체의 수평 운동과 수직 운동은 서로 아무런 관련이 없는 독립적인 운동이라는 점이다. 즉 수평 방향으로는 등속도 운동을 하고 수직 방향으로는 자유낙하 운동을 하는, 서로 무관한 운동이 결합된 것이 바로 공중에서 떨어지는 운동이 된다. 이러한 운동의 특징은 얼핏 보면 매우 특이한 것으로 보인다. 공이 수직으로 떨어지든지 말든지 수평 방향으로는 일정한 속도로 운동한다는 점, 또한 수평 방향으로 어떤 운동을 하든지 수직 방향으로는 자유낙하 운동을 한다는 점은 사실 매우 놀랍게 볼 수도 있는 일이기 때문이다. 그러나 운동의 원인이 힘에 의한 것이라고 본다면, 이와 같은 운동 특성은 매우 당연하다는 것을 쉽게 깨달을 수 있다. 즉 이때 공에 작용하는 힘은 중력뿐이고, 중력은 수직 방향으로 작용하므로 수직 방향으로는 당연히 자유낙하 운동을 하고, 수평 방향으로는 아무런 힘도 작용하지 않으므로 당연히 등속도 운동을 한다.

운동하는 물체가 이처럼 완전히 독립된 수평 운동과 수직 운동을 해야 한다는 것은 뉴턴의 운동법칙으로 쉽게 설명할 수 있다. 그것을 보이기 위해 먼저, 수평과 수직 방향을 각각 직각좌표계의 x, y축으로 정하고 운동을 분석해보자. 이때 공의 질량을 m이라 하고 y축의 위쪽 방향을 양(+)의 방향으로 정하면 x, y축 방향으로의 뉴턴의 운동방정식 $a = \frac{1}{m}F$는 다음과 같이 쓸 수 있다.

$$\begin{aligned} a_x &= 0 \\ a_y &= \frac{-mg}{m} = -g \end{aligned} \tag{5.1}$$

여기에서 수직 방향인 y축 방향의 힘을 음(−)의 부호로 쓴 이유는 중력 mg가 y축의 아래 방향으로 향하기 때문이다. 따라서 수직 방향으로는 자유낙하 운동을 하고, 수평 방향으로는 등속도 운동을 하는 것은 당연하다.

물음 5-2 언덕에 있는 아이가 건너편 나무의 같은 높이에 있는 원숭이를 향해 수평 방향으로 공을 던졌다. 공을 던진 순간 원숭이가 나무에서 떨어졌다고 하자.

(a) 공의 빠르기가 $5\,\mathrm{m/s}$고 아이와 원숭이 간의 수평 거리가 $15\,\mathrm{m}$일 때, 공이 나무 위치에 도달하는 데 걸리는 시간은 얼마인가?
(b) $g = 10\,\mathrm{m/s^2}$이라 할 때, 공이 나무 위치에 도달하는 시각에 공과 원숭이가 떨어진 거리는 각각 얼마인가?

이제 빠르기를 v_0로 하여 수평 방향과 어떤 각 θ로 던진 공의 운동 궤적을 어떻게 기술하는지 살펴보자. 이때 공의 수평 방향 초속도와 수직 방향 초속도는 각각 다음과 같다.

$$\begin{aligned} v_{x0} &= v_0 \cos\theta \\ v_{y0} &= v_0 \sin\theta \end{aligned} \tag{5.2}$$

한편, 수평 방향과 수직 방향 속도는 다음과 같이 쉽게 쓸 수 있다.

$$\begin{aligned} v_x(t) &= v_{x0} \\ v_y(t) &= v_{y0} - gt \end{aligned} \tag{5.3}$$

또한 어떤 시각 t에서의 공의 위치는 다음과 같이 나타낼 수 있다.

$$\begin{aligned} x(t) &= v_{x0}t \\ y(t) &= v_{y0}t - \frac{1}{2}gt^2 \end{aligned} \tag{5.4}$$

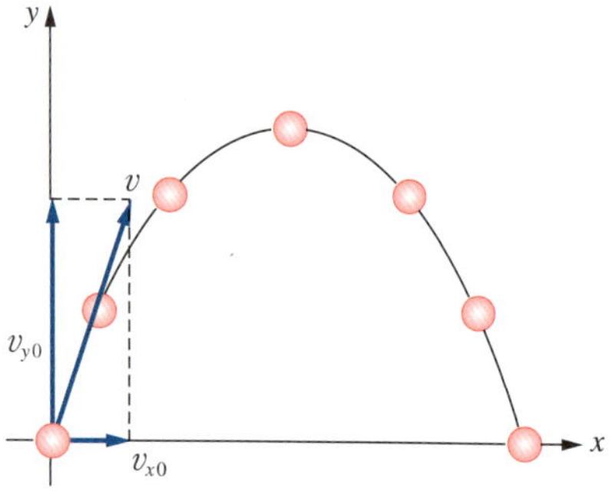

그림 5-2 비스듬한 방향으로 던진 공의 운동

물음 5-3 빠르기 v_0로 수평 방향과 각 θ로 공을 던졌다.

(a) 최고점 위치에서는 $v_y = 0$이라는 조건이 성립한다. 공이 최고점에 도달하는 시간이 T라고 할 때 $T = \frac{v_{y0}}{g} = \frac{v_0 \sin\theta}{g}$임을 보여라.

(b) 공이 지표면 위치에 있는 시각은 $y(t) = 0$이라는 조건에서 얻을 수 있다. 공이 다시 땅에 도달하는 데 걸리는 시간이 $2T = 2\frac{v_0 \sin\theta}{g}$임을 보여라.

(c) 수평 도달 거리가 $x(2T) = v_{x0} \cdot \frac{2v_{y0}}{g} = \frac{2v_0^2 \cos\theta \sin\theta}{g} = \frac{v_0^2 \sin 2\theta}{g}$임을 보여라.

(d) 최대 도달 거리가 R일 때 $R = \frac{v_0^2}{g}$임을 보여라.

(e) 공의 운동 궤적은 $y = ax^2 + bx + c$ 형태가 됨을 보여라.

5.2 등속 원운동에서의 가속도

천체의 운동은 일반적으로 타원 궤도를 그린다. 타원은 약간 찌그러진 원을 의미하지만, 대부분의 천체 운동은 원운동으로 취급해도 무방하다. 그런 의미에서 원운동은 매우 흥미로운 운동이다. 앞에서 우리는 빠르기가 일정한 원운동에서의 속도와 가속도에 관해 다룬 바 있다. 이제 주기가 T이고, 빠르기가 v_0인 등속 원운동에서의 가속도를 구해보자.

우리는 속도벡터가 운동 궤적의 접선 방향과 같다는 것을 알고 있다. 이제 등속 원운동 궤적의 몇몇 위치에서 속도벡터를 그리면, 그 벡터들은 똑같은 크기를 가지며, 원주의 접선을 향한다. 한편, 어떤 시간 구간에서의 속도 변화량 벡터 방향은 그 시간 구간에서의 평균가속도 방향을 나타내므로 이때 시간 구간이 아주 짧으면, 평균가속도가 곧 그 시각의 순간가속도가 된다.

이제 [그림 5-3]과 같이 점 P에 대해 대칭 위치에 있으며, $\frac{T}{4}$시간 차이가 있는 두 위치 A, B에서의 속도 변화량을 구하면 변화량 벡터는 아래 방향, 즉 원의 중심을 향한다는 사실을 알 수 있다. 즉 그 시간 구간에서의 평균가속도 방향은 중심을 향한다. 흥미로운 사실은, 시간 구간을 $\frac{T}{4}$보다 점점 작게 취하더라도 속도 변화량 벡터는 언제나 중심을 향한다는 점이다. 따라서 점 P에서의 순간가속도 방향은 원의 중심 방향을 향한다고 할 수 있다.

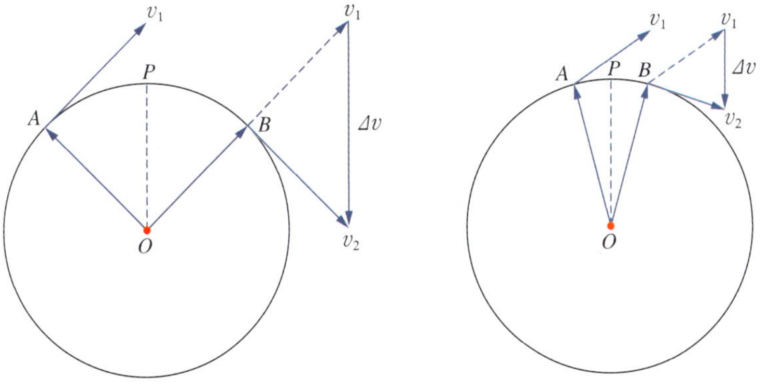

그림 5-3 원운동에서 평균가속도 방향

다음 과제는 가속도 크기를 알아내는 것이다. 이제 몇 개의 평균가속도 크기로부터 순간가속도 크기를 추정해보기로 하고, 먼저 $\frac{T}{4}$시간 간격 구간에서의 가속도 크기를 구해보자. 그 구간에서의 속도 변화량 크기는 물론 $\sqrt{2}\,v_0$이다. 따라서 한 주기 전체 시간 구간에서의 총 속도 변화량 크기는 $4\sqrt{2}\,v_0 \approx 5.7v_0$가 된다.

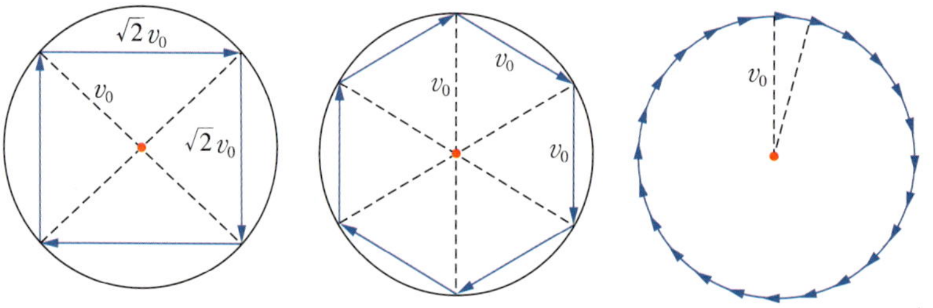

(a) 4개 구간 (b) 6개 구간 (c) 매우 많은 구간

그림 5-4 원운동의 한 주기를 각 구간으로 나눈 경우와 가속도 크기의 합

이제 시간 간격을 $\frac{T}{6}$로 줄인 후 다시 분석해보면 [그림 5-4]의 속도 변화량이 정삼각형 모양이 되므로, 한 구간에서의 평균가속도 크기는 물론 v_0가 된다. 따라서 한 주기 전체 시간 구간에서의 총속도 변화량의 크기는 $6.0v_0$가 되므로, $\frac{T}{4}$구간에서 얻은 $5.7v_0$보다 약간 더 큰 값을 얻는다.

좀 더 정확한 순간가속도 크기를 계산하기 위해 이런 과정을 반복한다고 하자. 즉 한 주기 동안 여러 위치에서 얻은 속도벡터를 한 점을 중심으로 그리면, 한 점을 중심으로 밖을 향하는 화살표 모양이 된다. 그리고 각 구간에서의 속도 변화량 벡터를 모두 더하면 다각형이 된다. 그리고 시간 구간을 충분히 작게 하면, 다각형은 결국 반지름이 v_0인 원 모양이 된다고 추정할 수 있다. 원의 반지름이 '길이'가 아니라 '빠르기' v_0로 표현된다는 점이 생소하기는 하지만, 어찌 되었든 원둘레(빠르기) 길이는 $2\pi v_0$가 된다. 따라서 가속도 크기는 $\frac{2\pi v_0}{T}$가 된다.

한편, 한 주기 동안 물체는 원주를 한 바퀴 돌므로 주기 T는 $v_0 T = 2\pi R$로 나타낼 수 있는 양이다. R과 v_0만으로 나타내면 가속도 크기는 다음과 같다.

$$a = \frac{v_0^2}{R} \tag{5.5}$$

뉴턴의 운동법칙에 의하면, 질량이 m인 물체가 이런 가속도 운동을 하려면 ma 크기의 힘인 $\frac{mv_0^2}{R}$ 크기의 힘이 작용해야 한다. 즉 v_0의 빠르기로 반지름이 R인 원둘레를 등속 원운동을 하는 질량이 m인 물체에는, 중심에서 끄는 $\frac{mv_0^2}{R}$ 크기의 힘이 작용해야 한다. 이와 같이 등속 원운동을 할 수 있게 중심 쪽으로 작용하는 힘을 **구심력** centripetal force 이라고 한다. 뉴턴은 이와 같은 분석을 통해 지구가 당기는 힘을 받아야만 달이 지구를 도는 원운동을 한다는 것을 깨달았다.

물음 5-4 한쪽 끝이 고정된, 길이가 L인 용수철이 있다. 용수철에 질량이 m인 물체를 매단 채로 원운동을 하고 있다. 용수철 상수는 k이다. 원운동을 할 때 용수철 길이가 $2L$이면 물체의 빠르기는 얼마인가?

물음 5-5 지구의 반지름 크기를 6,400km라 하자.

(a) 지표면에 가장 가까이 붙어서 도는 인공위성은 90분마다 지구를 한 바퀴 돈다. 인공위성의 가속도 크기를 계산하라.

(b) 지구에서 달까지의 거리는 지구 반지름의 60배이고, 달이 지구를 한 바퀴 도는 데 28일이 걸린다고 할 때, 달 운동의 가속도 크기를 계산하라.

5.3 만유인력의 법칙

달은 지구를 중심으로 거의 완전한 원운동을 한다. 이는 달이 지구로 향하는 힘을 받는다는 것을 뜻한다. 뉴턴은 달의 가속도 크기를 계산해보았다. 지구에서 달까지의 거리는 지구 반지름의 약 60배이고, 달이 지구를 한 바퀴 도는 데는 약 28일이 걸린다. 뉴턴은 달의 가속도 크기가 지표면에서의 중력가속도 크기인 g의 약 $\frac{1}{3,600}$에 해당한다는 사실을 알게 되었다. 한편, 3,600은 60^2에 해당하므로, 그 결과를 $\frac{1}{60^2}g$로 나타낼 수 있다.

흥미로운 사실은, 지표면 위에 있는 돌이 지구 중심으로부터 '1단위'에 해당하는 거리만큼 떨어져 있다고 생각하면, 달은 지구 중심으로부터 '60단위'만큼 떨어져 있다는 점이다. 그러므로 달의 가속도 크기는 지표면 위 공중에서 떨어지는 돌의 가속도보다 $\left(\frac{1}{\text{거리}}\right)^2$에 해당하는 크기를 갖는다. 이는 돌이건 달이건 상관없이 지구가 $\left(\frac{1}{\text{거리}}\right)^2$에 비례하는 힘으로 끌어당기는 힘을 작용한다는 가능성을 암시한다고 볼 수 있다. 그런 점에 생각이 미치자 뉴턴은 지구가 달뿐만 아니라 모든 물체에 당기는 힘을 작용하지 않을까 생각했다. 그것은 '공중에 던진 모든 물체는 왜 땅으로 떨어지는가?'라는 가장 근원적 의문을 해결할 수 있는 생각이었다. 즉 뉴턴은 공중에 던진 돌이나 달이 모두 '지구가 끌어당기는 힘'을 받는다는 것을 인간 최초로 깨달았고, 그로부터 모든 물체 사이에는 서로 끌어당기는 힘이 존재한다는 생각을 하게 된 것이다. 공중에 던진 물체가 땅으로 떨어지는 현상이나 달이 지구 주위를 도는 현상들 모두가 지구가 당기는 단순한 힘 때문에 발생한다는 사실을 깨달았을 때, 뉴턴의 심정은 어떠했을까?

모든 물체끼리 서로 끌어당기는 힘이 거리의 제곱에 반비례한다고 보았을 때, 이제 그 힘이 물체의 질량과 어떤 관계를 갖는지 살펴보자. 뉴턴은 갈릴레오가 깨달았던 사실, 즉 물체의 무게와 상관없이 모두 같은 빠르기로 떨어진다는 점에 주목했다. 그 당시 갈릴레오는 모든 물체가 왜 똑같은 빠르기로 떨어지는지를 설명할 수 없었다. 그러나 뉴턴은 '물체가 무거울수록 그에 비례해서 더 큰 힘을 받는다'고 가정하면 그 사실을 설명할 수 있음을 깨달았다.

뉴턴이 깨달은 사실들을 정리하면 다음과 같다. 즉 지구로부터 거리 r만큼 떨어진 곳에 있는 질량이 m인 물체가 받는 힘을 $F \propto \frac{m}{r^2}$으로 나타낼 수 있다. 한편, 물체 간의 힘은 서로에게 상호작용하는 특성이 있다. 즉 지구가 물체나 달을 당기듯, 물체나 달도 지구를 당기는 힘을 작용한다. 따라서 지구의 질량을 M이라 하면, 달의 입장에서 볼 때 그 힘은 $F \propto \frac{M}{r^2}$으로 쓸 수도 있다. 이 사실들을 모두 정리하면 질량이 각각 m, M인 두 물체가 거리 r만큼 떨어져 있을 때, 두 물체끼리 서로 당기는 힘을 다음과 같이 나타낼 수 있다.

$$F \propto \frac{mM}{r^2} \tag{5.6}$$

이 힘은 질량이 있는 모든 물체 사이에서 작용하므로 **만유인력** 또는 **중력**이라고 한다. 한편, 이 비례식에 비례상수 G를 도입하면 다음과 같이 쓸 수 있으며, 이를 만유인력의 법칙이라 부른다.

$$F = G\frac{mM}{r^2} \tag{5.7}$$

여기에서 비례상수 G를 **만유인력 상수**라고 한다. 영국의 카벤디시[Cavendish]는 실험실에서도 만유인력 상수를 측정할 수 있음을 보여주었다. 카벤디시는 납덩이를 매단 줄에 붙인 거울에 반사된 빛의 반사 각도가 미세하게 변하는 정도를 측정하는 방법을 통해 매우 무거운 두 개의 납덩이가 서로 끌어당기는 만유인력을 실험실에서도 측정할 수 있음을 보였다.[1] 측정된 G값은 $6.673 \times 10^{-11}\,\frac{\mathrm{Nm}^2}{\mathrm{kg}^2}$인데, 중력가속도 g의 크기를 알면 지구의 질량 M을 계산할 수 있다.

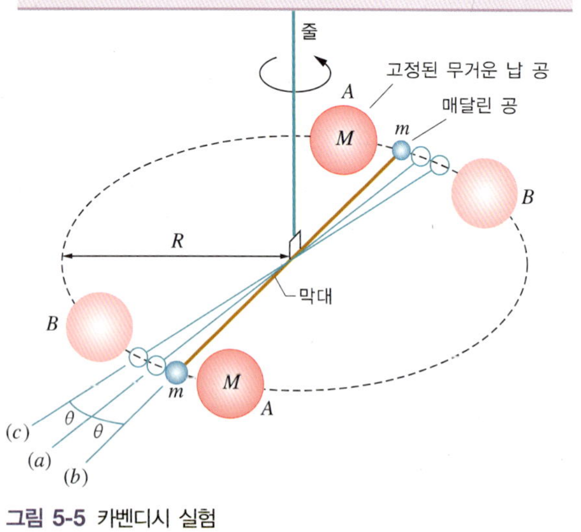

그림 5-5 카벤디시 실험

물음 5-6 다음 물음에 답하라.

(a) $F = G\frac{mM}{r^2}$으로부터 지표면 중력가속도 크기 g를 지구반지름 R과 GM으로 나타낼 수 있음을 보여라.

(b) 중력가속도 g와 만유인력 상수 G를 이용해 지구의 질량을 계산하라. 단, 지구의 반지름은 6,400 km이다.

1 이 실험 이후 카벤디시는 자신이 지구 질량을 측정한 최초의 인간이라고 말했다고 한다.

≫ 참고 만유인력과 전기력의 특성

만유인력은 언제 어디에서나 작용한다. 예컨대, 손에 든 공을 놓으면 공은 떨어진다. 자리를 옮겨서 다시 해봐도 공은 여전히 바닥으로 떨어진다. 이 사실은 공이 지구의 존재를 언제 어디에서나 알고 있다는 뜻이다. 공은 그 사실을 어떻게 알까? 우리의 경험을 토대로 할 때, 지구로부터 어떤 신호가 끊임없이 퍼져 나오고, 그 신호를 공이 감지한다고 생각할 수밖에 없다. 물론 공에서도 신호가 퍼져나가 지구가 감지할 것이다.

만유인력이 질량에 비례한다는 사실은 물체로부터 나오는 신호의 양이 질량의 크기에 비례함을 뜻한다. 또 거리의 제곱에 반비례한다는 것은 신호가 빛처럼 퍼져 나간다는 뜻일 수 있다. 예컨대, 전등에서 나오는 빛의 세기는 전등으로부터 두 배 멀어지면 그 세기가 1/4로 줄어들고, 세 배 멀어지면 1/9로 줄어든다.

흥미로운 사실은, 두 물체 간의 힘이 거리의 제곱에 반비례하는 경우, 공 모양의 물체는 마치 공의 중심에 모든 질량을 뭉친 것과 같은 크기의 힘을 받는다는 점이다. 즉 돌은 지구 중심으로부터 지구 반지름만큼 떨어져 있는데, 지구가 둥글기 때문에 지구 전체와도 지구 반지름만큼 떨어져 있다고 볼 수 있다. 예컨대, 지표면에 놓인 돌이나 지구를 도는 인공 위성은 지구 전체의 질량과 똑같은 크기의 질량을 가진 물체를 지구 중심에 두었을 때와 같은 크기의 힘을 받는다.

뉴턴은 만유인력의 법칙을 발견하고도 이를 증명하기 위해 발표 일정을 늦췄다고 한다. 전기력도 중력과 마찬가지로 거리의 제곱에 반비례하는 특성이 있기 때문에 이런 특성은 전기력에서도 나타난다. 즉 공 모양의 전하 분포는 외부에서 보면 그 중심점에 모든 전하가 뭉쳐 있는 것처럼 취급할 수 있다. 한편, 원자에서 전자들은 원자핵 주위에 공 모양으로 분포되어 있다. 따라서 외부에서 볼 때는 원자의 전기적 효과가 나타나지 않는다.

지구를 작은 조각으로 나누었을 때, 지표면의 돌은 각각의 조각들에 의해 당겨지는 힘을 받지만, 그 합력은 결과적으로는 중심에 뭉쳐 있다고 가정한 지구 전체 질량이 돌을 끌어당기는 힘과 같아진다는 사실은 매우 흥미롭다. 이는 각각의 지구 조각이 돌을 당기는 힘을 벡터 덧셈하면, 합 벡터는 지구 중심을 향하고, 그 크기는 돌이 지구 전체 질량을 대표하는 점과 지구 반지름만큼 떨어져 있다는 것을 뜻한다. 이런 특성은 지구가 거의 완전한 공 모양을 가지기 때문에 생긴 결과다. 이처럼 지구 전체와 같은 큰 덩어리를 잘게 쪼개서 각각의 부분을 고려해 다루는 방법을 적분법이라고 한다. 뉴턴은 속도라는 미분 개념뿐만 아니라 적분 개념도 처음으로 생각해낸 것으로 보인다.

5.4 인공위성의 운동

천체의 원운동은 우주가 현 상태로 유지될 수 있게 해주는 운동이다. 즉 원운동을 함으로써 달은 지구에 끌려와 지구와 한 덩어리가 되지 않고 지구 주변을 돌 수 있으며, 지구와 같은 태양계의 행성들도 태양으로 끌려가지 않고 지금의 태양계 형태를 유지할 수 있는 것이다. 태양이 속한 우리 은하계에는 태양과 비슷한 수많은 별이 있는데, 그 별들 사이에도 중력이 작용하므로 별들이 서로 끌어당기면 은하계 전체가 한 덩어리의 '거대한 별'이 될 가능성도 있다. 그러나 다행히도 은하계의 별들은 서로의 위치에서 은하계 중심점을 기준으로 회전하면서 지금의 은하계를 유지하고 있다. 이제 지구를 도는 달이나 인공위성 같은 물체의 운동을 다뤄보자.

지구의 모양이 공과 같다고 할 때, 지표면 위에 있는 돌에 작용하는 중력은, 마치 지구 중심점에 지구를 뭉쳐 하나의 점으로 만든 상태에서, 지구가 돌에 작용하는 중력과 같다는 사실을 곧 알게 될 것이다. 즉 공중에 던진 돌이나 인공위성은 지구 중심점에 지구를 뭉쳐 놓은 한 점으로 취급했을 때와 같은 힘을 받는다. 물체와 지구 사이의 중력을 그와 같이 간략화할 수 있다면, 인공위성의 운동을 이해하기는 매우 쉬워진다.

이제 뉴턴이 생각했던 인공위성의 개념을 알아보자. 높은 곳에서 물체를 수평 방향으로 점점 빠르게 던질수록 물체는 더 멀리까지 날아간다. 뉴턴은 물체를 매우 빠르게 던지면 어떤 운동을 할지 그림을 그려보았는데, 지구가 둥근 모양이므로 빠르게 던진 물체는 [그림 5-6]과 같이 운동할 것으로 보았다. 즉 어느 정도 빠르기가 되면 물체가 다시 제자리로 돌아와 처음과 같은 조건이 되어 영원히 지구를 돌 것으로 생각했다. 이와 같은 사고 실험으로 뉴턴은 이미 몇 백 년 전에 '너무 빠르지도 않고 너무 느리지도 않은' 적절한 빠르기로 물체를 던지면 영원히 지구를 돌 수 있다는 것을 알고 있었다. 그러나 당시에는 물체를 그렇게 빠르게 던질 수 있는 추진력 장치가 없었다.

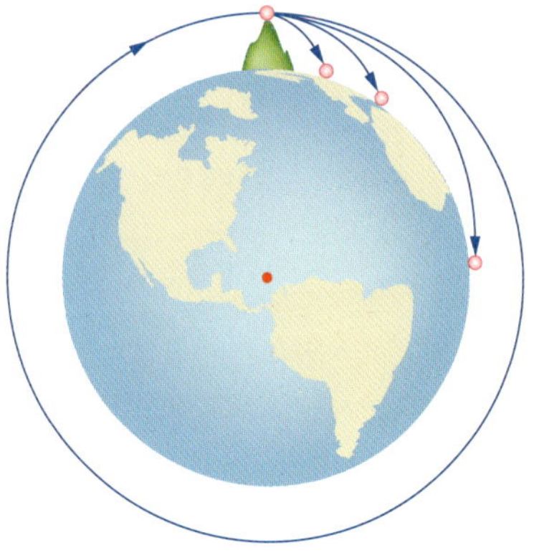

그림 5-6 뉴턴의 인공위성

수평 방향으로 던지는 위성의 빠르기가 너무 느리면 다시 지구로 떨어지고, 너무 빠르면 타원운동을 하거나 쌍곡선운동을 하며 지구를 벗어나 우주 공간으로 날아가버린다. 따라서 달이나 인공위성이 특정한 반지름의 원운동을 하려면 위성을 특정한 빠르기로 던져야 한다. 이제 지구 중심으로부터 특정한 거리 R만큼 떨어진 높이에서 지구를 도는 인공위싱을 띄우려면 특정한 빠르기 v_0가 어떤 크기가 되어야 하는지 알아보자.

지구의 질량을 M, 위성의 질량을 m이라 하면 그 위치에서의 만유인력 크기는 $G\frac{mM}{R^2}$이 된다. 이 힘이 위성에 작용하는 유일한 힘이므로, 원운동에서의 가속도 크기인 $\frac{v^2}{r}$을 이용하면 운동법칙은 다음과 같아진다.

$$ma = m\frac{v_0^2}{R} = G\frac{mM}{R^2} \tag{5.8}$$

따라서 궤도 반지름이 R인 궤도운동을 하는 인공위성의 빠르기는 $v_0 = \sqrt{\frac{GM}{R}}$으로 나타낼 수 있음을 알 수 있다.

물음 5-7 지구로부터 달까지의 거리는 3.84×10^8 m이고, 지구의 질량은 5.97×10^{24} kg이다.

(a) 지구에서 측정한 달의 빠르기 v_0를 구하라.

(b) 달의 공전 주기 T는 $v_0 T = 2\pi R$로부터 구할 수 있다. 달의 공전 주기를 구하라. (그 값은 알려진 공전 주기 28.3일과 거의 같지만, 정확하게 일치하지는 않는다. 그 이유는 나중에 살펴볼 것이다.)

바닷물의 조수 현상

바닷물이 밀려왔다 밀려가는, 밀물과 썰물 현상은 하루에 두 번 일어난다. 달이 바닷물을 끌어당기는 힘을 작용하는 상태에서 지구가 자전하기 때문에 이런 조수 현상이 발생한다는 사실은 잘 알려져 있다. 즉 바닷물이 달 쪽으로 끌리는 힘을 받기 때문에 달에 가까운 지구 부분에 많은 바닷물이 고이게 된다. 따라서 지구가 자전하면서 그 위치를 지나며 밀물이 되었다가 다시 썰물이 되는 현상이 생긴다. 그러나 달이 있는 쪽으로만 바닷물이 고여 있다면, 조수 현상은 하루에 두 번이 아니라 한 번만 생겨야 마땅하다. 그러나 실제로는 하루에 두 번 조수 현상이 생기는데, 이는 달에서 먼 쪽에도 바닷물이 고여 있음을 뜻한다. 그렇게 달로부터 먼 쪽의 지구 부분에도 바닷물이 고이는 이유는 무엇인가?

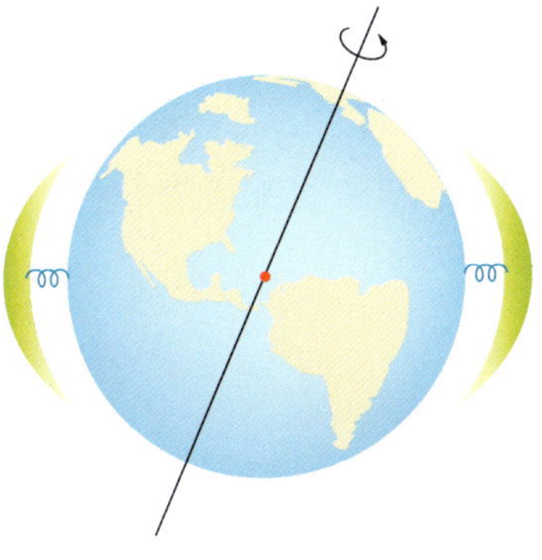

그림 5-7 지구 표면의 바닷물 모양

이를 설명하기 위해 달에 있는 관측자 입장에서 조수 현상을 다뤄보자. 달에 있는 관측자가 보면, (지구가 달을 당기는 인력을 작용하듯이) 지구도 달이 당기는 인력을 받는다. 그리고 달에 있는 관측자 입장에서 보면, 지구는 달이 당기는 힘으로 인해 달을 중심으로 원운동을 한다. 한편, [그림 5-6]에서 보듯이 인공위성의 원운동도 공중에 던진 돌과 같이 지구로 떨어지는 운동을 한다. 즉 돌과 인공위성의 차이는 단지 수평 방향으로 얼마나 빨리 던진 운동인가에 달려 있을 뿐이다. 이제 지구가 달을 향해 떨어지는 운동을 한다고 보고 조수 현상을 생각해보자.

달과 지구 사이 거리는 지구 반지름의 60배 정도이므로, 달에 가까운 지구 부분과 지구 본체 부분 그리고 달에서 먼 지구 부분의 세 부분까지 거리의 비는 약 59 : 60 : 61로 나타낼 수 있다. 그러므로 중력에 의한 각 부분의 가속도 크기는 각각 $(1/59)^2 : (1/60)^2 : (1/61)^2$의 비율로 달라지며, 이는 달에 가까운 부분, 지구 본체 그리고 달에서 멀리 있는 부분이 각각 다른 가속도 크기로 달을 향해 떨어진다는 뜻과 같다. 한편, 세 부분이 이와 같이 다른 가속도로 운동한다면 세 부분의 빠르기 차이가 생길 수밖에 없으며, 그 결과 지구 본체에 비해 달에 가까운 부분은 더 빠르게, 먼 부분은 더 느리게 운동하게 된다. 그렇게 되면 양쪽의 바닷물 부분은 지구에서 떨어져나가야 하겠지만, 그러나 지구에 묶여 있으므로 지구 본체와 한 덩어리로 운동한다.

5.5 관성력

버스를 타고 가다 버스가 갑자기 멈추거나 출발하면 우리의 몸은 심하게 흔들린다. 이때 버스에 탄 것을 의식하지 않는다면, 이유를 알 수 없는 힘이 우리를 밀쳤다고 생각할 것이다. 마찬가지로 달리던 버스가 빠른 속도로 커브를 돌면, 우리 몸은 바깥쪽으로 쏠리는 힘을 받는다. 그런 힘들을 **관성력**inertial force 또는 **가짜힘**fictitious force이라 부른다. 이제 관성력이 생기는 이유를 지표면에 서 있는 사람의 입장에서 다뤄보자.

지표면에 서 있는 사람이 급정거하는 버스 속에 있는 사람을 본다면, '아, 저 사람은 계속 운동하려고 하는데, 버스가 갑자기 멈추기 때문에 앞으로 쏠리고 있구나!'라고 생각할 것이다. 이때 버스 속에 있는 사람이 미끄러운 바닥면 위에 있었다면, 그 사람은 운동하던 속도로 계속 앞으로 이동할 것이다. 이러한 상황을 통해 우리는, 급정거하거나 급출발하는 버스는 가속운동을 하며, 이와 같이 '가속운동을 하는' 계에 있는 사람에게는 관성력이라는 힘이 나타난다고 생각할 수 있다.

그림 5-8 버스에 탄 사람에게 작용하는 관성력

예컨대, 추락하는(즉 가속도 g로 자유낙하하는) 엘리베이터 속에 있는 물체에 작용하는 관성력을 다뤄보자. 이때 엘리베이터와 그 속의 물체는 모두 중력가속도 g로 낙하하므로 엘리베이터 속에 있는 사람은 물체에 아무런 힘도 작용하지 않는다고 기술한다. 한편, 그 사람은 물체에 중력이 작용하고 있다는 사실을 이미 알고 있으므로, 그 상황에서 중력과 똑같은 크기이면서 위로 향하는 힘이 그 물체에 작용한다고 기술하게 된다. 그러므로 가속도 a로 가속되는 기준계 속에 있는 관측자계에게는 질량이 m인 물체에 $-ma$의 관성력이 작용한다는 것을 알 수 있다.

가속되지 않는 계, 즉 관성력이 존재하지 않는 기준계를 **관성기준계**[inertial reference frame]라고 하는데, 우리는 지금까지 관성기준계에서 모든 현상을 다룬 셈이다. 즉 관성기준계가 아닌 가속되는 계에서의 물리현상을 기술하려면 반드시 관성력을 고려해야 한다. (어떤 기준계가 관성기준계인지 아닌지 알아내기는 쉽지 않다. 예컨대, 지표면에 고정된 계인 우리 기준계는 엄밀한 의미에서는 관성기준계가 아니다. 그러나 그 사실을 우리가 쉽게 깨닫기는 어렵다.)

이제 원운동을 하는 인공위성 속에 있는 사람에게 나타나는 관성력을 다뤄보자. 원운동은 가속도 운동이므로 지구 주위를 도는 인공위성 속에 있는 우주인도 관성력을 받는데, 원운동을 할 때의 관성력을 **원심력**[centrifugal force]이라고 한다. 앞에서 다룬 것처럼 가속도가 a인 기준계에 있는 사람에게는 질량이 m인 물체에 $-ma$의 관성력이 존재한다. 한편, 궤도 반지름이 R이며, 빠르기 v로 운동하는 인공위성의 가속도 $\frac{v^2}{R}$ 크기로 중심을 향하므로, 인공위성계에서는 질량이 m인 물체에 $m\frac{v^2}{R}$ 크기의 관성력이 중심에서 멀어지는 방향으로 나타난다.

한편, 중력 크기가 $G\frac{Mm}{R^2}$이면, 원운동의 빠르기 v는 $m\frac{v^2}{R} = \frac{Mm}{R^2}$이라는 조건으로부터 결정된다. 따라서 인공위성계에서 (원심력이라고 하는) $m\frac{v^2}{R}$ 크기의 관성력은 중력을 정확히 상쇄하게 되고, 우주인과 우주선 속의 모든 물체는 무중력상태에 있게 된다. 미래에 지구 궤도에 띄워서 인간이 거주할 수 있도록 설계된 우주 정거장의 모형은 우주 공간 속에서 빙글빙글 도는 수레바퀴 모양일 것이다. 한번 돌기 시작한 우주 정거장은 마찰력을 받지 않으므로 계속 돌 것이며, 그 안에 있는 우주인이 받는 원심력은 지표면에서의 중력 크기와 같도록 우주 정거장 회전 속도를 조절하도록 설계될 것이다.

원심력을 이용한 실험 장치로, 화학 분석실험에서 많이 쓰이는 **원심분리기**라는 기기가 있다. 원심분리기는 한데 섞여 있는 여러 종류의 물질을 시험관에 넣어 매우 빠르게 회전시킴으로써 입자를 분리해내는 장치다.

≫ 참고 코리올리의 힘

태풍이란 아주 약한 저기압의 중심으로 공기가 빨려 들어가는 회오리바람이다. 흥미로운 것은 저기압 중심을 향하는 주위의 공기 흐름이 직접 그 중심을 향하는 대신 빙글빙글 돌며 중심으로 향한다는 것이다. 이런 현상은 많은 물이 조그만 구멍으로 빠져나가는 경우에 자주 볼 수 있다. 이런 회오리바람 현상은 지표면 관측자가 가속되는 계에 있기 때문에 (지구가 자전하므로) 발생하는 관성력에 의한 것이다. 지표면 관측자계에서 나타나는 관성력을 코리올리의 힘이라고 하는데, 공기 집단이 저기압의 중심으로 빨려 들어갈 때 공기의 압력과 함께 이 힘도 받는다.

북반구에서의 태풍의 회오리바람

코리올리[Corliolis]의 힘은 지구의 북반구에서는 언제나 운동 방향의 오른쪽으로 작용한다. 즉 북쪽을 향해 발사된 미사일은 처음 목표했던 방향보다 약간 오른쪽으로 치우쳐 떨어진다. 또한 태풍의 공기 집단은 운동 방향의 오른쪽으로 휘는 힘을 받으며, 언제나 반시계방향이 된다. 물론 남반구의 태풍 바람은 시계방향으로 회전한다. 만약 코리올리의 힘이 없다면, 바람은 곧바로 저기압 중심으로 빨려 들어가게 되어 태풍 현상은 일어나지 않고, 지표면의 기상 변화는 매우 단조로워질 것이다.

참고 지구와 달

예로부터 달은 인간 세계와 밀접한 인연을 맺어왔다. 동양 철학의 중심인 음양론陰陽論에서 음은 바로 달을 나타낸 것이다. 달은 하루에 두 번 조수 현상을 만들고, 그로 인해 해안선이 침식되어 변한다. 또한 바닷물의 흐름으로 인해 해안가에 여러 가지 변화가 생긴다. 달에 의한 조수 현상이 없었다면 우리 환경도 지금과는 많이 달랐을 것이다.

달은 우리 인간에게 태초부터 큰 영향을 주었는데, 동양에서는 태양의 운동을 기준으로 한 양력과 더불어 달의 밝기를 기준으로 한 음력도 많이 사용하고 있다. 유럽의 전설 속 주인공인 '드라큘라'나 '늑대인간'들은 언제나 보름달이 되는 날에 나타나는 것으로 설정되어 있는데, 이것은 달이 인간의 신체 리듬에 영향을 준다고 생각해 왔음을 뜻한다. 동양 철학에서 음으로 분류되는 여성의 신체 리듬은 달의 공전 주기인 28일과 거의 일치한다. 또 동양 의학에서 위胃나 간肝 같은 신체 장기臟器의 한자 이름에는 반드시 달 월月 변을 붙이는데, 이것으로부터도 옛사람들이 인체와 달의 유기적 관계를 상당히 중시했다는 것을 알 수 있다.

달은 거의 완전한 원 궤도를 따라 도는 것으로 알려졌다. 그렇다면 누가 그렇게 '거의 원 궤도가 되도록 달을 던졌는가?'라는 의문도 생긴다. 이런 의문은 달뿐 아니라 태양을 도는 지구에도 해당된다. 이 의문에 답을 하려면 달이 어떻게 만들어졌으며, 또한 지구와 같은 행성들이 어떻게 태어났는지부터 생각해야 할 것 같다. 태양계의 역사는 50억 년 정도로 알려졌다. 태양은 우주를 채운 수소 기체가 만유인력으로 뭉쳐져 덩어리를 만들고, 이런 덩어리들이 다시 뭉쳐져 만들어진 것으로 생각한다.

그렇다면 지구와 같은 태양계 행성들은 어떻게 생겨났을까? 또한 태양과 지구 등 모든 천체들은 왜 자전운동을 하게 되었을까? 아마도 태양이나 지구가 처음 만들어진 상태에서는 자전운동을 하지는 않았을 것 같다. 그래야 할 이유가 없기 때문이다. 따라서 우리는 그 원인을 태양계 밖에서 찾아야 할 것 같다. 즉 우주로부터 오는 별똥별이 태양이나 지구와 부딪쳤을 가능성이다. 커다란 운석이 태양의 가장자리 쪽으로 치우쳐 부딪쳤다면, 아마도 그 부분을 떨어져나가게 했을지도 모른다. 그리고 그 조각들은 흩어져 태양 주위를 도는 행성들이 되었을 수 있다. 그런 시나리오에 의하면 행성이 존재하게 된 이유와 태양이 왜 회전운동을 하게 되었는지 동시에 설명될 수 있다. 또 태양계의 행성의 궤도들이 왜 거의 모두 한 평면에 있게 되었는지도 설명될 수 있다. 이것은 모든 행성이 단 한 번의 충돌 사건으로 만들어졌을 것으로 추정하게 한다. 또 어떤 행성은 태양계 주위를 느리게 지나다가 태양 주위를 돌게 되었을 수도 있다.

태양계에서 가장 큰 행성은 목성과 토성이다. 지구가 태양에 매우 가까이 붙어 있는 편인 데 반해, 두 행성은 태양계 외곽에 있다. 태양의 질량은 매우 크므로 우주를 떠도는 운석들은 태양을 향해 끊임없이 끌려오고, 그중 일부는 지구 대기권에 들어와 별똥별을 만들기도 한다. 흥미로운 점은 외곽에 있는 목성과 토성의 질량이 다행히 매우 커서, 태양으로 끌려오던 많은 운석이 목성과 토성에 의해 차단된다는 점이다. 즉 목성과 토성이 없었다면 지구에는 지금보다 더 많은 운석이 날아들 것이며, 그것들은 지구 생명체에 큰 위협이 될 것이다. 지구 진화의 역사에서 공룡이 갑자기 사라진 이유도 매우 큰 운석과의 충돌 때문인 것으로 추정되며, 또 그런 일이 일어날 가능성은 언제나 존재한다. 그러나 인간 진화의 역사가 백만 년 정도이고, 지구 역사가 수십억 년 정도인 점을 생각해보면, 인간의 역사 속에서 그와 같은 일이 일어날 확률은 매우 낮다고 볼 수 있다.

한편, 지구가 자전운동을 하게 된 이유를 설명하려면 또 다른 설명이 필요하다. 지구가 자전하는 이유로는, 태양으로부터 떨어져 나올 때 이미 자전운동을 시작했을 가능성과 또 다시 운석이 지구 한 귀퉁이에 부딪쳤을 가능성을 생각할 수 있다. 달이 어떻게 만들어졌는지 설명하려면 두 경우 중 운석에 부딪쳤으리라는 가능성이 더 적절해 보인다. 지구가 태양에서 떨어져 나와 아직 뜨거운 불덩어리 상태에서 커다란 운석에 맞아 자전도 하게 되고, 그 조각이 달이 되었을 가능성이다. 더욱 오묘한 것은 지구의 자전축이 태양의 공전면과 약 23.5°만큼 기울어져 사계절을 만들게 되었다는 점이다. 그때 지구에 부딪친 운석이 지구 공전면에 비스듬한 각도로 와서 부딪쳤다면 이런 결과가 가능할 수 있다.

CHAPTER 05 연습문제

▶ 5장의 모든 연습문제에서 중력가속도 크기는 $g = 10\text{m/s}^2$ 이다.

1 고도 2,000m 에서 빠르기가 200m/s 로 수평 방향으로 나는 비행기가 있다.

(a) 비행기에서 떨어뜨린 물체가 땅에 닿을 때까지 걸리는 시간은 얼마인가?

(b) 물체가 떨어지기까지 수평 방향으로 날아간 거리는 얼마인가?

2 고도 78m 에서 시속 208km 로 나는 헬리콥터에서 지표면 위를 달리는 자동차에 중요한 물건을 전달하려고 한다. 자동차가 시속 156km 로 달리고 있다면, 헬리콥터에서 자동차가 수평면으로부터 어떤 각 θ 아래 방향으로 보일 때 물건을 떨어뜨려야 하는가?

3 다음 그림과 같이, 지표면으로부터 높이가 H인 나무 꼭대기에 있는 원숭이를 향해 사냥꾼이 총을 발사했다. 발사 순간 총알의 빠르기는 v_0이고, 사냥꾼과 나무 사이의 수평 거리는 R이다.

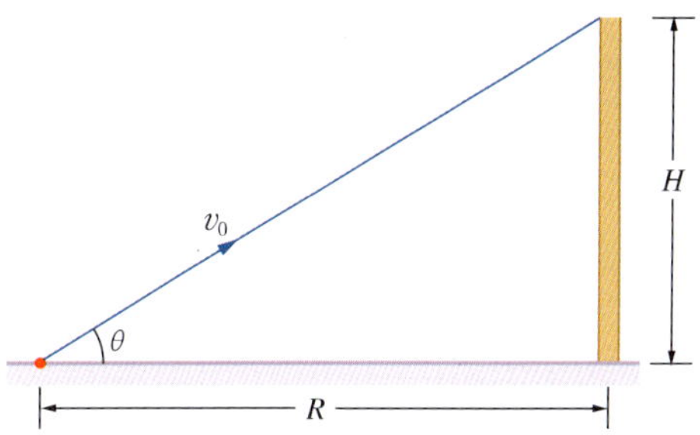

(a) 총알이 나무 꼭대기에 도달하는 데 걸린 시간 T를 주어진 양들로 나타내라.

(b) 시각 T에서 총알의 높이 y_1을 주어진 양들로 나타내라.

(c) 총알이 발사되는 순간 원숭이가 떨어지기 시작한다면 원숭이의 높이 y_2는 얼마인가?

4 15m 높이의 건물 옥상에서 수평면에 대해 30.0°의 각으로, 빠르기 20.0m/s 로 돌을 던졌다.

(a) 돌이 땅에 떨어지기까지의 시간 T는 얼마인가?

(b) 돌이 땅에 닿는 순간의 빠르기 v는 얼마인가?

5 지표면으로부터 높이가 H인 곳에서, 공을 v_0의 빠르기로 수평과 θ의 각도로 위로 향해 던졌다. 공이 지표면에 닿기까지 공이 수평 방향으로 이동한 거리 x는 얼마인가?

6 경사각이 45°인 평평한 언덕 위에 있는 사람이 발로 찬 돌이 수평 방향으로 15m/s 의 빠르기를 가졌다고 한다. 돌이 다시 언덕면 위에 떨어지기까지 걸리는 시간은 얼마인가?

*7 언덕으로 던진 공 ①

경사면 각도가 45°인 언덕이 있을 때, 언덕 시작점을 원점으로 취하고 수평 방향을 x축, 수직 방향을 y축으로 정하면, 언덕의 경사면 높이는 $y=x$ 형태로 나타낼 수 있다. 언덕을 향해 v_0의 빠르기로 수평과 $\theta(>45°)$의 각도로 던진 공이 있다고 할 때, 공이 도달한 언덕의 수직 높이는 얼마인가?

**8 언덕으로 던진 공 ②

경사각이 ϕ인 평평한 언덕면이 시작되는 바닥 부분에 서 있는 사람이 수평면과 각 θ를 이루도록 공을 던졌다. 던져진 공의 빠르기는 v_0다.

(a) 언덕면에 도달할 때까지 수평 방향으로 이동한 거리는 얼마인가?

(b) 언덕면에 가장 높이 도달하게 하려면 어떤 θ각으로 던져야 하는가?

9 원운동을 하는 비행기

다음 그림과 같이, 질량은 m이고 수평면 위에서 원을 그리며 나는 비행기가 있다. 이 비행기에는 날개에 수직 방향으로 작용하는 양력이라는 힘이 작용한다. 즉 이 경우에는 비행기에 작용하는 양력이 비행기를 떠 있게도 하고 원운동을 하게도 한다. 비행기의 빠르기가 시속 480 km이고, 비행기 날개가 수직 방향에서 45° 기울어진 채로 날고 있을 때, 비행기가 그리는 원의 반지름 R은 얼마인가?

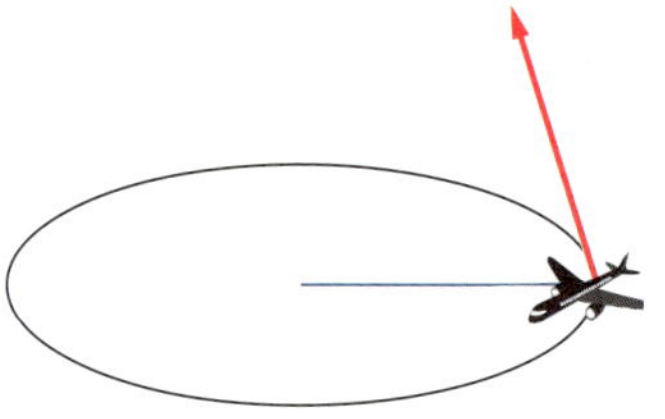

*10 조종사 가속도

전투기가 원 궤도로 비행할 때 구심가속도가 중력가속도의 세 배인 약 $3g$에 이르면 조종사는 몸이 무거워지는 것을 느끼고, 약 $4g$에서는 조종사의 시야가 좁아지며 흑백으로 변하는 증상을 보인다(이 상태가 지속되면 g-LOC로 알려진 'g로 인한 의식상실' 상태가 됨). 전투기가 $\boldsymbol{v}_1=(400\hat{i}+500\hat{j})\,\text{m/s}$의 속도로 수평 원운동을 시작해서, 24.0s 후에 $\boldsymbol{v}_2=(-400\hat{i}-500\hat{j})\,\text{m/s}$의 속도인 상태에서 원 궤도를 벗어날 때, 조종사의 가속도의 크기는 얼마인가?

11 지구가 공 모양이라고 할 때, 지표면으로부터 얼마나 높은 곳에 있어야 중력가속도 크기가 지표면에서의 중력가속도 크기의 $1/2$이 되는가?

12 다음 물음에 답하라.

(a) 질량이 각각 M인 두 물체 사이의 거리는 $2R$로 일정하다고 한다. 두 물체를 잇는 선의 중심점으로부터 수직 방향으로 거리가 x인 곳에 있는, 질량이 m인 물체가 받는 힘의 세기는 $F=G\dfrac{2Mmx}{(R^2+x^2)^{3/2}}$임을 보여라.

(b) 반지름이 R인 고리 모양을 가진 물체의 질량이 M이라 한다. 그 고리의 중심점으로부터 고리를 지나는 수직축 방향으로 거리가 x인 곳에 있는, 질량이 m인 물체가 받는 힘의 세기는 $F=G\dfrac{Mmx}{(R^2+x^2)^{3/2}}$임을 보여라.

13 인공위성의 빠르기

인공위성 중에는 지상 100 km 정도의 낮은 고도를 도는 저궤도 위성이 있다. 지구 반지름이 약 6,400 km인 점을 고려하면, 그런 위성은 사실상 지표면을 따라 돈다고 볼 수 있다. 인공위성 궤도의 반지름을 6,500 km라고 할 때, 인공위성의 빠르기와 위성의 주기는 얼마인가? 단, 그 높이의 중력가속도 크기는 $\dfrac{GM}{R^2}\approx 10\ \mathrm{m/s^2}$이다.

14 지구 질량의 2.0×10^{-4} 정도인 작은 운석이 태양 주위에서 원운동을 하고 있다. 운석의 궤도 반지름이 지구 공전궤도 반지름의 두 배라면, 운석의 주기는 지구 공전 주기의 몇 배인가?

15 화성의 위성인 포보스Phobos는 반지름이 $9.4\times10^6\mathrm{m}$이며, 주기가 7시간 39분인 원운동을 한다. 그렇다면 화성의 질량은 얼마인가?

16 지구는 태양 주위를 약 365일 주기로 원운동을 한다. 지구에서 태양까지의 거리는 $149.6\times10^6\mathrm{km}$이다. 그렇다면 지구가 공전하는 가속도 크기와 태양의 질량은 얼마인가?

17 위성의 주기 T는 $vT=2\pi r$과 같이 정의한다. 즉 지구를 한 바퀴 도는 데 걸리는 시간인 주기에 빠르기 v를 곱하면 한 바퀴를 돈 거리가 된다. 이를 이용해 위성의 빠르기와 주기 사이에 $T^2\propto r^3$이라는 관계가 있음을 보여라.

18 어떤 별이 중심부에 매우 큰 압력을 받아, 반지름이 $R = 20\,\text{km}$ 인 작은 중성자별이 되었다. 그 중성자별은 1초에 한 번씩 자전한다.

(a) 별의 적도에 위치한 물체의 빠르기 v는 얼마인가?

(b) 물체의 가속도의 크기는 얼마인가?

***19** 공 속의 구슬

반지름이 R이고 속이 비어 있는 공 모양 물체 속에 질량이 m인 구슬이 들어 있다. 이 공을 그 중심점을 지나는 수직축을 중심으로 1초당 f번 돌리는 상태에서, 구슬이 아래 방향을 향하는 수직선과 일정한 각 θ를 유지한다고 한다. 그때의 각 θ는 얼마인가?

***20** 세 천체

한 변의 길이가 L인 정삼각형의 각 꼭짓점 위치에 각각 질량이 M인 천체가 있다. 이 천체들이 서로 간에 작용하는 중력의 영향으로 정삼각형 모양을 유지하면서 정삼각형 중심점을 중심으로 원운동을 하려면 천체들의 빠르기는 얼마가 되어야 하는가?

***21** 우주 정거장

미래의 우주 정거장에서 사는 사람들은 지구 중력을 받는 우리와 같은 환경 속에서 지낼 수 있다. 즉 우주 정거장을 원 모양으로 만들어 일정한 빠르기로 회전시키면 그 정거장의 가장자리 부분에 있는 사람은 정거장 중심 방향으로 힘을 받는다. 우주 정거장의 반지름 R이 $490\,\text{m}$라고 할 때, 우주 정거장 안에 있는 사람과 우주 정거장 벽면 사이의 힘 N이 mg 크기가 되려면, 정거장이 1분당 회전해야 하는 회전수 f는 얼마인가?

***22** 회전판 위 물체

축음기 회전판의 중심점으로부터 거리가 R인 곳에 질량이 m인 동전이 놓여 있다. 동전과 회전판과의 정지미칠계수는 μ_s이다. 회전판이 점점 더 빨리 돌아서 각속도 크기가 ω_0가 되자 동전이 튕겨 나갔다. 이 경우, ω_0를 주어진 값들로 나타내라.

***23** 원통 속 물체

반지름이 R인 원통이 원통의 축과 바닥면이 평행이 되도록 놓여 있다. 원통 속에 있으며 질량은 m인 물체를 원통 내부 벽면을 따라 원운동을 시키려고 한다. 단, 마찰력은 무시한다.

(a) 원통 내부에서 원운동을 하기 위한 물체의 최소 빠르기 조건은, 원통 내부에서 가장 높은 점, 즉 바닥면으로부터의 높이가 $2R$인 곳에서의 구심력이 중력과 같다는 것이다. 그 위치에서 물체의 빠르기 v_1은 얼마인가?

(b) 원통 내부에서 원운동을 하기 위한, 바닥면에서의 물체의 최소 빠르기 v_2는 얼마인가?

***24** 줄에 달린 물체 ①

수직으로 세운 막대 끝에 연결된 끈에 질량이 m인 물체를 매달고, 중심축을 중심으로 막대를 돌려 물체를 회전시키려고 한다. 이 경우, 물체를 연결한 줄은 중력 때문에 수평면과 어떤 각 θ를 이룬다. 막대 축으로부터 물체까지의 수직 거리는 D이고, 물체의 빠르기는 v_0이며, 끈의 질량은 무시한다.

(a) 물체에 작용하는 합력의 세기는 얼마인가?

(b) 줄과 수평면이 이루는 각, 즉 장력의 방향인 각 θ의 $\tan\theta$값은 얼마인가?

(c) 장력의 세기 T는 얼마인가?

***25** 줄에 달린 물체 ②

다음 그림과 같이, 수직으로 세운 막대의 높이가 다른 두 곳에 물체를 끈으로 연결하고, 중심축을 중심으로 막대를 회전시키려고 한다. 물체 질량은 m이고, 끈의 질량은 무시하며, 끈과 막대는 한 변의 길이가 a인 정삼각형을 이룬다. 윗부분 끈에 작용하는 장력 세기는 T_1이다.

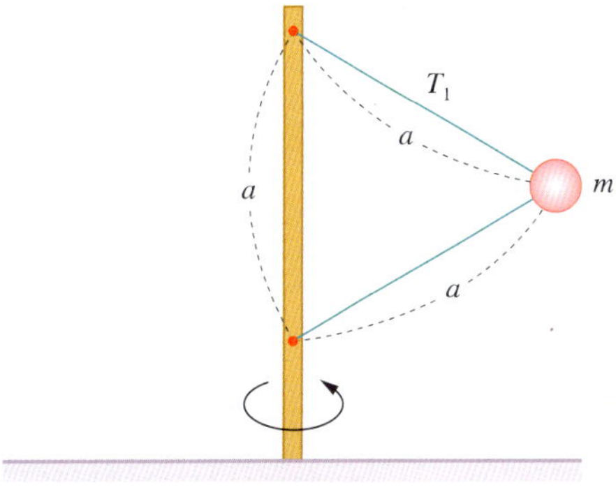

(a) 아랫부분 끈에 작용하는 장력 세기 T_2는 얼마인가?

(b) 물체에 작용하는 합력의 세기와 방향을 구하라.

(c) 물체의 빠르기는 얼마인가?

***26** 길이가 1.5 m인 줄 끝에 10 kg의 추를 매달았는데, 줄의 질량은 무시할 수 있다. 수직선과 60°의 각을 이루게 하고, 정지상태에서 추를 놓았을 때, 이 줄에 작용하는 장력의 최대 크기는 얼마인가?

내가 다른 사람들보다 더 멀리 볼 수 있었던 이유는
거인들의 어깨에 서 있을 수 있었기 때문이었다.
_ 아이작 뉴턴

PART 2

에너지와 운동량

Energy and Momentum

지금까지 우리는 질량이 있는 물체가 힘을 받을 때 어떤 운동을 하는지 다루었다. 그 운동들에는 공통점이 하나 있는데, 모든 운동은 결국 멈추게 된다는 점이다. 즉 천체운동을 제외한 모든 운동은 마찰력 때문에 운동을 영원히 지속하지는 못한다. 따라서 물체가 운동을 계속하기 위해서는 '무엇'인가가 필요하다는 것을 알 수 있는데, 이를 '에너지'라고 부른다. 한편, 지금까지 우리는 하나의 물체에 대한 운동만 다뤄왔다. 그러나 작용-반작용 법칙이 말해주듯, 한 물체의 운동에는 언제나 다른 물체가 개입된다. 그런 상황에서의 운동은 운동량이라는 개념을 도입하면 좀 더 쉽게 이해할 수 있다. 이제 하나가 아닌 여러 물체가 연관된 운동을 다루기 위한 준비로서 운동량이라는 개념을 알아보기로 하자.

CHAPTER

06 에너지와 일

Energy and Work

6.1 에너지

우리 세계는 움직이는 것들로 가득 차 있다. 지구 주위를 도는 달이나, 태양 주위를 도는 지구 같은 천체들은 사실상 영원히 그 운동을 계속한다고 볼 수 있지만, 우리가 주위에서 보는 운동들은 계속해서 힘을 작용하지 않는 한 마찰력 때문에 결국 멈추고 만다.

운동을 방해하는 마찰력의 존재는 얼핏 보면 불필요해 보인다. 마찰력이 없다면 이동하고 싶을 때 아무런 노력을 하지 않고도 이동할 수 있기 때문이다. 그러나 마찰력이 없다면 운동을 시작하기조차 어려워지므로, 마찰력이 없는 상황이 얼마나 불편한지도 곧 깨닫게 된다. 마찰력이 없으면 발로 땅을 밀 수도 없는데, 땅에 고정된 물체를 찾아 그것을 밀어내야만 운동이 시작될 수 있기 때문이다. 또 목표 지점에 도달하고 난 뒤에도 고정된 물체를 찾아서 붙잡지 않는 한 운동은 계속될 것이다.

사실 마찰력이 없으면 우리가 할 수 있는 활동은 거의 없다. 걸을 수도 없고, 물건을 손에 쥘 수도 없고, 옷을 걸쳐 입을 수도 없다. 또 완전한 평지가 아니면 미끄러지기 때문에 편히 앉거나 누울 수도 없다. 결국 마찰력은 불필요한 것이 아니라, 우리에게 필수적으로 필요한 힘이라는 것을 깨닫게 된다. 하지만 그것 때문에 우리는 어떤 활동을 하든지 계속해서 힘을 작용해야 하는 대가를 치러야 한다.

우리 주위의 운동 중에서 흥미를 끄는 것은, 인간과 같이 생명이 있는 존재들이 활동함으로써 야기되는 운동이다. 생명체들은 생명이 다할 때까지 끊임없이 운동을 계속하는데, 숨 쉬기, 심장 뛰기, 걷기와 같은 움직임을 하거나 달리는 자전거나 자동차와 같이 인위적 움직임을 만들어내기도 한다. 이때 이들 운동에는 그런 활동을 계속하기 위해 무엇인가가 계속 공급되어야 한다는 특징이 있다. 예컨대, 생명체는 음식물을 공급받아야만 삶을 유지할 수 있고, 자동차는 연료를 공급받아야만 계속 달릴 수 있다. 즉 마찰력 때문에 운동을 계속하기 위해서는 음식물이나 연료 같은 어떤 것들이 필요하다는 것이다. 그런 이유로 예로부터 모든 생명체의 삶은 근본적으로 음식물을 얻는 활동으로 이루어져 왔다고 볼 수 있다.

음식물은 태양 빛을 이용해 만들어지고, 자동차 연료도 오래전에 태양 빛이 만들어 두었던 것이다. 따라서 우리 주위에서 활동하는 생명체나 물체가 운동할 수 있는 근원은 태양에서 왔음을 알 수 있다. 이처럼 생명체가 활동할 수 있게 하거나 자동차와 같은 물체가 운동할 수 있게 하는 그 '무엇'을 **에너지** Energy라고 정의한다. 예컨대, 음식물이나 석유는 '에너지'를 가진 물질들이다.

6.2 일

우리가 활동하는 데 필요한 '그 무엇'을 에너지라고 정의한다면, 우리가 어떤 활동을 하는 데 얼마만큼의 에너지가 필요한지를 나타낼 수 있는 척도를 정해야 한다. 물리학에서는 에너지양을 측정하는 척도로, '얼마나 무거운 짐을 얼마나 멀리 이동시킬 수 있는가?' 또는 '논이나 밭을 얼마나 많이 갈았는가?'와 같은 것으로 정의한다. 예컨대, '2 km의 거리를 걸으려면, 1 km를 걷는 데 필요한 에너지의 두 배의 에너지가 필요하다', '밭을 두 고랑 갈려면, 한 고랑을 가는 데 필요한 에너지의 두 배가 필요하다'와 같이 에너지의 양을 정의한다.

이제 물체를 이동시키는 데 일정한 세기의 힘이 필요하고, 그 힘의 세기를 F_0라고 하자. 만약 물체가 일정한 빠르기로 운동하는 경우라면, 이는 물체에 작용하는 운동 마찰력의 세기가 F_0라는 뜻과 같다. 이때 이동한 거리가 d라면 그만큼 이동하는 데 필요한 에너지의 양은 $F_0 d$라고 하는 것이 적절해 보인다. 왜냐하면 만약 이동한 거리가 두 배로 늘어나면 필요한 에너지 양도 두 배로 늘어나기 때문이다. 이처럼 힘을 작용해 물체를 이동시키면 그 힘이 **일** Work을 했다고 한다.

일의 정의

일정한 힘 F_0를 작용해 d만큼의 거리를 이동했을 때, 그 힘이 한 일의 양 W는 다음과 같이 정의한다.

$$W = F_0\, d \tag{6.1}$$

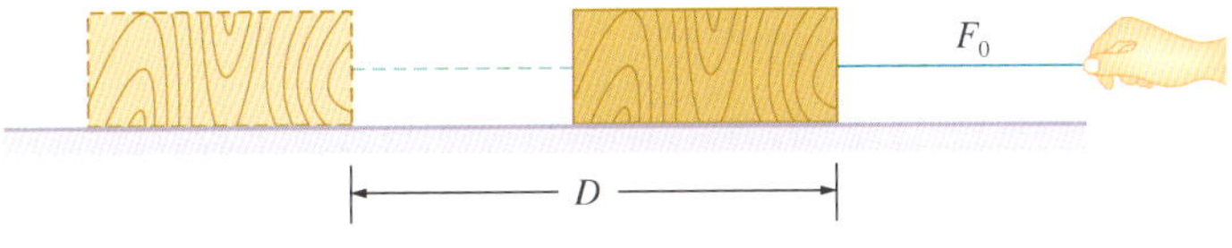

그림 6-1 수평 방향으로 끌려가는 물체

이때 중요한 점은 힘을 작용해 이동한 경우에만 '일'을 했다고 정의한다는 것이다. 이처럼 일을 정의하면 '일을 할 수 있게 하는 것'을 에너지라고 말할 수 있으며, '일'의 양이 바로 에너지의 척도가 된다.

일의 정의에 따르면, 힘을 작용했어도 물체를 이동시키지 못하면 그 힘이 한 일은 0이다. 예컨대, 어떤 사람이 무거운 바위를 옮기려고 하루 종일 힘을 썼다고 해도 바위가 전혀 움직이지 않았다면 그 사람이 작용한 힘이 한 일의 양은 0이다. 또 어떤 학생이 무거운 짐을 하루 종일 들고 서 있었다고 해도 그 짐을 들고 있는 힘이 한 일은 0이다. 이는 그 짐을 책상 위에 놓아두었을 때, 책상이 그 짐을 들어 올리는 힘(수직항력)이 한 일 역시 0인 것과 같은 이치다.

힘이 작용해도 물체가 이동하지 않는 경우도 있지만, 힘이 작용하지 않아도 이동하는 경우도 있다. 예컨대, 마찰이 없는 상태에서는 아무런 힘을 받지 않아도 등속도 운동을 할 수 있다. 이러한 경우에도 '일'이라는 개념을 적용할 수 있을까? 그런 경우에는 힘 자체가 존재하지 않으므로 일이라는 양을 말하는 것이 당연히 무의미해진다.

일의 단위는 줄[Joule]인데, $1\,\mathrm{J} = 1\,\mathrm{N \cdot m}$으로 정의한다. 예를 들어 말이 끄는 힘이 $100\,\mathrm{N}$이라 할 때, 그 힘으로 마차가 $10\,\mathrm{m}$ 이동했다면 그 힘은 $1{,}000\,\mathrm{J}$만큼의 일을 했다고 말한다.

≫ 참고 생명체 내부에서의 일

가만히 앉아 있거나 잠을 자면 우리 몸은 정지해 있는 것처럼 보인다. 그러나 우리 몸의 피를 순환시키는 심장은 그때도 쉬지 않고 박동한다. 심장이 박동하는 과정은 근육에 힘을 작용해 심장을 팽창시켰다가 다시 수축시키는 '일'의 과정이다. 또 숨을 쉴 때 허파도 팽창과 수축을 하는 '일'을 한다. 심장이 내보낸 피는 수많은 모세 혈관을 따라 흐르고, 피가 혈관과 마찰함으로써 발생한 열이 우리 몸의 체온을 유지시키는 데 도움을 준다. 즉 우리 몸은 살아 있는 동안 끊임없이 일을 하고 있고, 끊임없이 에너지를 필요로 한다.

물음 6-1 질량이 $60\,\mathrm{kg}$인 사람이 높이가 $20\,\mathrm{cm}$인 계단에 올라선 경우, 사람을 들어 올리는 다리의 힘이 중력과 같은 세기라 가정하면, 그 힘이 한 일은 얼마인가?

일반적으로 물체의 이동 방향은 대개 힘의 방향과 같다. 그러나 앞서 말한 것처럼, 이동 방향이 반드시 힘의 작용 방향과 같지는 않다. 그러므로 힘의 방향과 이동 방향이 같지 않은 경우에도 적용되는 더 일반적인 일의 정의가 필요해진다. 물체에 일정한 힘 F_0가 작용하지만, 힘의 방향이 물체의 이동 방향과 각 θ를 이루며 거리 d만큼 이동했다면, 그 힘이 한 일의 양 W는 다음과 같이 다시 더 일반적으로 정의한다.

$$W = F_0\, d \cos\theta \tag{6.2}$$

물체의 이동 방향이 힘의 방향과 같은 경우 $\cos\theta = 1$이 되며, 이 결과는 앞에서 정의한 $F_0 d$의 결과와 같아짐을 알 수 있다. 한편, 식 (6.2)에서 일의 양은 이동 방향으로의 힘의 성분 $F_0\cos\theta$에 이동 거리 d를 곱한 양으로도 해석할 수 있음에 유의하자.

식 (6.2)와 같은 일반적인 일의 정의는 벡터의 스칼라 곱 형태로 나타내면 더 편리하게 나타낼 수 있다. 이제 두 벡터의 스칼라 곱이 무엇인지 알아보자. 두 벡터 $\boldsymbol{A}$, $\boldsymbol{B}$가 있을 때, 각 θ가 두 벡터의 사이 각을 나타내는 경우, 그 스칼라 곱은 $\boldsymbol{A}\cdot\boldsymbol{B} = AB\cos\theta$와 같이 정의한다. 즉 두 벡터를 스칼라 곱한 결과는 각 벡터의 크기를 곱한 양에 그 사이 각을 곱한 양을 나타내며, 그 결과는 스칼라양이 되므로 $\boldsymbol{A}\cdot\boldsymbol{B}$를 두 벡터의 **스칼라 곱**scalar product[1]이라 부른다. 한편, 물체의 이동을 변위벡터로 나타내 이동 거리 d의 크기를 가진 변위벡터를 $\boldsymbol{d}$라 하면, 힘 벡터 $\boldsymbol{F}_0$와 변위벡터 $\boldsymbol{d}$의 스칼라 곱은 $\boldsymbol{F}_0\cdot\boldsymbol{d} = F_0 d\cos\theta$가 된다. 따라서 힘 벡터와 변위벡터를 이용하면 일을 $W = \boldsymbol{F}_0\cdot\boldsymbol{d}$로 나타낼 수 있다.

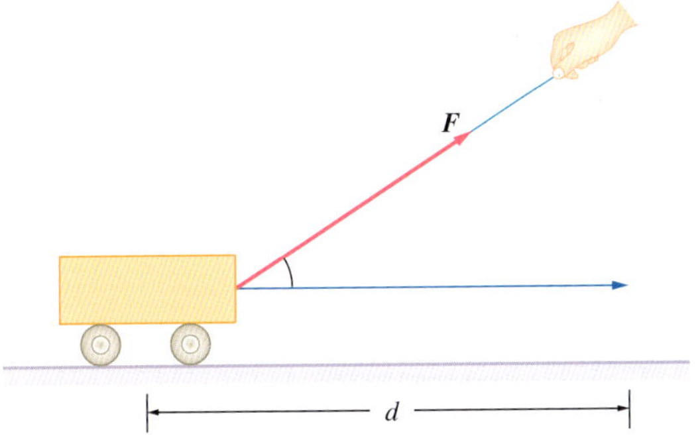

그림 6-2 힘의 방향과 이동 방향이 같지 않은 경우의 일

유의할 점은, 일의 정의에 따라 일의 양이 음(−)의 값이 될 수도 있다는 것이다. 예컨대, 미끄러지는 물체를 붙잡아 정지시키려는 힘은 물체의 이동 방향과 반대 방향으로 작용하므로, 그 힘이 한 일은 음(−)의 값이 되는 것이다. 일반적으로 마찰력은 운동을 방해하는 방향으로 작용하므로 마찰력이 하는 일은 음(−)의 값이 된다.

물음 6-2 달은 지구가 끄는 힘으로 원운동을 한다. 이때 달의 이동 방향은 지구가 당기는 힘의 방향과 항상 수직이 된다. 지구가 끄는 힘으로 원운동을 하는 달이 한 바퀴 도는 동안, 지구 중력이 한 일은 얼마인가?

일반적으로 한 물체의 운동에는 여러 개의 힘이 동시에 작용한다. 따라서 일의 양을 나타낼 때는 여러 개의 힘 중 어떤 힘이 한 일인지를 반드시 명백히 나타내는 것이 좋다. 즉 '어떤 힘 F가 한 일 W_F'와 같이 어떤 힘이 한 일인지를 명시하는 것이 좋다. 예컨대, '학생이 집에서 학교까지 걸어가는 동안 한 일은 얼마인가?'와 같은 물음은 좋은 물음이 아니다. 이 물음이 만약 '걸어가는 동안 학생이 작용한 힘이 한 일은 얼마인가?'라는 물음을 뜻한다면, 이때 그 힘이 한 일의 양은 0이 아니며 학생은 당연히 그

---

1 스칼라 곱은 도트 곱(dot product) 또는 내적(inner product)이라고도 부른다.

만큼의 에너지를 소비한다. 그러나 걸어가는 학생에게는 학생이 걷기 위해 작용하는 힘 외에도 중력과 수직항력, 마찰력도 동시에 작용하므로, 합력은 0이 된다. 따라서 그 물음이 '학생이 집에서 학교까지 걸어가는 동안 작용한 합력이 한 일은 얼마인가?'를 뜻한다면 그 일의 양은 물론 0이 된다.

예제 6-1 들어 올리는 물체에서의 일

질량이 m인 물체를 높이 H까지 들어 올렸다.

(a) 물체를 들어 올리는 동안 물체에는 어떤 힘들이 작용하는가?
(b) 그 힘들이 한 일은 각각 얼마인가?

풀이

(a) 물체에 작용하는 중력과 들어 올리는 힘이 작용한다.
(b) 들어 올리는 힘의 세기가 중력의 세기와 같다고 가정하면, 물체는 들어 올리는 힘의 방향으로 이동하므로 그 힘이 한 일은 $mg \cdot H$가 된다. 한편, 물체는 중력과 반대 방향으로 이동하므로 중력이 한 일은 $-mg \cdot H$가 된다. 이때 두 힘의 합력 세기는 0이므로 합력이 한 일도 물론 0이 된다.

참고 들어 올리는 데 필요한 힘의 세기

[예제 6-1]에서 들어 올린 물체는 물론 정지해 있다. 실제로 물체를 들어 올리는 운동을 보면, 초기에는 중력보다 센 힘이 작용하다가 나중에는 더 약한 힘이 작용한다. 그러나 우리는 작용하는 힘의 세기가 중력의 세기와 같다고 가정했다. 그러나 더 깊이 생각해보면 '들어 올리는 힘의 세기가 중력의 세기와 같다고 가정하면 합력은 0인데, 어떻게 물체를 들어 올릴 수 있지?'라는 의문이 생겨야 마땅하다. '그렇다면 물체를 들어 올리기 위해 얼마의 힘을 작용해야 하는가?'라고 다시 질문을 하고 싶다.

물론 그 힘은 중력보다 더 세야 한다. 그러나 중력보다 더 큰 힘이 작용하면 합력은 위로 향한다. 결국 물체는 위로 향하는 가속도를 갖게 되어, 들어 올린 상태에서 정지하지 못하고 계속 운동한다는 점을 깨달을 수 있다. 그러므로 중력 세기가 mg라면 가속되지 않는 상태, 즉 사실상 정지한 것과 같은 상태로 들어 올리는 경우, 들어 올리는 힘의 세기는 $(1.000\cdots01)mg$라고 할 수밖에 없다. 즉 사실상 mg 크기의 힘이 필요하다는 것을 알 수 있다. 이때 중요한 것은 물체를 내려놓는 데 필요한 힘의 세기도 이와 똑같은 크기라는 점이다.

변화하는 힘에 의한 일

물체가 운동하는 동안 항상 일정한 힘이 작용하는 것은 아니다. 만약 이동하는 동안 작용하는 힘이 일정하지 않다면, 이동 구간을 충분히 작은 단위로 나누어 그 힘이 한 일의 양을 구해야 한다. 이때 '충분히' 작은 구간이란 '힘이 일정하다'고 볼 수 있는 구간을 뜻한다.

직선운동에서는 위치를 x로 나타낼 수 있으므로, 어떤 위치 x로부터 충분히 작은 구간인 Δx 구간에서의 힘을 $F(x)$라 하면, 그 구간에서 힘은 일정하다고 볼 수 있는 경우, 그 일의 양은 $\Delta W = F(x)\Delta x$

라 쓸 수 있다. 따라서 위치 A에서부터 위치 B까지 구간에서의 일의 양은 $W=\int_A^B F(x)dx$로 나타낼 수 있으며, 그 값은 힘-거리 그래프의 넓이와 같다는 사실을 알 수 있다.

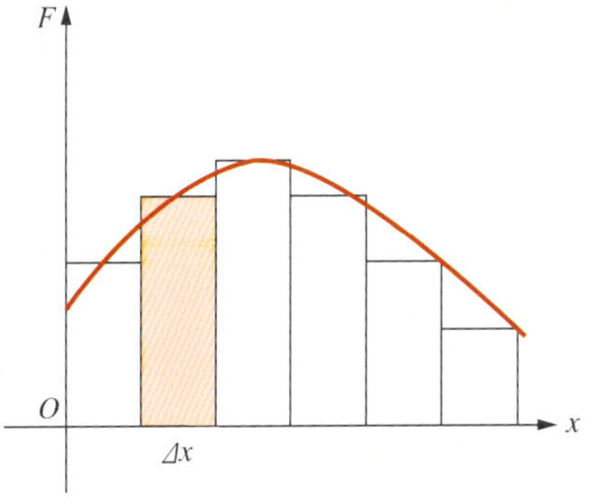

그림 6-3 변화하는 힘에 의한 일

예제 6-2 쇠사슬을 들어 올리는 데 한 일

길이가 L이고 질량이 L인 쇠사슬이 바닥에 놓여 있다. 쇠사슬의 한쪽 끝을 들어 올려 그 높이가 L이 되었다면(즉 쇠사슬의 다른 끝은 바닥에 닿아 있다면), 그때까지 들어 올리는 힘이 한 일은 얼마인가?

풀이

단위길이당 쇠사슬의 질량인 질량 선밀도를 λ라고 쓰면 $\lambda=\frac{m}{L}$으로 나타낼 수 있다. 이때 위로 향하는 방향을 y라고 하자. 쇠사슬을 y만큼 들어 올렸다고 하면, 들려진 쇠사슬의 질량은 λy이므로 들어 올리는 힘의 세기는 $\lambda y \cdot g$가 된다. 따라서 쇠사슬을 dy 거리만큼 올리는 데 한 일은 $dW=\lambda yg\,dy$가 된다. 한편, 쇠사슬은 높이가 0에서 L까지 올라가므로 한 일은 다음과 같다.

$$W=\int_0^L dy\,\lambda yg=\frac{1}{2}\lambda gL^2=\frac{1}{2}mgL$$

3차원 공간에서 위치에 따라 변화하는 어떤 힘 $F(\boldsymbol{r})$이 한 일의 양을 구하려면 먼저 변위벡터를 충분히 짧은 구간 $\Delta \boldsymbol{r}_i$로 나누어야 한다. 이때 그 짧은 구간에서는 힘이 일정하다고 볼 수 있으므로, 그 구간에서의 힘을 $\boldsymbol{F}_i$라 하면, 그때의 일의 양은 $\Delta W=\boldsymbol{F}_i\cdot\Delta\boldsymbol{r}_i$가 된다. 그러므로 위치 A에서 위치 B 구간에서의 일의 양은 다음과 같이 나타낼 수 있다.

$$W=\sum_i \boldsymbol{F}_i\cdot\Delta\boldsymbol{r}_i=\int_A^B \boldsymbol{F}\cdot d\boldsymbol{r} \tag{6.3}$$

이때 위치 B에서 위치 A로 이동했을 때 한 일의 양은, 위치 A에서 위치 B로 이동했을 때 나오는 결과의 부호와는 반대가 된다.

6.3 일의 경로 무관성과 일률

일의 경로 무관성

앞에서 정의한 '일'에는 매우 흥미로운 특징이 있는데, 그것은 중력을 받는 물체를 이동시키는 데 필요한 일의 양이 어떤 경로를 이용하더라도 똑같다는 점이다. 예컨대, 경사면을 이용해 물체를 끌어 올리든지, 수평 방향으로 이동한 후 위로 들어 올린다고 해도 한 일의 양은 똑같다.

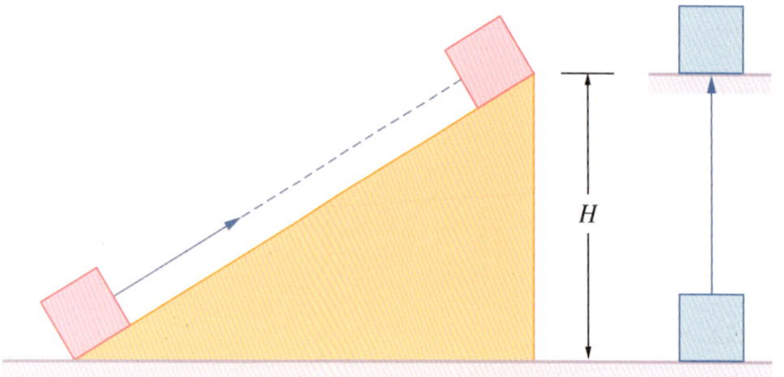

그림 6-4 경사면을 이용하는 경우와 수직으로 들어 올리는 경우의 일

이제 물체를 경사면을 이용해 H 높이만큼 끌어 올리는 데 작용하는 힘이 얼마만큼의 일을 하는지 구해보자. 경사면의 각도를 θ라 하면, 경사면을 따라 미끄러져 내려오는 방향으로의 힘의 세기는 $mg\sin\theta$가 된다. 즉 이 힘의 세기는 물체를 바로 들어 올리는 데 필요한 힘 mg보다 언제나 작다.[2] 이 경우, 물체를 끌어 올리려면 $mg\sin\theta$ 크기의 힘이 필요하므로, 경사면의 길이를 d라고 하면 그 힘이 한 일은 $mg\cdot d\sin\theta$가 된다. $d\sin\theta = H$ 관계이므로 이 값은 바로 들어 올리는 힘이 한 일 mgh와 같음을 알 수 있다. 즉 경사면을 이용하면 좀 더 적은 힘으로도 물체를 끌어 올릴 수 있지만, 그 대가로 더 먼 거리를 끌어야 한다. 결과적으로 어떤 경우에나 힘이 한 일의 양은 같아진다.

물음 6-3 질량이 무시되는 고정 도르래와 움직 도르래를 이용해 질량이 M인 물체를 들어 올려보자.

(a) 줄 부분의 장력 세기 T는 얼마인가?

(b) 당기는 부분의 줄을 길이 d만큼 들어 올리는 경우, 힘 F가 한 일의 양은 얼마인가?

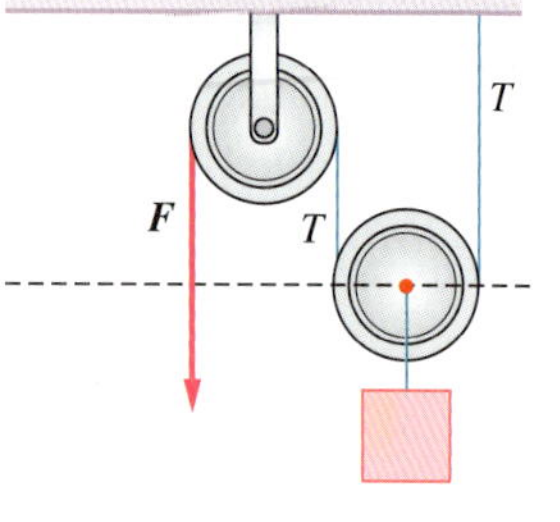

2 이는 고인돌을 세울 때 쓰던 방법으로 추정되는데, 원시인들은 기둥 돌 위에 무거운 덮개돌을 얹기 위해 흙 무덤을 쌓고 경사면을 따라 돌을 끌어 올린 것으로 추정된다.

일률

똑같은 양의 일을 하더라도 그만큼의 일을 하는 데 걸리는 시간은 다를 수 있다. 예컨대, 똑같은 양의 이삿짐을 차에 싣는 경우, 어린아이보다 어른이 더 빨리 일을 마칠 수 있다. 이는 똑같은 시간 동안 어른이 하는 일의 양이 어린아이가 하는 일의 양보다 더 크다는 것을 의미한다.

똑같은 시간 동안 얼마만큼의 일을 하는지를 나타내기 위해 일률^Power^이라는 양을 사용하는데, 일률은 단위시간당 하는 일의 양을 뜻한다. 즉 시간 Δt 동안 한 일의 양이 ΔW이면 그때의 평균 일률을 다음과 같이 정의한다.

$$< P > = \frac{\Delta W}{\Delta t} \tag{6.4}$$

이때 시간 구간이 충분히 작은 경우, 즉 $\Delta t \to 0$인 경우의 이 값을 순간 일률 또는 단순히 일률이라고 부른다. 즉 시각 t에서의 순간 일률은 다음과 같이 정의한다.

$$P(t) = \frac{dW}{dt} \tag{6.5}$$

힘과 운동 방향이 같을 때, 충분히 작은 구간인 Δx를 이동하는 동안 작용하는 힘을 F라 하면, 그 구간에서의 일의 양은 $\Delta W = F\Delta x$가 된다. 이를 미분 기호로 나타내면 $dW = F dx$로 나타낼 수 있다. 그러므로 일률은 $P = F\frac{dx}{dt} = Fv$로 나타낼 수 있다.

일률의 단위는 J/s인데, 1J/s = 1W로 정의하며, 이때 W는 와트^Watt^를 나타낸다. 말 한 마리가 하는 평균 일률은 1hp[3]로 나타내며, 746W와 같은 크기로 정의한다. 일의 양인 J은 kWh로도 나타내는데, 흔히 전력 사용량을 나타낼 때 사용한다. 예컨대, 1kWh는 1kW의 일률로 1시간 동안 사용한 전력량을 나타낸다.

물음 6-4 1kWh는 몇 J에 해당하는가?

자동차 연료 소모량

자동차는 대부분의 구간을 일정한 속도로 달린다. 일정한 속도로 달리는 동안 (공기 저항력을 포함한) 자동차에 작용하는 모든 마찰력 세기의 합은 엔진 추진력 세기와 같다.

이제 자동차에 작용하는 마찰력 f가 빠르기 v에 비례한다고 볼 때, 자동차의 속도와 연료 소모량과의 관계를 알아보자. 연료 소모량은 추진력이 하는 일의 양과 비례한다. 또한 일정한 속도에서는 추진력과 마찰력의 크기가 같으므로 추진력과 마찰력이 한 일의 양은 같다. 즉 일정한 속도로 정해진 거리 S를

---

3 hp는 horse power의 약자로, 마력이라고도 한다.

달린 자동차의 추진력이 한 일의 양은 $W = f \cdot S$다. 따라서 마찰력이 빠르기에 비례한다면, 일의 양도 빠르기에 비례하게 된다. 이처럼 추진력이 하는 일의 양은 연료 소모량에 비례하므로, 빠른 속도로 달릴수록 연료는 더 많이 소모된다. 즉 같은 거리를 이동하는 경우 고속 전철이나 초음속 전투기의 연료 소모량은 일반 전철이나 일반 여객기보다 매우 많다.

물음 6-5 일정한 속도 v_0로 달리는 자동차 엔진의 추진력 세기는 F_0로 일정하다. 마찰력은 $f = -bv$(여기서 b는 상수)와 같이 속도에 비례한다고 가정한다.

(a) 마찰력 상수 b는 얼마인가?

(b) 추진력의 일률을 속도 v로 나타내라.

(c) 추진력의 일률은 에너지 소모율과 같다. 어떤 정해진 거리를 두 배의 속도로 갔다면, 에너지 소모량은 몇 배가 되는가?

6.4 위치에너지와 운동에너지

에너지란 '일을 할 수 있게 하는 그 무엇'이라고 앞에서 정의했지만, 우리는 아직 '그 무엇'의 정체에 관해서는 생각하지 않았다. 예컨대, 음식물이나 연료가 '그 무엇'에 해당하기는 하지만, 우리는 그것들이 지니고 있는 에너지의 정체가 무엇인지 아직 생각해보지 않았다. 그 에너지의 정체는 흔히 '화학적 에너지'라고 부른다. 하지만 좀 더 근원적으로 보면 화학적 에너지는 '전기적 위치에너지'라고 부를 수 있다는 것을 곧 알게 될 것이다. 이제 에너지의 가장 근원적 형태로 볼 수 있는 위치에너지와 운동에너지에 관해 알아보기로 하자.

위치에너지

에너지가 어떤 형태로 저장될 수 있는지 알아보기 위해 먼저 도르래에 연결된 두 물체의 상태를 생각해 보자. 도르래 양쪽에 질량이 m인 똑같은 두 물체가 각각 매달려 있다면, 두 물체는 물론 힘의 평형상태에 있게 된다. 이제 한 물체가 바닥면에서 높이 H에 떠 있고, 다른 물체는 바닥면에 있다고 하자. 그리고 공중에 떠 있는 물체의 질량을 m이라 하자(또는 $1.000 \cdots 01m$으로 생각해도 좋음). 이때 공중에 떠 있던 물체는 아주 서서히 떨어져 내려올 것이고, 바닥면에 있던 물체는 아주 서서히 끌려 올라갈 것이다. 공중에 떠 있던 물체는 바닥에 있던 물체를 사실상 mg 크기의 힘으로 끌어 올린 것이다. 공중에 떠 있던 물체가 바닥면에 닿으면, 바닥에 있던 물체는 높이 H에 떠 있는 상태가 된다. 그렇게 되기까지 떨어지는 물체가 작용하는 힘이 (또는 그 물체를 대리자로 내세운 중력이) 올라가는 물체에 한 일의 양은 $W = mgH$가 된다. 즉 처음에 높은 위치에 있던 물체는 일을 할 수 있으므로 에너지를 갖고 있었다고 할 수 있으며, 지면에서 높이 H에 있는 질량이 m인 물체는, 지면을 기준으로 할 때 mgH만큼의 에너지를 갖고 있는 것이다.

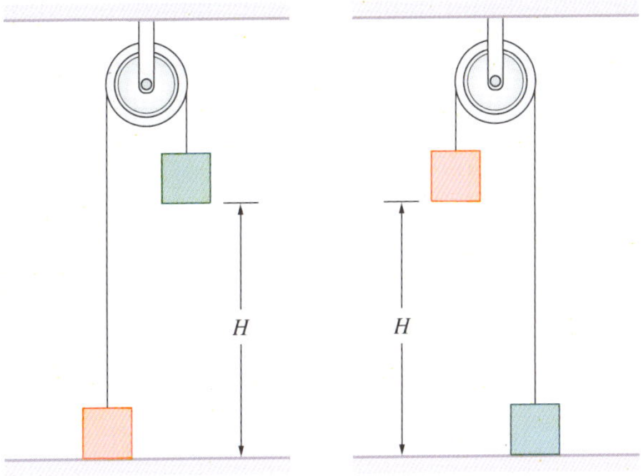

그림 6-5 도르래와 두 물체

이처럼 위치 형태로 저장되는 에너지를 **위치에너지**potential energy라고 부르며, U로 표시한다. 이 경우, 위치에너지는 중력을 받는 상태에서 존재하기 때문에 **중력 위치에너지**라고도 하는데, 중력을 받는 상황뿐만 아니라 탄성력이나 전기력을 받는 상황에서도 위치에너지라는 양을 쓸 수 있음을 곧 알게 될 것이다.

운동에너지

우리는 중력을 받는 물체를 높은 곳으로 옮기면, 그 물체는 위치에너지 형태의 에너지를 갖는다는 사실을 알게 되었다. 앞의 예에서는 물체가 사실상 힘의 평형상태를 유지하며 다른 물체를 끌어 올리는 '일'을 하는 상황을 생각해보았다. 그러나 그 경우 만약 힘의 평형상태가 아닌 상태에서 운동을 시키면 어떤 결과가 나올까?

만약 공중에 떠 있던 물체가 바닥면에 있던 물체보다 무겁다면, 공중에 떠 있던 물체는 가속되며 떨어져 어떠한 빠르기로 바닥과 부딪칠 것이다. 좀 더 극단적인 예를 들면, 바닥면에 있던 물체의 질량이 0이라면 공중에 떠 있던 물체는 자유낙하를 할 것이다. 또한 바닥에 말뚝 같은 것이 세워져 있다면, 말뚝에 힘을 작용해 땅에 말뚝을 박을 수 있을 것이다.

말뚝에 힘을 주어 이동시킨다는 것은 일을 했다는 것을 뜻한다. 그러므로 떨어지는 물체의 질량이 m이고 빠르기가 v라면, 우리는 그 물체가 '얼마만큼의 일을 할 수 있는가?' 또는 '얼마만큼의 에너지가 있겠는가?'라고 묻게 된다. 그런 물음에 대한 답으로, 이 상황을 다음과 같이 해석해보자.

물체가 떨어지는 과정은 중력이 일을 하는 과정으로 볼 수 있다. 즉 중력 mg의 크기로 H만큼 이동시킨 일을 한 것이고, 그 결과 물체는 위치에너지를 잃고, 단지 어떤 빠르기 v_0만 얻게 되었다. 이렇게 본다면, '물체의 빠르기는 중력이 한 일의 결과로 얻어진 것이고, 그 빠르기를 가진 상태의 물체는 높이가 H인 곳까지 되돌아갈 능력을 갖추고 있다'라고 말할 수 있다.

이는 갈릴레오가 관성의 법칙을 발견하는 과정에서 제시한 사고 실험에서, 마찰이 없다면 물체는 또다시 같은 높이까지 올라갈 수 있다고 생각한 것과 같은 이치다. 즉 그 높이까지 들어 올리려면 mgH만큼의 일이 필요한데, 이때 운동하는 물체는 자기 자신을 높이 H까지 올릴 수 있는 능력, 즉 그만큼의 에너지를 가진다고 볼 수 있고, 그 에너지의 양은 물론 mgH라고 볼 수 있다.

이제 바닥에 도달한 물체의 빠르기를 v_0라고 하면, $v_0 = \sqrt{2gH}$ 또는 $H = \frac{v_0^2}{2g}$이므로 그 에너지의 양은 $mgH = \frac{1}{2}mv_0^2$으로 나타낼 수 있다. 즉 '빠르기 v로 운동하는 질량이 m인 물체는 $\frac{1}{2}mv^2$ 크기의 에너지를 갖고 있다'라고 할 수 있다. 운동하는 물체가 가진 이런 형태의 에너지를 **운동에너지** kinetic energy라고 부르며, 기호 K로 나타낸다. 운동에너지는 위치에너지와 달리 언제나 양(+)의 부호만 갖는다는 점에 유의하기로 하자.

물체가 가진 위치에너지의 양이 기준 위치의 높이에 따라 달라지듯이, 운동에너지의 양도 절대적인 것은 아니다. 즉 물체의 속도가 관측자에 따라 달라지는 '상대속도'이므로 운동에너지의 크기도 상대적인 양이며, 기준계에 따라 다른 값을 갖게 된다.

일-에너지 정리

물체에 힘을 작용해 그 물체가 어떤 속도로 운동하는 경우, 물체가 가진 운동에너지의 양은 그 힘이 한 일의 양으로 해석할 수도 있다. 이제 거리 d만큼 이동하는 동안만 물체에 작용한 '모든 힘의 합력'이 운동 방향으로 향하면서 F_0 크기로 일정하다고 하자. 그 경우 합력이 한 일의 양은

$$W = F_0\, d = ma_0\, d \tag{6.6}$$

로 쓸 수 있다. 한편, 초속도 v_0로 운동하던 물체가 일정한 가속도 a_0로 운동한 경우, 속도 변화량과 이동 거리는 $2a_0 d = v^2 - v_0^2$ 관계를 가지므로, 이는 다음과 같이 다시 쓸 수 있다.

$$W = \frac{1}{2}mv^2 - \frac{1}{2}mv_0^2 \tag{6.7}$$

한편, 운동에너지는 $K = \frac{1}{2}mv^2$이므로 식 (6.7)을 다음과 같이 다시 쓸 수 있다.

$$W_{\text{합력}} = \Delta K = K - K_0 \tag{6.8}$$

식 (6.8)은 **일-에너지 정리** work-energy theorem라고 하는 매우 중요한 식으로, '물체에 작용한 합력이 한 일의 결과는 운동에너지 변화량과 같다'는 것을 뜻한다. 일-에너지 정리는 합력이 일정한 힘이 아니어도 성립한다는 것을 보일 수 있다.

예제 6-3 물체를 들어 올리는 데 한 일

질량이 m인 물체를 들어 올리는 과정에서, 들어 올리는 힘의 세기가 계속 변한다고 가정하자. 단, 처음과 나중 상태에서의 물체는 정지한 상태다. 물체를 높이 H만큼 들어 올리는 경우, 그 힘이 한 일을 일-에너지 정리를 이용해 구하라.

풀이

중력이 한 일과 들어 올리는 힘이 한 일을 각각 W_g, W_F라 하면, 일-에너지 정리로부터 $\Delta K = W_g + W_F$이고, 운동에너지 변화량이 0이므로 $W_g + W_F = 0$이 된다. 한편, 중력은 물체의 이동 방향과 반대 방향으로 작용하므로 $W_g = -mgH$이다. 따라서 들어 올리는 힘이 한 일은 $W_F = -W_g = +mgH$가 됨을 알 수 있다. 즉 힘의 평형상태를 유지하며 한 일의 양과 같다.

예제 6-4 던져진 공의 도달 높이

지표면에서 수직 방향으로 속도 v_0로 던져 올린 공이 올라가는 높이를 일-에너지 정리를 이용해 구하라.

풀이

일-에너지 정리를 이용하면 이런 문제를 쉽게 해결할 수 있다. 최고 도달 높이 H까지 올라가는 과정에서 공은 오직 중력의 영향만 받는다. 공중으로 던진 공의 질량을 m이라 하고 던져 올리는 속도를 v_0라 하면, 일-에너지 정리를 다음과 같이 쓸 수 있다.

$$\text{합력(중력)이 한 일} = -mgH$$

$$\text{운동에너지 변화량} = 0 - \frac{1}{2}mv_0^2$$

따라서 최고점 높이는 $H = \dfrac{v_0^2}{2g}$이 된다.

물음 6-6 질량이 m이고 속도가 v_0인 자동차가 정지하는 동안, 마찰력이 f_0로 일정하다고 한다. 정지거리를 S라고 할 때, 자동차가 멈출 때까지 마찰력이 한 일과 정지거리를 일-에너지 정리를 이용해 구하라.

6.5 보존력과 위치에너지

중력을 받는 상태에서는 높은 위치에 있는 물체가 낮은 곳에 있는 물체보다 더 많은 에너지를 갖는다. 이 말은 중력이 없다면 에너지가 위치에너지 형태로 저장될 수 없다는 뜻이다. 이제 중력 위치에너지라는 개념이 중력의 어떤 특성으로 인해 의미를 가질 수 있는지 알아보자.

중력은 질량이 있는 모든 물체 사이에 작용하는 힘으로, 질량이 있는 물체는 자신의 주위에 있는 모든 다른 물체에 중력을 작용한다. 우리는 이 상황을 다음과 같이 기술할 수 있다.

(1) 질량이 있는 물체가 자신의 주위에 **중력장**gravitational field이라는 영향권을 만들고,
(2) 그 중력장을 매개로 다른 물체에 중력이 작용한다.

예컨대, 지구는 자신의 중력장을 만들어 지표면의 모든 물체를 붙잡아두고 있다고 보는 것이다. 만유인력은 거리의 제곱에 반비례하므로, 중력장 세기도 거리의 제곱에 반비례한다. 이는 촛불의 밝기가 거리의 제곱에 반비례하는 것에 비유할 수 있다. 따라서 어떤 물체가 만드는 중력의 영향은 점점 그 세기가 약해지기는 하지만, 우주 끝까지 영향을 미치게 된다. 이런 입장에서 우리는, 중력 위치에너지가 중력장이라는 독특한 개념에 관련된 에너지라는 사실을 알 수 있다.

중력장 속에서 운동하는 물체의 빠르기는, 물체가 같은 위치에 오면 언제나 똑같은 크기를 갖는다. 예컨대, 76년에 한 번씩 지구 근처를 지나가는 핼리 혜성은 태양에서 멀어질수록 느리게 운동하지만, 태양에 가까운 지구 근처를 지날 때는 언제나 똑같은 빠르기로 빠르게 운동한다. 또한 공중에 던진 공의 운동에서 보았듯이, 어떤 높이에서의 빠르기는 올라가는 상태와 내려오는 상태 모두에서 똑같은 크기를 갖는다. 이처럼 같은 위치에 돌아오면 언제나 똑같은 빠르기(즉 똑같은 운동에너지)를 갖는 운동이 되게 하는, 중력 같은 특성을 가진 힘을 **보존력**conservative force이라 부른다.

이제 위치에너지를 위치에만 의존하는 함수로 취급해 보존력과 위치에너지의 관계를 살펴보자. 먼저, 아무런 힘도 받지 않으며 운동하는 경우, 관성의 법칙에 따라 물체에 아무런 힘이 작용하지 않으면 빠르기가 일정하므로 운동에너지를 다음과 같이 말할 수 있다.

$$K = \text{일정} \tag{6.9}$$

그러나 중력을 받는다면 일정한 높이에서는 운동에너지가 항상 일정하므로, 지표면 위치를 기준점으로 하고 높이를 x로 나타내면, 다음과 같이 쓸 수 있다.

$$K + U(x) = \text{일정} \tag{6.10}$$

여기에서 $U(x)$는 단지 높이 x에만 의존하는 에너지 차원을 가진 함수로서, $U(x)$를 **위치에너지 함수**라고 정의한다. 따라서 운동에너지 K와 위치에너지 함수 $U(x)$의 변화량 간에는 $\Delta K + \Delta U = 0$ 또는 $dK + dU = 0$ 관계가 성립한다.

이제 물체가 운동하는 방향을 x축 방향이라고 정하고, 중력 F가 작용하는 상태에서 물체가 운동한다면, 물체의 변위가 Δx가 되기까지 중력(즉 이 경우에는 물체에 작용한 합력)이 한 일의 양은 $W_{합력} = F\Delta x$이다. 따라서 일-에너지 정리 $W_{합력} = \Delta K$에서 $\Delta K = F\Delta x$ 또는 $dK = Fdx$라 쓸 수 있다. 그러므로 보존력 F가 위치 x에 따라 변화하는 힘이라면, $dK + dU = 0$이므로 다음과 같이 나타낼 수 있다.

$$dU(x) = -dK = -F(x)\,dx \tag{6.11}$$

그러므로 $F(x)$는 위치에너지 함수 $U(x)$와 다음과 같은 관계임을 알 수 있다.

$$F(x) = -\frac{dU(x)}{dx} \tag{6.12}$$

한편, 두 위치 A, B가 있을 때, 두 위치 간의 $U(x)$ 관계는 다음과 같이 나타낼 수 있다.

$$U(B) = U(A) + \int_A^B [-F(x)]\,dx \tag{6.13}$$

이제 중력에 이 관계를 적용해보자. 지표면에서 수직으로 위로 올라가는 방향을 x축이라 정하면 중력은 $F = -mg$가 되고, 점 A를 지표면 위치로 하여 $U(A) = 0$이라 정하고, 점 B를 높이가 x인 점 위치로 하면 $U(x) = -\int_0^x (-mg)dx = mgx$라는 결과를 얻게 된다. 즉 $x = H$일 때 $U(H) = mgH$로서, $U(x)$가 높이 x인 위치에서 위치에너지 크기가 됨을 알 수 있다. 따라서 $U(x)$를 위치에너지 함수라고 부르는 대신 단순히 위치에너지라고도 부른다.

위치에너지 값을 구하는 식 (6.13)의 적분에서 $-F(x)$와 같이 보존력에 음(−)의 부호를 붙인 양을 적분하는 것은 다음과 같이 해석할 수 있다. 즉 바닥에서 높은 곳으로 물체를 들어 올리려면, 중력과 반대 방향으로 중력과 같은 크기의 힘을 작용하면 된다. 중력이 아닌 외부에서 작용하는 다른 힘(예컨대 우리가 들어 올리는 힘)을 F_{ext}라 부른다면, 점 B의 위치에너지는 점 A에서 점 B까지 그 외력 F_{ext}가 한 일의 양만큼 증가한다고 볼 수 있다. 즉 중력에 대응해 우리가 땀 흘려 물체를 들어 올린 일의 양만큼 위치에너지가 증가했다고 볼 수 있다.

운동에너지와 위치에너지를 더한 에너지를 **역학적 에너지**[mechanical energy]라 부른다. 보존력을 받는 운동에서는 이처럼 역학적 에너지가 일정하므로 다음과 같이 쓸 수 있다.

$$K + U = \text{일정} \tag{6.14}$$

이를 **역학적 에너지 보존법칙**[conservation of mechanical energy]이라 부른다. 한편, 두 물체 사이의 중력은 서로 당기기만 하지만, 전기력은 서로 밀기도 한다. 이처럼 서로 밀거나 당기는 것만 가능한 힘은 모두 보존력임을 보일 수 있다.

묻음 6-7 위치에너지는 $U=mgx$로 표현한다.

(a) 어떤 위치 x에서 위치에너지 그래프의 기울기 값은 얼마인가?

(b) 힘은 위치에 상관없이 $F=-mg$로 기술됨을 보여라.

묻음 6-8 지표면으로부터 높이가 H인 곳에서 수평과 h의 각도로 공을 던졌다. 던질 때 공의 빠르기가 v_0라면, 공이 지표면에 닿는 순간 공의 빠르기가 가장 커지는 θ값은 얼마인가?

≫ 참고 3차원 공간에서의 위치에너지

직선운동에서는 $dU=-Fdx$로 나타내지만, 3차원 공간에서의 미소 변위벡터 $d\boldsymbol{r}$에 해당하는 위치에너지 변화량은 $dU(\boldsymbol{r})=-\boldsymbol{F}(\boldsymbol{r})\cdot d\boldsymbol{r}$과 같이 나타낼 수 있다. 여기에서 ∇[4]이라는 벡터 미분연산자 하나를 도입하기로 하자. ∇은 $dU=\nabla U\cdot d\boldsymbol{r}$과 같이 어떤 공간 함수 변화량을 나타낼 때 사용한다. 이때 ∇U라는 벡터는 함수 U의 **그래디언트**gradient 또는 **물매**라 불리는 양으로, 그 함숫값이 가장 빠르게 변하는 방향으로 향하는 벡터다. 따라서 그 방향으로 단위거리를 이동할 때, 함수 U는 $|\nabla U|$ 크기만큼 변화하게 된다. 예를 들어 U가 산의 높이를 나타내는 함수라면, 등고선에 수직인 방향이 가장 급경사 방향이고, ∇U의 방향이 바로 그 방향이다.

한편 정의식 $dU=\nabla U\cdot d\boldsymbol{r}$과 $dU(\boldsymbol{r})=-\boldsymbol{F}(\boldsymbol{r})\cdot d\boldsymbol{r}$을 비교하면, 보존력과 위치에너지의 관계는 다음과 같이 단순하게 표현할 수 있다.

$$\boldsymbol{F}=-\nabla U(\boldsymbol{r}) \tag{6.15}$$

직각좌표계에서는 $\nabla U=\hat{i}\dfrac{\partial U}{\partial x}+\hat{j}\dfrac{\partial U}{\partial y}+\hat{k}\dfrac{\partial U}{\partial z}$와 같이 나타낼 수 있는 양이다.

이제 점 A에서 점 B까지 이동한 경우, 위치에너지와 힘의 관계를 적분으로 표현하면 다음과 같아진다.

$$U(B)-U(A)=-\int_A^B \boldsymbol{F}\cdot d\boldsymbol{r} \tag{6.16}$$

한편, 거리에만 의존하며 밀거나 당길 수만 있는 힘이라면 $\boldsymbol{F}=\hat{r}F(\boldsymbol{r})$로 쓸 수 있고, 미소 변위벡터 $d\boldsymbol{r}$은 $d\boldsymbol{r}=\hat{r}d\boldsymbol{r}$로 나타낼 수 있다. 그러므로 거리가 각각 r_1, r_2인 두 위치에서의 위치에너지 관계는 $U(r_2)-U(r_1)=\int_{r_1}^{r_2}[-F(r)]dr$로도 쓸 수 있다.

6.6 질량에너지

질량은 처음에는 뉴턴의 운동법칙에서 비례상수인 관성의 척도로 정의되었지만, 중력의 척도로도 정의되었다. 흥미로운 사실은, 특수상대성이론에 의해 질량도 에너지의 한 형태임이 알려지게 되었다는 점이다. 아인슈타인은 특수상대성이론에서 $E=mc^2$이라는 유명한 과학 공식, 즉 '에너지를 광속의 제곱으로 나눈 양이 질량'임을 보였다. 따라서 '질량은 관성의 척도'라는 말 대신 '에너지는 관성의 척도'라고 말할 수도 있다.

4 델(del)이라 하며, '나블라'라고도 한다.

우리는 앞에서, 에너지는 관측자에 따라 달라질 수 있는 상대적인 양이라고 했는데, 질량 역시 관측자에 따라 달라지는 상대적인 양이다. 즉 뉴턴의 운동법칙에서, 물체가 가진 고유한 양으로 정의해 $a \propto F$ 관계의 비례상수로 도입했던 질량은, 특수상대성이론에 의하면 사실은 상수가 아니고 빠르기에 따라 변화하는 양이다.

특수상대성이론에 의하면 빠르기가 v인 상태의 질량은

$$m(v) = \frac{1}{\sqrt{1-(v/c)^2}} m_0 \tag{6.17}$$

로 나타낼 수 있는데, 여기에서 m_0는 정지한 상태에서의 질량인 **정지질량** rest mass[5]이다. 이때 물체가 빨라질수록 질량도 커지므로 그 운동상태를 변화시키기가 점점 더 어려워진다.

질량에너지를 빠르기 v로 전개하면 $\frac{1}{\sqrt{1-(v/c)^2}} mc^2 = mc^2 + \frac{1}{2} mv^2 + \cdots$ 가 된다. 흥미로운 점은, 운동에너지 K는 운동하는 물체가 자체적으로 간직하고 있는 질량에너지가 밖으로 드러난 양의 의미를 가진다는 것이다. 즉 운동하는 물체가 갖고 있는 운동에너지는 밖으로 드러난 질량에너지의 근사적 표현이다.

참고 쌍 생성과 반물질

에너지가 질량으로 변환되어 새로운 물질이 생겨날 수도 있을까? 물론 그럴 수 있다. 이와 같은 변환은 대기권에 입사되는 강력한 에너지를 가진 **우주선** cosmic ray들에 의해 끊임없이 일어나고 있으며, **쌍 생성** pair creation현상이라고 불린다. 예를 들어 감마선이라는 가장 강한 에너지의 빛은 '양전자 + 음전자'의 쌍을 만들며 사라질 수 있는데, 이때 양전자는 우리가 전자라고 부르는 입자인 음전자에 대응되는 입자로서, **반물질** anti-matter입자라 불리는 입자 중 하나다.

우주의 총 전하량은 일정하기 때문에 물질은 언제나 '양전하 + 음전하'의 쌍으로만 생성된다. 예컨대, 감마선은 '양성자와 반양성자의 쌍'을 만들 수도 있다. 이는 우리 세계에 없던 물질이 새로 만들어졌음을 뜻한다. 반대로 양전자가 음전자와 만나면 소멸해 빛으로 변환될 수도 있다.

원자핵은 양성자나 중성자가 강한 인력으로 결합되어 있는 상태다. 따라서 원자핵을 개개의 핵자로 다시 분리하려면 에너지가 많이 필요하다. 이런 이유로 중성자 두 개와 양성자 두 개로 이루어진 헬륨 핵의 질량은 그것을 이루는 네 개의 독립된 핵자의 질량을 합한 크기보다 작다.

동양의 고전 사상에는 '공즉시색 색즉시공 空卽是色 色卽是空'이라는 것이 있다. 이는 아무것도 없는 빈 것이 곧 물질이고, 물질은 곧 빈 것과 같다는 뜻이다. 또, 구약 성경의 창세기 부분에는 빛이 먼저 생기고, 그로부터 우주 만물이 생겼다는 표현이 있다. 이러한 사상들은 특수상대성이론이라는 현대 물리학 이론에서 그 근거를 찾은 셈이다.

5 정지질량은 고유질량(proper mass)이라고도 불린다.

6.7 천체의 중력 위치에너지

우리는 앞에서 지표면 근처의 질량이 m이며 높이가 H인 물체는, 지표면을 기준으로 했을 때 mgH만큼의 중력 위치에너지를 갖는다는 것을 보았다. 그런 결과는 물체에 작용하는 중력이 위치에 상관없이 일정한 크기 mg라고 가정한 상태에서 얻어진 것이다. 그러나 더 큰 스케일에서 보면, 중력은 지구에서 멀어질수록 점점 더 약해진다.

지구의 질량을 M이라 하면, 지구 중심에서 거리 r만큼 떨어진 곳에서 질량이 m인 물체가 받는 중력은 $F(r) = -G\dfrac{Mm}{r^2}$으로 나타낼 수 있다. 여기에서 음($-$)의 부호는 용수철의 탄성력을 벡터로 나타낸 것과 같은 방식으로, 거리가 멀어지는 방향과 반대 방향으로 중력이 작용한다는 것을 벡터 형식으로 나타낸 것이다.

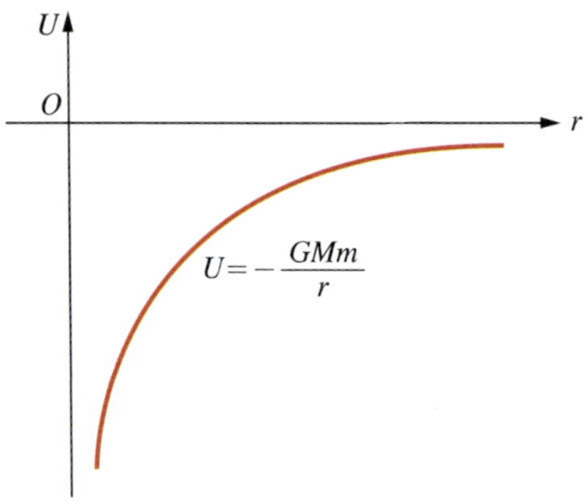

그림 6-6 중력 위치에너지

그렇다면, 지구로부터 멀리 떨어진, 예를 들어 달 같은 물체의 위치에너지는 얼마일까? 먼저 지구 반지름을 R이라고 하고, 질량이 m인 물체가 지구 중심으로부터 거리 r만큼 떨어진 경우의 위치에너지를 구해보자.

위치에너지를 정의한 식 (6.13)으로부터, 이 경우의 위치에너지는 다음과 같이 나타낼 수 있다.

$$U(r) - U(R) = \int_R^r [-F(r)]\,dr \tag{6.18}$$

이때 $F(r) = -G\dfrac{Mm}{r^2}$이면 위치에너지에 관한 다음과 같은 결과를 얻을 수 있다.

$$U(r) = U(R) + \frac{GMm}{R} - \frac{GMm}{r} \tag{6.19}$$

임의의 값으로 정할 수 있는 $U(R)$값, 즉 지구 표면 위치에서의 위치에너지를 $U(R) + GMm = 0$과 같이 쓰기로 한다면, 중심으로부터의 거리가 r인 곳의 위치에너지는 다음과 같이 단순하게 나타낼 수 있다.

$$U(r) = -\frac{GMm}{r} \tag{6.20}$$

이 결과는 $U(R) = -\frac{GMm}{R}$임을 뜻하는데, 이는 우리가 이미 선택한 $U(R) + \frac{GMm}{R} = 0$이라는 조건과 같은 뜻이 된다. 한편, 이 선택은 무한히 먼 곳의 위치에너지를 0으로 정한다는 뜻이기도 하다.

이 결과를 바탕으로 지표면으로부터 높이가 h인 곳에 있는 물체의 위치에너지를 표현해보자. 높이가 h인 곳의 위치는 지구 중심에서 $R+h$만큼 떨어진 곳이므로, 그곳의 위치에너지는 다음과 같다.

$$U(R+h) = -\frac{GMm}{R+h} \tag{6.21}$$

따라서 $R \gg h$라 하고, $\frac{1}{R+h} = \frac{1}{R}\left(\frac{1}{1+(h/R)}\right) \approx \frac{1}{R}\left(1-\frac{h}{R}\right)$와 $g = \frac{GM}{R^2}$ 관계를 이용하면 $U(R+h) \approx -\frac{GMm}{R} + mgh$ 형태가 된다. 즉 지표면 위치를 기준점으로 하여 그 위치에너지인 $-\frac{GMm}{R}$을 0이라 정하면, $h \ll R$인 조건을 만족하는 높이가 h인 곳의 위치에너지는 mgh로 쓸 수 있게 된다.

참고 중요한 근사식

$x \ll 1$로서 매우 작은 수인 경우에는 $(1+x)^n \approx 1+nx$로 근사할 수 있다. 예컨대, $(1+x)^3 \approx 1+3x$라 할 수 있다. 흥미로운 사실은 n이 정수가 아니거나, 심지어 음수인 경우에도 이 근사식이 성립한다는 것이다.

예컨대, $\frac{1}{\sqrt{1+x}} = (1+x)^{-\frac{1}{2}} \approx 1 - \frac{1}{2}x$로 쓸 수 있다.

탈출속도

우리는 모두 지구에 묶인 존재들이다. 즉 지구가 우리를 당겨주는 중력으로 인해 지표면에 머물러 살아갈 수 있다. 한편, 지구에서 매우 먼 곳을 기준점으로 한 경우, 지표면 위치에서의 위치에너지는 $-\frac{GMm}{R}$이다. 그러므로 만약 지구 중력을 벗어나려면, 즉 위치에너지를 0으로 만들려면 매우 빠른 속도로 지구를 떠나야만 한다. 지구에서 무한히 먼 위치에 도달한 상태에서 그 운동에너지가 0이 되게 하는 속도를 **탈출속도**[escape velocity]라고 한다.

무한히 먼 곳에서의 운동에너지와 위치에너지는 모두 0이다. 따라서 탈출속도를 v_0라고 하면 역학적 에너지 보존법칙으로부터 $K+U=0=\frac{1}{2}mv_0^2 - \frac{GMm}{R}$이라는 조건이 필요하다. 그러므로 탈출속도는 $\sqrt{\frac{2GM}{R}}$이 된다.

6.8 탄성 위치에너지

마찰이 없이 용수철에 매달려 진동운동을 하는 물체의 운동은, 공중에 던져 올린 물체의 운동과 비슷한 면이 있다. 그것은 물체의 빠르기가 어느 한 위치에서는 언제나 똑같다는 것이다. 즉 용수철이 늘어나는 과정과 줄어드는 과정에서 똑같은 한 점을 지나는 경우, 물체속도는 방향만 반대일 뿐이지 크기는 같다. 그러므로 용수철에 의한 탄성력도 보존력임을 알 수 있다.

한편, 용수철 상수가 k인 경우, 변형이 x만큼 이루어진 상태에서 용수철의 힘은 $F = -kx$로 표현되므로, 그때의 위치에너지는 다음과 같이 구할 수 있다.

$$U(x) = U(0) + \int_0^x [-(-kx)]dx \tag{6.22}$$

따라서 평형 위치에서의 위치에너지 $U(0)$를 0으로 정하면, 탄성력에 의한 위치에너지는 다음과 같아진다.

$$U(x) = \frac{1}{2}kx^2 \tag{6.23}$$

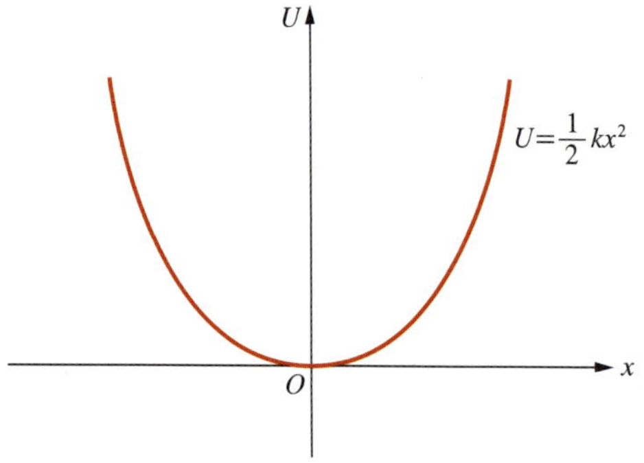

그림 6-7 탄성력에 의한 위치에너지

≫ 참고 구각 형태 물체에 의한 중력

앞에서 우리는 공 모양의 지구가 지표면에 있는 돌에 작용하는 중력은, 마치 지구 중심점에 지구를 뭉쳐 하나의 점으로 만든 상태에서 그 점이 돌에 작용하는 중력과 같다고 했다. 약간 어려운 적분과정이 필요하지만, 그 사실은 다음과 같이 증명할 수 있다. 즉 공 모양의 물체라고 가정한 지구를 얇은 양파 껍질 모양으로 분리한 다음, 각각의 껍질 모양 물체와 돌의 만유인력을 계산해보면 된다. 즉 껍질 모양 물체의 질량이 돌에 작용하는 힘과 지구 중심점에 뭉쳐진 같은 크기 질량이 작용하는 힘이 같다면 우리는 그 사실을 증명했다고 할 수 있다. 이때 만유인력은 방향까지 고려해야 하기 때문에 계산하기 불편하다. 그 대신 스칼라양인 껍질과 돌 사이의 중력 위치에너지를 계산하기로 하자.

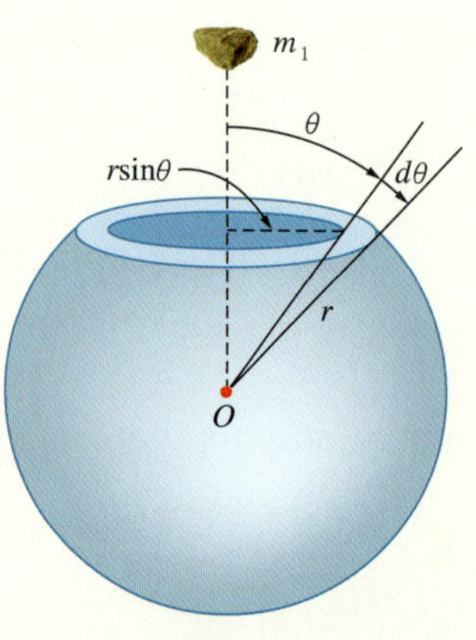

돌의 방향을 z축으로 놓고, 질량이 m'인 돌이 지구 중심에서부터 거리 z만큼 떨어져 있을 때 반지름이 r인 껍질 부분과 돌의 위치에너지를 구해보자. 이때 껍질의 질량이 m이라면 껍질의 총면적은 $4\pi r^3$이므로, 껍질의 단위면적당 질량을 σ로 나타낸다면 $\sigma \cdot 4\pi r^2 = m$으로 쓸 수 있다.

이제 껍질 부분을 다시 잘라내 돌에서부터 똑같은 거리 R에 있는 각도 $\theta \sim \theta + d\theta$ 구간을 이루는 리본 모양 부분을 고려해보자. 그 경우 반지름은 $r\sin\theta$이므로, 그 부분의 넓이는 $\Delta A = 2\pi r\sin\theta \cdot rd\theta$로 쓸 수 있다. 따라서 그 미소 부분의 질량인 σdA와 돌의 위치에너지는 $dU = -G\frac{m' \cdot \sigma 2\pi r^2 \sin\theta d\theta}{R}$로 나타낼 수 있다. 여기에서 R은 **코사인 정리**law of cosines를 이용해 $R^2 = z^2 + r^2 - 2rz\cos\theta$로부터 얻을 수 있는 양이다.

이 적분식은 $R^2 = z^2 + r^2 - 2rz\cos\theta$의 양변을 각각 미분해 $2RdR = 2rz\sin\theta d\theta$로 나타내면 쉽게 계산할 수 있으며, 그 결과로 $dU = -Gm'\sigma\frac{2\pi r}{z}dR$을 얻을 수 있다. 이때 적분구간은 $\theta = (0, \pi)$이다. 그 구간을 R로 나타내면 $R = (z-r, z+r)$에 해당하므로, 적분 결과는 $U(z) = -G\frac{m'\sigma 4\pi r^2}{a} = -G\frac{m'm}{z}$으로 나타낼 수 있다. 이를 통해 돌에 작용하는 힘을 구해보면, 그 힘은 $F = -\frac{dU}{dz} = -G\frac{mm'}{z}$으로서 마치 껍질 부분의 질량이 중심에 뭉쳐진 경우와 똑같아진다.

예제 6-5 용수철에 매달린 물체

용수철 상수가 k인, 평형상태의 용수철에 질량이 m인 물체를 매달아 늘어나지 않게 손으로 잡고 있다가 물체를 놓으면 물체는 중력을 받아 진동운동을 한다.

(a) 물체에 작용하는 합력이 0이 되는 곳에 물체가 있는 순간, 용수철이 늘어난 길이는 얼마인가?

(b) 그 순간 물체의 빠르기는 얼마인가?

(c) 용수철이 최대로 늘어나 물체가 다시 정지한 상태에 있는 순간, 용수철이 늘어난 길이는 얼마인가?

풀이

(a) 중력의 세기는 mg이므로 늘어난 길이를 x_0라 하면, $mg - kx_0 = 0$이라는 조건에 따라 $x_0 = mg/k$이다.

(b) 그 경우 탄성 위치에너지의 변화량은 $+\frac{1}{2}kx_0^2$이고, 중력 위치에너지의 변화량은 $-mgx_0$가 된다. 따라서 총위치에너지 변화량은 $\Delta U = -mgx_0 + \frac{1}{2}kx_0^2 = -\frac{1}{2}kx_0^2$이 되고, 그 순간 물체 빠르기를 v_0라고 하면, 역학적 에너지 보존법칙으로부터 $\Delta K + \Delta U = \frac{1}{2}mv_0^2 - \frac{1}{2}kx_0^2 = 0$이 성립하므로, $v_0 = \sqrt{\frac{k}{m}}x_0$가 된다.

(c) 최대로 늘어난 길이를 L이라고 하면, 그 상태에서의 역학적 에너지 보존법칙은 $\Delta U = 0 + \left(-mgL + \frac{1}{2}kL^2\right) = 0$으로 쓸 수 있다. 따라서 $L = 2\frac{mg}{K} = 2x_0$가 된다.

물음 6-9 $U(x) = \frac{1}{2}kx^2$ 형태의 위치에너지를 갖고 있는 계가 있다. 위치 x에서의 힘을 나타내라.

물음 6-10 용수철 상수가 k인 용수철이 길이 L만큼 압축되어 있다. 용수철 끝에 질량이 m인 물체를 두고, 용수철의 압축된 상태를 풀면 물체는 총알처럼 발사된다. 이때 발사된 물체의 빠르기가 $v = L\left(\frac{k}{m}\right)^{\frac{1}{2}}$임을 보여라.

원자 간 위치에너지

우리 주위의 물질들은 원자로 구성되어 있지만, 대부분은 독립된 원자가 아닌 분자 형태로 존재한다. 예컨대, 질소나 산소가 주성분인 공기는 상온에서 원자가 두 개씩 결합한 **이원자분자**diatomic molecule [6] 상태로 존재한다. 즉 두 개의 독립된 원자로 있지 않고 분자로 결합된 경우 더 낮은 에너지 상태가 되기 때문에 분자로 존재하게 되는 것이다. 이 분자들로 구성된 공기도 온도가 낮아지면 액체상태로 변하는데, 이런 이유로 우리 주위에 있는 대부분의 물질들이 액체, 고체 등의 형태로 존재한다.

이처럼 원자들이 서로 뭉쳐서 액체나 고체 상태가 되는 원인은 원자들이 전기를 띠고 있기 때문인데, 원자들이 어느 정도 가까워지면 서로 끌리는 힘을 받기 때문이다. 원자 사이의 위치에너지는 대략 [그림 6-8]과 같은 형태로 나타낼 수 있다. 원점에 원자가 있을 때, 위치에너지가 가장 낮은 곳에 다른 원자가 있으면, 다른 원자는 그곳에 묶여 있게 되어 두 원자는 하나의 분자가 된다.

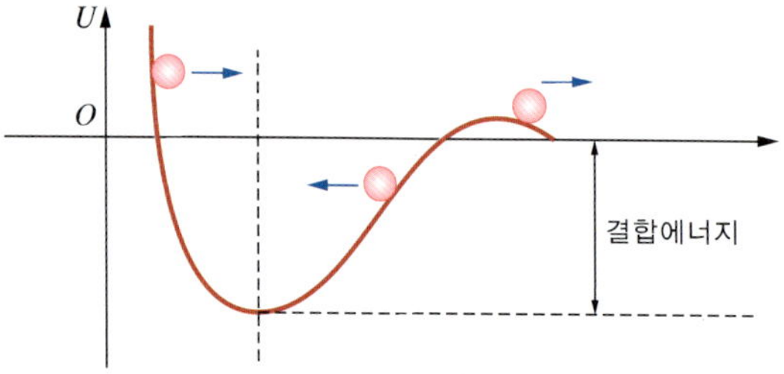

그림 6-8 원자 간 위치에너지

이제 원자 사이의 평균 거리를 x_0라고 하면, 다른 원자의 위치는 위치에너지가 가장 낮은 점이 된다. 이때 그 위치에서의 일차 미분값은 0이 되므로, 그 위치 근처에서의 위치에너지는 다음과 같은 모양이 된다.

$$U(x) \approx U(x_0) + a(x - x_0)^2 \tag{6.24}$$

여기에서 a는 상수인데, 이 형태는 탄성 위치에너지 함수인 $\frac{1}{2}k(x - x_0)^2$과 같다는 점에 유의하자. 이와 같은 원자들 간의 위치에너지 특성 때문에, 우리는 원자들이 서로 보이지 않는 용수철로 연결되어 액체나 고체를 이룬다고 생각할 수 있다.

---

6 두 개의 원자로 구성된 분자로, 질소(N_2), 산소(O_2), 염화수소(HCl) 등이 있다.

부피팽창 현상

원자 간의 위치에너지 곡선은, 가장 낮은 에너지 위치를 중심으로 볼 때 완전한 대칭 형태가 아니고 원자들이 더 멀어지는 쪽으로 더 완만한 형태를 띤다. 한편, 원자들의 역학적 에너지가 커짐에 따라 평형 위치에서 진동하는 진폭도 점점 더 커지는데, 그 경우 평균 위치는 평형 위치보다 거리가 좀 더 멀어진다. 예컨대, 물체에 열을 가하면 원자들의 역학적 에너지가 증가하는데, 이와 같은 특성으로 인해 물체 온도가 올라가면 물체가 팽창하는 것이다.

≫ 참고 문턱 에너지

원자 간의 위치에너지에는 미묘한 특성이 있는데, 그것은 두 원자의 거리가 어느 정도 가까워지면 서로 밀어내는 힘이 먼저 작용한다는 것이다. 그런 밀어내는 힘 때문에 원자들이 무차별적으로 결합해 분자가 되지 않는다. 그 힘을 이겨내고 원자끼리 더 가까이 다가가려면 에너지가 필요한데, 그 에너지를 **문턱 에너지**threshold energy라고 부른다. 예컨대, 원자끼리 매우 빠른 속도로 부딪치면 그 에너지가 문턱 에너지보다 커질 수 있다. 그러면 원자들이 결합해 더 낮은 에너지상태로 가면서 에너지를 방출한다. 분자가 되기 위해서는 문턱 에너지가 필요하므로 자연세계에서는 원자들이 무차별적으로 결합하는 현상은 일어나지 않는다. 하지만 그런 현상이 한 번 일어나면 연쇄적으로 일어날 수 있다. 예컨대, 수소기체 폭발이나 나무가 불에 타는 현상은 그런 연쇄적 과정의 예이다.

6.9 에너지 보존법칙

마찰력을 받으며 미끄러지는 물체는 결국 멈추게 되어 모든 운동에너지를 잃는다. 마찰력을 받는 경우에는 역학적 에너지가 보존되지 않으므로, 따라서 마찰력은 보존력이 아니다. 그렇다고 해서 모든 운동에너지가 사라져버리는 것은 아니다. 왜냐하면 마찰력은 열을 발생시키는데 열은 미시적 역학적 에너지로 볼 수 있는 양이기 때문이다.

열에너지는 **내부에너지**internal energy라고도 부르며, U_i로 표시한다. 마찰력을 받으며 운동하는 경우 역학적 에너지인 $K+U(x)$는 일정하지 않지만, 발생한 열에너지 U_i까지 더하면

$$K+U(x)+U_i=\text{일정} \tag{6.25}$$

으로 쓸 수 있다. 실제로 역학적 에너지가 줄어들거나 없어지면서 그만큼의 열에너지가 생긴다는 사실은 실험적으로 잘 알려져 있다. 역학적 에너지는 마찰 때문에 언제나 열에너지로 쉽게 변환되지만, 증기 기관처럼 열에너지를 다시 역학적 에너지로 변환하는 경우는 안타깝게도 언제나 가능한 것은 아니다.

에너지는 역학적 에너지와 열에너지 형태 외에도 여러 다른 형태로 존재할 수 있다. 예컨대, 소리는 공기 분자의 진동 현상으로, 소리에너지는 공기 분자들의 미시적 운동에너지로 볼 수 있다. 또한 전기 형

태의 에너지도 있다. 빛은 열을 만들 수 있는데, 전기의 특성을 띠고 있으므로 전기에너지의 한 형태로도 볼 수 있다. 한편, 화학적 형태의 에너지도 있다. 우리가 먹은 음식물은 화합물 형태로 되어 있는데, 그것이 분해되며 우리가 활동하는 데 필요한 형태의 에너지로 변한다. 화학적 에너지는 근원적으로는 원자끼리의 전기력에 의한 것으로, 전기적인 위치에너지의 일종이다.

이와 같이 에너지는 매우 다양한 형태로 존재한다. 그래서 간혹 물질의 외관만 봤을 때는 그 물질이 정말 에너지를 갖고 있는지 아닌지를 알아보기 어려울 때도 있다. 예컨대, 음식물은 소화되기 전에는 그 물질 그 자체로서 에너지를 갖고 있는 물질인지 아닌지 알아보기 어렵다. 또한 특수상대성이론으로부터 질량도 에너지의 한 형태라는 것이 알려지게 되었다는 점은 더 놀라운 사실이다. 이처럼 에너지를 다양한 형태로 확장하면 외부와 어떤 형태로도 상호작용하지 않는 계의 총 에너지는 일정하다고 가정할 수 있다. 그런 계를 **고립계**라 부르는데, 고립계의 총 에너지 양은 일정하다는 사실을 **에너지 보존법칙**energy conservation law이라고 한다.

예제 6-6 용수철에 매달린 물체

용수철 상수가 k인 용수철이 천장에 매달려 있다. 이 용수철에 질량이 m인 물체를 매달았더니 진동운동이 멈춘 후 용수철 길이가 L만큼 늘어났다.

(a) 힘의 평형상태 조건을 적용한 경우와 역학적 에너지 보존법칙을 적용한 경우 늘어난 길이는 각각 얼마인가?

(b) 역학적 에너지 보존법칙을 적용하면 옳지 않은 이유는 무엇인가?

(c) 운동하던 물체가 멈춘다는 것은 마찰력이 작용한다는 것을 뜻한다. 물체가 멈추기까지 중력이 한 일 W_g, 용수철의 힘이 한 일 W_k, 마찰력이 한 일 W_f는 각각 얼마인가?

(d) 이 상황은 용수철 위에 물체를 올려놓은 경우와도 사실상 같다. 용수철 상수가 k인 용수철 위에 질량이 m인 물체를 올려놓을 때 용수철이 길이 L만큼 압축된 상태가 되었다면 이 과정에서 줄어든 역학적 에너지의 양은 얼마인가?

풀이

(a) 물체에는 중력과 탄성력이 작용하므로 늘어난 길이가 L인 상태에서 합력이 0이면, $F=+mg-kL=0$이므로 $L=mg/k$이다. 한편, 용수철이 길이 x만큼 늘어난 상태에서 중력 위치에너지 변화량은 $-mgx$이고, 탄성에너지 변화량은 $+(1/2)kx^2$이다. 이 과정에서 진동 후 물체가 정지한 상태가 되면 물체의 운동에너지 변화량은 없으므로, 역학적 에너지가 보존된다면 $\Delta K+\Delta U=0+(-mgL)+(1/2)kL^2=0$이 성립하며, 따라서 늘어난 길이는 $L=2mg/k$가 된다.

(b) 마찰력이 작용하지 않으면 물체는 계속 진동하며 멈추지 말아야 한다. 그러므로 마찰력이 작용하므로, 역학적 에너지는 보존되지 않는다.

(c) 늘어난 길이가 L이므로 $W_g=+mgL$, $W_k=-(1/2)kL^2$이다. 일-에너지 정리에서 $\Delta K=W_g+W_k+W_f=0$이므로 $W_f=-(1/2)mgL$이다.

(d) 중력과 탄성력이 한 일은 각각 $W_g = +mgL$, $W_k = -(1/2)kL^2$이다. 일-에너지 정리에서 $\Delta K = W_g + W_k + W_f = 0$이므로 $W_f = -(1/2)mgL$이다. 따라서 마찰력이 한 일의 크기는 중력이 한 일의 정확히 1/2이다. 즉 처음의 역학적 에너지가 0이라면, 나중의 역학적 에너지는 마찰력이 한 일인 $-(1/2)mgL$이 되어 $+(1/2)mgL$만큼 줄어든다.

≫ 참고 에너지 보존법칙과 시간 대칭성

에너지 보존법칙은 증명할 수 있는 법칙은 아니지만, 어떤 경우에서나 항상 성립한다. 고급 물리학의 대칭성 이론에 의하면, 에너지 보존법칙은 시간 불변성(또는 시간 대칭성)과 연관되어 있다. 즉 어제와 오늘의 모든 실험 결과가 똑같으면 고립계 에너지는 보존된다는 것을 보일 수 있다.

여러 가지 형태의 에너지

잘 알려져 있다시피 물을 전기 분해하면 수소와 산소를 얻는다. 즉 물 분자를 수소와 산소로 분해하려면 에너지가 필요하다. 거꾸로 해석하면, 수소와 산소가 결합해 물 분자를 이루면 에너지가 발생한다는 뜻이 된다. 실제로 이 원리를 이용해 우주인들은 수소와 산소를 반응시켜 마실 물을 얻고, 그때 발생한 에너지로 전기를 얻는 **연료 전지**를 사용하기도 했다.

원자나 분자들이 서로 부딪치면 두 가지 결과를 얻을 수 있다. 하나는 처음 상태의 원자나 분자로 다시 떨어져 나오는 경우다. 이는 분자들이 서로 접근할 때 밀어내는 힘인 **척력**(repulsive force)이 작용하기 때문이다. 그러나 약간 더 세게 부딪쳐 서로 밀어내는 한계를 넘으면 서로 결합해 전혀 다른 분자로 탄생하기도 하는데, 이것이 곧 **화학반응**(chemical reaction)이다.

서로 무관하던 두 원자가 결합해 하나의 분자를 이루면, 결합에너지만큼의 에너지를 내놓는다. 이렇게 만들어진 분자가 얼마나 안정된 상태인가는 방출된 결합에너지가 얼마나 큰가를 보면 알 수 있다. 문제는 이때 방출된 에너지가 주위에 있는 다른 원자나 분자들에게도 같은 화학반응을 일으키게 할 가능성이 있다는 것이다. 만약 이런 일이 가능하다면, 연쇄 반응이 일어나게 되고 순간적으로 엄청난 양의 에너지가 발생하게 된다.[7]

지구의 모든 생명체는 활동하므로 어떤 형태로든 에너지를 공급받아야만 그 생명을 유지할 수 있다. 그 에너지는 음식물의 형태로 공급되는데, 음식물은 원초적으로는 식물의 광합성 작용이라는 교묘한 과정을 통해 만들어지는 화합물 형태다. 즉 식물에는 탄소와 수소, 산소 등의 원자를 탄수화물 같은 특정한 구조를 갖는 화합물로 변환시키는 능력이 있다. 탄수화물이나 단백질 같은 분자들의 원자 배치는 교묘하게 되어 있어, 마치 낮은 곳의 물체를 높은 곳으로 옮겨놓은 것같이 높은 위치에너지를 갖고 있다.

---

7 예컨대, 20세기 초 수소를 가득 채운 새롭고 신기한 초기 비행선이 크게 유행했으나 사소한 원인에 의해서 폭발하며 대참사를 일으켰고, 이후로는 더 이상 사용하지 않게 되었다. 요즘에도 광고용 애드벌룬에 수소 기체를 쓰는 경우가 있는데, 이 또한 폭발 시 굉장히 위험하다.

이러한 분자들이 산소와 결합하면, 복잡한 구조의 분자가 다시 단순한 분자들로 분해되면서 에너지를 방출한다. 낮은 곳의 물체를 높은 곳으로 올려놓는 과정과 광합성 과정의 차이가 있다면, 한 경우는 중력이라는 힘의 세계에서의 위치에너지 변화과정이고, 다른 경우는 전기력이라는 힘의 세계에서의 위치에너지 변화과정이라는 점이다. 따라서 지상의 모든 생명체는 필요한 에너지를 태양으로부터 얻는다고 결론지을 수 있다.

태양은 지금도 계속해서 우리에게 빛의 형태로 에너지를 공급해줄 뿐만 아니라, 석유나 석탄 등 오랜 기간 저장되었던 형태로도 에너지를 공급해준다. 고대인들이 태양을 숭배했던 이유는 지극히 당연한 것이었다. 태양이 어떻게 그 긴 세월 동안 그 많은 에너지를 우리에게 공급해줄 수 있었는가에 대한 의문은 특수상대성이론이 나옴으로써 비로소 해결되었다. 즉 태양은 핵융합 반응을 통해 자신의 질량에너지를 빛에너지로 바꿔왔던 것이다.

인간은 이미 핵분열 반응을 이용한 원자력 발전을 통해 태양이 아닌 에너지원을 개발해 쓰고 있으며, 핵폐기물이 거의 없는 핵융합 발전을 실현하기 위해 노력하고 있다.

CHAPTER 06 연습문제

1 삼각형의 세 변의 길이가 각각 a, b, c이고, 길이가 a와 b인 두 변 사이의 각이 θ인 경우 $c^2 = a^2 + b^2 - 2ab\cos\theta$가 성립한다는 것이 코사인 제2법칙이다. 각 변을 변위벡터로 나타내고, 스칼라 곱을 이용하여 이 법칙을 증명하라.

2 진공청소기로 방을 청소하고 있다. 진공청소기를 수평 방향과 $\theta = 30.0°$를 이루도록 $F = 50.0\,\mathrm{N}$의 힘으로 끌어당겨 $3.0\,\mathrm{m}$만큼 이동한 경우에 힘이 한 일은 얼마인가?

3 비 오는 날 자동차가 급정거하면서 남긴 타이어의 흔적의 길이가 $98\,\mathrm{m}$라고 한다. 타이어와 지면의 마찰계수가 $\mu = 0.38$이라고 할 때, 자동차가 정지할 때까지 마찰력에 의해서만 운동했다면 급정거하기 전의 자동차 빠르기는 얼마인가?

4 질량이 $15\,\mathrm{kg}$이고 정지해 있는 물체에 $5.0\,\mathrm{N}$의 힘이 작용하고 있다.

(a) 힘이 작용하는 순간부터, 1초 ~ 2초, 2초 ~ 3초, 3초 ~ 4초 구간에서 힘이 한 일은 각각 얼마인가?

(b) 3초가 되는 순간 힘이 하는 일률은 얼마인가?

5 공기 저항이 빠르기에 비례한다고 하면, 종단속도는 질량에 비례한다.

(a) 우박 질량이 열 배로 늘어난 경우 종단속도에 이르면 운동에너지는 몇 배가 되는가?

(b) 우박이 지표면에 부딪쳐 멈추기까지 이동한 거리 d가 우박 크기에 상관없이 일정하다고 가정해보자. 그 경우 질량이 열 배인 우박에 부딪칠 때 지표면이 받는 힘의 평균 세기 F는 몇 배가 되는가?

***6** **쇠사슬을 끌어 올리는 일 ①**

길이가 l이고 질량이 m인 쇠사슬이 책상 위에 있다. 이 쇠사슬의 한쪽 끝을 잡고 다른 쪽 끝은 책상 위에 남아 있도록 유지하면서 쇠사슬을 끌어 올리는 데 필요한 일은 얼마인가?

***7** **쇠사슬을 끌어 올리는 일 ②**

길이가 l이고 질량이 m인 쇠사슬의 일부가 책상 위에 걸쳐 있다. 쇠사슬 길이의 $3/4$은 책상 위에 있고, $1/4$은 매달려 있을 때, 쇠사슬을 책상 위로 끌어 올리는 데 필요한 일은 얼마인가? 단, 쇠사슬과 책상면 사이의 마찰은 무시한다.

***8** 미끄러지는 쇠사슬에 한 일

단위길이당 무게가 $\lambda = 18\,\text{N/m}$이고 길이가 $3.0\,\text{m}$인 쇠사슬이 평평한 책상 위에 걸쳐 있다. 책상 위에 놓인 쇠사슬의 길이가 $2.0\,\text{m}$인 상태(즉 매달린 쇠사슬의 길이는 $1.0\,\text{m}$)가 되면 쇠사슬이 미끄러져 내려가기 시작한다. 마찰을 무시할 때, 책상 위에 쇠사슬이 남아 있지 않을 때까지 중력이 한 일은 얼마인가?

9 두 물체 간에 작용하는 어떤 힘은 두 물체 사이의 거리에만 의존하며, 밀거나 당기기만 할 수 있다고 한다. 이 경우, 한 물체에서 다른 물체로 향하는 위치벡터를 $\boldsymbol{r}$이라 하고, 단위벡터를 $\hat{r}$이라 하면, 두 물체 간에 작용하는 힘은 $\boldsymbol{F} = f(r)\hat{r}$이라고 쓸 수 있다. 그 힘을 중심력[central force]이라고 하며, 중력이나 전기력 등 기본 힘들은 그런 특성을 갖는다. 다음 그림은 점 A에 어떤 물체가 고정되어 있고, 점 B에서부터 다른 물체가 두 가지 경로를 통해 점 A로 이동한 경우를 나타낸다.

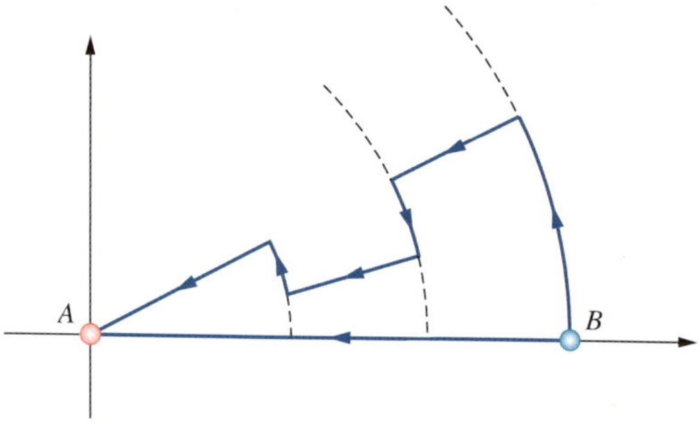

(a) 원주를 따라 이동한 경로 부분에서 힘이 한 일은 얼마인가?

(b) 점 B에서 점 A를 향해 이동한 두 가지 경로에서 힘이 한 일은 단지 두 점의 위치에만 의존함을 보여라. 즉 중심력을 받는 운동에서는 중심력이 한 일은 언제나 경로에 무관하다.

10 일정한 속도 v_0로 달리는 자동차 엔진의 추진력 세기가 F_0로 일정하다. 마찰력은 $f = -bv$(여기에서 b는 상수임)와 같이 빠르기에 비례한다.

(a) 추진력의 일률을 빠르기 v로 나타내라.

(b) 추진력의 일률은 에너지 소모율과 같다. 자동차가 두 배의 빠르기로 두 도시 사이를 이동했다면, 에너지 소모량은 몇 배가 되는가?

(c) 두 배 빠르기로 달리는 경우, 엔진의 일률은 몇 배가 되는가?

(d) 두 배 빠르기로 달리는 경우, 에너지는 몇 배 소모되는가?

11 얼어붙은 호수 위에 질량이 $100\,\text{kg}$인 썰매가 놓여 있다. 얼음과 썰매 사이의 운동마찰계수가 0.10이라면, 처음 빠르기가 $v_0 = 2.0\,\text{m/s}$인 썰매는 멈출 때까지 이동하는 거리를 일-에너지 정리를 이용하여 구하라.

12 마찰력을 무시해도 되는 도로 위에 정지해 있던 자동차(질량은 1,400 kg)에 힘 4,500 N을 작용하여 자동차가 100 m 이동했다.

(a) 일-에너지 정리를 이용하여 자동차의 운동에너지를 구하라.

(b) 차의 빠르기는 얼마인가?

13 질량이 m인 망치의 빠르기가 v_0이다. 이 망치가 못에 작용하는 일정한 크기의 저항력 f_0(즉 망치가 작용하는 힘에 대한 반작용력)를 받으며 멈추게 되었다고 가정하는 경우, 망치가 멈추기까지 못이 박힌 깊이 d는 얼마인가?

14 수평으로 놓인 레일의 한쪽 끝에 압축된 용수철 발사대를 이용해 발사된, 질량이 m인 물체가 마찰이 없는 레일을 따라 운동한다. 용수철 상수가 k이고, 발사되기 전 용수철은 길이가 x만큼 압축된 상태였다고 할 때, 용수철이 평형 위치까지 늘어나는 동안 물체가 힘을 받는다면, 발사된 물체의 빠르기는 얼마인가?

15 발전 회사는 남는 전력을 저장해두기 위해 낮은 곳에 있던 물을 높은 곳으로 퍼 올려두는 방법을 사용하기도 한다. 180 MW의 전력으로 1시간 동안 공급한 전기 에너지를 380 m 높이의 저수지로 퍼 올린다고 할 때, 물 1.0 m^3의 질량이 1.0×10^3 kg이라면 퍼 올린 물의 부피는 얼마인가?

16 한쪽 끝이 고정된 용수철에 질량이 $m = 0.30$ kg인 물체가 매달려 진동운동을 하고 있다. 용수철 상수는 $k = 500$ N/m이고, 물체가 평형 위치를 지나는 순간 운동에너지는 10 J이다.

(a) 물체가 평형 위치를 지날 때 탄성력에 의한 일률은 얼마인가?

(b) 용수철이 0.1 m만큼 압축된 위치에서 탄성력에 의한 일률은 얼마인가?

***17** 자동차 범퍼

대부분의 자동차에는 시속 8.0 km 이하의 빠르기로 다른 물체에 충돌하는 경우, 변형되지 않도록 만들어진 범퍼가 장착되어 있다. 그 범퍼가 1.5 cm 이상 찌그러지면 변형되는 특성이 있다면, 질량이 1,050 kg인 차에 장착될 범퍼의 용수철 상수는 얼마가 되어야 하는가?

18 용수철 발사대

높은 곳에 둔 용수철 총을 수평 방향으로 발사해 바닥면에 있는 물체를 명중시키려고 한다. 물체는 용수철 위치로부터 수평 방향으로 2.0 m 떨어진 곳에 있다. 용수철을 1.0 cm만큼 압축한 뒤 쏘았더니 목표물에서 20 cm만큼 못 미친 곳에 총알이 떨어졌다고 할 때, 목표물에 명중시키려면 용수철을 얼마나 압축시켜야 하는가?

***19** 원자 간 힘

원자끼리는 전기력으로 상호작용할 수 있다. 그 경우 거리가 r만큼 떨어진 두 원자 간 위치에너지는 다음과 같은 형태의 퍼텐셜 함수(레나드-존스 퍼텐셜[Lennard-Jones potential]이라고도 함)로 나타낼 수 있다. 여기에서 U_0, a는 상수다.

$$U(r) = U_0\left[\left(\frac{a}{r}\right)^{12} - 2\left(\frac{a}{r}\right)^{6}\right]$$

(a) $U(r)$ 값이 가장 작은 위치에서의 원자 간 거리 r은 얼마인가?

(b) 이 퍼텐셜에 의한 두 원자 간의 힘은 얼마인가?

***20** 경사각이 30°인 경사면 위에 질량이 20 kg인 물체가 놓여 있다. 물체를 바닥면 위치에서 15 m/s의 빠르기로 경사면 위로 밀어 올리려고 한다.

(a) 마찰이 없는 경우, 물체가 정지하기까지 비탈면을 따라 올라간 수직 높이 h_1은 얼마인가?

(b) 물체와 경사면 간에는 마찰력이 있으며 운동마찰계수가 0.4라면, 물체가 정지하기까지 비탈면을 따라 올라간 수직 높이 h_2는 얼마인가?

***21** 어떤 물체가 한쪽 끝이 고정되고 길이가 l인 줄에 연결되어 있다. 물체가 수평 방향 위치에 있도록 잡고 있다가 물체를 놓으려고 한다.

(a) 물체가 가장 낮은 위치로 떨어졌을 때 물체의 빠르기 v는 얼마인가?

(b) 고정점의 수직 아래 방향으로 거리가 d인 곳에 말뚝이 있다면, 떨어지는 물체는 말뚝을 중심으로 원운동을 하게 된다. $d = 0.80l$이라 할 때, 말뚝을 중심으로 회전한 물체가 최고점에 이른 순간 빠르기 V는 얼마인가?

22 질량이 m인 공을 v_0의 빠르기로 수평 방향과 각 θ로 던져 올린 경우, 최고점 도달 높이 H를 주어진 양들로 나타내라.

***23** 번지 점프

질량이 75 kg인 철수가 다리 위에서 용수철 상수가 50 N/M인 점프줄을 이용해 번지 점프를 하려고 한다. 뛰어내린 다음 15 m 자유낙하한 상태부터 번지 점프 줄이 늘어나기 시작한다고 한다.

(a) 15 m 자유낙하한 위치에서 철수의 운동에너지 K는 얼마인가?

(b) 줄이 늘어난 길이 L은 얼마인가?

(c) 철수는 다리로부터 얼마의 거리를 낙하한 다음 일단 멈추게 되는가?

**24 엘리베이터의 추락 가능성

엘리베이터가 추락하는 사태에 대비해 엘리베이터 통로 밑바닥에 용수철을 설치하기도 한다. 엘리베이터의 질량이 M일 때, 밑바닥으로부터 높이가 H인 곳에서 엘리베이터가 추락하는 경우 엘리베이터의 가속도가 $5.0g$ 이하가 되도록 만들려고 한다. 용수철 상수가 k인 용수철 끝의 평형상태 위치를 기준점으로 하고, 충돌이나 마찰에 의한 에너지 손실은 무시한다.

(a) 아래로 향하는 것을 양(+)의 방향이라고 할 때 질량이 M인 엘리베이터의 운동방정식을 나타내라.

(b) 엘리베이터가 추락한 후 용수철이 최대로 압축된 길이 x_0는 얼마인가?

(c) 최대로 압축된 상태에서의 가속도가 $5.0g$보다 크지 않게 하려면 용수철 상수의 최대 크기는 얼마가 되어야 하는가?

(d) (c)의 경우 용수철이 압축된 길이는 얼마인가?

**25 용수철 위에 떨어지는 물체

질량이 M인 물체를 용수철 상수가 k인 용수철로부터 높이가 H인 곳에서 떨어뜨리려고 한다. 충돌이나 마찰에 의한 에너지 손실은 무시한다.

(a) 물체는 용수철이 최대로 압축된 상태에서 가장 큰 가속도로 운동한다. 그 경우 가속도 크기 표현을 구하라.

(b) $k = 4\,\mathrm{Mg/H}$와 $k = 12\,\mathrm{Mg/H}$인 경우 최대 가속도 크기는 각각 얼마인가?

26 질량이 지구 질량의 2.0×10^{-4}배인 운석이, 태양과 지구 사이 거리의 두 배인 반지름으로 원운동을 한다고 한다.

(a) 운석의 주기 T는 몇 년인가?

(b) 운석의 운동에너지는 지구 운동에너지의 몇 배인가?

27 질량이 M인 지구의 중심으로부터 거리가 r_s인 궤도를 돌며 질량은 m_s인 위성이 있다.

(a) 이 위성의 빠르기와 운동에너지는 각각 얼마인가?

(b) 위치에너지 기준점을 무한 위치에 둘 때, 위성의 위치에너지는 얼마인가?

*28 탈출속도

빠르기 v로 원궤도를 도는 위성이 있다. 무한 위치로 탈출할 수 있으려면 위성의 빠르기가 $\sqrt{2}v$가 되어야 함을 보여라.

CHAPTER

07 다체계의 운동

Motion in Many Body Systems

7.1 운동량과 충격력

우리가 지금까지 다뤄온 물체의 운동을 돌이켜보면, 단지 하나의 물체의 운동만 다뤄 왔다는 사실을 깨달을 수 있다. 물론 줄에 연결된 여러 개의 물체의 운동에 대해서도 다룬 바가 있지만, 그 경우에도 각 물체는 사실상 한 덩어리로 운동하는 하나의 물체로 취급할 수 있었다. 그러나 뉴턴의 운동 제3법칙인 작용-반작용 법칙에서 보았듯이 한 물체에 작용하는 힘은 반드시 다른 물체에서 오므로, 한 물체의 운동은 필연적으로 다른 물체에 연관되어 있다. 그러므로 한 물체의 운동을 다루는 경우, 우리는 필연적으로 다른 물체들의 운동을 동시에 다뤄야만 한다.

예컨대, 공중으로 던져 올린 돌의 운동에서 우리는 돌에 중력을 작용하는 지구라는 물체는 정지해 있다고 가정했다. 사실 그 경우 지구의 질량은 돌의 질량에 비해 비교할 수 없을 만큼 크므로 그렇게 다뤄도 별 문제가 없다. 그러나 그 돌이 달처럼 큰 물체라고 가정하면 그때도 지구가 정지해 있다고 볼 수는 없게 된다.

그림 7-1 직선 위의 두 물체

이제 임의의 두 물체를 각각 물체 1과 물체 2라고 나타내기로 하고, 각각의 질량을 m_1, m_2라 쓰기로 하자. 이때 그 두 물체가 서로 작용하는 힘을 각각 $\boldsymbol{F}_1$, $\boldsymbol{F}_2$라 하면, 작용-반작용 법칙으로부터 $\boldsymbol{F}_2 = -\boldsymbol{F}_1$ 또는 $\boldsymbol{F}_1 + \boldsymbol{F}_2 = 0$ 관계가 성립한다. 만약 이 두 물체가 용수철로 연결되어 있다면, 두 물체는 서로를 잇는 직선 위에서 진동운동을 하게 된다. 이제 두 물체끼리 서로의 힘으로 운동하는 경우를 다루기 위해, 두 물체의 가속도를 각각 $\boldsymbol{a}_1$, $\boldsymbol{a}_2$로 나타내기로 하자. 그렇게 하면 $\boldsymbol{F}_1 + \boldsymbol{F}_2 = 0$ 관계는 $m_1 \boldsymbol{a}_1 + m_2 \boldsymbol{a}_2 = 0$으로 쓸 수 있다.

한편, 이 식은 다시 $\frac{d}{dt}(m_1\boldsymbol{v}_1 + m_2\boldsymbol{v}_2) = 0$으로 쓸 수 있으므로, 다음과 같은 결과를 얻게 된다.

$$m_1 \boldsymbol{v}_1 + m_2 \boldsymbol{v}_2 = \boldsymbol{P}_0 \tag{7.1}$$

여기에서 $\boldsymbol{P}_0$는 어떤 '상수 벡터'를 나타낸다. 우리는 여기서 매우 중요한 것 하나를 깨닫게 되는데, 그것은 두 물체가 어떤 운동을 하든 상관없이, 그 계에 $m_1 \boldsymbol{v}_1 + m_2 \boldsymbol{v}_2$와 같이 항상 일정한 값을 유지하는 불변량이 존재한다는 사실이다. 복잡해 보이는 운동에서도 이와 같이 항상 일정하게 유지되는 어떤 양이 있다는 것은 매우 흥미로운 사실이다.

물음 7-1 질량이 각각 m_1, m_2인 두 물체가 용수철로 연결되어 있다. 용수철을 늘여서 두 물체를 손으로 잡고 있다가 놓았더니 진동운동을 시작했다. 어느 순간 질량이 m_1인 물체의 빠르기가 v_1이라면, 그 순간 다른 물체의 빠르기는 얼마인가?

운동량

이제 물체의 운동을 다루는 데 매우 유용한 개념인 **운동량**momentum이란 양을 도입해보기로 하자. 운동량은 흔히 기호 $\boldsymbol{p}$로 나타내는데, 속도 $\boldsymbol{v}$로 운동하며 질량이 m인 물체의 운동량은 다음과 같이 정의한다.

$$\boldsymbol{p} = m\boldsymbol{v} \tag{7.2}$$

우리는 앞에서 두 물체의 작용-반작용 법칙으로부터 $m_1 \boldsymbol{v}_1 + m_2 \boldsymbol{v}_2 = \boldsymbol{P}_0$라는 결과를 얻었는데, 이 결과를 운동량으로 나타내면 다음과 같아진다.

$$\boldsymbol{p}_1 + \boldsymbol{p}_2 = \boldsymbol{P}_0 \tag{7.3}$$

이 식에서 $\boldsymbol{P}_0$는 두 물체의 운동량을 더한 값으로, 두 물체의 **총 운동량**이라 부른다. 한편, $\boldsymbol{P}_0$는 상수이므로, 그 경우 두 물체의 총 운동량 $\boldsymbol{P}_0$는 일정한 값이 된다는 것을 알 수 있다. 예컨대, 용수철로 연결된 두 물체가 (외력이 없는 상태에서) 모두 정지한 상태에서 진동운동을 시작한다면, 그 총 운동량은 처음 순간이나 진동 중이나 언제나 0이 된다. 이처럼 외부의 간섭 없이, 즉 외력이 작용하지 않은 상태에서 두 물체의 총 운동량이 일정한 값을 가진다는 사실을 **운동량 보존법칙**conservation of momentum이라 부른다. 어떤 계의 운동을 다룰 때 그 계의 총 운동량과 같이 항상 일정한 양이 존재한다는 사실은 매우 큰 의미를 가지는 것으로 운동을 기술하는 데 큰 도움을 준다. 우리는 앞으로 운동량 외에도 이와 같이 일정한 값이 유지되는 다른 물리량도 더 존재한다는 것을 알게 될 것이다.

우리는 앞에서 힘을 질량과 가속도의 곱으로 정의했는데, 이제는 운동량 개념을 이용해 힘을 정의할 수도 있다. 즉 운동량 $\boldsymbol{p} = m\boldsymbol{v}$의 양변을 시간으로 미분하면 $\frac{d\boldsymbol{p}}{dt} = m\boldsymbol{a}$를 얻게 되므로 힘은 다음과 같이 다시 쓸 수 있다.

$$\boldsymbol{F} = \frac{d\boldsymbol{p}}{dt} \tag{7.4}$$

즉 '힘 = 운동량의 시간 변화율'의 표현으로 힘을 새롭게 정의할 수 있다.

예제 7-1 알파붕괴

원자 질량이 238u인 우라늄(U) 원자에서는 알파붕괴라는 방사능 붕괴과정을 통해 헬륨(He)의 핵인 원자 질량이 4u인 알파입자가 거의 광속에 가까운 빠르기로 튀어나오고, 남은 새로운 원자핵도 그 반동으로 운동한다. 이 붕괴과정에서 원자에는 아무런 외력도 작용하지 않는다.

(a) 알파입자의 빠르기를 v_0라 하면, 붕괴 후 남은 새 원자핵의 빠르기는 얼마인가?

(b) 알파입자의 운동에너지는 새 원자핵 운동에너지의 몇 배인가?

풀이

(a) 남은 원자핵의 원자 질량은 234가 되며, 붕괴된 후 두 입자는 한 직선 위에서 운동하게 된다. 이 경우, 원자핵의 속도를 V라 하면 운동량 보존법칙에서 $234V + 4v_0 = 0$이 성립한다. 따라서 $V = -\frac{4}{234}v_0$가 된다. 여기에서 음(−)의 부호는 알파입자와 반대 방향으로 운동한다는 것을 뜻한다.

(b) 새 원자핵과 알파입자의 운동에너지를 각각 K_1, K_2라 쓰면 $\frac{K_2}{K_1} = \frac{\frac{1}{2}\cdot 4 \cdot v_0^2}{\frac{1}{2}\cdot 234 \cdot V^2} = \frac{234}{4}$이므로 58.5배가 된다.

물음 7-2 질량이 m이고 운동량이 p인 입자의 운동에너지는 $K = \frac{p^2}{2m}$으로 쓸 수 있음을 보여라.

물음 7-3 일산화탄소 분자 CO는 마치 용수철에 연결된 것 같은 상태에서 진동한다. 이 경우, 분자를 이루는 원자들이 진동운동을 한다고 해도 분자의 총 운동량은 0이다. 탄소의 질량은 원자 단위로 12u, 산소의 질량은 18u이다.

(a) 탄소원자의 빠르기가 v라면 산소원자의 빠르기는 얼마인가?

(b) 탄소원자와 산소원자의 운동에너지 비는 얼마인가?

참고 운동량과 힘

중력같이 물체 간의 힘이 중력장이라는 방법으로 서로에게 작용한다고 볼 때, 운동량은 힘보다 더 근본적인 물리량으로 볼 수 있다. 왜냐하면 물체 자체의 운동량 외에 중력장의 **장**field도 역시 운동량을 갖기 때문이다. 즉 힘은 겉으로 드러나는 물리량으로 볼 수 있지만, 운동량은 힘이라는 현상의 보이지 않는 원천이라 할 수 있다.

충격력과 충격량

운동량을 도입하면서 우리는 뉴턴의 운동법칙을 $\boldsymbol{F}=ma$가 아니고 운동량의 시간 변화율인 $\boldsymbol{F}=\frac{dp}{dt}$로 표현했다. 또한 물체에 힘이 작용하면 운동량의 시간 변화율이 그 힘과 같다고 이 식을 해석했다. 그러나 이 관계는 다른 측면으로 해석할 수도 있다. 즉 '물체의 운동량이 변하면 필연적으로 그 물체는 자신의 운동량을 변화시킨 상대방 개체의 운동량도 변화시키는데 그것은 상대방 개체에 힘이 작용한다'는 뜻과 같다. 예컨대, 공이 날아가다가 손에 부딪치는 경우, 공의 운동량이 변하면서 공은 손에 힘을 작용한다. 이처럼 물체의 운동량 변화 결과로 나타나는 힘을 **충격력**$^{\text{impulsive force}}$이라고 부른다.

공이나 돌 같은 물체가 무엇에 부딪쳐 멈추는 데 걸리는 시간은 일반적으로 매우 짧다. 즉 충격력은 보통 매우 짧은 시간 동안만 작용한다. 충격력은 접촉한 원자들이 전기적으로 서로 밀어내는 힘이라는 점에서 수직항력과 그 근원이 같다. 우리는 앞에서 운동하는 물체가 운동에너지라는 형태의 에너지를 갖고 있다고 말했다. 그 이유는 운동하는 물체가 다른 물체와 부딪치면 힘을 작용해 물체를 이동시킬 수 있기 때문이다. 보통 충격력은 운동하던 물체가 다른 물체에 부딪치며 작용하는 힘을 뜻한다. 한편, 물체를 던지는 경우에도 힘은 일시적으로만 작용하므로, 그 경우 손이 물체에 작용하는 힘도 충격력이라 부른다.

충격력이 작용하는 경우, 그 힘의 세기는 물론 시간에 따라 계속 변한다. 충격력은 보통 매우 짧은 시간 동안만 작용하므로, 힘이 작용하는 시간 동안의 평균 힘으로 나타내는 것이 편리하다. 즉 일정한 충격력 $\boldsymbol{F}_0$가 일시적 시간인 Δt 동안만 작용한다고 볼 수 있는 경우에 뉴턴의 운동법칙 $\boldsymbol{F}=\frac{dp}{dt}$는 다음과 같이 쓸 수 있다.

$$\boldsymbol{F}_0\Delta t=\Delta \boldsymbol{p} \tag{7.5}$$

즉 운동량의 변화량 $\Delta \boldsymbol{p}$는 $\boldsymbol{F}_0\Delta t$와 같은데, $\boldsymbol{F}_0\Delta t$를 그 힘에 의한 **충격량**^{impulse}이라고 부른다. 이처럼 일시적으로 작용하는 힘에 의한 운동을 다룰 때는 그 힘의 효과를 '운동량 변화량'으로 나타내는 것이 편리하다.

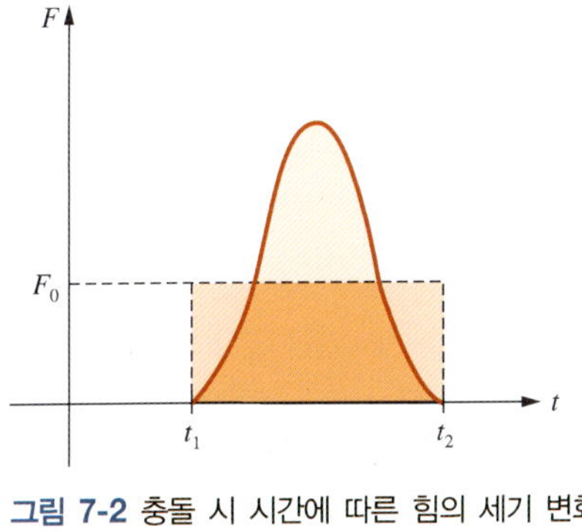

그림 7-2 충돌 시 시간에 따른 힘의 세기 변화

일반적으로는 앞에서 가정한 것처럼 작용하는 힘이 일정하지는 않다. 그러므로 힘 $\boldsymbol{F}_0$는 힘이 작용하는 시간 동안의 '평균 힘'이라고 봐야 한다. 예컨대, 시간 구간 (t_1, t_2) 동안 힘이 $\boldsymbol{F}(t)$ 형태로 작용한다면, 평균 힘은 $\int_{t_1}^{t_2} \boldsymbol{F}(t)dt = \boldsymbol{F}_0(t_1 - t_1)$ 관계로 나타낸 힘 $\boldsymbol{F}_0$를 뜻한다.

예제 7-2 공에 부딪친 물체

마찰이 없는 평면 위에 질량이 M인 나무토막이 놓여 있다. 나무토막은 θ 각도 위치에 x축 위에 있다. 이때 질량이 m인 공이 빠르기 v로 x축을 기준으로 부딪친 후, 같은 각도와 같은 빠르기로 튀어나왔다.

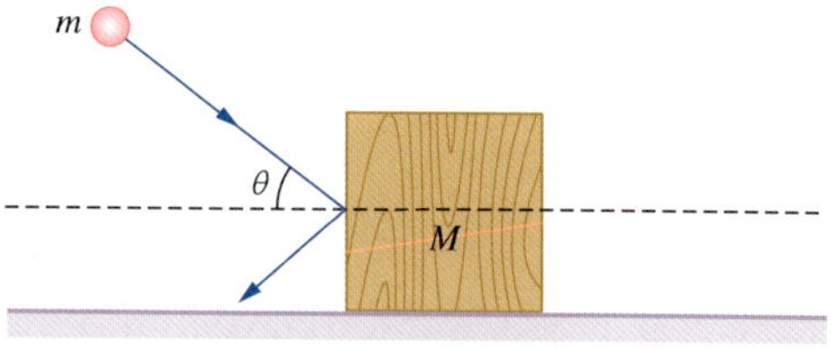

(a) 공의 운동량 변화량을 구하라.

(b) 나무토막이 받은 충격량은 얼마인가?

(c) 충돌 후 나무토막의 빠르기는 얼마인가?

풀이

(a) 공과 나무토막을 각각 물체 1과 물체 2라고 부르기로 하자. 공의 y축 방향의 운동량 변화량은 없다. 한편, 공의 x축 방향의 운동량은 충돌 전후 각각 $+mv\cos\theta$와 $-mv\cos\theta$이므로, 그 변화량은 $\Delta \boldsymbol{p}_1 = -2mv\cos\theta\, \hat{i}$가 된다.

(b) 운동량 보존법칙 $\boldsymbol{p}_1 + \boldsymbol{p}_2 = \boldsymbol{P}_0$(일정)으로부터 공과 물체의 운동량 변화량은 $\Delta \boldsymbol{p}_2 = -\Delta \boldsymbol{p}_1$ 관계를 만족한다. 즉 나무토막의 운동량은 $+2mv\cos\theta\, \hat{i}$가 된다. 한편, $\boldsymbol{F}_0 \Delta t = \Delta \boldsymbol{p}$ 관계로부터 물체가 받은 충격량은 그 운동량 변화량과 같으므로, 그 충격량은 $2mv\cos\theta\, \hat{i}$가 된다.

(c) 나무토막 속도를 $\boldsymbol{V}$라고 하면, $\Delta \boldsymbol{p}_2 = 2mv\cos\theta\, \hat{i} = M\boldsymbol{V}$로부터 $\boldsymbol{V} = \frac{1}{M} 2mv\cos\theta\, \hat{i}$다.

충격력의 세기

아주 옛날부터 인간은 동물이나 다른 부족 등을 상대로 투쟁하며 생존해왔다. 싸울 때는 힘이 세야 유리한데, 강한 힘으로 상대방을 타격하면 큰 상처를 입힐 수 있기 때문이다. 즉 강한 힘을 갖는 것은 인간 역사에서 언제나 매우 중요한 목표였다. 맨몸으로 강한 힘을 발휘하려면 물론 강한 근육이 필요하다. 그러나 도구를 이용하면 더 큰 힘을 발휘할 수 있다. 예를 들어 매우 무거운 수레를 사용하면 단단한 성문을 부술 정도로 큰 힘을 얻을 수 있다. 이처럼 인간이나 동물이 강한 충격력을 얻을 수 있다면 투쟁에서 승리하는 데 매우 유리하다. 이제 강한 충격력을 얻기 위해 사용할 수 있는 방법을 살펴보자.

질량이 m인 물체가 속도 $\boldsymbol{v}$로 운동하다가 다른 물체에 부딪쳐 멈추는 데 걸리는 시간이 Δt라 하면(즉 시간 Δt 동안만 충격력이 작용한다면), 그때의 평균충격력을 $\langle \boldsymbol{F} \rangle$로 나타낼 때, $\langle \boldsymbol{F} \rangle = \frac{\Delta(mv)}{\Delta t}$가 된다. 따라서 충격력의 세기를 크게 하는 조건으로 다음 세 가지를 말할 수 있다.

(1) 무거운 물체를(질량 m이 큰 물체를)

(2) 빠른 속도로(v가 매우 크게)

(3) 짧은 시간 안에 멈추게 한다(Δt가 매우 작게).

흥미로운 것은 인간은 경험을 통해 이미 이런 사실을 활용해왔다는 점이다. 예컨대, 건설 현장에서 철근을 땅에 박기 위해 무거운 쇳덩어리를 쓰는 것은 조건 **(1)**을 이용한 것이다. 또한 총이나 대포 같은 현대 무기는 조건 **(2)**를 이용한 것들이다. 조건 **(3)**은 솜 방석 위에 떨어뜨린 컵이 왜 쉽게 깨지지 않는지, 나무에 부딪치는 것이 왜 철봉에 부딪히는 것보다 덜 아픈지를 설명해준다.

원시적인 전투에서 큰 힘은 상대방에게 타격을 입히는 데 필요하다. 예컨대, 칼을 사용해 싸우는 경우, 무거운 칼을 쓸수록 더 강한 힘을 발휘할 수 있다. 그러나 일반적으로 무거운 칼을 빠른 속도로 휘두르기는 어려우므로, 매우 강한 근육을 가진 사람이 아니라면 적절한 무게의 칼을 택하는 것이 유리할 것이다.

인간의 역사는 석기시대에서 청동기시대를 거쳐 철기시대로 진화했다. 석기시대에 돌을 사용한 이유는 딱딱한 돌은 짧은 시간에 멈추는 조건에 적합했기 때문이었다. 즉 나무 막대보다 돌도끼가 더 무거우면서도 딱딱하므로 앞에서 말했던 조건 **(1)**, **(3)** 모두에 유리했던 것이다. 또한 철로 만든 무기는 청동무기보다 더 단단하므로 조건 **(3)**을 좀 더 만족시키면서 잘 부러지지 않고 쉽게 변형되지 않는 이점이 있다.

물음 7-4 길을 걷다가 발이 돌에 부딪치는 경우, 나무토막에 부딪치는 경우보다 더 아프다. 그 이유는 무엇인가?

물음 7-5 우박의 종단속도가 질량에 비례한다고 하자. 질량이 10배 더 큰 우박이 떨어질 때, 우박이 어떤 물체에 부딪치면서 멈추기까지 걸리는 시간이 일정하다고 가정하면, 우박이 작용하는 평균 힘의 세기는 몇 배가 되겠는가?

여러 입자에 의한 평균충격력

한 물체가 부딪치며 작용하는 힘은 일반적으로 매우 짧은 시간 동안만 작용하는데, 그 시간은 너무 짧아 측정하기가 어렵다. 예컨대, 길을 걷다가 발이 돌에 부딪치는 경우와 나무토막에 부딪치는 경우, 아픔을 느끼는 정도는 발이 멈추는 데 걸리는 시간에 따라 다르다. 그러나 그 시간의 차이를 측정하거나 인식하기에는 그 시간이 너무 짧다. 그러므로 한 물체가 날아와 부딪치는 경우 그 충격력을 측정하거나 계산하기는 어렵다.

그러나 입자들이 일정한 흐름으로 날아와 벽에 부딪치는 경우, 각 입자의 충격력을 모두 더할 수 있으면 그 평균충격력을 계산하기는 쉬워진다. 예컨대, 공기 중에 있는 물체에 부딪치는 공기 분자의 충돌처럼 입자 수가 충분히 많은 경우의 충돌이라면, 각 입자의 평균충격력은 시간에 따라 변하지 않는 일정한 크기가 된다.

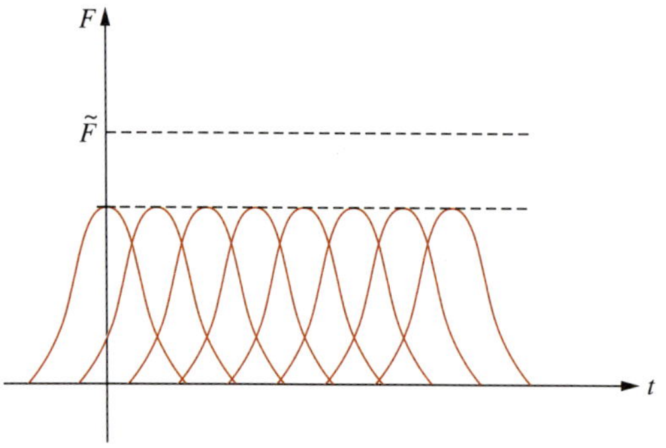

그림 7-3 여러 입자 충돌에 의한 평균충격력

예컨대, 질량이 m이고, 빠르기가 v인 입자가 1초당 N개(N개/s)의 일정한 흐름으로 벽에 부딪쳐 멈춘다고 하자. 1초당 입자 하나의 운동량 변화량의 크기는 mv이므로, 1초당 총 운동량 변화량의 크기는 Nmv가 된다. 따라서 입자들에 의한 충격력의 평균세기를 $\langle F \rangle$라 나타내면 $\langle F \rangle = Nmv$가 된다.

기체 분자는 너무 작아서 어떤 측정 장치로도 볼 수 없다. 그러나 기체에 의한 압력이 기체 분자들이 날아와 부딪치기 때문에 생긴다고 가정하면, 그로부터 기체계의 여러 현상을 설명할 수 있다는 것을 나중에 알게 될 것이다.

예제 7-3 벽에 부딪친 후 튕겨 나오는 공

질량이 0.1 kg인 공이 15 m/s의 빠르기로 벽에 부딪친 후 같은 빠르기로 튕겨 나온다. 공이 1분에 30개씩 튕겨 나온다고 할 때, 벽이 받는 평균 힘의 세기는 얼마인가?

풀이

공 하나가 벽에 부딪쳐 멈추기만 하면 운동량 변화량은 $mv = 1.5\ \mathrm{kg\,m/s}$가 된다. 그러나 같은 빠르기로 다시 튕겨 나오므로 운동량 변화량의 크기는 $2mv = 3.0\ \mathrm{kg\ m/s}$가 된다. 한편, 1분 동안에는 공이 30개 튕겨 나오므로 총 운동량 변화량은 $N \times 2mv = 30 \times 3.0\ \mathrm{kg\ m/s}$가 된나. $\langle F \rangle \Delta t = \Delta p$ 관계로부터 $\Delta t = 60\mathrm{s}$이므로, 평균 힘의 세기는 1.5N이 된다.

물음 7-6 소방차가 벽을 향해 1분당 3,600kg의 물을 뿌리고 있다. 물줄기 빠르기는 8m/s이고 물은 벽에 부딪친 후 멈춘다고 한다.

(a) 1초당 물의 운동량 변화량은 얼마인가?

(b) 벽이 받는 평균 힘은 얼마인가?

물음 7-7 길이가 L인 일차원 원통 속에서 질량이 m인 분자가 축을 따라 일정한 빠르기 v로 운동하고 있다.

(a) 시간 Δt 동안 분자가 원통 뚜껑에 부딪치는 횟수가 $\dfrac{v\Delta t}{2L}$임을 보여라.

(b) 분자가 한 번 부딪칠 때의 운동량 변화량의 크기는 $2mv$다. 분자가 뚜껑에 작용하는 평균 힘의 세기는 얼마인가?

7.2 상대론적 운동량과 에너지

우리는 3장에서 속도 포벡터라는 양을 도입했다. 그리고 앞에서 물체는 정지한 상태에서의 질량인 고유질량 m_0를 가진다고 했는데, 이 고유질량은 스칼라양이므로 이것을 속도 포벡터에 곱한 양도 당연히 포벡터가 된다. $\dfrac{1}{\sqrt{1-v^2/c^2}}=\gamma$일 때 $m=\gamma m_0$로 나타내기로 한다면, m은 물체의 빠르기에 따라 달라지는 양이 된다. 우리는 이것이 6장에서 다룬 '상대론적 질량'임을 알 수 있고 이런 상대론적 질량을 '질량'이라는 물리량이라고 정의한다.

이제 속도 포벡터 $(ic\gamma,\ \gamma v_x,\ \gamma v_y,\ \gamma v_z)$에 고유질량 m_0를 곱하면, $m=\gamma m_0$라 쓸 때 $(imc,\ mv_x,\ mv_y,\ mv_z)$이란 표현을 얻게 되는데, 고유질량이 스칼라양이므로 이것도 당연히 포벡터가 된다. 그리고 여기에서 $p_x=mv_x,\ p_y=mv_y,\ p_z=mv_z$로 나타내면 이 표현은 다시 $(imc,\ p_x,\ p_y,\ p_z)$로 쓸 수 있는데, 이렇게 나타낸 $p_x,\ p_y,\ p_z$를 상대론적 운동량이라고 부르고, 이런 상대론적 운동량을 우리는 물체가 가진 운동량이라고 정의한다. 즉 질량이나 운동량은 모두 물체의 빠르기에 따라 크기가 달라지는 양들인 것이다.

이제 어떤 물리량 E를 도입해 $mc=E/c$라고 나타내기로 하면, 운동량 포벡터는 $\left(i\dfrac{E}{c},\ p_x,\ p_y,\ p_z\right)$와 같이 표현된다. 이렇게 나타낸 양 E를 우리는 물체가 가진 **에너지**라고 부르고, 이와 같은 포벡터 표현을 **운동량 포벡터**momentum four vector 또는 **에너지-운동량 포벡터**라고 부른다.

여기에서 mc^2을 에너지라고 부를 수 있는 이유는 무엇일까? $E=mc^2$을 풀어 쓰면 $E=m_0c^2+(1/2)m_0v^2+\cdots$가 됨을 알 수 있다. E라는 양은 어떤 고정된 양 m_0c^2과 운동에너지 K를 포함한 양이므로 우리가 알고 있던 '운동하는 물체가 가지는 에너지'인 운동에너지는 질량이 본래 가진 근본적 에너지에 추가된 양이라 볼 수 있다. 그런 이유로 mc^2을 질량 m인 물체가 가진 **질량에너지**라고 부르고, 정지한 상태에서도 물체는 고유한 **정지질량에너지** m_0c^2을 가진다고 볼 수 있다. 즉 상대론적 관점에서 보면 에너지라는 물리량은 운동량 포벡터의 한 성분으로 해석된다.

우리는 앞에서, '에너지는 얼마의 일을 할 수 있는지를 나타내는 척도'라고 정의하고, 그렇게 정의하기 위해 '일'이란 무엇인지 정의한 바 있다. 그러나 이제 상대론적으로 에너지는 '4차원 운동량벡터인 운동량 포벡터의 한 성분'으로 다시 정의된 셈이다.

에너지와 운동량을 어떤 포벡터의 성분으로 볼 수 있다면, 그 양들은 로렌츠 변환식의 방식대로 서로 연결되어야 한다. 즉 사건 포벡터 $(ict,\ x,\ y,\ z)$와 운동량 포벡터 $\left(i\dfrac{E}{c},\ p_x,\ p_y,\ p_z\right)$를 직접 대응시키면 다음과 같은 변환식을 얻게 된다.

$$E'=\gamma(E-vp_x),\quad p_x{}'=\gamma\left(p_x-\frac{v}{c^2}E\right),\quad p_y{}'=p_y,\quad p_z{}'=p_z \tag{7.6}$$

포벡터의 스칼라곱 크기는 모든 기준계에서 같은 크기를 가지는 스칼라양이다. 즉 물체의 운동량의 크기 p는 $p^2 = p_x^2 + p_y^2 + p_z^2$으로부터 얻어지는데, 운동량 포벡터의 스칼라곱을 하면 우리는 모든 기준계에서 '$-(E/c)^2 + p^2 =$ 일정'인 관계를 가진다는 사실을 알게 된다.

한편, 물체가 정지한 상태에 있는 기준계에서 운동량 포벡터는 $(im_0c, 0, 0, 0)$로 나타낼 수 있다. 그리고 그 스칼라곱은 $-m_0^2c^2$이므로 $-(E/c)^2 + p^2 = -m_0^2c^2$ 관계에서 물체의 에너지와 운동량은 다음과 같은 관계를 가짐을 알 수 있다.

$$(E/c)^2 = p^2 + (m_0c)^2 \tag{7.7}$$

그렇다면 정지질량이 없는 입자가 존재한다면, 그런 입자의 운동량과 에너지는 어떤 관계를 가질까? 그 경우에는 $m_0 = 0$이므로 $E = pc$ 관계를 얻게 된다. 이후에 우리는 미시입자를 다루는 양자론에서 빛을 정지질량이 없는 **광자**라는 입자처럼 볼 수 있다는 것을 알게 되는데, 이 관계는 광자의 에너지와 운동량 관계를 나타내게 된다.

입자의 에너지는 $E^2 = (pc)^2 + m_0^2c^4$ 관계에서 볼 수 있듯이 그 빠르기가 커질수록 계속 증가하는데, 광속에 가까워져 $v \approx c$이면 그 에너지는 거의 $m_0c^2/\sqrt{1-(v/c)^2}$이 되어 무한대에 이르게 된다. 즉 어떤 입자도 광속으로 운동할 수는 없다는 뜻이다. 그리고 광속보다 더 빠르게 운동할 수도 없는데 왜냐하면 그 상태에서는 에너지가 허수 값이 되기 때문이다.

[참고] 광속보다 더 빠른 입자의 존재를 가정해볼 수는 있다. 즉 입자가 $m_0 = i|m_0|$와 같이 허수 질량을 가진다고 가정하면, $v > c$에서 에너지는 실수 값 $E = |m_0|c^2/\sqrt{1-(v/c)^2}$으로 얻어진다. 하지만 질량이 허수 값이라는 것은 의미가 무엇인지는 받아들이기 어려운 개념이며, 또 그런 입자는 발견된 예도 없다. 만약 그런 입자가 존재한다면 우리 세계의 인과론을 뒤집는 것이 되며, 그런 가상 입자를 **타키온** tachyon이라고 부른다.

7.3 로켓의 운동 심화

비행기는 공기의 양력(뜨게 하는 힘)을 이용해야만 공중에 떠 있을 수 있기 때문에 공기가 있는 대기 중에서만 날 수 있다. 그러므로 고도가 너무 높아 공기가 희박하거나 대기권을 벗어나 우주 공간으로 가면 비행기는 날 수 없게 된다. 따라서 대기권 밖의 우주 공간에서 이동할 때는 **로켓** rocket을 이용해야 한다. 제트 엔진을 사용하는 비행기도 그렇지만, 로켓은 연료를 태운 가스를 분사시켜 그 반작용력을 이용해 추진력을 얻는다. 한편, 로켓은 한정된 연료를 가지고 이동할 수밖에 없는데, 그 연료를 최대한 효율적으로 사용해야만 먼 거리까지 이동할 수 있다.

이제 로켓의 운동에서 연료를 가장 효율적으로 이용하려면 어떤 조건이 필요한지 알아보기 위해 로켓의 운동방정식을 구해보자. 로켓의 성능은 곧 엔진의 성능을 뜻한다. 좋은 로켓 엔진은 연료를 가장 효율적으로 연소시킨 다음, 가스 형태로 얻은 그 연소된 물질을 가장 효과적으로 분사시켜야 한다. 로켓의 가속도는 분사물질의 분출속도에 좌우되며, 분출속도가 클수록 성능이 좋은 엔진이라고 할 수 있다.

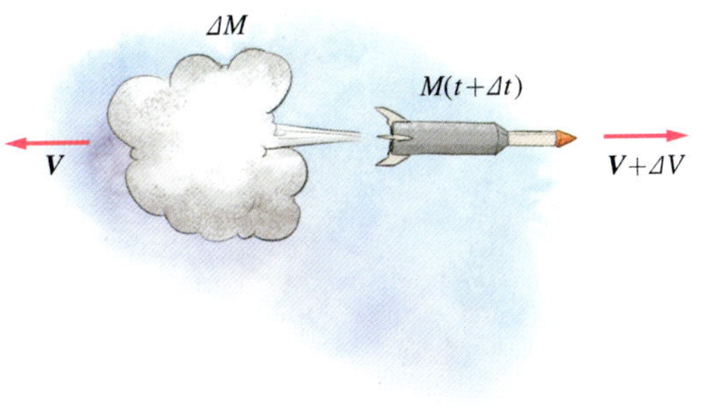

그림 7-4 로켓과 분사물질

어느 순간 외부 관측자가 측정한 로켓의 질량과 속도가 각각 M과 $\boldsymbol{V}$이고, 그 상태에서 로켓 엔진이 ΔM만큼의 분사물질을 분사한다고 하자. 이때 외부 관측자가 측정한 분사물질의 속도를 $\boldsymbol{v}$라고 하자. 그 결과 로켓의 속도가 $\boldsymbol{V}+\Delta\boldsymbol{V}$가 되었다면, 운동량 보존법칙에 따라 다음 관계가 성립한다.

$$M\boldsymbol{V} = (M-\Delta M)(\boldsymbol{V}+\Delta\boldsymbol{V}) + \Delta M\,\boldsymbol{v} \tag{7.8}$$

이제 ΔM과 ΔV가 충분히 작은 양들이라면 $\Delta M \Delta V$의 크기는 상대적으로 무시할 수 있을 정도가 되므로, 이 식은 다시 다음과 같이 정리할 수 있다.

$$0 = M\Delta\boldsymbol{V} - \Delta M(\boldsymbol{V}-\boldsymbol{v}) \tag{7.9}$$

우리는 이 관계를 바탕으로 속도 $\boldsymbol{V}$에 관한 식을 얻으려고 한다. 이 단계에서는 외부 관측자가 측정한 분사물질의 속도 $\boldsymbol{v}$는 알 수 없다. 로켓 엔진을 개발하면 일반적으로 로켓 엔진에서 분사되는 분사물질의 속도를 실험실에서 측정한다. 이때 측정한 로켓의 분사물질의 분출속도가 $\boldsymbol{u}_0$라고 하면, 그 속도는 곧 로켓에서 측정한 분사물질 속도가 된다. 따라서 속도 $\boldsymbol{V}$로 운동 중인 로켓에서 외부 관측자가 측정한 분사물질 속도 $\boldsymbol{v}$는 로켓의 속도 $\boldsymbol{V}$에 엔진의 분사물질 분출속도 $\boldsymbol{u}_0$를 더한 값인 $\boldsymbol{V}+\boldsymbol{u}_0$가 되어야 한다. 즉 $\boldsymbol{v}=\boldsymbol{V}+\boldsymbol{u}_0$ 관계이므로 $\boldsymbol{V}-\boldsymbol{v} = -\boldsymbol{u}_0$가 되므로, 앞에서 얻은 식은 다음과 같아진다.

$$M\Delta\boldsymbol{V} = -\Delta M\boldsymbol{u}_0 \tag{7.10}$$

이러한 분사물질의 분사과정이 시간 Δt 동안 일어났다고 하고, 미소 극한을 취하면 다음과 같은 운동 방정식이 얻어진다.

$$M\frac{d\boldsymbol{V}}{dt} = \frac{dM}{dt}\boldsymbol{u}_0 \tag{7.11}$$

이는 바로 로켓 동체의 질량에 가속도를 곱한 양으로, 동체가 받는 힘을 나타낸다. 따라서 연료 소모율이 일정하여 $\left|\frac{dM}{dt}\right| = C$(일정)라고 하면, Cu_0가 추진력의 세기임을 알 수 있다.

이제 로켓의 진행 방향을 양(+)의 방향으로 정하면, 분사물질은 음(−)의 방향으로 분사되므로, $u_0(>0)$를 단지 빠르기로 취급하면 $\boldsymbol{V} = V\hat{i}$, $\boldsymbol{u}_0 = -u_0\hat{i}$로 쓸 수 있다. 그러므로 이 식은 다음과 같이 다시 쓸 수 있다.

$$M\frac{dV}{dt} = -\frac{dM}{dt}u_0 \tag{7.12}$$

이때 $\left|-\frac{dM}{dt}u_0\right|$를 로켓 엔진의 **추진력**thrust이라고 부른다. 즉 추진력이란 '단위시간당 연료 소모율 ×분사물질의 분사속도'로 나타내는 양으로, 그 값이 커질수록 로켓이 더 빠르게 가속되는 것을 알 수 있다.

물음 7-8 $M(t+\Delta t) = M(t) - \Delta M$으로 정의한 경우, 미분 표현은 $\frac{dM}{dt} = -\lim_{\Delta t \to 0}\frac{\Delta M}{\Delta t}$임을 보여라.

7.4 두 물체의 충돌

물질세계에서 일어나는 대부분 현상들은 두 개체 간의 상호작용 과정이다. 예컨대, 지구와 달은 서로 끌어당기는 힘으로 운동하며, 당구공끼리 충돌할 때는 서로 밀어내는 힘을 기반으로 운동이 결정된다. 이때 두 물체끼리 주고받는 힘은 서로 접촉한 상태에서 작용할 수도 있고(그 경우 힘은 물체를 이루는 원자들의 전기적인 힘이다), 중력과 같이 직접 접촉하지 않는 상태에서도 작용할 수 있다. 이제 당구공이 충돌하는 예와 같이 두 물체가 직접 부딪치는 경우의 운동에 대해 알아보자.

당구공과 같은 거시적인 크기의 두 물체가 충돌하면 언제나 소리나 열, 빛 등이 나온다. 이때 소리나 열, 빛 등은 모두 에너지를 갖고 있으므로, 충돌한 후 물체들의 역학적 에너지는 언제나 처음보다 줄어들게 마련이다. 이처럼 충돌한 다음 운동에너지가 변하는 충돌을 **비탄성충돌**inelastic collision이라 부르는데, 우리가 거시적으로 경험하는 모든 충돌 현상은 비탄성충돌이라고 볼 수 있다. 한편, 비탄성충돌 중에서도 두 물체가 충돌한 다음 한 덩어리가 되어 운동하는 특별한 경우가 있다. 이와 같은 충돌을 **완전 비탄성충돌**completely inelastic collision이라고 하며, 이때 운동에너지 손실량이 가장 커진다. 한편, 충돌과정에서 총 운동에너지가 줄어들지 않는 충돌을 **탄성충돌**elastic collision[1]이라 부른다.

거시적 충돌이 탄성충돌이 될 수 없는 이유는 다음과 같이 생각해볼 수 있다. 미시적으로 물체는 원자들이 서로 용수철로 연결된 것으로 볼 수 있는데, 충돌하는 과정에서 그 원자들은 격렬하게 진동하게

1 탄성충돌이란 운동에너지 손실이 없는 충돌이므로, 완전탄성충돌이라는 말은 쓰지 않는다.

된다. 따라서 충돌하는 물체의 거시적 운동에너지는 필연적으로 원자들의 역학적 에너지로 변환될 수밖에 없다. 그러나 미시적 세계에서 발생하는 원자나 분자끼리의 충돌에서는 운동에너지가 다른 에너지 형태로 변환될 이유가 없으므로, 미시적 충돌은 탄성충돌이라고 생각해도 좋다.

정면충돌(1차원 충돌)

탄성충돌에서는 총 운동에너지가 변하지 않으므로, 충돌 전후의 운동을 분석하기가 쉽다. 특히 두 물체가 정면충돌하는 경우에는 충돌 전후 물체들이 모두 한 직선 위에서만 운동하므로, 충돌 후 두 물체가 어떻게 운동할지 정확하게 예측할 수 있다.

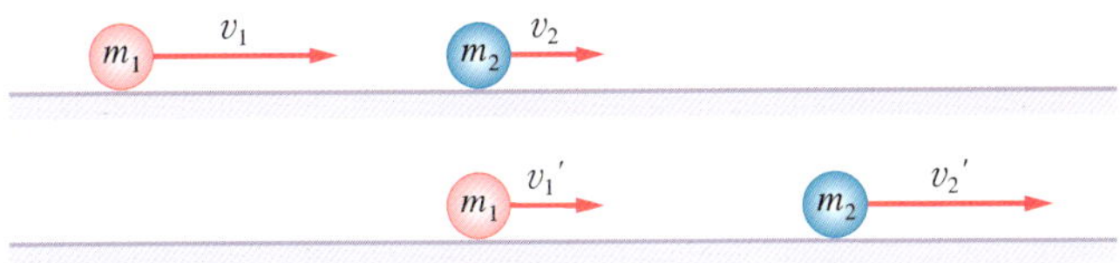

그림 7-5 직선 위에서 충돌한 두 물체

질량이 각각 m_1, m_2인 두 물체가 각각 속도 v_1, v_2로 운동하다가 정면충돌한다고 하자. 충돌 후, 두 물체의 속도를 각각 v_1, v_2로 나타내면 충돌 전후의 운동량이 같으므로 다음과 같은 관계를 얻는다.

$$m_1v_1 + m_2v_2 = m_1v_1{}' + m_2v_2{}' \tag{7.13}$$

그러나 충돌 후, 두 물체의 속도 $v_1{}'$, $v_2{}'$을 구하려면 식 (7.13) 외에도 다른 하나가 더 필요하다. 이때 두 물체의 충돌이 탄성충돌이라면, 운동에너지가 보존되므로 다음 관계식도 성립한다.

$$\frac{1}{2}m_1v_1^2 + \frac{1}{2}m_2v_2^2 = \frac{1}{2}m_1v_1{}'^2 + \frac{1}{2}m_2v_2{}'^2 \tag{7.14}$$

식 (7.11)과 식 (7.12)로부터 충돌 후 두 물체의 속도 $v_1{}'$, $v_2{}'$을 모두 구할 수 있으며, 그 결과는 다음과 같다.

$$\begin{aligned} v_1{}' &= \frac{1}{M}[(m_1 - m_2)v_1 + 2m_2v_2] \\ v_2{}' &= \frac{1}{M}[2m_1v_1 + (m_2 - m_1)v_2] \end{aligned} \tag{7.15}$$

여기에서 M은 $m_1 + m_2$로서, 두 물체의 질량을 더한 총 질량이다. 다음과 같은 상황들을 생각해보면, 이 식에서 여러 가지 흥미로운 결과를 얻을 수 있다.

(1) 두 물체의 질량이 똑같다고 하면($m_1 = m_2$), 이 식의 결과는 다음과 같아진다.

$$v_1{}' = v_2 \\ v_2{}' = v_1 \qquad (7.16)$$

이는 충돌 전 두 공의 속도가 충돌 후에 서로 뒤바뀌는 결과를 나타낸다. 특별한 경우로, 이때 정지해 있는 공에 다른 공이 와서 정면충돌하면, 달려온 물체는 완전히 정지하고, 정지해 있던 물체는 달려온 물체와 같은 속도로 운동하는 상황이 된다. 이는 마치 릴레이 경주에서 볼 수 있는 완벽한 배턴[baton] 전달과 같다. [그림 7-6]과 같이 두 개의 쇠공이 서로 부딪치며 흔들리는 장난감은 이 상황을 보여주는 예로서, 두 쇠공의 충돌이 거의 탄성충돌임을 뜻한다.

그림 7-6 줄에 매달려 있고 질량이 같은 두 물체의 충돌 운동

(2) 정지해 있는 작은 물체에 커다란 물체가 와서 부딪쳤다고 하자. 그때 그 충돌이 탄성충돌이라 가정하고, 충돌 후 두 물체의 상태를 알아보자. 큰 물체의 질량이 m_1이라면 $m_1 \gg m_2$라고 할 수 있으며, 작은 물체가 정지해 있으므로 $v_2 = 0$이라고 하면 다음과 같은 결과를 얻는다.

$$v_1{}' \approx v_1, \quad v_2{}' = 2v_1 \qquad (7.17)$$

즉 큰 물체는 마치 아무 일도 없었다는 듯이 충돌 전 속도 그대로 진행하며, 작은 물체는 큰 물체 속도의 2배 속도로 튕겨 나간다.

(3) 정지해 있는 아주 커다란 물체에 공을 던지면, 커다란 물체는 정지한 채로 있고, 공은 같은 속도로 튕겨 나온다는 사실을 우리는 잘 알고 있다. 이는 탄성충돌의 대표적 특성이다. 한 단계 더 나아가, 접근하거나 멀어지는 자동차에 던진 공이 탄성충돌한 경우를 다뤄보자. 이 경우, 공의 빠르기와 자동차의 빠르기를 각각 v_1, v_2라고 할 때, 식 (7.13)에 $m_1 \ll m_2$ 조건을 적용하면 충돌 후 각각의 빠르기는 $v_1{}' \approx -v_1 + 2v_2$, $v_2{}' \approx v_2$이므로 충돌 후 자동차의 빠르기는 거의 변하지 않는다. 그러나 공의 빠르기는 자동차가 멀어질 때($v_2 > 0$)에는 충돌 전보다 '더 느리게', 자동차가 다가올 때($v_2 < 0$)에는 충돌 전보다 '더 빨리' 튕겨 나온다는 것을 알 수 있다.

물음 7-9 $m_1 \gg m_2$인 경우 $v_1{}' \approx v_1$, $v_2{}' = -v_2 + 2v_1$임을 보여라.

≫ 참고 피스톤과 분자의 충돌

우리는 나중에 기체 온도가 '분자의 빠르기를 나타내는 척도'라는 사실을 배울 것이다. 즉 온도가 높아진다는 것은 기체 분자의 속도가 빨라지는 것을 뜻하며, 낮은 온도란 기체 분자의 속도가 느린 상태를 뜻한다. 용기 속에 들어 있는 기체를 강제로 압축하면 압축하는 동안 압축하는 피스톤에 수많은 기체 분자가 부딪치게 된다. 그 결과 분자들의 속도가 더 빨라지면서 기체 온도가 올라가게 된다. 이때 용기 벽을 통해 열이 드나들 시간적 여유가 없이 일어나는 과정을 단열과정이라 한다. 따라서 단열압축 과정에서는 온도가 올라가고, 단열팽창 과정에서는 온도가 내려가는 것을 알 수 있다. 놀랍게도 우리 눈에 보이지 않는 기체분자 충돌의 세계에서도 뉴턴의 운동법칙이 적용되는 것이다.

완전비탄성충돌

두 물체가 서로 충돌한다고 가정할 때, 어떤 경우에 운동에너지 손실이 가장 클까? 두 물체가 정면충돌할 경우, 충돌 후의 운동에너지가 극소가 되는 조건을 취해 알아보면, 충돌 후의 총 운동에너지는 두 물체가 한 덩어리가 되는 경우에 가장 작아지는 것을 보일 수 있다. 즉 두 물체가 한 덩어리가 될 때 운동에너지 손실이 가장 크다. 이 때문에 충돌 후 두 물체가 한 덩어리가 되는 충돌을 **완전비탄성충돌** completely inelastic collision이라 부른다.

물음 7-10 총알의 빠르기를 측정하는 방법에는 여러 가지가 있지만, 실험실에서 측정할 수 있는 방법으로는 **탄동 진자** 방법이 있다. 이는 줄에 매달린 나무토막을 향해 총알을 발사하고, 총알이 박힌 나무토막이 얼마나 높이 올라가는지를 측정하는 방법이다. 이 과정은 충돌 후 두 물체가 한 덩어리로 운동하는 완전비탄성충돌 과정으로, 운동에너지 손실이 가장 큰 예다. 이제 총알과 나무토막의 질량을 각각 m, M이라 하자. 이때 측정하려는 총알의 속도를 v라 하고, 총알이 박힌 순간의 나무토막의 속도를 V라 하자. 실험에서는 속도 V를 측정하기 위해 총알을 맞은 나무토막이 어떤 높이 h까지 올라가 멈추는지를 측정한다.

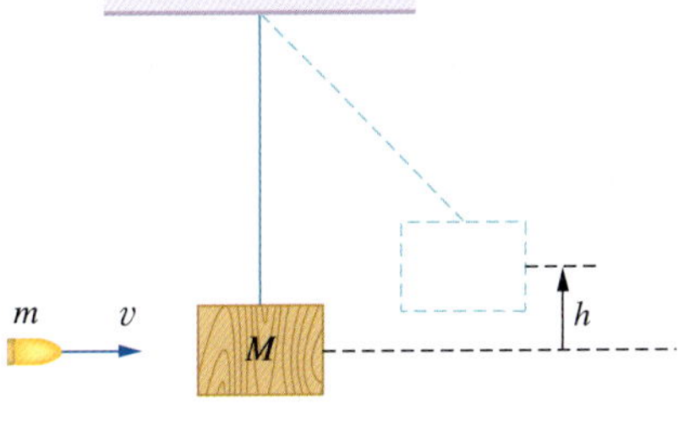

(a) 운동량 보존법칙으로부터 $mv=(m+M)V$ 관계가 있음을 보여라.
(b) 역학적 에너지 보존법칙으로부터 충돌 후 올라간 나무토막 높이 h가 속도 V와 $V=\sqrt{2gh}$ 관계가 있음을 보여라.

평면충돌(2차원 충돌)

우리 세계의 물체들은 3차원 공간에서 운동하므로, 일반적인 충돌은 3차원 공간충돌이다. 그러나 흥미롭게도 두 물체가 충돌하는 경우, 충돌하기 전과 충돌한 후의 모든 이동 경로가 실제로는 2차원 평면 위에 존재한다. 이런 결과는 운동량 보존법칙을 고려하면 매우 당연한 것이다.

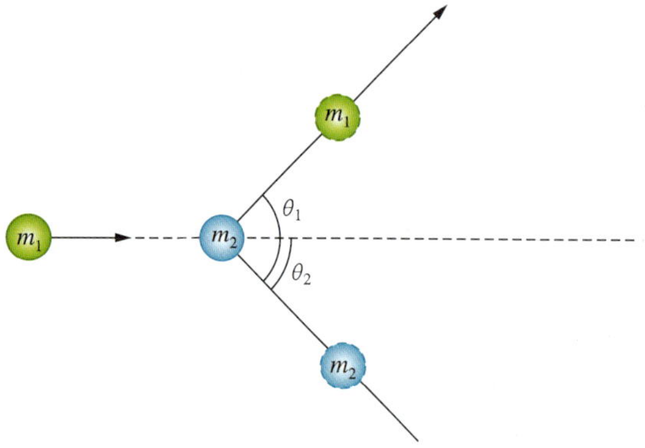

그림 7-7 평면 위의 충돌

이것을 이해하기 위해 먼저 어떤 한 점에서 만나는 두 직선은 언제나 평면을 만든다는 사실을 이용하기로 하자. 그 평면을 xy 평면이라 하면, 물체들은 xy 평면 위에서만 운동하므로 z축 방향으로의 운동량 성분은 없다. 그러므로 총 운동량 P의 z축 방향 성분도 0이 된다. 한편, 총 운동량은 보존되므로 충돌 후에도 역시 총 운동량의 z축 성분은 없어야 한다. 따라서 충돌 후 궤적도 역시 같은 xy 평면 위에 남는다.

이제 질량이 m_1인 물체가 질량이 m_2인 정지해 있는 물체에 v_1의 빠르기로 부딪치는 과정을 다뤄보자. 이때 m_1의 운동 방향을 x축으로 정하고, m_2가 좌표기준점에 있다고 하자. 또한 충돌 후 두 물체는 x축으로부터 각각 θ_1, θ_2의 각도로 산란되며, 산란이 일어나는 평면을 xy 평면이라고 정하자.

충돌 전에는 $P_z = 0$이므로, 충돌 후에도 당연히 $P_z = 0$이 된다. 또한 x, y 두 축 방향의 운동량은 충돌 전후 각각 'P_x =일정, P_y = 일정' 조건을 만족한다. 한편, 탄성충돌이라 가정하면 $K_f = K_i$ 조건까지 성립하므로, 다음과 같은 세 개의 관계식을 얻을 수 있다.

$$\begin{aligned} x\text{축}: \ & m_1 v_1 = m_1 v_1' \cos\theta_1 + m_2 v_2' \cos\theta_2' \\ y\text{축}: \ & 0 = m_1 v_1' \sin\theta_1 + (-m_2 v_2' \sin\theta_2) \end{aligned} \tag{7.18}$$

$$K_f = K_i \ : \ \frac{1}{2} m_1 v_1^2 = \frac{1}{2} m_1 {v_1'}^2 + \frac{1}{2} m_2 {v_2'}^2 \tag{7.19}$$

한편, 우리가 알아내야 할 물리량에는 충돌 후의 각 물체의 빠르기 v_1', v_2'과 각 θ_1, θ_2가 있다. 이처럼 네 개의 미지수를 구하려면 네 개의 방정식이 필요하고, 이 미지수들을 모두 알아내려면 관계식이 하나 더 필요하다. 그 관계식은 실제 충돌 현상에서 두 물체가 얼마나 빗겨서 충돌하는지와 두 물체 간에 어떤 힘이 작용하는지에 관한 정보를 통해 얻을 수 있다. 그러나 여기에서는 네 개의 미지수 중 하나, 예컨대, 산란된 물체의 각 θ_1이 알려졌다고 가정해보자. 그 경우 당구공이 충돌했을 때처럼 두 물체의 질량이 $m_1 = m_2$로 동일하다면, 다음 결과를 얻을 수 있다.

$$v_1{}' = v_1 \cos\theta_1$$
$$v_2{}' = v_1 \sin\theta_1 \tag{7.20}$$

흥미로운 점은, 이 결과로부터 $\theta_2 = -\theta_1 + 90°$를 얻을 수 있다는 점이다. 즉 질량이 똑같은 물체가 충돌하는 경우, 충돌 후 두 물체는 90°로 튕겨나가는 것을 보여준다.

물음 7-11 $v_1{}' = v_1\cos\theta_1$, $v_2{}' = v_1\sin\theta_1$의 결과로부터 각 θ_2가 $\theta_1 + \theta_2 = 90°$라는 조건을 만족시키는 것을 보여라.

7.5 질량중심점

지금까지 우리는 운동을 다루기 위해 선택한 기준계에 관해서는 관심을 갖지 않았다. 즉 기준계의 원점이 고정되어 있거나 그 기준점이 일정한 속도로 운동하는 기준계라고 생각하고 운동을 다뤄왔다. 사실 우주 공간에서는 정지해 있거나 일정한 속도로 운동하는 기준계가 아무런 차이가 없다. 우리는 앞에서 이런 상태의 기준계에서는 관성의 법칙이 성립하며, 이를 '관성기준계'라고 불렀다.

그러나 우리가 어떤 운동을 다룰 때, 예컨대, 지구에 사는 우리가 달의 운동을 다룰 때는 지표면 기준계가 관성기준계인지 아닌지는 쉽게 알아낼 수 없다. 우리는 지표면에 있는 실험실이 관성기준계이며, 공중에 던진 물체는 단지 중력에 의해서만 운동한다고 보았다. 그러나 지구는 자전운동을 하는데, 원운동은 그 중심을 향하는 가속도 운동이므로, 우리가 있는 지표면에 고정된 기준계는 관성기준계가 아니다. 예컨대, 우리는 지구가 달의 중력을 받는 가속도 운동을 하기 때문에 밀물과 썰물 현상이 생긴다는 사실을 알고 있다. 실제로 지표면의 물체들은 지구의 자전운동에 의한 관성력인 원심력을 받는다. 그러나 보통 크기 물체에 작용하는 원심력의 세기가 워낙 약해서 우리가 눈치를 채지 못할 뿐이다.

한편, 지구는 달의 중력에만 영향을 받지 않는다. 달의 중력에 비해서는 매우 약하지만, 태양도 지구에 중력을 작용한다. 또한 달이나 태양의 중력에 비하면 무시할 정도지만, 은하계의 다른 별들도 지구에 중력을 작용한다. 즉 우리는 지표면 기준계에서 관성의 법칙이 성립한다고 생각하지만, 엄밀한 의미에서 지표면 기준계는 관성기준계가 아닌 것이다.

물음 7-12 태양이 지구에 작용하는 중력 세기는 달이 작용하는 중력 세기의 약 몇 배인가?

이제 관성기준계가 아닌 계에서 운동을 다룰 때, 어떤 결과를 얻게 될지 알아보기 위해 지구와 달의 운동을 다뤄보자. 앞에서 우리는 지구를 중심으로 도는 달의 운동을 다룬 적이 있다. 하지만 우리가 달에 가서 보면 지구가 달을 중심으로 돈다. 따라서 지구와 달 중 어느 것이 정지해 있고 어느 것이 돈다고 말하기가 어렵다. 이때 확실한 사실은 지구에서 측정하는 달의 빠르기나 달에서 측정하는 지구의 빠르기는 같아야 한다는 것이다.

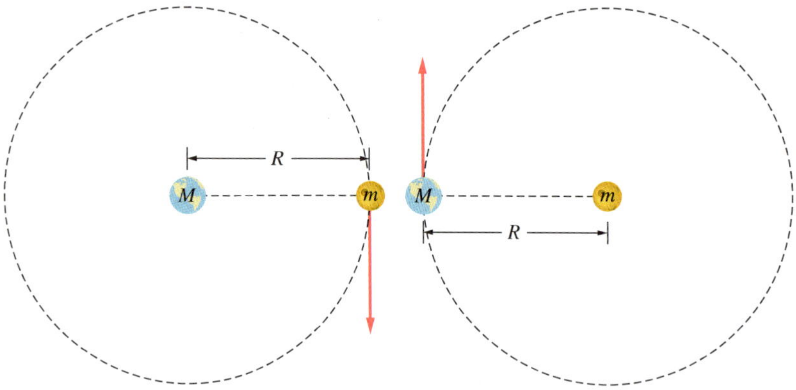

그림 7-8 지구에서 보는 달의 원운동과 달에서 보는 지구의 원운동

앞에서 우리는, 지구는 고정되어 있고, 달이 지구를 중심으로 돈다고 보고 달의 운동을 다뤘다. 그 운동에서 우리는 달의 빠르기 $v_m = \sqrt{\frac{GM}{R}}$ 을 얻었는데, 여기에서 R은 지구와 달 사이의 거리를, M은 지구의 질량을 뜻한다. 한편, 주기 T는 $v_m T = 2\pi R$ 관계에서 구할 수 있다. 이제 그 값을 계산해보면, 지금까지 알려진 달의 공전 주기인 28.3일과 약간의 오차는 있지만, 어느 정도 잘 일치하는 결과를 얻을 수 있다.

이제 달에서 측정한 지구의 빠르기와 주기를 구해보자. 달에서 측정한 지구 빠르기를 v_M이라 쓰면, 뉴턴의 운동법칙에 의해 v_M값은 $M\frac{v_M^2}{R} = G\frac{mM}{R^2}$ 으로부터 얻을 수 있다. 그러므로 $v_M = \sqrt{\frac{Gm}{R}}$ 으로 나타낼 수 있음을 알 수 있다. 하지만 달과 지구의 질량인 m과 M의 차이가 매우 커, 앞에서 우리가 구했던(지구에서 측정한) 달의 빠르기 $v_m = \sqrt{\frac{GM}{R}}$ 보다 값이 터무니없이 작아지는 놀라운 결과를 볼 수 있다.

그렇다면 이 과정에서 우리는 어떤 잘못을 했는가? 이 잘못된 결과는 지구와 달에서의 관측자 중 어느 누구도 관성기준계에서 운동을 다루지 않았다는 데서 비롯된 것이다. 예컨대, 태양에 있는 관측자가 보기에, 지구와 달은 모두 서로 도는 운동을 하고 있는 것을 알 수 있다. 즉 지구와 달에 있는 관측자 모두 가속되는 계에서 서로의 운동을 다뤘던 것이다. 가속도 운동을 하는 기준계에서는 관성력이 나타난다. 따라서 어떤 기준계가 가속도 운동을 하는 기준계라면, 물체의 운동을 기술할 때 그 기준계에서 나타나는 관성력을 반드시 고려해야 한다. 그러나 관성력까지 고려해야 한다면 운동을 기술하기가 매우 복잡해지므로, 일반적으로 관성기준계로 한정해서 운동을 다루게 된다.

앞의 결과에서는 눈여겨볼 점이 있다. 그것은 지구에 있는 관측자가 달의 빠르기를 계산한 주기는 관측치인 약 28.3일과 거의 비슷하지만, 달에 있는 관측자가 계산한 지구의 주기는 관측치와 너무 큰 차이가 난다는 점이다. 즉 지구와 달에 있는 관측자 모두가 정확한 주기를 계산하지 못했지만, 질량이 달보다 큰 지구의 관측자가 좀 더 관측치에 가까운 값을 계산하는 것이다. 그렇다면 달의 주기를 정확히 계산하려면 어떻게 해야 하는가? 물론 지구와 달의 어느 곳에도 고정되지 않은 기준계, 즉 적절한 관성기준계에서 지구와 달의 운동을 다루면 되는데, 이러한 관성기준계는 질량중심점이라 부르는 점에 고정된 기준계이다. 그럼 이제부터 질량중심점을 알아보자.

질량중심점의 정의

한 물체에 작용하는 힘은 반드시 다른 물체에서 오므로, 한 물체의 운동은 언제나 다른 물체의 운동과 연관되어 있다. 앞에서 우리는 질량이 각각 m_1, m_2인 두 물체가 운동하는 경우, 서로에게 작용하는 힘을 각각 $\boldsymbol{F}_1$, $\boldsymbol{F}_2$라고 하면, 작용-반작용 법칙으로부터 $\boldsymbol{F}_1 + \boldsymbol{F}_2 = 0$ 관계가 성립하고, 이 결과는 다시 $\frac{d}{dt}(m_1 v_1 + m_2 v_2) = 0$으로 나타낼 수 있음을 보였다.

이제 두 물체의 위치를 x_1, x_2로 나타내보자. 그러면 $m_1 v_1 + m_2 v_2$라는 양은 다시 $\frac{d}{dt}(m_1 x_1 + m_2 x_2)$로 나타낼 수 있게 된다. 이제 $m_1 x_1 + m_2 x_2$를 $m_1 x_1 + m_2 x_2 = MX$와 같이 나타낸다고 하자.

여기에서 M은 $m_1 + m_2$로서, 두 물체의 질량을 더한 총 질량이다. 이렇게 정의한 X값을 두 물체계의 **질량중심점**[center of mass]이라 부르는데, 그 값을 x_{cm} 기호로 나타내기로 하자. 즉 두 물체의 질량중심점 x_{cm}은 다음과 같이 정의한다.

$$x_{cm} = \frac{1}{M}(m_1 x_1 + m_2 x_2) \tag{7.21}$$

이 식을 $m_1 x_1 + m_2 x_2 = M x_{cm}$으로 나타내면 $m_1 v_1 + m_2 v_2 = M\frac{dx_{cm}}{dt}$으로 쓸 수 있으므로, $\frac{d}{dt}(m_1 v_1 + m_2 v_2) = 0$이라는 식은 결국 $M\frac{d^2 x_{cm}}{dt^2} = 0$으로 쓸 수 있게 된다. 이 결과는 위치 x_{cm}에 있는 질량이 M인 물체가 아무런 힘도 받지 않는 경우의 운동방정식을 나타낸다. 즉 x_{cm} 좌표는 등속도 운동을 하는 것이다. 이 사실은 단지 두 물체끼리 서로 힘을 작용하는 운동에서 그 질량중심점은 등속도 운동을 한다는 것을 나타낸다.

이제 두 물체의 총 운동량이 0이라고 해보자. 이 경우에는 질량중심점 x_{cm}의 값이 일정한 '상수'가 되며, 이는 두 물체가 서로 어떤 운동을 하든지 그 질량중심점 위치가 고정되어 있다는 것을 뜻한다. 예컨대, 두 물체가 처음 순간에 정지한 상태였다면, 그 후 두 물체가 어떤 운동을 하든지 질량중심점은 한 곳에 정지해 있게 된다. 이 경우, 질량중심점은 가속도 운동을 하지 않으므로, 두 물체만 존재하는 세계에서 질량중심점에 있는 관측자는 관성기준계에 있다고 할 수 있다.

예제 7-4 '지구와 달'계의 질량중심점 위치

지구 질량을 m_1, 달의 질량을 m_2, 두 물체 간 거리를 R이라고 하자. 지구 반지름을 R_0라 하면 $R=60R_0$라 한다. $m_1=81m_2$(달 질량의 81배)라 하고, 지구와 달을 각각 그 중심점에 있는 한 점으로 취급할 때, 두 물체 계의 질량중심점은 지구로부터 얼마나 떨어져 있는지 지구 반지름 R_0로 나타내라.[2]

풀이

$m_1x_1+m_2x_2=Mx_{cm}$에서 지구를 물체 1이라 하고, 지구 위치를 기준점으로 정하자. 그 경우 질량중심점 좌표는 $x_{cm}=\dfrac{m_2x_2}{M}=\dfrac{m_2R}{M}$이다. $m_1=81m_2$이고, $R=60R_0$이므로, $x_{cm}\left(\dfrac{30}{41}\right)R_0$가 되어 지구 내부에 질량중심점이 위치하게 된다.

이제 그 질량중심점을 기준점으로 정한 기준틀에서, 지구와 달의 운동을 다시 다뤄보자. 지구와 달은 그 질량중심점을 중심으로 원운동을 한다고 생각할 수 있다. 지구와 달의 질량중심점 위치로부터 달과 지구 중심까지의 거리를 각각 R_m, R_M (즉 $R=R_m+R_M$)이라 하자. 이때 질량중심점 위치에서 측정한 달의 빠르기를 v_0라고 하면, 달의 가속도 크기는 $\dfrac{v_0^2}{R_m}$이 된다. 한편, 이 경우에도 물론 달이 받는 힘은 지구가 당기는 $G\dfrac{mM}{R^2}$ 크기의 만유인력이므로, 달의 운동방정식은 이제 $m\dfrac{v_0^2}{R_m}$이 된다. 그리고 이 식에서 얻은 달의 빠르기로부터 계산한 달의 공전 주기는 관측된 주기와 잘 일치하게 된다.

물음 7-13 R_m을 R로 나타내고, 그로부터 v_0를 구하라.

관성력과 조수 현상

우리는 앞에서 달에 가까운 부분과 먼 부분의 만유인력 차이로 인해 조수 현상이 생긴다고 설명했다. 하지만 조수 현상은 '지구와 달'계의 질량중심점에 고정된 기준계에서 나타나는 원심력을 이용하면 좀 더 쉽게 설명할 수 있다. 즉 달 쪽을 향한 바닷물은 달이 끄는 힘 때문에, 그 반대쪽의 바닷물은 원심력 때문에 생긴다고 보는 설명이다. 지구는 고정된 채로 자전하는 것이 아니라, 달과 지구를 잇는 직선 위의 질량중심점을 중심으로 원운동을 하므로, 질량중심점에서 볼 때 지구 위의 물체들은 원심력을 받는다. 그러므로 달의 반대쪽 바닷물은 회전에 의한 원심력 때문에 부풀어 오른다고 할 수 있다.

---

2 지구와 달의 질량은 각각 약 5.98×10^{24}kg, 7.36×10^{22}kg이고, 지구 중심에서 달 중심점까지의 거리는 약 3.8×10^{8}m 이다.

7.6 다체계의 질량중심점

두 물체 이상이 존재하는 계를 **다체계**many body system라고 부른다. 예컨대, 앞에서 다룬 지구와 달의 두 물체가 있는 계는 가장 단순한 다체계의 예다. 그러나 지구와 달은 태양의 영향을 받으며 운동한다. 그러므로 지구와 달의 운동을 다루려면 태양까지 고려해야 한다. 앞에서 우리는 두 물체의 운동에서 질량중심점이 매우 독특한 성질을 가지는 중요한 의미가 있는 위치임을 알게 되었다. 이제부터는 두 물체만 있는 경우가 아닌 여러 물체가 있는 경우의 질량중심점에 관해 다뤄보자.

여러 물체라고 하면, 보통 여러 개의 천체가 있는 경우를 생각하게 된다. 그러나 그 '여러 물체'는 하나의 물체를 여러 개로 쪼개어 붙여놓은 상태에서의 각 입자를 뜻할 수도 있다. 즉 우리가 지금까지 '물체'라고 말한 것들은 실제로는 수많은 입자가 붙어 있는 다체계로 볼 수 있다는 것이다. 예컨대, 우리는 지금까지 지구를 그 중심점에 있는 질량을 가진 점으로 취급해 다루었는데, 실제로 지구는 수많은 입자가 뭉쳐져 있는 물체라고 볼 수 있다. 크기가 있는 물체를 그 물체의 질량을 가진 한 점으로 나타내는 경우, 그 점을 그 물체를 나타내는 **질점**mass point이라고 부른다.

이제 망치라는 물체가 사실은 여러 개로 나눠진 조각들을 붙여놓은 것이라고 생각해보자. 흩어져 있는 천체를 계라고 생각해도 좋다. 우리는 앞에서 두 물체끼리의 운동에서는 질량중심점을 $x_{cm} = \frac{1}{M}(m_1x_1 + m_2x_2)$, $(M = m_1 + m_2)$로 정의한다고 했다. 그러나 세 개 이상의 물체로 이루어진 계에서, 각 물체의 질량이 m_1, $m_2, \cdots$이고, 그 위치가 각각 $\boldsymbol{r}_1$, $\boldsymbol{r}_2, \cdots$라고 하면, 질량중심점 $\boldsymbol{r}_{cm}$은 다음과 같이 정의한다.

$$\boldsymbol{r}_{cm} = \frac{1}{M}(m_1\boldsymbol{r}_1 + m_2\boldsymbol{r}_2 + m_3\boldsymbol{r}_3 + \cdots) \tag{7.22}$$

여기에서 M은 $m_1 + m_2 + \cdots$으로서, 모든 물체의 질량을 더한 총 질량을 나타낸다. 한편, 직각좌표계를 사용해 질량중심점을 $\boldsymbol{r}_{cm} = (x_{cm}, y_{cm}, z_{cm})$으로 나타내면 x_{cm}, y_{cm}, z_{cm}은 각각 다음과 같이 쓸 수 있다.

$$\begin{aligned} x_{cm} &= \frac{1}{M}(m_1x_1 + m_2x_2 + \cdots) \\ y_{cm} &= \frac{1}{M}(m_1y_1 + m_2y_2 + \cdots) \\ z_{cm} &= \frac{1}{M}(m_1z_1 + m_2z_2 + \cdots) \end{aligned} \tag{7.23}$$

한편 나무토막과 같이 물체의 질량이 연속적으로 분포된 경우에는 그 물체를 충분히 작은 단위로 나누어 질량중심점을 계산하면 된다. 이 경우, 질량중심점 위치는 $x_{cm} = \frac{1}{M}\int x dm$과 같은 적분 표현으로 나타낼 수도 있다.

물음 7-14 물체의 질량중심점은 여러 가지 면에서 그 물체를 대표하는 점으로 볼 수 있다. 예컨대, 앞에서 다루었던, 길이가 L인 쇠사슬의 한쪽 끝을 높이 L만큼 들어 올리는 데 필요한 일을 다시 구해보자. 이 경우는 쇠사슬 질량중심점을 L만큼 들어 올린 상태와 같다. 쇠사슬의 한쪽 끝을 높이 L만큼 들어 올리는 데 필요한 일의 양은 얼마인가?

예제 7-5 막대의 질량중심

밀도가 균일하고, 길이가 L인 막대의 질량중심점 위치를 구하라.

풀이

막대의 질량을 M이라 하면, 단위길이당 질량을 나타내는 질량 밀도는 $\frac{M}{L}$이 된다. 따라서 dx 길이 구간의 미소질량은 $dm = \left(\frac{M}{L}\right)dx$이다. 따라서 $x_{cm} = \frac{1}{M}\int_0^L \frac{M}{L}xdx = \frac{L}{2}$이다. 당연한 결과지만, 막대의 중심점이 그 질량중심점이 된다.

어떤 경우에는 계의 질량중심점을 직접 적분해 계산하기보다, 일차적으로 계를 나누어 각 부분의 질량중심점을 먼저 계산한 후, 각 부분들을 질점으로 대치해서 계산하는 것이 더 편리하다. 예컨대, 공 모양의 지구와 달의 질량중심점을 한 단계로 계산하기는 쉽지 않다. 하지만 먼저 지구와 달의 질량중심점을 각각 구한 다음(그 질량중심점은 물론 각각의 중심점임을 보일 수 있다), 지구와 달을 그 질량중심점에 있는 질점으로 대치해 전체 질량중심점을 계산하면 쉽다. 예컨대, 지구와 달의 질량이 각각 m_A, m_B이고, 두 천체를 잇는 직선 위에서의 질량중심점 위치를 각각 x_A, x_B라고 하자. 이때 두 천체의 질량중심점은 다음과 같이 나타낼 수 있다.

$$x_{cm} = \frac{1}{M}(m_A x_A + m_B x_B) \tag{7.24}$$

예제 7-6 L자 모양 물체의 질량중심점 위치

밀도가 균일하고, 수평 길이가 30 cm, 수직 길이가 20 cm인 L자 모양 물체의 질량중심점 위치를 구하라.

풀이

물체의 구부러진 점을 원점으로 하고, 막대의 질량 밀도를 σ로 나타내기로 하자. 이제 물체를 두 부분으로 잘라, 30 cm 길이의 수평 물체의 질량중심점을 먼저 구해보자. $M = 30\sigma$로부터 $x_{cm} = \frac{1}{M}\int_0^{30}\sigma x dx = 15\,\text{cm}$, $y_{cm} = 0$임을 알 수 있다. 마찬가지로 20 cm 길이의 수직 물체의 질량중심점 좌표는 $(0, 10\,\text{cm})$가 된다. 이제 각 부분을 각 질량중심에 위치하는 해당 질량의 물체로 대치하면, 전체계의 질량중심점은 $x_{cm} = \frac{1}{50}(30 \cdot 15 + 20 \cdot 0) = 9\,\text{cm}$, $y_{cm} = \frac{1}{50}(30 \cdot 0 + 20 \cdot 10) = 4\,\text{cm}$가 된다. 이 예에서 알 수 있듯이, 물체의 질량중심점이 반드시 물체 내부에 존재하지는 않는다.

예제 7-7 우주선 위에서 이동하는 사람

길이가 L이고, 질량이 M인 우주선이, 외력이 작용하지 않는 상태에서 우주공간에 멈춰 있다. 이때 이 우주선의 한쪽 끝에 질량이 m인 사람이 서 있다가 우주선의 다른 한쪽 끝으로 걸어가면 우주선도 움직이게 된다.

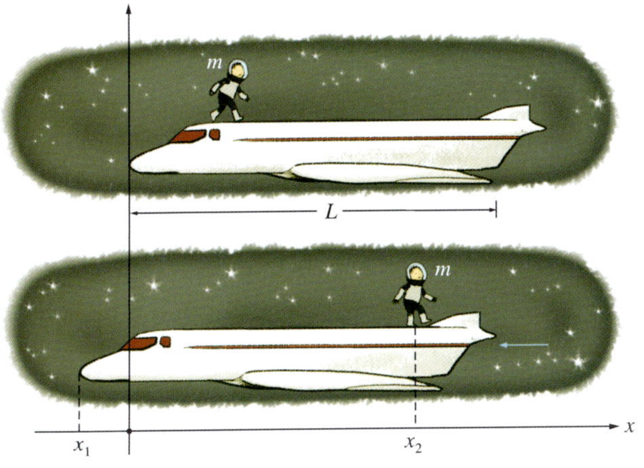

(a) 사람이 빠르기 v로 이동한다면, 우주선의 빠르기는 얼마인가?

(b) 사람이 우주선의 다른 한쪽 끝에 도달한 상태에서 우주선이 이동한 거리를 구하라.

풀이

(a) 이 계에서는 외력이 작용하지 않으므로, $mv+MV=0$이다. 그러므로 우주선의 속도는 $V=-\frac{m}{M}v$다.

(b) 사람이 이동하기 전에 먼저 계의 질량중심점 위치를 구해보자. 사람의 위치를 $x=0$인 기준점이라고 하고, 기차의 질량중심점이 그 가운뎃점인 $x=\frac{L}{2}$에 있다고 가정하자. 이 경우, 천체계의 질량중심점 위치 X는 $(M+m)X=m\cdot 0+M\cdot\left(\frac{L}{2}\right)$에서 구할 수 있다. 논의를 좀 더 간단하게 하기 위해, 우주선의 질량중심점이 사람 위치인 $x=0$에 있다고 가정해보자. 그 경우 질량중심점 위치는 당연히 $X=0$이 된다. 한편, 이 계에서는 외력이 작용하지 않으므로 질량중심점의 위치는 일정해야 한다. 따라서 사람이 이동한 후, 우주선과 사람의 위치를 각각 x_1, x_2라고 하면 $0=Mx_1+mx_2$가 되어야 하고, 물론 $x_2-x_1=L$ 관계를 맺는다. 따라서 $x_1=-\frac{m}{m+M}L$이며, 우주선은 $\frac{m}{m+M}L$만큼 이동한다.

물음 7-15 반지름이 각각 a, $10a$인 공 모양 물체가 두 개 있다. 두 물체의 질량 밀도는 똑같고, 균일하다. 그리고 두 공의 중심점은 거리 $D=15a$만큼 떨어져 있다. 이 경우, 질량중심점은 반지름이 $10a$인 물체 중심으로부터 얼마나 떨어져 있는가?

물음 7-16 키가 1m인 사람이 누워 있다. 이 사람을 지탱하는 것은 머리와 발에 하나씩 놓인 저울뿐이다. 머리 부분의 눈금이 20kg, 발 부분의 눈금이 30kg이라면, 이 사람의 질량중심점은 발로부터 얼마나 높은 곳에 있는가?

7.7 다체계의 운동

우리는 앞에서 두 물체끼리만 상호작용하는 운동에서는 총 운동량이 보존된다는 사실을 알게 되었다. 그 경우 두 물체는 직선운동만 한다고 했는데, 일반적인 운동은 직선운동이 아닌, 여러 물체의 3차원 공간 운동이다. 세 개 이상의 여러 물체로 이루어진 계를 **다체계**many body system라 부른다. 단순한 다체계의 예로, 태양의 중력에 의한 지구와 달의 운동을 생각해보자.

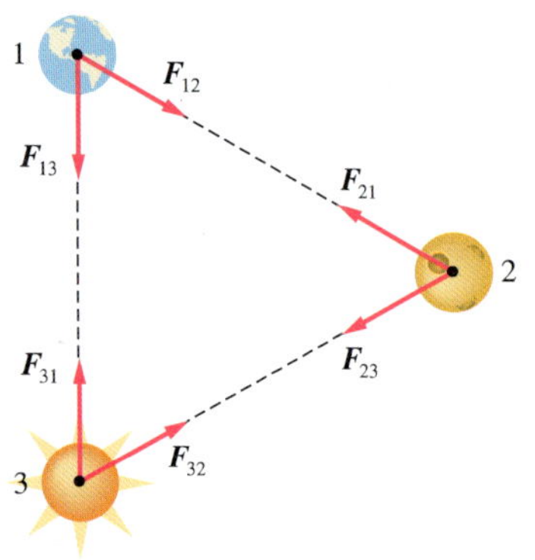

그림 7-9 지구, 달, 태양이 서로 끄는 힘들

지구와 달의 두 천체가 태양의 중력을 받는 상태에서 또다시 서로 도는 운동을 한다면 태양이 정지해 있다고 가정하더라도 그 운동을 기술하기는 매우 어려울 것으로 예상할 수 있다. 그러나 질량중심점 개념을 이용하면, 그런 경우의 운동도 단순한 두 개의 운동을 중첩한 운동으로 기술할 수 있다는 것을 우리는 곧 알게 될 것이다. 이 경우, '지구와 달과 태양'계의 질량중심점이 태양 중심에 있다고 가정하고, (즉 태양의 질량은 지구나 달의 질량에 비해 매우 크므로 태양은 정지해 있다고 가정하고) 지구와 달의 운동을 기술하는 방법을 알아보기로 하자.

이제 지구와 달을 각각 물체 1, 물체 2, 태양을 물체 3이라 부르기로 하자. 그리고 지구에 달과 태양이 작용하는 힘을 각각 $\boldsymbol{F}_{12}$, $\boldsymbol{F}_{13}$으로 쓰기로 하자. 또 달에 지구와 태양이 작용하는 힘을 각각 $\boldsymbol{F}_{21}$, $\boldsymbol{F}_{23}$라 하자. 이때 지구와 달에 작용하는 합력은 $\boldsymbol{F}_1 + \boldsymbol{F}_2 = \boldsymbol{F}_{12} + \boldsymbol{F}_{13} + \boldsymbol{F}_{21} + \boldsymbol{F}_{23}$와 같이 나타낼 수 있다. 흥미로운 점은, 지구와 달이 서로 끄는 중력은 작용-반작용 법칙으로부터 $\boldsymbol{F}_{12} = -\boldsymbol{F}_{21}$ 관계를 가지므로 이 합력을 다음과 같이 쓸 수 있다는 것이다.

$$\boldsymbol{F}_1 + \boldsymbol{F}_2 = \boldsymbol{F}_{13} + \boldsymbol{F}_{23} \tag{7.25}$$

이 결과는 '지구와 달'계에서 작용하는 합력에서 지구와 달 사이 힘이 상쇄된 상태로, 순전히 태양이 지구와 달을 끄는 힘만 남게 된다는 것인데, 이런 힘을 **외력**external force이라 부른다. 즉 외력이란 다체계 속의 물체끼리 서로 작용하는 힘[3]을 무시하고, 외부에서 다체계 물체(이 경우에는 지구와 달)에 작용하는 힘을 나타낸다. 외력을 $\boldsymbol{F}_{ext}(=\boldsymbol{F}_{13}+\boldsymbol{F}_{23})$라 쓰기로 하면, $m_1\boldsymbol{a}_1 + m_2\boldsymbol{a}_2 = \boldsymbol{F}_{ext}$로 쓸 수 있는

데, 이 결과는 다시 다음과 같이 나타낼 수 있다.

$$\frac{d}{dt}(m_1 \boldsymbol{v}_1 + m_2 \boldsymbol{v}_2) = \boldsymbol{F}_{ext} \tag{7.26}$$

또는

$$\frac{d}{dt}(\boldsymbol{p}_1 + \boldsymbol{p}_2) = \boldsymbol{F}_{ext} \tag{7.27}$$

이런 논의는 지구와 달이라는 두 개의 천체뿐만 아니라 매우 많은 수의 천체로 이루어진 계로도 바로 확장될 수 있다. 즉 각 천체에 작용하는 힘을 $\boldsymbol{F}_1$, $\boldsymbol{F}_2$, $\boldsymbol{F}_3, \cdots$ 등으로 표시하고, 모든 천체에 작용하는 힘의 합력을 구한다고 생각해보자. 각 천체끼리 서로 당기는 힘들은 모두 작용-반작용력이므로, 천체계의 운동을 다룰 때는 그와 같은 힘들을 고려할 필요는 없으며, 오직 천체계의 외부에서 작용하는 힘만 고려하면 된다.

따라서 각각의 천체에 작용하는 외력의 합을 $\boldsymbol{F}_{ext}(= \boldsymbol{F}_1 + \boldsymbol{F}_2 + \cdots)$이라 하면, 각 천체의 운동방정식 $\boldsymbol{F}_1 = m_1 \boldsymbol{a}_1, \cdots$을 모두 더해서,

$$m_1 \boldsymbol{a}_1 + m_2 \boldsymbol{a}_2 + \cdots = \boldsymbol{F}_{ext} \tag{7.28}$$

또는

$$\frac{d}{dt}(m_1 \boldsymbol{v}_1 + m_2 \boldsymbol{v}_2 + \cdots) = \boldsymbol{F}_{ext} \tag{7.29}$$

와 같은 결과를 얻는다. 한편, $m_1 \boldsymbol{v}_1 + m_2 \boldsymbol{v}_2 + \cdots$ 는 계의 총 운동량을 나타내므로, 총 운동량을 $\boldsymbol{P} = m_1 \boldsymbol{v}_1 + m_2 \boldsymbol{v}_2 + \cdots$와 같이 쓰면, 이 식은 다시 다음과 같아진다.

$$\frac{d\boldsymbol{P}}{dt} = \boldsymbol{F}_{ext} \tag{7.30}$$

이 결과는 다체계의 운동에서도 총 운동량은 (그 자체 내부 상호작용에는 무관하고) 오직 외력에만 의존하는 것을 보여준다. 우리는 지금까지 흩어져 있는 천체계를 생각해왔지만, 지금까지의 논의는 망치나 돌덩이와 같이 형태가 고정된(한 덩어리로 된) 물체의 운동에도 적용된다. 즉 망치는 여러 조각으로 된 물체가 서로 붙어서 만들어진 것으로 생각할 수 있고, 그 조각들은 서로 당기는 힘으로 붙어서 모양을 유지한다고 볼 수 있다. 각 조각이 서로 당기는 힘들은 모두 작용-반작용력이므로, 앞에서 다룬 천체들의 운동에서처럼 외력에 의한 망치의 운동을 다룰 때는 그 힘들을 고려하지 않아도 된다. 따라서 중력이라는 외력을 받으며 운동하는 망치의 경우, 망치의 운동량 변화는 오직 외력인 중력에 의해서만 결정된다.

3 그런 힘을 내력(internal force)이라 부르기도 한다.

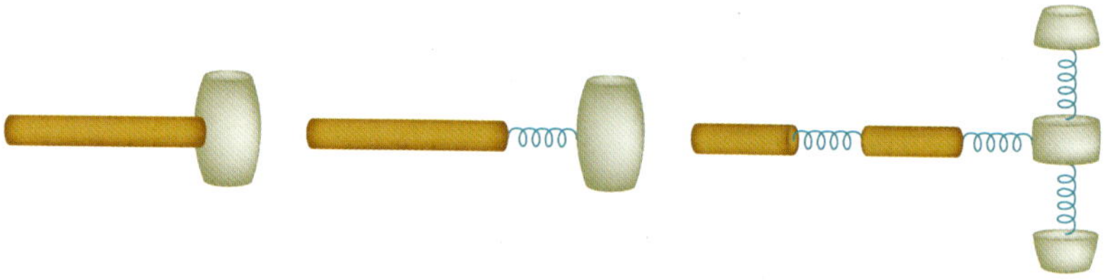

그림 7-10 여러 조각으로 나누어진 망치

한편, 외력이 작용하지 않아 $Fext=0$이라는 조건이 성립하면, 총 운동량 P의 크기는 일정하다는 점을 기억해두자. 이는 '외력이 작용하지 않는 고립계의 총 운동량은 일정하다'라는 뜻이며, 이를 다체계의 **총 운동량 보존법칙**이라 부른다.

질량중심점의 운동

우리는 다체계의 총 운동량이 외력에 의해서만 영향을 받는다는 것을 알게 되었지만, 실제로 다체계가 어떻게 운동하는지는 아직 다루지 않았다. 예컨대, 지구와 달 계는 태양이 끌어당기는 중력에 의해 운동한다는 사실을 알게 되었지만, 실제로 '지구와 달'계가 어떤 운동을 하는지는 아직 다루지 않았다. 이제 다체계의 질량중심점이 어떤 운동을 하는지 알아보기로 하자.

다체계의 질량중심점은 $\boldsymbol{r}_{cm}=\dfrac{1}{M}(m_1\boldsymbol{r}_1+m_2\boldsymbol{r}_2+\cdots)$로 정의하므로, 이를 시간에 대해 미분하면 다음 결과를 얻게 된다.

$$\frac{d\boldsymbol{r}_{cm}}{dt}=\frac{1}{M}(m_1\boldsymbol{v}_1+m_2\boldsymbol{v}_2+\cdots)=\frac{1}{M}\boldsymbol{P} \tag{7.31}$$

따라서 앞에서 언급한 관계식 $\dfrac{d\boldsymbol{P}}{dt}=\boldsymbol{F}_{ext}$는 다음과 같은 형태로 쓸 수 있다.

$$\frac{d^2\boldsymbol{r}_{cm}}{dt^2}=\frac{1}{M}\boldsymbol{F}_{ext} \tag{7.32}$$

이 식은 힘 $\boldsymbol{F}_{ext}$에 의해 위치 $\boldsymbol{r}_{cm}$에 있는 질량이 M인 물체가 받는 운동방정식을 뜻한다. 즉 질량중심점 $\boldsymbol{r}_{cm}$의 운동은, 다체계의 총 질량 M을 가진 질점이 외력 $\boldsymbol{F}_{ext}$를 받는 경우의 운동과 똑같은 운동을 하게 되는 것이다. 예컨대, '지구와 달'계의 총 질량이 그 질량중심점에 뭉쳐져 있는 질점이라 할 때, 그 질점은 태양이 지구와 달에 각각 작용하는 중력의 합력에 의해 운동하게 되는 것이다. 즉 지구와 달은 서로 도는 운동을 하지만, 그 질량중심점은 오직 태양이 작용하는 중력에 의한 운동을 할 뿐이다.

태양이 지구와 달에 각각 작용하는 중력의 합력 방향이, 그 질량중심점 위치에서 태양을 향하는 방향이 되는 것을 보이기는 어렵지 않다. 따라서 그 질점(질량중심점)은 태양을 중심으로 원운동을 하게 된다.

이는 지구의 공전 운동이, 태양을 중심으로 한 지구와 달계의 질량중심점 원운동과, 그 질량중심점을 중심으로 한 또 하나의 원운동이 중첩된 것으로 기술될 수 있음을 보이는 것이다.

이와 같은 결과는 공중에 던진 망치의 운동을 다루는 데도 유용하다. 즉 망치가 여러 조각으로 이루어진 물체라고 볼 때, 망치의 각 점에 작용하는 외력의 합력은 당연히 망치 전체에 작용하는 중력이 된다. 따라서 망치 질량을 질량중심점에 뭉쳐놓은 질점이 중력을 받아 운동하는 결과를 얻는다. 즉 날아가는 망치의 질량중심점은 마치 공중에 던져진 공처럼 단순한 포물선 운동을 하게 된다.

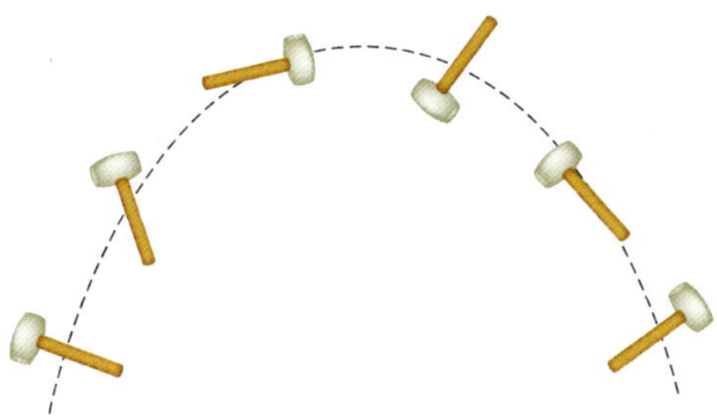

그림 7-11 날아가는 망치의 운동 경로

물음 7-17 질량중심점의 속도는 $\dfrac{d\boldsymbol{r}_{cm}}{dt}$ 로 나타낼 수 있는데, $\dfrac{d\boldsymbol{r}_{cm}}{dt}=\boldsymbol{v}_{cm}$ 이라 쓰면 $\boldsymbol{v}_{cm}=\dfrac{1}{M}\boldsymbol{P}$ 로 나타낼 수 있음을 보여라.

[물음 7-17]의 결과로부터 우리는 다체계의 총 운동량을 $\boldsymbol{P}=M\boldsymbol{v}_{cm}$ 으로 나타낼 수 있음을 알 수 있다. 즉 다체계를 물체들의 총 질량이 질량중심점에 뭉쳐져 있는 질점이라 가정할 때, 다체계의 총 운동량을 '총 질량×질량중심점 속도' 값으로 나타낼 수 있다. 한편, $\dfrac{d\boldsymbol{P}}{dt}=\boldsymbol{F}_{ext}$ 관계로부터 외력이 없으면 총 운동량 $\boldsymbol{P}$는 일정하므로, 질량중심점은 일정한 속도로 운동하게 된다.

참고 지구와 달에 작용하는 합력의 방향

지구와 달의 질량을 각각 m, m'이라 하고, 태양의 질량을 M으로 나타내면 태양이 지구와 달을 끄는 중력은 각각 $-G\dfrac{mM}{D^2}\hat{r}$, $-G\dfrac{m'M}{D^2}\hat{r}'$으로 쓸 수 있다. 여기에서 $\hat{r}$, $\hat{r}'$은 각각 태양으로부터 지구와 달을 향하는 방향의 단위벡터이고, D는 태양으로부터 지구와 달까지의 거리를 나타낸다. 태양으로부터 지구와 달까지의 거리는 매우 멀기 때문에 여기에서는 그 거리가 D로 같다고 근사하기로 한다. 이제 두 힘의 합력은 $-G\dfrac{M}{D^2}(m\hat{r}+m'\hat{r}')$으로 쓸 수 있다. 한편, 지구와 달의 질량중심점 위치벡터 $\boldsymbol{r}_{cm}$은 $(m+m')\boldsymbol{r}_{cm}=m\boldsymbol{r}+m'\boldsymbol{r}'$으로 정의되며, 이 식을 다시 $(m+m')D\hat{r}_{cm}=D(m\hat{r}+m'\hat{r}')$로 나타내면 합력 방향 $m\hat{r}+m'\hat{r}'$은 질량중심점 방향 $\hat{r}$과 일치함을 알 수 있다.

참고 사리와 조금

바닷물의 조수 현상은 달의 영향을 많이 받는다. 달만큼은 아니지만, 태양도 조수 현상에 영향을 준다. 태양의 영향은 잘 드러나지 않지만, 달과 태양의 위치에 따라 **사리**와 **조금**이라는 현상으로 드러난다. 즉 지구, 달, 태양이 일직선에 있을 때(①, ②)는 바닷물 수위가 매우 높아지는 사리 현상을 보이고, 지구와 태양을 잇는 직선과 수직 위치에 달이 있을 때는 바닷물의 수위가 매우 낮아지는 조금 현상을 보인다. 사리와 조금이 나타나는 시기는 바다 조업을 하는 사람들에게는 매우 중요해 해안 근처에서 사용되는 달력에는 그 시기가 표시되어 있다.

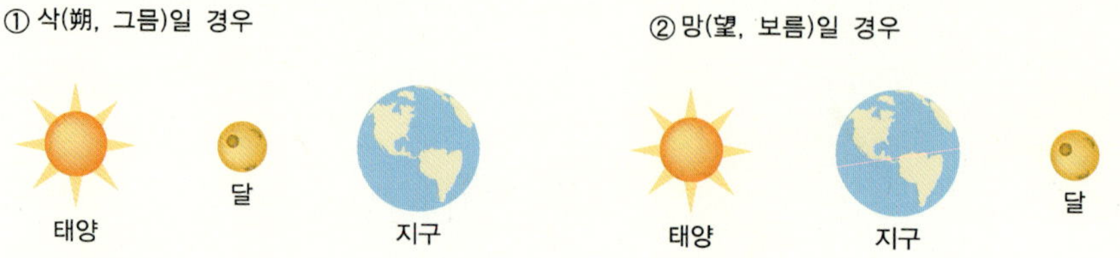

(a) 사리 때 달, 태양, 지구의 모습

(b) 조금 때 달, 태양, 지구의 모습

CHAPTER 07 연습문제

1 질량이 150 g인 야구공이 40 m/s의 빠르기로 날아오다가 방망이에 맞은 다음 튕겨나가는 빠르기가 60 m/s라고 한다. 공이 방망이와 접촉한 시간이 5.0 ms라면, 그동안 공에 작용한 힘의 평균세기는 얼마인가?

2 마찰이 없는 면 위에 놓여 있으며 질량은 M인 물체에 질량이 m인 공이 날아와 부딪친 다음 튕겨나갔다. 공이 물체 표면의 수직선과 30°로 입사한 다음, 입사각과 같은 크기의 각도와 같은 빠르기 v로 튕겨나왔다.

(a) 공의 운동량 변화량의 크기는 얼마인가?

(b) 물체가 받은 충격량의 크기는 얼마인가?

(c) 충돌 후 물체의 빠르기 V는 얼마인가?

3 호스에서 10초당 30 kg씩 뿜어져 나오는 물을 벽에 뿌리고 있다. 물의 빠르기는 2.0 m/s이며, 물은 벽에 부딪친 후 바닥으로 떨어져 멈춘다고 한다.

(a) 10초 동안의 물의 운동량 변화량의 크기는 얼마인가?

(b) 벽이 받는 힘의 평균세기는 얼마인가?

4 질량이 0.10 kg인 공이 2.0 m/s의 빠르기로 벽에 부딪친 후 날아온 방향으로 같은 빠르기로 다시 튕겨나가고 있다. 1분당 부딪치는 공의 수가 30개일 때, 벽이 받는 힘의 평균세기는 얼마인가?

***5** **방 속의 분자**

한 변의 길이가 L인 정육면체의 한 면에 수직 방향으로 일정한 빠르기 v로 왕복운동을 하는 분자(질량은 m)가 있다. 분자가 부딪치는 정육면체의 한 면에 작용하는 힘의 평균세기는 얼마인가?

6 질량이 0.60 kg인 공을 바닥면으로부터 45 m 높이에서 떨어뜨렸더니, 바닥에 부딪친 다음 20 m의 높이까지 튀어 올랐다. 공이 부딪치는 동안의 접촉시간이 2.0 ms라면, 공이 바닥면에 작용한 힘의 평균세기는 얼마인가?

7 질량이 50 g인 탄환을 1,000 m/s의 빠르기로 발사하는 기관총이 있다. 기관총 사수가 기관총에 작용할 수 있는 힘의 최대 크기가 180 N이라 할 때, 기관총을 정지시킨 채로 사수가 1분에 발사할 수 있는 탄환의 최대 개수는 얼마인가?

*8 컨베이어 벨트 ①

일정한 힘으로 끌리는 청소용 통(또는 컨베이어 벨트)이 있다. 청소용 통은 일정한 비율로 물질이 채워지면서, 일정한 빠르기 $3.0\,\mathrm{m/s}$로 운동한다고 한다. 이 청소용 통의 질량은 매초 $2.0\,\mathrm{kg}$의 비율로 증가한다.

(a) 그 힘의 세기는 얼마인가?

(b) 그 힘이 1초 동안 하는 일은 얼마인가?

(c) 1초 동안 운동에너지 증가량은 그동안 힘이 한 일의 정확히 $1/2$임을 보여라.

*9 컨베이어 벨트 ②

모래를 나르는 컨베이어 벨트가 일정한 속도 v로 운동하고 있다. 컨베이어 벨트에는 일정한 증가율로 모래가 추가되고 있다. 어느 시각 t에서 모래를 얹은 컨베이어 벨트의 질량을 $M(t)$라고 할 때, 질량의 증가율은 $dM/dt = C_0$이다.

(a) 컨베이어 벨트를 운동시키기 위해 작용하는 힘의 세기는 얼마인가?

(b) 그 힘이 하는 일률은 얼마인가?

(c) 단위시간당 운동에너지 변화량은 정확히 일률의 $1/2$임을 보여라.

[참고] 완전비탄성충돌로 손실된 운동에너지는 열로 변환된다.

*10 통나무

길이가 $1.0\,\mathrm{m}$인 통나무를 통나무 양쪽 끝에 둔 저울 위에 올려놓았다. 통나무 앞부분 눈금이 $30\,\mathrm{kg}$, 뒷부분 눈금이 $20\,\mathrm{kg}$이었다. 통나무의 질량중심점이 오른쪽으로부터 떨어진 거리 x는 얼마인가?

**11 암모니아 분자

암모니아 분자는 수소 원자로 이루어진 정삼각형 모양의 중심축 위에 질소 원자가 위치한 형태를 가진다. 이때 수소 원사 간의 거리 a는 $16.28 \times 10^{-11}\,\mathrm{m}$이고, 수소 원자와 질소 원자 간의 거리 d는 $10.14 \times 10^{-11}\,\mathrm{m}$이다. 질소 원자 질량이 수소 원자 질량의 13.9배라고 하면, 질량중심점은 질소 원자로부터 얼마나 떨어져 있는가?

*12 원판의 질량중심점

반지름이 R인 균일한 밀도와 두께를 가진 원판 모양 물체가 있다. 이 원판의 중심점에서 거리가 $R/2$이 되는 곳에 중심을 두었으며 반지름이 r인 원판 모양 부분을 떼어낸다면, 남은 부분의 질량중심점이 원래의 원판 중심점에서 떨어진 거리 x는 얼마인가?

13 길이가 L이고 두께는 무시되는 막대 세 개로 이루어진 ㄷ자 형태의 물체가 xy 평면에 놓여 있다. 각 막대 부분의 끝점 좌표가 각각 $[(0, 0), (L, 0)]$, $[(0, 0), (0, L)]$, $[(0, L), (L, L)]$인 경우, 이 물체의 질량중심점 좌표를 구하라.

****14** 배에서의 질량중심점

철수가 영희와 함께 정지한 상태의 배를 타고 있다가 서로 자리를 바꾸어 앉았다. 배의 길이는 3.0 m 이고, 두 좌석은 배의 양쪽 끝에 각각 배치되어 있다. 서로 자리를 바꾸어 앉은 후, 철수는 배가 원래의 위치에서 자신이 앉아 있던 방향으로 40 cm 이동한 것을 알게 되었다. 이 경우, 철수의 질량을 알면 영희의 질량은 다음과 같은 과정으로 알아낼 수 있다.

(a) 편의상 보트의 질량이 무시된다고 가정하고 보트 길이는 L이라 하자. 그리고 철수와 영희의 질량은 각각 m_1, m_2라 하고 각각의 위치는 x_1, x_2라 하자. 이 경우, 이 계의 질량중심점 위치를 주어진 양들로 나타내라.

(b) 자리를 바꾼 후에 철수가 앉아 있던 방향으로 보트가 이동한 거리를 a라 했을 때, 주어진 양들로 다시 질량중심점 위치를 나타내라.

(c) 질량중심점 위치는 언제나 일정하다. 그 사실을 이용해 $x_2 = x_1 + L$인 경우 m_1, m_2의 관계를 주어진 양들로 나타내라.

(d) 철수의 질량이 80 kg인 경우 영희의 질량은 얼마인가?

***15** 쌍둥이별

쌍둥이별이라고 불리는 두 별의 질량은 m으로 똑같다. 두 별은 정확히 두 천체의 중간점을 중심으로 서로 돌게 된다. 두 별 사이의 거리는 R이라 한다.

(a) 두 천체의 중간점(즉 질량중심점)에서 측정한 두 별의 빠르기는 같다. 그 빠르기 v는 얼마인가?

(b) 쌍둥이별 중 한쪽 별에 있는 사람이 측정한 자신의 위치는 고정되어 있다고 보고(즉 자신의 기준계가 관성기준계라 착각하고) 계산한 다른 한쪽 별의 빠르기는 얼마인가?

(c) 쌍둥이별 중 한쪽 별에 있는 사람이 측정한 다른 한쪽 별의 빠르기는 얼마인가?

16 두 물체가 운동하는 계가 있다. 질량이 $m_1 = 3.0\,\text{kg}$인 한 물체는 $+x$축 방향으로 5 m/s 의 빠르기, 즉 $\boldsymbol{v}_1 = 5.0\,\text{m/s}\ \hat{i}$ 의 속도로 운동하고, 질량이 $m_2 = 6.0\,\text{kg}$인 다른 물체는 $+y$축 방향으로 8 m/s 의 빠르기, 즉 $\boldsymbol{v}_2 = 8.0\,\text{m/s}\ \hat{j}$의 속도로 운동한다고 한다. 이 계의 질량중심점 속도는 얼마인가?

17 가벼운 물체와 무거운 물체가 똑같은 운동에너지를 가지고 있다. 무거운 물체와 가벼운 물체의 질량이 각각 M, m이라면, 무거운 물체의 운동량 크기는 가벼운 물체의 운동량 크기의 몇 배인가?

18 질량이 각각 1.0kg, 3.0kg인 두 물체가 용수철로 연결되어 있다. 1.0kg인 물체가 질량중심점을 향해 1.7m/s의 빠르기로 운동하는 경우, 3.0kg인 물체의 빠르기는 얼마인가?

19 마찰이 없는 바닥면에 놓여 있는 썰매를 탄 사람이 썰매의 뒤쪽 방향을 향해 돌을 던졌다. 이 경우, 썰매와 사람과 돌의 총 질량은 120kg이고 돌의 질량은 10kg이라 한다.

(a) 지상에서 측정한 돌의 빠르기가 10m/s라 할 때, 돌을 던진 후 썰매의 빠르기는 얼마인가?

(b) 썰매에서 측정한 돌의 빠르기가 10m/s라 할 때, 지상에서 측정한 썰매의 빠르기는 얼마인가?

20 질량이 각각 m, $2m$인 두 물체가 압축된 용수철의 양쪽 끝에 위치해 있다. 이때 용수철의 압축을 풀자 용수철이 늘어나면서 두 물체가 양쪽으로 튕겨나갔다. 압축된 용수철에 저장되었던 에너지가 60J이었다면, 두 물체가 가진 운동에너지는 각각 얼마인가?

****21** 기차 위의 사람

마찰이 없는 레일에 놓인 기차 위의 한쪽 끝에 있는 사람이 다른 한쪽 끝을 향해 걷고 있다. 기차의 질량은 M이고, 사람의 질량은 $m = (1/10)M$이다.

(a) 지상에서 관측할 때 사람이 기차 위에서 걷는 빠르기를 v라 하면, 사람이 걷는 동안 지상에서 본 기차의 빠르기는 얼마인가?

(b) 기차 표면에 대한 사람의 빠르기, 즉 기차 표면을 걷는 사람의 빠르기를 v라 하면, 사람이 걷는 동안 지상에서 측정한 기차의 빠르기는 얼마인가?

(c) 기차의 길이가 L이라면, 사람이 다른 한쪽 끝까지 걸었을 때, 기차가 이동한 거리는 얼마인가?

22 질량이 각각 m_1, m_2인 두 물체가 용수철에 연결되어 질량중심점은 고정된 채로 진동하고 있다.

(a) m_1, m_2의 빠르기를 각각 v_1, v_2라 할 때, $\frac{v_1}{v_2}$의 크기는 얼마인가?

(b) m_1, m_2의 운동에너지를 각각 K_1, K_2라 할 때, $\frac{K_1}{K_2}$의 크기는 얼마인가?

23 풍선에 매달린 사다리

공중에 떠 있는 풍선에 사다리가 매달려 있고 사다리 위에는 사람이 있다. 풍선은 지상에서 볼 때 정지해 있으며 사다리를 포함한 풍선의 질량은 M이고, 사람의 질량은 m이다. 위쪽을 향하는 방향을 $+x$축이라 하고, 사람이 사다리 위에서 속도 v_0로 운동하고 있다(즉 사다리 계에서 측정한 사람의 속도는 v_0이다).

(a) 지상에서 측정한 풍선의 속도를 V라 할 때, 지상에서 측정한 사람의 속도 v를 주어진 양들로 나타내라.

(b) 지상에서 측정한 풍선의 속도 V는 얼마인가?

24 경사면 위 물체

다음 그림과 같이, 질량이 M인 쐐기 모양의 물체가 마찰이 없는 바닥면 위에 놓여 있다. 그 물체는 경사각이 α인 평평한 경사면을 가지고 있다. 이 경우, 바닥면으로부터 높이가 h인 경사면 위에 있던, 질량이 m인 또 다른 물체가 마찰이 없이 미끄러져 내려온다고 한다.

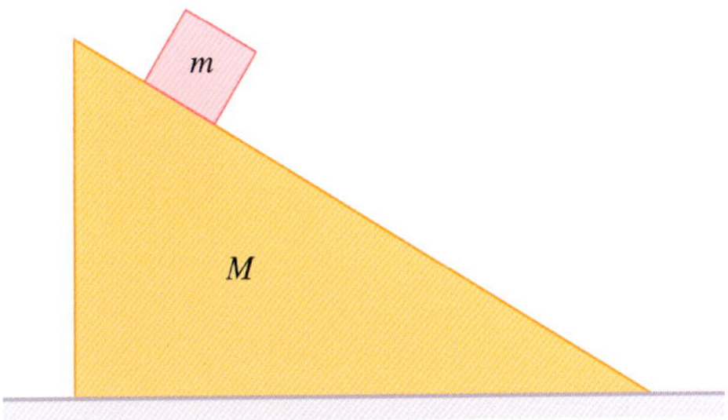

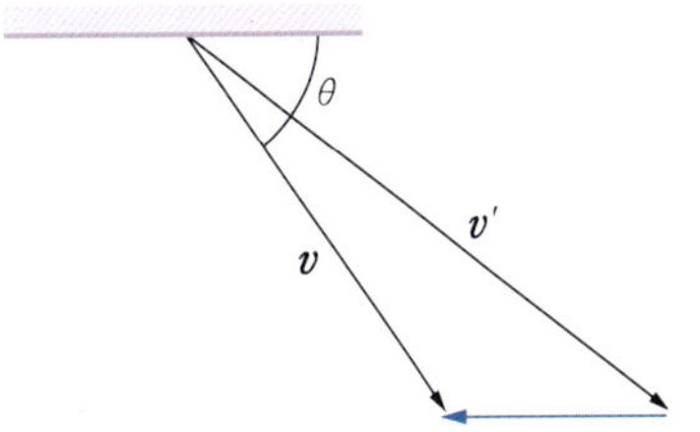

(a) 미끄러져 내려오는 물체가 지면에 닿는 순간 물체의 속도는 $\boldsymbol{v}$, 그 순간 쐐기 모양 물체의 속도는 $\boldsymbol{V}$, 속도 $\boldsymbol{v}$의 방향이 수평면과 이루는 각은 θ라 할 때 $MV = mv\cos\theta$임을 보여라.

(b) $\frac{1}{2}MV^2 + \frac{1}{2}mv^2 = mgh$임을 보여라.

(c) 쐐기계에서 측정한 미끄러져 내리는 물체의 속도를 $\boldsymbol{v}'$이라 하면, $v'^2 = v^2 + V^2 + 2vV\cos\theta$ 관계가 성립함을 보여라.

(d) 각 θ와 빗면 경사각 α가 $v\sin\theta = v'\sin\alpha$ 관계가 성립함을 보여라.

(e) $V = \sqrt{\frac{2m^2gh\cos^2\alpha}{(M+m)(M+m\sin^2\alpha)}}$ 로 나타낼 수 있음을 보여라.

25 입자 충돌

정지한 중수소 핵에 중성자가 와서 탄성충돌을 한 다음 90° 방향으로 튕겨나갔다. 중수소 핵의 질량은 중성자 질량의 두 배이다. 이 경우, 중성자의 처음 운동에너지의 2/3가 손실됨을 보여라.

*26 두 천체의 충돌

질량이 각각 m, M인 두 천체가 무한히 먼 거리에서 정지한 상태로 있다가 중력에 의해 서로를 끌어당겨서 둘 사이 거리가 d가 되었다. 이때 한 천체에서 관측한 다른 천체의 빠르기(상대속도의 크기)는 얼마인가?

**27 떨어지는 쇠사슬이 작용하는 힘

다음 그림과 같이, 길이가 L이고 질량이 m인 쇠사슬의 한쪽 끝이 바닥면에 닿은 채로 수직으로 들려 있다. 이 쇠사슬을 놓으면 쇠사슬은 떨어져 내리며 바닥면 위에 쌓인다. 남아 있는 쇠사슬 길이는 x인 상태이다.

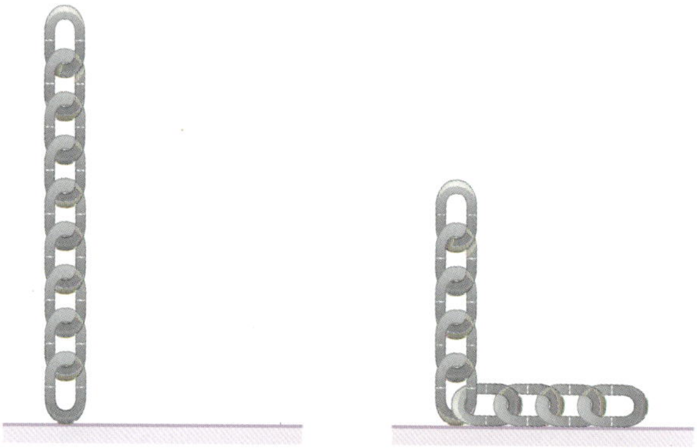

(a) 단위길이당 쇠사슬의 질량을 $\rho(=m/L)$라고 하면, 이미 떨어져 쌓인 쇠사슬의 중력 세기는 얼마인가?

(b) 시간 Δt 동안 쇠사슬의 운동량 변화량 Δp는 얼마인가?

(c) 바닥면에는 이미 떨어진 쇠사슬의 중력과 떨어지는 쇠사슬의 운동량 변화에 의한 충격력이 작용한다. 쇠사슬이 바닥면에 작용하는 힘의 세기는 얼마인가?

**28 질량중심점계에서의 운동에너지

마찰이 없는 평면 위에서 질량이 각각 m_1, m_2인 두 물체가 직선상에서 각각 속도 v_1, v_2로 운동하고 있다.

(a) 이 계의 질량중심점 속도가 V일 때, 질량중심점에서 측정한 각 물체의 빠르기 v_1', v_2'을 주어진 양들로 나타내라.

(b) 두 물체의 총 운동에너지를 T, 질량중심점계에서 측정한 총 운동에너지를 T_{CM}이라 하면, $T=T_{CM}+\frac{1}{2}(m_1+m_2)V^2$ 관계가 성립함을 보여라.

29

다음 그림과 같이, 질량이 m, 빠르기가 v인 총알이, 질량이 M인 나무토막을 관통한다고 한다. 관통 후 총알의 빠르기는 $\frac{v}{2}$이다. 나무토막은 길이가 l이고 질량은 무시되는 단단한 막대에 매달려 있고, 총알에 관통된 나무토막의 빠르기는 V이다.

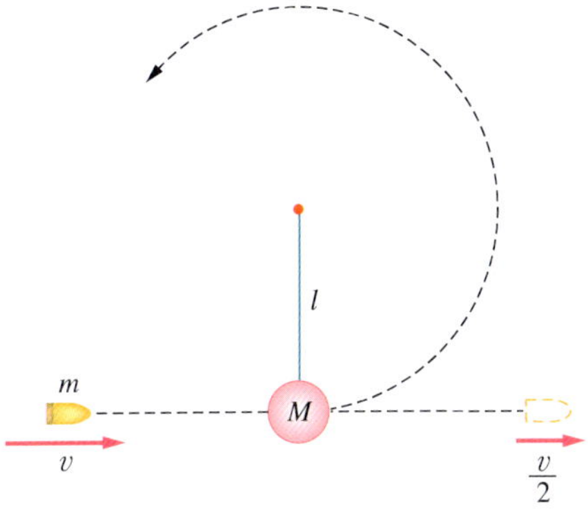

(a) 최고점에 도달한 상태에서 나무토막이 정지하기 위한 총알의 빠르기는 얼마인가?

(b) 나무토막이 원운동을 하기 위한 v의 크기는 얼마인가?

30

수평 평면 위에 질량이 1.8 kg인 나무토막이 놓여 있다. 나무토막에 질량이 4.5 g인 총알이 수평 방향으로 날아와 박힌 후, 나무토막은 1.8 m 이동하고 멈추었다. 나무토막과 평면과의 마찰계수가 0.20이라면 총알의 빠르기는 얼마인가?

*31

탄동 진자

다음 그림과 같이, 실험실에서도 총알의 빠르기 v를 측정할 수 있는 방법이 있다. 먼저 나무토막을 줄에 연결해 천장에 매달아둔다. 그 다음 나무토막을 향해 총알을 발사하고 총알이 박힌 나무토막의 최대 상승 높이를 측정한다. 나무토막의 질량은 M, 총알의 질량은 m, 상승 높이는 H이다.

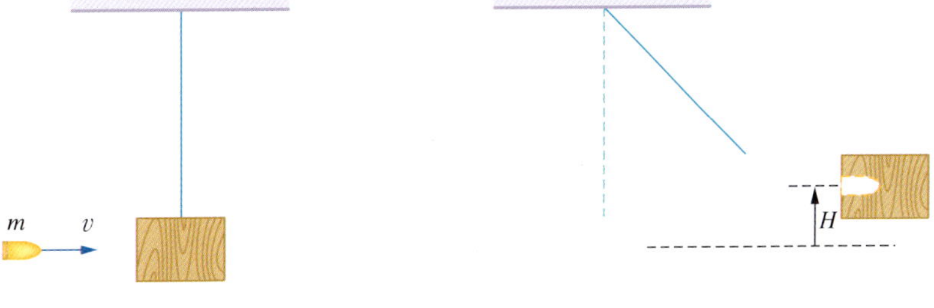

(a) 총알이 나무토막에 박히고 난 다음 나무토막의 빠르기 V의 표현을 구하라.

(b) 총알의 빠르기 v의 표현을 구하라. 단, 중력가속도 크기는 g이다.

32 질량이 10g인 총알이, 질량이 3.0kg인 탄동 진자 나무토막에 박힌 후 나무토막은 0.2m 올라갔다고 한다. 이때 총알의 빠르기를 구하라. 단, $g = 10\,\mathrm{m/s^2}$이다.

33 두 공의 충돌 ①

질량이 m인 당구공이 두 개 있다. 실험실에서 당구공 하나가 정지해 있는 다른 당구공에 v_0의 빠르기로 정면충돌했다.

(a) 두 당구공의 질량중심점의 빠르기는 얼마인가?

(b) 이 충돌이 탄성충돌이라 할 때, 질량중심점에서 측정한 두 당구공의 총 운동에너지는 실험실에서 측정한 총 운동에너지의 1/2배임을 보여라.

***34** 두 공의 충돌 ②

질량이 m이고 정지해 있는 공에 질량이 똑같은 다른 공이 빠르기 v_0로 부딪친 다음, 두 공이 날아온 공의 처음 진행 방향으로부터 똑같은 각도 θ로 튕겨나갔다.

(a) 충돌 후 각 물체의 빠르기 v를 v_0와 각 θ로 나타내라.

(b) 탄성충돌일 경우, 각 θ의 크기는 얼마인가?

***35** 두 물체의 충돌

다음 그림과 같이, 마찰이 없는 평면 위에 질량이 M인 물체가 놓여 있고, 평면 양쪽 방향 중 한쪽은 벽으로 막혀 있다. 이 경우, 물체와 벽 사이에 두었던 질량이 m인 다른 물체가, 질량이 M인 물체에 빠르기 v로 충돌하고 나서 다시 되돌아가 벽에 충돌한 후 튕겨 나왔다고 한다. 모든 충돌이 탄성충돌이라 할 때, 충돌이 모두 끝난 후 두 물체가 같은 속도로 운동하고 있다면 $\dfrac{M}{m}$의 크기는 얼마인가?

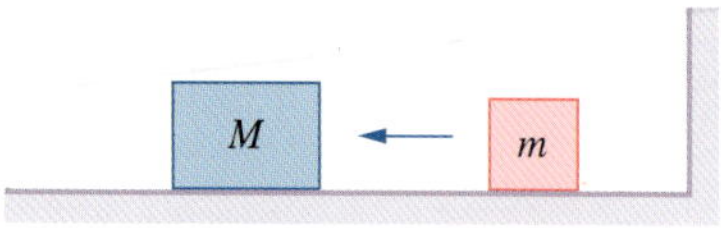

*36 세 공의 충돌

다음 그림과 같이, 질량이 똑같은 두 개의 공이 접촉한 채로 놓여 있다. 이때 두 공의 중심을 연결하는 선의 수직 방향에서 두 공의 접촉점을 향하여 다른 똑같은 공이 $10\,\text{m/s}$의 빠르기로 날아와 탄성충돌을 했다.

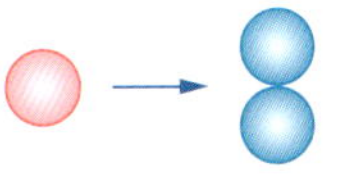

(a) 날아온 공의 충돌 전후 빠르기를 각각 v_0, v_1, 접촉한 채 놓여 있던 두 공이 충돌 후에 튕겨나간 빠르기를 v_2, 각을 θ라고 한다. 이때 θ는 얼마인가?

(b) 충돌 후 세 공의 빠르기는 각각 얼마인가?

**37 농구공 위의 테니스공

농구공 위에 테니스공을 올려놓은 채로 농구공을 바닥면에 떨어뜨리면, 농구공과 테니스공은 모두 위로 튀어 오르는데, 그 경우 테니스공은 떨어뜨리기 전의 높이보다 훨씬 더 높이 튀어 오르게 된다. 농구공과 테니스공의 질량을 각각 M, m이라 하고, 튀어 오른 높이를 계산하기 위해 모든 과정은 탄성충돌이라고 가정한다.

(a) 농구공과 테니스공이 서로 분리된 채로 똑같은 빠르기 v_0로 바닥면에 충돌한다고 할 때, $M \gg m$인 경우 농구공과 테니스공이 충돌한 후의 속도 v_1, v_2는 얼마인가?

(b) 떨어뜨리기 전 테니스공의 높이가 H_0라면, 튀어 오른 테니스공의 높이 H는 얼마인가?

**38 완전비탄성충돌에서의 운동에너지 손실

질량이 m_1인 물체가 질량이 m_2이고 정지해 있는 물체에 속도 v_0로 정면충돌을 한 후, 두 물체의 속도는 각각 v_1, v_2가 되었다. 충돌이 탄성충돌인지 아닌지는 알려져 있지 않다.

(a) 충돌 후 총 운동에너지를 속도 v_1만으로 나타내고, 충돌에서의 운동에너지 손실량 ΔT를 v_0, v_1으로 나타내라.

(b) 손실량 ΔT의 극대치는 $v_1 = \dfrac{m_1}{m_1 + m_2} v_0$인 조건에서 얻어짐을 보여라.

(c) 이 조건으로부터 $v_2 = v_1$임을 보여라. (이 조건은 충돌 후 두 물체가 한 덩어리로 운동하는 경우를 나타내며, 이때 운동에너지의 손실량이 가장 크다.)

나는 바닷가에서 놀던 한 소년에 지나지 않았던 것 같다.
가끔 예쁜 자갈이나 조개껍데기를 찾으며 놀았지만,
진리의 바다는 밝혀지지 않은 채 내 앞에 펼쳐져 있었다.
_아이작 뉴턴

PART 3

고체와 유체

Solids and Fluids

지금까지 우리는 질량은 있지만 크기가 없는 물체, 즉 질점이라 부르는 물체의 운동만 다뤘다. 그러나 우리 주위의 물질은 덩어리인 분자 상태로 존재하며, 그 상태도 기체, 액체, 고체 등 다양한 형태로 존재한다. 3부에서는 기체나 액체와 같이 형태가 일정하지 않은 유체 상태에서의 운동과 고체 상태에서의 회전운동이나 진동운동 등에 뉴턴의 운동법칙을 적용해보자.

CHAPTER

08 강체의 회전운동

Rotational motion of Rigid Bodies

8.1 회전운동과 강체

우리는 지금까지 물체를 형태가 없는 점으로만 취급해왔다. 즉 물체를 단지 질량만을 가진 점인 질점이라 부르는 것으로 다뤄온 것이다. 그러나 사실 망치나 공처럼 물체들은 형태를 지니고 있다. 따라서 그 물체들은 회전운동이 가능한 개체라고 보아야 한다. 일반적으로 물체는 단단해서 일정한 모양을 가진다고 볼 수 있는데, 망치처럼 그 모양이 변하지 않고 일정한 형태를 유지하는 물체를 **강체**rigid body라 부른다. 강체는 말 그대로 '강철과 같이 단단한 물체'라는 뜻으로 붙여진 이름이다. 물체는 변형되지 않는 고정된 형태를 가진 것으로 보이지만, 물체 분자들은 보이지 않는 용수철 같은 것으로 연결되어 있기 때문에, 엄밀한 의미에서 완전한 강체란 존재하지 않는다.

이제 물체가 형태를 가지고 있다는 점을 고려한다면, 물체가 날아갈 수도 있지만 회전할 수도 있다는 사실이 고려되어야만 한다. 예컨대, 공중에 던진 망치나 날아가는 야구공은 이동하면서 회전운동까지 할 수 있다. 또한 탄환이나 대포 포탄은 총신이나 대포 포신 내부에 나선형 홈이 만들어져 있기 때문에 날아가면서 팽이처럼 돌며 날아간다. 그런 회전운동을 하면 날아가는 동안 바람 같은 외부 영향에 의해 운동 방향이 쉽게 영향을 받지 않는 장점을 갖게 된다. 이는 움직이는 자전거나 회전운동을 하는 팽이가 잘 쓰러지지 않는 것과 같은 이유 때문인데, 회전하는 물체는 그런 특이하고 흥미로운 특성을 지닌다.

그러나 앞에서 다룬 것처럼, 물체의 질량중심점이라 부르는 점은 마치 그 물체의 총 질량이 그 점에 집중된 것과 같은 역할을 하게 된다. 즉 물체의 회전운동을 무시하고, 물체를 질량중심점에 집중된 총 질량을 가진 '질점'이라고 부르는 점으로 취급할 수도 있다.

앞장에서 보인 바와 같이 물체를 대표한다고 할 수 있는 그 질점의 운동은 단지 물체에 작용하는 외력에만 의존한다. 예컨대, 평면 위에서 굴러가는 공의 운동을 생각해보자. 이 경우, 공에 작용하는 외력인 중력은 수평 방향 운동에 영향을 주지 않으므로, 공과 평면 사이에 마찰력이 작용하지 않는다면 공은 일정한 속도로 계속 굴러갈 것이다. 즉 공의 질량중심점인 중심점은 일정한 속도로 운동하고 그것은 공이 그 중심점을 중심으로 일정한 회전속도로 회전한다는 것을 뜻한다.

공중에 던진 망치의 운동도 마찬가지로 복잡해 보이지만, 그 운동은 질량중심점의 운동과 질량중심점을 중심으로 한 단순한 **회전운동**rotational motion의 결합으로 단순화해 취급할 수 있다. 이때 물체가 중력만 받으며 운동한다면 물체의 질량중심점은 포물선 운동을 하며, 그 질량중심점을 중심으로 일정한 빠르기로 회전운동하게 된다. 그러므로 우리가 지금까지 다뤘던 회전운동이 없다고 취급한 운동은 **병진운동**translational motion이라 부른다.

그러므로 공중에 던진 물체의 운동을 수평과 수직 방향의 두 직선운동의 중첩으로 기술했던 것에 비유하면, 강체의 운동은 다음과 같이 병진운동과 회전운동이 중첩된 운동이라고 할 수 있다.

강체의 운동 = 질량중심점의 **병진운동** + 질량중심점을 중심으로 한 **회전운동**

강체운동의 이러한 방식의 기술은 앞에서 다룬 지구와 달의 운동에도 적용할 수 있다. 우리는 지구와 달이 서로 엉켜 도는 복잡한 운동을 한다는 것을 알았다. 그러나 이제는 그 운동을 '지구와 달'계의 질량중심점에 있는, 즉 지구와 달의 총 질량을 가진 질점이, 태양이 당기는 중력에 의해 태양을 중심으로 도는 원운동과 그 질점을 중심으로 지구와 달이 각각의 원운동을 하는 단순한 운동의 중첩으로 기술할 수 있는 것이다.

8.2 각속도와 각가속도

각도와 라디안

물체의 운동을 다루기 위해서는 먼저 그 물체를 대표하는 질점의 위치를 기술하는 것이 필요하다. 그리고 그 운동이 직선운동이라면 우리는 그 운동 방향을 좌표축으로 취한 다음 기준점을 정하고 그 기준점에 대한 좌표로 위치를 기술했다. 직선운동을 하는 경우에는 물체의 위치를 단 '하나의 좌표'로 나타낼 수 있는 것처럼 다행스럽게도 강체의 회전운동에서도, 강체의 모든 부분이 한 덩어리로 회전하기 때문에 강체의 회전 위치는 단 '하나의 좌표'로 나타낼 수 있다. 즉 어떤 기준 방향을 정하고, 그 기준 방향에서 강체가 회전한 '각도'로 그 위치를 나타내는 것이다.

회전운동에서 한 바퀴를 돌면 통상 360°를 회전한 것으로 본다. 그러나 이때 '360'이라는 숫자는 특별한 의미 없이 관습적으로 정한 것일 뿐이므로, 그런 척도보다는 **라디안**radian[1]이라는 척도를 사용하는 편이 더 자연스럽다.

---

1 라디안이란 이름은 반지름을 뜻하는 radius에서 연유한 것이다.

라디안 척도는 회전하는 물체의 한 점이 회전하는 동안, 그 점이 회전 이동한 거리를 회전 중심점에서 그 점까지의 거리로 나눈 크기를 회전한 각도로 정의한 각도 단위를 말한다. 예를 들어, 반지름이 r인 원운동을 하는 물체가 한 바퀴 돌면 이동한 거리는 $2\pi r$이 된다. 이때 회전한 각을 360°라고 할 수도 있지만, 그 각을 라디안 척도로 나타내면 '2π라디안'이 된다. 즉 회전운동에서 물체가 이동한 거리가 s일 때, 회전각 θ는 다음과 같이 정의한다.

$$\theta = \frac{s}{r} \tag{8.1}$$

여기서 라디안으로 나타낸 각은 차원이 없는 단순한 숫자임을 알 수 있다. 라디안은 단지 각을 나타내는 숫자를 알려줄 뿐, 단위는 아니라는 것에 유의하자. 참고로 1라디안은 약 57.3°에 해당한다.

라디안으로 측정한 각 θ와 마찬가지로 $\sin\theta$, $\tan\theta$ 또한 단위 없이, 단지 양을 나타내는 수일 뿐이다. 한편, 반지름이 1미터인 원의 경우에는 각 θ로 나타낸 호의 길이가 θ미터이므로, θ가 매우 작으면 $\theta \approx \sin\theta \approx \tan\theta$임을 알 수 있다. 예컨대, $\sin(0.1) \approx 0.0998$, $\tan(0.1) \approx 0.1003$이고, $\sin(0.2) \approx 0.199$, $\tan(0.2) \approx 0.203$이다.[2]

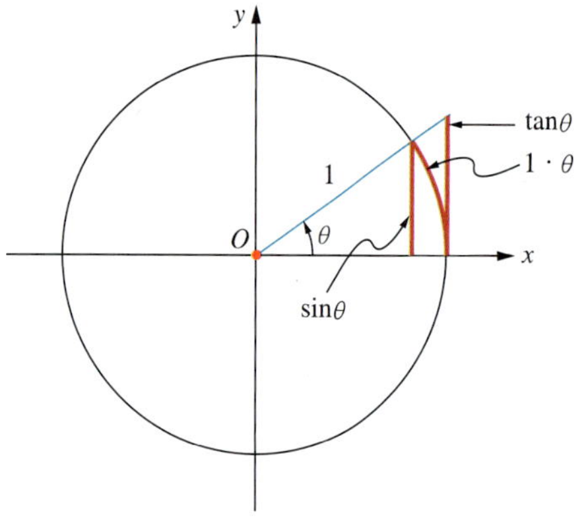

그림 8-1 라디안으로 나타낸 θ값, $\sin\theta$값, $\tan\theta$값

예제 8-1 지구 반지름의 추정

지구 반지름은 석양을 서서 볼 때와 앉아서 볼 때의 시차를 통해 추정할 수 있다. 어떤 사람이 서 있는 상태와 누운 상태의 높이 차가 170cm이고, 두 상태에서 석양의 시차가 11초라면, 지구 반지름 R은 얼마로 추정할 수 있는가?

[HINT] θ가 매우 작으면 $\cos\theta \approx 1 - \frac{\theta^2}{2}$이라고 볼 수 있다. 왜냐하면 $\sin\theta \approx \theta$이므로 $\cos^2 x = 1 - \sin^2 x$ 관계에서 $\cos x = (1-x^2)^{\frac{1}{2}} \approx 1 - \frac{1}{2}x^2$이기 때문이다.

2 0.2라디안은 약 11.5°에 해당한다.

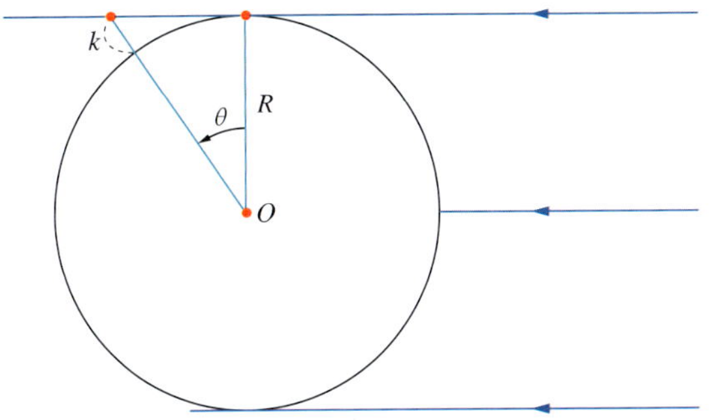

풀이

누운 상태에서 해를 본 뒤 다시 일어서서 11초 후에 해가 지는 것을 본다. 그동안 지구가 회전한 각을 θ라고 하면, 지구는 24시간에 한 바퀴를 돌기 때문에 $\frac{11s}{24h}=\frac{\theta}{2\pi}$ 관계가 성립한다. 한편, $(R+h)\cos\theta=R$을 통해 $R\approx 5{,}200\text{km}$의 결과를 얻는다.

평면에서 회전하는 물체의 회전 방향에는 시계방향과 반시계방향인 두 방향이 있다. 회전하는 물체의 운동 방향이 단지 두 가지라는 사실은, 직선운동에서 앞과 뒤의 두 방향의 운동만 존재한다는 사실에 비유할 수 있다. 즉 직선운동에서 위치 x가 방향(부호)을 가진 벡터양인 것처럼, 회전운동에서도 각 θ를 방향(부호)을 가진 벡터양으로 볼 수 있다. (관습적으로) 위에서 내려다볼 때 반시계방향으로 측정한 각도를 양(+)의 부호로 정한다.[3]

이처럼 각도는 부호를 갖기 때문에 벡터양이란 점을 유의하자. 즉 회전운동이 일어나는 평면을 xy 평면이라 하면, 각 θ가 양(+)의 부호인 경우 평면에서 나오는 방향인 z축 방향이 곧 그 각도 벡터의 방향이 된다. 참고로 이렇게 정한 각도의 벡터 방향은, 오른나사를 반시계방향으로 돌렸을 때 나사가 빠져나오는 방향을 양(+)의 방향으로 정했다고 보면 기억하기 쉽다.

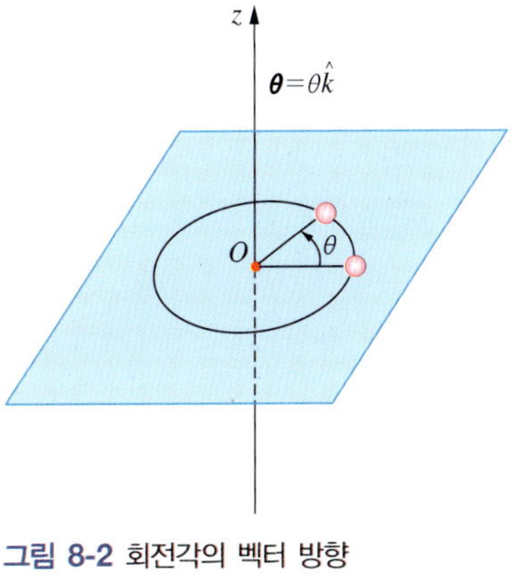

그림 8-2 회전각의 벡터 방향

따라서 xy 평면 운동에서, 각도 벡터는 $\boldsymbol{\theta}=\theta\hat{k}$(여기서 $\hat{k}$는 z축 방향의 단위벡터)로 나타낼 수 있다. 즉 어떤 기준 방향에서 반시계방향으로 θ만큼 회전한 각도 벡터는 $\hat{k}$ 방향이고, 시계방향으로 θ만큼 회전한 각도 벡터는 $-\hat{k}$ 방향이 된다. 그러므로 직선운동에서와 같이 앞으로 각 θ라고 하면 $\boldsymbol{\theta}=\theta\hat{k}$를 나타낸 것임을 유의하자.

---

3 직선운동에서 음(−)의 부호가 붙은 위치가 있는 것처럼, 회전운동에서도 음(−)의 값을 가진 각도가 있을 수 있다. 예컨대, 정동쪽을 기준으로 각도를 측정할 때, 물체가 정남쪽에 있는 경우 그 위치는 라디안 각도 $3\pi/2$에 있지만, 각도 $-\pi/2$에 있다고도 할 수 있다. 즉 어떤 각도가 주어지면 그 각도를 2π의 배수로 더하거나 빼도 여전히 같은 각도를 나타낸다.

물음 8-1 반지름이 R미터인 굴렁쇠가 굴러가고 있다. 굴렁쇠의 한 점이 라디안 단위로 각 θ_0만큼 회전했다면, 이동한 거리는 $R\theta_0$미터이다. 굴렁쇠가 한 바퀴 도는 동안 회전한 라디안 각도와 이동거리는 각각 얼마인가?

각속도

각속도[angular velocity]란 물체의 회전속도를 말하는 것으로, ω 기호로 나타낸다. 다시 말해 각속도는 시간에 따라 회전각이 어떤 방향으로 얼마나 빨리 변하는지를 나타낸다. 직선운동에서 속도를 $v = \dfrac{dx(t)}{dt}$로 정의한 것처럼, 각속도는 $\omega = \dfrac{d\theta(t)}{dt}$로 정의한다.

각도가 부호를 가지므로, 각속도도 마찬가지로 양(+)과 음(−)의 부호를 가지는 벡터양이다. 즉 각도를 벡터 기호 $\boldsymbol{\theta} = \theta\hat{k}$로 표기한 것처럼, 각속도도 벡터 기호로 표기하면 $\boldsymbol{\omega} = \dfrac{d\theta}{dt}\hat{k}$로 나타낼 수 있다.

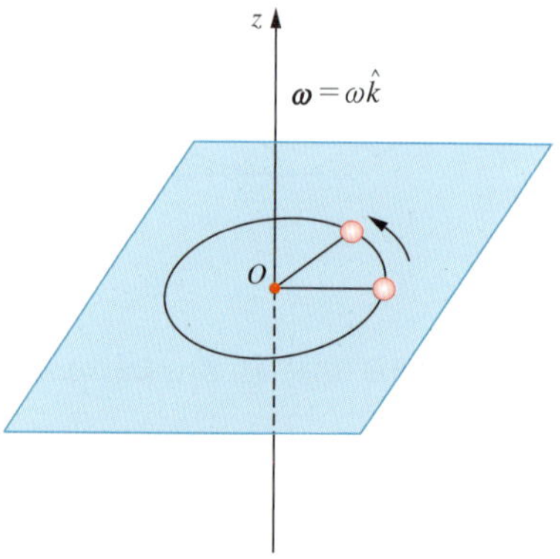

그림 8-3 각속도 벡터의 방향

예컨대, 반시계방향으로 회전하는 물체의 각도 θ의 크기는 점점 증가하므로, 각속도 ω는 양(+)의 부호를 갖는다. 마찬가지로 시계방향으로 회전하는 물체의 각도 θ의 크기는 점점 감소하므로, 그 물체의 각속도 ω는 음(−)의 부호를 가진다. 직선운동에서 속도 v가 그 부호를 통해 운동 방향을 나타냈듯이, 회전운동에서도 각속도 ω가 그 부호를 통해 회전 방향을 나타낸다.

이제 일정한 빠르기로 원운동을 하는 물체를 살펴보자. 물체의 빠르기가 v_0이고, 원운동 반지름이 r이라면, 시간 t 동안 이동한 거리는 $s = v_0 t$이므로 회전각은 $\theta = \dfrac{v_0 t}{r}$가 된다. 따라서 각속도 크기는 $\omega = \dfrac{d\theta}{dt} = \dfrac{v_0}{r}$로 나타낼 수 있다.

한편, 빠르기가 일정하지 않은 원운동에서도 시간 dt 동안의 미소 이동거리는 $ds = v\,dt$로 나타낼 수 있다. 따라서 미소 회전각 $d\theta$는 $d\theta = \dfrac{ds}{r} = \dfrac{v\,dt}{r}$로 나타낼 수 있으며, 빠르기가 v인 순간의 각속도 크기는 $\omega = \dfrac{d\theta}{dt} = \dfrac{v}{r}$로 나타낸다.

물음 8-2 xy 평면에서 반시계방향으로 회전하는 물체의 각도를 $\theta(t) = 1.5t$라고 한다. 각속도 크기는 얼마인가? 그리고 그 방향은 어느 방향인가?

물음 8-3 반지름이 R인 굴렁쇠가 굴러가고 있다. 굴렁쇠의 각속도가 ω라면, 굴렁쇠(또는 굴렁쇠의 중심점)의 빠르기는 얼마인가?

각가속도

등속원운동은 일정한 빠르기로 회전운동을 하는, 즉 각속도가 일정한 운동이다. 그리고 각속도가 일정하지 않은 운동에서는 그 시간 변화율을 **각가속도**[angular acceleration]라는 양으로 표현한다. 각가속도는 기호 α로 나타내며, $\alpha = \dfrac{d\omega(t)}{dt}$로 정의한다. 물론 등속원운동에서의 각가속도는 0이다.

각도나 각속도와 마찬가지로, 각가속도도 양(+)과 음(−)의 부호를 갖는 벡터양이다. 예컨대, 반시계방향으로 회전하는 물체가 점점 더 빠르게 회전하면 각속도의 크기도 점점 더 커지므로 각가속도 α는 양(+)의 부호를 갖는다. 한편, 반시계방향으로 회전하지만 점점 더 느리게 회전하면 각속도의 크기가 점점 작아지므로 각가속도는 음(−)의 부호를 갖게 된다.

각도와 각속도를 벡터 기호 $\boldsymbol{\theta} = \theta\hat{k}$와 $\boldsymbol{\omega} = \dfrac{d\theta}{dt}\hat{k}$로 나타낸 것처럼, 각가속도도 벡터 기호로 표기하면 $\boldsymbol{\alpha} = \dfrac{d\omega}{dt}\hat{k}$ 또는 $\boldsymbol{\alpha} = \dfrac{d^2\theta}{dt^2}\hat{k}$로 나타낼 수 있다.

물음 8-4 xy 평면에서 반시계방향으로 회전하는 물체의 각속도가 $\omega(t) = 2.5t\,(\mathrm{rad/s})$라고 한다. 각가속도 크기는 얼마인가? 그리고 그 방향은 어느 방향인가?

이제 줄에 매달려 흔들리는 물체의 운동을 살펴보자. 물체가 오른쪽으로 올라가는 상태에서(즉 반시계방향) 각속도는 양(+)의 부호를 가지므로, 각속도 벡터 방향은 지면에서 나오는 방향이다. 한편, 올라가는 상태에서 각속도 크기는 점점 작아지므로 각가속도는 음(−)의 부호를 가진다. 즉 각가속도 벡터 방향은 지면으로 들어가는 방향이 된다.

물음 8-5 흔들이 진자에 달린 물체가 오른쪽으로 올라가 최고점에 이른 다음, 다시 내려오는 경우(즉 시계방향 운동), 각속도 부호와 각가속도 부호는 각각 무엇인가?

물음 8-6 각가속도 크기 α가 α_0로 일정한 경우, 다음 물음에 답하라.

(a) ω_0가 $t=0$에서의 각속도 크기일 때, 시각 t에서의 각속도 크기가 $\omega(t) = \omega_0 + \alpha_0 t$임을 보여라.

(b) θ_0가 $t=0$에서의 각도일 때, 시각 t에서의 각 $\theta(t)$가 $\theta(t) = (\theta_0 + \omega)9t + \dfrac{1}{2}\alpha_0 t^2$임을 보여라.

(c) (a)와 (b)의 결과로부터 $\omega^2 - \omega_0^2 = 2\alpha(\theta - \theta_0)$ 관계를 보여라.

8.3 등속원운동에서의 속도와 가속도

이제 앞에서 다룬 물체의 등속원운동을 회전운동의 관점에서 다시 살펴보자. 물체의 위치를 각 $\theta(t)$로 나타내면 그 각은 일정하게 증가하므로, $\theta(t) = \omega_0 t$로 나타낼 수 있다. 또한 원운동의 반지름을 R이라 하면, 직각좌표계에서 물체 좌표는 $[R\cos(\omega_0 t),\ \sin(\omega_0 t)]$라 할 수 있으므로 위치벡터는 다음과 같다.

$$\boldsymbol{r}(t) = \hat{i}R\cos(\omega_0 t) + \hat{j}R\sin(\omega_0 t) \tag{8.2}$$

그리고 여기에서 $\hat{r}$을 위치벡터 $\boldsymbol{r}$의 단위벡터라 하면 $\boldsymbol{r}(t) = R\hat{r}(t)$이고 $\hat{r}(t) = \hat{i}\cos(\omega_0 t) + \hat{j}\sin(\omega_0 t)$로 나타낼 수도 있다.

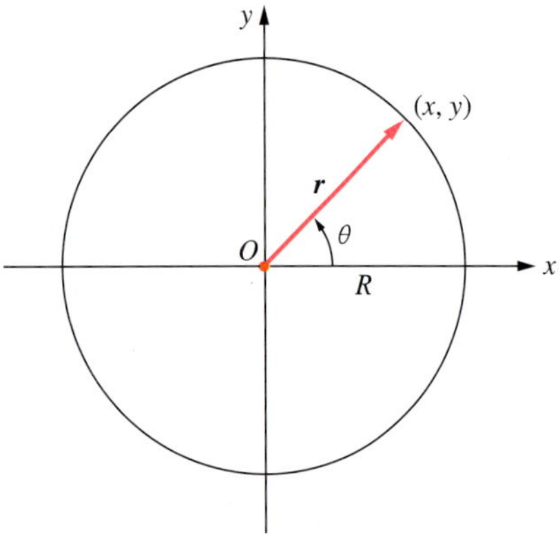

그림 8-4 등속원운동

한편, 등속원운동에서 각속도 ω_0는 일정하므로, $\frac{d}{d\theta}(\cos\theta) = -\sin\theta$, $\frac{d}{d\theta}(\sin\theta) = \cos\theta$인 미분 결과를 이용하면 속도 $\boldsymbol{v}$와 가속도 $\boldsymbol{a}$를 다음과 같이 나타낼 수 있다.

$$\begin{aligned} \boldsymbol{v}(t) &= -\hat{i}R\omega_0\sin(\omega_0 t) + \hat{j}R\omega_0\cos(\omega_0 t) \\ &= R\omega_0[-\hat{i}\sin(\omega_0 t) + \hat{j}\cos(\omega_0 t)] \\ \boldsymbol{a}(t) &= -R\omega_0^2[\hat{i}\cos(\omega_0 t) + \hat{j}\sin(\omega_0 t)] = -R\omega_0^2\hat{r}(t) \end{aligned} \tag{8.3}$$

그리고 이 결과로부터 다음과 같은 사실을 알 수 있다.

(1) $\boldsymbol{r}\cdot\boldsymbol{v} = 0$이므로, 속도는 접선 방향이다.
(2) 가속도는 $-\hat{r}(t)$ 방향, 즉 중심을 향한다.
(3) 물체의 빠르기 v와 가속도 크기 a는 각각 $v = R\omega_0$, $a = R\omega_0^2$으로 일정하다.

즉 가속도 크기 a를 빠르기 v로 나타내면 $a = \frac{v^2}{R}$으로, 이미 우리가 얻은 결과와 같다. 이 경우, 원운동의 반지름을 R, 주기를 T라고 하면 물체의 빠르기 v는 $vT = 2\pi R$ 관계를 가진다. 그러므로 $v = R\omega_0$ 관계로부터 $\omega_0 T = 2\pi$ 관계가 성립한다. 즉 일정한 각속도 ω_0로 한 주기 동안 회전한 각도가 2π라는 것을 알 수 있는데, ω_0를 **각진동수**angular frequency라고 부르기도 한다.

이 논의에서는 매우 흥미로운 사실을 알 수 있다. 즉 식 (8.3)에서 $a(t) = -\omega_0^2 r(t)$의 직각좌표계의 한 축인 x축 부분 성분은 $a_x = -\omega_0 x$ 형태가 된다는 점이다. 이 식을 미분 기호로 나타내면 다음과 같다.

$$\frac{d^2x}{dt^2} = -\omega_0^2 x \tag{8.4}$$

이는 용수철에 매달린 용수철 상수가 k이고, 질량이 m인 물체의 운동방정식인 $F = ma = -kx$와 같은 형태다. 즉 용수철에 매달린 물체의 운동은 각속도 크기는 $\omega_0 = \sqrt{\frac{k}{m}}$ 로 원운동을 하는 물체의 x축 운동 성분과 같은 운동(즉 x축 그림자 운동)을 한다.

8.4 회전관성

회전운동에서는 어떤 축을 중심으로 물체가 회전하는 운동을 주로 다루는데, 일반적인 상황에서 회전축은 보통 그 물체의 질량중심점을 지난다. 지금부터 어떤 **축**axis을 중심으로 회전하는 물체의 운동에너지에 대해 다뤄보자.

우리는 앞에서 병진운동을 하는 물체의 운동에너지를 빠르기 v를 사용해 표현했다. 그러나 물체가 회전할 때는 물체의 각 부분마다 그 빠르기가 다르므로, 빠르기를 통해 운동에너지를 나타내기는 어렵다. 그러나 이때 회전체의 모든 부분이 같은 각속도 ω로 회전한다는 사실을 이용하면 회전운동 에너지를 단순하게 표현할 수 있다. 이제 질량이 m인 물체가 어떤 회전축을 중심으로 각속도 크기 ω로 회전할 때, 운동에너지를 각속도 크기로 나타내보자. 물체를 매우 작은 조각으로 나눴을 때의 질량과 속도를 각각 m_i, v_i라 하면, 회전운동 에너지는 $K = \frac{1}{2}\sum_i m_i v_i^2$이라 할 수 있다. 한편, 조각 i 위치로부터 회전축까지의 수직 거리$(r_\perp)_i$를 r_i라 하면, $v_i = r_i\,\omega$가 되므로 회전운동 에너지는 $K = \frac{1}{2}\sum_i m_i (r_i\,\omega)^2$으로 나타낼 수 있다. 여기에서 $I = \sum_i m_i {r_i}^2$이라고 나타내면, 이 결과는 다음과 같아진다.

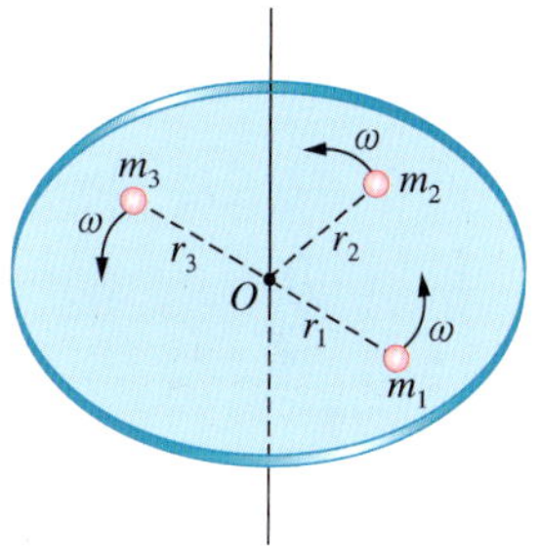

그림 8-5 회전하는 물체의 각 부분 운동에너지

$$K = \frac{1}{2} I\omega^2 \tag{8.5}$$

이때 I를 그 물체의 **회전관성**moment of inertia이라 부르며, 회전체의 관성 또는 회전질량이라 해석할 수 있다. 어떤 물체를 충분히 작은 조각의 모음으로 본다면 $I = \sum_i m_i {(r_\perp)_i}^2$ 표현보다 적분 형식인 $I = \int r^2 dm$과 같이 나타내는 것이 편리할 때가 있는데, 이때 거리 r은 조각 질량 dm으로부터 축까지의 수직 거리이다.

질량이 같더라도 회전관성의 크기는 물체의 모양이나 회전축 위치에 따라 달라진다. 하지만 회전관성이 I이고 각속도가 ω라면 그 회전체의 운동에너지는 $K = \frac{1}{2}I\omega^2$으로 간단하게 나타낼 수 있다. 이 형태는 병진운동의 운동에너지인 $\left(\frac{1}{2}\right)mv^2$과 매우 비슷한데, I를 질량에, 각속도 ω를 속도 v에 대입해 이해하면 쉽다.

물음 8-7 회전하는 어떤 물체의 회전관성이 I일 때, $L=I\omega$로 나타낸다면 물체의 운동에너지를 $K=\frac{L^2}{2I}$으로 나타낼 수 있음을 보여라.

몇 가지 물체의 회전관성

물체의 회전관성에 대한 정보는 회전운동을 다루는 데 매우 중요하므로, 몇 가지 물체를 통해 이를 계산하는 방법을 살펴보기로 하자.

고리(굴렁쇠)와 파이프

질량이 M, 반지름이 R인 고리 모양의 물체가 있다고 하자. 이때 고리의 중심점을 지나며 고리에 수직인 회전축에 대한 회전관성을 구해보자. 고리를 작은 조각으로 자르면, 각 조각은 회전축에서 모두 같은 거리에 있으므로 회전관성은 $I=MR^2$이 된다. 또한 질량이 M, 반지름이 R인 파이프가 그 중심축을 중심으로 회전할 때 역시 파이프를 고리의 집합체로 볼 수 있으므로, 회전관성은 $I=MR^2$이 된다.

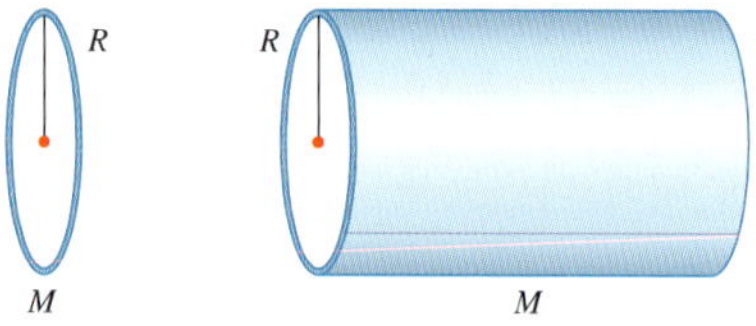

그림 8-6 고리와 파이프

원판과 원통

이제 질량이 M, 반지름이 R인 균일한 질량 밀도를 가진 원판이 있다고 하자. 이 경우, 원판의 중심점을 지나며 원판에 수직인 회전축에 대한 회전관성은 원판을 충분히 많은 고리 조각으로 나눠서 구할 수 있다. 반지름이 r인 고리의 두께가 dr이라면, 단위면적당 질량 밀도를 σ_0라 할 때 고리의 질량은 $dm=\sigma\cdot 2\pi r dr$이다. 따라서 $I=\int_0^R r^2\cdot\sigma_0\cdot 2\pi r dr$로 나타낼 수 있고, $\sigma_0\cdot\pi R^2=M$ 관계를 이용하면 $I=\frac{1}{2}MR^2$을 구할 수 있다. 마찬가지로 질량이 M, 반지름이 R인 균일한 질량 밀도를 가진 원통 모양의 물체에서도 $I=\frac{1}{2}MR^2$임을 알 수 있다.

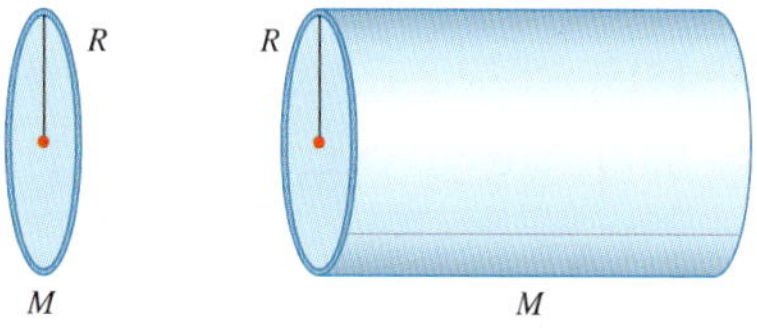

그림 8-7 원판과 원통

물음 8-8 안쪽 반지름이 a, 바깥쪽 반지름이 b인 도넛 모양의 원판이 있다. 원판의 질량이 M일 때, 이 원판의 중심축에 대한 회전관성은 얼마인가?

[HINT] 반지름이 a인 원판의 회전관성에 원판의 중심축에 대한 회전관성을 더하면, 반지름이 b인 원판의 회전관성과 같아진다.

막대

질량이 M, 길이가 L인 균일한 질량 밀도를 가진 막대가 있다고 하자. 막대의 중심점을 지나며 막대에 수직인 회전축에 대한 회전관성도 막대를 충분히 작은 조각으로 나눠서 구할 수 있다. 중심에서 x만큼 떨어진 곳에 있는 조각의 길이가 dx라면, 조각의 질량은 $dm=\lambda dx$가 된다. 여기에서 λ는 $\lambda L=M$으로 정의한 단위길이당 질량이다. 중심에서 보면 길이가 $\frac{L}{2}$인 막대 두 개가 되므로, 회전관성은

$I = 2\int_0^{L/2} x^2 \cdot \lambda dx$로 나타낼 수 있고, $I = \frac{1}{12}ML^2$임을 알 수 있다.

물음 8-9 질량이 M, 길이가 L이고 균일한 질량 밀도를 가진 막대가 있을 때, 막대의 한쪽 끝을 지나며 막대에 수직인 회전축에 대한 회전관성이 $\frac{1}{3}ML^2$임을 보여라.

한편, 질량이 M, 반지름이 R인 균일한 질량 밀도를 가진 공 모양 물체가 있다고 하자. 물체의 중심점을 지나는 회전축에 대한 회전관성을 구하려면 약간 복잡한 적분을 해야 하는데, 그 결과는 $I = \frac{2}{5}MR^2$임을 보일 수 있다.

평행축 정리

경우에 따라 물체의 회전관성을 계산하기가 매우 어려울 수 있는데, 이때 **평행축 정리** parallel axis theorem 를 이용하면 편리하다. 평행축 정리란 질량이 M인 물체의 질량중심점을 중심으로 하는 회전축에 대한 회전관성이 I_{cm}일 때, 그 축에 평행이고 거리가 h만큼 떨어진 다른 회전축에 대한 회전관성 I는 다음과 같다는 정리다.

$$I = I_{cm} + Mh^2 \tag{8.6}$$

예컨대, 균일한 질량 밀도를 가진 막대의 질량이 M이고 길이가 L일 때, 그 막대의 질량중심점인 중간점을 지나는 축에 대한 회전관성은 $I_{cm} = \frac{1}{12}ML^2$이다. 그러므로 막대의 한쪽 끝을 축으로 하여 회전할 때, 그 회전관성은 평행축 정리를 이용하면 $I = \frac{1}{12}ML^2 + M\left(\frac{L}{2}\right)^2$으로 구할 수 있다. 물론 이 값은 우리가 이미 알고 있는 $I = \frac{1}{3}ML^2$과 같다.

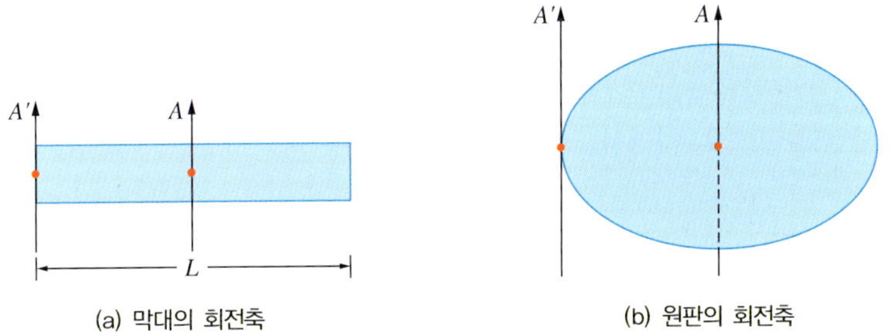

(a) 막대의 회전축 (b) 원판의 회전축

그림 8-8 막대와 원판의 두 회전축

이제 질량이 M, 반지름이 R인 균일한 질량 밀도를 가진 원판의 회전축이 원판 가장자리에 있는 어떤 한 점일 때, 회전관성을 구해보자. 앞서 구한 것처럼 원판 중심점을 지나며 원판에 수직인 회전축에 대한 회전관성은 $I = \frac{1}{2}MR^2$이다. 원판 가장자리 점을 지나면서 원판에 수직인 회전축은, 원판 중심 회전축과 거리가 R만큼 떨어진 평행한 축이다. 이 경우, 평행축 정리를 이용하면 그 질량중심점이 회전축과 거리가 R만큼 떨어져 있고, 원판 중심점을 지나는 축에서의 회전관성은 $I_{cm} = \frac{1}{2}MR^2$이므로, 그 회전관성은 $I = \frac{1}{2}MR^2 + MR^2$이 된다.

예제 8-2 평행축 정리의 증명

어떤 좌표계 원점을 지나며, xy 평면에 수직인 축을 A축(즉 z축)이라 하면, 그 축을 중심으로 회전하는 질량이 M인 어떤 물체의 회전관성은 $I_A = \sum_i m_i(x_i^2 + y_i^2)$으로 나타낼 수 있다. 여기에서 (x_i, y_i)는 질량이 m_i인 조각 부분의 xy 좌표이고, 이 물체의 질량중심점의 xy 좌표는 (X, Y)다.

(a) 질량중심점을 새로운 좌표계 원점 O'으로 취할 때, 질량이 m_i인 조각 부분의 좌표를 (x_i', y_i')이라고 하자. 이 좌표계에서 $\sum_i m_i x_i'$, $\sum_i m_i y_i'$ 값은 각각 얼마인가?

(b) $x_i = X + x_i'$, $y_i = Y + y_i'$로 나타낼 수 있다. 또한 새로운 좌표계 원점 O'을 지나며 A축과 나란한 축을 A'축이라 한다면 $I_{A'} = \sum_i m_i(x_i'^2 + y_i'^2)$이라고 할 수 있다. I_A를 $I_{A'}$으로 나타내라.

풀이

(a) 새 좌표계에서 질량중심점 좌표를 (X', Y')으로 나타내면, $(X', Y') = (0, 0)$이다.
한편, $X' = \frac{1}{M}\sum_i m_i x'_i$, $Y' = \frac{1}{M}\sum_i m_i y'_i$이므로, $\sum_i m_i x_i'$과 $\sum_i m_i y_i'$ 값은 모두 0이다.

(b) 새 좌표계에서 회전관성은 $I_{A'} = \sum_i m_i(x_i'^2 + y_i'^2)$으로 나타낸다.
한편, $I_A = \sum_i m_i(x_i^2 + y_i^2) = \sum_i m_i\{(X + x'_i)^2 + (Y + y'_i)^2\}$이므로, 이를 전개하면 $I_A = M(X^2 + Y^2) + I_{A'}$ 관계를 얻을 수 있다.

굴러떨어지는 물체

이제 언덕에서 굴러떨어지는 물체를 생각해보자. 높은 곳에 있던 물체가 낮은 곳으로 이동하면 위치에너지가 운동에너지로 바뀐다. 이때 만약 물체가 구르면서 내려간다면 위치에너지의 일부가 병진운동에너지뿐만 아니라 회전운동 에너지로도 변한다. 따라서 그 경우에는 병진운동 에너지로만 변환되는 경우, 즉 물체가 그대로 떨어지는(또는 미끄러지는) 경우보다 빠르기가 더 느려질 것으로 예상할 수 있다.

예컨대, 질량이 M, 반지름이 R인 원판이 경사면에서 굴러떨어지는 운동을 알아보자. 잘 살펴보면 원판의 한 점이 항상 경사면에 접촉해 있다는 것을 알 수 있다. 즉 원판은 매 순간 그 접촉점을 중심으로 회전한다. 이때 원판이 각속도 ω로 회전한다면, 그 점을 중심으로 원판이 회전하는 각속도도 ω가 된다. 왜냐하면 그 점이 원판 중심점을 기준으로 한 바퀴 도는 동안, 원판 중심점도 그 점을 중심으로 한 바퀴 돌기 때문이다.

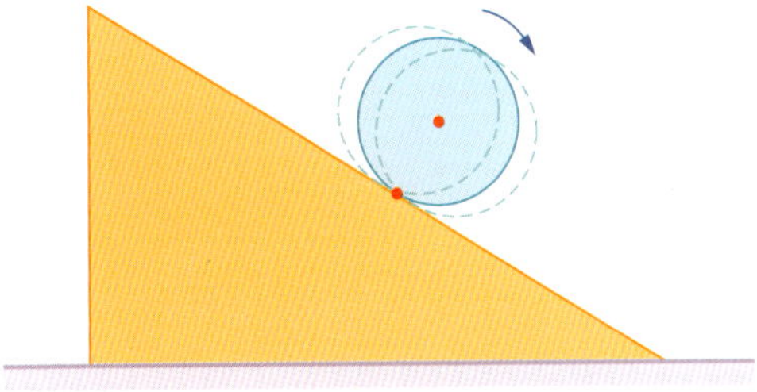

그림 8-9 경사면을 굴러떨어지는 원판

즉 그 점을 지나는 축으로 원판이 회전하므로, 평행축 정리 $I = I_{cm} + Mh^2$ 으로부터 원판의 회전운동 에너지인 $K = \frac{1}{2}I\omega^2 = \frac{1}{2}\left(\frac{1}{2}MR^2 + MR^2\right)\omega^2$ 을 구할 수 있다. 한편, 원판 중심점의 빠르기를 V로 나타내면 $V = R\omega$가 되므로, 이 식의 둘째 항은 원판 중심점의 병진운동 에너지[translational enrgy]인 $K_{병진} = \frac{1}{2}MV^2$ 으로 나타낼 수 있다. 또한 첫째 항은 원판 중심점을 기준으로 한 회전운동 에너지인 $K_{회전} = \frac{1}{2}I_{cm}\omega^2$ 을 나타낸다. 따라서 이 결과는 $K = K_{회전} + K_{병진}$이며, 다음과 같이 기술할 수 있다.

굴러떨어지는 물체의 운동에너지 = 병진운동 에너지 + 회전운동 에너지

앞서 형태가 있는 물체의 운동을 '질량중심점의 병진운동 + 그 점을 중심으로 한 회전운동의 중첩'으로 나타냈는데, 이 결과는 그 사실을 적용한 것에 불과하다.

물음 8-10 질량이 M, 반지름이 R인 굴렁쇠(고리)가 경사면을 굴러떨어지는 경우, 회전운동 에너지의 크기가 $K = MR^2\omega^2$ 임을 보여라.

예제 8-3 굴러떨어지는 공

질량이 M, 반지름이 R인 공이 높이가 H인 경사면을 굴러떨어진다. 공의 회전관성은 $\frac{2}{5}MR^2$이며, 균일한 질량 밀도를 갖는다고 한다. 바닥면에 도달하는 순간, 공의 빠르기는 얼마인가?

풀이

굴러떨어지는 공은 매 순간 경사면에 닿는 점을 지나는 축을 중심으로 회전하는 회전체로 볼 수 있다. 그 축에 대한 회전관성은 $I = I_{cm} + MR^2 = \frac{2}{5}MR^2 + MR^2$이다. 따라서 바닥면을 기준으로 위치에너지를 구하면, 높이가 H인 곳과 바닥에서의 역학적 에너지 보존 관계를 통해 $K + U = 0 + MgH = \frac{1}{2}\left(\frac{2}{5}MR^2 + MR^2\right)\omega_0^2$임을 알 수 있다. 여기에서 ω_0는 바닥에 도달하는 순간의 각속도이며, 빠르기는 $v_0 = R\omega_0 = \sqrt{\frac{10}{7}gH}$가 된다.

물음 8-11 높이가 H인 곳에서 굴렁쇠가 굴러떨어질 때, 바닥면에서의 빠르기는 그냥 미끄러져 내려오는 경우의 몇 배인가?

8.5 토크와 각운동량

토크(돌림힘)

우리는 지금까지 회전하는 물체의 각속도나 각가속 그리고 그 운동에너지 등 회전운동에 관해 다루었지만, 물체가 왜 회전운동을 하게 되는지에 관한 것은 다루지 않았다. 우리가 잘 알고 있듯이 물체가 회전하게 되는 원인은 물체의 질량중심점이 아닌 어떤 곳에 작용하는 힘 때문이다. 자유로운 상태의 물체의 질량중심점이 아닌 한 점에 힘이 작용한다면, 물체가 강체인 경우 그 질량중심점을 지나는 회전축을 중심으로 회전하게 된다. 그러나 우리는 또한 물체의 한곳이 고정된 상태에서 물체에 힘이 작용되는 경우도 생각할 수 있는데, 그 경우에는 그 고정점이 질량중심점 역할을 하므로 그 점을 중심으로 회전하게 된다.

강체는 회전축을 중심으로 시계방향 또는 반대 방향인 반시계방향으로 회전할 수 있게 된다. 예컨대, 닫힌 문을 여는 상황을 생각해보자. 우리는 문의 손잡이에 힘을 작용하며, 그 힘에 의해 문은 문기둥을 축으로 시계방향이거나 아니면 그 반대 방향으로 회전하게 된다. 그리고 우리는 문을 쉽게 열기 위해 손잡이를 문기둥에 고정된 경첩 부분에서 가능하면 멀리 있는 곳에 두는데, 그것은 손잡이가 경첩 부분에서 멀리 있어야 문이 쉽게 열린다는 것을 알고 있기 때문이다. 즉 우리는 강체에 작용한 힘의 세기가 크면 클수록 물론 강체가 잘 회전한다는 것을 경험적으로 알고 있고, 또한 그 힘이 얼마나 능률적으로 회전시키는지는 그 힘이 강체의 질량중심점에서 얼마나 멀리 떨어진 곳에 작용하는지에 따라 달라진다는 것을 경험적으로 알고 있다.

예컨대, 시소 놀이를 생각해보자. 시소란 중심점이 고정된 긴 막대의 양쪽에 사람이 앉은 두 사람이 서로 번갈아 오르고 내리는 놀이 도구이다. 이때 어른과 아이가 그 놀이를 한다면, 우리는 어른이 아이보다 고정된 중심점에 더 가까운 위치에 앉아야 막대가 평형을 유지할 수 있다는 것을 알고 있다. 아이는 어른보다 가벼우므로 고정점으로부터 멀리 떨어져 있어야 하는데, 이 사실은 아이의 무게가 어른보다 가벼워도 아이 위치가 고정점으로부터의 멀다면 고정점에서 가까운 곳의 어른 무게와 같은 회전 효과를 낸다는 것을 뜻한다. 고정점에 묶인 물체에 작용한 힘이 그 물체를 쉽게 돌릴 수 있는 좋은 예는 볼트에 단단히 조인 너트를 렌치를 이용해 푸는 경우이다.

그림 8-10 무게가 다른 두 사람의 시소 놀이

그림 8-11 고정된 볼트를 푸는 렌치

앞의 예에서 보듯이 작용된 힘은 고정점에서 먼 곳에 작용할수록 더 능률적으로 회전운동 시키는데, 작용한 힘이 얼마나 능률적으로 회전시키는지를 나타내는 양으로는 기호 τ[tau, 타우]로 나타내는 **토크**[torque] (또는 **돌림힘**)라는 양을 도입해 다음과 같이 정의한다.

$$\tau = r_{\perp} \cdot F \tag{8.7}$$

여기서 F는 작용한 힘의 세기를, $r_{\perp}$은 고정점으로부터 힘이 작용한 '작용선'까지의 수직 거리를 나타낸다(여기에서 작용선이란 힘의 방향을 나타내는 직선을 뜻함). 즉 토크의 크기는 작용한 힘의 세기와 고정점에서 그 힘이 작용하는 위치까지의 거리에 비례해 커지는 양으로 정의한다. 이 정의에서 우리는 '어떤 축'이 아니라 '어떤 점'에 대해 토크를 정의한다는 사실을 유의하자. 그러나 강체는 결국 어느 한 축을 중심으로 회전하게 되므로 $r_{\perp}$은 회전축으로부터 힘의 작용선까지의 거리라고 보아도 좋다.

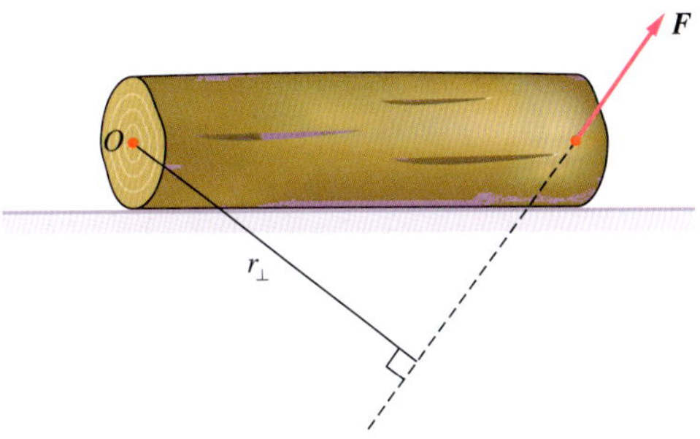

그림 8-12 통나무에 작용하는 힘의 토크

예제 8-4 토크 크기 구하기

질량이 m인 물체가 길이가 l인 줄에 매달려 있다. 물체에 작용하는 모든 힘에 의한 토크 크기를 구하라.

풀이

줄에 달린 물체에는 중력과 장력이 작용한다. 이때 장력은 줄의 고정점과 물체를 연결하는 줄의 방향으로 작용하므로, 그 고정점을 기준점으로 한 경우 장력에 의한 토크는 0이 된다. 한편, 물체가 수직선 방향으로부터 각 θ 방향에 있다고 할 때, 중력 mg의 작용선과 고정점 사이의 거리가 $l\sin\theta$이므로, 그 힘의 토크 크기는 $mgl\sin\theta$가 된다.

예제 8-5 시소 놀이

질량이 m인 아이와 질량이 M인 어른이 시소의 중심점에서 각각 거리 a, b만큼 떨어진 곳에 앉아 있다.

(a) 시소가 수평상태로 평형을 유지하고 있을 때, 어른의 질량은 아이 질량의 몇 배인가?

(b) 시소가 수평 방향과 각 θ만큼 기울어져 있다면, 아이와 어른에 작용하는 중력의 토크 크기는 각각 얼마인가?

풀이

(a) 작용하는 중력은 수평 방향으로 작용하므로 각 힘에 의한 토크의 크기는 각각 amg, bMg이고, 이 두 토크는 서로 반대 방향으로 작용해 평형을 이루므로 $M = (a/b)m$에서 a/b배이다.

(b) 기울어진 경우 고정점에서 작용선까지의 거리는 각각 $a\cos\theta$, $b\cos\theta$이므로 토크 크기는 각각 $amg\cos\theta$, $bMg\cos\theta$가 된다.

시소 놀이의 예에서 보듯이 아이와 어른에 작용하는 힘에 의한 토크는 각각 고정점을 지나는 축을 중심으로 서로 다른 방향으로 시소를 돌리는 효과를 낸다. 이와 같이 토크는 크기가 같아도 시계방향이거나 아니면 반시계방향으로 물체를 돌리는 두 가능성을 가진다. 그러므로 그 토크가 물체를 어느 방향으로 돌리는 작용을 하는지 알기 위해서는, 토크의 양과 방향까지 알면 더욱 편리하다. 즉 방향까지 정해진 벡터양으로 토크를 정의하는 게 좋은데, 그 목적을 위해 다음과 같은 **벡터곱**[vector product]이라는 두 벡터의 새로운 연산 방법을 도입한다.

두 벡터 $\boldsymbol{A}$와 $\boldsymbol{B}$가 있을 때, $\boldsymbol{A}\times\boldsymbol{B}$로 두 벡터 사이에 곱하기 기호를 넣은 경우 그렇게 연산된 양을 두 벡터의 **벡터곱**이라 부르고 그 결과가 어떤 새로운 벡터 $\boldsymbol{C}$가 된다고 정의한다. 즉 $\boldsymbol{A}\times\boldsymbol{B}=\boldsymbol{C}$일 때, $C=AB\sin\theta$이고, $\boldsymbol{C}$의 방향은 두 벡터 $\boldsymbol{A}$와 $\boldsymbol{B}$에 모두 수직인 방향으로 정의하는 것이다. 스칼라곱 정의에서와 같이 여기에서 θ는 두 벡터 사이의 각을 나타낸다. 이런 정의에 의하면 두 벡터가 같은 방향이거나 반대 방향이면 $\sin\theta$값이 0이 되므로 벡터곱의 결과는 0이 되고, 두 벡터가 서로 직각을 이룬 경우 C가 가장 큰 크기가 된다.

두 벡터가 있으면 그 두 벡터가 만드는 평면이 존재하는데, 평면에 수직인 방향은 위와 아래의 두 방향이 있다. 이때 두 벡터의 벡터곱 결과인 $\boldsymbol{C}$의 방향은, $\boldsymbol{B}$ 벡터의 방향이 $\boldsymbol{A}$ 벡터 방향으로부터 반시계방향 위치에 있으면 평면에서 나오는 방향, 그러나 시계방향 위치에 있으면 평면으로 들어가는 방향이라고 정한다.

이와 같이 정의한 후 어떤 고정점으로부터 위치벡터 $\boldsymbol{r}$로 나타낸 곳에 작용하는 힘 $\boldsymbol{F}$의 토크 벡터를 다뤄보자. 이때 $\boldsymbol{r}\times\boldsymbol{F}$라는 벡터곱을 만들면, 그 벡터의 방향은 두 벡터가 만드는 평면에 수직이며, 두 벡터의 사잇각을 θ라 하면 그 벡터의 크기는 $Fr\sin\theta$가 된다. 흥미로운 사실은 이 벡터의 크기가 바로 고정점으로부터 힘의 작용선까지의 수직 거리 $r\sin\theta$에 힘의 세기를 곱한 양의 크기인 $r_\perp \cdot F$와 같아져, 앞에서 정의했던 식 (8.1)의 토크와 같은 표현이 된다는 것이다. 즉 $\boldsymbol{r}\times\boldsymbol{F}$라고 나타낸 것이 토크의 크기를 나타낼 뿐더러 방향까지 정해준다는 사실을 알 수 있다.

그러므로 우리는 벡터곱을 이용해 토크를 다음과 같이 방향을 포함한 벡터양으로 정의한다.

$$\boldsymbol{\tau} = \boldsymbol{r}\times\boldsymbol{F} \tag{8.8}$$

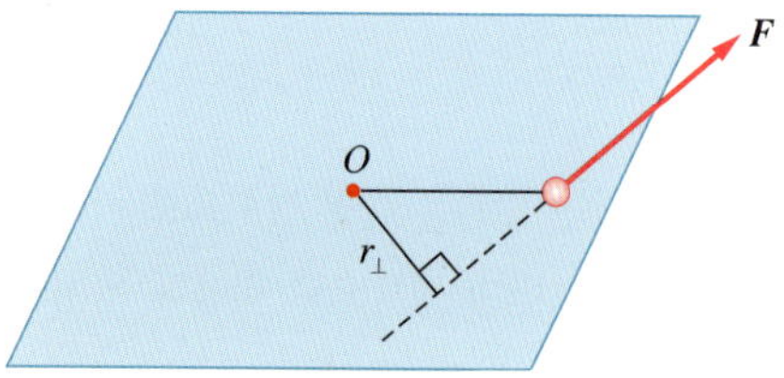

그림 8-13 토크의 정의

$\boldsymbol{r}\times\boldsymbol{F}$ 벡터의 방향은 힘을 작용할 때 물체가 어느 방향으로 회전하는지를 고려하면 더 직관적으로 알 수 있다. 즉 이때 그 힘이 물체를 시계방향과 그 반대 방향 중 어느 방향으로 회전시키려는지에 따라 $\boldsymbol{r}\times\boldsymbol{F}$ 벡터의 방향을 알

수 있는데, 이 경우 물체를 반시계방향으로 회전시킨다면 그 벡터 방향은 평면에서 나오는 방향이 된다는 것이다. 물론 시계방향으로 돌리려 하는 경우 그 벡터 방향은 평면 속으로 들어가는 방향이 된다. 물론 이때 그 힘의 방향이 위치벡터의 방향이나 그 반대 방향이라면 그 힘은 물체를 회전시키는 데 아무런 기여를 하지 않으며, 두 벡터의 사잇각의 $\sin\theta$값은 0이 되므로 그 토크 값은 0이 된다.

예제 8-6 매달린 물체에 작용하는 중력과 장력의 토크

[예제 8-4]에서 줄에 매달인 물체가, 매달린 수직 방향으로부터 오른쪽 위치에 가 있을 때, 그 물체에 작용하는 토크는 어느 방향인가? 또한 줄에 작용하는 장력에 의한 토크의 크기는 얼마인가?

풀이

중력은 물체를 시계방향으로 회전시키려 하므로, 그 토크 방향은 종이면으로 들어가는 방향이다. 한편, 줄에 작용하는 장력은 고정으로부터의 위치벡터와 반대 방향이므로 그 크기는 0이다. 즉 장력은 회전운동에는 전혀 기여하지 않는다.

앞서 본 시소 놀이를 통해 우리는 지렛대의 원리를 이해할 수 있다. 지렛대란 작은 힘으로 무거운 물체를 들어 올리는 도구인데, 고정점으로부터 먼 곳에 힘을 작용하면 작은 힘으로도 무거운 물체를 들어 올릴 수 있다. 작은 힘으로도 무거운 물체를 들어 올리는 데는 지렛대가 유용하지만, 지렛대 말고도 경사면을 이용하거나 도르래나 풀리pulley[4] 같은 도구를 이용하는 다른 방법들도 유용하다. 예컨대, 지름이 다른 두 원통을 붙인 형태의 풀리를 사용하면, 각 원통에 감은 줄을 이용해 무거운 물체를 들어 올리는 데 사용할 수 있다.

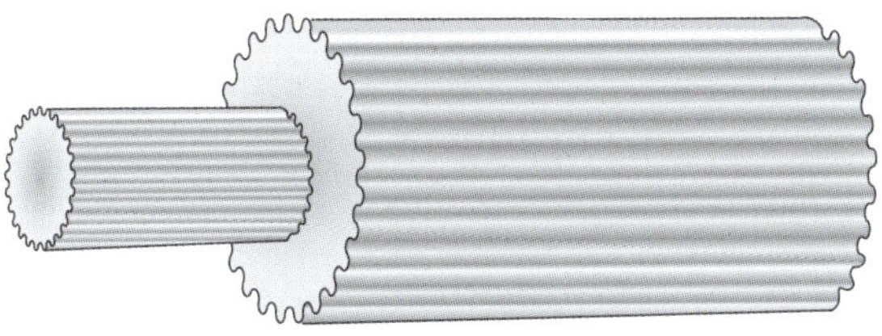

그림 8-14 두 원통을 붙인 모양의 풀리

물음 8-12 단진자에서 물체가 수직선의 오른쪽에 있을 때, 중력에 의한 토크 방향은 어느 방향인가?

물음 8-13 반지름이 각각 r, R인 원통을 이어 붙인 풀리가 있다. 반지름이 R인 원통에 감은 줄에 질량이 M인 물체를 매달았다면, 그 물체를 들어 올리기 위해 반지름이 r인 원통에 감은 줄에 작용해야 하는 힘의 세기는 얼마인가?

---

4 원통에 줄을 감아 줄에 작용하는 힘의 방향을 바꾸거나 힘의 세기를 조절하는 데 쓰이는 도구이다.

무게중심점

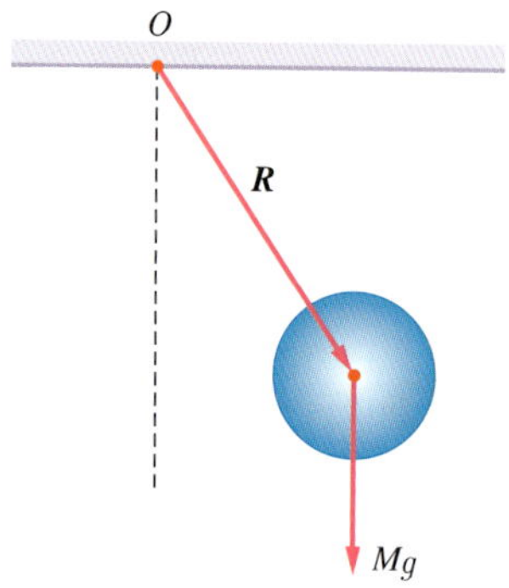

그림 8-15 줄에 매달린 물체의 무게중심점

이제 줄에 매달려 흔들리는, 질량이 M인 덩어리 형태의 물체에 작용하는 토크를 계산해보자. 줄의 고정점을 기준점으로 정하고 물체를 작은 조각으로 나눈 다음, i번째 조각의 질량을 m_i라 하면, 그 조각에 작용하는 중력은 $m_i\boldsymbol{g}$로 나타낼 수 있다. 다시 그 조각까지의 위치벡터를 $\boldsymbol{r}_i$라 하면 그 힘에 의한 토크는 $\boldsymbol{r}_i \times (m_i\boldsymbol{g})$가 되므로, 모든 조각에 작용하는 중력에 의한 총 토크는 $\boldsymbol{\tau} = \sum_i \boldsymbol{r}_i \times (m_i\boldsymbol{g})$가 된다.[5]

한편, $\boldsymbol{R}$이 그 물체의 질량중심점 위치를 나타내는 벡터라고 하면, 그 정의식에 의해 $\sum_i m_i\boldsymbol{r}_i = M\boldsymbol{R}$이므로, 토크 $\boldsymbol{\tau} = \sum_i \boldsymbol{r}_i \times (m_i\boldsymbol{g})$는 다시

$$\boldsymbol{\tau} = \boldsymbol{R} \times (M\boldsymbol{g}) \tag{8.9}$$

형태로 나타낼 수 있다. 즉 덩어리 형태의 물체를 질량중심점 위치에 있는 점에 압축해 질점으로 만들었다고 가정하면, 총 토크는 그 질점에 작용하는 토크와 같아진다. 이처럼 물체에 작용하는 모든 중력의 토크 효과는 한 점에 작용하는 중력의 토크 효과로 볼 수 있다. 회전운동에서 그 물체에 작용하는 중력을 대표하는 점을 **무게중심점**center of gravity이라 하며, '물체의 질량중심점'은 곧 '물체의 무게중심점'이 된다. 예컨대, 줄에 매달린 물체가 만약 공 모양이라면 무게중심점은 그 공의 중심점에 있게 된다.

물음 8-14 질량이 M, 길이가 L이고, 균일한 두께를 가진 막대의 한쪽 끝이 천장에 매달려 있다. 이 막대에 작용하는 중력의 토크 크기는 얼마인가?

각운동량

앞에서 물체의 운동량을 사용했듯이, 회전하는 물체의 운동에서도 **각운동량**angular momentum을 도입하면 편리하다. 운동량이 p인 물체의 각운동량은 다음과 같이 정의한다.

$$L = r_{\perp} \cdot p \tag{8.10}$$

여기에서 $r_{\perp}$은 토크의 정의에서처럼 어떤 '기준점'으로부터 운동량 벡터선까지의 수직 거리를 뜻한다. 예컨대, 질량이 m인 물체가 빠르기 v로 반지름이 r인 원운동을 하는 경우, 원의 중심점을 기준점으로 할 때의 각운동량은 $L = r \cdot mv$이다. 각운동량 크기는 어떤 점을 기준점으로 하는지에 따라 달라지며, 토크나 각운동량은 모두 '기준점'에 따라 달라지는 양이다. 한편, 벡터 기호를 사용하면 이 정의를 더

5 이때 그 조각에는 다른 조각들이 끌어당기는 힘도 작용한다. 그러나 다른 조각들도 마찬가지로 그 조각을 당긴다. 이때 어느 두 조각을 i, j로 나타내면, 두 조각이 서로 끌어당기는 힘 $\boldsymbol{F}_{ij}$, $\boldsymbol{F}_{ji}$는 작용-반작용력으로 $\boldsymbol{F}_{ij} = -\boldsymbol{F}_{ji}$ 관계가 된다. 결국 두 힘에 의한 토크는 0이 된다. 즉 물체가 한 덩어리가 되도록 조각들이 서로 끌어당기는 힘에 의한 토크는 고려할 필요가 없다.

편리하게 나타낼 수 있다. 즉 물체의 운동량을 $\boldsymbol{p}$, 중심점에서 물체까지의 벡터를 $\boldsymbol{r}$, 두 벡터 사이의 각을 θ라 하면, 각운동량 크기는 $rp\sin\theta$가 되므로 이 양을 벡터곱 기호로 나타내면 $|\boldsymbol{r}\times\boldsymbol{p}|$이 된다.

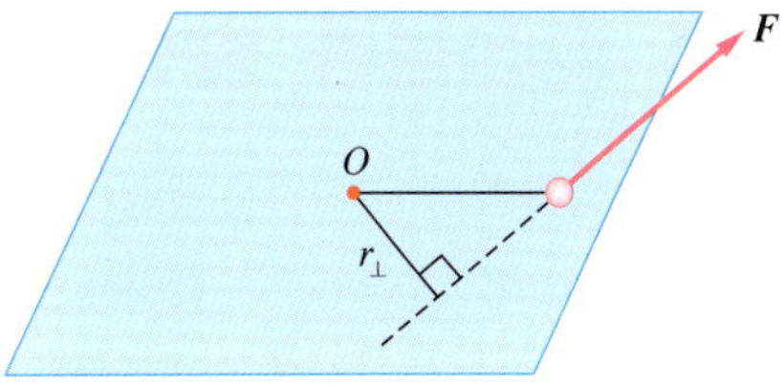

그림 8-16 각운동량의 정의

토크와 마찬가지로 각운동량에도 방향을 정하여 벡터로 다루면 매우 편리하다. 어떤 기준점으로부터 운동량이 $\boldsymbol{p}$를 가진 물체까지의 위치벡터를 $\boldsymbol{r}$이라 하면, 그 기준점에 대한 각운동량 벡터는 다음과 같이 정의한다.

$$\boldsymbol{L}=\boldsymbol{r}\times\boldsymbol{p} \tag{8.11}$$

예컨대, 바닥면에서 시계방향으로 원운동을 하는 물체의 각운동량 방향은 그 원운동 중심점을 기준으로 할 때 바닥면으로 들어가는 방향이다.

예제 8-7 각운동량의 크기 구하기

좌표의 원점에서 수평 거리 d인 곳에 있는 질량이 m인 물체를 시간 $t=0$ 순간에 자유낙하시켰을 때, 좌표 원점에서 물체 운동 방향까지의 수직 거리는 d로 일정하다. 좌표 원점을 기준점으로 할 때, 시각 t에서 이 물체의 각운동량 크기를 구하라.

풀이

시각 t에서 물체의 빠르기는 $v=gt$이므로, 그 시각의 운동량 크기는 $p=mgt$가 된다. 한편, 운동량 벡터 방향은 언제나 수직 방향이고, 원점에서 그 선까지의 수직 거리는 언제나 d이므로, 각운동량 크기는 $L=dmgt$다.

예제 8-8 회전체의 각운동량 크기

질량이 m인 물체가 빠르기 v로 반지름이 R인 원운동을 하는 경우, 원의 중심축을 중심으로 한 회전관성과 각속도 크기를 각각 I, ω라 하자. 원의 중심점이 기준점인 경우 각운동량이 $L=I\omega$임을 보여라.

풀이

회전관성의 정의로부터 물체의 회전관성 $I=mR^2$이고, 각속도는 $\omega=\dfrac{v}{R}$로 나타낼 수 있다. 한편, 각운동량 크기는 $L=Rmv$이므로 각운동량은 $L=I\omega$로 나타낼 수 있다. 즉 '운동량 = 질량 × 속도' 관계에 대응해 '각운동량 = 회전관성 × 각속도'의 관계가 성립한다.

물음 8-15 간격이 D인 평행선을 따라 일정한 빠르기 v로, 서로 반대 방향으로 운동하는 두 물체가 있다. 두 물체의 질량이 m으로 똑같다면, 총 각운동량 크기는 얼마인가? (이 크기는 기준점을 어디로 정하는지의 선택과는 무관하다.)

8.6 회전운동 방정식

앞서 설명했듯이 토크나 각운동량은 기준점에 따라 달라지는 양이다. 반면, 물체의 회전운동에서는 회전하는 물체의 각운동량은 대개 회전축의 방향을 향하기 때문에 일반적으로 어떤 기준점이 아닌 '어떤 회전축'에 대한 각운동량을 구하게 된다.

여기서 흥미로운 점은, 회전축에 대해 물체가 대칭 형태라면 회전축 위의 어떤 점을 기준점으로 취하더라도 각운동량이 일정하다는 것이다. 다시 말해 각운동량은 기준점에 따라 달라지는 양이지만, 대칭축을 중심으로 회전하는 물체의 각운동량을 계산할 때는 축 위의 어떤 점을 선택해도 좋다. 예컨대, 수레바퀴나 팽이는 회전축에 대해 대칭 형태이며, 각운동량은 회전축 위의 어떤 점을 기준점으로 취해도 같은 크기가 된다.

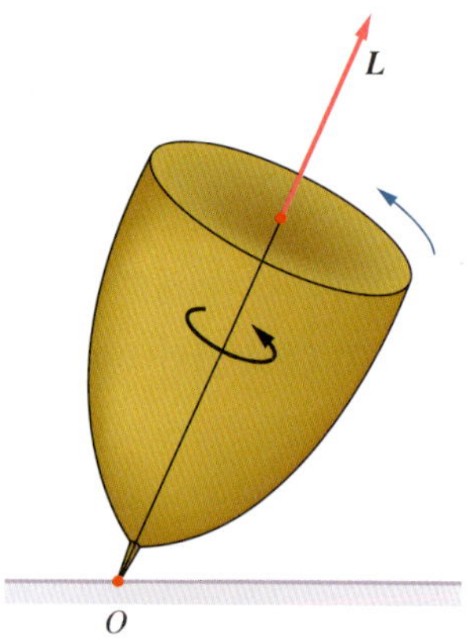

그림 8-17 팽이의 각운동량 방향

이제 어떤 회전축을 중심으로 각속도 ω로 회전하는 대칭형 물체의 각운동량을 어떻게 표현하는지 살펴보자. 어떤 물체가 질량이 m_i이고 빠르기가 v_i인 작은 조각들로 이루어졌다고 할 때, 각운동량은 $L = \sum_i (r_\perp)_i \, p_i = \sum_i (r_\perp)_i \cdot m_i v_i$로 표현할 수 있다. 여기에서 $(r_\perp)_i$는 운동량이 p_i인 물체 조각 i로부터 회전축까지의 수직 거리인데, 이렇게 나타낼 수 있는 이유는 대칭형 물체에서는 회전축의 어떤 점을 선택하여 각운동량을 구해도 상관없기 때문이다. 이 경우, 간단하게 $(r_\perp)_i = r_i$로 나타내면 $v_i = r_i\,\omega$, $I = \sum_i m_i\, r_i^{\,2}$이므로, 각 운동량은 다음과 같이 회전관성 크기에 각속도 크기를 곱한 결과로 나타낼 수 있다.

$$L = I\omega \tag{8.12}$$

예컨대, 반지름이 R이고 질량이 M인 원판이 일정한 각속도 ω_0로 도는 경우, 판의 회전관성은 $\frac{1}{2}MR^2$이므로 각운동량의 크기는 $\frac{1}{2}MR^2\,\omega_0$다.

회전운동 방정식

이제 회전하는 물체의 운동방정식을 다뤄보자. 회전축에서 물체 조각 i까지의 거리를 r_i로 나타내면 대칭형 물체의 각운동량은 $L = \sum_i r_i\, p_i$로 표현할 수 있다. 여기에서 운동량 p_i의 방향은 운동의 접선 방향이며, 이 식을 미분하면 $\frac{dL}{dt} = \sum_i r_i \frac{dp_i}{dt}$ 관계를 얻을 수 있다. 여기에서 힘이 운동의 접선 방향으로 작용한다고 가정하면 $F = \frac{dp}{dt}$로 나타낼 수 있으므로, 다시 $\frac{dL}{dt} = \sum_i r_i\, F_i$로 표현할 수 있다. 즉 물체의 회전운동 방정식은 다음과 같이 나타낼 수 있다.

$$\frac{dL}{dt} = \tau \tag{8.13}$$

앞서 각운동량을 $L = I\omega$로 나타낸 적이 있는데, 이 식을 미분하면 $\frac{dL}{dt} = I\frac{d\omega}{dt} = I\alpha$라는 결과를 얻을 수 있다. 따라서 $\frac{dL}{dt} = I\alpha$와 $\frac{dL}{dt} = \tau$의 두 관계로부터 우리는 회전운동 방정식을 다음과 같이 나타낼 수도 있다.

$$I\alpha = \tau \tag{8.14}$$

이 식을 $\alpha = \frac{1}{I}\tau$ 형태로 쓰면 $a = \frac{1}{m}F$와 같은 형태라는 것을 알 수 있다. 즉 물체의 가속도가 힘에 비례하는 것처럼, 회전운동에서의 각가속도는 토크에 비례하는데, 단지 회전관성 I가 (관성)질량 m의 역할을 한다는 점이 다를 뿐이다. 이 경우, (앞서 다룬 직선운동에서와 마찬가지로) $I\alpha = \tau$를 벡터 기호로 나타내지는 않았지만, 이 식에서 α, τ는 방향성을 가진 벡터양이라는 사실을 알아둬야 한다. 즉 앞에서 다룬 α, τ 방향 정의를 따르는 경우 각가속도 방향은 토크 방향과 같다는 것을 뜻한다.

외줄 타기를 하는 사람들은 흔히 매우 긴 장대를 가지고 줄을 탄다. 줄에 닿은 발을 회전 고정점으로 볼 때, 장대를 가지고 있는 경우 그 회전관성이 장대를 안 가진 경우보다 더 크다. 따라서 사람의 중심이 수직 위치에서 조금 벗어나 중력에 의한 토크가 작용하더라도 장대를 가진 경우 각가속도가 작아져 쉽게 쓰러지지 않고 다시 평형을 유지하는 데 도움이 된다. 같은 이유로 평균대 위에서 연기하는 체조 선수들은 팔을 최대한 벌리고 연기한다. 그렇게 해야 회전관성이 커져 균형을 조금 잃어도 각가속도가 크지 않기 때문이다.

우리는 이 회전운동의 결과를 대칭 형태의 물체로 가정해 구했지만, 일반적인 다체계나 대칭 형태가 아닌 물체의 회전운동은 $\frac{d\boldsymbol{L}}{dt} = \boldsymbol{\tau}$ 형식의 회전운동 방정식을 적용해 구해야 한다. 이 식은 다체계의 병진운동 방정식이라 할 수 있는 $\frac{d\boldsymbol{P}}{dt} = \boldsymbol{F}_{ext}$와 같은 형태인데, 총 각운동량의 시간 변화율은 토크와 같다는 사실을 뜻한다.

≫ 참고 회전운동방정식의 벡터 표현

우리는 $\frac{dL}{dt} = \tau$를 얻기 위해 힘이 회전체 운동의 접선 방향으로 작용한다고 가정했다. 그러나 반드시 그래야 하는 것은 아니다. 벡터 형태의 각운동량 $\boldsymbol{L} = \boldsymbol{r} \times \boldsymbol{p}$를 직접 미분하면 $\frac{d\boldsymbol{L}}{dt} = \frac{d\boldsymbol{r}}{dt} \times \boldsymbol{p} + \boldsymbol{r} \times \frac{d\boldsymbol{p}}{dt}$로 표현할 수 있는데, 이를 다시 속도와 힘으로 나타내면 $\frac{d\boldsymbol{L}}{dt} = \boldsymbol{v} \times (m\boldsymbol{v}) + \boldsymbol{r} \times \boldsymbol{F}$가 된다. $\boldsymbol{v} \times \boldsymbol{v} = 0$이므로 공간벡터 형태로 $\frac{d\boldsymbol{L}}{dt} = \boldsymbol{\tau}$ 관계가 성립한다.

예제 8-9 막대 운동

길이가 L, 질량이 M이며 한쪽 끝이 고정된 막대가 수평 방향으로 매달려 있다.

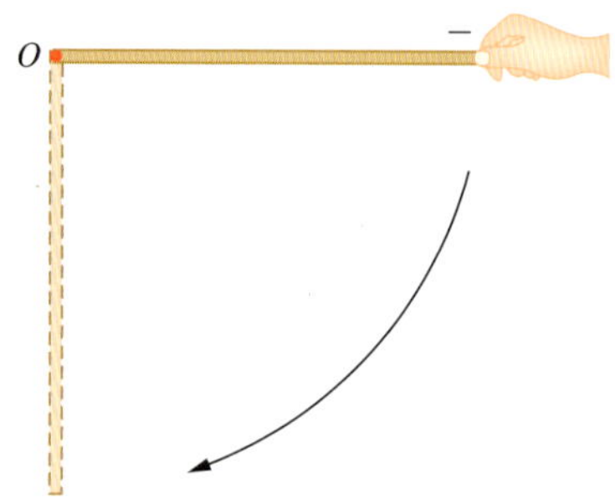

(a) 수평으로 매달려 있는 막대를 놓는 순간, 막대의 회전 각가속도 크기와 끝점의 가속도 크기는 얼마인가?

(b) 수직 위치에 도달한 순간, 막대 끝점의 빠르기는 얼마인가?

풀이

(a) 수평으로 매달린 위치에서 막대에 작용하는 중력에 의한 토크 크기는 $\tau = Mg \cdot \frac{L}{2}$이다. 한편, 회전관성은 $I = \frac{1}{3}ML^2$이므로 $\alpha = \frac{3}{2}\frac{g}{L}$이며, 막대 끝점의 가속도 크기는 $a = L\alpha = \frac{3}{2}g$다. 즉 막대 끝의 가속도는 중력가속도보다 크므로, 막대 끝 부분에는 중력 외에 다른 힘이 더 작용한다. 그 힘은 막대의 나머지 부분이 가하는 것으로, 막대 끝 부분에 가해지며 힘이 너무 강하면 막대는 부러진다.

(b) 수평으로 매달린 위치에서 막대 위치에너지를 0이라 하면, 수직 위치로 바뀐 후의 위치에너지는 $-Mg \cdot \frac{L}{2}$이다. 한편, 수직 위치에 오는 순간 막대의 각속도를 ω_0라 하면, 막대의 운동에너지는 $\frac{1}{2}I\omega_0^2$이므로 역학적 에너지 보존법칙에 의해 $K + U = 0 = \frac{1}{2}I\omega_0^2 - Mg \cdot \frac{L}{2}L$이다. 이때 $I = \frac{1}{3}ML^2$이므로 수직 위치에 온 순간, 막대의 각속도 ω_0는 $\omega_0^2 = 3\frac{g}{L}$가 된다. 따라서 막대 끝점의 빠르기는 $L\omega_0 = \sqrt{3gL}$이다.

물음 8-16 한쪽 끝이 고정되고, 길이가 L, 질량이 M인 막대가 수직 방향으로 세워져 있다. 이 막대가 쓰러져 수평 위치에 오는 순간, 막대 끝점의 가속도 크기는 $\frac{3}{2}g$임을 보여라.

예제 8-10 요요 놀이

요요란 줄을 많이 감은 원통 모양 물체로, 감긴 줄의 한쪽 끝을 잡은 채로 놓으면 줄이 풀리면서 떨어지다가 다시 힘을 주면 되감기는 현상을 이용한 놀이 도구이다. 줄이 감겨 있고 질량이 M이며 반지름이 R인 원통 모양 요요의 줄을 잡고 요요를 놓으면 줄이 풀리면서 떨어진다.

(a) 요요가 떨어지는 운동의 가속도 크기는 얼마인가?

(b) 요요가 떨어지는 동안 줄에 작용하는 힘 F의 세기는 얼마인가?

풀이

(a) 요요에는 중력과 끈이 당기는 두 개의 힘이 작용한다. 그러므로 요요가 떨어지는 가속도를 a라 하면, 그 질량중심점 운동방정식은 $Ma = Mg - F$가 된다. 한편, 요요의 회전관성이 I라면, 그 회전운동 방정식은 $I\alpha = RF$가 된다.

따라서 운동방정식은 $Ma = Mg - I\alpha/R$가 되고, $a = R\alpha$로 나타낼 수 있으므로 $a = g\left(\frac{1}{1+I/MR^2}\right)$이다. 요요가 원통 모양이라면 $I = \left(\frac{1}{2}\right)MR^2$이므로 $a = \left(\frac{2}{3}\right)g$가 된다.

(b) $F = M(g-a)$에서 원통 모양 요요라면 $F = \left(\frac{1}{3}\right)Mg$이다.

예제 8-11 경사면에서 굴러떨어지는 공

각도가 θ인 경사면 위에 놓인, 질량이 M이고 반지름이 R인 공이 굴러떨어지고 있다. 이 공이 경사면을 따라 굴러떨어지는 운동의 가속도 크기를 구하라.

풀이

이 공에는 중력 Mg와 경사면이 밀어 올리는 수직항력 N이 작용한다. 그리고 경사면과 공 사이에 마찰력이 없다면 그대로 미끄러져 내리게 되지만, 마찰력 때문에 공은 굴러떨어지게 된다. 물론 이때 마찰력이 거의 작용하지 않을 정도로 미끄럽다면 미끄러지면서 굴러떨어질 수도 있다. 그러나 우리는 마찰력이 충분히 커 공이 미끄러지지 않으면서 굴러떨어진다고 보고, 그렇게 되기 위한 최소한의 마찰력 세기를 f라 하자. 이제 미끄러지지 않는다면, 공은 접점이 순간적으로 고정된 채로 토크를 받아 굴러떨어지게 된다.

이제 굴러떨어지는 방향을 양(+)의 방향으로 정하고, 그 방향으로의 가속도 크기를 a라고 하면 공에는 중력과 마찰력이 작용하므로 질량중심점이 중심점의 운동방정식은 [식 1] $Ma = Mg\sin\theta - f$가 된다. 한편, 공의 회전운동 관점에서 보면, 질량중심점인 공의 중심점에 대한 토크는 오직 마찰력 f에 의한 것뿐이고, 그 크기는 Rf이다. 그러므로 회전운동 방정식은 [식 2] $Rf = I\alpha$이고 물체가 공이라면 회전관성은 $I = \left(\frac{2}{5}\right)MR^2$이다. 한편, 경사면을 따라 내려오는 공의 가속도는 각가속도와 $R\alpha = a$ 관계이므로 $f = \frac{I\alpha}{R}\left(\frac{2}{5}\right)Ma$에서 $f = \left(\frac{2}{5}\right)Ma$가 된다. 따라서 [식 1]로부터 $a = \left(\frac{5}{7}\right)g\sin\theta$이고, 굴러떨어지기 위한 최소 크기의 마찰력 세기는 $f = \left(\frac{2}{7}\right)Mg\sin\theta$임을 알 수 있다.

이 문제에서 마찰력 세기는 다음과 같은 과정으로부터도 구할 수 있다. 즉 접점이 순간적으로 고정되어 공이 회전한다고 보면 공의 회전방정식은 $\tau = R \cdot Mg\sin\theta = I_P\alpha$가 되는데, 이때 접점에 대한 공의 회전관성 $I_P = \left(\frac{7}{5}\right)MR^2$이므로 각가속도 $\alpha = \left(\frac{5}{7R}\right)g\sin\theta$이다. 이 각가속도는 공의 중심에서 본 회전각가속도 α와 같은 것이다. 즉 $Rf = I\alpha$의 각가속도 α와 같은 것이다. 이로부터 그 경우 접점에서 작용한 마찰력 세기가 $f = \left(\frac{2}{7}\right)Mg\sin\theta$임을 알 수 있다.

[참고] 이 예제에서 보면, 경사각도가 0이 되어 공이 수평 평면 위에서 구르는 경우 마찰력은 0이 된다. 그러나 실제 세계에서는 어느 경우에나 마찰력을 무시할 수 없으며 평면 위에서 구르는 공에도 물론 마찰력이 작용하기에 공은 결국 멈추게 된다. 이때 그 마찰력의 근원도 역시 공과 바닥면 사이에서 작용하는 공과 바닥면 물질 분자 간의 전기적 상호작용에 의한다. 이때 접점에서 운동 방향에 반대인 방향으로 작용하는 마찰력이 작용한다고 보면 그 토크는 마치 공을 더 빠르게 회전시킨다는 결과로 이어진다. 이런 문제점은 공에 작용하는 마찰력을 다룰 때, 수직항력이 작용하는 방향 등 미묘한 점들을 더 고려해야 한다는 것을 보여준다.

8.7 각운동량 보존법칙

회전운동 방정식인 $\frac{dL}{dt}=\tau$에서, 토크 τ가 0이면 '각운동량 $L=$일정'하다는 것을 알 수 있다. 즉 회전하는 물체에 작용하는 모든 힘에 의한 토크가 0이라면, $L=I\omega$로부터 회전속도는 일정하다는 결론을 얻을 수 있다. 그것을 **각운동량 보존법칙**이라 한다.

예컨대, '지구와 달'계가 태양 주위를 도는 운동을 다시 살펴보자. 앞서 논의한 대로 '지구 + 달'의 질량중심점은 태양이 그 두 천체를 끌어당기는 중력의 합력에 의해 태양을 중심으로 원운동을 한다. 한편, 지구와 달은 두 물체의 질량중심점을 중심으로 회전운동을 하는데, 그 회전운동은 지구와 달이 서로 끌어당기는 중력에 의한 것이다. 이때 힘의 방향은 모두 회전 고정점인 질량중심점을 향하므로, 그 힘에 의한 토크는 0이다. 그러므로 각운동량은 일정하며, 지구와 달의 회전 각속도는 항상 일정해야 한다. 한편, '지구와 달'계의 질량중심점은 태양 주위를 원운동 하는데, 태양이 두 천체에 작용하는 힘의 합력은 태양을 향하므로, 그 토크 또한 0이다. 그러므로 지구와 달계도 일정한 각속도로 태양을 돈다.

물음 8-17 회전하는 의자 위에 앉은 사람이 양팔 끝에 아령을 들고 있다가 놓았다. 놓은 다음 그 사람의 회전속도는 더 빨라지겠는가, 느려지겠는가? 아니면 변함이 없겠는가?

물음 8-18 회전하고 있는 커다란 원판 위에 사람이 서 있다. 그 사람이 회전 중심축을 향해 걸어간다면, 원판의 회전속도는 어떻게 변하는가?

피겨 스케이터의 운동

피겨 스케이터가 아주 빠르게 회전하는 모습은 무척 인상적이다. 피겨 스케이터가 공중 점프한 후 몇 바퀴씩 회전하고 내려오는 경우나, 하이 다이빙high diving 선수가 여러 번 공중회전을 한 후 멋진 자세로 입수하는 경우도 마찬가지다. 이때 피겨 스케이터가 회전하는 모습을 잘 살펴보면, 팔과 다리를 최대한 펼쳐서 회전동작을 시작한 다음 재빨리 팔과 다리를 움츠리는 것을 알 수 있다.

이 경우에는 피겨 스케이터에게 원심력이 강하게 작용하기 때문에 팔을 끌어당기기가 쉽지 않으리라는 점을 짐작할 수 있다. 즉 팔을 당기는 행동을 함으로써, 피겨 스케이터는 물리적인 '일'을 한다.[6]

그림 8-18 피겨 스케이터의 운동

6 따라서 피겨 스케이터가 빠른 회전을 하기 위해서는 팔의 근육이 튼튼해야 한다. 마찬가지로 다이빙 선수가 잠수하기 전에 몸을 빠르게 회전시키려면, 몸을 움츠릴 수 있게 하는 허리의 근육이 강해야 한다.

팔을 끌어당기는 힘은 각운동량의 크기에 얼마나 영향을 주었을까? 토크의 정의에 따르면, 이때 힘의 작용선은 회전축을 향하므로 그 힘에 의한 토크는 0으로, 각운동량에는 아무런 변화를 주지 못하는 것을 알 수 있다. 그럼에도 불구하고 피겨 스케이터가 더 빠른 회전을 할 수 있는 이유는 회전관성이 작아졌기 때문이다.

회전관성이 I_0인 상태에서, 각속도 크기 ω_0로 회전하는 피겨 스케이터의 회전관성이 I로 변하는 경우, 그 과정에서 작용하는 힘에 의한 토크가 없을 때 그 각운동량은 일정하다. 각속도 크기 ω는 다음 식을 통해 구할 수 있다.

$$I_0\omega_0 = I\omega \tag{8.15}$$

이때 각운동량은 일정하지만, 회전운동 에너지까지 일정한 것은 아니라는 점에 유의하자.

예제 8-12 피겨 스케이터의 회전운동 에너지 변화량

회전관성이 I_0인 상태에서, 각속도 크기 ω_0로 회전하던 피겨 스케이터가 팔을 당긴 후에는 그 회전관성이 $\frac{I_0}{2}$로 변했다. 운동에너지 변화량은 얼마인가?

풀이

처음의 운동에너지는 $K_0 = \frac{1}{2}I_0\omega_0^2$이지만, 나중에는 $K = \frac{1}{2}\left(\frac{1}{2}I_0\right)(2\omega_0)^2 = 2K_0$로 커진다. 운동에너지는 처음의 두 배가 되는데, 이때 늘어난 운동에너지는 피겨 스케이터가 팔을 끌어당기는 과정에서 팔에 힘을 작용해 '일'을 한 결과다.

고립된 계의 각운동량은 항상 일정해야 한다. 예컨대, 정지한 의자에 앉아 있는 사람의 각운동량은 0이다. 이때 그 사람이 앉아 있는 의자가 갑자기 스스로 돌 수는 없다. 그러나 만약 그 사람에게 '숨은 각운동량'이 있고, 그 각운동량 방향을 바꿀 수 있는 토크를 작용할 수 있다면 흥미로운 현상이 나타날 수도 있다.

예컨대, 의자에 앉은 사람이 회전축이 수평 방향인 회전하는 자전거 바퀴를 들고 있을 때, '의자와 사람' 계는 수평 방향의 각운동량을 가진다. 이때 만약 그 사람이 자전거 바퀴 회전축에 힘을 작용해, 그 힘에 의한 토크로 회전축을 수직 방향으로 바꾼다면, 어떤 일이 벌어질 것인가? 그 계에는 수직 방향의 각운동량이 없었고 외력에 의한 토크도 없으므로, 수직 방향의 총 각운동량은 여전히 0이어야 한다. 그러나 회전하는 자전거 바퀴는 각운동량을 갖기 때문에 그 사람과 의자는 수직 방향의 총 각운동량을 0으로 유지하기 위해 갑자기 회전운동을 시작하게 된다.

예제 8-13 막대에 부딪치는 물체

길이가 d, 질량이 M인 막대가 마찰이 없는 평면 위에 놓여 있다. 이 막대의 한쪽 끝에 질량이 m인 물체가 빠르기 v_0로 날아와 수직 방향으로 막대의 한쪽 끝에 달라붙는다고 한다.

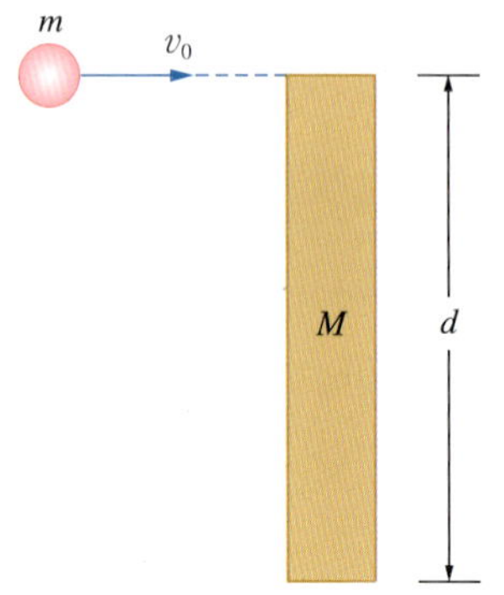

(a) 막대의 다른 한쪽 끝이 고정된 상태라면, 충돌 후 막대의 회전 각속도 크기 ω는 얼마인가?

(b) 막대가 자유로운 상태라면, 충돌 후 막대의 질량중심점 빠르기와 그 점을 중심으로 한 회전 각속도의 크기는 얼마인가?

(c) 막대가 자유로운 상태에서 그 중심점에 물체가 부딪쳐 운동하는 경우와 한쪽 끝에 부딪쳐 운동하는 경우, 충돌 후 운동에너지는 각각 얼마인가?

풀이

(a) 고정점에 대한 물체의 각운동량 크기는 $L=mv_0d$다. 외력은 작용하지 않으므로, 충돌 후 계의 총 각운동량 크기는 $L=mv_0d$로 일정해야 한다. 한편, 막대의 두께가 균일하다면 충돌 후 회전관성은 $I=\left(\frac{1}{3}M+m\right)d^2$이므로, 각속도는 $L=\left(\frac{1}{3}M+m\right)d^2\cdot\omega=mv_0d$로부터 구할 수 있다.

(b) 물체가 운동하는 방향을 x축으로, 막대가 놓인 방향을 y축으로, 막대의 아래 끝점을 좌표계의 기준점으로 정하기로 하자. 이때 질량중심점 좌표를 (X, Y)로 나타내면, 물체나 막대 모두 y축 방향의 속도를 갖고 있지 않으므로 $(M+m)Y=m\cdot 0+M\cdot\left(\frac{d}{2}\right)$ 정의로부터 얻은 Y값은 항상 일정하다. 그러나 X값은 시간에 따라 변해 x축 방향으로 일정한 속도로 이동하며, 충돌 후(물체가 달라붙은) 막대의 x축 방향 속도 V는 $mv_0=(m+M)V$ 관계로부터 얻을 수 있다. 즉 물체가 달라붙은 막대는 질량중심점을 중심으로 회전운동을 하고, 그 질량중심점은 x축 방향으로 일정한 속도로 이동한다. 막대 아래 끝점에 대한 회전관성은 (a)에서 구했으므로 평행축 정리를 이용하면 그 질량중심점에 대한 회전관성 I'을 구할 수 있는데, 각운동량 크기는 $L=mv_0d$로 일정하므로 각속도 크기 ω_0는 $L=I\omega_0$로부터 구할 수 있다.

(c) 막대 중심에 부딪친 경우, 운동에너지는 $\frac{1}{2}(m+M)\left(\frac{mv_0}{m+M}\right)^2=\frac{m}{m+M}\left(\frac{1}{2}mv_0^2\right)$이다. 한쪽 끝에 부딪친 경우에는 병진운동 에너지에 회전운동 에너지인 $\frac{1}{2}I\omega_0^2$이 더 추가된다. 계산해보면, 한쪽 끝에 부딪치면 운동에너지 손실량이 줄어든다는 것을 알 수 있다.

케플러의 법칙

독일의 케플러는 뉴턴이 만유인력의 법칙을 발견하기 전에 다음과 같은 행성의 운동에 관한 흥미로운 사실을 발견했다.

(1) 태양이 거느리는 행성들은 타원에서의 두 초점 중 태양을 한 초점으로 하는 타원궤도 운동을 한다.

(2) 행성이 단위시간 동안 타원궤도를 돌며 만드는 넓이 A는 일정하다. 즉 행성은 '$\frac{dA}{dt}$ = 일정'한 운동을 하며, 이는 행성의 빠르기가 태양에 가까이 있을 때 더 빨라지고 멀어지면 느려진다는 것을 의미한다.

(3) 행성의 주기를 T, 행성의 평균 궤도 반지름을 R이라 하면, $T^2 \propto R^3$의 비례관계가 성립한다.

이들을 각각 케플러의 제1법칙, 제2법칙, 제3법칙이라 부른다. 각운동량 보존법칙에 의하면 케플러의 제2법칙은 행성의 각운동량이 일정하다는 것을 말하며, 다음과 같이 설명할 수 있다. 즉 행성이 태양으로부터 r만큼 떨어진 곳에서 운동 중이라면 그 행성이 각 $\Delta\theta$만큼 회전하는 동안 만드는 면적은 $\Delta A = \frac{1}{2}r \cdot r\Delta\theta = \frac{1}{2}r^2\Delta\theta$다. 따라서 $\frac{dA}{dt} = \frac{1}{2}r^2\frac{d\theta}{dt}$가 되며, $L = I\omega$로부터 이 식을 $\frac{dA}{dt} = \frac{L}{2m}$로 나타낼 수 있다. 행성은 태양이 당기는 힘으로만 운동하므로 그 힘에 의한 토크는 0이고, 각운동량은 변하지 않으므로 $\frac{dA}{dt}$는 일정해진다.

그림 8-19 요하네스 케플러, 1571~1630

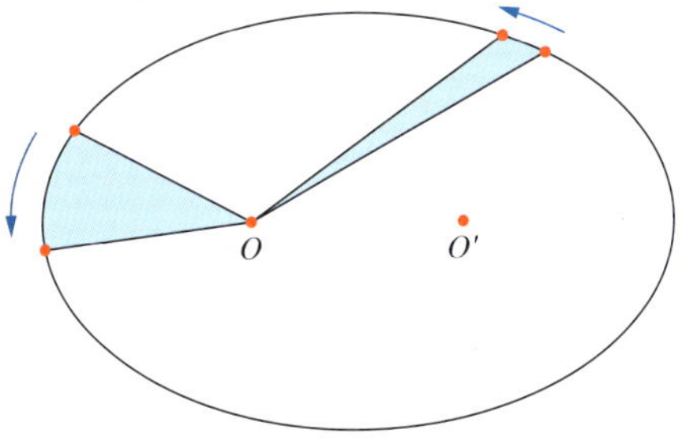

그림 8-20 타원궤도

예제 8-14 막대에 부딪치는 물체

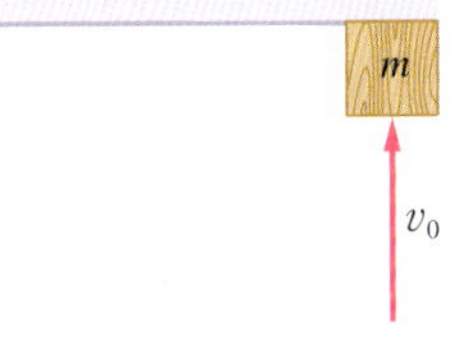

길이가 d이고 질량이 M인 막대가, 마찰이 없는 평면 위에 놓여 있다. 이 막대의 한쪽 끝에 수직 방향으로 질량이 m인 물체가 빠르기 v_0로 날아와 막대에 달라붙는다고 한다.

(a) 막대의 다른 끝이 고정된 상태라면, 충돌 후 막대의 회전 각속도 크기 ω는 얼마인가?

(b) 막대가 자유로운 상태에 있었다면, 충돌 후 막대의 질량중심점 빠르기와 그 점을 중심으로 한 회전 각속도 크기는 얼마인가?

(c) 막대가 자유로운 상태에서, 그 중심점에 물체가 부딪쳐 운동하는 경우와 한쪽 끝에 부딪쳐 운동하는 경우 충돌 후 운동에너지는 각각 얼마인가?

풀이

(a) 고정점에 대한 물체의 각운동량 크기는 $L = mv_0d$이다. 외력은 작용하지 않으므로, 충돌 후 계의 총 각운동량 크기는 $L = mv_0d$로 일정해야 한다. 한편, 막대가 균일한 두께를 가졌다고 가정하면, 충돌 후 회전관성은 $I = \left(\frac{1}{3}M + m\right)d^2$이므로, 각속도는 $L = \left(\frac{1}{3}M + m\right)d^2 \cdot \omega = mv_0d$로부터 얻어진다.

(b) 이제 물체가 운동하는 방향을 x축으로 정하고, 막대가 놓인 방향을 y축으로, 막대의 아래 끝점을 좌표계의 기준점으로 정한 다음, 물체가 그 점에 와 부딪친다고 하자. 이때 질량중심점 좌표를 (X, Y)로 나타내면, 물체나 막대 모두 y축 방향의 속도를 가지고 있지 않으므로 $(M+m)Y = m \cdot 0 + M \cdot (d/2)$ 정의로부터 얻은 Y값은 $\frac{M}{M+m} \cdot (d/2)$로 언제나 일정하다. 그러나 X값은 x축 방향으로 일정한 속도로 이동하며, 충돌 후(물체가 달라붙은) 막대의 x축 방향 빠르기 V는 $mv_0 = (m+M)V$ 관계로부터 얻을 수 있다. 즉 물체가 달라붙은 막대는 그것의 질량중심점을 중심으로 회전운동 하면서, x축 방향으로 일정한 속도로 이동한다.

이제 막대 질량중심점에 대한 회전관성 I를 구해보자. 먼저 평행축 정리를 이용해 그 질량중심점에 대한 막대 자체만의 회전관성을 구하면, 그 크기는 $\left(\frac{1}{12}\right)Md^2 + M\left(\frac{d}{2-Y}\right)^2$이 되고, 그 질량중심점에 대한 물체 m의 회전관성은 mY^2이므로 총 회전관성은 $(1/12)Md^2 \cdot \frac{M+4m}{M+m}$이 된다. 한편, 충돌 전 질량중심점에 대한 이 계의 각운동량 크기는 $L = mv_0Y$이며 이 크기는 일정하므로, 각속도 크기를 ω_0라면 $L = I\omega_0$로부터 그 각속도 크기는 $\frac{6mv_0}{(M+4m)d}$가 된다.

(c) 막대 중심에 부딪힌 경우, 운동에너지는 $\frac{1}{2}(m+M)\left(\frac{mv_0}{m+M}\right)^2 = \frac{m}{m+M}\left(\frac{1}{2}mv_0^2\right)$이다. 한쪽 끝에 부딪쳤을 때, 이 병진운동 에너지에 회전운동 에너지인 $\frac{1}{2}I\omega_0^2$이 더 추가된다. 즉 한쪽 끝에 부딪치면 운동에너지 손실량이 더 적어진다.

8.8 회전운동 방정식의 적용

앞서 질점에 뉴턴의 운동방정식을 적용한 것처럼, 회전하는 물체에는 운동방정식을 어떻게 적용하는지 몇 가지 경우를 예로 살펴보자.

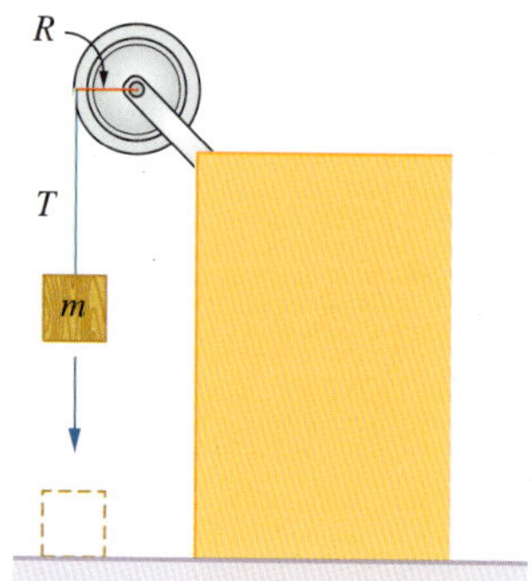

그림 8-21 도르래에 매달린 물체

도르래에 매달린 물체의 운동

먼저 고정된 도르래에 매달려 있는 물체의 운동을 다뤄보자. 도르래가 질량과 반지름이 각각 M, R인 원판 모양이라면 도르래의 회전관성은 $\frac{1}{2}MR^2$이다. 이 도르래에 질량이 m인 물체를 매달고 떨어뜨리면 물체는 도르래를 돌리면서 떨어지게 된다.

이때 물체에는 중력 mg와 줄이 당기는 장력 T, 두 가지 힘이 작용한다. 물체가 떨어지는 방향을 양(+)의 방향으로 하고, 물체의 가속도를 a라 하면 물체의 운동방정식은 다음과 같다.

$$ma = mg - T \tag{8.16}$$

한편, 도르래에는 줄이 도르래를 돌리는 힘만 작용하므로, 토크의 크기는 RT다. 또한 토크는 도르래를 반시계방향으로 돌리려고 하므로 힘은 양(+)의 방향이다. 한편, 도르래 원판의 회전관성은 $I = \frac{1}{2}MR^2$이므로, 도르래의 회전운동 방정식 $I\alpha = \tau$는 다음과 같이 쓸 수 있다.

$$\left(\frac{1}{2}MR^2\right)\alpha = RT \tag{8.17}$$

한편, 물체의 속도는 각속도와 $v = R\omega$ 관계를 가지므로 가속도 a는 각가속도 $a = R\alpha$ 관계를 갖는다. 그러므로 $a = \frac{2T}{M}$가 되고, $ma = mg - T$ 관계를 이용하면 물체 가속도는 $a = \frac{mg}{m + \left(\frac{1}{2}\right)M}$가 된다.

예제 8-15 도르래를 이용해 물체 들어 올리기

하나의 고정된 도르래를 이용해 물체를 들어 올려보자. 물체의 질량은 m이고, 도르래는 질량과 반지름이 각각 M, R인 원판 모양이다. 도르래에 연결된 질량이 무시되는 줄에 일정한 힘 F_0를 작용해 물체를 끌어 올린다면 물체의 가속도는 얼마인가?

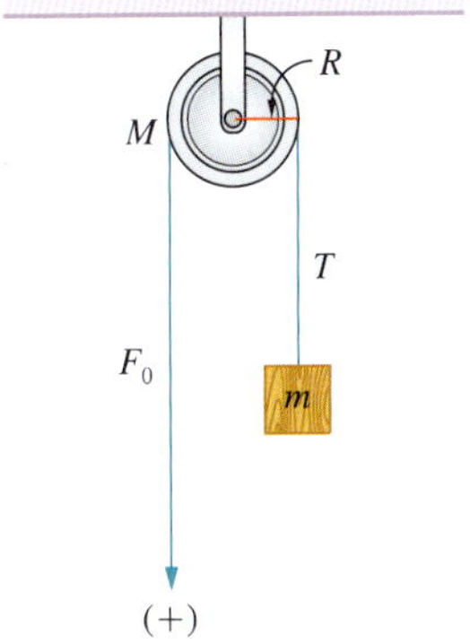

풀이

이때 물체에 작용하는 장력 세기를 T라 하고, 작용하는 힘의 방향을 양(+)의 방향으로 정하기로 하자. 이 경우, 물체에 작용하는 중력 세기는 mg이므로 물체의 가속도를 a라 하며, 그 운동방정식은 $ma = T - (F_0 - mg)$가 된다. 한편, 도르래에 연결된 줄 양쪽에는 각각 F_0, T의 힘이 작용하며, 물체가 도르래의 오른쪽에 매달리면 힘 F_0는 도르래를 반시계방향으로 돌리려 하므로, 그 토크 부호가 (+)가 된다. 따라서 도르래 운동방정식은 $I\alpha = R(F_0 - T)$가 된다. 이제 $a = R\alpha$ 관계를 이용하면 물체의 가속도는 $a = (F_0 - mg)/\left(m + \frac{1}{2}M\right)$로 나타낼 수 있다.

여러 가지 진자

물체의 한 점을 고정해 걸어두면 물체는 좌우로 왕복운동을 한다. 그런 구조를 **진자**pendulum라 한다. 가장 단순한 형태는 **단진자**simple pendulum로, 크기가 없는 질점 형태의 물체가 줄에 매달려 있는 경우이며, 크기가 있는 물체가 줄에 매달려 있는 형태의 진자는 **물리진자**physical pendulum라 한다. 이제 질량이 M인 물체의 한 점이 고정된 경우, 그 회전관성을 I라고 할 때의 운동을 살펴보자.

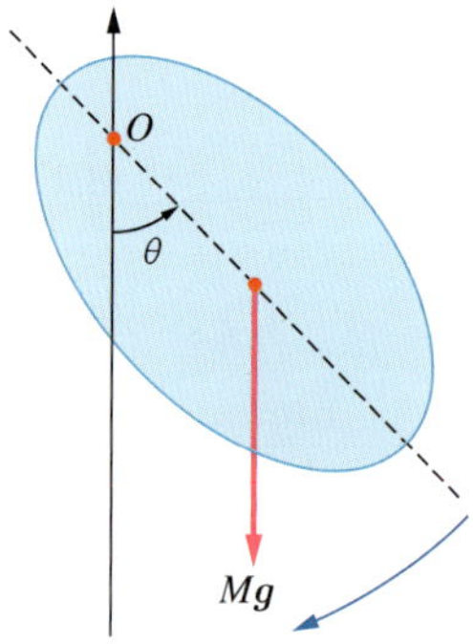

그림 8-22 물리진자

그 경우 중력에 의한 토크는 그 질량중심점에 작용하는 중력에 의한 토크와 같다. 따라서 고정점으로부터 질량중심점까지의 거리가 l일 때, 수직 방향이 기준이라면 질량중심점을 지나는 축이 수직 방향에서 오른쪽으로 각 θ를 이룰 때 토크 크기는 $\tau = Mgl\sin\theta$다. 이때 토크는 진자를 시계방향으로 돌리려고 하므로, 토크 방향은 지면으로 들어가는 음(−)의 방향이다. 즉 회전관성이 I라면 회전운동 방정식 $\alpha = \frac{1}{I}\tau$는 다음과 같다.

$$\alpha = -\frac{1}{I}Mgl\sin\theta \tag{8.18}$$

한편, $\alpha = \frac{d^2\theta}{dt^2}$이므로 이 식은 다시 $\frac{d^2\theta}{dt^2} = -\left(\frac{Mgl}{I}\right)\sin\theta$로 표현할 수 있다. 이런 형태의 미분방정식을 정확히 풀기란 쉽지 않지만, θ가 충분히 작은 경우라고 가정하면 $\sin\theta \approx \theta$ 관계에 의해 $\frac{d^2\theta}{dt^2} = -\frac{Mgl}{I}\theta$로 나타낼 수 있다. 8.3절에서 우리는 이미 이런 방정식의 해를 구한 바 있는데, 그것을 이용하면 이 방정식의 해는 $\theta(t) = \theta_0\cos(\omega_0 t)$ 형태가 되고(여기에서 θ_0는 상수), $\omega_0 = \sqrt{\frac{Mgl}{I}}$이 된다. 이런 형태의 운동을 **단순조화진동**simple harmonic oscillation이라 부른다. 우리는 후크의 법칙에 따른 힘에 의한 진동운동 또한 단순조화진동임을 곧 알게 될 것이다.

원운동을 하는 물체가 한 바퀴 회전하는 데 걸리는 시간을 주기라 하고 T라고 나타내듯이, 진동운동을 하는 물체가 한 번 왕복하는 데 걸리는 시간 역시 주기period라 하고, T로 나타낸다. 즉 진자에서 물체가 이루는 각 $\theta(t) = \theta_0\cos(\omega_0 t)$도 시간에 따라 진동하는 왕복운동 형태를 나타내는데, 그 진동 주기 T는 $\omega_0 T = 2\pi$ 관계로부터 구할 수 있다.

예제 8-16 막대 모양 물리진자의 주기

길이가 L, 질량이 M인 균일한 두께의 막대가 있다. 막대의 한쪽 끝을 고정한 경우에 얻어지는 형태의 물리진자 주기를 구하라.

풀이

한쪽 끝이 고정된 상태에서 막대의 회전관성은 $I=\frac{1}{3}ML^2$이다 . 한편, 고정점에서 질량중심점까지의 거리 l은 $\frac{L}{2}$이다. 따라서 단순조화진동의 각진동수 $\omega_0=\sqrt{\frac{Mgl}{I}}$ 값은 $\omega_0=\sqrt{\frac{3}{2}\frac{g}{L}}$ 가 되고, 주기 T는 $\omega_0 T=2\pi$ 관계로부터 구할 수 있다.

이제 질량이 M인 질점이라고 볼 수 있는 물체가 길이가 l인 줄에 매달려 흔들리는 단진자를 살펴보자. 이때 회전관성은 $I=Ml^2$이므로 각진동수 $\omega_0=\sqrt{\frac{Mgl}{I}}=\sqrt{\frac{g}{l}}$ 이고, $\omega_0 T=2\pi$ 관계로부터 진동 주기는 $T=2\pi\sqrt{\frac{l}{g}}$ 이 된다. 여기에서 유의해야 할 점은, 진폭이 매우 작은 진자에 한해서만 이 결과가 유효하다는 것이다. 즉 진폭이 작은 단진자 운동에서 주기는 줄에 매달린 물체의 질량과 무관하며, 이를 '갈릴레오의 **등시성**'이라 부른다. 갈릴레오가 발견한 이 결과는 중력 세기가 (관성)질량에 정확하게 비례하기 때문에 얻어진 것이다.

물음 8-19 질량이 M, 반지름이 R인 균일한 질량 밀도를 가진 원판의 중심점에, 길이가 L인 줄을 매달아 흔들 때 진동수를 구하라.

이번에는 비틀림 진자라는 줄에 매달린 원판의 진동운동을 살펴보자. 원판의 중심 점에 철사줄로 원판을 매달고 원판을 조금 비틀면, 원판은 원래 위치를 중심으로 진동운동을 한다. 이때 원판이 각 θ만큼 비틀리면, 원래 상태로 돌아가려는 토크 크기는 $\tau\propto\theta$로서, 각 θ에 비례한다. 이때 토크 방향은 음(−)의 부호이므로 토크는 비례상수 k를 도입해 $\tau=-k\theta$로 나타낼 수 있다. 따라서 원판의 회전관성을 I라 하면 회전운동 방정식은 $\alpha=-\frac{1}{I}\kappa\theta$가 된다. 즉 원판은 각진동수가 $\omega_0=\sqrt{\frac{\kappa}{I}}$ 인 진동운동을 한다.

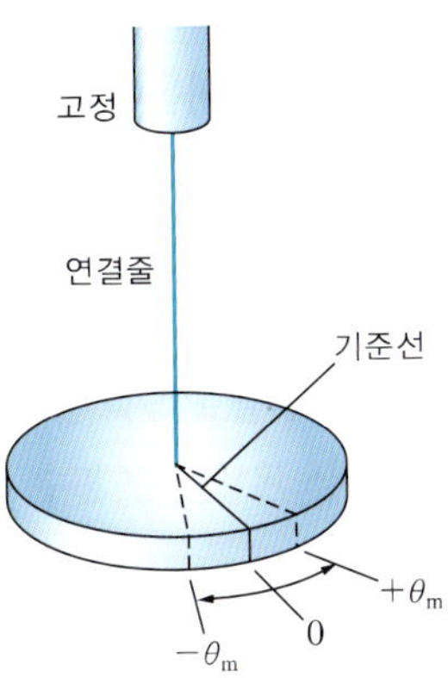

그림 8-23 비틀림 진자

CHAPTER 08 연습문제

1 지구에서 달을 향해 쏘는 레이저 빛이 빛의 진행 방향으로부터 $1.4\times10^{-4}\,\text{rad}$의 각도폭으로 진행한다고 한다. 달까지의 거리가 $L=3.8\times10^5\,\text{km}$라고 할 때, 레이저 빛이 비추는 달 표면의 원의 지름 R은 얼마인가?

2 어떤 원심분리기가 정지상태에서 1분당 2만 번 회전하는 빠르기로 도달하기까지 30초가 걸린다고 한다.

(a) 회전하는 동안 이 원심분리기의 평균 각가속도 크기 α는 얼마인가?

(b) 그 과정 동안 원심분리기는 몇 바퀴 회전했는가?

3 어떤 원심분리기가 정지상태에서 1분당 15만 번 회전하는 빠르기로 도달하기까지 220초가 걸린다고 한다. 일정한 각가속도 운동이라 가정할 때, 그 시간 동안 원심분리기가 회전한 수는 얼마인가?

4 축음기의 턴테이블이 1분에 78회전을 하다가 전원을 끄면 30초 후에 회전을 멈추는, 일정한 각가속도 운동을 하고 있다.

(a) 각가속도의 크기는 얼마인가?

(b) 멈추는 동안 몇 바퀴 회전했는가?

***5** 빌딩에서 떨어지는 물체

지구의 적도 부분에 높이가 H인 빌딩이 세워져 있다. 지구는 자전하므로, 빌딩의 꼭대기 층에 있는 사람은 지면에 있는 사람보다 더 빨리 움직이게 된다. 따라서 물체가 빌딩 꼭대기에서 지면으로 떨어진다면, 그 물체는 수직으로 떨어지지 않고 약간 동쪽으로 떨어지게 된다. 지구의 자전 각속도를 ω라 한다면, 공기 저항을 무시할 때 그 물체는 수직 아래 위치로부터 동쪽으로 얼마만큼 떨어지는가?

6 태양을 도는 지구 궤도를 원 궤도라 가정하고, 그 반지름이 $R=1.5\times10^8\,\text{km}$라고 한다.

(a) 지구의 각속도 크기는 얼마인가?

(b) 태양에서 본 지구의 빠르기는 얼마인가?

7 질량이 M이고 반지름이 R이며 회전관성이 $\frac{2}{5}MR^2$인 볼링공이 정지상태로부터 출발하여 v의 빠르기를 갖게 될 때까지 얼마만큼의 일이 필요한지 M과 v로 나타내라.

8 지구를 균일한 밀도를 가진 공이라 가정할 때, 지구의 회전운동 에너지는 얼마인가?

***9** 세 개의 막대

오른쪽 그림과 같이, 각각 길이가 L, 질량이 m인 세 개의 막대가 서로 직교하도록 결합되어 있다. 결합된 막대를 세 막대 중 한 막대의 한쪽 끝을 중심으로 다른 한 막대와 나란한 축으로 회전시킬 때 회전관성을 구하라. 단, 막대의 굵기는 무시한다.

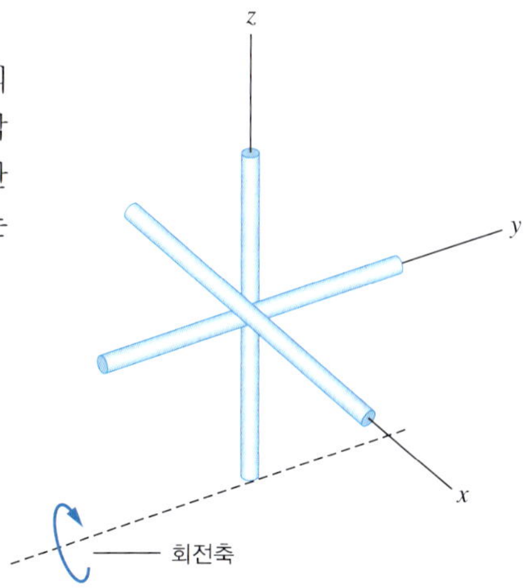

***10** 막대에 달린 물체

다음 그림과 같이, 질량이 각각 M, m인 두 개의 공이 길이가 L이고 질량을 무시할 수 있는 막대로 연결되어 있다. 질량이 M인 공으로부터 거리 x만큼 떨어진 곳에 위치한 막대에 수직인 회전축을 중심으로 두 공을 회전시키려고 한다.

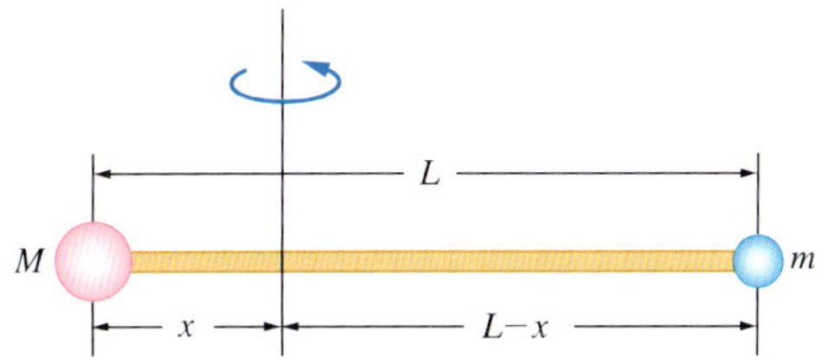

(a) 회전관성의 극솟값은 x가 질량중심점인 경우 얻어짐을 보여라.

(b) 그 경우 $\mu = \dfrac{mM}{(m+M)}$이라면, $I = \mu L^2$이 됨을 보여라.

11 수평면 위에서 질량이 m이고 반경이 R인 원판 모양의 바퀴가 일정한 빠르기 v로 굴러가다가 경사진 비탈길로 올라갔다. 이때 이 바퀴가 올라가는 수직 높이가 H라 할 때, 그 높이를 v와 중력가속도 g로 나타내라.

12 삼각형의 각 변을 벡터 $\mathbf{a}$, $\mathbf{b}$, $\mathbf{c}$로 나타내고 각 변이 마주 보는 꼭짓점의 각을 각각 α, β, γ라 하자. 삼각형의 세 벡터가 $\mathbf{a}+\mathbf{b}=\mathbf{c}$ 관계를 만족한다면, 벡터의 벡터 곱을 이용해 $\dfrac{\sin\alpha}{a} = \dfrac{\sin\beta}{b}$임을 보여라.

23 어떤 헬리콥터 날개가 균일한 질량 밀도를 가진 세 개의 얇은 직사각형 모양 금속판으로 이루어져 있다.

(a) 각 날개 판의 질량이 135 kg이고 그 길이가 3.75 m 라면, 회전 중심축에 대한 이 날개들의 회전관성 크기는 얼마인가?

(b) 정지상태에서 이 날개를 시간 6.0초 후에 1초당 5.0 회전하게 하려면 필요한 토크 크기는 얼마인가?

24 어떤 태풍의 가장자리 위치의 풍속이 120 km/h에 달한다고 한다. 이 태풍을 지름이 85 km 이고 높이가 4.5 km 인 원판 모양 공기 덩어리로 취급한다고 할 때, 태풍이 가진 에너지와 각운동량 크기를 각각 구하라. 단, 공기의 밀도는 $1.3\,\text{kg/m}^3$이다.

25 어떤 고정축을 회전축으로 회전하는 물체의 각운동량이 $L = I\omega$일 때, 물체의 운동에너지를 $K = \dfrac{L^2}{2I}$ 으로 쓸 수 있음을 보여라.

26 서로의 간격이 d인 평행선을 따라 서로 반대 방향으로 빠르기 v로 운동하는 질량이 m인 두 물체가 있다. 이 계의 총 각운동량 크기는 얼마인가?

27 오른쪽 그림과 같이, 수평면 위에서 원 궤도를 그리는 운동을 하는 진자를 원뿔진자라 한다. 길이가 l인 줄에 매달려 있으며 질량이 m인 물체가 수직 방향에서 θ의 각도를 유지하며 원운동을 하는 경우, 원의 중심점을 기준점으로 한 각운동량 크기는 $L = \left(\dfrac{m^2 g l^3 \sin^4\theta}{\cos\theta}\right)^{\frac{1}{2}}$ 임을 보여라.

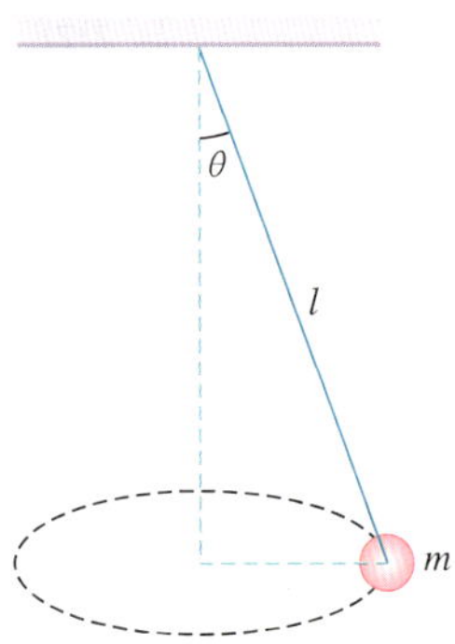

28 다음 그림과 같이, 질량이 m인 입자가 수평면과 θ의 각도를 이루며 처음 빠르기 v_0로 발사되었다. 좌표 원점을 고정점으로 정한 경우, 원점 위치와 최고점 위치에서의 각운동량 크기는 각각 얼마인가?

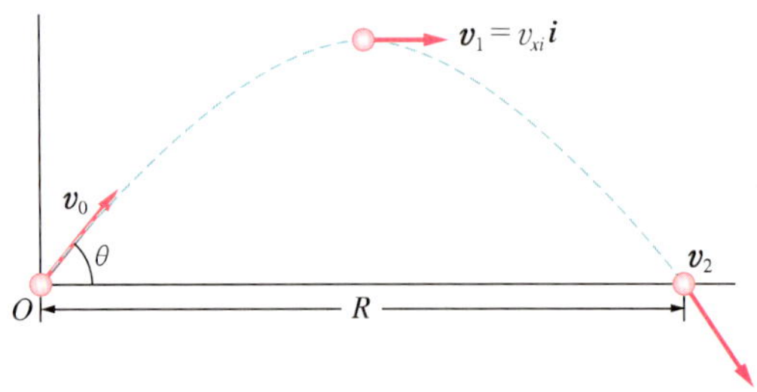

29 질량이 M인 소녀가 바닥면과의 마찰이 무시되는 회전 원판의 가장자리에 서 있다. 원판의 반지름은 R이고, 원판의 회전관성은 I_0이다. 소녀가 원판 접선 방향으로 질량이 m인 돌을 빠르기 v로 던진 경우 원판의 각속도 크기 ω는 얼마인가?

30 마찰이 없는 평면 위에서 1분당 1회전의 각속도로 회전하는 원판 위에 사람이 서 있다. 그 사람이 팔을 벌린 채로 있을 때 원판을 포함한 전체계의 회전관성은 $6.0\,\mathrm{kg \cdot m^2}$이다. 그 사람이 팔을 오므려 전체 회전관성이 $2.0\,\mathrm{kg \cdot m^2}$가 되었을 때, 다음 물음에 답하라.

(a) 회전 각속도 크기는 얼마인가?

(b) 운동에너지는 처음의 몇 배가 되는가?

***31** 막대와 물체

질량이 무시되며 길이가 $5.0\,\mathrm{cm}$인 막대의 양 끝에 질량이 $2.0\,\mathrm{kg}$인 두 물체가 각각 달려 있다. 막대는 마찰이 무시되는 평면 위에 놓여 있으며 중심점은 고정되어 있다. 이때 질량이 $50\,\mathrm{g}$인 진흙 덩어리가 $3.0\,\mathrm{m/s}$의 빠르기로 날아와 한쪽 물체에 부딪친 후 달라붙은 채로 막대가 회전한다.

(a) 막대의 각속도 크기는 얼마인가?

(b) 충돌 후 전체계의 운동에너지는 충돌 전 진흙 덩어리의 운동에너지의 몇 배인가?

32 다음 그림과 같이, 회전관성이 I_0인 원통 1이 그 중심을 지나는 회전축을 중심으로 각속도 크기 ω_0로 회전하고 있다. 이 상태에서 회전관성이 $\frac{I_0}{4}$인 다른 원통 2를 원통 1과 같은 회전축으로 돌도록 원통 1과 결합시켰다.

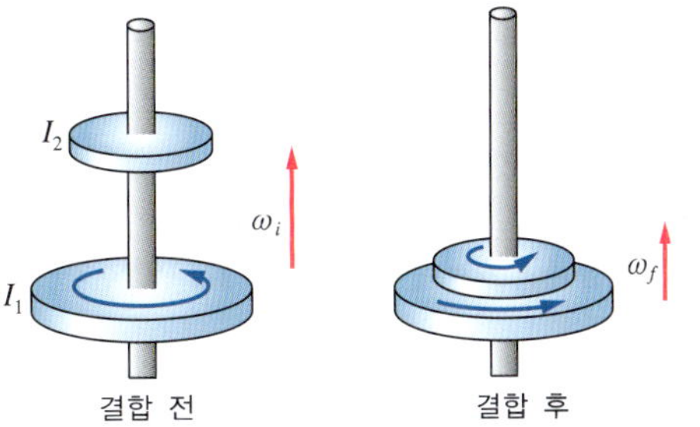

(a) 두 원통이 결합된 상태에서의 각속도 크기 ω는 얼마인가?

(b) 결합된 상태에서의 회전운동에너지는 결합되기 전의 몇 배인가?

*33 나무토막과 총알

다음 그림과 같이, 마찰이 없는 평면 위에 한쪽 끝이 고정되고 길이가 l인 막대가 놓여 있고, 막대 끝에는 질량이 M인 나무토막이 달려 있다. 막대의 질량은 무시할 수 있다고 한다. 이때 평면 위에서 막대에 수직 방향으로 빠르기 v로 질량이 m인 총알이 날아와 나무토막에 박혔다.

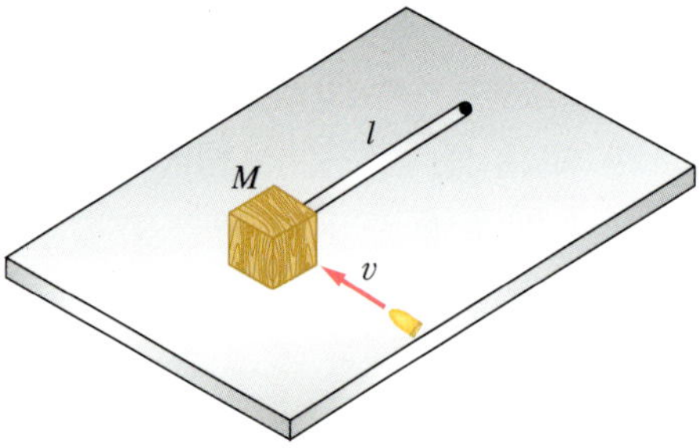

(a) 총알이 박힌 순간 나무토막의 빠르기 V는 얼마인가?

(b) 총알이 박힌 다음 계의 운동에너지 K는 얼마인가?

(c) 막대의 질량이 $\frac{1}{3}M$이라면, 총알이 박힌 나무토막의 빠르기 V'은 얼마인가?

34

오른쪽 그림과 같이, 중심축이 고정되고 정지한 상태의 원통을 향해 질량이 m이고 빠르기가 v_0인 진흙 덩어리를 던졌다. 이 경우, 진흙 덩어리의 운동 방향과 원통 축과의 수직 거리는 d이다. 원통의 질량이 M이고 반지름은 R이며 균일한 밀도를 가졌다고 할 때, 진흙 덩어리가 원통에 달라붙은 채로 원통이 회전한다면 각속도 ω 크기는 얼마인가?

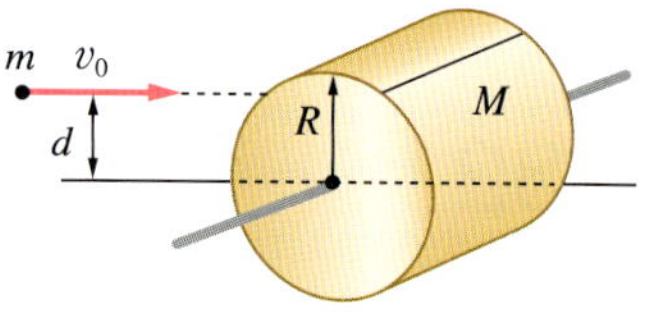

*35 물리진자

어떤 물리진자 물체의 질량은 m이고, 고정점으로부터 질량중심점까지의 거리는 l이다. 진자의 회전축과 나란한, 진자 질량중심점을 지나는 축에 대한 회전관성은 I_{CM}이라고 한다.

(a) 진자의 주기는 $T = 2\pi\sqrt{\frac{I_{CM}+ml^2}{mgl}}$ 임을 보여라.

(b) l이 $ml^2 = I_{CM}$ 관계를 만족할 때; 진자의 주기가 최소가 됨을 보여라.

36 다음 그림과 같이, 반지름이 R이고 질량이 M인 구형의 소행성에 질량이 m인 어린왕자가 서 있다. 이 경우, 소행성의 회전관성은 $\frac{2}{5}MR^2$이다. 소행성과 어린왕자는 모두 정지해 있다. 이때 어린왕자가 소행성 위에서 일정한 빠르기 v로 걷는다고 한다.

(a) 어린왕자의 각속도 크기 ω와 어린왕자의 회전관성 I는 얼마인가? 단, 소행성 반지름에 비해 어린왕자의 키는 무시할 수 있을 정도로 작다고 가정한다.

(b) 어린왕자가 빠르기 v로 움직일 때, 어린왕자의 각운동량의 크기 L은 얼마인가?

(c) 초기에 정지해 있던 어린왕자가 빠르기 v로 움직일 때, 어린왕자와 소행성의 총 각운동량은 얼마인가?

(d) 어린왕자가 빠르기 v로 움직이는 동안 소행성도 회전한다. 소행성의 회전 각속도 크기 ω'은 얼마인가?

(e) 어린왕자가 소행성을 한 바퀴 돌아 처음 출발했던 위치까지 왔을 때, 소행성이 회전한 각도 θ는 얼마인가?

37 용기 속 물체

오른쪽 그림과 같이, 질량이 m인 물체가, 반지름이 R이고 공 껍질 모양인 용기 안에서 미끄러지는 운동을 한다. 마찰이 없다고 할 때, 가장 아랫부분을 중심으로 충분히 작은 각도로 운동하는 경우, 물체의 운동은 줄의 길이가 R인 단진자 운동과 같으며, 각진동수는 $\omega = \sqrt{\frac{g}{R}}$ 가 됨을 보여라.

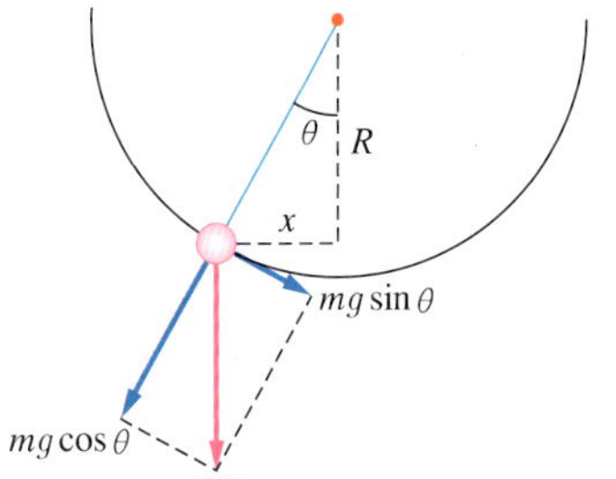

38 오른쪽 그림과 같이, 반지름이 R이고 질량이 M인 원판이 있다. 원판을 그림에서와 같이 길이가 L이며 질량을 무시할 수 있는 막대에 매달아 좌우로 단진동을 시킨다. $L=R$이라고 할 때, 이 진자의 주기는 얼마인가?

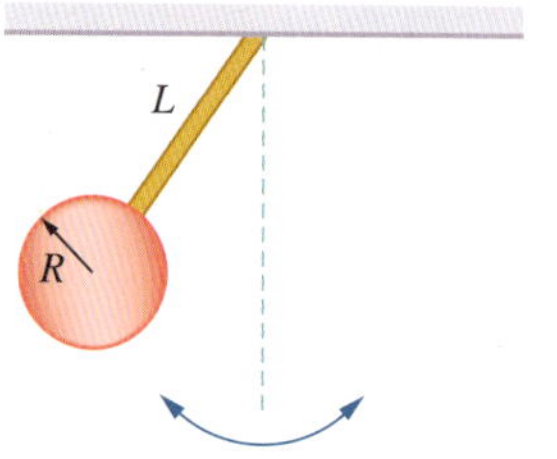

****39** 벽돌의 평형

질량이 m이고 길이가 각각 l인 네 개의 벽돌들을 다음 그림과 같이, 약간씩 비껴가며 쌓아 올린다고 한다.

(a) 가장 위의 벽돌부터 그 아래 벽돌들까지 서로 겹치지 않게 올려놓을 수 있는 최대 길이는 각각 $\frac{l}{2}$, $\frac{l}{4}$, $\frac{l}{6}$임을 보여라.

(b) 이 네 벽돌을 또 다른 벽돌 위에 올려놓는다면, 겹치지 않고 남길 수 있는 최대 길이는 얼마인가?

***40** 선반 위 물체 ①

다음 그림과 같이, 길이가 L인 얇은 판의 한쪽 끝은 벽에 고정되어 있고, 다른 한쪽 끝에 줄을 매달아 벽에 고정시켰다. 줄과 판 사이의 각은 θ이다. 물체의 무게는 W이며, 물체가 판 고정점으로부터 거리가 x인 곳에 있는 상태라고 한다.

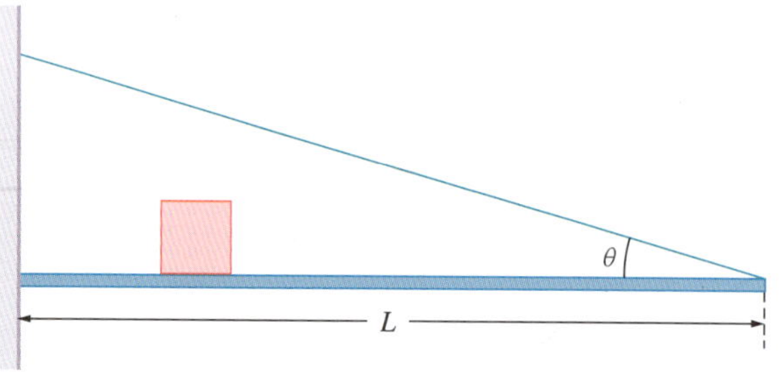

(a) 판의 질량이 무시된다면 줄의 장력 세기 T는 얼마인가?

(b) 판 고정점에서 막대에 작용하는 수평 방향과 수직 방향의 힘의 세기는 각각 얼마인가?

*41 선반 위 물체 ②

다음 그림과 같이, 길이가 L인 얇은 판의 한쪽 끝은 벽에 고정되어 있고, 다른 한쪽 끝에 줄을 매달아 벽에 고정시켰다. 줄과 판 사이의 각도는 θ이고, 벽으로부터 x만큼 떨어진 곳에 물체가 놓여 있다. 줄의 장력이 T_0 이상이 될 때 줄이 끊어진다면, 줄이 끊어지지 않을 때의 물체의 최대 무게 W_0는 얼마인가? 이때 판과 줄의 질량은 무시한다.

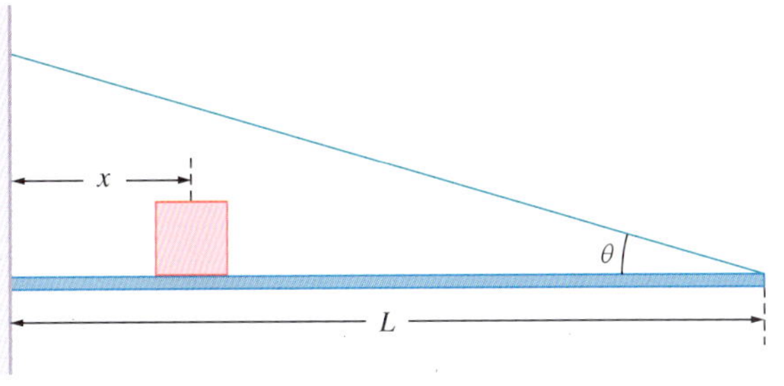

*42 걸쳐진 사다리 ①

길이가 L, 질량이 m_1이며 균일한 두께를 가진 사다리가 벽에 기대어 세워져 있다. 사다리와 지면이 이루는 각도는 θ이다. 질량이 m_2인 소방관이 사다리 아래쪽 끝으로부터 x만큼 떨어진 지점에 올라가 있다. 사다리와 벽면 사이의 마찰은 무시한다고 하면 벽면이 사다리에 작용하는 힘은 수직으로 미는 힘이 된다.

(a) 벽면이 사다리에 작용하는 힘의 세기 T는 얼마인가?

(b) 바닥면이 사다리에 작용하는 수직항력 세기 N과 마찰력 세기 f는 얼마인가?

(c) 소방관이 사다리 아래쪽 끝으로부터 d만큼 떨어진 지점에 올라가 있을 때, 사다리가 미끄러지기 시작한다고 한다. 사다리와 지면 사이의 정지마찰계수 μ는 얼마인가?

*43 걸쳐진 사다리 ②

길이가 L, 질량이 m인 사다리가 바닥면과 각 θ를 이루며 벽에 기대어 세워져 있다. 바닥면과 사다리의 마찰계수는 μ이다.

(a) 벽이 사다리에 가하는 힘이 벽에 수직 방향으로 작용한다면 사다리에 작용하는 마찰력 f의 세기는 얼마인가?

(b) 사다리가 미끄러지지 않고 유지될 수 있는 사다리의 최대 각도는 얼마인가?

(c) 벽이 사다리에 가하는 힘이 사다리에 수직 방향으로 작용한다면 마찰력 세기는 얼마인가?

CHAPTER

09 진동운동

Oscillating Motion

9.1 물체의 탄성과 영률

우리 주위의 물체들은 지구 중력에 의해 지표면에 붙어 있다. 대부분의 물체는 원자나 분자가 뭉쳐진 덩어리 상태로 존재하는데, 그 이유는 물론 중력 때문은 아니다. 왜냐하면 원자와 같은 작은 질량을 가진 물질 사이의 만유인력은 무시할 정도로 매우 작기 때문이다. 우리는 원자들이 뭉치는 이유가 전기력 때문이라는 사실을 배우게 될 것인데, 물체는 전기력에 의해 원자들이 마치 용수철로 연결된 상태라 할 수 있다.

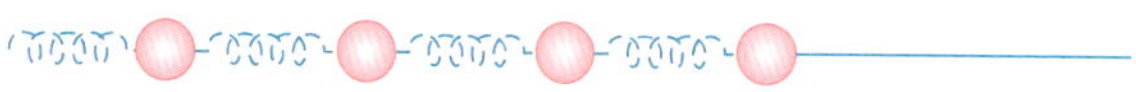

그림 9-1 가상 용수철로 연결된 원자들

우리는 모양이 변하지 않는 단단한 물체를 강체라 했다. 따라서 모든 물체를 원자들이 용수철 같은 것으로 연결된 구조라고 본다면 완전한 강체란 존재할 수 없다. 움직일 수 없는 물체에 힘을 가하면 모든 물체는 실제로 변형되는데, 이때 변형되는 크기는 후크의 법칙에 따라 작용한 힘의 세기에 비례한다.

흥미로운 점은 물체를 이루는 원자들이 용수철 형태로 연결되어 있기 때문에, 작용한 힘을 제거하면 물체는 다시 원래 상태로 되돌아간다는 것이다. 이렇게 되돌아가는 물체의 특성을 **탄성**elasticity이라고 부르며, 탄성에 의해 물체는 **진동**oscillation운동을 한다. 예컨대, 깨어져 부서질지라도 모양이 전혀 변하지 않을 것처럼 보이는 유리컵이, 실제로는 휘어지거나 진동하기도 한다는 사실은 무척 흥미롭다. 즉 단단한 물체와 그렇지 않은 물체를 구분 짓는 요인은 단지 그 용수철이 얼마나 단단한가 아닌가의 차이일 뿐이다.

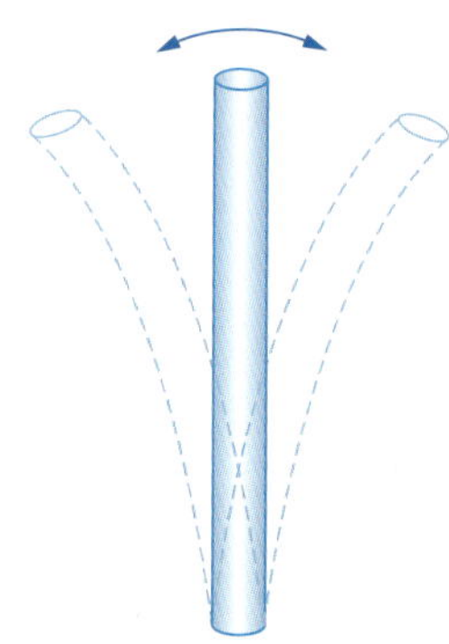

그림 9-2 진동하는 막대

진동운동은 원자세계에서 끊임없이 일어나는 운동으로, 원운동과 더불어 자연적으로 존재하는 가장 근본적인 운동이다. 또한 진동운동은 소리나 빛과 같이 우리 주위에서 일어나는 많은 현상들의 근원이며, 매우 중요하게 다뤄져야 하는 운동 중 하나다.

영률

우리는 8장에서 물체의 평형 문제를 공부했다. 평형상태에 있는 물체에 작용하는 힘들은 물체를 변형시킨다. 모든 물체는 외력에 의해 변형되지만, 똑같은 힘이라도 그 변형의 정도는 다르며, **후크의 법칙** Hooke's law은 외력에 의해 물체가 얼마나 변형되는지를 기술한다. 그러나 후크의 법칙은 '물체의 특성'에 관한 것이지, 물체를 이루는 물질의 특성에 관한 것은 아니라는 점에 유의해야 한다. 예컨대, 똑같은 크기의 힘으로 쇠막대를 늘리더라도 막대의 굵기나 길이에 따라 막대가 늘어나는 정도가 다르다. 즉 후크의 법칙에 도입된 용수철 상수는 물체의 특성일 뿐, 물질의 특성은 아니다. 이제 물체가 아닌 물질의 특성에 대해 알아보자.

똑같은 쇠막대 두 개를 묶은 채 늘리는 힘을 작용하면, 각 막대에는 가한 힘의 1/2 세기만큼씩 작용한다. 즉 막대 하나만 갖고 늘렸을 때와 비교하면 1/2 길이만큼만 늘어난다. 한편, 두 막대를 하나의 긴 막대 형태로 연결한 뒤 늘리는 힘을 가하면, 각 막대에 같은 크기의 힘이 작용해 길이가 두 배로 늘어난다. 그러므로 길이가 L, 단면적이 A인 막대에 늘리는 힘 F를 가하면, 다음과 같은 비례 관계가 성립한다.

$$\Delta L \propto \frac{L}{A} \cdot F \tag{9.1}$$

한편, 이 관계는 비례상수를 도입해 다음과 같이 나타낼 수 있다.

$$\frac{\Delta L}{L} = \frac{1}{Y}\frac{F}{A} \tag{9.2}$$

이 결과는 단위길이당 길이 변화량인 $\frac{\Delta L}{L}$이 단위넓이당 힘인 $\frac{F}{A}$에 비례한다는 사실을 말해준다. 여기에서 Y는 **영률** Young's modulus이라 불리는 양이다. 즉 영률은 물체의 특성이 아니라 이제 '물질의 특성'을 나타내는 탄성률이 된다.

표 9-1 몇 가지 물질의 영률

물질	영률(N/m^2)
강철	200×10^9
알루미늄	70×10^9
화강암	45×10^9
나일론	5×10^9

물음 9-1 영률의 단위가 N/m^{2}임을 보여라.

물음 9-2 영률이 Y인 물질로 만든, 길이가 L, 반지름이 R인 원형 단면적의 막대가 있다. 이 막대의 용수철 상수를 주어진 값으로 나타내라.

9.2 단순조화운동

우리 눈으로 볼 수 있는 거시적 세계의 진동은 마찰력 때문에 결국 멈추게 되지만, 사실 물체를 이루는 원자들은 항상 진동한다. 즉 중력에 의한 천체의 원운동과 더불어 전기력에 의한 원자의 진동운동도 영원히 계속된다고 할 수 있다.[1]

물체를 이루는 모든 원자는 자신의 평형 위치를 중심으로 진동운동을 한다. 그러나 수많은 원자의 집단적 진동운동을 다루기는 매우 어렵기 때문에, 먼저 용수철에 달린 질량이 m인 물체의 진동운동에 관해 살펴보자. 이때 용수철의 한쪽 끝은 벽에 고정되었다고 가정하고, 평형 위치를 기준점으로 하여 용수철이 늘어나는 방향을 $+x$축 방향으로 정하기로 하면, 물체 변위가 x일 때, 용수철 상수가 k인 용수철 탄성력은 다음과 같이 나타낼 수 있다.

$$F = -kx \tag{9.3}$$

여기에서 음(−)의 부호는 평형 위치로부터의 변위 x와 변형시키는 힘 F와의 관계를 벡터로 나타내기 위한 것이다. 따라서 운동방정식은 $a = -\dfrac{k}{m}x$로 나타낼 수 있으며, 이때 가속도는 $a = \dfrac{d^2x}{dt^2}$이므로 이를 $\dfrac{d^2x}{dt^2} = \ddot{x}$라고 써서 간편하게 $a = \ddot{x}$로 나타내기도 한다. 따라서 $\omega_0 = \sqrt{\dfrac{k}{m}}$ 라면, 운동방정식 $a = -\dfrac{k}{m}x$는 (2차 미분방정식이라고 부르는) 다음 형태로 나타낼 수 있다.

$$\ddot{x} + \omega_0^2 x = 0 \tag{9.4}$$

8.3절에서 우리는 등속원운동을 직각좌표계에서 다루면서, $x(t) = R\cos(\omega_0 t)$가 $a_x = -\omega_0^2 x$ 관계를 만족하는 함수임을 알게 되었다. 한편, $a_x = \ddot{x}$로 쓸 수 있으므로, $\ddot{x} + \omega_0^2 x = 0$ 형태의 미분방정식의 해를 우리가 이미 알고 있다는 것을 깨달을 수 있다. 즉 용수철에 매달린 물체는 각진동수 $\omega_0 = \sqrt{\dfrac{k}{m}}$로 원운동을 하는 물체의 x축 그림자 운동인 **단순조화운동**simple harmonic motion을 하며, 그 위치는 다음과 같이 나타낼 수 있다.

$$x(t) = A\cos(\omega_0 t) \tag{9.5}$$

이와 같은 형태로 진동하는 계를 **조화진동자**harmonic oscillator라고 한다. 여기에서 A의 크기를 **진폭**amplitude이라 하고, ω_0를 이 조화진동자의 **자연 각진동수**natural angular frequency라고 한다. 앞에서 우리는 진폭이 충분히 작다는 조건에서 진자의 운동이 단순조화운동 형태라는 것을 알게 되었는데, 용수철 진자는 그런 조건 없이도 항상 단순조화운동을 한다.

---

1 원자들이 끊임없이 진동하는 이유는 우리 주위에 항상 빛이 존재하기 때문이다. 원자들은 전기를 띤 전자들로 이루어져 있는데, 빛에는 진동하는 전기장이 있어 전자를 진동시키기 때문이다. 이때 진동운동을 하는 전자들은 또다시 빛을 만들어낸다. 이와 같이 원자들은 빛을 매개로 끊임없이 진동운동을 한다.

단순조화운동에서는 각진동수보다 **진동수**frequency라는 양을 더 자주 사용하는데, 진동수는 일반적으로 f로 나타내며 각진동수와 $\omega = 2\pi f$ 관계를 갖는다. 따라서 질량이 m인 물체가 용수철 상수가 k인 용수철에 매달려 운동할 때는 진동수 $f_0 = \frac{1}{2\pi}\sqrt{\frac{k}{m}}$로 진동한다고 말할 수 있다. 그 진동수를 **자연진동수**natural frequency 또는 **고유 진동수**라고 부른다.

자연진동수 크기는 물체의 질량이 가벼울수록, 용수철 탄력이 강할수록 더 커지는데, 이런 특성은 원자 세계의 진동수에도 적용될 수 있다. 예컨대, 다이아몬드를 이루는 탄소 원자의 질량은 매우 작고 그 원자들을 잇는 용수철 상수는 매우 크므로, 다이아몬드의 자연진동수는 원자 질량이 큰 납과 같은 물체의 자연진동수보다 매우 크다. $x(t) = A\cos(\omega t)$ 형태의 함수는 **삼각함수**trigonometric function 또는 **조화함수**harmonic function라 불리는 곡선모양의 함수로, 미시 세계에서의 원자 운동은 사실상 모두 조화함수 형태의 진동운동을 한다고 말할 수 있다.

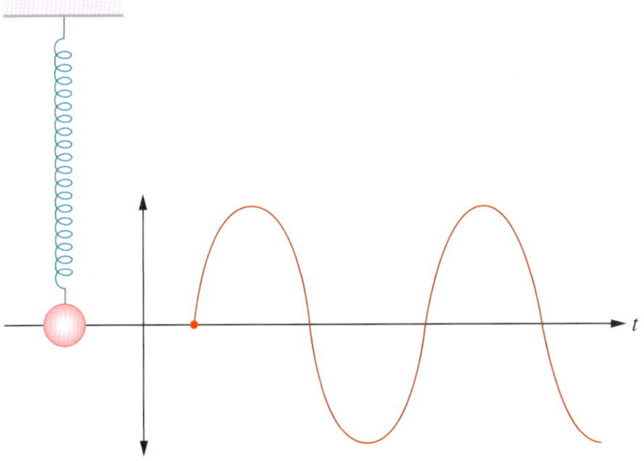

그림 9-3 조화진동자 운동을 기술하는 조화(삼각)함수

예제 9-1 용수철에 매달린 물체

용수철 상수가 k인 용수철에 질량이 m인 물체를 매단 다음, 원래의 평형 위치에 있도록 잡고 있다가 놓았다. 이 경우, 물체에 작용하는 중력 때문에 용수철은 늘어나는데, 이때 마찰력이 작용하지 않는다면 물체는 계속 단순조화운동을 한다.

(a) 물체가 연결된 상태에서 힘의 평형위치를 지날 때 빠르기는 얼마인가?

(b) 용수철이 최대로 늘어난 상태에서의 늘어난 길이는 얼마인가?

풀이

(a) 평형 위치일 때 용수철이 늘어난 길이를 A라고 하면, 그 위치에서는 힘의 평형 조건으로부터 $mg = kA$ 관계가 성립한다. 다시 그 위치에 물체가 도달했을 때의 빠르기를 v_0라고 하면, 일-에너지 정리 $W = \Delta K$는 $mg\,A - \frac{1}{2}kA^2 = \frac{1}{2}mv_0^2$으로 나타난다. 따라서 $v_0 = \sqrt{gA}$의 결과를 얻을 수 있다.

(b) 최대로 늘어난 상태에서 빠르기는 0이다. 늘어난 길이를 B라고 하면, 일-에너지 정리는 $mgB - \frac{1}{2}kB^2 = 0$이므로 $B = 2mg/k = 2A$임을 알 수 있다. 한편, 이 상태에서는 탄성력이 중력보다 더 크므로, 물체는 올라가는 방향으로 운동해 결국 처음 위치로 돌아간다. 즉 물체는 새로운 평형 위치인 A만큼 늘어난 위치를 중심으로 진폭이 A인 진동운동을 한다.

≫ 참고 미분방정식의 일반적 풀이

$\ddot{x} + \omega_0^2 x = 0$과 같이 두 번 미분한 항이 포함된 미분방정식을 **2차 미분방정식** second order differential equation이라 한다. 뉴턴의 운동방정식은 가속도를 포함하므로 2차 미분방정식이다. 한 번 미분한 항이 포함된 1차 미분방정식의 해는 하나의 함수다. 그러나 2차 미분방정식의 해는 서로 무관한 두 개의 함수의 결합으로 나타내야 한다.[2]

2차 미분방정식의 해를 기술하는 두 개의 서로 무관한 함수를 $f(t)$, $g(t)$라 하면, 해는 $x(t) = af(t) + bg(t)$ 형태로 나타낼 수 있다. 이때 두 미지수 a, b는 두 개의 운동 초기조건, 즉 초기 위치 $x(0)$와 초기 속도 $v(0)$(또는, $\dot{x}(0)$)를 알면 정해질 수 있는 양들이다. 예컨대, $\ddot{x} + \omega_0^2 x = 0$의 완전한 해는 두 함수 $\cos(\omega t)$, $\sin(\omega t)$의 결합 형태를 취해서 $x(t) = A\cos(\omega t) + B\sin(\omega t)$ 형태로 나타낼 수 있다. 예컨대, $A\cos(\omega t)$나 $B\sin(\omega t)$ 형태의 해는, $t = 0$에서 물체 위치가 각각 $x = A$나 $x = 0$인 초기조건을 이미 적용한 상태의 해가 된다. $x(t) = A\cos(\omega t) + B\sin(\omega t)$ 형태는 흔히 $x(t) = C\cos(\omega t + \phi)$로 나타내기도 한다. 이 경우, A, B가 C, ϕ와 어떤 관계인지 표현할 수 있는가?

미분방정식의 해는 해의 형태를 미리 예측하면 더 쉽게 구할 수 있다. 예컨대, 등속원운동을 다룬 결과로부터 조화진동자 운동의 해가 $\cos(\omega t)$ 형태라는 것을 알았듯이, 용수철에 매달린 물체의 운동 궤적으로부터 해의 형태를 유추할 수 있다. 즉 해의 형태를 예상해 $\sin(\omega t)$나 $\cos(\omega t)$ 형태를 미리 정할 수 있는데, 이런 풀이 방법을 **가설풀이** ansatz 방법이라고 한다.

진동운동에서의 에너지

용수철 진자에서 물체는 평형 위치로부터 $\pm A$ 범위 내에서 운동한다. 한편, 단순조화운동에서 위치에너지는 $U = \frac{1}{2}kx^2$, 운동에너지는 $K = \frac{1}{2}mv^2$ 형태를 띠므로, 시각 t에서의 에너지는 각각 다음과 같다.

$$K = \frac{1}{2}m[(\omega_0 A)^2 \sin^2(\omega_0 t)] \tag{9.6a}$$

$$U = \frac{1}{2}m(\omega_0 A)^2 \cos^2(\omega_0 t) \tag{9.6b}$$

따라서 역학적 에너지는 $K + U = \frac{1}{2}m\omega_0^2 A^2$으로 일정한 크기가 된다. 즉 역학적 에너지는 일정한데, 이때 역학적 에너지는 마찰력이 무시되는 경우에만 보존된다는 점에 유의해야 한다. 거시적 운동에서는 언제나 마찰력이 개입되므로 어떤 거시 운동에서도 역학적 에너지는 보존되지 않는다.

---

2 두 함수가 서로 무관하다는 것은, 예컨대, 두 함수가 어떤 시각 t에 대해 $a\cos\omega t + b\sin\omega t = 0$을 만족할 때, 그것이 가능한 경우는 $a = b = 0$일 때뿐이라는 뜻이다. 이런 경우 두 함수를 선형독립(linearly independent)이라 부른다.

여기에서 $\omega_0 = \sqrt{\dfrac{k}{m}}$ 이므로, 진자의 운동과 같은 단순조화운동에서 역학적 에너지는 다음과 같이 나타낼 수도 있다.

$$E = \frac{1}{2}kA^2 \tag{9.7}$$

이 결과에서 주목해야 할 것은, 운동하는 물체의 운동에너지가 그 빠르기 v의 제곱에 비례하는 것처럼 단순조화운동에서 역학적 에너지가 진폭 A의 제곱에 비례한다는 점이다.

물음 9-3 실제 파도의 운동은 단순조화운동이 아니지만, 파도의 출렁임을 단순조화운동이라 보고, 위험도는 파도가 가진 에너지에 비례한다고 가정하자. 파도의 높이가 3m인 날에 배를 띄웠을 때의 위험도는, 파도의 높이가 1m인 날의 몇 배가 되는가?

조화함수 harmonic function 인 $\sin^2(\omega_0 t)$, $\cos^2(\omega_0 t)$와 같은 함수들의 한 주기 동안 시간의 평균값은 0이다. 그러나 $\sin^2(\omega_0 t)$, $\cos^2(\omega_0 t)$ 등은 항상 양(+)의 값이므로, 그 시간의 평균값은 0이 아니며, $<\sin^2(\omega_0 t)> = <\cos^2(\omega_0 t)> = \dfrac{1}{2}$이다.

[참고] 이 결과는 $+\sin^2(\omega_0 t) + \cos^2(\omega_0 t) = 1$ 관계로부터 얻을 수 있다. 이 식의 시간 평균을 취하면 $<\sin^2(\omega_0 t)>$ $<\cos^2(\omega_0 t)> = 1$이며, 사인과 코사인함수는 서로 $90°$의 위상차만 갖고 있는 같은 함수이기 때문이다.

따라서 $\langle K\rangle = \langle U\rangle = \dfrac{1}{4}kA^2$이 되어, 운동에너지와 위치에너지 시간 평균값인 $\langle K\rangle$와 $\langle U\rangle$는 각각 총 에너지 $\left(\dfrac{1}{2}\right)kA^2$의 반을 나누어 가진다.

참고 레이저

빛은 전기장과 자기장이 만들어내는 진동 현상이다. **레이저** laser 란 빛을 파동으로 보았을 때 빛의 진폭을 증폭시킨다는 뜻에서 유래한 이름으로, 세기가 무척 강하다. 레이저는 같은 진동수를 가진 두 파동이 겹쳐졌을 때, 진폭이 두 배가 되어 최대 에너지가 네 배로 증폭되는 원리를 이용한 것이다.

이원자분자의 진동운동 심화

지금까지 우리는 용수철에 매달린 물체의 진동운동을 살펴봤는데, 물체에 연결된 용수철의 다른 쪽 끝이 무엇에 연결되어 있는지에 관해서는 고려하지 않았다. 예컨대, 우리는 용수철의 한쪽 끝이 벽에 고정되었을 때의 운동을 다루었는데, 그 경우 벽은 사실 무한히 무거운 물체를 의미한다. 즉 용수철의 한쪽 끝이 매우 큰 질량을 가진 물체와 연결되어 있다면, 그 물체는 사실상 정지해 있는 것이므로, 그 물체의 운동은 고려할 필요가 없다.[3] 그러나 용수철로 연결된 그 '무엇'의 질량이 무한히 크지 않다면 그 '무엇'의 운동도 고려해야 한다. 즉 그 '무엇'이 진동운동을 한다면, 물체의 진동운동 계의 각진동수를 여전히 $\omega = \sqrt{\frac{k}{m}}$ 라고 할 수는 없다.

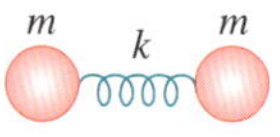

그림 9-4 가상 용수철로 연결된 두 원자

이제 용수철 양 끝에 아령처럼 똑같은 질량의 물체가 매달려 있을 때의 진동운동을 살펴보자. 우리 눈에는 보이지 않지만, 공기 중에서 자유롭게 날아다니는 산소 분자나 질소 분자 같은 것들은 그런 모양이라 가정할 수 있다. 이때 두 원자들의 운동은 질량중심점의 병진운동에 그 질량중심점을 중심으로 하는 회전운동이나 진동운동이 더해진 복잡한 운동일 것이다.

이제 이원자분자[4]를 이루는 원자의 질량이 m이고, 원자들을 연결한 (가상) 용수철의 용수철 상수를 k라고 할 때, 그 진동운동을 살펴보자. 이때 분자의 질량중심점은 당연히 그 중간점이 된다. 한편, 진동운동에서 그 점은 정지해 있다고 (또는 일정한 속도로 운동한다고) 볼 수 있다. 그렇게 본다면, 이런 경우 분자의 진동운동은 원래의 용수철을 반으로 잘라 각각의 반쪽 용수철에 물체를 매달아 진동시키는 결과와 같다는 흥미로운 사실을 발견할 수 있다. 한편, 반으로 자른 용수철의 용수철 상수는 원래의 두 배로 늘어나므로, 그 용수철에 매달린 물체는 $\omega_0 = \sqrt{\frac{k'}{m}} = \sqrt{\frac{2k}{m}}$ 에 해당하는 자유진동수로 진동한다. 이런 진동에서 두 분자는 항상 서로 반대 방향으로 운동한다.

예제 9-2 잘린 용수철의 용수철 상수

용수철을 반으로 자르고 난 후 얻은 반쪽 용수철의 용수철 상수는 원래 용수철 상수의 두 배 크기임을 보여라.

풀이

반으로 자른 용수철에 힘을 작용하면 늘어나는 길이가 자르기 전의 $\frac{1}{2}$로 줄어든다. 따라서 반쪽 용수철의 용수철 상수를 k'이라 할 때, $x = \frac{1}{k}F$를 적용하면 $k' = 2k$로, 원래 용수철 상수의 두 배가 된다.

이원자분자가 진동하지 않으면 그 상태의 진동수는 0이다. 따라서 질량이 m인 원자로 이루어진 이원자분자가 용수철 상수가 k인 용수철로 연결된 경우, 그 자유진동수는 0, $\sqrt{\frac{2k}{m}}$ 의 두 가지 형태가 가능하며, 두 가지 **모드**mode[5]가 가능하다고 말한다.

---

3 즉 지구 질량이 돌멩이 질량보다 매우 크므로, 돌멩이에 의한 지구 운동은 고려하지 않아도 된다는 것에 비유할 수 있다. 하지만 달의 질량은 무시할 수 없는 크기이므로, 달의 운동을 다룰 때는 지구의 운동까지 고려해야 한다.

4 하나의 분자가 두 개의 원자로 되어 있는 것을 말한다.

5 자유진동수가 0인 진동, 즉 진동을 하지 않는 상태를 하나의 모드라고 부르는 것이 이상하게 보일 수도 있다. 그러나 미시적 세계인 분자 세계에서

일반적으로 서로 연결된 N개의 입자는 N개의 고유진동수가 있음을 보일 수 있다. 예컨대, 똑같은 질량을 가진 세 개의 입자가 직선 형태로 용수철에 연결된 경우 그 진동수를 구하면, $\omega_1 = 0$, $\omega_2 = \sqrt{\frac{k}{m}}$, $\omega_3 = \sqrt{\frac{3k}{m}}$ 에 해당하는 세 개의 자유진동수를 얻을 수 있다. 이 세 개의 자유진동수는 각각 다음과 같은 세 가지 모드에 연관되는데, 다음 세 가지 모드에서 전체의 질량중심점 위치는 언제나 한 점에 고정되어 있다.

(1) 입자가 모두 정지한 모드

(2) 중간 입자는 정지해 있고, 중간 입자를 중심으로 양쪽 입자가 서로 반대 방향으로 운동하는 모드

(3) 중간 입자가 번갈아가며 양쪽 입자와 가까워지는 모드

예제 9-3 연결된 두 물체의 진동

질량이 각각 m, $2m$인 두 물체가 용수철 상수가 k인 용수철로 연결되어 있고, 평형상태에서 거리 d만큼 떨어져 있다.

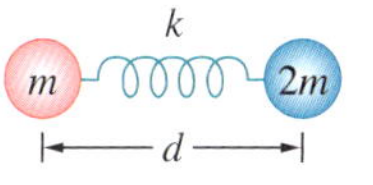

(a) 질량중심점의 위치를 구하라.

(b) 진동의 각진동수를 구하라.

풀이

(a) 질량이 $2m$인 물체의 위치를 기준점으로 하면, $3m \cdot X = 0 + m \cdot d$ 관계로부터 질량중심점의 위치는 기준점으로부터 $X = \frac{d}{3}$ 만큼 떨어진 곳이 된다.

(b) 질량중심점을 고정점으로 하고 두 물체가 진동한다고 할 때, 질량이 $2m$인 물체까지 연결된 용수철의 용수철 상수는 $k' = 3k$이므로, 자연 각진동수는 $\sqrt{\frac{k'}{2m}} = \sqrt{\frac{3k}{2m}}$ 이다. 질량이 m인 물체의 각진동수도 이 값과 같아야 한다.

참고 환산 질량

두 물체의 운동을 흔히 2체 운동이라 하며, **환산 질량** reduced mass 이라는 양을 써서 표현한다. 환산 질량은 흔히 μ로 나타내는데, 두 물체의 질량이 각각 m_1, m_2라면, 환산 질량은 $\frac{1}{\mu} = \frac{1}{m_1} + \frac{1}{m_2}$ 로 정의한다. 어느 순간 두 물체의 위치를 각각 x_1, x_2라 하면, 두 물체의 평형상태 거리가 α인 경우, 두 물체의 운동방정식은 각각 $m_1\ddot{x}_1 = -k(x_1 - x_2 - a)$, $m_2\ddot{x}_2 = -k(x_2 - x_1 - a)$로 나타낼 수 있다. 따라서 $x = x_2 - x_1$이라 하면, 환산 질량을 사용한 운동방정식은 $\mu\ddot{x} = -kx$이므로, 각진동수는 $\omega_0 = \sqrt{\frac{k}{\mu}}$ 가 된다. 예컨대, 질량이 m인 두 물체계의 환산 질량은 $\frac{m}{2}$인데, 두 물체를 연결한 용수철의 용수철 상수가 k라면, 계의 각 진동수는 $\omega_0 = \sqrt{\frac{k}{\mu}} = \sqrt{\frac{2k}{m}}$ 가 되어, 우리가 앞서 얻은 것과 같은 결과가 나온다.

는(에너지가 충분치 못한 상태에서) 분자가 전혀 진동하지 못하는 모드에 있다고 양자론에서 추정하고 있다.

9.3 감쇠조화진동운동 심화

지금까지 우리는 마찰이 없는 운동만 다뤘다. 그러나 실제 운동에서는 언제나 마찰력이 개입되고, 운동은 계속되지 못하고 결국 멈춘다. 접촉된 상태에서 미끄러지는 운동에서의 마찰력은 그 수직항력의 크기에 비례한다. 그러나 운동하는 물체에 작용하는 마찰력은 다양한 원인에 의해 생기며, 물체의 속도에 의해서도 달라진다. 마찬가지로 분자 운동에서 나타나는 마찰력에도 다양한 원인이 있는데, 일반적으로 분자 운동에 따른 마찰력은 속도에 비례한다고 볼 수 있다.[6]

이제 마찰력이 속도에 비례한다고 가정하고 마찰력을 $f=-b\dot{x}$라 쓰기로 하면, 한쪽 끝이 고정된 용수철에 매달린 물체의 운동방정식은 다음과 같다.

$$m\ddot{x}=-b\dot{x}-kx \tag{9.8}$$

$\gamma=\dfrac{b}{m}$, $\omega_0^2=\dfrac{k}{m}$라 하면, 이 식은 다음과 같이 나타낼 수도 있다.

$$\ddot{x}+\gamma\dot{x}+\omega_0^2x=0 \tag{9.9}$$

이제 가설풀이 방법을 써서 다음과 같은 형태의 가설풀이 해가 이 미분방정식의 풀이가 될 수 있는지 알아보자.

$$x(t)=Ae^{-\alpha t}\cos(\omega' t) \tag{9.10}$$

여기에서 α, ω'는 이런 해의 형태를 가정했을 때 방정식에서 구해야 하는 양이다. 앞에서와 마찬가지로 2차 미분방정식의 초기조건을 만족하게 하려면, 일반적인 해는 $x(t)=Ae^{-\alpha t}\cos(\omega' t+\phi)$ 형태로 나타내야 한다. $x(t)=Ae^{-\alpha t}\cos(\omega' t)$ 형태의 가설풀이 해는 $t=0$에서 $x=A$인 초기조건을 이미 적용한 형태의 해임을 알 수 있다. 이 해의 형태를 시도하면 α, ω'이 각각 $\alpha=\dfrac{1}{2}\gamma$, $\omega'=\sqrt{\omega_0^2-\dfrac{\gamma^2}{4}}$ 조건에 맞는 경우, 방정식을 만족한다는 것을 알 수 있다.

≫ 참고 $x(t)=Ae^{-\alpha t}\cos(\omega' t)$ 형태의 가설풀이

가설풀이 해인 $x(t)=Ae^{-\alpha t}\cos(\omega' t)$를 $m\ddot{x}=-b\dot{x}-kx$에 적용하면 α, ω' 값을 얻을 수 있지만, 계산 과정은 좀 긴 편이다. 그러나 $x(t)=Ae^{-\alpha t}\cos(\omega' t)$를 $x(t)=Ae^{-\alpha t}e^{i\omega' t}$라는 새로운 함수의 실수 부분이라 해석하면, $\dot{x}=(i\omega'-\alpha)e^{(i\omega'-\alpha)t}$, $\ddot{x}=(i\omega'-\alpha)^2e^{(i\omega'-\alpha)t}$과 같이 미분이 간편해진다. 이제 이 표현을 적용한 미분방정식에서 실수와 허수 부분을 분리하면, 실수와 허수 부분의 두 개의 방정식을 얻을 수 있고, α, ω값은 각각 $\alpha=\dfrac{1}{2}\gamma$, $\omega'=\sqrt{\omega_0^2-(\gamma/2)^2}$ 이 된다.

---

6 전기를 띤 입자가 가속도 운동을 하면 빛에너지가 방출되는데, 이와 같이 손실되는 역학적 에너지는 속도에 비례하는 마찰력에 의한 에너지 손실과 같다.

$x(t) = Ae^{-\alpha t}\cos(\omega' t)$는 진폭이 지수함수 꼴로 감쇠하는 조화함수 형태를 띠므로, 이런 운동을 **감쇠조화진동운동**damped harmonic oscillator motion이라고 한다.

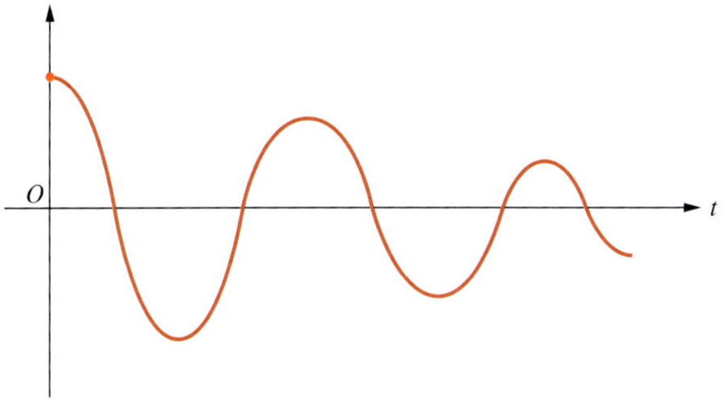

그림 9-5 감쇠조화진동운동

예제 9-4 용수철에 매달린 물체

평형상태에 있으며 용수철 상수가 k인 용수철에 질량이 m인 물체를 매달고 늘어나지 않도록 손으로 잡고 있다가 물체를 놓았더니, 진동운동을 하다가 결국 다시 평형을 이루고 정지한 상태가 되었다.

(a) 다시 평형을 이룬 경우 용수철이 늘어난 길이는 얼마인가?

(b) 이 과정에서 발생한 역학적 에너지의 손실량은 얼마인가?

풀이

(a) 다시 평형상태가 되었을 때 늘어난 길이를 x_0라 하면, $kx_0 = mg$가 되므로 $x_0 = \frac{mg}{k}$다.

(b) 탄성 위치에너지 변화량은 $\frac{1}{2}kx_0^2 = +\frac{1}{2}\frac{(mg)^2}{k}$이고, 중력 위치에너지 변화량은 $-mgx_0 = -\frac{(mg)^2}{k}$이다. 따라서 총 역학적 에너지는 정확히 $\frac{1}{2}\frac{(mg)^2}{k}$ 크기만큼 감소한다. 이 경우, 마찰력이 어떤 형태로 작용하는지 상관없이, 마찰력에 의한 역학적 에너지 손실량의 크기가 중력이 한 일의 정확히 $\frac{1}{2}$이 된다는 사실은 매우 흥미롭다. 우리는 나중에 건전지로 축전기를 대전시키는 경우에도 이런 결과가 얻어지는 것을 알게 될 것이다.

물음 9-4 감쇠조화진동운동의 해 $x(t) = Ae^{-\alpha t}\cos(\omega' t)$가 방정식 $\ddot{x} + \gamma\dot{x} + \omega_0^2 x = 0$의 유일한 해의 형태는 아니다. 이 해는 $\omega' = \sqrt{\omega_0^2 - \frac{\gamma^2}{4}}$이 실수인, 즉 $\omega_0^2 > \frac{1}{4}\gamma^2$ 조건이 성립하고 마찰력이 크지 않은 경우에만 적절하다. 만약 $\omega_0^2 < \frac{1}{4}\gamma^2$으로 마찰력이 매우 커진다면, ω'은 허수가 되며 $x(t) = Ae^{-at} + Be^{-bt}$ 형태의 가설풀이 해가 더 적절하게 된다. 이런 해를 만족시키는 상수 a, b를 구하라.

9.4 강제진동운동과 공명 심화

진동운동은 운동하다가 결국 마찰력 때문에 멈추게 된다. 그러나 물체에 계속하여 힘을 작용하면 진동운동을 계속할 수 있다. 이때 외부로부터 일정한 주기로 힘이 작용할 때는 흥미로운 현상이 생긴다. 즉 외부력의 주기가 적절한 크기가 되면 진동운동의 진폭이 최대가 되는데, 이때 진동운동은 **공명**resonance 현상을 보인다고 말한다.

마찰력이 없는 상태에서 용수철 진자에 $F(t) = F_0\cos(\omega t)$ 형태의 힘이 작용하는 경우의 운동방정식은 다음과 같다.

$$m\ddot{x} = -kx + F_0\cos(\omega t) \tag{9.11}$$

이제 이 방정식의 가설풀이 해를 외력과 같은 형태인

$$x(t) = A\cos(\omega t) \tag{9.12}$$

라고 가정해보자. 이런 형태의 가설풀이에서 유의할 점은, 힘과 똑같은 $\cos(\omega t)$ 형태의 해를 예상할 수 있다는 것이다. 한편, $\cos(\omega t)$ 같은 조화함수에서 변수 ωt를 **위상각**phase angle이라 하므로, 이때 해(위치 함수)와 힘은 똑같은 위상각을 갖는다고 가정할 수 있다. 미리 그런 형태의 해를 가정하면, $\omega_0 = \sqrt{\dfrac{k}{m}}$ 라고 할 때, 진폭 A는 $A = \dfrac{F_0}{m}\dfrac{1}{\omega_0^2 - \omega^2}$ 이라는 것을 보일 수 있다. 따라서 우리가 택한 가설풀이 해가 적절했음을 알 수 있다. 단지 한 가지 문제가 있다면, $\omega = \omega_0$인 조건에서 진폭이 무한히 커지는 비현실적인 결과가 나온다는 점이다. 그러나 현실 세계의 모든 운동에 마찰력이 작용한다는 점을 고려한다면 그런 비현실적 결과는 일어나지 않는다.

이제 감쇠조화진동운동에서처럼 마찰력이 속도에 비례한다고 가정한다면 운동방정식은 다음과 같다.

$$m\ddot{x} = -b\dot{x} - kx + F_0\cos(\omega t) \tag{9.13}$$

한편 앞에서와 같이 $\gamma = \dfrac{b}{m}$, $\omega_0^2 = \dfrac{k}{m}$ 라 하면, 다음과 같이 나타낼 수도 있다.

$$\ddot{x} + \gamma\dot{x} + \omega_0^2 x = \frac{F_0}{m}\cos(\omega t) \tag{9.14}$$

이제 이 운동방정식의 가설풀이 해를 다음과 같이 가정해보자.

$$x(t) = A\cos(\omega t - \phi) \tag{9.15}$$

진폭 A와 위상 ϕ가 다음 조건에 맞으면, 위의 해는 운동방정식을 만족한다는 것을 보일 수 있다.

$$A = \frac{1}{\sqrt{(\omega^2 - \omega_0^2)^2 + (\gamma\omega)^2}} \cdot \left(\frac{F_0}{m}\right) \tag{9.16a}$$

$$\tan\phi = \frac{\gamma\omega}{\omega_0^2 - \omega^2} \tag{9.16b}$$

이 결과는 외부 진동수 ω가 0이면, ϕ도 0이 되고, $\omega = \omega_0$ 조건에서는 $\phi = +\frac{\pi}{2}$, $\omega \to \infty$ 조건에서는 $\phi = +\pi$가 된다는 것을 보여준다. ϕ는 항상 양(+)의 값을 가지는데, 이 사실에서 우리는 물체가 힘을 따라 움직이긴 하지만 마지못해 한발 늦게 따라가는 모습을 연상할 수 있다. 이때 흥미로운 사실은 매우 큰 외부 진동수 조건에서는 $\phi = +\pi$가 된다는 점이다. 이런 경우 $x(t) = A\cos(\omega t - \pi)$ 또는 $x(t) = -A\cos(\omega t)$라는 결과를 얻는다. 따라서 외부 진동수가 매우 커지는 단계에서는 위상 변화가 정반대인 운동, 즉 외부에서 오른쪽으로 향하는 힘을 줄 때 물체는 오히려 왼쪽으로 향하는 청개구리 방식의 운동을 한다는 것을 알 수 있다.

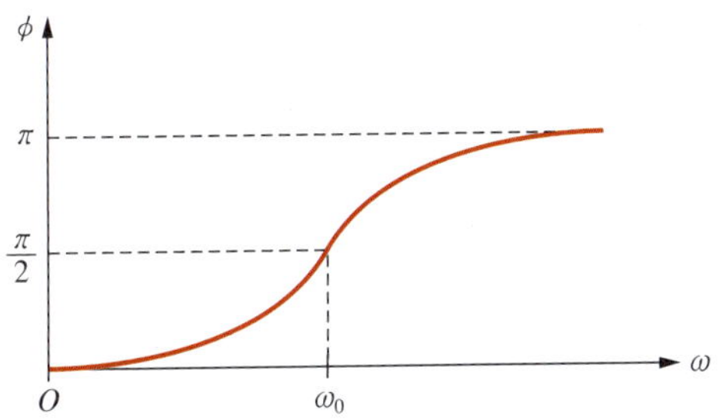

그림 9-6 진동수 변화에 따른 위상각 ϕ의 값

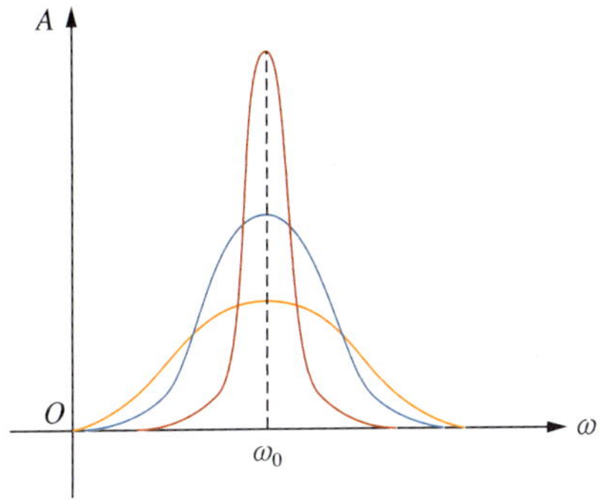

그림 9-7 마찰계수 차이에 따른 공명 곡선 변화 모양

이런 결과가 일어나는 근원은 모든 물체가 관성(질량)을 갖고 있기 때문이라고 해석할 수 있다. 즉 외부 진동수가 작은 경우에는 약간 느리기는 하지만(약간 늦은 위상차로) 힘을 따라 운동한다. 하지만 외부 진동수가 매우 커지면 물체는 힘을 따라 진동하지 못하고 거의 정지한 상태가 되어, 결국은 외부력과 정반대 위상으로 운동하는 것처럼 보인다.

예컨대, $A = \frac{1}{\sqrt{(\omega^2 - \omega_0^2)^2 + (\gamma\omega)^2}} \cdot \left(\frac{F_0}{m}\right)$에서 알 수 있듯이, 물체의 질량 m이나 진동수 ω가 매우 커지면, 진폭 A가 매우 작아져 물체는 사실상 전혀 운동을 하지 못하고 멈춰 있는 상태가 된다.[7] 이런 강제진동운동에서 진폭이 최대가 되게 하는 조건의 진동수를 **공명진동수** resonant frequency라고 하고, 그 공명진동수에 의한 진동을 하는 경우 **공명진동**이 되었다고 한다. 최대 진폭은 각진동수 ω가 공명각

7 전자기 파동인 X선은 물질을 잘 투과한다. 이는 물질을 이루는 원자들의 자유진동수 보다 X선의 진동수가 매우 커서 사실상 물질을 이루는 원자들과 무관하게 물질 속을 지날 수 있기 때문으로 해석할 수 있다.

진동수 ω_{res}가 될 때 얻어지는데, $\omega_{res} = \sqrt{\omega_0^2 - \frac{\gamma^2}{2}}$ 임을 보일 수 있다. 공명진동에서 얻은 최대 진폭은 마찰력 크기를 나타내는 γ가 작을수록 더 커진다.

그림 9-8 공명에 의한 다리붕괴

진동이 미세하여 우리 눈에는 보이지 않더라도, 모든 물체는 용수철과 같은 조화진동을 할 수 있다. 와인 잔을 예로 들어보자. 와인 잔을 두드릴 때 나는 소리는 와인 잔이 가진 몇 개의 자유진동수로 이루어진다. 따라서 그 자유진동수 중 하나로 와인 잔을 진동시키면 와인 잔은 공명진동 현상을 일으킨다. 또한 출력이 큰 스피커 앞에 와인 잔을 두고 스피커에서 와인 잔의 자유진동수와 일치하는 진동수 소리를 내면 공기의 진동만으로도 와인 잔을 깨뜨릴 수 있다. 예컨대, 건물이나 다리의 자연진동수가 바람의 진동수나 행진하는 군대의 발걸음 진동수와 같은 공명을 일으키면 건물이나 다리가 무너질 수도 있다. 미국 워싱턴 주의 타코마Tacoma라는 도시 부근에 있던 다리는 다리의 자연진동수가 바람의 진동수와 같아져 공명하게 되면서 무너진 기록이 있다.

참고 강제진동자의 운동

방정식 $\ddot{x} + \gamma\dot{x} + \omega_0^2 x = \frac{F_0}{m}\cos(\omega t)$의 해를 구하는 것은 어렵지는 않지만, 조금 복잡하다. 한 가지 방법으로, 해의 형태를 $x(t) = A\cos(\omega t + \phi)$ 또는 $x(t) = A\cos(\omega t) + B\sin(\omega t)$라고 가정하고, 그 함수가 방정식을 만족하는 것을 보이면 된다. 한편, 삼각함수 대신 지수함수를 사용해 이 방정식을 $m\ddot{x} = -\gamma\dot{x} - kx + F_0 e^{i\omega t}$ 형태로 나타내고, 복소수 공간으로 논의를 확장하면, 풀이 과정은 매우 쉬워진다. 즉, 해를 $x(t) = Ae^{i\omega t}$이라 쓰고, 그 결과의 실수 부분을 방정식의 해로 해석해보는 것이다. 여기에서 A는 반드시 실수가 아닌 복소수라고 본다.

그 경우 $\dot{x} = (i\omega)e^{i\omega t}$, $\ddot{x} = (i\omega)^2 e^{i\omega t}$과 같이 쉽게 미분할 수 있으며, 이 양들을 방정식에 대입하면 $A = \frac{1}{-\omega^2 + i\gamma\omega + \omega_0^2} \cdot \left(\frac{F_0}{m}\right)$를 얻는다. 한편 $a + ib = \sqrt{a^2 + b^2}\, e^{i\phi}$, $\tan\phi = \frac{b}{a}$ 형식으로 나타낼 수 있으므로 $a = \omega_0^2 - \omega^2$, $b = \gamma\omega$라 쓰면 $|A| = \frac{1}{\sqrt{(\omega_0^2 - \omega^2)^2 + (\gamma\omega)^2}} \cdot \left(\frac{F_0}{m}\right)$, $A = |A|e^{-i\phi}$으로 쓸 수 있고 여기에서 $\tan\phi = \frac{\gamma\omega}{\omega_0^2 - \omega^2}$임을 알 수 있다. 따라서 $x(t) = Ae^{i\omega t}$의 실수 부분을 해라고 해석하면 결국 $x(t) = |A|\cos(\omega t - \phi)$ 형태의 해를 얻게 된다.

이 해는 강제진동운동을 기술하지만, 완전하다고는 할 수 없다. 조화함수 꼴로 외부력에 의해 강제진동하는 계는 충분한 시간이 흐른 뒤에는 결국 위상차가 있는 조화운동을 하지만 운동을 시작하는 초기 단계에서는 훨씬 복잡한 형태의 운동을 하기 때문이다. 이를 알아보기 위해 방정식 $\ddot{x} + \gamma\dot{x} + \omega_0^2 x = \frac{F_0}{m}\cos(\omega t)$를 $\ddot{x} + \gamma\dot{x} + \omega_0^2 x = 0 + \frac{F_0}{m}\cos(\omega t)$ 형태로 보는 시각에서 살펴보자. 즉 두 개의 독립된 방정식 $\ddot{x}_1 + \gamma\dot{x}_1 + \omega_0^2 x_1 = 0$과 $\ddot{x}_2 + \gamma\dot{x}_2 + \omega_0^2 x_2 = \frac{F_0}{m}\cos(\omega t)$의 결합으로 보는 것이다. 이렇게 보면, 원래 방정식의 해는 $x = x_1 + x_2$ 형태로 나타낼 수 있고, 이 경우 x_1, x_2를 흔히 일반해homogeneous solution와 특별해particular solution라고 부른다. 이런 시각으로 보면, x_1은 감쇠조화진동운동의 해이고, x_2는 앞에서 얻은 강제진동운동의 해가 된다. 따라서 강제진동운동의 완전한 해는 $x(t) = Ae^{-\frac{\gamma}{2}t}\cos(\omega' t - \phi) + B\cos(\omega t - \phi_0)$ 형태로 나타낼 수 있다. 여기에서 두 미지수 A, ϕ는 운동의 초기 조건에서 얻을 수 있고, 나머지는 방정식에 이미 들어 있는 양으로부터 결정된다. 강제진동운동에서 일반해 부분은 지수함수 꼴로 감쇠해 결국은 사라지기 때문에 시간이 충분히 흐른 후에는 특별해 부분만 중요해진다. 즉 강제진동운동의 초기 단계에서는 다양한 형태의 운동이 나타나지만, 초기조건이 어떤 값이라 하더라도 결국은 같은 형태의 운동을 하게 된다.

CHAPTER 09 연습문제

1 단순조화진동운동을 하는 계의 진폭이 두 배가 되었다. 다음의 물리량은 얼마나 변하겠는가?

(a) 총 에너지 **(b)** 최대 빠르기 **(c)** 최대 가속도 크기 **(d)** 주기

2 강제진동운동에서 최대 진폭은 $(\omega^2-\omega_0)^2+(\gamma\omega)^2$이 최소 크기가 되는 조건에서 얻어지므로, 최대 진폭은 각진동수가 $\omega=\sqrt{\omega_0^2-\frac{\gamma^2}{2}}$ 인 조건에서 얻어짐을 보여라.

3 단순조화진동을 하는 물체의 위치가 $x(t)=4.0\cos\left(\frac{\pi}{3}t+\frac{\pi}{6}\right)$라고 한다. 거리는 미터(m), 시간은 초(s)로 측정되었다.

(a) 시각 $t=0$, $t=1$에서의 위치를 구하라.

(b) 시각 $t=0$, $t=1$에서의 빠르기 v와 가속도 크기 a는 각각 얼마인가?

4 용수철 저울에 질량이 10 kg인 물체를 올려놓았더니, 주기가 $T=1.0\,\text{s}$ 인 단순조화진동운동을 했다. 저울의 용수철 상수 k는 얼마인가?

5 질량이 0.10 kg인 물체가 다음과 같은 진동운동을 하고 있다.

$$x=(10\text{cm})\cos\left[(10\,\text{rad/s})t+\frac{\pi}{2}\right]$$

(a) 이 운동의 진동수는 얼마인가?

(b) 이 물체의 최대 빠르기는 얼마인가? 그리고 그 빠르기는 어느 위치에서 얻어지는가?

(c) 이 물체의 최대 가속도 크기는 얼마인가? 그리고 그 값은 어느 위치에서 얻어지는가?

(d) 이 진동을 하도록 만드는 용수철의 용수철 상수는 얼마인가?

6 수소 분자에서 나오는 빛의 스펙트럼을 조사한 결과, 그 빛은 각 수소 원자가 진동수 $f=1.3\times10^{14}\,\text{Hz}$로 진동하는 경우 얻어지는 빛임을 알게 되었다. 두 수소 원자가 용수철로 연결되어 있다고 가정한다면, 용수철 상수 k의 크기는 얼마인가?

7 일산화탄소 분자(CO)는 원자 단위로 질량이 각각 $m_1 = 12u$, $m_2 = 16u$인 탄소와 산소 원자로 이루어져 있다. 탄소와 산소 원자 사이의 거리는 d이다.

(a) 그 질량중심점 위치 x_{cm}은 탄소 원자로부터 얼마만큼 떨어져 있는가?

(b) 이 분자가 용수철 상수 k인 용수철로 연결되어 있다고 할 때, 진동수는 얼마인가?

***8** 지구 터널

지구는 반지름이 R이고 균일한 질량 밀도 ρ를 가진 물체이며, 지구 중심을 관통하는 터널이 있다고 가정해보자. 그 경우 지구 중심을 기준점으로 하고, 터널 축의 한 방향을 x축으로 정하면 중력은 $F = -kx$ 형태로 나타낼 수 있다. 따라서 터널 입구에서 떨어뜨린 질량이 m인 돌은 지구 중심을 지나 지구의 반대쪽 입구까지 갔다가 돌아오는 조화진동운동을 하게 된다. 만유인력 상수는 G이다.

(a) 용수철 상수로 볼 수 있는 양 k는 $k = \frac{4\pi}{3} Gm\rho$로 쓸 수 있음을 보여라.

(b) 돌의 진동주기는 $T = \sqrt{\frac{3\pi}{G\rho}}$ 임을 보여라.

(c) 돌이 지구 중심점을 통과하는 순간의 빠르기 v는 얼마인가?

***9** 물에 떠 있는 나무토막

질량이 m인 직육면체 모양의 나무토막이 물에 떠 있다. 이 경우, 수직 방향을 y축으로 정하고, 나무토막이 평형상태에 있을 때 수면과 같은 나무토막의 위치를 $y = 0$이라고 하면, 나무토막이 평형 위치에서 y만큼 벗어나 있는 경우의 부력은 $F = -ky$로 나타낼 수 있다. 따라서 나무토막을 물속에 조금 밀어 넣었다가 놓으면 나무토막은 조화진동을 하게 된다. 그 진동수를 주어진 양들로 나타내라.

10 강제진동운동에서 최대 진폭은 $Q = (\omega^2 - \omega_0^2)^2 + (\gamma\omega)^2$이 최소 크기가 되는 조건에서 얻어진다. 최대 진폭은 외부 각진동수가 $\omega = \sqrt{\omega_0^2 - \gamma^2/2}$ 인 조건에서 얻어짐을 보여라.

***11** 늘어나는 그물

높이가 20 m인 건물의 창문에서 질량이 60 kg인 사람이 화재 탈출용 그물로 뛰어내렸더니 그물의 가장 깊은 곳이 1.2 m까지 내려갔다가 올라왔다. 그물을 용수철과 같은 탄성체라 보았을 때, 사람이 그물 위에 가만히 올라가면 그물은 얼마나 늘어나는가?

*12 에너지 소모율

운동방정식이 $ma = -kx - bv$ 형태로, 빠르기에 비례하는 마찰력을 받는 경우 물체는 감쇠진동운동을 한다. 그 경우 역학적 에너지의 변화율은 $\frac{dE}{dt} = -bv^2$임을 보여라. 즉 에너지 소모율은 마찰력의 일률 크기와 같다는 것을 보여라.

*13 연결된 용수철

용수철 상수가 각각 k_1, k_2인 두 용수철에 다음과 같은 두 가지 방법으로 물체를 연결했다. 각 방법별 진동 주기는 얼마인가?

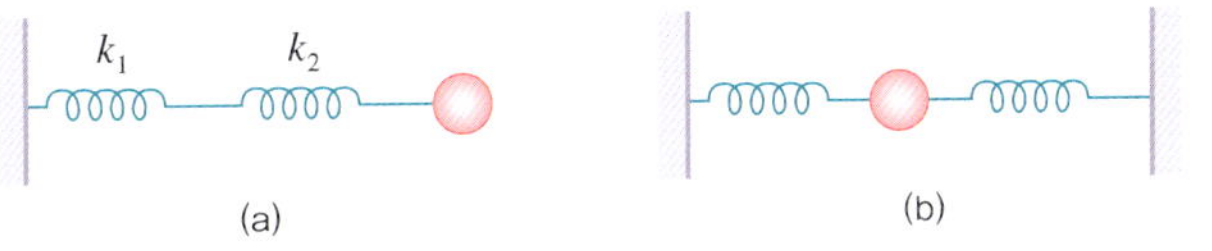

(a) 연결된 두 용수철이 한쪽 벽에 고정된 상태에서 물체를 용수철에 연결한 경우

(b) 두 벽 사이에 연결된 두 용수철 가운데 연결된 물체가 진동하는 경우

*14 매달린 고리

다음 그림과 같이, 반지름이 R인 고리 모양 물체의 한쪽 가장자리 부분을 벽에 박혀 있는 못에 걸어 놓았다. 매달린 고리가 고정점을 중심으로 매우 작은 진폭으로 진동운동을 하는 경우 진동수는 얼마인가?

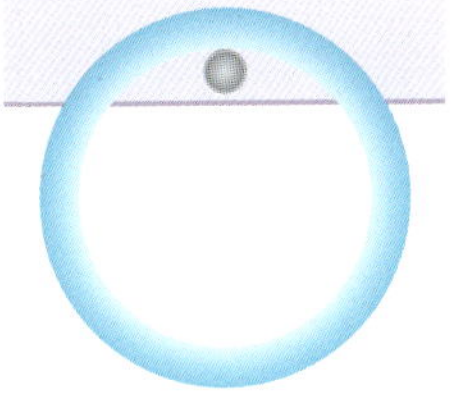

CHAPTER

10 유체역학

Fluid Mechanics

10.1 압력과 부피 탄성률

지금까지 고체 상태의 물질만을 다뤘지만, 우리 세계의 물질은 더 다양한 형태로 (즉 액체나 기체 상태로도) 존재한다. 고체나 액체, 기체 상태의 모든 물질은 원자 단위의 개체로 이루어져 있다. 그러나 원자들은 다른 원자와 결합해 원자 덩어리인 분자가 되려는 경향을 띠므로, 일반적으로 물질은 분자 단위의 개체가 결합한 상태라고 볼 수 있다.[1] 고체는 결정체와 비결정체의 두 상태로 존재하는데, 결정체란 고체를 이루는 원자나 분자가 규칙적으로 배열된 상태의 물체로, 원자나 분자 간의 위치에너지가 가장 작은 경우에 해당하고, 비결정체란 그 배열이 불규칙한 상태의 물체를 뜻한다. 예컨대, 얼음은 물 분자 단위의 개체가 만든 결정체이며, 유리는 비결정체다.

고체 상태에서는 분자들이 고정된 위치에 묶여 있어 단단한 형태를 유지한다. 반면, 액체 상태에서는 원자나 분자들이 서로 느슨하게 연결되어 있고, 기체 상태에서는 분자들이 서로 연결되지 않은 채 자유롭게 운동한다.

고체 상태에서와 달리 액체나 기체 상태에서는 분자들이 자유롭게 움직이는 편이므로, 액체나 기체 상태 물질은 담는 용기에 따라 그 모양이 변한다. 그 과정에서 분자들이 자유롭게 이동하므로, 이런 상태의 물질을 **유체**fluid라고 한다.

1 주기율표의 8족에 해당하는 불활성 원소들은 다른 원자와 결합해 분자가 되려는 경향이 매우 약해서 보통 원자 단위로 존재한다. 불활성 원소들은 원자 단위 분자로 존재한다고 말할 수 있다. 철 같은 금속도 철 원자들이 결합한 물질로, 원자 단위 분자라고 할 수 있다.

압력

유체의 운동을 다룰 때는 힘이라는 개념보다 **압력**pressure이라는 개념이 더 유용하다. 압력은 유체에 작용하는 힘이 단위면적당 어떤 크기를 가지는지 나타내는 양으로, 기호 P로 나타낸다. 따라서 넓이가 A인 부분에 힘 F가 작용하는 경우, 압력은 다음과 같이 정의한다.

$$P = \left(\frac{1}{A}\right)F \tag{10.1}$$

이때 압력의 크기는 프랑스의 과학자 파스칼을 기념해 Pa(파스칼) 단위로 나타내며, 1Pa은 다음과 같이 정의한다.

$$1\text{Pa} = 1\ \text{N/m}^2 \tag{10.2}$$

한편, 압력의 다른 단위로 **바**bar, **토르**torr 등도 많이 쓰는데, **바** 단위는 다음과 같이 정의한다.

$$1\,\text{bar} = 10^5\ \text{Pa} \tag{10.3}$$

그림 10-1 블레즈 파스칼, 1623~1662

쉽게 인식하지는 못하지만, 실제로 우리는 **대기압**atmospheric pressure이라는 매우 강한 압력을 받으며 살고 있다. 토르는 높이 760 mm에 해당하는 수은 기둥의 중력에 의한 압력 크기를 760 torr로 정의한 단위다. 1 atm은 **평균 대기압** 세기를 뜻하는 압력으로, 760 torr = 1 atm에 해당한다.

유체를 다룰 때는 단위부피당 질량인 **밀도**density를 자주 사용한다. 밀도는 기호 ρ로 나타내는데, M과 V가 각각 물질의 질량과 부피를 뜻하는 경우, $\rho = \dfrac{M}{V}$으로 정의한다. 액체의 밀도는 액체 온도나 압력에 따라 달라지지만, 그 변화는 그리 크지 않다. 예컨대, 바다 깊은 곳의 바닷물 밀도는 바다 표면의 바닷물 밀도보다 약간 더 클 뿐이다. 상온에서 물의 밀도는 약 1g/cm^2이며, 수은의 밀도는 약 13.6g/cm^3다. 일반적으로 액체의 밀도는 온도가 높아질수록 점점 작아진다. 물의 밀도도 같은 특성을 보이지만, 흥미롭게도 물은 섭씨 4°정도에서 밀도가 가장 커진 후, 온도가 내려가면 다시 작아져서 호수의 얼음이 위로부터 얼어붙는 결과를 가져온다.

액체 상태의 유체가 압력을 작용할 수 있는 이유는 액체가 자유롭게 이동하기 때문이다. 즉 액체를 이루는 분자들은 그 자체 분자들끼리도 (가상) 용수철로 연결되어 있지만, 액체를 담은 용기 벽을 이루는 분자들과도 서로 힘을 작용한다. 이때 용기 벽면에 수직 방향으로 작용하는 힘, 즉 액체의 압력은 벽이 유체에 작용하는 반작용력과 평형을 이룬다. 한편, 기체 상태의 유체도 압력을 작용하는데, 그 경우 압력은 기체 분자들이 용기 벽면에 충돌해 작용하는 평균 충격력에 의한 것이다. 기체의 압력에 관해서는 나중에 다시 다룰 것이다.

물음 10-1 질량이 100 kg인 사람이 서 있다. 사람의 발바닥 넓이가 400 cm²이고, 중력가속도 크기가 $g = 10\,\text{m/s}^2$일 때, 사람이 바닥면에 작용하는 압력 세기는 얼마인가?

대기압

공기 분자들에 의한 압력은 대기압이라는 형태로 나타난다. 우리는 태어날 때부터 대기압의 영향 속에서 살아왔기 때문에 대기압이 우리에게 작용한다는 사실을 모르고 지낸다. 하지만 대기압은 매우 큰 압력이다.

이탈리아의 토리첼리[2]는 수은을 가득 채운 유리관을 거꾸로 세워 대기압을 처음으로 측정했다. 즉 유리관 속 수은에 의한 압력이 대기압과 같은 크기라는 사실을 이용해, 수은 기둥의 높이를 측정했던 것이다. 그가 수은을 사용한 이유는, 수은 비중이 크므로 실험에 필요한 유리관의 길이가 상대적으로 짧아도 상관없었기 때문이었다. 놀라운 사실은 그 무거운 수은을 사용했음에도 불구하고, 수은 기둥의 높이가 약 76 cm까지 도달했다는 점이다. 수은의 밀도는 약 $13.6\,g/cm^3$로, 이 크기는 $1\,m^2$당 약 $10^5\,N$에 해당한다.

그림 10-2 에반젤리스타 토리첼리, 1608~1647

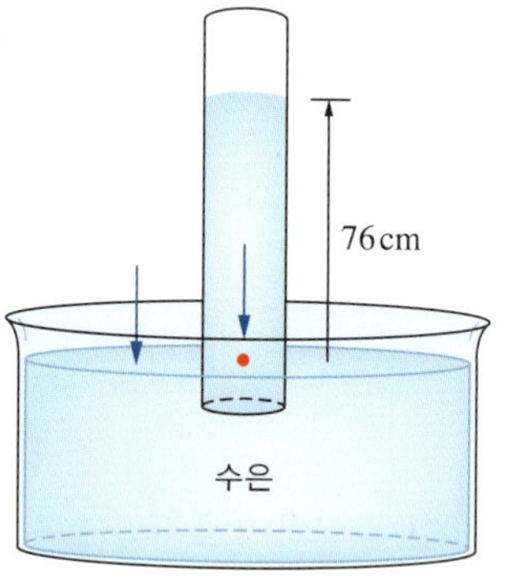

그림 10-3 토리첼리 실험

물음 10-2 토리첼리가 수은 대신 물을 사용했다면, 필요한 유리관의 길이는 얼마나 되는가?

질량이 100 kg인 사람의 무게가 약 1,000 N임을 고려할 때, 이 압력은 그 사람이 한 변의 길이가 10 cm인 판에 올라서 있을 때 판면에 작용하는 압력과 같다. 이 힘은 체격이 좋은 사람 하나가 엎어져 있는 다른 사람의 등 위에 서 있을 때, 발바닥이 엎드린 사람의 등을 누르는 힘과 같은 세기의 힘이다. 믿기 어렵겠지만, 우리는 이만한 압력을 견디며 살고 있는데, 이 압력은 수심 10 m 깊이에서의 수압 크기와도 같다.

우리가 살고 있는 지표면 근처의 공기 밀도는 대기권의 상층부에서보다 훨씬 큰데, 해수면으로부터 7,000 m 정도 높은 곳에서의 공기 밀도는 해수면 근처의 공기 밀도보다 1/2 정도로 작다. 또한 공기 밀도가 희박해지면서 대기압도 낮아져 지표면으로부터 6,000 m 정도 높은 곳에서의 대기압은 약 1/2 크기로 줄어든다.

---

2 토르 단위는 토리첼리의 이름에서 유래되었다.

공기 밀도는 온도에 의해서도 급격히 변화하는데, 상온(20℃ 정도)에서의 공기 밀도는 약 $1.2\,kg/m^3$ 이지만, 온도가 내려가서 0℃나 −25℃ 정도가 되면, 각각 $1.3\,kg/m^3$, $1.4\,kg/m^3$ 정도로 밀도가 커진다. 기온이 높아지면 그에 따라 공기 중 산소 밀도가 줄어들어 호흡 곤란을 일으킬 수 있고, 공기에 의한 양력이 약해지므로 항공기 이륙을 위해 더 긴 활주 거리가 필요하게 된다.

물음 10-3 상온에서 기체 1몰(기체 분자가 아보가드로수만큼 있는 양)의 부피는 $2.2 \times 10^4\,cm^3$라고 한다. 공기가 산소 25%와 질소 75%로 이루어졌다고 할 때, 공기의 밀도는 얼마인가? 단, 산소 분자와 질소 분자의 분자량은 각각 32와 28이다.

사이펀

강한 대기압을 이용하는 도구 중에 **사이펀**siphon(또는 **빨아넘이관**)이라는 것이 있다. 사이펀은 액체 표면보다 높은 장벽을 넘어 액체를 이동시킬 수 있는 장치로, 용기에 구멍을 뚫지 않고도 용기 속의 액체를 옮길 때 주로 쓰인다.

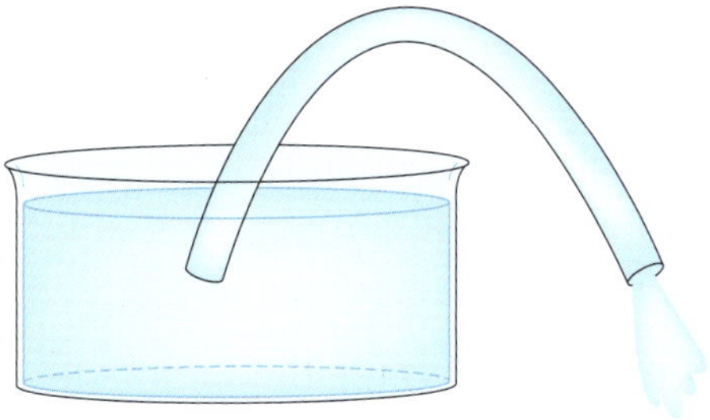

그림 10-4 사이펀

사이펀을 동작시키려면 먼저 액체가 이동하는 관을 액체로 가득 채워야 한다. 액체로 가득 채운 관의 한 쪽을 액체 속에 담그고, 장벽 너머에 있는 다른 쪽 끝을 액체 면보다 낮은 위치에 두면 액체가 관을 따라 흐르게 된다. 즉 사이펀을 작동 위치에 두면, 액체가 흘러내려 비어 있는 관 부분이 진공상태가 된다. 따라서 대기압 영향으로 용기 속 액체가 진공 부분으로 밀려 올라가 다른 쪽 끝으로 계속 흘러내린다.

물음 10-4 수면으로부터 높이가 H인 수조 속에 담겨진 물을 빼내려고 한다. 사이펀을 사용해 물을 빼낼 수 있는 수조의 최고 높이는 몇 m인가?

마그데부르크의 실험

대기압의 세기에 관한 유명한 일화로, 1654년 독일의 마그데부르크Magdeburg 시에서 행해진 공개 실험이 있다. 그 시의 시장은 공기 펌프 발명가였는데, 그는 구리로 만든 두 개의 반구를 공 모양으로 만들고, 그 내부 공기를 빼내 진공에 가깝게 만들었다. 그리고 양쪽에서 두 마리씩의 말로 각각의 반구를 끌어당기게 했는데, 끝까지 두 반구를 떼어낼 수 없었다고 한다.

구리 반구의 반지름을 R이라 하고 내부가 완전한 진공상태라고 가정한 경우, 대기압이 구리 반구 한쪽에 작용하는 힘을 계산해보면 대기압 세기가 P_0일 때 그 힘의 세기는 $\pi R^2 \cdot P_0$임을 보일 수 있는데, 이 크기는 구리 반구 단면적을 갖는 평면에 작용하는 대기압이 작용하는 힘의 세기와 같은 크기이다.

물음 10-5 구리 반구의 반지름이 1m일 때, 구리 반구에 작용하는 대기압의 세기는 얼마인가?

부피 탄성률 B

영률은 힘에 의한 고체의 길이 변화를 나타내는 경우에, 고체의 탄성 특성을 나타낼 때 쓰인다. 그러나 유체나 기체는 일정한 형태를 갖지 않으므로, 길이 변화로 그 탄성 특성을 나타낼 수는 없다. 고체뿐만 아니라 유체나 기체의 탄성 특성까지 나타내기 위해서는 영률 대신 **부피 탄성률**bulk modulus이라는 양을 사용하며, 기호 B로 나타낸다. 즉 부피 탄성률은 압력 변화에 따라 부피가 얼마나 쉽게 변화하는지 나타내는 양이다.

일반적으로 유체의 부피 변화량 ΔV는 유체에 작용하는 압력 변화량 ΔP에 비례하는 특성을 가지므로, $\Delta V \propto \Delta P$라 할 수 있다. 또한 부피 변화량 ΔV는 유체의 부피 V에 비례하므로, $\Delta V \propto V\Delta P$ 관계로부터 부피 탄성률 B는 다음과 같이 정의된다.

$$\Delta V = -\frac{1}{B} V\Delta P \qquad (10.4)$$

물음 10-6 부피 탄성률 B의 국제단위계 단위는 N/m^2임을 보여라.

여기에서 음($-$)의 부호를 붙인 이유는, 압력이 증가할 때 부피는 줄어들므로 부피 탄성률 B가 양($+$)의 부호를 갖게 하기 위해서다. 기체의 부피는 압력 변화에 의해 쉽게 변화하므로, 기체의 부피 탄성률은 매우 작다. 그러나 일반적으로 액체 상태 물질의 부피 탄성률은 매우 크다.

기체의 부피 탄성률 B는 기체의 압력 P로 나타낼 수 있으며, 압력이 P인 기체의 부피 탄성률은 $B = P$임을 보일 수 있다. 따라서 압력이 작은 상태에 있는 기체는 작은 압력 변화에도 부피가 쉽게 변하게 된다.

물음 10-7 기체의 온도가 일정한 경우, 기체의 압력과 부피의 곱인 PV가 일정하다는 사실을 이용하면 $P\Delta V + V\Delta P = 0$ 관계를 얻을 수 있다. 이를 이용해 기체에서는 $B = P$ 관계가 성립함을 보여라.

표 10-1 몇 가지 물질의 부피 탄성률

물질	부피 탄성률 $B(N/m^2)$
강철	140×10^9
알루미늄	70×10^9
화강암	45×10^9
물	2.0×10^9
에틸 알콜	1.0×10^9
수은	2.5×10^9

예제 10-1 바람의 압력

공기의 밀도가 $1.0\,\mathrm{kg/m^3}$이고, $10\,\mathrm{m/s}$의 강한 바람이 불고 있다. 바람을 마주 보는 위치에 서 있는, 몸 표면 단면적이 $0.5\,\mathrm{m^2}$인 사람이 받는 바람의 힘과 압력 세기는 각각 얼마인가? 단, 바람의 공기 분자는 사람에 부딪친 다음 멈춘다고 가정하라.

풀이

속도가 v인 입자들이 단면적이 A인 면에 부딪친다면(단위시간당 $v \cdot 1$ 거리 안에 있는 모든 입자가 와서 부딪치므로), 단위시간당 부피 V가 $Av(=A \cdot v \cdot 1)$인 공간 속의 모든 입자가 부딪친다. 따라서 입자 밀도가 ρ라면 입자의 총 질량은 $M=\rho V=\rho Av$이며, 입자 질량이 m일 때, (입자가 부딪친 후 멈춘다고 가정하면) 단위시간당 총 운동량 변화량 크기(즉 평균 힘의 세기)는 $Mv=\rho Av^2$이 된다. 따라서 힘의 세기는 $50\,\mathrm{N}$이고, 압력 세기는 $100\,\mathrm{N/m^2}$다.

10.2 정지 유체의 압력과 부력

멈춰 있는 유체의 압력은 깊이가 깊어질수록 더 커진다. 예컨대, 밀도가 ρ인 유체가 있을 때, 유체 속에 있는 단면적이 A, 높이가 h인 유체 부분을 생각해보자. 이 유체의 윗부분과 아랫부분 위치에서의 유체 압력을 각각 P_1, P_2라고 하면, 그 부분의 힘의 평형 조건은 다음과 같다.

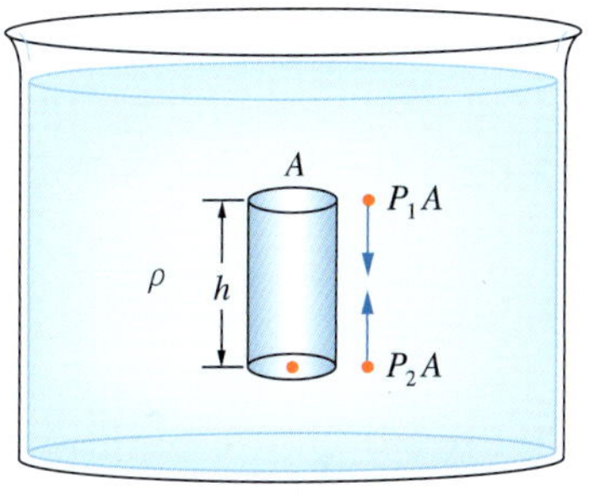

그림 10-5 유체 내부의 가상 부분

$$-P_1A-\rho Ah \cdot g+P_2A=0 \tag{10.5}$$

즉 $P_2=P_1+\rho gh$로 나타낼 수 있으며, 깊이가 h만큼 더 깊어지면 압력은 ρgh만큼 더 커진다는 것을 의미한다. 이 상황에서 유체의 압력은 마치 위에서 아래로 내리누르는 방향으로만 작용한다고 생각하기 쉽다. 그러나 유체에서의 압력은 모든 방향으로 작용한다는 점에 유의해야 한다. 예컨대, 물속에 공기 방울이 들어 있으면 그 공기 방울에는 모든 방향으로부터 수압이 작용한다.

미시적으로 볼 때, 액체의 압력은 액체 분자들을 연결한 용수철이 얼마나 압축된 상태에 있는지 나타낸 양으로 생각할 수 있다. 즉 깊은 물속에 있는 물 분자들을 연결한 용수철은 표면의 물 분자들을 연결한 용수철보다 더 압축되어 있으므로, 밀도가 더 크다.

물음 10-8 공기를 멈춰 있는 유체라고 보면, 지표면 위치의 대기압은 공기라는 유체의 정지 압력으로 간주할 수 있다. 대기의 밀도가 높이에 따라 변하지 않고 $\rho=1.0\,\mathrm{kg/m^3}$로 일정하다고 가정하고, 지표면에서의 대기압 세기를 $1.0\times10^5\,\mathrm{N/m^2}$라고 하면, 대기권 두께는 얼마인가? 단, 중력가속도 크기는 $9.8\,\mathrm{m/s^2}$이다.

물음 10-9 물의 밀도가 $1.0\,g/cm^3$일 때, 수심 $10\,m$의 물속에 있는 사람에게 작용하는 수압 세기는 얼마인가? 단, 중력가속도 크기는 $9.8\,m/s^2$이다.

아르키메데스의 원리

아르키메데스의 원리를 다루기 전에, 먼저 물 위에 뜬 배에 작용하는 힘을 생각해보자. 배에 중력이 작용하는데도 불구하고 배가 물 위에 떠 있다는 사실은, 배에 작용하는 힘들이 평형을 이루고 있다는 것을 의미한다. 즉 배에 작용하는 중력과 같은 세기로 배를 받쳐 올리는 힘이 존재한다는 것이다. 이처럼 유체에 잠긴 물체에는 유체가 밀어 올리는 힘이 작용하는데, 그 힘을 **부력**buoyant force이라 한다.

부력의 크기를 알아보기 위해 먼저 물체가 잠기지 않은 상태의 유체 그 자체만을 생각해보자. 그리고 물체가 잠겨 있다고 생각되는 바로 그 위치에 있는 물체와 똑같은 모양을 가진 유체의 부분을 나머지 부분과 가상적으로 분리해서 생각해보자.

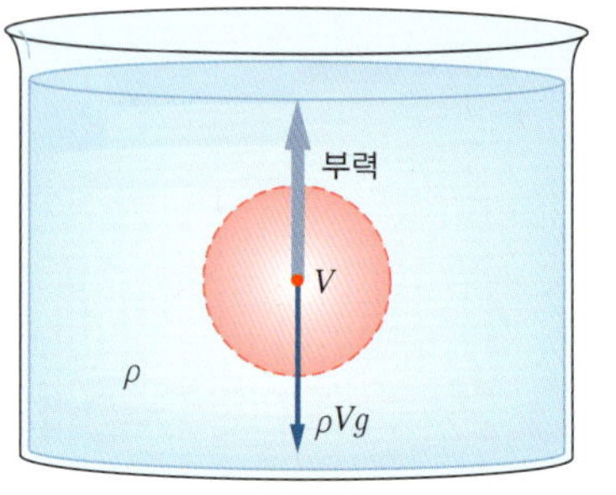

그림 10-6 유체의 가상 부분에 작용하는 힘

평형상태에서 유체의 가상 부분은 평형을 이룬다. 즉 우리가 가상적으로 분리한 부분에 작용하는 중력과 부력이 힘의 평형을 이루고 있는 것이다. 유체의 가상 부분의 부피가 V이고 밀도가 ρ라면, 그 질량은 $m = \rho V$로 쓸 수 있으므로, 무게는 ρVg가 된다. 한편, 가상 부분의 유체는 힘의 평형상태에 있으므로, 가상 부분에 작용하는 부력의 크기는 정확히 ρVg가 되어야 한다. 즉 부력의 크기는 그 유체에 잠긴 물체 부피만큼의 유체 무게와 같다고 할 수 있다. 이것이 바로 유명한 **아르키메데스의 원리**Archimedes' principle다.

물음 10-10 얼음의 밀도는 $0.92\,g/cm^3$이고, 해수 밀도는 $1.03\,g/cm^3$다. 얼음 부피의 몇 %가 물 위에 떠 있겠는가?

예제 10-2 **U자관 밀도 측정법**

U자관 장치는 U자 모양으로 휘어진 시험관으로, 액체의 밀도를 측정하는 데 쓰인다. 밀도가 ρ_0인 액체가 든 U자관에 밀도를 알 수 없는 액체를 높이 H만큼 넣었더니, 처음 들어 있던 액체의 높이가 미지의 액체의 바닥면을 기준으로 h가 되었다. 미지의 액체의 밀도를 구하라.

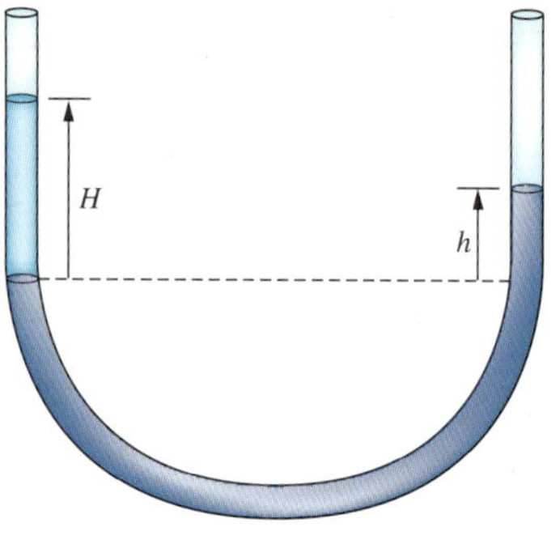

풀이

대기압 효과를 무시하면, 미지의 액체 밀도가 ρ일 때 미지의 액체 바닥면의 압력은 ρgH다. 한편, 그 위치와 같은 높이에서 원래 액체의 압력은 $\rho_0 gh$이고, 두 압력의 크기는 같아야 한다. 따라서 $\rho = \rho_0 \dfrac{h}{H}$다.

≫ 참고 잠수병

우리 몸의 피부와 **폐**lung는 대기압 환경에 적응되어 있다. 폐는 몸 내부에 있지만 신체 외부 기관이며, 피부와 마찬가지로 대기압에 적응된 것이라 할 수 있다. 또한 물속으로 깊이 들어가면 수압이 더 커지므로, 깊은 물속에서 피부는 더 큰 압력을 견뎌야 한다. 따라서 수압을 견디기 위해 피부 쪽으로 피가 몰리게 된다. 폐는 신체 외부 기관으로 보아야 하므로 마찬가지로 폐로도 피가 많이 몰리게 되어, 폐의 미세 혈관이 파괴되는 일이 생길 수도 있다. 이런 현상을 **폐압착**lung squeeze 현상이라고 하며, 심한 경우 폐출혈로 인한 문제가 생길 수도 있다. 적응이 되지 않은 상태에서 갑자기 깊은 물속에 들어가는 일은 매우 위험하다.

파스칼의 원리

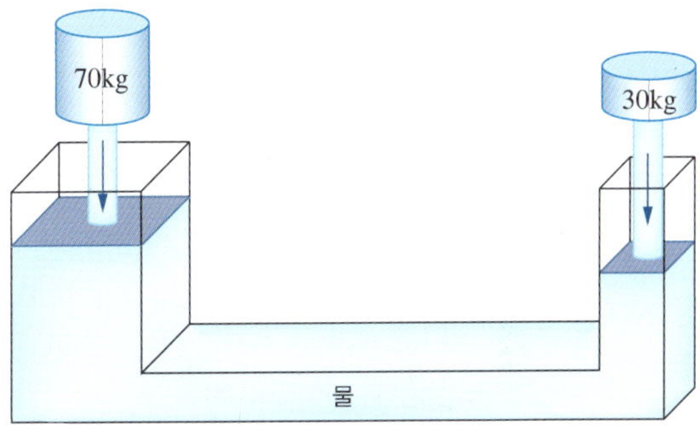

그림 10-7 수압기 혹은 유압기의 원리

17세기 프랑스의 파스칼은 '밀폐된 유체의 한 부분에 가한 압력은 유체의 모든 부분에 같은 크기로 전달된다'는 사실을 발견했다. 그 사실은, 유체의 압력이란 미시적으로 유체를 이루는 분자들을 연결하는 (보이지 않는) 용수철의 탄성에 의한 것으로, 유체의 한곳에 작용한 힘에 의한 탄성 효과가 모든 곳에 같은 효과를 준다는 논리로 설명할 수 있다. 수압기나 유압기는 파스칼의 원리를 이용한 도구로, 다음과 같은 원리로 작동한다. 즉 작은 넓이와 큰 넓이의 두 개의 피스톤이 있는 장치에서, 작은 넓이의 피스톤에 약한 힘을 가하더라도 큰 넓이의 피스톤에는 큰 힘이 작용한다는 원리다. 이는 지렛대처럼 작은 힘으로 큰 힘의 효과를 얻는 데 유용하다. 이런 원리는 열매에서 기름을 짜내는 기구나 자동차의 브레이크 장치 등에 흔히 이용된다.

10.3 흐르는 유체의 단면적과 유속

강을 따라 배를 타본 경험이 있는 사람들은 강폭이 좁아지면 물살이 빨라져 위험하다는 것을 알고 있다. 예컨대, 강폭이 넓은 곳을 흐르던 강물이 협곡을 지나가는 경우에는 협곡의 폭이 갑자기 좁아지기 때문에 물살이 매우 빨라진다. 이런 현상은 수도꼭지에 연결된 호스를 가지고 장난을 쳐본 사람도 잘 알고 있다. 그 경우 수돗물이 나오는 호스의 끝 부분을 좁게 쥘수록 호스에서 나오는 물줄기는 더 빨라지고 물은 더 멀리까지 나간다. 같은 현상이지만, 수도꼭지에서 쏟아지는 물을 살펴보면 물줄기가 점점 가늘어짐을 볼 수 있다. 즉 물줄기 빠르기가 더 빨라졌기 때문에 물줄기 단면적이 좁아진 것이다. 이는 앞의 예에서 물줄기 단면적이 좁아져서 물줄기 빠르기가 빨라진 상태와 비교했을 때 원인과 결과만 뒤바뀐 경우다.

이러한 현상이 생기는 이유는 다음과 같다. 첫째 이유는, 유체가 쉽게 압축되지 않아 일반적으로 밀도가 일정하다고 가정할 수 있다는 점이다. 예컨대, 바다 깊은 곳의 바닷물 밀도는 바다 표면의 바닷물 밀도와 크게 다르지 않다. 둘째 이유는, 물이 흐르는 도중에 유체가 없어지거나 생기지는 않으므로, 어떤 부분을 통과하는 유체의 양은 같은 시간 동안 다른 어떤 부분을 통과하는 유체의 양과 같다는 사실이다.

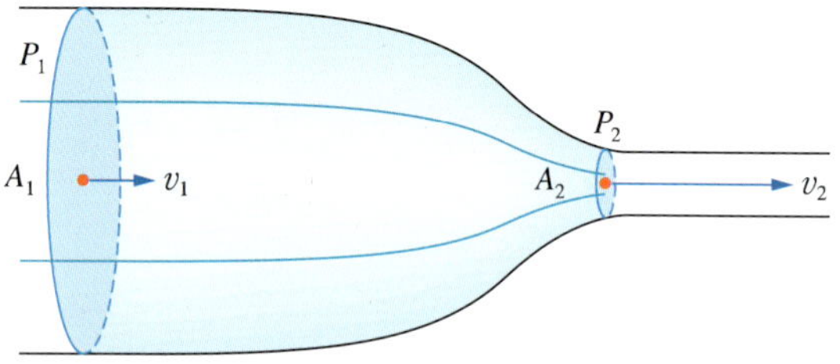

그림 10-8 통로 단면적이 다른 경우의 유속

이제 단면적이 A인 부분에서 유체의 빠르기인 유속을 v라고 하자. 그 경우 단위시간 동안 흘러간 유체 부피는 $Av \cdot 1$로 쓸 수 있으므로, 단면적이 다른 두 부분에서 유속과 단면적 관계는 다음과 같다.

$$A_1 v_1 = A_2 v_2 \tag{10.6}$$

즉 유속은 단면적에 반비례하며, 유체는 통로가 좁아질수록 빠르게 흐른다.

물음 10-11 인체에서 피의 흐름은, 동맥에서 뿜어져 나온 피가 아주 가느다란 실핏줄(모세 혈관)로 흐른 뒤 정맥을 통해 심장으로 돌아오는 과정이다. 우리 몸에는 매우 많은 실핏줄이 있으며, 그 수도 매우 많다. 심장 동맥혈관 aorta의 단면적은 $3\,\mathrm{cm}^2$이고, 실핏줄 capillary의 단면적은 동맥혈관의 10^{-7}(1/10,000,000)배에 불과하다고 한다. 또 심장 동맥에서 뿜어져 나오는 피의 빠르기는 $30\,\mathrm{cm/s}$, 실핏줄에서의 빠르기는 $0.05\,\mathrm{cm/s}$라고 하자. 이 경우, 추정된 실핏줄의 수는 몇 개인가?

≫ 참고 명량대첩 이야기

역사적으로 강이나 바다에서 벌어지는 전투에서는 강물이나 바닷물의 흐름을 이용하는 것이 매우 중요했다. 예컨대, 강이 흐르는 도중 협곡을 지나게 되어 강폭이 갑자기 좁아지는 지형을 만날 수 있는데, 그런 곳에서는 유속이 매우 빨라져서 배를 다루기가 어려워진다. 즉 배는 빠른 유속에 쉽게 휩쓸리게 되어 적의 공격 대상이 되기 쉽다. 임진왜란 때 충무공 이순신 장군은 진도에 있는 울돌목(명량)이라는 곳에서 바닷물의 흐름이 매우 빨라지는 지형적 특징을 이용해 '명량대첩'이라는 위대한 승리를 거두었다. 일반적으로 진도나 강화도와 같이 섬이 육지에 가까이 붙어 있는 지형에서는 바닷물이 좁은 통로를 지나므로 물살이 강해진다. 그런 이유로 강화도 해안에는 조선 시대에 만든 많은 방어진지가 있다.

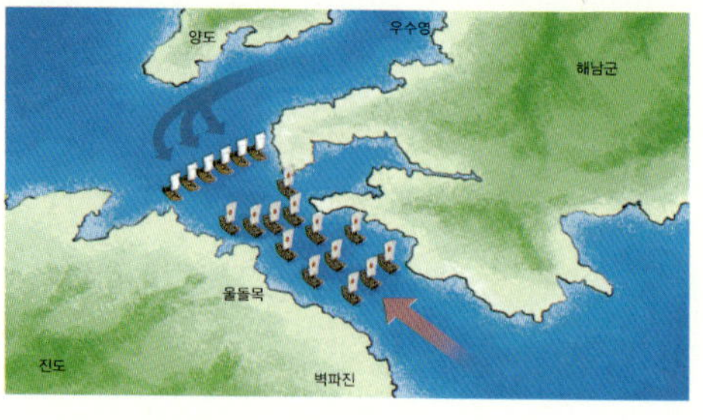

10.4 베르누이 정리

앞서 우리는 정지한 유체의 압력은 깊이가 깊어질수록 커진다고 이야기했다. 이제 유체가 정지해 있지 않고 흐르는 경우 유체의 압력을 살펴보자. 정지한 유체 속에서 압력이 위에서 내리누르는 방향으로만 작용한다고 생각하기 쉬운 것처럼, 흐르는 유체 속에서 압력도 유체가 흐르는 방향으로만 작용하는 것으로 생각하기 쉽다. 그러나 흐르는 유체 속에서도 어느 한곳의 압력은 모든 방향으로부터 똑같은 크기로 작용한다. 즉 어느 부분에서 압력이 P라면, 그곳에 있는 (크기가 충분히 작은) 물체에는 모든 방향으로부터 그 압력이 작용한다.

흐르는 유체 속에 '고정된' 물체에는 '유체의 흐름'에 의한 압력이 작용한다. 그러나 그 압력은 우리가 다루려고 하는 모든 방향에서 같은 크기로 작용하는 유체 압력과는 다른 의미의 압력이며, 흐르는 유체가 고정된 물체에 부딪칠 때 생기는 충격력에 의한 힘이다. 즉 그 물체가 정지해 있지 않고 유체와 같이 흘러간다면 유체의 흐름에 의해 물체에 작용하는 그런 압력은 존재하지 않는다는 사실에 유의하자.

우리는 앞에서 정지한 유체에서 높이가 h만큼 낮아지면 압력은 ρgh만큼 커진다는 것을 알게 되었는데, 이 사실은 유체가 흐르는 경우에도 여전히 유효하다.

예제 10-3 흐르는 유체에서의 압력

유체의 높이가 h만큼 낮아지면서 위에서 아래로 흐른다고 하자. 이때 위와 아랫부분 위치에서의 유체 압력을 각각 P_1, P_2라고 하면 $P_2 = P_1 + \rho gh$ 관계임을 보여라.

풀이

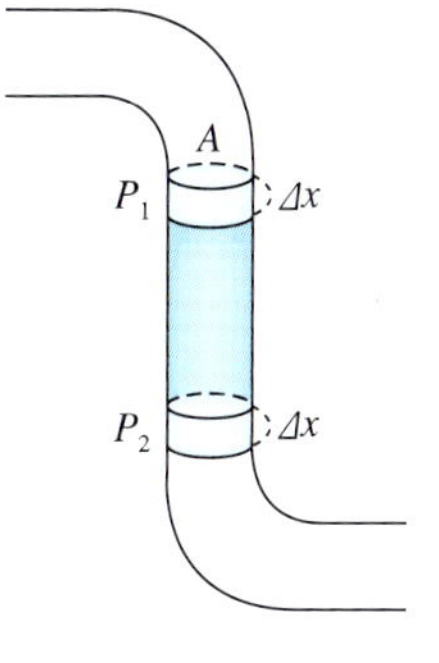

위에서 아래까지 연결된 가상적 유체 덩어리를 고려하면, 외부에서 그 덩어리에 작용하는 힘은 위에서 밀어 내리는 유체 압력에 의한 힘, 아래에서 밀어 올리는 유체 압력에 의한 힘 그리고 중력이 있다. 이제 그 덩어리 부분이 Δx만큼 '아래로' 이동한 경우, 일-에너지 정리를 적용해보자. 이 경우, 유체 압력이 한 일은 $W_p = +P_1A \cdot \Delta x - P_2A\Delta x = (P_1 - P_2) \cdot A\Delta x$로 쓸 수 있다. 한편, 그 덩어리 질량은 ρAh이므로, 여기에서 중력이 한 일의 양은 $W_g = \rho Ah \cdot g \cdot \Delta x$이며, 유속은 일정하므로 운동에너지 변화량은 없어 $\Delta K = 0$이 된다.[3] 따라서 일-에너지 정리인 $W = \Delta K$에서 합력이 한 일은 $W = (P_1 - P_2 + \rho gh)A\Delta x = 0$이 된다.

그렇다면 유체가 흐르면서 관의 단면적이 변하는 경우에는 단면적의 크기 변화에 따라 압력이 어떻게 변할지 알아보자.

3 이때 중력이 한 일의 양은, 유체 대부분은 그대로 있고 그 일부인 $\rho A\Delta x$ 만큼만 높이 h 만큼 끌어 내린 상황에서의 일의 양으로 생각할 수 있다.

두 곳의 단면적을 각각 A_1, A_2라고 하고, 그때의 유속을 각각 v_1, v_2라고 하면 유체 부피가 보존되므로 $A_1v_1 = A_2v_2$ 관계가 성립한다.

이제 단면적이 각각 A_1, A_2인 곳에서의 압력이 각각 P_1, P_2라고 하고, 단면적이 A_1인 곳에서 단면적이 A_2인 부분까지를 포함하는 유체 덩어리 운동에 일-에너지 정리를 적용해보자. 이 경우, 단위시간 동안 일어난 변화는, 단면적이 A_1, A_2인 부분이 각각 $v_1 \cdot 1$, $v_2 \cdot 1$만큼 이동한 것이라고 할 수 있다.

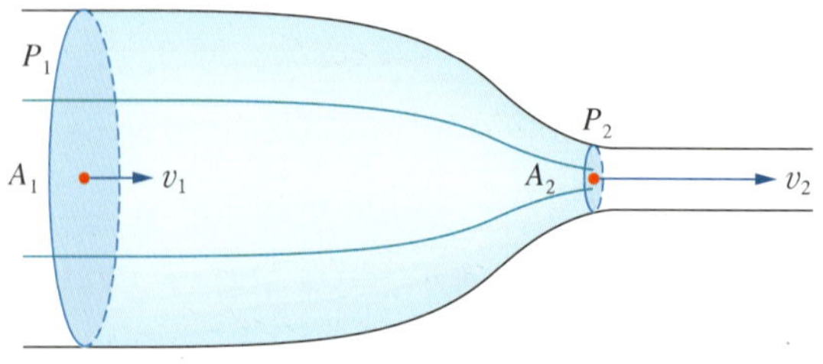

그림 10-9 단면적이 좁아지는 유체의 흐름

한편, 그 덩어리에는 유체의 압력에 의한 힘인 P_1A_1, P_2A_2 크기의 힘이 양쪽에서 작용한다. 이때 힘은 유체 덩어리에 작용하는 힘이라는 것에 유의하자. 그 힘은 유체 덩어리 외부에 있는 유체가 작용하는 힘이며, 이때 유체 덩어리도 똑같은 크기의 힘을 외부 유체에 작용한다. 따라서 만약 관의 두 곳에서 단면적 A_1, A_2가 같다면, 그 두 구간의 유체 덩어리는 등속도 운동을 하므로, P_1A_1, P_2A_2의 크기는 같아야 한다. 그러나 단면적이 다른 경우에는 그렇지 않다.

베르누이 정리

이제 두 위치에서의 압력이 그곳에서의 유속과 어떤 관계를 갖는지 알아보자. 유체가 단면적 A_1에서 단면적 A_2 방향으로 흐른다면, 힘 P_1A_1은 유체 흐름 방향이고, P_2A_2는 반대 방향으로 미는 힘이므로, 유체 압력이 한 일의 합은 $W_p = +P_1A_1 \cdot v_1 \cdot 1 - P_2A_2 \cdot v_2 \cdot 1$이 된다. 그러므로 $A_1v_1 \cdot 1 = A_2v_2 \cdot 1 = V_0$라 나타내면, 외부에서의 유체 압력이 유체 덩어리에 한 일은 $W_p = (P_1 - P_2)V_0$다.

한편, 부피 A_1v_1만큼의 유체는 유속 v_1으로 운동하고, 부피 A_2v_2만큼의 유체는 유속 v_2로 운동하므로, 그 결과는 처음의 유체 덩어리로부터 부피 A_1v_1만큼의 유체가 없어지고, 부피 A_2v_2만큼의 유체가 새로 생겨난 것으로 볼 수 있다. 따라서 이때의 운동에너지 변화량은 다음과 같다.

$$\Delta K = \frac{1}{2}(\rho A_2 v_2)v_2^2 - \frac{1}{2}(\rho A_1 v_1)v_1^2 = \frac{1}{2}\rho(v_2^2 - v_1^2)V_0 \tag{10.7}$$

한편, 이 크기는 일-에너지 정리에서 $W_p = \Delta K$를 만족해야 한다. 이 경우, 두 곳의 높이 차이가 없다면 중력에 의한 일은 없으므로 $(P_1 - P_2)V_0 = \frac{1}{2}\rho(v_2^2 - v_1^2)V_0$로 나타낼 수 있다. 즉 유속이 다른 두 위치에서의 압력은 다음 관계로 나타낼 수 있다.

$$P_1 + \frac{1}{2}\rho v_1^2 = P_2 + \frac{1}{2}\rho v_2^2 \tag{10.8}$$

유체의 관이 좁아지면 v_2는 v_1보다 커지고, 이 결과는 단면적이 넓은 곳의 유체 압력 P_1이 좁은 곳의 압력 P_2보다 크다는 것을 말해준다. 즉 유속이 빠른 곳일수록 유체의 압력은 더 낮아지는데, 유체 흐름에서의 이런 관계를 **베르누이 정리** Bernoulli theorem라 한다.

베르누이 정리는 간단한 실험을 통해서도 확인할 수 있다. 예컨대, 종이의 한쪽 끝을 수평으로 들고 종이의 윗부분을 세게 불면, 처져 있던 종이의 다른 한쪽 끝이 압력 차이 때문에 위로 들린다. 또한 태풍이 불고 나면 지붕이 날아가버린 집들을 많이 볼 수 있다. 그 이유는 지붕 위로 흐르는 바람의 빠르기가 지붕 아래 집 안의 공기보다 아주 커서 지붕 윗부분의 압력이 낮아지기 때문이다.

야구에서 투수가 던진 공이 빨리 회전하게 되면 아래와 위의 압력 차이가 생길 수 있다. 공이 회전함으로써 위와 아랫부분의 공기 빠르기가 달라져 압력의 차이를 만들기 때문이다. 그런 압력 차이 때문에 공은 직진하지 않고 휘어진 경로로 날아갈 수 있다. 즉 회전 속도가 빠를수록 공은 더 큰 커브를 그리며 날아갈 수 있다. 비행기 날개가 **양력** lift을 얻는 방법도 이런 원리를 이용한 것이다. 비행기 날개는 밑면이 평평하고, 윗면은 곡선 모양이다. 공기는 밑면보다 윗면에서 더 빠르게 지나가므로 압력이 더 낮아지므로, 날개는 위로 향하는 힘을 받는다.

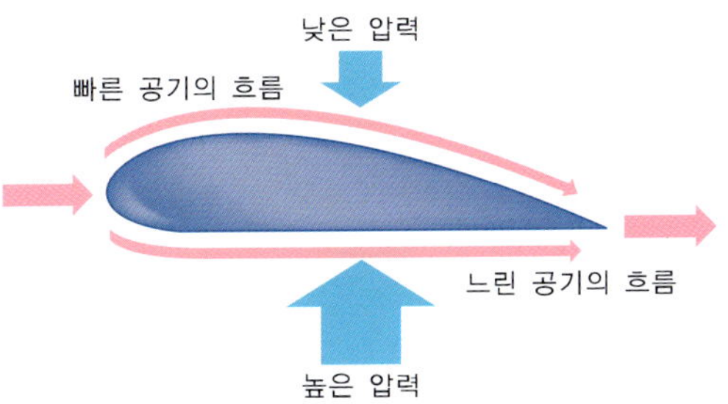

그림 10-10 비행기 날개의 양력

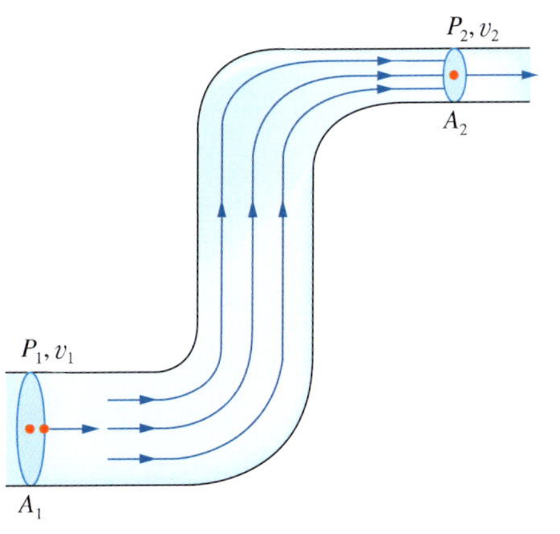

그림 10-11 단면적이 다르며, 높이도 다른 유체의 흐름

다시 논의를 확장해, 단면적이 A_1, A_2인 곳의 높이를 각각 y_1, y_2로 나타내보자. 이 경우, 유체의 흐름 결과는 앞의 논의에서 부피가 V_0인 유체 부분을 아래에서 위로 들어 올린 상황과 같아진다.

즉 중력이 한 일은 $W_g = -\rho V_0 g \cdot (y_2 - y_1)$이 되므로 일-에너지 정리는 다음과 같이 나타낼 수 있다(그 일의 부호가 음(−)인 이유는 유체가 중력이 작용하는 방향과 반대인 위쪽 방향으로 이동했기 때문이다).

$$P_1 + \frac{1}{2}\rho v_1^2 + \rho g y_1 = P_2 + \frac{1}{2}\rho v_2^2 + \rho g y_2 \quad (10.9)$$

이 관계식이 좀 더 일반적인 상황에서의 베르누이 정리 공식이다.

예제 10-4 물탱크 구멍에서 나오는 물줄기의 빠르기

물탱크 바닥에 구멍을 내면 구멍으로 물이 쏟아져 나온다. 물을 높이 H만큼 채운 물탱크가 있을 때, 바닥에 생긴 구멍으로 나오는 물줄기의 빠르기가 $\sqrt{2gH}$임을 보여라.

풀이

먼저 높이 H인 곳의 물 표면과 구멍 위치에서의 물의 압력 P_1, P_2는 모두 대기압 크기로 같다고 가정하자. 그러면 $P_1 + \frac{1}{2}\rho v_1^2 + \rho g y_1 = P_2 + \frac{1}{2}\rho v_2^2 + \rho g y_2$는 $\frac{1}{2}\rho v_1^2 + \rho g H = \frac{1}{2}\rho v_2^2$이 된다. 이제 물탱크가 매우 커서 그 표면에서 물이 줄어드는 빠르기 v_1이 0에 근사하다고 보면, 구멍에서의 유속 v_2는 $\sqrt{2gH}$임을 알 수 있다. 즉 물이 폭포수에서처럼 높이 H에서 떨어져 내릴 때의 빠르기와 같아진다.

물음 10-12 비행기 날개 위의 공기 빠르기가 20m/s, 날개 아래의 공기 빠르기가 10m/s일 때 날개를 밀어 올리는 힘(양력)의 크기를 구하라. 단, 공기의 밀도는 1.2kg/m^3, 비행기 날개 면적은 20m^2다.

벤추리 미터

베르누이 정리에 의하면, 유체의 속도가 빠른 곳일수록 유체 압력은 낮아진다. 그러나 유속이 빠른 곳일수록 그곳의 압력이 낮아진다는 사실은 직관적으로 알 수 있는 사실이 아니며, 경험으로 알 수 있는 사실도 아니다.

유속이 빠른 곳에서 압력이 낮아진다는 사실은 다음과 같은 장치를 이용하면 쉽게 확인할 수 있다. 즉 유체가 넓은 단면적을 가진 관 부분을 흐르다가 좁은 단면적을 가진 부분으로 흐른다고 하고, 단면적이 다른 두 부분에 수직 방향으로 연결된 또 다른 관들이 있다고 하자. 그 수직관 속에 어느 높이까지 유체를 채운다고 하면, 이때 넓은 단면적 부분의 유체 높이가 더 높아진다. 이 사실은 곧 넓은 단면적 부분에서의 유체 압력이 더 높다는 것을 의미한다.

[그림 10-12]와 같은 구조를 가진 관을 **벤추리 미터**Venturi meter라 하며, 벤추리 미터를 이용해 유속을 측정할 수 있다.

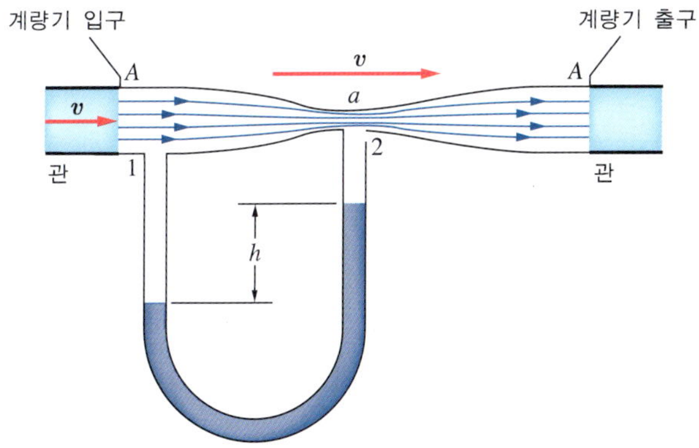

그림 10-12 액체 상태 유체의 유속을 측정하는 벤추리 미터

물음 10-13 이때 두 수직관의 유체 높이 차이가 H라면, 유체 밀도가 ρ일 때 넓은 단면적 부분의 압력은 좁은 부분보다 $\rho g H$만큼 높다는 것을 보여라.

물음 10-14 벤추리 미터에서 단면적이 A_1, A_2인 부분에서의 유속을 각각 v_1, v_2라고 하면, $v_1A_1 = v_2A_2$ 관계가 성립한다. 유속 v_1은 관에 유입되는 유체의 유속으로 볼 수 있다. 한편, 단면적이 A_1, A_2인 부분에서 압력을 각각 P_1, P_2라고 하면, 유체의 밀도를 ρ라 할 때 베르누이 정리에 의해 $P_1 + \frac{1}{2}\rho v_1^2 = P_2 + \frac{1}{2}\rho v_2^2$ 관계도 성립한다. 이로부터 유속은 $v_1 = \sqrt{\frac{2gH}{(A_1/A_2)^2 - 1}}$ 임을 보여라.

10.5 점성이 있는 유체 심화

앞서 구한 유체 흐름에 관한 결과를 실제 유체 흐름에 적용하면 실제 현상을 설명하기 힘든 경우가 생길 수 있다. 그 이유는 우리가 '이상적'인 유체 흐름을 가정했기 때문이다. 여기에서 이상적인 유체란 다음과 같은 특성을 가진 유체를 말한다.

(1) 비압축성incompressible이며,
(2) 정상흐름steady flow[4]을 갖고
(3) 점성viscosity[5]이 없는 유체

이런 이상적 특성은 매우 엄격한 조건으로 보이지만, 대부분의 유체 흐름은 이런 특성에서 크게 어긋나지 않는다. 즉 대부분의 유체는 사실상 압축되지 않는 비압축성 유체이며, 시간에 따라 거의 일정한 정상흐름상태를 유지한다. 이런 정상흐름에서는 유체의 흐름을 **유체 다발**fluid flux로 취급할 수 있는데, 그것은 유체의 각 부분이 다른 부분과 섞이지 않고 독립적으로 흘러서 각 부분이 자신의 (가상적) 관을 통해 흘러가는 상태로 볼 수 있다.

4 층흐름(laminar flow)이라고도 한다. 정상흐름이란 유체의 각 부분 운동이 시간에 따라 변하지 않고 항상 일정한 상태 흐름을 뜻하며, 비회전성(irrotational)이라는 의미가 있다.
5 끈적끈적한 성질로, 물이 물체 표면에 묻는 이유도 물의 점성 때문이다.

점성

이제 유체가 가지는 **점성**viscosity의 근원에 관해 알아보자. 물질은 원자로 이루어져 있고, 원자는 전기를 띤 입자들로 이루어져 있으므로, 원자들은 전기적으로 서로 끌리는 힘을 받는다. 원자의 종류에 따라 힘의 세기는 다르겠지만, 서로 끄는 힘은 모든 원자가 가지는 특징으로 원자들이 뭉쳐져 분자를 이루게 하고, 덩어리 모양의 물체를 만든다.

유체를 이루는 원자들도 서로 끌어당기는 힘에 의해 뭉쳐져 유체를 이루지만, 유체가 다른 물체와 접촉하면 유체 원자와 그 물체 원자 사이에도 서로 당기는 힘을 작용한다. 즉 유체가 관을 통해 흐르는 경우, 유체 원자와 관을 이루는 물체의 원자 사이에도 서로 끌어당기는 힘이 나타난다. 유체가 흐를 때 작용하는 점성은 바로 이 때문에 생긴다. 그러므로 점성은 유체에 따라 크고 작을 수는 있어도, 모든 유체가 가지는 공통적 성질임을 알 수 있다. 관을 따라 흐르는 유체의 경우, 관에 접촉한 유체 흐름은 느려진다. 따라서 점성은 유체에 작용하는 마찰력이라 해석할 수 있다. 유체의 점성은 온도에 따라 매우 민감하게 변한다고 알려져 있다.[6]

물음 10-15 유체가 유리관을 통해 빨려 올라오는 경우, 유체 원자끼리 서로 당기는 힘과 유체 원자와 유리관을 이루는 물질 원자끼리 서로 당기는 힘 중 어느 것이 더 강하다고 생각하는가? 그 결과로부터 빨려 올라간 유체의 표면 모양을 그림으로 나타내라.

물음 10-16 어떤 벌레는 표면장력에 의해 물 위에 떠 있을 수 있다. 유체 원자끼리 서로 당기는 힘과 유체 원자와 벌레 다리를 이루는 원자가 서로 당기는 힘 중 어느 것이 더 강하다고 생각하는가?

이제 점성을 무시할 수 없는 비압축성 유체가 정상흐름을 하는 경우의 운동을 다뤄보자. 유체의 점성 특성은 다음과 같이 측정할 수 있다. 즉 어떤 바닥면에서 d만큼의 두께로 채운 유체가 있다고 하자. 이제 그 유체 표면에 넓이가 A인 판 모양 물체를 얹은 다음, 그 판을 표면 방향으로 일정한 세기의 힘 F_0로 끌어당긴다고 하자. 예컨대, 기름막 위에 유리판을 얹고, 그 유리판을 끌어당긴다고 생각할 수 있다. 이 경우, 점성 때문에 판은 결국 일정한 속도로 운동하게 되는데, 그 일정한 속도를 v_0라 하면 그 속도는 힘과 비례하는 $v_0 \propto F_0$ 관계가 있음을 실험을 통해 알 수 있다.

이제 유체의 각 부분 운동이 다음과 같다고 가정하자. 즉 바닥면과 접촉한 유체는 정지해 있으며, 높이가 높아짐에 따라 그에 비례해서 점점 더 커져, 높이가 d인 판 위치에서의 유속은 v_0가 된다고 하자. 이 경우, 유체는 $\frac{F_0}{A}$ 크기의 층밀리기 **변형력**shear stress에 의해 운동한다고 말한다. 이런 운동 실험에서 끌리는 판의 속도 v_0는 판에 작용하는 힘에 비례하기도 하지만, $v_0 \propto \frac{d}{A}$와 같은 비례 특성도 띤다. 즉 판면이 넓을수록 점성에 의한 마찰력이 더 커져서 판은 더 느리게 운동하고, 유체의 두께가 두꺼울수록 더 빠르게 운동한다. 따라서 판의 속도는 $v_0 \propto \frac{d}{A} \cdot F_0$ 특성을 가지며, 다음과 같이 나타낼 수 있다. 여기에서 비례상수 η를 유체의 **점성계수**coefficient of viscosity라 부른다.

---

6 유체의 흥미로운 현상 중 표면장력 현상과 모세관 현상이 있는데, 그런 현상들도 역시 이러한 힘 때문에 생긴다. 모세관 현상이란 유체 속에 유리관을 꽂아두면 유체 일부가 유리관을 통해 빨려 올라가거나 내려가는 현상을 말한다.

$$v_0 = \eta \frac{d}{A} F_0 \tag{10.10}$$

유체에 점성이 없다면(즉 유체가 흐르는 관 pipe과 유체 간의 마찰력이 없다면) 수평으로 놓인 관에서 유체는 아무런 힘이 작용하지 않아도 계속 흐를 것이다. 그러나 점성 때문에 실제 유체가 관을 따라 계속 흐르게 하려면 관의 양 끝에 압력차가 있어야 한다.

이제 양 끝 간의 거리가 L이고, 반지름이 R인 관을 통해 석유 같은 유체를 수송한다고 하자. 이때 석유의 점성계수를 η라고 하고, 관 양 끝 간의 압력차가 ΔP라면, 단위시간당 관을 통해 흐르는 유체의 양, 즉 **유동률** fluid flow rate은 다음과 같이 나타낸다.

$$I = \rho \frac{\pi R^4 \cdot \Delta P}{8\eta L} \tag{10.11}$$

이 관계식을 푸아죄유 Poiseuille를 기념해 **푸아죄유 법칙** Poiseuille's law이라 부른다. 이 식은 단위 단면적당 유동률로 나타내, $\frac{I}{\pi R^2} \propto \frac{1}{\eta}\frac{F}{L}$와 같은 비례 관계로 나타내면 쉽게 이해할 수 있다. $F = \pi R^2 \cdot \Delta P$로 정의한 양으로, 관의 양 끝 간의 압력차에 의해 유체를 미는 힘을 나타낸다. 한편, $\frac{F}{L}$는 유체 압력차에 의한 단위길이당 힘의 세기를 나타내므로, 이 표현은 단위단면적당 유동률 $\frac{I}{\pi R^2}$가 단위길이당 힘의 세기에 비례한다는 것을 나타낸다. 이 경우, 유체 유동률은 물론 점성계수 크기에 반비례한다. 이 법칙은 혈관에 흐르는 피의 수송량이나 관을 통한 석유 수송량을 다루는 데 매우 유용하다.

레이놀즈 수

푸아죄유 법칙을 포함해 지금까지 우리가 얻은 결과들은, 정상흐름을 보이는 유체의 운동을 가정한 경우에 얻은 것이다. 그러나 유체 흐름이 빨라지면 정상흐름이 깨지면서 **난류** turbulent flow가 만들어지고 **소용돌이** vortex가 생기는 등 유체 흐름이 복잡하게 변한다. 난류가 발생하기 시작하면 유동률은 현저히 작아지기 시작하는데, 바로 난류에 의한 점성 효과가 추가되기 때문이다.

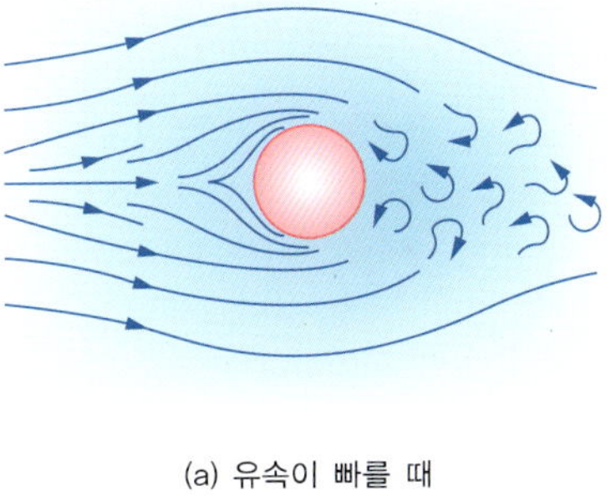

(a) 유속이 빠를 때

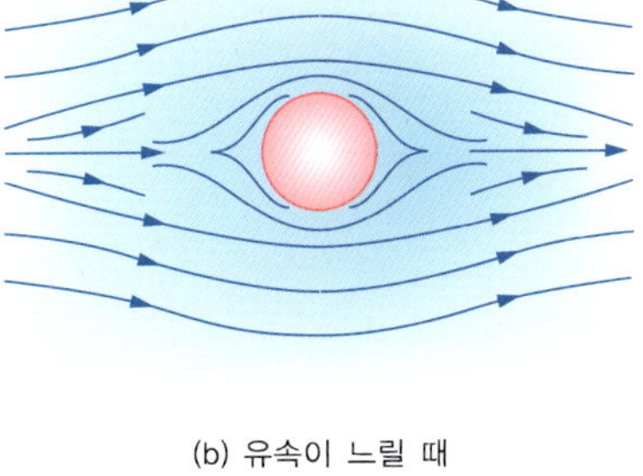

(b) 유속이 느릴 때

그림 10-13 난류

정상흐름에서 난류로의 변환은 어느 순간에 갑자기 일어나는데, 그 경계점은 다음의 **레이놀즈 수**Reynolds number라는 크기로 판정한다. 점성계수가 η인 유체가 반지름이 R인 관을 통해 흐를 때, 평균 유속을 $\bar{v}$로 나타내면, 레이놀즈 수(Re)는 다음과 같이 정의된다.

$$\text{레이놀즈 수 } Re = \frac{2}{\eta}\rho\bar{v}R \tag{10.12}$$

일반적으로 레이놀즈 수가 2.0 이하면 정상흐름을 유지하지만, 그 이상이면 난류가 시작되는 것으로 알려져 있다. 한편, 유체가 관을 통해 흐르는 상황이 아니고 물체가 유체 속을 이동해도, 물체의 운동은 점성에 영향을 받는다. 예컨대, 공중에서 떨어지는 물방울이나 우박은 공기라는 유체 속을 이동한다. 그런 상황에도 유체의 점성 때문에 운동하는 물체는 가속되지 못하고, 결국 일정한 속도로 운동한다. 여기에서 물체에 작용하는 힘을 F_0, 일정한 속도(즉 종단속도)를 v_0라고 하자. 그 경우 물체를 반지름이 R인 공 모양의 입자라고 할 때, 레이놀즈 수가 충분히 작아 정상흐름이 유지되면, 입자의 종단속도는 다음과 같이 나타낼 수 있다.

$$v_0 = \frac{1}{\eta}\frac{1}{6\pi r}F_0 \tag{10.13}$$

즉 종단속도는 힘에 비례하고 점성계수에 반비례하는데, 이 식을 **스토크스 법칙**Stokes's law이라 부른다. 이는 공중에서 떨어지는 물체에 작용하는 마찰력이 속도에 비례할 경우, 그 종단속도가 질량에 비례한다는 사실과 근본적으로 같은 결과다. 즉 유체에 작용하는 마찰력이 속도에 비례한다는 것을 뜻한다. 그러나 난류가 발생하기 시작하면 난류의 저항 효과 때문에 유체에 작용하는 마찰력은 거의 '속도의 제곱'에 비례하는 형태가 된다.

물음 10-17 공중에서 떨어지는 물방울에 스토크스 법칙을 적용한다고 하자. 그 경우 마찰력 세기를 bv라고 나타낼 때, 마찰계수 b를 물방울 반지름과 공기 유체의 점성계수로 나타내라. 단, 공기에 의한 물방울의 부력은 무시한다.

흥미로운 사실은 온도가 충분히 낮은 상태에서 점성이 완전히 사라지는 **초유체**superfluid 상태가 존재한다는 것이다. 그런 특이한 상태에 있는 유체($^4_2\mathrm{He}$ 동위원소 유체)를 그릇에 담아두면, 유체 분자와 그릇을 이루는 물체 분자 간에 서로 끌어당기는 힘에 의해 유체가 그릇 벽면을 타고 올라가서 그릇 밖으로 흘러나오는 놀라운 상황이 일어나기도 한다.

CHAPTER 10 연습문제

[개념 확인 문제]

(1) 다음은 수압에 관한 유명한 문제 중 하나다. 바닥 넓이는 같지만, 아랫부분으로 갈수록 더 좁아지거나 넓어지는 모양의 그릇이 있다고 가정하자. 이 두 그릇에 같은 높이로 물을 채우면 그릇 바닥면에 작용하는 수압은 똑같다. 그러나 두 그릇을 저울에 올려놓으면 무게는 다르다. 그 이유는 무엇인가?

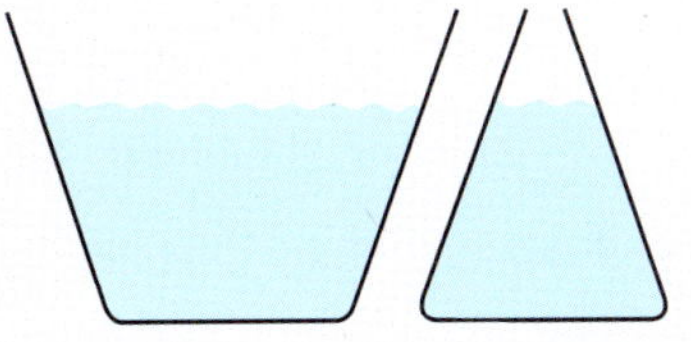

(2) 공중으로 떠오르는 풍선은 끝없이 올라가 결국 터지고 말지만 가라앉는 잠수함은 바다 바닥까지 가라앉는다. 그 이유는 무엇인가?

1 표준 온도와 표준 압력 조건에서 1몰의 산소 부피가 $22.4\,l$라면, 산소 속에서의 음속이 $317\,\text{m/s}^2$라고 할 때 산소의 부피탄성율 B의 크기는 얼마인가?

2 지구의 반지름은 R이고 대기압 크기는 P_0라 할 때, 대기의 총 질량은 얼마인가? 단, 중력가속도 크기는 대기권 전체에서 일정하다.

3 어떤 나무토막을 물에 넣었더니 나무토막 부피의 50%가 물에 잠겼다. 나무토막을 기름에 넣었더니 나무토막 부피의 80%가 기름에 잠겼다. 이때 기름의 밀도 ρ_0는 얼마인가? 단, 물의 밀도 ρ_w는 $1{,}000\,\text{kg/m}^3$이다.

4 비어 있는 상태에서 질량이 35.00 g인 병이 있다. 이 병에 물을 가득 채우고 측정한 질량이 98.44 g이고, 다른 액체를 가득 넣은 다음 측정한 질량이 89.22 g이라면, 그 액체의 밀도는 얼마인가?

5 지표면에서 대륙을 맨틀 위에 떠 있는 덩어리로 취급한다고 하자. 맨틀의 밀도가 $3{,}300\,\text{kg/m}^3$, 대륙의 밀도가 $2{,}800\,\text{kg/m}^3$라 할 때, 맨틀 위에 떠 있는 대륙 두께가 35 km라면, 맨틀 밖으로 나온 부분인 대륙의 높이는 얼마인가?

6 내부와 외부 지름이 각각 8.0 cm와 9.0 cm이며 속이 비어 있는 공 모양 물체가 비중이 0.80인 유체 속에 잠겨 있다. 물체 부피의 정확히 1/2 부분이 유체 속에 잠겨 있다면, 물체의 밀도는 얼마인가?

7 ** 공기 중과 물속에 둔 물체

어떤 물체가 용수철 저울에 매달려 있다. 이 저울은 물체가 공기 중에 있을 때는 눈금이 100 N을 가리키고, 물속에 완전히 잠겨 있을 때에는 눈금이 60 N을 가리킨다. 어떤 액체의 밀도가 물의 밀도의 0.7배로 알려져 있을 때, 그 액체에 물체를 완전히 넣었을 때 용수철 저울의 눈금은 몇 N을 가리키겠는가?

8 부피가 V인 물체를 밀도가 ρ_0인 유체 속에 넣고 무게를 측정한 값이 W라고 한다.

(a) 유체가 물체에 작용하는 부력의 크기 F_B는 얼마인가?

(b) 물체의 밀도 ρ를 주어진 양들로 나타내라.

9 * 물과 액체 속의 물체

용수철 저울에 매달려 있는 어떤 물체가, 공기 중에 있을 때는 눈금이 40 N을 가리키고, 물속에 잠겨 있을 때는 30 N을 가리킨다. 이때 밀도를 모르는 액체 속에 담갔더니 눈금이 35 N을 가리킨다면, 이 액체의 밀도는 물의 밀도의 몇 배인가?

10 인체의 피는 심장 동맥에서 나와 실핏줄을 지난 다음 다시 심장으로 돌아오는 순환 구조로 흐른다. 심장의 동맥 부분에서 피가 지름이 1.2 cm 인 혈관을 통해 40 cm/s 의 빠르기로 흘러 나오고, 실핏줄 부분에서 피가 지름이 4×10^{-4} cm 인 혈관으로 5×10^{-4} m/s 의 빠르기로 흐른다고 할 때 실핏줄의 개수는 몇 개인가?

11 ** 유체 속의 물체 ①

밀도가 ρ_0인 유체 속에 부피가 V이고 질량이 M인 물체가 잠겨 있다.

(a) 물체에 작용하는 부력 세기와 물체의 무게는 얼마인가?

(b) 위를 향하는 수직 방향을 양(+)의 방향으로 정하고, 유체 용기가 가속도 a_0로 수직 방향으로 가속되는 상태에서, 물체에 작용하는 부력 세기와 물체의 무게는 얼마인가?

12 ** 유체 속의 물체 ②

높이가 L이고 단면적이 A인 원통 모양 물체의 일부가 밀도가 ρ_0인 유체 속에 잠겨 있다. 원통의 단면은 항상 수평 방향을 유지한다.

(a) 평형상태에서 유체에 잠긴 원통 부분 길이 L_0는 얼마인가?

(b) 평형상태에 있는 물체를 x만큼 액체 속으로 더 밀어 넣었을 때, 증가한 부력의 크기는 얼마인가?

(c) 밀어 넣은 물체를 놓으면, 물체는 상하로 진동한다. 그 진동 주기는 얼마인가?

**13 유체 속의 물체 ③

다음 그림과 같이, 질량이 m인 물체가 유체 속에 잠겨 있다. 물체는 유체 용기 밑바닥에 연결한 줄에 묶여 있으며, 줄의 장력은 T_0이다.

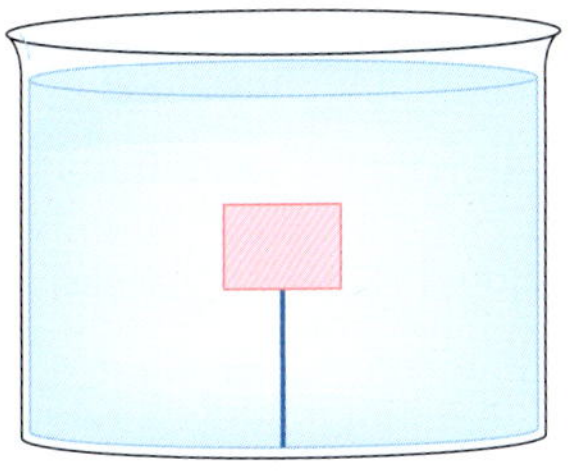

(a) 정지한 상태에서 물체에 작용하는 부력 세기는 얼마인가?

(b) 유체 밀도가 ρ_0, 물체 부피가 V인 경우 장력 세기 T_0를 주어진 양들로 나타내라.

(c) 위를 향하는 수직 방향을 양(+)의 방향으로 정하고, 유체 용기가 가속도 a_0로 수직 방향으로 가속된다면, 부피가 V인 유체의 무게는 얼마인가?

(d) 유체 용기가 가속도 a_0로 수직 방향으로 가속되는 상태에서 줄의 장력 세기는 $T = T_0(1 + a_0/g)$임을 보여라.

14

수원지의 수도관 출구 단면적은 A, 그곳에서의 유속은 V이다. 이 수도관은 다시 N개의 작은 수도관으로 갈라져 가정에 공급된다. 어떤 가정에서의 수도관 단면적은 a, 수돗물 유속은 v라 한다. 모든 가정의 수도관이 같다고 할 때, 모든 가정의 수도관 수 N은 얼마인가?

15

커다란 물통에 채운 물의 표면적이 A_2라 한다. 물통의 표면으로부터 깊이가 h인 물통 내부에 단면적이 A_1인 작은 구멍이 생겼다고 할 때, 구멍으로 나오는 물줄기 빠르기는 다음과 같음을 보여라.

$$v = \sqrt{\frac{2gh}{1 - A_1^2/A_2^2}}$$

**16 U자관 속 유체

밀도가 ρ인 유체가 단면적이 A인 U자관에 들어 있다. 유체의 한쪽 부분에 압력을 가했다가 놓으면, U자관의 유체는 단순조화진동을 하게 된다. 유체가 채워져 있는 U자관 부분의 길이를 L이라 하면, 진동 주기는 얼마인가?

***17** 두 그릇의 유체

바닥면 넓이가 A로 똑같은 두 개의 원통 모양 그릇에 밀도가 ρ인 유체가 담겨 있다. 유체의 높이는 각각 h_1, h_2라 할 때, 두 그릇 아랫부분을 연결시키면 유체 높이는 같아진다. 그 경우 같은 유체 높이가 될 때까지 중력이 한 일은 얼마인가?

***18** U자관 속의 수은

오른쪽 그림과 같이, 단면적이 A인 U자 모양의 관에 수은을 부었다. 관의 오른쪽에 질량 m만큼의 물을 부으니, 왼쪽의 수은 높이가 원래 높이보다 h만큼 더 높아졌다. 물의 밀도는 ρ, 수은의 밀도는 ρ' 이다.

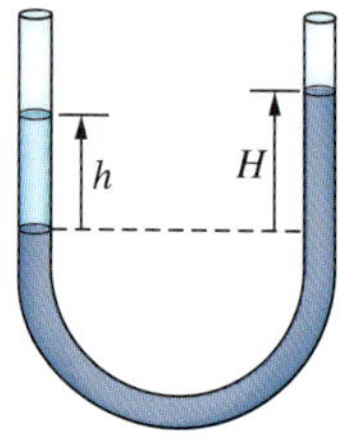

(a) 관의 오른쪽에 채워진 물기둥의 높이 H는 얼마인가?

(b) 높아진 수은 높이의 변화량 h는 얼마인가?

19 밑바닥 넓이가 A이고 수면 높이가 H인 물 탱크에 부피가 V인 얼음이 떠 있다. 물과 얼음의 밀도는 각각 ρ_w와 ρ_i이다.

(a) 물에 잠긴 얼음의 부피 V_0는 얼마인가?

(b) 얼음이 모두 녹아 만들어진 물의 부피 V_w는 얼마인가?

(c) 얼음이 다 녹은 다음 수면 높이는 얼마인가?

20 다음 그림과 같이, 두께가 h이고 밀도가 ρ인 스티로폼 판이 있다. 질량이 m인 수영 선수가 그 위에 올라 앉으면, 판의 윗면 높이가 수면의 높이와 같아진다고 한다. 물의 밀도를 ρ_0라 할 때, 판의 넓이 A는 얼마인가?

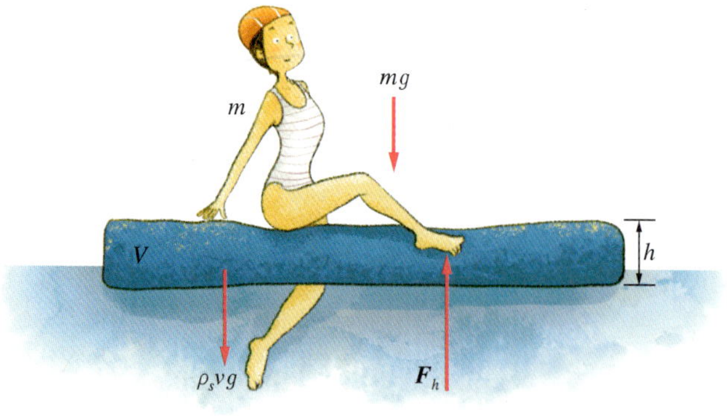

*21 수도관을 따라 흐르는 물 ①

다음 그림과 같이, 지름이 D인 수도관에서 물이 쏟아질 때 관의 출구에서 물이 나오는 순간 물의 빠르기는 v_0라 한다. 물이 관의 출구에서 h만큼 자유낙하한다면 그 높이에서 물줄기의 지름 d는 얼마인가?

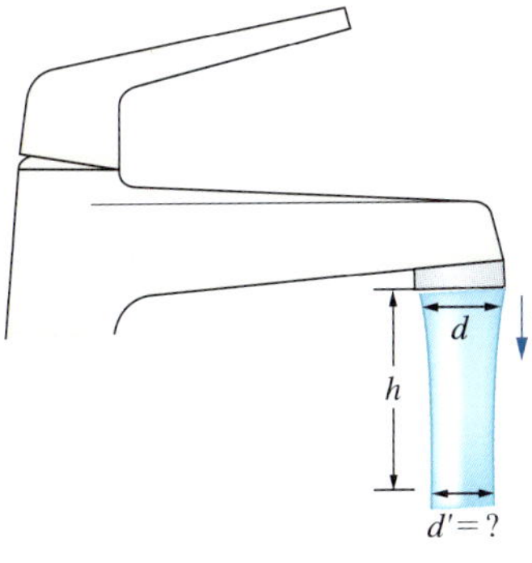

*22 수도관을 따라 흐르는 물 ②

수평 방향으로 놓여 있는 수도관을 따라 물이 흐르고 있다. 관의 단면은 원형이며, 물이 흐르면서 관의 단면의 반지름은 R에서 $R/2$로 좁아진다. 물의 밀도는 $1{,}000\ \mathrm{kg/m^3}$이다.

(a) 관이 좁아지기 전의 빠르기를 $v_1 = 2\ \mathrm{m/s}$라고 할 때, 좁아진 곳에서의 물의 빠르기 v_2는 얼마인가?

(b) 관이 좁아지기 전의 구간에서 압력이 $p_1 = 1.5 \times 10^5\ \mathrm{Pa}$이라면, 좁아진 구간에서 압력 p_2는 얼마인가?

(c) 관이 좁아진 구간에 수직 방향의 열린 관이 있다면, 그 관을 따라 올라간 물 기둥 높이 h는 얼마인가? 단, 대기압은 $1.0 \times 10^5\ \mathrm{Pa}$이고 중력가속도는 $10\ \mathrm{m/s^2}$이며, 관의 반지름은 h에 비해 무시할 수 있다.

23

다음 그림과 같이, 수평 방향으로 놓인 파이프를 따라 흐르는 비압축성 유체가 있다. 파이프에서 단면 A_1의 반지름은 단면 A_2의 반지름의 2배이다. 파이프 속 유체는 빠르기 v로 대기 중으로 빠져나간다. 이 경우, 유체의 밀도를 ρ, 대기압을 p_0라 할 때, 단면 A_1에서의 압력 p_1을 주어진 양들로 나타내라.

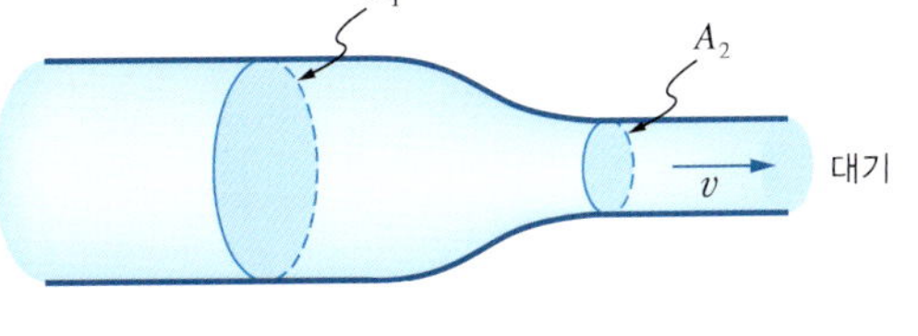

***24** 벤추리 미터 ①

다음 그림과 같은 형태의 벤추리 미터에서, 단면적이 각각 A_1, A_2인 부분에서 측정한 압력은 각각 p_1, p_2이다. 유입되는 유체의 밀도는 ρ이고, 유입되는 부분의 유체 빠르기는 v_1이다.

(a) 좁아진 부분에서 유체의 빠르기 v_2는 얼마인가?

(b) 유입되는 부분에서 유체의 빠르기가 $v_1 = \sqrt{\dfrac{2(p_1 - p_2)}{\rho[(A_1/A_2)^2 - 1]}}$ 임을 보여라.

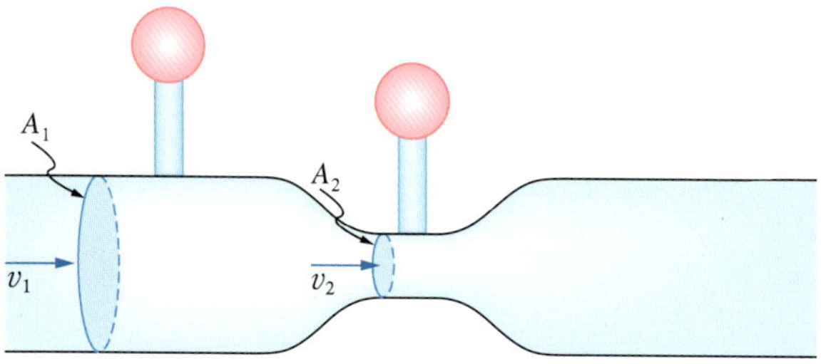

****25** 벤추리 미터 ②

벤추리 미터를 사용하는 경우, 압력계 대신 U자관을 이용할 수도 있다. 유입되는 유체의 밀도가 ρ이고, 유입되는 부분의 유체 빠르기가 v_1이며, 단면적이 각각 A_1, A_2인 부분에서 측정한 압력은 각각 p_1, p_2이다. 단면적이 서로 다른 부분에 연결된 U자관 속에 밀도가 ρ_0인 유체를 담아둔 경우, U자관 속 유체 높이의 차이는 H이다.

(a) $p_1 - p_2 = (\rho_0 - \rho)gH$임을 보여라.

(b) 유입되는 부분에서 유체의 빠르기가 $v_1 = \sqrt{\dfrac{2(\rho_0 - \rho)gH}{\rho[(A_1/A_2)^2 - 1]}}$ 임을 보여라.

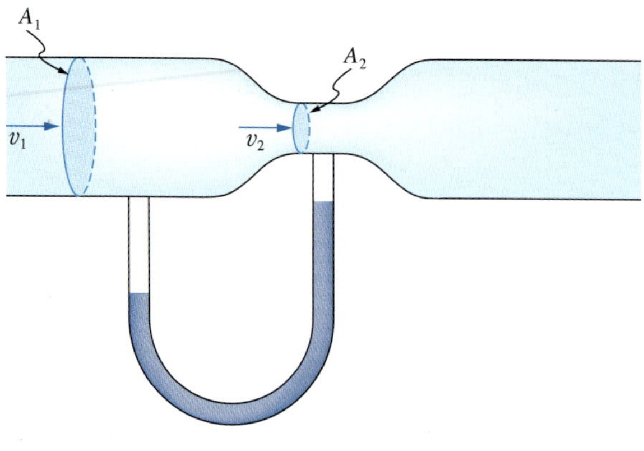

CHAPTER

11 파동운동

Wave Motion

11.1 파동 현상

분자 하나가 진동하는 것은 별로 흥미롭지 않다. 진동 현상이 흥미로운 이유는, 한 분자의 진동이 다른 분자의 진동을 유발해 그 진동이 퍼져나가는 파동을 만들기 때문이다.

앞에서 다룬 것처럼 고체나 액체 상태의 물체는 용수철로 연결된 분자들의 집단으로 볼 수 있다. 만약 한 분자(또는 한 분자집단)가 평형 위치에서 벗어나면, 평형 위치를 벗어난 분자는 복원력에 의해 다시 제자리로 돌아가려는 힘을 받는다. 평형 위치로 다시 돌아온 분자는 이제 운동에너지를 갖는다. 즉 계속해서 운동하려는 관성 때문에 평형 위치에서 멈추지 못하고, 계속해서 이동하게 된다. 이런 과정을 반복하다 보면 한번 평형 위치에서 벗어난 분자는 그 평형 위치를 중심으로 계속 진동운동을 할 수밖에 없다. 또한 그런 진동은 필연적으로 옆 분자에게 영향을 주어, 옆 분자도 진동운동을 하게 한다. 따라서 한 분자에서 생긴 진동은 계속하여 다른 분자들의 진동을 유발하며 전파되는데, 그것이 바로 파동^{wave} 현상이다. 즉 파동 현상은 (보이지 않는) 용수철로 연결된 분자들의 특성 때문에 생긴다.

흥미로운 점은 고체나 액체 상태가 아닌 기체 상태에서도 파동 현상이 나타난다는 것이다. 예컨대, 소리는 대표적 파동 현상 중 하나인데, 소리 파동은 철이나 물을 통해서도 전파되지만, 공기 중에서 전파되기도 한다. 원운동이 천체들의 가장 기본적인 운동이라면, 파동 현상은 우리 주위의 물질들이 만드는 가장 기본적인 운동이라고 볼 수 있다. 마찰이 없다면 분자의 진동운동은 영원히 계속되겠지만, 결국 마찰력 때문에 진동운동을 멈춘다.[1] 예컨대, 긴 줄의 파동을 다뤄보자. 줄은 분자들로 구성되므로, 줄을 분자 또는 분자로 구성된 덩어리들이 (가상) 용수철로 연결된 상태라고 생각할 수 있다. 그 덩어리 부분을 입자라고 부르기로 하자. 입자가 평형 위치에서 벗어나는 방법에는 두 가지가 있는데, 입자들이 연

1 원자가 진동운동을 하면서 그 전하들이 빛을 내고, 원자가 빛에너지 형태로 에너지를 잃기 때문에 운동이 결국 멈춘다. 이런 결과는 거시적으로는 마찰력 때문이라 해석할 수 있다.

결된 방향과 그에 수직인 방향으로 벗어나는 방법이다. 그 둘 중 어떤 방향으로 벗어나든 파동이 만들어지는데, 이때 연결 방향으로 진동하며 퍼지는 파동을 **종파**longitudinal wave, 수직 방향으로 진동하며 퍼지는 파동을 **횡파**transverse wave라 한다. 우리가 듣는 **소리**sound는, 공기 집단이 종파 형태로 진동하며 진행하는 대표적 파동 현상이다.

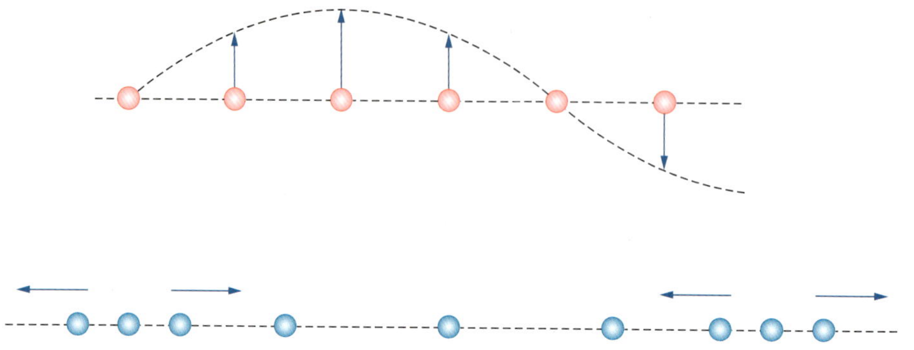

그림 11-1 횡파와 종파

이제 흔들리는 줄에서 횡파 형태로 전파되는 파동함수 형태를 다뤄보자. 줄을 구성하는 한 입자의 진동운동에서, 그 입자는 시간에 따라 $\cos(\omega t)$의 조화함수 형태의 진동운동을 한다고 볼 수 있다. 여기에서 각진동수 ω는 주기 T와 $\omega T = 2\pi$ 관계를 가지므로 이를 $\cos\left(2\pi \frac{t}{T}\right)$로 표현할 수도 있다.

한편, 파동이 전파되는 방향을 x축으로 정하고 줄을 구성하는 입자가 줄에 수직 방향인 y축으로 진동한다고 하면, 위치 x에서의 변위 y는 $y(x) = A\cos(kx)$와 같은 형태로 나타낼 수 있다. 여기에서 k는 **파수**wavenumber, A는 진폭이라 부르는 양이다. 이런 형태의 파동에서 변위 y는 $(-A, +A)$ 구간 값을 갖는데, $y = +A$인 곳을 **마루**, $y = -A$인 곳을 **골**이라 부른다. 어떤 마루와 다음 마루(또는 골과 골) 사이의 거리를 **파장**wavelength이라 하며, λ로 나타낸다.

원운동에 비유하면, 파동이 한 파장 거리만큼 진행한다는 것은 원운동에서 원을 한 바퀴 도는 것과 같다. 즉 거리 λ만큼 이동하면 원을 한 바퀴 도는 것에 해당하는 2π만큼의 위상이 변하며, $k\lambda = 2\pi$ 관계가 성립하므로 파장과 파수의 관계는 다음과 같다.

$$k = \frac{2\pi}{\lambda} \tag{11.1}$$

따라서 어떤 시각에서의 파동 모양은 $y(x) = A\cos\left(2\pi \frac{x}{\lambda}\right)$와 같이 나타낼 수 있다.

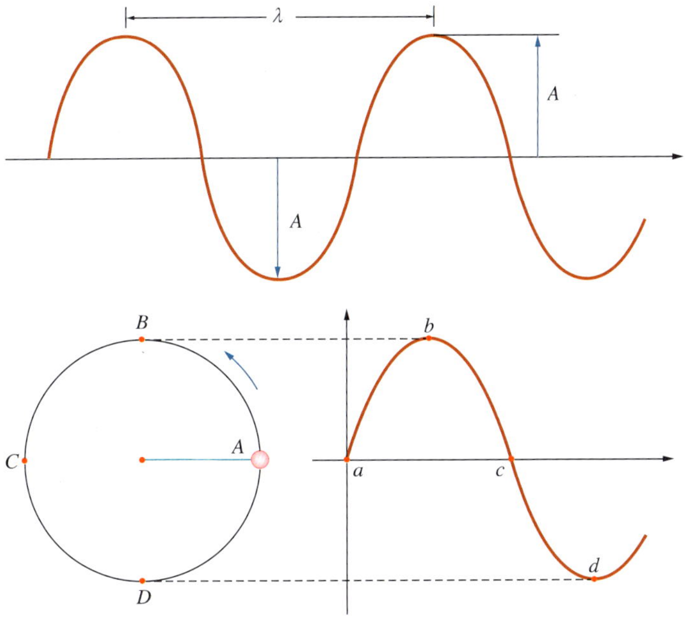

그림 11-2 파동의 마루와 골, 원운동 그림자

그러나 입자의 변위는 시간과 위치에 따라 변하므로 시각 t와 위치 x의 함수로 나타내야 한다. 그러한 변위함수 $y(x, t)$를 다음과 같이 단순한 형태로 나타내보자.

$$y(x,\, t) = A\cos(kx - \omega t) \tag{11.2}$$

또는

$$y(x,\, t) = A\cos\left[2\pi\left(\frac{x}{\lambda} - \frac{t}{T}\right)\right] \tag{11.3}$$

이런 형태의 파동을 **조화파동**harmonic wave이라 부른다. 여기에서 $kx - \omega t$를 **위상**phase이라 부르고, 위상이 0인 경우 변위 y의 크기는 A다. 따라서 그 조건이 마루 위치를 나타낸다는 것을 알 수 있으며, $kx - \omega t = 0$ 조건이 유지되도록 위치와 시각이 변한다는 것은, 그 위치와 시각에서의 위상을 계속 마루인 상태로 유지한다는 뜻이다. 즉 $kx - \omega t = 0$ 조건은 어떤 시각 t에서의 마루 위치 x가 $v = +\frac{\omega}{k}$로 표현되는 조건이다. 따라서 마루 위치가 $+\frac{\omega}{k}$의 속도로 이동하는 것을 알게 되는데, 그 값을 **파동의 전파속도** 또는 **파속**wave velocity이라고 한다. 즉 $y(x, t) = A\cos(kx - \omega t)$로 나타낸 파동함수는 $v = +\frac{\omega}{k}$의 빠르기로 $+x$축 방향으로 전파하는 파동을 나타내는 함수임을 알 수 있다.

물음 11-1 파동함수가 $y(x, t) = A\cos(kx + \omega t)$로 표현되는 파동의 속도를 구하라. 이 파동의 마루는 x축의 어느 방향으로 이동하는가?

물음 11-2 파동의 빠르기는 $v = \frac{\lambda}{T}$(또는 $vT = \lambda$)로도 쓸 수 있음을 보여라.

파동의 에너지 밀도

$y(x, t) = A\cos(kx - \omega t)$와 같은 조화함수로 나타낸 파동은, 진동 범위가 무한한 공간에서 존재하는 (즉 무한 공간에 존재하는) 파동이다. 그러나 실제 파동은 제한된 공간에서만 존재한다. 그러므로 함수 $y(x, t) = A\cos(kx - \omega t)$가 실제 파동을 나타낸다고 볼 수는 없다. 그러나 실제 파동의 한 부분을 잘라내서 보면, 그 부분의 파동은 근사적으로 이런 조화함수 파동처럼 움직인다고 볼 수 있으므로, 일반적으로 파동을 $A\cos(kx - \omega t)$ 형태의 함수로 기술해도 좋다. 예컨대, 바다에서 밀려오는 파도의 한 부분은 이런 형태의 함수로 기술해도 무관하다.

한편, 이런 파동의 어떤 한 위치 x에서 입자는 단지 각진동수 ω로 단순조화진동을 한다. 그 경우 입자의 질량이 m일 때, 운동에너지와 위치에너지의 시간 평균이 모두 $\frac{1}{4}m\omega^2A^2$이 되므로, 평균 역학적 에너지는 다음과 같이 나타낼 수 있다.

$$< E > = < K > + < U > = \frac{1}{2}m\omega^2A^2 \tag{11.4}$$

즉 입자는 각진동수 ω와 진폭 A의 제곱에 비례하는 에너지를 가지며, 단위부피 속의 파동에너지인 **에너지 밀도**energy density를 u로 나타내면,

$$u \propto \omega^2 \cdot A^2 \tag{11.5}$$

으로 나타낼 수 있다. 예컨대, 파도를 이런 단순한 파동으로 본다면, 파도의 에너지는 진폭(파고)이 아니라, 그 진폭의 제곱에 비례하는 에너지를 갖는다는 사실을 알 수 있다.

물음 11-3 서해의 파도는 1m, 동해의 파도는 3m라고 한다. 동해 파도의 에너지 밀도는 서해 파도의 몇 배인가?

구면파와 평면파

파동의 근원은 원자의 진동이므로, 파동 현상은 언제나 한 위치에서 시작된다. 예를 들어 사람이 내는 소리는 성대에서 만들어져 퍼져나간다. 그러므로 한 점에서 출발한 파동은 그 점을 중심으로 하나의 동심원 모양으로 퍼지는데, 이때 파면은 공 모양의 구면[2] 형태가 되며, 그런 파동을 **구면파**spherical wave라고 부른다. 여기에서 **파면**이란 파동의 위상이 똑같은 값을 갖는 면을 뜻한다. 예컨대, 태양이 만든 빛 파동은 태양을 중심으로 한 구면 모양으로 퍼진다.[3]

그러나 어떤 구면파라도 충분히 멀리 퍼진 다음에 보면, 파면이 평평한 평면처럼 보일 수밖에 없다. 예를 들어 지구 중심점에서 어떤 파동이 시작되었다면, 그 파동이 지표면에 있는 우리에게 도달하는 단계에서는 수평 방향의 평면 파면으로 보일 것이다. 전파되는 파동의 파면이 전파 방향과 수직을 이룰 때,

---

2 3차원 공간에서 어느 한 점으로부터 일정한 거리에 있는 점의 자취를 말한다.

3 우리는 나중에 빛도 파동 현상임을 알게 될 것이다.

그 파동을 **평면파**plane wave라고 한다. 평면파는 진행 방향에 수직인 평면에서의 위상이 평면의 모든 점에서 똑같다는 특징을 갖는다.

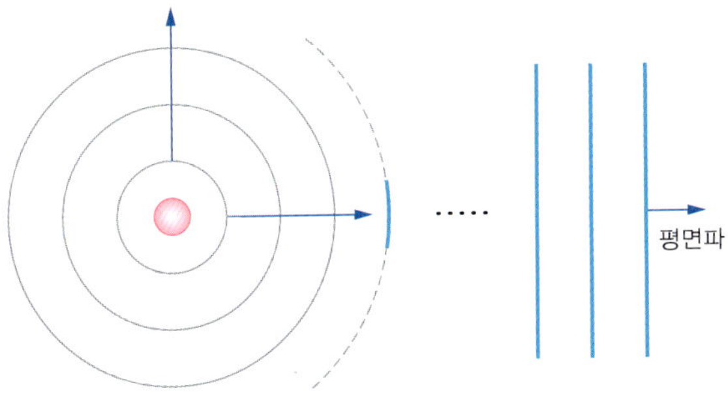

그림 11-3 구면파와 평면파

$A\cos(kx-\omega t)$로 나타낸 파동은 x축 방향으로 진행하는 1차원 파동으로 볼 수도 있지만, 3차원 공간에서 x축으로 진행하는 평면파 파동으로 볼 수도 있다. 즉 1차원 파동함수로 봤던 $A\cos(kx-\omega t)$ 형태 함수를 3차원 공간에서의 파동함수 $\psi(x, y, z, t)$로 보고, $\psi(x, y, z, t) = A\cos(kx-\omega t)$라고 나타낼 수도 있다.[4]

이런 형태의 파동함수는 x 위치가 어디에 있든지 축에 수직인 평면 위에 있는 모든 y, z점에서의 위상값이 $kx-\omega t$로 같은 상태로, x축 방향으로 진행하는 평면파를 나타낸다. 완전한 평면파는 물론 우주 전체 공간 모든 곳에서 진행 방향에 수직인 파면을 지니는 파동이다. 그러나 어느 한정된 공간에서의 평면파는 사실상 앞에서 나타낸 파동함수로 기술해도 좋다.

파동의 반사 현상

파동이 전파되려면 서로 연결된 입자로 구성된 물질이 필요한데, 그러한 물질을 매질이라고 한다. 어떤 매질 속에서 전파하는 파동은 다른 매질을 만나면 일부는 반사되고, 일부는 매질을 투과하는 특성이 있다. 이제 줄을 매질로 하여 전파되는 파동의 예를 통해 파동의 특성을 살펴보자.

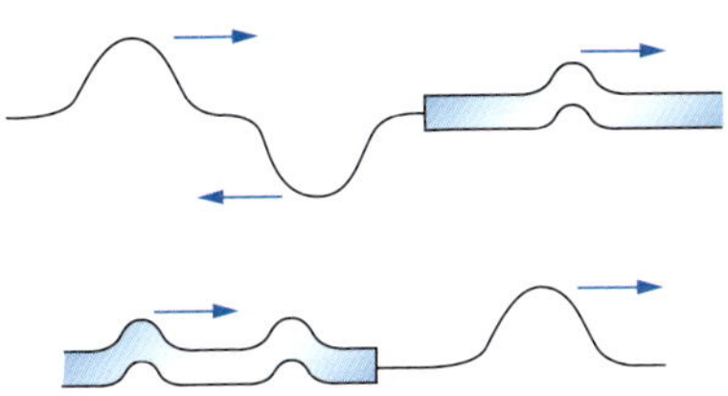

그림 11-4 반사와 투과

굵기가 일정한 줄을 매질로 하여 전파되는 파동은 마찰력 때문에 점차 감쇠되어 진폭이 점점 작아지지만, 진동수나 파장은 일정하게 유지되며 진행한다. 만약 그 파동이 굵기가 다른 줄에 도달하는 경우에는, 파동의 일부는 굵기가 다른 줄로 계속 진행하고, 일부는 반사되어 되돌아간다. 계속 진행하는 파동은, 줄의 두께가 처음보다 가늘어졌는지 굵어졌는지에 상관없이 진폭만 변화할 뿐 원래의 모양을 유지하며 진행한다. 그러나 반사되는 파동은 만나는 줄의 굵기에 따라 다음과 같이 전파된다.

---

4 ψ (psi)는 프시 또는 프사이라고 부르는 그리스 문자로, 파동함수를 나타낼 때 사용한다.

(1) 줄의 굵기가 굵어질 때 : 파동이 뒤집힌 상태, 즉 파동의 위상이 180°(π라디안) 달라진 채로 반사
(2) 줄의 굵기가 가늘어질 때 : 같은 위상을 유지하면서 반사

이런 상황은, 처음의 파동을 전파하던 입자가 굵은 줄 부분을 만나면, 굵은 줄의 무거운 입자를 들어 올리지 못하고, 파동 자신이 아래로 뒤집힌다는 논리로 설명할 수 있다.

파동의 굴절 현상

균일한 밀도를 가진 매질에서 전파되는 파동의 속도는 일정하다. 그러나 밀도가 다르거나 다른 물성을 가진 매질을 만나면 그 속도가 변한다. 예를 들어 소리는 공기 중에서보다 물속에서 더 빠르게 전파된다. 이와 같이 밀도가 다른 물질을 만나면 파동의 속도 차이가 생기고, 그로 인해 진행 방향이 달라지게 되는데, 그 경우 파동이 **굴절**[refraction]된다고 말한다.

굴절 현상을 이해하기 위해 파동의 속도가 다른 두 매질의 경계면에 비스듬한 각도로 입사하는 평면파를 생각해보자. 평면파 위상은 그 진행 방향에 수직인 평면에서는 어디에서나 일정하다. 이 경우, 굴절된 파동도 여전히 평면파 형태를 유지한다고 가정하면, 굴절 전후에 같은 위상을 유지하기 위해 파동의 진행 방향이 바뀌어야 함을 알 수 있다. 예컨대, [그림 11-5]에서 확인할 수 있듯이, 파동은 매질 1에서 더 먼 거리를 이동하므로 매질 1에서 파동 속도가 더 빠르다.

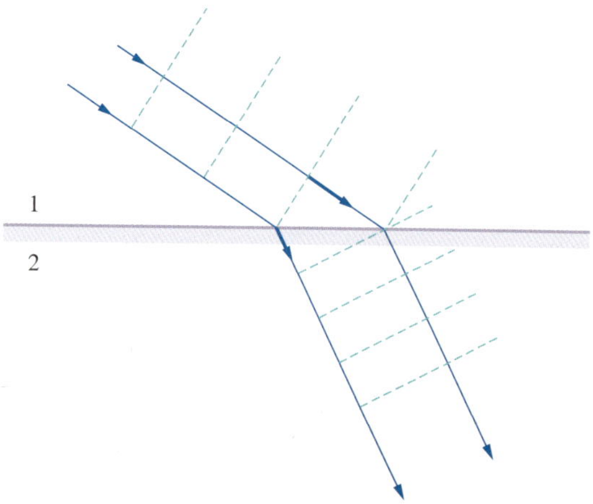

그림 11-5 파동의 빠르기가 달라지는 두 매질에서의 평면파 진행

참고 파동에서도 매질은 필요한가?

역학적 파동이 전파되기 위해서는 물질이 필요한데, 그 물질을 매질이라 한다. 우리는 나중에 빛이 전자기 파동 현상임을 알게 될 것이다. 빛 파동도 처음에는 전파되기 위해 매질이 필요할 것으로 생각했으나, 뜻밖에도 빛은 매질 없이도 스스로 전파하는 특이한 파동임이 밝혀졌다.

파동의 에돌이(회절) 현상

시각과 청각은 우리가 생활하는 데 절대적으로 필요한 기능이다. 시각과 청각은 서로 상호 보완적인 역할을 하는데, 우리는 담장 뒤의 사람을 볼 수는 없지만, 그 사람의 말소리를 통해 사람이 있음을 알 수 있다. 보이지 않는 상태에서도 소리를 통해 의사를 전달할 수 있다는 것은 참으로 다행스러운 일이다. 이것이 가능한 이유는 파동의 흥미로운 특징 중 하나인 **에돌이**diffraction[5] (또는 **회절**) 현상 때문이다.

에돌이 현상은 **호이겐스의 원리**Huygens's principle로부터 쉽게 이해할 수 있다. 호이겐스의 원리란, 진행하는 파동의 파면에 있는 각각의 점이 새로운 파원처럼 행동한다는 것이다. 그러므로 작은 구멍이 있는 벽에 평면파가 부딪치면, 그 구멍을 통과한 파동은 마치 그 구멍에서 새로 생긴 파동처럼 새로운 구면파를 만든다. 파동은 원자 하나하나의 진동에서 비롯되고 분자들을 매개로 전파된다는 사실을 돌이켜 본다면, 호이겐스의 원리는 당연히 성립해야 한다는 것을 이해할 수 있다. 흥미로운 점은, 빛 파동은 매질이 필요 없는 전자기적 파동임에도 불구하고 호이겐스의 원리가 적용된다는 사실이다.

에돌이 현상은 파동의 파장이 길수록 더 잘 나타난다. 예컨대, 보이지 않는 곳에 있는 사람의 말소리를 들을 수 있는 이유는 소리의 파장이 길기 때문이다. 즉 빛도 파동 현상이므로 역시 에돌이 현상을 보이는데, 빛의 파장이 너무 짧아 에돌이 현상이 약해져 담장 뒤에 있는 사람의 소리는 들려도 눈에는 안 보이게 되는 것이다.

소리는 초속 약 340 m의 빠르기로 전달되므로, 진동수 100 Hz 정도의 소리 파장은 수 미터 정도다. 그에 비해 빛은 약 30만 km/s로 전파되고, 우리 눈에 보이는 빛은 1초에 약 100조 번 진동하므로, 그 파장은 수백 nm[6] 정도밖에 되지 않는다. 이런 이유로 우리 눈에 보이는 빛은 에돌이 현상이 거의 없이 직진하게 된다.

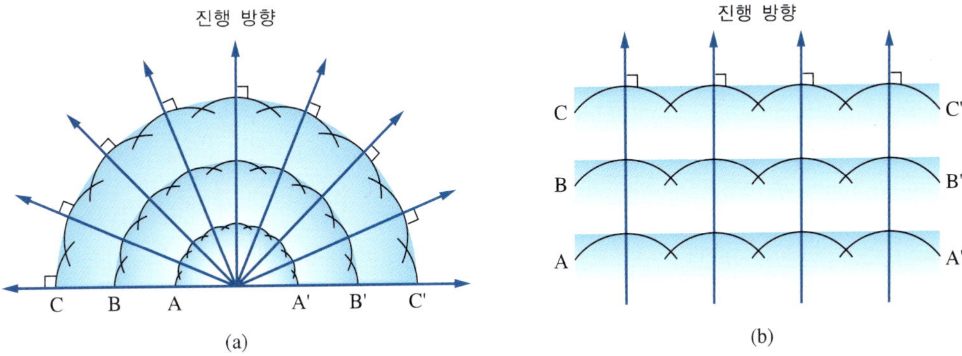

그림 11-6 호이겐스의 원리

5 에돌이란 용어는 '(장애물을) 에워싸고 돌아간다'는 뜻에서 유래했다.
6 나노미터란 10억분의 1미터를 뜻한다.

참고 파장에 따른 에돌이 현상 차이

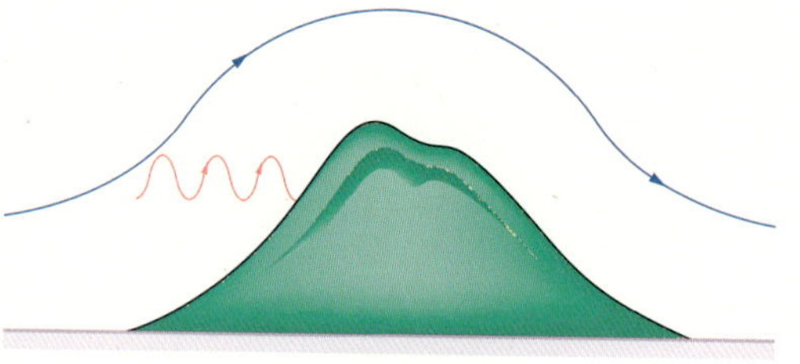

어떤 종류의 빛은 눈에는 보이지 않지만, 소리보다 에돌이 현상을 더 잘 보여주기도 한다. 눈에 보이지 않는 빛의 한 종류인 라디오파 radio wave 같은 중파 영역 전파(전자기 파동)인데, 그 파장은 수백 미터 정도가 된다. 따라서 라디오파는 수 미터 이내의 파장을 갖는 보통 소리보다 훨씬 강한 에돌이 현상을 보여준다. 산골짜기에 있는 마을에서 라디오를 들을 수 있는 이유가 바로 이 때문이다. 즉 라디오파라는 긴 파장의 빛을 '볼 수 있는' 라디오 안테나는 산등성이 뒤를 '볼 수 있는' 것이다. 텔레비전파는 초단파 microwave 영역 전파인데, 라디오파의 파장보다 훨씬 짧아서 에돌이 현상이 거의 일어나지 않는다. 산골 마을에서 텔레비전을 시청하기 어려운 이유가 바로 이 때문이다.

우리는 소리 파동보다 파장이 짧은 빛을 이용해 물체를 보기 때문에 담 뒤에 가려진 물체를 알아보지 못한다. 라디오파와 같이 긴 파장의 빛을 이용하면 긴 파장의 특성상 직진성이 떨어지므로 정확한 물체의 위치를 알아내기가 어려워진다. 우리가 소리를 듣고도 그 소리가 어디에서 나는지 정확하게 알아내지 못하는 이유가 바로 소리의 파장이 매우 길기 때문이다. 소리 진동은 담이나 벽 뒤의 소리를 들을 수 있게 해주고, 빛 진동은 물체의 위치를 제대로 파악할 수 있게 해준다. 이렇듯 청각과 시각은 매우 좋은 동반자 관계이다.

11.2 파동방정식과 파동의 중첩

우리는 앞에서 1차원 파동함수를 $\psi(x,\,t)=A\cos(kx-\omega t)$와 같이 나타내고, 이 파동은 3차원 공간에서의 평면파 형태의 파동을 나타낸다고도 했다. 이제 이런 파동함수가 어떤 미분방정식을 만족하는지 알아보자. 파동함수를 위치와 시간에 대해 각각 두 번씩 미분하면 다음과 같은 결과를 얻는다.

$$\frac{\partial^2\psi}{\partial t^2}=-\omega^2\psi \tag{11.6a}$$

$$\frac{\partial^2\psi}{\partial x^2}=-k^2\psi \tag{11.6b}$$

여기에서 $\dfrac{\partial^2\psi}{\partial t^2}$로 나타낸 양은 $\dfrac{\partial}{\partial t}\left(\dfrac{\partial\psi}{\partial t}\right)$를 뜻하고, $\dfrac{\partial\psi}{\partial t}$ 표현은 x를 변수가 아닌 상수로 취급하고, ψ를 시간 t로 미분했다는 것을 뜻한다.

한편, 이런 파동의 빠르기는 $v=\dfrac{\omega}{k}$로 쓸 수 있다. 그러므로 이 두 식을 결합하면 파동함수 ψ의 시간과 위치에 대한 방정식을 다음과 같이 나타낼 수 있다.

$$\frac{\partial^2 \psi}{\partial x^2} - \frac{1}{v^2}\frac{\partial^2 \psi}{\partial t^2} = 0 \tag{11.7}$$

이 식을 **파동방정식**wave equation이라고 부른다. 이미 말한 것처럼, 천체의 원운동과 더불어 물질의 파동 현상은 물질세계의 가장 근본적인 현상이며, 파동 현상을 기술하는 이 파동방정식은 물리학에서 가장 중요한 방정식 중 하나다. 예컨대, 소리나 빛 파동은 이 파동방정식으로 기술할 수 있으며, 파동함수 형태로부터 우리는 파동에 관한 중요하면서도 흥미로운 결과들을 얻을 수 있다.

이제 $y_1(x,\, t)$와 $y_2(x,\, t)$로 표현되는 두 개의 1차원 파동이 겹치는 경우를 생각해보자. 이때 결과적으로 얻게 될 파동은 매우 복잡한 형태의 파동함수일 것이라 예상될 수 있다. 하지만 파동 모양이 복잡해 보일지라도 그것을 나타내는 함수는 단순히 $y_1(x,\, t) + y_2(x,\, t)$ 형태가 된다. 이처럼 두 파동이 겹치는 현상은 단순히 두 파동함수를 더함으로써 기술된다는 사실을 파동의 **중첩원리**principle of superposition라 부른다. 중첩원리는 파동방정식을 만족하는 모든 파동에서 성립한다. 예컨대, 나중에 다루게 될 전기장이나 자기장 등과 같이 전자기 현상을 기술하는 양들도 모두 중첩원리를 따르는 파동 현상이다.

물음 11-4 두 파동함수 $y_1(x,\, t)$와 $y_2(x,\, t)$를 더한 함수 $y_1(x,\, t) + y_2(x,\, t)$도 역시 파동방정식을 만족함을 보여라.

중첩원리는 두 사람이 전화 통화를 할 때 발생하는 전기장 중첩 현상에서 잘 드러난다. 두 사람이 서로 동시에 말했을 때, 두 파동(소리가 전기장으로 변환된 파동)이 중간 위치에서 만나면 중첩되어 일시적으로 복잡한 파동 모양을 만든다. 하지만 잠시 후 두 파동은 아무 일도 없었다는 듯이 각각 만나기 전의 모양 그대로 계속 진행하고 상대방에게 원래의 소리를 전달한다. '충돌한다'는 의미에서 봤을 때, 두 파동이 일으키는 이런 결과는 파동이 아닌 두 입자나 물체가 서로 부딪치는 경우에서는 상상할 수도 없는 결과다.

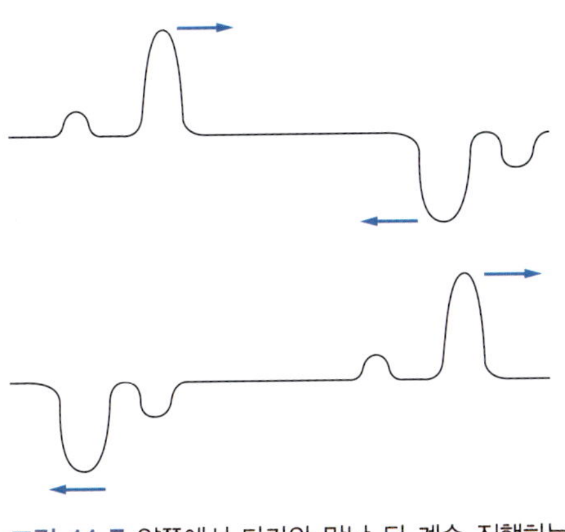

그림 11-7 양쪽에서 다가와 만난 뒤 계속 진행하는 두 파동

파동의 간섭 현상

두 파동이 만나서 생기는 파동함수를 단순히 그 두 파동함수의 중첩으로 기술할 수 있다는 사실은 흥미로운 결과를 가져오는데, **간섭 현상**interference이 그 대표적 현상이다.

같은 진동수 소리를 내는 두 음원에 의한 파동이 공간의 한 점에서 만난다고 가정해보자. 어떤 점에서 두 파동의 위상차가 0이라면, 그 위치에서 중첩 파동의 진폭은 각 파동의 진폭을 더한 크기로, 원래 진폭의 두 배가 된다. 그러나 위상차가 π라면, 중첩된 파동의 진폭은 0이 된다. 이는 두 음원에 의한 소리를 듣는 사람이 어디에 있느냐에 따라 소리가 매우 크게 들리기도 하고 작게 들리기도 한다는 것을 뜻한다.

이번에는 같은 방향으로 진행하는 다음과 같은 두 평면파가 중첩되는 경우를 생각해보자.

$$y_1 = A\cos(kx - \omega t) \tag{11.8a}$$

$$y_2 = A\cos(kx - \omega t + \phi) \tag{11.8b}$$

이 두 파동은 단지 위상차만 ϕ로 다른 두 조화함수 파동이다. 이 경우, 삼각함수 관계 중 $\cos(2a) + \cos(2b) = 2\cos(a+b)\cdot\cos(a-b)$를 이용하면, 그 중첩 파동인 $y = y_1 + y_2$는 다음과 같이 나타낼 수 있다.

$$y = 2A\cos\left(\frac{\phi}{2}\right)\cos\left(kx - \omega t + \frac{\phi}{2}\right) = A'\cos\left(kx - \omega t + \frac{\phi}{2}\right) \tag{11.9}$$

물음 11-5 삼각함수에는 $\cos(a \pm b) = \cos a\cos b \mp \sin a\sin b$와 같은 전개식이 있다. 이를 통해 $2\cos A\cos B = \cos(A+B) + \cos(A-B)$도 얻을 수 있다. 이제 $A = a+b$, $B = a-b$로 나타내 $\cos(2a) + \cos(2b) = 2\cos(a+b)\cdot\cos(a-b)$임을 보여라.

여기에서 $A' = 2A\cos\left(\frac{\phi}{2}\right)$이므로, 이 파동은 진폭이 $2A\cos\left(\frac{\phi}{2}\right)$인 조화파동이다. 이 조화파동은 위상차 ϕ에 따라 진폭이 달라지는 특성을 띤다. 예컨대, 두 파동의 위상차가 $\phi = 0$이면 두 파동 중첩은 진폭이 두 배로 변한 파동으로 변하지만, $\phi = \frac{\pi}{2}$이면 파동 자체가 사라진다는 특이한 결과가 나온다.[7]

두 파동의 위상이 같아져 진폭이 최대가 되는 경우 **보강간섭**constructive interference 현상이 일어났다고 하고, 위상이 반대가 되어 진폭이 최소가 되는 경우 **상쇄간섭**destructive interference 현상이 일어났다고 한다. 예컨대, 강한 에너지 밀도를 가진 빛인 레이저라는 특이한 빛은 하나의 빛 파동이 다른 분자에 부딪쳐 그 분자로부터 자신과 똑같은 빛 파동을 만들 때, 그 두 빛 파동이 완전한 보강간섭을 한다는 점을 이용해 만들어진다.

---

7 현실적으로 두 개의 파동이 만나 사라질 수는 없으며, 이 결과는 파동을 평면파로 기술했기 때문에 얻은 것이다.

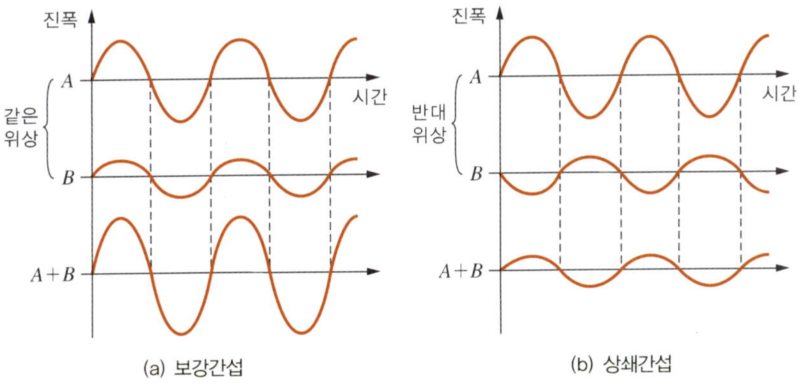

그림 11-8 보강간섭과 상쇄간섭

맥놀이

지금까지 우리가 다룬 $y_1 = A\cos(kx - \omega t)$와 같은 파동함수는 파도와 같은 실제 파동을 잘 기술하는 편이지만, 앞에서 말한 대로 이 파동함수는 실제 파동을 이상화한 파동함수다.

그렇다면 실제 파동을 기술하는 파동함수는 어떤 함수인가? 여러 개의 평면파를 중첩하면 다양한 형태의 파동이 얻어지는데, 그렇게 얻은 중첩 파동은 전체 공간이 아닌 일부 공간에만 존재하는 파동처럼 만들어질 수도 있다. 즉 어느 한 위치에 국소화된 실제 파동은 이런 평면파 파동함수들의 중첩 형태로 나타낼 수 있는데, 여러 개의 평면파가 중첩되어 만들어진 파동을 **파동 군**wave group 또는 **파동 묶음**wave packet이라 부른다.

예컨대, 줄을 따라 진행하는 한 덩어리의 파동을 **펄스**pulse라고 하는데, 펄스는 여러 개의 평면파 중첩으로 나타낼 수 있다. 펄스의 진행 속도는 **군속도**group velocity 또는 **무리속도**라 하는데, 이때 군속도는 펄스를 이루는 각 평면파들의 속도인 **위상속도**phase velocity와는 다르다는 점에 유의하자. 파동의 모양과 상관없이 평면파 중첩으로 나타내는 과정을 **푸리에 급수 전개**Fourier series라고 부른다.

군속도와 위상속도의 의미 차이를 알아보기 위해 진동수가 조금 차이나는 두 평면파의 중첩을 다뤄보자. 이러한 두 파동의 중첩으로 일어나는 현상을 **맥놀이**beat 현상이라고 하는데, 소리의 맥놀이 현상에

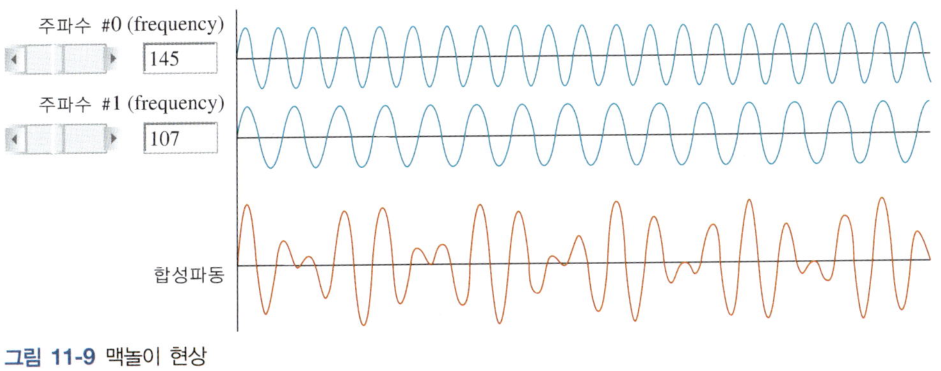

그림 11-9 맥놀이 현상

서는 강하고 약한 음이 주기적으로 반복되는 '윙-윙-'소리를 들을 수 있다.

맥놀이 현상을 설명하기 위해 $y_1 = A\cos(k_1 x - \omega_1 t)$, $y_2 = A\cos(k_2 x - \omega_2 t)$로 표현되는 두 파동의 중첩 현상을 알아보자. 이 경우, 삼각함수 관계식 중 $\cos(2a) + \cos(2b) = 2\cos(a+b) \cdot \cos(a-b)$를 이용하면 중첩 파동을 얻을 수 있는데, $y_1 + y_2 = y$라면, 중첩함수 y는 다음과 같다.

$$y = 2A\cos\left(\frac{(k_2 - k_1)x - (\omega_2 - \omega_1)t)}{2}\right)\cos\left(\frac{(k_2 + k_1)x - (\omega_2 + \omega_1)t)}{2}\right) \tag{11.10}$$

이 식에서 특별하게 $\omega_2 \approx \omega_1 (= \omega_0)$, $k_2 \approx k_1 (= k_0)$ 조건이 성립한다면, 이 파동함수는 $y = A(x, t)\cos(k_0 x - \omega_0 t)$ 형태로 쓸 수 있다는 것에 주목하자. 즉 $\Delta k = k_2 - k_1$, $\Delta\omega = \omega_2 - \omega_1$이라면, 파동함수는 $\cos(k_0 x - \omega_0 t)$로 표현되는 평면파가 진폭 $A(x, t) = 2A\cos\left(\frac{\Delta k \cdot x - \Delta\omega \cdot t}{2}\right)$를 갖는 파를 나타낸다고 볼 수 있다. 흥미로운 점은 이 진폭이 시간과 위치에 따라 달라진다는 것이다. 이 파동은 원래의 파동인 y_1, y_2와 사실상 같은 파동이라고 볼 수 있는 $\cos(k_0 x - \omega_0 t)$ 형태의 파동이, 위치와 시간에 따라 변화하는 진폭을 갖는 형태다.

이때 위치와 시간에 따라 변하는 진폭 $A(x, t) = 2A\cos\left(\frac{\Delta k \cdot x - \Delta\omega \cdot t}{2}\right)$ 형태를 감싸는 곡선을 **싸개선**[envelope] 또는 **포락선**이라 부른다. 소리 세기는 파동이 가진 에너지에 비례하고, 그 에너지는 진폭의 제곱에 비례한다. 그런데 진폭이 이렇게 변하므로, 맥놀이 현상에서는 싸개선 진폭의 진동수로 '윙-윙-' 소리가 발생한다. 이때 싸개선 파동의 속도인 $v_g = \frac{\Delta\omega}{\Delta k}$를 두 중첩 파동의 군속도로 해석할 수 있는데, 그 속도가 바로 '윙-윙-' 소리의 속도가 된다. 이때 군속도는 그것을 만들어낸 평면파 파동의 위상속도인 $\frac{\omega_1}{k_1}$, $\frac{\omega_2}{k_2}$와는 일반적으로 매우 다르다. 맥놀이는 단지 두 개의 파동을 중첩한 경우에만 생기는 현상이지만, 펄스와 같은 국제적으로 존재하는 파동함수는 매우 많은 평면파를 중첩해야만 얻을 수 있다.

≫ 참고 지수함수의 이용

이제 유용한 고급 수준의 수학을 논의해보자. 일반적으로 고급 수학을 사용하면 계산 과정을 더 간단하게 만들 수 있다. 특히 삼각함수나 미분방정식을 다룰 때 지수함수를 이용하면 매우 편리하다. 지수함수는 자연 현상을 기술할 때 자주 나타나는 함수다.

어떤 집단의 토끼 수가 N이고, 시간이 지남에 따라 토끼 수가 일정한 비율로 증가한다고 가정하자. 어떤 시간 dt 동안 증가한 수를 dN이라 하면, $dN \propto N$, $dN \propto dt$ 특성을 가지므로 $dN \propto Ndt$로 나타낼 수 있다. 여기에서 비례상수를 a라 하면, $dN = aNdt$ 또는 $\frac{dN}{N} = adt$가 되는데, 이 미분방정식의 해는 $N(t) = N_0 e^{at}$로 나타낼 수 있다. 즉 토끼 수는 지수함수 형태로 증가한다.

지수함수 $f(z) = e^z$은 자신을 미분한 결과가 자기 자신이 되는 매우 흥미로운 함수로, $f(z) = 1 + z + \frac{1}{2}z^2 + \frac{1}{6}z^3 + \cdots$로 전개될 수 있다. (이 전개 함수를 직접 미분해 미분 결과가 처음과 같아진다는 것을 확인해보기 바란다.) 이때 z를 허수로 취급해 $z = iy$라 하면 $e^{iy} = 1 + (iy) + \frac{1}{2}(iy)^2 + \frac{1}{6}(iy)^3 + \cdots$인데, 이 결과는 다시 $e^{iy} = \left(1 - \frac{1}{2}y^2 + \cdots\right) + i\left(y - \frac{1}{6}y^3 + \cdots\right)$로

나타낼 수 있다. 허수 i는 $i^2 = -1$로 정의되는 특이한 수로 일상생활에서 발견하기는 어렵다. 하지만 우리 물질세계는 허수의 존재를 허용하고 있다.

이때 흥미로운 점은, 삼각함수가 $\cos x = 1-\frac{x^2}{2!}+\cdots$, $\sin x = x-\frac{x^3}{3!}+\cdots$ 형태로 전개된다는 사실을 받아들인다면, 위의 결과를 $e^{iy} = \cos y + i \cdot \sin y$ 형태로 나타낼 수 있다는 점이다. 그리고 이 결과를 이용하면 $e^{inx} = (\cos x + i\sin x)^n = \cos(nx) + i \cdot \sin(nx)$라는 관계식도 성립함을 알 수 있다. 또한 삼각함수의 여러 흥미로운 특성을 증명할 때 $\cos x = \frac{e^{ix}+e^{-ix}}{2}$, $\sin x = \frac{e^{ix}-e^{-ix}}{2i}$를 사용할 수 있다(이 표현을 이용해 삼각함수의 미분 특성인 $\frac{d}{dx}(\cos x) = -\sin x$, $\frac{d}{dx}(\sin x) = \cos x$ 결과를 확인해보기 바란다).

이제, 자주 사용하는 삼각함수 관계인 $\cos(2a)+\cos(2b) = 2\cos(a+b) \cdot \cos(a-b)$를 증명해보자. 지수함수로 표현하면 $\cos A \cos B = \frac{e^{iA}+e^{-iA}}{2} \cdot \frac{e^{iB}+e^{-iB}}{2}$로 나타낼 수 있고, $\cos A \cos B = \frac{1}{2}\left[\frac{e^{i(A+B)}+e^{-i(A+B)}}{2} + \frac{e^{i(A-B)}+e^{-i(A-B)}}{2}\right]$임을 쉽게 알 수 있다. 즉 이 식은 $2\cos A \cos B = \cos(A+B) + \cos(-B)$를 뜻하므로, $A = a+b$, $B = a-b$로 다시 쓰면 $\cos(2a)+\cos(2b) = 2\cos(a+b) \cdot \cos(a-b)$ 관계를 얻게 된다. 나중에 다룰 파동함수의 중첩에서 이 식을 자주 이용할 것이다.

11.3 정상파와 공명

기타 줄처럼 양 끝을 고정한 채로 줄을 진동시키면, 양 끝점은 고정되지만 나머지 부분은 여러 가지 형태로 진동한다. 이처럼 특정한 위치에서 진폭이 언제나 0이 되는 파동을 '항상 일정한 모양을 갖는 파동'이라는 의미를 갖는 **정상파** standing wave[8]라고 부른다. 줄이 만드는 정상파에서 파의 모양은 일정한 형태를 유지하지만 줄의 각 부분은 다른 진폭으로 진동하는데, (진폭이 0인) 진동하지 않는 고정점 위치들은 **마디** node라고 하고, 가장 큰 진폭으로 진동하는 부분을 **배** anti-node라고 부른다. 이 경우, 파동은 어느 쪽으로도 진행하지 않고 제자리에서 진동하는데, 과연 이를 파동이라고 할 수 있는지 의문이 들 수 있다. 그러나 우리는, 정상파가 똑같은 진동수를 갖고 서로 반대 방향으로 진행하는 두 평면파의 중첩 파동이라는 사실을 보일 수 있다. 이처럼 파동의 중첩은 여러 가지 흥미로운 결과를 야기한다.

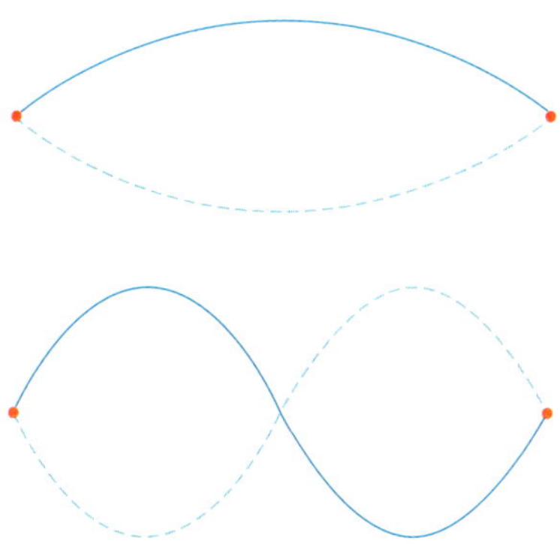

그림 11-10 단순한 정상파의 예

이제 두 평면파를 각각 $y_1 = A\sin(kx-\omega t)$, $y_2 = A\sin(kx+\omega t)$로 나타내고, 그 중첩 파동이 정상파가 된다는 사실을 확인해보자. 중첩함수 $y = y_1 + y_2$는 전개식 $\sin(a \pm b) = \sin a \cos b \pm \cos a \sin b$를 이용해 얻을 수 있으며, 다음과 같이 나타낸다.

8 여기서 '정상'은 '비정상'의 반대가 아니라, '항상 일정한'이라는 뜻의 정상(定常)이다. 또한 정상파는 '서 있는 파동' 또는 '멈춤파'라고도 한다.

$$y = 2A\sin(kx)\cos(\omega t) \tag{11.11}$$

이 결과를 $y = A(x)\cos(\omega t)$ 형태로 다시 쓰면, 이 파동은 특정한 위치 x에 있는 입자가 $\cos(\omega t)$ 형태로 조화진동을 하는 파동임을 알 수 있다. 이 파동함수의 진폭은 $A(x) = 2A\sin(kx)$로, 위치 x에 따라 입자의 진동 진폭이 달라진다는 특징이 있다. 따라서 이 중첩 파동은 $\sin(kx) = 0$인 모든 점, 즉 $kx = 0, \pi, 2\pi, \cdots$ 위치에 있는 입자들이 고정된(정지한) 상태에 있는 파동으로, 앞서 언급했던 '정상파' 파동임을 알 수 있다.

한편, 파수 k는 파장 λ와 $k = \frac{2\pi}{\lambda}$ 관계다. 따라서 $kx = 0, \pi, 2\pi, \cdots$ 조건은 다시 $\frac{1}{\lambda}x = 0, \frac{1}{2}, \frac{2}{2}, \frac{3}{2}, \cdots$라 할 수 있고, 고정점들은 $x = \frac{n\lambda}{2}$ $(n = 0, 1, 2, \cdots)$, 즉 다음 위치에서 얻을 수 있다.

$$x = 0, \frac{\lambda}{2}, \lambda, \cdots \tag{11.12}$$

이제 양 끝 위치가 각각 $x = 0$, $x = L$에 고정된 채로 진동하는 줄의 진동을 살펴보자. 이 경우, 우리는 $x = (0, L)$인 두 고정점을 $x = \left(0, \frac{\lambda}{2}\right)$ 조건을 갖는 파동 또는 $x = \left(0, \frac{n\lambda}{2}\right)$ $(n = 1, 2, \cdots)$ 조건을 갖는 파동의 두 고정점으로 생각할 수 있다. 이때 두 고정점이 $x = \left(0, \frac{\lambda}{2}\right)$ 조건을 만족하는 경우, 파장은 $\frac{\lambda}{2} = L$ 또는 $\lambda = 2L$이 되어, 가능한 가장 긴 파장이 된다. 이런 파장의 진동수를 **기본진동수**라 한다.

물음 11-6 줄은 기본진동수 외에도 $\lambda = \frac{2L}{n}$ $(n = 2, 3, \cdots)$ 등의 파장으로 진동할 수 있음을 보여라.

양 끝이 고정되어 있고 길이가 L인 줄은 일반적으로 $\frac{2L}{n}$ $(n = \text{정수})$개의 정상파 진동수로 진동할 수 있으며, 그 진동수들을 줄의 **자연진동수**natural frequency 또는 **공명진동수**resonant frequency라고 한다. 즉 기본진동수는 가장 작은 크기의 자연진동수이다. 줄을 튕길 때 생기는 초기 상태의 진동은 수많은 자연진동수 진동의 중첩이라 볼 수 있다. 그러나 진동수가 큰 진동 성분은 매우 빠르게 소멸하므로, 시간이 지나면 줄은 결국 기본진동수로 진동하게 된다.

줄이 $\frac{2L}{n}$ $(n = \text{정수})$개의 자연진동수로 진동할 수 있다면, 줄은 무한히 많은 자연진동수를 가질까? 답은 그렇기도 하고, 아니기도 하다. 즉 줄은 유한하지만 사실상 무한히 많은 개수의 진동수로 진동할 수 있기 때문이다. 미시적으로 볼 때 줄이 N개의 분자로 구성되어 있다면, 그 줄의 자연진동수는 N개가 된다는 것을 보일 수 있다. 따라서 줄의 자연진동수는 그 줄을 이루는 분자 수만큼 발생할 수 있으므로, 사실상 무한한 개수의 자연진동수를 갖는다고 볼 수 있다. 즉 용수철에 매달린 물체가 단지 하나의 자연진동수로만 진동하는 데 비해, 줄은 사실상 무한한 개수의 자연진동수를 갖는다는 점이 다르다.

정상파는 매우 흥미로운 파동 형태다. 예컨대, 파동을 전파하는 매질에서 파동에너지는 매질을 통해 계속 전파되지만, 정상파에서는 전혀 진동하지 않는 마디가 나타나 전파 과정이 단절되기 때문이다. 한편,

줄이 정상파 진동을 하면 어떤 마디 점부터 그다음 마디 점까지의 줄 부분은 같은 진동 과정을 반복하므로, 그 주위의 공기 분자들을 그 진동수로 반복하여 진동하게 할 수 있다. 그리고 그 진동이 공기 진동이 되어 소리로 전파될 수도 있는 것이다. 줄의 정상파 진동은 줄의 역학적 에너지가 다음과 같은 과정을 반복하는 모습을 보인다.

(1) 모두 운동에너지 형태로 되었다가
(2) 얼마 후에는 모두 탄성 위치에너지 형태가 된 다음
(3) 또다시 모두 운동에너지가 되는 과정

그런 면에서 용수철에 매달린 물체의 진동운동과 매우 유사하다. 이때 줄이 직선 형태가 되는 그 순간에는 마치 줄이 진동하지 않는 것처럼 보이지만, 그 순간 배 위치에 있는 줄의 입자들은 매우 큰 운동에너지를 갖는다. 한편, 진동하는 줄의 형태가 조화함수 형태를 띠는 순간, 줄을 이루는 모든 입자는 순간적으로 정지상태가 된다. 그 순간 줄은 운동에너지 없이 오직 탄성 위치에너지만 갖는다.

줄의 진동

악기나 물체가 소리를 내려면 공명진동을 할 수 있는 구조를 갖추고 있어야 한다. 악기에 외부 충격이 가해지면, 충격에 의한 초기 진동은 악기의 자연진동수 중첩으로 나타낼 수 있다. 그 자연진동수 중에서도 기본진동수 진동 성분이 가장 오래 살아남고, 자연진동수와 다른 진동수 성분은 모두 급격하게 소멸된다. 예컨대, 북이나 종을 한 번 때렸을 때의 충격은 북이나 종의 수많은 자연진동수 충격이 중첩된 것으로 볼 수 있다.

먼저 기타나 바이올린 같은 현악기를 구성하는 줄의 고유진동수에 관해 알아보자. 진동수를 f, 그 파장을 λ라고 할 때, 파의 빠르기 v는 $v = f\lambda$ 관계로 나타낼 수 있다. 따라서 줄의 자연진동수를 알려면 줄에서의 파동 빠르기를 알아야 한다. 기타 줄에서 나는 소리는 줄이 정상파를 이룰 때, 그 진동이 공기 진동으로 전환된 것이다. 한편, 정상파는 줄의 양 방향으로 진행하는 두 평면파가 중첩된 파동이므로, 줄에서의 파동 속도는 평면파 속도와 같다고 볼 수 있다. 즉 정상파는 제자리에서 진동하는 파동이지만, 속도가 $\pm\frac{\omega}{k}$인 두 파동이 중첩된 형태이므로 이 정상파의 빠르기는 $\frac{\omega}{k}$로 볼 수 있다.

줄에서 평면파가 이동하는 빠르기 v는 장력 T의 크기가 커질수록 빨라지고 줄이 굵어질수록, 즉 줄의 질량 선밀도 ρ가 커질수록 느려진다. 더 정확하게 표현하면 다음과 같이 쓸 수 있다.

$$v = \sqrt{\frac{T}{\rho}} \tag{11.13}$$

한편, 길이가 L인 줄의 기본진동수는 파장이 $\lambda = 2L$인 경우다. 따라서 줄의 기본진동수를 f_0로 나타내면 다음과 같이 쓸 수 있다.

$$f_0 = \frac{1}{2L}\sqrt{\frac{T}{\rho}} \tag{11.14}$$

참고 줄에서의 파동속도 유도

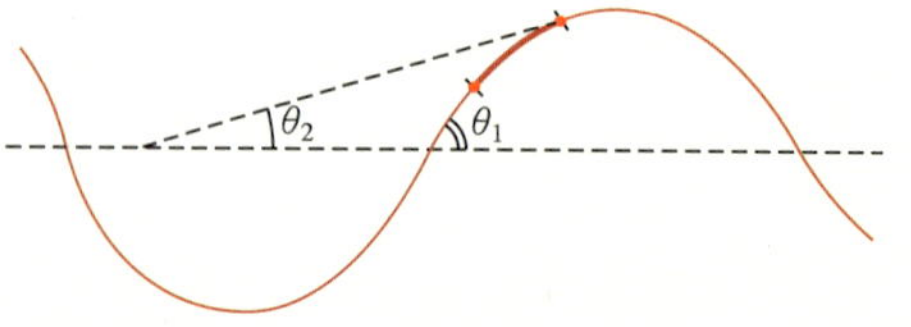

진동하는 줄에서 충분히 짧은 한 조각에서의 장력 크기를 T라 하고, 그 조각의 운동방정식을 살펴보자. 그 조각의 양 끝 위치에서 줄 방향이 x축과 이루는 각도를 각각 θ_1, θ_2라고 하면, 줄 방향에 수직인 방향으로 그 조각이 받는 힘의 성분은 $F = T(\tan\theta_2 - \tan\theta_1)$으로 나타낼 수 있다.

한편, 그 조각 양 끝의 x축 좌표 위치를 각각 x_1, x_2라고 하고, 줄의 파동함수를 $y(x, t)$로 나타내면, x 위치에서의 각 θ는 $\tan\theta = \left(\frac{\partial y}{\partial x}\right)_x$로 나타낼 수 있다. 그러므로 $F = T\left[\left(\frac{\partial y}{\partial x}\right)_{x_2} - \left(\frac{\partial y}{\partial x}\right)_{x_1}\right]$이며, $\left(\frac{\partial y}{\partial x}\right)_{x_2} - \left(\frac{\partial y}{\partial x}\right)_{x_1} = \Delta x \cdot \left[\frac{\partial}{\partial x}\left(\frac{\partial y}{\partial x}\right)\right] = \Delta x \cdot \frac{\partial^2 y}{\partial x^2}$로 쓸 수 있다(여기에서 $\Delta x = x_2 - x_1$임). 즉 $F = T \cdot \Delta x \cdot \frac{\partial^2 y}{\partial x^2}$다. 한편, 줄 조각 질량을 $\rho\Delta x$로 나타낼 수 있으므로, 운동방정식은 $a = \frac{1}{\rho\Delta x}F$가 된다. 가속도를 $a = \frac{\partial^2 y}{\partial t^2}$로 나타내면, 운동방정식은 $\frac{\partial^2 y}{\partial x^2} - \frac{\rho}{T}\frac{\partial^2 y}{\partial t^2} = 0$이 되는데, 이 식은 곧 속도가 $\sqrt{\frac{T}{\rho}}$인 파동의 파동방정식이다.

11.4 소리 파동(음파)

우리가 들을 수 있는 소리는 공기의 (종파 형태) 진동 현상이다. 피아노나 바이올린 소리는 현string [9]의 진동이 주위의 공기 분자들을 진동시켜 전파되고, 그 공기 진동이 고막을 진동시킴으로써(즉 고막의 여러 자유진동수 중 하나에 해당되어) 우리 귀에 들어온다. 예컨대, 북이나 종을 치면 그것이 진동함으로써 주위의 공기를 같은 진동수로 흔들어놓기 때문에 소리가 발생한다.

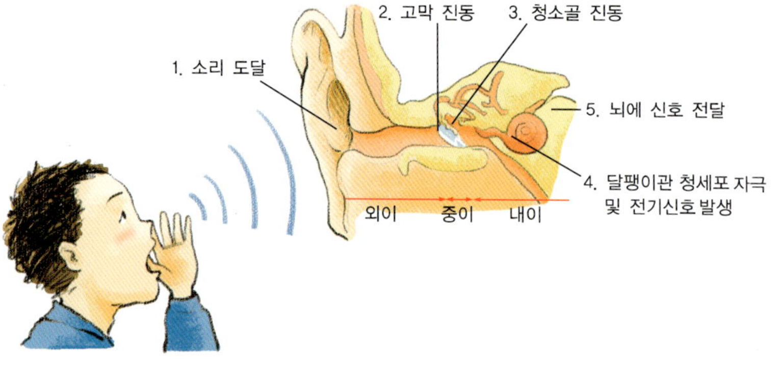

그림 11-11 소리가 들리는 원리

---

9 주로 현악기에 사용되는 식물, 동물, 금속제의 줄을 뜻한다.

앞 절에서 길이가 L인 줄의 기본진동수를 $f_0 = \frac{1}{2L}\sqrt{\frac{T}{\rho}}$ 로 나타냈는데, 줄을 튕기면 그 기본진동수와 그 배수에 해당하는 진동수의 소리가 만들어진다. 예컨대, 기타 줄을 더 팽팽하게 당기면 장력은 커지고 더 높은 소리가 난다. 또 줄이 가늘수록, 즉 질량 밀도가 작을수록 더 높은 진동수 소리가 난다. 비올라나 첼로 같은 악기가 바이올린보다 더 낮은 진동수 소리를 낼 수 있는 이유는 바로 이 때문이다. 여러 진동수 구성을 표현한 그림을 **스펙트럼**spectrum이라 부른다. [그림 11-12]는 바이올린과 피아노 소리의 스펙트럼을 표현한 것이다.

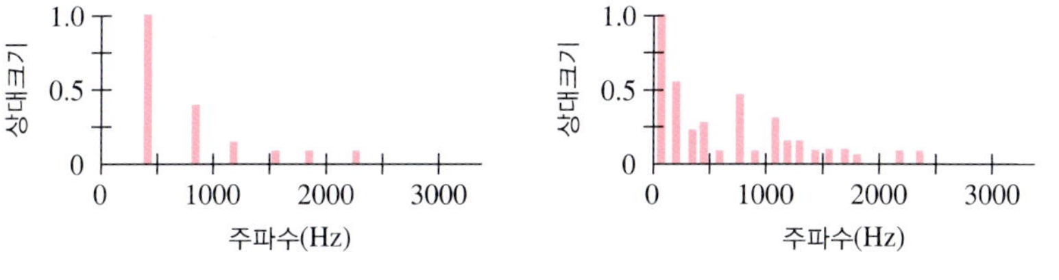

그림 11-12 바이올린과 피아노 소리의 스펙트럼

소리는 줄을 진동시켜서 만들 수도 있지만, 파이프 속에 있는 공기를 진동시켜서 만들 수도 있다. 앞에서 우리는 줄에서의 파속을 $v = \sqrt{\frac{T}{\rho}}$ 로 나타냈다. 하지만 공기나 물과 같은 유체에서의 파속은 $v = \sqrt{\frac{B}{\rho}}$ 로 나타낼 수 있음을 보일 수 있다. 이 식에서 ρ는 유체의 밀도를 나타내고, B는 유체의 부피탄성률을 나타낸다.

표 11-1 몇 가지 물질 속에서의 음속(20℃ 기준)

물질	음속(m/s)
공기	343
헬륨	1005
물	1440
철	≈ 5000
유리	≈ 4500

이런 밀도 특성 때문에 공기 중에서 음속은 공기 밀도가 작아질수록 더 빨라진다. 한편, 공기 밀도는 기온이 높아질수록 더 작아지므로, 기온이 높아질수록 음속은 더 빨라진다. 공기 온도 T를 섭씨온도로 나타내면, 음속은 다음과 같이 나타낼 수 있다.

$$v = (331 + 0.60\,T)\ \mathrm{m/s} \tag{11.15}$$

기온에 따라 속도가 변하는 음속의 특성은 소리 파동에서 특이한 현상을 만드는데, 바로 소리가 직진하지 않고 휘어져 전파될 수도 있다는 사실이다. 예컨대, 지표면 온도는 낮에는 높고 밤에는 낮다. 즉 밤에는 공중의 기온이 지표면 기온보다 높으므로 지표면 위의 두 점 사이를 진행하는 소리는 (더 빨리 진행할 수 있는) 공중으로 올라간 후 다시 내려오는 곡선 모양의 경로로 진행한다. 따라서 지표면 위에 있는 여러 장애물을 피할 수 있으므로 밤에 나는 소리가 낮에 나는 소리보다 더 멀리 전달된다. 소리뿐만 아니라 빛의 빠르기도 공기 밀도가 작아지는 곳에서 더 빠르다. 그러므로 사막에서는 지표면 공기가 뜨거워지는 낮에 신기루라는 특이한 현상이 생긴다.

그림 11-13 공기 밀도 차이에 의한 소리 전파 방향의 휘어짐 현상

사람에 따라 차이가 있지만, 대부분은 진동수가 약 20 Hz ~ 16,000 Hz 인 구간의 소리만 들을 수 있다. 이는 사람의 고막이 그 범위에 있는 모든 진동수에 대해 자유진동수(또는 공명진동수)를 갖는다는 뜻이다. 즉 고막이 그런 진동수로 공명진동할 수 있으므로, 고막의 역학적 진동이 전기적 진동 신호로 전환되어 인식될 수 있다.

우리가 듣는 소리 진동수 영역을 **가청 진동수**audible frequency 또는 **가청 주파수**라고 부르고, 가청 진동수보다 낮은 진동수와 높은 진동수 파동을 각각 **초저음파**subsonic와 **초음파**ultrasonic라고 한다.

즉 공기가 1초에 20번 이하로 진동하거나 약 16,000번 이상으로 진동하는 경우 우리는 그 소리를 들을 수 없다. 일상생활에서 우리가 듣는 소리는 진동수가 약 수백 Hz 인 소리다. 일상에서 1초당 수백 번의 진동은 매우 빠른 것이지만, 물체를 때려 소리를 내기 위해 그 물체를 이루는 분자들은 집단적으로 그 정도의 빠르기로 진동할 수 있다. 또한 파리나 모기가 날 때 내는 소리를 들을 수 있다는 사실은 파리나 모기 등이 1초당 적어도 수십 번 이상 날갯짓을 한다는 것을 나타낸다.

초저음파는 주로 덩치가 매우 큰 물체에서 발생한다. 예컨대, 코끼리는 우리가 듣지 못하는 초저음파

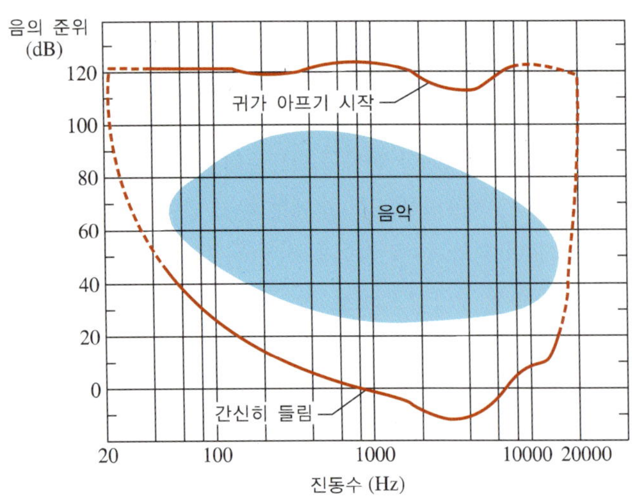

그림 11-14 가청 영역

소리를 낼 수 있다. 지진파도 저음파의 일종으로, 동물 중 일부는 초저음파를 감지할 수 있는 능력이 있어 인간보다 먼저 지진을 인지한다고 알려져 있다. **수정**quartz 같은 결정체 또한 매우 큰 크기의 전기 진동에 공명해 초음파를 발생할 수 있는데, 그 진동수는 매우 커서 600 MHz 정도에 이르는 것으로 알려져 있다.

우리가 듣는 대부분의 소리는 공기를 매체로 전파되지만, 고체나 액체를 통해서도 전파될 수 있다. 예컨대, 고막 기능이 상실되어 소리를 듣지 못하는 사람도 몸에 직접 진동을 전해주면 신체의 진동 형태로 전달되어 소리를 감지할 수 있다.[10]

소리의 세기(데시벨)

소리 파동에서 파동을 이루는 공기 분자는 각각 자신의 평형 위치를 중심으로 조화진동을 하는데, 우리는 앞에서 각진동수 ω로 진동하는 진폭이 A인 질량이 m인 입자의 에너지는 $E = \frac{1}{2}m\omega^2 A^2$으로 나타낼 수 있음을 보았다. 한편, 질량 밀도를 ρ라고 하면, 단위부피당 공기 입자의 진동운동 에너지인 '시간 평균 에너지 밀도'는 $< u > = \frac{1}{2}\rho\omega^2 A^2$으로 쓸 수 있다. 단위면적당 전파되는 음파의 에너지는 곧 소리의 세기로 나타난다.

소리 파동에서 입자들은 각각 평형 위치를 중심으로 진동하지만, 그 진동 에너지는 음파의 빠르기로 전파된다고 생각할 수 있다(즉 한 위치의 공기 진동이 약해져 사라지면서 그 옆 위치의 진동운동을 만드는 형태로 전파된다). 그러므로 음파의 빠르기를 v라 하고, 그 세기를 I로 나타내면, $I = < u > v = \frac{1}{2}\rho\omega^2 A^2 \cdot v$라 할 수 있다.

사람이 겨우 들을 수 있는 소리의 표준 세기 I_0는 $10^{-12}\ \mathrm{W/m^2}$로 알려져 있는데, 소리의 세기 준위intensity level β는 다음과 같이 정의하고, 그 단위를 **데시벨**dB로 나타낸다.

$$\beta = 10 \cdot \log\left(\frac{I}{I_0}\right) \tag{11.16}$$

즉 겨우 들을 수 있는 소리의 세기인 $10^{-12}\ \mathrm{W/m^2}$의 준위를 0으로 정하고, 들을 수 있는 가장 센 세기인 $1\ \mathrm{W/m^2}$의 준위를 120 dB이라 정한다.

데시벨은 **로그**log함수로 정의된 양이므로, 120 dB 준위는 0 dB 준위 소리 세기의 1조(10^{12})배에 해당한다는 점에 유의하자. 고막의 역학적 진동을 통해 인간이 들을 수 있는 소리의 세기 범위가 이처럼 광범위하다는 것은 참으로 놀랍다. 그러나 1조 배만큼 세기 차이가 있어도 실제로 1조 배만큼 강하게 감지하는 것이 아니라 로그 스케일로 변환해 인식한다고 알려져 있다. 즉 소리의 세기가 백만 배로 커지면 6배 강한 소리로, 1억 배 더 커지면 8배 강한 소리로 인식한다고 볼 수 있다.

10 전화기로 소리를 듣는 과정은 물론 공기의 진동을 이용하지만, 전화기를 귀에 접촉하면 역학적 진동이 발생하여 듣는 데 도움이 된다.

물음 11-7 40dB은 20dB보다 몇 배 더 센 소리인가?

물음 11-8 스피커에서 나오는 소리가 사방으로 균일하게 퍼져나가고 있다. 10m 떨어진 곳에서 측정한 소리의 세기가 50dB일 때, 40m 떨어진 곳에서 측정한 소리의 세기는 몇 dB인가? 단, $\log 2 = 0.3$으로 계산한다.

공명관에 의한 음파

피리 같은 악기에서 소리가 날 때는, 피리 속에서 진동하는 공기 분자의 진동이 피리의 자연진동수와 일치하여 공명진동을 한다. 예컨대, 파이프(관) 속에서 생기는 공명진동을 생각해보자. 파이프가 소리를 내려면 파이프 입구, 즉 열린 위치의 공기 분자들을 주기적으로 강하게 밀어내야 한다. 이는 마치 줄의 정상파 진동에서 배 부분이 그 위치에 있는 공기 분자들을 주기적으로 강하게 밀어내는 것에 비유할 수 있다. 어떤 모양의 파이프가 내는 소리의 공명진동수는 자연진동수 f와 같은데, 그 진동수를 알려면, 그 파이프 속에서 가능한 정상파 진동의 파장 λ와 파이프 속에서의 파동의 빠르기 v를 알아야 한다.

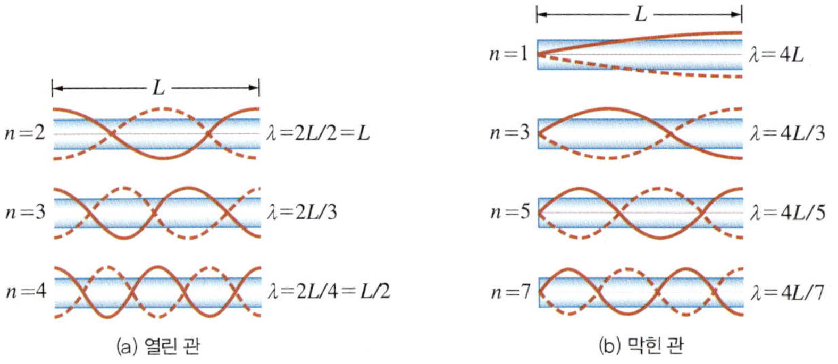

그림 11-15 파이프에서의 공명

[그림 11-15]에서 보듯이 파이프 입구의 위치가 배의 위치가 되어야 한다는 조건을 따르면, 줄의 정상파 진동과 비교할 때 한쪽 끝이 막힌 길이가 L인 피리의 기본진동수 파장은 $4L$이다. 한편, 소리의 진동수는 파장에 반비례하므로, 파이프에서 나는 소리의 기본진동수는 길이에 반비례한다. 즉 파이프 길이가 길수록 더 낮은 진동수 소리를 낸다. 또 n을 정수$(n=0, 1, 2, \cdots)$라 하면 $\dfrac{4L}{(2n+1)}$에 해당하는 모든 파장이 가능한 정상파 파장이 된다. 즉 줄과 같이 파이프도 매우 많은 자연진동수를 갖는다는 것을 알 수 있다.

인간의 성대는 매우 정교하여 많은 종류의 자연진동수 소리를 낼 수 있다. 줄이나 파이프가 공명진동을 하여 소리를 내는 것처럼 북소리나 종소리도 공명진동에 의한 것이다. 줄이 일차원 진동자라고 하면 북은 이차원 진동자라 할 수 있다. 북 표면을 이루는 가죽 같은 물체는 여러 형태의 무늬로 변형되며 진동할 수 있으므로, 북도 수많은 자연진동수 소리를 낼 수 있다.

그림 11-16 진동하는 북의 진동 형태

참고 7음계에서의 진동수

서양 음악의 음계는 A－B－C－D－E－F－G의 7음계로 정해져 있는데, 반음 간격으로 자르면 A, A－sharp, B, C(B, C 사이가 반음임)와 같이 총 12개의 음이 된다. 여기서 기준 음은 A(라)로, 국제협약을 통해 그 진동수가 440 Hz로 정해져 있다. 이 기준 음에서부터 반음씩 올라가는 11개의 음은 진동수 비가 약 1.0595배로 증가하도록 배치하면 된다. 즉 기본 A음과 한 옥타브 높은 A음의 진동수 비율은 두 배다.

11.5 도플러 효과

진동운동에 의한 공기의 흔들림은 소리가 되고, 전기를 띤 입자의 진동에 의한 전자기장의 진동은 빛이 된다. 이때 소리를 내는 음원이나 빛을 내는 광원이 운동 중이거나 소리나 빛을 측정하는 관측자가 운동 중이면 측정된 진동수는 음원이나 광원이 낸 진동수와 달라진다. 예컨대, 경적을 울리는 자동차가 지나간다고 할 때, 관측자에게 접근할 때와 관측자를 지나간 후 소리의 진동수가 달라진다. 이러한 현상을 **도플러 효과** Doppler effect라 한다.

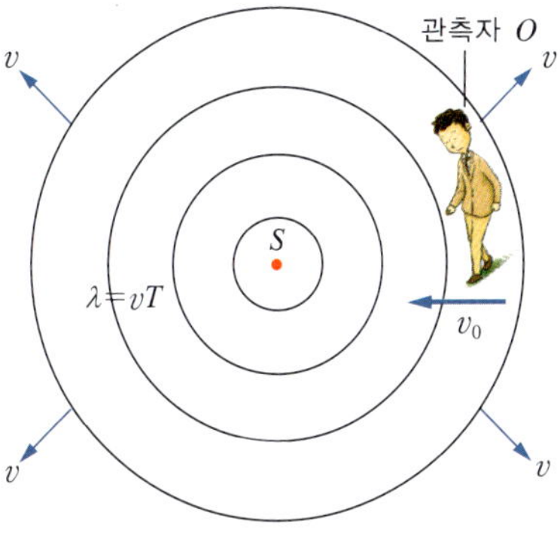

그림 11-17 음원을 향해 다가가는 사람

도플러 효과는 파동이 전파되는 모양을 그려보면 쉽게 이해할 수 있다. [그림 11-17]에서는 파원을 중심으로 한 구면 모양으로 파동이 퍼져나간다. 이때 어떤 사람이 고정된 위치에서 진동수를 측정한다는 것은 그 사람이 자신의 위치를 지나는 마루의 숫자를 센다는 것과 같은 의미다. 이때 그 사람이 음원을 향해 다가간다면 그 사람이 단위시간 동안 세는 마루 숫자는 더 많아질 것이다. 따라서 측정된 진동수는 정지한 사람이 측정한 진동수보다 더 커진다.

이 경우, 빠르기와 진동수 관계를 알아보기 위해 빠르기가 v, 파장이 λ인 파동을 만드는 음원의 경우를 살펴보자. 관측자가 정지해 있다면, 단위시간 동안 관측자를 통과해 지나간 파동의 길이는 $v \cdot 1$이며, 그 시간 동안 관측자가 측정한 마루의 수는 $v \cdot 1$ 구간 속에 든 파동의 마루의 수에 해당한다. 따라서 측정된 마루의 수는 $\frac{(v \cdot 1)}{\lambda}$이고, 이것이 곧 측정된 진동수가 된다. 즉 이 파동의 진동수가 f_0라면 $f_0 = \frac{v}{\lambda}$로 쓸 수 있다.

이제 음원을 향해 빠르기 v_0로 다가가는 관측자의 경우를 살펴보자. 관측자가 이동한 거리는 $v_0 \cdot 1$이다. 한편, 관측자가 정지한 상태에서 측정한 마루의 수는 $v \cdot 1$ 거리 구간에 있는 마루의 수인데, 관측자는 $v_0 \cdot 1$만큼의 거리에 해당하는 마루를 더 센 결과가 된다. 따라서 관측자가 측정한 마루의 수는 $\frac{(v+v_0)}{\lambda}$가 되며, 이것이 곧 측정된 진동수에 해당한다. 따라서 파장 λ를 $f_0 = \frac{v}{\lambda}$ 관계를 이용해 나타내면, 측정된 진동수 f는 다음과 같아진다.

$$f = \frac{v+v_0}{v} f_0 = (1+\frac{v_0}{v}) f_0 \quad (11.17)$$

물음 11-9 관측자가 음원으로부터 빠르기 v_0로 멀어진다면 그 경우 측정된 진동수는 $f=\left(1-\frac{v_0}{v}\right)f_0$로 표현됨을 보여라.

[HINT] 관측자가 정지해 있을 때는 $v \cdot 1$ 구간 속의 마루를 세지만, 이때는 $v \cdot 1 - v_0 \cdot 1$ 거리 속의 마루의 수를 센다는 것을 보여라.

이제 정지한 관측자에게 다가오는 파원의 경우를 다뤄보자. 마루의 모양은 이제는 동심 구면이 아니라 [그림 11-18(a)]에서와 같이 파가 진행하는 쪽으로 몰린 구면 모양이 될 것이다. 그 경우 파동의 마루를 나타내는 구면들은 더 이상 같은 중심을 갖지 못한다.

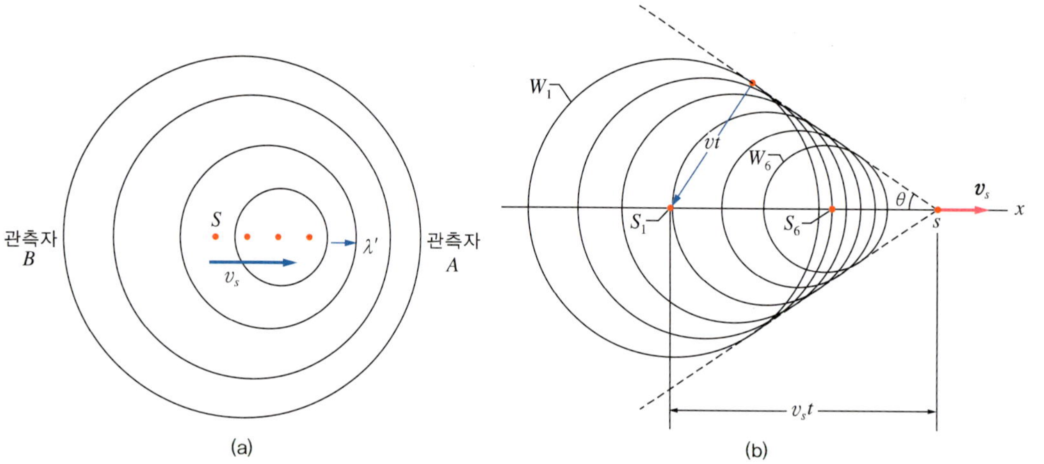

그림 11-18 관측자에 다가가는 음원과 세렌코프 효과

한편, 파원이 파동 빠르기와 같은 빠르기로 운동하는 상태가 되면, 진행 방향에 있는 구면 부분은 모두 한 점에 집중된 모양을 갖는다. 그리고 파원의 빠르기가 파동의 빠르기를 넘어서면 [그림 11-18(b)]와 같이 완전히 다른 형태의 공 모양이 된다.

이제 빠르기가 v, 파장이 λ인 파동을 만드는 파원이 관측자를 향해 빠르기 v_s로 다가간다고 하자. 그 경우 단위시간 동안 파동이 이동한 거리는 $v \cdot 1$이고, 그 시간 동안 음원은 $v_s \cdot 1$만큼 이동하므로, 단위시간 동안 발생한 마루는 모두 $(v-v_s) \cdot 1$ 구간에 있게 된다. 따라서 파장은 원래의 파장보다 짧아지고, 짧아진 파장을 λ'이라 하면, 그 값은 파동의 진동수 f_0와 $\lambda' \cdot f_0 = v - v_0$ 관계로 나타낼 수 있다.

파장이 짧아졌다고 해도 파동의 빠르기는 여전히 v이므로, 이때 측정한 진동수를 f라 하면 $f = \frac{v}{\lambda'}$가 되어 다음과 같은 결과가 얻어진다.

$$f = f_0 \frac{v}{v - v_s} = f_0 \frac{1}{1 - \frac{v_s}{v}} \tag{11.18}$$

즉 파원이 접근하는 쪽으로는 파장이 더 짧아지며, 측정된 진동수는 더 커진다.

물음 11-10 빠르기가 v, 파장이 λ인 파동을 만드는 음원이 관측자에게 빠르기 v_s로 다가간다. 관측자도 음원을 향해 빠르기 v_0로 다가간다면, 관측된 진동수가 $f = \frac{1 + v_0/v}{1 - v_s/v} f_0$임을 보여라.

물음 11-11 경찰차가 진동수 900Hz의 사이렌을 울리며 도주차량을 추격하고 있다. 경찰차의 빠르기는 40m/s이고, 도주하는 차의 빠르기는 60m/s일 때, 도주하는 차에 탄 사람이 듣는 사이렌의 소리진동수는 얼마인가? 단, 음속은 340m/s다.

이러한 현상은 전자기장 진동 현상인 빛에서도 마찬가지로 나타난다. 예컨대, 지구로부터 멀어지는 별이 내는 빛의 진동수는 원래의 진동수보다 더 작아진다. 이는 파장이 짧은 푸른색 빛이 파장이 긴 붉은색 빛으로 보인다는 것을 뜻하며, 이를 **적색 편이**[red shift] 현상이라 한다. 지구로부터 멀리 떨어진 별일수록 거리에 비례해 더 빨리 멀어진다는 사실은 바로 이런 관측을 통해 얻은 결과다.

진공상태에서의 입자의 빠르기는 빛의 속도보다 더 빨라질 수 없다. 그러나 빛의 빠르기는 진공상태에서보다 물질 속에서 더 느려진다. 따라서 빛을 내는 입자가 어떤 물질 속에서 매우 빠르게 운동할 때, 그 물질 속을 운동하는 빛보다 입자가 더 빠르게 운동하는 경우가 생길 수 있다. 그러면 입자가 내는 빛은 운동하는 입자를 시작점으로 한 쐐기 모양으로 전파되는데, 이런 형태의 빛을 **세렌코프 복사**[Cerenkov radiation]라 한다. 초음속으로 나는 비행기는 자신이 내는 소리보다 더 빠르게 운동하므로, 흔히 비행기가 지나간 다음에 소리가 난다. 이때 그 소리 파동은 비행기를 시작점으로 한 쐐기 모양이 되는데, 이런 현상은 빛의 세렌코프 복사라고 말할 수 있다.

CHAPTER 11 연습문제

[개념 확인 문제]

(1) 초음파는 인체의 내부 구조를 보는 데 사용되기도 한다. 인체 내부에서 액체와 장기를 구별하는 데는 초음파가 X선보다 효율적이기 때문이다. 그 이유는 무엇인가?

(2) 음파의 빠르기가 파장에 상관없이 모두 일정하다는 사실은 어떤 실험적 근거로부터 추정할 수 있는가?

(3) 박쥐는 자신이 내는 초음파가 물체로부터 반사되어 오는 점을 이용해 물체까지의 거리나 방향, 모양 등을 인식한다. 그것이 어떻게 가능한지 설명하라.

(4) 어떤 인공위성이 일정한 진동수의 라디오파를 낸다고 한다. 지상의 관측소에서는 그 파동 신호를 받아 자체적으로 가지고 있던 어떤 표준 진동수 파동과 중첩시켜 맥놀이 현상을 만들어 스피커로 맥놀이 소리를 듣는다. 인공위성이 지상 관측소에 접근할 때와, 관측소 상공에 있을 때, 그리고 관측소에서 멀어질 때 소리는 각각 어떻게 달라지는가?

1 어떤 줄에서 만들어진 횡파의 파동함수가 $y(x,t) = 5.0\cos\left(\frac{1}{4}x - 3\pi t\right)$($x, y$의 단위는 m이고, t의 단위는 s임)로 알려졌다.

(a) 이 파동의 파장, 진동수, 빠르기는 각각 얼마인가?

(b) 이 줄은 수많은 입자가 연결된 것으로 볼 수 있으며, 각 입자는 정해진 x 위치에서 y축 방향으로 진동운동을 한다. 입자의 최대 빠르기는 얼마인가?

2 일정한 장력 T를 가진 줄에 횡파가 발생되고 있다. 다음의 경우 단위시간당 전달되는 에너지 P는 각각 어떻게 변화하는가? 단, 빠르기 $v = \sqrt{\frac{T}{\rho}}$ 이고, $P = \frac{1}{2}\rho\omega^2 A^2 v$이다.

(a) 줄의 길이가 두 배가 되고 진동수는 일정할 때

(b) 진폭이 두 배가 되고 진동수가 절반이 될 때

(c) 파장과 진폭이 둘 다 두 배가 될 때

(d) 줄의 길이와 파장이 둘 다 절반이 될 때

3 파장이 1.4 m인 조화진동 형태의 파동이 줄을 따라 전파되고 있다. 줄의 한 점이 최대 변위 위치에서 평형위치까지 오는 데 걸린 시간이 0.17 s인 경우, 다음 의 양은 얼마인가?

(a) 주기 **(b)** 진동수 **(c)** 파속

4 줄을 따라 전파되는 횡파가 있다. 파장이 10 cm, 진동수가 400 Hz, 진폭이 2.0 cm인 경우 파동의 진행 방향은 $+x$축 방향으로 정한다.

(a) 파동을 기술하는 함수를 주어진 양들로 나타내라.

(b) 임의의 한 점에서 줄의 최대 빠르기는 얼마인가?

(c) 파동의 파속은 얼마인가?

***5** 파의 전파 ①

다음 그림과 같이, 질량이 m, 길이가 L인 줄의 양 끝이 두 벽에 각각 고정되어 있고, 질량이 M인 두 물체가 줄의 두 위치인 점 A, B에 매달려 있다. 벽과 점 A, B를 연결하는 줄은 벽면과 45°를 이룬다고 한다. 점 A에서 생긴 파동이 점 B에 도달할 때까지 걸린 시간은 얼마인가?

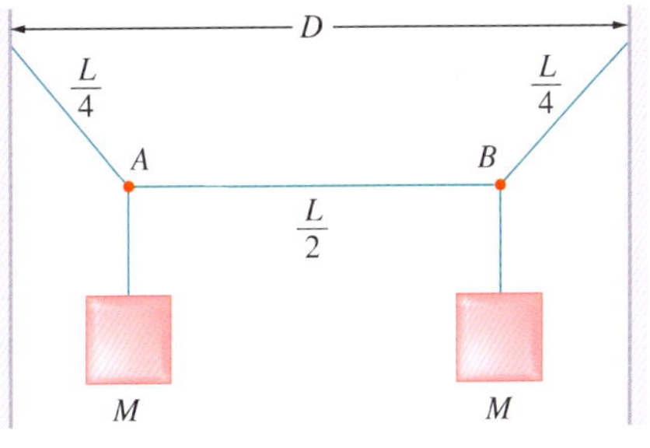

****6** 파의 전파 ②

질량 밀도가 균일하고 질량이 M, 길이가 L인 밧줄이 매달려 있다. 줄의 아래쪽 끝점에서 줄을 흔들어 파동(횡파)을 만들면 그 파동은 위를 향해 전파된다. 아래쪽 끝점의 위치를 기준점으로 하고, 위로 향하는 방향을 $+y$축 방향으로 정한다.

(a) 높이가 y인 위치에서의 줄의 장력은 $(y/L)Mg$임을 보여라.

(b) 이 줄에서 파동의 전파속도는 높이에 따라 달라진다. 높이가 y인 위치에서의 파속이 $v(y) = \sqrt{gy}$ 임을 보여라.

(c) 아래쪽 끝점에서 만들어진 파동이 꼭대기까지 도달하는 데 걸리는 시간은 $2\sqrt{L/g}$ 임을 보여라.

7 길이가 L, 선밀도가 ρ, 장력이 T인 줄이 진동하고 있다. 다음의 경우에 기본진동수는 어떻게 변화하는가?

(a) 줄의 길이만 두 배가 될 때

(b) 선밀도만 두 배가 될 때

(c) 장력만 두 배가 될 때

***8** 줄의 장력과 선밀도

다음 그림과 같이, 질량이 M인 공이 길이가 L이며 질량이 무시되는 수평 막대에 걸쳐진 줄에 연결되어 있다. 줄과 막대 사이의 각도가 θ인 상태에서, 벽에 고정된 줄의 기본진동수는 f_0라 한다.

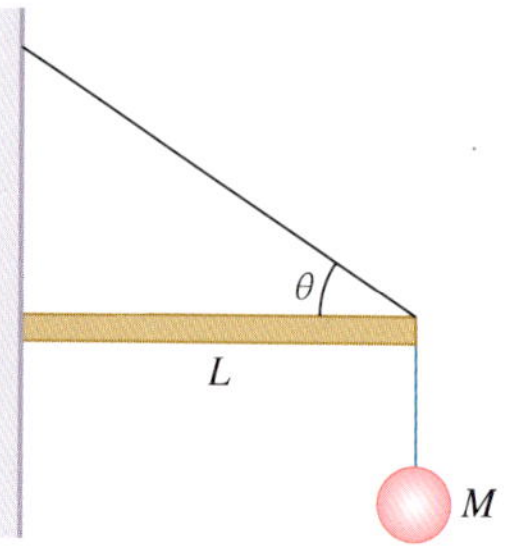

(a) 벽에 고정된 줄의 장력 세기 T는 얼마인가?

(b) 벽에 고정된 줄의 질량 선밀도 ρ는 얼마인가?

9 정상파 파동함수 $y = 2A\sin kx\cos\omega t$는 파동방정식 $\dfrac{\partial^2 y}{\partial x^2} - \dfrac{1}{v^2}\dfrac{\partial^2 y}{\partial t^2} = 0$을 만족한다.

(a) 파동함수가 파동방정식의 해가 된다는 것을 파동방정식에 직접 적용해 보여라.

(b) 정상파의 빠르기 v를 k, ω로 나타내라.

10 위상차만 다른 두 평면파가 같은 방향으로 진행한다. 두 평면파의 진폭이 각각 A라고 할 때, 위상차가 $\dfrac{2\pi}{3}$라면 중첩된 파동의 진폭은 얼마인가?

***11** 파의 중첩 ①

매우 긴 줄의 양쪽 끝에서 각각 횡파가 발생해 간섭을 일으키고 있다. 위치와 시간 (x, t)를 각각 m과 s로 나타낼 때, 두 파동의 형태는 각각 $y = (6.0\ \mathrm{m})\cos\dfrac{\pi}{2}(2.0x - 8.0t)$와 $y = (6.0\ \mathrm{cm})\cos\dfrac{\pi}{2}(2.0x + 8.0t)$이다.

(a) 마디 위치를 두 개만 써라.

(b) 배(최대 변위점) 위치를 두 개만 써라.

(c) 진폭과 주기는 각각 얼마인가?

*12 파의 중첩 ②

긴 줄을 따라 진행하는 다음과 같은 두 개의 평면파가 있다.

$$y_1 = A\sin(kx - \omega t + \phi)$$
$$y_2 = A\sin(kx + \omega t)$$

여기에서 $k = \dfrac{2\pi}{\lambda}$ 이며 두 평면파는 정상파를 만든다고 할 때, 정상파의 마디 간격은 얼마인가?

13

어떤 줄이 $y = (0.5\text{cm})\sin\left(\dfrac{\pi}{3}x\right)\cos(40\pi t)$ 형태의 정상파 함수로 진동한다. 여기에서 (x, t)는 각각 (cm, s) 단위로 측정된 양들이다.

(a) 이 정상파는 두 개의 평면파 결합으로 이루어져 있다. 평면파들의 진폭과 빠르기는 각각 얼마인가?

(b) 마디 사이의 거리는 얼마인가?

14

양 끝이 고정되어 있고 길이는 $L = 1.0\,\text{m}$, 질량은 $10\,\text{g}$인 철사 줄에 작용하는 장력이 $100\,\text{N}$이라고 한다.

(a) 철사 줄을 진동시켜 만들어지는 파동의 빠르기는 얼마인가?

(b) 철사 줄이 하나의 배와 두 개의 배를 가지는 진동을 할 때, 진동수는 각각 얼마인가?

15

어떤 바이올린의 줄 길이는 $L = 50\text{cm}$ 이다. 손가락을 대지 않았을 때 줄이 내는 소리의 기본진동수는 $f = 440\,\text{Hz}$ [(라(A)음]이다. $528\,\text{Hz}$ [도(C)음]를 내기 위해서는 손가락을 바이올린의 한쪽 끝에서 얼마 떨어진 곳에 짚어야 하는가?

16

피아노 속의 어떤 줄의 길이가 $L = 1.10\,\text{m}$, 질량은 $9.00\,\text{g}$이라 한다. 그 줄이 기본진동수 $131\,\text{Hz}$ 의 소리를 내려면, 장력 T는 얼마가 되어야 하는가?

**17 정상파 파동함수

길이가 $L = 3.0\,\text{m}$ 인 줄에 진폭이 $1.0\,\text{cm}$ 인 정상파가 만들어져 있다. 정상파는 세 개의 배를 가지고 파속은 $v = 100\,\text{m/s}$ 이다.

(a) 진동수 f는 얼마인가?

(b) 정상파는 두 개의 조화파동 함수의 중첩 형태로 나타낼 수 있다. 그 두 함수 표현을 써라.

18 공기 중에서 사람이 들을 수 있는 가장 낮은 진동수와 가장 높은 진동수는 각각 20 Hz와 20,000 Hz로 알려져 있다. 그 진동수들은 각각 어떤 파장 λ의 파동에 해당하는가? 단, 공기 중에서 음속은 340 m/s이다.

***19** **산소의 부피 탄성률**

표준 온도와 압력에서 1몰의 산소기체가 차지하는 부피가 22.4 L이고, 산소 속에서의 음속이 317 m/s라면, 표준 온도와 압력에서 산소 기체의 부피 탄성률 B의 크기는 얼마인가?

***20** **유체 속 음파**

어떤 수중 동물들은 고주파 음파를 발사한 다음 그 파가 반사되어 오는 데 걸리는 시간을 이용해 물체를 식별한다.

(a) 바닷물의 부피탄성률은 $B = 2.0 \times 10^9 \, \mathrm{N/m^2}$이고 밀도가 $\rho = 1.03 \times 10^3 \, \mathrm{kg/m^3}$라 할 때, 물속에서의 음속 v는 얼마인가?

(b) 어떤 동물이 100 kHz의 음파를 낸다면, 그 음파의 파장은 얼마인가?

(c) 물체가 동물의 100 m 앞에 있는 물체에서 반사된 음파가 되돌아오는 데 걸리는 시간은 얼마인가?

21 어떤 금속에서의 음속이 V라고 한다. 그 금속으로 만들어진, 길이가 l인 파이프의 한쪽 끝을 때렸더니, 파이프의 다른 한쪽 끝에 있는 사람이 소리를 두 번 들었다. 두 소리는 공기를 통해 전파된 소리와 파이프를 통해 전파된 소리이다. 공기 중에서의 음속을 v라고 하면 각각의 소리가 들린 두 시각의 시간차는 얼마인가?

****22** **소리의 반사**

수직으로 뻗어 있는 두 절벽 사이 어느 위치에 카우보이가 서 있다. 카우보이가 총을 쏘고 나서, 첫 번째 메아리가 들린 뒤 1.92 s 만에 두 번째 메아리가 들려왔고, 두 번째 메아리가 들린 후 1.47 s 만에 세 번째 메아리가 들려왔다. 음속은 $v = 340 \, \mathrm{m/s}$라 한다. 절벽 사이의 간격은 얼마인가?

23 음파를 전달하는 공기 기체의 운동에서 각 분자의 평형 위치를 중심으로 한 기체 분자의 변위는 조화함수 꼴의 진행파로 나타낼 수 있다. 마찬가지로 공기를 유체로 보는 경우, 각 위치에서의 기체 압력도 다음과 같은 진행파 형태 함수로 나타낼 수 있다.

$$p(x,t) = A\sin\left[\pi\left(\frac{x}{a} - \frac{t}{b}\right)\right]$$

여기에서 $A = 1.5 \, \mathrm{Pa}$, $a = 1.0 \, \mathrm{m}$, $b = 330 \, \mathrm{s}$일 때, 다음을 구하라.

(a) 압력진폭 **(b)** 파장 **(c)** 파속

24 물속에 있는 음원이 내는 소리가 절벽에 반사되면서 정상파를 만들었다고 한다. 정상파 마디 간격이 3.8 cm 이고, 음속이 1520 m/s 라 할 때, 음파의 진동수는 얼마인가?

***25** 용기 속 공명 현상

원통 모양의 용기에 물이 일부 채워져 있다. 용기의 꼭대기 위치에 음차를 두고 소리를 내게 했더니, 물 높이가 꼭대기에서 8 cm 와 28 cm 거리까지 찬 경우 공명 현상이 생겼다. 음속이 330 m/s 라 할 때, 음차의 소리 진동수는 얼마인가?

***26** 파이프 공명

음속이 345 m/s 인 섭씨 23℃ 조건에서 공기 중에 있는 파이프가 내는 소리 중, 이웃한 두 진동수 240 Hz 와 280 Hz 를 가진 소리를 내려고 한다.

(a) 파이프 길이는 얼마가 되어야 하는가?

(b) 파이프는 한쪽이 막힌 파이프인가 아니면 양쪽이 모두 뚫린 파이프인가?

27 사람의 귀는 한쪽이 고막으로 막힌 파이프 구조로 볼 수 있다. 귀를 길이가 2.5 cm 인 파이프라고 가정할 때, 음속이 343 m/s 인 상태에서, 귀 내부에 생기는 가청 정상파 진동수 크기들은 얼마인가?

***28** 맥놀이와 진동수

피아노 조율사가 진동수가 370 Hz 로 알려진 한 줄에 다른 줄을 조율하려고 한다. 두 줄을 동시에 울릴 때, 2.0 s 마다 맥놀이 음이 들린다면, 두 줄의 진동수 차이는 얼마인가?

29 진동수가 350 Hz 인 음차와는 초당 4번, 355 Hz 진동수인 음차와는 초당 9번 맥놀이 현상을 보이는 기타 줄이 있다. 기타 줄의 진동수는 얼마인가?

***30** 맥놀이와 진동수

피아노 줄이 220 Hz 로 진동하도록 만들어져 있다. 그 줄과 다른 피아노 줄을 동시에 진동시킨 경우 2초에 세 번의 맥놀이 소리가 들린다면, 다른 줄이 내는 소리 진동수는 얼마인가?

31 음원 세기를 P라고 하면, 두 위치에서의 소리 세기는 $I_2 = \dfrac{P}{4\pi r_2^2}$, $I_1 = \dfrac{P}{4\pi r_1^2}$ 이다. $\dfrac{I_2}{I_1} = \left(\dfrac{r_1}{r_2}\right)^2$ 임을 이용해 두 위치 데시벨 크기 β_1, β_2는 $\beta_2 - \beta_1 = 20\log\left(\dfrac{r_1}{r_2}\right)$ 관계임을 보여라.

32 진원지로부터 100 km 떨어진 곳에서 측정된 P-지진파의 세기가 $1.0 \times 10^6\ \text{W/m}^2$라 한다. 진원지로부터 400 km 떨어진 곳에서의 세기 I는 얼마인가?

33 제트 여객기로부터 30 m 떨어진 곳에서의 소리 세기가 140 dB이었다. 여객기로부터 300 m 떨어진 곳에서의 소리 세기는 얼마인가?

34 2,000 Hz의 진동수 소리를 내는 스피커로부터 6.1 m 떨어진 곳에서의 소리 세기가 $9.6 \times 10^{-4}\ \text{W/m}^2$라고 한다.

(a) 30 m 떨어진 곳에서의 소리 세기는 얼마인가?

(b) 6.1 m 떨어진 곳에서의 음파 진폭은 얼마인가?

****35** 파도의 빠르기와 파장

조화파동 형태의 파도가 있는 바다에서 모터보트가 $V = 5\ \text{m/s}$의 빠르기로 달리고 있다. 이때 보트가 파도 진행 방향을 따라 달리며 마루의 수를 세었더니 7개/s였고, 파도의 진행 방향과 반대로 달리며 세었을 때는 21개/s였다. 파도의 파동 빠르기와 진동수, 파장은 각각 얼마인가?

36 박쥐는 동굴 속에서 수 밀리초(ms) 동안 지속되는 초음파를 내면서 정보를 얻는다. 박쥐가 내는 초음파 진동수가 39,000 Hz일 때, 음파의 1/40의 빠르기로 박쥐가 절벽을 향해 날고 있다면 박쥐가 듣는 소리 진동수는 얼마인가?

37 길 위에 서 있는 내 앞에서 10 m/s의 빠르기로 멀어져가는 경찰차가 진동수가 1,000 Hz인 사이렌 소리를 낸다고 한다. 음속은 340 m/s이고, 경찰차가 가는 방향에는 절벽이 있다.

(a) 내가 듣는 경찰차에서 나오는 사이렌 소리 진동수는 얼마인가?

(b) 절벽에서 반사되어 오는 사이렌 소리 진동수는 얼마인가?

38 고도 5,000 m 상공에서 날아가는 비행기가 마하 1.5(음속의 1.5배)의 빠르기로 날고 있다.

(a) 비행기가 내는 소리의 충격파 파면이 비행기 진행 방향과 이루는 각은 몇 도인가?

(b) 비행기가 5,000 m 상공에서 난다면, 충격파는 비행기가 바로 상공 위를 지나는 순간으로부터 몇 초가 지난 후에 나타나는가?

39 단위길이당 질량인 질량 선밀도가 $\rho = 15\,\text{g/cm}$ 인 줄을 따라 전파되는 파동의 파동방정식이 $y(x, t) = 2.5\cos\left(3.0\,x + \dfrac{\pi}{3}t\right)$로 주어져 있다. x, y의 단위는 cm이고, t의 단위는 s이다.

(a) 파동의 속도는 얼마인가?

(b) 줄의 장력 세기는 얼마인가?

40 질량 선밀도가 다른 두 줄이 연결되어 있다. 줄 A의 선밀도는 ρ_1, 장력은 T_1이고 줄 B의 선밀도는 ρ_2, 장력은 T_2이다.

(a) 줄 A와 B에서의 파속은 각각 얼마인가?

(b) 진동수가 ω_0인 파동이 진행하는 경우, 각 줄에서의 파수 k_1, k_2는 얼마인가?

41 질량이 1.0 kg인 물체가 용수철에 매달려 단순조화진동을 한다. 물체의 시간에 따른 위치 변화가 다음 그림과 같을 때 다음 질문에 답하라.

(a) 용수철의 용수철 상수는 얼마인가?

(b) 물체의 최대 빠르기는 얼마인가?

(c) 시각 1초인 순간의 위치에너지(U)와 운동에너지(K)의 비인 U/K는 얼마인가?

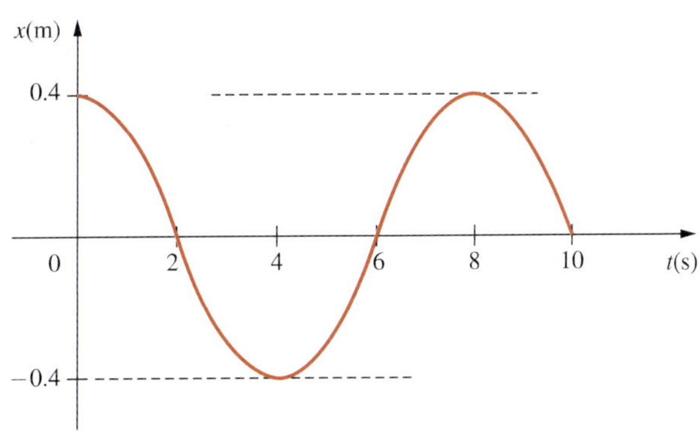

** 42 음속의 유도 ①

유체에서의 파동 속도는 파이프 속에서 압축된 유체가 일정한 형태를 유지하는 펄스 형태로 전파된다고 보는 모형으로부터 계산할 수 있다. 이 경우, 파이프 속에서 한 펄스가 일정한 빠르기로 이동한다고 하면, 그 펄스의 속도는 음파의 속도와 같다고 볼 수 있다. 이 운동은 펄스가 정지한 기준계를 선택하면 더 편리하게 다룰 수 있다. 즉 펄스는 정지해 있고, 그 대신 압축되지 않은(비압축) 공기 부분이 펄스 속을 통과하는 운동을 생각해보자. 이때 비압축 부분 공기 덩어리는 펄스 속으로 들어오면서 압축되며(펄스 부분 압력이 더 높기 때문에) 감속된다.

이제 '폭 길이가 임의의 길이 L이며 압축되지 않은(비압축) 공기 덩어리 부분'을 물체로 취급해 그 물체에 운동방정식을 적용하기로 하자. (이때 유의할 점은, 물체의 질량중심점 운동이 단지 외력에만 의존한다는 것이다.) 파이프의 단면적을 A라 하고, 비압축상태에서 공기 밀도가 ρ라 하면, 공기 덩어리의 부피는 $V = AL$이므로, 질량은 $\Delta m = \rho \cdot AL$이 된다. 물체(비압축된 공기 덩어리)는 빠르기 v로 오른쪽인 양(+)의 방향으로 운동한다.

(a) 공기 덩어리가 받는 힘은 $F = -(P+\Delta P)A + PA = -\Delta P \cdot A$로 나타낼 수 있다. 압축되지 않은 공기 덩어리의 압력을 P, 공기가 압축된 펄스 부분의 압력을 $P+\Delta P$라 하면, 공기 덩어리의 질량중심점 가속도는 $a_0 = -\dfrac{1}{\rho L}\Delta P$임을 보여라.

[HINT] 이 단계에서 유의할 사항은, 공기 덩어리의 질량중심점 빠르기는 점점 느려지지만, 공기 덩어리의 비압축된 부분은 앞에서 무슨 일이 일어나는지 모르는 채 원래의 속도 v로 계속 이동한다는 점이다. 비압축된 부분은 펄스 부분으로 압축되어 들어가면서 운동량 변화에 따른 힘(충격력)을 작용하지만, 그 힘은 공기 덩어리의 질량중심점 운동에 무관한 공기 덩어리 내부의 상호작용하는 힘이다.

(b) 완전히 진입하기까지 질량중심점이 이동한 거리 D는 $D = L + \dfrac{1}{2}a_0\left(\dfrac{L}{v}\right)^2$임을 보여라.

[HINT] 공기 덩어리의 마지막 부분까지 펄스 부분으로 진입하는 데 걸린 시간을 t_0라 하면, $vt_0 = L$이 된다. 한편, 진입하는 동안 공기 덩어리는 등가속도 운동을 하며, 완전히 진입하기까지 질량중심점이 이동한 거리 D는 $D = vt_0 + \dfrac{1}{2}a_0 t_0^2$으로부터 얻을 수 있다.

(c) 펄스 부분에 완전히 진입한 (압축된) 공기 덩어리 폭의 길이를 L'이라 하면, $2D = L + L'$이고, 따라서 $L - L' = \Delta P \dfrac{L}{\rho v^2}$ 관계임을 보여라.

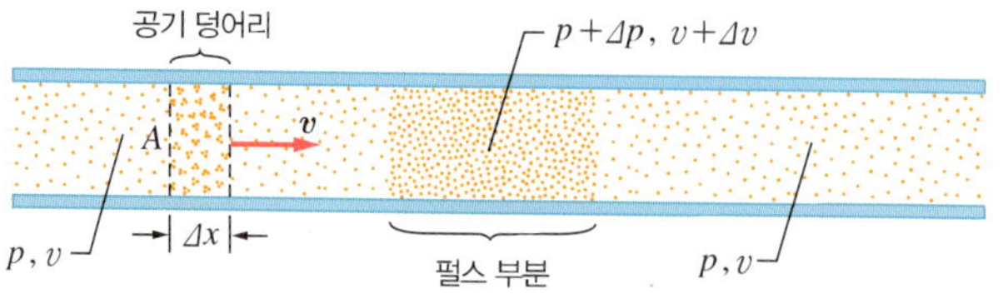

(d) 펄스 부분으로 들어가 생긴 부피 변화량은 $\Delta V = -\Delta P \cdot V\dfrac{1}{\rho v^2}$임을 보여라.

(e) 공기의 부피탄성률을 B라 하면, 속도는 $v = \sqrt{B/\rho}$임을 보여라.

** 43 음속의 유도 ②

음속은 파이프 속에서의 펄스 이동 속도를 계산함으로써 구할 수도 있다. 음속을 구하는 또 하나의 방법은 파이프 속의 공기를 압축시킬 때 압축된 공기 부분 영역이 파이프 속에서 얼마나 빨리 확장되는가를 계산해 그 확장 속도를 음속으로 보는 것이다.

이제 단면적이 A인 피스톤으로 파이프 속에 든 공기를 일정한 속도 v_0로 압축한다고 하자. 이 경우, 시간이 t만큼 흐른 후 피스톤은 파이프 속으로 v_0t만큼 밀려 들어가게 된다. 한편, 피스톤이 밀고 들어온다는 신호는 속도 v로 파이프 속으로 퍼져 나간다고 하면, 시간이 t만큼 흐른 후 그 신호는 파이프의 처음 위치로부터 vt만큼 떨어진 곳까지 전파되게 된다. 이제 그곳까지의 공기 부분을 압축된 공기 덩어리라고 부르기로 하자.

이 경우, 압축되기 전 공기의 밀도를 ρ라고 하면, 압축된 공기 덩어리 질량은 $\rho(A\,vt)$이다. 이제 압축된 공기 덩어리가 속도 v_0로 운동한다는 중요한 가정을 하자. 즉 압축된 부분 영역은 속도 v로 확장되지만, 어느 순간 압축되어 있는 공기 덩어리는 속도 v_0로 운동한다는 것이다. 그렇게 가정하면 압축된 공기 부분의 운동량은 $\rho(A\,vt)\cdot v_0$로 쓸 수 있고, 압축되기 전에 그 부분의 평균 운동량은 0이었으므로 운동량이 곧 시간 t 동안의 운동량 변화량이 된다.

(a) '단위시간당 운동량 변화량 = 힘'의 관계를 이용해 압축된 공기 덩어리에 작용하는 알짜 힘의 세기는 $\rho(A\,v)\cdot v_0$임을 보여라(알짜 힘은 비압축된 공기 부분이 작용하는 힘과 피스톤이 미는 힘의 합력이다). 또한 압축된 공기 덩어리에 작용한 압력 변화량이 $\Delta P=\rho v v_0$임을 보여라.

(b) 압축된 공기 덩어리의 처음 상태 부피는 $V=Avt$이고, 압축된 다음의 부피 변화량은 $\Delta V=-Av_0t$임을 보여라.

(c) 공기의 부피탄성률을 B라 하면($\Delta V=-\frac{1}{B}V\Delta P$ 관계로부터) $v=\sqrt{\frac{B}{\rho}}$ 임을 보여라.

과학자는 쓸모가 있어서 자연을 연구하는 것이 아니다.
자연이 아름답기 때문이며, 그 속에서 기쁨을 느끼기 때문이다.
자연이 아름답지 않다면 연구할 가치가 없고,
자연이 연구할 가치가 없다면 삶 또한 가치가 없다.
_ 앙리 푸앵카레

PART 4

분자 운동과 열역학

Molecular Motion and Thermodynamics

지금까지 우리는 거시적 세계의 모든 운동을 뉴턴의 운동법칙을 적용해 다뤘고, 그것을 통해 거시적 운동을 잘 설명할 수 있었다. 그러나 물질세계는 눈에 보이지 않을 정도의 작은 분자로 이루어져 있다. 여기에서 '뉴턴의 운동법칙이 분자의 운동에도 적용될 수 있을까'라는 의문이 생긴다. 실제로 기체 분자를 입자로 보고, 분자들 중의 하나에 역학 법칙을 적용하면, 거시적으로 볼 수 있는 많은 현상을 설명할 수도 있다는 놀라운 사실을 알게 된다. 지금부터 분자 운동에 운동법칙을 적용해, 그로부터 얻은 결과가 압력이나 온도 같은 거시적 양들과 어떻게 연관되는지 살펴보자.

CHAPTER

12 온도와 열

Temperature and Heat

12.1 기체의 압력

이제까지 다룬 유체의 운동에서 유체는 주로 액체를 말하지만, 기체를 뜻하기도 한다. 액체 상태의 분자는 느슨하게 연결되어 있어 물체의 형태가 고체처럼 일정하게 유지되지 못한다. 하지만 기체 상태의 분자는 서로 완전히 독립적이어서 자유롭게 운동한다.[1] 이제 기체 상태의 물질에 관해 살펴보자.

기체 분자 정도로 작은 크기를 다루는 미시적 세계에서는 거시적 세계와는 전혀 다른 상황이 일어난다. 이제 점차 작은 크기의 세계로 접근해가면서 눈에 보이지 않는 미시적 세계의 운동을 유추해보자.

(1) 빈 병 속에 모래를 담으면, 모래는 모두 밑바닥에 깔리고 아무런 운동도 하지 않는다.
(2) 작은 흙먼지를 병 속에 넣으면, 먼지들이 날아다니며 일시적으로 활발하게 운동하지만, 결국 시간이 지나면 먼지도 바닥에 깔린다.
(3) 입자가 일정 크기 이하로 작아지면, 예컨대 병에 담배 연기를 넣으면 연기 입자들이 밑바닥에 가라앉지는 않는다. 눈으로 확인할 수는 없지만, 담배 연기 입자 하나하나는 끊임없이 운동한다.

공기 분자 같은 입자들은 연기 입자들보다 더 작아서 눈으로 확인할 수는 없지만, 이와 같은 유추 과정을 살펴보면 공기 분자들이 끊임없이 운동한다고 유추할 수 있다. 이를 유추할 수 있는 증거는 매우 많은데, 다음 예를 통해 살펴보자.

(1) 밀폐된 방 안의 공기 분자들이 무엇에 충돌할 때마다 빠르기가 줄어 결국 멈춘다면, 모든 공기 분자는 방바닥에 깔릴 것이다.

---

1 물질은 액체와 기체의 중간 상태로도 존재할 수 있다. 이는 엄밀한 의미에서 액체와 기체의 구분이 명확하지 않음을 뜻한다.

(2) 밀폐된 공간에 칸막이를 두고 한쪽 공간을 어떤 기체로 채운 뒤 칸막이를 제거하면, 그 기체는 공간 전체에 균일하게 퍼진다.

(3) 기체를 담은 용기 한 부분에 작은 구멍을 뚫으면, 기체는 그 구멍을 통해 빠져나간다.

(4) 한 곳에서 생긴 냄새가 점점 멀리까지 퍼져나간다.

이러한 사실들은 미세한 기체 분자가 끊임없이 빠르게 날아다니고 있음을 암시한다. 즉 가벼운 기체 입자들은 끊임없이 운동하기 때문에 작은 구멍을 통해서도 잘 빠져나간다. 작은 입자들이 바닥에 떨어지지 않고 계속하여 날아다닐 수 있는 이유를 쉽게 설명할 수는 없다. 하지만 분자 단위의 세계에서 작은 입자들은 서로 충돌해도 그 평균 속도가 줄어들지 않는다는 사실은 그 과정이 탄성충돌이라는 것을 뜻한다.

아보가드로수 정도로 많은 분자들의 운동을 하나하나 기술한다는 것은 사실상 불가능하다. 즉 어떤 분자가 어떤 위치에 있는지 알 수도 없고, 또 그것을 안다고 해도 그 분자에 어떤 힘이 작용하는지 알 수 없다. 그러나 일단 우리는 모든 분자들이 서로 무관하게 독립적으로 운동한다고 유추할 수 있다. 그리고 그렇게 독립적 분자로 이루어진 기체를 **이상기체**라 부른다. 미시적 입자들이 끊임없이 운동한다는 특성은 기체 분자에만 한정된 특성은 아니다. 예컨대, 물 위에 꽃가루를 뿌리고 현미경으로 보면 꽃가루는 가만히 있지 않고, 끊임없이 불규칙한 운동을 한다. 이러한 운동을 처음 발견한 식물학자의 이름을 따서 이를 **브라운 운동**Brownian motion이라 한다. 이는 액체 상태에 있는 물 분자도 가만히 있지 않고 끊임없이 운동한다는 것을 간접적으로 보여준다.

기체의 압력

풍선 속에 공기를 불어 넣으면, 그 공기는 풍선 벽을 밀어내어 대기압과 힘의 평형을 이룬다. 이때 풍선 속 기체가 풍선 벽을 밀어내는 힘은 기체 분자들이 그 벽에 부딪치며 작용하는 것이라 볼 수 있다.

분자가 작용하는 힘을 알아보기 위해 정육면체 모양의 상자 속에 들어 있는 기체 분자 하나의 운동을 뉴턴의 운동법칙으로 기술해보자. 이때 그 분자가 벽면에 충돌하는 과정은 충돌 전후에 일정한 빠르기로 운동하는 탄성충돌이라 볼 수 있는데, 만약 탄성충돌이 아니라면 빠르기가 줄어들어 분자는 결국 모두 바닥에 떨어지게 될 것이기 때문이다. 이제 그 분자의 질량을 m이라 하고, 정육면체 상자의 한 변 길이를 L이라 하고, 분자는 벽면에 수직 방향으로만 충돌한다고 가정하자. 분자의 빠르기를 v라고 하면, 분자가 충돌할 때마다 생기는 운동량 변화량 크기는 $2mv$다.

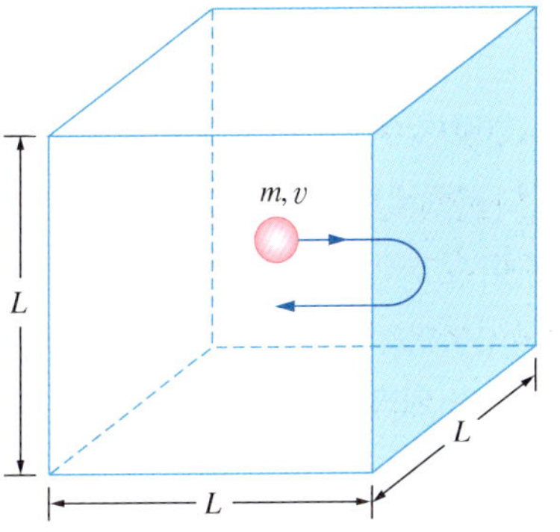

그림 12-1 정육면체 상자 속 분자

이때 시간 Δt 동안 분자가 이동한 거리는 $v\Delta t$가 되며, 한쪽 벽면에 한 번 충돌할 때마다 분자는 $2L$ 만큼의 거리를 이동해야 한다. 한편, 시간 Δt 동안 한쪽 벽에 충돌하는 횟수를 n이라 하면, 그동안 분자가 이동한 거리는 $n \cdot 2L$이 된다. 그러므로 $v\Delta t = n \cdot 2L$ 관계가 성립해야 한다. 한편, 시간 Δt 동안 분자 하나의 운동량 변화량은 $\Delta p = n \cdot 2mv$이므로, 분자 하나가 벽에 작용하는 평균 힘의 세기는 다음과 같다.

$$F_1 = \frac{\Delta p}{\Delta t} = 2mv \cdot \left(\frac{v}{2L}\right) = \frac{mv^2}{L} \tag{12.1}$$

이제 각 분자들이 다른 분자들의 운동에 영향을 주지 않고, 독립적으로 운동한다고 가정하자. 그 경우 상자 속에 있는 분자의 총 개수가 N일 때, 전체 분자가 벽에 작용하는 힘의 총 세기는 $F = NF_1$이다. 이처럼 분자들이 서로 무관하게 운동하는 상태의 기체를 **이상기체**[ideal gas]라 한다. 한편, 기체 분자의 빠르기는 분자마다 다를 수 있으므로 v^2을 그 평균값으로 대치해 $\overline{v^2}$로 나타내면, 평균 힘은 다음과 같이 나타낼 수 있다.

$$\overline{F} = N\frac{m\overline{v^2}}{L} \tag{12.2}$$

분자가 부딪치는 정육면체 면의 넓이는 L^2이고, 압력은 단위면적에 작용하는 힘의 평균 세기다. 따라서 압력을 P로 나타내면 다음과 같다.

$$P = \frac{\overline{F}}{L^2} = N\frac{m\overline{v^2}}{L^3} \tag{12.3}$$

여기에서 L^3은 기체가 담긴 상자의 부피로서, 그 부피를 V라 하면 $V = L^3$이다. 즉 $PV = N \cdot m\overline{v^2}$이다. 한편, 기체의 총 질량은 Nm이므로 밀도는 $\rho = \frac{Nm}{V}$으로 나타낼 수 있어서, 압력은 다음과 같이 나타낼 수 있다.

$$P = \rho\overline{v^2} \tag{12.4}$$

그러나 실제 기체 분자는 1차원 직선 운동을 하는 것이 아니라 3차원 공간 운동을 한다. 그러므로 분자가 상사 벽면에 수직 방향으로만 운동한다고 가정하는 것은 옳지 않다. 즉 우리는 분자가 x축 방향으로만 운동한다고 가정했는데 그렇다면 압력은 x, y, z축의 세 방향 중 어느 한 방향에만 작용해야 한다. 그러나 분자는 어느 방향으로든 운동할 수 있으므로 평균적으로 보면 어떤 한 방향에 작용하는 기체의 압력이나 또는 임의 방향으로의 압력은 다음과 같이 나타내야 한다.

$$P = \frac{1}{3}\rho\overline{v^2} \tag{12.5}$$

물음 12-1 분자의 총 운동에너지는 $\overline{K} = N \cdot \frac{1}{2}m\overline{v^2}$으로 나타낼 수 있다. 따라서 압력과 부피가 각각 P, V인 기체계의 총 운동에너지는 $PV = \frac{2}{3}\overline{K}$로 쓸 수 있음을 보여라.

물음 12-2 대기압을 받는 상태에서 풍선에 수소 기체를 채운 결과, 풍선의 부피가 0.3m^3가 되었다. 기체 속 수소 분자의 총 운동에너지는 몇 줄(J)인가?

참고 분자의 운동 방향

현실적으로 분자는 x, y, z축 같은 특정 방향이 아닌 임의의 방향으로 운동한다. 한편, 3차원 공간에서의 속도 제곱은 $v^2 = \boldsymbol{v} \cdot \boldsymbol{v} = v_x^2 + v_y^2 + v_z^2$으로 쓸 수 있고, 그 평균값은 $\overline{v^2} = \overline{v_x^2} + \overline{v_y^2} + \overline{v_z^2}$ 이다. 또한 방향 대칭성으로부터 $\overline{v_x^2} = \overline{v_y^2} = \overline{v_z^2}$ 관계가 명백하므로, 1차원 운동을 가정해 얻은 앞의 식 $P = \rho\overline{v_x^2}$은 $P = \frac{1}{3}\rho\overline{v^2}$으로 써야 옳다.

제곱평균제곱근 빠르기

분자의 빠르기를 나타내기 위해 **제곱평균제곱근 빠르기**root mean square speed(rms 빠르기로도 알려져 있다)라고 부르는 양 v_{rms}를 다음과 같이 정의할 수도 있다.

$$v_{rms}^2 = \overline{v^2} \tag{12.6}$$

한편, 압력은 $P = \frac{1}{3}\rho\overline{v_{rms}^2}$이므로, 분자의 제곱평균제곱근 빠르기는 $v_{rms} = \sqrt{\frac{3P}{\rho}}$로 나타낼 수 있다.[2]

물음 12-3 질량이 m인 분자 하나의 평균 운동에너지는 $K_1 = \frac{1}{2}m\overline{v^2} = \frac{1}{2}mv_{rms}^2$로 나타낼 수 있다. 공기 중 수소와 산소의 분자량은 각각 2와 32다. 수소 분자의 제곱평균제곱근 빠르기는 산소 분자의 경우에 비해 몇 배가 되는가?

12.2 온도의 정의

우리는 보통 '물질에 열을 가하면 온도가 올라간다' 또는 '열은 온도가 높은 쪽에서 낮은 쪽으로 이동한다'라고 말한다. 그러나 이런 표현으로는 온도나 열의 의미를 명백히 정의할 수 없다.

'온도'라는 양의 의미가 처음부터 명확히 알려진 것은 아니었다. 그러나 역사적으로 오랜 기간에 걸쳐 온도의 의미가 점점 명백해졌으며, 그런 의미에서 온도라는 개념은 오랫동안 진화해왔다고 볼 수 있다. 온도는 물체가 얼마나 뜨겁고 차가운지의 정도를 나타낸다. 하지만 물체 온도를 측정하기에 인체 감각은 그리 믿을 만한 것이 못된다. 예컨대, 지하수를 받아 손을 담가보면 더운 여름에는 시원하게 느껴지고, 추운 겨울에는 따뜻하게 느껴진다. 그렇다고 해서 지하수의 온도가 계절에 따라 크게 변하는 것은 아니다. 따라서 감각에 의존해서는 온도를 객관적으로 측정할 수 없다.

---

2 우리는 압력이 P인 기체에서 음속을 $\sqrt{\frac{P}{\rho}}$로 나타냈다. 이 사실을 통해 분자의 평균 빠르기가 소리의 빠르기보다 크다는 것을 알 수 있다.

초기에 온도라는 개념은 오늘날의 온도계로 측정하는 양으로 인식되었다.[3] 그렇다면 온도는 어떻게 측정할 것인가? 고체의 경우, 온도가 높아지면 일반적으로 길이는 늘어나고 부피는 팽창한다. 따라서 금속 막대가 늘어나는 정도나 액체 부피가 늘어나는 정도를 그 척도로 정해 **온도**[temperature] 측정을 할 수도 있다. 오늘날 국제 단위계[SI]에서는 금속 막대의 길이가 아니라 밀폐된 용기에 든 '부피가 일정한' 기체의 압력을 온도의 척도로 삼고 있다. 이런 방식으로 온도를 측정하는 온도계를 부피가 일정하다는 뜻인 '정적[定積]'을 붙여 **정적 기체온도계** 또는 간단히 **기체온도계**라고 한다. 즉 어떤 상태에 있는 물질의 온도 T는 다음과 같이 정의한다.

$$T \propto P \tag{12.7}$$

온도의 정의 속에는 '어떤 계 A에서의 온도계 기체 압력과 다른 계 B에서의 온도계 기체 압력이 같으면 두 계 A, B의 온도가 같다'는 가정이 포함되어 있다. 이를 **열역학 제0법칙**이라고 부른다.

온도의 정성적 정의는 기체온도계의 압력을 이용해 $T \propto P$ 관계로 쓸 수 있지만, 온도를 수치로 나타내 정량적으로 정의하려면 비례상수를 도입해 이 비례관계를 등식으로 나타내야 한다. 즉 그 비례상수를 a라고 쓰면 $T = aP$와 같이 나타내야 온도를 수치로 나타낼 수 있으며, 온도는 다음과 같은 과정으로 정량적으로 정의한다.

이제 기체온도계를 물의 삼중점 상태에 두어 열평형 상태에 이르렀다고 하자. 여기에서 물의 **삼중점**[triple point] 상태란 얼음, 물, 수증기가 동시에 존재하는 상태를 말한다. 그 경우 기체 압력을 P_0라 하고, 그때의 온도를 T_0라 하면 온도의 정량적 정의는 다음과 같다.

$$T = T_0 \frac{P}{P_0} \tag{12.8}$$

국제단위계에서는 물의 삼중점 온도 값을 $T_0 = 273.16\ \mathrm{K}$라고 정의하고 있다. 이렇게 정의한 특정한 온도 측정치를 **절대온도**[absolute temperature]라고 부른다. 절대온도 단위는 기호 K로 나타내고, **켈빈**[Kelvin]이라 부른다. 우리가 흔히 쓰는 **섭씨온도**[Celsius]는 절대온도에서 273.15를 뺀 값으로 정의하며, 그 단위는 ℃로 나타낸다. 즉 섭씨온도를 T_c로 나타내면 섭씨온도는 다음과 같이 나타낼 수 있다.

$$T_c = T - 273.15 \tag{12.9}$$

물음 12-4 물의 삼중점 온도는 섭씨온도로 몇 ℃가?

기체온도계로 어떤 물질의 온도를 측정하는 방법은 다음과 같다. 먼저 기체온도계를 물의 삼중점 상태

---

3 온도와 같은 추상적 개념을 실험적으로 측정해 구체화한 정의를 조작적 정의(operational definition)라고 부른다.

에 두고 측정한 기체의 압력을 P_0라고 하자. 그런 다음 어떤 물질 속에 온도계를 넣고 온도계와 그 물질 사이에 더 이상 열이 이동하지 않는 상태인 **열평형 상태**thermal equilibrium에 이르게 한다. 그 상태에서 측정한 온도계 기체의 압력을 P라고 하면, 물질의 온도는 $T = 273.16\dfrac{P}{P_0}$가 된다.

물음 12-5 섭씨온도에서 물의 끓는점이 100℃다. 물의 어는점이 0℃라 할 때, 물이 끓는 상태와 어는 상태에서 기체 온도계의 압력 비는 얼마인가?

물음 12-6 정적 기체온도계를 온도가 300K인 계에 두었더니 압력이 P_0가 되었다. 이 기체온도계를 다른 계로 옮겼더니 압력이 $1.2P_0$가 되었다. 그 계의 온도는 몇 ℃인가?

실제로 기체온도계를 만들어 온도를 측정해보면 문제점이 나타난다. 즉 기체온도계에 사용한 기체가 어떤 분자 기체인지, 또 기체 밀도가 얼마나 큰지에 따라 측정한 온도가 약간씩 다르다는 것이다. 그나마 다행인 점은, 기체 밀도를 작게 할수록 기체 종류에 상관없이 측정한 온도가 점점 일치하게 된다는 사실이다. 즉 정적 기체온도계는 기체 밀도가 충분히 작은 경우에만 온도를 제대로 측정할 수 있으므로, 기체온도계로 잰 온도는 다음과 같이 정의하는 것이 정확하다.

$$T = \lim_{P_0 \to 0} T_0 \frac{P}{P_0} \tag{12.10}$$

국제단위계에서는 실용적인 온도계를 제작하기 위해 물의 삼중점 기준 외에도 몇 가지 다른 기준을 제시한다. 예컨대, 1기압에서 산소의 끓는점(또는 액화점) 온도를 $T_0 = 90.188\text{K}$로, 물의 끓는점 온도를 $T_0 = 373.125\text{K}$로 정하고 있다. 이때 각 경우의 기준 압력 P_0는 각 상태에서의 기체온도계 압력을 의미한다.

상태방정식

온도를 관계식 $T \propto P$로 정의하면, 온도계의 기체 부피를 V라 할 때 그 부피는 일정하므로 온도 T는 관계식 $T \propto PV$로도 나타낼 수 있다. 이때 특별한 경우로 그 기체의 양이 1몰이라면(즉 아보가드로수 만큼의 기체 분자가 있는 경우) $T \propto PV$ 비례관계를 정량적으로 나타내 $T = \dfrac{1}{R}PV$로 나타내는데, 이때 R값은 실험을 통해 측정할 수 있다. 이 R 크기를 **기체상수**gas constant라고 부르는데, 그 크기는 대략 다음과 같다.

$$R = 8.3\frac{\text{J}}{\text{mol} \cdot \text{K}} \tag{12.11}$$

한편, 관계식 $T = \dfrac{1}{R}PV$는 다음과 같은 형식으로 더 자주 사용한다.

$$PV = RT \tag{12.12}$$

이 식을 '기체의 양이 1몰'인 상태에서의 **이상기체 상태방정식**이라고 한다. 하지만 이 방정식의 유도 과정을 살펴보면, 이 관계식은 이상기체 상태방정식보다 온도의 정의식이라는 명칭이 더 적절해 보인다.

한편, 부피가 동일하다고 할 때, 기체의 양이 n몰이 되면 압력도 n배가 되므로 PV값도 n배가 된다. 그러므로 '기체의 양이 n몰'인 경우의 상태방정식은 다음과 같아진다.

$$PV = nRT \tag{12.13}$$

물음 12-7 대기압 크기는 약 $10^5\ \mathrm{N/m^2}$다. 300K에서 대기 기체 1몰의 부피는 대략 몇 $\mathrm{m^3}$인가?

온도의 미시적 정의

앞에서 다룬 것처럼 우리는 밀폐된 용기 속의 기체 압력을 이용해 온도를 측정할 수 있다. 그 경우 온도를 정확하게 측정하기 위해서는 기체의 밀도가 '충분히' 작아야 한다. 한편, 우리는 분자 운동 분석을 통해, 밀폐된 용기 속에 있는 기체의 압력과 부피 관계를 $PV = \frac{1}{3}N \cdot m\overline{v^2}$으로 나타낼 수 있다고 했다. 즉 분자 개수 N이 아보가드로수 N_A가 되면 $PV = RT$가 성립하므로, 온도와 분자의 평균 빠르기 사이에는 다음과 같은 관계가 성립한다.

$$RT = \frac{1}{3}N_A \cdot m\overline{v^2} \tag{12.14}$$

흥미로운 사실은, 1몰의 기체 분자가 가진 총 운동에너지를 K라 할 때, $K = N_A \cdot \frac{1}{2}m\overline{v^2}$이므로, 이 결과를 $RT = \frac{2}{3}K$와 같이 나타낼 수도 있다는 점이다. 즉 아보가드로수만큼의 기체 분자(즉 기체 1몰)의 총 운동에너지를 다음과 같이 기체의 온도 T로 나타낼 수 있다.

$$K = \frac{3}{2}RT \tag{12.15}$$

이 값은 이상기체에 있는 총 운동에너지로, 기체의 **내부에너지**internal energy라고 부른다. 여기에서 **볼츠만 상수**Boltzmann constant라고 부르는 상수 k_B를 기체상수 R로부터 다음과 같이 정의하자.

$$R = N_A \cdot k_B \tag{12.16}$$

이렇게 정의하면 총 운동에너지 $K = \frac{3}{2}RT$ 관계는 다음과 같이 나타낼 수 있다.

$$\frac{1}{2}m\overline{v^2} = \frac{3}{2}k_B T \tag{12.17}$$

즉 앞에서 정의한 온도는 '분자 하나의 평균 운동에너지'를 나타내는 척도임을 알 수 있다. 따라서 이 식은 '기체 온도의 미시적 정의'라고 말할 수 있다.

물음 12-8 기체상수 R과 아보가드로수 N_A로부터 볼츠만상수 k_B값이 약 1.38×10^{-23}J/K임을 보여라.

이와 같은 온도의 미시적 정의를 따르면, 여러 종류의 분자가 어떤 온도 T에 있을 때, 각 분자의 평균 빠르기 v_{rms}는 다음과 같이 질량에 의존하는 식으로 나타낼 수 있다.

$$v_{rms} = \sqrt{\frac{3k_BT}{m}} \tag{12.18}$$

즉 여러 종류의 기체 분자가 섞여 있을 때, 질량이 큰 분자일수록 빠르기가 더 느리다. 예컨대, 공기 중의 이산화탄소 분자의 평균 빠르기는 산소 분자보다 느리다. 이 결과는 한곳에 있던 분자들이 더 넓은 공간으로 퍼지는 확산 현상에서, 질량이 큰 분자가 더디게 확산된다는 것을 의미한다. 그 예로, 스모그 현상이 있다. 근래에 우리는 한낮이 되어도 안개가 잘 걷히지 않는 스모그 현상을 자주 경험한다. **스모그**smog란 연기smoke와 안개fog의 합성어로, 연기를 이루는 공해 분자와 안개를 이루는 물 분자가 결합된 입자에 의한 현상이다. 안개는 작은 물방울이 모여 있는 현상으로, 해가 뜨면 물방울이 수증기로 변해 쉽게 걷힌다. 그러나 대기가 깨끗하지 않을 때 생긴 안개는 스모그 안개이므로 쉽게 걷히지 않는다.

공기의 공해물질은 주로 자동차 배기가스로 배출되는 질소나 탄소 화합물들로, 이들 분자는 공기의 주성분인 질소나 산소 분자보다 훨씬 무겁다. 기체가 확산되는 속도는 분자 속도에 관계되므로 무거운 공해물질 분자는 쉽게 확산되지 않는 것이다. 안개를 이루는 수증기도 상당히 큰 물 분자로 이루어져 있어서 쉽게 확산되지 않는다. 시위 진압용 최루가스도 그 가스 분자의 분자량이 클수록 더 오랫동안 남아서 불편을 준다.

여기에서 기억해야 할 중요한 사실이 하나 있는데, 바로 $PV = \frac{1}{3}N\cdot m\overline{v^2}$ 관계를 유도할 때 기체 분자들이 서로 무관하게 운동해서 분자끼리 충돌할 가능성이 전혀 없다고 가정했다는 점이다. 만약 기체 분자 밀도가 커서 분자끼리 충돌할 가능성이 있다면, 충돌 가능성이 많아질수록 분자가 벽에 가하는 압력은 우리가 추정했던 압력보다 작아지며, 그 압력은 더 이상 $PV = \frac{1}{3}N\cdot m\overline{v^2}$ 관계를 만족하지 않으며, 실제의 압력은 이 식에서 얻어지는 압력보다 작아진다. 즉 기체온도계로 측정한 온도는 더 이상 $PV = nRT$ 관계를 정확하게는 만족시키지 않는다. $PV = nRT$를 '이상기체' 상태방정식이라 부른 이유가 바로 이 때문이다.

당연하지만, $PV = nRT$는 분자들이 운동하다가 서로 충돌할 가능성이 적은 기체일수록 더 잘 적용된다. 즉 기체의 밀도가 매우 커져 분자들끼리의 충돌이 너무 자주 일어나지 않는 한 $PV = nRT$는 대부분의 기체 상태를 잘 기술할 수 있다. 그러나 실제 기체 상태를 더 잘 기술하려면 **반 데 발스 상태방정식**van der Waals equation of state이라는 식을 사용하는데, 그 식은 기체 분자의 크기가 유한한 크기를 가진다는 점을 고려한 기체의 보정된 상태방정식이다.

물음 12-9 다음 물음에 답하라.

(a) 공기 분자의 평균 질량을 15u라고 가정하고, $v_s = \sqrt{\frac{3k_B T}{m}}$ 관계를 이용해 상온($T = 300\,\mathrm{K}$)에서 공기 분자의 평균 빠르기 v_s의 크기를 계산하라.

(b) 한편 분자의 평균 빠르기는 $v_s = \sqrt{\frac{3P}{\rho}}$ 로부터 구할 수도 있다. 공기의 평균밀도가 $\rho = 1.30\,\mathrm{kg/m^3}$, 대기압 세기가 $P = 10^5\,\mathrm{N}$일 때 공기 분자의 평균 빠르기를 계산하라.

반 데 발스 상태방정식

실제 기체를 더 정확히 기술하려면 이상기체 상태방정식 대신 반 데 발스 상태방정식을 사용해야 한다. 1몰의 기체에서 그 방정식은 다음과 같은 형태로 나타낸다.

$$\left(P + \frac{a}{V^2}\right)(V - b) = RT \tag{12.19}$$

여기에서 a, b는 상수인데, b는 기체 분자 전체의 부피를 나타낸다. 기체 분자의 크기가 유한하므로, 밀폐된 용기의 부피에서 기체 분자가 차지하는 부피를 빼야만 기체 분자가 운동하는 올바른 공간 부피가 되기 때문이다.

줄어든 부피를 V'으로 나타내면, $V' = V - b$ 형태로 쓸 수 있다. 한편, 그런 이유로 기체의 총 부피가 작아질수록 분자가 충돌할 확률은 더 커지므로, 측정된 압력 P는 정적 기체온도계에서 기대하는(즉 기체 분자끼리 충돌하지 않을 때의) 압력보다 작아진다. 즉 분자끼리 충돌하지 않은 상태의 기댓값 압력을 P'이라 하면, (온도는 $T \propto P'$으로 정의한 양이므로) $P' = P + \frac{a}{V^2}$ 형태와 같이 보정해야 한다.

참고 빛의 스펙트럼을 이용한 온도 측정

정적 기체온도계는 우리가 사용하는 온도계의 기준으로 삼기에 부족함이 없다. 또 기체 분자를 미시적 입자로 취급하면, 그렇게 측정한 온도는 입자들의 운동에너지로도 해석할 수 있음을 알게 되었다. 그러나 기체온도계로 매우 낮은 온도나 높은 온도를 측정하려면, 기체가 액화하거나 이온화하는 등의 문제가 생길 것이다. 헬륨 같은 기체는 4K까지 기체로 남아 있고, 고온에서도 잘 이온화되지 않으므로, 상대적으로 넓은 범위의 온도를 측정할 수 있다. 그러나 그 범위를 벗어나면 어떻게 할 것인가? 우리는 흔히 태양의 표면 온도를 6,000K 정도, 우주의 평균 온도를 4K 정도, 용광로에서 끓는 뜨거운 쇳물의 온도를 수천도 정도라고 말한다. 이런 온도들은 어떻게 측정한 것일까?

이런 온도는 기체온도계로 측정한 것이 아닌 빛의 스펙트럼으로 측정한 것이다. 물체를 이루는 분자들은 끊임없이 진동운동을 하는데, 원자는 전하로 이뤄져 있으므로 전하의 가속도 운동 때문에 빛이 발생한다. 이때 물체가 내는 빛의 스펙트럼은 플랑크의 복사곡선이라는 세기 분포를 보이는데, 그 분포는 온도의 특성을 나타내므로 물체의 온도를 측정하는 좋은 척도가 된다. 예컨대, 6,000K인 물체에서는 파장이 $0.5\mu m$ 내외의 가시광선(특히 노랑 빛)이 가장 많이 나오고, 300K인 물체에서는 $10\mu m$ 내외의 적외선이 가장 많이 나온다. 어떤 물체가 가장 강하게 내는 빛의 파장 λ_m은 그 물체의 온도 T와 반비례한다.

12.3 열팽창

우리가 정의한 기체온도계 온도는 여러 가지 면에서 합리적이다. 예컨대, 온도에 따른 금속 막대의 길이 변화량이나 부피 변화량을 측정해보면, 그 변화량들은 모두 온도변화량에 잘 비례한다. 일반적으로 물질에 열을 가하면 물질의 부피가 늘어나는데, 이를 **열팽창**thermal expansion 현상이라 한다. 이제 온도 변화에 따른 금속 막대의 길이나 부피 변화를 살펴보자.

선팽창

먼저 막대 모양 물체가 열팽창하는 경우를 보자. 금속 막대 모양의 물체를 가열하면 그 막대가 팽창하는데. 이를 **선팽창** 현상이라 한다. 이때 막대의 온도가 Δt만큼 증가했다고 하자. 그 경우 막대 길이는 늘어나는데, 늘어난 길이 ΔL은 실험적으로 $\Delta L \propto \Delta T$ 관계라고 알려져 있다. 한편, 막대의 길이 변화량은 막대 길이 L이 클수록 더 크므로, $\Delta L \propto L$ 관계도 성립한다. 따라서 길이 변화량은 다음과 같이 나타낸다.

$$\Delta L = \alpha \cdot L \Delta T \tag{12.20}$$

여러분은 여기에서 비례상수 α를 막대를 이루는 물질의 **선팽창계수**라 한다. 일반적으로 금속의 선팽창계수는 매우 큰 편인데, 알루미늄은 상온에서 $23 \times 10^{-6}/℃$, 강철은 $9 \times 10^{-6}/℃$ 정도다. 온도에 따른 길이 변화량의 $\Delta L \propto \Delta T$ 비례 관계 특징은 온도에 상관없이 거의 모든 온도 영역에서 잘 유지되므로, 매우 정확하게 측정해야 하는 경우가 아니라면 금속 막대를 사용해서 온도를 측정해도 무방하다.

유리컵에 갑자기 뜨거운 물을 담으면, 컵이 깨지는 경우가 많다. 그 이유는 컵의 내부 표면 온도는 갑자기 높아져 크게 팽창하는데, 외부 표면 온도는 변하지 않아 팽창하지 않은 상태로 남아 있기 때문이다. 일반 유리의 선팽창계수는 크지만, 파이렉스pyrex유리 같은 특수 유리의 선팽창계수는 상온에서 약 $3.2 \times 10^{-6}/\mathrm{K}$로 작은 편이다. 따라서 온도 차이에 따른 팽창이 쉽게 일어나지 않아 열에 의해 팽창이 잘 안되는 특성을 갖는다.

표 12-1 몇 가지 물질의 선팽창계수

물질	$\alpha(10^{-6}/\mathrm{K})$
얼음	51
납	29
강철	11
보통 유리	9
파이렉스유리	3.2
특수합금	0.7

부피팽창

선팽창계수는 고체 막대에 적용되는 양이지만, 액체 또는 기체 상태 물질의 열팽창 특성을 다루기에는 적절하지 않다. 고체 상태 물질과 마찬가지로 기체나 액체 상태의 물질을 가열하면 그 부피가 증가하는 **부피팽창**이라는 현상이 발생한다. 이때 물질의 온도가 Δt만큼 올라가면, 부피도 일반적으로 늘어나는데, 늘어난 부피 ΔV는 $\Delta V \propto \Delta T$ 관계를 갖는다. 한편, 물질의 처음 부피가 V이면 $\Delta V \propto V$이므로 부피 변화량은 다음과 같이 쓸 수 있다.

$$\Delta V = \beta \cdot V\Delta T \tag{12.21}$$

여기에서 비례상수 β를 그 물질의 **부피팽창계수**라 한다. 어떤 물질의 부피팽창계수는 그 물질 선팽창계수의 세 배로서, $\beta = 3\alpha$로 나타낸다.

온도에 따른 부피 변화량의 $\Delta V \propto \Delta T$ 비례 관계 특징은 온도에 상관없이 거의 모든 온도 영역에서 잘 유지되므로, 실용적인 목적을 위해 기체온도계 대신 액체온도계를 사용하기도 한다. 액체온도계에는 흔히 알콜[alcohol]이나 수은(Hg)이 사용된다. 사실상 모든 물질은 온도가 올라갈수록 부피가 증가한다. 물도 마찬가지여서 온도가 올라갈수록 물의 밀도는 점점 작아진다. 그러나 흥미로운 사실은, 0℃ ~ 4℃ 구간에서는 온도가 올라가도 밀도가 작아지지 않고 오히려 커진다는 것이다. 물은 여느 액체와는 조금 다른 특징을 가진 흥미로운 물질로 앞으로 더 다루게 될 것이다.

물음 12-10 각 변의 길이가 L인 정육면체 모양의 물체가 있다. 그 물체의 선팽창계수가 α라면, 부피팽창계수는 3α임을 보여라.

[HINT] $(L+\Delta L)^3 = L^3\left(1+\dfrac{\Delta L}{L}\right)^3$ 관계이고, x가 충분히 작은 수일 때 $(1+x)^3 \approx 1+3x$ 관계임을 이용한다.

참고 열팽창의 미시적 설명

물체를 이루는 원자 간의 상호작용 위치에너지는 조화진동자 위치에너지 모양과 비슷하지만, [그림 6-8]에 보인 바와 같이 약간 비대칭 형태를 띤다. 따라서 온도가 낮은 상태에서 각 원자는 평형 위치에 머물지만, 온도가 올라가면 점점 진폭이 커지는 진동 운동을 한다. 그 경우 진동하는 원자의 평균 평형 위치는 원래의 평형 위치보다 더 먼 곳으로 이동한다. 이는 원자 간의 거리가 멀어지는 것을 뜻하고, 곧 물체의 부피가 팽창하는 것을 의미한다.

참고 불 이야기

불은 유용하지만 위험한 존재이다. 물체에 붙은 불을 끄려면 어떻게 해야 할까? 그 방법을 찾으려면, 먼저 물질이 불에 타는 과정을 알아야 한다. 물질이 불에 타기 위해서는 세 가지 조건이 필요하다.

(1) 불에 탈 물질이 있어야 한다.
(2) 그 물질이 인화점[4]에 도달해야 한다.
(3) 충분한 공기가 공급되어야 한다.

자연세계는 이 세 조건을 '스스로' 만족한다. 세 조건 중 조건 (3)에 대해 살펴보자. 만약 공기가 충분히 공급되지 않는다면, 물체가 계속하여 불에 타는 일은 없을 것이다. 불이 계속 잘 타게 하기 위해서는 부채나 선풍기로 공기를 공급하면 된다. 자연은 타는 물체에 공기가 스스로 공급될 수 있도록 만들어져 있는데, 그 원인은 바로 더운 공기가 팽창하는 현상 때문이다. 즉 $PV = nRT$ 관계에 따르면, 대기압을 받는 상태에서는 기체 온도가 높아질수록 그 부피가 늘어나고, 기체 밀도는 희박해진다. 따라서 불에 타서 산소가 거의 희박해진 공기는 팽창하면서 가벼워져 위로 올라가고, 그 빈 공간에 산소를 많이 가진 신선한 공기가 밀려 들어온다. 즉 '더운 공기는 팽창한다'는 자연의 특징 때문에 한번 불붙은 물질이 계속 타게 되면서 위험해지는 것이다.

---

4 불이 붙기 시작할 때의 온도를 뜻한다.

12.4 열과 비열

우리는 앞에서 **열**heat이라는 말을 사용했지만, 열의 의미에 관해서는 다루지 않았다. 사실 인간은 열의 정체에 대해 오랫동안 모르고 살았다. 인간은 몇 백 년 전까지 자연세계에는 일정한 양의 열이 존재하며, 그 열이 이곳저곳으로 이동한다고 생각했다. 그러나 손바닥을 서로 비벼보면 알 수 있듯이, 단순한 마찰을 통해서도 열이 발생한다. 즉 열이 만들어지기도 한다는 사실을 인간은 근대에야 알게 되었다. 그로부터 열은 '거시적 운동에너지가 없어지면서 생기는 양'임을 깨닫게 되었고, 열도 에너지의 한 형태임을 곧 알게 되었다.

열은 우리가 앞에서 정의한 '일'과 비슷한 양으로, 열이나 일 모두 물체가 가진 고유한 양이 아니다. 따라서 '일'이라는 양을 '그 물체가 가진 일의 양은 얼마만큼이다'와 같이 말할 수 없고, '열' 또한 '그 물체가 가진 열의 양은 얼마다'와 같이 말할 수 없다. 열량의 단위는 **칼로리**calorie로 나타내는데, 1칼로리(cal)는 다음과 같이 정의한다.

$$1\,\text{cal} = \text{물 } 1\,\text{g의 온도를 } 1℃\ (14.5℃ \text{에서 } 15.5℃ \text{로}) \text{ 올리는 데 필요한 열량} \tag{12.22}$$

거시적 역학적 에너지가 없어지면서 발생하는 열량을 측정하면, 열의 단위인 칼로리(cal)를 에너지의 단위인 줄(J)로 나타낼 수 있다. 실험 결과 $1\,\text{cal} = 4.186\,\text{J}$이다. 즉 열량은 일의 양과 다음과 같은 관계를 갖는다.

$$1\,\text{kcal} = 4186\,\text{J} \tag{12.23}$$

이 관계는 영국의 줄Joule이 고안한 장치를 통해 실험으로 검증할 수 있다. 줄은 높은 곳에 있는 물체가 천천히 회전하면서 떨어지며 물을 휘젓는 장치를 이용해, 물체의 위치에너지 변화가 물 온도를 얼마나 변화시켰는지 측정했다. 즉 물체의 위치에너지 변화량과 열에너지의 관계를 정량적으로 측정한 것이다.

그림 12-2 제임스 프레스콧 줄, 1811~1889

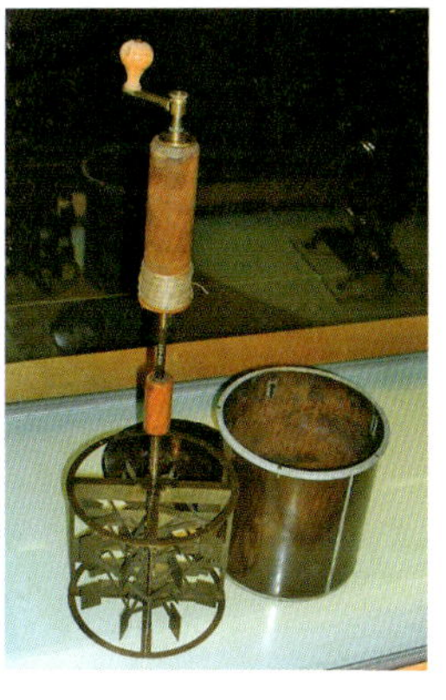

그림 12-3 줄의 실험 장치

물음 12-11 줄의 실험 장치를 보면 높은 곳의 물체는 매우 천천히 떨어지며 물을 휘젓는다. 매우 천천히 떨어지게 한 이유는 무엇인가?

물음 12-12 사람이 하루를 사는 데 필요한 음식 에너지의 열량은 약 2,000 kcal로 알려져 있다. 질량이 100 kg인 사람이 산을 오를 때 2,000 kcal의 에너지가 모두 위치에너지로 변환된다고 가정하면, 그 에너지로 사람이 올라갈 수 있는 높이는 얼마인가?

열용량

물체의 온도를 높이려면 열을 가하면 된다. 그러나 열을 가할 때, 똑같은 양의 열을 가해도 물체의 온도 변화량은 물체마다 다르다. 실험적으로 물체의 온도변화량은 주어진 열량에 비례한다. 즉 열량 Q가 주어지면 온도변화량 Δt는 $\Delta T \propto Q$의 비례 관계로 나타낼 수 있으므로, 다음과 같다.

$$\Delta T = \frac{1}{C}Q \tag{12.24}$$

여기에서 비례상수 C를 물체의 **열용량**heat capacity이라 한다. 한편, 이 식은 $C = \frac{Q}{\Delta T}$와 같이 쓸 수도 있으므로, 열용량이란 '물체 온도를 1℃ 올리는 데 필요한 열의 양'이라 할 수 있다.

비열

예컨대 물을 데우려 한다면, 물의 양이 많아질수록 그 물을 데우기 위해서는 더 많은 열이 필요하다. 그러므로 물의 양에 비례해 열용량도 커진다고 할 수 있다. 그러므로 일반적으로 물체의 양이 많아지면 열용량 크기도 그에 비례해 커지며, 같은 물질로 만든 물체라도 물체 크기가 커지면 그 열용량도 비례해 커진다고 말할 수 있다. 한편, 물체의 질량 m과 열용량 C는 비례하므로, $C \propto m$으로 나타낼 수 있고 비례상수 c를 도입해 $C = c \cdot m$으로도 나타낼 수 있다. 이렇게 도입한 비례상수 c를 그 물질의 **질량 비열** 또는 간단히 **비열**specific heat이라 부른다.

비열과 열용량은 $C = c \cdot m$ 관계를 가지므로, 비열 c는 $c = \frac{1}{m}C$와 같이 쓸 수 있다. 즉 비열이란 '단위질량당 열용량'을 의미한다. 열용량과 달리 비열은 물체의 특성이 아닌 '물질의 특성'으로, 물질이 가진 고유한 성질 중 하나다. 일반적으로 금속의 비열은 비금속 물질보다 매우 작은 편이다.

물은 비열이 매우 큰 물질이다. 그래서 다행히 지표면의 온도 변화는 매우 적은 편이다. 왜냐하면 지구 표면에 있는 많은 양의 물 온도를 변화시키기 위해서는 많은 열량이 필요하기 때문이다. 물질에 따른 비열의 차이는 지표면의 기후에 매우 중요한 역할을 한다. 예컨대, 육지를 이루는 흙이나 돌의 비열은 물보다 작으므로, 한낮의 육지 온도는 강이나 바다 온도보다 더 빠르게 올라간다. 강이나 바다의 비열은 큰 편이라서 한낮의 온도가 육지보다 덜 올라간다. 그 결과 육지 쪽의 공기가 팽창하며 상승하고, 그 빈 공간에 강이나 바다 쪽으로부터 공기가 밀려 들어온다. 그래서 한낮에 강이나 바다로부터 불어오는 바람이 시원하게

표 12-2 물질의 비열(실온)

물질	비열(J/kg · K)
납	128
은	236
구리	386
알루미늄	900
유리	840
바닷물	3900
물	4190

느껴지는 것이다. 밤에는 그 반대 현상이 발생해 육지에서 바다 쪽으로 바람이 분다. 한편, 유라시아 대륙 같은 거대한 대륙과 태평양 같은 거대한 대양의 온도 변화는 수개월에 걸쳐 느리게 일어나므로, 대륙과 대양의 비열 차이에 따른 바람은 계절풍의 원인이 되기도 한다.

몰비열

비열은 물질의 특성 중 하나지만, 단지 (질량) 비열의 크기로부터는 특별히 흥미로운 요소를 찾을 수 없다. 그러나 물질의 비열을 '단위질량당 열용량'이 아닌 '1몰당 열용량'으로 정의하면, 흥미로운 사실이 발견된다. 열용량은 물질의 양에 비례하므로 당연히 (아보가드로수만큼의 분자 질량인) 몰 수에도 비례하는데, '1 kg당 열용량'과 같은 질량 비열이 아닌 '1몰당 열용량'과 같이 정의한 비열을 **몰비열** molar specific heat 이라 부른다.

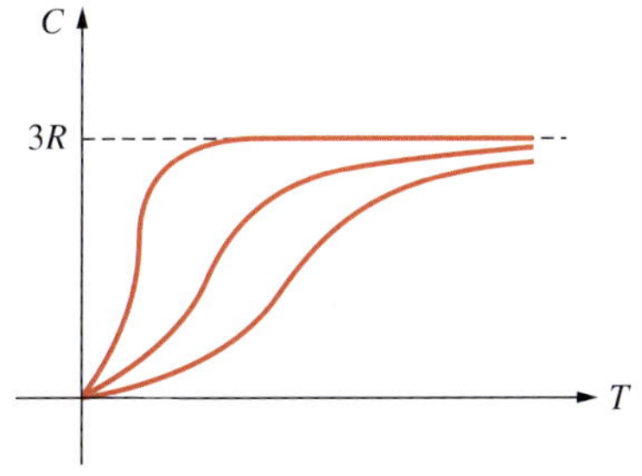

그림 12-4 온도에 따른 고체의 몰비열 변화

물질이 고체 상태일 때, 상온에서 그 몰비열을 측정하면 1몰당 비열이 약 25 J(또는 6 cal)로서, 이 크기는 기체상수 R의 세 배인 $3R$에 해당한다. 흥미롭게도 이 크기는 물질의 종류에 상관없이 똑같은데, 이는 그 물체가 금이건 구리이건 상관없이, 1몰의 양을 1℃ 높이는 데는 언제나 약 6 cal가 필요하다는 것을 의미한다.

또 한 가지 흥미로운 사실은, 온도가 충분히 높으면 그 몰비열이 $3R$ 정도이지만, 온도가 낮아지면 물질에 상관없이 그 몰비열이 항상 0에 가까워진다는 점이다. 이런 현상은 특히 실리콘이나 다이아몬드 같은 물질에서 두드러지는데, 이들 물질의 몰비열은 상온에서도 1몰당 6 cal보다 훨씬 작은 값을 갖는다. 몰비열의 이런 흥미로운 특성은 지금까지 다뤄온 물리학의 방식으로는 설명할 수 없는 것이며, 이를 설명하기 위해서는 획기적인 생각의 변화가 필요해진다. 이런 특성을 설명하려면 미시적 세계에서의 에너지가 양자화되어 있다는 가정에서부터 시작하는데, 이런 저온 몰비열 특성은 물질의 미시적 양자적 본성이 거시적으로 드러난 아주 드문 특성이다.

참고 저온에서 몰비열을 설명하는 양자적 입장

다이아몬드는 굉장히 단단한 물질로, 다이아몬드를 이루는 탄소 원자가 서로 매우 단단한 용수철로 연결되었다고 생각할 수 있다. 한편, 탄소의 원자 질량은 무척 가벼운 편에 속한다. 따라서 탄소 원자의 자연진동수 크기인 $\sqrt{\frac{k}{m}}$ 값은 다른 물질의 경우보다 굉장히 크다. 양자론에서는 원자의 진동에너지가 그 진동수 단위로만 가능하다고 보며, 탄소 원자의 기본 진동에너지는 굉장히 커서 극히 낮은 온도에서는 그런 에너지를 갖지 못한다고 본다. 즉 다이아몬드를 이루는 탄소 원자는 저온에서는 제멋대로 진동할 수조차 없는 상태가 된다.

우리는 고체의 몰비열은 물질에 상관없이 약 $3R$이라는 흥미로운 특성을 알게 되었다. 그러나 기체의 몰비열에서도 역시 흥미로운 특성을 발견할 수 있는데, 기체 종류에 상관없이 그 몰비열이 특정한 몇 가지 값만 갖는다는 점이다. 예컨대, 헬륨(He)이나 네온(Ne) 같은 원자들은 다른 원자와 쉽게 결합하지 않는 **불활성 원소** 원자들로, **단원자 분자**monatomic molecule라 부르는데, 이런 기체의 몰비열은 모두 $\frac{3}{2}R$로 똑같다. 즉 헬륨이나 네온 같은 기체 1몰을 1℃ 높이는 데는 약 12 J이 필요하다.

한편, 산소나 질소 등과 같이 두 개의 원자가 결합한 상태로 존재하는 분자들을 **이원자분자**diatomic molecule라 부르는데, 이들 분자로 이루어진 기체의 몰비열은 상온 근처에서 $\frac{5}{2}R$로 일정하다. 그러나 이원자분자는 단원자분자와는 달리 몰비열이 온도에 따라 거의 불연속적으로 변한다는 놀라운 특징을 보인다. 즉 온도가 매우 낮은 상태에서의 이원자분자의 몰비열은 단원자분자와 같은 $\frac{3}{2}R$이지만, 상온에서는 $\frac{5}{2}R$, 그리고 고온에서는 $\frac{7}{2}R$이 되어, R 크기만큼씩 불연속적으로 변하는 것이다. 이런 불연속적 변화를 **양자적**quantum 변화라 하는데, 이런 양자적 특성은 미시세계에서 나타나는 기본 특성으로서, 이원자분자의 이런 몰비열 특성도 미시세계의 양자적 특성이 거시적으로 드러난 드물면서도 흥미로운 특성이라고 말할 수 있다.

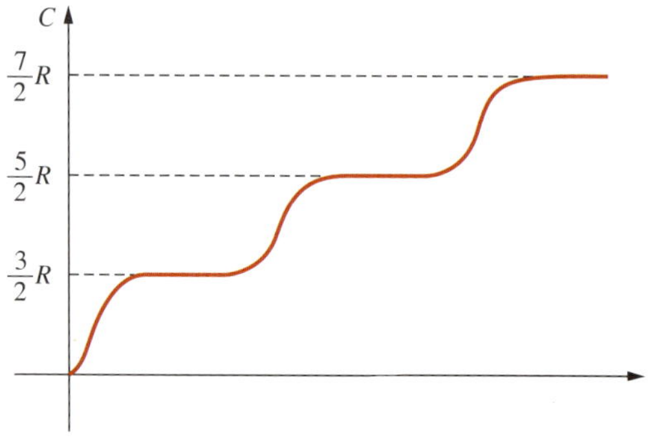

그림 12-5 이원자분자 모양과 온도에 따른 비열곡선

숨은 열(잠열)

물질에 열을 가하면 온도가 올라가지만 언제나 그런 것은 아니다. 예컨대, 물을 가열하면 100℃ 정도에서 끓기 시작하는데, 그 상태에서는 아무리 열을 더 가해도 모든 물이 수증기로 변할 때까지 온도가 변하지 않는다. 이와 같은 상황은 물질이 고체, 액체, 기체 상태의 세 가지 상태 사이에서 상태 변화를 일으킬 때 나타난다. 이때 **상변화**phase transition가 일어났다고 말한다.

상변화가 일어나는 동안 상변화를 일으키기 위해서, 단위질량당 물질에 가해야 하는 열에너지의 양을 **잠열**latent heat 또는 **숨은열**이라고 부르고, 이를 L로 나타낸다. 특히 고체 상태에서 액체 상태로 변하는 동안의 잠열을 **융해열**heat of melting, 액체 상태에서 기체 상태로 변하는 동안의 잠열을 **기화열**heat of evaporation 또는 **증발열**이라고 부른다. 예컨대, 물의 융해열은 333 kJ/kg, 기화열은 2256 kJ/kg이다. 당연하지만 기체가 액체로 될 때와 액체가 고체로 될 때의 잠열인 **액화열**과 **응고열**은 각각 기화열과 융해열 크기와 같아야 한다.

표 12-3 융해열과 기화열

물질	융해열(kJ/kg)	기화열(kJ/kg)
수은	11.4	296
물	333	2256
납	23.2	858
은	105	2336
구리	207	4730

물은 잠열이 매우 큰 대표적인 물질로, 이와 같은 특성을 띤 물이 지표면에 다량으로 존재하기 때문에 지표면에서의 온도 변화가 그리 크지 않아 우리는 쾌적한 환경을 누리며 산다고 할 수 있다.

참고 양자세계의 운동

고체의 비열이 저온에서는 0에 가까워진다는 특징이나 이원자분자의 비열이 불연속적으로 변한다는 특징은, 미시세계의 양자적 특성이 거시적으로 발현되는 몇 안되는 예 중 하나다. 이런 사실로부터 유추할 수 있는 미시세계는 우리가 경험하는 일상세계 현상과는 너무 달라 상상하거나 설명하기가 매우 어렵다. 예컨대, 이원자분자의 몰비열이 저온에서는 단원자분자와 똑같지만, 온도가 높아지면 갑자기 더 커지는 이유를 어떻게 설명해야 할 것인가?

이런 현상을 이해하려면 먼저 온도가 무엇을 뜻하는지 되짚어 봐야 한다. 우리는 앞에서 기체 분자의 평균 운동에너지가 온도의 척도임을 알았다. 열을 가해도 기체 온도가 올라가지 않는 이유는 그 열에너지가 분자의 속도를 빠르게 하는 데 쓰이지 않고 있다는 뜻과 같다. 그렇다면 그 열에너지는 어디로 숨었다는 것인가?

이를 알아보기 위해 우리는 분자가 날아다니는 운동 말고도 다른 운동을 할 수 있는지 생각해봐야 한다. 단원자분자는 하나의 원자 자체이므로 날아다니는 운동만 할 수 있다. 그러나 이원자분자는 아령 모양으로 두 입자가 가상적 용수철로 연결된 형태를 보인다. 따라서 이원자분자는 그 중심점을 지나는 축을 중심으로 회전운동을 할 수도 있고, 진동운동도 할 수 있다. 그렇게 가정하면, 낮은 온도에서는 이원자분자도 단원자분자처럼 날아다니는 운동만 하지만, 높은 온도에서는 회전이나 진동운동까지 한다고 볼 수 있다. 즉 높은 온도에서 이원자분자는 회전이나 진동운동 에너지로 주어진 열에너지를 사용하므로, 날아다니는 빠르기가 단원자분자의 경우처럼 빨라지지는 못한다.

12.5 열전달

자연세계는 끊임없이 변화한다. 열이라는 양의 측면에서 볼 때, 그 변화는 열의 이동을 뜻하며, 모든 변화는 온도가 높은 쪽에서 낮은 쪽으로 열이 이동하는 현상인 것이다. 한 물체에서 다른 물체로 열이 이동하는 방법은 여러 가지가 있는데 크게 전도, 대류, 복사로 분류한다.

전도

전도conduction 현상에 의한 열전달은 주로 고체 상태 물질에서 일어나는데, 그 현상은 정해진 위치에서 인접한 두 분자끼리 운동에너지를 주고받는 과정에서 발생한다. 예컨대, (가상) 용수철로 연결된 고체 상태의 분자 중 한 분자의 평균 운동에너지가 커지면(즉 온도가 높아지면), 그 운동에너지는 용수철을 매개로 해서 바로 이웃에 있는 다른 분자의 운동에너지를 증가시키는데, 이런 방법으로 운동에너지는 계속 전파된다.

열전도는 주로 고체 상태에서의 열전달 현상을 뜻한다. 그러나 액체나 기체 상태의 분자들이 자유롭게 이동하는 상태에서도 전도 형태의 열전달이 일어날 수 있다. 즉 분자의 이동 현상인 대류 현상을 통한 열전달이 가능하지만, 기체에서도 열전도 현상이 일어날 수 있다는 뜻이다.

한편, **도체**conductor란 자유롭게 이동할 수 있는 전자를 많이 가진 물질을 뜻하는데, 도체에서는 자유전자가 직접 이동하는 방법으로 열전도가 일어나기도 한다. 이런 이유로 은이나 구리 같은 도체는 도체가 아닌 물체보다 열을 훨씬 더 잘 전달한다.

이제 온도가 각각 T_2, $T_1(T_2 > T_1)$으로 다른 두 물체를 어떤 열전도체로 연결한 경우의 열전도 현상을 살펴보자. 이때 '단위시간 동안 전달되는 열량'을 **열전달**heat transfer이라고 하고 그 크기를 H로 나타내는데, 실험에 의하면 그 크기는 $H \propto (T_2 - T_1)$으로서 온도 차 크기에 비례한다. 즉 온도는 열전달을 기술할 때 매우 유용한 양임을 알 수 있다. 한편, 열전도체의 단면적이 A, 길이가 L이라면, 열전달 크기는 단면적 크기에 비례하고 길이에 반비례하는 $H \propto \dfrac{A}{L}$ 특성을 띠며, 다음과 같이 나타낼 수 있다.

$$H = k \cdot \frac{A}{L} \cdot (T_2 - T_1) \tag{12.25}$$

여기에서 비례상수 k를 그 물질의 **열전도도**thermal conductivity라고 하는데, 일반적으로 도체의 열전도도는 도체가 아닌 물질보다 매우 크다. 예컨대, 구리나 은의 열전도도는 약 400 W/(m · K)가 되는 데 비해, 대부분 부도체 물질의 열전도도는 1 W/(m · K)도 안 된다. 흥미로운 것은 정체된 공기의 열전도도가 매우 작다는 점이다. 공기의 열전도도 크기는 0.026 W/(m · K)로, 이는 유리의 열전도도의 약 1/40에 해당하며, 단열재로 많이 쓰이는 재료인 스티로폼과 비슷한 정도다. 그러므로 추위를 잘 견디기 위해서 공기의 단열성을 이용하면 좋다. 몸의 보온을 위해 옷을 몇 겹씩 겹쳐 입거나 집 안의 보온을 위해 **겹 유리**pair glass를 쓰는 것들이 공기의 단열성을 이용하는 좋은 예다. 따라서 공기층을 만들 수만 있다면 훌륭한 보온 효과를 얻을 수 있다. 이런 이유로 보온병을 제작할 때는 외벽과 내벽 사이의 공간은 최대로 비워두는 것이 좋다. 예컨대, 지붕을 볏짚으로 덮은 초가집은 볏짚 자체가 속이 빈 대롱의 형태라서 단열성이 매우 좋다. 또한 나무로 지은 집은 공기를 많이 포함하므로 단열 효과가 매우 뛰어나다. 나무의 열전도도는 벽돌이나 콘크리트보다 약 10배 이상 작은 것으로 알려졌는데, 그런 면에서 목조 주택은 화재의 위험성은 있지만, 단열성 측면에서 매우 효율적인 주택의 형태임을 알 수 있다.

공기의 열전도성이 매우 작은 특성은 자연세계에서도 많이 이용된다. 예컨대, 오리나 거위같이 물 속에서 지내는 동물들은 한 겨울에 찬물에서 견디기 위해 깃털을 갖고 있는데, 그 깃털에는 공기를 품은 미세한 빈 공간이 많기 때문에 단열 효과가 매우 뛰어나다. 그 공간을 **공기주머니**air pocket라 부르는데, 서로 분리된 작은 공기주머니가 많을수록 보온 효과는 더 커진다. 여우나 늑대 같은 동물의 털도 마찬가지다. 특히 북극에 사는 여우들은 온대 지방 여우보다 털 안에 더 많은 공기주머니를 갖도록 진화된 것으로 추정된다.

표 12-4 물질의 열전도도

물질	열전도도 k(W/m · K)
강철	14
알루미늄	235
구리	401
공기	0.026
스티로폼	0.024
유리	1.0

예제 12-1 복합 재료의 열전도도

단면적은 같지만, 길이가 각각 L_1, L_2로 다른 두 가지 재료의 열전도도가 각각 k_1, k_2다. 이 두 재료를 붙여서 만든 물체의 열전도도 k는 얼마인가?

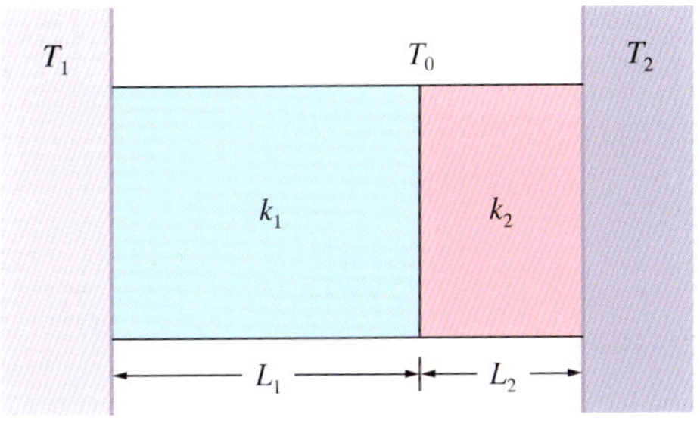

풀이

복합 재료의 양끝에는 각각의 온도가 T_1, $T_2(T_2 > T_1)$인 두 열원이 붙어 있으며, 복합 재료 경계면에서의 온도는 T_0라 하자. 이 경우, 재료 1과 재료 2로 단위시간당 전달되는 열량은 각각 $H_2 = k_2\frac{A}{L_2}(T_2 - T_0)$, $H_1 = k_1\frac{A}{L_1}(T_0 - T_1)$이다. 또한 열이 시간에 따라 일정한 비율로 전달되는 상태에서는 $H_2 = H_1 = H$(일정) 관계가 성립해야 한다. 그러므로

$$T_0 = \frac{k_1 L_2 T_1 + k_2 L_1 T_2}{\frac{L_1}{k_1} + \frac{L_2}{k_2}}$$

관계를 얻을 수 있고, $L = L_1 + L_2$, $H = k\frac{A}{L}(T_2 - T_1)$으로 나타내면 다음 관계를 얻는다.

$$\frac{L}{k} = \frac{L_1}{k_1} + \frac{L_2}{k_2}$$

대류

고체와 달리 기체나 액체 상태에서는 분자들이 집단적으로 이동할 수 있다. 따라서 분자가 직접 이동하면서 이웃하지 않은 다른 분자에 에너지를 전달할 수 있다. 이런 열에너지 전달 방법을 **대류** convection 현상에 의한 열전달이라 부른다. 뜨거운 공기는 밀도가 작아져 상승하고, 그렇게 공기가 상승하며 만들어진 공간에(저기압 영역) 주위의 공기가 몰려들면서 바람을 만든다. 대기에서는 주로 이와 같은 대류 현상을 통해 열이 전달된다.

복사

지금까지 다룬 전도나 대류 현상에 의한 열전달은 역학적 에너지 형태로 에너지가 전달되는 과정이었다. 그러나 열전달 현상에서 가장 놀라운 방법은 바로 **복사** radiation 다. 복사 형태의 전달에서는 전도나

대류 현상과 달리 물질이 없는 공간에서도 에너지가 전달될 수 있다. 이 경우, 에너지는 역학적 에너지가 아니라 전기적 현상인 빛의 형태로 전달된다. 예컨대, 뜨거운 난로에서 온기를 느끼는 이유는 난로에서부터 빛의 형태로 오는 복사에너지 때문이다. 그 빛은 우리 눈에 보일 수도, 안 보일 수도 있는데, 태양으로부터 지구가 받는 모든 에너지는 복사 형태로 도달한다.[5]

≫ 참고 라이덴프로스트 효과

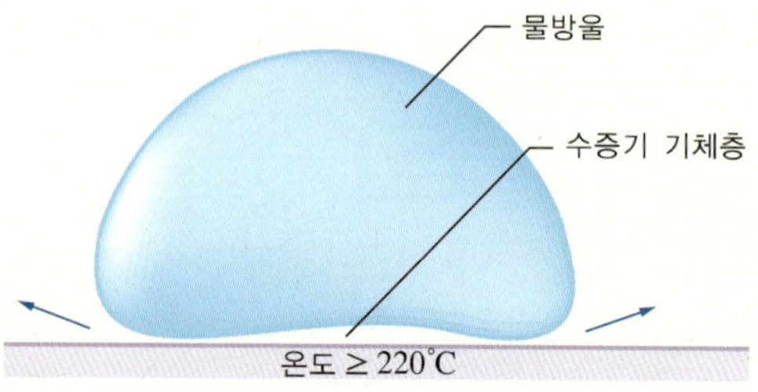

뜨거운 철판에 물방울을 떨어뜨리면 금세 증발한다. 그러나 철판 온도가 200℃를 넘으면 물방울이 증발하는 데 걸리는 시간이 급격히 늘어난다. 철판이 훨씬 뜨거운데도 불구하고, 물방울이 오히려 더디게 증발한다는 사실은 흥미롭다. 뜨거운 철판 위의 물방울이 가장 오래 남아 있는 상태의 온도를 **라이덴프로스트**Leidenfrost **온도**라 부른다. 그 온도에서는 물방울이 수증기로 급격히 변해 물방울과 철판 사이에 수증기 기체층을 만든다. 그 기체층은 단열성이 큰 공기층과 같은 역할을 해, 뜨거운 철판의 열이 물방울에 전달되는 것을 방해한다. 따라서 물방울 온도가 더 천천히 올라가게 되고 증발이 더뎌진다.

우리 신체는 더워지면 땀이라는 형태로 습기를 방출한다. 뜨거운 숯불 위를 걸어가는 차력사를 생각해보자. 만약 차력사의 발바닥에 땀이 충분히 난다면, 그 땀이 순간적으로 증발하면서 만들어지는 수증기층 때문에 발바닥에 화상을 덜 입을 수 있을 것이다. 조금 뜨거운 경우보다 오히려 극히 높은 온도에서 더 안전한 이런 특이한 현상은 순간적 기화 현상에 의한 것으로, 충무공 이순신 장군의 '필생즉사 필사즉생必生卽死 必死卽生'이란 말을 연상케 한다.

≫ 참고 금속의 매우 큰 열전도율

겨울철 야외에 철제 의자와 나무 의자가 있을 때, 철제 의자에 앉고 싶은 사람은 없을 것이다. 이는 철제 의자가 더 차갑게 느껴지기 때문이다. 그렇다면 정말 철제 의자의 온도가 기온보다 더 낮을까? 사실 그렇지는 않다. 야외에 있는 모든 물체는 열평형 상태에 있으므로, 철제 의자가 더 낮은 온도일 리는 없다. 그렇다면 왜 더 차갑게 느껴질까? 그 이유는 열전도도의 차이 때문이다.

여러 물질 중에서 금속의 열전도율은 특히 크다. 또한 같은 금속이라도 열전도도에는 상당한 차이를 보인다. 예컨대, 뜨거운 국을 먹을 때는 은수저가 스테인리스 수저보다 사용하기가 더 어렵다. 참고로 강철의 열전도율은 유리의 열전도율의 약 40배, 구리의 열전도율의 약 400배가 된다. 실험에 의하면 금속의 열전도율과 전기전도율의 크기는 거의 비례한다. 따라서 열 전도성이 좋은 물질은 전기전도성도 좋다. 그 이유는 두 경우 모두 자유전자가 전도의 주도적 역할을 하기 때문이다.

다시 철제 의자의 예로 돌아가면, 날씨가 추워진다고 해서 금속의 온도가 주위 물체보다 더 낮아지는 것은 아니다. 그러나 금속의 열전도성이 뛰어나기 때문에, 금속은 아주 빠르게 피부의 열을 빼앗는다. 따라서 피부 온도는 순간적으로 낮아진다. 이는 알코올을 만질 때 시원하게 느끼는 이유와 같다. 이 경우도 알코올 온도가 그 주위의 물체 온도보다 더 낮은 것이 아니라, 알코올이 증발하며 인체의 열을 빼앗기 때문이다. 마찬가지로 뜨거운 금속을 만지면 화상을 입기 쉬운데, 이는 금속의 열이 피부로 순간적으로 이동해 피부 온도가 순간적으로 매우 높아지기 때문이다.

---

5 빛은 전자기적 파동으로 전기를 띤 입자가 진동하면서 만들어진다. 물질은 원자로 이루어지고, 원자는 또 전하라 부르는 전기를 띤 입자들로 이루어져 있는데, 원자나 분자가 진동하면 전하가 따라서 진동한다. 물체를 이루는 분자는 끊임없이 진동운동을 하므로 모든 물체는 지속해서 빛을 낸다.

12.6 물 이야기

上善若水	최상의 선은 물과 같은 것이다.
水善利萬物而不爭	물은 모든 사물에 이로움을 주면서 다투지 않는다.
處衆人之所惡	그리고 물은 여러 사람이 싫어하는 낮은 곳에 처한다.
故幾於道	그러므로 물은 도(道)에 가깝다.

이 글은 중국의 대철학자 노자의 『도덕경』에 수록된 물의 찬가다. 옛사람들이 물의 과학적 특징을 알았는지는 알 수 없지만, 물은 신비로운 특징 때문에 예로부터 많은 이들의 칭송을 받았다. 또 다른 물의 찬가 중 프랑스의 조종사이자 문인이던 생텍쥐페리의 『인간의 대지』에 다음과 같은 글이 있다. 이 글은 사막에서 물이 없어 죽어간 수많은 사람에게 물에 어떤 의미가 있는지를 보여주려고 쓴 글이다.

물, 너는 맛도 없고 빛깔도 향기도 없다. 너는 정의할 수 없다.
너는 알지 못하는 채 맛보는 물건이다.
너는 생명에 필요한 것이 아니라 생명 그 자체이다.
너는 관능으로는 설명하지 못하는 쾌락을 우리 속 깊이 사무치게 한다.

이 글이 말해주듯이 물은 우리를 포함한 지구의 모든 생명체에게 없어서는 안 되는 존재다. 이제부터 신비로운 물의 특성 몇 가지를 다뤄보자.

물의 부피팽창 특성

사실상 모든 물질의 부피팽창계수가 모든 온도 영역에서 양(+)의 부호를 갖지만(즉 온도가 올라가면 팽창하지만), 특이하게 물은 0℃ ~ 4℃ 에서 음(−)의 부호를 갖는다. 즉 물은 온도가 내려가면 보통 물질처럼 수축해 밀도가 올라간다. 그러나 그 온도가 4℃ 에 이르면 최대 밀도 상태에 이르고, 그 상태에서 온도가 더 낮아질수록 다시 팽창하기 시작해 밀도가 다시 작아진다.

이런 특이한 성질 때문에 호수의 물은 표면 온도가 4℃ 가 될 때까지 계속 순환하다가 4℃ 가 되면 호수 전체의 물 온도가 4℃ 인 상태가 된다. 그 상태에서 외부 공기 온도가 더 내려가면 그 표면 온도가 내려가도 그대로 표면에 남아 있어 결국 0℃ 에 이르면 표면부터 얼기 시작한다. 한편, 얼음의 열전도율은 작은 편인데, 표면에 생성된 얼음은 호수 내부의 열을 보존하는 역할을 한다. 그런 이유로 호수의 물은 매우 천천히 얼면서 수중 생태계가 추운 겨울을 잘 넘길 수 있게 만든다.

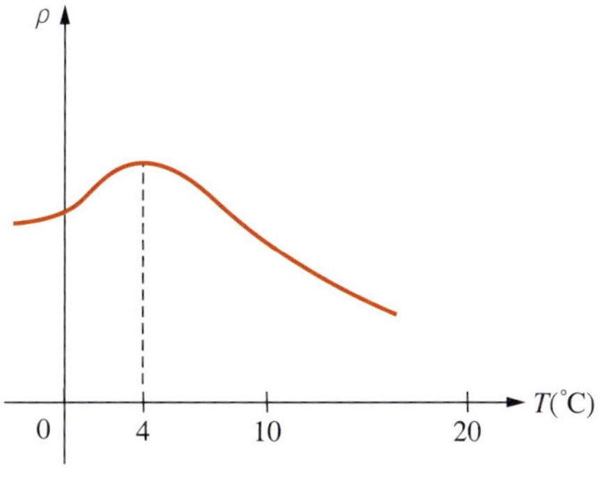

그림 12-6 온도에 따른 물의 밀도 변화

우리에게 많은 혜택을 주는 물은 인간 몸의 70% 이상을 구성한다. 사람은 음식물을 먹지 않고 물만 마시면서 한 달 이상 살 수 있다고 한다. 그러나 물을 마시지 못하면 삼일 정도밖에 살지 못한다고 한다. 이 사실은 인간의 신체 기능에서 물이 반드시 필요한 물질임을 의미한다. 외계 생명체의 존재를 연구하는 과학자들은 그 별에 물이 있는지에 가장 큰 관심을 둔다. 생명체들이 반드시 물을 기반으로 해서 생겨나고 유지된다고 확신하기는 어렵지만, 물이 가장 유력한 생명체의 토대라고 보기 때문이다.

≫ 참고 빙하 이야기

대부분 물질의 녹는 온도는 압력에 비례해 높아진다. 즉 압력이 높을수록 더 높은 온도가 되어야 고체가 녹아 액체로 변한다. 그러나 물은 반대로, 얼음의 압력을 높일수록 얼음이 더 쉽게 녹아 물이 되는 이상한 특성이 있다. 이러한 얼음의 특성으로 인해 지질학적으로 빙하기 말기에 있는 오늘의 지구가, 지금의 상태에 이르게 하는 데 결정적인 원인이 된 것으로 여겨지고 있다.

빙하기 초기에 지구를 덮었던 얼음은 서서히 녹아 바닷물과 육지가 되었고, 지금도 북극과 남극의 얼음 덩어리는 서서히 녹아내리고 있다. 빙하 표면에 빛을 쬐거나 기온을 높여서 표면 온도를 높이는 방법만으로는 빙하를 녹이는 데 많은 시간이 걸린다. 얼음은 단열성이 매우 좋아 외부의 따뜻한 열에너지가 내부로 침투하기가 어려워 내부는 녹지 않고 빙하 표면만 천천히 녹기 때문이다. 실제로 빙하는 표면이 녹아서 없어진 것보다 큰 빙하로부터 빙하 덩어리 전체가 경사면에서 미끄러져 내려와 따뜻한 저지대로 이동했기 때문에 더 빨리 녹게 되었다.

빙하가 미끄러져 내려오는 이유는 얼음의 특이한 성질 때문이다. 빙하의 표면은 단단히 얼어 있지만, 무거운 빙하와 땅바닥 사이의 압력은 매우 높아 빙하 바닥면은 녹아 있기 때문이다. 녹은 물이 윤활유 역할을 하므로 빙하가 쉽게 미끄러진다. 얼음의 이런 신기한 특성이 아니었다면, 지표면 대부분은 아직도 얼음으로 덮여 있을 것이다.

물의 비열

물의 비열은 약 1 kcal(kg · K)로서, 이는 물 1 kg을 1℃ 높이는 데 1 kcal의 열량이 필요하다는 뜻이다. 그러나 대부분 물질의 비열은 물의 비열보다 작다. 예컨대, 물 1 kg을 1℃ 높이는 데 1 kcal 또는 약 4200 J의 에너지가 필요한 데 비해, 구리나 은의 경우 200 J 또는 400 J 정도만 필요하고, 알루미늄도 900 J 정도만 필요하다.

지구는 지표면 대부분이 바다로 이루어져 있는 습기가 많은 행성이다. 지구에 물이 많다는 사실은 생명체에 여러 가지로 큰 의미가 있는데, 그중 하나는 생태계가 온도 변화가 거의 없는 상태에서 살 수 있다는 점이다. 한여름에 내리쬐는 강렬한 햇빛으로 인한 더위는 견디기 어렵다. 특히 사막에서는 더욱 견디기가 어려운데, 사막에서는 습기가 전혀 없어서 기온이 훨씬 더 빨리 올라가기 때문이다. 비가 자주 오지 않는 봄가을에 일교차가 심해지는 사실을 봐도, 습기가 적은 공기가 얼마나 우리를 불편하게 만드는지 알 수 있다. 한편, 습기가 많은 지역의 온도는 큰 변화가 없이 유지되는데, 이는 오로지 물 때문이다. 예컨대, 장마철에는 낮과 밤의 온도 변화가 그리 크지 않다.

물은 여러 가지 방법으로 열을 저장하는 능력이 있는데, 그 저장 능력은 놀라울 만큼 크다. 물은 열을 가해도 온도가 잘 올라가지 않는데, 액체 상태의 물을 데워 기체 상태의 수증기로 만들기는 훨씬 더 어렵다. 예컨대, 한 여름에 마당에 물을 뿌리면, 물이 증발하면서 열을 빼앗아 마당을 시원하게 만든다. 마찬가지로 뜨거운 차를 입으로 불면서 마시면 기화되면서 액체의 온도가 내려간다. 이처럼 물을 수증기로 만드는 데는 많은 열이 필요하다. 또 그렇게 만들어진 수증기는 뭉쳐져서 구름을 만든다. 구름은 햇빛을 차단해 지표면의 온도가 올라가는 것을 억제하고, 구름이 비가 되어 내리면 그 빗물은 또다시 기화되는, 순환 과정을 계속한다. 물은 이처럼 여러 단계를 통해 한낮의 뜨거운 열을 흡수할 뿐만 아니라, 그 과정을 통해 모든 생명체에 필요한 물을 공급한다. 물을 통해 나무와 풀 같은 식물이 생명을 얻고, 식물로 인해 지표면 온도 변화는 크게 변하지 않고 유지된다. 이는 식물이 광합성[6] 작용을 통해 태양에너지를 또다시 흡수하기 때문이다.

물은 단순히 우리가 시원함을 느끼게 하는 역할만 하는 것은 아니다. 물이 수증기가 될 때 많은 열을 흡수한다는 것은, 수증기가 액체 상태인 물이 될 때도 많은 열을 내놓는다는 것을 의미한다. 예컨대, 수증기가 나뭇잎에 맺혀 생긴 이슬은 밤 동안 추위를 덜어준다. 겨울이 되면 물은 얼어서 얼음이 되는데, 이때 물의 온도가 내려가는 과정에서도 많은 열이 발생한다. 하지만 물이 얼음으로 변하는 과정에서는 더욱 많은 열을 내놓기 때문에 주위 온도가 급격히 떨어지는 것을 막아준다. 즉 더운 여름날 마당에 물을 뿌리면 그 물이 기화함으로써 우리가 시원함을 느끼고, 추운 겨울날 마당에 물을 뿌리면 그 물이 얼면서 공기를 따뜻하게 만든다.

우리는 여름이 되면 매우 덥고, 겨울이 되면 매우 춥다고 느낀다. 그러나 절대온도로 온대 지방의 지표면 온도 변화는 대략 250 K ~ 300 K의 좁은 범위로서, 거의 일정하다고 볼 수 있는 범위다. 앞에서도 말했지만, 우리가 이렇게 쾌적한 조건에 살 수 있게 된 것은 지구 표면에 다량으로 존재하는 물 덕분이다.

물을 이용한 체온 조절

동물들은 거의 일정한 체온을 유지하며 살아간다. 곰 같은 동물은 동면에 들어가면 체온이 많이 떨어지지만, 대체로 일정한 온도를 유지한다. 인간의 체온은 인종에 상관없이 약 36.5℃를 유지한다고 알려져 있다. 우리의 체온은 측정 부위마다 다르다. 예컨대, 피부 온도가 더 낮고, 입 속의 온도도 체온과 약간의 차이가 난다. 우리 몸에서 가장 높은 온도를 유지하는 곳은 뜨거운 피가 흐르는 심장이 아닌, 간으로 알려져 있다. 인체는 매우 작은 체온 변화에도 민감하게 반응하는데, 약 2%만 변화해도 괴로움을 느끼고, 약 5%를 벗어나면 응급 처치를 받아야 할 정도가 된다.

우리가 관심을 가져야 할 부분은, 우리 몸이 어떤 방법으로 열을 만들어내고, 어떤 방법으로 열을 방출해 일정한 체온을 유지하는가이다. 인체의 열은 음식물을 소화하는 과정이나 숨 쉬는 과정에서도 만들어지며, 운동할 때 근육의 마찰과정으로 만들어지기도 한다. 예컨대, 산을 오르거나 달리기를 하면 많은 열이 발생해 체온이 올라간다. 날씨가 추울 때 몸을 부르르 떠는 행위도 운동을 통해 열을 만들려는

6 햇빛을 이용해 탄소나 수소 같은 원소를 탄수화물 같은 화합물로 변환시키는 과정이다.

본능적인 행위다. 그러나 운동을 하든 잠을 자든 우리 몸은 거의 일정한 체온을 유지할 정도의 열을 만들어낸 후 다시 발산한다. 인간을 포함한 생물체가 체온 조절을 위해 자신이 만든 열을 방출하는 방법은 매우 흥미롭다. 우리 주위의 온도는 특별히 더운 날이 아니면 대개 체온보다 낮다. 피부는 체온을 유지하는 중요한 통로로서, 피부의 온도가 주위보다 높으면 열을 발산한다. 그러나 피부가 열을 잃는 현상이 단순히 주위와의 온도 차이 때문만이라면, 우리는 체온 조절에 매우 큰 어려움을 겪었을 것이다. 왜냐하면 증기탕 같은 곳의 온도는 체온보다 더 높을 수도 있기 때문이다. 증기탕과 같이 더운 곳에 가면 우리 몸은 땀을 내기 시작하는데, 땀을 냄으로써 체온을 조절하는 것이다. 사실 매우 뜨거운 곳이 아니더라도 피부가 잃게 되는 열은 땀에 크게 의존한다. 우리가 모르는 동안에도 피부는 끊임없이 습기를 내보내고 있는데, 그에 필요한 기화열의 크기가 매우 커 체온 조절에 큰 기여를 한다.

우리 몸은 땀을 흘리는 방법 외에도 중요한 체온 조절 기능을 갖고 있다. 뜻밖에도 그것은 숨을 쉬는 과정이다. 숨을 쉬면서 어떻게 열을 잃게 될까? 숨을 쉬는 중요한 목적은 몸에 필요한 산소를 받아들이는 것이지만, 숨을 내쉬면서 동시에 많은 습기를 내보낸다. 내쉬는 공기 속에 많은 습기가 있다는 사실은 추운 겨울에 하얗게 내뿜는 입김으로부터 알 수 있다. 그 습기는 우리 몸의 수분이 기화된 것으로, 그 과정을 통해 우리는 많은 열을 잃는다.

심한 운동을 하면 우리는 가쁜 숨을 쉰다. 그 과정은 필요한 에너지를 빨리 만들기 위해 산소를 많이 공급하려는 목적도 있지만, 열을 빨리 방출해 체온을 유지하려는 목적도 있다. 인간은 피부로 땀을 방출하고 숨을 내쉬는 방법을 동시에 사용함으로써 쉽게 체온 조절을 하지만, 개나 새 같은 동물들은 땀샘이 거의 없어 숨을 쉬는 방법으로만 체온을 조절한다고 한다. 앞서 사람이 물을 마시지 못하면 삼일 정도밖에 살지 못한다고 했는데, 그 원인 중 하나가 바로 체온 조절을 위해 많은 양의 물을 항상 증발시켜야 하기 때문이다.

CHAPTER 12 연습문제

[개념 확인 문제]

(1) 열에너지는 전도 · 대류 · 복사의 형태로 전달된다. 보온병이 일반적으로 이중 벽 구조를 가지고, 그 벽 사이를 진공으로 하며, 벽을 은으로 도금하는 이유를 각각 설명하라.

(2) 매우 높은 지구 상공에서의 기체 분자 평균 운동에너지는 1000 K에 대응되는 것으로 알려져 있다. 그러나 그런 환경에 놓인 사람은 뜨거워 못 견디는 것이 아니라 추워로 얼어 죽게 된다. 그 이유는 무엇인가?

(3) 공기나 물 같은 유체 속에 있는 물체는 부력을 받는다. 기온이 상승하거나 물의 온도가 올라가면 그 물체가 받는 부력 세기는 어떻게 변하는가?

(4) 날씨가 맑은 날은 흐린 날보다 지표면에 저장된 열이 더 빠르게 손실된다. 그 이유는 무엇인가?

(5) 인큐베이터 속의 공기 온도가 충분히 따뜻하다고 하더라도 그 속에 있는 조산아의 체온은 위험할 정도로 내려갈 수 있다. 그 이유는 무엇인가?

(6) 아주 춥거나 더운 날씨에는 몸과 옷 사이에 여유 공간이 있는 넉넉한 옷을 입는 것이 좋다. 그 이유는 무엇인가?

(7) 보통 비가 온 다음 날은 기온이 내려가고, 눈이 온 다음 날은 포근해진다. 그 이유는 무엇인가?

1 수소 분자의 질량은 3.3×10^{-24}g이다. 1초당 10^{23}개의 수소 분자가 10^5cm/s의 빠르기로 $2.0\,\text{cm}^3$ 넓이의 벽면을 45° 각도로 부딪치고 튀어나온다면 작용하는 압력은 얼마인가?

2 정적 기체온도계가 압력이 P_1일 때 온도 T_1을 가리킨다.

(a) 온도가 T_2일 때의 온도계 압력 P_2는 얼마인가?

(b) 온도계 압력이 P_3인 계의 온도 T_3는 몇 도인가?

3 정적 기체온도계를 온도가 3000 K인 계 A에 두었더니, 압력은 P_0가 되었다. 온도계를 다른 계 B로 옮겼더니 압력이 $1.2P_0$가 되었다면, 계 B의 온도 T는 몇 도인가?

4 대기압 크기는 $10^5\,\text{N/m}^2$이고 공기 밀도는 $1.2\,\text{kg/m}^3$라 할 때, 공기 분자의 rms 빠르기는 얼마인가?

5 기체에서의 음속 v_s는 기체 분자의 제곱평균제곱근(rms) 빠르기 v_{rms}에 비례한다. 그로부터 이상기체에서의 음속은 온도의 제곱근에 비례함을 보여라.

6 수소 분자의 분자량은 2이고 산소 분자의 분자량은 32이다. 어떤 온도에서 수소 분자의 rms 빠르기가 v_0라 할 때, 산소 분자의 rms 빠르기 v_{rms}는 얼마인가?

7 수소 분자의 분자량은 2.02이고 산소 분자의 분자량은 32.0이다. 300 K의 온도에서 수소 분자와 산소 분자의 rms 빠르기 v_{rms}는 각각 얼마인가?

8 온도가 섭씨 10℃인 상태에서 압력 측정 장치로 측정한 자동차 타이어 공기압이 200 kPa이었다. 자동차가 100 km를 달리고 난 다음 그 공기 온도가 섭씨 40℃가 되었다면, 그 경우 공기압은 얼마인가?

9 실험실에서 얻을 수 있는 최고의 진공 상태는 10^{-14} 기압 정도이다. 1기압 상태에서 22 L의 부피 속에 든 분자의 수는 6.0×10^{23}개이다.

(a) 1기압 상태에서 1 cm^3 속에 든 분자의 수는 얼마인가?

(b) 10^{-14}기압 진공 상태에서 1 cm^3 속에 든 분자의 수는 얼마인가?

10 일정한 압력 P 아래에 있는 이상기체 n몰의 부피가 V이다.

(a) 기체 온도가 ΔT만큼 변화하는 경우, 부피 변화량 ΔV를 온도 T와 부피 V로 나타내라.

(b) 기체가 섭씨 100℃인 상태에 있다면 부피팽창계수는 얼마인가?

11 어떤 이상기체 1몰의 압력, 부피, 온도가 각각 P_0, V_0, T_0이다. 기체의 압력을 일정하게 유지한 채로 부피가 두 배가 되었다면, 기체의 온도 T는 얼마인가?

12 각 변의 길이가 $5.0\,m\times3.0\,m\times2.5\,m$인 직사각형 모양 방 속의 공기가 표준 온도(273 K)와 압력($1.013\times10^5\,N/m^2$) 상태에 있다.

(a) 공기를 이상기체로 본다면 방 속 공기의 양은 몇 몰인가?

(b) 공기는 산소 20%와 질소 80%로 이루어져 있으며, 산소 분자와 질소 분자의 분자량은 각각 32 u와 28 u이다. 방 속 공기의 질량은 얼마인가?

13 다음 물음에 답하라.

(a) $1\,\text{Pa} = 1\,\text{J/m}^3$임을 보여라.

(b) 대기압 아래 있는 밀폐된 용기 속 기체의 부피 V가 22 L이다. 대기압 세기 P가 $10^5\,\text{Pa}$이라 할 때, 기체의 PV값은 얼마인가?

(c) 기체가 이상기체이며 온도가 273 K라면, 기체의 양은 몇 몰인가? 단, 기체상수는 $R = 8.3\,\text{J/(mol}\cdot\text{K)}$이다.

*14 스쿠버 공기 탱크

어떤 스쿠버용 공기 탱크는 12 L의 용량에 204기압의 공기를 저장할 수 있다. 탱크가 비어 있는 상태에서 탱크의 공기 압력은 34기압이라 한다. 대기압 상태의 공기를 1분에 290 L씩 압축해 탱크에 채운다고 할 때, 탱크를 가득 채우는 데 걸리는 시간은 얼마인가? 단, 모든 과정에서 탱크의 온도는 변하지 않는다.

15 이상기체 상태방정식을 이용해 다음을 증명하라.

(a) 일정한 압력 상태에서 온도 T에서의 부피팽창계수는 $\beta = 1/T$이다.

[HINT] 상온에서 공기의 부피팽창계수는 $3400 \times 10^{-6}/℃$이다.

(b) 일정한 온도 상태에서 부피탄성률은 $B = P$이다.

*16 공기 질량

부피가 V인 방 안의 공기 압력이 P_0로 일정한 채로, 방 안의 온도가 T_1에서 T_2로 올라갔다고 한다. 공기 1몰의 질량이 M그램(g)이라 할 때, 그 과정에서 방에서 빠져나간 공기의 질량은 $\dfrac{P_0 VM}{R}\left(\dfrac{1}{T_1} - \dfrac{1}{T_2}\right)$로 나타낼 수 있음을 보여라.

17 온도가 T인 상태의 이상기체에서는 다음 관계가 성립함을 보여라.

(a) $\dfrac{dv_s}{dT} = \dfrac{1}{2}\dfrac{v_s}{T}$

(b) $\dfrac{\Delta v_s}{v_s} \approx \dfrac{1}{2}\dfrac{\Delta T}{T}$

18

우라늄의 두 동위원소인 원자량 235와 238인 우라늄(U) 핵은 원자량이 19인 불소 원자와 불소(F) 화합물인 UF_6 분자를 만들어 기체 확산 방법으로 분리할 수 있다. 어떤 온도 T에서 두 원자핵의 빠르기 비는 얼마인가?

19 기온이 섭씨 $0℃$인 상태에서 철로 공사를 하고 있다. 철로 레일의 길이가 $12.0\,m$라 할 때, 기온이 섭씨 $42℃$까지 올라가더라도 두 레일이 서로 접촉되지 않도록 하려면 레일 사이의 간격을 얼마로 해야 하는가? 단, 강철의 열팽창계수는 $1.2 \times 10^{-5}\,K^{-1}$이다.

20 인바[invar]라 불리는 철과 니켈의 합금 물질은 열팽창계수가 $0.20 \times 10^{-6}/℃$ 밖에 안 되는 금속이다. 온도가 $5℃$ 올라간다고 할 때, 다음 물음에 답하라.

(a) 길이가 $1.6\,m$인 인바 금속 막대는 얼마나 팽창하겠는가?

(b) 강철의 선팽창계수는 $12 \times 10^{-6}/℃$이다. 그 금속 막대가 강철인 경우 늘어난 길이는 인바 막대의 몇 배인가?

21 포도주 병에 담긴 포도주는 물의 부피팽창계수 $210 \times 10^{-6}/℃$보다 두 배 더 큰 부피팽창계수를 가지기 때문에, 일반적으로 포도주와 밀봉한 코르크 마개 사이에 빈 공간이 있도록 포도주를 가득 채우지 않는다. $20°C$인 상태에서 $750\,mL$ 용량인 포도주 병에서 코르크 마개와 포도주 사이 빈 공간의 높이가 $1.5\,cm$이고, 코르크 마개의 지름이 $18.5\,mm$라 할 때, $10℃$와 $30℃$ 상태에서 그 빈 공간 높이는 각각 얼마인가?

***22** 시계추

흔들리는 시계추로 작동하는 옛날 시계는 선팽창계수가 $19 \times 10^{-6}/℃$인 놋쇠 막대에 추를 매단 구조를 가진다. 그 시계가 $17℃$에서 정확한 시간을 나타내도록 만들어졌다면, 항상 $28℃$인 곳에 1년 동안 시계를 두었을 때 시간은 얼마의 오차를 보이겠는가?

23 온도가 변화하면 물질의 밀도도 변화한다. 부피팽창계수가 β인 경우, 온도가 ΔT만큼 변화할 때 밀도가 ρ인 물질의 밀도 변화는 $\Delta\rho = -\beta\rho\Delta T$임을 보여라.

24 어떤 물질의 분자량은 $50\,g/mol$이다. 이 물질 $30\,g$에 $75\,cal$의 열을 가했더니 온도가 섭씨 $25℃$에서 $45℃$로 올라갔다. 이 물질의 비열(질량 비열)과 몰비열은 각각 얼마인가?

25 밖에 둔 물탱크 표면에 5.0cm 두께의 얼음이 얼어 있다. 기온이 $-10℃$일 때, 얼음의 바닥면 위치에서 얼음은 1시간당 몇 cm씩 두꺼워지는가? 단, 얼음의 열전도도 k, 밀도 ρ_i, 융해열은 각각 $0.0040\,cal/(s\,cm\,℃)$, $0.92\,g/cm^3$, $80\,cal/g$이다.

26 질량이 m_h이고 온도가 T_h인 물을, 질량이 m_c의 물이 담긴 알루미늄 컵에 따랐다. 알루미늄 컵의 질량은 M이고, 물을 섞기 전 컵과 그 컵에 담긴 물의 온도는 T_c이다. 물과 알루미늄의 비열을 각각 c, c'이라 할 때 물의 최종 온도는 $T_f = \dfrac{(Mc' + m_c c)T_c + m_h c T_h}{Mc' + m_c c + m_h c}$로 표현됨을 보여라.

27 두께가 10 cm인 벽돌로 만들어진 벽에 두께가 0.5 cm인 유리로 만든 창문이 있다. 벽돌로 만들어진 벽 부분과 유리창 부분의 넓이는 각각 벽 전체 넓이의 80%와 20%라고 할 때, 유리창을 통한 열손실량은 벽돌을 통한 열손실량의 몇 배인가? 단, 유리와 벽돌의 열전도도는 같다.

****28** 열전도

크기와 모양이 같고, 열전도율은 각각 k, k'인 두 막대 A와 B가 있다. 두 막대를 그림 (a)와 그림 (b)의 두 가지 방법으로 접촉시켰다.

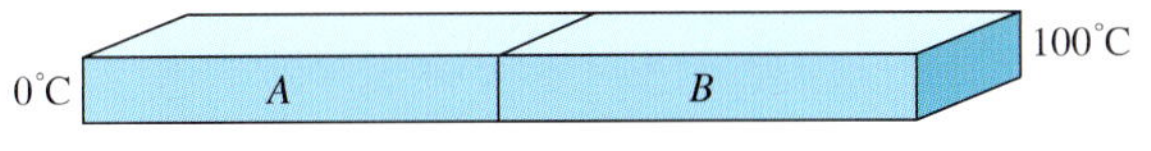

(a)

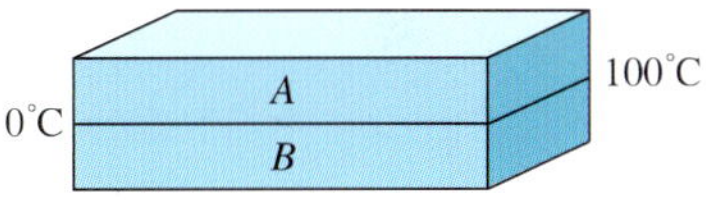

(b)

(a) 그림 (a)에서 막대 양 끝의 온도를 각각 T_2, T_1이라 할 때, 접촉면 위치에서의 온도 T_0는 $T_0 = \dfrac{kT_2 + k'T_1}{k+k'}$임을 보여라.

(b) 열량 Q가 이동하는 데 그림 (a)와 같이 접촉시킨 경우에는 시간 t가 소요되었다면, 그림 (b)와 같이 접촉시킨 경우에 걸리는 시간 t'은 얼마인가?

CHAPTER

13 열기관과 열역학 법칙

Heat Engines and Laws of Thermodynamics

13.1 열역학 제1법칙

과학이 발전하면서 인류의 생활 방식에 획기적 변화를 가져온 중요한 사건들이 많이 발생했다. 그중 '열'을 '일'로 바꿀 수 있는 장치의 발명은 가히 혁명적이라 할 만한 사건으로, 그런 장치를 **증기기관**steam engine 또는 **열기관**heat engine이라 부른다. 증기기관은 보통 기체의 팽창과 압축을 통해 동작한다.[1] 증기기관의 출현은 경제적 관점에서 **산업혁명**industrial revolution을 가능하게 만든 사건으로 흔히 기술된다. 그러나 과학적 관점에서 보면 증기기관은 인류의 생활 방식 그 자체를 바꾼 대사건이라고 말할 수 있다. 즉 인류의 역사는 증기기관 등장 이전과 그 이후의 역사로 이루어졌다고 볼 수 있다.

증기기관이 만들어지기 전까지 인간은 사람이나 동물의 근육에서 나오는 힘을 이용해 생활했다. 즉 농사를 짓기 위해 밭을 갈 때, 사람이나 소의 근육에서 나오는 힘을 이용했다. 그러나 증기기관이 발명됨으로써, 인류는 소나 말, 노예의 노동력을 대치할 수 있는 새로운 돌파구를 찾았다. 열기관을 사용한다는 것은, 생명체의 에너지가 아니라 석탄이나 석유 같은 화석fossil 에너지 자원을 이용한다는 뜻이다. 열기관을 이용한 기술은 영국에서 처음 시작되었는데, 그 기술은 곧 유럽 여러 나라로 전파되었다. 그들은 열기관을 이용하기 위해 석유 같은 에너지 자원을 확보하는 것이 매우 중요하다는 사실을 깨달았다. 강대국들이 석유 자원이 많은 국가에 대해 여전히 관심을 쏟는 이유는 아직도 우리가 열기관 시대에 살고 있기 때문이다. 열기관이 발명되면서 경작하기가 쉬워져 생산되는 식량의 양도 늘었고, 대량 수송 수단이 생기면서 인류의 생활은 전혀 다른 국면을 맞았다. 영국은 열기관을 이용한 배를 만들어 노를 저어 이동하는 배들과의 전투에서 항상 승리했다. 또한 물품을 대량으로 생산하고 수송할 수 있게 되면서 영국은 사실상 전 세계를 지배할 능력을 갖게 되었던 것이다.

열기관의 발명은, '열'을 이용해 '일'을 할 수 있다는 사실에 기초한다. 그러나 주전자 속의 뜨거운 증기

---

1 일반적인 증기기관은 보통 수백도 이상에 이르는 수증기 형태의 기체를 이용한다.

가 주전자 뚜껑을 들어 올리는 현상을 보고 열과 일의 관계를 깨닫기는 쉽지 않다. 열기관은 근본적으로 기체에 열을 가해 팽창시켜 '일'을 하게 만들고, 다시 압축시켜 원래 상태로 돌려놓는 순환과정으로 작동한다. 이 경우, 다시 압축시키는 과정에서 기체계가 열을 외부로 내놓을 수밖에 없는데, 그런 이유로 기체에 가해진 열 전부를 '일'을 하는 데 사용하지는 못한다. 즉 가해진 열의 일부는 쓸모없이 버려진다.

열기관에서 기체의 압력으로 기체가 하는 일 등의 역학적 과정을 다루는 분야를 **열역학**thermodynamics이라 한다. 이제 기체가 팽창하는 과정에서 기체의 압력이 한 일의 양을 다뤄보자. 기체의 압력이 P인 상태에서 단면적이 A인 피스톤이 받는 힘의 세기는 PA다. 따라서 피스톤이 Δx만큼 팽창했다면, 기체의 압력이 한 일의 양은 $\Delta W = (PA)\Delta x$가 된다. 한편, $A\Delta x$는 기체의 부피 변화량 ΔV를 나타내므로, 일의 양은 결국 $\Delta W = P\Delta V$ 또는 $dW = PdV$ 형태로 나타낼 수 있다.

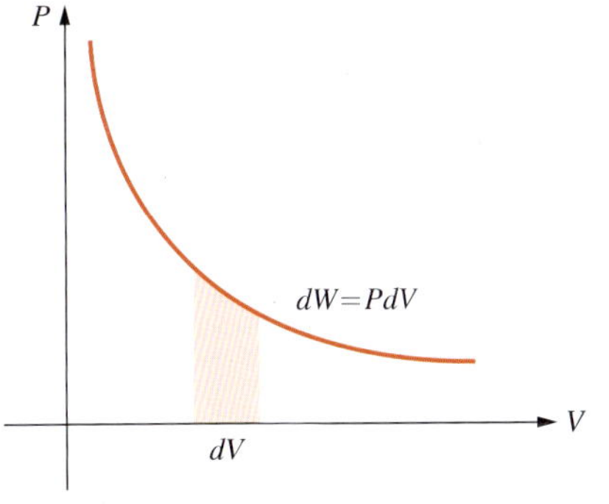

그림 13-1 $P-V$ 도표와 기체 압력이 하는 일

기체계의 상태는 그 계의 압력 P와 부피 V로 나타낼 수 있으며, 열역학 과정은 흔히 $P-V$ 도표 위에서의 경로로 나타낸다. 따라서 계의 처음 상태를 (P_1, V_1), 나중 상태를 (P_2, V_2)로 나타내면 기체가 한 일은 다음과 같다.

$$W = \int_{V_1}^{V_2} P\, dV \tag{13.1}$$

이 적분 결과는 $P-V$ 도표에서의 넓이를 나타낸다. 여기서 유의해야 할 점은 (P_1, V_1)에서 (P_2, V_2)로의 상태 변화가 여러 가지 경로로 일어날 수 있다는 것이다.

예컨대, 기체가 팽창해 부피가 V_1에서 V_2로 변화하는 과정은, 수많은 경로가 가능하지만 대표적으로 다음 세 가지 경로로 일어나는 과정을 다뤄보자.

(1) 일정한 온도 상태로 계를 유지하며 부피를 팽창시키는 경로

(2) 압력이 일정을 상태로 팽창시킨 다음, 부피가 일정한 상태를 유지하며 압력을 낮추는 경로

(3) 부피를 일정한 상태로 유지하면서, 압력을 먼저 낮춘 다음 부피를 팽창시키는 경로

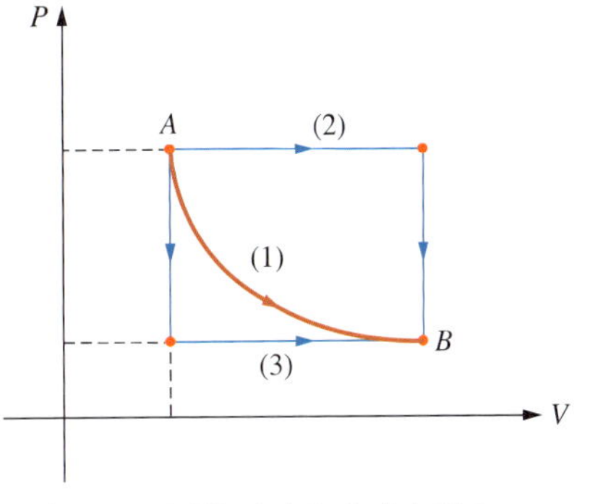

그림 13-2 열역학 과정의 몇 가지 경로

물음 13-1 $A \to B$ 상태가 되는 과정이 [그림 13-2]에 보인 것처럼 세 가지 경로를 따르는 경우, 각 과정에서 계가 한 일의 양(기체 압력이 한 일의 양)을 각각 구하라.

기체가 팽창하면서 계는 '일'을 하고, 외부로부터 열을 공급받을 수도 있다. 이제 앞서 말한 세 가지 열역학 과정에서 계가 한 일을 각각 W_1, W_2, W_3라고 하자. 그리고 각 계가 받은 열량을 각각 Q_1, Q_2, Q_3라고 하자. 흥미로운 점은 이 세 가지 과정에서 $Q-W$(계가 받은 열량에서 계가 한 일을 뺀 값)의 크기가 어떤 경로의 과정에서든 같다는 것이다. 예컨대, $Q_2 - W_2 = Q_1 - W_1$이 된다.

우리는 앞서 중력을 받는 물체가 어떤 두 위치 사이를 이동할 때, 중력이 한 일의 양은 이동 경로에 무관하게 일정한 크기가 된다는 것을 알았다. 그리고 그 '일정한 크기'를 단지 위치에만 의존하는 양인 위치에너지 함수의 변화량으로 나타낼 수 있다고도 했다. 한편, 열역학 과정의 두 상태 간 변화 과정에서 '$Q-W$' 크기는 항상 일정하므로, 따라서 이 경우에도 단지 상태에만 의존하는 어떤 함수 E가 있고, 일정한 크기 $Q-W$를 그 함수 E의 변화량 ΔE로 나타낼 수 있다고 유추하게 된다.

여기에서 중요한 사실은 함수 E가 오직 상태 변수인 P, V, T 등의 함수라는 점, 즉 $E=E(P, V \cdot T)$로 나타낼 수 있다는 사실이다. 그런 함수 E를 계가 가진 **내부에너지**internal energy라고 부르며, $Q-W$가 일정하다는 결과는 다음과 같이 나타낼 수 있다.

$$\Delta E = Q - W \tag{13.2}$$

이 관계식을 **열역학 제1법칙**first law of thermodynamics이라 부른다. 열역학 제1법칙에는 두 가지 중요한 사실이 내포되어 있다. 먼저 '열을 에너지의 한 형태'로 보게 되었다는 사실과, 기체계에는 오직 '상태에만 의존하는 내부에너지 E라는 함수'가 존재한다는 사실이다.

열역학 제1법칙은 열 형태의 에너지를 포함하는 확장된 에너지 법칙으로 볼 수 있다. 예컨대, 계가 열에너지 형태로 열량 Q를 받고, 또 역학적 에너지 형태로 W_0만큼을 받으면(즉 외부에서 작용하는 힘이 계에 W_0만큼의 일을 하면) 계의 총 에너지는 $Q+W_0$만큼 증가한다. 그 경우 열역학 제1법칙에서의 내부에너지 E는 $Q+W_0$만큼 증가한다고 말할 수 있다. 그러나 우리는 관습적으로 열을 받은 계가 외부에 얼마만큼의 일을 하는가에 관심이 있다. 이때 계가 외부에 한 일 W는 $-W_0$로 쓸 수 있으므로, $Q+W_0 = Q-W$가 곧 내부에너지 변화량이 된다.

어떤 물체에 합력이 한 일은 운동에너지 변화량과 같다는 것이 일-에너지 정리다. 이것은, '외력이 한 일은 계의 역학적 에너지 변화량과 같다'로 다시 말할 수도 있다. 예컨대, 중력을 받는 물체에 외력이 한 일은 그 운동에너지나 위치에너지로 변환된다. 그런 사실로부터 외부에서 일이나 열의 형태로 계에 공급한 에너지는, 계의 총 역학적 에너지로 변환된다고 해석할 수 있다. 예컨대, 이상기체의 입자는 운동에너지만 가지므로 이상기체 내부에너지란 곧 기체의 총 운동에너지를 뜻하며, 이상기체계에 공급한 에너지는 모두 기체의 운동에너지로 변환된다고 말할 수 있다.

물음 13-2 1몰 이상기체계의 총 운동에너지는 $\frac{3}{2}RT$다. 1몰 이상기체의 상태방정식 $PV=RT$를 이용해 이상기체 1몰의 내부에너지를 $E=\frac{3}{2}PV$로도 나타낼 수 있음을 보여라.

물음 13-3 이상기체 1몰에 아주 조금씩 열을 가해서 기체의 부피가 V_1에서 V_2로 서서히 팽창했다. 그동안 압력이 P_0로 일정했다면, 그 과정에서 기체에 가해진 열에너지는 얼마인가?

계가 한 상태에서 다른 상태로 변하는 열역학 과정은 수많은 경로를 통해서 일어날 수 있다. 그중 몇 가지 중요한 과정인 등온과정, 등적과정, 단열과정, 자유팽창과정을 다뤄보자.

등온과정

등온과정 isothermal process 이란 온도가 일정한 상태로 유지되는 과정을 말한다. 이상기체계일 경우, 등온과정에서 계의 온도는 변하지 않는다. 한편, 이상기체의 내부에너지는 단지 온도에만 의존하므로, 온도가 일정한 과정인 등온과정에서 열역학 제1법칙은 $\Delta E = Q - W = 0$이다. 즉 어떤 기체 팽창과정에서 계가 한 일의 양 W는 계에 공급한 열량 Q와 크기가 같다. 예컨대, 이상기체 1몰이 등온과정으로 부피 V_1에서 부피 V_2로 아주 서서히 팽창한다면(즉 평형 상태를 유지하면), 그 압력은 $P = \frac{RT}{V}$로 나타낼 수 있으므로, 기체가 한 일의 양은 $W = RT\ln\left(\frac{V_2}{V_1}\right)$가 되고, 그만큼의 열량이 공급되었다고 할 수 있다.

참고 자연로그함수 $\ln(x)$

자연로그 natural log 함수 $\ln(x)$의 정의는 $\int_1^x \frac{1}{t}dt = \ln x$다. 이 정의에 의하면 $\ln(1) = 0$이고, e가 약 $2.732\cdots$의 크기를 가지는 수일 때 $\ln(e) = 1$이다. 여기에서 e는 앞에서 다룬 지수함수 e^x에서의 e를 나타내는 수로, 분수로 나타낼 수 없다. 또 방정식의 근으로 나타낼 수 없는 특이한 수로, **초월수** transcendental number 라는 매우 흥미로운 수의 하나다. 참고로 원주율 π도 초월수다. 이 정의에 따르면 $\int_a^b \frac{1}{x}dx$ 값은 $\ln(b) - \ln(a)$ 또는 $\ln\left(\frac{b}{a}\right)$다.

등적과정

등적과정 constant-volume process 이란 '부피가 일정한 상태'로 유지되는 과정을 뜻한다. 이 과정에서는 기체의 부피가 변하지 않으므로, 기체의 압력이 한 일의 양은 $W = 0$이다. 따라서 열역학 제1법칙은 $\Delta E = Q$로 쓸 수 있다. 즉 계에 열을 가하면 그 열은 모두 내부에너지로 변환된다. 특히 이상기체일 경우, 내부에너지는 온도에만 의존하므로 열을 가하면 기체의 온도는 올라간다. 예컨대, 이상기체 1몰이 등적과정으로 온도 T_1에서 T_2로 변한다면, 내부에너지 변화량은 $\Delta E = \frac{3}{2}R(T_2 - T_1)$이 되고, 이는 그만큼의 열량이 공급되었다는 뜻이다.

단열과정

단열과정 adiabatic process 이란, 열역학 과정이 일어나는 동안 계가 주거나 받는 열에너지 Q가 없는 과정을 뜻한다. 우리 주위에서 실제로 일어나는 대부분의 열역학 과정은 사실상 단열과정이라 할 수 있다. 왜냐하면 기체를 압축하거나 팽창하는 과정은 매우 빠르게 진행되는데, 그동안 기체를 담은 용기벽을 통해 열이 드나들 만한 시간적인 여유가 없기 때문이다.

단열과정에서는 $Q=0$이므로, 열역학 제1법칙은 $\Delta E=-W$로 쓸 수 있다. 따라서 계가 한 일의 양만큼 내부에너지는 감소하게 된다. 예컨대, 이상기체일 경우 내부에너지는 온도에만 의존하므로 단열팽창한 이상기체의 온도는 내려간다.

물음 13-4 이상기체 1몰이 단열팽창하며 한 일은 120J이다. 팽창한 후 기체의 온도는 몇 도 내려가는가? 단, 기체 상수는 $R=8.3\ \mathrm{J/(mol \cdot K)}$다.

자유팽창과정

앞서 다룬 등온과정이나 단열과정에서는 두 경우 모두, 기체가 피스톤을 밀어낸 힘으로 일을 한 상황을 다뤘다. 그러나 기체가 피스톤을 밀지 않고도 팽창하는 과정이 일어날 수 있다. 예컨대, 기체를 담은 용기에 구멍이 생기면, 기체는 그 구멍을 통해 스스로 퍼져나간다. 그런 과정을 **자유팽창과정**free expansion process 이라고 부르는데, 이때 기체는 '일'을 하지 않는다.

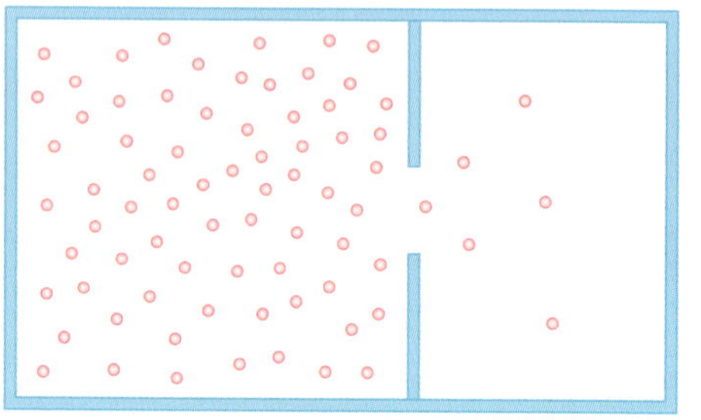

그림 13-3 자유팽창과정

자유팽창과정에서는 $W=0$이고, 일반적으로 단열과정이라 볼 수 있으므로 사실상 $Q=0$이다. 따라서 열역학 제1법칙에서 내부에너지 변화량은 $\Delta E=0$이 된다. 이 사실은 기체가 팽창한 후에도 여전히 같은 온도를 유지한다는 것을 의미한다. 자유팽창과정은 매우 특이한 열역학 과정으로, 그 과정에서는 기체의 부피를 조절하는 피스톤이 개입되지 않는다. 또한 기체의 압력도 정의되지 않으며, 피스톤을 미는 힘도 정의되지 않는다. 따라서 자유팽창과정에 의해 기체계가 상태 1에서 상태 2로 변하는 경우, 그 과정을 $P-V$ 도표에 나타낼 수 없으며, 이런 과정을 **비가역과정**이라 부른다.

13.2 이상기체의 몰비열과 단열과정

몰비열

이상기체의 내부에너지는 단지 그 온도에만 의존하므로, 기체의 양이 n몰이면 그 내부에너지는 $E=\frac{3}{2}nRT$로 나타낼 수 있다. 이제 그 사실과 열역학 제1법칙을 이용해 이상기체의 몰비열 크기를 계산해보자. 먼저 기체의 부피가 일정한 경우 $W=0$이다. 그러므로 주어진 열량이 ΔQ라면, $\Delta E=\Delta Q$로 주어진 열량은 모두 내부에너지 증가로 나타난다. 즉 $\Delta Q=\Delta\left(\frac{3}{2}nRT\right)=\frac{3}{2}nR\Delta T$다.

한편, 기체에 열을 가할 때 온도 변화는, 기체의 부피를 일정하게 유지하는 경우와 압력을 일정하게 유지하는 경우 다른 크기가 된다. 그러므로 부피가 일정한 액체나 고체 상태에서와 달리 부피가 변할 수 있는 기체의 비열은, 부피가 일정한 상태일 때의 값과 압력이 일정한 상태일 때의 크기가 다르다. 부피가 일정한 상태일 때의 몰비열은 $c_V = \frac{1}{n}\left(\frac{\Delta Q}{\Delta T}\right)_V$ 로 쓸 수 있으므로, 이상기체 1몰의 경우 그 크기는 $c_V = \frac{3}{2}R$이 된다. 이 값을 **정적 몰비열**이라 부르며, 약 12.5 J/(mol·K) 또는 3 kcal/(mol·K)의 크기를 갖는다. 흥미로운 점은 (질량)비열과 달리 몰비열은 기체의 종류에 상관없이 모두 똑같다는 사실이다.

[표 13-1]에 몇 가지 기체의 정적 몰비열이 주어져 있다. 이 중 헬륨(He)이나 네온(Ne)은 단원자분자이고, 질소(N_2)와 산소 (O_2)는 이원자분자에 해당한다. 우리는 질소나 산소와 같은 이원자분자의 비열이 단원자분자의 비열보다 커지는 이유를 나중에 다루게 될 것이다.

표 13-1 몇 가지 기체의 정적 몰비열

기체	(질량)비열 (kcal/(kg·K))	몰비열 (kcal/(mol·K))
He	0.75	2.98
Ne	0.148	2.98
N_2	0.177	4.96
O_2	0.155	5.03
CO_2	0.153	6.80
H_2O_2	0.350	6.20
C_2H_6	0.343	10.30

이제 기체계의 압력이 일정할 때, 부피가 팽창하도록 내버려둔 상태에서 몰비열을 살펴보자. 온도가 ΔT만큼 증가하는 동안 부피가 ΔV만큼 증가했다면, 일정한 압력 세기가 P일 때 기체가 한 일은 $W = P\Delta V$가 된다. 한편, 이상기체의 양이 n몰인 경우에는 상태방정식에서 $P\Delta V + V\Delta P = nR\Delta T$로 나타낼 수 있으므로, $\Delta P = 0$ 조건에서 기체가 한 일 $W = P\Delta V$는 $nR\Delta T$가 됨을 알 수 있다.

한편, 계에 준 열량이 ΔQ이면, 열역학 제1법칙은 $\Delta E = \Delta Q - W$이므로, $E = \frac{3}{2}nRT$로부터 $\Delta E = \frac{3}{2}nR\Delta T$ 이므로, 그 식은 $\frac{3}{2}nR\Delta T = \Delta Q - nR\Delta T$로 쓸 수 있다. 그러므로 압력이 일정한 상태에서 몰비열은 $c_P = \frac{1}{n}\left(\frac{\Delta Q}{\Delta T}\right)_P$ 로부터 $c_P = \frac{5}{2}R$이 된다. 이 값을 **정압 몰비열**이라 부르며, 정적 몰비열은 $c_V = \frac{3}{2}R$이므로 c_P와 c_V는 다음과 같은 관계를 갖는다.

$$c_P = c_V + R \tag{13.3}$$

정압 몰비열과 정적 몰비열의 비를 γ로 나타내 $\gamma = \frac{c_P}{c_V}$로 정의하기도 하는데, 단원자분자 이상기체에서 $\gamma = \frac{5}{3}$다. 또한 상온에서 이원자분자 이상기체의 정적 몰비열은 $c_V = \frac{5}{2}$이므로, 이원자분자 이상기체에서 $\gamma = \frac{7}{5}$이다. 헬륨이나 네온 같은 단원자분자 계와 산소나 질소 같은 이원자분자계에서 이 γ 값들은 실험 결과와 잘 일치한다.

단열과정

실제 열기관의 열역학 과정은, 열기관과 외부계가 서로 열 교환을 할 시간적 여유가 없는 상태에서 이루어지기 때문에 사실상 단열과정이라고 했다. 단열과정에서는 $Q = 0$이므로 열역학 제1법칙은 $\Delta E = -W$다.

이제 1몰의 이상기체가 단열팽창하는 과정에서의 온도 변화를 살펴보자.

1몰의 단원자 이상기체 내부에너지는 $E = \frac{3}{2}RT$이므로 $\Delta E = \frac{3}{2}R\Delta T$다. 한편, 온도 변화량 ΔT 동안 계가 한 일의 양을 W라 하면, $\Delta E = -W$는 다시 $W = -\frac{3}{2}R\Delta T$로 쓸 수 있다. 따라서 온도 변화량 ΔT를 미소량으로 취급하면 다시 $dW = -\frac{3}{2}R\,dT$의 형태로 나타낼 수 있다. 이때 $dW = P\,dV$로 쓸 수 있으므로, 이 식을 다음과 같이 나타낼 수 있다.

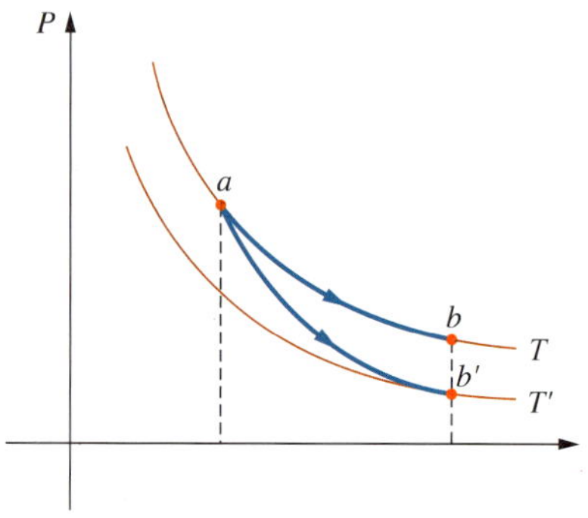

그림 13-4 등온과정과 단열과정의 그래프

$$\frac{3}{2}R\,dT = -P\,dV \qquad (13.4)$$

이 식은 단열과정에서 부피 변화에 따른 온도 변화 관계식이지만, 이 식에는 P, V, T의 세 가지 물리량이 모두 포함되어 있다. 그러나 이상기체일 때 상태방정식 $PV = RT$를 다시 써서 $P = RT/V$로 대치하면 이 식은 $\frac{3}{2}dT = -\frac{T}{V}dV$가 되어, 부피와 온도만의 관계가 된다. 이제 이 식을

$$\frac{3}{2}\frac{dT}{T} = -\frac{dV}{V} \qquad (13.5)$$

형태로 쓰고 적분하면 다음과 같은 유용한 결과를 얻는다.

$$TV^{2/3} = \text{일정} \qquad (13.6)$$

이 식을 통해 단원자분자 기체의 부피가 단열팽창과정으로 얼마만큼 변하면, 온도가 얼마나 변하는지 알 수 있다. 예컨대, 기체를 팽창시키면 온도는 내려가고, 압축시키면 온도는 올라간다. 한편, 단원자분자 이상기체에서 정압 몰비열과 정적 몰비열의 비인 $\gamma = \frac{c_P}{c_V}$값은 $\frac{5}{3}$이므로, 단열과정에서 온도와 부

피의 관계를 γ로 나타내면 '$TV^{\gamma-1}=$일정' 관계로 나타낼 수도 있다.

물음 13-5 식 $PV=RT$를 이용해, 단원자분자 이상기체의 단열과정에서 '$TV^{\frac{2}{3}}=$일정' 관계를 다시 압력과 부피 관계로 나타내면 '$PV^{\frac{5}{3}}=$ 일정'임을 보여라.

물음 13-6 상온에서 이원자분자의 내부에너지는 $E=\frac{5}{2}RT$로 나타낼 수 있다. 단열과정에서 이원자분자계의 온도와 부피 관계는 '$TV^{\frac{2}{5}}=$일정'임을 보여라.

단열과정의 역학적 고찰

분자세계의 역학적 과정을 다루면 열역학 과정을 이해하기가 더 쉽다. 열역학 과정을 역학적으로 이해하기 위해 밀폐된 공간에 갇힌 기체를 피스톤으로 압축하는 경우를 생각해보자. 기체를 압축시키면 기체 입자는 다가오는 피스톤과 부딪친 후 다시 튀어나오는데, 그런 충돌 과정을 탄성충돌이라 가정하자.[2]

기체 분자와 피스톤의 충돌을 탄성충돌이라 보면, 다가오는 피스톤에 부딪친 분자는 부딪친 후 더 빨라지고, 또한 멀어져 가는 피스톤에 부딪친 분자는 더 느려진다. 한편, 분자들의 평균 빠르기가 커진다는 것은 기체 온도가 높아진다는 것을 의미하므로, 압축되는 기체 온도는 올라간다. 기체 분자는 매우 빠르므로, 피스톤이 압축되는 짧은 시간 동안 분자는 피스톤과 수없이 많이 충돌함을 유의하자.

물음 13-7 기체 분자의 평균 빠르기는 500 m/s 다. 기체 용기 한 변의 길이가 0.5 m 라면, 2초 간 피스톤이 압축하는 동안 분자는 피스톤과 약 몇 번 충돌하는가?

참고 높은 산 위의 비와 높새바람 이야기

히말라야나 알프스 등 높은 산에는 항상 눈이 덮여 있다. 우리나라에서도 태백산맥을 넘으면서 눈이나 비를 자주 만나게 되는데, 그 이유는 단열팽창 현상 때문이다. **기단**氣團이라 불리는 공기 덩어리가 이동하다가 산맥을 만나면 산을 따라 상승한다. 그러나 높이에 따른 대기압 차이 때문에 기단의 부피는 급격히 팽창하며, 공기 온도도 급격히 떨어진다. 따라서 고지대의 공기 온도는 낮을 수밖에 없으며, 그 공기에 습기가 있으면 쉽게 응결된다. 그 때문에 높은 산꼭대기에 올라가면 평지에서는 내리지 않던 비나 눈이 자주 내리는 것이다.

우리나라는 태백산맥이 동해안을 따라 뻗어 있고, 또 강원도 오대산에서 전북 무주 쪽으로 소백산맥이 뻗어 있다. 우리나라는 북반구에 있는 편서풍 지역으로, 기단은 대개 서쪽에서 동쪽으로 이동한다. 따라서 우리나라를 가로질러 동해안 쪽으로 이동하는 기단은 강원도 한계령이나 대관령 지역을 넘어가며 단열팽창과 단열압축과정을 겪는다. 그 이유로 그 지역에는 눈이나 비가 자주 오며 또 습기를 잃은 건조하고 높은 온도의 바람 때문에 강릉이나 동해안 도시는 무덥다. 이처럼 건조하고 높은 온도의 바람을 **높새바람**이라고 부른다.

대구도 소백산맥의 영향을 받아 여름에는 무덥고 비가 잘 내리지 않는다. 대구 분지 지역의 기단은 습기가 없는 상태임에도, 태백산맥의 끝줄기인 가지산 등의 영남 지역 산을 넘으며 눈이나 비를 뿌린다. 이 때문에 포항 등의 동남 해안 도시는 더욱 가물고 덥다.

---

2 기체 분자가 용기 벽과 충돌하는 과정이 탄성충돌이라는 증거는, 정지한 피스톤에 부딪히는 입자가 충돌 전후에 같은 빠르기로 튀어나온다는 점에서 찾을 수 있다. 즉 단열 상태에 있는 용기 속의 기체 온도는 일정한데, 기체 분자의 평균 빠르기가 일정하다는 것을 뜻하기 때문이다.

이런 현상은 북미 대륙에서도 볼 수 있다. 예컨대, 미국 캘리포니아 주의 남북으로 걸쳐 있는 시에라[Sierra]산맥 때문에 캘리포니아 주의 동부 지역과 네바다, 유타, 애리조나 주는 건조한 사막성 기후를 보인다. 또한 중부 콜로라도 주의 **록키**[Rocky]산맥을 넘을 때도 이런 현상이 나타나는데, 이로 인해 콜로라도 주의 동부는 사막성 기후가 나타난다. 유럽 지역에서도 알프스 산맥에 의해 건조하고 높은 온도의 바람이 부는데, 이 바람을 **푄**[fohn]이라 부른다.

가역과정과 준정적과정

큰 힘으로 기체를 갑자기 압축시키는 과정에서 다음과 같은 의문을 제기할 수 있다. '압축되는 동안 기체의 압력은 계속 증가하는데, 어떻게 일정한 압력으로 압축할 수 있는가?' 교과서에서 다루는 모든 열역학 과정은 사실상 가역과정으로, 힘의 평형 상태에서 일어나는 과정이다. 따라서 이런 의문이 드는 것은 당연하다.

사실 이런 의문은 앞서 물체를 들어 올리는 과정을 다룰 때 제기했어야 했다. 우리는 힘의 평형 상태를 유지하며 물체를 들어 올리는 경우만 다뤘다. 그러나 힘의 평형 상태에서 물체가 이동한다는 개념은 편의상 도입한 것이고, 실제로는 정지해 있는 물체는 힘의 평형 상태에서 이동하지 않는다. 이러한 문제점 때문에 우리는 앞에서, 물체를 들어 올리는 힘의 세기가 사실상 중력의 세기와 같지만, 무시될 만큼 크다고 가정했던 것이다. 실제로는, 물체를 들어 올리는 동안에는 힘의 세기가 계속 변한다고 생각하는 것이 현실적이다. 즉 중력은 일정하지만, 물체를 들어 올리는 동안 작용하는 힘은 일정하지 않다. 따라서 물체는 처음에는 가속되다가 다시 감속되면서 멈춘다. 기체에서도 마찬가지로, 일정한 압력으로 압축하는 힘이 기체의 압력에 의한 힘보다 더 세면, 기체와 외부계를 분리한 피스톤은 가속되면서(즉 피스톤은 질량을 가진 개체로 취급해야 한다) 기체를 압축하게 된다. 실제로 일어나는 과정은 다음과 같다고 예상할 수 있으며, 계에 마찰이 없다면 다음 과정은 영원히 지속된다.

(1) 처음에는 외부 압력이 더 높으므로, 피스톤이 가속되면서 기체가 압축된다.
(2) 기체가 압축되면서 압력은 점점 더 커지고, 힘의 평형 상태에 이르게 된다.
(3) 운동 중이던 피스톤의 관성 때문에 계속해서 기체를 압축하다가 멈춘다.
(4) 기체 압력이 외부 압력보다 더 커진 상태로, 기체가 다시 팽창하면서 피스톤을 밀어내 처음 상태로 돌아간다.

이런 과정은 용수철에 매달린 물체를 평형 상태가 되도록 받치고 있다가 놓았을 때 중력에 의해 물체가 진동운동을 하는, 다음과 같은 역학계에 비유할 수 있다.

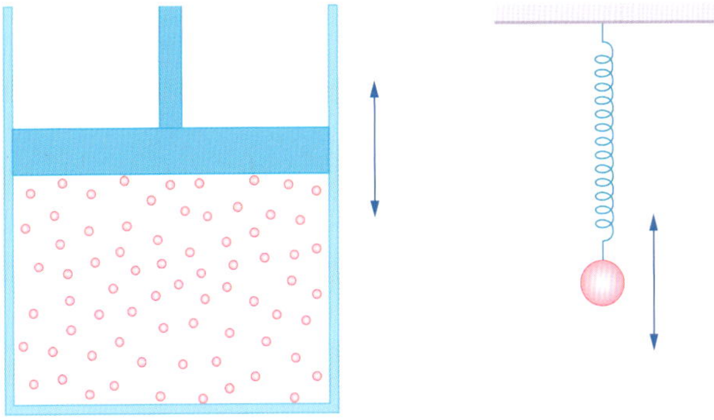

그림 13-5 기체계와 역학계

용수철 상수가 k인 용수철에 질량이 m인 물체를 매달아놓고 손으로 잡고 있다(용수철은 아직 늘어나지 않은 상태다). 이때 물체에서 손을 떼면 물체는 중력을 받아 운동하기 시작한다. 그러나 떨어지던 물체는 새로운 평형 위치에 이르러도 멈추지 않는다. 왜냐하면 새로운 평형 위치에 이른 물체에는 속도가 있어 그 관성으로 운동을 계속하기 때문이다. 용수철이 최대로 늘어난 상태에서는 용수철 탄성이 물체 중력보다 더 커져서 결국 다시 원래 위치로 돌아오는 운동을 시작한다. 만약 마찰이 없으면 진동운동은 영원히 지속될 것이다. 마찰이 없는 상태에서 일어나는 이런 역학적 운동은, 반복해서 처음 상태로 돌아올 수 있는 운동, 즉 **가역 운동**이라고 한다. 이러한 역학계 비유를 보면, 마찰이 없는 상태에서 영원히 지속되는 열역학계의 압축과 팽창과정도 가역과정이라고 할 수 있다.

역학계와 열역학계에는 중요한 차이점이 있다. 역학계에서는 운동하는 순간마다 속도와 가속도 같은 물리량을 측정할 수 있지만, 기체가 빠르게 압축되는 도중에는 (평형 상태에서만 측정될 수 있는 양인) 압력이나 온도 등을 측정할 수 없다는 것이다. 열역학계에서 가역 운동은 역학계에서보다 더 제한적인 조건으로 정의되며, **가역과정**[reversible process]으로 불린다. 열역학적 가역과정이란, 계의 과정이 '마찰이 없는 상태'일 뿐만 아니라 '힘의 평형 상태'에서 일어나는 과정으로 정의한다. 그러나 완전한 평형 상태에서 일어나는 과정이란 존재할 수 없으므로, 우리는 '사실상의' 평형 상태에서 일어나는 과정을 가역과정으로 취급하고, 그런 의미에서 가역과정을 **준정적과정**[quasi-static process]이라고도 부른다.

준정적과정에서 계의 압력이나 온도와 같은 양은 과정 중의 모든 상태에서 측정 가능하다고 가정한다. 예컨대, 앞에서 다룬 용수철에 매달린 물체의 운동에서 준정적 과정은, 언제나 사실상의 힘의 평형을 유지하며, 물체가 새로운 평형 위치에 도달할 때까지 가만히 내려놓는 과정, 즉 새 평형 위치에 도달한 상태에서 물체가 정지한 운동과정이라 할 수 있다. 그런 의미에서 지금까지 다룬 모든 열역학 과정은 준정적과정이라 할 수 있다. 예컨대, 우리는 모든 과정을 $P-V$ 도표 위의 선으로 나타냈는데, 그것은 과정의 모든 단계에서 계의 압력이나 부피 등이 잘 알려져 있다는 뜻이다. 그러나 기체를 갑자기 압축시키는 과정에서는 압력이나 온도를 측정할 수 없다. 따라서 압축 후 계가 다시 평형 상태에 도달한다고 해도 처음과 나중 상태만 $P-V$ 도표에 각각 한 점으로 나타낼 수 있을 뿐이다. 이런 과정을 **비가역과정**[irreversible process]이라고 한다.

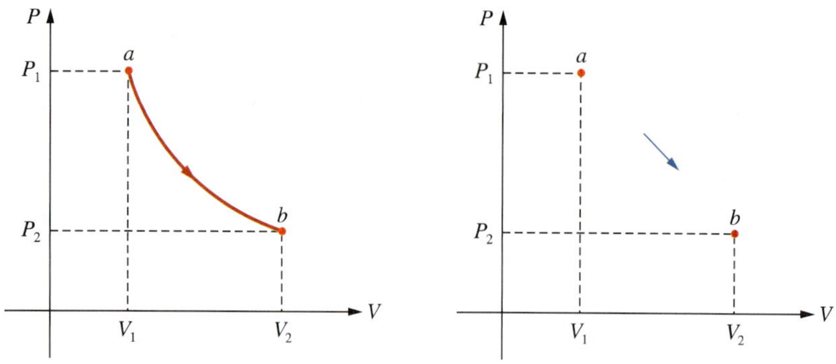

(a) 가역과정 (b) 비가역과정

그림 13-6 가역과정과 비가역과정의 $P-V$ 도표

≫ 참고 완전한 가역과정은 존재하지 않는다

여기에서 '사실상의' 평형 상태나 '준정적' 같은 표현을 사용한 것은 완전한 평형 상태에서는 이와 같은 과정이 일어날 수 없으므로, '거의' 완전한 평형 상태를 나타내기 위한 것이었다. 이는 '완전한' 가역과정은 존재하지 않으며, 실제로 모든 열역학 과정은 비가역과정이란 것을 의미하기도 한다.

단열과정에서의 일-에너지 정리

단열과정에서는 계에 열 출입이 없으므로, 열역학 제1법칙은 단순하게 $\Delta E = -W$로 쓸 수 있다. 이 경우, 그 과정이 가역적으로 진행된다면 P, V 관계를 알 수 있으므로 계가 한 일 W는 쉽게 계산될 수 있다. 그러나 그 과정이 비가역적으로 진행된다면, 압력과 부피의 관계에 대한 어떤 정보도 얻을 수 없으므로 계가 한 일을 계산할 수 없다. 따라서 교과서에 흔히 나오는 다음과 같은 문제를 다룰 때 개념적으로 혼란스러울 수도 있다.

"밀폐된 용기의 기체에 일정한 압력 P_0를 가해, 그 부피를 V에서 $\frac{2V}{3}$로 단열압축 했다. 이때 기체계의 내부에너지 변화량은 얼마인가?"

$Q=0$ 조건으로부터 내부에너지 변화량은 $\Delta E = -W$로 나타낼 수 있으므로, 압축 중에 기체 압력이 한 일 W를 구할 수 있으면, 이 문제의 답을 얻을 수 있다. 그러나 이 문제에서는 기체 압력에 관한 어떤 정보도 얻을 수 없으므로, 기체가 한 일 W를 계산할 수 없다. 그렇다면 이 문제의 답을 구하는 것은 불가능한가? 물론 이 문제의 답은 구할 수 있으며, 풀이과정은 다음과 같다. 즉 외부에서 작용하는 힘은 일정하므로 외부력이 한 일은 $W_{외부} = \frac{1}{3}P_0 V$다. 따라서 기체계가 한 일을 $-\frac{1}{3}P_0 V$라고 보면, 내부에너지 변화량으로 $+\frac{1}{3}P_0 V$가 얻어진다.

그러나 이런 풀이과정을 받아들이기 위해서는 해결해야 할 일이 남아 있다. 바로 외부력이 한 일은 기체계가 한 일과 크기는 같으며, 부호만 반대인 양으로 볼 수 있음을 보이는 일이다. 이를 위해 피스톤이라는 물체에 일-에너지 정리를 적용하는 단계가 필요하다. 이제 피스톤 물체에 '외력+기체 압력'이 한 일을 생각해보자. 압축 전과 후의 피스톤 운동이 정지되어 있다고 할 때, 피스톤 운동에너지 변화량은 0이다. 여기에 일-에너지 정리를 적용하면, 합력이 한 일은 0이 되므로 '기체 압력이 한 일 $W = -$ 외력이 한 일'로 나타낼 수 있다. 그러나 이 논의에서는 마찰력을 고려하지 않았는데, 실제로는 마찰력이 존재하므로 이 문제는 더 깊은 논의를 필요로 하는 어려운 문제임을 유의하자.

13.3 열기관

앞서 언급한 것처럼 과학적 관점에서 볼 때 인류의 역사는 증기기관의 출현으로 큰 변화를 겪었다. 19세기에 이르러 증기기관의 위력이 알려지면서 열기관에 대한 많은 연구가 이뤄졌고, 그 결과 열역학 이론이 엄청나게 발전했다.

열기관은 열에너지(미시적 역학적 에너지)를 기계적 에너지(거시적 역학적 에너지)로 바꾸는 장치라고 말할 수 있다. 열기관은 **엔진**^{engine}이라고도 부르는데, 뜨거운 증기로 동력을 얻는 **증기기관**^{steam engine}과 증기를 사용하지 않고 연료를 연소시켜 직접 동력을 얻는 **내연기관**^{internal combustion engine}으로 나뉜다. 열기관은 보통 기체계의 팽창과 압축으로 동작한다. 예컨대, 증기 기관차는 수백 도 이상에 이르는 수증기 형태의 기체를 이용한다. 열기관은 보통 높은 온도의 열원에서 열을 공급받아 외부에서 일하고, 나머지 열을 다시 내놓는 방식으로 작동한다.

열기관이 받은 열이 기계적인 일로 바뀌는 비율을 **열효율**^{efficiency}이라 부르고, 기호 e로 나타낸다. 팽창과정 동안 열기관이 받은 열량을 Q라 하고, 순환과정에서의 열기관이 한 일의 양을 W라 하면, 그 열효율은 $e = \dfrac{W}{Q}$로 정의한다. 열효율이 가장 높은 기관이란, 기관이 받아들인 열에너지를 모두 기계적인 일로 바꾸는 기관으로, 이때 열효율은 1이다. 그러나 열기관은 순환과정으로 작동하며, 팽창 후 다시 압축되는 과정에서 나오는 열을 버릴 수밖에 없다. 또 역학적 과정에서 필연적으로 발생하는 마찰력 때문에 실제 열기관의 열효율은 보통 20% 내외다.

여러 열기관 중에서 상대적으로 다루기 쉬우면서도 그 작동과정을 분석해 엔진의 동작 원리를 이해하기 쉬운 것으로 **스털링 엔진**과 **카르노 엔진**이 있다. 이 두 열기관은 가역 열기관으로, 모두 $P-V$ 도표로 그 과정을 나타낼 수 있는데, 이제 열기관에서 사용하는 기체를 이상기체라 가정하고 두 엔진의 작동과정을 분석해보자.

스털링 엔진

1816년 스털링이 제안한 스털링 엔진은 팽창과정과 압축과정이 모두 등온과정으로 이루어진다. 등온과정으로 팽창이나 압축이 끝난 후에는, 일정한 부피 상태에서 압력을 낮추거나 높이는 과정을 통해 순환과정을 만든다.

그림 13-7 로버트 스털링, 1790~1878

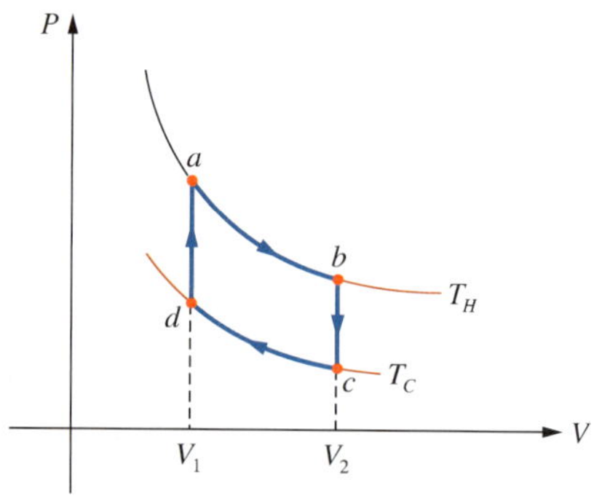

그림 13-8 스털링 엔진에서의 순환과정

스털링 엔진의 동작 과정을 나타낸 [그림 13-8]에서 ab 과정과 cd 과정은 각각 등온팽창과 등온압축과정이다. 이제 **이상기체** 1몰의 기체로 동작하는 스털링 엔진이 팽창과 압축과정에서 각각 일정한 온도 T_H, T_C를 유지한다고 하고, 처음과 나중의 부피를 각각 V_1, V_2라고 하자.

스털링 엔진의 열효율을 계산하려면 먼저 팽창과정에서 엔진이 받은 열량과, 한 순환과정에서 엔진이 한 일의 양을 알아야 한다. 이제 팽창과정에서 엔진이 받은 열량을 Q_H라 하자. 그리고 팽창 전후의 엔진 상태를 a, b라 하고, 압축 전후의 엔진 상태를 c, d라 하면 팽창과 압축과정에서 엔진이 한 일은 각각 다음과 같이 나타낼 수 있다.

$$W_{ab} = \int_{V_1}^{V_2} P\,dV = RT_H \ln\left(\frac{V_2}{V_1}\right) \tag{13.7a}$$

$$W_{cd} = \int_{V_2}^{V_1} P\,dV = RT_C \ln\left(\frac{V_1}{V_2}\right) = -RT_C \ln\left(\frac{V_2}{V_1}\right) \tag{13.7b}$$

따라서 엔진이 한 알짜 일의 양은 $W = W_{ab} + W_{cd} = R(T_H - T_c)\ln\left(\frac{V_2}{V_1}\right)$가 된다. 한편, 팽창과정에서는 열역학 제1법칙은 $\Delta E = Q_H - W_{ab}$로 쓸 수 있고, 팽창과정은 등온과정이므로 $\Delta E = 0$이고 $Q_H = W_{ab}$임을 알 수 있다.

한 순환과정에서 엔진에 공급된 열량은 Q_H이고, 엔진이 한 일이 W이므로, 그 열효율은 $\frac{W}{Q_H} = \frac{W}{W_{ab}}$로 나타낼 수 있다. 그러므로 열효율은 다음과 같아진다.

$$e = \frac{T_H - T_c}{T_H} = 1 - \frac{T_C}{T_H} \tag{13.8}$$

이와 같이 엔진과 열을 주고받는 두 열원의 온도만으로 열효율을 나타낼 수 있다는 점은 흥미로운 결과이다. 예컨대, T_H, T_C가 각각 400 K, 300 K라면 열효율은 25%가 된다. 이 열효율은 마찰에 의한 에너지 손실을 무시한 이상적인 값으로, 실제 값은 마찰 효과 때문에 더 작아질 것이다.

스털링 엔진에서는 그러나 모든 과정에서 엔진과 외부와의 열 교환이 있다. 즉 등온팽창과정에서는 고온 열원에서 열이 유입되고 등온압축과정에서는 저온 열원으로 열이 방출된다. 그리고 온도가 낮아지거나 높아지는 과정에서는 각 과정에서 얼마의 열량이 방출되었다가 그 열량만큼 엔진에 열이 다시 유입된다.

앞에서 나타낸 열효율은, 엔진에 공급된 열량이 단지 고온 열원에서 공급한 열뿐이라는 가정에서 얻어진 것이다. 즉 압축 후 다시 온도가 높아지는 과정에서 엔진에 공급된 열량은 팽창 후 온도가 내려가며 내놓았던 것을 다시 돌려받은 것으로 취급해 알짜 공급열은 없다고 본 것이다. 그러므로 온도가 높아지는 과정에서 공급되는 열량이 추가로 더 공급되는 것이라 취급한다면, 엔진에 공급된 총열량은 Q_H보다 더 많아져 열효율이 더 작아지게 된다.

물음 13-8 스털링 엔진의 등온 압축과정에서 엔진이 외부에 내보낸 열량은 얼마인가?

물음 13-9 스털링 엔진에서는 기체의 부피가 일정한 상태에서, 온도가 올라가는 과정과 온도가 내려가는 과정이 있다. 1몰의 단원자 이상기체 상태의 경우, 다음 물음에 답하라.

(a) 그 두 과정에서의 기체와 열원 사이의 열교환량 크기는 $(3R/2)(T_H - T_C)$로 같음을 보여라.

(b) 일정 부피에서 온도가 올라가는 과정에 공급된 열량 $(3R/2)(T_H - T_C)$를 공급된 총열량으로 취급한다면 그 경우 열효율은 $\dfrac{(T_H - T_C)\ln(V_2/V_1)}{T_H\ln(V_2/V_1) + (3/2)(T_H - T_C)}$임을 보여라.

카르노 엔진

1824년 카르노는 등온팽창-단열팽창-등온압축-단열압축과정으로 이루어진 엔진을 가정하고, 그 엔진의 열효율 같은 특성들을 다뤄보았다. 스털링 엔진에서는 모든 과정에서 엔진과 외부 열원 간에 열이 교환되지만, 카르노 엔진에서는 열교환이 없는 단열과정이 도입되기 때문에, 전 과정 중 단지 등온과정에서만 열원과 열을 주고받는다는 차이가 있다.

카르노 엔진을 나타낸 [그림 13-10]에서도, 스털링 엔진과 같이 ab 과정과 cd 과정은 각각 등온팽창과 등온 압축과정으로 각각 일정한 온도 T_H, T_C를 유지한다. 이제 이상기체 1몰의 기체로 동작하는 엔진에서, 처음 상태와 등온팽창 후의 부피를 각각 V_a, V_b, 단열팽창 후와 등온압축 후의 부피를 각각 V_c, V_d라 하자.

그림 13-9 사디 카르노, 1796~1832

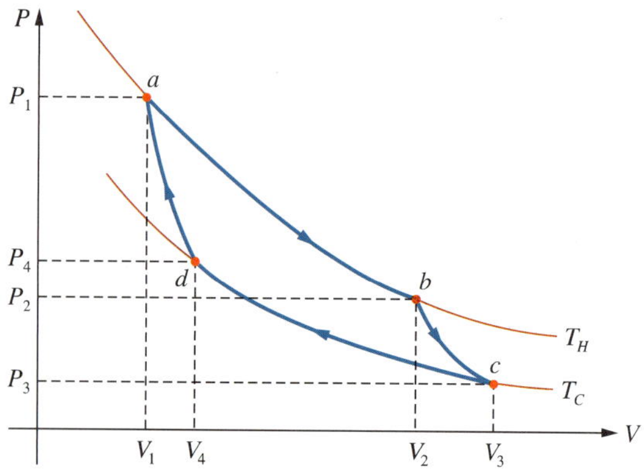

그림 13-10 카르노 엔진

먼저 엔진이 한 알짜 일의 양을 구하면, 스털링 엔진의 경우와 마찬가지로 등온팽창과정과 등온압축과정에서 엔진이 한 일을 각각 다음과 같이 나타낼 수 있다.

$$W_{ab} = \int_{V_1}^{V_2} PdV = RT_H \ln\left(\frac{V_2}{V_1}\right) \tag{13.9a}$$

$$W_{cd} = \int_{V_3}^{V_4} PdV = RT_C \ln\left(\frac{V_4}{V_3}\right) = -RT_C \ln\left(\frac{V_3}{V_4}\right) \tag{13.9b}$$

한편, 단열팽창과정에서는 열에너지 유입이 없으므로, 열역학 제1법칙을 ab 과정에 적용하면 팽창과정에서 엔진에 주어진 총열량을 Q_H라 할 때, $Q_H = W_{ab}$가 된다.

스털링 엔진과 달리 카르노 엔진에서는 단열과정에서도 일을 한다. 단열과정에서는 열 출입이 없으므로, 열역학 제1법칙 $\Delta E = Q - W$으로부터 $\Delta E = -W$ 이다. 한편, 이상기체 내부에너지는 기체 온도에만 의존하므로, 온도 T_H에서 T_C로 가는 단열팽창과정에서의 내부에너지 변화량은 $\Delta E = \frac{3}{2}R(T_C - T_H)$가 되는데, 단열과정 bc 구간에서 이 값이 곧 $-W_{bc}$가 된다. 그러므로 단열팽창과 단열압축과정에서 엔진이 한 일은 각각 다음과 같다.

$$\begin{aligned} W_{bc} &= \frac{3}{2}R(T_H - T_C) \\ W_{da} &= -\frac{3}{2}R(T_H - T_C) \end{aligned} \tag{13.10}$$

흥미로운 사실은, $W_{bc} + W_{da} = 0$이 되므로 전체 단열과정에서 엔진이 하는 알짜 일은 0이 된다는 점이다. 즉 카르노 엔진에서도 엔진이 한 일의 양은, 스털링 엔진에서와 같이 등온과정에서의 한 일의 양만 남아 다음과 같이 나타낼 수 있다.

$$W = W_{ab} + W_{cd} = RT_H \ln\left(\frac{V_2}{V_1}\right) - RT_C \ln\left(\frac{V_3}{V_4}\right) \tag{13.11}$$

이 단계에서 흥미로운 사실은, 단열과정에서는 '$TV^{\gamma-1}$ = 일정'이므로 각 상태에서 부피 사이의 관계를 $\frac{T_H}{T_C} = \frac{V_3^{\gamma-1}}{V_2^{\gamma-1}} = \frac{V_4^{\gamma-1}}{V_1^{\gamma-1}}$과 같이 나타낼 수 있다는 사실이다. 그러므로 다음과 같은 흥미로운 관계가 성립한다.

$$\frac{V_2}{V_1} = \frac{V_3}{V_4} \tag{13.12}$$

그리고 엔진이 한 알짜 일은 $W = W_{ab} + W_{cd} = R(T_H - T_c)\ln\left(\frac{V_2}{V_1}\right)$로 쓸 수 있게 된다.

이제 한 순환과정에서 이 엔진에 유입된 열량을 다뤄보자. 단열과정에서는 열 출입이 없으므로 오직 등온팽창과정에서만 열량이 유입되는데, 등온과정이므로 그 열량은 $Q_H = W_{ab}$이다. 따라서 열효율은 다음과 같아진다.

$$e = \frac{W}{Q_H} = \frac{T_H - T_c}{T_H} = 1 - \frac{T_C}{T_H} \tag{13.13}$$

흥미롭게도 이 열효율의 크기는 스털링 엔진과 똑같은데, 그 이유는 두 엔진 모두 가역적 과정으로 작동하는 이상 기관이기 때문이다. 즉 온도가 각각 T_H, T_C인 두 열원 사이에서 작동하는 이상 기관은 모두 이 크기의 열효율로 작동하며, 현실적인 모든 엔진은 비가역적으로 작동하므로 이 열효율보다 작은 값을 가진다.

물음 13-10 단열과정에서는 '$TV^{\gamma-1}$ =일정'인 관계로부터 $T_H V_2^{\gamma-1} = T_c V_3^{\gamma-1}$ 등으로 표현할 수 있다. 그 사실을 이용해 각 상태의 부피는 $\frac{V_2}{V_1} = \frac{V_3}{V_4}$ 관계로 나타낼 수 있음을 보여라.

물음 13-11 카르노 엔진의 등온압축과정에서 엔진이 내보낸 열량을 구하라.

냉장고 · 냉방기의 원리

일과 열은 서로 교환될 수 있으며, '일'과 '열'이라는 형태의 에너지를 더한 값이 일정하다는 것을 기술한 것이 열역학 제1법칙이다. 순환과정으로 작동하는 엔진에서 열역학 제1법칙은, 한 과정 동안 공급된 알짜 열량 Q만큼 엔진이 일 W를 한다는 사실, 즉 $W = Q$를 의미한다. 또한 한 순환과정에서 엔진이 일 W를 공급받으면, 엔진에서 열량 Q만큼 열이 발생한다는 사실, 즉 $Q = W$라는 것을 의미하기도 한다.

예컨대, 엔진 속 기체에 열을 공급하는 대신 힘을 가해 압축시키면 외부 계가 엔진에 일을 한 결과가 되어 기체 온도가 올라간다. 따라서 더워진 기체 온도를 외부 공기나 물로 식힌 다음, 그 기체를 단열팽창시키면 기체의 온도는 내려가고 차가운 기체나 액체가 된다. 그렇게 얻은 차가운 기체나 액체를 이용해 낮은 온도를 얻는 장치가 바로 냉장고나 냉방기다. 즉 냉장고나 냉방기는 열을 공급해 운동에너지를 얻는 일상적 엔진을 거꾸로 동작시켜, 운동에너지를 공급해 열을 만들어 방출하는 장치라 할 수 있다.

13.4 엔트로피

지금까지 우리는 위치에너지와 내부에너지라는 두 가지 중요한 개념을 다뤘다. 그중 위치에너지는, 보존력을 받는 운동에서는 경로에 무관하게 위치에만 의존하는 양이 있다는 사실에서 유도되었다. 그리고 내부에너지는, 열역학 과정에서도 경로에 무관하게 일정한 값을 갖는 양이 있다는 사실에서 유도되었다. 그러나 가역과정을 분석하면, 열역학 과정에서는 내부에너지 말고도 경로에 무관한 새로운 양이 또 있다는 것을 알게 된다. 카르노 엔진의 흥미로운 점은, 카르노 엔진의 작동과정을 분석하는 과정에서 경로에 무관한 새로운 양을 있다는 것을 알게 되기 때문이다.

스털링 엔진에서는 모든 단계의 과정에서 엔진과 외부계 사이의 열교환이 일어나지만, 카르노 엔진에서는 그 열 교환이 등온과정에서만 일어난다. 이제 카르노 엔진의 각 과정에서 일을 다시 정리해보자.

(1) 두 엔진의 경우 모두 등온팽창 하는 동안 유입된 열량 Q_H는 $Q_H = W_{ab}$이므로, 두 경우 모두 $W_{ab} = RT_H \ln\left(\frac{V_2}{V_1}\right)$이다.

(2) 한편, 등온압축과정에서도 $\varDelta E = 0$이므로, 엔진이 받은 열량을 Q_C로 나타내면, $\varDelta E = Q_C - W_{cd}$ 관계로부터 $Q_C = W_{cd}$가 된다. 이때 $W_{cd} = -RT_C \ln\left(\frac{V_3}{V_4}\right)$이므로 엔진이 받은 열량 Q_C는 음(−)의 부호를 갖는데, 이는 엔진의 열이 외부로 방출되었음을 나타낸다.

한편, $\frac{V_2}{V_1} = \frac{V_3}{V_4}$이므로, $W_{cd} = -RT_C \ln\left(\frac{V_2}{V_1}\right)$로도 쓸 수 있다.

(3) 그러므로 $W_{cd} = Q_C$, $W_{ab} = Q_H$임을 고려하면, $\frac{Q_H}{T_H} = -\frac{Q_C}{T_C}$라는 매우 흥미로운 결과가 얻어진다. 그리고 이 관계는 다시 $\frac{Q_H}{T_H} + \frac{Q_C}{T_C} = 0$으로 나타낼 수 있다.

(4) 단열과정 단계에서는 열 출입이 없으므로 i가, 등온, 단열, 등온, 단열의 4단계 과정을 나타낸다고 할 때, 한 순환과정에서 $\sum_i \frac{Q_i}{T_i} = 0$이라 쓸 수 있다.

(5) 이제 새로운 어떤 양 S를 도입해 $\frac{Q_i}{T_i} = \varDelta S_i$로 정의하면, 한 순환과정에서 $\sum_i \varDelta S_i = 0$이라 쓸 수 있다.

이 사실은 한 순환과정(또는 왕복운동)에서, $\Delta S_i = \dfrac{Q_i}{T_i}$로 정의한 물리량 $(\Delta S)_i$의 합이 0이 된다는 것을 의미하며, '왕복운동에서는 물체에 보존력이 한 일이 0이 되는 경우'를 연상시킨다. 즉 보존력이 한 일은 어떤 경로를 취하건 경로에 무관하다는 특징이 있는데, 그 특징을 카르노 엔진의 경우 다음과 같이 기술할 수 있다.

즉 $a \to b \to c$ 경로 팽창과정에서 ΔS는 $\dfrac{Q_H}{T_H}$다. 마찬가지로 $c \to d \to a$ 경로 압축과정에서 엔진이 받은 열량은 음(−)의 부호를 가진 Q_C이며, 그 경우 ΔS는 $\dfrac{Q_C}{T_C}$다.

한편, 이 압축과정 경로를 거꾸로 간다고 가정하면, $a \to d \to c$ 경로를 양(+)의 부호를 가진 열량 $-Q_C$를 받으면서 팽창한 것과 같다. 즉 $a \to d \to c$ 경로 팽창에서 ΔS는 $-\dfrac{Q_C}{T_C}$다.

한편, $\dfrac{Q_H}{T_H} = -\dfrac{Q_C}{T_C}$ 관계이므로, 이 사실은 $a \to c$ 경로를 $a \to b \to c$나 $a \to d \to c$ 중 어떤 경로로 팽창하건 그 ΔS값은 일정하다는 것을 뜻하게 된다.

이처럼 어떤 물리량이 '경로에 무관'하게 처음과 나중 상태에만 의존한다면, 그 물리량은 오직 상태에만 의존하는 함수인 '상태함수'라고 말할 수 있는데, 여기에서 도입된 물리량 S는 새로이 알게 된 상태함수로서 **엔트로피**[entropy]라고 부른다.

예컨대, 어떤 계가 일정한 온도 T를 유지하며 열량 Q를 받으면, 엔트로피 변화량은 $\Delta S = \dfrac{Q}{T}$로 정의되므로, 그 계의 엔트로피는 $\dfrac{Q}{T}$만큼 변화했다고 말한다. 우리는 앞에서 **내부에너지**라고 부르는 상태함수가 존재한다는 것을 알게 되었는데, 이제 우리는 카르노 엔진 분석을 통해 **엔트로피**라고 부르는 새로운 형태의 상태함수가 존재한다는 것도 알게 된 것이다.

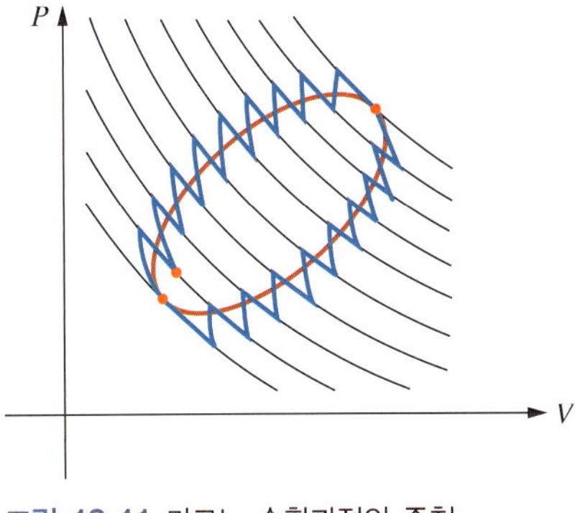

그림 13-11 카르노 순환과정의 중첩

열기관의 모든 **가역 순환과정**은 [그림 13-11]에서 보인 것처럼 미세한 카르노 순환과정이 중첩되어 이루어진 것으로 볼 수 있다. 즉 한 순환과정이 미세한 카르노 과정 i가 모아져 이루어진다고 보는 경우, 각 과정 i에서 엔진이 받은 열량을 Q_i라고 나타내면, 그 결과는 다음과 같은 형태가 된다.

$$\sum_i \frac{Q_i}{T_i} = 0 \tag{13.14}$$

여기에서 열량 Q_i는 미세 과정에서의 미소 열량이므로, 그 점을 강조하기 위해 이 결과는 $\oint dS = \oint \frac{dQ}{T} = 0$과 같이 나타내기도 하는데, 여기에서 $dS = \frac{dQ}{T}$이고, $\oint$은 순환과정에서의 적분을 나타내는 기호이다.

우리가 다룬 스털링 엔진도 가역 순환과정의 한 예이다. 그러므로 그 한 순환과정의 엔트로피 변화량은 0이 되어야 한다. 스털링 엔진에서 등온팽창과 등온압축과정에서 각 엔트로피 변화량 크기는 같고 부호가 반대임은 쉽게 보일 수 있고, 부피가 일정한 상태에서 압축하는 과정과 팽창하는 과정에서의 총 엔트로피 변화량도 쉽게 보일 수는 없어도 0이 된다.

물음 13-12 스털링 엔진에서, 등온팽창과정 엔트로피 변화량은 $\Delta S_1 = Q_H / T_H$이고 $Q_H = W_{ab}$이고, 등온압축과정 엔트로피 변화량은 $\Delta S_2 = Q_C / T_C$이고 $Q_C = W_{cd}$이다. 등온과정에서의 총 엔트로피 변화량은 0임을 보여라.

물음 13-13 단원자 분자 1몰로 작동하는 스털링 엔진에서, 일정 부피에서 온도가 올라가는 과정과 내려가는 과정에서의 엔트로피 변화량은 $\pm(3/2)R\ln(T_H / T_C)$로 그 총 변화량은 0임을 보여라.

물음 13-14 온도가 T_H인 열원으로부터 온도가 T_C인 열원으로 열량 Q가 이동했다. 그 과정에서 각 열원에서의 엔트로피 변화량과 계의 총 엔트로피 변화량을 구하라.

13.5 열역학 제2법칙

물리 현상을 기술하는 근본적인 방정식에는 시간 대칭성이 존재한다. 시간 대칭성이란, 시간상으로 거꾸로 가는 현상도 가능하다는 뜻이다. 예컨대, 기체로 채워진 밀폐된 공간 안에서 기체 분자들이 운동하는 모양을 상상해보자. 그 상태는 **평형 상태**equilibrium state로, 변화가 없는 상태다. 이때 분자들끼리 서로 무질서하게 충돌하며 운동하는 모습을 동영상으로 찍었을 때, 거꾸로 재생할 때와 바로 재생할 때를 구별하는 것은 불가능하다. 즉 어떤 상태의 운동이 거꾸로 일어나고 있다고 해도 물리 법칙에 어긋나는 점은 없다.

비평형 상태non-equilibrium state에서 일어나는 현상에는 언제나 방향성이 있다. 예컨대, 모든 현상에서 에너지 보존법칙이 성립하지만, 찬 물체에서 더운 물체로 열이 이동하는 경우처럼 에너지 보존법칙에는 어긋나지 않으면서도 절대로 일어나지 않는 현상이 있다. 이제 비평형 상태를 보여주는 단순한 예로, 밀폐된 공간 가운데에 칸막이를 쳐서 기체를 한쪽에 몰아놓은 경우를 생각해보자. 만약 칸막이를 없애면 기체는 확산되어 결국 공간 전체에 골고루 분포될 것이다. 이 과정을 동영상으로 찍은 후 거꾸로 재생하면 누구나 동영상이 거꾸로 재생되고 있음을 알 수 있다. 왜냐하면 방안에 골고루 퍼져 있던 기체가 스스로 방의 한편으로 몰리는 현상은 일어날 수 없기 때문이다.

그렇다면, 그런 일은 실제로 일어날 수 없는 것일까? 모든 현상을 확률로 다루는 통계역학적 입장에서 그 의문을 다시 살펴보자. 방에 기체 분자 하나가 있다고 하자. 분자가 방 안에 있을 확률은 1이다. 그 방에 크기가 같은 방을 덧붙이면, 분자가 원래 있던 방에 여전히 있을 확률은 $\frac{1}{2}$로 줄어든다. 흥미로운 점은 이 경우에도 분자가 처음 상태로 돌아갈 확률이 여전히 $\frac{1}{2}$만큼 존재한다는 것이다. 만약 처음 상태에서 분자가 두 개였다면, 얼마 후 그 두 분자가 모두 처음 상태로 돌아갈(즉 원래 있던 방으로 돌아갈) 확률은 $\left(\frac{1}{2}\right)^2$으로 줄어들고, 분자 수가 열 개로 늘어나면 그 확률은 $\left(\frac{1}{2}\right)^{10} = \frac{1}{1024}$로 줄어든다.

이 사실은, 분자를 볼 수 있는 카메라가 있다면(사실상 불가능하지만), 일정한 시간 간격으로 찍은 1024개 사진 중 오직 1장에서만 10개 분자가 모두 원래 있던 방에 있음을 알 수 있다. 실제 세계의 분자 수는 아보가드로수 정도의 크기다. 따라서 이미 다른 방으로 확산된 기체가 다시 원래의 방으로 자연스럽게 돌아와 있을 확률은 사실상 0이다. 여기에서 흥미로운 점은 그 확률이 사실상 0이지 정확하게 0은 아니라는 것이다. 즉 그런 현상이 일어날 가능성은 극히 적지만, 그 가능성이 아예 없다고 단언할 수도 없다. 쏟아진 물을 다시 담을 수는 없다. 또 우리 몸이 어려져 다시 어린 아이가 될 수도 없다는 것이다. 그러나 확률적으로 보면 그런 기적 같은 일이 '절대' 불가능하다고 말할 수는 없다는 것이다. 그렇다면 찬 물체에서 더운 물체로 열이 이동하는 것을 불가능하다고 할 수 있는가? 역시 '절대' 불가능하다고 말할 수는 없지만, 실제로 그런 일이 일어나지 않는다는 것을 우리는 알고 있다. 이제 열이 더운 물체에서 찬 물체 쪽으로만 이동한다는 사실이 곧 엔트로피가 증가한다는 사실과 같다는 것을 증명해보자.

열의 이동이 준정적과정으로 일어난다는 말은, 열을 내는 물체와 열을 받는 물체가 열평형 상태에서 열이 이동한다는 뜻으로, 두 물체의 온도 T는 사실상 같다는 뜻이다. 따라서 열량 dQ가 이동하는 경우 열을 내는 물체와 받는 물체의 엔트로피 변화는 각각 $-\frac{dQ}{T}$, $\frac{dQ}{T}$로서 총 엔트로피 변화량은 0이다.

한편, 온도 차이가 있는 상태에서 열 이동이 일어나는 과정은 열평형 상태에서 일어나는 과정이 아니므로 비가역과정이다. 열은 항상 높은 온도 T_H인 쪽에서 낮은 온도 T_C인 쪽으로 이동하기 때문에, 열이 이동하는 동안 온도 T_H와 온도 T_C가 각각 일정한 상태에서 열량 Q가 이동하면 총 엔트로피 변화량이 $Q\left(-\frac{1}{T_H}+\frac{1}{T_C}\right)$이며, $T_H > T_C$이므로 양(+)의 부호가 될 것이다.

그러므로 계의 엔트로피 변화량으로부터 우리는 그 과정이 가역과정인지 아닌지 판정할 수 있다. 즉 가역과정에서는 총 엔트로피 변화량이 0이지만, 비가역과정에서 그 변화량은 양(+)의 부호를 갖기 때문이다.

물질세계에서 모든 기계적 에너지(거시적 운동에너지)는 마찰력 때문에 결국 모두 열에너지(미시적 역학적 에너지)로 변환되는 비가역과정이다. 외부와 어떤 열 교환도 없는 계를 **고립계**라고 부르는데, 고립계 내부에서 일어나는 모든 변화는 언제나 엔트로피 증가를 가져온다.

'고립계에서의 엔트로피 변화량을 ΔS라고 할 때 모든 변화는 엔트로피가 증가하는 방향으로만, 즉 $\Delta S \geq 0$ 방향으로만 일어날 수 있다'는 사실을 **열역학 제2법칙** second law of thermodynamics이라고 부른다.

열역학 제2법칙은 우리 세계에서 자연스럽게 일어나는 모든 현상이 왜 한 방향으로만 일어나는지, 시간이 왜 과거로부터 미래로 흐르는지를 기술하는 법칙이다. 그러나 왜 그래야만 하는지 명백하게 설명할 수 있는 법칙은 아니다. 즉 열역학 제2법칙은 실제로 일어나는 우리 주위의 모든 현상으로부터 얻은 경험적 사실에 기초한 것으로, 증명되지도 않았고 또 증명할 수도 없는 매우 특이한 법칙이다.

자유팽창과정에서의 엔트로피

엔트로피는 반드시 열 교환이 있어야 변화하는 양은 아니다. 열 교환이 없는 상태에서 자연스럽게 일어나는 현상에서도 언제나 엔트로피가 증가한다. 예컨대, 기체가 좁은 공간에서 넓은 공간으로 확산하는 현상을 살펴보자. 고립된 기체가 확산하는 자유팽창현상에서는 열이 유입되지 않아도 기체가 스스로 확산한다. 부피가 V인 기체 n몰이 스스로 확산해 부피가 $2V$가 되었다고 하자. 이때 기체가 피스톤을 밀어내면서 팽창했다면 기체 온도는 내려간다. 하지만 기체가 자유롭게 팽창했다면(예컨대, 기체를 담은 용기 벽면에 구멍이 생겨서) 온도는 변하지 않는다. 이런 기체 확산 과정은 비가역과정으로, 기체가 확산한 다음 스스로 원래 상태의 부피로 줄어들지는 않는다. 따라서 이 과정에서 엔트로피는 증가할 것으로 짐작할 수 있다. 그렇다면 이 경우, 엔트로피는 얼마나 증가할 것인지 알아보자.

임의의 어떤 상태 1에서 상태 2로의 가역과정에서 생기는 엔트로피 변화량은 $\Delta S = \int_1^2 \frac{dQ}{T}$로 나타내는데, 이 식은 물론 부피 변화에 따른 엔트로피 변화량을 구할 수 있는 식은 아니다. 그러나 이 단계에서 주목할 만한 사실은, 어떤 형태의 가역과정을 사용해서 비가역과정에서와 똑같은 상태 1로부터 상태 2가 되게 한다면, 그때의 엔트로피 변화량은 우리가 구하려는 비가역과정의 값과 같아진다는 사실이다. 그 이유는 엔트로피는 오직 상태에만 의존하는 상태함수이기 때문이다.

우리는 자유팽창이라는 비가역과정에서는 상태 1과 상태 2의 온도가 T로 일정하고, 부피가 각각 V, $2V$라는 사실을 알고 있다. 이제 등온팽창 방법으로 기체를 일정한 온도 T로 유지하면서, 부피가 V에서 $2V$로 팽창한 과정을 다뤄보자. 그 경우 모든 미소 과정에서는 $dE = dQ - dW = 0$이라는 조건이 성립한다. 즉 $dQ = dW = P\,dV$로 쓸 수 있으므로 엔트로피 변화량은 $\Delta S = \int_V^{2V} \frac{P\,dV}{T}$로 다시 나타낼 수 있다. 한편, 상태방정식은 $PV = nRT$이므로, 엔트로피 변화량은 다음과 같아진다.

$$\Delta S = nR\int_V^{2V} \frac{dV}{V} = nR\ln 2 \tag{13.15}$$

이 값이 바로 자유팽창과정으로 부피가 두 배로 팽창한 n몰 기체의 엔트로피 변화량으로, 자유팽창과정이 비가역과정임을 보여준다.

13.6 통계물리학과 열역학

지금까지는 열기관 등의 문제에서 온도, 엔트로피 등의 거시적 물리량들을 다뤘다. 그러나 기체계의 내부에너지를 분자의 운동에너지로 나타낼 수 있듯이, 열역학에서 다룬 것들을 미시적으로 다시 설명할 수도 있을 것으로 기대하게 된다.

미시적 입장에서 거시적 현상의 이해를 추구하는 접근 방법을 **통계물리학** 또는 **통계역학**이라 부른다. 통계역학은, '모든 물리량은 근원적으로 연속적이지 않고 불연속적이어서 셀 수 있다'는 입장에서 시작한다. 이런 입장을 **양자적**quantum이라 말하는데, 그에 반해 물리량은 연속적인 값을 갖는다고 보아온 전래적인 입장을 **고전적**classic이라 부른다. 예컨대, 뉴턴의 운동법칙은 입자의 운동상태를 연속적인 값이 가능한 위치와 속도로 나타낸다는 의미에서 고전적 입장을 바탕으로 한 것이라 할 수 있다.

고전적 입장에서는 입자의 위치나 운동량은 아무 값이나 가능하므로, 그 상태의 수는 무한히 많다. 그러나 통계역학은, 입자의 상태 수가 '매우 많아 거의 무한하지만 실제로는 무한하지는 않다'는 기본 가정에서 출발한다. 그리고 입자가 있을 수 있는 각각의 상태를 **양자상태**quantum state라 부른다.

이제 제한된 공간 속에 입자가 있을 수 있는 양자상태의 수가 얼마나 될지 생각해보자. 1차원 공간에서는 입자의 위치와 운동량을 (x, p)으로 나타낼 수 있는데, 그 두 변수를 좌표축으로 가지는 공간을 **위상공간**phase space이라 부른다. 그리고 고전적으로는 (x, p)값은 연속적으로 존재하는 양들이므로 (x, p)의 짝으로 이루어진 상태 수도 무한히 많다고 보게 된다.

그러나 양자론적으로는 미시적 세계는 연속적이지 않고 불연속적이다. 예컨대, 1차원 공간에서 운동하는 입자의 위치가 $(0, x_0)$ 구간에, 그리고 운동량 크기가 p_0보다 작을 때, 그 입자가 있을 수 있는 위상공간의 넓이는 $x_0 p_0$가 되는데, 통계역학에서는 '플랑크 상수'라 불리는 미세한 양 h를 도입해 입자가 있을 수 있는 양자상태의 수는 $x_0 p_0 / h$만큼만 존재한다고 가정한다. 여기에서 h는 매우 미세한 양이어서, 거시적 계에서 양자상태의 수는 매우 큰 사실상 무한에 가까운 수가 된다.

통계물리학의 핵심은 그런 상태의 수가 '매우 많지만, 그러나 유한하다'는 가정에 있으며, 양자상태의 수를 흔히 Ωomega기호로 나타내는데, 그 양자상태는 에너지와 부피에만 의존하는 함수 $\Omega(E, V)$로 흔히 나타낸다.

에너지가 E_0인 경우에 상태 수가 $\Omega(E_0, V)$라 할 때, 우리는 다음과 같은 의문을 가지게 된다. 즉 입자는 그 수많은 상태 중 어느 상태를 점유할 것인가 하는 물음이다. 각각의 입자에게 그 상태들은 동등하다. 그러므로 가능한 양자상태의 수가 Ω일 때, 입자가 그중 어느 한 상태에 있을 확률은 $p = 1/\Omega$로 볼 수 있다. 모든 양자상태에 있을 확률이 똑같다는 그런 가정에 따른 확률 분포를 **소정준 분포**microcanonical distribution라고 부른다.

≫ 참고 3차원 공간에서의 양자상태의 수

위의 논리는 3차원 공간으로 확장될 수도 있다. 예컨대, 부피가 V_0인 공간 속에 있는 입자 하나의 에너지가 E_0보다 작다고 하자. 그 경우 그 입자가 있을 수 있는 위상공간의 부피는 3차원 변수 (x, y, z, p_x, p_y, p_z) 공간 부피인 $\int d^3x \int d^3p$에 비례하게 된다. 여기에서 $\int d^3x = V_0$이고, $E = \frac{p^2}{2m}$이므로 운동량은 $p_0 = \sqrt{2mE_0}$라 할 때, 운동량 공간에서의 반지름이 p_0인 공 모양 공간의 부피 적분치는 $\left(\frac{4\pi}{3}\right)p_0^3$이므로, 그 경우 위상공간 부피 $V_0 E_0^{\frac{3}{2}}$에 비례한다. 즉 그 양자상태의 수는 $V_0 E_0^{\frac{3}{2}}/h^3$에 비례하는 매우 크지만 유한한 수가 된다고 보며, h는 매우 작은 수이기 때문에 실제 계산해보면 거시적 계에서 양자상태의 수는 1조의 1조배 정도 크기인 아보가드로수 정도의 큰 수가 되는데, 알다시피 그 수는 거시적 계에서 존재하는 분자 수와 같은 정도이다.

그러므로 N개의 분자가 에너지 E보다 작은 상태에 있는 경우의 총 상태 수를 $\Phi(E, V)$라고 쓴다면 $\Phi \propto V^N E^{\frac{3N}{2}}$이라고 쓸 수 있게 된다. 한편, 부피 V가 일정할 때, 상태 $\Omega(E, V)$는 반지름이 E인 공 모양 에너지(또는 운동량) 공간에서의 공 표면에 존재하는 상태 수를 뜻하는데, $\Phi \propto V^N E^{\frac{3N}{2}}$에서 $d\Phi \propto \left(\frac{3N}{2}\right) V^N E^{\frac{3N}{2}-1} dE$이다. 한편, $d\Phi = \Omega(E, V)dE$이기도 하므로 $\Omega_N(E, V) \propto \left(\frac{3N}{2}\right) V^N E^{\frac{3N}{2}-1}$이다. 그리고 $N \gg 1$이면 $\Omega_N(E, V) \propto V^N E^{\frac{3N}{2}}$이라 나타내도 좋다.

엔트로피의 정의와 온도

부피가 V이고 에너지가 E인 계의 양자상태의 수 $\Omega(E, V)$를 이용해, 볼츠만[L. Boltzman]은 엔트로피를 그 양자상태의 수의 로그값으로

$$S = k_B \ln \Omega(E, V) \tag{13.16}$$

와 같이 정의했다. 즉 엔트로피는 그 계의 입자들이 있을 수 있는 양자상태의 수가 얼마나 많은지의 척도라 볼 수 있다. 예컨대, 방 속에 있는 입자의 양자상태의 수는 방 크기가 두 배로 늘면 두 배로 늘어나고, 엔트로피는 $\ln 2$배로 증가한다. 우리가 다루는 계는 부피가 일정한 경우가 대부분이므로, 양자상태의 수는 보통 $\Omega(E)$로 나타내는데, 입자의 에너지가 커지면 그 크기는 급격히 늘어난다.

물음 13-15 입자의 에너지가 양자화되어 0, 1, 2, 3, ⋯ 등이 가능한 경우, 두 개의 입자가 갖는 총 에너지가 1이라면, 두 입자가 가질 수 있는 에너지 상태는 각각 (0, 1) 또는 (1, 0)뿐이다. 총 에너지 상태가 2라면, 어떤 상태들이 가능한가?

자유팽창과정에서도 엔트로피가 증가하는데, 그 사실은 통계역학적으로는, 팽창한 다음 기체 분자가 있을 수 있는 양자상태의 수가 늘어난다는 것을 뜻한다. 그리고 그 경우 열역학 제2법칙은, 늘어난 양자상태의 수가 스스로 다시 작아지지는 않는다는 것을 뜻하게 된다.

거시적 계에서 양자상태의 수 Ω은 매우 큰 양이어서 다루기 불편하지만, 볼츠만의 정의에 의한 엔트로피는 상태 수 Ω의 로그값이므로 그리 큰 양은 아니다. 한편, 그 정의에 의하면 어떤 계의 엔트로피 S는 그 계가 여러 부분으로 나누어져 있다고 볼 때 각 부분의 엔트로피 $S_1, S_2, \cdots$의 합으로 나타낼 수 있다. 왜냐하면 예컨대 어떤 계를 두 부분계의 합으로 본다면, 각 계에서의 양자상태의 수가 Ω_1, Ω_2라

할 때 총 상태 수 Ω은 $\Omega = \Omega_1\Omega_2$로 쓸 수 있고 $\ln\Omega = \ln\Omega_1 + \ln\Omega_2$이므로 $S = S_1 + S_2$ 관계를 얻게 되기 때문이다.

이제 엔트로피를 이용해 온도라는 개념을 다시 다뤄보기로 하자. 열평형 상태란 압력이나 온도 같은 거시적 외부 변수의 변화가 없는 상태를 뜻하므로, 상호작용하는 두 계가 열평형에 이른 상태, 즉 두 계의 온도가 같아지는 상태에서는 엔트로피가 더 이상 변하지 않는다. 이제 그 사실을 이용해 '거시적 변수 중 하나인 온도와 미시적 입장에서 도입한 엔트로피의 관계'를 알아보기로 하자.

총 에너지가 E인 계가, 에너지가 E_1, E_2인 두 부분계의 합으로 이루어져 열평형 상태에 이르렀다고 하자. 이 경우, 전체 계 엔트로피 S는 각 부분계의 엔트로피의 합인 $S_1 + S_2$가 되는데, 열평형 상태에서 총 엔트로피 S는 최대 상태가 되므로 부피가 변하지 않는 조건에서는 $\frac{dS}{dE_1} = 0$이라는 조건이 되는데, 그 표현은 부피도 변수로 취급한다고 보면 $\frac{\partial S}{\partial E_1} = 0$으로 나타낸다. 그러므로 $S = S_1 + S_2$이면 $\frac{\partial S_1}{\partial E_1} + \frac{\partial S_2}{\partial E_1} = 0$ 관계를 얻는데, $E = E_1 + E_2$에서 $\frac{\partial S_2}{\partial E_1} = -\frac{\partial S_2}{\partial E_2}$이므로 결국 $\frac{\partial S_1}{\partial E_1} = \frac{\partial S_2}{\partial E_2}$가 성립한다.

열평형 상태란 두 계의 온도가 같은 상태라는 사실을 고려하면 $\frac{\partial S_1}{\partial E_1} = \frac{\partial S_2}{\partial E_2}$는 곧 온도가 같다는 사실을 나타내는 관계식이므로 통계역학적 온도는 다음과 같이 정의하는 게 적절하다고 볼 수 있다.

$$\frac{1}{T} = \frac{\partial S}{\partial E} \tag{13.17}$$

물음 13-16 일정 부피에서 입자 하나의 상태 수는 $\Omega_1 = aE^{\frac{3}{2}}$ (a는 상수)으로 나타낼 수 있다. 이를 이용해 $\frac{1}{T} = \frac{3}{2}\frac{k_B}{E}$임을 보여라. (볼츠만이 엔트로피 정의식에 볼츠만 상수 k_B를 도입한 이유는 이 온도가 절대온도와 같아지도록 하기 위한 것이었음을 알 수 있다.)

이제 계에 주어진 열량이 엔트로피에 어떤 영향을 주는지 다뤄보자. 에너지가 E인 계에 미소 열량 ΔQ가 더해진다고 하면 총 에너지는 $E + \Delta Q$가 되며, 엔트로피는 $S(E + \Delta Q) = S(E) + \frac{\partial S}{\partial E}\Delta Q$가 되는데, $\frac{\partial S}{\partial E} = \frac{1}{T}$이므로 $\Delta S = \frac{\Delta Q}{T}$로서 볼츠만의 엔트로피는 열역학적 엔트로피 표현과 일치하게 된다.

참고 엔트로피와 생명체

자유팽창과정에서도 엔트로피가 증가하는데, 그 사실을 통계역학으로 기술하면, 팽창한 다음 기체 분자가 있을 수 있는 양자상태의 수가 늘어난다는 것을 말한다. 이 경우, 열역학 제2법칙은, 일단 늘어난 양자상태의 수가 스스로 다시 작아지지는 않는다는 것을 의미한다. 이때 무질서하게 섞여 있던 원자들을 잘 조합된 구조를 가진 분자로 만드는 과정에서 엔트로피가 감소한다. 즉 원자들을 조합해 단백질이나 아미노산 같은 분자를 만들 때, 그런 분자들의 엔트로피는 원래 흩어져 있던 원자계 상태의 엔트로피보다 작아진다. 그러나 열역학 제2법칙에 의하면, 그런 분자를 만들기 위해 작업한 외부 환경의 엔트로피 증가량 크기는 분자를 만들 때의 엔트로피 감소량 크기보다 더 커야만 한다. 자연계의 일반적 현상은 엔트로피가 증가하는 방향으로만 일어난다. 그런 의미에서 광합성으로 탄수화물 분자를 만드는 현상은 부분적으로만 볼 때는 매우 흥미롭다.

사실 모든 생명체 현상은 무질서한 원자가 규칙적으로 정교하게 배열되어 거대한 분자가 만들어지는 현상으로 볼 수 있다. 그 생명체들은, 식물처럼 무질서한 원자들로부터 (엔트로피가 감소된) 잘 배열된 유기물 분자를 만들거나, 동물처럼 그런 유기물 분자들을 음식물 형태로 섭취해야만 생명 현상을 유지할 수 있다. 그런 의미에서 오스트리아의 슈뢰딩거^E. Schroedinger^는 생명체를 '음(−)의 엔트로피를 먹고 사는 존재'로 정의한 바 있다.

정준분포와 볼츠만 인자

일반적인 경우 우리는 두 계가 상호작용하는 상황에 관심이 있다. 예컨대, 실험실에서 어떤 계를 가지고 실험할 때 그 계는 실험실이라는 큰 계와 열 이동을 통해 에너지를 주고받는다. 이때 실험실을 **열저장체**^heat reservoir^라고 부른다. 예컨대, 기체 분자가 가득찬 방 안에 있는 어떤 한 분자(또는 분자 덩어리)를 분리해 다룰 때, 전체 계는 그 분자와 나머지 기체분자들의 결합계로 생각할 수 있다. 이 경우, 그 분자 하나는 나머지 분자계인 열저장체와 상호작용하는 상태에서 평형을 이룬다고 보는 것이다.

이와 같이 어떤 계가 전체 계의 일부이지만 나머지 계에 비해 충분히 작은 경우, 우리는 다음과 같이 물을 수 있다. 즉 열저장체와 상호작용하는 분자의 미시적 상태는 어떻게 기술할 수 있을 것인가? 분자는 열저장체와 상호작용하므로, 그 분자의 상태는 계속해서 변할 가능성이 있어서 그 분자가 어떤 에너지 상태에 있을지는 오직 확률적으로만 기술 가능하다고 생각할 수밖에 없다.

이때 전체계가 일정한 에너지 E를 가지는 상태에서, 분자와 열저장체가 에너지를 교환할 수 있는 상태에 있는 가능한 여러 계의 모음을 **정준 앙상블**^canonical ensemble^이라 부른다. 이제 총 에너지가 E인 상태에서, 분자 또는 분자계가 에너지 E_r을 가진 양자상태 r에 있을 확률 p_r이 얼마인지 알아보자. 이 경우, 분자를 뺀 나머지 계의 에너지는 $E-E_r$이 되는데, 그 나머지 계의 상태 수를 $\Omega(E-E_r)$이라 나타내면, 총 상태 수는 분자의 상태 수에 분자를 제외한 열저장체의 상태 수를 곱한 양이 된다. 그러므로 분자가 어떤 한 양자상태 r에 있다면, 총 상태 수는 $1\times\Omega(E-E_r)$이 되고, $E_r \ll E$이므로 $\ln\Omega(E-E_r)$은 다음과 같이 근사할 수 있다.

$$\ln\Omega(E-E_r) \cong \ln\Omega(E) + (-E_r)\left[\frac{d\ln\Omega(E')}{dE'}\bigg|_{E'=E}\right] \tag{13.18}$$

앞에서 온도는 $\frac{1}{T}=\frac{\partial S}{\partial E}$로 정의된 바 있다. 그러므로 $\left.\frac{d\ln\Omega(E')}{dE'}\right|_{E'=E}=\frac{1}{k_BT}$가 되어, $\beta=\frac{1}{k_BT}$라 쓰기로 하면, 이 식은 $\Omega(E-E_r)\cong\Omega(E)e^{-\beta E_r}$로 나타낼 수 있다. 한편, 그 분자가 양자상태 r에 있을 확률 p_r은 총 상태수인 $1\times\Omega(E-E_r)$에 비례하므로 이로부터 분자가 에너지 E_r인 양자상태 r에 있을 확률은 $p_r=Ce^{-\beta E_r}$이라 나타낼 수 있다.

한편, 모든 양자상태 확률의 합은 1이 되어야 하므로 p_r의 최종 표현은 다음과 같은 확률분포가 된다.

$$p_r=\frac{e^{-\beta E_r}}{\Sigma_r e^{-\beta E_r}} \tag{13.19}$$

이 결과는 **정준분포**canonical distribution라 부르는 분포인데, 통계역학에서 얻어진 가장 중요한 결과 중 하나이다. 즉 열저장체와 상호작용하는 한 분자는 확률 $e^{-\beta E_r}$로 양자상태 r에 있다고 말할 수 있다. 또는, 온도가 T인 거대한 계에 속한 작은 계가 에너지 E를 가진 상태에 있을 확률은 $e^{-\frac{E}{k_BT}}$에 비례한다고 할 수도 있는데, $e^{-\frac{E}{k_BT}}$를 **볼츠만 인자**Boltzmann factor라 부른다. 이 결과에 의하면 분자가 큰 에너지를 가질 확률은 지수적으로 감소하며, 자연계가 낮은 에너지 상태를 선호하는 특징을 보여준다고 할 수 있다.

맥스웰 속도 분포

온도 T에서 에너지가 E인 상태에 입자가 있을 확률이 볼츠만 인자 $e^{-\frac{E}{k_BT}}$에 비례한다는 사실은 여러 가지 상황에 적용할 수 있다. 이제 방 안에 있는 공기분자들의 에너지 분포를 다뤄보자. 정준분포를 고려한다면, 에너지가 작을수록 그 상태에 공기 분자가 있을 확률이 크다고 예상할 수 있다. 예컨대, 이상기체에서 분자의 에너지는 그 운동에너지를 뜻하는데, 이상기체 분자에너지를 $K=\frac{1}{2}mv^2$으로 나타내면, '온도 T에서 분자의 속도가 $\boldsymbol{v}$인 확률'을 $f(\boldsymbol{v})$라 할 때, $f(\boldsymbol{v})\propto e^{-\frac{K}{k_BT}}$가 된다.

한편, 운동에너지는 단지 빠르기 v로 결정되는 양으로, $f(\boldsymbol{v})=f(v)$로 나타낼 수도 있다. 그러므로 '분자의 속도가 $\boldsymbol{v}$와 $\boldsymbol{v}+d^3\boldsymbol{v}$인 구간 내에 있을 확률'을 $f(v)d^3\boldsymbol{v}$로 나타내면 $f(v)d^3\boldsymbol{v}\propto e^{-\frac{K}{k_BT}}d^3\boldsymbol{v}$와 같다.

이때 $d^3\boldsymbol{v}$는 '속도 공간에서의 부피요소'라고 부를 수 있는 양인데, 빠르기가 $v\sim v+dv$인 구간에서의 $d^3\boldsymbol{v}$는 $d^3\boldsymbol{v}=4\pi v^2dv$로 표현할 수 있으며, 위상공간에서 운동량 공간 상태 수에 비례한다고 볼 수 있는 양이다.

이제 부피 V 속에 있는 분자의 총 개수가 N일 때, 빠르기가 $v \sim v+dv$인 구간에 있는 분자의 개수를 dN으로 나타내면, $dN \propto n\,f(v)d^3\boldsymbol{v}$와 같이 쓸 수 있다. 이 관계를 규격화하면(즉 분자의 총 개수를 N으로 만들면) 다음과 같다.

$$dN = n\left(\frac{m}{2\pi kT}\right)^{3/2} e^{-\frac{mv^2/2}{k_B T}} \cdot 4\pi v^2 dv \tag{13.20}$$

여기에서 $n=\dfrac{N}{V}$으로 분자의 개수 밀도를 나타낸다. 이와 같은 분자의 빠르기 분포를 **맥스웰 빠르기 분포**Maxwell speed distribution라 부르는데, 이 분포는 1852년 맥스웰J. C. Maxwell에 의해 처음으로 알려졌다.

이 결과를 보면, 분자가 어떤 빠르기를 가질 확률은 단지 정준분포에만 의존하지 않고 속도 공간에서의 빠르기 부피 요소에도 의존한다.

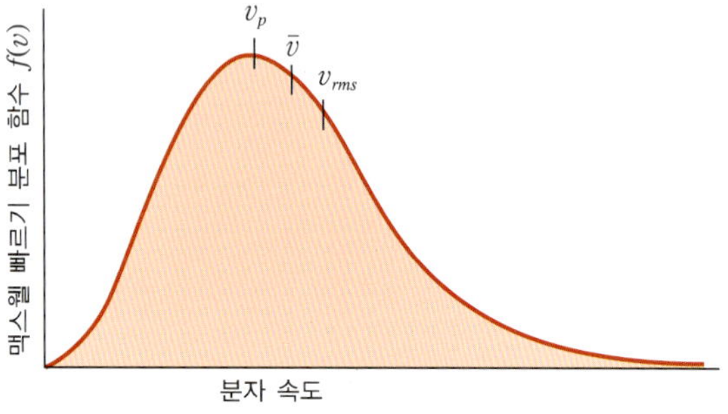

그림 13-12 맥스웰 빠르기 분포

높이에 따른 공기 밀도 분포

이제 공기분자가 중력 위치에너지에 의존하는 정준분포를 따른다는 사실을 보이자. 중력이 있는 곳에서 밀도가 ρ인 유체에서의 압력은 바닥으로부터 높이가 높아질수록 더 낮아지며, 높이 방향 축을 z로 나타내면 중력가속도 크기가 g일 때 압력 변화는 $\dfrac{dP}{dz}=-\rho g$로 나타낼 수 있다.

한편, 대기를 이상기체로 보면 1몰의 대기에서 압력은 $PV=RT$ 관계로 나타낼 수 있는데, 여기에서 V는 대기 1몰의 부피이며, 부피를 밀도로 나타내면 $\rho V=M$으로 쓸 수 있다. 이때 M은 대기 1몰의 질량을 나타내므로, 밀도로 나타낸 상태방정식은 $PM=\rho RT$로, 압력을 나타내는 미분식은 $\dfrac{dP}{dz}=-\dfrac{M}{RT}P\cdot g$로 쓸 수 있다.

여기에서 공기가 한 종류의 분자로 이뤄졌다고 가정하고, 분자 하나의 질량을 m이라 하면 $R=N_A\cdot k_B$, $M=N_A\cdot m$으로 나타낼 수 있으므로, 이 식은 다시 다음과 같이 표현할 수 있다.

$$\frac{dP}{P} = -\frac{mg}{k_B T}dz \tag{13.21}$$

그러므로 $P(z) = P_0 e^{-\frac{mgz}{k_B T}}$로 나타낼 수 있는데, 여기에서 mgz는 지표면을 기준으로 한 경우의 위치에너지로, 대기 밀도 분포가 정준분포를 따르고 있다는 것을 알 수 있다.

이 유도 과정에서는 대기 온도가 일정하다고 가정했지만, 실제 대기 온도는 높이에 따라 달라지므로 이 분포가 정확한 것은 아니다. 그러나 실제 대기 분포는 근사적으로 이 결과로 나타낼 수 있는데, 이는 대기 온도 변화가 $250\,\mathrm{K} \sim 300\,\mathrm{K}$ 정도로 거의 일정하다고 볼 수 있기 때문이다.

레이저 빛의 발생원리

빛이란 나중에 다룰 전기자기적 파동을 뜻하는데, 레이저[laser] 빛이란 파동으로 해석한다면 한 진동수를 가진 그러나 매우 큰 진폭을 가진 파동으로 볼 수 있는 빛이다. 레이저 빛의 발생 원리는 나중에 다룰 양자론으로 설명할 수밖에 없는데, 양자론에 의하면 분자의 양자상태는 유한한 수의 분자 내부에너지만 허용한다. 즉 분자에 속한 전자는 $E_1, E_2, \cdots$ 등으로 나타내는 특정한 에너지 상태로만 존재할 수 있는데, 이때 온도가 T인 열평형 상태에서 대부분 분자는 바닥 상태라고 부르는 E_1 에너지를 가지지만, 들뜬 상태라고 부르는 $E_2, E_3, \cdots$ 등의 에너지 상태로도 있을 수 있다. 왜냐하면 분자들은 각 에너지 상태마다 볼츠만 인자를 따르는 $e^{-E_1/k_B T}, e^{-E_2/k_B T}, \cdots$의 확률로 존재하기 때문이다. 즉 분자들은 대부분이 에너지가 E_1인 바닥 상태에 있지만, 일부 분자들은 일시적이지만 더 높은 에너지인 들뜬 상태로도 존재할 수 있다. 열평형 상태에서 그 분자들은 끊임없이 서로 에너지를 교환하는데, 들뜬 상태에서 바닥 상태로 떨어지면서 분자는 어떤 고유한 진동수의 빛을 내고, 또 그 빛을 받아 다시 들뜬 상태로 가기도 한다.

레이저의 원리는 어떤 특정한 분자들은 외부에서 에너지를 받아 높은 에너지 상태가 된 다음에도 바로 볼츠만 인자에 따른 분포에 맞는 바닥 상태로 가지 않고, 조금 더 들뜬 상태로 머무는 **준안정 상태**를 갖는다는 점을 이용한다. 흥미로운 사실은, 분자들의 에너지 상태가 일시적으로 볼츠만 인자를 따르지 않는 상태에서 특정 에너지를 가진 빛이 분자계에 공급되면 그렇게 들뜬 상태에 있던 분자들이 우수수 바닥 상태로 떨어진다는 사실이다. 이때 그 특정에너지 빛의 진동수와 들뜬 상태에서 바닥 상태로 갈 때 내는 빛의 진동수가 같다면 떨어지는 현상이 더 촉발되는데, 그렇게 되면 원래 입사한 빛과 그 빛이 분자를 흔들어 만든 빛이 같은 위상을 가지며, 따라서 진폭이 두 배가 된다. 그리고 그런 과정이 연속적으로 일어나면 결과적으로 매우 큰 진폭을 가진 빛이 만들어지는데 그 빛이 곧 레이저 빛이다.

CHAPTER 13 연습문제

1 온도가 273 K인 상태의 이상기체 1몰이 있다.

(a) 내부에너지는 얼마인가?

(b) 온도는 변하지 않으면서 압력이 두 배로 증가하면 부피는 몇 배가 되는가?

(c) (b)의 경우 내부에너지는 어떻게 변화하는가? 단, $R = 8.3\,\mathrm{J/(mol \cdot K)}$이다.

2 온도가 290 K이고 부피가 $3.50\,\mathrm{m}^3$인 2.60몰의 이상기체가 등온과정으로 팽창해 부피가 $7.00\,\mathrm{m}^3$가 되었다.

(a) 기체계가 한 일은 얼마인가?

(b) 기체계에 공급된 열량은 얼마인가?

3 상태방정식이 $PV = aT - bT^2$(a, b는 상수임)으로 기술되는 물질이 있다. 압력이 일정한 상태에서 온도가 T_1에서 T_2로 변한다면, 그 물질이 한 일은 얼마인가?

4 어떤 밀폐된 용기의 기체를, 압력이 P_2로 일정한 채로 부피가 V_1에서 V_2로 팽창시켰다가 같은 부피를 유지하며 압력을 P_1으로 낮춘 후 그 압력 상태에서 다시 부피를 V_1으로 줄였다. 이 과정에서 계가 한 일은 얼마인가?

5 부피가 $10\,\mathrm{m}^3$, 압력이 4기압인 이상기체가 있다. 이 기체가 팽창해 부피가 $20\,\mathrm{m}^3$가 되었다. 팽창하는 동안 기체의 온도는 T로 일정했으며, 기체의 양은 3몰이고 기체상수는 R이다.

(a) 팽창 후의 기체 압력은 얼마인가?

(b) 이 과정에서 기체가 한 일은 얼마인가?

(c) 기체가 팽창하는 동안 기체가 받은 열량은 얼마인가?

6 섭씨 0℃ 상태에 있는 2.0몰의 질소 기체에 열을 가해, 1기압의 일정한 압력 조건에서 섭씨 150℃가 되었다. 이 기체는 상온 상태에 있는 이원자 분자 이상기체로 볼 수 있다.

(a) 기체계의 내부에너지 변화량은 얼마인가?

(b) 기체계가 한 일은 얼마인가?

7 어떤 이상기체가 오른쪽 그림과 같이, $A \to C \to B$를 거쳐 다시 A로 돌아왔다. 이 과정 동안 기체가 외부에 한 일은 얼마인가?

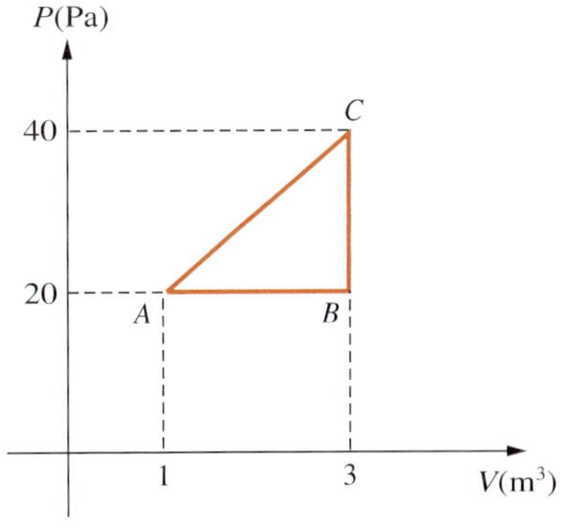

*__8__ n몰의 이상기체가 오른쪽 그림과 같이, 압력이 P_1, 부피가 V_1인 상태 A에서 등온과정을 거쳐, 부피가 V_2인 상태 B가 된 후, 등압과정을 거쳐 상태 C가 되었다가 상태 A로 되돌아왔다.

(a) 상태 B의 압력 P_2는 얼마인가?

(b) $A \to B$ 과정에서 기체가 한 일 W_{AB}는 얼마인가?

(c) $B \to C$ 과정에서 기체가 한 일 W_{BC}는 얼마인가?

(d) $A \to B \to C \to A$ 의 전 과정에서 기체에 공급된 열량 Q는 얼마인가?

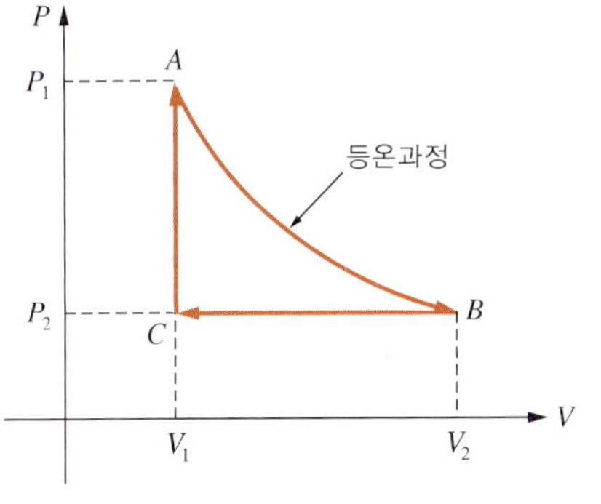

9 통 속의 이상기체가 오른쪽 그림과 같이, 한 번의 순환과정 $(A \to B \to C \to D \to A)$을 거친다.

(a) 한 번의 순환과정$(A \to B \to C \to D \to A)$ 동안 외부로부터 공급된 열은 얼마인가?

(b) 상태 A에서 입자의 평균 빠르기는 상태 D에서보다 몇 배 빠른가?

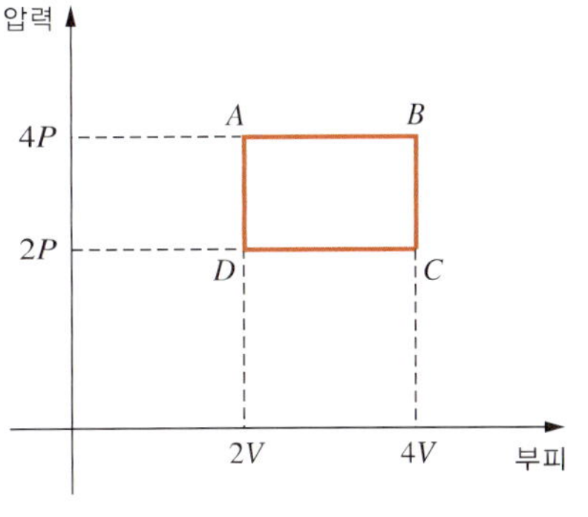

10 카르노 엔진이 320 K의 고온 열원과 260 K의 저온 열원 사이에서 작용한다.

(a) 한 주기 동안 엔진이 고온 열원에서 500 J의 열을 받는다면, 한 주기 동안 그 엔진이 한 일은 얼마인가?

(b) 같은 조건에서 엔진이 거꾸로 돌아 냉장고 역할을 하는 경우, 한 주기 동안 저온 열원에서 1000 J의 열을 가져오려면 얼마의 일이 필요한가?

*__11__ 이상적인 성능의 냉장고

카르노 엔진을 거꾸로 돌리면 이상적인 냉장고가 된다. 즉 저온 열원 T_c에서 열 Q_C를 빼앗아 고온 열원 T_H에 열 Q_H를 내보낸다.

(a) 그 경우 냉장고에 해줘야 하는 일은 $W = Q_c \dfrac{T_H - T_c}{T_C}$ 임을 보여라.

(b) 작업수행계수[coefficient of performance] K는 $K = \dfrac{Q_C}{W}$로 정의한다. $T_C = -13℃$, $T_H = 27℃$ 인 경우 K는 얼마인가?

*__12__ 카르노 엔진

고온 T_1의 열원으로부터 열량 Q_1을 받아 저온 T_2의 열원으로 열량 Q_2를 방출하는 카르노 엔진이 하는 일을 이용해 작동하는 가역과정 냉장고가 있다. 냉장고는 저온 T_3의 열원에서 열량 Q_4를 빼앗아 고온 T_4의 열원으로 열량 Q_3를 방출하는 카르노 엔진 방식으로 작동된다.

(a) 카르노 엔진이 한 주기 동안 한 일 W는 얼마인가?

(b) 냉장고 엔진이 한 주기 동안 한 일 W'은 얼마인가?

(c) $W' = -W$인 조건으로부터, Q_3/Q_1(냉장고가 내보낸 열량/카르노엔진이 받은 열량)의 값은 얼마인가?

*__13__ 전구 속 압력

부피가 V인 백열전구 안에 압력이 P_1인 아르곤 기체 1몰이 들어 있다. 기체가 정적 몰비열 C_V인 이상기체이고, 전구에 일정한 전력 p_0가 시간 Δt 동안 공급된 경우, 전력이 모두 전구 속의 기체에 열로 전환되면 압력이 $P_2 = P_1\left[1 + \dfrac{(p_0 \Delta t R)}{(P_1 V C_V)}\right]$가 됨을 보여라.

*14 열역학 과정

이상기체가 다음 그림과 같은 열역학적 과정을 따라 움직인다. $A \to B$ 과정은 단열과정, $B \to C$ 과정은 100 kJ의 열이 공급되는 등압과정, $C \to D$ 과정은 등온과정, $D \to A$ 과정은 150 kJ의 열이 방출되는 등압과정이다. '상태 B 내부에너지 – 상태 A 내부에너지'의 값은 얼마인가? 단, $1\,\text{atm} = 10^5\,\text{N/m}^2$이다.

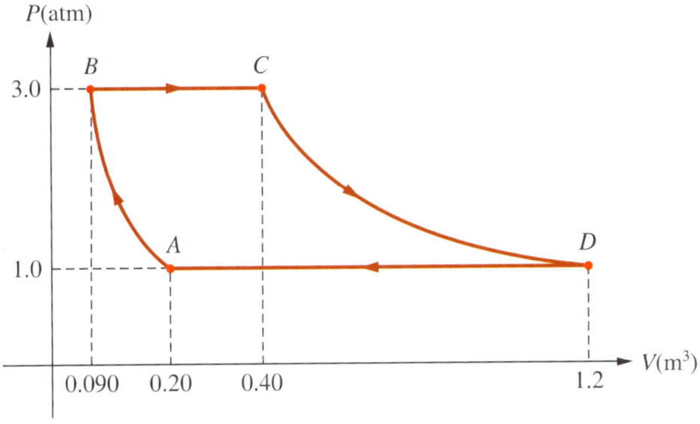

15 처음 P_0, V_0, T_0 상태에 있던 이상기체가 다음 그림과 같은 순환과정을 거친다.

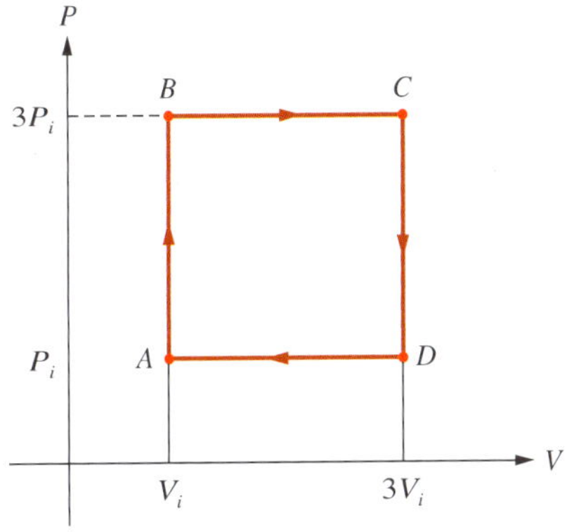

(a) 한 순환과정 동안 기체가 한 일이 $4PV$임을 보여라.

(b) 한 순환과정 동안 공급된 열의 양은 얼마인가?

16 부피가 V_0, 온도가 T_0인 1몰의 단원자 이상기체가 있다. 열을 가해 나중 부피가 $2V_0$가 될 때까지 압력과 부피 간의 비가 일정하게 유지되도록 되어 있다.

(a) 나중 상태의 온도 T는 얼마인가?

(b) 팽창되는 과정에서 기체가 한 일은 얼마인가?

(c) 팽창되는 과정에서 기체가 받은 열량은 얼마인가?

17 어떤 이상기체가 $A \to B \to C$를 거쳐 다시 A로 돌아왔다. $A \to B$ 과정에서는 부피와 압력의 관계가 $P = aV^2$이다. 다음 그림에서 $V_2 = 3V_1$이다.

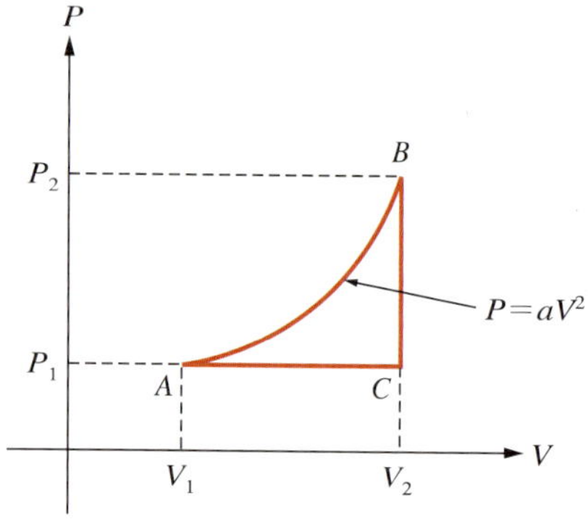

(a) $A \to B$로 상태가 변하는 동안, 기체가 외부에 한 일은 얼마인가?

(b) $A \to B \to C \to A$ 과정을 거쳐 처음 상태로 돌아왔을 때, 기체에 공급된 열량 Q는 얼마인가?

***18** 기체의 팽창과 압축

압력이 p_0인 상태의 이상기체가 자유팽창해 그 부피가 처음 상태의 세 배가 되었다.

(a) 팽창 후 기체의 압력은 얼마인가?

(b) 기체를 천천히 단열압축 해 처음 상태의 부피가 되니 압력이 $(3.0)^{\frac{1}{3}}p_0$가 되었다. 그 기체는 단원자, 이원자, 다원자 분자 중 어느 분자에 해당하겠는가?

(c) 다시 압축된 상태에서 기체 분자의 평균 운동에너지는 처음 상태의 몇 배인가?

**19 오토 싸이클

어떤 내연기관의 작동은 일정한 부피 상태에서 공기를 포함한 연료가 점화되어 엔진의 기체 압력을 세 배로 증가시켰다가, 단열과정으로 기체 부피가 네 배가 될 때까지 팽창시키고(이 경우, 압축률을 4:1이라 부른다), 그 부피를 유지한 상태에서 연료를 받아들이면서 기체 압력이 감소된 다음, 다시 단열과정으로 원래 상태로 돌아가는 주기로 기술할 수 있다. 이상기체일 때, 각 전환점에서의 압력과 온도를 처음 상태의 압력과 온도인 p_1, T_1과 기체의 몰비열 비 γ로 나타내라.

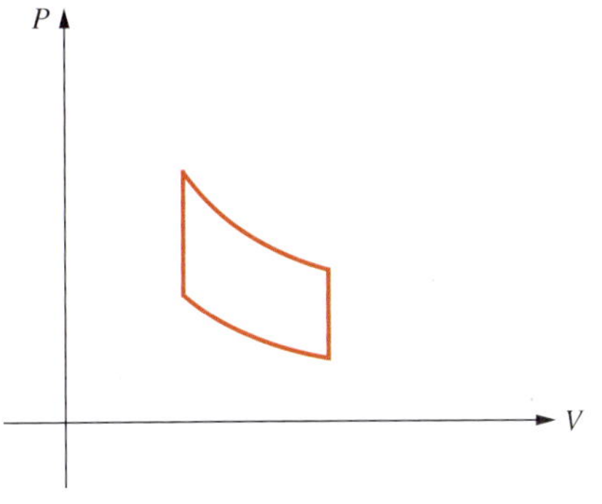

*20 열역학 과정

밀폐된 용기 속의 이원자 이상기체가 있다. 그 기체의 $\dfrac{\text{정압 몰비열}}{\text{정적 몰비열}}$ 값은 $\gamma = 1.40$이며, 기체의 처음 상태는 P_0, V_0, T_0로 알려져 있다. 이 기체는 일정한 부피 상태로 압력이 세 배가 되었다가, 처음 압력으로 돌아올 때까지 단열팽창하고, 다시 처음 부피로 돌아올 때까지 일정한 압력으로 압축되었다.

(a) 이 열역학 과정의 PV 다이어그램을 그려라.

(b) 기체가 팽창되기 전 압력이 세 배인 상태에서의 온도 T는 얼마인가?

(c) 단열과정에서 온도와 부피는 '$TV^{\gamma-1}=$일정' 관계를 가진다. 이 관계식은 압력과 부피관계로 나타내면 '$PV^{\gamma}=$일정' 관계임으로 보여라.

(d) 단열팽창 후의 기체의 부피 V를 구하라.

*21 음속 유도

기체의 밀도와 부피탄성률이 각각 ρ, B인 경우 그 기체에서의 음속은 $v_s = \sqrt{\dfrac{B}{\rho}}$ 로 주어진다. 가청 주파수 영역에서 음파를 전달하는 기체의 압축이나 팽창과정이 단열적이라면, 그 경우 음속은 $v_s = \sqrt{\dfrac{\gamma P}{\rho}}$ 임을 보여라.

22 일정한 온도 T_2인 물체로부터, 일정한 온도 T_1인 물체로 열량 Q가 이동했다. 계의 총 엔트로피 변화량은 얼마인가?

23 어떤 알루미늄 막대의 양 끝이 온도가 각각 섭씨 225°와 22°인 두 열원에 접촉해 있다. 막대를 통해 9.50 cal/s 의 비율로 열이 전도되고 있다면, 그 과정에서 단위시간 동안 엔트로피 변화량은 얼마인가?

24 비열이 c로 일정한 어떤 물질의 질량이 m이다. 물질의 온도가 T_1에서 T_2로 변했다면, 물질의 엔트로피 변화량 ΔS는 얼마인가?

25 질량이 1.0 kg인 구리 덩어리를 25℃에서 100℃로 가역적으로 가열했다. 구리의 비열이 $c = 9.2 \times 10^{-2}$ cal/gK이라면, 공급된 열량과 엔트로피 변화량은 각각 얼마인가?

26 0℃인 물에서 열을 빼앗으면서 약간 저어주면 −5.0℃까지도 물이 얼지 않게 할 수 있다. 그 온도에서 물이 얼기 시작한다고 할 때, 물이 어는 과정에서 물의 단위질량당 엔트로피 변화량은 얼마인가? 단, 얼음의 융해열은 약 80 cal/g이다.

27 1몰의 이상기체가 있다. 가역적 등온팽창과정으로 기체의 부피가 V_0에서 $2V_0$로 증가했다면, 엔트로피의 증가량은 얼마인가?

***28** 부피와 압력 변화

1몰의 단원자 이상기체의 압력과 부피가 각각 P, V이다. 이 기체가 두 가지 경로 A와 경로 B로 압력과 부피가 각각 $2P$, $2V$인 상태가 되었다고 한다. 경로 A는 등온으로 부피가 $2V$가 된 다음, 그 부피에서 압력이 $2P$가 되는 경로이고, 경로 B는 등온으로 압력이 $2P$가 된 다음, 그 압력에서 부피가 $2V$가 되는 경로이다.

(a) 두 경로를 $P-V$ 도표로 나타내고, 압력이 $2P$인 상태에서의 부피와, 압력과 부피가 각각 $2P$, $2V$인 상태에서의 온도를 구하라.

(b) 두 경로 A, B에서의 각 부분 과정(즉 등온과정과 일정 부피과정 또는 일정 압력과정)에서 계가 한 일 W은 각각 얼마인가?

(c) 두 경로 A, B에서의 각 부분 과정(즉 등온과정과 일정 부피과정 또는 일정 압력과정)에서 계가 받은 열 Q는 각각 얼마인가?

(d) 계의 내부에너지 변화량 ΔE와 엔트로피 변화량 ΔS는 각각 얼마인가?

29 온도 127℃의 열원과 27℃의 열원 사이를 연결하는 금속 막대가 있다.

(a) 막대를 통해 1200 cal의 열이 전달된 경우, 계의 엔트로피 변화량 ΔS는 얼마인가?

(b) (a)의 과정에서 금속 막대의 엔트로피 변화량 ΔS는 얼마인가?

*30 열 이동

온도가 각각 T_1, T_2인 두 개의 똑같은 물체를 단열된 상자 속에 두었더니, 얼마 후 두 물체가 같은 온도 T인 상태가 되었다. 물체의 비열이 온도와 무관하게 일정하다고 가정하고, 두 물체 사이에 이동한 열량이 Q라 하자.

(a) 두 물체의 열용량은 같다. 최종 온도와 각 물체의 열용량 C는 각각 얼마인가?

(b) 엔트로피 변화량은 $\Delta S = \dfrac{2Q}{T_2 - T_1} ln \dfrac{(T_2 + T_1)^2}{4T_2T_1}$임을 보여라.

**31 대기의 온도 변화

대기의 온도는 고도가 높아질수록 낮아지는데, 그 이유는 상승하는 공기 덩어리의 단열팽창 때문이다. 대기 밀도는 ρ, 중력가속도 크기는 g이다.

(a) 지표면으로부터의 높이를 z라고 할 때 $P(z+dz) = P(z) - \rho g dz$임을 보여라.

(b) 단열과정에서 압력과 부피는 'PV^{γ}=일정' 관계를 가진다. 이상기체에서 이 관계는 '$P^{1-\gamma}T^{\gamma}$=일정'으로 나타낼 수 있음을 보여라.

(c) P, T는 $P(z)$, $T(z)$로 높이의 함수임을 고려해 $(1-\gamma)\dfrac{dP}{dz} + \gamma\dfrac{P}{T}\dfrac{dT}{dz} = 0$임을 보여라.

(d) $\dfrac{dP}{dz} = -\rho g$임을 이용해, 1몰당 질량이 M인 공기 덩어리의 경우 $\dfrac{dT}{dz} = \dfrac{1-\gamma}{\gamma}\dfrac{Mg}{R}$임을 보여라.

(e) 대기는 이원자분자로 이루어져 있어 평균 분자량이 29이고 $\gamma = \dfrac{7}{5}$이다. 즉 1몰당 대기의 질량은 29 g이다. 대기 중에서는 $\dfrac{dT}{dz} \simeq -10\,\text{K/km}$임으로 보여라.

[HINT] 대기 밀도는 고도가 높아질수록 작아지므로 높은 고도에서는 기온이 이것보다는 더 완만하게 낮아진다.

진실로 중요한 것은
보이지 않는 것에 있다.
_ 생텍쥐페리 (《어린 왕자》 중에서)

PART 5

멈춰 있는 전하들

Electric Charges at Rest

우리는 앞에서 원자들이 분자를 이루기도 하고, 물체를 만들기도 하는 이유, 그리고 마찰력이 생기는 이유를 전기력 때문이라고 이야기해왔다. 눈에 보이지 않기 때문에 쉽게 알아챌 수는 없지만, 알고 보면 우리 주위에서 일어나는 대부분의 현상은 전기적인 현상들이다. 예컨대, 우리가 보거나, 듣거나, 피부로 느끼는 것 등의 감각은 전기적 과정을 통해 이루어지며, 충돌한 물체들이 튕겨나가는 이유도 원자들의 전기적인 반발력 때문이다. 즉 물질세계는 근원적으로 전기적 세계였던 것이다. 그런데도 불구하고, 우리는 아주 오랫동안 그런 사실을 모르고 살아왔다. 그 이유는 무엇일까?

CHAPTER

14 전기장과 가우스 법칙

Electric Field and Gauss's Law

14.1 원자와 전하

우리는 눈에 보이고 귀에 들리는 사실들을 토대로 생활하고 있고, 그렇지 않은 것들은 생활하는 데 별로 중요하지 않게 생각한다. 예컨대, 원자같이 눈에 보이지도 않는 작은 스케일 세계에 관해 안다는 것이 우리 삶에서 얼마나 많은 도움이 되겠는가? 그러나 눈에 보이지 않는 원자세계를 모르고서는 눈에 보이는 물질세계에서 일어나는 대부분의 현상을 이해할 수 없다. 예컨대, 쇳덩어리가 존재하는 원인은 철 원자들이 강한 접착력으로 서로 뭉쳐져 있기 때문이다. 물론 만유인력이 그런 접착력의 근원은 아니다. 즉 철 원자들 사이에는 만유인력 말고도 서로 끌어당길 수 있는, 다른 형태의 보이지 않는 힘이 작용한다고 가정할 수밖에 없다.

그 다른 형태의 힘은 '전기력'이다. 전기력은 우리가 쉽게 인식하지는 못했지만, 모든 운동과 물리 현상 속에 숨겨진 모습으로 존재해왔다. 예컨대, 사실상 모든 운동에 영향을 미치는 마찰력의 본성도 전기력이며, 물 분자가 쉽게 뭉쳐 수증기나 이슬방울이 되고, 그 결과로 비가 자주 오게 되는 원인도 바로 전기력 때문이다.

그림 14-1 전기력으로 원자들이 결합된 강아지 몸

전기가 없는 현대 문명은 상상하기 어렵다. 따라서 전기 현상을 잘 모르고서는 라디오, TV, 휴대폰 등을 많이 이용하는 현대 문명을 이해하기 어렵다. 이렇게 현대 문명에서 전기나 자기 현상이 매우 중요한데, 인간이 그와 관련한 과학적 지식을 탐구하게 된 지는 겨우 200년 정도밖에 되지 않았다는 사실은 꽤 놀랍다. 갈릴레오와 뉴턴 같은 학자들의 연구 덕분에 인간은 천체 운동을 이해할 수 있게 되었지만, 그 시대에는 모든 물질이 전기를 띤 입자들로 이루어져 있다는 사실은 몰랐고, 19세기에 들어서야 겨우 그 사실이 알려지게 되었던 것이다.

사실 우리 주위에서 볼 수 있는 물, 돌덩어리, 나무, 인간의 몸 등 어떤 물체도 전기를 띤 것처럼 보이지 않는다. 자연은 자신이 전기를 띤 입자들로 만들어져 있다는 사실을 매우 교묘하게 숨기고 있으므로, 우리가 그 사실을 깨닫기 어려웠던 것이다. 자연은 어떤 방법으로 전기를 띤 모습을 숨길 수 있었을까? 이제 원자들이 어떤 방법으로 자신의 전기적 본성을 숨길 수 있는지, 또 자신의 전기적 본성을 숨길 수 없는 처지에 이른 경우에는, 어떤 방법을 또다시 동원해 자신의 전기적 본성을 숨기려 하는지도 살펴보자.

전하로 이루어진 원자

물질을 이루는 기본 입자는 100가지 정도의 원자들이다. 1장에서 이미 말했지만, 원자의 크기는 보통 옹스트롱(Å) 단위로 나타낸다. $1\,\text{Å} = 10^{-10}\,\text{m}$로 정의한 양이며, 그것은 원자를 이어 만든 1m 길이의 막대 속에는 약 100억 개의 원자가 있다는 뜻이다. 원자핵의 크기는 원자 크기의 약 1/100,000인 $10^{-15}\,\text{m}$가 된다. 따라서 좁은 공간에 얼마나 많은 핵자가 뭉쳐 있는지 짐작할 수 있다.

물음 14-1 원자핵 반지름이 원자 반지름의 1/100,000이라고 할 때, 원자의 부피는 원자핵 부피의 몇 배인가?

그러나 원자가 궁극적 기본 입자는 아니며, 무엇이 궁극적 기본 입자인지 이해하는 것은 아마도 영원한 숙제로 남을 것이다. 그러나 우리가 알 수 있는 확실하고도 흥미로운 사실 중 하나는 모든 기본 입자들이 음(−)이나 양(+)으로 나타내는 전기를 띤다는 점이다. 전기를 띤 그러한 입자들을 **전하**electric charge라고 부른다. 예컨대, **전자**electron는 음전하이며, 원자핵 속의 **양성자**proton는 양전하다.

원자는 원자핵과 전자로 이루어져 있다. 원자핵에는 양성자뿐만 아니라 양성자끼리 강력한 반발을 약화시키는 기능이 있는 **중성자**neutron라 부르는 입자도 있다. 핵을 이루는 이런 입자들을 **핵자**nucleon라고 부른다. 중성자는 전기를 띠지 않으므로 전하라고 볼 수 없다. 그러나 중성자 역시 전기를 띤 더 작은 단위의 전하로 이루어져 있다는 많은 증거가 있다. 이들 외에도 물질세계에는 끊임없이 생겼다가 사라지는 수많은 전하가 있다.

물음 14-2 수소 분자의 질량은 사실상 두 개의 양성자 질량을 더한 크기와 같다. 한편, 수소 분자로 이루어진 기체 2g 속에는 약 10^{24}개(아보가드로수)의 분자가 있다. 그로부터 양성자 하나의 질량을 계산하라.

전자, 양성자, 중성자는 각각 기호 e, p, n으로 나타내는데, 전자 기호 e는 전자나 양성자가 가진 전하량의 단위로도 쓰인다. 예컨대, 전자의 전하량은 $-e$, 양성자의 전하량은 $+e$로 나타낸다. 즉 원자를 이루는 전하들의 전하량은 모두 e라는 기본 단위로 나타낼 수 있으며, 이처럼 물리량이 어떤 기본 단위로만 존재할 때 **양자화**되었다고 한다. 즉 모든 전하의 전하량은 아무 크기나 될 수 없으며, e라는 기본 단위의 배수로만 가능하다. 전자의 질량은 매우 작아서 양성자나 중성자 질량의 약 1/2,000이므로, 원자 안의 전자 운동을 다룰 때는 원자핵이 사실상 정지한 것으로 취급해도 좋다.

표 14-1 양성자, 중성자, 전자의 전하량과 질량 (단, $e = 1.60219 \times 10^{-19}$ C)

구분	기호	전하량	질량(kg)
양성자	p	$+e$	1.6726×10^{-27}
중성자	n	0	1.6759×10^{-27}
전자	e^-	$-e$	9.1100×10^{-31}

국제단위계의 전하량 단위는 암페어(A)라는 전류 단위에서 유도된 **쿨롱**(C)이라는 단위다. 전하의 기본 단위인 e를 쿨롱 단위로 나타내면 약 1.6×10^{-19} C이다. 즉 거시적으로 흔히 다뤄지는 1쿨롱이라는 전하량은 놀랍게도 억조 개가 넘는 기본 단위 전하의 전하량에 해당한다.

물질의 성질은 물질을 이루는 원자 속의 전자들이 어떤 구조를 갖고 있는가에 따라 결정된다. 예컨대, 모든 화학 반응은 원자들끼리의 전자 결합이 어떻게 이루어지는가에 따라 결정된다. 또 어떤 물체가 있을 때, 이 물체가 전기를 잘 통하게 하는 도체인가, 그렇지 않은 부도체인가 하는 구분은 그 물체를 이루는 전자들의 특성에 따라 결정된다. 흥미로운 사실은, 모든 물질은 도체와 부도체 중 하나로 분류할 수 있다는 점이다. 도체와 부도체 간에는 전기 전도율 차이가 현격하다. 예컨대, 매우 좋은 도체는 매우 좋은 부도체에 비해 약 10^{24}배까지 전기가 더 잘 통한다. 한편, 현대 과학기술에서 많이 이용되는 반도체는 부도체의 일종으로, 약간의 처리를 하면 쉽게 도체의 성질을 보이는 특징이 있다.

전하보존법칙

마땅히 증명할 길은 없지만, 우주 속에 존재하는 모든 물질의 총 전하량은 0이라고 볼 수 있다. 왜냐하면 물질을 구성하는 모든 원자가 전기적으로 중성이기 때문이다. 그렇다고 해서 이러한 사실이 '전하는 만들어지거나 없어지지 않는다는 것'을 뜻하는 것은 아니다. 즉 전하는 생성되기도 하고 없어질 수도 있다. 그러나 다음과 같은 조건을 만족해야 한다.

"전하는 양과 음의 쌍으로만 만들어지거나 없어질 수 있다."

그런 조건이라면 어떤 계에서도 총 전하량은 당연히 일정하다. 전하가 양과 음의 쌍으로 만들어질 수는 있지만, 어떤 계가 가진 총 전하량은 언제나 일정하다는 사실을 **전하보존법칙**^electric charge conservation law^이라 부른다.

이 세상에 없던 물질이 생겨난다는 것은 신비롭고 이해하기 어려운 현상이다. 우주로부터 끊임없이 날아 들어오는 강력한 에너지 빛인 감마(γ)선은 실제로 그런 현상을 만들어낸다. 감마선은 대기 중에서 **쌍 생성**^pair creation^이라 불리는 다음과 같은 과정을 거쳐, 양전하량을 가진 **양전자**^positron^라는 입자와 전자의 쌍을 수없이 만들어낸다.

$$\gamma \rightarrow e^+ + e^- \tag{14.1}$$

양전자는 모든 면에서 전자와 같지만 전하량은 양(+)의 부호를 가진 입자로, 전자의 **반입자** anti-particle 라고 불린다. 양전자가 존재하기 때문에 필요에 따라 전자를 **음전자**라고도 한다. 흥미로운 사실은, 빛이 가진 전하량이 없으므로 이 과정에서 전하량 관계는 $0 = +1 - 1$로 나타낼 수 있다는 점이다. 따라서 이 과정은 전하보존법칙을 따른다.

한편, 이때 만들어진 양전자는 반입자로서, 전자와 만나면 서로 반응해 곧 사라지면서 또다시 감마선을 만들거나 다른 입자들을 만든다. 이 과정의 역과정도 가능하다. 즉 상대성이론에 의하면 질량은 에너지의 한 형태이므로, 질량이 만들어지거나 없어지는 현상도 가능하다. 전자나 양성자와 같은, 우리가 알고 있는 모든 기본 입자에는 반드시 그 짝이 되는 반입자가 존재하는 것으로 알려져 있다. 반입자는 입자와 모든 면에서 똑같지만, 전하의 부호가 반대인 입자를 뜻한다. 예컨대, 전자와 양성자, 중성자 입자 각각에 대해 양전자, 반양성자, 반중성자라고 부르는 반입자들이 존재한다.

14.2 전기력과 전기장

질량을 가진 물체 사이에 서로 당기는 만유인력이 항상 작용하듯이, 전하들 사이에도 전기력이 항상 작용한다. 예컨대, 달은 지구가 끄는 중력에 의해 지구에 붙잡혀 있다. 마찬가지로 원자 속의 전자들은 핵이 가진 양성자가 끄는 전기력에 의해 붙잡혀 원자를 이룬다. 이때 중력은 끌어당기기만 하는 힘이지만, 전기력은 서로 밀어낼 수도 있는 힘이다. 중력이나 전기력같이 당기거나 밀기만 할 수 있는 힘들을 가리켜 **중심력** central force 이라 부른다. 중심력은 흥미로운 특성을 가진 힘으로, 중심력이 작용하는 상태의 운동에서는 물체의 역학적 에너지가 보존되는 특성이 있음을 어렵지 않게 증명할 수 있다. 따라서 전기력도 역시 보존력이며, 우리는 곧 전기력에 의한 위치에너지를 다루게 될 것이다.

전하들은 어떤 방법으로 서로 힘을 작용하는 것일까? 힘을 주고받으려면 먼저 서로의 존재를 인식해야 한다. 전하 사이에는 언제나 전기력이 작용한다는 사실로부터, 두 전하는 분명 어떤 신호를 교환하고 있다고 볼 수 있다. 그 신호 교환이 순간적으로 이루어지는지, 신호가 상대방 전하가 있는 곳까지 가는 데 얼마의 시간이 걸리는지는 알아내기 어렵다. 실험에 따르면, 한 전하가 위치를 이동했을 때 다른 전하가 이를 인식하기까지는 빛의 빠르기로 전파되는 시간이 필요하다.[1]

전기력의 매우 중요한 특성은 만유인력과 마찬가지로 전기력 세기가 두 전하 간의 거리 제곱에 반비례한다는 점이다. 즉 두 전하 간의 거리가 r이라면, 전기력 F는 $F \propto \dfrac{1}{r^2}$의 특성이 있다. 이러한 특성은 실험 오차 한도 안에서는 언제나 성립하는 것으로 알려져 있다. 예컨대, 전기력을 $F \propto \dfrac{1}{r^n}$로 쓰면, 적어도 소수점 이하 16자리까지 $n = 2.000 \cdots 0$으로 나타낼 수 있다. 이러한 특성 때문에 중력이나 전기력은 거리가 아무리 멀어져도 완전히 사라지지 않는다.

1 전하 사이의 힘은 가상 광자(virtual photon)라는 매개체를 통해 작용된다. 광자(또는 광량자)는 양자론적 입장에서 본 빛의 양자(알갱이)를 뜻한다.

우리는 광원으로부터 거리가 두 배 멀어지면, 광원에서 퍼져나오는 빛의 세기도 정확히 1/4로 줄어든다는 사실을 알고 있다. 한편, 전기력이나 중력이 거리 제곱에 반비례한다는 사실로부터, 전하가 내는 신호가 마치 빛과 같은 형태로 퍼져나가며, 그 전하가 다른 전하에 작용하는 힘은 그 전하가 내는 신호 세기에 비례한다고 가정할 수 있다.

전기력의 또 다른 특성은 그 세기가 전하량에 비례한다는 점이다. 전기력 역시 상호작용하는 힘이므로, 두 전하량의 곱에 비례한다. 즉 두 전하의 전하량이 각각 q_1, q_2라면, 전기력은 $F \propto q_1 q_2$의 특성을 띤다. 따라서 거리 r만큼 떨어진 두 전하 사이의 전기력은 다음과 같은 관계가 있다.

$$F \propto \frac{q_1 q_2}{r^2} \tag{14.2}$$

이와 같은 전기력의 특성을 **쿨롱의 법칙**Coulomb's law이라고 부르며, 비례상수를 도입해 다음과 같이 나타내기도 한다.

$$F = \frac{1}{4\pi\varepsilon_0}\frac{q_1 q_2}{r^2} \tag{14.3}$$

여기에서 비례상수 $\frac{1}{4\pi\varepsilon_0}$의 크기는 실험을 통해 얻을 수 있는데, ε_0는 진공에서의 **유전율**permittivity이라 불리는 양이다. 이 비례상수의 크기는 두 전하가 받는 힘의 세기를 측정하면 얻을 수 있다. 예컨대, 전하량이 각각 1C인 두 전하가 1m 떨어져 있을 때, 전하들이 서로 미는 힘의 세기를 측정해보면 그 힘의 세기는 약 8.9876×10^9N이 된다.[2] 따라서 $\frac{1}{4\pi\varepsilon_0} = 8.9876 \times 10^9 \frac{\text{Nm}^2}{\text{C}^2}$으로 나타낼 수 있다.

물음 14-3 비례상수 $\frac{1}{4\pi\varepsilon_0}$의 단위를 $\frac{\text{Nm}^2}{\text{C}^2}$으로 쓸 수 있음을 보여라.

참고 전자기 단위

쿨롱의 법칙을 등식으로 나타낼 때 $\frac{1}{4\pi\varepsilon_0}$과 같은 특이한 형태의 비례상수를 도입하는 것은 역사적 관습에 따른 것이다. 즉 전하량을 쿨롱(C), 거리를 m, 힘을 N 단위로 나타낼 때, 그 양들의 관계를 나타내기 위해서는 $\frac{1}{4\pi\varepsilon_0}\left(9\times 10^9 \frac{\text{Nm}^2}{\text{C}^2}\right)$ 같은 비례상수가 필요하다. 그러나 곧 알게 되겠지만, 쿨롱(C)이라는 전하량 단위는 암페어(A) 단위로부터 1A = 1C/s와 같이 정의된 양이고, 암페어 단위는 또다시 정의되어야 하는 양이다. 암페어는 국제단위계SI의 일곱 가지 기본 단위 중 하나로, 전류가 흐르는 두 도선 간에 작용하는 힘으로 정의한 양이다. 국제단위계를 고집하지 않고 새로운 전하량 단위를 도입해도 좋다면, 쿨롱의 법칙을 간명하게 $F = \frac{q_1 q_2}{r^2}$로 쓸 수 있다.

2 이런 크기의 힘은 너무 커서 현실적으로 다루기 어렵다. 따라서 1C이라는 전하량은 매우 큰 크기의 전하량임을 알 수 있다.

예컨대, 같은 크기의 두 전하가 1cm 만큼 떨어져 있을 때 작용하는 힘이 1dyne 이면, 각 전하의 전하량을 $\sqrt{\text{dyne} \cdot \text{cm}^2}$ 크기로 정할 수 있다. 이렇게 정한 전하량의 단위를 esuelectrostatic unit이라 쓰고 **정전기단위**라 부른다. 즉 $1\text{esu} = \sqrt{\text{dyne} \cdot \text{cm}^2}$로 정의한다. 이렇게 쓰기로 약속하면 국제단위계의 기본 단위는 여섯 가지로 줄어든다. 전하량의 단위를 쿨롱이 아니라 esu로 사용하는 단위계를 **가우시안 단위계**Gaussian unit system 또는 **CGS 단위계**라고 부른다.

전기력의 중첩원리

우리는 앞에서 한 물체에 여러 힘이 동시에 작용하는 경우, 그 힘들의 합력은 각 힘을 벡터 덧셈한 결과와 같음을 보이고, 그와 같은 힘의 특성을 **중첩원리**principle of superposition라고 불렀다. 그렇다면 전기력에도 중첩원리가 성립할까? 실험에 의하면, 전기력도 중첩원리를 만족시킨다는 매우 중요한 사실을 알 수 있다.

예컨대, 세 전하 A, B, C가 있을 때, 전하 B와 C가 A에 작용하는 힘을 각각 $\boldsymbol{F}_1$, $\boldsymbol{F}_2$로 나타내면 전하 A에 작용하는 힘 $\boldsymbol{F}$는 $\boldsymbol{F} = \boldsymbol{F}_1 + \boldsymbol{F}_2$로 나타낼 수 있다. 즉 다른 전하 B와 전하 C가 동시에 전하 A에 전기력을 작용하는 경우, 그 힘은 다른 전하의 존재 여부에 상관없이 각각 독립적으로 작용한다. 따라서 전기력도 역시 중첩 원리를 만족시킨다.

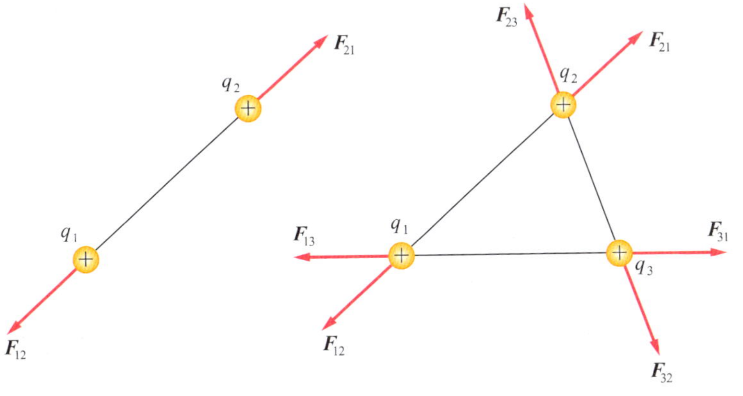

그림 14-2 세 전하 사이의 힘

앞에서 말한 것처럼 (중력을 제외하고) 우리가 일상생활에서 경험하는 모든 힘들의 근원은 전기력이다. 즉 탄성력, 장력, 부력, 마찰력 등의 근원은 모두 전기력으로, 전기력이 중첩원리를 만족시키므로, 그 힘들도 물론 중첩원리를 만족시켜야 한다. 앞에서 우리는 파동에 중첩의 특성이 있다는 것을 배웠다. 중력과 전기력이 중첩원리를 만족시킨다는 사실은, 중력과 전기력이 파동 형태로 전파된다는 것을 암시한다고 볼 수 있다.

참고 현대 양자론의 대두

원자는 양전하를 띤 원자핵과 음전하를 띤 전자로 이루어져 있다. 따라서 원자핵과 전자는 서로 끌어당기는 힘을 작용하게 된다. 이때 '전자는 왜 원자핵에 끌려가 원자핵에 달라붙지 않는 것인가?'하는 의문이 생길 수 있다. 만약 전자가 원자핵과 결합한다면 원자는 존재하지 않고, 따라서 물질도 존재하지 않게 된다.

중력으로 서로 끌어당기는 물체들이 서로 끌려가 한 덩어리가 되지 않으려면 원운동을 해야 한다. 따라서 전자도 핵 주위를 돌며 원운동을 한다고 추정할 수 있다. 그러나 이미 알고 있다시피 가속되는 전하는 빛을 낸다. 빛을 내면 에너지를 잃게 되므로 전자는 결국 핵으로 빨려 들어가 원자 상태를 유지할 수 없게 된다. 그러므로 가속도 운동인 원운동을 하는 전자 모형은 받아들일 수 없는 가설이 되었다. 그렇다면 전자는 도대체 어떤 운동을 하는 걸까? 이는 지난 백여 년간 인간이 해결하지 못한 물음으로, 양자론이라는 새로운 눈으로 세상을 보게 하는 계기가 되었다.

전기장

두 전하가 있을 때 그 전하들끼리 작용하는 힘은 언제 어디에서나 작용한다. 즉 한 전하를 다른 곳으로 옮기거나 또는 시간이 지난 다음에도 전기력은 항상 작용한다. 이는 모든 전하가 자신의 존재를 알리는 신호를 끊임없이 내뿜고 있음을 암시한다. 또한 그 신호는 마치 빛과 같이 전 우주 공간으로 퍼져나간다고 생각할 수 있다. 그렇게 생각하면, 전하끼리 서로 힘을 주고받는 과정은 다음과 같이 볼 수 있다. 즉 전하 A가 자신의 신호를 내뿜고, 그 신호를 감지하는 다른 전하 B는 그 신호에 대응하는 힘을 받는다. 이는 물론 다른 전하 B도 신호를 내뿜고 전하 A가 그 신호에 대응하는 힘을 받는다는 뜻이기도 하다. 이 경우, 신호가 존재하는 공간을 전기장 공간이라고 부르며, 전하는 **전기장**[electric field]을 만든다고 말한다. 즉 전하끼리는 다음과 같은 방식으로 서로 힘을 주고받는다고 볼 수 있다.

$$\text{전하 } A \rightarrow \text{전기장} \rightarrow \text{전하 } B$$
$$\text{전하 } A \leftarrow \text{전기장} \leftarrow \text{전하 } B$$

이제 전기장의 세기, 즉 신호의 세기를 E라 쓰기로 하고, 전하에 작용하는 힘이 전기장의 세기 E에 비례한다고 하자. 한편, 전하에 작용하는 힘은 전하량에 비례하므로 우리는 전기장이 E인 곳에 있는 전하량이 q인 전하에 작용하는 힘의 세기 F를 $F=qE$라고 정의할 수 있다.

이제 두 전하가 있을 때 작용하는 힘으로부터 전하가 만드는 전기장 세기를 알아보자. 먼저 앞에서 두 전하 q_1, q_2 사이의 힘은 $F=\dfrac{1}{4\pi\varepsilon_0}\dfrac{q_1q_2}{r^2}$로 나타낼 수 있다고 했는데, 이 힘은 $F=q_2\left(\dfrac{1}{4\pi\varepsilon_0}\dfrac{q_1}{r^2}\right)$ 표현으로도 쓸 수 있다. 이때 이 힘을 전하 q_2가 받는 힘의 세기라고 보면, $\dfrac{1}{4\pi\varepsilon_0}\dfrac{q_1}{r^2}$이 곧 전하 q_1이 만드는 전기장의 세기라고 볼 수 있다. 한편, 전기력은 벡터양이므로 전기장도 당연히 벡터양으로 정의해야 하며, 일반적으로 다음과 같이 정의한다. 즉 공간의 어떤 점 $\boldsymbol{r}$에 점전하 q를 두었을 때, 그 점전하가 받는 힘을 $\boldsymbol{F}_q$라고 나타내면 그 점에서의 전기장은 다음과 같이 정의한다.

$$E(r) = \frac{1}{q}F_q \tag{14.4}$$

그러므로 힘의 단위를 N으로 쓰고, 전하량 단위를 C으로 쓰면, 전기장 단위는 N/C으로 나타낼 수 있다. 이때 힘은 벡터양이므로 전기장도 당연히 벡터양임을 알 수 있다. 한편, 이 정의식에는 점전하 q의 전하량 크기가 '충분히' 작아야 한다는 조건이 필요한데, 이 조건이 필요한 이유는 14.6절에서 다루기로 하자.

물음 14-4 어느 곳에서의 전기장이 $\boldsymbol{E}$라고 할 때, 그곳에 둔 점전하 Q가 받는 힘의 세기는 얼마인가?

한편, 전기력이 중첩원리를 만족시키므로 전기장도 당연히 중첩원리를 만족시킨다. 즉 여러 전하에 의해 발생한 각각의 전기장을 독립적으로 계산한 결과가 $\boldsymbol{E}_1$, $\boldsymbol{E}_2$, $\cdots$ 라면, 전체 전하에 의한 전기장 $\boldsymbol{E}$는 각 전기장 벡터를 덧셈 연산해 다음과 같이 나타낼 수 있다.

$$\boldsymbol{E} = \boldsymbol{E}_1 + \boldsymbol{E}_2 + \cdots \tag{14.5}$$

물음 14-5 어떤 위치에서의 전기장 방향은 양전하와 음전하 중 어느 전하가 받는 힘의 방향과 같은가?

물음 14-6 점전하 Q로부터 r만큼 떨어진 곳의 전기장이 $\boldsymbol{E} = \frac{1}{4\pi\varepsilon_0}\frac{Q}{r^2}\hat{r}$임을 보여라. 여기에서 $\hat{r}$은 그 위치에서 거리가 멀어지는 방향을 나타내는 단위벡터 기호다. 즉 양(+)전하가 만드는 전기장 방향은 양전하로부터 퍼져나가는 방향이다.

물음 14-7 한 변의 길이가 a인 정삼각형의 두 꼭짓점에 두 전하 q와 $-q$가 놓여 있다. 이 두 전하로 나머지 꼭짓점 위치에 만들어지는 전기장의 세기는 얼마인가?

전기력선

전기장은 흔히 **전기력선**으로 나타내는데, 전기력선 개념은 전기장을 이해하는 데 많은 도움이 된다. 전기력선은 다음과 같은 특성을 갖도록 정의한다.

(1) 어떤 위치에서 전기력선의 접선 방향은 그 위치에서의 전기장 방향을 나타낸다.
(2) 어떤 위치에서 전기력선의 밀도는 전기장의 세기를 나타낸다.

예컨대, 양(+)의 부호를 가진 점전하의 전기장을 나타내는 전기력선은 그 점전하로부터 방사형으로 퍼져나가는 모양이 된다. 이와 같은 정의에 따라 전기력선의 개수를 세보면, 전하량이 두 배로 늘어났을 때 그 전하에 의한 전기력선의 개수도 두 배로 늘어난다. 한편, 같은 크기의 양전하와 음전하에 의한 전기력선의 개수는 물론 같다. 따라서 우주에 양전하와 음전하 단 두 개만 있다면, 양전하에서 나오는 모든 전기력선은 당연히 음전하로 들어가는 모양이 될 것이다. 또한 모든 곳에서 전기장의 방향과 세기가 같다면, 전기력선은 균일한 밀도로 평행하게 늘어선 형태가 될 것이다.

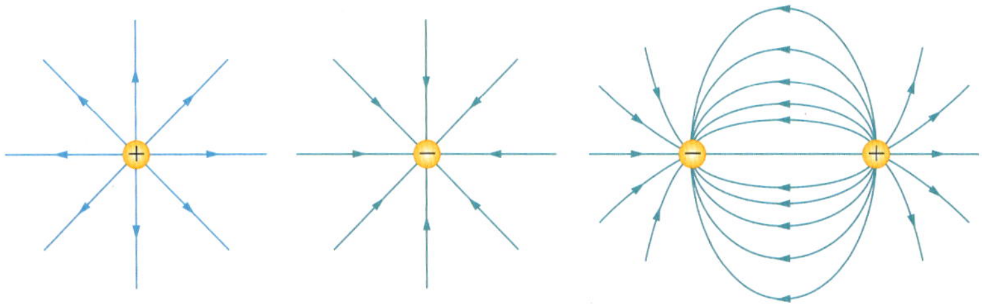

그림 14-3 전기력선 형태

물음 14-8 밀폐된 공간 속에 전하량이 Q인 양$(+)$의 부호 점전하가 있다. 그 점전하로부터 나오는 전기력선의 개수를 셀 수 있다고 가정하고, 그 수가 N_0라고 하자.

(a) 밀폐된 공간의 벽면으로 들어가는 전기력선은 몇 개인가?

(b) 밀폐된 공간의 벽면에 전하가 분포되어 있다면, 총 전하량은 얼마가 되어야 하는가?

참고 신경통 환자와 날씨의 관계

신경통 환자들은 흐리거나 비가 오는 날이면 통증이 심해진다고 호소한다. 과연 날씨가 흐린 것과 신경통은 무슨 관계가 있을까? 우리는 잘 모르고 지내지만, 대기는 많은 양의 전기를 띠고 있다. 대기 중의 전하는 여러 가지 이유로 만들어지는데, 지표면 근처에서 전기장의 방향은 공중에서 지표면 쪽을 향한다. 구름에 포함된 전하가 지표면으로 방전되는 현상이 바로 번개다. 날씨가 흐리면 대기 중의 전기량이 더 많아지고 전기장은 더 강해진다.

우리 신체는 참으로 오묘한 유기체로서, 인체 기능을 과학적으로 분석해 이해하기는 어렵다. 그러나 근래 들어 우리 신체의 신경 조직이 전기적으로 작동한다는 사실이 알려졌다. 시각, 청각, 촉각 등의 감각은 전기적 신호로 변환되어 뇌에 전달되고, 뇌 기능 자체도 컴퓨터와 비슷하게 수많은 전기 신호의 교환을 통해 수행된다. 우리 몸이 물체에 부딪쳐 아픔을 느끼게 되는 것도 신경 조직을 통해 전기 신호로 전달된 아픔이다. 따라서 신체의 신경 조직 자체가 잘 정돈되지 않은, 즉 흐트러진 상태가 되었을 때, 강력한 외부 전기장의 영향을 받으면 역학적 자극이 없어도 신체가 물체에 부딪히는 것 같은 전기적 자극이 발생할 수 있을 것이다. 나이가 들면 신경 조직 자체가 스스로 흐트러질 가능성이 크다. 또 매를 심하게 맞을 때처럼 신체가 극한 상황을 겪어도 신경 조직에 이상이 올 수 있다. 따라서 신경통으로 고통 받는 이들은 어떻게 보면 전기 고문을 당하고 있다고도 볼 수 있다.

14.3 전기장 계산

전하들이 어떤 모양으로 분포되어 있을 때, 그 전하들에 의한 전기장은 각 전하의 전기장 벡터를 덧셈 연산해 얻을 수 있다고 했다. 지금부터 전하가 분포되는 모양에 따라 달라지는 전기장을 계산해보자.

전기쌍극자의 전기장

단순하면서도 중요한 형태의 전하분포는 전하량이 각각 $-Q$인 두 점전하가 거리 d만큼 떨어져 있는 경우로서, 그런 전하분포를 **전기쌍극자**[electric dipole]라 부른다. 이제 두 점전하의 위치가 x축 위의 점 $\pm\frac{d}{2}$에 오도록 좌표축을 정하고, 이와 같은 전하분포에 의한 전기장을 구해보자.

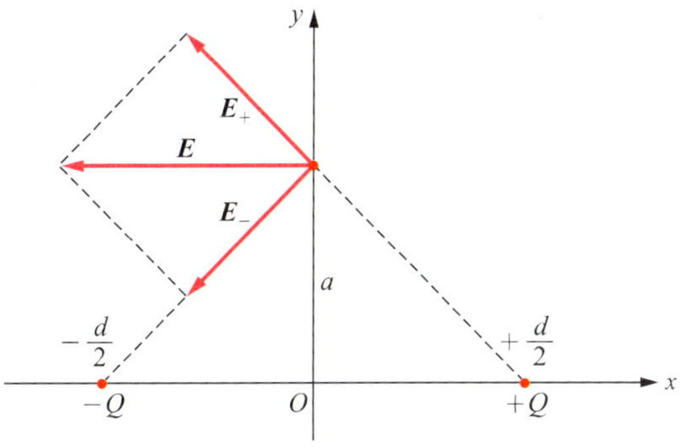

그림 14-4 전기쌍극자에 의한 전기장

먼저 관측점을 y축 위에 있는 점 a로 정한 후 전기장을 구해보자. 그 점에서의 전기장은 두 점전하 $\pm Q$에 의한 전기장 벡터를 덧셈 연산해 구한다. 한편, 각 점전하에서 그 점까지의 거리는 r로 똑같으므로 그 점에서의 전기장 세기를 E_0로 나타내면 $E_0 = \frac{1}{4\pi\varepsilon_0}\frac{Q}{r^2}$가 된다. 이때 각 전기장의 방향은 y축과 각 θ를 이루는데, 그 각은 $\sin\theta = \frac{(d/2)}{r}$ 관계를 만족하고, 거리는 $r = \sqrt{a^2 + (d/2)^2}$을 뜻한다.

이제 두 전기장 벡터를 덧셈 연산해보자. 그 결과, Q가 양전하일 때 결과 벡터는 $-x$축 방향을 향하며, 그 크기는 $2E_0\sin\theta$가 된다. 따라서 전기장의 세기를 E라 하면, 그 값은 다음과 같이 나타난다.

$$E = \frac{1}{4\pi\varepsilon_0}\frac{Qd}{r^3} \tag{14.6}$$

이 식에서 Qd, 즉 전하량 크기(Q)에 전하 사이의 거리(d)를 곱한 양을 **전기쌍극자 크기**electric dipole moment라고 부르며, 기호 p로 나타낸다. 즉 $p = Qd$라 쓰면, 전기장 세기는 $E \propto \frac{p}{r^3}$로 나타낼 수 있음을 알 수 있다. 여기에서 $r = \sqrt{a^2 + (d/2)^2}$은 각 점전하로부터의 거리를 뜻하지만, 관측점이 쌍극자로부터 충분히 멀리 있는 경우(즉 $d \ll a$인 경우), $r \approx a$라 할 수 있다. 따라서 그 경우 전기장은 다음과 같이 쓸 수 있다.

$$E = \frac{1}{4\pi\varepsilon_0}\frac{p}{a^3} \tag{14.7}$$

쌍극자로부터의 거리 세제곱에 반비례한다는 것을 알 수 있다.

물음 14-9 전하량이 각각 $-Q$인 두 점전하가 y축 위의 점 $\pm\frac{d}{2}$에 있는 전기쌍극자 구조일 때, $y=r$ 위치에서의 전기장 세기 E는 $r \gg d$일 때 $E = \frac{1}{4\pi\varepsilon_0}\frac{2Qd}{r^3}$임을 보여라.

표면전하분포

이제 물체 표면에 전하가 연속적으로 분포된 표면전하분포의 전기장을 다뤄보자. 표면에 분포된 전하의 양은 **표면전하밀도**surface charge density로 나타낸다. 표면전하밀도는 단위면적당 전하량을 뜻하는 양으로, 기호 σ로 나타내며, **면전하밀도**라 부르기도 한다. 예컨대, 면전하밀도가 σ인 곳에 있는 넓이가 A인 면에 분포된 전하량은 σA다. 한편, 국제단위계에서 전하량의 측정 단위는 C이므로, 면전하밀도의 단위는 $\mathrm{C/m^2}$가 된다.

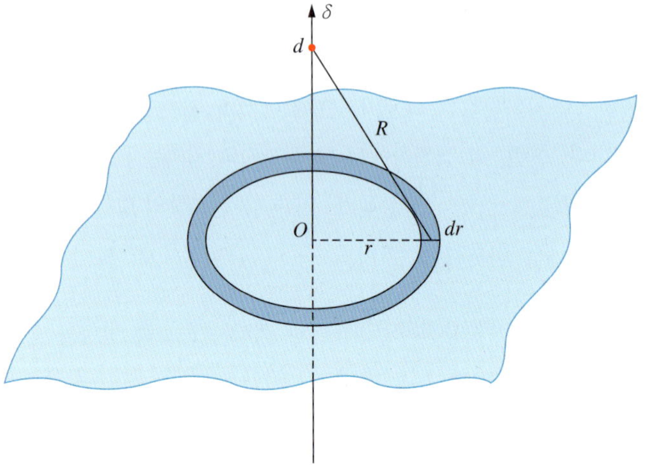

그림 14-5 무한 평면 전하분포

이제 [그림 14-5]와 같이 무한히 넓은 바닥면에 균일한 면전하밀도로 전하가 분포된 경우를 생각해보자. 그 경우 바닥면의 한 점을 기준점으로 정하고, 그 점에서 면에 수직인 축을 z축이라 정한 다음, $z=d$인 곳에서의 전기장을 구해보자.

먼저 전기장의 방향은 바닥면에 수직일 수밖에 없다는 사실을 대칭성으로부터 알 수 있다. 이때 전체 전하에 의한 전기장을 구하려면 바닥면을 작은 반지 모양 구간으로 나누는 것이 편리하다. 이제 바닥면을 반지름이 r, 두께가 dr인 미소 반지 모양 구간으로 나누었다고 하자. 이때 미소 반지의 넓이는 $2\pi r dr$로 나타낼 수 있으므로, 그 전하량을 dq라 나타내면, $dq = \sigma \cdot 2\pi r dr$로 쓸 수 있다. 또한 그 반지로부터 $z=d$인 점까지의 거리를 R이라 하면, $R = \sqrt{r^2+d^2}$ 이 된다.

이제 미소 반지를 다시 작은 단위로 자르고, 그중 한 조각과 그 조각의 반대쪽에 있는 다른 조각의 전기장 벡터를 더하면, z축 방향이 된다는 사실을 쉽게 알 수 있다. 즉 각 조각의 전하가 만드는 전기장 방향이 z축과 각 θ를 이룬다면, 각 전기장을 더한 결과는 각 전기장의 $\cos\theta$ 크기인 z축 성분을 더한 결과가 된다. 한편, $\cos\theta = \dfrac{d}{R}$가 되므로, 미소 반지가 만드는 z축 성분의 전기장 세기를 dE로 나타내면 $dE = \dfrac{1}{4\pi\varepsilon_0}\dfrac{dq}{R^2}\cdot\dfrac{d}{R}$가 된다. 따라서 그 점의 전기장 세기는 다음과 같은 적분을 통해 얻을 수 있다.

$$E = \frac{1}{4\pi\varepsilon_0}\int_0^\infty 2\pi\sigma \cdot \frac{rdr}{(r^2+d^2)^{3/2}} \tag{14.8}$$

이 적분은 $t = r^2 + d^2$으로 대치하면 쉽게 계산할 수 있으며, 그 결과는 $E = \frac{\sigma}{2\varepsilon_0}$임을 보일 수 있다.

선전하분포

또 하나의 예로, 매우 긴 직선 모양의 물체에 균일한 전하밀도로 전하가 분포된 경우를 다뤄보자. 그런 경우 전하의 양은 선전하밀도로 나타내는데, **선전하밀도**란 단위길이당 전하량을 뜻하며 단위는 C/m 다. 예컨대, 길이가 L인 원통에 분포된 전하량은 λL이 된다.

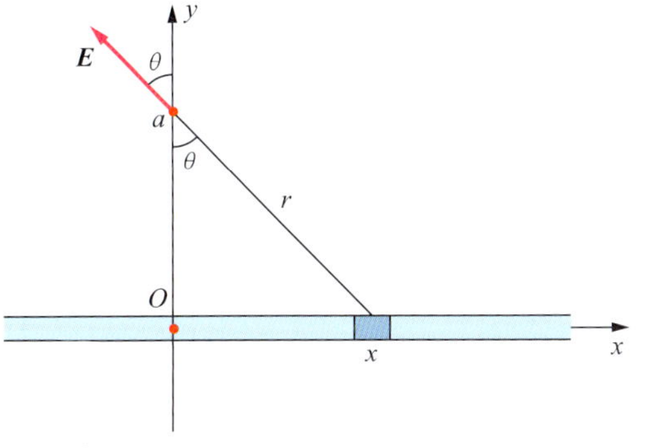

그림 14-6 선전하분포

이제 선전하밀도 λ로 전하가 분포된 막대 모양 물체가 x축 위에 있다고 하고, y축 위에 있는 점 a에서의 전기장을 구해보자. 이때 전하는 연속적으로 분포되어 있으므로, 그 전하분포를 충분히 작은 구간으로 나눠보자.

기준점으로부터 거리가 x만큼 떨어져 있는 선전하 부분에서, 충분히 작은 미소 길이 dx 구간을 선택하면, 그 미소 전하량은 λdx이다. 따라서 전기장 세기 dE는 $r^2 = x^2 + a^2$이라 할 때 다음과 같아진다.

$$dE = \frac{1}{4\pi\varepsilon_0}\frac{\lambda dx}{r^2} \tag{14.9}$$

한편, 이런 전기장들을 벡터 덧셈 연산을 하면 결과적으로 전기장의 y축 성분만 상쇄되지 않는 것을 알 수 있다. 한편, y축 성분 크기는 $dE\cos\theta$이며, $\cos\theta = \frac{a}{r}$를 나타낼 수 있으므로 전기장은 다음 적분을 통해 얻을 수 있다.

$$E = \frac{1}{4\pi\varepsilon_0}\lambda a \cdot \int_{-\infty}^{+\infty}\frac{dx}{r^3} \tag{14.10}$$

그 결과, 전기장의 세기는 다음과 같아짐을 보일 수 있다.

$$E = \frac{1}{2\pi\varepsilon_0}\frac{\lambda}{a} \tag{14.11}$$

즉 전기장은 선전하로부터의 거리 a에 반비례한다. (식 (14.10)의 적분은 $x = a\tan\theta$로 나타내고, $\frac{d\tan\theta}{d\theta} = \sec^2\theta$ 관계를 이용하면 쉽게 계산할 수 있다.)

14.4 가우스 법칙

앞에서 우리는 몇 가지 전하분포를 통해 전기장을 계산하는 방법을 알아보았다. 즉 전하가 면이나 선처럼 연속적으로 분포되어 있는 경우, 적분을 해서 전기장을 계산할 수 있었다. 하지만, 그 과정은 그리 단순하지 않았다. 예컨대, 전하가 공 모양으로 균일하게 분포되어 있다고 할 때, 그 전하분포에 의한 전기장을 적분으로 계산하기는 그리 쉽지 않다.[3] 그러나 앞에서 말한 것처럼 신호가 전하로부터 빛의 형태로 나온다고 보고, 그 빛의 세기를 전기장의 세기로 해석하면 전기장을 쉽게 계산하는 방법을 찾아낼 수도 있다.

먼저 단위시간 동안 전하로부터 나오는 신호의 양을 생각해보자. 이때 그 신호를 빛으로 보고, 빛의 양을 측정하려면 전하를 감싸고 있는 공의 표면 같은 가상 곡면을 통과하는 빛의 양을 측정하면 될 것이다. 이 경우, 공의 표면처럼 전하를 완전히 둘러싼 곡면을 **폐곡면**closed surface이라고 부르고, 단위시간 동안 광원에서 나오는 빛의 양은 일정하다. 따라서 폐곡면 모양이나 크기에 상관없이, 단위시간 동안 폐곡면을 통과해 지나가는 빛의 양은 똑같다고 할 수 있다. 즉 폐곡면 속에 전하가 있을 때, 단위시간당 폐곡면을 통과하는 신호의 양은 폐곡면 모양이나 크기에 상관없이 일정하다는 것은 당연하다.

그렇다면 전하를 둘러싼 폐곡면을 통과하는 신호의 총량은 어떻게 계산할 수 있을까? 먼저, 곡면이 아닌 평면에 입사하는 빛의 양을 계산하는 방법부터 알아보자.

면벡터

빛의 세기란, '단위시간' 동안 (빛이 나아가는 방향에 수직으로 놓인) '단위면적'이 받는 빛의 양을 뜻한다. 예컨대, 빛의 세기가 E일 때, 그 빛을 정면으로 받는 넓이가 A인 평면은 EA만큼의 빛을 받는다. 그러나 평면을 기울이면 평면이 받는 빛의 양이 줄어드는데, [그림 14-7]에서 보듯이 평면을 각도 θ만큼 기울이면 평면이 받는 빛의 양을 $EA\cos\theta$로 나타낼 수 있다. 왜냐하면 기울어진 평면이 받는 빛의 양은 $A\cos\theta$ 크기를 가진 평면이 빛을 정면으로 받는 경우에 받는 빛의 양과 같아지기 때문이다. 이러

3 이는 뉴턴이 만유인력의 법칙을 설명하기 위해 지구를 이루는 각 부분이 지표면의 돌에 작용하는 중력을 계산했던 것과 똑같은 작업이다.

한 결과를 수식으로 표현하려면 평면에 **면벡터**area vector라는 벡터의 특성을 부여하면 편리한데, 면벡터는 다음과 같이 정의한다.

면벡터 = 크기는 면의 넓이, 방향은 면에 수직인 방향 벡터

이렇게 면벡터 방향을 정하면, 평면이 빛을 정면으로 받는다는 말은 면벡터 방향이 빛의 방향과 같은 방향이라는 뜻이 된다. 이제 어떤 위치에서 빛이 나아가는 쪽으로 향하며, 빛의 세기가 E인 벡터를 $\boldsymbol{E}$라고 쓰기로 하자. 이때 그 위치에 있는 평면의 면벡터를 $\boldsymbol{A}$로 나타낸다면, 단위시간 동안 평면이 받는 빛의 양 $EA\cos\theta$는 스칼라곱을 이용해 $\boldsymbol{E}\cdot\boldsymbol{A}$로 나타낼 수 있다.

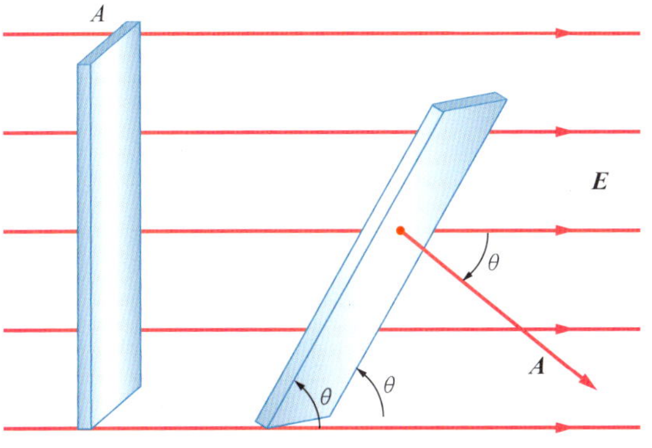

그림 14-7 입사광과 수직인 평면과 기울어진 평면이 받는 빛의 양

어떤 면이 평면이 아닌 곡면일 때, 그 곡면의 면벡터는 물론 정해지지 않는다. 그러나 어떤 곡면이라도 면을 충분히 작은 단위로 자르면 결국 작은 평면 조각을 모아놓은 것으로 볼 수 있고, 각각의 작은 평면에 그 면벡터를 부여할 수 있다. 이 경우 평면에 수직인 선은 유일하지만, 아래와 위로 향하는 두 개의 방향이 있게 된다. 그러므로 두 방향 중 어느 한 방향을 면벡터 방향으로 정해야 하는데, 폐곡면의 경우에는 면벡터 방향은 '폐곡면 한 곳에서의 면벡터는 그곳에서 폐곡면 외부를 향하는 방향'으로 정한다. 예컨대, 정육면체를 이루는 여섯 개의 평면을 나타내는 벡터는 정육면체에서 밖을 향하는 여섯 개의 방향으로 각각 정할 수 있다.

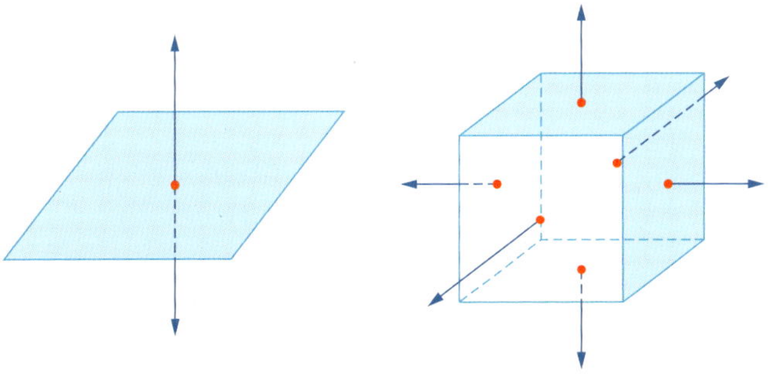

그림 14-8 정육면체의 면벡터

전기선 다발

전기장 세기란, '단위시간' 동안 '단위면적'을 통해 지나가는 신호의 양에 비례한다. 그러므로 이제 빛을 전하가 내는 신호라고 하면, $\boldsymbol{E}\cdot\boldsymbol{A}$라는 표현은 전기장이 $\boldsymbol{E}$인 곳에 있는, 면벡터가 $\boldsymbol{A}$인 면을 (단위시간 동안) 통과하는 신호의 양이라고 할 수 있다. 그 양을 면 A를 통과하는 **전기선속** 또는 **전기선 다발** electric flux이라고 부르며, 기호 Φ로 나타낸다. 즉 면벡터가 $\boldsymbol{A}$인 평면을 통과하는 전기선 다발은 다음과 같이 정의한다.

$$\Phi|_A = \boldsymbol{E}\cdot\boldsymbol{A} \tag{14.12}$$

우리는 앞에서 전기력선을 이용해 전기장을 나타냈는데, 그때 전기력선의 밀도는 전기장 세기 E를 나타내는 양이었다. 그러므로 $\boldsymbol{E}\cdot\boldsymbol{A}$는 면 A를 통과하는 전기력선의 개수를 나타낸다고 해석할 수도 있다. 앞서 $\Phi|_A = \boldsymbol{E}\cdot\boldsymbol{A}$를 전기선 다발이라 부른 이유도 이 표현이 전기력선 개수에 비례하기 때문이다.

어떤 면이 평면이 아닌 곡면일 때, 그 면을 통과하는 전기선 다발을 구하려면, 곡면을 충분히 작은 단위로 잘라 평면처럼 만들어 각각의 작은 평면을 통과하는 전기선 다발을 모두 더하면 된다. 즉 각각의 작은 평면을 나타내는 면벡터를 $\Delta\boldsymbol{a}_i$로 나타내면, 곡면 S를 통과하는 전기선 다발은 다음과 같이 나타낸다.

$$\Phi|_S = \sum_i \boldsymbol{E}_i\cdot\Delta\boldsymbol{a}_i \tag{14.13}$$

한편, 이 식을 적분으로 표현하면 다음과 같이 나타낼 수 있다.

$$\Phi|_S = \int_S \boldsymbol{E}\cdot d\boldsymbol{a} \tag{14.14}$$

우리가 앞으로 다룰 곡면은 주로 폐곡면이며, 폐곡면일 때는 이 식의 적분 기호를 $\oint_S$로 나타낸다. 이때 폐곡면에서의 면벡터 방향은 언제나 밖으로 향하고 있음에 유의하자.

물음 14-10 다음 물음에 답하라.

(a) x축 방향을 향하는 균일한 전기장 E가 있다. xy 평면 위에 한 변의 길이가 a인 정육면체가 있을 때, 정육면체의 모든 표면을 통과하는 총 전기선 다발은 얼마인가?

(b) 정육면체의 중심이 좌표계의 기준점일 때, 균일한 전기장 E가 $x>0$ 영역에서는 $+x$축 방향을 향하고, $x<0$ 영역에서는 $-x$축 방향을 향한다고 하자. 정육면체의 모든 표면을 통과하는 총 전기선 다발은 얼마인가?

가우스 법칙

전하 Q를 중심에 둔 공표면 모양의 폐곡면 S를 통과하는 전기선 다발의 크기를 구해보자.

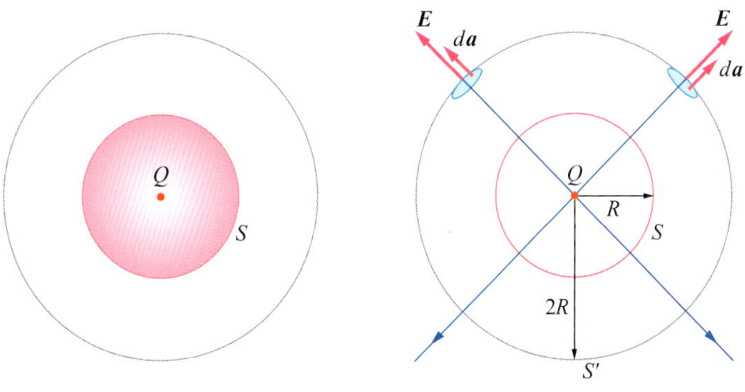

그림 14-9 점전하와 공표면 모양

공표면은 곡면이므로, 표면을 평면으로 다루려면 표면을 충분히 작은 크기로 잘라야 한다. 이때 공표면을 충분히 작은 크기로 자른다면, 각 평면의 면벡터는 중심점으로부터 밖을 향하는 방향이 된다. 한편, 전하 Q가 양(+)전하라고 하면, 전기장 방향은 전하로부터 나오는 방향이 된다. 그러므로 폐곡면의 중심을 전하 위치에 두면, 전기장의 방향과 면벡터의 방향이 일치한다. 따라서 각각의 작은 평면에서 $\boldsymbol{E} \cdot d\boldsymbol{a} = E\,da$가 되므로, 전기선 다발은 다음과 같이 쓸 수 있다.

$$\Phi|_S = \oint \boldsymbol{E} \cdot d\boldsymbol{a} = \oint E da \tag{14.15}$$

전하로부터 공표면까지의 거리는 일정하므로, 전기장 세기 E는 표면의 모든 점에서 당연히 같다. 따라서 공의 반지름이 R이라면 적분 결과는 다음과 같아진다.

$$\Phi|_S = E\oint da = E \cdot 4\pi R^2 \tag{14.16}$$

한편, 공표면에서 전기장 세기는 $\dfrac{1}{4\pi\varepsilon_0}\dfrac{Q}{R^2}$이므로, 전기선 다발은 결국 $\Phi|_S = \dfrac{Q}{\varepsilon_0}$임을 알 수 있다. 즉 당연히 그래야 하지만 폐곡선 S의 반지름 R과는 무관하게, 공표면을 통과하는 총 신호의 양 또는 전기력선의 개수는 같아야 한다.

물음 14-11 전하량이 $Q = 10^{-3}\,C$인 전하로부터 나오는 전기선 다발 $\dfrac{Q}{\varepsilon_0}$를 계산하라.

이때 다음과 같은 질문을 던져보자.

"만약 점전하 위치가 공의 중심점이 아니라면, 폐곡면을 지나는 전기선 다발은 얼마인가?"

이런 경우에는 폐곡면에서 적분을 하기가 쉽지 않다. 그러나 설사 어려운 과정을 통해 그 결과를 구했다고 해도 그 결과는 전하 위치가 공의 중심에 있는 경우와 차이가 없어야 한다. 왜냐하면 어떤 폐곡면에서 측정해도 단위시간 동안 전하에서 나오는 신호의 양은 똑같아야 하기 때문이다.

이 결과를 정리하면 다음과 같이 말할 수 있다. 즉 폐곡면 내부에 여러 점전하 q_1, q_2, ⋯ 가 있는 경우, 총 전기선 다발은 각각의 전하에 의한 전기선 다발을 더한 값과 같으며, 다음과 같이 나타낼 수 있다.

$$\Phi|_S = \frac{1}{\varepsilon_0}\sum_i q_i \tag{14.17}$$

여기에서 단서 조항은 '모든 전하 q_i가 폐곡면 S 내부에 있어야 한다'는 조건뿐이다. 즉 폐곡면의 전기선 다발에 관한 결과는 다음과 같이 나타낸다.

$$\oint_S \boldsymbol{E} \cdot d\boldsymbol{a} = \frac{1}{\varepsilon_0}\sum_i q_i \tag{14.18}$$

이를 **가우스 법칙**Gauss's law이라고 부르고, 이때 선택한 폐곡면을 **가우스 면**이라고 한다. 앞서 우리는 가우스 법칙을 중력에 적용하지는 않았지만, 중력도 거리 제곱에 반비례하는 특성이 있으므로 가우스 법칙은 전기장뿐만 아니라 중력장에도 적용된다.

우리는 가우스 법칙을 기술하면서 그 전하들이 '폐곡면 내부 있을 때'라는 단서를 달았다. 따라서 전하가 폐곡면 밖에 있는 경우에 그 전하들을 무시한 이유를 살펴볼 필요가 있다. 이제 다음과 같은 질문을 던져보자.

"점전하가 폐곡면 밖에 있을 때, 폐곡면을 통과하는 전기선 다발은 얼마인가?"

전기선 다발은 전기력선 개수에 비례하므로 우리는 그 전기선 다발이 0이라는 결과를 얻게 된다. 왜냐하면 폐곡면에 들어오는 모든 전기력선은 결국 다시 나가야 하기 때문이다. 즉 [그림 14-10]과 같이 전기력선이 폐곡면으로 들어오는 곳과 나가는 곳에서 $\boldsymbol{E} \cdot d\boldsymbol{a}$ 항의 부호는 반대가 되므로 서로 상쇄된다.

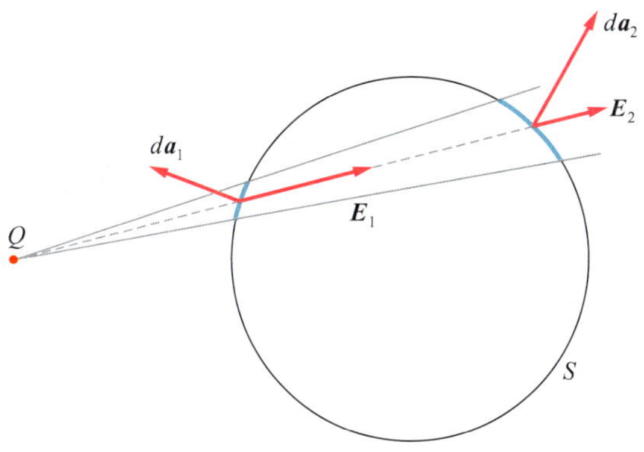

그림 14-10 폐곡면과 외부 점전하

물음 14-12 정육면체 중심에 전하량이 Q인 점전하가 있다. 정육면체 표면을 통과하는 총 전기선 다발은 얼마인가?

[HINT] 이 물음에 대한 답을 적분으로 구하기는 어렵다. 그러나 전기선 다발은 전기력선의 개수에 비례하므로, 정육면체 표면이 아닌 다른 폐곡면을 취해도 상관없다.

14.5 가우스 법칙의 응용

전하들이 대칭적으로 분포되어 있어서 전기장의 방향을 추정할 수 있을 때에는 가우스 법칙 $\oint_S \boldsymbol{E} \cdot d\boldsymbol{a} = \dfrac{1}{\varepsilon_0}\sum_i q_i$를 이용해 전기장을 손쉽게 구할 수 있다. 왜냐하면 추정된 전기장 방향을 고려해 전기장 벡터와 면벡터가 서로 평행하거나 수직이 되도록 가우스 면을 취하면 $\oint \boldsymbol{E} \cdot d\boldsymbol{a}$ 항을 쉽게 처리할 수 있기 때문이다. 그러므로 전하분포가 대칭적인 계에서는 다음과 같은 단계로 생각하는 것이 좋다.

(1) 계의 대칭성으로부터 전기장의 방향을 추정한다. 어떤 곳에서의 전기장 방향은 그곳에 둔 양전하가 받는 힘의 방향과 같다는 사실을 이용한다.

(2) 전기장의 방향과 면벡터의 방향이 같거나 수직인 가우스 면을 선택한다.

그렇게 가우스 면을 취하면 벡터의 스칼라곱 $\boldsymbol{E} \cdot d\boldsymbol{a}$ 항은 $E da$가 되거나 0이 된다. 이와 같은 방식을 따라 몇 가지 경우의 전기장을 구해보자.

구대칭 전하분포

가장 단순하면서도 중요한 전하분포의 예는 구대칭 전하분포다. 구대칭 전하분포란, 전하밀도가 단지 공 중심점에서부터의 거리에만 의존하는 경우를 뜻한다. 이제 구대칭계의 가장 단순하고 특별한 경우로, 전하분포가 구대칭이면서도 균일할 때의 전기장을 구해보자.

예제 14-1 구대칭 전하분포가 만드는 전기장

반지름이 R인 공 속에 총 전하량 Q가 균일한 부피전하밀도 ρ_0로 분포된 경우를 생각해보자. 부피전하밀도는 단위부피당 전하량을 뜻하는 양이다. 공의 중심점에서부터 거리가 r인, 공 외부 점에서의 전기장 세기를 구하라.

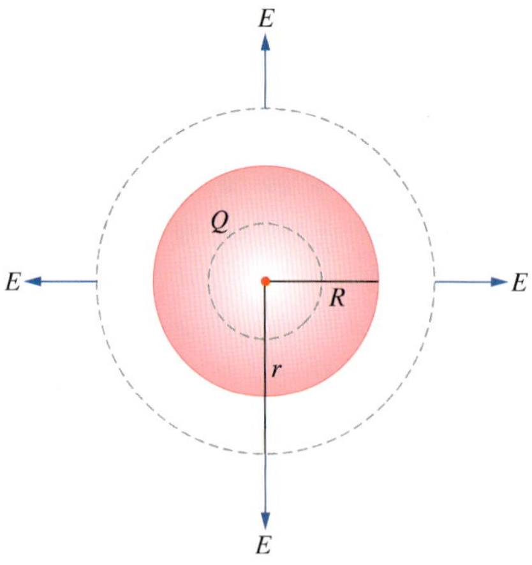

풀이

과정 (1) 대칭성으로부터, 전기장 방향을 공의 중심에서 퍼져나가는 방향으로 추정할 수 있다. 즉 이때 공의 전하가 양(+)의 부호를 띤다면, 공의 외부에 둔 양(+)의 부호 점전하는 공의 중심에서 멀어지는 방향으로 힘을 받는다고 추정할 수 있다.

과정 (2) 그러므로 점전하를 중심으로 한 공 모양을 가우스 면으로 취하면, 가우스 면의 면벡터 방향은 전기장 방향과 일치한다.

한편, 대칭성으로부터 공표면에서는 전기장의 세기가 일정하므로, 반지름이 r인 공 모양 가우스 면을 취한 경우 가우스 법칙의 적분 계산은 다음과 같다.

$$\Phi|_S = \oint E da = E \oint da = E \cdot 4\pi r^2$$

한편, 가우스 면 내부의 총 전하량은 Q로, 가우스 법칙을 나타내는 식 (14.18)에서 이 결과는 $\frac{Q}{\varepsilon_0}$와 같아져야 한다. 즉 전기장 세기는 다음과 같다.

$$E = \frac{1}{4\pi\varepsilon_0}\frac{Q}{r^2}$$

흥미롭게도 이 결과는 공의 중심점에 점전하 Q를 둔 경우와 똑같다. 즉 공 모양으로 균일하게 전하가 분포되었을 때의 효과는, 모든 전하를 중심점에 모아둔 결과와 정확하게 일치한다. 또 다른 흥미로운 결과는, 전하분포가 중심점으로부터 거리에 따라서만 달라지는 경우, 즉 부피전하밀도가 $\rho(r)$인 경우에도 이와 똑같은 결과를 얻게 된다는 것이다.

[HINT] 이 문제에서 직접 적분을 해서 전기장을 구하기는 매우 어렵다. 그러나 적분을 하려면 공을 작은 공 껍질 형태로 분리한 다음, 각 껍질에 의한 전기장을 먼저 구하는 편이 편하다.

물음 14-13 원자는 양전하를 가진 원자핵을 중심으로, 균일한 밀도의 공 모양 전하분포를 가진 전자 상태로 나타낼 수 있다. 원자의 총 전하량이 0일 때, 원자의 외부 위치에서 전기장 세기가 0임을 보여라. (즉 원자는 구대칭 전하분포를 갖기 때문에 원자 외부에서는 전기적 본성이 관측되지 않는다. 물질이 전기를 띤 입자들로 이루어졌어도, 물질들이 전기적 특성을 보이지 않는 이유가 바로 이 때문이다.)

균일한 전하분포를 가진 공 모양인 경우 흥미롭게 살펴볼 문제는, 균일한 전하분포 내부 위치에서의 전기장을 구하는 것이다. 공의 중심점으로부터의 거리 r이 반지름보다 작다면($r < R$), 앞에서 논의한 결과와 무엇이 달라질까?

다시 [예제 14-1]의 각 단계를 검토해보면, 과정 (1), 과정 (2) 단계는 이 경우에도 여전히 유효함을 알 수 있다. 즉 전기장 방향은 여전히 중심점에서 퍼져나가는 방향이라고 추정할 수 있다. 그러나 가우스면 내부의 총 전하량이 이제는 더 이상 Q가 아니라는 점에 유의해야 한다. 이제 가우스 면 내부 전하량을 Q'이라고 하면, 부피의 비례관계로부터 $Q' = \left(\frac{r}{R}\right)^3 Q$임을 알 수 있다. 따라서 내부 위치에서의 전기장 세기는 $E = \frac{1}{4\pi\varepsilon_0}\frac{Q}{R^3}r$이 되며, 이 계에서의 전기장 세기는 공표면에서 가장 강하다.

물음 14-14 공 모양의 균일한 전하분포가 있을 때, 공의 중심점으로부터 거리가 r이 되는 곳까지의 전하를 모두 제거한다면(즉 전하분포 모양이 속이 빈 공 형태라면), 속이 빈 내부 임의의 점에서의 전기장 세기는 얼마인가?

참고 뉴턴의 만유인력

뉴턴은 만유인력의 법칙을 깨닫고도 오랫동안 발표를 미뤘다고 한다. 그 이유는, 지표면에 놓인 사과 하나가 받는 중력의 세기는 지구의 질량을 중심점에 뭉쳐놓은 것과 같은 세기인데, 그 사실을 증명할 마땅한 방법을 찾기가 어려웠기 때문이다. 결국 뉴턴은 적분법을 이용해 사과와 지구 사이에는 그 거리가 지구 반지름만큼 떨어져 있는 상태와 같은 정도의 중력이 작용한다는 사실을 증명했다. 그러나 그 사실은 가우스 법칙을 사용하면 더 쉽게 증명할 수 있다.

무한 평면 전하분포

무한히 큰 평면은 물론 존재하지 않는다. 그러나 편의를 위해 매우 넓은 평면을 무한히 큰 평면이라 하고(일반적으로 어떤 표면이든 아주 가까이 보면 무한히 넓은 면으로 보인다), 그 평면에 균일한 전하밀도로 전하가 분포된 경우의 전기장을 구해보자. 평면이 도체이면 도체의 전하밀도 분포는 균일하므로, 그 평면은 대전된 매우 큰 평면도체라고 봐도 좋다.

예제 14-2 대전된 무한 평면 도체의 전기장

무한히 크다고 볼 수 있는 바닥면이 **표면전하밀도** σ_0로 대전된 경우의 전기장을 구하라.

풀이

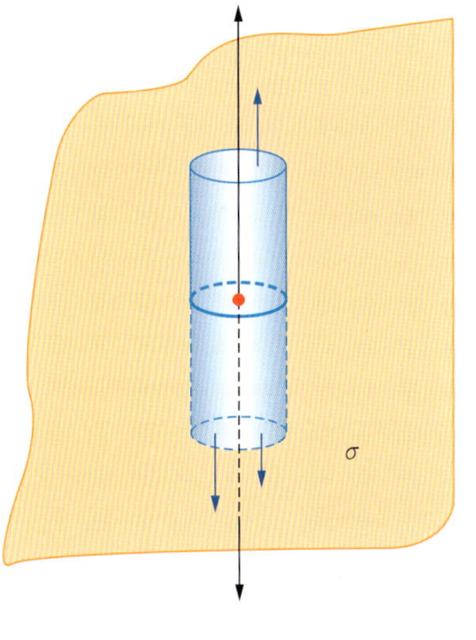

과정 (1) 대칭성으로부터 우리는, 바닥면으로부터 위나 아래로 어떤 거리만큼 떨어진 곳에 있는 전하는 바닥면에 수직인 방향으로 힘을 받는다고 추정할 수 있다. 이제 그 전기장 방향을 바닥면에서 나오는 방향으로 정하자.

과정 (2) 이제 원통 모양의 가우스 면을 취하고, 그 원통의 윗면과 아랫면이 각각 바닥면 아래와 윗부분에 있도록 두자. 이 경우, 원통 옆면의 면벡터는 전기장과 수직인 방향이 되므로, 옆면을 통과하는 전기선 다발은 물론 없다. 그리고 위와 아랫면의 면벡터는 각각 전기장과 같은 방향이므로, 그 전기선 다발의 크기는 각각 EA가 되고, 총 전기선 다발 크기는 $2EA$가 된다.

과정 (3) 한편, 원통 내부의 전하량은 $\sigma_0 \cdot A$이므로 가우스 법칙에서 $\Phi = 2EA = \sigma_0 A/\varepsilon_0$가 되고, 전기장 세기는 $E = \dfrac{\sigma_0}{2\varepsilon_0}$임을 알 수 있다. 이때 바닥면의 전하가 음(−)의 부호라면, 전기장은 물론 바닥면을 향해 들어가는 방향이 된다.

묻음 14-15 대전된 여러 개의 무한 평면이 있는 경우의 전기장을 구하라.

(a) 서로 나란한 두 개의 무한 평면이 각각 $+\sigma_0$, $-\sigma_0$의 면전하밀도를 갖고 있다. 평면 사이 공간과 그 밖 공간에서의 전기장 세기는 각각 얼마인가?

[HINT] 전기장은 두 평면전하에 의한 전기장을 중첩해 구할 수 있다.

(b) 서로 나란한 세 개의 무한 평면이 각각 $+\sigma_0$, $-\sigma_0$, $+\sigma_0$의 면전하밀도를 갖고 있다. 평면 사이 공간과 그 밖 공간에서의 전기장 세기는 각각 얼마인가?

무한 선전하의 전기장

이제 가우스 법칙을 적용하는 예로, 무한히 긴 직선에 균일하게 전하가 분포된 경우를 마지막으로 다뤄보자. 물론 현실에서는 무한히 긴 도선이 없지만, 편의상 매우 긴 도선은 무한히 길다고 생각해도 되기 때문이다. 직선 모양의 무한 도선을 대전시키면 전하가 균일하게 분포되므로, 이 도선은 무한 직선도선의 경우라고도 볼 수 있다.

예제 14-3 무한 직선 전하가 만드는 전기장

긴 직선 모양의 전하분포가 있다. 직선의 선전하밀도가 λ라 할 때, 직선에서 거리 d만큼 떨어진 곳에서의 전기장을 구하라.

풀이

과정 (1) 전하분포에 의한 전기장 방향은 직선 축으로부터 방사형으로 퍼져나간다고 추정할 수 있다.

과정 (2) 따라서 직선을 중심축으로 하는, 반지름이 d, 높이가 H인 원통 모양을 가우스 면으로 취하자.

과정 (3) 가우스 면으로 취한 원통의 뚜껑과 바닥면의 면벡터 방향은 추정된 전기장 방향과 수지이므로, 그 면을 지나는 전기선 다발은 0이 된다. 한편, 원통 둘레면의 면벡터 방향은 전기장 방향과 같다. 그러므로 원통 둘레면에서는 $\int \boldsymbol{E} \cdot d\boldsymbol{a} = \int E da = E \int da$로 쓸 수 있고, 총 면적은 $2\pi dH$이므로, 전기선 다발은 $\Phi = 2\pi dH \cdot E$가 된다. 이때 원통 내부의 전하량은 λH이므로 전기장 세기는 다음과 같고, 그 방향은 직선 축에서 방사형으로 나가는 방향이다.

$$E = 2\pi \frac{\lambda}{d}$$

묻음 14-16 균일한 부피전하밀도 ρ_0를 가진, 사실상 무한히 긴 원통형 전하분포가 있다. 원통의 반지름이 R일 때, 원통 중심축에서 거리 d만큼 떨어진 원통 밖에 있는 점에서의 전기장 방향과 세기는 얼마인가?

14.6 도체의 전기장

도체란 자유롭게 움직일 수 있는 전하가 많은 물질을 뜻한다. 일반적으로 도체는 자유롭게 움직일 수 있는 전자인 **자유전자** free electron 를 많이 갖고 있다. 예를 들어 구리로 만든 동전 하나 속에는 아보가드로수(약 10^{24}개) 정도의 자유전자가 있다. 그러나 그 수많은 전자는 원자핵의 양(+)전하와 전기적 평형을 이루기 때문에 도체의 모든 부분은 전기적으로 중성 상태로 유지된다. 앞서 말한 것처럼, 우리 물질세계의 모든 물체는 전류가 잘 흐르는 도체와 그렇지 않은 부도체로 명백히 분류된다. 이렇게 물질의 전기적 특성이 명백히 양분될 수 있는 이유를 설명하기는 쉽지 않지만, 그것이 놀라운 사실인 것만은 틀림없다.

≫ 참고 전자와 양공

도체에서 자유롭게 움직일 수 있는 전하는 자유전자가 아니고, 어떤 경우에는 양(+)의 부호를 띤 전하일 수도 있다. 그와 같은 경우 양(+)전하는 양자적 효과 때문에 생긴다. 즉 양자적으로 전자가 있을 수 있는 상태는 어떤 특정한 양자 상태 quantum state 로만 가능한데, 그 양자 상태에 전자가 없으면 그 상태는 마치 양(+)의 부호 전하처럼 행동하는 것이다. 그런 양(+)의 전하를 **양공** hole 이라고 부른다. 양자상태에 대해서는 나중에 다시 다루기로 하자.

도체 안에서 아무런 전하 움직임이 없는 상태를 **정전 상태** electrostatic state 라 부른다. 도체의 놀라운 특성 중 하나는, 정전 상태에 있는 도체의 내부 전기장은 언제나 완벽한 0이 된다는 사실이다. 이는 아주 단순하지만 중요한 사실이다.

예제 14-4 도체 내부의 전기장

정전 상태에서 도체의 내부 전기장이 0임을 보여라.

풀이

그 사실은 귀납법으로 증명할 수 있다. 즉 도체에는 자유전하가 있는데, 그 내부의 전기장이 0이 아니라면, 자유전하는 그 전기장에 의한 힘을 받아 운동할 것이다. 그러나 그런 결과는 정전 상태라는 가정에 모순된다. 흥미로운 점은 전기적으로 중성인 도체에 전하를 추가로 줘도(이를 '도체를 **대전**시킨다'고 말한다) 정전 상태에서 도체의 내부 전기장은 여전히 0이라는 점이다. 정전 상태에 있는 도체에 전자를 추가하면(추가한 전하들을 흔히 **알짜 전하**라고 부른다) 그 전하들은 서로 미는 힘을 작용하므로, 매우 빠르게 도체 속으로 퍼져나간다. 그러나 다시 정전 상태에 이른 상태에서 그 전자들은 서로 가장 멀리 떨어져 있는 상태를 찾아갈 것이다. 그런 상태는 전자들이 도체 표면에만 분포하는 경우가 될 것이라 예상할 수 있는데, 그 사실은 가우스 법칙을 이용하면 쉽게 증명할 수 있다.

이제, 속이 비어 있는 도체의 내부 공간에서의 전기장을 알아보자. 쉽게 증명할 수는 없지만, 그런 경우에도 도체 내부의 빈 공간에는 전기장이 존재하지 않는다는 것을 보일 수 있다. 즉 도체 내부에는 그곳이 도체 물질로 채워져 있든 말든, 정전 상태에서는 언제나 전기장이 없는 상태가 된다.

물음 14-17 도체 껍질 모양의 속이 빈 도체구가 대전되어 있다. 대칭성으로부터, 그 내부에서의 전기장 방향은 중심에서 퍼져나가는 방향이 된다는 사실을 이용해, 그 내부 전기장이 0임을 보여라.

예제 14-5 도체에서의 전하분포

정전 상태일 때, 도체에 주어진 전하가 그 표면에만 분포되는 것을 보여라.

풀이

먼저 고려할 점은, 정전 상태에서는 도체의 내부 전기장이 0이 된다는 사실이다. 이제 도체 내부에 임의 모양의 가우스 면을 정하자. 이때 가우스 면의 모든 점에서 측정한 전기장은 0이다. 그러므로 가우스 법칙에 따라 가우스 면의 내부 총 전하량은 0이다. 즉 그 가우스 면의 내부에는 알짜 전하가 없다. 한편, 가우스 면은 도체 표면에 얼마든지 가까이 다가가도록 정할 수 있다. 그러므로 도체에 주어진 알짜 전하는 모두 도체 표면에 있을 수밖에 없다.

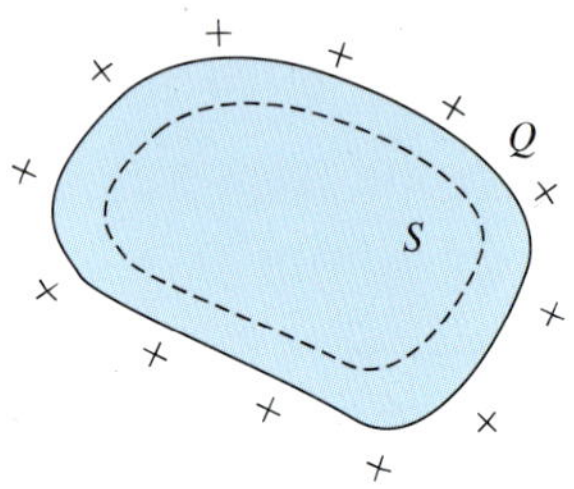

정전기유도

도체 속에는 자유로운 전자들이 많지만, 양(+)의 부호를 띤 양이온들과 전기적 평형을 이루므로, 전기적 속성은 드러나지 않는다. 그러나 도체 근처에 전하를 가져가면, 도체 속의 자유전자들은 그 전하가 만드는 전기장에 의해 이동하며, 도체 표면에 불균일한 전하분포를 만든다. 즉 숨겨둔 자신의 전기적 속성을 드러내는데, 이를 **정전기유도**[electrostatic induction] 현상이라 부른다.

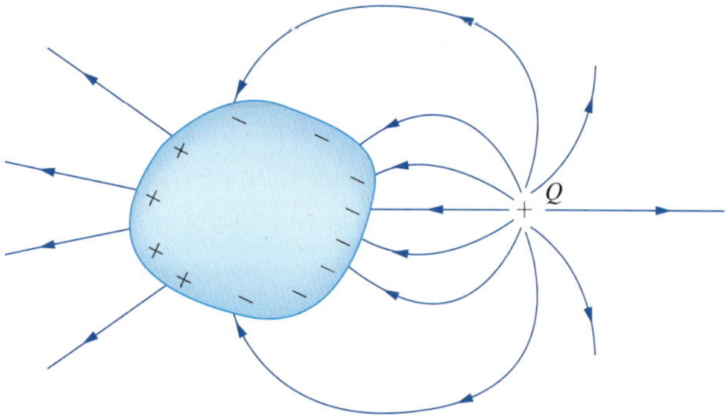

그림 14-11 정전기유도 현상

우리는 앞에서 전기장을 정의할 때, '충분히 작은' 전하량을 가진 전하에 작용하는 힘을 측정한다고 말했다. 그 이유는 전하의 전하량이 충분히 작지 않다면, 전하의 존재 때문에 정전기유도 현상이 생길 수 있기 때문이다. 즉 원래 측정하려던 전기장뿐만 아니라 유도된 전하에 의한 전기장까지 포함해 측정하는 결과가 되므로, 그와 같은 문제를 해결하기 위해 '충분히 작은 전하'라는 조건을 붙여야 했던 것이다.

물음 14-18 도체 속에 빈 공간이 있다고 한다. 그 빈 공간 속에 점전하 $+Q$가 있다면, 정전 상태에서 그 빈 공간의 표면에 유도된 총 전하량이 $-Q$임을 보여라.

[HINT] 전기력선의 개념을 쓰거나, 정전 상태에서는 도체 내부의 전기장이 0이라는 사실을 이용해 가우스 법칙을 적용한다.

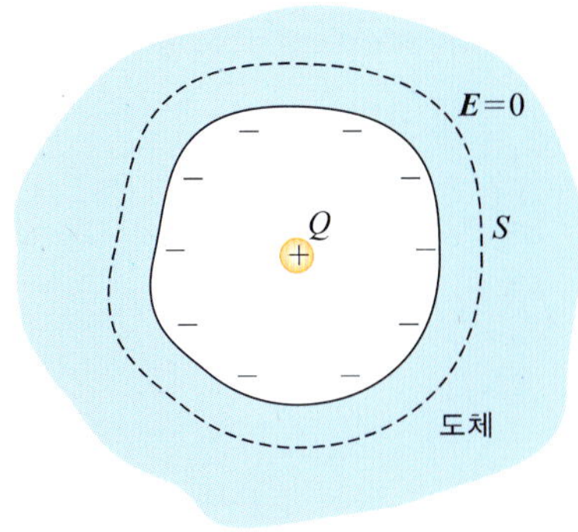

도체 표면 전기장

전하가 도체 표면에만 분포한다 해도, 그 전하분포는 매우 얇지만 어떤 두께를 가진다고 봐야 한다. 그렇지만 현실적으로 전하분포는 두께를 무시할 수 있을 정도로 얇게 분포되므로, 편의상 면전하밀도로 나타낸다. 도체에 추가로 주어진 전하들은 결국 표면에 분포되지만, 그 면전하밀도의 크기는 표면의 곡률에 따라 달라진다. 예컨대, 피뢰침같이 날카로운 부분의 면전하밀도는 평평한 곳의 면전하밀도보다 더 커진다.[4]

이제 도체 표면에 충분히 가까운 점에서의 전기장을 계산해보자. 먼저, 표면에 충분히 가까이 접근한 상태에서 도체가 어떻게 보이는지 생각해보자. 표면에 접근하면 할수록 표면은 점점 평면처럼 보이며, 따라서 그곳의 면전하밀도는 일정한 값이라고 가정할 수 있다. 이 상황은 공중에서 지표면에 접근하면 할수록 지표면 모양이 점점 평면으로 보이는 것과 같은 이치다.

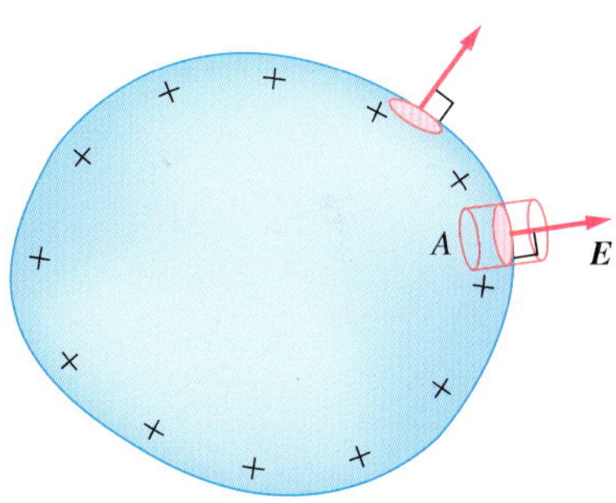

그림 14-12 도체 표면 전기장

그 경우 도체 표면에 충분히 가까운 곳에서의 전기장은 어느 방향을 향할까? 이때 그 표면이 평면이고, 평면 부분에서의 면전하밀도가 일정하다고 가정하면, 대칭성으로부터 전기장 방향은 평면에 수직 방향일 수밖에 없다.

이제 표면의 어떤 부분이 면전하밀도 σ를 갖는다고 하고, 표면 외부와 내부에 걸친 원통 모양의 가우스 면을 취하기로 하자. 이때 원통의 단면적이 A이고, 전기장 E가 수직 방향으로 밖을 향한다고 가정

---

4 번개와 벼락은 구름이 갖고 있던 전하가 방전되는 현상이다. 그 때문에 벼락은 전하가 많이 분포된 높은 건물 꼭대기나 나무 꼭대기에 주로 떨어지고, 평야에 서 있는 사람이나 우산같이 돌출한 물체에 떨어질 가능성이 높다. 또한 높은 건물에 설치된 피뢰침은 벼락을 유도해 다른 물체를 보호한다.

하자. 정전 상태에서 도체 내부의 전기장이 0인 사실을 이용하면, 가우스 법칙을 적용한 결과는 다음과 같아진다.

$$\Phi = EA + 0 + 0 = \frac{1}{\varepsilon_0}\sigma A \tag{14.19}$$

여기에서 EA는 외부 표면에서의 전기선 다발을 나타내고, 나머지 두 0은 각각 도체 내부의 표면과, 원통 둘레 표면을 지나는 전기선 다발을 나타낸다. 따라서 도체 표면에서 면전하밀도가 σ인 곳에 매우 가까운 점의 전기장 세기를 다음과 같이 나타낼 수 있음을 알 수 있다.

$$E = \frac{\sigma}{\varepsilon_0} \tag{14.20}$$

이 결과는 다음과 같은 논리에서도 얻을 수 있다. 즉 면전하밀도가 σ인 무한 평면이 만드는 전기장 세기는 평면의 양쪽에서 각각 $\frac{\sigma}{2\varepsilon_0}$다. 그 경우 전하가 만드는 전기력선은 평면의 양방향으로 향한다. 그러나 도체 내부 전기장은 0이므로 도체 표면에서의 전기력선은 도체의 외부 방향으로만 나아간다. 그러므로 그 밀도는 당연히 두 배가 되어야 하므로, 전기장 세기도 $\frac{\sigma}{2\varepsilon_0}$의 두 배가 된다.

물음 14-19 다음 물음에 답하라.

(a) 전하량 Q로 대전된, 반지름이 R인 도체구 표면(또는 표면에 매우 가까운 곳)에서의 전기장 세기가 $E = \frac{1}{4\pi\varepsilon_0}\frac{Q}{R^2}$임을 보여라.

(b) 그 결과로부터 표면 전기장을 면전하밀도로 나타내면 $E = \frac{\sigma}{\varepsilon_0}$임을 보여라.

CHAPTER 14 연습문제

1 다음 그림과 같이, 위치 A에 점전하 $+Q$가 있고, 위치 B에 점전하 $-Q$가 있다($Q>0$). 선분 $\overline{AB}$의 연장선 위의 점 O에서의 전기장의 방향과 $\overline{AB}$를 수직 이등분하는 선 위에 있는 점 P에서의 전기장의 방향을 화살표(→, ←, ↓, ↑, ↗, ↘ 등)를 이용해서 나타내라.

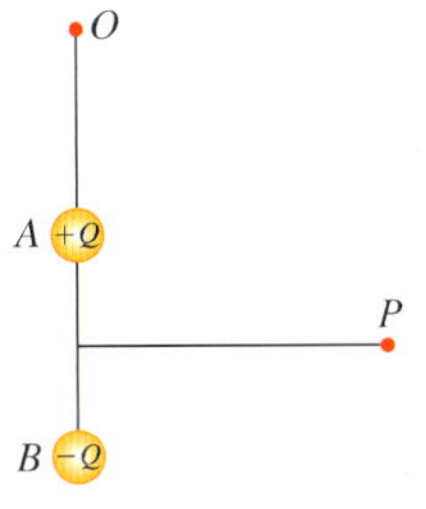

2 전하량이 각각 q_1, q_2인 두 개의 점전하가 거리 d만큼 떨어져 있다. 이때 전하 q_1으로부터 전하 q_2 쪽으로 거리가 $d/3$인 곳에서의 전기장이 0이라면, q_1/q_2의 크기는 얼마인가?

***3** 줄에 달린 전하

천장의 한 점에 매달린 두 개의 줄에 질량이 m인 두 물체가 각각 매달려 있다. 줄의 길이가 각각 L일 때, 각 물체에 똑같은 전하량 q를 각각 대전시키면 두 물체는 반발력으로 서로 멀어지게 된다. 두 물체를 매단 줄이 수직선과 이루는 각이 θ일 때 전하량 q를 주어진 양들로 나타내라.

4 질량이 m인 전하가 길이가 L인 줄에 매달려 있다. 수평 방향으로 균일한 전기장 E가 있는 상태에서, 전하를 매단 줄이 수직선과 각 θ를 이룬다면, 전하의 전하량 q는 얼마인가?

5 전하량이 각각 q인 두 전하가 xy 평면 위 $(a\cos\theta, a\sin\theta)$와 $(-a\cos\theta, a\sin\theta)$ 위에 놓여 있다. $(0, -a)$ 위치에 전하 Q를 둘 때, 원점에서의 전기장이 0이 된다면, 그 경우 Q를 주어진 양들로 나타내라.

***6** 쌍극자 전기장

길이가 d인 나무 막대 양 끝에 전하량이 각각 $\pm q$인 두 점전하가 고정되어 있다. 나무 막대 자체는 전기적 성질이 없다.

(a) '막대 방향'으로 막대 중심에서 매우 먼 거리 r $(r \gg d)$인 곳에 점전하 Q가 있다면, 그 점전하에 작용하는 힘의 세기는 얼마인가?

(b) 막대 중심점을 지나는 '막대에 수직 방향'으로, 막대 중심점에서 매우 먼 거리 r $(r \gg d)$인 곳에 점전하 Q가 있다면, 그 전하에 작용하는 힘의 세기는 얼마인가?

7 원점에 전하량이 q_1인 전하가 있고, $x=a$인 위치에 전하량이 q_2인 전하가 있다.

(a) 전하량이 q인 전하에 작용하는 힘이 0이 되는 위치가 $x=d$라면, $d>a$인 경우 d는 얼마인지 주어진 양들로 나타내라.

(b) 두 전하 사이에 둔, 전하량이 q인 전하에 작용하는 힘이 0이 되는 위치가 $x=d$라면, d는 얼마인지 주어진 양들로 나타내라.

***8** 전하 진동 ①

x축 위의 두 점 $(-d,0)$과 $(+d,0)$에 전하량이 Q인 두 점전하가 각각 고정되어 있다. 좌표계 원점 위치에 질량이 m이고 전하량이 q인 점전하를 두고, 그 점전하가 x축 방향으로만 운동할 수 있게 했다.

(a) 원점에 있는 점전하를 매우 가까운 거리인 $x(\ll d)$만큼 변위시킨다면, 그 전하는 단순조화진동을 한다. 그 주기를 주어진 값들로 나타내라.

(b) $d=3\times10^{-10}\,\text{m}$(원자 사이의 대략적인 간격)이고, 각 전하들의 전하량이 $Q=q=+e$라면(예컨대, 나트륨 원자들), 진동주기는 얼마인가?

***9** 전하 진동 ②

반지름이 R인 고리 모양 도체에 균일한 전하밀도로 $-Q$의 전하량이 대전되어 있다. 이 고리의 중심점을 지나는 수직축을 x축이라 할 때, 고리 중심점에서 수직축 방향으로 매우 짧은 거리인 x만큼 떨어진 곳에 질량이 m이고 전하량이 q인 점전하를 두면, 전하는 단순조화진동을 한다. 그 주기는 얼마인가?

10 직각 좌표계의 x, y축이 모두 균일한 선전하밀도 λ를 가진 무한 길이 선전하라고 할 때, $x>0$, $y>0$인 영역의 점 (x,y)에서의 전기장 세기와 방향을 구하라.

11 단위길이당 λ의 선전하밀도로 대전된 도선이, 반지름이 R인 원의 일부분인 원호를 이루고 있다. 원의 중심에서 볼 때 원호가 이루는 각이 $2\theta_0$인 경우, 원점에서의 전기장 세기는 얼마인가?

12 보어의 수소원자 이론에 의하면 전자는 양성자를 중심으로 반지름이 $0.51\times10^{-10}\,\text{m}$인 원운동을 한다.

(a) 전자와 양성자 사이의 전기력 세기는 얼마인가?

(b) (a)의 전기력이 구심력이 된다면, 전자의 빠르기는 얼마인가?

(c) 전자의 운동에너지는 몇 eV인가? 단, $1\,\text{eV}=1.6\times10^{-19}\,\text{J}$이다.

***13** **쌍극자 진동**

전기쌍극자 크기가 p인 쌍극자의 회전관성은 I이다. 균일한 전기장 E 속에 둔 쌍극자를 평형 위치 방향으로부터 매우 작은 각 θ만큼 비틀었다 놓으면 평형 위치 각을 중심으로 조화진동을 한다. 그 진동수는 얼마인가?

14 폴리스티렌 조각으로 만들어진 포장 재료는 쉽게 대전되어 서로 달라붙는다. 폴리스티렌의 밀도가 $35\,\mathrm{kg/m^3}$라 할 때, 지름이 $2.0\,\mathrm{cm}$인 폴리스티렌 공 두 개가 서로에게 끌리는 힘의 세기가 공의 무게와 같다고 하면, 그 공에 대전된 전하량은 얼마인가?

***15** **4중극자 전기장**

x축 위의 두 점 $(-d, 0)$과 $(+d, 0)$에 전하량이 Q인 점전하가 하나씩 있고, 원점에 전하량이 $-2Q$인 점전하가 있다고 한다. 원점으로부터 매우 먼 거리인 r에 있는 y축 위의 점 $(0, r)$에서의 전기장 세기가 $r \gg d$인 경우 $1/r^4$에 비례함을 보여라.

***16** **가우스 법칙**

x축을 향하는 균일한 전기장이 있는 공간이 있다. 그러나 그 전기장 세기는 $x=0$ 위치에서는 $560\,\mathrm{N/C}$이지만, $x=25\,\mathrm{m}$ 위치에서는 $410\,\mathrm{N/C}$으로 줄어든다고 한다. xy 평면 위 $x=0$과 $x=25\,\mathrm{m}$ 사이 공간에 놓여 있는, 한 변의 길이가 $25\,\mathrm{m}$인 정육면체 부피 속에 든 전하량은 얼마인가?

***17** **공기 중의 전하밀도**

공기 중에는 자유 전하들이 존재한다. 따라서 공기 중에는 전기장이 만들어지는데, 그 전기장은 지표면을 향하는 방향으로, 지표면 위치에서의 전기장은 약 $200\,\mathrm{N/C}$의 세기를 가지는 것으로 알려져 있다. 그러나 $1{,}400\,\mathrm{m}$ 상공에서는 전기장이 약 $20\,\mathrm{N/C}$으로 약해진다고 한다. 지표면에서 $1{,}400\,\mathrm{m}$ 높이, 바닥 면적이 $1.0\,\mathrm{m^2}$인 공기 기둥 속의 총 전하량은 얼마인가?

***18** **동심도체구 전기장**

반지름이 각각 r_1, r_2인, 속이 빈 두 개의 동심 도체구가 있다. 각 도체구는 각각 σ_1, σ_2의 면전하밀도로 대전되어 있다.

(a) $r < r_1$, $r_1 < r < r_2$, $r > r_2$ 영역 공간에서의 전기장 세기는 각각 얼마인가?

(b) $r > r_2$ 영역에서 전기장이 0이라면, σ_1, σ_2는 어떤 관계인가?

(c) $r_1 < r < r_2$ 영역에서 전기장이 0이라면 σ_1값은 얼마인가?

19 매우 큰 도체 덩어리 안에 반지름이 R인 구 모양의 공간이 있으며, 공간 중심에 점전하 q가 놓여 있다. 점전하에서 $R/4$만큼 떨어진 곳에서의 전기장 세기는 얼마인가?

*20 도체구 전기장

오른쪽 그림과 같이, 반지름이 a인 도체구를 반지름이 b인 공 껍질 모양의 도체가 감싸고 있다. 두 도체구의 중심은 같다. 안쪽의 도체구는 $+q$, 공 껍질 모양의 도체는 $-q$의 전하량으로 대전되었다.

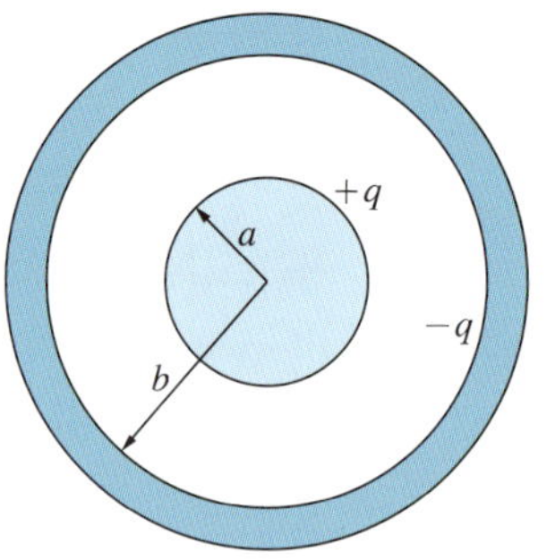

(a) 안쪽의 도체구 내부에서 전기장의 세기는 얼마인가?

(b) 안쪽의 도체구에 대전된 전하는 어느 곳에 분포하는가?

(c) 중심으로부터 거리가 r만큼 떨어진 두 도체구 사이 공간에서의 전기장 세기는 얼마인가?

(d) 두 도체 간의 전위차는 얼마인가?

*21 구대칭 전하 전기장

구대칭으로 분포된 전하밀도 ρ가 다음과 같이 주어졌다. 여기서 ρ_0는 상수다.

$$\rho = \rho_0\left(1 - \frac{r}{R}\right), \qquad r \le R$$
$$\rho = 0, \qquad r > R$$

(a) 이 계의 총 전하량은 얼마인가?

(b) $r > R$ 영역에서의 전기장 세기는 얼마인가?

(c) $r \le R$ 영역에서의 전기장 세기는 얼마인가?

**22 무한 평면 전기장

3차원 공간의 $-d < x < 0$ 영역과 $0 < x < d$ 영역에 각각 $-\rho_0$, $+\rho_0$의 부피 전하밀도로 전하가 분포되어 있다.

(a) $x < -d$ 영역과 $x > d$ 영역에서의 전기장은 각각 얼마인가?

(b) $-d < x < 0$ 영역과 $0 < x < d$ 영역에서의 전기장은 각각 얼마인가?

**23 전기장의 중첩원리

반지름이 R인 공 속에 균일한 전하밀도 ρ_0로 전하가 분포되어 있다. 공의 중심점에서 $R/2$만큼 떨어진 곳에 중심을 두고 반지름은 $R/2$인 공 모양 부분을 잘라낸다고 할 때, 전기장의 중첩 원리를 이용해 다음 물음에 답하라.

(a) 반지름이 R인 공의 중심점 위치에서의 전기장 세기는 얼마인가?

(b) 반지름이 $R/2$인 공의 중심점 위치에서의 전기장 세기는 얼마인가?

*24 무한 평면 전기장

$x=-15\text{cm}$ 위치와 $x=+15\text{cm}$ 위치에 있는 무한 평면에 각각 $+5.00\mu\text{C/m}^2$, $-5.00\mu\text{C/m}^2$의 면전하밀도로 전하가 분포되어 있다. $x=0$ 위치에 얇은 무한 평면 도체를 두었다.

(a) $x=0$ 위치에 있는 도체 내부에서의 전기장 세기는 얼마인가?

(b) $x=0$ 위치에 있는 도체의 양쪽 표면전하밀도는 각각 얼마인가?

(c) 전하가 분포된 무한 평면과 도체 사이 공간에서의 전기장은 얼마인가?

*25 공의 전기선속

지표면에서 위로 향하는 균일한 전기장 $\boldsymbol{E}$가 있다.

(a) 지표면에 놓여 있고 반지름이 R인 원 형태의 평면을 통과하는 전기선속은 얼마인가?

(b) 반지름이 R인 반구(공을 반으로 자른 모양)를 바닥면에 놓았다고 할 때 반구 표면을 지나는 전기선속을 $\int \boldsymbol{E}\cdot d\boldsymbol{a}$를 적분해 구하라.

*26 원통 전기장 ①

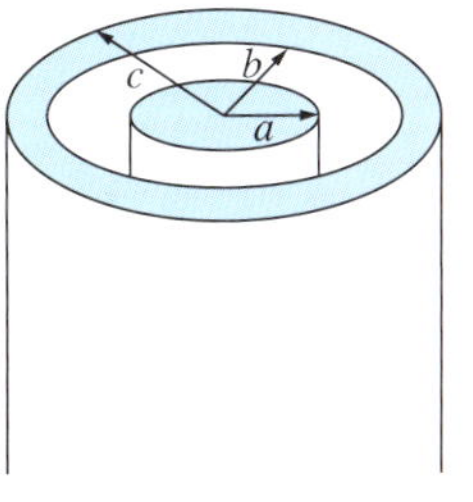

오른쪽 그림과 같이, 반지름이 a인 무한 길이 원통형 금속 막대가 있고, 그 바깥에 원통 막대와 같은 축을 가진 안쪽 반지름은 b, 바깥쪽 반지름은 c인 무한 길이 원형 금속관이 있다. 안쪽의 금속 막대와 바깥쪽의 금속관은 각각 단위길이당 λ_1, λ_2의 선전하밀도로 대전되어 있다.

(a) 정전 상태에서 각 도체 내부의 전기장의 세기는 얼마인가?

(b) 도체의 각 표면(즉 원통형 금속 막대의 외부 면, 바깥쪽 금속관의 내부 면과 외부 면)에서의 표면전하밀도 σ_a, σ_b, σ_c는 얼마인가?

(c) $a<r<b$와 $r>c$인 영역에서, 전기장의 세기를 중심으로부터의 거리 r의 함수로 각각 나타내라.

*27 원통 전기장 ②

반지름이 각각 r_1, $r_2(r_1<r_2)$이고 속은 비어 있는, 매우 긴 원통 모양 도체 두 개가 중심축이 일치하도록 배치되어 있다. 내부와 외부 원통 도체의 단위길이당 대전된 전하량은 각각 $+\lambda, -\lambda$이다.

(a) $r<r_1$, $r_1<r<r_2$, $r>r_2$ 영역에서의 전기장 세기는 각각 얼마인가?

(b) 전하량이 q이고 질량이 m인 전하가 두 원통 사이에서 반지름이 r인 원운동을 한다면 전하의 운동에너지는 얼마인가?

CHAPTER

15 전위와 전기 위치에너지

Electrostatic Potential and Potential Energy

15.1 전위

전하가 내는 신호가 전기장을 만든다고 말한 것처럼, 지구가 내는 중력의 신호가 **중력장**gravitational field을 만든다고 하자. 물체에 작용하는 중력의 방향을 중력장 방향이라 정하면, 물이 높은 곳에서 낮은 곳으로 흐르는 현상은 물이 중력장 방향으로 이동하는 현상이라 해석할 수 있다. 한편, 양(+)전하도 전기장 방향을 따라 이동한다. 따라서 우리는 그 현상을 물의 흐름에 비유해 양전하가 높은 곳에서 낮은 곳으로 이동한다고 표현할 수 있다. 이때 양전하가 보는 '높은 곳'이나 '낮은 곳'이라는 개념을 **전위**electrostatic potential 또는 **정전퍼텐셜**이라고 부른다. 유의해야 할 점은, 전위는 중력을 받는 물체의 중력 위치에너지와 연계시킬 수 있는 양이지만 '에너지'는 아니라는 사실이다. 즉 전위는 '중력 위치에너지'가 아니고 '단위질량의 중력 위치에너지'에 대응하는 양이다.

앞에서 도입한 전기장 개념은 매우 유용하지만, 그 특성이 벡터양이라 다루기 쉽지 않다는 사실을 알게 되었다. 즉 여러 전하에 의해 발생한 전기장을 구하려면 반드시 각 전하에 의해 발생한 전기장 방향까지 고려해야 했기 때문이다. 방향이 필요 없는 어떤 스칼라양을 도입할 수 있고 그것을 통해 전기장을 알아낼 수 있다면, 전기장을 다루기 매우 편리해질 것이다. 전위가 바로 그런 양이라는 것을 곧 알게 될 것이다.

중력 위치에너지가 중력에 의해 정의되는 것처럼, 전위를 정의하기 위해서는 먼저 전기력에 의한 위치에너지를 도입해야 한다. 우리는 앞에서 중력 위치에너지 U가 단지 물체의 위치에만 의존하는 양이며, 위치에너지로부터 힘 F는 $F=-\dfrac{dU}{dx}$ 관계를 이용해 구할 수 있다는 사실을 알게 되었다. 그때 중력 위치에너지 U를 도입할 수 있었던 이유는 중력이 보존력이라는 특성을 가진 힘이었기 때문이었다. 중력과 마찬가지로 전기력도 보존력이라는 특성을 갖는다. 따라서 전기력을 받는 물체의 운동에도 **전기 위치에너지**electric potential energy라는 양을 도입할 수 있다.[1]

이제 전기장이 일정한 경우, 점전하의 전기 위치에너지를 다뤄보자. 중력 mg를 받는 물체를 지표면에서부터 높이 h까지 들어 올릴 때, 물체를 드는 힘이 한 일의 양은 mgh다. 한편, 공중에서 지표면을 향하는 균일한 전기장 E가 있다고 하면, 공중에 떠 있는 양전하 q는 $F = qE$ 세기의 힘을 지표면을 향해 받는다. 그러므로 지표면에서부터 높이 d까지 전하를 들어 올리면 들어 올리는 힘은 qEd만큼 일을 하고, 전하는 지표면에서 $U = qEd$만큼의 전기 위치에너지를 갖게 된다.

이처럼 어느 두 점 간에 전기 위치에너지 차이 ΔU가 존재할 때, 두 점 간에는 전위차가 존재한다고 하며, 전위차는 $\Delta V = \frac{1}{q}\Delta U$ 로 정의한다. 즉 전위차는 단위 전하량당 전기 위치에너지 차이를 나타내는 양이다. 전위는 기호 V로 나타내며, 어떤 점에서 양전하가 받는 힘의 방향이 곧 그 점에서는 전위가 낮아지는 방향으로 정의한다. 그 힘으로 양전하가 이동하면 양전하의 전기 위치에너지가 줄어들기 때문이다. 이때 전위가 낮아지는 방향(즉 양전하가 받는 힘의 방향)은 곧 전기장 방향과 같다고 말할 수도 있다. 예컨대, 지표면을 향하는 균일한 전기장 E가 있을 때 공중에서의 전위는 지표면에서의 전위보다 더 큰 값을 갖는다. 예컨대, 지표면에서의 전위를 0이라 정하면, 높이가 d인 공중에서의 전위는 $+Ed$가 된다.

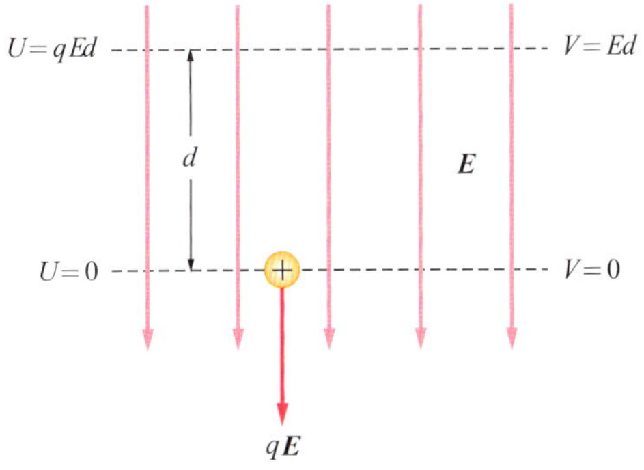

그림 15-1 전기 위치에너지

일반적으로 전위는 다음과 같이 정의한다. 즉 전하 q를 위치 A에서 B로 이동하기 위해 외부에서 해준 일(즉 외력이 한 일)을 W_{AB}라고 할 때, 위치 B에서의 전위 V_B는 다음과 같이 정의한다.

$$V_B = V_A + \frac{1}{q} W_{AB} \tag{15.1}$$

여기에서 V_A는 위치 A에서의 전위를 나타낸다. 이 정의에 의하면, 전위는 '일/전하량'을 뜻하므로 전위의 단위는 J/C임을 알 수 있으며, 그 단위를 **볼트**[volt](V)라고 부른다. 즉 1V = 1J/C로 정의한다. 위치에너지와 마찬가지로 전위도 상대적인 크기를 가지는 양으로, 기준점을 어디로 정하는지에 따라 그 크기가 달라진다.

---

1 두 개체끼리 서로 밀거나 당기는 힘이 작용할 때, 그 힘을 중심력이라 부른다. 중심력은 언제나 보존력의 특성을 띤다.

한편, 전기력에 대응해 전하를 이동시키려 할 때 작용해야 하는 힘인 외력은, 전기력과 크기가 같으면서 단지 방향만 반대인 힘이어야 한다. 즉 전기력이 $\boldsymbol{F}$라면 작용해야 할 외력은 $-\boldsymbol{F}$가 되어야 하며, 외력이 한 일 W_{AB}는 전기력이 한 일의 부호와 정확히 반대가 된다. 따라서 $V_B - V_A = \frac{1}{q} W_{AB}$ 관계를 전기력 $\boldsymbol{F}$로 나타내면, 다음과 같이 쓸 수 있다.

$$V_B - V_A = \frac{1}{q} W_{AB} = -\frac{1}{q} \int_A^B \boldsymbol{F} \cdot dl \tag{15.2}$$

이때 전하에 작용하는 힘 $\boldsymbol{F} = q\boldsymbol{E}$이므로, 전위차는 다음과 같이 다시 표현할 수 있다.

$$V_B - V_A = -\int_A^B \boldsymbol{E} \cdot dl \tag{15.3}$$

물음 15-1 지표면 근처의 전기장 세기는 150N/C이다. 지표면 전위를 0이라 할 때, 100m 높이에서 전위는 몇 V인가?

전기 위치에너지와 전자볼트(eV)

전위의 정의식인 $V_B = V_A + \frac{1}{q} W_{AB}$에서, 외력이 한 일 W_{AB}는 전기 위치에너지로 전환된다. 따라서 두 점 사이의 전위차가 알려지면 전기 위치에너지 차이도 알 수 있다. 즉 위치 A를 기준점으로 할 때 W_{AB}는 위치 B에서의 위치에너지를 나타내며, 위치 B에 있는 전하 q는 위치 A에 있는 경우보다 $q(V_B - V_A)$만큼 전기 위치에너지가 더 많다. 예컨대, 전위가 100V인 곳에 전하량 0.1C인 전하가 있을 때, 전기 위치에너지는 기준점에서 측정했을 때보다 10J 더 많다.

이제 전하 q를 전위차가 V인 구간에서 가속시키는 상황을 생각해보자. 그 경우 전기 위치에너지 차이는 qV이므로, 전위차 구간을 지난 후 전하의 운동에너지는 qV가 된다. 예컨대, 기본 전하량 단위 e를 가진 전자를 1V 전위차 구간에서 가속시키면, 그 전자는 1eV 또는 1 **전자볼트**electron volt 운동에너지를 갖는다고 말한다. 기본 전하량은 약 1.6×10^{-19}C이므로, 전자볼트(eV) 에너지 단위는 $1\,\text{eV} \approx 1.6 \times 10^{-19}\,J$로 나타낼 수 있다.[2]

등전위면과 등전위체

전기장이 0이면, 그 두 점 간의 전위차도 0이다. 예컨대, 정전 상태일 때 도체 내부의 전기장은 0이므로, 도체 내에 있는 모든 점의 전위는 똑같다. 정전 상태에 있는 도체와 같이 물체의 모든 곳에서 전위가 같은 물체를 **등전위체**라고 부른다.

2 전위의 다른 명칭인 정전퍼텐셜을 '퍼텐셜'로 줄여서 부르기도 한다. 또한 전기 위치에너지인 정전퍼텐셜 에너지를 '퍼텐셜'이라고 부르기도 하므로, 퍼텐셜을 말할 때는 그 의미에 유의해야 한다.

점전하의 전위는 오직 점전하로부터 얼마만큼 떨어져 있는가에 따라 달라진다. 그러므로 점전하 위치를 중심으로 하는 어떤 공이 있을 때, 그 공표면에서의 전위가 모두 같다는 것을 알 수 있다. 그런 면을 **등전위면**이라고 부른다. 즉 점전하가 만드는 등전위면은 점전하를 중심으로 한 동심구면들이다.

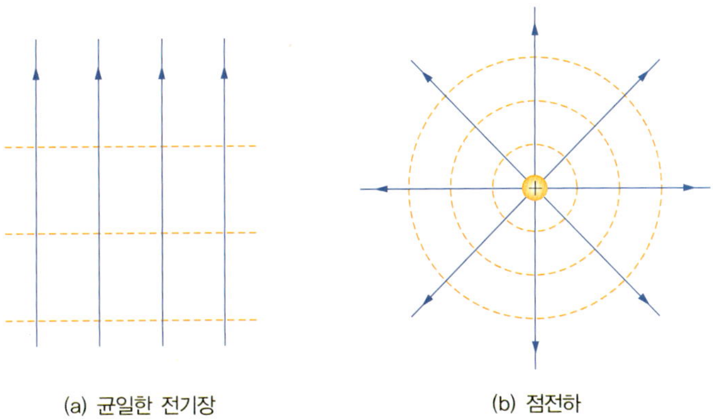

그림 15-2 등전위면

물음 15-2 전기장이 균일한 곳의 등전위면은 전기장 방향과 어떤 관계를 갖는가?

전위와 전기장의 관계

변위가 dl인 구간에서, 미소 전위 변화량은 $dV = -\boldsymbol{E} \cdot d\boldsymbol{l}$이다. 따라서 변위 방향이 x축 방향이면 $dV = -E_x dx$로 나타낼 수 있으므로 x축 방향에서 전기장 E_x는 다음 식에서 구할 수 있다.

$$E_x = -\frac{dV}{dx} \tag{15.4}$$

한편, 3차원 공간에서의 전하분포가 구대칭 형태라면, 구대칭 분포 중심점으로부터의 거리가 r인 위치에서의 r 방향 전기장 성분은 $E_r = -\dfrac{dV}{dr}$로 나타낼 수 있다. 즉 어떤 계의 위치에너지 함수로부터 그 계의 힘을 알 수 있듯이, 어떤 계의 전위가 알려지면 그 계의 전기장을 알 수 있다. 여기서 중요한 점은 $E_x = -\dfrac{dV}{dx}$ 또는 $E_r = -\dfrac{dV}{dr}$ 같은 식들이 전기장의 크기뿐만 아니라 방향까지 알려준다는 것이다.

물음 15-3 지표면에서 수직으로 올라가는 방향을 y축으로 정하면, 높이가 y인 위치의 전위는 $V(y) = E_0 y$(E_0는 상수)로 쓸 수 있다고 한다. 높이가 H인 위치에서의 전기장 세기와 방향을 구하라.

점전하 전위

이제 점전하 Q에서부터 거리가 z만큼 떨어진 점의 전위를 구해보자. 전위를 구하려면 먼저 전위의 기준을 정해야 하는데, 점전하로부터 무한히 먼 곳의 전위를 0이라 정하기로 하자. 이때 거리가 r만큼 떨어진 곳의 전기장 세기는 $\frac{1}{4\pi\varepsilon_0}\frac{Q}{r^2}$이므로 무한히 먼 곳과 점 r 사이의 전위차는 다음과 같다.

$$|V(r)-0| = \left|\int_{\infty}^{r}\frac{1}{4\pi\varepsilon_0}\frac{Q}{r^2}dr\right| = \frac{1}{4\pi\varepsilon_0}\frac{Q}{r} \tag{15.5}$$

이 경우, 점전하 Q가 양전하라면 r점에 둔 양전하는 더 먼 곳으로 밀리는 힘을 받는다. 그러므로 점 r에서의 전위는 무한히 먼 곳의 전위인 0보다 커야 한다. 따라서 점 r에서의 전위는 $V(r) = +\frac{1}{4\pi\varepsilon_0}\frac{Q}{r}$로 나타낼 수 있다.

15.2 여러 전하분포의 전위

전기쌍극자에 의한 전위

이제 점전하의 전위를 이용해 두 개의 점전하계인 전기쌍극자에 의한 전위를 계산해보자.

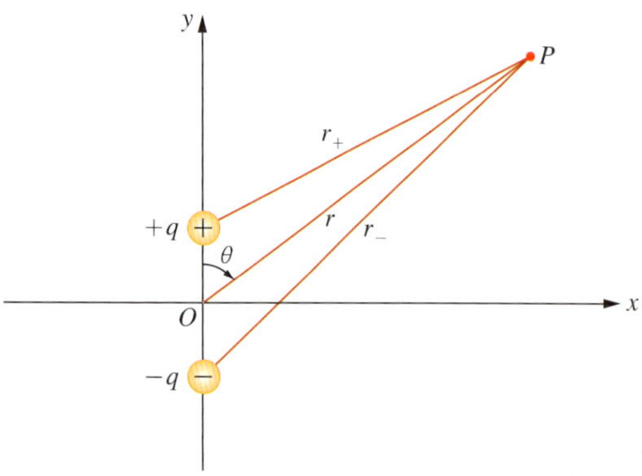

그림 15-3 전기쌍극자에 의한 전위

쌍극자가 좌표계의 원점에서 y축 방향으로 [그림 15-3]처럼 놓여 있다고 하자. 이 경우, 쌍극자의 양전하와 음전하로부터 관측점 P까지의 거리를 각각 r_+, r_-로 나타내면 그곳의 전위는 다음과 같아진다.

$$V(r,\theta) = \frac{1}{4\pi\varepsilon_0}\left[\frac{+q}{r_+}+\frac{-q}{r_-}\right] = \frac{1}{4\pi\varepsilon_0}q\frac{r_- - r_+}{r_- r_+} \tag{15.6}$$

이제 극좌표로 나타낸 관측점 좌표를 (r, θ)라 하자. 그리고 쌍극자 전하 간의 거리를 d라고 하고, 그 크기가 r_+, r_- 등에 비해 충분히 작다면, 즉 관측점이 쌍극자로부터 멀리 떨어져 있다면, $r_- \approx r_+$이고, $r_- - r_+ \approx d\cos\theta$라고 쓸 수 있다. 따라서 $r_- \approx r_+ = r$이라고 쓰면, r이 곧 쌍극자에서부터 관측점까지의 거리를 나타내며, $p = qd$라고 정의하면 전위는 다음과 같이 나타낼 수 있다.

$$V(r, \theta) = \frac{1}{4\pi\varepsilon_0} \frac{p\cos\theta}{r^2} \tag{15.7}$$

즉 점전하에 의한 전위는 점전하로부터 떨어져 있는 거리에 반비례하지만, 쌍극자에 의한 전위는 쌍극자로부터 떨어져 있는 거리 제곱에 반비례하는 특성이 있다. 물질을 이루는 원자들은 전기적으로 중성이므로, 원자의 총 전하량은 0이고, 또한 원자의 전하분포는 구대칭 형태이므로 외부에서 측정한 원자의 전기장은 0이다. 그러나 원자의 전하분포가 구대칭 형태를 잃어 쌍극자 상태가 되면, 원자가 만드는 전기장은 더 이상 0이 아니게 된다. 즉 원자 쌍극자로부터 r만큼 떨어져 있을 때, 그 쌍극자는 $\frac{1}{r^3}$에 비례하는 전기장을 만들고, $\frac{1}{r^2}$에 비례하는 전위를 만든다. 이 전위 효과는 원자가 이온화되어 전기를 띨 때 만드는 $\frac{1}{r}$에 비례하는 전위보다는 약하다는 점에 유의하자.

물음 15-4 쌍극자로부터 일정한 거리만큼 떨어진 점 중에서, 전위가 최댓값과 최솟값이 되는 방향의 각도 θ는 각각 얼마인가?

무한 선전하에 의한 전위

또 다른 예로, 무한히 긴 직선에 전하가 균일한 선전하밀도 λ로 분포되었을 때의 전위를 구해보자. 이와 같은 전하분포는 직선 도선에서 쉽게 얻을 수 있으므로, 전하가 분포된 직선을 도선이라고 생각해도 좋다. 이때 도선에서부터 거리 r만큼 떨어진 점에서의 전기장은 도선에서 수직 방향으로 나가는 방향으로 $E = \frac{1}{2\pi\varepsilon_0}\frac{\lambda}{r}$ 크기를 갖는다. 따라서 전위의 기준점을 도선에서부터 거리 a만큼 떨어진 점으로 정하면, 거리 b만큼 떨어진 점에서의 전위는 다음과 같이 구할 수 있다.

$$V(b) - V(a) = -\int_a^b E(r)dr = \frac{\lambda}{2\pi\varepsilon_0}\ln\left(\frac{a}{b}\right) \tag{15.8}$$

이때 거리 a를 무한히 먼 곳으로 정하면(즉 무한히 먼 곳의 전위를 0이라고 정하면) $V(b) \to \infty$가 된다는 점에 유의해야 한다. 오직 어떤 기준점에 대한 전위차로서만 그 의미가 있는 전위의 특성을 고려하면, 이 사실은 그리 놀랄 일은 아니다. 이런 사실은, 무한 도선과 같은 전하분포는 존재하지 않고 언제나 유한한 공간에 분포되어 있다는 점을 고려하지 않아서 얻어진 것이다.

구대칭 전하분포에 의한 전위

한편, 외부에서 볼 때 구대칭 전하분포는 모든 전하가 중심점에 뭉쳐 있는 것 같은 효과를 낸다. 그러므로 점전하가 아니라, 공 모양의 물체에 전하량 Q가 균일하게 분포되어 있다고 해도, 그 공의 중심에서부터 거리가 r만큼 떨어져 있는 외부 점에서의 전위는 여전히 $V(r) = +\frac{1}{4\pi\varepsilon_0}\frac{Q}{r}$임을 알 수 있다.

한편, 도체구에 주어진 전하는 도체구 표면에 균일하게 분포되므로, 그 전하분포는 당연히 구대칭을 이룬다. 따라서 도체구 전하에 의한 전위도 도체구 중심에 놓인 점전하 전위와 똑같아지며, 전하량 Q를 가진 도체구 중심에서 거리 r만큼 떨어진 도체구 밖에 있는 점에서의 전위도 $V(r) = +\frac{1}{4\pi\varepsilon_0}\frac{Q}{r}$로 나타낼 수 있다. 이 결과는 도체가 속이 빈 껍질 형태일 때에도 물론 유효하다.

물음 15-5 도체 내부에서 전기장은 0이다. 그러므로 도체의 모든 점에서 전위는 일정하다. 전하량이 Q인 도체구의 전위가 도체의 모든 곳에서 $\frac{1}{4\pi\varepsilon_0}\frac{Q}{R}$임을 보여라.

물음 15-6 전하량이 Q인 도체구의 전위는 $V(r) = +\frac{1}{4\pi\varepsilon_0}\frac{Q}{r}$다. 이 식을 이용해 도체구 외부에서의 전기장을 표현했을 때 $\boldsymbol{E}(r) = \frac{1}{4\pi\varepsilon_0}\frac{Q}{r^2}\hat{r}$임을 보여라. 여기에서 $\hat{r}$은 중심에서 퍼져나가는 반지름 방향의 단위벡터다.

반 데 그라프 발전기

전기적으로 중성인 물체에 전하를 주어 전기를 띠게 하는 것을 흔히 **대전**시킨다고 말한다. 이는 물체가 **알짜 전하**net charge를 갖게 한다는 뜻이다. 여기에서 알짜 전하라는 말을 쓰는 이유는 전기적으로 중성인 도체도 이미 수많은 양전하와 음전하를 갖고 있기 때문이다.

이제 도체를 대전시키는 과정을 생각해보자. 도체를 어느 정도 대전시키면, 대전된 전하들 때문에 전하를 추가로 대전시키기가 어려워진다. 이때 도체에 많은 양의 전하로 대전시키는 방법으로 **반 데 그라프 발전기**van der Graaf generator 장치를 이용한다. 그 장치의 원리를 알아보기 위해 반지름이 R인 도체구와 (그보다 작은) 반지름이 r인 도체구의 중심이 동일한 위치에 있다고 하자. 이때 작은 도체구에 양(+)의 부호의 전하량 q를 대전시키면, 큰 도체구에 대전된 전하량의 크기에 상관없이 작은 도체구 전위는 큰 도체구 전위보다 언제나 높다. 왜냐하면 큰 도체구에 전하량이 있든 없든 큰 도체의 내부 전기장은 0이고, 양전하를 띤 작은 도체구의 전기장 방향은 밖으로 향하기 때문이다. 따라서 그 상태에서 두 도체구 사이를 도선으로 연결하면, 작은 도체구의 전하량 q는 모두, 전위가 더 낮은 큰 도체구로 이동하게 된다. 흥미로운 점은, 큰 도체구를 아무리 많은 양전하로 대전시킨다 해도, 작은 도체구에 주어지는 전하는 항상 큰 도체구로 이동한다는 점이다. 반 데 그라프 발전기에서는 **컨베이어 벨트**conveyer belt를 이용해 작은 도체구로 전하를 옮긴다. 반 데 그라프 발전기를 이용한다고 해도 도체구를 무한정 대전시킬 수는 없는데, 도체구가 어느 한도 이상 대전되면 전하가 공기 중으로 스스로 방전되기 때문이다.

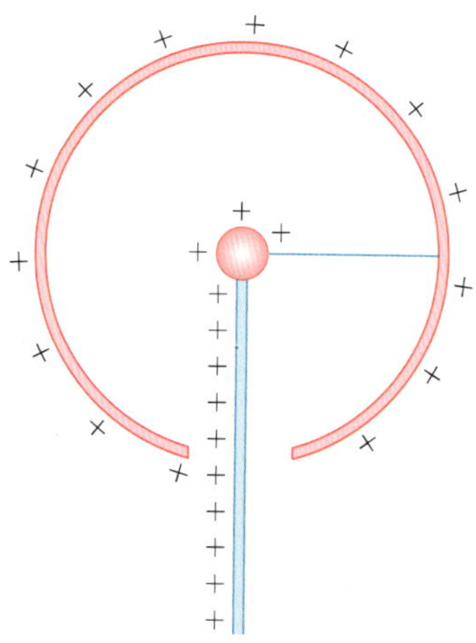

그림 15-4 반 데 그라프 발전기 장치

물음 15-7 대전시키는 전하가 음(−)전하일 때에도 반 데 그라프 발전기 장치를 이용해 전하를 모을 수 있겠는가?

물음 15-8 어떤 도체구의 반지름은 r, 대전된 전하량은 q다. 전위의 기준점이 도체구 중심에서부터 거리가 R인 곳에 있을 때 도체구의 전위가 $\frac{q}{4\pi\varepsilon_0}\left(\frac{1}{R}-\frac{1}{d}\right)$임을 보여라.

피뢰침의 원리

그림 15-5 구름의 전하분포

도체에 주어진 전하는 도체 내부의 전기장이 완전히 사라지게 도체 표면에 정교하게 분포된다. 그러나 도체 부분 중에서도 뾰족한 곳일수록 표면전하밀도는 더 커진다. 한편, 큰 스케일에서 볼 때 지구는 전하량이 많은 커다란 도체구로 볼 수 있는데, 지표면에서의 전기장 방향이 지면을 향한다. 그러므로 지구가 가진 전하는 음(−)의 부호임을 알 수 있다.

공기 중에는 여러 가지 이유로 전하가 만들어진다. 전하가 만들어지는 가장 큰 이유는 태양에서 오는 강력한 에너지를 가진 **우주선**cosmic ray 입자 때문이라고 알려져 있다.[3] 즉 우주선 입자들은 공기 분자를 이온화시킬 만큼 큰 에너지를 갖고 있다. 그리고 우주선 입자들이 만든 전하들은 공기 중의 수증기와 쉽게 결합해 수증기들을 물방울로 만드는 데 중요한 역할을 한다. 그 때문에 구름에는 전하가 많이 들어 있는데, 이 전하는 양전하일 수도 있고, 음전하일 수도 있다. 육지 생명체에 필수적인 비가 오는 이유는 그 전하들이 공기 중의 수증기를 점점 더 많이 끌어 모으기 때문이다.

한편, 대기 중에 있는 전하들은 전기장을 만든다. 그 전기장에 의해 발생한 구름과 지표면 사이의 전위차는 수백만 볼트에 이를 정도로 클 수도 있다. 그런 높은 전압에 의해 공기가 이온화되면, 부도체 상태의 공기에 전류가 갑자기 흐르게 된다. 이런 과정이 번개와 벼락 현상의 원인이 된다. 즉 벼락은 공기 중에서 전류가 흘러 구름이 갖고 있던 전하가 중화되는 **방전**discharge 현상이다.

그림 15-6 피뢰침

건물 꼭대기에는 금속을 뾰족하게 만든 **피뢰침**이 달려 있다. 벼락의 전류가 피뢰침이 있는 곳으로 유도되는 이유는 그 부분에 많은 전하가 몰려 있어 강한 전기장이 형성되기 때문이다. 앞서 우리는 뾰족한 부분, 즉 곡률이 큰 부분일수록 전하가 많이 모인다고 했는데, 그 이유를 [예제 15-1]을 통해 알아보기로 하자.

예제 15-1 **곡률에 따른 면전하밀도 크기 변화**

반지름이 R인 도체구 A에 전하량 Q를 대전시켰다고 한다. 이 도체구와 매우 먼 곳에, 대전되지 않은 반지름이 $\frac{R}{10}$인 도체구 B가 있다. 두 도체구를 도선으로 연결했을 때, 두 도체구의 면전하밀도 비는 얼마인가?

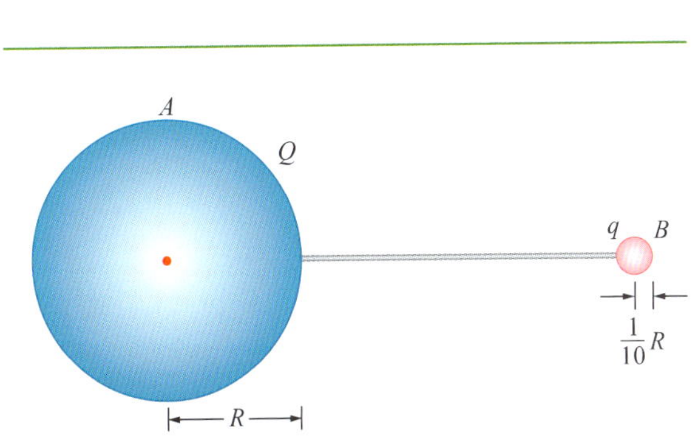

3 태양은 핵융합 반응으로 수많은 방사성 입자를 만들어내고 방출시킨다. 그 입자들은 우주 공간으로 퍼져나가고 지구에도 도달하는데, 우리는 그 입자들을 우주선 입자라 부른다.

풀이

도선이 연결되면 두 도체구의 전위는 같아진다. 두 도체 간 거리가 매우 멀다고 가정하면, 각 도체구는 독립적이라 볼 수 있다. 두 도체구의 전위는 같으므로 $\frac{1}{4\pi\varepsilon_0}\frac{Q_A}{R} = \frac{1}{4\pi\varepsilon_0}\frac{Q_B}{(R/10)}$ 관계가 성립한다. 그러므로 $Q_A = 10Q_B$가 된다.

한편, 두 도체구 표면적 비는 $R^2 : (R/10)^2$이므로 다음 결과를 얻는다.

$$\frac{Q_A}{Q_B} = \frac{\sigma_A \cdot R^2}{\sigma_B \cdot (R/10)^2} = 10$$

따라서 도체구 A의 면전하밀도는 도체구 B에 비교했을 때 $\frac{1}{10}$밖에 되지 않는다는 것을 알 수 있다.

참고 피뢰침과 벼락 이야기

대기 중의 전위차는 매우 크기 때문에, 사람의 머리와 발 사이의 전위차가 100 V 이상 나기도 한다. 그런데도 우리는 왜 전기 충격을 받지 않을까? 그 이유는 지면에 접촉해 있는 우리 신체가 지면과 한 덩어리가 되어 있기 때문이다. 즉 우리 신체는 전기적으로 지면의 한 부분이라고 할 수 있다.

번개와 벼락이 치는 비 오는 날에 넓은 들판에 서 있으면 위험하다. 특히 끝이 뾰족한 금속으로 된 우산을 들고 서 있으면 더더욱 위험하다. 여름날 들판이나 골프장에서 우산을 쓰고 있다가 벼락을 맞는 일은 무척 흔하다. 평평한 잔디 위에서는 서 있는 사람이 가장 돌출되어 있기 때문에 이런 현상이 생긴다. 이러한 상황에서는 고목 근처도 안전지대가 아니다. 돌출해 있는 고목은 벼락을 맞기 쉬우며, 그 주위에 있는 물체도 상대적으로 위험해진다. 그런 경우에는 자동차 내부처럼 금속으로 둘러싸인 곳이 가장 안전하다. 왜냐하면 도체 내부는 외부 전기장을 거의 차단하기 때문이다.

15.3 점전하계의 전기 위치에너지

이제 여러 가지 형태로 전하가 분포된 전하계에서의 전기 위치에너지에 대해 알아보자. 먼저 전기 부호가 반대인 두 점전하계, 즉 양전하와 음전하만 있는 계를 생각해보자.

두 전하는 서로 끄는 힘을 작용하므로 그대로 내버려둬도 점점 더 가까이 끌려간다. 이때 전하들이 서로 가까이 끌려간 상태에서는 처음보다 위치에너지가 줄어드는데, 줄어든 위치에너지는 전하의 운동에너지로 변환된다. 이는 그 두 전하를 다시 멀리 떼어놓으려면 '일'을 해야 한다는 뜻이기도 하다. 즉 서로 멀리 떨어진 상태를 기준 위치로 하고 그 위치에너지를 0으로 정하면, 가까이 있는 상태에서 두 전하계는 음(−)의 위치에너지를 갖는다.

한편, 관점을 달리해 최초의 상태를 두 전하가 한 덩어리로 뭉쳐진, 즉 전기적으로 중성인 상태라고 하자. 그런 상태를 기준 위치로 하고, 그 위치에너지를 0으로 정하면, 이제 두 전하가 서로 멀리 떨어진 상태는 처음보다 더 큰 위치에너지를 가진 상태가 된다. 즉 두 전하가 한 덩어리로 뭉쳐진 상태의 위치에너지를 0으로 정하면, 이제 양전하와 음전하로 분리된 계는 양(+)의 위치에너지를 갖는다. 즉 위치에너지는 상대적인 양이므로, 기준 상태를 달리해서 얻는 이런 결과 역시 타당하다.

우리 세계는 전기적으로 중성인 물체들로 이루어져 있다. 만약 어떤 방법으로 전하를 음과 양의 쌍으로 분리해 놓으면 결국은 다시 결합하게 되며, 물체는 다시 처음 상태처럼 전기적으로 중성이 된다. 따라서 물질세계와 같이 전기적으로 중성인 계에서는, 전기적으로 중성인 상태를 기준 상태로 생각하는 것이 더 자연스럽다. 그러나 양전하와 음전하로 이루어진 계가 아니고, 같은 부호를 가진 전하들로 이루어진 계의 기준 상태는 서로 멀리 떨어져 있는 것이 훨씬 자연스럽다. 왜냐하면 전하들을 그대로 내버려두면 결국은 무한히 먼 곳까지 이동하기 때문이다.

이제 같은 부호의 전하들을 모아놓은 계의 위치에너지를 다뤄보자. 먼저 서로 무한히 멀리 떨어져 있던 두 개의 양전하 q_1, q_2를 거리 d만큼 떨어뜨리려면 외부에서 얼마나 많은 일을 해야 하는지 알아보자. 그러나 여기서 그 일을 다시 계산할 필요는 없다. 왜냐하면 앞에서 전위라는 양을 정의할 때, 이미 그 값을 구한 것과 다름없기 때문이다. 즉 점전하 q를 무한대로부터 전위 V인 곳까지 가져오는 데 한 일의 양을 W라고 하면, 전위의 정의에 의해 $V = \frac{1}{q}W$가 되므로, 전하 q_2를 전위 V인 곳까지 가져오는 데 한 일은 $q_2 V$다. 한편, 점전하 q_1에 의한 전위는 $\frac{1}{4\pi\varepsilon_0}\frac{q_1}{r}$이므로, 점전하 q_2가 q_1으로부터 거리 r만큼 떨어져 있다고 하면, 그 일의 양 $q_2 V$는 $\frac{1}{4\pi\varepsilon_0}\frac{q_1 q_2}{r}$가 된다. 그리고 그 일은 다음과 같은 전기 위치에너지 U로 변환되었다고 할 수 있다.

$$U = \frac{1}{4\pi\varepsilon_0}\frac{q_1 q_2}{r} \tag{15.9}$$

두 점전하 부호가 같으면 이 값은 양의 부호이므로, 위치에너지는 양(+)의 값을 갖는다. 그러나 전하의 부호가 서로 반대라면 위치에너지는 음(−)의 값이 되며, 두 전하를 멀리 떼어놓기 위해 외부에서 일을 해줘야 하는, 빚을 진 상태가 되었다고 볼 수 있다.

이제 두 점전하가 있는 계에, 다른 점전하 q_3를 또 가져온다고 하면, 그 전하는 먼저 있던 두 전하가 작용하는 힘을 각각 독립적으로 받는다. 따라서 잠시 전하 q_2를 무시하고, q_1과 q_3의 상호작용에 의한 위치에너지를 앞에서 다룬 것처럼 계산하면, 두 전하 간의 거리를 r_{31}이라 쓸 경우, 그 결과는 $\frac{1}{4\pi\varepsilon_0}\frac{q_3 q_1}{r_{31}}$이 될 것이다. 이제 전하 q_1을 잠시 무시하고, 거리를 r_{23}로 나타낸 두 전하 q_2와 q_3의 상호작용을 고려하면, 그 위치에너지는 $\frac{1}{4\pi\varepsilon_0}\frac{q_2 q_3}{r_{23}}$가 된다. 따라서 q_1과 q_2 간의 거리를 r_{12}로 다시 나타낸다면, 세 점전하계의 총 전기 위치에너지 U_3는 다음과 같아진다.

$$U_3 = \frac{1}{4\pi\varepsilon_0}\left[\frac{q_1q_2}{r_{12}} + \frac{q_2q_3}{r_{23}} + \frac{q_3q_1}{r_{31}}\right] \tag{15.10}$$

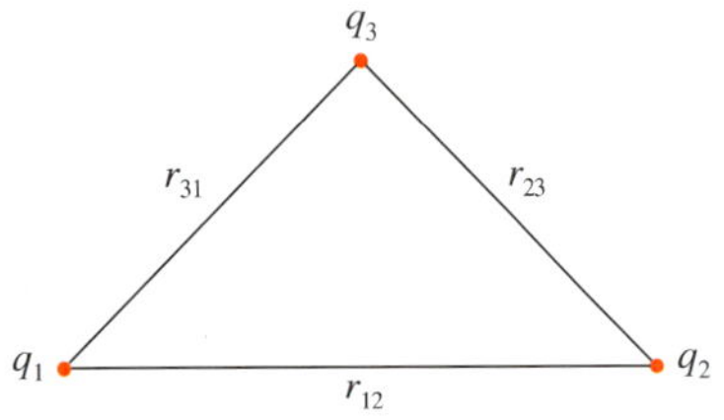

그림 15-7 세 점전하계의 에너지

이때 전하 q_3 위치의 전위를 V_3로 나타내면 $V_3 = \frac{1}{4\pi\varepsilon_0}\left(\frac{q_1}{r_{31}} + \frac{q_2}{r_{23}}\right)$ 형태가 된다. 마찬가지로 V_1, V_2를 각각 전하 q_1, q_2 위치의 전위라 하면, 식 (15.10)에 나타낸 위치에너지를 $U_3 = \frac{1}{2}\sum_{i=1}^{3} q_i V_i$와 같은 형태로도 나타낼 수 있다. 일반적으로 N개의 점전하가 있는 계에서의 전기 위치에너지는 다음과 같이 나타낼 수 있다.

$$U_3 = \frac{1}{2}\sum_{i=1}^{3} q_i V_i \tag{15.11}$$

점전하계의 전기 위치에너지를 전위를 이용해 나타낸 식 (15.11)은 도체계의 전기 위치에너지를 다룰 때에도 사용할 수 있어서 매우 유용하다.

물음 15-9 각 변의 길이가 1m인 정사각형의 꼭짓점에 각각 10^{-5}C의 점전하가 있다고 할 때, 그 계의 총 전기 위치에너지를 구하라.

물음 15-10 반지름이 R인 도체구의 전하량이 Q일 때, 그 전하는 많은 점전하가 모인 것으로 해석할 수 있다. 이때 각 점전하의 전위는 물론 도체구의 전위와 같다.

(a) 도체구가 가진 전하에 의해 발생하는 전기 위치에너지가 $U = \frac{1}{2}\frac{1}{4\pi\varepsilon_0}\frac{Q^2}{R}$ 임을 보여라.

(b) 도체구 전위를 V라 할 때, 이 에너지를 $U = \frac{1}{2}QV$로 나타낼 수 있음을 보여라.

물음 15-11 기본 입자인 전자는 그 크기나 모양이 어떻다고 말할 수 없는 존재다. 그러나 전자는 전하량 $-e$를 가진 도체구 모양이고, 전기 위치에너지는 상대성이론에 의한 전자의 질량에너지 m_ec^2과 같다고 가정하면, '전자의 고전적 반지름'이라고 부르는 양을 계산할 수 있다. 그렇게 계산한 전자의 반지름을 구하라.

CHAPTER 15 연습문제

1 두 개의 점전하가 x축 위에 놓여 있다. 두 전하의 위치는 각각 $+d$와 $-d$다. 이 두 점전하로부터 무한히 멀리 떨어진 위치에서의 전위는 0이다.

(a) 원점에서의 전위는 얼마인가?

(b) 두 전하의 간격을 두 배로 만드는 데 필요한 일은 얼마인가?

2 $+x$축 방향을 향하는 $250\,\mathrm{V/m}$ 크기의 균일한 전기장이 있다. 전하량 $12\,\mu\mathrm{C}$을 가진 전하가 좌표계 원점에서 $(x, y) = (20\,\mathrm{cm}, 50\,\mathrm{cm})$ 위치까지 이동했다.

(a) 전하의 위치에너지 변화량은 얼마인가?

(b) 이동한 다음 전위는 어떻게 변화했는가?

3 천둥 번개가 $10^8\,\mathrm{V}$ 크기의 전위차에서 발생했다. 공기 중 방전은, 전기장 세기가 $3\times10^6\,\mathrm{V/m}$인 경우 일어난다고 할 때, 그 경우 번개불 길이 l은 얼마가 되는가?

4 두 개의 매우 넓은 도체판이 $5.0\,\mathrm{mm}$ 간격을 유지하고 있다. 도체판 사이의 전위차가 $110\,\mathrm{V}$라면, 도체판 사이의 전기장 세기 E는 얼마인가?

5 공 모양의 세포가 있다. 세포의 지름은 $3.6\,\mu\mathrm{m}$이고, 세포막 두께는 $0.11\,\mu\mathrm{m}$이다. 세포막 내부와 외부에서의 전위차가 $90\,\mathrm{mV}$일 때, 나트륨 이온(Na^+) 하나가 세포막을 통과하는 데 필요한 에너지는 얼마인가?

6 반지름이 R_1인 도체구와, 그보다 큰 반지름 R_2를 가지는 도체구가 같은 중심을 갖고 있으며, 각각 q_1, q_2의 전하로 대전되어 있다. 반지름이 R_2인 큰 도체구 표면의 전위는 얼마인가?

7 반지름이 각각 R, $R/2$인 두 도체구 A, B가 도선으로 연결된 상태에서 매우 먼 거리만큼 떨어져 있다. 계의 총 전하량이 Q라면 도체구 A, B에 대전된 전하량 q_1, q_2는 각각 얼마인가?

8 반지름이 r_1인 도체구가 전하량 Q로 대전되어 있다. 도체구로부터 매우 먼 거리에 대전되지 않고 반지름이 r_2인 다른 도체구를 가져와 두 도체구를 도선으로 연결했다.

(a) 연결 후 두 도체구의 전위는 어떤 관계를 가지는가?

(b) 연결 후 두 도체구 간에 이동한 전하량은 얼마인가?

9 전위의 단위인 V를 기본 물리량인 길이, 질량, 시간, 전류 단위의 조합으로 나타내라.

10 등전위면의 단면이 오른쪽 그림과 같은 경우, 전하량이 3C인 점전하를 그림과 같은 화살표 경로로 이동시켰을 때 외부에서 이 전하에 해준 일은 몇 J인가?

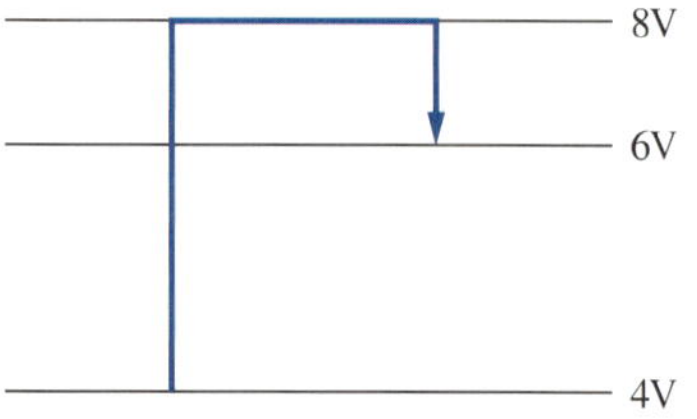

11 반지름이 a인 고리 모양 도체에 전하량 Q가 골고루 분포되어 있다.

(a) 고리에 수직 방향으로, 고리 중심점에서 거리 z만큼 떨어진 곳에서의 전위는 얼마인가?

(b) 그곳에서의 전기장은 얼마인가?

12 전하량이 각각 q로 똑같은 두 개의 점전하가 x축 위 $x=-d$와 $x=+d$에 놓여 있다. 이 두 점전하로부터 무한히 멀리 떨어진 위치에서의 전위를 0이라고 정했다.

(a) 원점에서 전위는 얼마인가?

(b) 두 전하의 간격을 두 배로 만드는 데 필요한 일 W는 얼마인가?

13 반지름이 R인 물방울이 가진 전하량은 Q이며 그 표면 전위는 V_0라 한다. 물방울이 떨어지다가 자신과 똑같은 다른 물방울과 결합해 결국 물방울 반지름이 두 배가 되었다면, 그 경우 물방울 표면 전위 V는 얼마인가?

14 오른쪽 그림과 같이, 반지름이 a인 도체구를 반지름 b인 공 껍질 모양의 도체가 감싸고 있다. 두 도체구의 중심은 같다. 이 경우 안쪽의 도체구가 $+q$, 공 껍질 모양의 도체가 $-q$의 전하량으로 대전되었다고 할 때, 두 도체 간의 전위차 ΔV는 얼마인가?

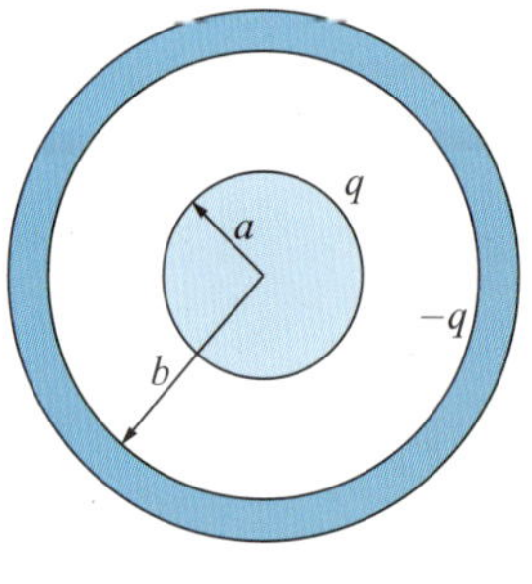

15 전하량이 각각 $+q$, $-q$인 두 점전하가 각각 $x=-a$, $x=+a$ 위치에 있다.

(a) $x=d$(단, $d>a$)인 곳에서의 전위는 얼마인가?

(b) $d \gg a$인 경우, 전위 표현을 구하라.

16 한 변의 길이가 a인 정사각형의 네 꼭짓점에 네 개의 점전하가 $+q$, $-q$, $+q$, $-q$의 순서로 배치되어 있다.

(a) 중심점에서의 전기장 세기는 얼마인가?

(b) 중심점에서의 전위는 얼마인가?

(c) 이 계의 전기 위치에너지는 얼마인가?

17 광전효과

광전효과란 빛을 쪼인 금속에서 전자가 튀어나오는 현상이다. 그 경우, 튀어나오는 전자의 운동에너지는 다양한 크기를 가진다. 자외선을 쪼인 바륨(Ba) 금속에서 튀어나온 전자가 운동하는 방향에 바륨 금속보다 전위가 3.02 V 낮은 금속판을 두었을 때, 그 금속판까지 도달할 수 있는 전자가 없었다면, 튀어나온 전자 중 가장 빠른 전자의 빠르기는 얼마인가?

18 가이거 계수기

가이거 계수기Geiger counter는 방사능 물질 같은 것에서 나오는 전하를 검출하는 데 사용되는 장치로, 밀폐된 원통 모양 도체와, 그 원통 중심축에 가느다란 내부 도선 구조로 되어 있다. 이때 원통 도체와 내부도선은 각각 음전하와 양전하로 대전되고, 원통 도체 속은 희박한 불활성 기체로 채워져 있으며, 에너지가 큰 전하가 통 속으로 들어가면 그 전하는 기체 분자를 이온화시키고 그때 발생한 전자는 내부 도선으로 끌려간다. 이 경우, 계수기 내부 공간 전기장 세기가 충분히 세면 그 전자는 운동하면서 기체 분자를 또다시 이온화시켜(사태효과avalanche effect라 부른다), 결국 수많은 전자가 발생해 내부 도선에 전기적 신호를 만들게 된다.

(a) 내부 도선의 반지름이 R_1, 원통의 반지름이 R_2이고, 내부 도선에 대전된 선전하 밀도가 λ인 경우, 원통 내부 공간에서의 전기장 표현을 구하라.

(b) (a)의 경우, 도선과 원통의 전위차는 얼마인가?

19 전기 공기청정기

전기 공기청정기의 원리는 다음과 같다. 원통 모양 축전기를 매우 큰 전압을 유지하도록 대전시켜 축전기 내부에서 코로나corona 방전시켜 공기를 이온화시키고 그것을 이용해 먼지를 대전시키는 원리이다. 코로나 방전은 전기장이 $E_0 = 2.7 \times 10^6\,\mathrm{N/C}$보다 큰 경우 일어난다. 축전기의 내부 원통과 외부 원통의 반지름이 각각 $R_1 = 0.1\,\mathrm{mm}$, $R_2 = 10.0\,\mathrm{cm}$이고, 반지름이 $R_0 = 5.0\,R_1$ 범위까지 코로나 방전시키는 영역으로 만들려면, 축전기는 어떤 크기 전압으로 대전시켜야 하는가?

CHAPTER

16 축전기와 유전체

Capacitors and Dielectrics

16.1 축전기

전기에너지는 사용하기에 매우 편리한 형태의 에너지다. 이때 중요한 문제는 전기 에너지를 어떤 방법으로 저장해 사용하는가다. 전기에너지를 저장할 때는 축전지나 건전지 같은 화학적인 방법을 많이 사용하지만, 물리적인 방법으로도 전기에너지를 저장할 수 있다. 예컨대, 도체를 대전시키면 그 도체는 전기에너지를 저장한 상태가 된다. 도체에 대전된 전하량이 많아질수록 도체에는 더 많은 전기에너지가 저장된다. 그러나 전하량이 어느 한도 이상을 넘어가면 공기 중으로 **방전**discharge되는 현상이 일어나는데, 그런 현상을 **코로나**corona **방전**이라 부른다.

전기에너지는 하나의 도체를 대전시키는 방법으로도 저장할 수 있지만, 일반적으로는 두 개의 도체를 이용해 저장한다. 즉 한 도체에서 다른 도체로 전하를 계속 이동해가면, 각 도체는 예컨대 각각 $\pm Q$의 전하량으로 대전된다. 그런 방식으로 전기에너지를 저장할 수 있는 장치를 **축전기**capacitor라 부른다.

도체구 축전기

축전기의 한 예로, 한 도체구와 그 도체구로부터 멀리 떨어져 있는 다른 도체가 짝을 이루는 계를 생각해보자. 이때 그 도체구의 반지름을 R, 대전된 전하량을 Q라고 하고, 무한히 멀리 떨어진 곳에 다른 도체가 있다고 하자. 그 도체의 위치를 전위의 기준점으로 취하면 도체구의 전위는 물론 $\frac{1}{4\pi\varepsilon_0}\frac{Q}{R}$다. 자연세계는 전기적으로 중성이므로, 우리는 도체구의 짝으로 생각했던, 매우 멀리 떨어진 다른 도체의 전하량은 $-Q$라고 생각할 수 있다.

한편, 도체구 전위는 $V=\frac{1}{4\pi\varepsilon_0}\frac{Q}{R}$이므로, 같은 크기의 전하량 Q가 대전되더라도 반지름 R이 커질수록 도체구의 전위는 더 낮아지는 것을 알 수 있다. 즉 똑같은 전위 크기까지 대전시킨다고 할 때, 큰 도체구일수록 더 많은 전하를 대전시킬 수 있다.

축전기가 얼마나 많은 전하를 저장할 수 있는지는 **전기용량**capacitance이라는 양으로 나타내는데, 전기용량은 기호 C로 나타낸다. 예컨대, 도체구 반지름이 커질수록 도체구는 더 많은 전하를 저장할 수 있으므로 전기용량도 커진다. 두 도체가 각각 $\pm Q$의 전하량으로 대전된 상태에서, 도체 사이의 전위차가 V가 되면 **전기용량**은 다음과 같이 정의한다.

$$C = \frac{Q}{V} \tag{16.1}$$

이 정의에 의하면, 같은 전하량으로 대전시켰다고 해도 전기용량이 큰 축전기일수록 전위차가 작아진다는 사실을 알 수 있다. 이것은 축전기의 전기용량이 작을수록 적은 양의 전하만 대전시켜도 전위차가 커진다는 뜻과도 같다.

물음 16-1 반지름이 R인 도체구와 그로부터 매우 멀리 떨어진 (가상적인) 다른 도체로 이루어진 축전기에서 두 도체의 전위차는 $\frac{1}{4\pi\varepsilon_0}\frac{Q}{R}$다. 그로부터 반지름이 R인 도체구의 전기용량은 $C = 4\varepsilon_0 R$임을 보여라. 즉 도체구의 반지름이 커질수록 그에 비례해 전기용량도 커진다.

전기용량의 정의식인 $C = \frac{Q}{V}$로부터 전기용량 단위는 C/V임을 알 수 있는데, 이 단위를 **패럿**farad이라 부른다. 즉 1패럿은 다음과 같이 정의한다.

$$1\,\mathrm{F} = 1\,\mathrm{C/V} \tag{16.2}$$

사실 전하량 1쿨롱은 막대한 양이다. 그런 막대한 전하량으로 대전되어도 겨우 1 V만큼의 전위차를 만드는 축전기를 만들기는 물론 어렵다. 실제로 많이 쓰이는 단위는 마이크로 패럿(μF, 10^{-6} F)이나 피코 패럿(pF, 10^{-12} F) 단위다.

물음 16-2 반지름이 R인 도체구가 전하량 Q를 가지면, 그 전기에너지는 $U = \frac{1}{2}\frac{1}{4\pi\varepsilon_0}\frac{Q^2}{R}$이다. 도체구의 전기용량은 $C = 4\varepsilon_0 R$임을 이용해 $U = \frac{1}{2}\frac{Q^2}{C}$ 형태로도 에너지를 나타낼 수 있음을 보여라.

평행판 축전기

흔히 사용하는 축전기는 평행한 두 도체판 구조를 바탕으로 하는데, 그런 축전기를 **평행판 축전기**parallel plate capacitor라 부른다. 평행판 축전기는 얇은 금속막 두 개 사이에 전기가 잘 통하지 않는 기름이나 운모 같은 것을 넣은 구조를 말한다.

이제 평행판 축전기의 전기용량을 계산해보자. 먼저 두 도체 중 하나에서 전하를 떼어내 다른 도체로 옮겨가면서 두 도체판에 전하량이 각각 $\pm Q$인 전하가 만들어진다고 생각해보자. 이때 도체판의 넓이를 A라 하면, 도체판 면전하밀도는 물론 $\sigma = \pm\frac{Q}{A}$가 된다. 한편, 두 도체판이 매우 가까이 붙어 있다면, 도체판 사이의 전기장 세기는 $E = \frac{\sigma}{\varepsilon_0}$로 일정하다고 생각해도 좋다.

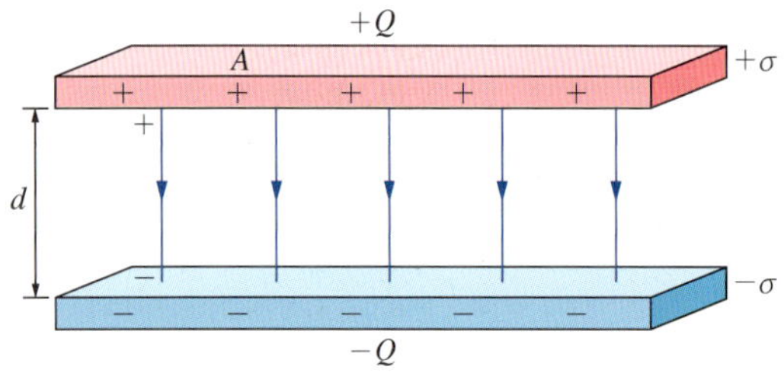

그림 16-1 평행판 축전기

이때 두 도체판 사이의 거리가 d라면, 전위차는 $V = Ed$, 전하량은 $Q = \sigma A$이므로, 전기용량 정의식인 $C = \frac{Q}{V}$로부터 전기용량을 다음과 같이 나타낼 수 있다.

$$C = \varepsilon_0 \frac{A}{d} \tag{16.3}$$

즉 평행판 축전기의 전기용량은 '도체판 넓이에 비례'하고, '간격에 반비례'한다. 따라서 매우 넓은 두 도체판이 서로 닿지 않을 만큼 최소 거리를 유지할수록 전기용량이 더 큰 축전기를 만들 수 있다. 앞서 도체판 사이에 운모나 특수한 기름 등을 채워넣는다고 했는데, 그 이유는 도체판들이 너무 가까워지는 경우 서로 맞닿게 되어 전하가 방전되는 문제를 방지할 수 있기 때문이다.

물음 16-3 두 도체판의 간격이 1mm일 때, 1패럿의 전기용량을 가지려면 판면의 넓이는 얼마가 되어야 하는가?

예제 16-1 두 도체구의 전기용량

각각의 반지름이 a, b인 공 모양의 도체구가 두 개 있다(단, $b > a$). 두 도체구의 중심이 동일한 형태의 축전기 전기용량을 구하라.

풀이

반지름이 각각 a, b인 도체구의 전하량이 각각 $\pm Q$라고 하자. 이때 대칭성으로부터 두 도체구 사이의 전기장 방향은 중심에서 밖으로 향한다.

이제 두 도체구의 중심에서 거리 r만큼 떨어진 위치에서의 전기장을 구해보자. 이때 중심에서부터 거리 r만큼 떨어진 동심 구면을 가우스 면으로 취하면, 그곳의 전기장 세기가 $E = \frac{1}{4\pi\varepsilon_0}\frac{Q}{r^2}$임을 알 수 있다. 또한 두 도체구 사이의 전위차는 다음과 같다.

$$\Delta V = \left| \int_a^b E dr \right| = \frac{Q}{4\pi\varepsilon_0}\left(\frac{1}{a} - \frac{1}{b}\right)$$

따라서 전기용량은 $C = 4\pi\varepsilon_0 \frac{ab}{a-b}$가 된다.

물음 16-4 전하량이 $\pm Q$인 평행판 축전기에서 두 도체판의 전위차가 V다. 이 사실은 전하량이 $-Q$인 도체판의 전위를 0이라고 정하면, 전하량이 $+Q$인 도체판의 전위가 V라는 뜻과 같다. 이 축전기에 저장된 전기위치에너지가 $\frac{1}{2}QV$임을 보여라.

축전기 연결

축전기가 두 개 있다면, 두 축전기를 적절하게 연결해 전기용량을 더 크게 하거나 작게 만들 수 있다. 이제 [그림 16-2(a)]와 같은 형태로 두 개의 축전기 단자를 연결했다고 하자. 이런 경우 두 축전기는 병렬로 연결되었다고 한다. 한편, [그림 16-2(b)]와 같은 형태로 두 축전기 단자를 연결한 경우에는 직렬로 연결되었다고 한다.

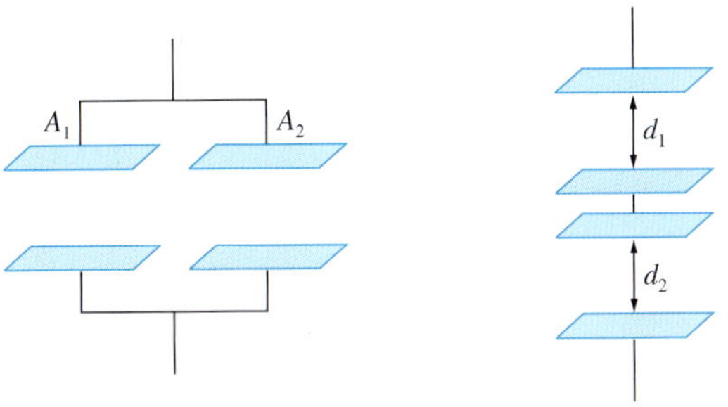

(a) 병렬연결 (b) 직렬연결

그림 16-2 축전기 연결 방법

이제 축전기가 병렬 또는 직렬로 연결되었을 때 그 효과를 다뤄보자. 두 평행판 축전기 C_1, C_2가 있다고 하자. 그 두 축전기의 판면 간격을 모두 d라고 가정하고, 판면넓이를 각각 A_1, A_2라고 하자. 이때 두 축전기가 병렬로 연결된 상황을 실제 판면 구조로 그려보면, 그 결과는 판면 간격이 d이면서 판면넓이가 $A_1 + A_2$인 하나의 축전기와 같다는 것을 알 수 있다. 따라서 두 축전기는 다음과 같은 전기용량 C를 가진 하나의 축전기로 대치할 수 있다.

$$C = \varepsilon_0 \frac{A_1 + A_2}{d} = C_1 + C_2 \tag{16.4}$$

즉 병렬로 연결하면 전기용량은 더 커진다.

이제 두 평행판 축전기 C_1, C_2의 판면 넓이는 A로 동일하지만, 판면 간격은 각각 d_1, d_2로 다르다고 하자. 두 축전기가 직렬로 연결된 상황을 그려보면, 판면의 넓이는 같지만 판면 간격이 $d_1 + d_2$로 늘어난 하나의 축전기라고 볼 수 있다. 따라서 두 축전기는 전기용량이 $C = \varepsilon_0 \dfrac{A}{d_1 + d_2}$인 하나의 축전기로 대치할 수 있으며, 이는 다음과 같이 나타낼 수 있다.

$$\frac{1}{C} = \frac{1}{\varepsilon_0}\frac{d_1 + d_2}{A} = \frac{1}{C_1} + \frac{1}{C_2} \qquad (16.5)$$

즉 직렬로 연결하면 전기용량은 더 작아진다.

16.2 축전기 전기에너지

두 도체의 전하량이 각각 $\pm Q$로 반대가 되면, 두 도체는 서로 끌어당긴다. 이처럼 대전된 축전기를 **충전**되었다고 말한다. 우리는 앞에서 전하량 $\pm Q$로 충전된 평행 판축전기의 전위가 V이면, 전기 위치에너지가 $\frac{1}{2}QV$라는 사실을 알았다. 즉 충전된 축전기의 두 도체판에는 서로 당기는 힘이 작용하므로, 언젠가는 서로 부딪쳐 하나가 된다. 이때 저장되어 있던 전기에너지는 역학적 에너지 형태로 변환된다. 또는 도체판을 도선으로 연결하면, 도체판 사이에 전류가 흐르게 함으로써, 빛이나 열에너지 등의 형태로 에너지를 변환할 수도 있다.

이제 평행판 축전기의 전기에너지를 다른 논리 과정으로 계산해보자. 먼저, 어느 단계에서 축전기가 전하량 $\pm q$만큼 충전되었다고 하고, 그때의 전위차를 Vz라고 하자. 이때 한 도체판에서 전하량 Δq를 가져와 다른 도체판에 더해줄 때까지 해야 하는 일의 양은 물론 $V\Delta q$다.

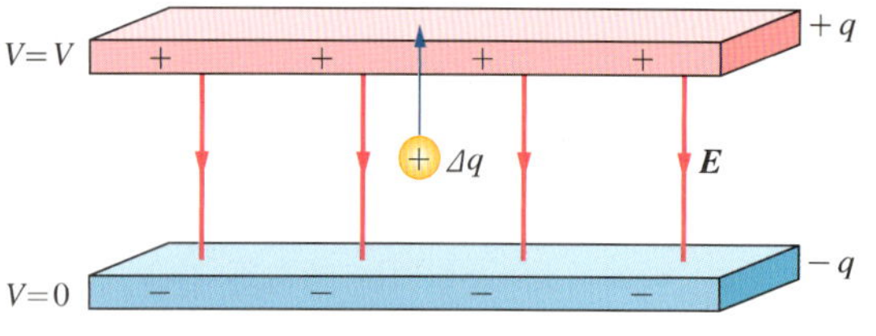

그림 16-3 두 도체에서의 전하 이동

한편, 축전기 전기용량을 C라고 하면, 전위차 V는 $\frac{q}{C}$와 같으므로, 그 일의 양은 이제 $\frac{1}{C}q\,\Delta q$로 쓸 수 있다. 이제 미소 전하량 Δq를 미분 dq로 표현한 다음, 한 도체판을 전하량 Q까지 대전시키는 데 한 일의 양을 적분하면 다음과 같아진다.

$$W = \frac{1}{C}\int_0^Q q\,dq = \frac{1}{2}\frac{Q^2}{C} \qquad (16.6)$$

따라서 이 축전기에는 $U = \frac{1}{2}\frac{Q^2}{C}$ 만큼의 전기에너지가 저장되었다고 할 수 있으며, 이 결과는 우리가 이미 알고 있는 축전기 전기에너지 $\frac{1}{2}QV$와 같음을 알 수 있다. 한편, 축전기 전하량은 전위와 $Q = CV$ 관계를 맺는다. 따라서 축전기 전기에너지는 다시 다음과 같은 형태로도 쓸 수 있다.

$$U = \frac{1}{2}CV^2 \tag{16.7}$$

한편, 이 표현을 전기장으로 나타내면 매우 흥미로운 결과를 얻을 수 있다. 그것은 전기에너지가 전기장 형태로 이루어져 있다는 놀라운 사실이다. 그 사실을 알아보기 위해 평행판 축전기 에너지를 전기장으로 나타내보자. 평행판 축전기에서, 판면 사이의 간격을 d, 판 내부의 균일한 전기장을 E라 하면, 전위차는 $V = Ed$로 쓸 수 있다. 따라서 전기에너지는 다시 다음과 같이 쓸 수 있다.

$$U = \frac{1}{2}C \cdot (Ed)^2 \tag{16.8}$$

이 식을 $C = \varepsilon_0 \frac{A}{d}$로 대치하면 다음과 같은 결과를 얻을 수 있다.

$$U = \frac{1}{2}\varepsilon_0 E^2 \cdot Ad \tag{16.9}$$

이때 흥미로운 점은, 평행판 축전기 구조에서는 그 내부에만 균일한 전기장이 존재하고 다른 모든 곳에서는 전기장이 없다고 볼 수 있다는 점이다. 그런데 Ad는 바로 그 균일한 전기장만 존재하는 공간의 부피인 것이다. 따라서 우리는 이 결과를 다음과 같이 해석할 수 있다.

"전기장 E가 있는 곳의 전기에너지 밀도는 $\frac{1}{2}\varepsilon_0 E^2$이다."

즉 전기장 E가 있는 곳에는 단위부피당 $\frac{1}{2}\varepsilon_0 E^2$의 전기에너지가 저장되어 있다고 볼 수 있다.

물음 16-5 도체구에 의한 전기장은 도체구 외부에만 존재한다. 반지름이 R인 도체구가 전하량 Q로 대전된 경우, 전기에너지 밀도를 적분해 전기에너지를 계산하라.

물음 16-6 축전기에 저장된 전기에너지를 다른 축전기에 나누어 저장하는 과정에서는 반드시 전기에너지 손실이 따른다. 전기용량이 C인 두 개의 축전기 중 하나가 전하량 Q로 충전되었다고 하자. 이때 축전기 에너지는 $\frac{1}{2}\frac{Q^2}{C}$이다. 이 경우, 두 축전기를 연결하면 전하량은 $\left(\frac{1}{2}\right)Q$로 나뉘어 각 축전기에 저장된다. 그 상태에서 두 축전기의 총 전기에너지는 $\frac{1}{2}\left(\frac{1}{2}\frac{Q^2}{C}\right)$으로, 정확하게 $\frac{1}{2}$만큼의 전기에너지가 없어진다는 사실을 보여라.

16.3 전기쌍극자

플라스틱 책받침을 머리에 대고 문지른 후, 잘게 잘린 종잇조각 가까이에 가져가면 종잇조각들이 책받침에 달라붙는다. 또한 오랫동안 텔레비전이나 컴퓨터 모니터의 화면을 닦지 않으면 표면에 먼지가 달라붙어 있다. 그 먼지들은 마치 자석에 쇳가루가 붙어 있듯이 화면에 붙어 있다. 물질의 종류에 따라 쉽게 전기를 띠는 경우도 있고, 그렇지 않은 경우도 있는데, 그런 현상들은 어떤 물질들이 쉽게 전기를 띠는 특성을 갖기 때문이다. 이때 쉽게 전기를 띠는 이유는 그 물질을 이루는 원자나 분자들이 자신의 전자들을 쉽게 떼어 주는 경향이 있기 때문이다. 예컨대, 머리에 대고 문지른 플라스틱 책받침은 쉽게 전자를 잃거나 얻음으로써 전기를 띤다. 인간이 전기 현상을 처음 발견한 것도 이와 같은 현상을 통해서였다.

그렇다면 전기를 띤 책받침은 전기적 특성이 없어 보이는 종잇조각을 어떻게 끌어당기는가? 전기력은 전하와 전하끼리 작용하는 경우 외에도, 전하와 전기적으로 중성인 물질 간에도 작용한다는 말인가? 답부터 말하자면 그렇다. 이제부터 미시적인 원자세계로 들어가 그 이유를 알아보자.

전기적으로 중성이었던 물체가 이온화되어 알짜 전하를 갖게 되면, 그 전하는 전기적인 특성을 감추고 있던 다른 원자에 영향을 준다. 즉 원자 외부에 전하가 출현하면, 원자 속의 전자들은 그 외부 전하의 영향을 받아 구대칭 모양을 잃고 한쪽으로 쏠리게 된다. 그러면 전자분포는 더 이상 핵을 중심으로 한 구대칭 형태를 잃고, 똑같은 크기의 양전하와 음전하가 서로 분리된 전기쌍극자가 되는 것이다. 한편, 구대칭 전자분포를 가진 원자는 전기적 성질을 보이지 않지만, 이미 알고 있듯이 쌍극자는 그 주위에 전기장을 만든다. 즉 쌍극자가 된 원자는 자신이 전기를 띤 존재라는 사실을 드러낼 수밖에 없게 된다. 이때 쌍극자 하나의 전기적 효과는 크지 않다. 그러나 물체를 이루는 아보가드로수만큼 많은 쌍극자의 효과는 무시할 수 없을 정도로 커진다.

흥미로운 점은, 원자는 외부 전하에 의해 쌍극자가 되지만, 물 분자(H_2O) 같은 비대칭 모양의 분자들은 비대칭 모양 때문에 외부 전기장이 없어도 근본적으로 쌍극자라는 사실이다. 물 분자는 상당히 크기가 큰 쌍극자다. 물 분자의 수소원자 두 개는 산소원자 양쪽에 대칭적으로 결합되지 않고, 약 105° 각도로 결합되어 있다. 이러한 구조는 양이온 경향을 띠는 수소 이온과 음이온 경향을 띠는 산소 이온의 쌍이 분리된 형태로서, 물 분자는 외부 전기장 없이도 전기쌍극자 상태로 존재한다. 이와 같은 쌍극자 특성 때문에 물이 가진 수많은 흥미로운 특성이 생겨난다.

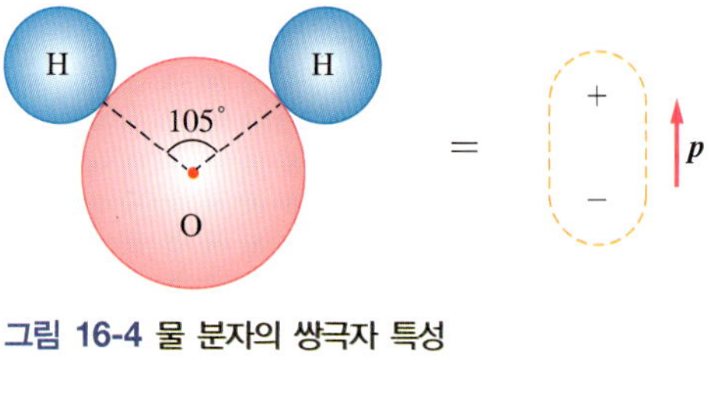

그림 16-4 물 분자의 쌍극자 특성

물 분자처럼 스스로 쌍극자 성질을 띠는 것들을 **영구 쌍극자**permanent dipole라 부른다. 한편, 원래는 쌍극자가 아니지만, 외부 전기장에 의해 쌍극자가 되는 원자나 분자를 **유도 쌍극자**induced dipole라 부른다.

앞에서 다룬 것처럼, 전하량이 각각 $+q$, $-q$인 두 점전하가 거리 d만큼 떨어져 있으면 쌍극자의 크기 p는 $p = qd$로 정의한다. 쌍극자는 벡터로 취급하기도 하는데, 그 경우 쌍극자의 벡터 방향은 (−)에서 (+) 전하를 향하는 방향으로 정의한다.

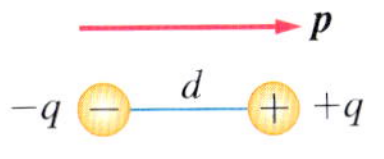

그림 16-5 쌍극자의 벡터 방향

원자가 외부 전기장 때문에 유도 쌍극자가 되면 쌍극자 크기는 대부분 외부 전기장 $\boldsymbol{E}_{ext}$ 세기에 비례하게 되는 것을 알 수 있다. 즉 $p \propto E_{ext}$ 관계가 되고, 비례상수 α를 도입하면 다음과 같이 쓸 수 있다.

$$p = \alpha E_{ext} \tag{16.10}$$

여기에서 α는 원자의 **편극율**polarizability이라 하는데, 원자나 분자의 전자분포가 얼마나 쉽게 변화하는지 알려주는 양이다.

물음 16-7 유도 쌍극자의 방향과 외부 전기장의 방향 간의 관계를 그림으로 나타내라.

쌍극자에 작용하는 토크와 위치에너지

이제 쌍극자가 전기장 속에 있을 때, 전기장이 쌍극자에 어떤 영향을 주는지 알아보자. 쌍극자의 크기는 공간적으로 매우 작으므로, 쌍극자 위치에서의 전기장 세기는 E로 일정하고, 그 방향을 x축이라 정하자. 그리고 점전하 $\pm q$가 거리 d만큼 떨어져 있는 구조에서, 쌍극자의 벡터 방향이 외부 전기장 방향인 x축과 각 θ만큼 기울어져 있다고 하자.

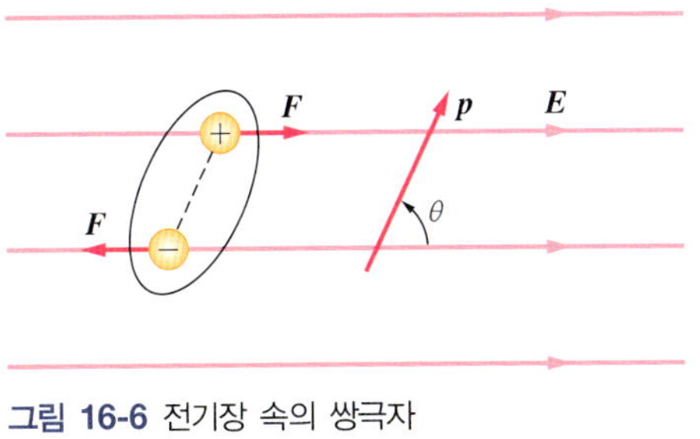

그림 16-6 전기장 속의 쌍극자

쌍극자를 이루는 두 점전하의 전하량 크기는 같으므로, 쌍극자에 작용하는 합력은 정확히 0이 된다. 그러나 비록 쌍극자에 작용하는 합력이 0이라 해도 쌍극자를 이루는 두 전하에 작용하는 힘의 위치는 다르므로, 토크(돌림힘) 효과가 생길 수 있다.

한편, 고정점에서 힘의 작용선까지의 거리를 $r_{\perp}$라 할 때, 힘 F에 의한 토크의 크기는 $\tau = r_{\perp} F$로 정의하므로 전하 사이의 간격은 d라 하면, $\tau = (d\sin\theta)\,F$가 된다.[1] 그리고 쌍극자 위치에서의 전기장 세기를 E라고 하면, 힘의 세기는 $F = qE$가 되므로, 토크 크기는 $\tau = qE\sin\theta$가 된다. 그러므로 $p = qd$로 쓰면 토크를 $\tau = pE\sin\theta$로 쓸 수 있으며 토크 방향까지 고려하면, 그 결과를 다음과 같이 나타낼 수 있다.

$$\boldsymbol{\tau} = \boldsymbol{p} \times \boldsymbol{E} \tag{16.11}$$

즉 토크의 크기는 쌍극자 방향이 전기장과 수직을 이룰 때 가장 크고, 쌍극자의 방향이 전기장 방향과 같을 때에는 0이 된다. 이것은 쌍극자는 외부 전기장 방향으로 정렬하려는 경향을 띤다는 것을 뜻한다.

이제 전기장 속에 있는 쌍극자의 위치에너지를 다뤄보자. 우리는 앞에서 일정한 전기장 속에 있는 전하의 위치에너지를 다룬 적이 있다. 이 경우, 쌍극자의 $+q$ 전하 위치를 기준점으로 정하면, $-q$ 전하까지의 높이는 $d\cos\theta$가 되므로, 쌍극자 위치에너지 U는 $-(qE)\,d\cos\theta$가 되어

$$U = -pE\cos\theta = -\boldsymbol{p} \cdot \boldsymbol{E} \tag{16.12}$$

로 나타낼 수 있음을 알 수 있다. 당연하지만, 쌍극자 방향이 외부 전기장 방향과 같을 때, 가장 낮은 에너지 상태가 된다.

쌍극자가 받는 힘

쌍극자 위치에서 전기장이 일정하다면, 앞에서 다룬 것처럼 쌍극자에 작용하는 합력은 0이 된다. 그러나 비록 합력이 0이어도 쌍극자에는 토크가 작용해, 결국 외부 전기장 방향과 똑같은 방향으로 정렬하게 된다.

이제 쌍극자가 외부 전기장과 같은 방향으로 정렬했을 때, 쌍극자에 작용하는 힘을 다시 생각해보자. 현실적으로 우리가 관심 있는 쌍극자는 분자 크기다. 그만큼 공간적 크기가 매우 작아 쌍극자 위치에 있는 전기장은 사실상 일정하다고 생각할 수 있다. 그러나 매우 작다고 해도 쌍극자는 여전히 크기를 갖고 있으므로 좀 더 세밀히 보면, 쌍극자를 이루는 각 전하에서의 전기장 세기는 정확히 같지 않고, 미소하지만 차이가 있다고 봐야 하고, 따라서 합력은 정확하게 0은 아니다.

원자는 구대칭 전하분포를 가지므로 쌍극자가 아니지만, 전기장 속에 둔 원자는 쌍극자가 된다. 예컨대, 양전하 Q가 원자 부근에 다가오면 원자의 전하분포는 [그림 16-7]처럼 되어 음전하(전자분포)의 중심

---

1 어느 점을 고정점으로 취하든 상관없지만, 예컨대 전하량이 $-q$인 점전하 위치를 고정점으로 취하면, 이 결과를 쉽게 얻을 수 있다.

점은 양전하(핵)보다 양전하 Q에 더 가까이 있게 된다. 즉 원자는 쌍극자가 되고, 쌍극자 방향은 결국 점전하가 만든 전기장 방향과 같아진다. 따라서 미세한 크기에 불과하지만, 쌍극자는 점전하 쪽으로 끌려가는 힘을 받는다. 흥미로운 점은, 양전하 Q를 음전하로 바꾼다고 해도 쌍극자에 작용하는 힘은 여전히 음전하 쪽으로 끌려가는 방향이라는 점이다. 즉 알짜 전하가 만들어지면, 그 부호에 상관없이 알짜 전하는 주위에 있는 (전기적으로 중성인) 원자들을 끌어당긴다.

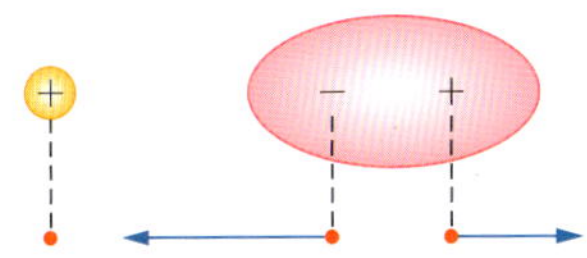

그림 16-7 양전하 Q에 의해 쌍극자가 받는 힘

물음 16-8 음전하가 만든 쌍극자도 그 음전하 쪽으로 끌려가는 방향의 힘을 받는다는 사실을 그림으로 나타내라.

이제 점전하 Q로부터 거리 r만큼 떨어진 곳에 있는 쌍극자 크기가 p인 고유 쌍극자가, 점전하 쪽으로 끌려가는 힘의 세기를 계산해보자. 쌍극자는 외부 전기장 방향으로 정렬하므로, 만약 Q가 양전하라면 쌍극자의 음전하 부분인 $-q$가 점전하 Q에 더 가까이 있게 된다. 이때 쌍극자를 이루는 두 전하 사이의 거리를 d라 하고, 점전하 Q로부터 전하 $-q$까지의 거리를 거리 r로 나타낸다고 하자.[2] 이때 쌍극자의 두 전하에 작용하는 힘의 합력은 다음과 같다.

$$F = k\left[-\frac{q}{r^2}+\frac{q}{(r+d)^2}\right] \tag{16.13}$$

한편, $(r+d)^{-2} = r^{-2}\left(1+\frac{d}{r}\right)^{-2} \approx r^{-2}\left(1-\frac{2d}{r}\right)$ 관계를 이용하면 이 힘은 $F \approx -k\frac{2qd}{r^3} = -k\frac{2p}{r^3}$가 되며, 여기에서 음(−)의 부호는 점전하 방향으로 쌍극자가 끌려가는 힘이라는 것을 나타낸다. 즉 점전하 근처에 있는 일정한 크기의 쌍극자, 즉 영구 쌍극자는 '거리의 3제곱에 반비례'하는 힘으로 끌리는 것을 알 수 있다.

지금까지 우리는 물 분자와 같이 쌍극자 크기가 일정한 영구 쌍극자를 다루었지만, 일반적인 분자들은 유도 쌍극자가 된다. 한편, 유도 쌍극자의 크기는 $p = \alpha E_{ext}$로 나타낼 수 있으므로, 점전하 Q에 의한 전기장이 $E_{ext} \propto \frac{1}{r^2}$임을 고려하면 $p \propto \frac{1}{r^2}$ 관계를 얻을 수 있다. 즉 유도 쌍극자에 작용하는 힘은 $F \propto \frac{1}{r^5}$로, 즉 '거리의 5제곱에 반비례'하는 힘이 된다. 이런 힘의 세기는 물론 매우 약하다. 그러나 물체를 이루는 분자의 수가 아보가드로수 정도라는 것을 고려하면, 그 힘은 거시적으로 측정될 수 있을 정도로 커진다. 머리에 문지른 책받침에 종잇조각이 달라붙는 이유는 바로 이런 힘 때문이다.

물음 16-9 전기장 E_{ext} 속에 있는 쌍극자 p는 결국 $U = -pE_{ext}$로 표현되는 위치에너지를 갖는 상태로 정렬된다. 유도 쌍극자 크기는 $p = \alpha E_{ext}$로 나타낼 수 있음을 이용해, 점전하 Q로부터 거리 r만큼 떨어진 곳에 있는 유도 쌍극자의 위치에너지가 $U = -\alpha \cdot \left(\frac{1}{4\pi\varepsilon_0}\frac{Q}{r^2}\right)^2$이 됨을 보여라. 또 그로부터 유도 쌍극자가 점전하에 끌리는 힘의 세기를 구하라.

---

2 $r \gg d$ 조건에 의해, r을 쌍극자의 중심점까지의 거리나 $+q$까지의 거리로 취급해도 상관없다.

반 데 발스의 힘

주위에서 보듯이 물질세계를 이루는 원자들은 대부분 원자 덩어리인 분자 상태로 존재한다. 원자가 전기를 띤 입자들로 이루어져 있다는 사실로부터, 이제 물질이 왜 그렇게 덩어리 상태로 존재하는지 알아보자.

모든 원자는 근본적으로 구대칭 전자분포를 가지므로, 원자 외부에 전기장을 만들지 않는다. 그러나 구대칭 전자분포는 평균적인 의미에서 구대칭 전자분포를 뜻하며, 원자는 순간적으로는 쌍극자로 볼 수 있는 존재다. 예컨대, 수소원자에는 전자가 하나 있는데, 그 전자가 아무리 빨리 운동해서 평균적으로 구대칭 전자분포를 이룬다 해도 순간적으로는 언제나 쌍극자다. 원자를 순간적 쌍극자로 보면, 그 원자는 순간적으로 외부에 전기장을 만든다. 그 전기장은 비록 순간적으로만 나타나지만, 다른 원자를 쌍극자로 만들어 끌어당기는 힘을 작용한다. 즉 순간적 쌍극자의 상호 작용이 일어나는 것이다. 이제 어떤 원자가 순간적으로 크기가 p_1인 쌍극자가 되었다고 하자. 이때 쌍극자 p_1이 거리 r만큼 떨어진 곳에 만드는 전기장을 E_1이라고 쓰면, $E_1 \propto \dfrac{p_1}{r^3}$이 된다. 이 전기장에 의해 근처에 있던 원자가 편극되어 크기가 p_2인 쌍극자가 되었다면, $p_2 \propto E_1$ 특성에서 그 크기를 얻을 수 있으므로 $p_2 \propto \dfrac{p_1}{r^3}$으로 나타낼 수 있다. 한편, 위치에너지는 $U = -p_2 E_1$이므로, 위치에너지는 다음과 같이 쓸 수 있다.

$$U(r) \propto -\frac{1}{r^6} \tag{16.14}$$

즉 순간적 쌍극자–쌍극자 상호작용에 의해 원자들이 받는 힘은 $F = -\dfrac{dU}{dr}$ 관계로부터 '거리의 7제곱에 반비례'한다는 것을 알 수 있다. 그 힘은 서로 당기는 인력이 되어 원자들이 모여 분자가 되게 만든다. 이런 힘을 **반 데 발스의 힘**van der Waals force이라 부른다.

물음 16-10 물 분자는 언제나 일정한 크기를 갖는 영구 쌍극자다. 두 물 분자 쌍극자는 서로에게 작용하는 토크에 의해 결국 한 직선 위에서 같은 방향으로 배열된다. 두 물 분자 거리를 r이라 할 때, 물 분자끼리 서로 끌어당기는 힘은 $\dfrac{1}{r^4}$에 비례함을 보여라.

≫ 참고 물의 전기적 특성

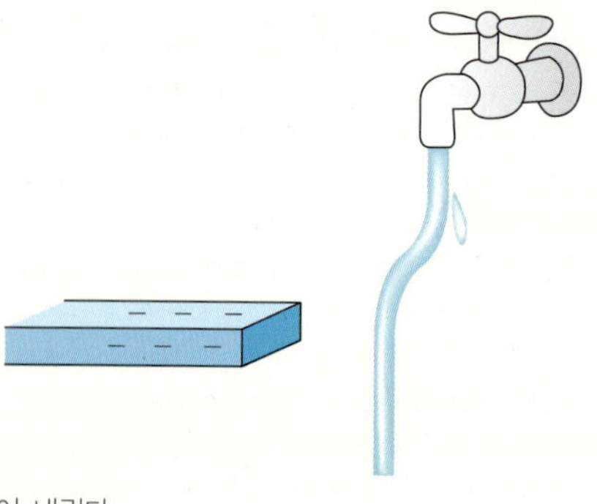

물에는 여러 가지 특이한 성질이 있는데, 그중 하나가 전기적 성질이다. 컵에 담긴 물 분자들의 쌍극자 방향은 제멋대로여서 평균적으로 보면 물은 아무런 전기적 특성을 나타내지 않는다. 그러나 외부 전기장 속에서는 물 분자들이 그 전기장 방향으로 정렬되어 매우 큰 쌍극자처럼 행동한다. 예컨대, 약한 물줄기로 흘러내리는 수도꼭지 아래에 전기를 띤 막대를 가까이 가져가면 물줄기는 막대 쪽으로 휘어진다. 만약 비가 오지 않는다면, 즉 태양에 의해 만들어진 수증기가 뭉쳐 물방울이 되고, 다시 그 물방울이 땅으로 떨어지지 않는다면 육지는 사막화desertification될 것이다. 다행히도 물 분자들은 서로를 쉽게 끌어당겨 물방울을 이루려 하고, 그 물방울이 어느 정도 이상 커지면 비가 되어 내린다.

16.4 유전체

도체나 부도체는 모두 전하로 이루어져 있지만, 일상적인 상황에서는 자신의 전기적 본성을 드러내지 않는다. 그러나 전기적으로 죽어 있던 도체 주위에 전기를 띤 물체가 다가오면, 도체에 유도 전하가 생기면서 도체가 자신의 전기적인 본성을 드러낸다. 부도체도 이와 마찬가지로 자신 주위에 전하가 가까이 있으면 전기적 본성을 드러낸다. 그 이유는, 부도체는 도체와 달리 자유로이 이동할 수 있는 전자들이 없지만, 부도체 원자에 묶인 전자들은 외부 전기장의 영향을 받으면 쌍극자가 되기 때문이다. 그런 이유로 부도체를 **유전체**[dielectric]라고도 부른다.

앞에서 우리는 도체 표면에 유도된 전자 효과로 인해 도체 내부 전기장이 완전히 0이 된다는 사실을 알게 되었다. 이때 도체는 그 자체가 하나의 커다란 쌍극자 형태를 띠게 되고, 그 쌍극자 효과가 도체 내부에서 외부 전기장의 영향을 완전히 차단하는 역할을 한다고 볼 수 있다. 그렇다면 외부 전기장에 대응해 유전체는 어떤 역할을 하는가? 유전체 분자들은 자유전자를 내놓지는 못한다. 그러나 분자 속에 있는 전자들은 외부 전기장에 대응해 분자를 쌍극자로 만들 것이다. 이때 그 쌍극자들은 유전체 속에 발생한 외부 전기장의 세기를 약화시키는 역할을 한다는 것을 보일 수 있다. 즉 유전체 분자의 전자들은 도체의 전자들처럼 자유롭게 이동하지는 못해도 도체와 마찬가지로 그 나름대로 외부 전기장 효과를 줄이는 역할을 하는 것이다.

외부 영향에 의한 변화를 최소화하려는 이런 경향은 (운동 상태를 쉽게 변화시키지 않으려는) 물체의 관성과 비유될 수 있는 성질로서, 모두 자연의 보수성을 드러내는 예들이다. 이때 쌍극자의 효과가 매우 커서 외부 전기장의 세기를 현저하게 약화시키는 물질을 **강유전체**라 부른다.

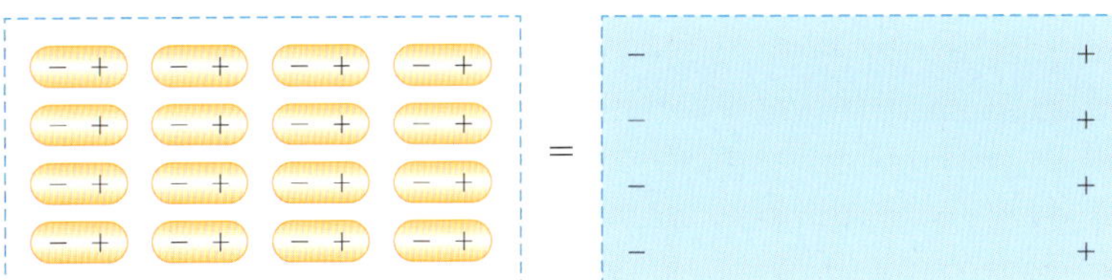

그림 16-8 유전체 분자의 쌍극자 배열

유전체를 넣은 축전기

우리는 앞에서 축전기를 이용해 전기에너지를 저장하는 방법을 살펴보았다. 축전기의 전기용량을 크게 만들기 위해서는 도체판의 거리를 최대한 좁혀야 한다. 이때 도체판이 너무 가까워져서 접촉하게 되면 저장된 전하들이 모두 방전되는데, 이런 문제를 해결하기 위해 도체판 사이에 부도체(유전체)를 끼워 넣는다. 이때 유전체를 끼워 넣으면 축전기의 전기용량이 더 커지는데, 그 이유는 도체판 사이(유전 체 내부)의 전기장이 약화되기 때문이다. 도체판 사이에 부도체인 유전체를 끼워놓으면 대전된 두 도체판의 전하가 방전되지는 않지만, 두 도체판 사이의 전위차가 어느 한도 이상 커지면 유전성 깨짐 현상이 생겨 유전체 속으로 전류가 흘러 결국 방전된다. 이때 유전체가 부도체 특성을 유지할 수 있는 최대 전기장을 **유전 세기**[dielectric strength]라 부른다.

이제 전기용량이 C_0인 축전기를 전위차 V_0가 되게 대전시켰다고 하자. 이 축전기에 유전체를 넣은 다음 다시 전위를 측정할 때 전위 크기를 V라고 하면, 그 전위는 다음과 같은 관계로 나타낼 수 있다.

$$V = \frac{1}{K} V_0 \tag{16.15}$$

여기에서 K를 그 유전체의 **유전상수**[dielectric constant]라 부른다. 예컨대, 축전기 판면 사이에 아무것도 없는 진공이면 $K = 1$이므로, 진공의 유전상수는 당연히 1이다. 그러나 물질의 유전상수는 언제나 1보다 큰 값이다. 유전상수가 K인 유전체를 넣은 축전기에서 그 전위차는 $\frac{1}{K}$배가 된다. 그러나 축전기에 유전체를 넣었다고 해서 판면이 가진 전하량이 변하는 것은 아니다. 따라서 전기용량의 정의식인 $C = \frac{Q}{V}$로부터, 전기용량은 $C = KC_0$로서 K배 증가하는 것을 알 수 있다. 즉 아무것도 채우지 않은 평행판 축전기의 전기용량은 $C_0 = \varepsilon_0 \frac{A}{d}$이지만, 유전체를 채울 때 전기용량은 다음과 같이 쓸 수 있다.

$$C = K\varepsilon_0 \frac{A}{d} \tag{16.16}$$

표 16-1 몇 가지 물질의 유전상수

물질	유전상수 K	유전 세기
공기	1.00054	3
폴리스티렌	2.6	24
종이	3.5	16
파이렉스 유리	4.7	14
도자기	6.5	–
Si	12	–
H_2O(20℃)	80.4	–
$SrTiO_3$	310	8

이때 $\varepsilon = K\varepsilon_0$로 나타내며, ε을 그 물질의 **유전율**[permittivity]이라 부른다.

평행판 축전기의 판면 간격을 d라 하고, 그 사이 공간의 전기장을 E라 하면, 전위차는 $V = Ed$가 된다. 한편, 전위차가 줄어든다는 것은 곧 전기장 세기가 약해진다는 것을 뜻한다. 즉 유전체를 넣기 전의 전기장을 E_0라고 하면, 유전체를 채운 다음의 전기장 세기는 $E = \frac{1}{K} E_0$가 된다. 이처럼 전기장이 줄어드는 이유는 물론 유전체가 만든 전기적 효과 때문이다. 이때 유전체 분자들이 만드는 쌍극자의 전체 효과는 [그림 16-8]에 보인 것처럼 유전체 표면에만 유도전하가 만들어진 것 같은 효과를 낸다. 이는 도체에서의 정전기 효과와 매우 비슷하다. 다만, 도체 표면에는 외부 전기장을 완전히 차단할 수 있을 만큼의 유도전하가 생기지만, 유전체에서는 그 만큼의 유도전하가 생기지 못한다는 차이가 있을 뿐이다.

물음 16-11 유전체를 넣기 전의 표면전하밀도를 σ_0라고 하면, 축전기의 전기장 세기는 $E_0 = \dfrac{\sigma_0}{\varepsilon_0}$가 된다. 이제 유전체 표면에 유도된 표면전하밀도를 σ_P라 하면, 유전체를 넣은 상태에서 축전기의 전기장 세기는 $E = \dfrac{1}{\varepsilon_0}(\sigma_0 + \sigma_P)$가 된다. 한편, 유전체 속에서의 전기장 세기는 $E = \dfrac{1}{K}E_0$와 같다. 이로부터 유전체 표면에 유도된 표면전하밀도가 $\sigma_P = -\sigma_0\left(1 - \dfrac{1}{K}\right)$임을 보여라.

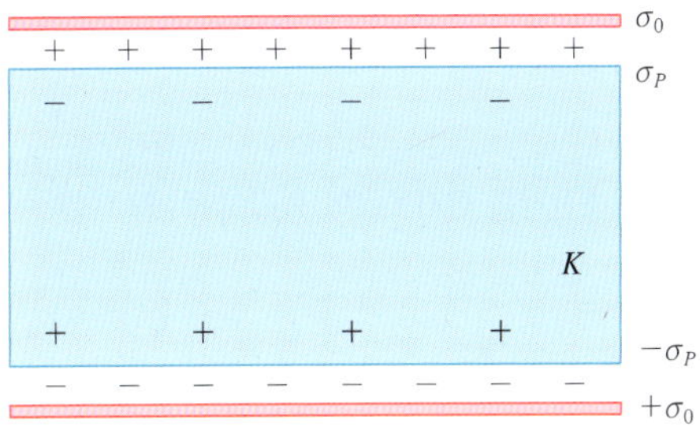

이제 전하량 Q로 충전된 축전기에 유전체를 넣기 전과 넣은 후에 저장된 에너지를 비교해보자. 유전체를 넣기 전의 전기용량을 C_0라고 하면, 이때 저장된 전기에너지는 $U_0 = \dfrac{1}{2}\dfrac{Q^2}{C_0}$이다. 한편, 축전기에 유전체를 넣어도 판면 전하량이 변하지는 않으므로, 유전체를 넣은 후의 전기용량을 C라 하면, 이때 저장된 전기에너지는 $U = \dfrac{1}{2}\dfrac{Q^2}{C}$이 된다. 그 전기용량 C는 물론 $C = KC_0$로서 K배 증가하므로 유전체를 넣은 후의 축전기 에너지는 $U = \dfrac{1}{K}U_0$가 되어 처음보다 줄어든 것을 알 수 있다.

물음 16-12 축전기에 저장된 전기에너지는 유전체가 삽입된 상태에서는 더 줄어든다. 그 사실로부터, 유전체가 삽입되는 과정에서 축전기가 유전체에 작용하는 힘의 방향이 빨아들이는 방향인지 아니면 밀어내는 방향인지 설명하라.

앞서 말했듯이, 축전기는 전기에너지를 저장하는 장치이며, 저장된 전기에너지의 양을 $U = \dfrac{1}{2}CV^2$이라 쓰면, 그 양은 전위차 V를 크게 할수록 더 커진다. 그러나 현실적으로 전위차가 너무 커지면, 부도체인 유전체로도 방전이 일어나므로 전위차를 어느 한도 이상 높일 수 없다. 따라서 어떤 전위차 한도로 충전할 때, 저장된 에너지의 양은 전기용량 C에 비례해 커진다. 즉 유전체를 채운 상태에서는 그렇지 않은 상태에서보다 더 많은 에너지를 저장할 수 있게 된다.

CHAPTER 16 연습문제

[개념 확인 문제]

(1) 평행판 축전기를 충분히 충전한 후, 기전력 장치를 제거했다. 그 상태에서 평행판 축전기의 간격을 두 배로 늘리면, 저장된 에너지는 몇 배가 되는가?

(2) 평행판 축전기의 두 도체판 가장자리 부분 전기장은 균일하지 않으며, 내부에서보다 약한 세기이면서 그 방향도 판면에 수직이 아니다. 이것을 가장자리 효과라 부른다. 가장자리 효과를 고려하면, 고려하지 않았을 때와 비교했을 때 전기용량이 어떻게 변화하겠는가?

1 전기용량이 C_1인 축전기 A가 전하량 $\pm q$로 대전되었다. 이 축전기를 전기용량이 똑같이 C_1인 다른 축전기 B에 연결한 경우, 축전기 전위차는 얼마인가?

***2** 전기용량이 각각 $C_1 = 25\,\mu\text{F}$, $C_2 = 40\mu\text{F}$인 두 개의 축전기 A와 B가 있다.

(a) 두 축전기를 각각 $50\,\text{V}$ 전지에 연결한다면, 충전 후 축전기 A, B에 저장된 전하량 크기 q_1, q_2는 각각 얼마인가?

(b) 충전된 축전기 A의 음극을 축전기 B의 양극에 연결하고, 축전기 B의 음극을 축전기 A의 양극에 연결했다. 축전기 A, B에 저장된 전하량은 각각 얼마인가?

(c) (b)의 경우 $40\,\mu\text{F}$ 축전기의 전위차는 얼마인가?

3 전기용량이 C인 축전기에, 전위차 V_0의 기전력 장치를 이용해 충분히 충전시켰다가, 기전력 장치를 떼어내고 전기용량 C_x를 갖는 다른 축전기를 연결했다.

(a) 다른 축전기에 연결한 후, 각 축전기 양단의 전위차는 얼마인가?

(b) 전기용량 C_x를 갖는 축전기에 저장된 전하량은 얼마인가?

4 다음 물음에 답하라.

(a) 전기용량이 알려지지 않은 축전기를 $100\,\text{V}$ 전위차로 충전시킨 다음, 전기용량이 $10\,\mu\text{F}$로 알려졌지만 충전되지 않은 축전기에 연결했더니 전위차가 $30\,\text{V}$가 되었다고 한다. 그 축전기의 전기용량 C는 얼마인가?

(b) $7.7\mu\text{F}$의 용량을 가진 축전기를 $125\,\text{V}$ 전지로 충전시켰다. 충전된 축전기를 다른 축전기에 연결했더니 두 축전기의 최종 전압이 $15\,\text{V}$가 되었다. 연결된 축전기의 용량은 얼마인가?

5 전기용량이 $C = 10.0\,\mu\text{F}$인 축전기를 전위차가 $V_0 = 12.0\,\text{V}$인 전지에 연결해 충전했다.

(a) 충전된 축전기를 전기용량이 C_x인 다른 축전기에 연결했더니 전위차가 $3.0\,\text{V}$가 되었다. 전기용량 C_x의 크기는 얼마인가?

(b) 충전된 축전기를 전기용량이 $5.0\,\mu\text{F}$인 축전기에 연결한다면, 각 축전기에 저장된 전하량 크기는 각각 얼마인가?

6 매우 큰 전위차를 얻는 방법 중 하나는 여러 개의 축전기를 충전시킨 다음 직렬로 연결시키는 것이다. 전기용량이 각각 $500\,\mu\text{F}$인 열 개의 축전기와 $800\,\text{V}$ 전위차 전지가 있다면, 얻을 수 있는 최대 전위차는 얼마인가?

7 전기용량이 $10^{-9}\,\text{F}$인 축전기 A를 전위차가 20V인 건전지에 연결했다. 건전지를 떼어낸 후 이 축전기를 다시 다른 축전기 B에 연결했더니 전위차가 10V가 되었다.

(a) 축전기 B를 연결하기 전 축전기 A에 대전된 전하량은 몇 C인가?

(b) 축전기 B를 연결하기 전 축전기 A의 전기에너지는 몇 J인가?

(c) 축전기 B의 전기용량은 얼마인가?

8 초축전기라 불리는 대용량 축전기는 수천 패럿(F)의 용량을 가지며, 전원이 없어지는 경우 비상용 전원 기능을 수행할 수 있다. 용량 $1{,}200\,\text{F}$을 가진 어떤 초축전기를 $12\,\text{V}$ 전지로 충전시켰다고 한다. 이 축전기를 비상전원으로 사용하는 경우 $1.0\,\text{mC/s}$의 비율로 전하가 방전된다고 할 때, 축전기 전압이 $6.0\,\text{V}$가 되기까지는 며칠이 걸리는가?

***9** 다음 그림과 같이, 판면적이 각각 A인 세 개의 도체판이 배치되어 있다. 판면적이 각각 A인 세 개의 도체판이 다음 그림과 같이 배치되어 있다. 이 구조에서 가장 위의 판과 가운데 판 사이의 거리와, 가장 아래 판과 가운데 판 사이의 거리는 각각 d_1, d_2이다. 이 형태는 아래와 위에 있는 두 도체판이 가운데 도체판과 각각 짝을 이루는 두 개의 축전기 형태로 볼 수 있다.

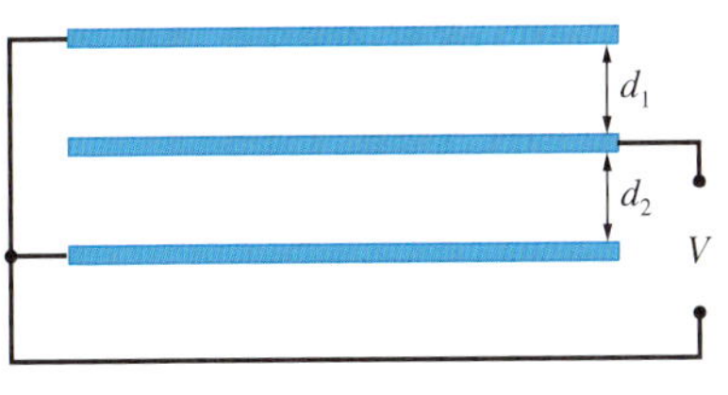

(a) 두 축전기는 직렬과 병렬 중 어떤 형태로 연결되어 있는가?

(b) 이 축전기의 전기용량은 얼마인가?

(c) 두 간격 d_1, d_2를 변화시킬 수 있다면, 얻을 수 있는 전기용량의 최댓값과 최솟값은 각각 얼마인가?

CHAPTER

17 전류

Electric Current

17.1 옴의 법칙

우리는 앞에서, 도체를 대전시키면 그 전하는 매우 빠르게 도체 전체로 흩어져 결국 도체 내부의 전기장이 다시 0이 되도록 도체 표면에 자리 잡는다는 것을 알게 되었다. 그런 과정에서 전하는 도체 속을 이동하는데, 그 경우 **전류**electric current가 흐른다고 말한다.

두 위치 간에 전위차가 있고, 자유로이 이동할 수 있는 전하가 있으면 그 전하는 힘을 받아서 이동한다. 도체 속에는 자유전하가 많기 때문에 도체 양 끝 사이에 전위차가 있으면 도체에 전류가 흐른다. 예컨대, 일정한 전위차를 유지하고 있는 평행 판축전기의 양도체판을 도선으로 연결한다면, 도선에는 전류가 흐를 것이다. 그러나 유리처럼 자유전하가 없는 부도체에서는 전위차가 있어도 전류가 흐르지 않는다. 그렇다고 해도, 전류가 '전혀' 흐를 수 없는 물질이란 존재하지 않는다. 아무리 부도체라 해도 전위차가 매우 큰 상태에 이르면 결국 '갑자기' 전류가 흐르는 상태가 될 수 있기 때문이다. 그렇게 되는 이유는 전위차가 큰 상태에서는 원자에 묶여 있던 전자들이 원자에서 떨어져 나와 일시적으로 자유전자가 되면서 원자를 이온으로 만들기 때문이다. 전류가 흐르지 않던 물질에 갑자기 전류가 흐를 때, **유전성 깨짐**dielectric breakdown 현상이 일어났다고 말한다. 예컨대, 번개는 공기 중에 만들어진 매우 높은 전위차로 인해 갑자기 전류가 흐르는 현상이다.

흥미롭게도 모든 물질은 전류가 흐를 수 있는가 없는가에 따라 분류할 수 있다. 이는 전류를 흐르게 하는 능력의 차이가 보통 수억 조 배 이상이며, 최대 조의 조 배 정도 차이까지 큰 차이를 보이기 때문이다.

전류의 세기

전류의 세기는 i로 표시한다. 시간 Δt 동안 어떤 한 위치를 통과한 전하의 양을 Δq라 하면, 그 시간 구간에서 평균 전류 세기는 다음과 같이 정의한다.

$$< i >= \frac{1}{\Delta t}\Delta q \tag{17.1}$$

이 경우, 시간 Δt가 충분히 작아지면 평균 전류를 그 시각에서의 **순간 전류** 또는 **전류**electric current라 부르며, 그 경우에는 $i = \dfrac{dq}{dt}$와 같이 미분 형태로 나타낸다. 즉 전류의 세기는 단위시간당 한 위치를 지나는 총 전하량을 뜻한다. 따라서 전류 단위는 $\mathrm{C/s}$가 된다. 이 단위는 **암페어**ampere라 부르며 다음과 같이 정의한다.

$$1\,\mathrm{C/s} = 1\,\mathrm{A} \tag{17.2}$$

예컨대, 도선의 한 단면에 1초마다 $1\,\mathrm{C}$만큼의 전하량이 통과하면, 그 전류의 세기는 $1\,\mathrm{A}$다. 일반적으로 $1\,\mathrm{A}$란 매우 큰 전류 세기로서, 가정용 전기 기구에 흐르는 전류가 $1\,\mathrm{A}$를 넘는 경우는 흔치 않다.

전류는 방향을 갖도록 정의하는데, 관습적으로 '양전하가 이동하는 방향'을 전류의 방향으로 정의한다. 그러나 실험 결과 전류가 흐르는 도선에서 이동하는 전하의 부호는 대부분은 음전하인 전자로 알려져 있다. 그러므로 그 경우에 전류는 전하의 이동 방향과 반대 방향이 되는 셈이다.

도선에 흐르는 전류의 세기는 도선 단면의 각 부분마다 다를 수 있다. 예컨대, 도선 표면 부분에서 더 강하고 그 중심 부분에서는 약할 수 있다. 그러므로 위치에 따라 전류의 세기가 달라지는 상태를 기술하기 위해 **전류밀도**electric current density라는 양을 도입한다. 전류밀도는 단위단면적당 흐르는 전류 양으로 기호 j로 표시하며, 전류 i가 단면적이 A인 부분을 흐를 때 다음과 같이 정의한다.

$$j = \frac{i}{A} \tag{17.3}$$

따라서 어떤 면 S에 흐르는 전류의 세기는 그 면의 전류밀도를 적분해 $i = \int_S j da$와 같이 나타낼 수 있다.

전류와 전류밀도는 도선 속의 전자 운동에 관한 물리량들로 나타낼 수 있다. 즉 전자의 전하량이 q, 단위부피 속에 존재하는 전자 수가 n, 도선의 단면적이 A, 전자가 이동하는 속도를 v라고 하면, 전류는 $i = nqvA$로 나타낼 수 있다. 따라서 전류밀도는 $j = nqv$로 나타낼 수 있다.

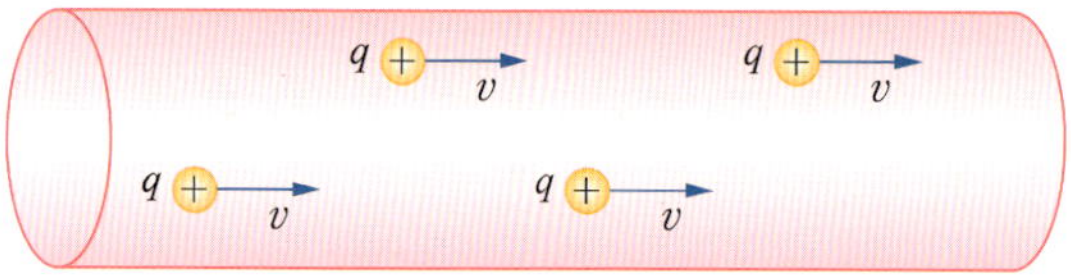

그림 17-1 전류 모형

물음 17-1 인체에서 신경 세포는 전기적 방법으로 신호를 전달한다. 만약 $4.0\mu s$ 동안 1,000개의 나트륨(Na^+) 이온이 세포막을 통과한다면, 전류의 세기는 얼마인가?

[HINT] 나트륨 **이온**ion은 나트륨 원자가 전자 하나를 잃은 상태를 뜻한다.

옴의 법칙

앞에서 알아본 것처럼, 도선 양단에 전위차가 생기면 전류가 흐른다. 도선에서 전류가 흐르는 것은 마치 수로에 물이 흐르는 것과 여러모로 비슷하다. 물의 흐름에서 높이 차이가 수압을 만드는 것에 비유해, 도선에서의 전위차를 **전압**이라고도 부른다. 이때 흥미로운 점은 도선을 구성하는 물질이 무엇이든 상관없이 도선에 흐르는 전류의 세기 i는 도선 양단의 전압 V와 정확히 비례한다는 점이다. 이는 다음과 같이 요약할 수 있다.

(1) 전압이 일정하면, 전류의 세기도 일정하다.
(2) 그 전류의 세기는 전압의 세기에 비례한다. 이 관계를 수식으로 나타내면 다음과 같다.

$$i \propto V \tag{17.4}$$

이 관계식을 **옴의 법칙**Ohm's law이라 부른다. 이 법칙은 단순하지만, 탄성체에서 후크의 법칙이 성립하듯이 모든 도체에서 일반적으로 성립하는 중요한 법칙이다.

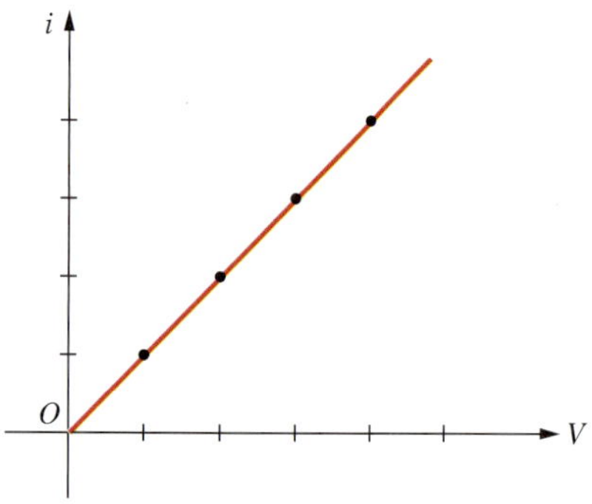

그림 17-2 옴의 법칙

옴의 법칙은 뉴턴의 운동법칙과 매우 비슷해 보이지만, 두 법칙은 다른 특성을 갖는다. 그 이유는 다음과 같다.

(1) 전압이 일정하다는 것은 전기장이 일정하다는 뜻이다.

(2) 이는 전자에 작용하는 힘이 일정하다는 뜻과 같다. 따라서 뉴턴의 운동법칙에 의하면 전자는 가속되어야 한다. 그러나 옴의 법칙은 전압이 일정하면 전류가 일정하다고 말한다.

(3) 그러므로 옴의 법칙은 전자의 가속도가 일정하지 않고 그 속도가 일정하다는 것을 뜻한다.

그렇다고 도선 속에서 전자들이 운동할 때 뉴턴의 운동법칙이 적용되지 않는 것은 아니다. 그 대신 우리는, 도선 속의 전자에는 전압에 의한 전기력 외에 다른 '어떤 힘'이 더 작용한다고 생각해야 한다. 예컨대, 공중에서 떨어지는 빗방울은 공기의 저항력 때문에 일정한 중력을 받는데도 종단속도에 이른다는 사실을 우리는 이미 알고 있다. 따라서 도선 속에서 운동하는 전자가 받는 '어떤 힘'을 공기의 저항력처럼 전자의 운동을 방해하는 힘이라고 가정한다.

물음 17-2 전류의 세기가 전압에 비례한다는 옴의 법칙은 전자의 이동속도가 힘에 비례한다는 뜻과 같다. 이를 바탕으로 전자에 작용하는 저항력과 속도의 관계를 나타내라.

도선의 저항

도선 속에서 전자들이 운동할 때는 여러 가지 원인으로 인해 저항력이 발생하는데, 그 복합적 저항력 효과를 **전기저항**electrical resistance 또는 **저항**이라 부른다. 옴의 법칙은 전압의 크기가 어느 한도를 넘지 않는 한 모든 도선에서 잘 성립한다. 그러나 똑같은 세기의 전압을 주었을 때 발생하는 전류의 세기는 도선에 따라 달라진다. 도선의 저항은 R로 표시하며, 앞에서 가속도와 힘의 비례관계로부터 질량을 정의했듯이, 옴의 법칙에 다음과 같이 저항 R의 역수를 비례상수를 도입해 나타낼 수 있다.

$$i = \frac{1}{R} V \tag{17.5}$$

즉 일정한 전압에 의한 전류의 세기는 도선의 저항이 커질수록 그에 비례해 작아진다. 저항의 단위는 V/A가 되는데, 이를 **옴**Ohm이라 부르고 Ω으로 나타낸다. 즉 다음과 같이 정의한다.

$$1\Omega = 1\,\mathrm{V/A} \tag{17.6}$$

도선에서의 전류와 전압을 나타낼 때는 옴의 법칙을 흔히 $i = \frac{1}{R} V$로 나타내지만, 일반적으로는 전류밀도와 전기장으로 나타내는 것이 더 편리하다.

단면적이 A, 길이가 l인 도선에서의 전류는 도선 속의 전류밀도와 전기장은 각각 $i = jA$와 $V = El$ 관계로 나타낼 수 있으므로, 옴의 법칙은 다음과 같이 나타낼 수 있다.

$$jA = \frac{1}{R} El \tag{17.7}$$

한편, 이 관계는 다시 다음과 같이 쓸 수 있다.

$$j = \frac{1}{\rho} E \tag{17.8}$$

여기서 ρ는 **비저항**resistivity이라는 양이다. 저항 R은 비저항을 사용해 다음과 같이 나타낼 수 있다.

$$R = \rho \frac{l}{A} \tag{17.9}$$

이때 저항 R은 도선의 특성이지만, 비저항 ρ는 도선을 이루는 물질의 특성임에 유의하자. 식 (17.9)는 도선의 저항이 길이에 비례하고, 단면적에 반비례하는 특성이 있음을 보여준다. 비저항 크기는 온도에 따라 변하지만, 변화 정도는 그리 심하지 않다. 흥미로운 점은 온도가 변화할 때 도체와 반도체의 저항 크기는 정반대 방향으로 변한다는 점이다. 즉 온도가 올라가면 도체인 **금속**metal의 비저항은 점점 커지지만, 부도체의 일종인 **반도체**semiconductor의 비저항은 작아진다.

표 17-1 몇 가지 물질의 비저항

물질	비저항 ρ (Ωm)
은	1.6×10^{-8}
구리	1.7×10^{-8}
알루미늄	2.7×10^{-8}
철	9.7×10^{-8}
수은	98×10^{-8}
니크롬	100×10^{-8}
탄소	$(3 \sim 60) \times 10^{-5}$
실리콘	$0.1 \sim 60$
유리	$10^{9} \sim 10^{12}$

어떤 물질의 비저항이 어느 온도 이하에서는 갑자기 0이 되는데, 그런 물질을 **초전도체**라고 부른다. 초전도체의 특성은 네덜란드의 카메를링 오너스가 절대온도 4℃ (즉 4K) 근처에서 수은의 비저항이 0이 된다는 사실을 발견함으로써 알려지게 되었다. 초전도체 연구는 응용성 면에서 매우 중요하며, 실용적으로 많이 쓰이는 나이오븀(Nb) 합금 물질은 보통 절대온도 20° 부근에서 초전도체가 된다. 근래에는 절대온도 100℃ 근처에서까지도 초전도체가 되는 고온 초전도성 물질이 발견되었다.

그림 17-3 카메를링 오너스, 1853~1926

금속의 비저항은 온도 변화가 그리 크지 않은 범위에서는 온도 변화량에 거의 비례하면서 변한다. 물론 비례상수는 금속의 종류에 따라 다르다. 이때 비저항 크기 변화량이 온도 변화량에 비례하므로, 금속의 비저항 크기 변화를 이용해 온도를 측정하기도 한다.

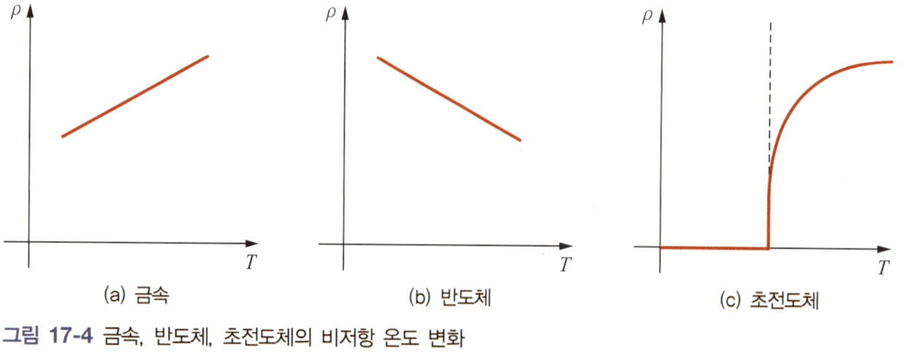

그림 17-4 금속, 반도체, 초전도체의 비저항 온도 변화

비저항의 역수를 **전기전도도**electrical conductivity라 부르며, 전기전도도는 $\sigma = \frac{1}{\rho}$로 정의한다. 비저항의 크기는 물질에 따라 엄청난 변화를 보이는데, 도체와 부도체의 비저항은 일반적으로 1조 배 이상 차이나며, 극단적인 경우 거의 조의 조 배까지 차이가 날 수 있다.

도선의 저항이 가진 $R \propto \frac{l}{A}$ 특성은 전자 이동 모형을 통해 이해할 수 있다. 이제 길이는 같지만 굵기가 다른 두 개의 도선에 똑같은 전압을 가해 그 특성을 이해해보자.

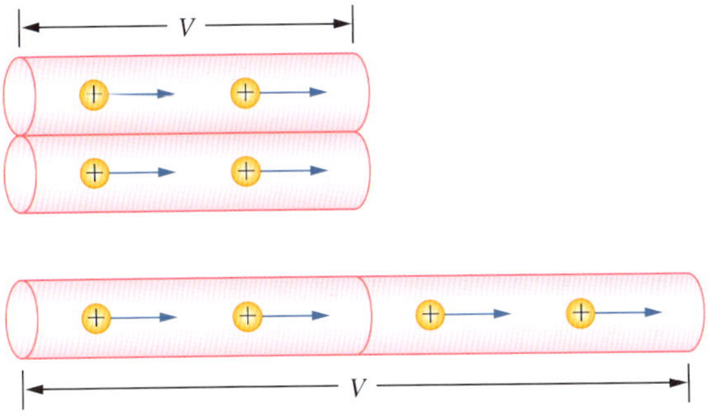

그림 17-5 두 도선

그 상황에서는 각 도선 내부의 전기장 세기는 같고, 전자 속도도 같아진다. 그러므로 일정 시간 동안 똑같은 크기 단면적을 통과하는 전자 수도 같다. 따라서 도선을 지나는 전자 수는 단면적 크기에 비례하게 되며, 전류의 세기는 단면적 A에 비례하게 된다. 한편, 굵기는 같지만 길이가 다른 두 도선에 똑같은 전압을 작용하면 전류는 길이가 긴 도선에 더 적게 흐른다. 왜냐하면 도선 양 끝 간의 전위차를 V, 도선의 길이를 l이라 하면 도선 내부 전기장 세기는 $E = \frac{V}{l}$가 되어, 길이가 길어질수록 세기가 약해지기 때문이다. 따라서 길이가 긴 도선에서는 전하가 더 천천히 이동해 전류의 세기가 약해진다.

물음 17-3 다음 물음에 답하라.

(a) 길이와 굵기가 같은 두 도선을 직렬로 연결하면, 연결된 도선의 저항이 두 배가 됨을 보여라.

(b) 길이와 굵기가 같은 두 도선을 병렬로 연결하면, 연결된 도선의 저항이 1/2로 줄어드는 것을 보여라.

17.2 전도의 미시이론

전하의 흐름인 전류는 물의 흐름과 매우 유사하다. 일정한 전압은 물의 흐름에서의 일정한 높이 차이에 해당한다. 우리는 경사면에서 흘러내리는 물이 일정한 중력을 받고 있다고 하더라도, 마찰력 때문에 결국 일정한 빠르기인 종단속도로 흘러내린다는 사실을 경험적으로 알고 있다. 이제 도체 속에 있는 전자가 속도에 비례하는 저항력을 받는다고 가정할 때, 즉 저항력을 $f \propto v$로 나타낸다면, 종단속도와 힘이 어떤 관계를 갖는지 알아보자. 비례상수를 b라 쓰면 저항력은 다음과 같이 나타낼 수 있다.

$$f = bv \tag{17.10}$$

이제 전자가 저항력 때문에 일정한 속도인 종단속도로 운동하는데, 그 종단속도를 v_d로 나타내기로 하자. 그렇다면 전기장 E 속에서 전하량이 q인 전자에 작용하는 전기력과 저항력의 합은 0이 되므로, 운동방정식은 다음과 같다.

$$F = qE - bv_d = 0 \tag{17.11}$$

그러므로 전자의 종단속도는 $v_d = \dfrac{qE}{b}$로 나타낼 수 있으며, 이 결과는 일정한 힘 qE에 의해 전자가 일정한 속도로 운동한다는 사실을 뜻한다. 즉 저항력이 속도에 비례한다고 가정함으로써, 우리는 옴의 법칙이 말하는 결과와 똑같은 결과를 얻게 된 것이다. 이때의 종단속도는 전자가 이동하는 일정한 속도라 볼 수 있으며, **유동속도**drift velocity 또는 **표류속도**라 부른다.

우리는 도선 속의 전자를 입자로 취급해 전자의 운동에 뉴턴의 운동법칙을 적용해 옴의 법칙을 성공적으로 설명할 수 있었다. 그러나 도선 속의 전하 운동은 매우 미묘해서 전류 현상에는 전자를 입자로 취급해 설명할 수 없는 경우가 많다. 그럼에도 불구하고 놀라운 사실은, 많은 전기적 현상들이 이와 같은 단순한 전자의 입자 모형으로도 잘 설명되기도 한다는 점이다. 이러한 전자의 고전적 입자 모형을 **드루드 모형**Drude model이라 부른다.

저항력은 여러 가지 요인으로 발생할 수 있지만, 전하가 입자처럼 운동하다가 다른 입자에 충돌하기 때문에 저항이 생긴다고 생각할 수도 있다. 저항이 그런 이유로 생긴다고 할 때, 질량이 m인 전하가 다른 입자에 충돌하기까지 자유로이 이동하는 동안의 평균 시간을 τ라 하면, 저항력 비례상수는 $b = \dfrac{m}{\tau}$으로 나타낼 수 있음을 보일 수 있다.

물음 17-4 유동속도의 표현으로 전류밀도를 다시 나타내면 $j = nqv_d = \dfrac{1}{b}nq^2E$ 형태가 되는 것을 보여라. 또한 $b = \dfrac{m}{\tau}$으로 나타내면 전기전도도는 $\sigma = \dfrac{nq^2\tau}{m}$ 형태로 나타낼 수 있음을 보여라.

≫ 참고 저항의 원인

도선의 저항 요인을 이해하기 위해서는 고전 물리학의 범주를 벗어나 양자론적으로 접근해야 한다. 가장 안정된 상태에서의 고체 상태 원자들은 규칙적으로 배열되어 있는데, 그 경우 결정체crystal가 되었다고 말한다. 양자론에 의하면, 결정체 속에서 운동하는 전자는 저항을 전혀 받지 않는다. 따라서 저항이 생기는 대표적인 이유로는 ① 규칙적인 배열이 흐트러졌기 때문, ② 다른 종류의 원자가 불순물 형태로 섞였기 때문, ③ 도체가 여러 개의 작은 단위 결정체를 이루는데, 그 작은 단위 결정체들의 방향이 흐트러졌기 때문 등을 들 수 있다.

17.3 기전력과 전력

기전력

거시적인 세계에서는 마찰력 때문에 물체에 힘이 계속 작용하지 않으면 운동을 계속할 수 없었다. 도선 속에서의 미시적인 전자 운동도 마찬가지다. 즉 운동을 방해하는 저항 효과 때문에 전자가 운동을 계속하려면 힘을 계속 작용해야만 한다. 이처럼 힘을 작용해 전자를 이동시키는 상황에서 힘은 물론 '일'을 하며, 그 '일'을 하는 데는 에너지가 필요하다. 이때 도선에서 전류가 계속 흐르게 하는 에너지는 전기적인 형태의 에너지이므로, 이를 **전기에너지**라 부르기로 하자.

전기에너지는 여러 가지 형태로 저장될 수 있다. 예컨대, **건전지**battery나 축전지와 같이 화학적인 방법으로 저장할 수도 있고, 축전기라고 부르는 물리적인 방법으로도 저장할 수 있다. 전기에너지를 공급하는 능력을 **기전력**electromotive force이라 하며, ε 기호로 나타낸다. 기전력 크기는 그 기전력 장치가 만들어 내는 '전압의 세기'를 뜻한다. 기전력 장치에는 양극과 음극, 두 개의 극이 있다. 중력장에서 낮은 점과 높은 점 간에 중력 위치에너지 차이가 나듯이, 두 극 사이에도 전기 위치에너지 차이가 있다. 기전력의 차원은 전위의 차원인데, 마치 힘의 차원처럼 보이는 '기전력'이라는 이름으로 불리는 이유는 역사적 관습 때문이다. 기전력 장치에서 만든 전압으로 도선 속의 전하들은 힘을 받아 운동하게 되면, 그 전기에너지는 전자의 운동에너지로 변환되어야 마땅하다. 그러나 옴의 법칙이 보여주듯이 전자는 일정한 빠르기로 운동하므로, 전기에너지는 전자의 운동에너지가 아닌 열이나 빛에너지 등으로 변환된다.

이제 [그림 17-6]에 보인 바와 같이, 건전지에 저항을 연결한 회로를 다뤄 보자. 여기에서 ε은 기전력 전압을, R은 저항 크기를 나타낸다. 이 회로에서 기전력 장치는 일정한 전압 ε을 유지하므로, 저항 R의 양단 사이 전위차는 언제나 ε이 된다. 따라서 옴의 법칙에 의해 전류의 세기는 $i = \frac{1}{R}\varepsilon$으로 나타낼 수 있으며, 전류가 흐르는 방향으로 저항을 통과하면서 전위는 iR만큼 낮아지게 된다. 이 상황을 물의 흐름으로 비유하면, 건전지는 일정한 높이로 물을 퍼 올리는 양수기 역할을 하는 장치이고, 저항 부분은 물이 마찰력을 받으며 흘러내리는 부분에 해당한다.

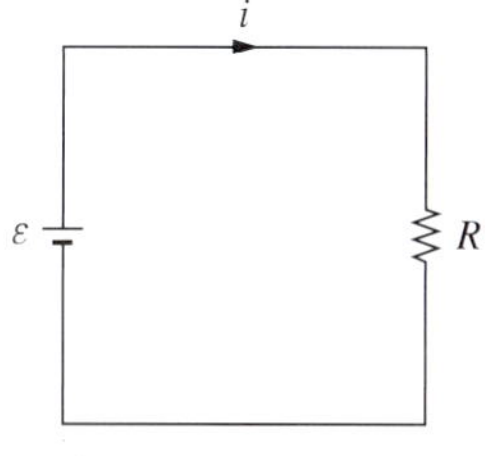

그림 17-6 장치에 저항이 연결된 회로

기전력 장치가 전하량 Δq만큼의 전하를 ε만큼 높은 전위차로 올려놓는다면, 그동안 공급된 전기에너지양은 $\Delta W = \varepsilon \cdot \Delta q$로 나타낼 수 있다. 이제 시간 Δt 동안 회로의 한 부분을 지나는 전하량을 Δq라고 하면, 전류의 세기가 i일 때 $\Delta q = i\Delta t$가 된다. 그러므로 기전력을 $\varepsilon = Ri$로 대치하면, 에너지양 ΔW는 다시 $i^2 R \cdot \Delta t$로 나타낼 수 있고, 기전력 장치가 공급하는 일률 P는 다음과 같아진다.

$$P = \frac{\Delta W}{\Delta t} = i^2 R \qquad (17.12)$$

전력

전기회로에서의 일률을 **전력**electric power이라 부른다. 저항 부분에서 전압 크기는 $V=iR$이므로 전력은 $P=Vi$ 형태로도 나타낼 수 있다. 한편, 이처럼 전류 i가 흐르는 저항 R에서는 단위시간당 i^2R만큼의 전력이 소모된다는 사실을 **줄의 법칙**Joule's law이라 부른다. 저항에서 소모되는 전력 i^2R은 주로 열로 변환되는데, 이처럼 저항 때문에 도선에서 발생하는 열을 **줄 열**Joule's heat이라고 부른다. 줄 열은 저항에 비례하므로 저항이 클수록 열이 많이 발생하는데, i^2R 표현에서도 보듯이 그 저항에 흐르는 전류의 세기가 커지면 그 열의 양은 위험할 정도로 커질 수 있다. 예컨대, 겨울철 난방용 전열기에 가느다란 전선을 연결해 사용할 때 따르는 위험 요소를 생각해보자. 연결한 전선이 가늘수록 저항은 더 커져서 전선에 더 많은 열이 발생한다. 일반적으로 전열기에는 매우 큰 전류가 흐르므로, 이때 연결한 전선에 과다한 열이 발생해 화재가 날 가능성이 커진다.

내부저항

건전지를 사용한 다음에 만져보면 건전지가 따뜻할 것이다. 이렇게 열이 발생했다는 것은 저항에 의해 줄 열이 발생했다는 뜻이고, 이는 곧 건전지 자체에 저항 요소가 있다는 뜻이다. 이처럼 건전지를 포함한 모든 기전력 장치에는 그 자체에 저항이 있는데, 그 저항을 **내부저항**internal resistance이라 부른다.

물음 17-5 건전지에 짧은 도선을 연결하면 잠시 후 건전지가 따뜻해진다. 이는 건전지에 발생하는 열량이 도선에 발생하는 열량보다 더 많다는 뜻이다. 이 사실로부터 건전지 내부저항과 도선의 저항 크기 중 어느 것이 더 크다고 할 수 있는가?

17.4 키르히호프의 법칙

일반적인 전류회로는 매우 복잡해질 수 있다. 그러나 어떤 경우라도 매우 단순한 두 가지 원리로 분석할 수 있다. 그 두 가지 원리를 나타내는 법칙을 **키르히호프의 법칙**Kirchhoff's law이라 부른다.

키르히호프의 제1법칙

전류회로의 한 부분에서 [그림 17-7]과 같이 전류가 나뉘는 경우가 생겼다고 하자. 이 경우, 전류가 갈라지는 점 P를 **갈림점**junction이라 부른다. 이때 갈림점으로 들어가는 전류와 나가는 전류의 세기를 각각 i_1, i_2, i_3로 나타낸다면, 어떤 시간 동안 갈림점으로 들어온 총 전하량은 갈림점에서 나가는 전하량과 같아야 하므로, 그 전류의 세기는 $i_1=i_2+i_3$ 관계를 만족한다. 이렇게 되는 이유는 전류가 흐르는 과정에서 전하가 만들어지거나 없어지지는 않기 때문이다.

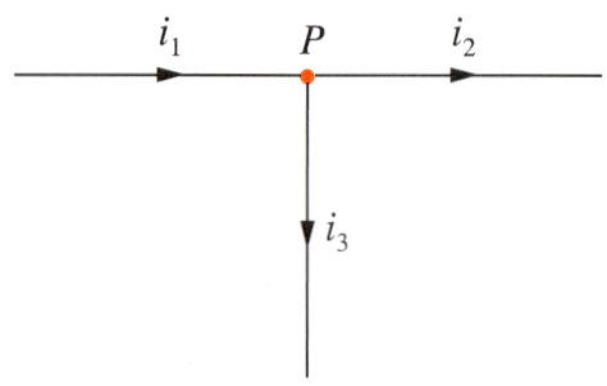

그림 17-7 세 갈래 길

이러한 전류의 세기 관계는 들어오는 전류를 양(+)의 부호로 나타내고 나가는 전류를 음(−)의 부호로 나타내면, $i_1+i_2+i_3=0$과 같이 단순하게 나타낼 수도 있다. 그러므로 여러 갈림길이 있을 때, 이런 관계를 일반화해서 다음과 같이 나타낼 수도 있다.

$$\sum_k i_k = 0 \tag{17.13}$$

이를 **키르히호프의 제1법칙**이라 부르는데, 이를 **갈림점 정리**junction theorem 또는 **접합점 정리**라 부른다.

키르히호프의 제2법칙

우리는 앞에서 전류회로를 물의 흐름에 비유하면서, 기전력 장치는 물을 퍼 올리는 양수기 역할을 하고, 저항 부분은 경사면에서 물이 흘러내리는 부분에 해당한다고 설명한 적이 있다. 물의 한 부분이 회로를 완전히 한 번 돌고 나서 제자리로 돌아오면, 그 높이가 처음 높이와 같아진다. 그러므로 전하가 회로를 한 번 돌고 제자리로 돌아오면, 그 전위는 처음과 똑같다고 말할 수 있다. 그와 같은 전위 변화 과정을 식으로 나타내보자.

도선 속에서 실제로 이동하는 전하는 보통 음(−)전하인 전자이지만, 편의상 그 전하를 양(+)전하로 가정하자. 이때 기전력 장치에서 음(−)에서 양(+) 방향으로 전하가 이동한다는 말은 양수기로 낮은 곳에서 높은 곳으로 물을 퍼 올리듯이, 전압이 낮은 부분에서 높은 부분으로 전하를 이동시킨다는 뜻이다. 따라서 기전력 장치가 만들어낸 전압 크기를 ε이라 할 때, 음(−)에서 양(+) 방향으로 전하가 이동하면 전압은 $+\varepsilon$만큼 변하게 된다. 한편, 전류가 흐르는 방향(순방향)으로 저항을 지나면, 물이 흘러내릴 때 높이가 낮아지듯이 전압이 낮아진다. 이는 전압이 $-Ri$만큼 변한다고 표현할 수 있다. 따라서 전하가 회로를 일주한 경우, 전압 변화는 $(+\varepsilon)+(-Ri)=0$으로 나타낼 수 있다.

일반적인 전류회로에서는 회로가 여러 갈래로 갈라지므로, 여러 개의 폐회로가 있게 된다. 이때 회로 부분 k에서의 전압 변화를 V_k라 나타내면, 폐회로를 일주하여 처음 위치로 돌아온 상태에서 총 전압 변화는 0이 된다. 따라서 일반적으로 다음과 같이 나타낼 수 있다.

$$\sum_k V_k = 0 \tag{17.14}$$

이것을 **키르히호프의 제2법칙**이라 부르는데, 이를 **고리 정리**oop theorem 또는 **폐회로 정리**라 부르기도 한다.

일반적으로 회로에 흐르는 전류를 알아보려고 하는 경우, 전류의 세기는 물론 그 방향조차도 알 수 없는 경우가 많다. 그런 경우, 전류 방향을 임의로 가정해도 된다. 그러나 일단 전류의 방향을 정한 다음에는 전류 흐름 방향으로 저항을 통과하며 생긴 전압 변화를 반드시 음(−)의 부호로 나타내야 한다. 그 경우 전류 방향을 임의로 정했기 때문에 분석 결과, 전류 부호가 음(−)의 값이 될 수도 있다. 전류

값이 음(−)의 부호라는 사실은 실제 전류의 방향이 처음 가정했던 방향과 반대 방향이라는 것을 뜻한다. 이제 키르히호프의 법칙을 적용하는 예로, 저항을 직렬로 연결한 경우와 병렬로 연결한 구조를 다뤄보자.

≫ 참고 자동차의 점퍼 케이블

자동차 엔진에 시동을 걸려면 일정한 기전력 크기를 가진 축전지가 필요하다. 그 축전지가 방전되어 충분한 기전력을 공급하지 못하는 경우 다른 자동차의 축전지를 연결해 사용하는데, 그때 연결해 사용하는 전선을 점퍼 케이블[jumper cable]이라 부른다. 점퍼 케이블은 상당히 굵은 구리 도선이다. 이때 굵은 도선을 쓰는 이유는 케이블 저항 부분에 Ri 크기의 전위차가 생기므로, 공급하는 기전력 세기가 약해질 수 있기 때문이다.

저항의 직렬연결과 병렬연결

먼저 기전력이 ε인 전지에 저항 R_1, R_2를 직렬로 연결한 경우를 생각해보자. 전류 방향을 시계방향으로 정하면, 전류가 흐르는 방향으로 각 저항을 지날 때마다 전압은 각각 $-Ri_1$과 $-Ri_2$만큼 변한다. 따라서 고리 정리는 $\varepsilon - i(R_1 + R_2) = 0$과 같이 쓸 수 있다. 이 경우, 전류 세기는 $i = \dfrac{1}{R_1 + R_2}\varepsilon$이 되는데, 이 결과는 $R = R_1 + R_2$와 같은 크기를 갖는 저항 하나를 지난 후의 전류 세기와 같다는 것을 알 수 있다. 즉 저항 두 개가 직렬로 연결된 경우는, 그 두 저항을 더한 크기의 저항 하나가 연결된 경우와 같다. 이는 $R = \rho\dfrac{l}{A}$(식 (17.9))에서 알게 된 사실과 일치한다.

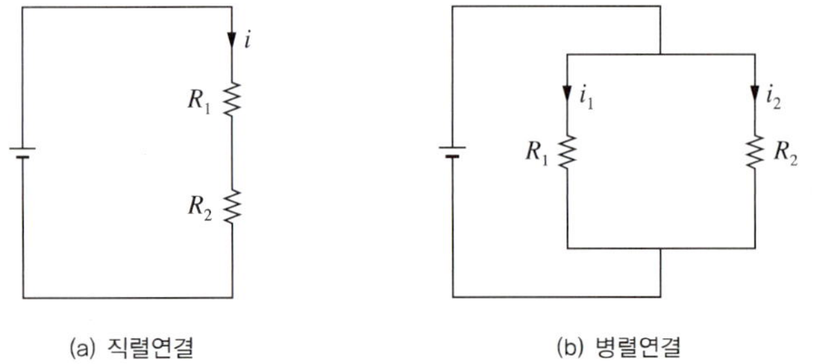

그림 17-8 저항의 직렬연결과 병렬연결

이제 기전력이 ε인 전지에 저항 R_1, R_2를 병렬로 연결한 경우를 생각해보자. 기전력 장치를 통해 흐르는 전류를 i라 하고, 각 저항 부분에 흐르는 전류를 i_1, i_2라 하면, 갈림점 정리는 $i - (i_1 + i_2) = 0$으로 쓸 수 있다. 한편, 기전력 장치와 각 저항을 지나는 두 개의 폐회로에 고리 정리를 각각 적용하면 $\varepsilon - i_1R_1 = 0$, $\varepsilon - i_2R_2 = 0$을 얻게 되어, 각 저항 부분에는 $i_1 = \dfrac{\varepsilon}{R_1}$, $i_2 = \dfrac{\varepsilon}{R_2}$ 세기의 전류가 흐른다. 따라서 총 전류의 세기는 $i = \varepsilon\left(\dfrac{1}{R_1} + \dfrac{1}{R_2}\right)$이 되어, 마치 $\dfrac{1}{R} = \dfrac{1}{R_1} + \dfrac{1}{R_2}$로 나타낸 저항 R 하나만 연결한 경우와 같은 결과가 된다.

예제 17-1 전류회로의 분석

오른쪽 그림과 같은 전류회로가 있다. 이 회로에서 $\varepsilon_1 = 6.0\,\text{V}$, $\varepsilon_2 = 12\,\text{V}$이고, R_1, R_2, R_3는 각각 $6.0\,\Omega$, $9.0\,\Omega$, $2.0\,\Omega$이다. 이 회로에서 각 부분에 흐르는 전류 i_1, i_2, i_3를 구하라.

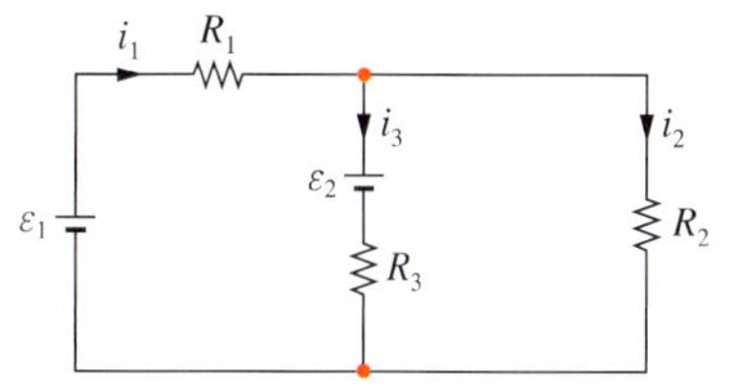

풀이

이 회로에서 전류의 방향을 미리 알 수는 없다. 그러므로 일단 모든 전류가 시계방향으로 흐른다고 가정하고, R_1, R_2, R_3에 흐르는 전류의 세기를 각각 i_1, i_2, i_3라 쓰기로 하자. 이 세 전류가 우리가 구해야 할 세 개의 미지수이며, 그 값을 알아내려면 역시 세 개의 식이 필요하다. 한편, 이 회로에서 고리 정리를 적용할 수 있는 고리는 세 개가 있는데, R_1, R_3를 지나는 고리와 R_2, R_3를 지나는 고리, 그리고 외곽 회로인 R_1, R_2만을 지나는 고리다. 이때 R_1, R_3를 지나는 고리와 R_2, R_3를 지나는 고리에 시계방향을 따라 고리 정리를 적용하면 다음 결과를 얻는다.

$$\varepsilon_1 - i_1R_1 - \varepsilon_2 - i_3R_3 = 0$$
$$-i_2R_2 + i_3R_3 + \varepsilon_2 = 0$$

이 경우, 외곽 회로인 R_1, R_2만 지나는 고리에 고리 법칙을 적용하면, 이 두 고리의 고리 정리 결과를 더한 결과와 같다는 것을 알게 된다. 그러므로, 우리는 고리 정리로부터 단지 두 개의 식만 얻을 수 있게 된다. 한편, 이 회로에 갈림점 정리를 적용하면 나머지 한 식을 더 얻을 수 있게 되며, 그 결과는 다음과 같다.

$$i_1 - i_2 - i_3 = 0$$

위와 같이 세 개의 식이 얻어졌으므로 세 개의 미지 전류를 구할 수 있으며, i_1, i_2, i_3는 각각 $-0.5\,\text{A}$, $1.0\,\text{A}$, $-1.5\,\text{A}$가 된다. 여기에서 음(−)의 부호를 가진 전류는 처음 가정한 전류 방향과 반대 방향 전류임을 뜻한다.

줄 열에 의한 화재 위험

저항 R에 전류 i가 흐르면 단위시간당 i^2R만큼의 열이 발생한다. 따라서 내부저항이 r인 전지에 저항이 R인 전기 기구를 연결한다면, 내부저항과 전기기구에서 발생하는 열량은 각각 i^2r, i^2R로서 각각 그 저항의 크기에 비례한다. 그러므로 내부저항 크기가 전기기구 저항보다 매우 작다면 건전지에서 소모되는 열량은 거의 무시할 수 있다.

그러나 이제 전기기구 두 개를 병렬로 연결할 때, 내부저항에서 발생하는 열량이 어떻게 변하는지 알아보자. 저항이 R로 똑같은 두 개의 전기기구를 병렬로 연결하면, 두 전기기구는 마치 저항이 $R/2$인 전기기구 하나와 같아진다. 그러므로 내부저항 효과를 무시하면 전지를 통해 흐르는 전류의 세기는 거의 두 배로 증가한다. 여기서 문제는, 줄 열이 전류의 제곱에 비례하므로 전지에서 발생하는 열량은 네 배로 증가한다는 사실이다. 우리는 여기에서 도선이 가진 저항을 전지의 내부저항 효과에 포함시켜 생각할 수 있는데, 전기기구 두 개를 병렬로 연결해 쓰는 경우, 도선에서도 열이 네 배 정도 더 발생한다. 즉 일반적인 상황에서는 도선의 저항이 매우 작으므로 도선에서 발생하는 열량은 그리 많지 않지만, 전기기구를 많이 사용하고 있다면 그 열량은 매우 커질 수 있다.

한 단자에 두 개의 전기기구를 동시에 사용한다는 것은 전기기구 두 개를 병렬로 연결한다는 뜻과 같다. 그러므로 여러 개의 전기기구를 한 단자에 동시에 연결해 사용할 때 화재의 위험이 크게 증가하는 이유는 바로 이 때문이다. 이때 화재의 위험을 줄이려면 도선의 저항 크기를 매우 작게 만드는 방법밖에 없다. 즉 도선의 저항은 단면적이 클수록 더 작아지므로, 충분히 굵은 도선을 사용해 배선 작업을 하면 화재 위험을 크게 줄일 수 있다. 또한 굵은 도선을 사용하면 도선에서 발생하는 (불필요한) 열도 줄어들기 때문에 경제적으로도 유익하다.

물음 17-6 도선의 저항이 전열기 저항에 비해 무시될 정도로 작을 때, 똑같은 전열기 세 개를 병렬로 연결해서 사용하면 도선에서 발생하는 열량은 전열기 하나를 연결한 경우의 약 몇 배가 되는가?

참고 전지의 병렬연결

내부저항에서는 전력이 불필요하게 소모되므로, 내부저항의 크기는 물론 작을수록 좋다. 이제 1.5 V의 직류 전압이 필요한 회로에 1.5 V짜리 건전지 하나를 연결해서 쓰는 경우와 같은 전지 여러 개를 병렬로 연결해 쓰는 경우를 생각해보자.

같은 크기의 저항 두 개를 병렬로 연결하면, 원래 크기의 1/2에 해당하는 저항이 된다. 따라서 전지에서 불필요하게 소모되는 전력은 약 1/2로 줄어든다. 마찬가지로 전지 열 개를 병렬로 연결해 사용하면, 불필요하게 소모되는 전력은 약 1/10로 줄어든다. 이처럼 전지를 병렬로 연결해 만든 전원은 에너지 소모를 줄일 수 있을 뿐만 아니라 안정적인 기전력을 공급한다.

17.5 전류계와 전압계

전류계

회로에 흐르는 전류의 세기는 **전류계**ammeter를 이용해 측정할 수 있다. 회로의 한 부분을 통해 흐르는 전류의 세기를 측정하려면, 그 부분에 전류계를 직렬로 연결하면 된다. 직렬로 연결한다는 것은 회로의 한 부분을 잘라내고 그곳에 전류계를 삽입한다는 뜻이다. 이때 (회로에 전류계를 연결하지 않은 것처럼) 원래의 전류 세기를 정확히 측정하려면 전류계 자체가 갖고 있는 전류계 내부저항이 0이 되어야만 한다. 그러나 전류나 전압을 측정하는 계기들도 도선으로 구성되어 있으므로, 어떤 계기도 그 내부저항을 무시할 수는 없다. 그러므로 전류계를 이용해서 회로에 원래 흐르던 전류의 세기를 '정확히' 측정하는 것은 불가능하다. 그러나 전류계의 내부저항을 줄일수록 좀 더 정확한 전류의 세기를 측정할 수 있게 된다.

전압계

회로 내의 전위차는 **전압계** voltmeter 를 이용해 측정할 수 있다. 그 경우 전압계의 두 단자를 회로 요소 양단에 연결하는데, 이는 회로 요소와 전압계가 병렬 형태로 연결된 모양을 뜻한다. 이때 (회로에 전압계를 연결하지 않은 것처럼) 원래의 전위차를 정확히 측정하려면 그 전압계로 전류가 흐르지 말아야 한다. 즉 전압계 자체가 가진 전압계의 내부저항이 무한히 커야 한다는 뜻이다. 그러나 내부저항을 무한히 크게 해서 그 전압계에 전류가 흐르지 못하게 하면 전위차를 측정할 수 없으므로 전압계를 이용해서 어떤 회로 요소 양단의 전위차를 '정확히' 측정할 수 없다. 그러나 전압계의 내부저항이 크면 클수록 전위차를 더 정확히 측정할 수 있게 된다.

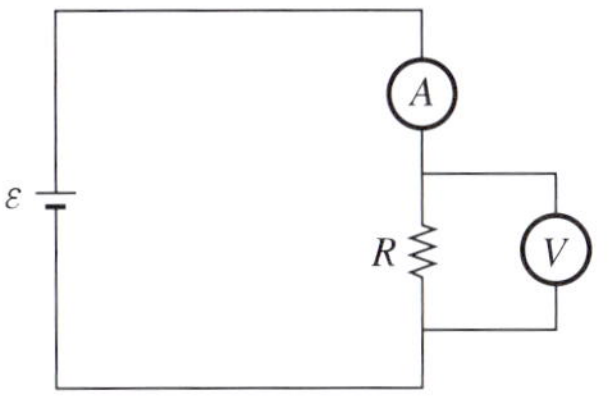

그림 17-9 전류계와 전압계 연결

물음 17-7 어떤 전류계가 측정할 수 있는 최대 전류의 세기는 간단한 방법으로 얼마든지 더 크게 만들 수 있다. 이제 최대 전류를 1A까지 측정할 수 있는 전류계의 내부저항을 R이라고 하자. 이 전류계를 최대 10A까지 측정할 수 있는 전류계로 바꾸려면 다른 저항 r을 전류계에 병렬로 연결해 전류계에 1A가 흐를 때 그 저항 r에 9A가 흐르게 하면 된다. 이때 저항 r의 크기는 얼마여야 하는가?

단자전압

우리는 앞에서, 전압계를 사용해 어떤 회로 요소 양단의 전위차를 정확히 측정할 수 없다는 사실을 알게 되었다. 이는 전압계를 이용해서는 기전력 장치의 전위차를 정확히 측정할 수 없다는 뜻이다. 그 이유는 모든 기전력 장치가 자체적으로 내부저항을 갖고 있기 때문이다. 그 사실을 확인하기 위해 내부저항이 r인 기전력 장치에 자체 저항(전압계 내부저항)이 R인 전압계를 연결한 회로를 생각해보자. 이때 전류의 세기는 $i = \dfrac{\varepsilon}{r+R}$이 되므로, 전압계 자체 저항 R의 양단 a, b 사이의 전압은(그 전압은 내부저항을 포함한 전지 양단의 전압이기도 하다) $Ri = \dfrac{R}{r+R}\varepsilon$ 크기가 된다.

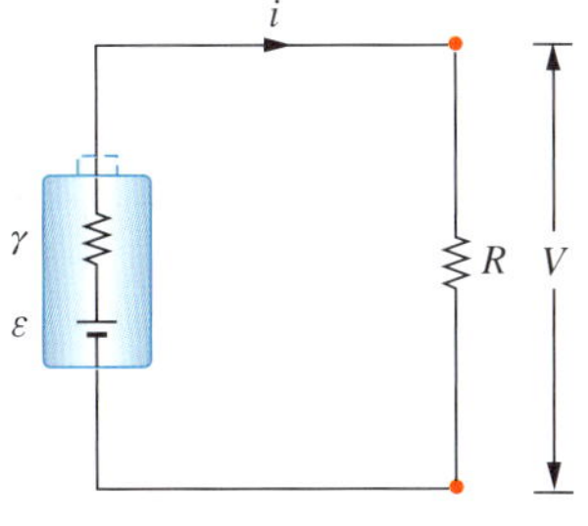

그림 17-10 저항에 연결한, 내부저항이 있는 건전지

즉 기전력 장치 양단의 전압은 실제 기전력 세기 ε의 $\dfrac{R}{r+R}$배로 측정된다. 이는 R이 무한대 크기인 전압계만이 기전력 장치의 전압 ε을 정확히 측정할 수 있으며, 그렇지 않으면 측정된 전압은 언제나 실제 기전력 크기보다 작은 값이 된다는 것을 뜻한다. 이때 기전력 크기보다 작은, 전지 양단의 전압 $\dfrac{R}{r+R}\varepsilon$값을 **단자전압**terminal voltage이라 부른다.

물음 17-8 기전력이 ε인 전지의 내부저항 크기가 r이다. 그 전지를 통해 흐르는 전류의 세기를 i라 할 때, 단자전압 크기는 $\varepsilon - ir$과 같음을 보여라.

[HINT] 단자전압은 전지에 전류가 흐르지 않는 상태에서만 기전력 크기와 같아진다.

참고 전위차계potentiometer

우리는 이상적 전압계로도 전지의 기전력 크기를 측정할 수 없다는 사실을 알게 되었다. 그러나 기전력 크기를 알고 있는 '표준 전지'가 있다고 하면, 그 표준 전지에 대한 상대적 크기를 측정하는 방법으로 임의 전지의 기전력을 정확히 측정할 수도 있다.

이제 다음과 같은 회로를 다뤄보자.

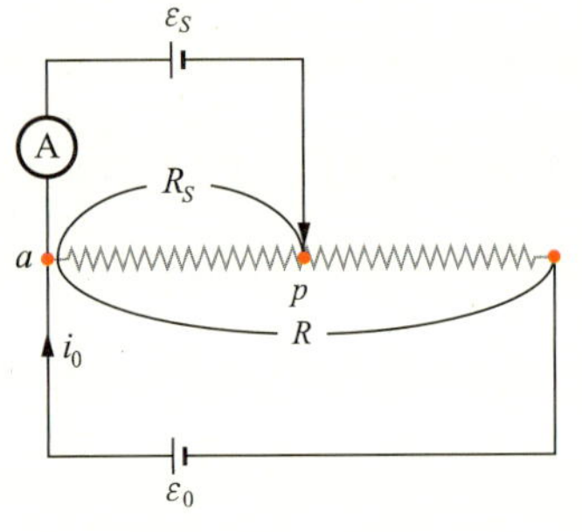

이 회로에서 ε_s는 표준 전지로서, 우리는 이미 그 기전력의 세기가 얼마인지 알고 있다고 가정하자. 한편, 저항 R은 **가변저항**rheostat으로, 그 중간의 어느 점을 취해도 그 점까지의 저항 크기를 알 수 있다. 어떤 전지를 이용해 저항 R에 전류가 흐르게 했을 때, 그 전류의 세기를 i_0라고 하자. 첫 번째 단계로, 점 p의 위치를 조절해 표준 전지를 통해 흐르는 전류가 0이 되고, 점 a와 점 p 구간의 저항을 R_s라고 하자. 표준 전지의 기전력 세기는 i_0R_s로 나타낼 수 있음에 유의하자. 두 번째 단계로, 표준 전지를 기전력을 측정하려는 미지 전지로 대치한 다음, 미지 전지에 흐르는 전류가 다시 0이 되도록 점 p의 위치를 다시 조절한다고 하자. 점 a와 점 p 구간의 저항을 R_x라고 하면, 미지 전지의 기전력 세기는 다음과 같아진다.

$$\varepsilon_x = \varepsilon_s \frac{R_s}{R_x}$$

17.6 RC 회로

건전지나 축전지는 화학적 방법으로 전기에너지를 저장하는 기전력 장치지만, 축전기는 물리적인 방법으로 전기에너지를 저장하는 장치다. 이제 전기용량이 C인 축전기가 기전력 크기가 ε인 전지에 연결되어 [그림 17-11(a)]와 같이 충전되는 과정을 다뤄보자.

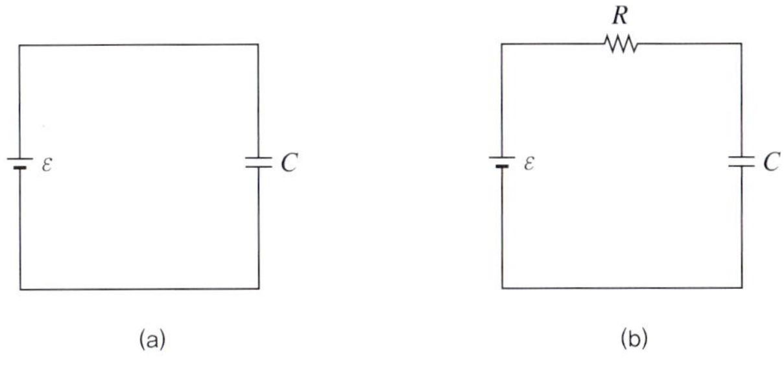

그림 17-11 전지에 연결된 축전기

이 경우, 축전기 양단에 충전된 전하량 크기를 Q라고 하면, 기전력 크기가 ε인 전지가 해준 일의 양은 물론 $Q\varepsilon$이다. 한편, 축전기 양단의 전위차는 결국 기전력 ε과 같아지므로 $\frac{Q}{C}=\varepsilon$ 관계로부터, 축전기 양단에는 각각 $\pm Q=\pm C\varepsilon$의 전하량이 쌓인다. 따라서 16장에서 얻은 $U=\frac{1}{2}\frac{Q^2}{C}$(식 (16.6))으로부터, 축전기에 저장된 에너지양은 $U=\frac{1}{2}C\varepsilon^2$이 된다는 것을 알 수 있다. 이 결과는 매우 특이하다. 왜냐하면 전지가 공급한 에너지인 $Q\varepsilon$은 $C\varepsilon^2$과 같은데, 그것의 $\frac{1}{2}$만 축전기에 저장된 결과를 보여주기 때문이다. 그렇다면 나머지 $\frac{1}{2}$은 어디로 사라졌을까?

우리는 충전회로에서 저항의 존재를 고려하지 않았는데, 사라진 $\frac{1}{2}C\varepsilon^2$ 크기의 에너지는 저항에 의한 열에너지 손실량과 같음을 보일 수 있다. 앞에서 다룬 것처럼 기전력 장치나 회로를 구성하는 도선에는 반드시 저항이 들어간다. 즉 어떤 전기회로에서도 저항 효과를 무시할 수 없는데도 우리는 그 효과를 무시했던 것이다. 이제 기전력이 $\frac{1}{2}C\varepsilon^2$인 전지에 전기용량이 C인 축전기를 연결한 경우, 회로에 존재하는 전체 저항 효과를 R로 나타냈다고 하자. 이때 전류 i가 시계방향으로 흐른다고 정하면 회로방정식은 다음과 같아진다.

$$\varepsilon+(-Ri)+\left(-\frac{q}{C}\right)=0 \tag{17.15}$$

여기에서 q는 축전기에 대전된 전하량을 나타내는데, 시계방향으로 흐른다고 정한 전류의 방향을 고려하면 지나면서 전압이 낮아지므로, 축전기 부분의 전압 변화는 음(−)의 부호를 갖게 된다. 한편, 축전기의 전하량 q와 전류 i는 $\frac{dq}{dt}=i$ 관계를 가지므로, 이 회로방정식은 1차 미분방정식이 되며, 전류는 다음과 같아진다.

$$i(t) = i_0 e^{-\frac{t}{RC}} \tag{17.16}$$

즉 전류는 시간에 따라 감소하며, 축전기가 모두 충전되면 결국 멈춘다.

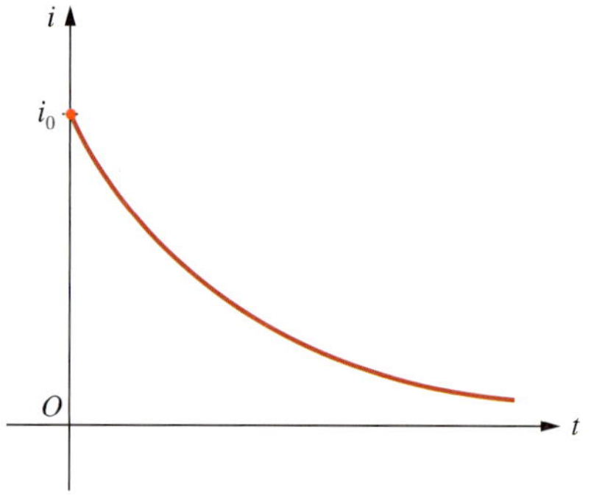

그림 17-12 축전기 회로의 시간에 따른 전류 변화

여기에서 RC는 시간의 차원을 가지므로 흔히 **시간상수**time constant라 부른다. 시간상수를 τ로 나타내 $\tau = RC$라고 쓰면, 전류는 $e^{-\frac{t}{\tau}}$ 형태로 줄어든다고 나타낼 수 있다. 예컨대, 충전을 시작하고 시간 τ가 흐른 뒤에는 전류의 세기가 처음과 비교했을 때 약 $\frac{1}{3}$ 세기로 약해진다.

물음 17-9 저항이 1Ω인 회로에서 전기용량이 $\frac{1}{100}$ F인 축전기를 충전할 때의 시간상수는 몇 초인가?

물음 17-10 전기용량이 C인 축전기가 전하량 Q로 충전되어 있다. 이 축전기를 같은 용량을 가진 다른 축전기에 연결해 전기에너지를 나누어 보관하려고 한다. 연결한 다음 연결된 축전기가 완전히 충전된 다음 각 축전기에는 물론 $\frac{Q}{2}$씩의 전하량이 각각 충전되게 된다.

(a) 다른 축전기를 연결하기 전 축전기에 저장된 전기에너지량은 얼마인가?

(b) 다른 축전기를 연결한 다음 두 축전기에 저장된 총 전기에너지량은 처음 상태의 $\frac{1}{2}$밖에 되지 않음을 보여라.

참고 1차 미분방정식의 풀이

$\varepsilon + (-Ri) + \left(-\frac{q}{C}\right) = 0$에서 $i = \frac{dq}{dt}$임을 고려하면, 이 식은 1차 미분항이 들어 있는 1차 미분방정식이 된다. 예컨대, 이 식을 미분하면 기전력 ε은 상수가 되므로, $R\frac{di}{dt} + \frac{1}{C}i = 0$ 형태의 미분방정식을 얻는다. 이런 형태의 미분방정식은 변수를 분리해 $\frac{di}{i} + \frac{1}{RC}dt = 0$ 형태로 나타내면, 직접 적분해 그 해를 구할 수 있다. 적분을 하면 '$\ln i = -\frac{1}{RC}t +$상수' 형태가 되고, 전류는 $i(t) = i_0 e^{-\frac{t}{RC}}$ 형태로 나타낼 수 있다.

CHAPTER 17 연습문제

1 각각의 금 원자에 하나의 자유전자가 있다고 가정한다면, 금 부피 $V = 1\,\mathrm{m}^3$ 속에는 몇 개의 자유전자가 존재하는가? 단, 금의 밀도는 $\rho = 19.3 \times 10^3\,\mathrm{kg/m^3}$이다.

2 보통 사람은 엄지와 검지 사이에 $80\,\mu A$보다 큰 전류가 흐르면 약한 전기 충격을 받는다고 한다. 습기가 없는 상태와 습기가 있는 상태에서 엄지와 검지 사이 저항이 각각 $4.0 \times 10^5\,\Omega$과 $2{,}000\,\Omega$이라 할 때, 두 상태에서 전기 충격을 받지 않게 되는 최대 전압 크기는 각각 얼마인가?

***3** 전류와 전류밀도

자동차들이 일정한 속도 v로 달리는 경우, 시간 Δt 동안 한 지점을 통과하는 차량의 수는 이동 거리가 $v\Delta t$인 지점에 놓인 차의 대수와 같다. 마찬가지로 일정한 속도 v로 전하들이 운동하는 경우, 시간 Δt 동안 도선의 한 단면을 통과한 전하의 수는 도선 길이가 $v\Delta t$인 부분에 있는 전하의 수와 같다. 단면적이 A인 도선 속에서 전하들은 일정한 속도 v로 운동한다.

(a) 시간 Δt 동안 도선의 한 단면에는 부피가 $A(v\Delta t)$인 도선 속의 전하들이 통과함을 보여라.

(b) 도선 단위부피당 전하의 수가 n이라면, 시간 Δt 동안 도선의 한 단면에는 $nA(v\Delta t)$ 개수의 전하가 통과한다. 전하의 전하량이 q라면, 전류는 $i = nqvA$로 나타낼 수 있음을 보여라.

(c) 전류밀도는 $j = nqv$로 나타낼 수 있음을 보여라.

***4** 저항회로 ①

오른쪽 그림과 같은 회로에서 저항 R_3에 흐르는 전류는 얼마인가?

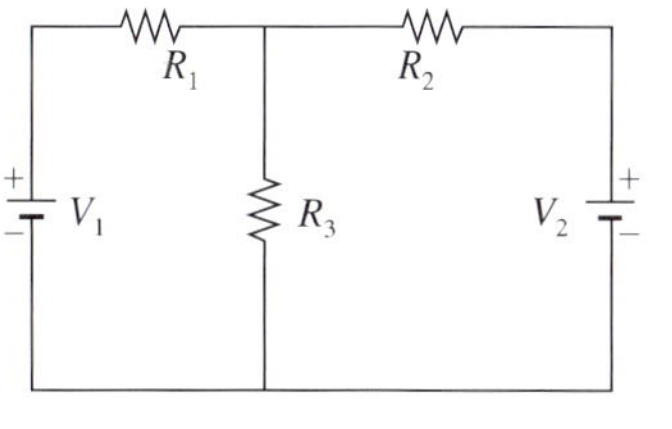

5 $2.0\,\mathrm{V}$의 전압을 가진 건전지에 어떤 저항을 연결했더니 $0.80\,\mathrm{W}$의 전력이 소모되었다. 이 저항을 $1.0\,\mathrm{V}$짜리 건전지에 연결할 때의 소모 전력은 얼마인가?

6 온도에 따른 도선의 저항 변화는 $R = R_0[1 + \alpha(T - T_0)]$로 나타낼 수 있다. 여기에서 R_0는 온도가 T_0인 상태의 저항이고, α는 비저항계수라 불리는 양이다. 온도가 $313\,\mathrm{K}$일 때 어떤 금 도선의 저항은 $100\,\Omega$이지만, 다른 온도 T일 때는 $97\,\Omega$이라면, 온도 T는 얼마인가? 단, 금의 비저항계수는 $3.4 \times 10^{-3}/\mathrm{K}$이다.

7 다음 그림과 같이, 저항과 축전기로 구성된 회로가 있다.

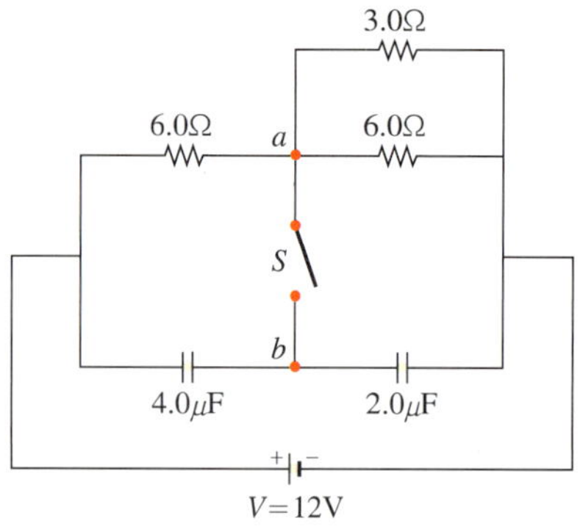

(a) 스위치 S가 열려 있을 때, 전지의 음극 전위를 0으로 정하면 점 a와 점 b의 전위는 각각 얼마인가?

(b) 스위치 S가 닫혔을 때, 스위치를 통해 흐르는 전하량의 크기는 얼마인가?

8 어떤 수력 발전소의 터빈이 발전기에 하는 일률이 2,000마력이며, 공급된 역학적 에너지의 90%가 전기에너지로 변환된다고 한다. 발전기가 만드는 전위차가 3,000 V라 할 때 발전기 전류 세기는 얼마인가?

9 전압 110 V에서 사용되는 어떤 전열기가 1,500 kcal/h의 일률로 열을 발생한다고 한다. 10 A, 20 A, 30 A의 세 종류 용량을 가진 퓨즈가 있다고 할 때, 전열기 회로에 사용할 적절한 퓨즈는 어떤 것인가?

10 비저항이 $3.0\times10^{-8}\,\Omega\text{m}$이고, 단면적이 $4.0\times10^{-6}\,\text{m}^2$인 전선을 전열기로 사용하려고 한다. 20 V 전지에 연결하는 경우 48 W 전력 전열기로 만들려면 전선의 길이는 얼마가 되어야 하는가?

11 똑같은 크기의 저항 R이 여러 개 있다. 그 저항을 한 개에서 세 개까지 적절히 연결해 얻을 수 있는 저항 크기는 몇 종류인가?

12 똑같은 크기의 저항 R이 오른쪽 그림과 같은 구조로 연결된 경우, 총 저항 크기는 얼마인가?

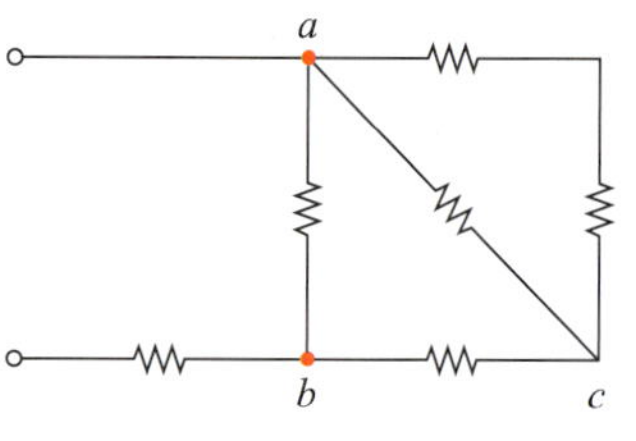

**13 저항회로 ②

오른쪽 그림에서 점 a와 점 b 사이의 저항은 $\frac{27}{17}\Omega$임을 보여라.

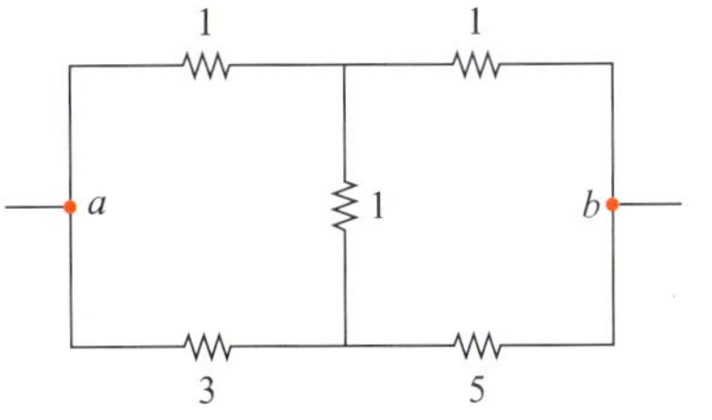

**14 정육면체에 배치된 저항

다음 그림과 같이, 정육면체 구조에서 12개의 변이 모두 똑같은 크기의 저항 R을 가지고 있다.

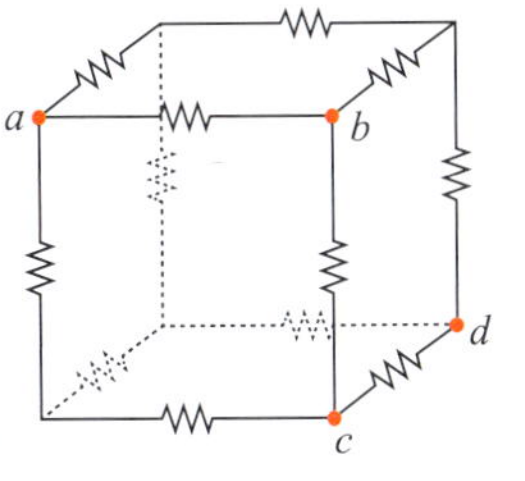

(a) 정육면체의 대각선에 위치한 두 꼭짓점 a, d를 단자로 하는 경우, 이 구조의 저항 R_0는 얼마인가?

(b) 정육면체 한 면의 대각선에 위치한 두 꼭짓점 a, c를 단자로 하는 경우, 이 구조의 저항 R_0는 얼마인가?

(c) 인접한 두 꼭짓점 a, b를 단자로 하는 경우, 이 구조의 저항 R_0는 얼마인가?

15

다음 회로에서 $R_1 = 22\Omega$, $R_2 = 18\Omega$, $V_1 = 9.0\,\mathrm{V}$, $V_2 = 6.0\,\mathrm{V}$일 때, 저항 R_1, R_2에 흐르는 전류 세기는 각각 얼마인가?

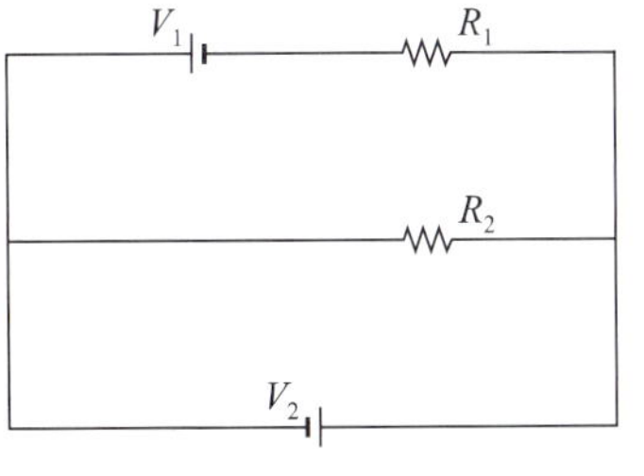

16 오른쪽 회로에서 $\varepsilon_1 = 3.0\,\text{V}$, $\varepsilon_2 = 1.0\,\text{V}$, $R_1 = 5.0\,\Omega$, $R_2 = 2.0\,\Omega$, $R_3 = 4.0\,\Omega$이라면, 각각의 저항에서 소모되는 전력은 얼마인가?

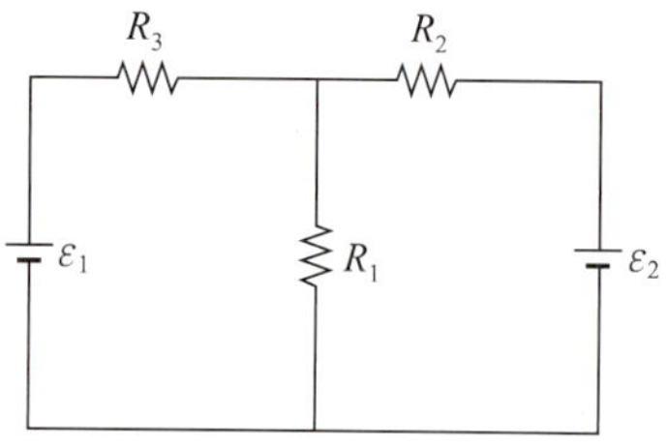

***17** 길이 측정

물체의 작은 길이 변화는 다음과 같이 측정할 수도 있다. 길이 변화를 측정하고자 하는 물체의 표면에 도선을 단단히 접착시켜 물체와 도선이 분리되지 않도록 한 다음, 도선의 저항 변화를 측정하는 것이다. 길이가 l_0이고 단면적이 A_0인 도선의 저항이 R_0라 할 때, 물체의 길이가 늘어나 도선의 저항 변화량 ΔR이 얻어진다면, 길이 변화량 Δl은 $\dfrac{\Delta l}{l_0} = \dfrac{\Delta R}{2R_0}$ 관계로부터 얻을 수 있음을 보여라.

18 일정한 전력 P_0로 발전하지만, 발전 전압 V는 조절 가능한 발전소가 있다. 발전소에서 송전선을 거쳐 도시에 전력을 공급하는 과정에서의 전력 손실은, 송전선의 저항이 R인 경우 $\Delta P = \left(\dfrac{P_0}{V}\right)^2 R$로 나타낼 수 있음을 보여라.

19 니오븀-티타늄(NbTi) 합금 도선은 절대온도 10℃ 이하에서는 초전도 상태가 되는 특성을 가진다. 액체 헬륨의 온도는 절대온도 4℃이므로, 이 경우 합금 도선의 저항은 액체 헬륨 속에서는 0이 된다. 이제 액체 헬륨이 담긴 탱크 부분을 관통하는 도선 부분의 전압을 측정한다고 하자. 액체 헬륨이 전혀 남아 있지 않은 상태에서 측정된 전압이 V_0라 하고, 탱크에 저장된 액체 헬륨의 높이가 x인 상태에서 측정된 전압이 V라고 하면, 탱크를 관통하는 도선의 총 길이를 l이라고 할 때, $\dfrac{x}{l}$의 크기는 얼마인가?

20 저항 크기가 각각 $680\,\Omega$, $720\,\Omega$, $1{,}200\,\Omega$인 세 개의 저항이 있다. 이들을 이용해 얻을 수 있는 최대 크기와 최소 크기의 저항값은 각각 얼마인가?

21 전자회로에 있는 어떤 저항 크기는 원래 $370\,\Omega$이어야 하는데, 실수로 $480\,\Omega$의 저항이 연결되어 있다. 잘못 연결된 저항을 그대로 둔 채로 다른 저항을 추가해 이 문제를 해결하려면 어떤 크기 저항을 어떻게 연결해야 하는가?

22 기전력 크기가 ε이고 내부저항이 r인 전원에 저항이 R인 기기가 연결되었다. 전원이 공급하는 전력은 저항 R이 어떤 크기일 때 최대가 되는가?

*23 4비트 구조

오른쪽 그림은 단순한 4비트 DAC Digital to Analog Converter 구조를 나타낸다. 이 회로에서 10진법의 2에 해당하는 이진수(바이너리 수) 0010은 1.0Ω 저항에 2mA의 전류가 흐르는 상태로 표현되는데(1Ω의 저항 크기는 무시될 수 있으므로), 네 개의 저항 중 8kΩ의 스위치만 닫고 나머지는 모두 열어두면 된다. 이 회로에서 이진수 0001, 0100, 1000, 1010에 해당하는 상태는 1.0Ω 저항 양단의 전압이 각각 1.0mA, 4.0mA, 8.0mA, 10mA인 경우가 되는데, 각 경우의 스위치 상태는 어떻게 되는지 답하라.

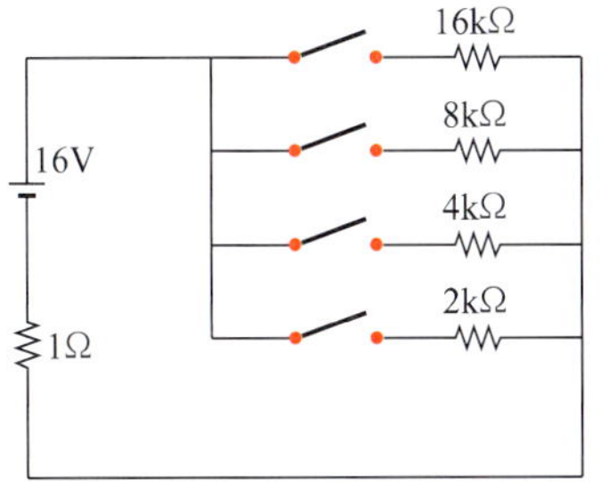

**24 저항과 축전기 회로

다음 그림과 같이, 저항 두 개와 축전기 두 개로 연결된 회로에 24V 전위차의 전원이 연결되었다. 이때 $R_1 = 8.8\Omega$, $R_2 = 4.4\Omega$, $C_1 = 0.48\mu F$, $C_2 = 0.36\mu F$이다.

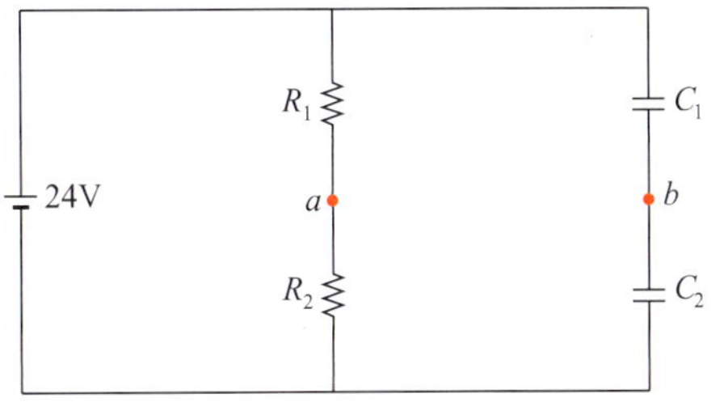

(a) 전원의 음극 전위를 0이라 할 때, 두 점 a, b에서의 전위는 각각 얼마인가?

(b) 두 점 a, b를 연결한다면, 점 b의 전위는 얼마인가?

(c) 두 점 a, b를 연결한다면, 두 점 사이로 이동한 전하량은 얼마인가?

25

다음 회로에서 축전기 용량이 $C = 2.2\mu F$인 경우, 축전기 양단의 전위차와 저장된 전하량은 각각 얼마인가?

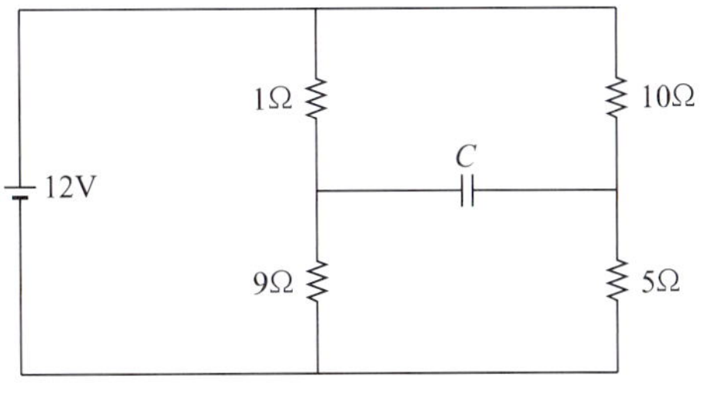

*26 축전기 방전

평행판 축전기가 유전상수 K인 유전체로 채워져 있다. 유전체는 절연체이지만 미소한 크기의 전류가 흐를 수 있으며, 매우 큰 비저항 ρ를 가진 물질이다. 그러므로 전하가 저장된 경우 그 축전기는 서서히 방전된다.

(a) 방전되는 시간상수가 $\tau = K\varepsilon_0\rho$임을 보여라.

(b) $K = 5.0$, $\rho = 10^{12}\,\Omega\mathrm{m}$인 경우, 시간상수의 크기는 얼마인가?

*27 축전기 다리

다음 그림은 축전기 용량을 측정하기 위해, 가변 축전기 C_1의 용량을 변화시켜서 두 점 a, b 사이의 전위차가 0이 되도록 하는 장치이다. $C_2 = 18.0\,\mu\mathrm{F}$, $C_3 = 4.8\,\mu\mathrm{F}$이고, $C_1 = 8.9\,\mu\mathrm{F}$일 때, C_x의 크기는 얼마인가?

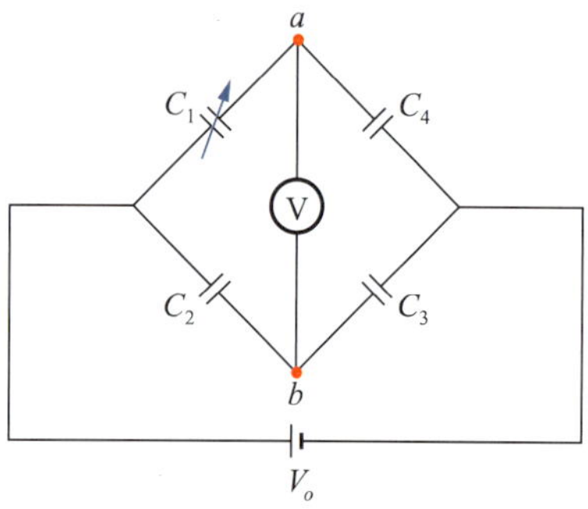

28

$V = 1.5\,\mathrm{V}$의 전압을 가진 전지에 연결한 $R = 0.1\,\Omega$인 저항에서 소모되는 전력이 10 W이다.

(a) 전지의 내부저항 크기 r은 얼마인가?

(b) 저항 양단의 전위차는 얼마인가?

*29 소모 전력

병렬로 연결된 두 개의 전지에 저항 R을 연결했다. 두 전지는 똑같은 전지로, 기전력은 ε, 내부저항은 r이다.

(a) 저항 R에서 소모되는 전력이 최대가 되려면, 저항 크기는 얼마가 되어야 하는가?

(b) 그 경우 저항 R에서 소모되는 전력은 얼마인가?

30 휘트스톤 브리지

휘트스톤 브리지 Wheatstone bridge 란 저항 크기가 이미 알려진 세 개의 저항 R_1, R_2, R_3와 미지 저항 R을 오른쪽 그림처럼 연결한 장치다. 전류계에 전류가 흐르지 않도록 저항을 배치했을 때, $\frac{R_2}{R_1}=\frac{R}{R_3}$ 관계임을 보여라.

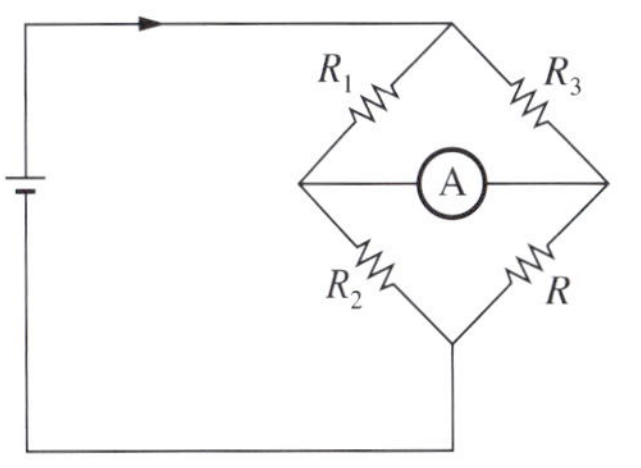

31 내부저항이 $r=50.0\,\Omega$이고 $10.0\,\mathrm{mA}$ 한도까지 측정 가능한 검류계를 $3.00\,\mathrm{A}$ 한도까지 측정 가능한 전류계로 사용하려 한다. 이 검류계에 병렬로 연결해야 할 저항 R_p의 크기는 얼마인가?

32 내부저항이 $60.0\,\Omega$이고 $0.500\,\mathrm{mA}$ 한도까지 측정 가능한 검류계가 있다. 이 검류계에 직렬로 저항을 연결해 $1.00\,\mathrm{V}$ 한도까지 측정 가능한 전압계로 사용하려면, 저항 R_s 크기는 얼마가 되어야 하는가?

*33 저항 측정

전압계와 전류계를 오른쪽 그림과 같이 연결해 저항 R의 크기를 측정하려고 한다. 전압계와 전류계는 모두 내부저항을 가지고 있으므로, 측정된 전압과 전류가 각각 V, i로 얻어진다 하더라고 $\frac{V}{i}$으로부터 저항 크기를 구할 수는 없다. 전류계 내부저항이 R_A라면, $R'=\frac{V}{i}$라 할 때 $R=R'-R_A$임을 보여라.

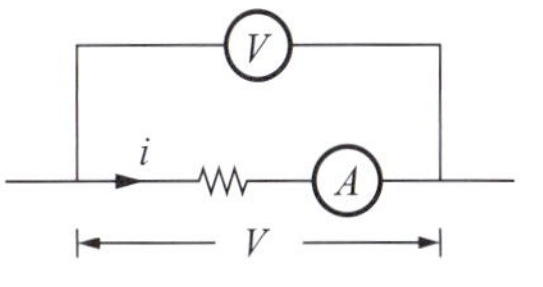

**34 전압계 측정 한도

내부저항이 $100\,\mathrm{M\Omega}$인 어떤 전압계의 측정 전압 한도는 $400\,\mathrm{mV}$이다. 이 전압계에 오른쪽 그림과 같이 $R_1=10\,\mathrm{M\Omega}$인 저항과 다른 저항 R_2를 연결해 측정 한도를 $40\,\mathrm{V}$가 되게 하려면 저항 R_2의 크기는 얼마가 되어야 하는가?

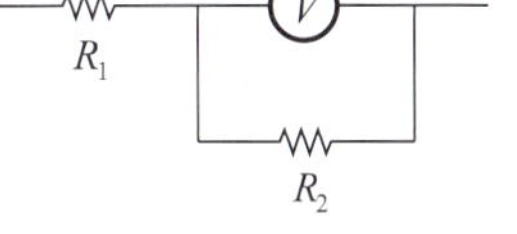

35 $100\,\mathrm{V}$에서 $500\,\mathrm{W}$로 동작하는 전열기가 있다. 전열기를 전압이 $200\,\mathrm{V}$인 전원에 연결한 후 한 시간 동안 켜두었을 때 흘러간 전하량은 몇 C인가?

36 다음 그림과 같이, 똑같은 크기를 가진 다섯 개의 저항을 연결한 구조가 있다.

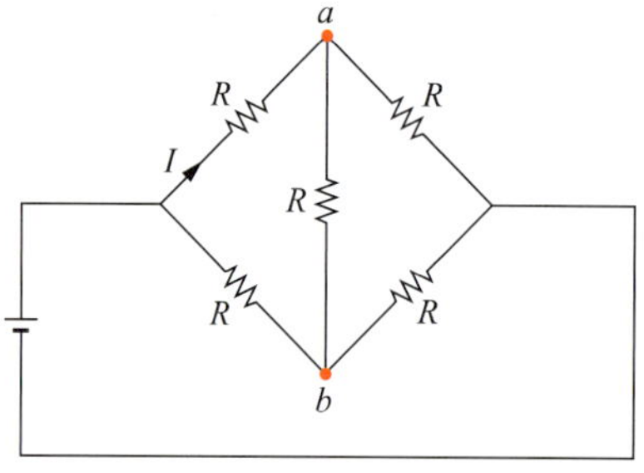

(a) 이 구조에 전류가 흐를 때, 윗부분으로 흐르는 전류의 세기가 I라면, 아랫부분으로 흐르는 전류의 세기는 얼마인가?

[HINT] 저항 구조의 대칭성을 이용한다.

(b) 윗부분과 아랫부분의 중간 위치인 점 a, b의 전위차는 얼마인가?

(c) 중앙 부분에 있는 저항에 흐르는 전류의 세기는 얼마인가?

(d) 이 저항 구조의 총 저항 크기는 얼마인가?

37 기전력이 $\varepsilon = 3\,\mathrm{V}$인 건전지에 저항 $R_1 = 9\,\Omega$을 연결했다. 건전지의 내부저항은 $r = 1\,\Omega$이다.

(a) 건전지의 내부저항이 소비하는 전력은 몇 W인가?

(b) 여기에 건전지 아홉 개를 추가해 열 개의 건전지로 병렬연결을 했다면, 전체 건전지의 내부저항이 소비하는 총 소비전력은 몇 W인가?

CHAPTER

18 자기장

Magnetic Field

18.1 자기장과 자기력

지금까지 다룬 내용과 달리 전류는 다른 놀라운 현상도 만들어내는데, 그것은 바로 전류가 흐르면 **자기장**magnetic field이라 부르는 현상이 생겨난다는 것이다. 자기장은 전기장에 대응되는 쌍둥이 같은 양으로서, 정지한 전하에는 아무런 영향을 주지 않지만, 운동하는 전하에는 힘을 작용하는 매우 특이한 존재다. 거의 모든 중요한 발견이 그러했듯이, 전류가 자기장을 만든다는 사실도 아주 우연히 발견되었다고 한다. 독일의 외르스테드는 등산을 좋아해 항상 나침반을 가지고 다녔는데, 1820년 어느 날, 주머니에 있던 나침반을 책상 위에 꺼내놓은 채로 실험을 하다가 전류가 흐를 때마다 나침반의 바늘 방향이 바뀌는 것을 발견했다.

그림 18-1 한스 크리스티안 외르스테드, 1777~1851

나침반의 바늘은 자석으로서, 자연적인 자석은 지구에 몇 곳밖에 없는 자철광[1]에서만 얻을 수 있다. 철은 가장 흔한 광물이며, 우리는 곧 모든 철은 근원적으로 자석이라는 사실을 알게 될 것이다. 그럼에도 불구하고 중동의 마그네시아Magnesia와 지구 몇 군데밖에 없는 자철광에서 나오는 철만이 자석이라는 사실을 우리는 어떻게 해석해야 할까?

그림 18-2 자철광

오래전부터 인류가 사용해온 나침반은 망망대해에서 배가 가야 할 방향을 알려주는 필수 항해 장비였다. 옛사람들은 나침반이 왜 지구의 한 방향, 즉 북쪽을 가리키고 있는지 알지 못했다. 하지만 지금 우리는 그 이유가 지구 자체가 하나의 커다란 자석이기 때문이라는 사실을 알고 있다.

1 강자성을 지닌 철광석으로, 광물 중 가장 자성이 강하며 흑색을 띤다.

≫ 참고 지구 자기장의 원인

나침반의 자침이 가리키는 '자기적 북극' 방향은 엄밀하게는 지구의 '지리적 북극'과 약간 다른 방향이라고 한다. 지구의 지리적 북극이란, 지구 자전축이 통과하는 북극점을 뜻한다. 지구의 자기적 북극이 지리적 북극과 일치하지 않는 이유는 확실하지 않다. 그 이유는 왜 지구가 하나의 커다란 자석처럼 행동하는지 확실하게 알려지지 않았기 때문이다. 어떤 가설에 의하면, 지구 자기장은 지구 내부에 있는 액체 상태의 지구 핵 부분이 지구가 회전하는 속도에 맞춰 돌지 못하기 때문에 생긴다고 한다. 즉 뜨거운 지구 내부에 있는 액체 상태 물질의 일부는 이온화되어 있어 전기를 띠고 있으며, 그 전하들에 의한 전류로 자기가 생긴다는 것이다.

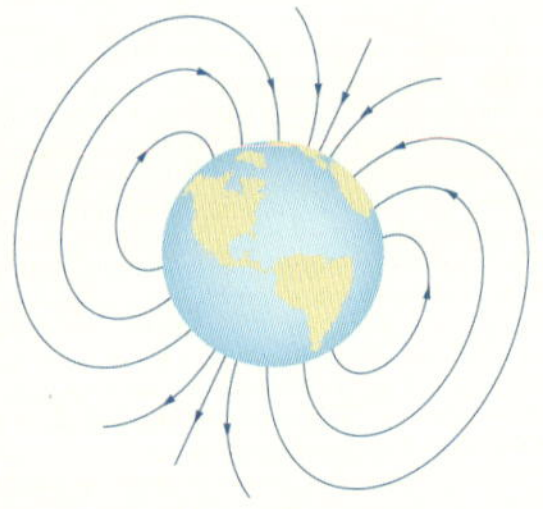

또 다른 원인으로는 지구 주위를 둘러싼 이온층 때문일 수 있다. 우주로부터 날아오는 강력한 에너지의 우주선 입자들이 지구 자기장에 돌입하면 북극 지역으로 들어오는 입자를 제외하고는 대기권에 바로 진입하지 못한다. 극지방에 입사되는 입자들은 대기를 이온화시키거나 들뜬 상태로 만들어 **오로라**aurora 현상을 만든다. 그러나 대부분 입자는 지구 자기장 때문에 대기권 밖에 전리층이라는 띠를 만든다. 이와 같은 전리층은 그 존재를 증명한 과학자의 이름을 따 **반 알렌 띠**Van Allen belt라고 부른다. 이 전리층의 전하들도 지구와 동일한 속도로 돌지 않으므로, 지표면 관측자에게는 전류로 보이게 되고, 따라서 자기장을 만들게 된다는 것이다.

지구 자기장은 우리 생활에 큰 영향을 준다. 앞에서 언급한 것처럼, 태양으로부터 날아오는 강력한 우주선 입자들을 지구 자기장이 거의 차단해주기 때문이다. 우주선 입자들은 지구 자기장이나 대기에 의해 거의 차단되지만, 지표면에 도달한 일부 입자들은 미생물이나 인간의 세포에 영향을 주어 암을 유발하는 요인 중 하나가 된다.

어떤 학설에 의하면, 지구 자기장은 영구히 이 상태로 있는 것이 아니라 일정한 주기로 그 극이 바뀐다고 한다. 이는 마치 태양의 흑점이 일정 주기로 변하는 것과 유사하다. 이 가설에 의하면, 태양의 흑점 활동 주기는 17년 정도로 짧지만, 화산 용암이나 바다 밑 퇴적층 조사를 통해 알려진 지구 자기장의 주기는 20만 년 ~ 200만 년 정도의 불규칙한 기간이라고 한다.

자기력

나침반이 북쪽을 가리키는 방향으로 회전하는 이유는 자석(자기쌍극자)을 자기장 속에 두면 토크를 받기 때문이다. 자기력에 의한 토크는 나중에 다루기로 하고, 먼저 전류가 흐르는 도선 근처에 있는 전하가 받는 힘부터 다뤄보자.

전류가 흐르는 도선 근처에 전하를 두면, 전하는 아무런 전기력도 받지 않는다. 왜냐하면 도선에 전류가 흐른다고 해서 도선이 대전된 것은 아니기 때문이다. 그러나 전하를 운동시키면 전하에 '이상한' 힘이 작용하는 것을 알 수 있다. 이처럼 전류가 흐르는 도선 근처에서 운동하는 전하에 작용하는 힘을 **자기력**magnetic force이라 부른다.[2]

---

2 상대성이론에서 자기력은 근본적으로 전기력과 차이가 없는 힘임을 보일 수 있지만, 여기서는 그 논의는 생략한다.

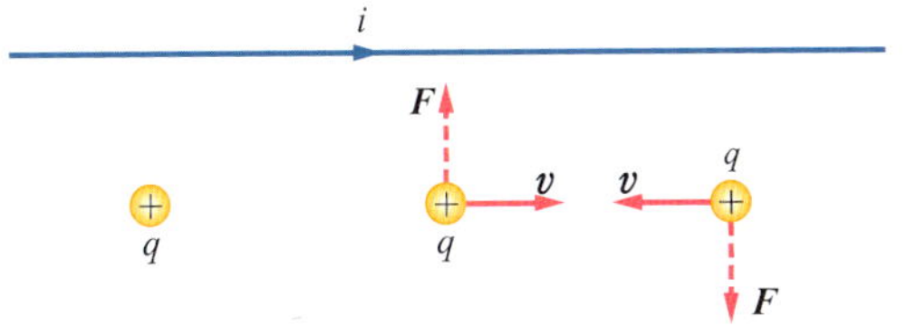

그림 18-3 직선전류 근처에서 운동하는 전하

이제 평면에 놓인 직선 도선에 전류가 흐를 때, 그 근처에서 운동하는 전하에 작용하는 자기력을 다뤄보자. 먼저 자기력의 방향을 알아보자. 전류가 도선의 오른쪽 방향으로 흐르고, 양(+)전하가 도선 아랫부분에서 오른쪽 방향으로 이동하면, 그 전하가 받는 자기력은 도선 쪽으로 끌려가는 방향으로 작용한다. 그 반대로 양전하가 왼쪽 방향으로 이동하면, 자기력은 도선이 밀어내는 방향으로 작용한다. 이때 전하를 지면으로 들어가는 방향으로 이동시키면 전하에는 아무런 힘도 작용하지 않는다. 즉 자기력 방향은 전하의 운동 방향에 따라 달라진다. 한편, 전하가 정지해 있으면 당연히 자기력이 작용하지 않으며, 자기력 세기는 전하의 속도가 빨라질수록 그에 비례해 커진다.

자기장

전류가 흐르는 도선 근처에서 운동하는 전하에 이와 같이 자기력이 작용하는 과정은, 전하에 전기력이 작용하는 과정에 비유해 다음과 같이 기술할 수 있다. 즉 전하가 전기장을 이용해 다른 전하에 전기력을 작용하는 것처럼, 자기력도 전류가 만드는 어떤 형태의 **장**[field]을 이용해 작용된다고 보는 것이다. 전류가 만드는 그런 '장'을 **자기장**[magnetic field]이라 부르고, 기호 $\boldsymbol{B}$로 나타낸다.

이제 앞에서 다룬, 전류와 운동하는 전하의 예에서 전하의 속도를 $\boldsymbol{v}$라 하자. 그 경우 '자기장 방향이 평면으로 들어가는 방향'이라고 가정하면, 앞에서 기술된 자기력은 $\boldsymbol{v}\times\boldsymbol{B}$ 형태 벡터로 나타낼 수 있음을 알 수 있다. 즉 평면에 수직 방향으로 운동하는 상태에서는 자기장과 나란한 방향이므로 자기력이 작용하지 않고, 속도 방향이 반대이면 그 자기력도 반대 방향으로 작용한다. 또 그 자기력이 빠르기에 비례하는 특성까지도 설명할 수 있게 된다.

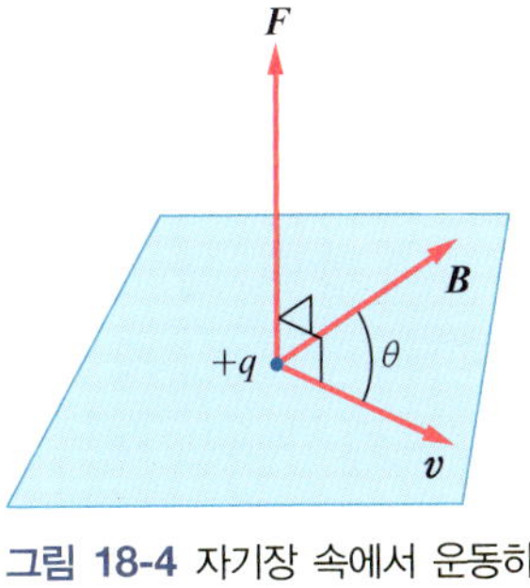

그림 18-4 자기장 속에서 운동하는 양전하가 받는 힘의 방향

한편, 자기력을 측정하는 실험에서 전하의 부호를 반대로 하면 자기력 방향이 반대가 된다. 자기력은 전하의 전하량 크기에도 비례하는 특성을 보이므로, 자기장 $\boldsymbol{B}$는 전하량까지 포함해 다음과 같이 정의한다.

$$\boldsymbol{F} = q\boldsymbol{v} \times \boldsymbol{B} \tag{18.1}$$

예컨대, [그림 18-4]에 보인 바와 같이 $\boldsymbol{v}$와 $\boldsymbol{B}$ 방향이 각 θ를 이루는 경우, 그 힘의 세기는 $qvB\sin\theta$가 된다. 이와 같이 전하에는 일반적으로 전기력과 자기력 모두 작용할 수 있으며, 그 힘을 **전자기력**electromagnetic force이라 부른다. 전자기력은 **로렌츠 힘**Lorentz force이라고도 부르며, 다음과 같이 나타낼 수 있다.

$$\boldsymbol{F} = q(\boldsymbol{E} + \boldsymbol{v} \times \boldsymbol{B}) \tag{18.2}$$

자기장 $\boldsymbol{B}$의 단위는, 전자기 현상 연구에 많은 업적을 남긴 테슬라[3]를 기념해 **테슬라**Tesla라 부르고, 기호 T로 나타내며, 다음과 같이 정의한다.

$$1\,\mathrm{T} = 1\,\frac{\mathrm{N}}{\mathrm{A\cdot m}} \tag{18.3}$$

1T 크기의 자기장은 실험실에서 만들기 쉽지 않은 매우 큰 자기장 세기이므로, 일상적으로는 더 작은 단위인 **외르스테드**(Oe)나 **가우스**(G)를 흔히 사용한다. 1T = 10000, Oe = 10000G로 정의하며, 나침반을 이용할 수 있게 해주는 지구 자기장의 세기는 대략 0.5G ~ 1G다.

물음 18-1 국제단위계에서 사용하는 자기장의 단위가 $\frac{\mathrm{Ns}}{\mathrm{Cm}}$임을 보여라.

균일한 자기장 속의 전하 운동

자기력은 언제나 운동 방향에 대해 수직으로만 작용하므로, 역학적 '일'을 할 수 없는 독특한 힘이다. 어떤 힘이 언제나 운동 방향에 수직인 방향으로만 작용한다는 점은 원운동을 하는 인공위성의 운동을 연상케 한다. 우리는 앞에서 지구 표면에서 수평 방향으로 '적절한' 빠르기로 물체를 던지면 물체에 작용하는 중력의 방향이 언제나 운동 방향에 대해 수직인 상태로 만들 수 있다는 것을 알게 되었다. 그러나 자기력을 받는 전하의 운동 방향은 빠르기에 상관없이 항상 자기력과 운동 방향이 수직인 관계가 유지된다는 놀라운 특징이 있다. 즉 인공위성에서처럼 원운동을 하기에 '적절한' 속도가 아니어도 자기력을 받아 운동하는 전하는 흥미롭게도 언제나 원운동을 한다.

3 테슬라(Nikola Tesla, 1856~1943)는 교류발전기의 원리를 제안해 현대 교류 전기 시대를 연 세르비아 태생의 미국인으로 직류 전기 이용을 주장한 발명가 토머스 에디슨과 라이벌 관계였던 것으로 유명하다.

이제 어떤 평면에 수직으로 들어가는 방향에 균일한 자기장 B가 있을 때, 그 평면 위에서 운동하는 전하의 운동을 생각해보자.

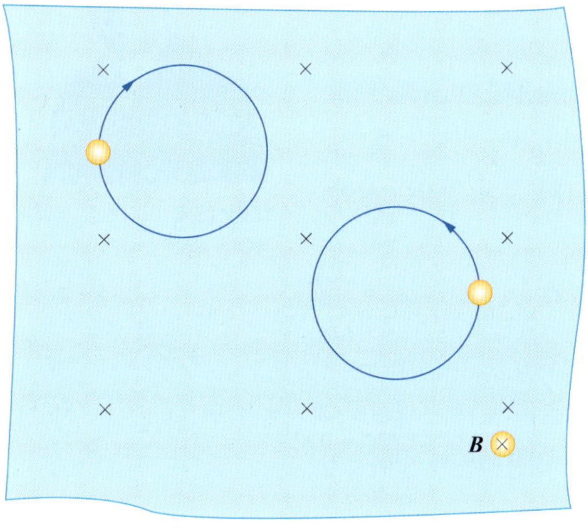

그림 18-5 자기장 속에서 원운동을 하는 전하

전하의 전하량을 q라 하고, 속도 v로 자기장 영역에 전하가 들어온다고 하자. 그 전하에 작용하는 자기력은 운동 방향과 자기장 방향 모두에 대해 수직이므로, 전하는 운동 방향의 오른쪽이나 왼쪽으로 힘을 받는다. 그러므로 평면 위에서 운동 방향의 오른쪽이나 왼쪽으로 휘어지는 운동을 하게 된다.

물음 18-2 [그림 18-5]에서 왼쪽과 오른쪽으로 휘어지는 전하의 부호는 각각 무엇인가?

휘어지는 운동은 원운동의 조건을 갖춘 자기력 때문이다. 이때 전하는 자기력이 구심력 역할을 하는 원운동을 하게 되어, 다음 관계를 만족시킨다.

$$m\frac{v^2}{R} = qvB \tag{18.4}$$

그러므로 원운동의 반지름 R은 다음과 같아진다.

$$R = \frac{mv}{qB} \tag{18.5}$$

즉 전하량과 빠르기가 같은 경우 질량이 클수록 더 큰 원운동을 하게 된다. 이러한 점을 이용해 질량이 다른 입자들을 분리할 수 있는 기기를 **질량분석기**[mass spectrometer]라 부른다.

전하의 속도가 빠를수록 그에 비례하는 반지름을 가진 원운동을 한다는 사실은 빠르기와 원둘레 길이가 비례한다는 뜻과 같다. 이는 곧 원을 한 바퀴 도는 데 걸리는 시간, 즉 원운동의 주기가 같다는 뜻이기도 하며, 주기 T는 다음과 같아진다.

$$T = \frac{2\pi R}{v} = 2\pi\left(\frac{m}{qB}\right) \tag{18.6}$$

빠르기에 상관없이 원운동의 주기가 같다는 사실을 이용해, 미국의 로렌스는 **사이클로트론**cyclotron이라 부르는 최초의 입자 가속기를 만드는 데 성공했다. 원자 번호가 100을 넘는 불안정한 원소인 대부분의 원자는 사이클로트론 가속기를 이용해 발견된 것들이다.

그림 18-6 어니스트 로렌스, 1901~1958

균일한 자기장에 의해 도선의 전류가 받는 힘

전류는 전하가 이동하는 현상이다. 따라서 전류가 흐르는 도선도 당연히 자기력을 받을 것으로 예상할 수 있다. 이제 전류가 흐르는 도선에 어떤 자기력이 작용하는지 알아보자.

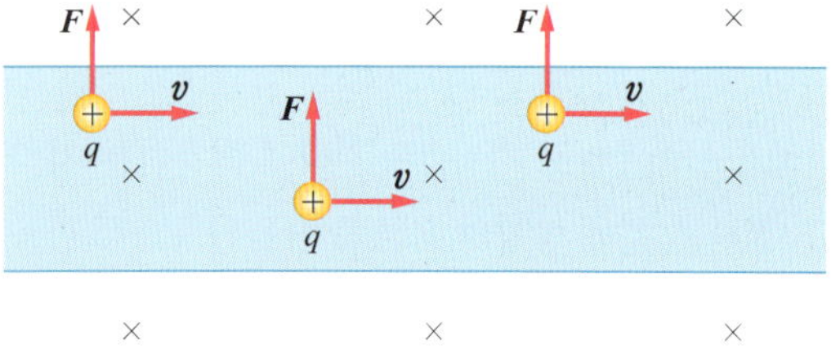

그림 18-7 자기장 영역에 있는 도선 속의 전하 흐름

도선에 수직 방향인 자기장 $\boldsymbol{B}$ 속에서, 단면적이 A인 도선에 전류 i가 흐른다고 하자. 또한 도선 속의 전하가 가진 전하량은 q이고, 전하 개수 밀도는 n이라고 하자. 이때 길이 l만큼 도선을 떼어내면 그 속의 총 전하수는 nAl이 된다. 이제 전하의 이동 속도를 v라 하면, 전하 q가 받는 힘은 qvB가 된다.

그러므로 전체 전하가 받는 힘은 $F = nAlqvB$로 쓸 수 있다. 한편, 전류밀도는 $j = nqv$로 나타낼 수 있고 전류는 $i = jA$와 같으므로, 이 힘은 따라서 $F = ilB$로 나타낼 수 있다. 이때 도선의 전류 방향과 자기장이 수직 관계가 아니라면 이 힘을 다음과 같이 벡터로 나타낼 수 있다.

$$\boldsymbol{F} = i\boldsymbol{l} \times \boldsymbol{B} \tag{18.7}$$

여기에서 $\boldsymbol{l}$벡터는 전류가 흐르는 방향으로, 크기가 l인 벡터로 정의한 양이다.

18.2 전류 포벡터 심화

전하가 만드는 전기장과 전류가 만드는 자기장은 서로 무관하게 보인다. 즉 전하가 있다면 그것에 의한 전기장이 만들어지지만, 전하가 정지한 상태라면 그것에 의한 자기장은 없다. 또한 도선에 전류가 흐를 때, 전류가 흐르더라도 도선의 알짜 전하량은 0이므로 그것이 만드는 전기장은 없지만, 그것이 만드는 자기장은 있다.

우리는 전류가 흐르지 않는 도선이 전기적으로 중성인 것을 알고 있다. 즉 도선 자체는 어떤 전기장도 만들지 않으며, 자기장도 만들지 않는다는 뜻이다. 그러나 흥미로운 점은, 도선에 전류가 흐르는 상태에서도 도선은 여전히 전기적으로 중성이어서 전기장이 만들어지지 않는데, 전류는 자기장을 만든다는 것이다. 그러한 도선 속의 전류 특성을 이해하기는 어려우니, 점전하 q와 같은 알짜 전하가 만드는 전기장과 자기장을 다뤄보도록 하자. 만약 그 전하가 정지한 상태라면 전하에 의한 전기장은 있지만, 자기장은 존재하지 않는다. 그러나 전하가 운동한다면 어떻게 될까? 그 경우 전하는 당연히 전기장을 만들고, 전하의 운동은 전류이므로 자기장도 존재하게 될 것이다. 즉 운동하는 전하는 전기장뿐 아니라 자기장도 만든다.

이제 전하가 운동하는 속도와 같은 속도로 운동하는 관측자의 기준계에서 이 상황을 다시 보기로 하자. 그 계에서 전하는 정지해 있으므로 그 전하가 만드는 전기장은 있지만, 그것에 의한 자기장은 없다. 즉 전기장이나 자기장은 관측자에 따라 다르게 측정될 수 있는 상대적인 양임을 알 수 있다. 그 문제를 상대론적으로 다루기 위해, 전하 개수 밀도 n_0로 분포된 점전하 q들이 있는 상태를 생각해보자. 그런 전하분포가 만드는 전하는 전하밀도 $\rho_0 = n_0 q$라 나타낼 수 있다. 그러나 이 전하계가 어떤 빠르기 v로 운동한다면 (또는 그 빠르기로 운동하는 관측자가 운동한다면), 길이 수축 현상에 의해 전하 개수 밀도가 변하므로 그 전하밀도 ρ는 $\dfrac{n_0 q}{\sqrt{1-(v/c)^2}}$와 같이 관측될 것이다.

[참고] 점전하의 전하량 같은 기본 전하의 전하량은 관측자의 상태에 무관하게 일정하고 고유한 양이다. 예컨대, 원자는 정지한 핵의 양전하와 운동하는 전자의 음전하로 이루어져 있는데, 전자의 운동에 무관하게 원자의 알짜 전하량은 언제나 0이다.

한편 정지질량과 같이 고유한 양이라 볼 수 있는 양인 전하밀도 $\rho_0 = n_0 q$가 존재한다면 운동량 포벡터를 만들 때와 같이 그 전하밀도에 속도 포벡터를 곱해서 다음과 같은 새로운 포벡터 $n_0 q(i\gamma c,\ \gamma v_x,\ \gamma v_y,\ \gamma v_z)$를 만들 수 있게 된다. 이 포벡터는 $(ic\rho,\ j_x,\ j_y,\ j_z)$로 나타낼 수도 있는데, 여기에서 $\rho = n_0 q\gamma,\ j_x = n_0 q\gamma v_x,\ \cdots$ 등과 같이 정의한 양으로, 이 포벡터를 **전류 포벡터**라고 부른다.

전류 포벡터의 각 성분은 물론 로렌츠 변환식의 변환 방식으로 서로 연관되며, 그런 변환 방식을 따라 어떤 기준계에서의 전하밀도와 전류밀도는 다른 좌표계에서 관측한 전하밀도, 전류밀도와 연관된다. 어떤 기준계에서 측정한 전하밀도와 전류밀도가 다른 기준계에서는 다르게 측정된다는 것은, 한 기준계에서 측정한 전기장이나 자기장이 다른 기준계에서는 다르게 측정된다는 것을 뜻한다. 즉 시간과 공간은 서로 무관한 것 같아 보이지만 사실은 서로 엉켜 있는 것처럼, 전기장과 자기장도 서로 무관한 것 같아 보이지만, 서로 엉킨 채로 연결되어 있다.

예컨대 전류가 흐르는 도선 부근에서 운동하는 전하는 자기력을 받지만, 그 전하와 같은 속도로 운동하는 기준계에서는 전하는 단지 전기력만 받는다. 그리고 이때 그 전기력은 사실상 자기력과 같은 것임을 보일 수 있다.

물음 18-3 로렌츠 변환식의 방식을 이용해 어떤 기준계에서의 전하와 전류밀도가 각각 ρ, j_x, j_y, j_z일 때, 그 계에 대해 속도 $V = V\hat{i}$로 운동하는 다른 기준계에서의 전하와 전류밀도는 각각 $\rho' = \dfrac{\rho - Vj_x/c^2}{\sqrt{1-(V/c)^2}}$, $j_x' = \dfrac{j_x - V\rho}{\sqrt{1-(V/c)^2}}$, $j_y' = j_y$, $j_z' = j_z$로 나타낼 수 있음을 보여라.

[참고] 상대성이론에 의하면 힘은 기준계에 따라 다르게 측정된다. 이 경우에는 정지한 기준계에서 자기력이라 본 힘의 세기에 비해, 운동하는 기준계에서 본 전기력이 $\dfrac{1}{\sqrt{1-(v/c)^2}}$배만큼 크다는 것을 보여준다. 즉 똑같은 힘을 관측자에 따라 자기력이라고 보기도 하고 전기력이라고 보기도 하는데, 일상적으로는 $v \ll c$이므로 그 미세한 차이는 무시할 수 있다. 이런 차이는 운동하는 기준계에서는 시간이 느리게 가기 때문에 생긴 것이다.

18.3 자기쌍극자

우리가 다루는 보통 전류는 일반적으로 폐회로를 이룬다. 따라서 우리가 관심을 갖는 것은 일반적으로 자기장 속에 있는 폐회로 전류에 작용하는 힘이다.

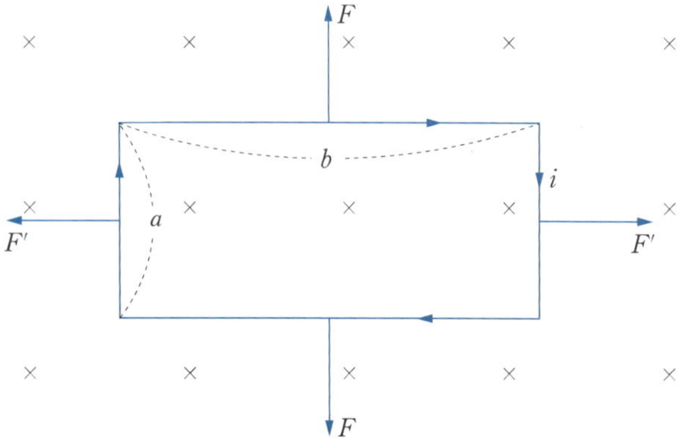

그림 18-8 균일한 자기장 속의 폐회로 도선

이제 평면 위에 놓인 직사각형 모양의 도선에 전류가 흐른다고 하자. 그 경우 자기장 방향이 평면에 대해 수직일 때, 폐회로에 작용하는 힘을 알아보기로 하자. 이때 도선에는 시계방향으로 전류 i가 흐르고, 평면에 대해 수직 방향으로 균일한 자기장 B가 있는 상태에 도선이 있다고 하면, 도선의 네 변 부분이 받는 자기력은 모두 직사각형 밖으로 밀려나는 방향으로 작용하게 된다.

한편, 직사각형의 변 길이를 a, b로 나타내면 도선에 작용하는 자기력 세기는 iaB나 ibB가 되지만, 각 힘은 모두 반대 방향의 짝이 있으므로 합력은 결국 0이 된다. 따라서 다음과 같이 말할 수 있다.

"균일한 자기장 속에 든 폐회로 도선에 작용하는 자기력의 합력은 0이다."

이처럼 전류가 흐르는 폐회로를 **자기쌍극자**magnetic dipole라 부른다. 그 이유는 우리가 곧 알게 되겠지만 폐회로가 만드는 자기장 모양이 전기쌍극자 전기장과 같은 형태를 보이기 때문이다. 우리가 사용하는 **자석**magnet은 자기쌍극자라 볼 수 있는데, 그 이유는 자석이 만드는 자기장 모양이 자기쌍극자가 만드는 자기장과 똑같기 때문이다. 흥미로운 사실은 자석이 만드는 자기장은 우리가 다룬 형태의 전류가 만드는 것이 아닌, 원자 단위의 세계가 만들어내는 신비로운 형태의 전류라는 점이다. 그것에 관해서는 나중에 자세히 다루게 될 것이다.

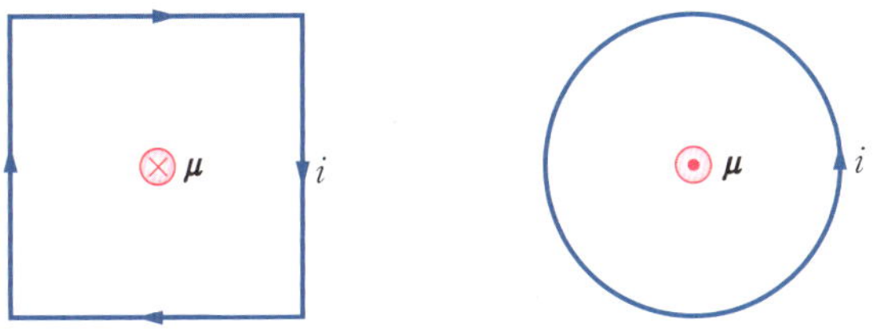

그림 18-9 자기쌍극자

자기쌍극자는 보통 기호 μ(또는 m)로 나타내는데, 그 크기는 '전류×폐회로 넓이'로 정의한다. 예컨대, 변의 길이가 각각 a, b인 직사각형 모양의 폐회로에 전류 i가 흐르면, 그 자기쌍극자 크기는 $\mu = iab$라 정의하고, 그 크기를 흔히 **자기쌍극자 모멘트**magnetic dipole moment 또는 **자기모멘트**magnetic moment라 부른다. 자기쌍극자는 편의상 벡터로 취급하기도 하는데, 그 방향은 다음과 같이 정의한다. 즉 평면에 놓인 폐회로에 반시계방향으로 전류가 흐르는 경우, 자기쌍극자 방향은 평면에서 나오는 방향으로 정의한다.[4]

물음 18-4 평면 위에 놓인 반지름이 a인 원형 폐회로에 시계방향으로 전류가 흐르고 있다. 이 경우, 자기쌍극자 방향과 자기모멘트를 구하라.

자기쌍극자의 토크

균일한 자기장 속에 있는 자기쌍극자가 받는 힘은 물론 0이지만, 그 쌍극자 방향이 자기장 방향과 일치하지 않는 상태에서는 토크까지 0이 되는 것은 아니다. 예를 들어 앞에서 다룬 바닥면에 놓인 직사각형 모양 도선에 시계방향으로 전류가 흐르는 자기쌍극자를 생각해보자. 그 경우 바닥면으로 들어가는 방향으로 자기장이 존재한다면, 자기쌍극자 방향은 자기장 방향과 같아진다. 그리고 도선 각 부분에 작용하

4 자기쌍극자 방향은 전류 방향으로 오른나사를 돌릴 때, 나사가 진행하는 방향으로 기억하면 편하다.

는 자기력의 합력과 그 힘들에 의한 토크는 모두 0이 되어 폐회로는 평형 상태에 있게 된다.

그러나 직사각형의 한 변을 평면에서 들어 올린다면, 들어 올린 부분에 작용하는 자기력은 그 짝이 되는 다른 변에 작용하는 자기력과 더 이상 같은 작용선에 있지 않게 된다. 이때 들어 올린 부분의 길이를 a라고 하면, 자기력 세기는 iaB이므로, 평면에 대해 각 θ만큼 들어 올릴 때 그 힘의 돌림힘 세기는 $\tau = b\sin\theta \cdot iaB$로 쓸 수 있다. 이 크기를 자기쌍극자 크기로 나타내면 $\tau = \mu B\sin\theta$로 쓸 수 있고, 벡터로 나타내면 다음과 같음을 보일 수 있다.

$$\boldsymbol{\tau} = \boldsymbol{\mu} \times \boldsymbol{B} \tag{18.8}$$

나침반 바늘은 언제나 한 방향을 향하는 토크를 받는다. 이는 그 바늘이 자기쌍극자라는 것을 뜻한다. 즉 지구 자기장 속에서 나침반 바늘 자석은 토크를 받아 언제나 같은 방향이 되게 회전하려는 힘을 받는다.

물음 18-5 자기쌍극자 $\boldsymbol{\mu}$가 자기장 $\boldsymbol{B}$ 속에 있는데도 그 토크가 0이면, $\boldsymbol{\mu}$와 $\boldsymbol{B}$의 방향은 어떤 관계인가?

자기쌍극자의 위치에너지

이제 자기장 속에 있는 자기쌍극자의 위치에너지를 다뤄보자. 자기장 속에서 자기쌍극자는 자기장과 나란한 방향으로 향하려는 토크를 받는다. 이 상황을 한쪽 끝이 고정된 막대의 경우로 비유해보자.

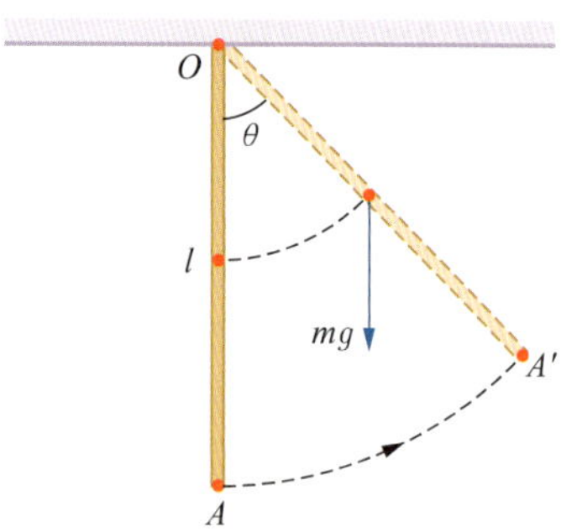

그림 18-10 한쪽 끝이 고정된 막대의 위치에너지

중력을 받는 막대의 중력 위치에너지는 막대가 수직으로 늘어진 상태에서 가장 작으며, 그 상태를 기준으로 해 막대의 다른 쪽 끝을 잡고 들어 올리면 그 힘이 한 일만큼 위치에너지는 늘어난다. 이때 막대의 길이가 l이고 질량이 m이라고 하면 각 θ만큼 들어 올린 상태에서 막대에 작용하는 토크의 크기는 $\left(\frac{mgl}{2}\right)\sin\theta$가 된다. 따라서 각 θ_0까지 들어 올리는 데 필요한 일은 다음과 같다.

$$W = \int_0^{\theta_0} \tau d\theta = \int_0^{\theta_0} \left(\frac{mgl}{2}\right)\sin\theta d\theta = \left(\frac{mgl}{2}\right)(1-\cos\theta_0) \tag{18.9}$$

따라서 각 θ 위치에서의 중력 위치에너지는 $U(\theta) = \left(\frac{mgl}{2}\right)(1-\cos\theta)$가 된다. 이때 위치에너지의 기준점을 $\theta = \frac{\pi}{2}$, 즉 $U = \frac{mgl}{2}$인 위치로 취하면, 위치에너지는 이제 $U(\theta) = -\left(\frac{mgl}{2}\right)\cos\theta$로 쓸 수 있다.

이 상황을 자기장 속에 있는 자기쌍극자로 비유하면, 자기쌍극자가 자기장과 나란한 방향인 상태, 즉 위치에너지가 가장 작은 상태에서 쌍극자 방향을 돌리는 경우와 같다. 자기쌍극자 방향이 자기장과 수직인 상태를 위치에너지가 0인 상태로 취하면, 각 θ를 이룰 때의 토크는 $\mu B\sin\theta$이므로 자기쌍극자 위치에너지는 $U(\theta) = -\mu B\cos\theta$와 같으며, 스칼라 곱 형태로 나타내면 다음과 같다.

$$U = -\boldsymbol{\mu} \cdot \boldsymbol{B} \tag{18.10}$$

즉 자기쌍극자의 방향이 자기장 방향과 같을 때 위치에너지는 $-\mu\boldsymbol{B}$로 가장 작아지고, 그 방향이 서로 반대일 때 위치에너지는 $+\mu\boldsymbol{B}$로 가장 커진다. 자기쌍극자가 자기장 속에서 갖는 이런 형태의 위치에너지를 **자기 위치에너지** magnetic potential energy라고 부른다.

18.4 비오-사바르 법칙

우리는 지금까지 자기장에 의한 자기력을 다뤘지만, 자기장이 어떻게 만들어지는지는 생각해보지 않았다. 외르스테드가 처음으로 발견한, '전류가 흐르는 도선 근처의 나침반이 돌아가는 현상'은 바로 자기장의 원인이 전류임을 뜻한다.

전류는 항상 자기장을 만드는데, 전하가 만드는 전기장의 세기가 전하량에 비례하듯이 그 자기장의 세기도 전류의 세기에 비례한다. 또 전기장 세기가 전하로부터의 거리 제곱에 반비례하듯이, 자기장 세기도 전류가 흐르는 도선으로부터의 거리 제곱에 반비례한다.

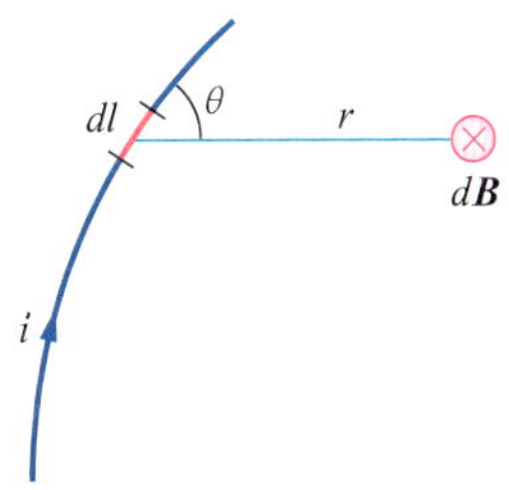

그림 18-11 전류가 흐르는 도선이 만드는 자기장

전류가 만드는 자기장은 전하가 만드는 전기장보다 표현하기가 좀 더 복잡하다. 전류 i가 흐르는 도선의 미소 부분 dl로부터 거리 r만큼 떨어진 점에서의 미소 자기장을 dB로 쓰기로 하면, 일차적으로 $dB \propto i\dfrac{dl}{r^2}$ 형태로 나타낼 수 있다. 그러나 전류 방향과 도선에서부터 그 점이 있는 곳을 향하는 방향과의 각을 θ라 할 때 자기장은 $dB \propto idl\dfrac{\sin\theta}{r^2}$ 형태로 써야 한다.

한편, 전류 방향을 향하는 미소 길이 벡터를 dl로 나타내고, 그 부분에서 관측점 위치를 향하는 단위벡터를 $\hat{r}$로 나타내면, 미소 자기장의 벡터 표현은 $d\boldsymbol{B} \propto i\dfrac{dl \times \hat{r}}{r^2}$로 쓸 수 있다. 자기장과 전류에 관한 이 관계식을 **비오-사바르 법칙** Biot-Savart's law이라 부른다. 비오-사바르 법칙은 비례상수를 도입해 다음과 같이 나타낸다.

$$d\boldsymbol{B} = \frac{\mu_0}{4\pi} i \frac{dl \times \hat{r}}{r^2} \tag{18.11}$$

여기에서 $\frac{\mu_0}{4\pi} = 10^{-7}\frac{\mathrm{T \cdot m}}{\mathrm{A}}$으로 정의된 양이고, μ_0는 진공에서의 **자기투자율**magnetic permeability이라 부르는 양이다.

직선전류의 자기장

임의의 전류분포에 의한 자기장은 비오-사바르 법칙을 수치적으로 계산하면 언제든지 계산할 수 있다. 그러나 전류분포가 대칭적인 몇 가지 경우에는 적분을 통해 그 자기장을 구할 수도 있다. 예를 들어 비오-사바르 법칙으로 무한 길이 도선에 흐르는 전류가 만드는 자기장을 구해보자.

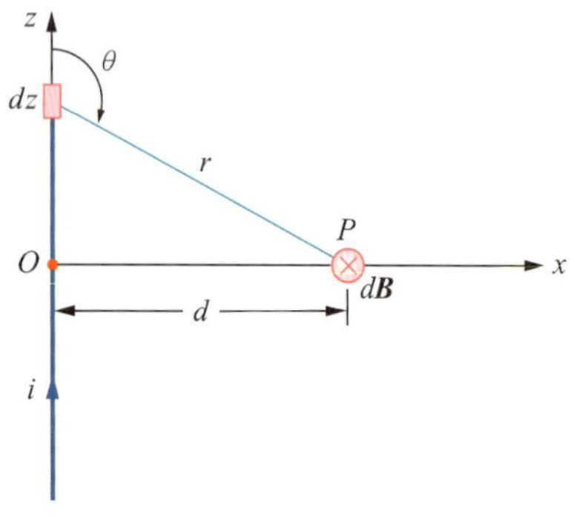

그림 18-12 무한 길이 직선전류가 만드는 자기장

이제 무한 길이 직선전류가 z축 방향으로 흐른다고 하고, 원점에서 x축 방향으로 d만큼 떨어진(즉 직선전류의 오른쪽 위치에 있는) 점 P의 자기장을 구한다고 하자. 이때 자기장 방향을 생각해보면, 도선의 어떤 부분에 의한 자기장도 점 P 위치에서는 지면으로 들어가는 방향임을 알 수 있다.

한편, 원점에서부터 거리 z만큼 떨어진 미소 길이 dz 부분에 의한 자기장 세기를 비오-사바르 법칙으로 나타내면 $dB = \frac{\mu_0 i}{4\pi}\frac{dz\sin\theta}{r^2}$와 같아진다. 여기에서 θ는 물론 z축 방향과 미소 길이에서부터 점 P로 향하는 직선 사이의 각이고, $r^2 = z^2 + d^2$을 나타낸다. $\sin\theta = \frac{d}{r}$와 같으므로, 무한 길이 직선전류에 의한 자기장은 다음과 같이 적분으로 표현할 수 있다.

$$B(P) = \frac{\mu_0 i}{4\pi} d \int_{-\infty}^{+\infty} \frac{dz}{(z^2 + d^2)^{3/2}} \tag{18.12}$$

적분을 통해 구한 자기장 크기는 다음과 같아진다.[5]

$$B = \frac{\mu_0}{2\pi}\frac{i}{d} \tag{18.13}$$

---

5 이 적분은 $z = d\tan\theta$로 나타내고, $dz = d\sec\theta^2 d\theta$ 관계를 이용하면 쉽게 구할 수 있다.

이 경우, 직선전류의 왼쪽 위치 자기장 방향은 지면에서 나오는 방향이 된다는 사실도 쉽게 알 수 있다. 따라서 [그림 18-13]과 같이 전류가 바닥면을 향해 흘러들어 간다고 하면, 그 자기장은 전류를 중심으로 시계방향으로 향하는 것을 알 수 있다. 이는 오른나사의 진행 방향을 전류 방향이라 할 때, 나사의 회전 방향이 그 자기장 방향이 된다고 생각하면 기억하기 쉽다.

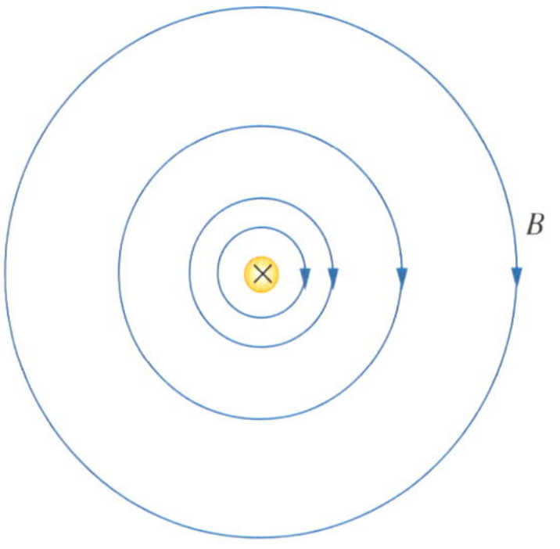

그림 18-13 직선전류에 의한 자기력선

자기장에서도 전기장에서와 마찬가지로 **자기력선** 개념을 사용하는데, 전기력선과 마찬가지로 자기력선의 접선 방향이 자기장 방향을 나타내고, 그 밀도가 자기장 세기를 나타낸다. 예컨대, 직선전류의 자기력선 모양은 도선을 중심으로 한 동심원 모양이며, 도선에 가까울수록 자기력선 밀도는 더 촘촘해진다.

원형전류의 자기장

이제 반지름이 a인 원형 도선에 전류 i가 반시계방향으로 흐를 때 발생하는 자기장을 알아보자. 이런 전류로 임의의 위치에서의 자기장을 구하기는 쉽지 않지만, 원의 중심축 위에서의 자기장은 쉽게 구할 수 있다.

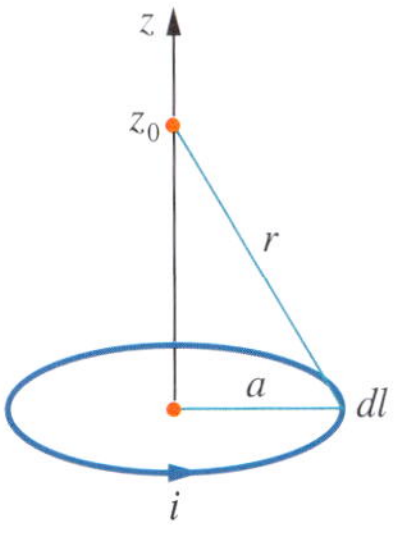

그림 18-14 원형전류에 의한 자기장

먼저 반시계방향으로 흐르는 전류의 오른나사 진행 방향을 축이라 정하고, 도선 중심점에서의 자기장을 먼저 구해보자. 그 경우에는 도선의 어떤 미소 부분을 취하더라도 그 부분에 의한 중심점 위치 자기장이 z축을 향하는 것을 알 수 있으며, 도선의 어떤 미소 부분 dl에 의한 자기장 세기가 $\frac{\mu_0}{4\pi} i \frac{dl}{a^2}$이 되는 것을 쉽게 알 수 있다. 따라서 총 자기장 세기는 $\frac{\mu_0}{4\pi} \int i \frac{dl}{a^2}$ 크기와 같아지며, $\int dl = 2\pi a$이므로 도선 중심점의 자기장을 $B(0)$으로 나타내면 $B(0) = \frac{\mu_0}{2} i \frac{1}{a}$이 된다.

물음 18-6 전류가 반시계방향으로 흐르는 바닥면에 놓인 원형 도선이 중심점에 만드는 자기장의 방향은 바닥면에서 나오는 방향임을 보여라.

이제 도선 중심점에서 높이 z_0인 곳의 자기장을 구해보자. 그곳에서부터 도선까지의 거리는 도선의 모든 부분에서 똑같으므로 그 거리를 r이라고 하면, $r^2 = a^2 + z_0^2$으로 나타낼 수 있다. 한편, 전류 방향과 그 위치까지의 벡터 방향이 수직 관계이므로, 그 위치의 자기장 세기는 $\frac{\mu_0}{4\pi} i \frac{dl}{r^2}$이다. 그 자기장 방향은 중심축과 각 θ를 이루는데, 여기에서 $\cos\theta = \frac{a}{r}$ 관계임을 쉽게 알 수 있다.

이제 도선의 모든 미소 부분 기여를 더하면, 각 부분의 자기장 중 z축 성분만 남고 그 나머지 성분들은 상쇄되는 것을 쉽게 알 수 있다. 따라서 총 자기장 세기는 $\frac{\mu_0}{4\pi} i \frac{2\pi a}{r^2} \cdot \frac{a}{r} = \frac{\mu_0}{2\pi} i \frac{\pi a^2}{r^3}$으로 쓸 수 있고 그 방향은 z축 방향이 된다. 한편, 원형전류의 자기모멘트는 $\mu = i \cdot \pi a^2$이므로 자기장 세기는 $\frac{\mu}{r^3}$에 비례하는 것을 알 수 있다. 여기에서 $a \ll r$이면 $r \approx z$로서, r은 쌍극자로부터의 거리를 나타내는 양이 된다. 따라서 쌍극자에 의한 자기장의 세기는

"쌍극자로부터의 거리 세제곱에 반비례한다."

고 할 수 있다. 우리가 관심을 갖는 전기쌍극자가 보통은 원자 크기의 쌍극자였듯이, 우리는 보통은 원자 크기의 쌍극자에 관심을 갖는다. 그러므로 원자 크기의 작은 자기쌍극자가 만드는 자기장은 거리 세제곱에 반비례하면서 약해진다고 말할 수 있다. 돌이켜보면 거리 세제곱에 반비례하는 관계는 작은 크기의 전기쌍극자에 의한 전기장의 경우에도 성립했었다.

원형전류에 의한 자기력선 모양은 [그림 18-15]와 같다. 자기장 방향은 전류가 흐르는 방향으로 오른나사를 돌릴 때 나사가 진행하는 방향이라고 생각하면 기억하기 쉽다. 이 자기력선 모양은 쌍극자로부터 먼 거리에서는 전기쌍극자가 만드는 전기력선 모양과 같다는 사실에 유의하자. 전류가 흐르는 폐회로를 자기쌍극자라고 부르는 이유가 바로 이 때문이다.

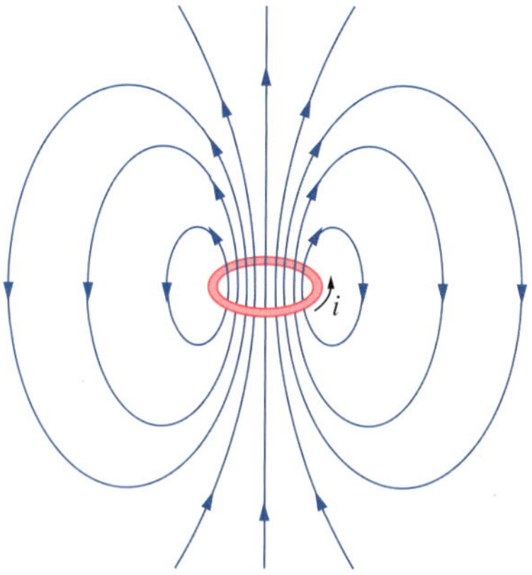

그림 18-15 자기쌍극자가 만드는 자기력선과 전기쌍극자가 만드는 전기력선

헬름홀츠 코일 Helmholtz coil이라는 장치를 이용하면 일부 영역에 매우 균일한 자기장을 만들 수 있다. 헬름홀츠 코일이란 두 개의 똑같은 원형전류를 서로 평행하게 적당한 간격으로 배치한 구조를 뜻하는데, 단순한 구조인데도 불구하고 매우 유용한 장치다.

직선 도선과 쌍극자 자기력선

직선전류나 폐회로 전류가 만드는 자기력선 모양의 흥미로운 특성은, 전기력선과 달리 시작점이나 끝점이 없다는 것이다. 전기력선의 모양은 양전하에서 나와 음전하로 들어간다. 그러나 자기력선은 그렇지 않다. 자기력선은 그 시작되는 근원이 없으므로, 어떤 폐곡면을 취해도 폐곡면에 들어가는 자기력선 수와 나오는 수가 같다. 즉 자기장의 가우스 법칙은 다음과 같다.

$$\oint_S \boldsymbol{B} \cdot da = 0 \tag{18.14}$$

참고 상대론적 현상

전류가 자기장을 만든다는 사실을 근원적으로 보면, 이동하는 전하가 자기장을 만든다는 뜻과 같다. 왜냐하면 전류란 이동하는 전하를 뜻하기 때문이다. 그러나 앞에서 살펴보았듯이, 어떤 정지계와 그 계에 대해 일정한 속도로 운동하는 계는 상대론적으로 보면 동등한 계다. 따라서 운동하는 어떤 전하와 같은 속도로 운동하는 관측자에게는 전기장만 관측될 뿐이다. 즉 전하에 의한 전기장과 자기장은 관측자의 상태에 따라 다르게 측정되며, 관측자마다 측정하는 전기장과 자기장이 달라진다. 아인슈타인의 특수상대성이론은 서로 등속도로 운동하는 두 관측자의 전기장과 자기장 관계를 맺어주려는 시도에서 등장했다. 따라서 전자기 현상은 '매우 상대론적인 현상'이라 할 수 있다.

18.5 앙페르 법칙

어떤 전류가 만드는 자기장을 계산하려면, 궁극적으로는 언제나 비오-사바르 법칙을 이용하면 되지만, 그 계산 과정은 상당히 복잡하다. 그러나 전기장을 계산할 때 전하분포가 대칭적이면 가우스 법칙을 이용해 전기장을 쉽게 계산할 수 있었듯이, 자기장을 계산할 때에도 그런 방법이 존재한다.

가우스 법칙은 점전하의 전기장 세기가 거리 제곱에 반비례하는 특성을 이용한 것이다. 즉 넓이가 거리 제곱에 비례한다는 점을 이용해, 폐곡면을 통과하는 전기장의 면적분 값인 전기선속이 항상 일정하다는 점을 이용한 법칙이다. 한편, 우리는 무한 길이 직선전류에 의한 자기장 세기가 거리에 반비례하는 특성, $B \propto \dfrac{1}{r}$을 알고 있다. 또한 직선을 중심으로 둘러싼 폐회로 C가 있을 때, 그 폐회로 길이가 거리에 비례한다는 점, 즉 반지름이 r인 원의 둘레가 $2\pi r$이라는 것도 알고 있다. 그러므로 폐회로 C에 대한 자기장의 선적분 양인 $\oint_C \boldsymbol{B} \cdot dl$의 값을 계산하면, 그 값이 폐회로 반지름에 무관하게 일정할 것이라 짐작할 수 있다. 이제 그 사실을 자세히 다뤄보자.

우리는 앞에서 무한 길이 직선전류가 만드는 자기장 방향은 전류가 흐르는 방향으로 오른나사가 진행할 때 나사의 회전 방향과 같다는 것을 알게 되었다. 그러므로 바닥면으로 들어가는 방향으로 전류 i가 흐를 때, 그 전류로부터 반지름이 r인 원둘레를 시계방향으로 도는 폐회로 C를 따라 자기장을 선적분한 양은 다음과 같아야 한다.

$$\oint_c \boldsymbol{B} \cdot d\boldsymbol{l} = \oint_c Bdl = B\oint_c dl = 2\pi rB \tag{18.15}$$

왜냐하면 모든 미소 선분에서마다 자기장과 선분 방향이 같으며, 또 원둘레에서 자기장 세기도 일정하기 때문이다.

이제 거리가 r만큼 떨어진 곳의 자기장 세기가 $\frac{\mu_0}{2\pi}\frac{i}{r}$인 점을 고려하면, 이 선적분 값은 $\mu_0 i$가 된다. 이미 예상한 바대로, 자기장은 거리에 반비례하고 원둘레는 거리에 비례하므로, 그 두 효과가 상쇄되어 거리 의존성이 없어진다. 즉 거리 의존성이 없으므로, 반지름이 더 크거나 작더라도 이 선적분 값은 변함이 없다. 여기에서 흥미로운 사실은, 선적분 경로가 원이 아닌 임의의 모양의 폐회로라도 그 선적분 값이 변하지 않는다는 것을 보일 수 있다는 것이다.

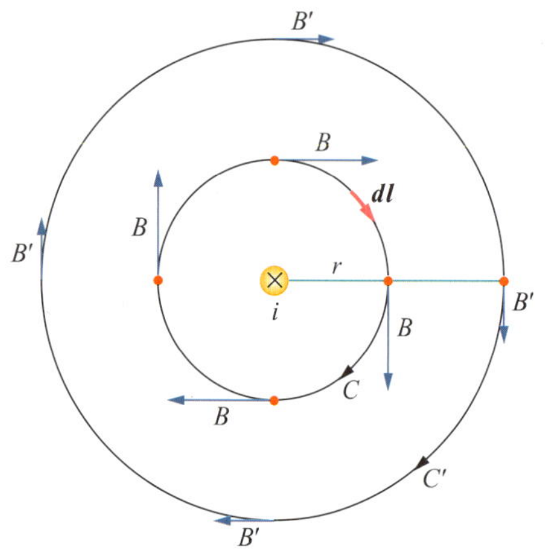

그림 18-16 폐회로 선적분

그러므로 임의의 모양의 폐회로를 따라 선적분할 때 그 폐회로를 관통하는 전류 i가 있다면, 그 자기장을 선적분한 결과는 다음과 같다고 말할 수 있다.

$$\oint_C \boldsymbol{B} \cdot d\boldsymbol{l} = \mu_0 i \tag{18.16}$$

여기에서 전류의 세기는 선적분하는 방향을 시계방향으로 할 때의 크기이므로, 평면으로 들어가지 않고 평면에서 나오는 방향으로 전류가 흐른다면, 그 전류의 부호는 음(−)이어야 마땅하다. 또한 폐회로를 관통하는 전류가 여러 개 있을 때, 각 전류에 의한 선적분 결과를 그대로 더해, 전체 전류에 의한 총 자기장의 선적분 결과는 다음과 같이 쓸 수 있다.

$$\oint_C \boldsymbol{B} \cdot d\boldsymbol{l} = \mu_0 \sum_k i_k \tag{18.17}$$

이 관계를 **앙페르 법칙**Ampere's law이라 부른다. 우리는 여기에서 무한 길이 직선전류의 자기장에 대한 선적분을 계산해 이 결과를 얻었지만, 폐회로를 관통하는 전류가 어떤 형태의 전류일 때에도 앙페르 법칙이 성립함을 보일 수 있다. 한편, 가우스 법칙을 적용할 때 단계별로 나누어 법칙을 적용했듯이, 앙페르 법칙을 이용할 때에도 다음과 같이 단계별로 나누어 생각하면 좋다.

(1) 전류분포로부터 자기장의 방향을 추정한다.
(2) 그 자기장의 방향과 일치하거나 수직인 경로로 이루어진 폐회로를 찾아본다.
(3) 그 폐회로 경로에 따라 선적분 값을 구하고, 앙페르 법칙을 적용한다. 이제 앙페르 법칙을 이용해 자기장을 구하는 예를 다뤄보자.

예제 18-1 균일한 전류밀도의 전류에 의한 자기장

반지름이 a인 원형 단면 내부에서만 바닥면을 향해 흐르는 전류가 있다. 전류의 세기는 i이고, 전류밀도는 j_0로 균일하다고 할 때, 모든 위치에서의 자기장을 계산하라.

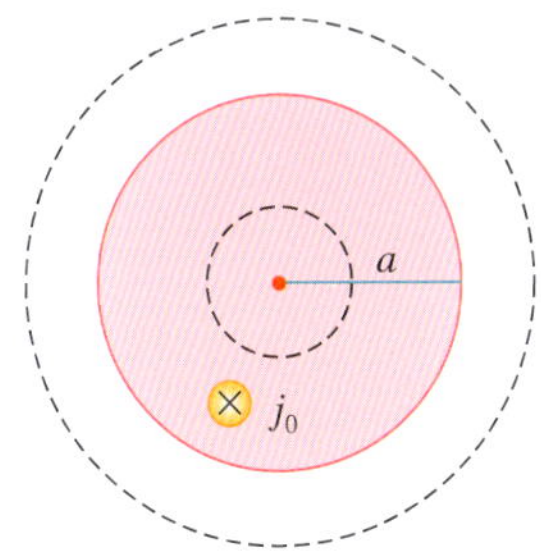

풀이

먼저 전류 중심에서부터 거리가 r만큼 떨어진, 원형 단면 외부 위치에서의 자기장을 구해보자. 대칭성으로부터 그 위치의 자기장 방향은 전류를 중심으로 한 원의 접선 방향이나 지름 방향만 가능하다. 그러나 자기장이 지름 방향이어서 $\boldsymbol{B} = \hat{r}B$ 형태라면 앙페르 법칙을 만족시킬 수 없으므로, 자기장은 접선 방향이어야 한다.

이제 원형 단면을 중심으로 한 원을 앙페르 법칙을 적용할 폐회로로 취하면, 모든 구간에서 자기장과 미소 경로 방향은 일치한다. 즉 자기장과 경로 방향을 모두 시계방향으로 정하면, 그 방향의 단위벡터를 $\hat{\theta}$로 나타낼 때, $\boldsymbol{B} = B\hat{\theta}$, $dl = dl\hat{\theta}$로 쓸 수 있다. 한편, 대칭성으로부터 중심점에서의 거리가 같으면 자기장 세기는 물론 같다. 따라서 반지름이 r인 원형 폐회로에서 앙페르 법칙을 적용한 결과는 다음과 같다.

$$\oint_C \boldsymbol{B} \cdot dl = \oint_C Bdl = B\oint_C dl = 2\pi r B = \mu_0 i$$

따라서 외부 위치에서(즉 $r > a$일 때), 자기장은 중심축을 따라 흐르는 직선전류가 만드는 자기장과 같음을 알 수 있다. 이제 원형 단면 내부 위치에서의 자기장을 구해보자. 그 위치에서의 자기장 방향은 지금까지 논의한 경우와 다를 바가 없다. 따라서 앞선 과정을 반복해 계산할 수 있다. 단지 이 경우에는 폐회로 내부와 외부에 모두 전류가 흐르며, 앙페르 법칙에 적용하는 전류인, 폐회로 내부를 흐르는 전류 세기는 더 작은 값이 된다. 그 위치 내부 영역의 넓이는 πr^2이므로, 비례 관계로부터 전류량은 $i \cdot \dfrac{\pi r^2}{\pi a^2}$ 관계를 만족한다. 따라서 그 자기장 세기는 $\dfrac{\mu_0}{2\pi}\dfrac{i}{a^2}r$로서, 전류분포 경계면까지는 중심으로부터의 거리에 비례함을 알 수 있다.

솔레노이드

균일한 전기장을 만들기 위해서는 평행판 축전기가 유용했듯이, 균일한 자기장을 만들려면 **솔레노이드** solenoid 구조가 유용하다. 솔레노이드란 도선을 중첩해서 감은 구조를 뜻하며, 보통 쇠막대에 도선을 여러 번 감아서 만든다. 솔레노이드 내부의 자기장은 사실상 거의 균일하다. 그 이유는 여러 개의 원형전류를 모아놓은 모양을 생각하면 쉽게 상상할 수 있다.

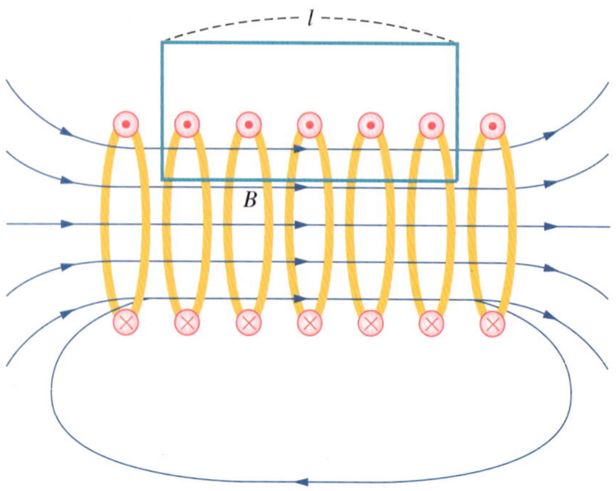

그림 18-17 솔레노이드

이제 단위길이당 n번 코일을 감은 솔레노이드에 전류 i가 흐를 때의 자기장을 계산해보자. 솔레노이드 길이가 매우 길어 내부 자기장은 축 방향으로 일정하다고 가정하고, 외부 영역에서는 자기장이 0이라고 가정하자. 그러면 축 방향에 나란한 변을 가진 직사각형 모양의 폐회로를 취할 때 앙페르 법칙을 적용할 선적분이 가장 쉬워진다. 즉 축 방향으로 변의 길이가 l이라고 하면 적분량은 단지 $B \cdot l$이 되므로, 단위길이당 감은 횟수를 n이라고 하면 그 직사각형을 관통하는 총 전류의 양이 $nl \cdot i$인 사실로부터 자기장 세기는 다음과 같음을 알 수 있다.

$$B = \mu_0 n i \tag{18.18}$$

물음 18-7 솔레노이드 전류 방향이 시계방향일 때, 자기장은 어느 방향인가?

물음 18-8 솔레노이드를 둥글게 말아 도넛 모양으로 만든 것을 토로이드라 부른다. 토로이드의 중심축 반지름이 R이고, 전류가 i라면 중심축 위치에서의 자기장 세기는 얼마인가? 단, 단위길이당 감은 코일 수는 n번으로, 총 $2\pi R \cdot n$만큼 감았다고 하자.

18.6 변위전류

우리는 지금까지 시간에 따라 변하지 않는 일정한 전류, 즉 정상 전류가 자기장을 만드는 현상을 다뤄왔다. 그 자기장은 비오-사바르 법칙이나 앙페르 법칙을 이용하면 구할 수 있었다. 그러나 전류가 시간에 따라 변하는 경우에는 앙페르 법칙을 적용해도 자기장을 구할 수 없는 경우가 있다. 지금부터 그런 상황을 다뤄보자.

평행판 축전기가 연결된 회로에 시간에 따라 변하는 전류가 흐르는 경우를 생각해보자. 어느 순간 전류의 세기가 i라면, 그 전류가 흐르는 도선 주위에서의 자기장은 앙페르 법칙으로 구할 수 있다. 이때 앙페르 법칙을 적용하기 위해 도선을 둘러싼 폐회로가 만드는 면을 통과하는 전류의 세기는 물론 i다.

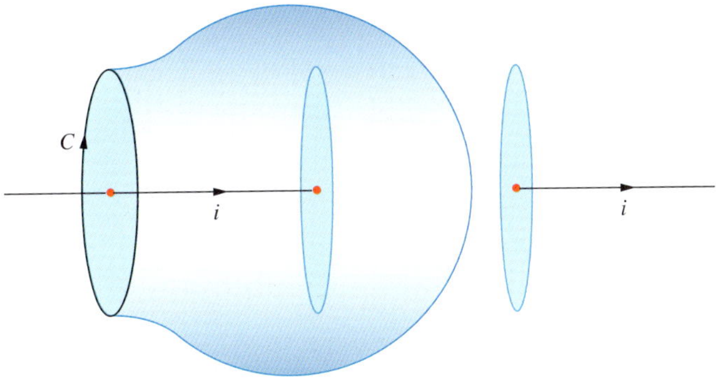

그림 18-18 축전기가 있는 부분에서의 앙페르 법칙

그러나 정말 그럴까? 그 경우 폐회로가 만드는 면이 반드시 원판 같은 형태일 필요는 없다. 즉 그 면은 [그림 18-18]에서 보인 축전기의 내부 공간을 지나는 항아리 같은 면 모양이어도 된다. 그 경우 그 면을 지나가는 전류는 물론 없다. 따라서 그 면을 선택해 앙페르 법칙을 적용하면, 그 결과로 얻는 자기장은 0이 된다. 즉 폐회로가 만드는 면을 어떻게 선택하는가에 따라 전혀 다른 결과를 얻게 되므로, $\oint_C \boldsymbol{B} \cdot dl = \mu_0 i$라는 앙페르 법칙에 어떤 문제점이 존재함을 알 수 있다. 이 경우, 도선 주위에 자기장은 물론 존재한다. 그러므로 축전기 내부를 지나가는 면을 선택한 경우에도 그 자기장은 0이 되어서는 안 되며, 그런 면을 선택해도 자기장을 구할 수 있으려면 우리가 지금까지 사용하던 앙페르 법칙을 수정해야 한다.

이제 축전기에 충전되는 전하량 Q를 전류와 연관 지어 생각해보자. 그 전하량은 전류의 세기와 $i = \dfrac{dQ}{dt}$ 관계를 갖는다. 한편, 축전기 판면적을 A, 그 내부 전기장 세기를 E라고 하면, 전기장은 $E = \dfrac{\sigma}{\varepsilon_0} = \dfrac{Q/A}{\varepsilon_0}$가 되어 $Q = \varepsilon_0 EA$로 쓸 수 있다. 여기에서 축전기 판면 간격이 매우 작아 전기장이 균일하며, 판 내부에만 존재한다고 가정하면, EA는 곧 축전기 내부에서의 전기선속 Φ_E를 뜻한다. 그러므로 전류의 세기는 전기선속의 시간 변화율과 $i = \varepsilon_0 \dfrac{d\Phi_E}{dt}$와 같은 관계를 갖는 것을 알 수 있다.

그러므로 $i_d = \varepsilon_0 \dfrac{d\Phi_E}{dt}$ 라고 정의하면, 앞에서 알게 된 문제점은 앙페르 법칙을 다음과 같이 나타낼 때 해결됨을 뜻한다.

$$\oint_C \boldsymbol{B} \cdot dl = \mu_0 (i + i_d) \tag{18.19}$$

이처럼 앙페르 법칙을 일반화해 나타내면 폐곡선이 만드는 면을 어떻게 선택하든지 자기장을 구할 수 있다. 이런 경우 시간 변화에 따른 전기장의 변화로 인해 생기는 전류 효과인 $i_d = \varepsilon_0 \dfrac{d\Phi_E}{dt}$ 를 **변위전류** displacement current 라 부른다.

이때 다음과 같은 의문이 생길 수 있는데, 즉 축전기 내부에도 자기장이 만들어지는가 하는 것이다. 그 의문을 해결하기 위해 축전기 판면을 반지름이 R인 원형이라고 가정하고, 그 판면에 나란한 모양의 원형 폐곡선을 선택해서 앙페르 법칙을 적용해보자. 이때 그 원형 폐곡선의 반지름을 r이라고 하면, 변위전류의 세기는 $\varepsilon_0 \pi r^2 \dfrac{dE}{dt}$ 가 되는데, 이 값을 i'이라 쓰면, 앙페르 법칙을 적용한 결과는 다음과 같아진다.

$$\oint_C \boldsymbol{B} \cdot dl = \mu_0 i' \tag{18.20}$$

한편, 도선의 전류 세기는 $i = \varepsilon_0 \pi R^2 \dfrac{dE}{dt}$ 로 나타낼 수 있으므로 $i' = i \dfrac{r^2}{R^2}$ 으로 다시 쓸 수 있다. 이때 폐곡선 위치에서 자기장이 원의 접선 방향이며, 그 세기를 $B(r)$이라고 가정하면, 축전기 내부의 자기장은 다음과 같아진다.

$$B(r) = \frac{\mu_0}{2\pi} \frac{r}{R^2} i \tag{18.21}$$

즉 축전기 내부에도 자기장이 만들어지며, 그 자기장 세기는 중심점에서는 0이지만, 중심점에서 멀어질수록 거리에 비례해 증가하는 것을 알 수 있다.

물음 18-9 이때 축전기 판면 외부에서의 자기장 세기는 $B(r) = \dfrac{\mu_0}{2\pi} \dfrac{i}{r}$ 임을 보여라. 즉 외부에서는 축전기 없이 도선이 바로 연결된 경우와 똑같은 결과를 얻는다.

CHAPTER 18 연습문제

[개념 확인 문제]

(1) 텔레비전 화면 근처에 자석을 가져가면 화면 영상이 찌그러진다. 그 이유는 무엇인가?

(2) 우주로부터 오는 우주선 입자들은 극지방에서 더 많이 발견된다. 그 이유는 무엇인가?

(3) 거품 상자 도구는 전기를 띤 입자의 운동 궤적을 기록하는 장치이다. 자기장 속에 있는 거품상자에 기록된 궤적이 나선형과 직선으로 남아 있을 때, 그 입자들에 관해 무엇을 말할 수 있는가?

(4) 회로에 매우 큰 전류가 흐르게 될 때, 그 회로에 연결된 다른 회로에 큰 전류가 흐르는 것을 차단하기 위해서 릴레이[relay]라는 도구를 사용한다. 릴레이는 철심에 코일을 감은 구조를 가지는데, 전류가 흐르게 되면 릴레이가 자석이 되면서 다른 도체를 끌어당긴다. 이 원리를 이용해 어떻게 과도 전류가 흐르는 것을 차단할 수 있는지 설명하라.

1 자기장의 단위 테슬라(T)의 차원을 $L^{\alpha}M^{\beta}T^{\gamma}A^{\delta}$로 표현할 때 $\alpha+\beta+\gamma+\delta$는 얼마인가? 단, L은 길이, M은 질량, T는 시간, A는 전류다.

2 xy 평면 위에서 운동하며 전하량이 $q=+e$인 양성자가 x축 방향으로 빠르기 v로 운동할 때, y축 방향으로 힘 F_0를 받는다고 한다. 양성자가 균일한 자기장 속에서 운동한다고 할 때, 자기장 방향과 세기는 각각 얼마인가?

***3** 원형 고리 전류

바닥면에 놓여 있고 반지름이 R인 원형 고리가 총 전하량 Q로 대전되었다. 이 고리가 중심을 회전축으로 반시계방향으로 각속도 ω로 돌고 있다.

(a) 고리 모양 도선에 흐르는 전류 세기는 얼마인가?

(b) 고리 중심 위치에서의 자기장 세기는 얼마인가?

4 오른쪽 그림과 같이, 바닥면에 놓여 있으며 무한히 길고 직선인 도선 1과 도선 2가 거리 d만큼 떨어져 평행한 상태고, 도선 1과 도선 2에는 위로 향하는 전류 I_1과 I_2가 각각 흐르고 있다.

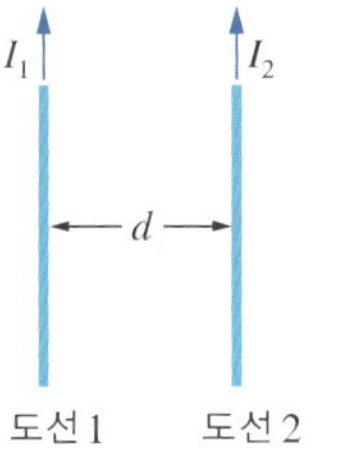

(a) 전류 I_1에 의해 도선 2의 위치에서 생기는 자기장 세기와 방향은 얼마인가?

(b) 도선 2의 단위길이 도선에 작용하는 힘의 세기와 방향을 구하라.

(c) 도선 1로부터 자기장의 세기가 0인 위치까지의 최단 거리는 얼마인가?

5 단면 반지름이 R인 원통 모양의 무한 길이 도선에 전류 I가 도선 단면적에 균일하게 흐르고 있다. 이때 도선의 중심으로부터 $\frac{R}{3}$만큼 떨어진 지점에서 자기장의 세기는 얼마인가?

6 니오븀(Nb) 금속은 9 K 이하에서는 초전도 현상을 보인다. 그러나 자기장 세기가 0.100 T를 넘는 경우 그 초전도 특성이 사라진다. 지름이 2.00 mm 인 니오븀 도선이 초전도 상태로 남아 있을 수 있는 최대 전류 세기는 얼마인가?

7 평행인 두 도선 A, B에 서로 반대 방향의 전류가 흐르고 있다. 두 도선 사이 거리는 10 cm 이다. 도선 B에 흐르는 전류 세기는 10 A 이다.

(a) 두 도선이 놓여 있는 평면에서, 도선 A로부터는 15 cm 떨어지고, 도선 B로부터는 5.00 cm 떨어진 곳에서의 자기장이 0이라면, 도선 A의 전류 세기 i는 얼마인가?

(b) 두 도선 중간점 위치의 자기장 세기는 얼마인가?

8 동축케이블은 원통 모양 도체를 속이 빈 다른 원통 모양 도체로 감싼 구조를 가진다. 내부 원통 모양 도체의 반지름은 R_1이고, 외부 원통 모양 도체의 반지름은 R_2이며, 두 도체에 각각 서로 다른 방향으로 전류 I_0가 흐른다고 할 때, 케이블 내부 공간($R_1 < r < R_2$)과 케이블 외부($r > R_2$)에서의 자기장 세기는 각각 얼마인가?

***9** 회전 원판 전하

전하량 Q가 균일하게 분포되어 있으며 반지름이 R인 원판이 있다. 이 원판은 중심축을 중심으로 각속도 ω로 회전한다.

(a) 이 원판의 자기쌍극자 크기는 얼마인가?

(b) 원판 중심점으로부터 높이가 x인 곳에서의 자기장 세기는 얼마인가?

****10** 무한 평면 전류

xy 평면 위에 놓여 있고 두께가 d인 무한 평면 도체에, x축 방향으로 균일한 전류밀도 j의 전류가 흐르고 있다. $y=h$ 위치인, 평면 판면에서 높이가 h인 곳에서의 자기장 방향과 세기를 구하라.

11 바닥면을 향하는 두 무한 도선에 바닥면을 향해 각각 전류 I가 흐르고 있다. 바닥면에서의 두 도선 중 하나의 좌표는 $(0, 0)$이고, 다른 하나의 좌표는 $(d, 0)$이라 할 때, x축 위 임의의 점에서의 자기장을 x의 함수로 나타내라.

**12 헬름홀츠 코일

헬름홀츠 코일은 균일한 자기장을 만드는 방법 중 하나로, 반지름이 각각 a인 두 개의 코일(또는 코일이 여러 겹 감긴 코일 덩어리 두 개)이 서로 나란하게 놓인 구조를 갖는다. 다음 그림과 같이, 코일 1은 xy 평면 위 $z=0$ 위치에 놓여 있고, 코일 2는 $z=2H$ 위치에 놓여 있으며, 두 코일을 위에서 내려다볼 때 반시계방향으로 각각 전류 I가 흐른다고 한다.

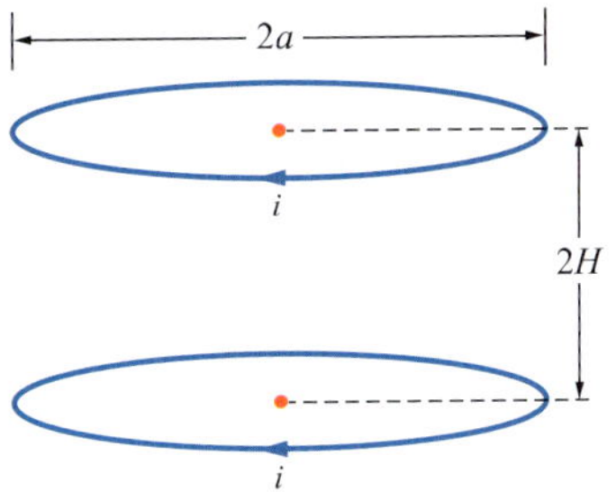

(a) 두 코일 중심축의 중간점인 $z=H$인 곳에서 자기장이 극치임을 보일 수 있다. 코일의 지기모멘트를 $\mu = I\pi a^2$으로 나타낼 때, $z=H$인 곳에서의 자기장 세기는 $B = \dfrac{\mu_0}{\pi}\dfrac{\mu}{(a^2+H^2)^{3/2}}$로 쓸 수 있음을 보여라.

(b) H를 변수로 취급한 경우 $\dfrac{d^2B}{dH^2}=0$ 조건은 $H=\dfrac{a}{2}$에서 얻어짐을 보여라.

[HINT] 이는 $H=\dfrac{a}{2}$ 부근에서 자기장이 거의 일정한 크기라는 것을 뜻한다.

**13 자석 위의 코일

다음 그림과 같이, 바닥에 놓여 있는 자석 바로 위에 전류 2.0 A가 흐르며 반지름이 2.0 cm인 고리 모양 코일이 있다. 코일 위치 자기장 세기가 0.010 T이고, 코일 위치에서 자기장 방향이 수직과 30°를 이룬다고 할 때, 코일에 작용하는 힘의 방향과 세기는 각각 얼마인가?

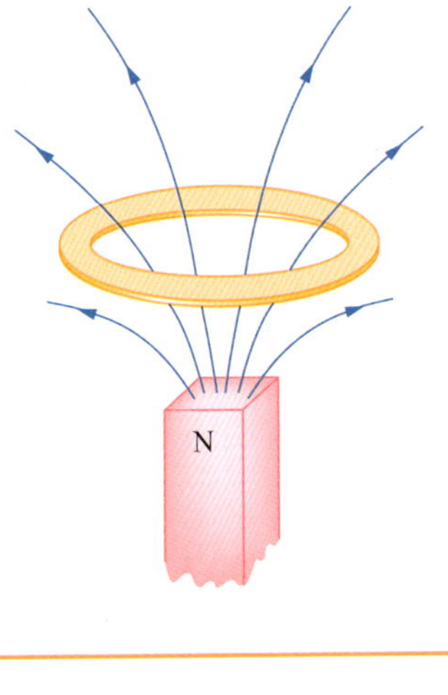

14 양성자, 중수소핵(양성자와 전하량은 같지만 질량은 두 배), 그리고 알파 입자(양성자 전하량의 두 배이고 질량은 네 배)가 모두 똑같은 전위차 V_0에 의해 가속된 다음, 자기장에 수직인 평면에 입사되었다. 이 경우, 양성자의 원운동 반지름이 r_p라면, 중수소핵과 알파 입자의 원운동 반지름 r_d, r_α는 각각 r_p의 몇 배인가?

***15** 네 개의 도선

네 개의 평행한 긴 직선 도선 A, B, C, D에 같은 크기의 전류 I가 흐르고 있다. 다음 그림과 같이, 바닥면으로 들어가는 네 개의 도선은 한 변의 길이가 a인 정사각형을 형성한다. 도선 A와 B에서는 전류가 바닥면으로 들어가고, 도선 C와 D에서는 전류가 바닥면에서 나온다.

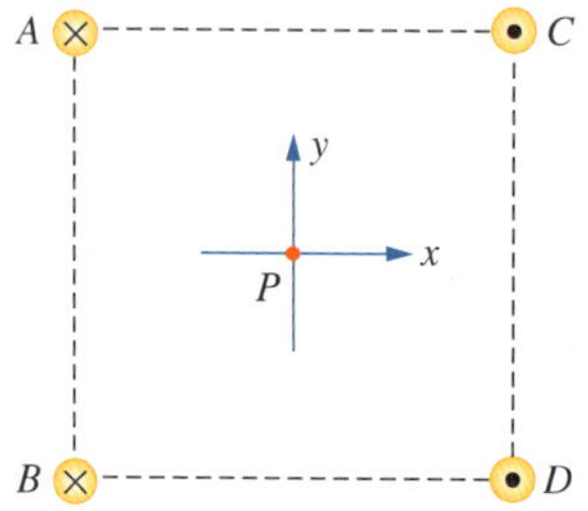

(a) 정사각형의 중심점 P에서의 자기장 크기와 방향을 구하라.

(b) 도선 A, B, C만 있다고 하면, 도선 A의 단위길이당 작용하는 자기력 세기는 얼마인가?

16 오른쪽 그림과 같이, 긴 직선 도선에 전류 I_1이 흐르고 있고, d만큼 떨어진 곳에 있으며 한 변의 길이가 a인 정사각형 모양 도선에 전류 I_2가 흐르고 있다. $I_2 = I_1 = I$이고 $a = 2d$일 때, 정사각형 도선에 작용하는 자기력의 세기를 μ_0, I, a를 이용해 나타내라.

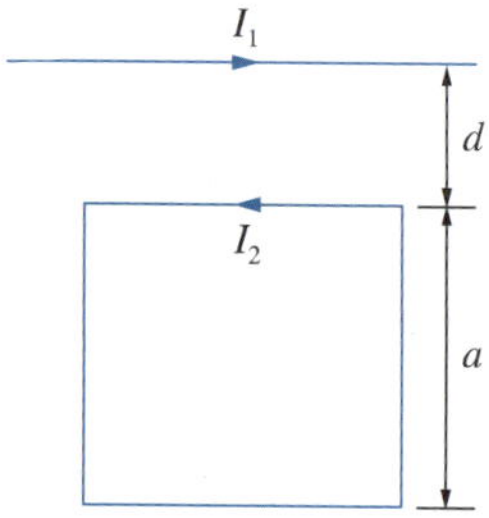

17 오른쪽 그림과 같이, 전하량이 q인 점전하가 북쪽으로 속도 v로 운동하다가 균일한 자기장 영역으로 들어가 반원 궤도를 그리면서 동쪽으로 d만큼 떨어진 곳에 도달했다. 자기장의 크기는 B이고, 방향은 지면에 수직인 상태다. 이때 이 입자의 질량을 q, v, B, d로 나타내라.

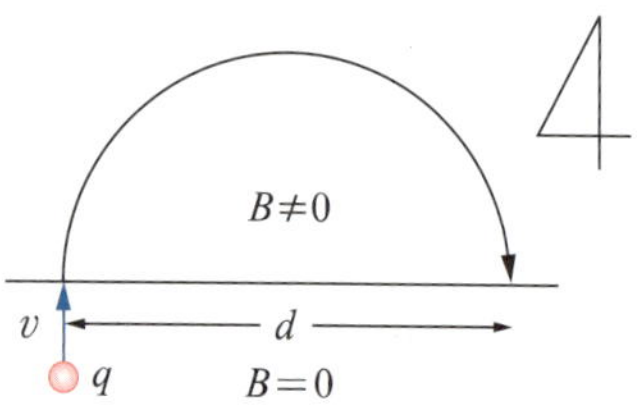

***18** 원형도선

다음 그림과 같이, xy 평면에서 바닥면을 향하는 균일한 자기장이 있다. 바닥면에 놓여 있고 반지름이 R인 원형 도선에 전류 I가 흐른다.

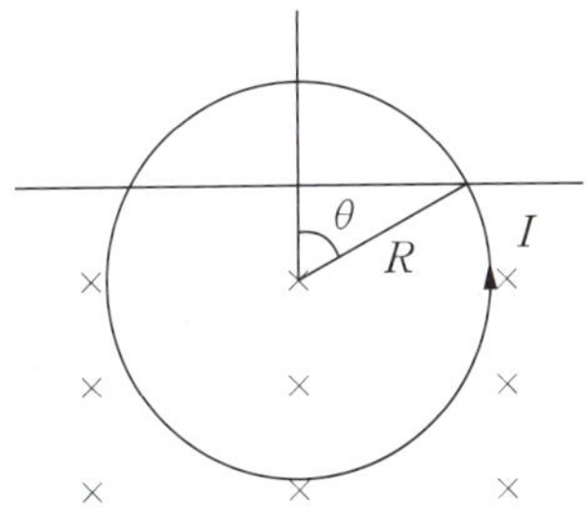

(a) 도선 전체가 자기장 영역에 있을 때, 도선에 작용하는 힘은 얼마인가?

(b) 위의 그림과 같이, y축으로부터 각 θ_0인 방향까지의 도선 부분은 자기장 밖에 있고, 나머지 부분만이 자기장 속에 있다고 할 때 도선에 작용하는 힘의 세기는 얼마인가?

19 질량이 m이고 전하량이 q인 전하가 균일한 자기장 속에서 원운동을 하고 있는데 자기장 세기가 갑자기 두 배가 되었다.

(a) 원운동 반지름 r은 처음의 몇 배가 되는가?

(b) 전하의 각운동량 L은 처음의 몇 배가 되는가?

***20** 질량분석기

내부 전기장이 E로 균일한 평행판 축전기가 있다. 이 경우, 축전기를 전기장에 수직인 방향으로 향하는 자기장 B 영역 속에 두면, 축전기 판면에 나란한 방향으로 입사한 전하는 어떤 빠르기 v_0로 입사한 경우 마치 전자기장 영향을 안 받는 것처럼 직선운동을 하게 된다.

(a) 직선운동을 하는 경우의 전하 빠르기 v_0를 전기장과 자기장 세기로 나타내라.

(b) 축전기 부분을 빠져나온 전하는 자기장에 의해 원운동을 한다. 전하의 질량과 전하량이 각각 m, q라 할 때, 원운동 반지름 R은 얼마인가?

(c) 전하의 질량이 $m = 2.18 \times 10^{-26}\,\text{kg}$이고 전하량은 $e = 1.60 \times 10^{-19}\,\text{C}$이라 할 때, 전기장 세기가 $E = 950\,\text{V/m}$라면, 원운동 반지름 크기는 얼마인가?

21 질량분석기를 이용해 우라늄 동위원소를 분리하려고 한다. 다음 그림과 같이, 빠르기 선별기에서 나오는 전하의 빠르기는 $3.00 \times 10^5 \mathrm{m/s}$ 이고, 우라늄 원자들은 운동 방향에 수직인 자기장 영역으로 입사된다. U-235 원자와 U-238 원자의 원운동 반지름의 차이는 얼마인가?

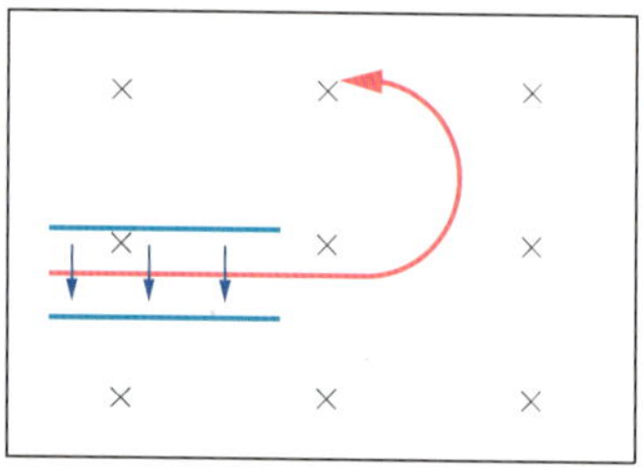

22 한 변의 길이가 $a = 20.0\,\mathrm{cm}$ 인 정사각형 모양 도선에 $I = 2.00\,\mathrm{A}$ 의 전류가 흐르고 있다. 이 경우, 정사각형면이 바닥면과 수직이 되도록 도선을 매단 다음, 정사각형 면에 수직인 방향으로 향하는 자기장 B를 정사각형 도선의 절반 아랫부분만을 지나도록 했더니 도선의 질량이 13.5 g 더 늘어난 상태가 되었다. 자기장 세기 B는 얼마인가?

**23 자기장 속 전하

다음 그림과 같이, 질량이 m, 전하량이 q , 빠르기가 v인 입자가 바닥면을 향한 균일한 자기장 B가 있는 영역으로 입사했다. 전하가 입사한 방향은 경계면과 각 θ를 이룬다.

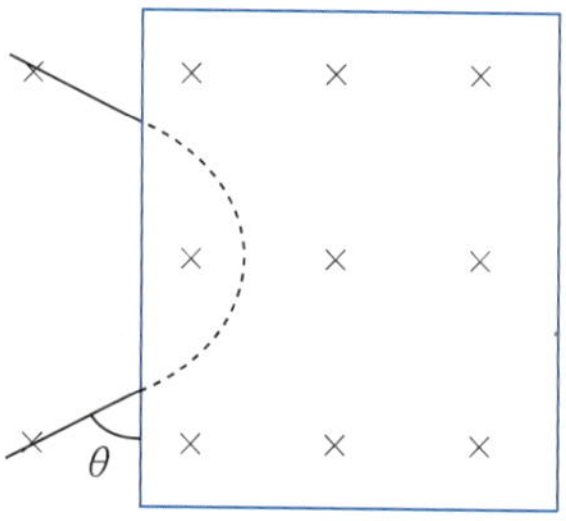

(a) 전하가 다시 자기장 밖으로 나갈 때 경계면과 이루는 각은 몇 도인가?

(b) 전하는 자기장 속에서 원운동을 한다. 그 반지름 R의 표현을 구하라.

(c) 전하가 다시 자기장 밖으로 나가기까지 이동한 수직 거리는 얼마인가?

24 어떤 전동차 전력 케이블에 흐르는 전류 세기가 330 A 라 한다. 그곳에서의 지구 자기장은 북쪽으로 수평면과 22°의 방향을 향하며, 세기가 5.0×10^{-5} T 이다. 전동차가 동쪽으로 향하는 상태에서 5 m 길이의 케이블이 받는 자기력 세기는 얼마인가?

25 **전자기 펌핑**

나트륨 같은 액체 금속이나 인공심장 속의 혈액 등을 이동시키는 데에는 전자기장을 활용하는 전자기 펌핑 electromagnetic pumping 방법이 이용될 수 있다. 액체 금속이나 혈액은 이온을 가지기 때문이다. 혈액이 이동하는 관의 방향을 z축 방향이라 하고, 전기장은 x축 방향으로, 그리고 자기장은 y축 방향으로 작용한다.

(a) 이온은 어떤 방향으로 이동하는가?

(b) 이온이 받는 힘의 방향은 이온 부호에 따라 같은지 아닌지 답하라.

26 **상대론적 전자기장**

단면적이 A인 도선에 전류 i_0가 흐르고 있다.

(a) 전류가 흐르는 도선의 알짜 전하밀도는 0이며, 도선은 전류밀도 j_0가 $\frac{i_0}{A}$인 전류로 볼 수 있다. 도선에 나란한 방향으로 빠르기 v로 운동하는 기준계 S'에서 측정한 도선의 전하밀도 ρ'은 얼마인가?

(b) 도선에서 거리 d만큼 떨어진 곳에서 도선 방향으로 빠르기 v로 운동하는 점전하 q에 작용하는 자기력 F_B는 얼마인가?

(c) 기준계 S'에서 점전하는 정지해 있지만, 도선은 전하를 가진 것으로 측정되므로 전기장 E'을 만들고, 그러므로 정전기력을 받는다. $\varepsilon_0\mu_0=\frac{1}{c^2}$이라고 한다면, 전기력은 $F_E'=\frac{1}{\sqrt{1-v/c)^2}}F_B$ 임을 보여라.

CHAPTER

19 물질의 자성

Magnetic Properties of Matter

19.1 원자의 자성

전류는 자기장을 만들지만, 전류뿐만 아니라 자석도 자기장을 만든다. 이때 자석이 만드는 자기장 모양은 자기쌍극자가 만드는 자기장 모양과 똑같다는 것을 앞에서 말했다. 우리는 앞에서 자석이 만드는 자기장은 지금까지 다뤄온 형태의 전류에 의한 것이 아니라 원자 세계의 신비로운 특성에서 온 것이라 했다. 이제 그런 흥미로운 세계를 더 알아보기로 하자.

두 자석은 서로 접촉하지 않은 상태에서도 서로 밀거나 당기는 특이한 성질이 있다. 그와 같은 자석의 성질은 어린 시절 누구에게나 한 번쯤은 호기심의 대상이었을 것이다. 자석은 자석이 아닌 다른 물체를 끌어당기기도 한다. 예컨대, 자석은 못을 끌어당긴다. 그러나 이상하게도 나무토막이나 알루미늄 조각 또는 구리 조각 같은 것들은 끌어당기지 않는다. 자석 또한 아무리 잘게 잘라도 여전히 자석의 특성을 유지한다. 또한 자석에 붙은 쇠못은 스스로 자석이 되어 다른 쇠못을 끌어당기기도 한다. 이러한 자석의 특성을 어떻게 설명할 수 있을까? 우리가 아는 자기장의 원인은 전류뿐이므로, 우리는 자석 속에 전류가 있다고 생각할 수밖에 없다. 그 전류가 어떤 전류인지 알 수 없지만, 자석의 자기장은 사라지지 않고 계속 유지되므로, 그 전류는 아마도 멈추지 않고 영원히 계속되는 전류일 것이다. 그런 전류는 거시적 세계의 전류가 아닌 미시적 세계의 전류라 볼 수 있다. 따라서 우리는 원자 단위의 세계로 들어가야 그런 세계를 이해할 수 있을 것으로 생각된다. 그 미시적 세계는 우리에게 익숙한 경험적 세계와는 또 다른 세계로서 양자적 quantum 세계라 부른다. 우리는 양자적 세계를 다루는 양자론을 이 책의 마지막 부분에 가서야 다루게 되므로, 여기에서는 양자론의 세계를 산책하는 정도로만 원자의 세계를 이야기해 보자.

기본 입자의 자성

우리가 이미 다룬 것처럼, 모든 물질은 원자로 이루어져 있고, 그 원자들도 역시 양성자, 중성자, 전자 등으로 불리는 기본 입자들로 이루어져 있다. 흥미로운 점은 이런 모든 기본 입자들이 전기적 성질을 띠고 있을 뿐만 아니라, 마치 자전운동을 하는 것처럼 고유한 크기의 각운동량을 갖고 있다는 점이다. 각운동량을 가지려면 입자는 어떤 회전축을 중심으로 회전해야만 한다. 그러나 기본 입자들이 가진 각운동량은 이해하기 어려운 묘한 특성이 있는데, 그 특성이란 그 회전축이 일정하지 않은 것 같은 각운동량을 가진다는 점이다.

기본 입자가 어떤 이유로 고유한 크기의 각운동량을 가지는지, 또 어떤 이유로 그 각운동량의 방향이 일정하지 않는지 설명하기란 매우 어렵다. 그런 현상들은 미시적 세계에서 공통적으로 볼 수 있는 현상들로, 일상적인 경험으로는 이해할 수 없다. 기본 입자들의 기이한 고유 각운동량 특성을 **스핀**spin[1]이라고 부른다.

한편, 모든 기본 입자는 전기적 성질을 띠는데, 그 입자가 자전하는 것으로 비유되는 스핀 성질까지 보인다면, 회전하는 형태의 전류가 만들어져 입자들은 결국 자기적 성질, 즉 자성을 띠게 될 것이다. 즉 그런 효과는 기본 입자들을 모두 '기본 입자 자석(자기쌍극자)'으로 만든다. 그러므로 모든 물질은 전하로 이루어졌다고 할 수 있을 뿐만 아니라 다음과 같이 말할 수 있다.

"물질은 기본 입자 자석으로 이루어져 있다."

그렇다면 왜 우리는 그 사실을 모르고 지내왔을까? 그것은 마치 물질이 전하로 이루어졌음에도 불구하고 전기적 성질을 드러내지 않듯이, 물질이 작은 자석으로 이루어져 있어도 교묘한 방법으로 자성을 숨겨왔기 때문이다.

보어 마그네톤

흥미로운 사실은 스핀의 각운동량이 **양자화**quantize되어 있다는 점인데, 양자화란 스핀의 크기가 아무 값이나 되는 것이 아니라 몇 가지 정해진 값 중에서 하나만 쓸 수 있다는 뜻과 같다.

실험에 의하면, 전자나 양성자, 중성자 같은 기본 입자들은 모두 $\frac{1}{2}\hbar$ 크기의 스핀 크기를 갖는다. 또한 어떤 방향에서 스핀 크기를 측정하더라도 그 값이 $\pm\frac{1}{2}\hbar$ 중 하나가 되는, 매우 이해하기 어려운 양자적 특성이 있는 것으로 알려져 있다. 이들 입자의 자기모멘트 크기는 $\frac{e\hbar}{2m}$인데, 여기에서 e, m은 각각 전자의 전하량과 질량을 나타낸다. 이 값은 μ_B로 나타내며 $\mu_B = 9.274\ \mathrm{J/T}$의 크기를 가지는데, 이 양을 **보어 마그네톤**bohr magneton이라고 부른다.

---

1 스핀은 팽이처럼 빙빙 돈다는 의미를 가진 용어다.

예컨대, **전자** electron는 μ_B 크기의 자기쌍극자로 취급할 수 있으며, 그 쌍극자 방향은 언제나 측정하는 방향과 같거나 그 반대 방향으로 측정된다. 이는 우리 경험으로는 전혀 이해하기 어려운 특성이다. 한편, 양자론에 의하면 원자에 묶인 전자의 공전 운동에 비유되는 궤도 각운동량도 $\hbar$의 크기로 양자화되는데, 그 궤도 각운동량에 의한 자기쌍극자의 크기 단위도 보어 마그네톤인 μ_B가 된다.

이처럼 원자는 전자의 궤도 각운동량과 스핀을 갖기 때문에 자기쌍극자가 될 가능성이 있으며, 실제로 대부분 원자는 자기쌍극자 역할을 한다. 그러므로 이제부터 자기쌍극자 역할을 하는 원자를 '원자 자석'이라 부르기로 하자. 흥미로운 점은, 원자 속의 전자들이 원자 자석 효과가 최대한 상쇄되도록 교묘하게 배치된다는 점이다. 그런 이유로 원자 자석의 자기쌍극자 크기는 일반적으로 매우 작고, 특히 헬륨이나 네온 같은 불활성 원소 원자들은 자성을 전혀 띠지 않게 된다.

물음 19-1 전하량과 질량이 각각 q, m인 전하가 빠르기 v로 반지름이 R인 원운동을 하고 있다. 따라서 이 전하의 각운동량은 $L=mvR$로 나타낼 수 있다.

(a) 이 전하의 원운동에 의한 전류의 세기는 $q\cdot\frac{v}{2\pi R}$임을 보여라.

(b) 이 원운동에 의한 자기쌍극자 μ의 크기는 $\mu=\frac{e}{2m}L$로 쓸 수 있음을 보여라.

[HINT] 이에 의하면, 스핀은 자신의 스핀 크기 두 배에 해당하는 (궤도) 각운동량을 가진 것으로 해석할 수 있다.

참고 각운동량 양자화

양자이론에서 기본 입자의 고유 각운동량은 $\frac{h}{2\pi}$의 반정수나 정수만 가능하다. 여기에서 h는 4부에서 다룬 **플랑크 상수** Planck constant라 불리는 기본 물리량 중 하나로, $h=6.626\times10^{-34}\text{J}\cdot\text{s}$의 크기를 갖는다. $\frac{h}{2\pi}$라는 양은 자주 쓰이므로, $\hbar$로 나타내기도 한다. $\hbar$는 'h-bar'라고 부르는데, 스핀 각운동량 같은 양이 양자화되어야 한다는 사실은 양자이론에서 공간 대칭성의 결과로 얻을 수 있다. 이때 $\hbar$의 $\frac{1}{2}$, $\frac{2}{3}$, ⋯ 배에 해당하는 스핀 크기를 갖는 입자들을 **페르미온** fermion이라 부르고, 스핀 크기가 $0, \hbar, 2\hbar, \cdots$ 등과 같이 $\hbar$의 정수 크기인 입자들을 **보존** boson이라 부른다.

19.2 상자성과 반자성

상자성

앞에서 말한 것처럼 대부분의 원자는 작은 크기이지만 자기쌍극자를 가진 원자 자석으로 취급할 수 있다. 그러나 물질은 매우 많은 원자로 이루어져 있으므로, 보통 물체는 매우 큰 크기를 가진 자기쌍극자가 되지 않을까 생각할 수도 있다. 그러나 우리가 잘 알고 있듯이, 우리 주위의 물체들은 사실상 자성을 전혀 띠지 않는다.

쉽게 짐작할 수 있듯이, 그 이유는 각 원자의 원자 자석 방향이 반드시 일치할 필요가 없기 때문이다. 예컨대, 물분자는 전기쌍극자이지만 컵 속에 든 물은 전기쌍극자 방향이 제멋대로여서 물이 전기적 성질을 드러내지 않는다. 마찬가지로 물질을 이루는 원자가 원자 자석이라 해도 그 자석 방향이 제멋대로여서 물질의 자성이 드러나지 않게 된다. 이와 같은 이유로 대부분의 물질은 자성을 띠지 않는다. 그런 물질을 **상자성** paramagnetic[2] 물질이라고 부른다.

상자성 물질은 자성을 띠지 않는 것처럼 보이지만, 물에 전기적 성질이 숨어 있듯 이 상자성 물질 속에도 자성이 숨어 있다. 즉 그 물질을 자기장 속에 두면 그 물질의 원자 자석들은 모두 그 외부 자기장 방향과 나란한 방향이 되려는 토크를 받게 되어, 그 원자 자석들은 이제는 하나의 방향, 즉 외부 자기장과 같은 방향을 향한다. 그와 같이 자기장 영향 아래에 있는 상태가 되면, 상자성 물질은 외부 자기장 방향과 나란한 방향의 커다란 자석(자기쌍극자)이 된다. 이때 그 물질의 단위부피당 자기쌍극자 크기를 **자기화** magnetization라 부르며, 기호 M으로 나타낸다. 자기화 M은 외부 자기장 세기 B에 비례하고, 물질 온도 T에 반비례하는 특성을 가지며, 다음과 같이 쓸 수 있다.

$$M \propto \frac{B}{T} \tag{19.1}$$

이 관계를 **큐리의 법칙** Curie's law이라 부른다. 상자성 물질에서 각 원자 자석은 서로 독립적이므로 서로 간섭하지 않는다. 따라서 이 관계는 자기쌍극자 하나하나의 상태를 나타낸다고 할 수 있으며, 자기장 속에 있는 한 원자 자석의 상태만 고려해서 얻을 수 있는 관계식이다.

반자성

상자성 특성은 보통 각각의 원자가 이웃 원자와 무관한 부도체 물질에서 나타난다. 그러나 물질이 도체이면, 원자의 전자가 떨어져 나와 자유전자 상태가 된다. 이때 전자가 떨어져 나온 원자, 즉 이온의 자기쌍극자 효과를 무시할 수 있다면 물질의 자성은 자유전자에 의해 결정된다.

우리는 나중에 도체 부근에서 외부 자기장이 변할 때, 그 변화를 저지하려는 방향으로 도체에 유도전류가 만들어진다는 사실을 다룰 것이다.[3] 그러한 유도전류는 도체를 외부 자기장과 반대 방향의 자기쌍극자로 만들게 되는데, 물질의 이런 특성을 **반자성** diamagnetism이라 부른다. 예컨대, 비스머스(Bi)나 은 등은 대표적인 반자성 물질이다. 도체는 자유전자들 때문에 반자성 특성을 보이지만, 도체가 아닌 부도체 물질을 이루는 원자들도 반자성을 보인다. 이때 원자가 사용하는 방법은 전자의 궤도 각운동량 방향이 변화하는 과정을 통해서다. 예컨대, 불활성 기체는 자성이 완전하게 숨겨진 상태에 있는 물질이지만, 자기장 속에 두면 반자성 특성을 드러낸다. 그러나 원자의 궤도 운동에 의한 반자성 효과는 매우 미미해서 원자가 이미 자성을 띤 상태에서는 그 효과를 무시해도 좋다.

---

2 상자성이란 '일상적' 또는 '평범한' 자성이란 의미로 붙인 이름이지만, 'paramagnetic'이란 물질 분자의 자기쌍극자가 외부 자기장과 나란한 방향을 향한다는 뜻을 가진다.

3 그런 현상을 렌츠의 법칙(Lenz's law)이라 부른다.

19.3 반강자성과 강자성

우리는 앞에서 외부 자기장이 없는 한 대부분 물질이 그 자성을 드러내지 않는다고 말했다. 즉 인간이 전류를 이용해 자기장을 만들 수 있게 되기 전까지는 물질이 자성을 띤다는 사실을 깨닫기가 쉽지 않았다. 그렇다면 우리는 물질이 자기적 성질을 가진다는 사실을 어떻게 알게 되었을까?

그 단서는 지구 자체가 커다란 자석이란 사실이다. 그러나 물론 지구가 커다란 자석이라는 사실만으로 우리가 자성이라는 물리적 특성을 깨달을 수는 없다. 자연은 우리에게 또 다른 단서를 더 주었는데, 바로 지구 위에 자기쌍극자(자석) 상태로 존재하는 물질이 있다는 사실이다. 예컨대, 철은 매우 흔한 물질로 일반적으로는 자성을 띠지 않는다. 그러나 흥미롭게도 중동의 마그네시아라는 곳을 포함한 몇 군데의 철광에서 얻은 철은 자성을 띤다. 지구 자체가 커다란 자석이면서 동시에 그런 자성을 띤 그런 철광석이 존재하기 때문에 우리는 그 철광석으로 만든 나침반을 이용할 수 있었고, 그것을 실마리로 하여 물질이 자성을 띤다는 사실을 알게 되었다.

높은 온도에서 물질을 이루는 각각의 원자 자석 방향은 제멋대로이므로, 충분히 높은 온도에서 모든 물질은 상자성을 가진다. 그러나 온도가 낮아지면 한 원자의 원자 자석 방향은 이웃한 다른 원자 자석 방향과 서로 연관되기 시작하는데, 그 경우 이웃한 두 원자 자석은 서로 같은 방향을 향하든지 아니면 반대 방향을 향한다. 일반적으로 원자 자석들은 이웃한 원자 자석과 서로 반대 방향이 되도록 정렬하는데, 그런 경우의 자성을 **반강자성**antiferromagnetism이라 부르고, 원자 자석들이 같은 방향이 되는 특성을 가지는 자성을 **강자성**ferromagnetism이라 부른다.

반강자성

서로 이웃한 두 자기쌍극자가 서로에게 영향을 준다면, 그 결과는 물론 두 쌍극자 방향이 서로 반대가 되는 것이 자연스러울 것이다. 즉 한 자석(자기쌍극자)의 N극은 다른 자성의 S극과 당연히 가까워져야 한다. 실제로 원자 속의 전자들은 모두 두 개씩 이런 방식으로 짝을 이루어 원자의 자성을 최대한 없앤다.

이와 같이 물질을 이루는 원자의 원자 자석 방향이 서로 반대 방향이 되게 배치된다면, 물질의 자성은 드러나지 않을 것이다. 이러한 특성을 가진 물질을 **반강자성**anti-ferromagnetism 물질이라 부르는데, 대부분 물질은 낮은 온도에서 반강자성을 띠게 되어 결국 그 자성을 숨긴다. 온도가 낮아져서 상자성 물질이 반강자성 상태가 되는 온도를 **넬 온도**Neel temperature라 부른다.

강자성

원자를 이루는 기본 입자들이 모두 자성을 띠고 있는데도 그 성질이 원자의 단위에서 이미 숨겨지는 경향을 보인다거나, 또는 원자가 자성을 띠더라도 상자성처럼 원자 자석들의 방향이 제멋대로여서 자성이 드러나지 않는다거나, 또는 서로에게 영향을 준다고 하더라도 반강자성처럼 결국 서로 짝을 이루어 자성이 상쇄되어 숨겨지는 경향을 띠게 되는 것은 모두 매우 흥미로운 사실들이다.

그러나 더 흥미로운 점은 자연이 어떤 물질에서는 그 자성이 드러나도록 허용했다는 점이다. 즉 온도가 충분히 낮은 경우, 어떤 물질에서는 원자 자석들의 방향이 서로 반대가 아니고, 나란한 방향이 되는 '이상한' 상황도 벌어지도록 허용했던 것이다. 온도가 낮아져서 상자성 물질이 강자성 상태가 되는 온도를 **큐리 온도**Curie temperature라 부른다. 그렇게 되면 물질은 자신의 자성을 드러내 보일 수밖에 없는데, 그런 특이한 특성이 있는 물질을 **강자성**ferromagnetism 물질이라 부른다. 100여 개의 원소로 이루어진 물질 중 강자성을 띠는 물질은 철, 코발트와 니켈뿐이다. 그러나 원소끼리 섞어 만든 합금 형태의 강자성 물질은 많이 있으며, 알루미늄-니켈-코발트 합금과 희귀 광물인 **희토류**rare earth 원소들의 합금이 많이 쓰인다.

이제 여러 종류의 물체를 실에 매달아두고 그 근처에 자석을 가져가는 실험을 생각해보자. 각 물체의 반응은 일반적으로 세 가지 상태로 분류할 수 있다. 예컨대, 쇠못 같은 물체는 자석에게 강한 힘을 받으며 끌려와 달라붙는다. 그러나 대부분 물체는 쇠못보다는 매우 미약한 힘으로 끌린다. 또 어떤 물체는 너무 미약한 힘이어서 알아채지 못할 정도로, 자석으로부터 밀려나는 힘을 받기도 한다. 이때 강하게 끌려오는 물체는 물론 강자성 물체이고, 약하게 끌려오는 물체는 상자성 물체다. 그리고 미약한 힘으로 밀려나는 물체는 반강자성 물체라 볼 수 있다.

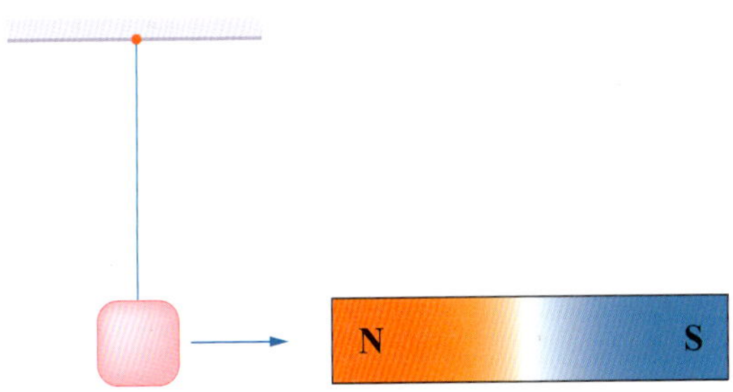

그림 19-1 끈에 달린 물체와 자석

강자성 물체와 자기구역

강자성 물질을 제외한 모든 물질은 앞에서 본 것처럼 여러 가지 방법으로 자성을 숨기기 때문에 그 자성이 드러나지 않는다. 그러나 대표적 강자성 물질인 철의 큐리 온도는 상온보다 훨씬 높으므로 철로 만든 못은 상온에서도 자석이어야 한다. 그러나 보통 못은 자성을 띠지 않는다. 그렇다면 못이 자성을 띠지 않는 이유를 어떻게 설명할 것인가?

우리는 앞에서 상자성 물질이 자성을 숨길 수 있는 이유가 원자 자석들의 방향이 제멋대로이기 때문이라는 것을 알았다. 못 같은 강자성 물질이 자성을 드러내지 않는 것도 바로 그 때문이다. 즉 상자성 물질에서는 원자 자석들의 방향이 제멋대로이지만, 강자성 물질에서는 '원자 자석 덩어리'들의 방향이 제멋대로이기 때문이라고 설명할 수 있다. 강자성 물질을 이루는, 제멋대로의 방향을 향하는 원자 자석 덩어리 단위를 **자기구역**magnetic domain 또는 **도메인**domain이라 부른다.

그렇다면 도메인(자기구역)이 생기는 이유는 무엇인가? 만약 못의 온도가 낮아져 강자성을 띠게 되면, 원자 자석들은 나란히 정렬하기 시작할 것이다. 이때 어떤 원자 자석이 중심이 되어 정렬을 시작할지 알 수는 없지만, 그중 하나를 중심으로 정렬 현상은 계속될 것이다. 이는 마치 왕조가 무너져 각처에서 군웅이 출현해 자신의 영역을 확장해 나아가는 것에 비유할 수 있다. 문제는 그렇게 형성되어 나아가던 두 군웅의 영역, 즉 도메인이 서로 만나면 어떻게 되는가 하는 점이다.

도메인이 충분히 작은 단위에서는 어느 한쪽이 이겨서 두 도메인이 한 방향의 쌍극자를 만들 것이다. 그러나 두 도메인이 너무 커진 상태에서는 한 도메인 전체의 쌍극자 방향을 곁의 도메인 방향과 나란히 만들기 위해서는 너무 많은 에너지가 필요해져 그것이 불가능해지는 단계에 도달하게 된다. 그러므로 이때의 각 도메인은 마치 지방 영주들처럼 각자 자신의 쌍극자 방향을 가진 채로 남게 된다.

물질을 이루는 분자의 수가 1조의 1조 배인 아보가드로수 정도임을 생각하면, 하나의 도메인을 이루는 분자가 무려 1조 개의 철 분자로 이루어졌다 하더라도 쇳덩어리에는 1조 개 정도의 도메인이 있다고 할 수 있다. 실제 도메인은 이보다 더 많은 원자로 이루어져 있으며, 현미경으로도 보일 정도로 크기가 크다.

방향이 제멋대로 향해 있던 쇳덩어리 내부의 각 도메인의 쌍극자 방향은 자석에 가까이 가면 모두 자석의 자기장 방향으로 정렬해 그 효과가 매우 커진다. 따라서 숨어 있던 자성이 강렬하게 드러나 쇳덩어리는 우리가 자석이라 부르는 성질을 띠게 된다. 즉 못이 자석에 끌려가 달라붙게 되는 것이다.

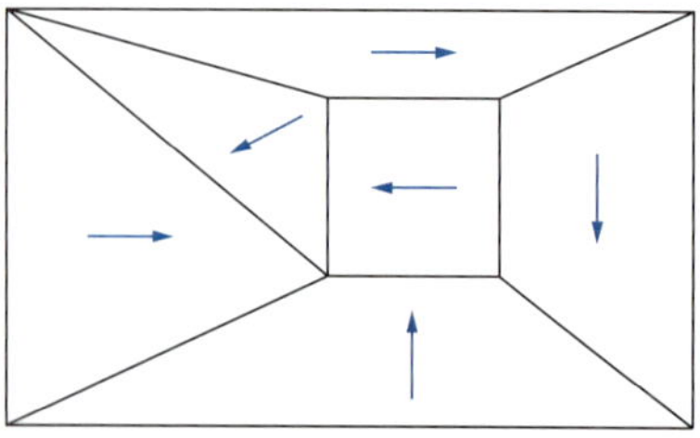

그림 19-2 자기구역의 예

자기이력곡선

강자성 물질은 발전기나 모터 등 수많은 전기기기에서 필수적인 영구자석을 만드는 데 쓰인다. 영구자석을 만드는 방법은 간단한데, 강자성 물질을 강한 자기장 속에 두었다가 꺼내면 못 같은 물질은 영구자석이 된다. 이제 강자성을 보이는 물체, 즉 강자성체에 외부 자기장을 가할 때 강자성체의 자성이 어떻게 변화하는지 알아보자.

강자성체는 외부 자기장의 영향을 받아 자석이 되는데, 그 자석의 세기(쌍극자 크기)는 정확하게 비례하지는 않지만, 외부 자기장 세기가 커짐에 따라 커진다. 그러나 외부 자기장 세기가 어느 정도 크기에 이르면, 강자성체의 모든 원자 자석은 한 방향(외부 자기장 방향)을 향하게 되어 자석의 세기는 최대에 이른다. 그 단계에 서는 외부 자기장이 더 강해진다고 해도 더는 변화가 없다.

자석의 세기가 최대인 상태에서 외부 자기장 세기를 줄이면 자석 세기도 줄어든다. 흥미로운 점은, 그 때 외부 자기장을 완전히 제거해도 강자성체는 영구자석으로 남아 있다는 점이다. 즉 외부 자기장은 강자성체의 각 자기구역 쌍극자들을 정렬시키는 역할을 하는데, 일단 정렬이 된 다음에는 외부 자기장이 없어도 대부분의 강자성체의 자기구역은 여전히 한 방향을 유지한다. 외부 자기장이 없어진 후에 강자성체가 가지는 자석 세기를 **잔류 자기화**[remanent magnetization]라 부른다. 이때 강자성체의 자성을 완전히 없애려면 자석을 만들 때 작용했던 자기장 방향과 반대 방향으로 어느 정도 크기의 자기장을 작용해야만 한다. 외부 자기장 변화에 따른 강자성체의 자성 세기 변화를 나타낸 그래프를 **자기이력곡선**[magnetic hysteresis curve]이라 부른다.

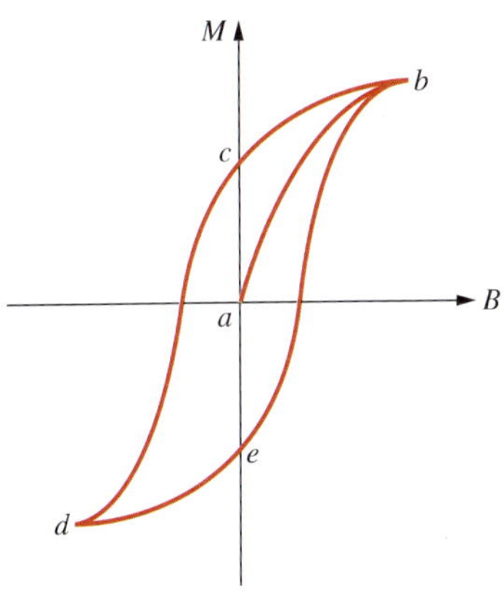

그림 19-3 자기이력곡선

지금까지 살펴본 것처럼, 자연세계는 작은 자석으로 이루어져 있지만, 교묘한 방법으로 자신의 자성을 마지막 단계에서까지 숨겨왔음을 알 수 있다. 즉 강자성 물질조차도 다른 자기장의 영향 없이는 스스로 자신의 자성을 드러낼 수 없기 때문이다. 실제로 몇 군데 광산을 제외하고는 지구에서 얻을 수 있는 철광석에는 대부분 자성이 없다. 그러나 그 몇 군데의 철광석이 자성을 띠고, 지구 자체가 커다란 자석으로 작용해 나침반의 형태로 우리에게 자석의 존재를 보여주었다.

그런데 그 몇 군데 광산의 철광석은 어떻게 자성을 띠게 되었을까? 그 철광석들은 아마도 우주에서 온 운석이 아니었을까 추정할 수 있다. 즉 우주의 별은 수명이 다하면 마지막 단계에서 폭발해 흩어져 운석을 만들 수 있다. 한편, 그 별을 이루었던 원소 대부분은 쇳덩어리가 되는데, 그것이 자성을 띠고 있었고 우주로부터 날아온 운석이 곧 그 쇳덩어리일 가능성이 크다고 추정할 수 있다.

물음 19-2 자석은 철 조각을 끌어당겨 한 덩어리가 된다. 그리고 철 조각은 또다시 못 같은 다른 철 조각을 끌어당긴다. 그 현상을 자기구역 개념을 이용해 설명하라.

CHAPTER

20 전자기 유도 현상과 패러데이 법칙

Electromagnetic Induction and Faraday's Law

20.1 전자기 유도

우리는 지금까지 움직이지 않는 전하들, 즉 정전기 현상과 전하가 움직이기는 하지만 시간에 따라 변하지 않는, 즉 정상 전류에 의한 정자기 현상에 관해서만 다뤄왔다. 그런 현상들은 시간에 따라 변화가 없는, 즉 언제 보아도 똑같은 그리 흥미롭지 않은 현상들이다. 그러나 시간에 따라 변하는 전하분포가 만드는 전기장이나, 전류가 만드는 자기장은 훨씬 더 다양하며 흥미로운 현상들을 보여준다.

1840년 영국의 패러데이는 전류가 변화하는 도선 근처나 자석이 움직이는 곳 근처에 있는 도선에 전류가 만들어진다는 것을 발견했다. 우리는 이런 현상을 **전자기 유도**electromagnetic induction **현상**이라 부른다. 이러한 실험에서 흥미로운 점은 자석을 고정시킨 채로 폐회로 도선을 움직여도 도선에 유도전류가 흐른다는 사실이다. 즉 유도전류의 발생은 도선과 자석의 상대적 운동에만 의존할 뿐 둘 중 어느 것이 움직이든지 상관하지 않는다. 전자기 유도에 대한 많은 실험은 패러데이와 미국의 헨리에 의해 거의 동시에 독자적으로 진행되었다.

그림 20-1 마이클 패러데이, 1791~1867

그림 20-2 조지프 헨리, 1797~1878

유도기전력과 유도전류

이제 자석과 구리 반지로 아주 단순한 전자기 유도 실험 하나를 다뤄보자. 만약 구리 반지를 공중에서 떨어뜨리면 반지는 일정한 가속도로 떨어진다. 이제 바닥면에 자석을 두고, 그 위에 반지를 떨어뜨리면 반지는 자석이 없을 때보다 더 느리게 떨어진다. 그렇다면 자석과 떨어지는 반지 사이에는 대체 어떤 관계가 있다는 말인가?

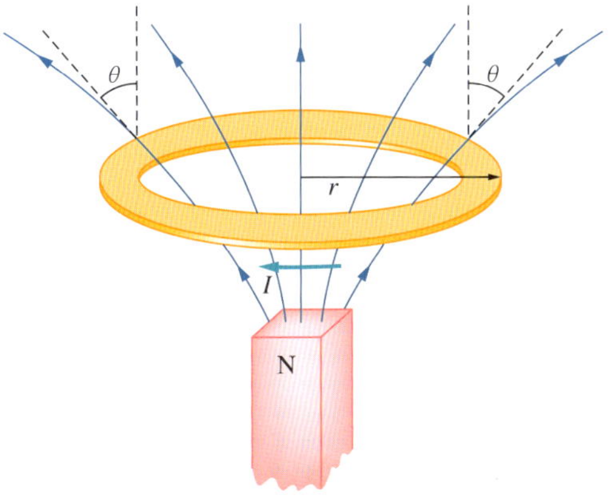

그림 20-3 자석 위로 떨어지는 구리 반지와 코일 부근에서 운동하는 자석

이때 반지가 느리게 떨어진다는 사실은 반지가 스스로 자석(자기쌍극자)으로 변해 바닥에 있는 자석과 서로 밀어내는 힘을 작용하기 때문이라고 생각할 수 있다. 예컨대, 자석의 N극이 위로 향하도록 자속이 놓여 있다면, 반지는 N극이 아래를 향하는 방향으로 잠시 자기쌍극자를 만든다고 생각할 수 있다.

만약 그렇다면 반지가 자기쌍극자가 되는 방법은 물론 반지에 전류가 만들어지는 방법뿐이다. 즉 어떤 이유 때문인지는 모르지만 반지에 기전력이 발생해 전류가 흐르게 되었던 것이다. 한편, 이 현상을 떨어지는 반지 입장에서 보면, 반지가 이동하면서 자석이 만드는 자기장이 변하고, 그로 인해 반지에 전류가 만들어진다고 볼 수 있다. 이런 구리 반지 실험 결과는 전류계에 연결된 코일 속으로 자석을 운동시키는 실험을 통해서도 얻을 수 있다. 이처럼 시간에 따라 변화하는 자기장이 만드는 기전력을 **유도기전력**[induced emf]이라 부르고, 그 유도기전력에 의해 생기는 전류를 **유도전류**[induced current]라고 부른다.

코일에 유도전류를 발생시키려면 코일을 매단 후 그 부근에서 자석을 움직여도 된다. 이때 정지된 코일 주변에서 자석을 움직이면 코일에는 유도전류가 생겨 자석이 다가오면 자석을 밀어내는 힘을 받아 뒤로 밀려나고, 자석이 멀어지면 끌리는 힘을 받아 자석으로 다가가는 운동을 하게 된다.

물음 20-1 자석의 N극을 위로 향하게 놓았을 때, 자석 바로 위에서 구리 반지를 떨어뜨리면 구리 반지에 생기는 유도전류 방향은 위에서 내려다볼 때 어느 방향인가?

유도전기장의 해석

유도전류가 흐른다는 것은, 도선 속에 어떤 전기장이 생긴다는 것을 뜻하는데, 그 전기장은 우리가 지금까지 다뤄온 '전하가 만드는 전기장'과는 다른 특성이 있는 전기장으로, **유도전기장**induced electric field이라 부른다. 한편, 유도전기장과 구별하기 위해 우리가 지금까지 다루어 알고 있던 전기장은 **정전기장**electrostatic field이라고 부른다. 유도전기장도 정전기장과 마찬가지로 전하에 힘을 미치는 전기장이기는 하지만, 유도전기장의 근원은 정전기장과는 전혀 무관하다는 점을 유의하자.

이제 다음과 같은 상황을 통해 유도전기장의 근원을 알아보자. 즉 바닥면에서 수직 방향으로 들어가는 균일한 자기장 B가 있는 곳에서 일정한 속도로 운동하는 도체 막대가 있다고 하자. 이때 막대 속의 전하들은 자기력을 받아 이동해 막대 양 끝에 몰리게 된다. 즉 막대 속의 전하들은 자기력을 받아 처음에는 이동하지만, 막대 끝에 도달하면 더는 갈 데가 없으므로 그 끝에 몰리게 된다. 그렇게 쌓인 전하들 때문에 막대 내부에는 전기장이 생길 것이고, 그로 인한 전기력 때문에 전하는 더 이상 이동하지 않는 상태에 이르게 될 것이다. 즉 운동하는 막대 속 전하들은, 막대 끝에 쌓인 전하들의 전기장에 의한 전기력과 외부 자기장에 의한 자기력이 평형을 이루어 정지하게 된다.

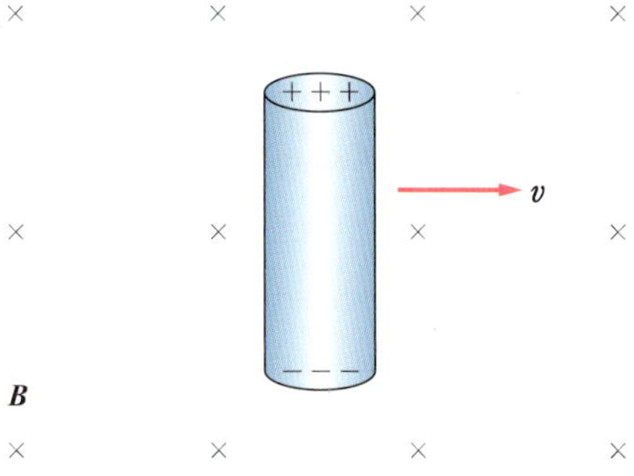

그림 20-4 도체 막대의 운동

이때 막대 속 전하의 전하량을 q라고 하면, 막대의 속도가 v일 때 자기력의 세기는 물론 qvB가 된다. 자기력의 세기가 qvB이므로, 그 힘을 상쇄하기 위한 전기력을 얻으려면 막대 끝에 쌓인 전하들에 의한 전기장의 세기는 물론 vB와 같아야 한다.

이제 이 상황을 자기력을 모르는 사람의 입장에서 다시 생각해보자. 그 사람은 자기장 속에서 운동하는 막대 끝에 전하가 몰린 이유를 설명할 수는 없지만, 전하들이 막대 끝에 쌓여 있는 것을 안다. 그리고 막대 속 전하들이 더는 움직이지 못하고 정지해 있는 이유는 그렇게 쌓인 전하들이 만드는 전기장과 그 전기장과 크기가 같고 방향이 반대인 다른 '어떤 전기장'에 있다고 본다. 즉 이유를 알 수는 없지만 어떤 전기장이 생겨서 그런 전하분포가 유지된다고 보는 것이다. 이때 생긴 그 '어떤 전기장'의 크기는 vB이며, 그 전기장이 곧 **유도전기장**이다.

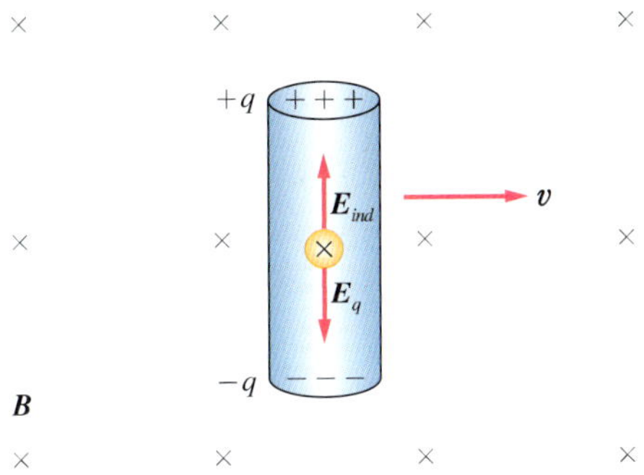

그림 20-5 막대 속의 전하와 유도전기장

이처럼 자기장 속에서 운동하는 도체에는 유도전기장이 생기는데, 그 유도전기장이 반드시 도체 속에만 생기는 것은 아니다. 예를 들어 도체 막대를 나무 막대로 바꾼다고 해도 운동하는 나무 막대 내부에 유도전기장이 존재한다. 이 사실은 도체 막대에서는 유도전기장에 의해 전하가 이동하기 때문에 그 존재가 드러났을 뿐임을 알려준다.

정전기장과 마찬가지로 유도전기장도 전하에 힘을 작용하므로, 유도전기장 영역 속에 있는 폐회로 도선에는 전류가 흐른다. 즉 건전지와 같은 기전력 장치가 없는 상태에서도 도선에 전류가 흐를 수 있다. 유도전기장이 만드는 이런 형태의 기전력을 **유도기전력**induced emf 또는 **운동기전력**motional emf이라 부른다. 유도기전력 크기는 유도전기장의 선적분 크기로 정의한다. 즉 유도전기장을 $\boldsymbol{E}_{ind}$로 나타내면, 폐회로 C에서의 유도기전력 ε은 다음과 같이 정의한다.

$$\varepsilon = \oint_C \boldsymbol{E}_{ind} \cdot dl \tag{20.1}$$

어떤 폐회로에서건 정전기장을 선적분한 결과는 0이다. 따라서 정전기장은 보존장이 되어 정전기장에 의한 전위차가 정의될 수 있었다. 그러나 유도전기장을 선적분한 결과는 0이 아니다. 따라서 유도전기장에 의한 어떤 두 점 사이의 전위차는 두 점을 잇는 경로에 따라 달라지므로, 유도전기장에 의한 전위차는 정의될 수 없다. 즉 유도기전력의 크기는 오직 폐회로에서만 정의될 수 있는 양이다.

참고 상대성이론에서 유도전기장 의미

유도전기장이 생기는 원인은 상대성이론을 통해 더 잘 이해될 수 있다. 그러기 위해 앞에서 다룬 균일한 자기장 속에서 운동하는 도체 막대의 경우를 다시 생각해보자. 이때 막대가 운동한다고 보는 실험실 기준계의 사람은 막대 속의 점전하 q에 자기력 qvB가 작용한다고 본다. 그러나 막대에 달라붙어 운동하는 다른 기준계의 사람에게는 그 점전하는 정지해 있으므로 자기력은 작용하지 않아서 전하에 작용하는 힘 qvB는 '어떤' 전기장 vB에 의한 전기력이라고 볼 수밖에 없다. 즉 그 경우 실험실의 관측자도 점전하에 vB 세기의 전기장이 생겨났다고 보는 입장에서 그것을 '유도전기장'이라고 부르는 것이다. 이 사실은, 한 기준계에서 자기력이라고 보는 것을 다른 기준계에서는 전기력이라고 본다는 뜻인데, 전기장과 자기장이 이렇게 연결되어 있다는 것은 상대성이론의 중요한 결과 중 하나이다. (이 경우, 운동하는 계의 시간이 더 느리게 가는 '시간 늘어남 효과' 때문에 막대와 같이 운동하는 사람이 측정하는 전기장 세기는 엄밀하게는 vB와 $\sqrt{1-(v/c)^2}$ 배만큼 차이가 나는데, $v \ll c$인 경우 그 효과는 무시할 수 있다.)

패러데이 법칙

패러데이는 폐회로 도선 근처에서 운동하는 자석이 있을 때, 코일에 흐르는 유도전류의 세기를 측정해 다음과 같은 결론을 얻었다.

(1) 전류의 세기는 코일과 자석 간의 상대적 속도가 빨라질수록 더 커진다.
(2) 코일에 자석이 다가갈 때와 멀어질 때의 전류 방향은 서로 반대다.

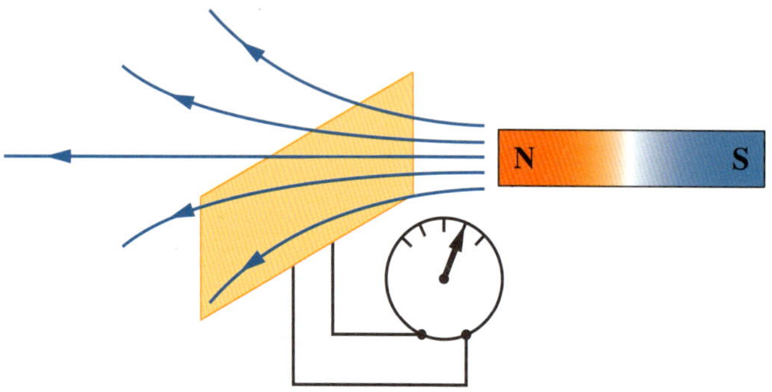

그림 20-6 패러데이의 유도전기장 실험

이때 코일을 통과하는 자속을 변화시키려면 코일 근처에서 자석을 운동시키거나 그 반대로 자석 근처에서 코일을 운동시키는 방법을 쓸 수 있다. 패러데이는 **자기선 속**(또는 자기다발) 또는 **자속**[magnetic flux]이라는 개념을 도입해 자신이 발견한 결과들을 설명했다. 자속은 Φ_B로 나타내며, 자기장 벡터를 면적분한 양으로, 면 S를 통과하는 자속은 다음과 같이 정의한다.

$$\Phi_B = \int_S \boldsymbol{B} \cdot d\boldsymbol{a} \tag{20.2}$$

어떤 면을 통과하는 전기선속이 전기력선의 개수를 뜻하듯이, 자속이란 어떤 면을 통과하는 자기력선의 개수를 뜻한다. 예컨대, 바닥면에 놓인 넓이가 A인 면에 정면으로 향하는 일정한 자기장 $\boldsymbol{B}$가 있을 때, 그 면을 통과하는 자속 크기는 $\Phi_B = B \cdot A$가 된다. 자기장 크기를 T로 나타내면 자속의 단위는 $\mathrm{T \cdot m^2}$이 되는데, 이를 **웨버**[Weber](Wb)라고 부르고 다음과 같이 정의한다.

$$1\mathrm{Wb} = 1\mathrm{T} \cdot \mathrm{m}^2 \tag{20.3}$$

물음 20-2 자속을 시간으로 나눈 양은 전위의 차원을 가진다. 즉 $\mathrm{Wb/s = V}$ 임을 보여라.

패러데이가 발견한 사실들은 자속을 이용해 다음과 같이 나타낼 수 있다. 즉 코일에 만들어지는 유도기전력 세기 ε은 다음과 같이 나타낼 수 있다.

$$\varepsilon = \frac{d\Phi_B}{dt} \tag{20.4}$$

이 관계를 **패러데이 법칙**Faraday's law이라 부른다. 이 식은 자석이 코일에 다가올 때 자속은 늘어나고, 멀어질 때 줄어들기 때문에 두 경우 유도전류의 방향은 당연히 반대여야 하고, 자석이 빠르게 운동하면 단위시간당 자속 변화율이 높으므로 유도전류의 세기가 커지는 것을 모두 설명하고 있다.

이제 일정한 자기장이 있는 곳에서 코일을 이동시키는 실험에서 코일에 생기는 유도기전력의 세기가 얼마가 되는지 패러데이 법칙을 이용해 계산해보자. 예컨대, 자기장이 바닥면의 왼쪽 부분에만 존재하며, 바닥면에 수직으로 들어가는 자기장이 있다고 하자. 그리고 한 변의 길이가 l인 정사각형 모양 코일의 일부가 자기장 영역에 들어가 있는 상태에서, 코일이 일정한 빠르기 v로 자기장 영역에서 벗어나는 방향으로 운동한다고 하자.

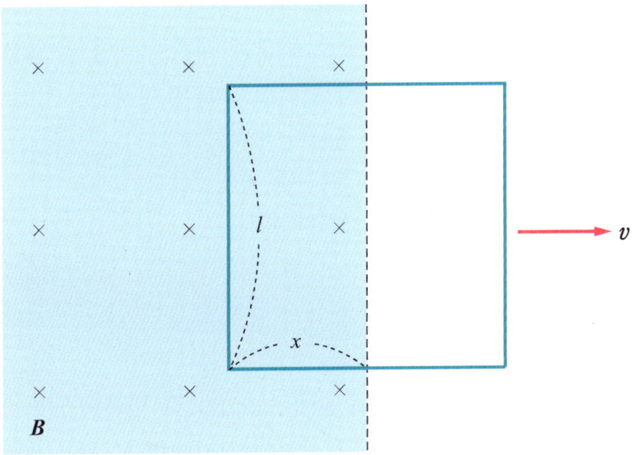

그림 20-7 자기장 영역에 일부만 걸친 채로 운동하는 코일

이 경우, 자기장 영역에 들어간 코일 부분의 길이를 x라고 하면, 코일 면을 통과하는 자속 크기는 $\Phi_B = Blx$로 나타낼 수 있다. 한편, 코일의 빠르기는 $v = \left|\frac{dx}{dt}\right|$로 나타낼 수 있으므로, 유도기전력 세기는 $\varepsilon = Blv$로 나타낼 수 있게 된다.

물음 20-3 코일 전체가 일정한 자기장 영역 속에 있는 채로 운동할 때, 유도기전력의 세기는 얼마인가?

물음 20-4 바닥면에 놓인 반지름이 R인 원 내부에만 존재하는, 바닥면에 수직으로 들어가는 방향의 자기장이 있다. 자기장 세기는 $B(t) = at$(a는 상수) 형태로 시간 t에 따라 변한다고 한다.

(a) 원 밖에 있는 반지름이 r인(즉 $r > R$) 코일에 유도되는 유도기전력의 세기를 구하라.

(b) 원 내부에 있는 반지름이 r인(즉 $r < R$) 코일에 유도되는 유도기전력의 세기를 구하라.

참고 유도기전력 측정

[물음 20-4]에서 코일의 유도기전력 세기를 ε_0라고 하자. 예컨대, 코일의 $\frac{1}{4}$이 되는 부분 양 끝의 전위차를 측정할 때, 어떤 측정치를 얻을 수 있는지 의문이 생길 수 있다. 왜냐하면 어떻게 보면 $\left(\frac{1}{4}\right)\varepsilon_0$이고, 또 어떻게 보면 $\left(\frac{3}{4}\right)\varepsilon_0$로 볼 수 있기 때문이다. 이런 의문은 유도전기장에 의한 전위차는 정의할 수 없는 양이라는 사실을 깨닫지 못해 생긴 것이다. 만약 실제 전압계로 그 전압을 측정한다면, 어떤 값을 얻을까? 그 경우 측정할 때마다 값이 달라지는 것이다. 즉 유도전기장에서 두 점 간의 전위차는 정의될 수 없는 양이며, 유도기전력은 오직 폐회로에서만 그 의미가 있다.[1]

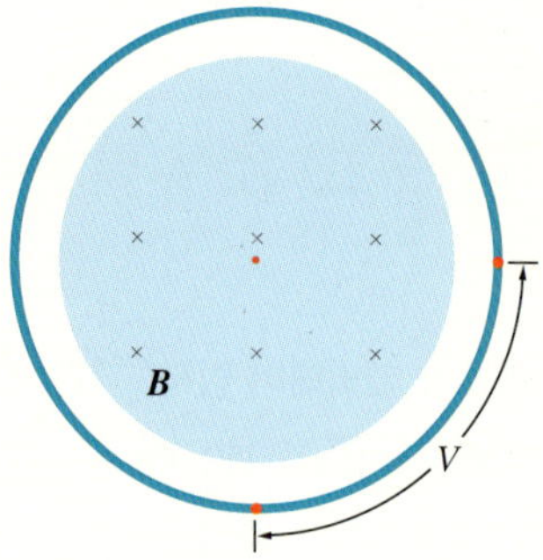

렌츠의 법칙

우리는 지금까지 코일에 생기는 유도전류가 코일의 운동에 어떤 영향을 주는지 생각하지 않았다. 흥미로운 점은 유도전류 때문에 코일이 자기력을 받는데, 그 자기력은 언제나 코일의 운동을 저지하는 방향으로 생긴다는 사실이다. 이 결과는 물체의 관성과 같이 전기 현상에서도 자연이 변화를 싫어하는 보수적 특성이 있다고 해석할 수 있다. 예를 들면, 앞에서 다룬 코일을 자기장 영역에서 일정한 빠르기로 잡아 빼는 운동에서, 유도전류에 작용하는 자기력은 그 힘과 반대방향으로 똑같은 세기로 작용해 코일에 작용하는 힘의 합력이 0이 되게 만드는 것이다. 유도기전력의 방향이 코일의 운동을 방해하는 방향으로 작용하는 이런 특성을 **렌츠의 법칙**Lenz's law이라 부른다.

물음 20-5 앞에서 다룬 일정한 자기장 영역에서 일정한 빠르기로 코일을 잡아 뺀다고 하자.

(a) 코일에 흐르는 전류 방향은 어느 방향인가?

(b) 그 전류에 의해 코일에 작용하는 자기력 방향은 어느 방향인가?

렌츠의 법칙은 코일을 통과하는 자속의 변화를 저지하려는 방향으로 코일에 유도전류가 만들어진다고 해석하면 기억하기 쉽다. 예컨대, 앞에서 다룬 자석 위로 떨어지는 반지 실험에서 자석의 N극이 위로 놓일 때, 반지를 통과하는 자속은 증가한다. 따라서 반지에 생기는 전류가 만드는 자기장에 의한 자속은 그 자속의 증가를 저지하는 쪽으로 유도전류가 만들어진다.

참고 패러데이 법칙의 $\varepsilon = -\frac{d\Phi}{dt}$ 표

대부분의 교과서는 패러데이 법칙을 $\varepsilon = -\frac{d\Phi}{dt}$로 나타내고 있다. 여기에서 음(−)의 부호는 코일에서 전기장을 선적분하는 방향과 그 선적분 폐회로가 만드는 면의 면벡터 방향을 연관 짓는 의미가 있는 양이다. 따라서 그런 방향들을 고려하지 않으면 부호는 의미가 없어진다. 그 부호의 의미는 다음과 같다. 즉 $\varepsilon = \oint_C \boldsymbol{E}\cdot d\boldsymbol{l}$에서 경로 C가 바닥면에 놓여 있다고 할 때, 그

---

1 이기영, 새물리(New Physics), 59, 한국물리학회, 2009, 253-258

경로의 적분 방향을 반시계방향으로 취하기로 하자. 그 경우 자속 $\Phi = \int_S \mathbf{B} \cdot d\mathbf{a}$의 면 S의 면벡터 방향을 바닥면에서 나오는 방향으로 정한다면, 음(−)의 부호를 포함한 $\varepsilon = -\frac{d\Phi}{dt}$ 관계가 성립한다.

20.2 인덕터와 인덕턴스

전류가 흐르는 회로는 전류가 만드는 자기장에 의한 자속을 갖게 된다. 그러므로 회로의 전류 세기가 변하면 자속이 변해 유도기전력이 발생한다. 이 점은 매우 의미심장하다. 왜냐하면 회로에 전류가 흐르기 시작하는 단계나 멈추는 단계에서의 전류 세기는 변할 수밖에 없기 때문이다. 이 사실은 회로에 전류가 흐르기 시작하거나 멈출 때, 회로에는 원래 회로가 가지고 있던 기전력 외에 추가로 유도기전력이 작용한다는 것을 뜻한다. 이때 그 유도기전력의 방향은 렌츠의 법칙에 의해 전류의 변화를 방해하는 쪽으로 만들어지며, 그 유도기전력 세기는 회로 구조에 의존한다. 이제 회로 구조에 의존하는 그 양이 어떤 것인지 알아보자.

인덕터와 인덕턴스

유도기전력의 세기는 자속 Φ의 시간 변화율과 같으므로, 그 세기를 구하려면 자속의 표현을 구해야 한다. 이제 어떤 폐회로에 전류가 흐를 때, 그 자속이 전류의 세기와 어떤 관계를 가지는지 다뤄보자. 먼저, 자기장 세기 B는 비오-사바르 법칙에 의해 전류의 세기 i에 비례하므로, $B \propto i$ 관계가 있다. 한편, 자속 Φ는 $\Phi \propto B$ 관계를 가지므로, 결국 자속과 전류는 다음과 같은 비례 관계를 갖는다.

$$\Phi \propto i \tag{20.5}$$

따라서 자속 Φ는 비례상수 L을 도입해 다음과 같이 나타낼 수 있다.

$$\Phi = Li \tag{20.6}$$

여기에서 비례상수 L을 그 회로의 **자체유도계수** coefficient of self-inductance 또는 **인덕턴스**라고 부르고, 그 크기는 회로 모양에 따라 결정된다. 모든 회로는 근원적으로 폐회로이므로, 회로는 자체 회로에 흐르는 전류의 변화를 방해하는 유도기전력을 발생시키는 역할을 할 수밖에 없다. 이와 같이 회로에 있는 근원적 회로 요소를 **인덕터** inductor 라고 부른다. 즉 모든 회로는 저항 외의 회로 요소로 인덕터 L을 포함할 수밖에 없다.

자속의 단위는 Wb이므로, 인덕턴스 단위는 Wb/A로 나타낼 수 있으며, 그 값을 **헨리**henry라 부른다. 즉 1H는 다음과 같이 정의한다.

$$1\,\text{H} = 1\,\text{Wb/A} \tag{20.7}$$

따라서 인덕턴스 크기가 큰 인덕터를 만들려면 코일을 통과하는 자속의 양을 크게 만들면 되는데, 코일을 여러 겹 겹쳐서 감은 솔레노이드가 그런 용도에 적합하다는 사실을 알 수 있다.

물음 20-6 $1\,\text{H} = 1\dfrac{\text{V}\cdot\text{s}}{\text{A}}$로 나타낼 수 있음을 보여라.

예제 20-1 솔레노이드의 인덕턴스

단위길이당 코일을 감은 수가 n이며, 길이가 l이고, 단면적이 A인 솔레노이드가 있다. 이런 솔레노이드 형태인 인덕터의 인덕턴스는 얼마인가?

풀이

솔레노이드에 전류 i가 흐른다고 하면, 솔레노이드 내부에는 균일한 자기장이 생긴다. 또한 단위길이당 코일을 감은 수가 n인 솔레노이드 내부에 생기는 자기장 세기 B는 $\mu_0 n i$가 된다. 솔레노이드 단면의 넓이는 A이므로, 코일 하나의 단면을 통과하는 자속은 $B\cdot A$이고, 코일의 전체 개수는 nl이므로, 총 자속 Φ는 $\Phi = \mu_0 n^2 lA\cdot i$가 된다. 따라서 솔레노이드의 인덕턴스는 $L = \mu_0 n^2 lA$로 쓸 수 있다. 인덕턴스는 인덕터에 흐르는 전류와 무관하게 오로지 n, A, l 등 솔레노이드의 기하적 구조에 의해서만 정해지며, 인덕턴스 크기는 균일한 자기장이 있는 영역의 부피에 비례함을 알 수 있다.

인덕터에 저장된 에너지

우리는 앞에서 회로의 폐회로 특성 때문에 모든 회로에는 인덕터 요소를 포함할 수밖에 없다는 것을 알게 되었다. 자속은 $\Phi = Li$로 나타낼 수 있으므로 유도기전력 세기는 $\left|L\dfrac{di}{dt}\right|$가 된다. 한편, 유도기전력은 전류 흐름 변화를 저지하는 방향으로 만들어진다. 그러므로 전류가 증가하는 상태, 즉 $\dfrac{di}{dt} > 0$일 때 유도기전력은 전류 흐름을 억제하는 역할을 하므로, 인덕터는 역기전력 역할을 하게 되어 $-L\dfrac{di}{dt}$ 형태의 기전력 장치 역할을 하는 것을 알 수 있다. 따라서 유도기전력을 포함하는 회로 방정식은 다음과 같다.

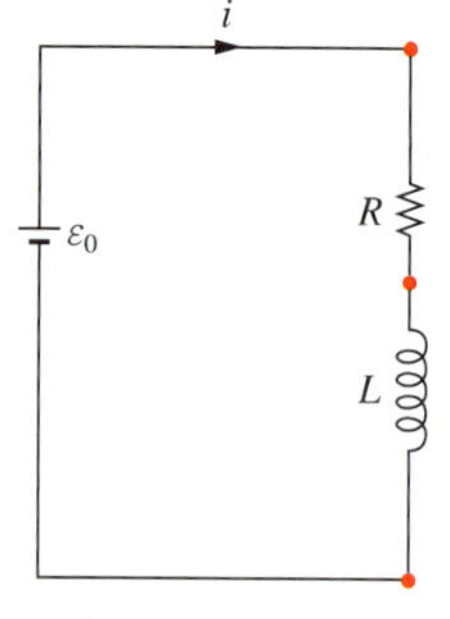

그림 20-8 인덕터 요소가 포함된 직류회로

$$\varepsilon_0 - L\frac{di}{dt} - Ri = 0 \tag{20.8}$$

이 미분방정식의 해를 얻는 일은 어렵지 않지만, 그 결과는 다음과 같이 예측할 수 있다. 즉 시간이 충분히 지나면 전류 변화가 없어져서 일정한 전류가 흐르고, 결국 $\frac{\varepsilon_0}{R}$ 크기의 전류가 흐를 것이다. 처음 전류가 흐르기 시작할 때는 전류가 0에서 출발하므로 $\varepsilon_0 - L\frac{di}{dt} = 0$으로 근사된다. 따라서 전류 증가율은 $\frac{\varepsilon_0}{L}$로서, L의 크기에 따라 전류가 얼마나 빨리 증가되는지 결정된다. 이 경우, 전류를 계산하면 다음과 같이 나타낼 수 있다.

$$i(t) = \frac{\varepsilon_0}{R}(1 - e^{-t/\tau}) \tag{20.9}$$

여기에서 $\tau = \frac{R}{L}$로 나타내며, 시간 차원을 가지므로 **시간상수**time constant라 부른다. 시간상수 크기는 회로에서 전류가 일정한 세기 타내는 척도임을 알 수 있다. $\frac{\varepsilon_0}{R}$에 이르는 데 걸리는 시간을 나타내는 척도임을 알 수 있다.

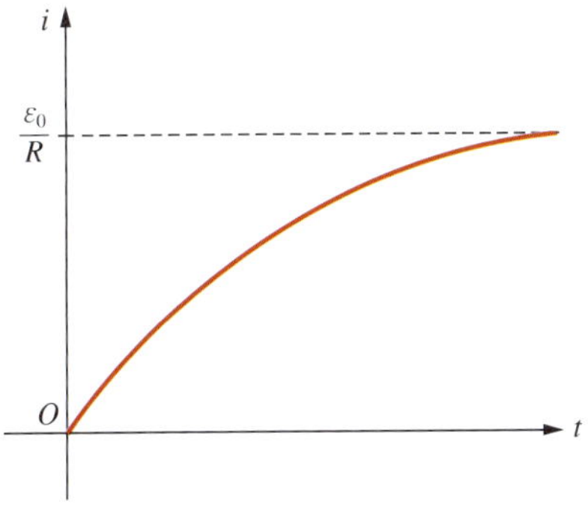

그림 20-9 인덕터 회로의 시간에 따른 전류 변화

물음 20-7 저항과 인덕턴스가 각각 5Ω, 10mH일 때, 시간상수 값은 몇 초인가?

우리는 지금까지 스위치를 열어둠으로써 전류가 흐르지 않던 회로에서 스위치를 닫으면, 회로에는 갑자기 $\frac{\varepsilon_0}{R}$ 세기로 전류가 흐른다고 생각해왔다. 그러나 물리적 세계에서는 어떤 경우에나 불연속적 변화는 있을 수 없으며, 회로에서의 전류도 연속적으로 변해야만 한다. 그렇게 하기 위해 자연은 어떤 폐회로라도 필연적으로 갖게 되는 인덕터 요소를 이용한다고 생각할 수 있다.

이제 에너지 측면에서 인덕터의 역할을 다시 생각해보자. 그 목적을 위해 회로 방정식에 전류 i를 곱해서 다음과 같이 쓰기로 하자.

$$\varepsilon_0 i = Li\frac{di}{dt} + Ri^2 \tag{20.10}$$

여기에서 왼쪽 항은 기전력 장치가 공급하는 전력이다. 그리고 Ri^2은 저항에서 단위시간당 발생하는 줄 열의 양을 나타낸다. 그러므로 전류가 변하는 동안에는 기전력 장치가 공급하는 에너지 일부가 인덕터에서 $Li\dfrac{di}{dt}$ 형태로 쓰이고 있다고 해석할 수 있다. 그러므로 인덕터에 공급되는 전력을 P_L이라 쓰고, 전류가 i_0 세기에 이르기까지 공급된 총 에너지의 양을 계산하면 다음과 같다.

$$U_L = \int P_L dt = L\int i\frac{di}{dt}dt = L\int_0^{i_0} i\,di = \frac{1}{2}Li_0^2 \tag{20.11}$$

즉 전류가 최종 세기인 i_0에 이르기까지 인덕터는 $\frac{1}{2}Li_0^2$ 크기의 에너지를 공급받는다. 우리는 회로에 일정한 전류 i_0가 흐르는 상태에서, 인덕터 요소에 $\frac{1}{2}Li_0^2$ 크기의 에너지가 저장되어 있다고 생각할 수 있다.

자기장 에너지

인덕터 요소는 회로가 만드는 자기장에 관련된 것이므로, 인덕터에 저장된 에너지는 자기장과 관련되어 있다고 짐작할 수 있다. 이제 전류가 일정한 상태에 이르기까지 인덕터가 공급받은 에너지 $\frac{1}{2}Li_0^2$을 자기장으로 나타내보자.

우리는 앞에서 단위길이당 코일을 감은 수가 n인 솔레노이드의 인덕턴스가 $L=\mu_0 n^2 lA$ 임을 알게 되었다. 한편, 그 경우 전류 i가 흐를 때, 내부 자기장 세기는 $B_0=\mu_0 n i_0$가 되므로, 솔레노이드 형태인 인덕터의 에너지는 다음과 같아진다.

$$U_L = \frac{1}{2}\mu_0 n^2 lA \cdot \left(\frac{B}{\mu_0\, n}\right)^2 = \frac{B^2}{2\mu_0}\cdot lA \tag{20.12}$$

흥미로운 사실은, 여기에서 lA 크기가 균일한 자기장 B_0가 있는 공간의 부피라는 점이다. 그러므로 우리는 자기장 세기가 B인 공간에는 단위부피당 $\dfrac{B^2}{2\mu_0}$ 크기로 에너지가 저장되어 있다고 해석할 수 있다. 따라서 **자기장 에너지밀도** u_B는 다음과 같이 나타낼 수 있다.

$$u_B = \frac{B^2}{2\mu_0} \tag{20.13}$$

이 결과는 전기장 세기가 E인 공간에는 에너지밀도가 $u_e = \frac{1}{2}\varepsilon_0 E^2$으로 전기에너지가 저장된 것에 비유된다. 즉 축전기를 전기에너지의 저장소라 한다면, 인덕터는 자기에너지의 저장소가 되는 것이다.

전기장이나 자기장이 가진 에너지밀도가 그 세기의 제곱에 비례한다는 사실은, 파동의 에너지밀도가 그 진폭의 제곱에 비례한다는 점과 유사하다. 그렇다면 전기장이나 자기장은 파동처럼 전파되는 것이 아닐까? 우리는 빛 현상이 전기장과 자기장이 시간에 따라 계속 변하며, 서로 만들어가며, 전파되는 현상이라는 것을 곧 알게 될 것이다.

상호유도 현상

코일을 통과하는 자속은 코일 자체에 흐르는 전류에 의한 자기장뿐만 아니라, 주위의 다른 전류에 의해서도 만들어진다. 예컨대, 전류가 각각 i_1, i_2로 흐르는 두 코일이 있다고 하자. 이때 전류 i_1에 의해 코일 2를 통과하는 자속을 Φ_{21}이라 하면, 그 자속과 전류 i_1의 관계는 $\Phi_{21} \propto i_1$으로 쓸 수 있다. 이 관계식의 비례상수를 M_{21}이라 쓰면, 자속은 다음과 같이 쓸 수 있다.

$$\Phi_{21} = M_{21} i_1 \tag{20.14}$$

마찬가지로 전류 i_2에 의한 코일 1의 자속도를 $\Phi_{12} = M_{12} i_2$ 관계로 나타낼 수 있다. 이때 M_{12}과 M_{21} 사이에는 $M_{21} = M_{12}$ 관계가 존재하는 것을 보일 수 있다. 그러므로 $M_{21} = M_{12} = M$이라 나타내고, M을 두 코일 간의 **상호유도계수** coefficient of mutual inductance라 부른다. 상호유도계수 M은 순전히 두 도선의 기하적 관계에만 의존하는 양이다.

물음 20-8 코일 1에 전류 i가 흐를 때, 코일 2의 자속은 Φ_0이다. 코일 2에 같은 전류 i가 흐를 때, 코일 1의 자속은 얼마인가?

20.3 전기회로계와 역학계의 유사성

서로 무관해 보이지만, 전기회로계의 특성은 역학계의 특성과 매우 비슷하다. 예컨대, 기전력이 ε_0인 전원으로 축전기를 충전시키는 경우를 용수철 상수가 k인 용수철에 매달려 있고 질량이 m인 물체의 운동에 대응시켜보자.

이 경우, 축전기 전하량을 q라 하면 회로방정식은 $\varepsilon_0 - \dfrac{q}{C} = 0$이다. 그런데 기전력을 물체에 작용하는 중력 mg에, 전하량 q를 용수철이 늘어난 길이 x에 대응시키면, $F_0 = mg$로 나타낼 때 그 식은 $F_0 - kx = 0$과 같아진다. 즉, 올바른 운동방정식이라면 $F_0 - kx = ma$와 같은 형태가 되어야 하는데 그 식은 질량이 0인 비정상적 상태의 운동방정식임을 알 수 있다. 그 이유는 물론 회로방정식 $\varepsilon_0 - \dfrac{q}{C} = 0$이 불완전한 식이기 때문이다.

이제 그 사실을 알아보기 위해 전원이 공급한 에너지와 중력이 한 일을 고려해보기로 하자. 이 경우, 기전력 장치가 공급한 에너지는 $C\varepsilon_0^2$이고 중력이 한 일은 $\frac{(mg)^2}{k}$이다. 그런데 축전기에 저장된 에너지는 $\left(\frac{1}{2}\right)C\varepsilon_0^2$이고, 용수철에 저장된 탄성에너지는 $\frac{(mg)^2}{2k}$이다. 즉, 두 경우 모두 공급된 에너지의 일부인 $\frac{1}{2}$만큼만 계에 남아 있게 되어 일-에너지 정리가 성립하지 않음을 알 수 있다. 이 사실은 역학적 계에서는 마찰력 그리고 전기회로에서는 저항이 필연적으로 존재하는데, 이 방정식들에서는 그런 것이 고려되지 않아서 불완전한 식들이 되었음을 보여주는 것이다.

그러므로 더 적절한 방정식은, 회로저항을 R이라 할 때 $\varepsilon_0 - Ri - \frac{q}{C} = 0$이 된다. 그리고 $-Ri$항을 마찰력을 F_f에 대응시키면, 이 식은 $F_0 + F_f - kx = 0$ 형태로 대응될 수 있다. 다행히 이 식에서는 일-에너지 정리가 성립한다. 즉, 앞에서 다룬 바처럼 용수철이 늘어난 길이를 L이라 하면, 중력과 탄성력이 한 일은 각각 $+mgL$과 $-\left(\frac{1}{2}\right)kL^2$이고 마찰력이 한 일은 $-\left(\frac{1}{2}\right)mgL$이므로 중력이 한 에너지의 정확히 $\frac{1}{2}$만큼씩 탄성에너지와 마찰력에 의한 열에너지로 공급됨을 알 수 있다.

한편, 회로방정식 $\varepsilon_0 - Ri - \frac{q}{C} = 0$에 전류 i를 곱하고 시간으로 적분하면 $\int_0^\infty \varepsilon_0 i dt - \int_0^\infty Ri^2 dt - \int_0^\infty (q/C) i dt = 0$을 얻는다. 즉 축전기에 대전된 전하량을 Q라 하면, 전원이 공급한 에너지는 $\varepsilon_0 Q$이고, 축전기 저장 에너지는 $\left(\frac{1}{2}\right)Q^2/C$이고, 저항에 의해 발생한 줄 열 $\int_0^\infty Ri^2 dt$ 크기가 $\left(\frac{1}{2}\right)\varepsilon_0 Q$가 되어 공급된 에너지의 정확히 $\frac{1}{2}$만큼씩 축전기와 저항 부분에 공급됨을 보여준다. 이와 같이 RC 회로는 축전기 충전 과정에서 필연적으로 발생하는 에너지 손실 원인을 설명해준다.

그러나 올바른 운동방정식이라면 $F_0 + F_f - kx = ma$ 형태가 되어야 하는데, 마찰력까지 고려한 이 식에서도 여전히 질량이 0인 비정상적 형태로 남아 있다. 이런 이상한 상황이 되어버린 이유는 다음과 같이 설명할 수 있다. 즉 모든 회로는 필연적으로 폐회로이므로 자체유도기전력이 포함되어야 하는데, 회로방정식에 그 사실이 고려되지 않았던 것이다. 그러므로 자체유도계수를 L이라고 하면 완전한 회로방정식은 다음과 같아져야 한다.

$$\varepsilon_0 - Ri - L\frac{di}{dt} - \frac{q}{C} = 0 \tag{20.15}$$

이제 전류는 전하 속도에 비례하는 양이므로 $\frac{di}{dt}$를 가속도 a에 대응시키고, 자체유도계수 L을 질량 m에 대응시키면 이 식은 $ma = mg + F_f - kx$ 형태로 완전한 형태에 대응된다. 그리고 앞에서처럼 이 식에 전류를 곱하고 시간으로 적분하면 $\int_0^\infty \varepsilon_0 i dt - \int_0^\infty Ri^2 dt - \int_0^\infty Li di - \int_0^\infty (q/C) i dt = 0$이라는 결과를 얻는데, 최초와 최종 시각에 전류는 0이므로 세 번째 항은 $\left(\frac{1}{2}\right)Li^2 \mid_0^\infty = 0$이 된다.

그러므로 이 경우에도 여전히 저항에 의해 발생한 줄 열의 양은 공급된 에너지의 정확히 $\frac{1}{2}$임을 알 수 있다.

20.4 발전기와 변압기

발전기

전기에너지는 사용하기 매우 편리한 형태의 에너지다. 예컨대, 전기에너지는 역학적 에너지와 달리 저장도 가능하고, 또 다른 곳으로 수송할 수도 있다. 다행히도 역학적 에너지를 전기에너지로 바꿀 수도 있는데, 그런 장치를 **발전기**[electric generator]라고 한다. 발전기는 앞에서 다룬 패러데이 법칙에 의한 전자기 유도 현상을 이용해 만들 수 있다.

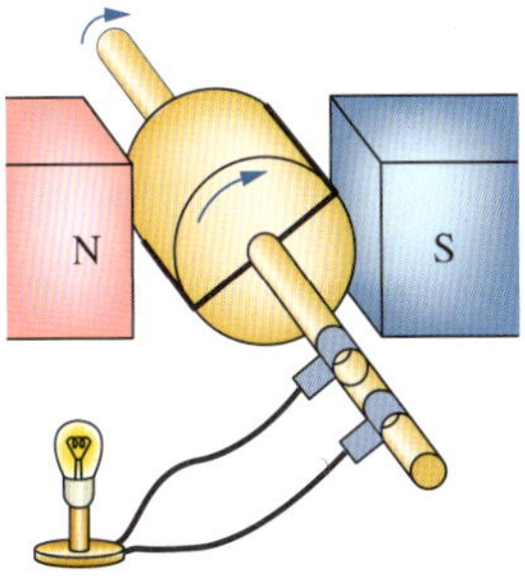

그림 20-10 발전기

우리는 이미 단순한 형태의 발전기를 다뤘다. 그것은 공간 일부에만 자기장 영역이 존재할 때, 그 영역의 일부에만 걸치도록 코일을 운동시키는 방식의 발전기다. 즉 자기장 영역에서 코일을 일정한 빠르기로 빼내거나 밀어 넣으면, 코일에는 방향이 서로 다른 일정한 크기의 유도기전력이 발생한다. 이때 유도기전력에 의해 코일에 전류가 흐른다면, 그 전류에 작용하는 자기력의 크기는 코일을 잡아 빼거나 밀어 넣을 때의 힘과 정확하게 같기 때문에 코일이 가속되지 않고 일정한 빠르기로 운동한다. 그러나 실용적인 발전기는 그런 방식을 사용하지 않고, 일정한 자기장이 있는 공간에서 코일을 회전시키는 방식을 사용한다. 예컨대, 두 개의 영구자석 사이에 둔 코일을 회전시키면 코일을 통과하는 속이 시간에 따라 변하므로, 코일에는 유도기전력이 발생한다. 이때 유도기전력에 의해 코일에 전류가 흐르면 그 전류에 작용하는 힘이 저지력으로 작용하므로, 외부에서 코일을 돌리는 힘을 작용해도 코일의 회전 운동은 가속되지 않는다.

이때 코일의 넓이가 A이고 자기장 세기가 B라고 하면, 면벡터와 자기장 벡터 방향이 각 θ를 이룰 때 자속은 $\Phi = BA\cos\theta$가 된다. 한편, 각이 $\theta(t) = \omega t$ 형태로 변하면 자속은 다시 $\Phi = BA\cos\omega t$ 형태가 된다. 여기에서 x는 물론 코일이 회전하는 각속도다. 따라서 패러데이 법칙에 의해 회로에 유도되는 기전력의 세기는 다음과 같아진다.

$$\frac{d\Phi}{dt} = BA\omega\sin\omega t \tag{20.16}$$

이때 기전력의 최댓값 크기는 $BA\omega$가 되며, $\varepsilon_0 = BA\omega$로 나타내면, 유도기전력은 다음과 같이 쓸 수 있다.

$$\varepsilon = \varepsilon_0 \sin\omega t \tag{20.17}$$

발전기는 이러한 전자기 유도 현상을 이용한 것이다. 물론 이때 폐회로 도선에 발생하는 전류에 의해 도선이 회전하지 못하게 하는 방향으로 자기력이 생기므로, 그 힘을 상쇄시킬 수 있는 증기의 힘이나 물의 힘이 필요하게 된다. 증기 압력으로 터빈을 돌리면 화력 발전이 되고, 물의 압력으로 돌리면 수력 발전이 된다. 원자력 발전에서는 서서히 일어나는 원자핵 분열 반응 과정에서 생기는 열을 이용해 증기 압력으로 발전기 터빈을 돌린다.

반면, 전기 모터는 발전기와는 정반대로 작동하는 장치다. 자기장 내의 코일을 회전시키면 코일에 교류 전류가 만들어지는 것처럼, 자기장 내의 코일에 교류를 흘려주면 코일이 자기장 내에서 토크를 받아 회전한다. 즉 전기 모터는 전기에너지를 역학적 에너지로 바꾸는 장치다.

변압기와 전력 수송

발전소는 보통 도시에서 멀리 떨어진 곳에 만든다. 따라서 발전소에서 만든 전력은 송전선을 통해 먼 거리까지 전달될 수 있어야 한다. 그런데 문제는 전기 저항이 R인 송전선에 전류 i가 흐르면 단위시간 동안에 i^2R만큼의 전력이 손실된다는 것이다. 따라서 전류의 세기가 커지면 송전선에서의 전력 손실량이 너무 많아진다. 한편, 송전선의 저항 크기는 전선의 굵기를 굵게 하면 줄일 수 있다. 하지만 경제적 이유로 전선의 굵기를 무한정 크게 할 수는 없다. 따라서 전력 손실량을 줄이려면 송전선에 흐르는 전류를 줄이는 수밖에 없다. 다행히도 전류를 줄이는 방법이 있는데, 그 방법은 송전선에 보내는 전압을 높이는 것이다. 이처럼 전압을 높이거나 낮추는 장치를 **변압기**transformer라고 한다. 변압기는 철심을 감은 **주 코일**과 **부 코일**이라 부르는 두 개의 독립된 솔레노이드 모양의 코일로 이루어져 있다.

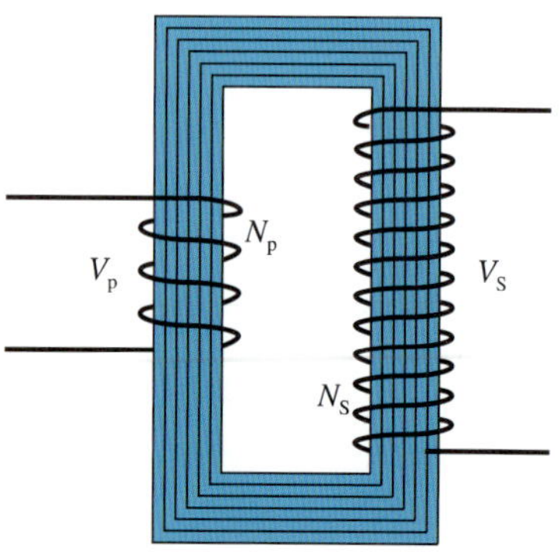

그림 20-11 변압기

교류전원을 주 코일에 연결하면 교류가 철심 내부에 변화하는 자속을 만든다. 따라서 변화하는 자속이 부 코일에 형성되며, 이것이 유도기전력을 만들어 부 코일에는 유도전류가 흐른다. 이제 주 코일과 부 코일에 감긴 코일의 한 폐회로를 지나는 자속이 Φ_0로 같다고 가정하고, 주 코일과 부 코일에 감긴 코일의 수를 각각 N_1, N_2라고 하자. 이 경우, 패러데이 법칙에 따라 주 코일과 부 코일에 유도된 전압의 세기는 각각 다음과 같다.

$$V_1 = N_1 \frac{\Delta \Phi_0}{\Delta t} \tag{20.18a}$$

$$V_2 = N_2 \frac{\Delta \Phi_0}{\Delta t} \tag{20.18b}$$

따라서 다음 관계가 성립한다.

$$\frac{V_1}{V_2} = \frac{N_1}{N_2} \tag{20.19}$$

한편, 변압기 안에서 에너지 손실이 없다고 가정했을 때, 입력 전력과 출력 전력의 세기가 같다는 사실을 이용하면 다음 관계도 성립한다.

$$V_1 I_1 = V_2 I_2 \tag{20.20}$$

예를 들어 부 코일에 감긴 코일의 수가 주 코일에 감긴 코일의 수보다 많다면, 출력 전압은 입력 전압보다 커지지만 출력 전류는 입력 전류보다 더 작아진다. 한편, 부 코일을 송전선에 연결한다면 부 코일의 전류 세기가 작아질수록 송전선의 전력 손실이 작아지므로, 전력을 수송할 때는 전압을 수백만 V까지 높인다. 수백만 V의 전압은 상당히 위험한 크기다. 따라서 도시 근처에서는 이 고전압을 변압기를 사용해 여러 단계를 거쳐 저전압으로 낮추는데, 최종적으로는 가정에서 사용하는 전압인 110 ~ 220 V 수준이 된다.

우리는 변압기 이론을 매우 단순하게 다뤘지만, 실제 변압기에서 일어나는 현상은 매우 복잡하다. 예컨대, 주 코일의 전류 변화에 의한 자속 변화가 부 코일에 유도전류를 만들면, 그 유도전류에 의해 만들어진 자속에 의해 주 코일에는 새로운 유도기전력이 생긴다. 그러나 발전기의 회전 코일은 언제나 일정한 각속도로 회전하도록 만들어져 있으므로, 발전기의 유도기전력은 새로 생긴 유도기전력에 의해 영향을 받지 말아야 한다. 그렇게 되려면 발전기에는 그런 상태에 적합한 전류가 만들어져야 한다. 따라서 발전기와 변압기 관계를 실제로 기술하기가 매우 어렵다는 사실을 알 수 있다.

참고 220 V와 110 V의 차이

우리나라에서는 1973년부터 가정용 전압을 110 V에서 220 V로 높여 공급하고 있다. 이처럼 공급 전압을 높인 이유는 감전에 의한 위험도는 다소 증가하더라도 배선에 쓰이는 전선에서의 전력 손실량을 줄이기 위해서다. 전력은 전류의 제곱에 비례하므로, 가정용 전압을 110 V에서 220 V로 높임으로써 배선에 쓰인 전선에서 발생하는 불필요한 열량이 1/4로 줄어든다. 물론 송전이나 배전에 쓰이는 전선이 굵을수록 저항이 줄어드므로, 굵은 도선을 쓸수록 불필요한 전력 손실은 줄기 마련이다. 또 누전에 의한 화재는 배선에 쓰이는 도선에서 발생하는 불필요한 줄 열에 의한 것이므로, 굵은 전선을 사용하면 누전에 의한 화재 위험도 줄일 수 있다.

20.5 전자기 유도 현상을 이용한 기기들

전화 송수화기

전화 송수화기는 영구자석과 얇은 철판을 이용해 만들 수 있다. 영구자석에 연철[soft iron]같이 자화될 수 있는 물체를 붙인 후, 연철에 코일을 감고 그 부근에 얇은 금속판을 놓았다고 하자. 말하는 소리 압력에 의해 금속판이 떨리면 그 운동에 의해 연철 내부의 자속은 변화하고, 따라서 코일의 유도기전력도 변한다. 이 방법은 초기에 전화기를 발명한 벨[Bell]이 사용했던 방법으로 알려져 있다. 근래에는 여러 가지 다른 방법이 많이 개발되어 있다.

자기부상 열차

물체를 공중에 떠 있게 만들 수는 없을까? 영구자석 위에 은반지 같은 전도성이 좋은 물체를 떨어뜨리면 은반지가 떨어지면서 유도기전력이 생긴다. 따라서 반지에는 전류가 흐르며, 그 전류에 작용하는 힘은 반지를 띄워 올리는 방향으로 작용하는 것을 확인할 수 있다. 만약 반지가 초전도 상태라 부르는 저항이 전혀 없는 상태가 된다면, 물론 전류는 계속 흐르고 자기력도 계속 작용하므로 반지는 계속 떠 있게 된다. 이 현상은 대표적인 초전도 현상으로, **마이스너**[Meissner] 효과라고 한다.

그러나 보통은 반지가 가진 전기 저항 때문에 곧 전류는 멈추고 줄 열로 사라진다. 즉 이런 과정을 계속하며 반지는 자석이 없을 때보다 서서히 떨어진다. 그러나 영구자석을 교류전원에 연결된 솔레노이드로 바꾸면 교류전류에 의해 반지의 자속은 계속 변한다. 따라서 전류가 계속 흐르게 할 수 있다. 즉 반지가 초전도 상태가 아니더라도 공중에 띄울 수 있다. 물론 실제로 이 실험을 하려면 매우 강한 자기장이 필요하다. 반지의 전류는 계속 줄 열로 변하므로 반지는 점점 뜨거워질 것이다.

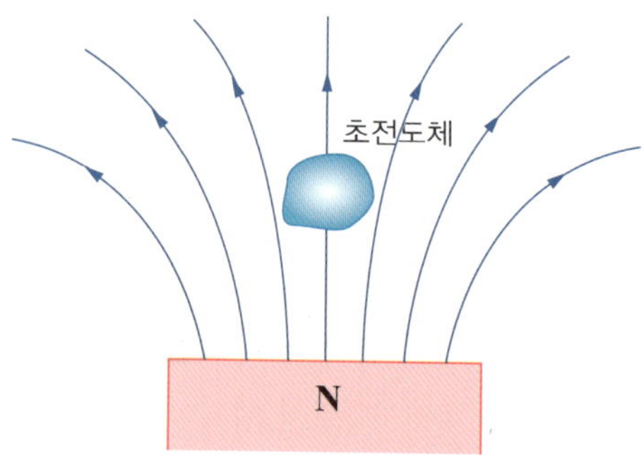

그림 20-12 자석 위에 떠 있는 초전도체

이와 같이 전자기 유도 현상을 이용하는 예는 매우 다양한데, 유도전류로 냄비를 가열하는 인덕션 가열기, 금속 조각을 찾아내는 금속 탐지기, 교통 카드에 부착된 전자칩 등이 있다.

금속 탐지기

금속 탐지기는 전자기 유도 현상을 이용한 기기다. 여름 휴가철이 지난 바닷가에서 금속 탐지기를 작동시키면 동전 같은 금속류를 찾아낼 수 있다. 또한 공항에서 승객이 몸에 지닌 무기를 찾아내거나 지뢰를 찾아내기도 한다.

금속 탐지기에는 적절한 위치에서 서로 수직으로 놓인 두 개의 솔레노이드가 있다. 그중 하나인 주 솔레노이드는 교류전원에 연결되고, 나머지 보조 솔레노이드에는 전류가 어느 정도 이상 흐르면 소리를 내는 검출기가 붙어 있다. 두 솔레노이드의 상대적 위치는 물론, 이 장치 주변에 쇠붙이가 없으면 보조 솔레노이드에 유도전류가 생기지 않게 배치되어 있다.

금속 탐지기가 작동하는 원리는 다음과 같다. 교류전류가 흐르는 주 솔레노이드가 쇠붙이 근처에 가면 쇠붙이에는 유도전류가 생긴다. 이 유도전류는 다시 변화하는 자기장을 만들고, 이것이 검출기에 연결된 보조 솔레노이드에 유도전류를 만든다. 적절한 방법으로 이 유도전류를 세게 만들면, 검출기의 스피커가 소리를 내게 할 수 있다.

인덕션 가열기

전자기 유도 현상을 이용하면 다음과 같은 신기한 가열기를 만들 수 있다. 나무로 만든 판 위에 알루미늄 냄비를 올려놓았다. 얼마 후 냄비는 뜨거워지고, 냄비 속의 물은 끓기 시작한다. 그러나 냄비가 놓인 나무판은 전혀 뜨겁지가 않다. 과연 냄비는 어디서부터 열에너지를 받아 뜨거워졌을까? 이러한 원리로 동작하는 가열기를 **인덕션 가열기**라 한다. 이런 가열기는 전자기 유도를 이용한 것이다. 인덕션 가열기는 전자레인지와 마찬가지로 가열되는 냄비 외에 다른 부분은 뜨거워지지 않는다. 인덕션 가열기의 나무판 밑에는 교류전류가 흐르는 솔레노이드가 숨겨져 있다. 이 솔레노이드는 변하는 자기장을 만들며, 이 자기장 때문에 근처의 모든 금속에는 유도전류가 흐른다. 냄비가 금속이라면 그 냄비에도 유도전류가 생기므로 줄 열이 발생한다. 반면, 나무나 유리는 유도전류를 만들지 못하므로 나무나 유리는 뜨거워지지 않는다.

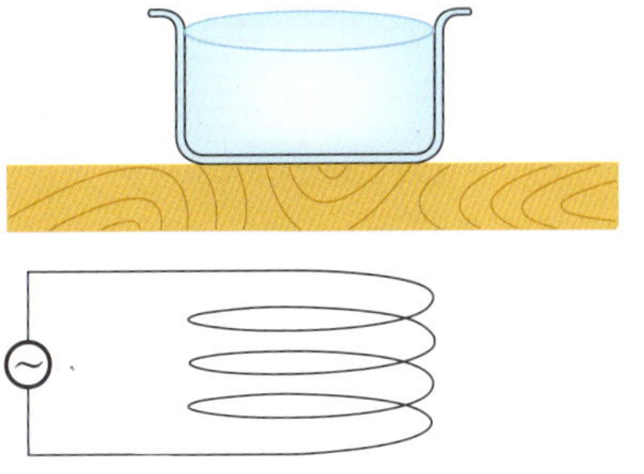
그림 20-13 인덕션 가열기

20.6 맥스웰 방정식과 전자기파(빛)의 생성

우리는 지금까지 전기와 자기에 관한 여러 가지 현상을 알아보았다. 정지한 전하들이 만드는 전기장에 관해서는 가우스 법칙을 다루었고, 시간에 따라 변하지 않는 전류가 만드는 자기장에 관해서는 앙페르 법칙을 다루었다. 또한 시간에 따라 변하는 전류에서 앙페르 법칙을 적용할 때는 변위전류 효과를 고려해야 한다는 사실도 알게 되었다.

한편, 전기장을 나타내는 전기력선은 양전하로부터 나와 음전하로 들어가지만, 자기장을 나타내는 자기력선은 그 시작점이나 끝점이 없다는 것도 보았다. 이 사실은 자기 현상에서는 전기장을 만드는 전하와 같은 '어떤 것'이 없다는 것을 뜻한다. 그리고 시간에 따라 변화하는 자기장에서 전기장이 유도된다는 패러데이 법칙을 다루었다.

맥스웰 방정식

자기장과 전기장 현상은 서로 매우 비슷하다. 그러나 전기 현상에서는 전기장을 만드는 전하가 있지만, 자기 현상에서는 자기장을 만드는 자기전하 같은 것이 없다는 차이가 있다. 그럼에도 불구하고 전기와 자기에는 서로 대칭적인 요소가 너무 많다. 예컨대, 패러데이 법칙은 시간에 따라 변화하는 자기장은 전기장을 만든다는 것을 뜻한다. 또한 앞에서 다룬 변위전류 효과는 시간에 따라 변화하는 전기장은 자기장을 만든다는 사실을 뜻한다. 따라서 전자기 현상을 기술하는 법칙이 모두 완성되었는데, 변위전류를 $i_{\text{변위}}$라 나타내면 그 특성들은 다음과 같이 요약할 수 있다.

가우스 법칙 $$\oint_S \boldsymbol{E} \cdot da = \frac{q}{\varepsilon_0} \tag{20.21}$$

자기장의 가우스 법칙 $$\oint_S \boldsymbol{B} \cdot da = 0 \tag{20.22}$$

패러데이 법칙 $$\oint_C \boldsymbol{E} \cdot dl = -\frac{d\Phi}{dt} \tag{20.23}$$

앙페르 법칙 $$\oint_C \boldsymbol{B} \cdot dl = \mu_0 (i + i_{\text{변위}}) \tag{20.24}$$

우리가 관찰할 수 있는 모든 전자기 현상은 이 네 가지 기본 방정식으로 설명할 수 있다. 이 네 개의 식을 **맥스웰 방정식**Maxwell's equations이라 부른다. 식 (20.21)은 가우스 법칙으로, 폐곡면을 통과하는 총 전기선속의 양은 그 폐곡면이 감싸는 공간 속의 총 전하량에 비례한다는 의미가 있다. 한편, 식 (20.22)는 자기장의 가우스 법칙이라 부르는데, 폐곡면을 통과하는 총 자속의 양은 어떤 경우든 0임을 나타낸다. 또한 식 (20.23)은 패러데이 법칙으로, 시간에 따라 변화하는 자기장은 전기장을 만든다는 뜻이다. 식 (20.24)는 앙페르 법칙으로, 폐회로를 따라 자기장을 선적분한 값은 그 폐회로를 통과하는 전류의 세기에 비례한다는 뜻이다. 이때 전류는 전하가 이동하며 만드는 보통 의미의 전류 i와, 전기장이 시간에 따라 변하며 만드는 변위전류 $i_{\text{변위}}$ 모두를 포함한다는 점에 유의하자.

맥스웰 방정식에 의하면, 전기 현상과 자기 현상이 각각 독립된 현상이 아니라 전자기 현상의 두 측면임을 알 수 있다. 이제 맥스웰 방정식에서 얻을 수 있는 매우 신비롭고 흥미로운 결과의 하나인 전자기파 현상을 알아보자.

전자기파

맥스웰 방정식 내용 중에는 다음과 같은 전자기 현상이 포함되어 있다.

(1) 시간에 따라 변화하는 자기장은 전기장을 만든다.

(2) 시간에 따라 변화하는 전기장은 자기장을 만든다.

지금까지 우리가 다룬 파동은 역학적인 파동으로, 물질을 통해 전파되는 파동이었다. 그러나 두 가지 성질로부터 우리는 새로운 형태의 파동인 **전자기파** electromagnetic wave라는 파동이 존재할 수 있음을 발견할 수 있다. 전자기파는 그 이름이 말해주듯, 전기장과 자기장이 만드는 파동이다. 예를 들어 진동운동을 하는 전하가 있다고 하자. 그 전하가 만드는 전기장은 시간에 따라 변할 것이고, 그에 따라 자기장도 생긴다. 그러나 그 자기장을 만든 전기장도 시간에 따라 변하므로, 자기장도 시간에 따라 변한다. 그러므로 그에 따라 전기장이 또 만들어진다.

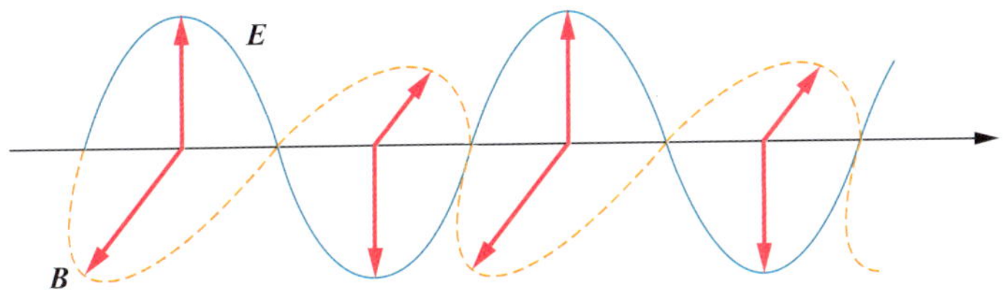

그림 20-14 전자기파가 전파되는 동안의 전자기장

전기장과 자기장의 이러한 상호 생성은, 처음 시작할 때 변하는 전기장이 만들어진 이유는 잊은 채, 자신만의 상호 생성으로 유지되며 진행한다. 흥미로운 점은 계산된 그 파동의 진행 속도가 광속 $c = 3.00 \times 10^8\,\mathrm{m/s}$와 같아진다는 사실이다. 전자기파가 진공 중에서 광속으로 전파해나간다는 사실로부터, 우리는 빛과 전자기파와의 관계를 추정할 수 있다. 그러나 빛의 정체가 실제로 전자기파였다는 놀라운 사실은 상당한 시간이 흐른 후에야 실험적으로 증명될 수 있었다.

라디오 방송국의 송신 안테나 내부에서는 수많은 전자가 진동하면서 앞에서 설명한 방법을 통해 공간으로 전자기파를 내보낸다. 전기장과 자기장은 모두 에너지를 포함하고 있으므로 전자기파가 퍼져나가면서 에너지를 함께 나른다.

전자기파는 진동수 또는 파장에 따라 분류된다. 전자기파는 파장에 따라 파장이 극히 짧은 감마선, 원자 크기인 옹스트롱 단위(100억분의 1 m)의 파장인 X선, 우리 눈에 보이는 가시광선과 그 근처 영역의 자외선이나 적외선, 파장이 cm 단위인 초단파microwave, 파장이 수백 m 이상인 라디오파 등으로 분류한다. 초단파와 라디오파는 통신이나 방송에 쓰이는 전자기파로서, 흔히 **전파**라고 부르며, 그 경우 진동수는 흔히 **주파수**라고 부른다. 가시광선은 전체 전자기파 스펙트럼spectrum에서 극히 좁은 구간에 걸쳐 있는 파동을 말한다. 그 파장은 보라색을 띠는 400 nm (나노미터)[2] 정도에서부터 빨간색을 띠는 700nm 정도 구간에 해당한다.

진동수 f와 파장 λ는 서로 $\lambda = \frac{c}{f}$인 반비례 관계에 있으므로, 파장이 짧을수록 진동수가 크다. 가시광선의 진동수는 약 100조 Hz (10^{14} Hz) ~ 1000조 Hz에 해당한다. 또 중파 라디오 방송국이 사용하는 전파의 진동수는 약 1000 kHz (10^6 Hz)이고, FM 방송이나 텔레비전 방송은 약 100 MHz (10^8 Hz)

2 이 크기는 4,000 Å 과 같다.

의 전파를 사용한다. 휴대폰은 보통 1 GHz (10^9 Hz) ~ 2 GHz 구간의 전파를 사용한다.[3]

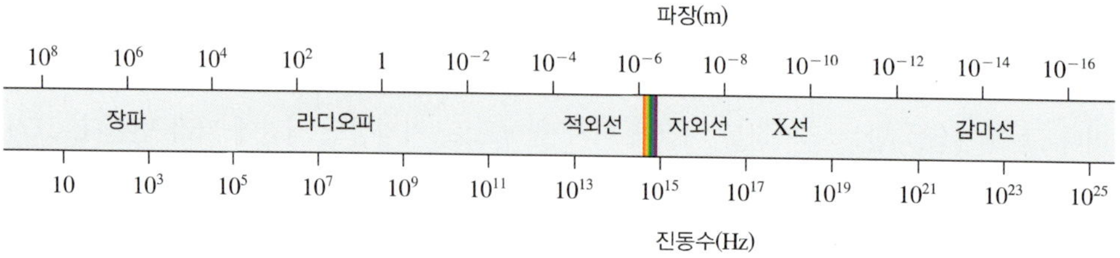

그림 20-15 전자기파 스펙트럼

≫ 참고 전자기파의 빠르기

맥스웰 방정식에 의하면 전기장과 자기장은 모두 어떤 빠르기로 전파되는 파동 현상이다. 이때 파동의 빠르기는 $\frac{1}{\sqrt{\varepsilon_0 \mu_0}}$ 임을 보일 수 있는데, 여기에서 ε_0, μ_0는 각각 진공에서의 유전율과 투자율이다.

빛의 생성

어떻게 하면 빛을 만들 수 있는가? 물론 물질을 태우거나 전등을 켜면 빛이 생긴다. 그러나 더 근본적인 방법은 무엇일까? 빛은 여러 가지 방법으로 만들어지지만, 그 모든 방법의 근본은 '전하의 가속'이다.

라디오 방송국에서 발송하는 전파는 **공진회로**resonance circuit라 불리는 회로에서 진동하는 전자들에 의해 생기는 빛이다. 또한 우리 눈에는 보이지 않지만, 따뜻한 난로나 우리 몸에서 발생하는 적외선은 서로 묶인 채로 진동하는 수많은 분자 속에 있는 전자들이 만들었다. 이때 발생하는 빛의 성질은 전자가 얼마나 빨리 진동하는가에 따라 다른데, 가속도가 크면 클수록 빛이 더 많이 나온다. 따라서 난로가 뜨거워져 붉은색을 띠게 되면 난로를 이루는 철 원자들은 더욱 빠르게 진동하고 있다고 볼 수 있다.

우리가 말하는 빛은 보통 우리 눈에 보이는 빛인 **가시광선**visible light을 뜻하지만, 가시광선은 빛의 광범위한 파장 영역 중에서 지극히 일부에 해당하는 전자기 파동일 뿐이다. 예를 들어 빨간색에 인접한 넓은 파장 영역을 가진 적외선이라는 빛은 우리 눈에 보이지 않으며, 그 파장 범위를 벗어난 초단파, 라디오파 등도 보이지 않는다. 또한 보라색 범위를 벗어난 자외선이라는 빛은 우리 피부에 해로운 것으로 알려졌으며, 그 파장 범위 밖에 있는 X선이나 감마선은 더 위험한 빛들이다.

한편, X선을 만드는 방법은 아주 간단하다. 먼저 금속을 가열해 전자를 많이 발생시킨 다음 그 전자들을 높은 전위차로 가속시켜 텅스텐 같은 단단한 금속판에 부딪치게 한다. 엄청난 속도로 날아가던 전자

3 파동은 파장이 짧을수록 더 많이 산란되어 흩어지기 쉽고, 에돌이(회절) 현상도 약해진다. 따라서 텔레비전파의 전파 거리는 라디오파보다 짧다. 또 장애물이 가로막으면 전파가 전달되지 않는다. 이 때문에 산간지역에서는 라디오는 들을 수 있지만, 텔레비전을 시청하기가 어렵다. 이 문제를 해결하기 위해서는 텔레비전 중계탑을 충분히 설치해야 한다.

가 갑자기 멈추면, 엄청난 가속도 크기로 감속되는데, 이렇게 되면 파장이 아주 짧은 전자기파까지도 만들 수 있다. 이 상황은 전자에 브레이크를 걸어 빛을 만들었다고 비유할 수 있기 때문에 처음 우연히 X선을 발견한 독일 사람들은 그 빛을 **브렘슈트랄룽**bremsstrahlung [4]이라 불렀다.

특수상대성이론에 의하면 물질도 역시 빛이라는 에너지 형태로 변환될 수 있는데, 양전자와 음전자가 소멸하며 감마선이라는 강력한 에너지 빛(엄밀하게는 두 개의 광자)이 만들어지는 과정은 대기권 높은 곳에서 항상 일어나는 현상이다.

가속되는 전하가 빛을 낸다는 사실은, 20세기 물리학에 큰 고민거리를 안겨주었다. 바로 원자 속의 전자는 필연적으로 원운동 같은 가속 운동을 할 것으로 생각했기 때문이다. 가속되는 전자는 **빛을 냄으로써** 에너지를 잃고, **에너지를 잃은 전자는 핵 속으로 빨려 들어가게 되어** 결국 원자는 존재하지 못하고 물질도 존재하지 않게 된다. 이러한 문제를 해결하기 위해 현대 물리학의 양자론이 필요하게 되었다. 양자론은 이 책의 마지막 부분에서 자세히 다룰 것이다.

≫ 참고 빛 생성의 양자론적 해석

전하가 가속되어 빛이 만들어진다는 사실은 고전적 설명이라 불리며, 우리가 나중에 다룰 양자론에서는 빛이 생기는 원인을 다른 방법으로 설명하고 있다. 즉 양자론에 의하면 원자에 속한 전자는 양자 상태라 불리는 불연속적 상태에서만 있을 수 있는데, 빛은 전자가 다른 양자 상태로 옮겨갈 때 발생한다. 이러한 이론은 앞에서 다룬 전하의 가속이라는 개념과 다르게 보일지 모르나, 양자론에서 말하는 전자의 상태가 변하는 과정에서도 전자가 어떤 형태로든 가속되는 과정을 겪는 것으로 비유할 수 있다.

≫ 참고 형광등과 백열등의 차이

자연광에 가까운 빛을 내는 백열등 아래에서는 그렇지 않지만, 형광등 불빛 아래에서 책을 보면 눈이 쉽게 피로해진다. 형광등의 빛과 자연광의 차이는 무엇일까? 형광등은 유리관의 양 끝을 높은 전압 차이로 유지하며, 유리관 속의 기체를 방전시킬 때 나오는 빛이다. 양자론에 의하면 이 빛은 원자가 다른 에너지 상태로 옮겨가며 내는 빛이다. 이런 빛은 단지 몇 가지의 파장으로 이루어져 있다고 한다. 형광등 아래에서 우리 눈의 시신경은 몇 개의 파장을 갖는 빛만 집중적으로 감지하므로, 시신경이 쉽게 피로해진다.

백열등

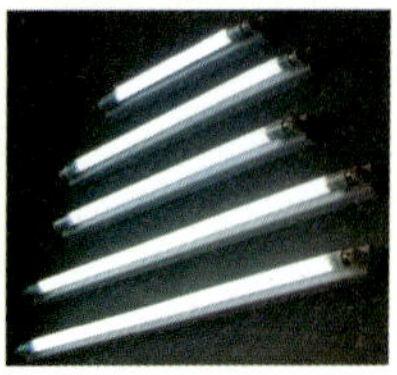

형광등

4 급정거해 얻은 빛이라는 뜻이다.

CHAPTER 20 연습문제

1 바닥면을 향하는 균일한 자기장이 있는 상태에서 바닥면 위에 놓인 도체 막대가 운동하고 있다. 바닥면을 xy 평면이라 하고, 도체 막대가 y축 방향으로 놓인 상태에서 막대가 $+x$축 방향으로 운동한다면, 막대 내부에 생기는 전기장 방향은 어느 방향인가? 또한 막대가 $-x$축 방향으로 운동한다면 그 경우 전기장 방향은 어느 방향인가?

2 오른쪽 그림과 같이, 코일을 감아둔 나무 막대가 있다.

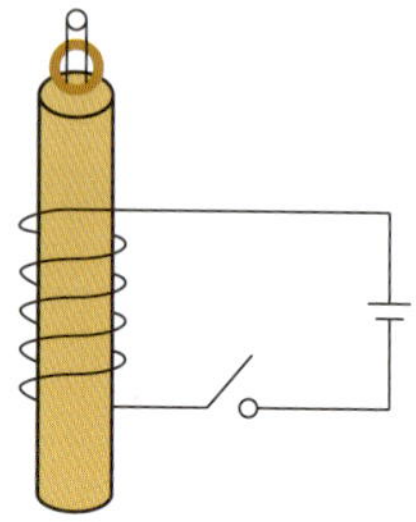

(a) 코일에 연결된 전지 스위치를 닫으면 막대에 올려둔 금속 반지는 튀어 오른다. 그 이유는 무엇인가?

(b) 코일을 교류전원에 연결하고 금속 반지를 막대에 고정시키면 얼마 후 금속 반지는 뜨거워진다. 그 이유는 무엇인가?

3 변압기에는 네 개의 단자가 있다. 단자들의 기능이 표시되지 않은 경우, 변압기를 분해하지 않고 다음을 구하라.

(a) 네 개의 단자 중 두 개의 출력단자 쌍과 두 개의 입력단자 쌍을 알아내는 방법을 설명하라.

(b) 입력 부분과 출력 부분에 감긴 코일의 수를 알아내는 방법을 설명하라.

4 바닥면에 놓인 직선 도선에 다음 그림과 같은 방향으로 전류가 흐르고 있고, 도선 양쪽에 각각 고리 모양 도선이 있다. 한 고리 도선은 전류 방향을 따라 운동하고, 다른 고리 도선은 직선 도선에서 멀어지는 방향으로 이동할 때, 각 고리 도선에 생기는 유도전류 방향을 구하라.

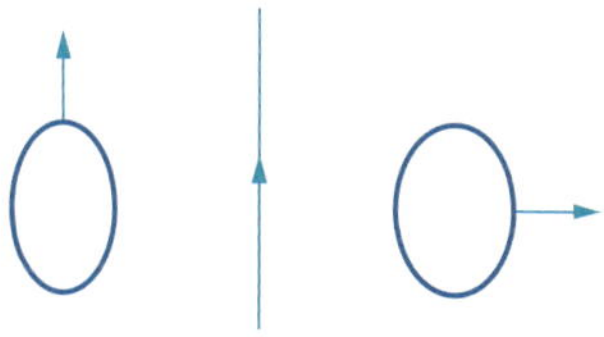

5 송전선 소모전력

수력발전소의 발전기가 14,000 V에 12 A의 전기를 발전한다. 이 전기를 송전하기 위해 전압을 140,000 V로 승압하려고 한다.

(a) 이렇게 승압했을 때 승압된 부분의 전류는 얼마인가?

(b) 송전선의 전체 저항이 170 Ω이라고 할 때, 송전선에서의 소모전력은 얼마인가?

(c) 만약 승압하지 않고 송전한다고 할 때, 송전선에서의 소모전력은 얼마인가?

6

원형도선 유도전류 방향

다음 그림과 같이, 오른쪽으로 전류가 흐르는 매우 긴 도선 옆에 원형 도선이 놓여 있다.

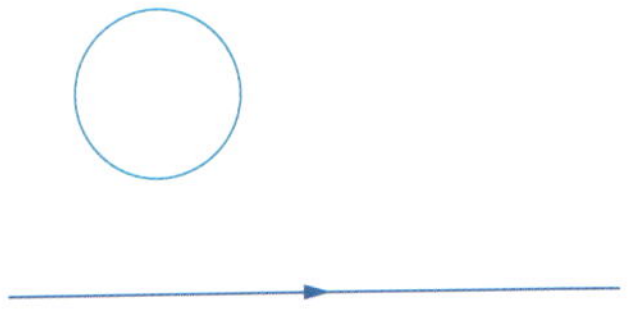

(a) 원형 도선을 긴 도선 쪽으로 움직일 때, 원형 도선에 유도되는 전류 방향은 어느 방향인가?

(b) 직선 도선에 흐르는 전류가 증가할 때, 원형 도선에 유도되는 전류 방향은 어느 방향인가?

7

원형도선 속 솔레노이드

다음 그림과 같이, 단위길이당 n번 감겨 있는 솔레노이드가 저항이 R인 원형 도선 속에 놓여 있다. 원형 고리의 축과 솔레노이드의 축은 동일하고, 솔레노이드의 반지름은 a, 원형 도선의 반지름은 b이다. 전류 i가 시간에 따라 일정하게 증가할 때(즉 $\frac{di}{dt}=\beta=$상수), 원형 고리에 유도되는 전류는 얼마인가?

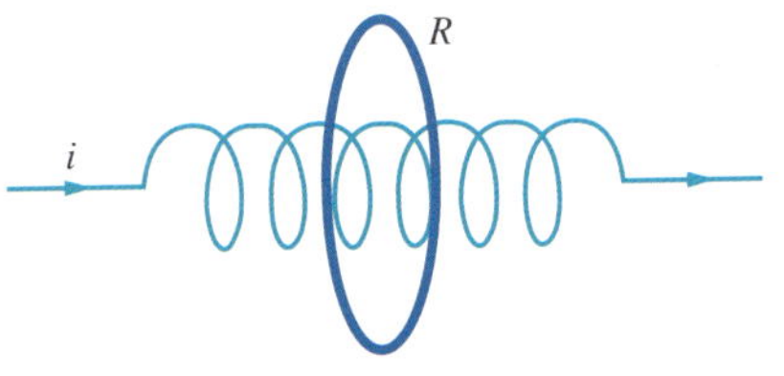

8

다음 그림과 같이, 저항이 없는 ㄷ형 도선이 바닥면 위에 놓여 있고, 세기가 B로 일정한 자기장이 바닥면으로 들어가는 방향을 향하고 있다. ㄷ형 도선에 걸쳐 있으며 저항이 R이고 길이가 L인 금속 막대를 일정한 빠르기 v로 잡아당겼을 때, 금속 막대를 통해 흐르는 전류의 세기는 얼마인가?

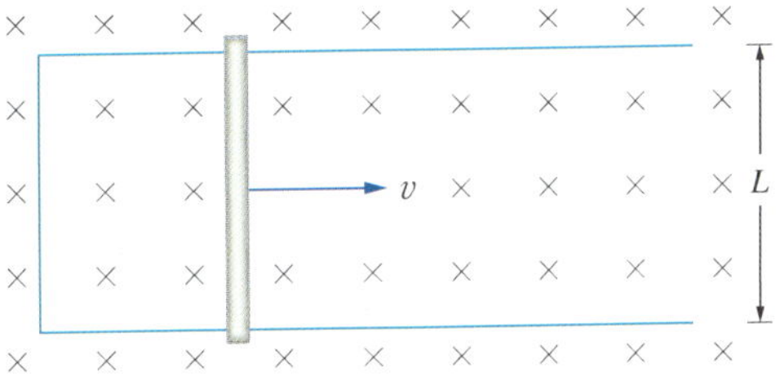

9 코일 유도기전력

바닥면을 향하는 균일한 자기장 $B = 0.5\,\mathrm{T}$가 있는 영역 속에, 반지름이 $3.0\,\mathrm{cm}$이고 원 모양으로 열 번 감겨진 형태의 원형 도선 코일이 바닥면에 놓여 있다. 바닥면에 놓인 코일의 중심을 지나는 어떤 회전축을 중심으로 원형 코일을 1초당 60회 회전시킨다면, 유도되는 최대 기전력은 얼마인가?

*10 폐회로 기전력

다음 그림과 같이, 전류 I가 흐르는 매우 긴 직선 도선이, 가로와 세로의 길이가 각각 a, b인 직사각형 도선 옆에 놓여 있다. 직사각형 도선의 저항은 R이다.

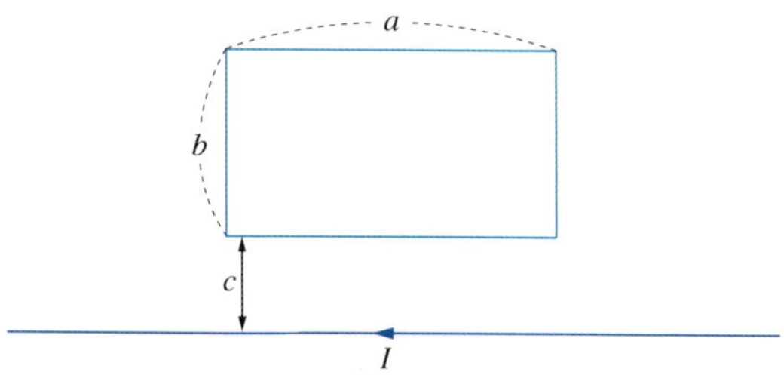

(a) 직선 도선과 직사각형 도선 간격이 c일 때, 직사각형 도선을 통과하는 자기선속은 얼마인가?

(b) 직선 도선에 흐르는 전류가 시간에 따라 일정한 비율로 증가해서 $\frac{dI}{dt} = \alpha$(일정)일 때, 직사각형 도선에 유도되는 전류 세기는 얼마인가?

(c) 직사각형 도선을 긴 직선 도선 쪽으로 움직일 때, 직사각형 도선에 유도되는 전류 방향을 구하라.

11

한 변의 길이가 $10\,\mathrm{cm}$인 정사각형 회로의 면에 수직인 방향으로 균일한 자기장이 통과하고 있다. 0.05초 동안 자기장이 $2.0\,\mathrm{T}$에서 $0\,\mathrm{T}$까지 일정한 비율로 변화했을 때, 이 시간 동안 유도되는 기전력의 세기는 얼마인가?

12 폐회로 전류

다음 그림과 같이, 놓인 폐회로 공간에, 바닥면으로 들어가는 균일한 자기장이 $100\,\mathrm{T/s}$ 비율로 감소하고 있다. 회로에 흐르는 전류 세기는 얼마인가?

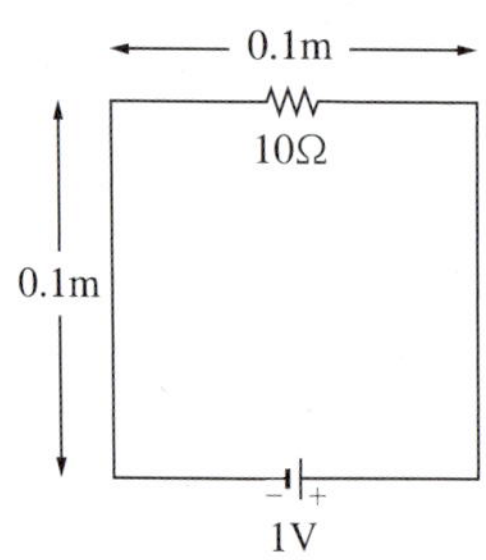

**13 폐회로 유도전류

다음 그림과 같이, 바닥면에 놓인 정사각형 모양의 도선이 바닥면을 향하는 자기장을 가로질러 움직이고 있다. 자기장의 세기는 B이고, 자기장은 $-2L \le x \le 2L$인 영역에만 존재한다. 정사각형 도선의 한 변의 길이가 L이고 저항이 R인 도선이 빠르기 v로 이동한다.

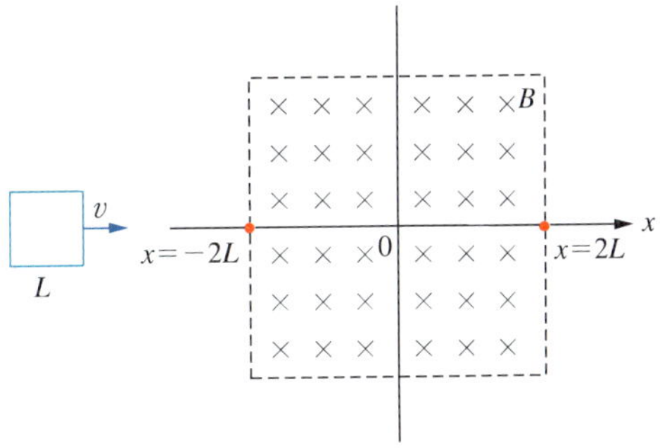

(a) 정사각형 회로를 통과하는 자기선속 Φ_B를 회로 앞부분의 위치 x의 함수로(모든 x 구간에 대해서) 나타내고, 이를 그래프로 그려라.

(b) 이 회로에 유도된 전류를 x의 함수로 나타내고, 이를 그래프로 그려라. 단, 전류의 부호는 시계방향을 (+)로 정의한다.

(c) 이 회로를 일정한 빠르기로 움직이게 만드는 힘을 x의 함수로 나타내고, 이를 그래프로 그려라. 단, 힘의 부호는 $+x$ 방향을 (+)로 정의한다.

14

지면을 향해 수직으로 내리치는 어떤 번개는 $10.5\,\mu s$ 동안 지속되면서 그 시간 동안 $I = 6.02 \times 10^6\,\mathrm{A}$ 세기의 전류가 흐른다고 한다. 번개가 내리치는 곳으로부터 $200\,\mathrm{m}$ 떨어진 곳에 반지름이 $0.800\,\mathrm{m}$이고 원 모양으로 100번 감은 형태의 코일이 있고, 코일 위치에서 번개 전류가 만드는 자기장 방향이 코일 면벡터 방향과 같다고 하면, 그 시간 동안 코일에 발생한 평균 유도기전력 세기는 얼마인가? 단, 코일 내부의 평균 자기장은 코일 중심점 자기장과 같다.

15

지름이 $15\,\mathrm{cm}$이고 원 모양으로 500번 감은 코일이 있다. 코일의 면벡터가 처음에는 지구 자기장과 같은 방향이었다가 $2.77\,\mathrm{ms}$ 후에는 지구 자기장과 수직 방향이 되도록 회전시켰더니 코일에 $0.166\,\mathrm{V}$의 평균기전력이 발생했다. 그곳에서의 지구 자기장 세기 B는 얼마인가?

16

지표면에서 지구 자기장 수직성분 크기가 $B = 40\,\mu\mathrm{T}$인 곳에서 $L = 5.0\,\mathrm{m}$ 길이의 도선이 지표면과 나란한 방향으로 $v = 10\,\mathrm{m/s}$의 빠르기로 운동한다고 한다. 도선 양단의 전위차는 얼마인가?

17 기전력이 $\varepsilon = 120\,\mathrm{V}$ 전원으로 동작하는 어떤 전기모터를, 전원에 연결하면 순간적으로 $I = 11.0\,\mathrm{A}$의 전류가 흐르지만, 모터가 정상적으로 동작하는 동안에는 $I' = 4.0\,\mathrm{A}$의 전류가 흐른다고 한다.

(a) 모터를 이루는 도선의 저항 R은 얼마인가?

(b) 모터가 최고 속도로 동작하는 시간 구간에서 발생하는 유도기전력 세기는 얼마인가?

18 토로이드

반지름이 r이고 원형 단면적 모양의 코일을 N번 감은 형태의 솔레노이드 양 끝을 연결하면 토로이드라는 형태가 된다. 어떤 토로이드의 반지름이 R이고 $R \gg r$로서 토로이드 코일 내부의 자기장이 균일하다고 가정한다면, $A = \pi r^2$일 때, 그 자체유도계수는 $L = \dfrac{\mu_0 N^2 A}{2\pi R}$임을 보여라.

19 직사각형 폐회로 상호유도계수

오른쪽 그림과 같이, 전류 I가 흐르는 매우 긴 직선 도선 옆에 직사각형 모양의 폐회로가 놓여 있다. 폐회로의 세로 길이는 W이고, 도선에 인접한 부분과 먼 부분 폐회로 도선 부분까지의 거리는 각각 l_1, l_2다. 이 계의 상호유도계수 M은 얼마인가?

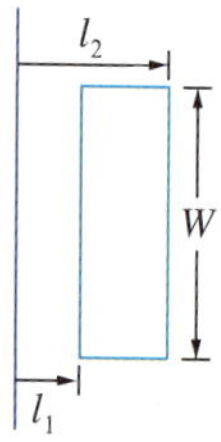

20 ** 직선도선 주위의 폐회로 도선

다음 그림과 같이, 전류 I가 흐르는 무한 직선 도선 근처에 한 변의 길이가 a인 정사각형 모양의 코일이 놓여 있다. 직선 도선과 인접한 코일 부분의 거리는 b이다.

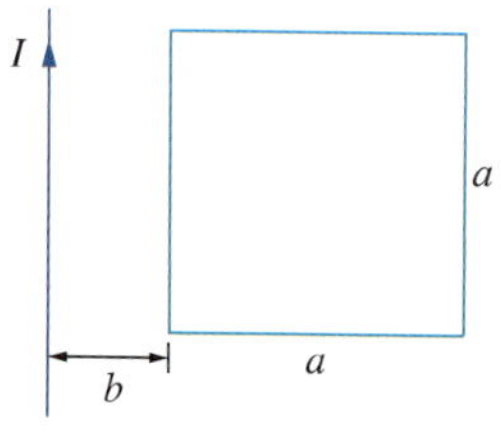

(a) 코일을 통과하는 자속은 얼마인가?

(b) 코일이 일정한 빠르기 v로 도선에서 멀어지는 경우, 처음 순간 코일까지 거리가 b_0라면 시각 t에서 코일까지 거리는 $b(t) = b_0 + vt$이다. 시각 t에서의 유도기전력 세기와 유도전류의 방향을 구하라.

(c) 코일에 작용하는 힘의 세기는 얼마인가?

***21** 운동하는 도선 막대

오른쪽 그림과 같이, 전류 I가 흐르는 무한 직선 도선 근처에 길이가 a인 도체 막대가 놓여 있고, 도선에 가까운 부분의 도선과 도체 막대 사이의 거리는 b이다. 도체 막대가 전류의 방향으로 빠르기 v로 이동하는 경우 도체 막대의 양쪽 끝 위치의 전위차 크기는 얼마인가?

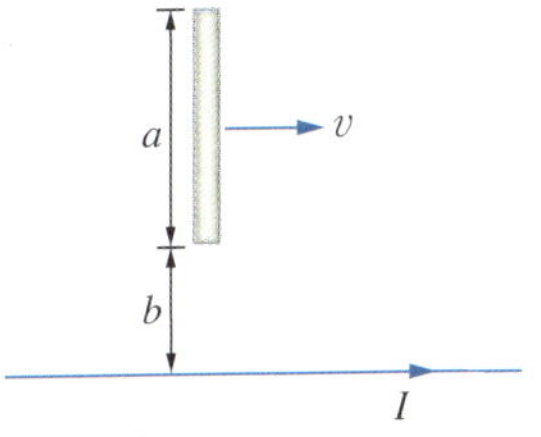

***22** 발전기와 저항

다음 그림과 같이, 전압진폭이 V_0인 발전을 하는 발전기가 있다. 이 발전기를 어떤 기기에 연결했을 때, 기기에 흐르는 전류가 I_0라면 기기의 저항값은 $R_{eq} = \frac{V_0}{I_0}$라고 할 수 있다.

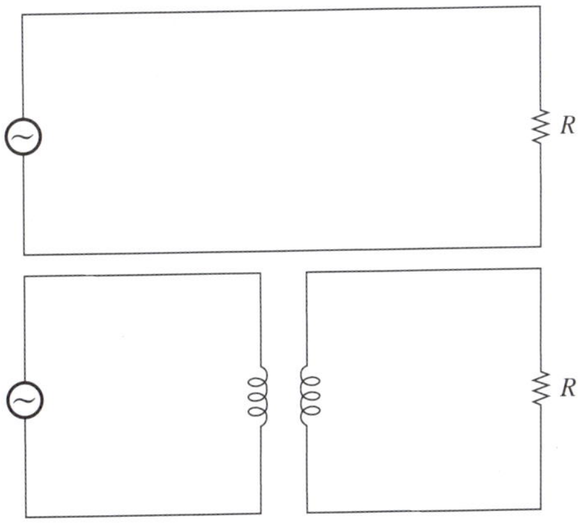

(a) 저항 R을 발전기에 연결한 경우, R_{eq}값은 얼마인가?

(b) 입력 부분과 출력 부분에 감은 코일의 수가 각각 N_1, N_2인 변압기를 발전기와 저항 사이에 연결한다면, 그 경우 R_{eq}값은 얼마인가?

***23** 베타트론

베타트론이라는 가속기는 시간에 따라 변하는 자기장에 의해 생기는 유도전기장을 이용해 입자를 가속시키는 장치이다. 바닥면에 놓여 있고 반지름이 R인 원 모양 영역 내부에만 바닥면으로 들어가는 방향의 균일한 자기장 B가 있다고 하자. 그 자기장이 $B(t) = Ct$ (C는 상수)와 같이 시간에 따라 변한다고 할 때, 원의 중심으로부터 거리 r만큼 떨어진 자기장 내부 영역과 외부 영역 위치의 유도전기장 세기는 얼마인가?

*24 평행판 축전기 전기장

일반적으로 평행판 축전기 내부의 전기장은 균일한 것으로 가정한다. 그러나 축전기 가장자리 부분에서 전기장은 균일하지 않으며 이를 '가장자리 효과'라 부른다. 패러데이 법칙을 이용해, 축전기 내부 전기장은 균일하고, 외부에서는 전기장이 0이 된다는 가정은 옳지 않음을 보여라.

*25 뒤집기 코일

자기장의 존재를 측정하는 단순한 도구로 뒤집기 코일^{flip coil}이 있다. 이 도구는 단면적이 A인 코일을 여러 겹 감은 형태의 코일을 탄동검류계[ballistic galvanometer]에 연결한 형태이다. 발전기 폐회로와 같은 원리로, 코일의 중심을 지나는 축을 중심으로 코일을 돌리면 자기장이 있는 곳에서는 유도전류가 발생한다. 코일을 감은 수가 N번이고, 코일을 포함한 전체 회로의 저항이 R인 코일이 있다고 한다. 그 경우 코일 폐회로가 만드는 평면 면벡터가 자기장 방향과 같은 상태에서 코일을 180° 회전시켰을 때, 코일에 흐른 총 전하량은 검류계로 측정할 수 있다. 이때 총 전하량이 Q라면, 자기장 세기는 $B=\frac{QR}{2NA}$로 나타낼 수 있음을 보여라.

26

내부 면적이 $100\,\mathrm{cm}^2$인 원형 코일이 200번 감긴 구조를 가진 코일이 있다. 그 코일 단면을 수직 방향으로 통과하던 1.1 T 세기의 균일한 자기장이 방향을 바꾸어 코일 단면을 처음과 반대 방향으로 향했다고 한다. 그 코일이 $5.0\,\Omega$의 저항에 연결되어 있다면, 자기장 방향이 바뀌는 시간 동안 코일의 한 부분을 통과한 전하량은 얼마인가?

*27 동축케이블

동축케이블은 직선 도선(내부 도선)을 속이 비어 있는 원통 모양의 다른 도선(외부 도선)으로 감싼 형태의 구조를 가진다. 어떤 동축케이블의 내부 도선 반지름이 a이고, 외부 도선 반지름이 b일 때, 케이블의 단위 길이당 자체유도계수는 $\frac{\mu_0}{2\pi}\ln\left(\frac{b}{a}\right)$임을 보여라.

CHAPTER

21 교류회로

Alternating Current Circuits

21.1 저항회로

직류전원인 건전지나 축전지 같은 휴대용 전원 외에 우리가 사용하는 전기는 주로 교류전원을 이용해 생산한 것이다. 교류전원을 사용하는 이유는 발전하기가 좀 더 쉽고, 송전 과정에서 전력 손실을 줄이기 위해서다. 이때 전력 손실을 줄이려면 변압기를 사용해 전압을 올려야 하는데, 그것은 교류에서만 가능하기 때문이다.

교류회로에서 축전기와 인덕터는 직류회로에서 우리가 다루었던 저항과 유사하면서도 다른 역할을 한다. 여기에서 유사한 부분은 이들도 저항과 마찬가지로 교류전류 세기에 영향력을 끼친다는 점이다. 그러나 이들은 열을 발생하는 저항과 달리 전력을 전혀 소모하지 않는다. 그 이유는 축전기는 전기장 형태로 에너지를 저장했다가 내놓기를 반복하는 기능을 하고, 인덕터는 자기장 형태로 에너지를 저장했다가 내놓기를 반복하는 기능을 하기 때문이다.

저항만 있는 교류회로

교류회로는 일반적으로 저항과 축전기, 인덕터 등의 모든 요소를 가진 것으로 봐야 하지만, 교류전원에 저항만 연결한 가장 단순한 교류회로를 먼저 다뤄보자. 교류 기전력은 보통 $\varepsilon(t)=\varepsilon_0\cos\omega t$ 형태로 공급되며, 각진동수 ω는 전원의 진동수 f와 $\omega=2\pi f$ 관계를 가진다. 국제적으로 교류전원 진동수는 $60\,\mathrm{Hz}$의 표준 진동수로 공급된다. 이제 전압이 $\varepsilon(t)=\varepsilon_0\cos\omega t$ 형태로 공급되며, 시각 $t=0$에서의 기전력은 [그림 21-1]에서 나타낸 양(+)의 방향이 양(+)의 부호로 시작된다고 할 때 회로방정식을 구해보자.

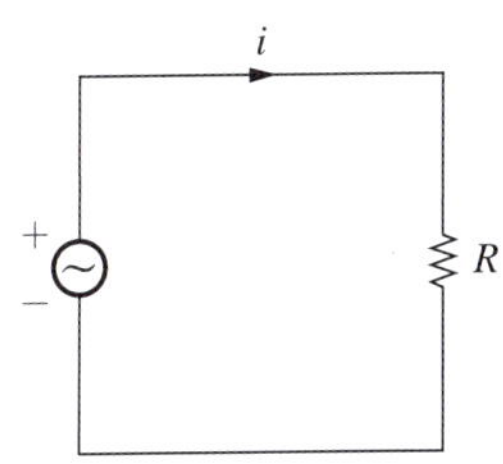

그림 21-1 저항만 연결된 교류회로

직류에서와 마찬가지로 교류에서도 전류 i가 저항 R 부분을 '전류가 흐르는 방향으로' 통과하면 전압은 iR만큼 낮아지므로, 전압은 저항을 통과하면서 $-iR$만큼 변화한다. 그러므로 시계방향을 따라 고리 정리를 적용하면 회로방정식은 다음과 같아진다.

$$\varepsilon(t)+(-iR)=0 \tag{21.1}$$

따라서 교류회로에서의 전류 세기는 $i(t)=\dfrac{\varepsilon(t)}{R}$ 형태로 쓸 수 있으며, $i_0=\dfrac{V_0}{R}$로 쓰면 전류는 다음과 같이 나타낼 수 있다.

$$i(t)=i_0\cos\omega t \tag{21.2}$$

이 표현은 직류회로에서와 똑같은 형태이지만, 이제는 전류가 일정하지 않고 진동하는 형태로 흐르고 있음을 나타낸다. 저항 요소만 있는 회로의 특징은 전압과 전류가 똑같은 시각에 최댓값에 도달하고, 똑같은 시각에 최솟값에 도달한다는 점이다. 즉 저항회로에서는 전압과 전류의 위상차가 없다. 우리는 교류회로에서의 저항의 역할이 축전기나 인덕터의 경우와 매우 다르다는 것을 곧 알게 될 것이다. 그런 이유로 교류회로에서는 저항 부분을 **레지스턴스**resistance라고도 부른다.

여기에서 유의해야 할 점은, 지금 우리가 다룬 것처럼 저항 요소만 갖고 있는 회로는 실제로 존재하지 않는다는 사실이다. 왜냐하면 모든 회로는 폐회로를 이루기 때문에 자체 인덕턴스 요소를 가질 수밖에 없기 때문이다. 즉 모든 회로에는 (그 크기가 매우 작다고 하더라도) 인덕턴스 L 요소는 반드시 있어야 한다. 우리는 폐회로에서 전류 흐름을 기술하는 회로방정식이 질량을 가진 물체의 운동방정식과 매우 유사하다는 사실을 곧 알게 될 것이다. 그 경우 인덕턴스 요소는 물체 질량에 대응하고, 저항 요소는 빠르기에 비례하는 크기를 가진 마찰력에 대응한다. 그러므로 모든 회로에 인덕턴스 L 요소가 반드시 포함되어야 한다는 사실은, 모든 운동에서 물체의 질량을 무시할 수 없다는 사실에 대응된다고 볼 수 있다. 또한 우리 주변의 모든 운동에서 마찰력을 무시할 수 없다는 사실은, 모든 회로에서 저항 R 요소가 반드시 포함되어야 한다는 사실에 대응된다.

저항 부분에서의 소모전력

교류회로에서 전류의 부호는 계속 바뀐다. 그러므로 한 주기 동안 전류값의 평균을 구하면 0이 된다. 그러나 매 시각의 전력이 0은 아니므로, 평균 전류가 0이라고 해서 교류회로에서 줄 열이 발생하지 않는 것은 아니다. 이제 저항 부분의 전압차 iR을 V_R로 나타내면, $i(t)=\dfrac{V_0}{R}\cos\omega t$ 결과로부터 $V_R=V_0\cos\omega t$가 되어 저항회로에서는 기전력 전압 크기가 곧 저항 부분의 전압 크기가 된다. 한편, 시각 t에서 저항 부분에서 소모되는 전력인 $P(t)=i\,V_R$은 다음과 같이 나타낼 수 있다.

$$P(t)=\frac{V_0^2}{R}\cos^2(\omega t) \tag{21.3}$$

이 식에서 보는 것처럼 교류에서는 소모되는 전력이 시간에 따라 계속 변하므로 그 시간 평균값이 중요한 의미를 갖는다. 시간 평균값은 물론 시간을 적분해 구해야 하지만, cos, sin 함수에서는 $<\cos^2(\omega t)> = <\sin^2(\omega t)> = \frac{1}{2}$인 사실을 이용해 쉽게 구할 수 있다.[1] 즉 한 주기 동안의 전류 제곱 평균값은 $<i^2> = i_0^2 <\cos^2 \omega t> = \frac{1}{2} i_0^2$이므로 소모전력은 다음과 같이 나타낼 수 있다.

$$<P(t)> = <i^2> R = \frac{1}{2} i_0^2 R \tag{21.4}$$

유효전류와 유효전압

교류회로에서 전압이나 전류의 시간 평균값은 0이므로 시간 평균값은 전압이나 전류의 세기를 나타내지 못한다. 전압이나 전류의 세기는 조화함수의 진폭으로 나타낼 수도 있다. 그러나 진폭 대신 앞에서 분자의 평균 빠르기를 나타낼 때 도입했던 **제곱평균제곱근**^{rms} 양으로 나타낼 수도 있다. 예컨대, 전류의 제곱평균제곱근 값은 전류값을 제곱해 평균한 다음 다시 그 제곱근을 취한 양으로, i_{rms}로 나타낸다.

이 값은 흔히 **rms 전류값**이라 부르지만, 여기에서는 **유효전류**라 부르기로 하자. 한편, 조화함수의 제곱 평균값은 $\frac{1}{2}$이므로 유효전류 세기는 전류 진폭과 다음과 같은 관계를 갖는다.

$$i_{rms} = \sqrt{<i^2>} = \frac{i_0}{\sqrt{2}} \simeq 0.707 i_0 \tag{21.5}$$

유효전류로 나타내면 저항 부분에서의 소모전력 평균값은 $<P> = \frac{1}{2} i_0^2 R$은 다음과 같이 쓸 수 있다.

$$<P> = i_{rms}^2 R \tag{21.6}$$

즉 유효전류값으로 나타내면, 소모전력은 직류에서 나타내는 표현과 같아지는 것을 알 수 있다. 한편, 전원의 공급 전압도 조화함수 형태다. 따라서 전원 전압의 제곱 평균제곱근 값(**rms 전압**)을 **유효전압**이라 부르기로 하면, 유효전압은 $\varepsilon_{rms} = \frac{V_0}{\sqrt{2}} \simeq V_0$로 나타낼 수 있다. 또한 $i_0 = \frac{\varepsilon_0}{R}$ 관계로부터 유효전압과 유효전류 사이에는 $i_{rms} = \frac{\varepsilon_{rms}}{R}$ 관계가 성립한다. 따라서 평균 소모전력 또는 **소모전력**이라 부르는 양은 다음과 같이 나타낼 수도 있다.

$$<P> = \varepsilon_{rms} i_{rms} \tag{21.7}$$

---

1 $\cos^2\theta + \sin^2\theta = 1$이므로, $<\cos^2\theta> + <\sin^2\theta> = 1$이다. 한편, cos, sin 함수는 같은 형태의 함수로 단지 $90°$의 위상차만 가질 뿐 똑같은 형태 함수들이기 때문에 그 시간 평균값은 당연히 같아져야 한다.

교류회로에서 나타낸 전압 세기나 전류 세기는 특별한 언급이 없는 한, 유효전압과 유효전류 세기를 뜻한다. 예컨대, 가정에서 사용되는 교류전원의 전압은 220 V 인데, 이 크기는 유효전압을 나타낸 것이므로 실제 전압은 이보다 더 큰 진폭으로 진동한다는 것을 유의해야 한다.

물음 21-1 220 V 인 가정용 교류 전압의 진폭, 즉 최대 전압의 크기는 얼마인가?

예제 21-1 유효전류와 유효전압

전력 소모율이 100 W 인 전구를 유효전압이 220 V 인 전원에 연결했다. 전구에 흐르는 유효전류와 세기, 전구의 저항은 각각 얼마인가?

풀이

전등에 흐르는 유효전류 세기와 저항은 각각 $i_{rms}=\dfrac{<P>}{V_{rms}}$, $R=\dfrac{V_{rms}}{i_{rms}}$ 관계로부터 얻을 수 있는데, 그 결과는 약 0.45 A와 484 Ω이 된다.

21.2 축전기 회로와 용량리액턴스

축전기를 직류전원에 연결하면 전류는 축전기를 충전하는 짧은 시간 동안만 흐르고 충전을 마치면 전류가 더 이상 흐르지 않는다. 그러나 그 회로를 교류전원에 연결하면, 전류의 방향이 계속 바뀌면서 축전기가 충전과 방전 과정을 반복하기 때문에 전류가 계속 흐르게 된다.

우리 주변에서 마찰이 없는 운동을 볼 수 없듯이, 저항 요소가 없는 회로도 있을 수 없다. 그러나 편의상 저항이 무시되는, 즉 축전기 요소만 있다고 가정한 가상적 회로를 다뤄보자. 이제 전류의 방향을 시계방향으로 정하고, 시각 t에서 전기용량이 C인 축전기에 저장된 전하량을 $q(t)$라 하자. 이때 '전류가 흐르는 방향'으로 축전기를 통과하면 그 전위 변화량은 $-\dfrac{q(t)}{C}$로 나타낼 수 있으므로 회로방정식은 다음과 같아진다.

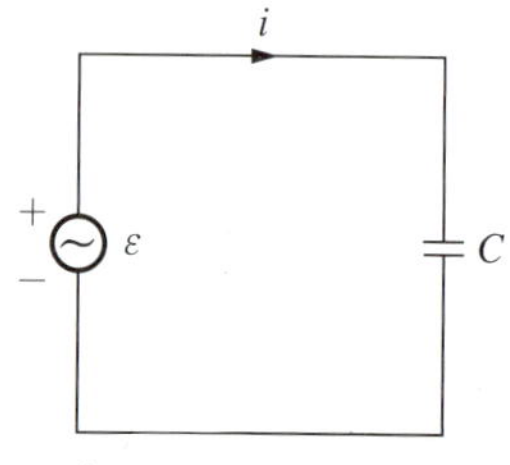

그림 21-2 축전기 회로

$$\varepsilon(t)+\left[-\frac{q(t)}{C}\right]=0 \tag{21.8}$$

따라서 축전기 전하량은 $q(t)=C\varepsilon(t)$로 나타낼 수 있으며, 기전력이 $\varepsilon(t)=V_0\cos\omega t$ 형태로 공급되는 경우 $q(t)=CV_0\cos\omega t$가 된다. 이제 이 회로의 전류는 $i=\dfrac{dq}{dt}$ 관계로부터 다음과 같이 나타낼 수 있다.

$$i(t)=-\omega C V_0\sin\omega t=-\frac{V_0}{1/\omega C}\sin\omega t \tag{21.9}$$

여기에서 $\cos\left(\theta+\frac{\pi}{2}\right)=-\sin\theta$ 관계를 이용하면 전류와 전압을 모두 함수 형태로 만들 수 있으며 그 경우 전류를 다음과 같이 쓸 수 있다.

$$i(t)=\frac{V_0}{X_C}\cos\left(\omega t+\frac{\pi}{2}\right) \tag{21.10}$$

여기에서 $X_C=\frac{1}{\omega C}$과 같이 정의한 양으로, 이 크기를 **용량리액턴스**capacitive reactance라고 부른다. 이제 $i_0=\frac{V_0}{X_C}$라고 나타내 이 식을 $i(t)=i_0\cos\left(\omega t+\frac{\pi}{2}\right)$로 쓰기로 하자. 그러면 $\frac{V_0}{X_C}$는 곧 전류 진폭 i_0가 되어 X_C가 마치 저항 R과 같은 방식으로 전류 세기에 영향을 준다는 것을 알 수 있다. 그러나 이제 전류와 전압의 위상은 더 이상 같지 않고, 전류의 위상이 전압보다 $\frac{\pi}{2}$($90°$ 또는 $\frac{1}{4}$주기)만큼 더 커진다. 즉 전류의 위상이 전압보다 $90°$ 더 빠르다는 사실에 유의하자.

물음 21-2 용량리액턴스의 차원이 Ω(옴)임을 보이고, 60 Hz 교류에서 $0.1\,\mu$F인 축전기의 용량리액턴스 크기를 구하라.

이때 전류와 전압 관계를 $i(t)=\frac{1}{X_C}\varepsilon(t)$로 나타낼 수는 없다. 왜냐하면 전압이 최댓값이 되는 순간에 전류는 최댓값이 되지 않기 때문이다. 그러나 전류와 전압의 진폭 관계는 $i_0=\frac{1}{X_C}V_0$로 쓸 수 있고, 유효전류와 유효 공급 전압 세기도 $i_{rms}=\frac{1}{X_C}\varepsilon_{rms}$로 나타낼 수 있음에 유의하자.

용량리액턴스는 저항과 마찬가지로 전류 세기에 영향을 주지만, 전력 소모 측면에서 매우 중요한 차이점이 있다. 그것은 저항 부분에서는 전력이 소모되지만, 용량리액턴스 부분에서는 전력이 전혀 소모되지 않는다는 점이다. 이 때문에 전력이 소모되는 저항 R 부분을 리액턴스와 구별하는 의미에서 '레지스턴스'라고 부르는 것이다.

축전기 부분에서 전력이 소모되지 않는 이유는 축전기가 단지 에너지를 전기장 형태로 잠시 보관했다가 다시 내놓는 전기에너지 저장소 역할을 하기 때문이다. 앞 절에서 이미 말했지만, 모든 회로에는 저항과 인덕턴스 요소가 반드시 포함되어야 하므로 축전기만 있는 회로는 실제로 존재하지 않는다는 사실에 유의하자.

물음 21-3 축전기 부분에서 전압과 전류는 언제나 1/4 주기 위상차를 가진다. 축전기 부분 전압과 전류가 $90°$ 위상차(1/4 주기)를 가져서 각각 $V_0\sin\omega t$, $i_0\cos\omega t$로 표현된다고 하면, 축전기 소모전력의 한 주기 평균값은 0임을 보여라.

21.3 *RC* 회로와 *RL* 회로

좀 더 현실적인 상황으로 돌아와서, 저항 R이 있으면서 동시에 축전기 요소도 있는 RC 회로와, 저항 R이 있으면서 동시에 인덕터 요소도 있는 RL 회로를 다뤄보자.

RC 회로

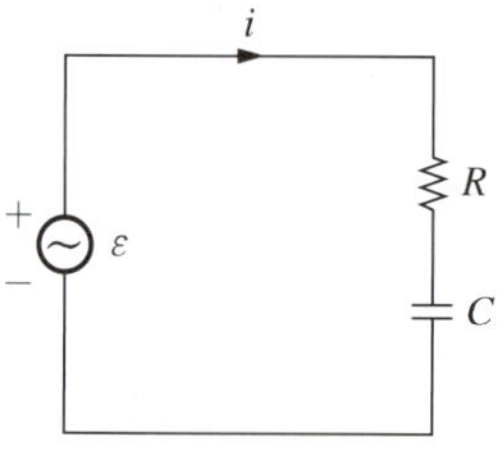

그림 21-3 *RC* 회로

저항 R이 있으면서 동시에 축전기 요소도 있는 회로에서도 인덕턴스 L 요소는 여전히 무시되고 있으므로, RC 회로도 여전히 현실적인 회로가 아니라는 사실에 유의하자. 이 회로에서 전류 방향을 시계방향으로 정하면 축전기 전하량을 q라 할 때, 회로방정식은 다음과 같아진다.

$$\varepsilon(t)+(-iR)+\left(-\frac{q}{C}\right)=0 \tag{21.11}$$

한편, 축전기 전하량 q와 전류 i는 $\frac{dq}{dt}=i$의 관계를 가진다. 그러므로 전원이 $\varepsilon(t)=V_0\cos\omega t$ 형태로 공급된다고 할 때, 이 식 전체를 미분하면 다음과 같은 형태의 미분방정식이 된다.

$$-\omega V_0\sin\omega t=R\frac{di}{dt}+\frac{1}{C}i \tag{21.12}$$

앞부분의 진동운동에서 다룬 것처럼, 이런 방정식의 해를 구하는 방법 중 하나는 가설풀이 해 ansatz 를 통해 전류의 형태를 미리 예측해 보는 것이다. 교류회로에서는 일반적으로 전류의 위상이 전압과 달라질 수 있기 때문에 가설풀이 해를 다음과 같은 형태로 취하기로 하자.[2]

$$i(t)=i_0\cos(\omega t+\phi) \tag{21.13}$$

이제 이 해의 형태를 미분방정식에 적용하고, cos, sin 함수 항을 분리하고, 두 함수를 서로 전혀 무관한 독립적 함수로 취급하기로 하자. 그 경우 각 함수의 계수를 비교하면 i_0, ϕ값을 얻을 수 있는데, 그 결과는 다음과 같이 요약할 수 있다.

$$i_0=\frac{V_0}{Z} \tag{21.14}$$

$$\tan\phi=\frac{X_C}{R} \tag{21.15}$$

2 저항이 없고 축전기만 있는 회로에서는 $\phi=\pi/2$인 경우가 해가 된다는 사실을 우리는 이미 알고 있다.

여기에서 $Z = \sqrt{R^2 + X_C^2}$ 인데, 이는 저항 요소와 리액턴스 요소를 모두 포함한 양으로, **임피던스**impedance라 부른다. 임피던스 Z는 전류 진폭의 크기를 결정한다는 면에서 직류회로의 저항과 같은 역할을 한다는 사실을 알 수 있다. 따라서 임피던스의 단위도 역시 옴(Ω)이다.

이때 전류를 $i(t) = i_0 \cos(\omega t + \phi)$로 표현할 때, 위상 ϕ는 $\tan\phi = \dfrac{X_C}{R}$ 관계로부터 얻을 수 있는데, 그 값은 항상 양수임을 알 수 있다. 그러므로 RC 회로에서 전류는 전압보다 항상 앞선 위상을 갖는다. 특히 저항이 0에 가까운 경우에는 최대 위상차 90°까지 앞서게 되며, 앞 절에서 다룬 축전기만 있는 회로에서 얻은 결과와 같다는 것을 알 수 있다.

물음 21-4 다음 물음에 답하라.

(a) $V_R = i_0 R$, $V_C = i_0 X_C$ 라 나타내면, $V_0^2 = V_R^2 + V_C^2$ 관계가 있음을 보여라. (이때 V_R, V_C는 각각 저항과 축전기 부분 전압의 진폭을 나타낸다. 따라서 전원과 저항과 축전기 부분 전압의 진폭의 합은 전원 전압의 진폭과 같지 않음을 알 수 있다.)

(b) $\varepsilon_s = 100\,\mathrm{V}$ 라 할 때, 저항 R 부분의 유효전압 세기가 $60\,\mathrm{V}$ 이면, 축전기 부분 유효전압 세기는 얼마인가?

RL 회로

이제 축전기 대신 인덕터가 연결된 RL 회로를 다뤄보자. 인덕터 부분을 통과하면서 전압 변화량은 $-L\dfrac{di}{dt}$ 로 쓸 수 있으므로, 회로방정식은 $\varepsilon(t) - iR - L\dfrac{di}{dt} = 0$ 으로 나타낼 수 있다. 이제 계산을 쉽게 하기 위해 공급 전압을 $V_0 \cos(\omega t + \phi)$ 형태로 나타내기로 하고, 전류의 가설풀이 해를 $i_0 \cos(\omega t)$라고 취하기로 하자. 즉 우리는 전류가 전압보다 위상차 ϕ만큼 느린 위상을 가진다고 가정했는데, 이 사실은 만약 ϕ가 음수가 된다면 전류 위상이 전압보다 빠르다는 뜻과도 같다.

이제 이 가설풀이 해를 방정식에 적용하면 그 결과는 다음과 같이 나타낼 수 있다.

$$\varepsilon_0 \cos(\omega t + \phi) - Ri_0 \cos(\omega t) - \omega L i_0 \sin(\omega t) = 0 \tag{21.16}$$

한편, 여기에서 $\cos(a+b) = \cos a \cos b - \sin a \sin b$ 관계와 $\sin\omega t$와 $\cos\omega t$가 서로 독립적인 함수라는 사실을 이용하면 방정식 왼편에 있는 $\sin\omega t$ 항과 $\cos\omega t$ 항의 계수를 모두 0이라 할 수 있으며, $Z = \sqrt{R^2 + (\omega L)^2}$ 로 나타내고 결과를 정리하면 다음과 같아진다.

$$i_0 = \frac{\varepsilon_0}{Z} \tag{21.17}$$

$$\tan\phi = \frac{\omega L}{R} \tag{21.18}$$

여기에서 ωL은 **유도리액턴스**inductive reactance라 부르는 양으로, 기호 X_L로 나타낸다. 즉 RL 회로의 임피던스는 $Z = \sqrt{R^2 + X_L^2}$ 과 같이 나타낼 수 있다. 한편, 위상 ϕ는 항상 양수이므로 인덕터 회로에서는 축전기 회로에서와 반대로 전류가 전압보다 늦은 위상을 갖는다.

특별한 경우로, $R \to 0$인 경우를 가정해보자. 그 경우에는 $\tan\phi = \dfrac{\omega L}{R}$에서 $\phi = \pi/2$가 되어 위상차는 최대가 되고, 전류의 위상은 전압보다 90° 늦게 끌려가는 모양이 된다.

물음 21-5 유도리액턴스의 차원이 Ω이 됨을 보여라. 또 60Hz 전원에 연결된 0.1H(헨리) 크기를 가진 인덕터의 유도리액턴스 크기를 구하라.

21.4 *RLC* 회로

우리가 다룬 회로 요소와 그 역할을 정리하면 [표 21-1]과 같다.

표 21-1 세 회로 요소의 역할

회로 요소	임피던스 크기	단위
저항(레지스스턴스) R	R	Ω
축전기 C	$X_C(=1/\omega C)$	Ω
인덕터 L	$X_L(=\omega L)$	Ω

지금까지는 세 회로 요소 R, L, C 중 하나 또는 두 개의 요소만 포함한 회로를 다루었지만, 앞에서 강조한 것처럼 현실적인 회로는 필연적으로 저항, 용량인덕턴스, 유도리액턴스의 세 요소를 모두 포함한다. 이제 전압이 $\varepsilon(t) = V_0 \cos(\omega t)$ 형태인 기전력 장치에 세 가지 회로 요소가 모두 직렬로 연결된 회로를 다뤄보자.

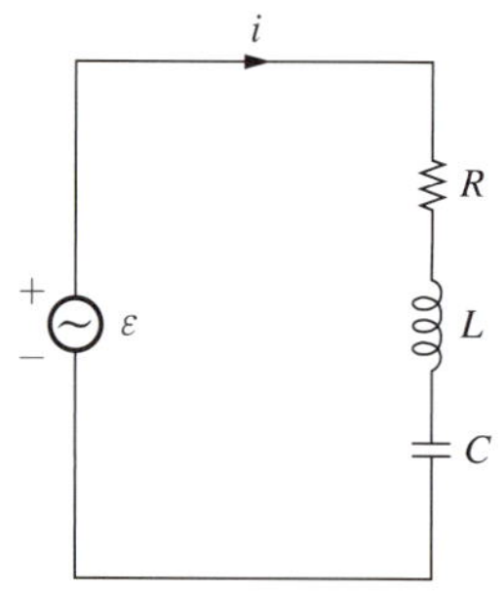

그림 21-4 *RLC* 직렬회로

회로에서의 전류 방향을 시계방향으로 정하면 전류 방향으로 R, L, C 부분을 지날 때마다 전압이 낮아지므로, 회로방정식은 다음과 같아진다.

$$\varepsilon(t) - iR - \frac{q}{C} - L\frac{di}{dt} = 0 \tag{21.19}$$

이제 이 식을 미분하고 $i(t) = \dfrac{dq(t)}{dt}$ 관계를 이용하면, 그 결과는 다음과 같이 전류에 대한 2차 미분방정식이 된다.

$$\frac{d\varepsilon(t)}{dt} - R\frac{di}{dt} - \frac{i}{C} - L\frac{d^2 i}{dt^2} = 0 \tag{21.20}$$

이 방정식의 해를 구하기 위해 가설풀이 해를 다음과 같은 형태로 가정해보자.

$$i(t) = i_0 \cos(\omega t - \phi) \tag{21.21}$$

이런 형태를 가정하면, 위상 ϕ가 양수일 때 전류의 위상이 전압보다 느리다는 것을 뜻하게 된다. 이제 이 가설풀이 해를 방정식에 적용하면 $Z = \sqrt{R^2 + (X_L - X_C)^2}$ 으로 나타냈을 때, 다음과 같은 결과를 얻을 수 있다.

$$i_0 = \frac{\varepsilon_0}{Z} \tag{21.22}$$

$$\tan\phi = \frac{X_L - X_C}{R} \tag{21.23}$$

여기에서 Z는 이 회로의 임피던스라 불리는 양이다. 이 경우, 전압과 전류의 진폭은 $i_0 = \frac{V_0}{Z}$ 관계를 만족한다. 따라서 그 제곱평균제곱근 값도 $i_{rms} = \frac{\varepsilon_{rms}}{Z}$ 관계를 만족한다. 그러나 $\varepsilon(t) - Z\,i(t) = 0$ 이라는 관계는 이제 만족되지 않는다는 사실에 유의하자.

$\tan\phi = \frac{X_L - X_C}{R}$ 관계에서 보듯이, RLC 직렬회로에서는 X_L과 X_C 중 어느 것이 더 큰 값인지에 따라 전류와 전압의 상대적 위상이 결정된다. 예를 들어 X_L이 X_C보다 더 크면 ϕ는 양수가 되어 전류의 위상이 전압보다 더 늦어서 힘을 받는 물체가 마지못해 끌려가는 상황에 비유할 수 있다. 한편, $X_L = X_C$ 조건이 되면 ϕ가 0이 되어 전류와 전압의 위상이 같아지는 특수한 경우가 된다. 그 조건은 $\omega L = \frac{1}{\omega C}$이므로 공급 전압 각진동수가 $\omega = \frac{1}{\sqrt{LC}}$일 때, 전류와 전압의 위상 차이는 사라진다.

교류회로에서 공급 전압과 각 회로 요소의 전압 관계는 직류회로에서처럼 단순하지는 않다. 즉 전류 진폭 i_0는 전압 진폭 V_0와 $i_0 = \frac{V_0}{Z}$ 관계를 가지므로 $V_R = Ri_0$, $V_L = X_L i_0$, $V_C = X_C i_0$라고 나타내면, 다음과 같은 관계를 얻는다.

$$V_0^2 = V_R{}^2 + (V_L - V_C)^2 \tag{21.24}$$

여기에서 $V_{R,0}$, $V_{L,0}$, $V_{C,0}$는 각각 R, L, C 요소에서의 전압 진폭, 즉 최대 전압을 나타낸다. 따라서 각 회로 요소의 전압 진폭을 더한 값이 공급 전압의 진폭이 되지는 않는다는 사실을 알 수 있다. 예를 들어 공급 전압 진폭이 100 V이고, 저항 부분 전압 진폭이 60 V이면 인덕터와 축전기 전압 진폭의 차이는 80 V가 되어야 한다.

흥미로운 점은 이 관계에서는 인덕터와 축전기의 전압 차이에 대한 제한만 있을 뿐 그 자체의 크기에 대한 제한은 없다는 점이다. 그렇다면 인덕터와 축전기의 전압은 무제한으로 커질 수 있다는 말인가? 그 답은 '그렇다'이다. 즉 저항 R이 매우 작을 때 인덕터와 축전기의 최대 전압은 모두 공명진동수 근처에서 얻어지며, 그 값은 저항값이 작아질수록 계속 커질 수 있다. 그러나 그 최대 전압들이 아무리 큰 값이 되더라도 그 차이는 여전히 작은 값으로 남아 있게 된다.

예제 21-2 RLC **회로 분석**

유효전압이 $\varepsilon_{rms} = 220\,\mathrm{V}$이며, 진동수가 $60\,\mathrm{Hz}$인 교류전원에 $25\,\Omega$의 저항과 $50\,\mu\mathrm{F}$ 전기용량의 축전기 그리고 $0.30\,\mathrm{H}$ 인덕턴스의 인덕터를 직렬로 연결한 RLC 회로가 있다.

(a) 회로의 임피던스를 구하라.
(b) 회로에 흐르는 유효전류는 얼마인가?
(c) 전압과 전류 사이의 위상 차이를 구하라.

풀이

(a) X_C, X_L을 먼저 구하면 각각 $X_C = \dfrac{1}{2\pi fC} = 53\,\Omega$과 $X_L = 2\pi fL = 110\,\Omega$을 얻는다.
따라서 회로의 임피던스는 $Z = \sqrt{R^2 + (X_L - X_C)^2}$ 이 된다.

(b) 그러므로 유효전류 세기는 $i_s = \dfrac{\varepsilon_s}{Z} = 3.4\,\mathrm{A}$**이다.**

(c) 한편, $\tan\phi = \dfrac{X_L - X_C}{R} = 2.4$이므로 위상은 양수가 된다. 즉 전류의 위상이 그만큼 더 느리다는 뜻이다. 이 사실은 X_L의 크기가 X_C보다 더 크면, 즉 유도인덕턴스가 더 주도적이면 전류는 전압보다 늦어진다는 것을 보여준다.

물음 21-6 전원의 유효전압 세기가 $100\,\mathrm{V}$인 RLC 직렬회로에서 인덕터 L과 축전기 C 부분의 유효전압 세기가 같다고 한다.

(a) 총 임피던스는 얼마인가?
(b) 저항 R 부분의 유효전압 세기는 얼마인가?

조화진동자와의 비교

우리는 앞에서 용수철에 매달린 물체가 속도에 비례하는 마찰력을 받으며 운동하는 경우를 다룬 적이 있다. 그런 운동에 만약 각진동수 ω로 주기적인 힘을 가한다면 그 운동방정식을 $m\dfrac{d^2x}{dt^2} = -kx - bv + F_0\sin\omega t$로 나타낼 수 있다. 한편, RLC 회로의 회로방정식은 $\dfrac{d\epsilon(t)}{dt} - R\dfrac{di}{dt} - \dfrac{i}{C} - L\dfrac{d^2i}{dt^2} = 0$이다. 그러므로 물체 속도를 $v = \dfrac{dx}{dt}$로 나타내고 기전력을 $V_0\cos\omega t$로 나타낸 후, 두 방정식을 똑같은 형태로 배열하면 다음과 같이 나타낼 수 있다.

$$m\frac{d^2x}{dt^2}+b\frac{dx}{dt}+kx=F_0\sin\omega t$$
$$L\frac{d^2i}{dt^2}+R\frac{di}{dt}+\frac{1}{C}i=-(\varepsilon_0\omega)\sin\omega t \tag{21.25}$$

이 두 식을 비교하면, 질량은 인덕턴스 L, 운동마찰계수는 저항 R, 용수철 상수는 축전기 용량의 역수 등에 대응되는 것을 알 수 있다.

공급 전력

이제 RLC 직렬회로에서의 전력에 관해 다뤄보자. 기전력 $\varepsilon(t)$가 공급하는 전력 $P(t)$는 회로에 전류 $i(t)$가 흐르는 순간, $\varepsilon(t)i(t)$로 나타낼 수 있다. 한편, 전압 $\varepsilon(t)=V_0\cos(\omega t)$에 의한 전류를 $i(t)=i_0\cos(\omega t-\phi)$로 나타내면 공급 전력은 $P(t)=V_0 i_0\cos(\omega t)\cos(\omega t-\phi)$로 나타낼 수 있다. 여기에서 $i_0=\frac{V_0}{Z}$ 관계를 이용하면 이 식은 다시 $P(t)=\frac{V_0^2}{Z}\cos(\omega t)\cos(\omega t-\phi)$가 된다. 따라서 한 주기 동안의 시간 평균값을 취하면 다음과 같은 평균 전력을 얻을 수 있다.

$$<P(t)>=\frac{1}{2}\frac{V_0^2}{Z}\cdot\cos\phi \tag{21.26}$$

이 식에서 $\cos\phi$ 항을 **전력인자**[power factor]라 부르며, 위상차 ϕ가 0이 되는 경우, 회로에서 소모되는 평균 전력이 최대가 되는 것을 알 수 있다.

물음 21-7 $\cos(A+B)=\cos A\cos B-\sin A\sin B$와 한 주기 평균값이 $<\cos^2\omega t>=\frac{1}{2}$, $<\sin\omega t\cos\omega t>=0$인 사실을 이용해 $\cos(\omega t)\cos(\omega t-\phi)=\frac{1}{2}\cos\phi$ 관계임을 보여라.

이제 각 회로 요소에서의 소모전력을 구해보자. 저항 R에 의한 소모전력 평균값 $< P_R >$은 $<\cos^2(\omega t)>=\frac{1}{2}$ 관계로부터 $<i^2R>=\frac{1}{2}i_0^2R$임을 쉽게 보일 수 있다. 한편, 인덕터와 축전기 부분에서의 소모전력은 각각 $i\frac{q}{C}$, $Li\frac{di}{dt}$로 나타낼 수 있다. 이때 $i\approx\cos(\omega t-\phi)$ 형태이면 q와 $\frac{di}{dt}$는 모두 $\sin(\omega t-\phi)$ 형태를 가지므로, 이 양들은 모두 $\sin(\omega t-\phi)\cos(\omega t-\phi)$ 형태의 함수가 된다. 그런 함수의 시간 평균값은 물론 0이 되므로 리액턴스 요소에서는 평균 소모전력이 0이라는 사실을 다시 확인할 수 있다.

물음 21-8 저항 R에서의 평균 소모전력은 $< P_R >=\frac{1}{2}\left(\frac{\varepsilon_0}{Z}\right)^2R$로, 전원의 공급 전력 $<P>=\frac{1}{2}\frac{\varepsilon_0^2}{Z}\cos\phi$ 표현과 같음을 보여라. 즉 교류회로에서는 전력이 오직 저항 부분에서만 소모된다.

[HINT] $Z\cos\phi=R$ 관계를 이용하라.

한편, $\varepsilon_{rms} = \dfrac{1}{\sqrt{2}} V_0$이므로 이 표현은 다시 $< P > = \dfrac{\varepsilon_{rms}^2}{Z}\cos\phi = \varepsilon_{rms} i_{rms} \cos\phi$ 형태로도 쓸 수 있다. $\varepsilon_{rms} = Z i_{rms}$ 관계를 이용하면 $i_{rms}^2 Z\cos\phi$로도 다시 쓸 수 있다. 이 평균 전력은 $Z\cos\phi = R$ 관계를 이용하면 다음과 같이 단순하게 나타낼 수 있다.

$$< P > = i_{rms}^2 R \tag{21.27}$$

이 표현은 단순한 저항회로에서 사용하는 형태이지만, 유효전류 세기는 저항 R뿐만 아니라 축전기 C와 인덕터 L 성분의 영향도 받아 정해진다는 점에 유의하자. 한편, 회로에 공급되는 전력은 전류의 세기가 최대가 되는 조건, 즉 임피던스 Z의 크기가 최소인 조건에서 이루어지는 것을 알 수 있다. 그 조건에 맞는 경우는 물론 $X_L = X_C$ 인 경우이므로, 진동수는 $\omega^2 = \dfrac{1}{LC}$ 조건을 만족하게 한다. 이 상태에서는 물론 저항 크기가 바로 임피던스 크기가 되어(즉 $Z = R$이 되면서) 위상 ϕ가 0이 된다. 따라서 교류회로는 인덕터와 축전기가 없는 경우처럼, 즉 마치 저항만 있는 회로처럼 동작한다. 그 상태에서 공급 전력은 다음과 같이 나타낼 수 있다.

$$< P > = \frac{\varepsilon_{rms}^2}{R} \text{ 또는 } \frac{1}{2}\frac{\varepsilon_0^2}{R} \tag{21.28}$$

위상도표 방법

전류와 전압의 관계를 구할 때는 **위상도표**phase diagram 방법을 이용하면 편하다. 교류회로에서의 위상도표란 저항 R을 x축 방향 벡터, 유도리액턴스 X_L을 $+y$축 방향 벡터, 용량리액턴스 X_C를 $-y$축 방향 벡터로 나타내는 도표를 말한다.

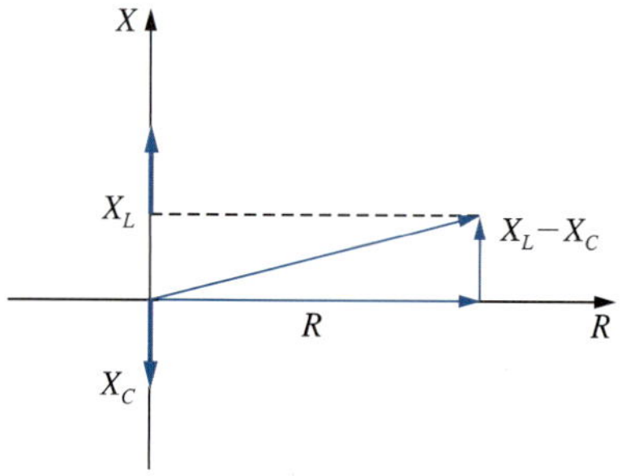

그림 21-5 위상도표

이러한 세 개의 벡터를 더한 결과로 얻은 벡터의 크기가 회로 전체의 임피던스 크기가 된다. 그리고 x축에서부터 임피던스 벡터의 방향까지 이르는 각으로 전류의 위상이 전압의 위상보다 얼마나 더 늦을지 해석할 수 있다. 예를 들어 저항만 있는 회로는 전류와 전압의 위상차가 없고, 인덕터만 있는 회로는 임피던스 벡터가 $+y$축을 향하므로, 전류의 위상이 전압보다 $90°$ 늦게 된다.

이제 위상도표를 이용해 RLC 회로를 분석해보자. y축에 그린 유도리액턴스는 양수이고 용량리액턴스는 음수이므로, 그 두 양을 더한 값의 부호에 따라 y축 방향 벡터의 크기가 정해진다. 예컨대, 유도리액턴스 X_L이 용량리액턴스 X_C보다 크면 리액턴스 부분 기여는 $+y$축을 향한 벡터가 된다. 따라서 벡터의 덧셈 연산을 하면 회로 임피던스 Z와 위상차 ϕ는 각각 $Z=\sqrt{R^2+(X_L-X_C)^2}$, $\tan\phi=\dfrac{X_L-X_C}{R}$ 관계를(우리가 이미 구했던 관계를) 만족시키는 것을 알 수 있다. 또한 앞에서 평균 공급 전력을 계산할 때 이용했던 $Z\cos\phi=R$ 관계도 위상도표에서 쉽게 확인할 수 있다.

참고 복소수를 이용한 교류회로 분석

지금까지 논의한 교류회로 분석 방법은 허수를 포함한 복소수를 이용하면 간단하고 편리하게 다룰 수 있다. 허수는 보통 기호 i로 나타내지만, 회로 분석을 할 때에는 전류 기호와 혼동되지 않게 흔히 $j=\sqrt{-1}$로 나타낸다.

허수를 이용하면 $\cos\theta=Re(e^{j\theta})$로 쓸 수 있는데, 여기에서 $Re(Z)$는 복소수 Z의 실수 부분을 나타낸다. 이제 전압과 전류를 각각 $\varepsilon=\varepsilon_0\cos(\omega t)\to\varepsilon_0 e^{j\omega t}$, $i\to i_0 e^{j\omega t}$로 나타낸다면, 회로방정식은 단순하게 $\varepsilon-Zi=0$으로 나타낼 수 있다. 이때 유의할 점은 ε, i뿐 아니라 Z도 $Z=R+j\left(\omega L-\dfrac{1}{\omega C}\right)$로 나타낸 복소수로 취급한다는 점이다. 따라서 전류는 $i=\dfrac{\varepsilon}{Z}$과 같은 단순한 형태로 쓸 수 있지만, 이 식에 포함된 양들은 모두 복소수라는 사실에 유의해야 한다. 이제 복소수 Z를 $Z=|Z|e^{j\phi}$라 쓰고, 이 식의 실수 부분을 취하면, 우리가 구하려던 전류는 $i(t)=\dfrac{V_0}{|Z|}\cos(\omega t-\phi)$가 된다.

참고 임피던스 매칭

오디오 기기는 음악을 전기 신호로 나타내는 본체 부분과 그 전기 신호를 역학적 진동으로 바꿔 소리를 내는 스피커 부분으로 이루어진다. 오디오 본체의 출력 단자와 스피커의 입력 단자를 연결하면 전기 신호는 귀로 들리는 소리로 변환된다. 그러나 문제는 각 오디오 본체와 스피커가 각각 자신의 내부 저항이라 부르는 자체의 임피던스를 따로따로 가진다는 점이다. 그 경우 스피커에 가장 큰 전류를 흐르게 하려면 오디오 본체의 내부 저항과 스피커의 저항이 같은 크기가 되어야 한다. 즉 오디오 본체의 임피던스(출력 임피던스)와 스피커의 임피던스(입력 임피던스)가 같아야 그 오디오 기기는 최적 성능을 발휘한다. 이런 경우 **임피던스 매칭** impedance matching이 이루어졌다고 한다.

21.5 교류회로에서의 공명 현상

LC 공명회로

저항이 없는 회로는 있을 수 없지만, 편의상 축전기와 인덕터만 존재하는 가상적 회로를 생각해보자. 축전기에 얼마간의 전하가 저장되어 있다면 이 회로에는 어떠한 전류가 흐를 것인가?

전체 회로방정식 $\varepsilon(t)-iR-\dfrac{q}{C}-L\dfrac{di}{dt}=0$에서 전원 ε과 저항 R이 없다면, 이 방정식은 다음과 같이 쓸 수 있다.

$$-\frac{q}{C}-L\frac{di}{dt}=0 \tag{21.29}$$

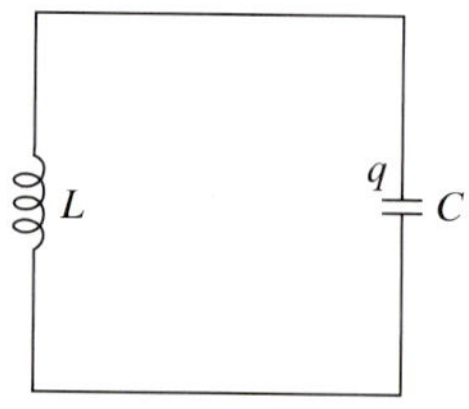

그림 21-6 LC 회로

여기에서 전류와 전하량의 관계는 물론 $\frac{dq}{dt}=i$ 이므로, 이 방정식을 $L\frac{d^2q}{dt^2}=-\frac{1}{C}q$라 쓸 수도 있다. 이때 전하량을 $q(t)=q_0\cos(\omega t)$(단, q_0는 상수)라고 하면 이 식을 쉽게 풀 수 있으며, $\omega=\frac{1}{\sqrt{LC}}$이 되는 것을 쉽게 확인할 수 있다. 이때 축전기 전하량이 $\cos(\omega t)$ 형태라면, 그 미분값인 전류는 $\sin(\omega t)$ 형태가 된다. 따라서 이 회로에서 전류의 세기와 축전기 전하량 간에는 $90°$의 위상차가 있음을 알 수 있다. 이것은 어느 하나가 최대일 때 다른 하나는 0이 된다는 뜻이다.

조화진동자와의 비교

저항 성분이 없는 LC 공명회로는 용수철에 매달린 물체가 마찰력 없이 운동하는 경우의 조화진동자에 비유할 수 있다. 즉 회로방정식과 조화진동자 운동방정식은 각각 다음과 같다.

$$m\frac{d^2x}{dt^2}=-kx \tag{21.30}$$

$$L\frac{d^2q}{dt^2}=-\frac{1}{C}q \tag{21.31}$$

따라서 우리는 '질량 m = 인덕터의 인덕턴스 L'과 '용수철 상수 k = 전기용량의 역수 $\frac{1}{C}$' 관계로 두 계의 물리량을 대응시킬 수 있다. 이 대응 관계를 이용하면 조화진동자의 각진동수가 $\omega=\sqrt{\frac{k}{m}}$ 이므로, LC 회로의 진동수는 $\omega=\sqrt{\frac{1}{LC}}$ 임을 쉽게 이해할 수 있다.

LC 회로를 에너지 측면에서 다시 살펴보자. 축전기 전하량이 q이고, 회로 전류가 i인 어느 순간의 축전기와 인덕터의 에너지는 각각 $\frac{1}{2}\frac{q^2}{C}$과 $\frac{1}{2}Li^2$이므로, 계의 총 에너지는 $E=\frac{1}{2}Li^2+\frac{1}{2}\frac{q^2}{C}$이 된다. 그러므로 이 형태는 조화진동자의 위치에너지와 운동에너지 관계식인 $E=\frac{1}{2}mv^2+\frac{1}{2}kx^2$과 유사한 형태임을 알 수 있다.

RLC 공명회로

사실상 어떤 회로에서든지 저항은 반드시 존재한다. 한편, 저항 요소에서는 전력이 소모되므로 전력이 계속 공급되지 않으면 당연히 실제 회로에 진동 전류를 계속 흐르게 할 수 없다. 이제 전기용량과 인덕터의 크기가 각각 C, L인 회로 요소를 직렬로 연결한 회로의 저항 크기가 R이라고 할 때, 그 회로에 최대 전류가 흐르는 조건을 알아보기로 하자. 그 경우 진동수가 ω 인 전력이 공급될 때의 임피던스는 $\sqrt{R^2+\left(\omega L-\frac{1}{\omega C}\right)^2}$ 이다. 한편, 전류의 세기는 임피던스 크기가 최소일 때 최대가 되므로 최대 전류는 $\omega L=\frac{1}{\omega C}$ 조건에서 얻을 수 있다. 이 조건은 각진동수가 $\omega=\frac{1}{\sqrt{LC}}$를 만족하므로, 진동수로 다시 나타내면 최대 전류가 흐르는 진동수는 다음과 같다.

$$f_{res}=\frac{1}{2\pi\sqrt{LC}} \tag{21.32}$$

이 진동수를 **공명진동수**resonant frequency 또는 **공명주파수**라고 부르며, 이 진동수에서 최대 전류가 흐르므로 소비 전력도 최대가 된다. 방송국에서는 안테나를 통해 자신이 전파하려는 진동수와 맞도록 회로 요소들을 조합해 공명 진동회로를 만든다. 또한 라디오에서는 다이얼을 돌림으로써 축전기 전기용량 C의 크기를 변화시켜 가며 특정 진동수를 내는 방송국 전파를 찾는다.

공명 상태에서 공급 전력량은 $\frac{\varepsilon_{rms}^2}{R}$로 표현하므로 저항 R이 작을수록 최대 전류는 더 강해지며, 공명주파수를 조금만 벗어나도 전류는 급격히 약해진다. 얼마나 날카로운 공명 현상이 일어나는가는 **Q-인자**Q-factor라 부르는 양으로 나타내는데, 저항이 작을수록 Q-인자는 커진다. 고급 오디오 기기의 Q-인자는 일반적으로 매우 크며, [그림 21-7]에서 보는 바와 같이 정확한 주파수 공명이 일어나야만 전류 세기가 커져서 방송 수신이 된다. 그 경우 수신 강도는 매우 커진다. 따라서 정확한 주파수를 맞추기가 수월해진다. 반면, 저급 오디오 기기에서는 공명주파수 근처의 넓은 영역에 걸쳐 약한 전류가 흐른다. 따라서 정확한 주파수 부근의 넓은 주파수 영역에서 미미한 강도의 공명이 일어나서 정확한 주파수를 맞추기가 어려워진다.

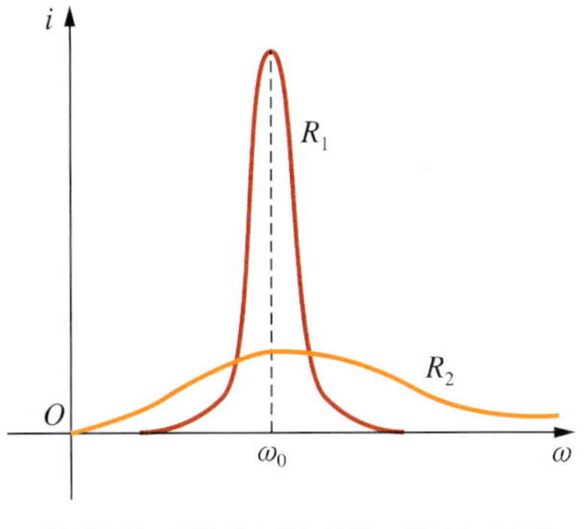

그림 21-7 저항에 따른 전류-진동수 관계

전자기 이론에 따르면 전하가 가속운동을 하면 빛을 낸다고 알려져 있다. LC 회로는 진동회로이므로 전하가 가속되는 계로서 빛, 곧 전파를 낸다. 그 빛의 진동수는 LC 회로의 전류진동수 ω와 같은데, 방송국의 전파는 근본적으로 이러한 방법으로 송출된다. 그러므로 LC 회로에 어떤 다른 방법으로 에너지가 공급되지 않으면 그 진동은 얼마 후 결국 멈추게 되므로, 기전력 장치를 연결해 외부에서 전력을 공급해야 한다.

공명상자

여러 다양한 신호 중에서 몇 가지 높은 진동수 신호를 골라내려면 그 진동수와 똑같은 공명진동수를 갖는 공명회로를 이용하면 된다. 그러나 초단파 이상의 매우 높은 진동수 회로를 다루기 위해서는 LC 회로가 적합하지 않다. 그 이유 중 하나는 진동수가 높아질수록 전하 진동에 의한 가속운동 때문에 **복사**radiation 효과가 매우 커지기 때문이다.

매우 높은 진동수 회로에서는 **공명상자**resonant cavity를 이용하는 방법을 사용한다. 공명상자란 전도도가 좋은 도체로 만든, 속이 빈 통 같은 구조를 뜻한다. 일반적 신호는 여러 종류의 진동수를 가진 복합적 신호다. 이와 같은 복합적 신호를 공명상자 속에 넣으면 그 신호 중 공명상자의 고유진동수와 같은 진동수 신호만 살아남고 나머지는 쉽게 소멸한다. 따라서 그 공명상자 내부에서 진동하는 신호를 안테나 등을 이용해 다시 끌어내면 여러 복합된 진동수 신호에서 특정한 진동수 신호만 골라낼 수 있다. 이것은 북이나 종같은 물체를 때리면 그 충격 중에서 북이나 종의 고유진동수에 해당하는 진동만 살아남아 계속 울리고, 나머지 다른 진동수 부분은 약해져 사라지는 것에 비유되는 현상이다.

우리는 도체 내부에는 정전기장이 존재할 수 없다는 사실을 알게 되었다. 그러나 시간에 따라 변하는 전기장이라면, 그 전기장은 도체 내부에 존재할 수 있다. 공명상자의 작동 원리는 근본적으로 LC 회로와 같다. 예컨대, 원통처럼 생긴 금속 통이 있다면 그 통은 위와 아랫부분 도체판으로 이루어진 축전기와 그 판들을 연결하면서 원통을 둘러싼 도체 부분으로 이루어진 것으로 볼 수 있다. 어느 순간 축전기 판면에 대전되었던 전하는 원통 벽면을 따라 흘러서 다음 순간에는 처음과 반대인 전하분포를 만든다. 이는 원통 벽면 부분이 인덕터의 역할을 한 것으로 해석할 수 있다. 중요한 점은 이때 전하분포나 전류의 흐름은 모두 도체 내부 벽면에만 존재한다는 점이다. 그렇게 되면 도체의 내부 전기장과 자기장은 서로가 서로를 만들어가면서 살아남는다. 이때 도체가 초전도체 같은 완전 도체라면 이 전자기장은 영원히 살아남지만, 그렇지 않으면 내부 벽면의 전류에 의한 줄 열이 손실되어 결국은 사라지게 된다.

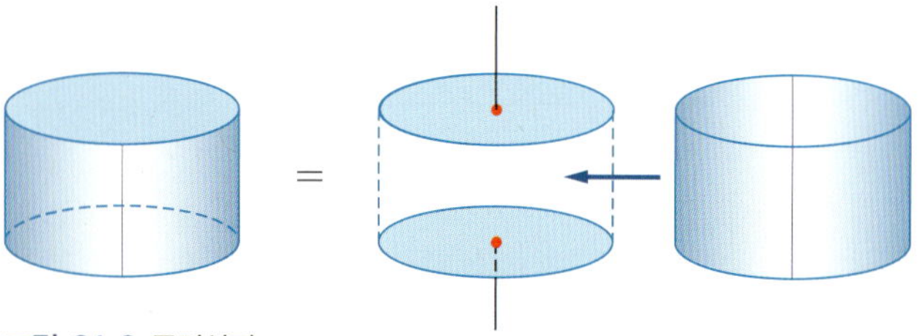

그림 21-8 공명상자

공명상자 내부에서 살아남을 수 있는 전자기파의 진동수는 그 상자의 기하 구조에 따라 결정되며, LC 회로와 달리 한 공명상자는 여러 개의 고유진동수를 가질 수 있다. 이는 공명상자가 나타내는 축전기와 인덕터 성분이 진동수에 따라 달라지기 때문이다. 공명상자는 역학적으로는 진동하는 줄이나 북 등의 공명 현상에 비유할 수 있다. 양 끝이 고정된 줄은 매우 많은 정상파를 가질 수 있으며, 각 정상파의 진동수는 그 줄의 고유진동수가 된다. 즉 용수철에 매달린 물체는 오직 하나의 고유진동수만 가질 수 있지만, 줄이나 북은 역학적으로 매우 많은 종류의 공명진동을 한다. 전기회로에서 LC 회로는 오직 하나의 고유진동수를 가지지만, 공명상자는 매우 많은 종류의 공명진동을 할 수 있다.

참고 수정시계

정확한 시간을 알려주는 시계를 만드는 조건은 어떤 것일까? 과거에 사용된 흔들이 시계추를 가진 흔들이 시계는 시간을 잘 맞추지 못했다. 설령 한때 잘 맞는다 하더라도 계절이 바뀌어 시계추 길이가 늘어나거나 줄어들면 시간이 잘 맞지 않게 되었다. 이는 기온에 따라 흔들이 추의 길이가 조금씩 변했기 때문이다. 흔들이 시계보다는 태엽을 감아 용수철의 힘으로 진동시키는 시계가 조금 더 정확한 시간을 알려준다. 그러나 그런 시계도 아주 만족스럽지는 않았다. 현대에 이르러서는 전자시계가 출현했는데, 그것은 건전지와 수정^quartz^ 진동자를 이용해 만든 시계다. 수정 진동자는 자신의 고유진동수를 갖고 있다. 그 진동수는 온도나 습도 등 주위 환경과 무관하게 거의 일정한 진동수를 유지해 매우 정확한 시간을 가리킬 수 있다.

전자시계에 쓰이는 수정 진동자의 원리는 **압전성**^piezoelectricity^이라는 성질을 이용한 것이다. 어떤 종류의 결정체는 역학적 힘을 받으면 전기적으로 편극되면서 전위차를 만들기도 한다. 또 거꾸로 전위차를 주면 결정체가 찌그러지기도 한다. 이러한 성질을 압전성이라 한다. 수정 진동자에 전압을 작용하면, 진동자는 그 전압진동수에 따라 진동할 것이다. 이때 교류전압과 진동자의 고유진동수가 같아지면, 공명 현상이 일어나며 LC 회로나 공명상자에서처럼 회로에는 그 진동수의 전류만 살아남게 된다. 전자시계는 그 일정한 진동수의 전류를 이용한 것이다.

수정 진동자의 진동수는 거의 일정하지만, 그래도 정확한 시계를 만들기에는 적합하지 않다. 매우 정확한 시계를 만들려면 언제 어디에서나 일정한 주기를 갖는 진동자가 필요하다. 인간이 만든 가장 정확한 시계는 세슘 원자에서 나오는 어떤 빛의 진동수를 이용한 것으로, 이를 **원자시계**^atomic clock^라 부른다. 원자시계를 이용하면 우리가 일정하다고 여겨왔던 시간이 얼마나 일정한지 알아볼 수 있다. 예컨대, 지구가 자전하는 데 걸리는 시간은 얼마나 정확히 유지될까? 원자시계로 측정한 지구 자전 주기는 계절에 따라 약간씩 차이가 나고, 또 해가 감에 따라 약간씩 느려진다. 그러나 그 변화는 너무도 미세해 인류가 살아가는 동안에는 하루가 24시간이라는 사실은 변하지 않을 것이다.

CHAPTER 21 연습문제

1 $L = 1\,\mathrm{H}$, $C = 100\,\mu\mathrm{F}$일 때, $\sqrt{LC}$값은 얼마인가?

2 $R = 10\,\Omega$, $\omega = 1{,}000\,\mathrm{rad/s}$ $L = 20\,\mathrm{mH}$, $C = 50\,\mu\mathrm{F}$인 RLC 회로에 유효전압이 $100\,\mathrm{V}$인 교류전원을 연결했다. 이 회로의 유효전류 세기는 얼마인가?

3 RLC 회로에 연결한 저항은 $510\,\Omega$, 인덕터의 인덕턴스는 $25\,\mathrm{mH}$, 축전기의 전기용량은 $240\,\mathrm{nF}$이다. 이 회로에는 기전력이 $17\,\mathrm{V}$이고 진동수가 $60\,\mathrm{Hz}$인 교류전원이 연결되어 있다. 용량리액턴스와 유도리액턴스 그리고 임피던스를 구하라.

4 다음 물음에 답하라.

(a) $35\,\mu\mathrm{F}$인 축전기가 진동수가 $400\,\mathrm{Hz}$이고 최대 전압이 $20\,\mathrm{V}$인 교류전원에 연결되었다. 이 회로의 최대 전류는 얼마인가?

(b) $45\,\mathrm{mH}$인 인덕터가 진동수가 $400\,\mathrm{Hz}$이고 최대 전압이 $20\,\mathrm{V}$인 교류전원에 연결되었다. 이 회로의 최대 전류는 얼마인가?

5 RLC 회로가 전압 진폭이 $V_0 = 100\,\mathrm{V}$인 전원에 연결되어 있다. 축전기와 인덕터 부분의 전압 진폭인 V_C와 V_L이 같은 크기라면, 저항 부분의 전압 진폭 V_R의 크기는 얼마인가?

6 발전기에서 생산되는 유효전압이 $10\,\mathrm{V}$이고, 각진동수는 $200\,\mathrm{rad/s}$다. 이 전원이 $50\,\Omega$의 저항, $400\,\mathrm{mH}$인 인덕터, $200\,\mu\mathrm{F}$인 축전기에 직렬로 연결된 경우, 축전기와 인덕터 부분 유효전압은 각각 얼마인가?

***7** $\varepsilon(t) = V_0 \sin\omega t$인 전원에 인덕턴스가 L인 인덕터와 전기용량이 C인 축전기가 병렬로 연결되어 있다.

(a) 각 부분에 흐르는 전류는 $i_1 = -\dfrac{V_0}{X_L}\cos\omega t$, $i_2 = \dfrac{V_0}{X_C}\cos\omega t$임을 보여라.

(b) 전원을 통과하는 전류를 $i = \dfrac{V_0}{Z}\sin(\omega t - \phi)$로 나타낼 때 $i = i_1 + i_2$로부터 Z, ϕ는 각각 얼마인가?

8 인덕턴스가 $5.0\,\mathrm{mH}$인 인덕터에 $I = I_m \sin(\omega t)$로 주어지는 전류가 흐른다. $I_m = 0.2\,\mathrm{A}$이고, 교류전류의 진동수가 $50\,\mathrm{Hz}$일 때, 시각 $t = 10\,\mathrm{ms}$에서 유도기전력의 크기는 몇 V인가?

9 다음 그림과 같은 RLC 회로가 있다. 여기서 $R=5\Omega$, $L=1\mathrm{H}$, $C=100\mu\mathrm{F}$이다. 이 회로에 각진동수가 ω이고, 유효전압이 $V_{rms}=10\mathrm{V}$인 교류전원이 연결되어 있다.

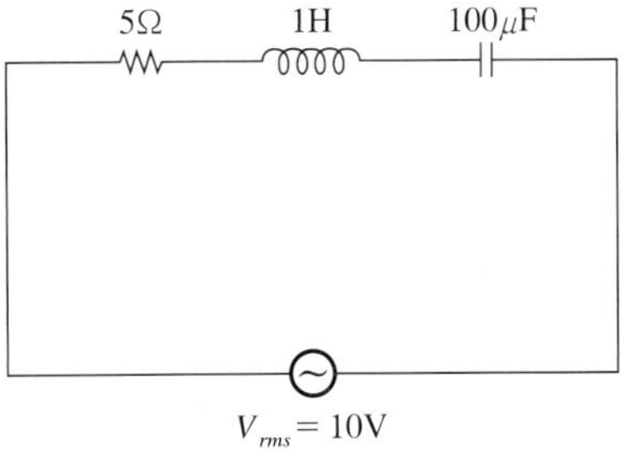

(a) 저항을 통해 방출되는 평균 전력이 최대가 되려면 각진동수 ω는 얼마가 되어야 하는가?

(b) 저항을 통해 방출되는 평균 전력은 얼마인가?

***10** 교류회로

다음 그림과 같은 LC 회로에서 인덕터의 인덕턴스는 $L=5.0\mathrm{mH}$이고, 축전기의 전기용량은 $C=2.0\mu\mathrm{F}$이다. 스위치 S를 기전력이 $\varepsilon=3.0\mathrm{V}$인 외부 전원에 연결해 축전기에 전하를 충전하고 있다.

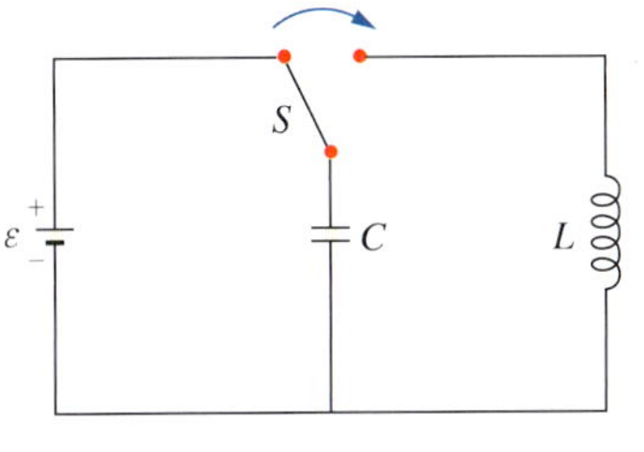

(a) 충전이 완료된 후 축전기에 저장된 에너지는 얼마인가?

(b) 충전이 완료된 후 스위치 S를 인덕터에 연결했다. 인덕터에 흐르는 전류의 최댓값은 얼마인가?

(c) LC 회로의 공명진동수는 얼마인가?

11 $R=2\Omega$, $X_C=1\Omega$, $X_L=4\Omega$인 RLC 회로를 어떤 교류전원에 연결했더니 유효전류가 $2\mathrm{A}$이다.

(a) 회로의 임피던스는 몇 Ω인가?

(b) 교류전원에서 회로에 공급되는 전력은 몇 W인가?

12 110 V의 전원에 세 개의 전구 a, b, c가 병렬로 연결되어 있다. 전구 a, b는 150 W 전구이고 전구 c는 100 W 전구이다. 각 전구의 저항 크기와 전원에 흐르는 전류 세기는 얼마인가?

13 120 Hz의 전원에 연결하면 30.0 Ω의 리액턴스를 가지는 축전기가 있다. 이 축전기를 10,000 Hz의 전원에 연결하면 리액턴스는 얼마가 되는가?

14 전압 진폭이 140 V이고, 각진동수가 120π rad/s인 전원이 있다.

(a) 용량이 $C = 6.00\,\mu F$인 축전기만 연결한 경우, 회로에 흐르는 i_{rms}는 얼마인가?

(b) 인덕턴스가 $L = 0.100\,H$ 크기인 인덕터만 연결한 경우, 회로에 흐르는 i_{rms}는 얼마인가?

15 $V_s = 30\,V$이고 진동수가 $f = 60.0\,Hz$인 전원이 있다. 이 전원에 50 Ω 크기의 저항과 40.0 μF 용량의 축전기를 직렬로 연결했다.

(a) i_{rms}는 얼마인가?

(b) 저항과 축전기 부분에서의 전위차는 각각 얼마인가?

16 $V_s = 100\,V$이고 진동수가 $f = 60.0\,Hz$인 전원이 있다. 이 전원에 20.0 Ω 크기의 저항과 20.0 mH 크기의 인덕터를 직렬로 연결했다.

(a) i_{rms}는 얼마인가?

(b) 저항과 인덕터 부분에서의 유효전압은 각각 얼마인가?

17 진동수가 $f = 60.0\,Hz$인 전원에, 50.0 Ω 크기의 저항과 0.100 H 크기의 인덕터, 그리고 10.0 μF 크기의 축전기를 직렬로 연결한 경우, 회로에 흐르는 전류 i_{rms}는 2.75 A이다.

(a) 저항과 인덕터, 그리고 축전기 부분에서의 V_{rms}는 각각 얼마인가?

(b) 전체 회로의 V_{rms}는 얼마인가?

***18** 인체 전류

진동수가 $f = 60.0\,Hz$인 전원에 연결된 변압기의 입력 전압이 110 V이고 출력 전압이 5,000 V이다. 변압기의 출력 전압 회로 근처에 있는 어떤 사람의 손가락과 회로 사이의 전기용량이 20.0 pF이라 할 때, 사람의 저항이 50.0 kΩ이라면 사람의 몸 부분에서의 V_{rms}는 얼마인가?

19 전압이 $V_{rms} = 100\,\text{V}$이고 진동수가 $f = 60.0\,\text{Hz}$인 전원이 있다.

(a) $R = 50.0\,\Omega$인 저항과 $C = 30.0\,\mu\text{F}$인 축전기를 직렬로 연결한 경우, 전력인자와 회로에서 소모되는 평균 전력은 각각 얼마인가?

(b) $R = 50.0\,\Omega$인 저항과 $L = 0.300\,\text{H}$인 인덕터를 직렬로 연결한 경우, 회로에서 소모되는 평균 전력은 얼마인가?

20 어떤 발전기가 $i_{rms} = 50\,\text{A}$, $V_{rms} = 3{,}600\,\text{V}$의 전기를 발전하고 있다. 이상적인 변압기를 이용해 이 전기 전압을 10만V로 변환시켜 총 저항이 $R = 100\,\Omega$인 송전선을 통해 송전하려고 한다. 이때 손실되는 전력은 발전되는 전력의 몇 %인가?

21 $I = I_0 \cos\omega t$ 형태의 전류가 흐르는 RL 회로가 있다. $I_0 = 1.80\,\text{A}$, $\omega = 377\,\text{rad/s}$ 이고, $L = 3.85\,\text{mH}$, $R = 1.35\,\text{k}\Omega$인 경우, 평균 전력 소모율은 얼마인가?

22 지구 대기권 밖의 공간에서 측정된 태양의 빛 에너지 세기가 $1{,}340\,\text{W/m}^2$라 한다. 지구에서 태양까지의 거리가 $1.49 \times 10^{11}\,\text{m}$일 때, 태양이 1초에 방출하는 빛의 총 에너지는 얼마인가?

23 어떤 LC 회로에서 축전기 전하량의 최대 크기가 $q_0 = 1.0\,\mu\text{C}$이고, 총 에너지는 $E = 140\,\mu\text{J}$임이 알려져 있다. 그 축전기 용량은 얼마인가?

24 인덕터와 축전기의 크기가 각각 $L = 1.0\,\text{mH}$, $C = 4.0\,\mu\text{F}$인 LC 회로에서 축전기 전하량의 최대 크기는 $q_0 = 3.0\,\mu\text{C}$이다. 이 회로에서 전류의 최대 세기 i_0는 얼마인가?

25 저항이 $750\,\Omega$이고, 전기용량이 $1.0\,\mu\text{F}$인 축전기가 직렬로 연결된 RC 회로에 교류전원이 연결되었다. 전원과 저항 그리고 축전기의 유효전압 V_{rms}을 측정한 결과 각각 4.0V, 3.0V, 2.7V의 값을 얻었다.

(a) 이 회로의 임피던스는 얼마인가?

(b) 이 전원의 진동수는 얼마인가?

26 진동수와 V_{rms}가 각각 60.0 Hz, 120 V인 전원에 연결된 RL 회로가 있다. 저항과 인덕터의 크기는 각각 $R = 965\,\Omega$, $L = 225\,\mathrm{mH}$이다.

(a) 이 회로에 흐르는 전류 세기 i_{rms}는 얼마인가?

(b) 평균 소모전력의 크기는 얼마인가?

(c) 저항과 인덕터 부분의 V_{rms} 크기는 각각 얼마인가?

***27** 전등

$V_{rms} = 120\,\mathrm{V}$에서 사용되도록 만들어진 75 W용 전등이 있다. 이 전등은 저항 성분은 가지고 있지만, 인덕터 성분은 없다.

(a) 저항 크기 R은 얼마인가?

(b) 전등을 $f = 60\,\mathrm{Hz}$, $V_{rms} = 240\,\mathrm{V}$인 전원에서 75 W용으로 사용하려면 어떤 크기의 인덕턴스를 가진 인덕터를 연결해야 하는가?

****28** 위상 변환기 phase shifter

RL 회로는 위상 변환기로 사용될 수 있다. 전압이 $V = V_0 \sin(2\pi f t + \phi)$ 형태로 공급되는 전원에 인덕턴스가 $L = 55\,\mathrm{mH}$인 RL 회로가 연결되어 있을 때, 저항 부분의 양단전압을 새로운 전원으로 사용하려 한다. $V_0 = 24\,\mathrm{V}$, $f = 175\,\mathrm{Hz}$인 경우, 저항 부분 전압은 V_R로 나타낸다.

(a) V_R이 공급 전압보다 25° 늦은 위상을 가지기 위한 저항 R의 크기는 얼마인가?

(b) V_R의 진폭을 $V_R{}^0$로 나타낼 때 $V_R{}^0 / V_0$ 크기는 얼마인가?

****29** 병렬 회로

다음 그림과 같이, $V = V_0 \sin\omega t$ 형태의 전원에 저항과 인덕터, 축전기가 모두 병렬 연결된 회로가 있다.

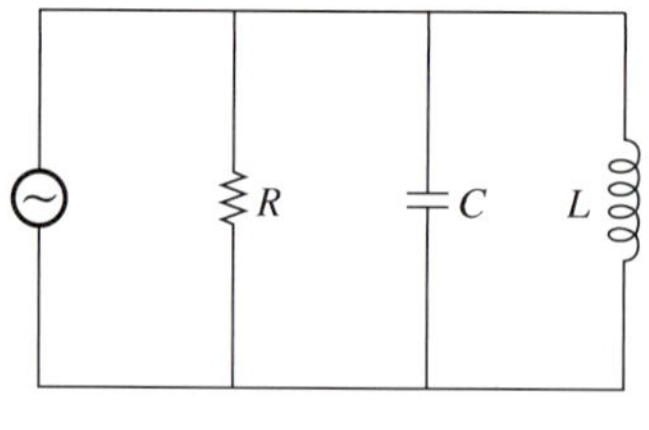

(a) 저항과 인덕터와 축전기 부분에 흐르는 전류 i_R, i_L, i_C는 각각 얼마인가?

(b) 전원에 흐르는 전류 진폭(세기) i_0는 얼마인가?

(c) 회로의 임피던스 Z는 얼마인가?

**30 필터 회로

다음 그림과 같은 필터 회로가 있다. $X_L > X_C$인 경우 불필요한 교류전압 성분을 최대한 걸러내고, 직류전압만 통과시키는 역할을 한다. V_1은 직류전압, $V_2 = V_0 \sin\omega t$이고 입력 전압은 $V_i = V_1 + V_2$이다.

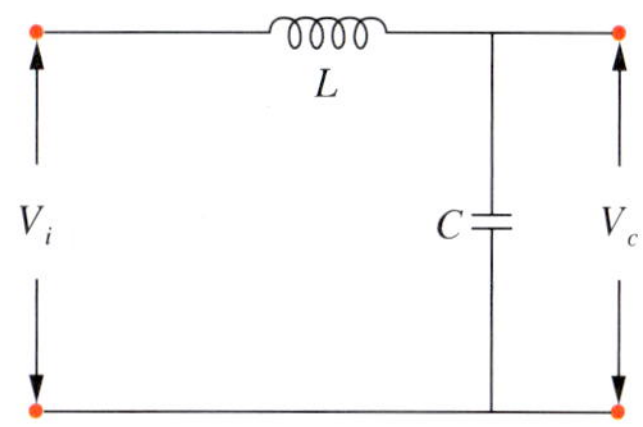

(a) 축전기에 흐르는 전류 표현을 구하라.

(b) 어느 순간 축전기 전하량이 q라면, 축전기 전압의 교류성분은 $q/C - V_1$으로 나타낼 수 있다. 그 표현을 구하라.

(c) $X_L \gg X_C$ 조건, 즉 $\omega^2 LC \gg 1$ 조건에서 축전기 전압 교류성분/V_0의 진폭을 구하라.

[HINT] 그 경우 축전기 전압의 교류 성분은 매우 작아진다.

31

라디오에서 방송국 전파를 수신할 때의 인덕터와 축전기의 크기가 각각 0.200 mH, 30.0 pF이다. 방송국의 출력진동수(주파수) f는 얼마인가?

*32 수신기

다음 그림은 인덕터 L와 축전기 C_1으로 이루어진 공명회로다. 회로의 축전기 양단에 다른 가변 축전기 C_2를 연결해(즉 병렬 연결된 두 축전기 구조임) 500 ~ 1,600 kHz 범위의 중파 방송을 수신하고자 한다. $L = 100\,\mu\text{F}$이고, $C_1 = 80.0\,\text{pF}$인 경우, C_2의 용량은 어떤 범위의 크기를 가져야 하는가?

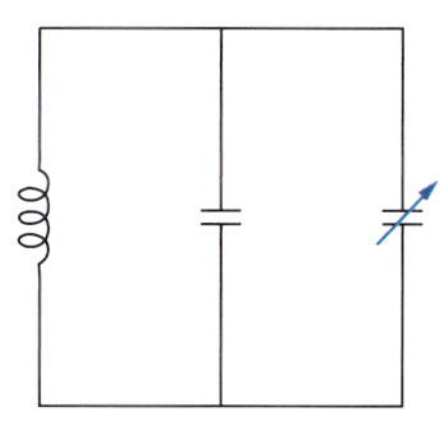

33

공명 상태에 있는 LC 회로가 있다. 공명진동수가 f_0일 때, 회로에 흐르는 전류 진폭(세기) I_m과 축전기에 저장되는 최대 전하량 Q_m 사이에는 $I_m = 2\pi f_0 Q_m$ 관계가 있음을 보여라.

34 교류회로의 Q값은 $\dfrac{\text{공명 상태에서의 인덕터 전위차(또는 축전기 전위차)}}{\text{저항 전위차}}$로도 정의할 수 있다. 회로의 공명진동수가 f_0일 때, $Q=\dfrac{2\pi f_0 L}{R}$로 나타낼 수 있음을 보여라.

***35** 거리 측정

LC 회로는 매우 짧은 거리를 측정하는 데 사용될 수 있다.

(a) 판면적이 A인 평행판 축전기와 인덕턴스가 L인 인덕터를 연결한 회로 전류가 공명진동수 f로 진동한다면, 판면 간격 x는 $x=4\pi^2\varepsilon_0 f^2 AL$로 나타낼 수 있음을 보여라.

(b) 간격이 Δx로 변할 때 공명진동수가 Δf로 변한다면 $\dfrac{\Delta x}{x}\approx 2\dfrac{\Delta f}{f}$ 관계가 성립함을 보여라.

***36** 어떤 RLC 회로에 공급되는 전원의 전압 진폭이 V_0이고, 그 전원진동수가 공명진동수 $f_0=\dfrac{1}{2\pi\sqrt{LC}}$와 같다. 이 경우, 축전기 부분(또한 인덕터 부분도 마찬가지이다)의 최고 전압은 $V_C=\dfrac{V_0}{R\sqrt{C/L}}$이 됨을 보여라.

37 전원에 연결된 어떤 RLC 직렬회로에서, 전원의 진동수가 f_0인 경우 인덕터 부분 최대 전압이 축전기 부분 최대 전압의 여섯 배가 되었다. f_0를 공명진동수 f_R로 나타내라.

***38** RLC 직렬회로

어떤 RLC 직렬회로에 그 회로의 공명진동수와 똑같은 진동수의 전원이 연결되었다. 전원의 유효전압은 $V_{rms}=V_0$이다.

(a) $L=5.0\,\mathrm{mH}$, $C=0.10\,\mu\mathrm{F}$, $R=45\,\Omega$인 경우, 공명진동수와 저항 R 부분의 전압 진폭 V_R은 각각 얼마인가?

(b) 인덕턴스의 크기가 10% 줄어든 경우, V_R은 V_0의 몇 배가 되는가?

*39 전력인자

어떤 발전기에 연결된 전자기기는 저항과 인덕턴스, 축전기 성분을 모두 가질 수도 있지만 어떤 구조로 되어 있는지는 알려져 있지 않다. 이 경우, 측정된 전압과 전류는 각각 다음과 같다.

$$\varepsilon(t) = (75\,\mathrm{V})\sin\omega t, \quad i(t) = (1.2A)\sin(\omega t + 42°)$$

(a) 전력인자의 크기는 얼마인가?

(b) 전자기기에서는 인덕터와 축전기 중 어느 부분이 더 주도적인 역할을 하는가?

(c) 이 상태는 공명상태인가?

(d) 전자기기에 공급되는 전력은 얼마인가?

40

다음 그림과 같은 변압기 회로에서, 변압기와 2차 코일을 연결하지 않고, 전원에 $R' = R\left(\frac{N_1}{N_2}\right)^2$ 크기의 저항을 연결해도 전원을 통해 흐르는 전류는 변함이 없음을 보여라.

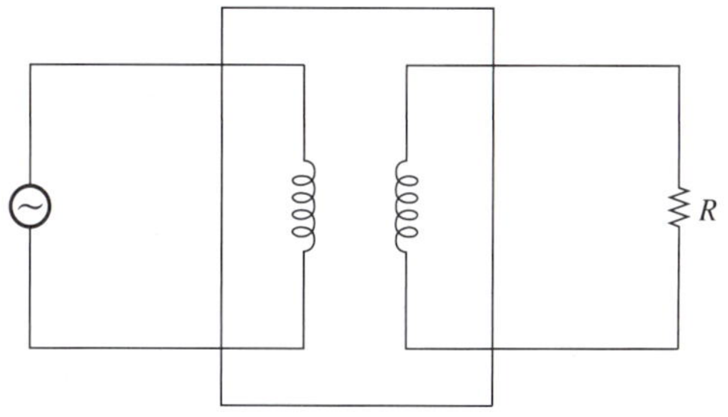

41

발전기의 내부 저항이 r로 알려져 있을 때, 그 발전기에 저항이 R인 전자기기가 연결되어 있다면, 저항 R에서 소모되는 전력이 최대가 되게 하기 위한 조건은 $R = r$임을 보여라.

지식보다는 상상력이 더 중요하다.
_ 알버트 아인슈타인

PART 7

광학

Optics

전기와 자기에 관해 다루면서 우리는 역학적 파동과는 다른 형태의 파동 현상이 생길 수 있다는 것을 알게 되었다. 그런 현상을 전자기 파동이라고 부르는데, 이후 그것의 정체는 빛이라고 알려졌다. 그와 같은 발견은 인간의 위대한 지적 승리 중 하나라고 할 수 있다. 빛은 자연세계 속에서 가장 신비로운 현상 중 하나로, 우리 생활에서 없어서는 안 되는 중요한 존재다. 7부에서는 파동성을 띠는 빛의 본성을 바탕으로, 빛이 갖고 있는 여러 가지 특성을 살펴볼 것이다.

CHAPTER

22 기하광학

Geometrical Optics

22.1 빛의 전파와 산란

전자기 파동[electromagnetic wave]은 전기와 자기가 서로에게 영향을 주며 전파하는 파동으로, **전자기파** 또는 **전파**라고도 부른다. 처음 전자기파를 발견할 당시, 그 빠르기는 진공 상태에서 약 30만 km/s였다. 인간은 빛의 빠르기인 광속 역시 그와 비슷한 정도라는 사실을 근거로 빛과 전자기파가 서로 밀접한 관계가 있을 것으로 추정했고, 결국 빛 현상이 전자기 파동 현상이라는 사실을 밝혀냈다. 그 발견은 인간의 과학 역사에서 위대한 사건이었고, 그로부터 우리는 베일에 싸인 물질세계의 비밀을 하나씩 벗겨나가기 시작했다. 지구 위의 모든 생명체에는 에너지가 있어야 하는데, 그 에너지의 근원은 태양에서 오는 빛 에너지다. 진공 상태에서의 광속은 어떤 관측자가 측정하든지 항상 일정하고, 문자 c로 표시한다. 이런 특성은 특수상대성이론을 전개하는 데 필요한 가정 중 하나가 된다.

빛의 전파

빛과 소리는 우리에게 매우 중요한 현상이다. 두 현상 모두 파동이라는 공통점이 있지만, 또한 중요한 차이도 있다. 예를 들어 빛은 전자기 파동으로서 전기자기적 진동 현상이지만, 소리는 역학적 파동으로서 공기 분자의 진동 현상이다. 또한 소리는 역학적 파동이므로 그 파동을 전파하는 데 매질이 필요하지만, 빛은 전기장과 자기장이 서로 변화하면서 스스로 전파하는 파동이므로 매질이 필요 없다. 빛은 매질이 없어도 전파될 수 있지만, 물질 속에서도 전파된다. 예를 들어 가시광선은 물이나 유리 속에서도 잘 전파된다. 그러나 물질 속에서 진행하는 빛은 진공 상태에서보다 더 느리게 전파된다. 예를 들어 물속에서의 광속은 약 $\frac{3}{4}c$, 유리 속에서 광속은 약 $\frac{2}{3}c$다. 진공 상태에서의 빛은 직진하며, 물질의 성분이나 밀도 같은 특성이 변하지 않으면 물질 속에서도 직진한다. 이렇게 입자처럼 전파되는 빛의 특성 때문에 진행하는 빛을 **광선** 또는 **빛살**[ray]이라고 부른다.

빛은 워낙 빠르기 때문에 광속이 유한하다는 사실을 깨닫기가 어렵다. 광속이 유한하다는 생각을 누가 처음으로 했는지는 알 수 없으나, 실제로 광속을 측정하려고 시도한 사람은 갈릴레오였다.[1] 그러나 갈릴레오뿐만 아니라 그 이후 시대의 뉴턴이나 호이겐스 등 어느 누구도 빛의 속도를 측정하는 데 성공하지는 못했다. 광속을 대략적으로나마 처음 측정한 사람은 덴마크의 뢰머였다. 그는 목성을 도는 달의 월식 간격이 반년마다 변하는 것을 발견하고, 그 차이가 지구로부터 목성까지의 거리가 변하기 때문에 생긴다는 것을 깨달았다.

1849년 피조[Fizeau]는 빨리 회전하는 톱니바퀴를 이용한 장치를 이용해 광속을 정확히 측정했다. 그는 이 방법으로 물속에서의 빛의 빠르기가 공기 중에서보다 더 느리다는 사실까지 알아냈다. 그 후 미국의 마이컬슨은 피조의 톱니바퀴 실험 장치를 변형해 만든, 회전하는 8각형 회전 거울을 이용한 빛의 간섭 장치로 광속을 좀 더 정확히 측정하는 데 성공했다.

그림 22-1 올레 뢰머, 1644~1710

그림 22-2 앨버트 마이컬슨, 1852~1931

빛의 산란

빛의 정체는 변화하는 전자기장이다. 또 모든 물질은 전기를 띤 입자들로 이루어져 있다. 따라서 빛이 물질을 만나면, 변화하는 전자기장은 물질 속의 전하들을 뒤흔들어 놓는다. 빛의 전자기장에 의해 주로 영향을 받는 전하는 전자들인데, 그 전자들은 매우 가벼워서 빛의 전기장에 의해서도 쉽게 움직인다. 이때 움직이는 전자에는 빛의 자기장에 의한 자기력도 작용하지만, 원자 속의 전자 속도가 그리 빠르지 않으므로, 그 자기력 세기는 전기력 세기보다 무시될 정도로 작다는 것을 보일 수 있다.

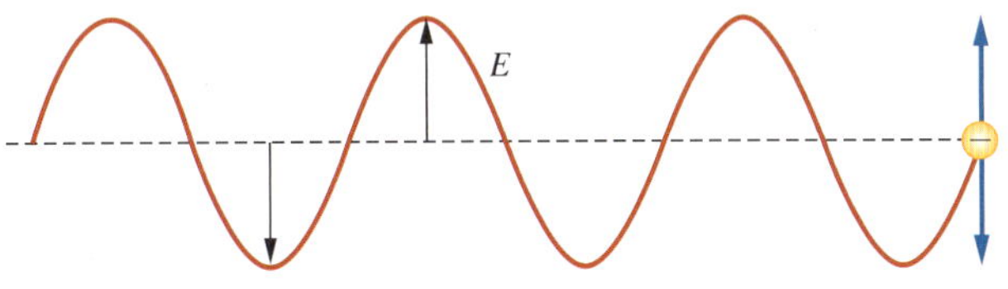

그림 22-3 빛에 의한 전자의 진동

1 갈릴레오도 처음에는 빛이 무한히 빠르게 전파된다고 생각했지만, 후에 잘못된 생각이었음을 깨달았다고 한다.

빛이 산란된다는 말은 빛이 여러 방향으로 흩어지는 현상을 말한다. 물체는 빛을 산란시키는데, 우리는 그 산란된 빛을 봄으로써 물체를 볼 수 있다. 즉 태양이나 전등과 같이 스스로 빛을 내는 경우가 아니면, 모든 물체는 물체에 의해 산란된 빛을 통해서만 우리 눈에 인식된다.

전자기파는 파장이 짧은 빛일수록 그 빛이 더 잘 산란된다는 특징이 있다. 예컨대, 공기 중의 분자들에 의해 푸른빛이 붉은빛보다 더 많이 산란되는데, 그 이유는 붉은빛의 파장이 푸른빛보다 길기 때문이다. 이것이 바로 하늘이 푸르게 보이는 이유다. 즉 하늘을 가로질러 지나가는 빛 중에서 더 많이 산란된 푸른빛이 지표면에 있는 우리 눈에 들어오기 때문이다. 한편, 해가 뜰 때나 석양이 질 때는 빛이 먼 거리의 대기를 지나오면서 푸른빛을 많이 잃기 때문에 붉은빛만 남는다.

물질 속에서 전파하는 빛의 세기는 진행하면서 점점 약해지는데, 물질 분자에 의해 산란되거나 분자에 의해 흡수되기 때문이다. 한편, 빛이 흡수되는 정도는 진동수에 따라 매우 급격하게 변한다. 예를 들어 태양으로부터 오는 가시광선을 제외한 대부분의 빛을 대기 중의 수증기가 흡수하므로 지표면에는 주로 가시광선만 도달한다. 그 때문에 공기나 수분이 희박한 고산 지역, 건조한 계절인 봄이나 가을에는 자외선 양이 많아진다.

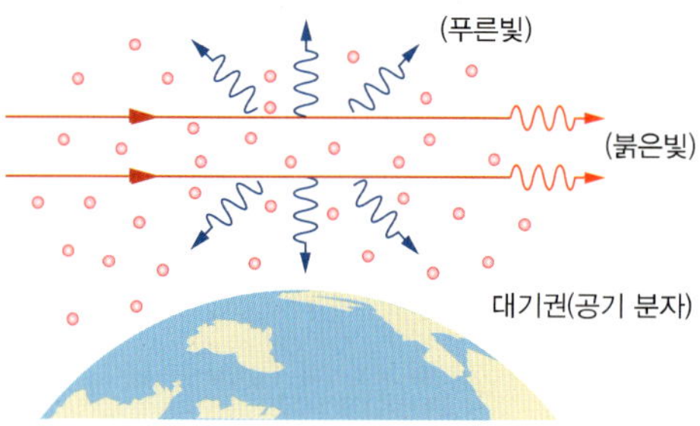

그림 22-4 대기에 의한 빛의 산란

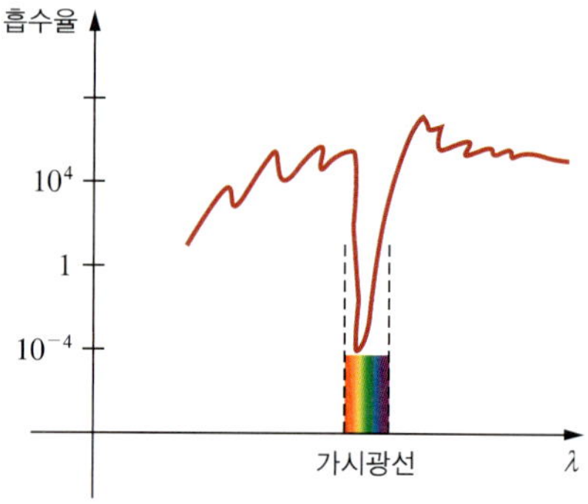

그림 22-5 물 분자에 의한 전자기파 흡수곡선

≫ 참고 빛의 침투 깊이

빛은 물질 속에서도 전파될 수 있지만, 금속 같은 도체 물질 속에서는 전파되지 못한다. 예컨대, 금속 표면에 입사한 빛은 거의 무시될 만큼의 두께 이상으로 금속 내부로 침투하지는 못한다. 빛이 침투할 수 있는 금속의 두께를 **침투 깊이**skin depth라 부르며, 침투 깊이는 빛의 진동수나 금속의 전도도에 따라 달라진다. 예컨대, 구리의 경우, 파장이 수 cm인 초단파가 약 0.001 cm밖에 침투하지 못한다.

빛은 금속 내부로 전파되지 못하지만, 그래도 침투 깊이까지는 전파될 수 있다. 즉 빛의 일부분은 침투 깊이보다 얇은 금속박막 같은 것을 통과할 수 있다. 예컨대, 밝은 빛을 내는 용접광을 다루는 사람들이 쓰는 보안경goggle에는 금속박막이 입혀져 있어서 빛의 일부를 통과시킬 수 있다. 흥미로운 사실은, X선이나 감마선과 같이 진동수가 매우 큰 빛은 도체를 포함한 모든 물질 속에서도 전파된다는 점이다. 인체 내부의 상태를 알기 위해 또는 강철 내부의 균열 유무를 알기 위해 X선 투시 검사를 하는 경우가 바로 이런 사실을 이용한 예다.

22.2 빛의 반사와 굴절

공기 분자나 보통 물체를 이루는 분자들에 의해 산란된 빛은 진행 방향이 제멋대로다. 그러나 균일한 밀도로 분포된 물질 표면이나 표면에 규칙적으로 배열된 분자들에 의해 산란된 빛은 결과적으로 입사된 빛, 즉 입사광의 방향과 일정한 관계를 갖는 방향으로 산란된다. 그런 현상을 **반사**[reflection] 현상이라 부른다. 즉 물체에 의해 빛이 반사되는 과정도 물질을 이루는 분자들에 의한 산란 효과라고 볼 수 있다.

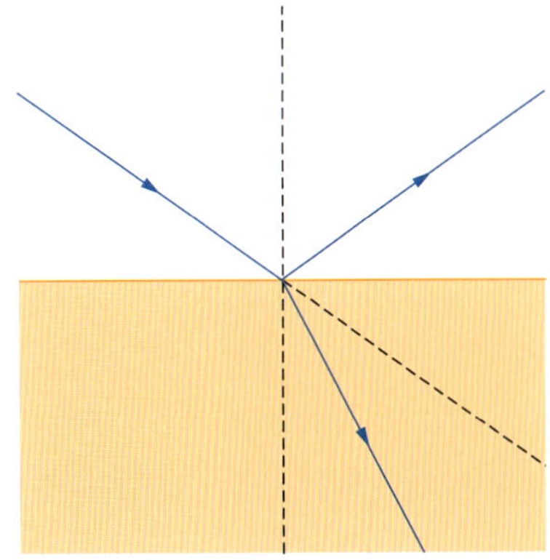

그림 22-6 반사와 굴절

진행하던 광선이 물질을 만나면 광선의 일부는 그 물질 경계면에서 반사되지만, 나머지 일부는 물질 내부로 계속하여 진행한다. 이때 물질 속으로 진행하는 광선은 입사광과 다른 방향으로 진행하게 되는데, 이를 **굴절**[refraction] 현상이라 부른다. 이때 반사되거나 굴절되는 빛의 경로는 모두 입사하는 빛과 한 평면을 이루는데, 그 평면을 **입사면**[incident plane]이라 부른다.

빛의 반사

거울은 유리판에 은이나 알루미늄과 같이 전도성이 좋은 금속을 입혀서 만드는데, 금속의 전기 전도율이 높을수록 거울은 빛을 더 잘 반사한다. 이제 평면거울에서 반사되는 빛의 경로에 관해 다뤄보자.

거울과 같은 경계면에서 빛이 반사될 때는 그 빛의 입사각과 반사각이 같다. 즉 빛이 마치 탁구공이 거울에 부딪친 후, 튀어나가는 것처럼 보인다. 그러나 실제로는 입사한 빛이 거울 속의 자유전자를 흔들고 그 과정에서 다시 새롭게 나온 빛이 나오므로, 입사한 빛 자체가 그대로 반사되는 것은 아니다. 한편, 광선은 진공 상태 혹은 밀도가 균일한 물질 속에서 직진하는데, 이는 빛이 두 점 사이를 이동할 때 최단 거리를 선택한다는 사실을 보여준다. 또한 거울로 반사되는 경로에서도 입사각과 반사각이 같은 경로가 역시 두 점 사이를 잇는 최단 경로임을 나타낸다.

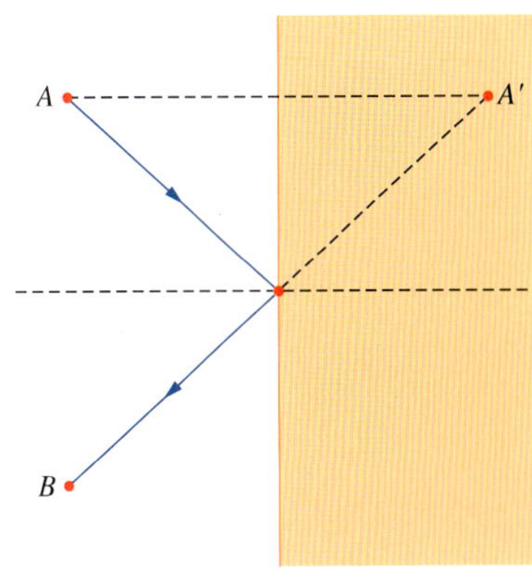

그림 22-7 평면거울에 의한 반사

거울에 반사된 빛이 마치 거울에 부딪혀 튀어나오는 탁구공처럼 진행한다는 사실은, 빛이 직진한다는 사실과 함께 빛이 입자성을 갖는다는 사실을 뜻한다. 그러나 어떤 경우에는 빛을 파동으로 봐야 더 적절하게 설명할 수 있을 때도 있다. 즉 빛을 설명하는 모형으로는 입자 모형과 파동 모형이 있으며, 빛을 광선으로 취급한다는 것의 뜻은 빛을 입자 모형으로 설명한다는 것을 의미한다.

물음 22-1 거울로 반사되는 경로에서도 입사각과 반사각이 같은 경우가 최단 거리 경로임을 보여라.

빛의 굴절

앞서 말한 것처럼, 빛은 진공 속보다 물질 속에서 더 느리게 진행한다. 예컨대, 빛이 공기 중에서 물속으로 진행하면 그 빠르기가 느려지는데, 그런 빠르기 변화 때문에 빛의 진행 방향이 바뀌는 **굴절** 현상이 생긴다. 이제 빛의 굴절 현상에 관해 좀 더 자세히 다뤄보자.

진공 중이나 물질 속에서 진행하던 빛은 다른 물질을 만나면 일부는 그 경계면에서 반사되고, 일부는 굴절해 계속 진행한다. 이때 다른 물질 속으로 들어가며 굴절되는 정도는 물질 속에서 빛이 얼마나 빠르게 진행하느냐에 따라 달라진다. 그러므로 굴절 현상은 물질 속에서의 빛의 빠르기로 결정되는 **굴절률**이라는 양으로 설명하면 편리하다. 굴절률은 n으로 나타내며 물질 속에서 빛의 빠르기가 v일 때, 그 물질에서의 굴절률은 다음과 같이 정의한다.

표 22-1 몇 가지 물질의 굴절률

물질	굴절률
공기(표준 상태)	1.00029
물(20℃)	1.33
에틸알콜	1.36
설탕물(30%)	1.38
보통유리	1.52
특수유리	1.65 ~ 1.89
다이아몬드	2.42

$$n = \frac{c}{v} \tag{22.1}$$

예를 들어 물의 굴절률은 약 1.33이고, 유리의 굴절률은 약 1.5다.

물음 22-2 어떤 물질 속에서 빛의 진동수가 3.0×10^{14} Hz, 파장이 600 nm다. 이 물질의 굴절률은 얼마인가?

굴절률이 n_1인 물질 속에서 굴절률이 n_2인 물질로 진행하는 빛이 꺾이는 정도는 다음과 같은 관계로 나타낼 수 있다. 즉 경계면에 수직인 수직선에 각 θ_1으로 입사한 광선이 수직선에 각 θ_2로 굴절해 진행한다면, 그 각 사이에는 다음과 같은 관계가 존재한다.

$$n_1 \sin\theta_1 = n_2 \sin\theta_2 \tag{22.2}$$

이 관계식을 **스넬의 법칙** Snell's law이라 부른다.

빛이 스넬의 법칙에 따라 굴절하는 이유는 빛이 **평면파** plane wave 형태로 전파된다고 생각하면 쉽게 설명할 수 있다. 평면파란 파동의 진행 방향에 수직인 어떤 평면에서도 그 파동의 위상이 똑같은 파동을 말한다. 예컨대, 바다에서 직선 형태의 해안으로 밀려오는 파도는 평면파처럼 밀려온다고 말할 수 있다. 일반적으로 빛은 평면파로 취급해도 좋다. 예컨대, 한 줄기 광선을 볼 때 우리는 그 광선을 평면파처럼 진행한다고 취급할 수 있다.[2]

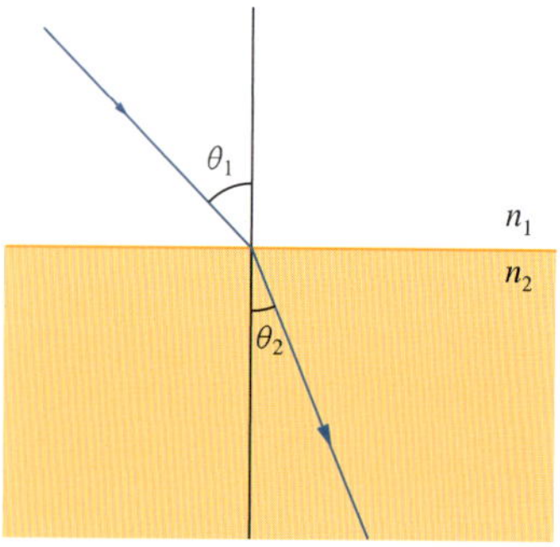

그림 22-8 빛의 굴절 경로

2 빛을 평면파로 취급하려면 엄밀히 말해 그 빛이 하나의 진동수로 진동하는 전자기파여야 한다. 그러나 현실적으로 그런 빛은 존재하지 않는다.

광선을 평면파로 취급할 수 있는 이유는 다음과 같이 설명할 수 있다. 즉 빛은 일반적으로 한 광원에서 출발한다. 예컨대, 빛은 진동하는 전류회로나 진동운동을 하는 분자에서 만들어질 수 있다. 이때 광원에서 나온 그 빛의 경계면은 광원을 중심으로 하는 공 표면 형태로 퍼져나간다고 볼 수 있는데, 그런 파동을 **구면파**spherical wave라고 부른다. 그러나 광원에서부터 매우 멀어진 구면파에서 아주 좁은 한 부분만 보면 마치 평면파처럼 보인다. 즉 모든 구면파는 결국 수많은 평면파로 이루어져 있다고 볼 수 있다.

이제 평면에서 어깨동무하듯이 동일한 위상으로 진행하던 평면파 파동이 다른 물질을 만나 그 빠르기가 느려진다고 하자. 이때 파동들이 다른 물질 속에서도 계속 평면파처럼 진행하려면, 즉 어깨동무하듯이 보조를 맞추려면 다른 물질에 일찍 도달한 파동이 진행 방향을 바꾸면 된다. 이때 다른 물질에서 파동의 빠르기가 느릴수록 파동의 진행 방향은 더 많이 꺾여야 한다. 즉 굴절률이 높을수록 더 많이 꺾인다는 뜻이다.

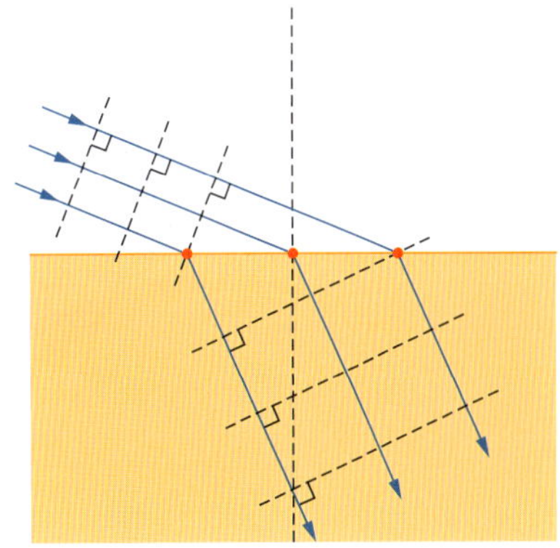

그림 22-9 평면파의 굴절

예제 22-1 스넬의 법칙 유도

진행하는 평면파를 오른쪽 그림과 같이, 두 줄기 광선으로 나타내 스넬의 법칙을 유도하라.

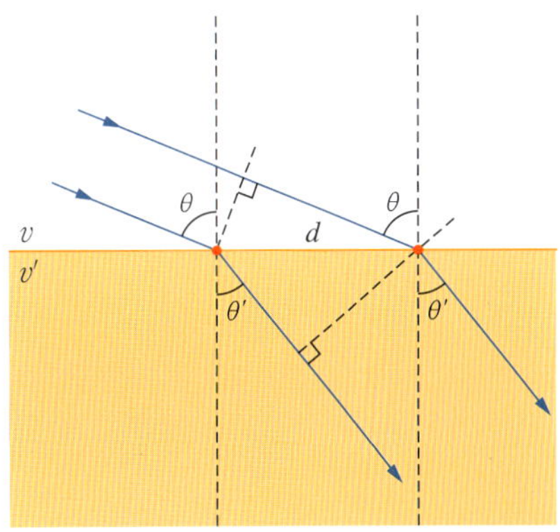

풀이

두 줄기 광선이 나란히 경계면에 입사각 θ로 입사한 다음 굴절각 θ'으로 굴절되어 진행한다고 하자. 경계면에서 측정한 두 광선 사이의 간격을 d라고 하자. 이때 두 광선이 굴절 전과 후에 평면파 형태를 유지한다고 가정하면, 경계면에 입사하기 전에는 위쪽 광선이 $d\cos\left(\frac{\pi}{2}-\theta\right)=d\sin\theta$만큼 더 진행하고, 굴절한 다음 평면파 형태를 유지하기 위해 아래쪽 광선이 $d\cos\left(\frac{\pi}{2}-\theta'\right)=d\sin\theta'$만큼 더 진행한다. 그리고 두 광선이 서로 보조를 맞추기 위해서는 두 줄기 광선이 똑같은 시간 동안 $d\sin\theta$, $d\sin\theta'$의 거리를 진행해야 한다. 즉 입사 전과 후의 광속을 각각 v, v'이라고 하면 $\frac{d\sin\theta}{v}=\frac{d\sin\theta'}{v'}$ 조건이 성립해야 한다. 이때 입사 전과 후의 두 물질의 굴절률을 각각 n, n'이라고 하면, $n=\frac{c}{v}$, $n'=\frac{c}{v'}$로 쓸 수 있으므로 그 조건은 결국 $n\sin\theta=n'\sin\theta'$이 된다.

매우 흥미로운 빛의 특성 중 하나는, 진공 중에서는 광속이 파장에 무관하게 일정하지만, 물질 속에서는 진동수에 따라 그 빠르기가 달라진다는 사실이다. 물질 속에서는 진동수가 클수록, 즉 파장이 짧을수록 빛은 더 느리게 진행한다. 예컨대, 파장이 짧은 푸른빛은 물속에서는 붉은빛보다 더 느리게 진행하는데, 그런 현상을 빛의 **분산**dispersion 또는 **색분산**이라 부른다. 태양 빛은 모든 파장의 빛이 포함된 빛으로, **백색광**white light이라 부른다. 태양 빛은 대기 중의 물방울에 의해 굴절하는데, 그 결과로 만들어진 것이 무지개다. 또한 프리즘을 이용하면 무지개처럼 여러 색의 빛을 만들 수 있다.

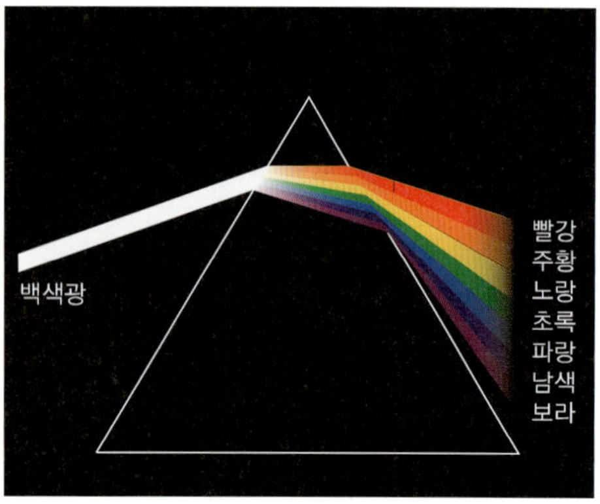

그림 22-10 프리즘에 의한 백색광의 분산

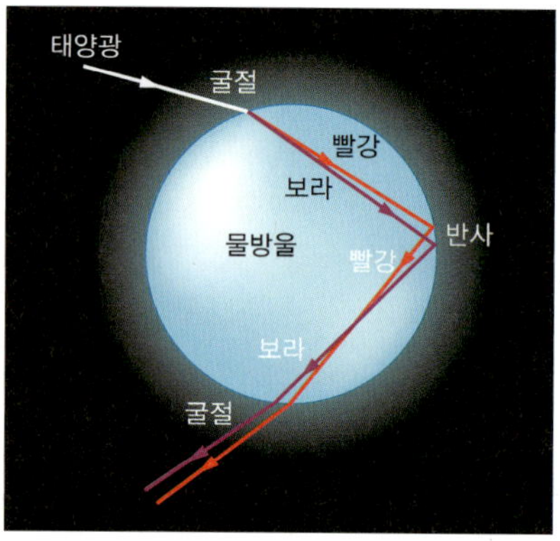

그림 22-11 물방울에서의 빛의 분산

참고 유리나 수면에 의한 반사

물결이 없는 잔잔한 수면에 비치는 건너편의 풍경은 마치 그림과 같다. 이것은 수면이 거의 완전한 거울처럼 빛을 반사한다는 뜻과 같다. 일반적으로 어떤 물질에 의한 빛의 반사계수는 그 물질의 굴절률에 관계된다. 공기 중에서 굴절률이 n인 물질에 수직으로 입사된 빛의 반사계수를 식으로 나타내면, $R=\frac{(n-1)^2}{(n+1)^2}$으로 표현된다. 이 경우, 반사계수가 1이면 빛이 모두 반사된다는 뜻이 된다. 따라서 굴절률이 1.5인 유리 면에 수직으로 입사된 빛의 반사광 광도는 입사광 강도의 약 $\frac{1}{25}$밖에 되지 않는 것을 알 수 있다. 그러나 입사광이 비스듬하게 입사될수록 빛이 더 많이 반사된다.

참고 최소 시간의 원리와 신기루 현상

앞서 우리는 반사되는 빛이 최단 경로로 진행한다고 했다. 하지만 다른 물질로 진행하는 빛이 굴절할 경우, 굴절하는 빛은 최단 경로로 진행하지는 않는다. 이때 흥미로운 점은 그 경로가 '최단 거리'는 아니지만, '최소 시간'이 걸리는 경로라는 사실이다. 거울을 통해 빛이 반사될 때, 빛은 최단 거리가 되는 경로 조건뿐만 아니라 최소 시간 경로 조건도 만족하므로 다음과 같이 일반화해 말할 수 있다.

"빛은 어떤 두 점 사이를 진행할 때 **최소 시간이 걸리는 경로**로 진행하는 특성이 있다."

이런 흥미로운 특성을 **페르마의 원리**Fermat's principle라 부르며, 스넬의 법칙은 최소 시간의 원리를 이용해서도 설명할 수 있다. 최소 시간의 원리는 빛의 입자 모형을 사용한 설명이지만, 파동 현상에도 적용되는 흥미롭고 놀라운 특성으로, 전자기 파동인 빛뿐만 아니라 역학적 파동인 소리에도 적용된다.

빛이 가장 빠른 경로로 진행한다는 사실은 **신기루**mirage를 만든다. 한낮의 사막에서 모래 바로 위의 공기가 데워지면 공기 밀도가 작아지므로 높은 층의 공기 중에서보다 광속이 더 빨라진다. 따라서 빛이 우리 눈에 들어올 때는 직선 경로보다 더 빠르게 진행할 수 있는 모래 위를 지나오게 된다. 그 때문에 모래 위에 푸른 하늘빛이 보이는 것이다. 한여름에 뜨거운 아스팔트 면에 물이 고여 있는 것처럼 보이거나 근처의 자동차 모양이 반사되거나 하는 현상이 바로 이와 같은 이유 때문이다.

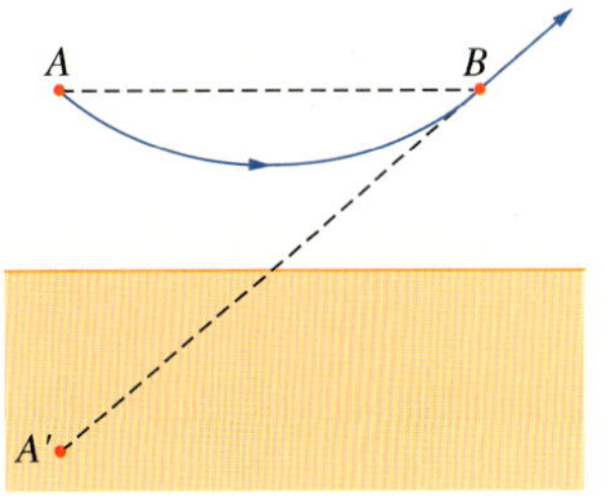

또 다른 예로, 저녁 무렵 우리가 보는 아름다운 석양은 실제로는 이미 지평선 너머로 사라진 상태다. 태양으로부터 오는 빛은 공기가 희박한 대기권 상층부로 휘어져 진행하다가 지면으로 휘어지며 도달하는데, 이런 이유로 우리는 이미 지평선 너머로 넘어간 태양을 볼 수 있다. 이는 태양이 떠오르는 과정에서도 마찬가지인데, 우리는 수평선 아래 감춰진 태양을 미리 보고 있는 셈이다.

22.3 빛의 전반사

진행하던 빛이 다른 물질을 만나면 일부는 반사되고 일부는 굴절된다. 하지만 물과 같이 공기보다 굴절률이 큰 물질에서 빛이 공기 중으로 나올 때에는 (굴절되어 나오는 빛은 전혀 없이) 모든 빛이 물속으로 다시 반사해 들어가는 흥미로운 상황이 만들어지기도 한다. 예컨대, [그림 22-12]와 같이 물속에서 공기 중으로 나오는 빛의 입사각이 어떤 특정한 크기에 이르면 그 빛은 물표면 방향을 따라 전파하는 것처럼 보인다. 그리고 그 입사각의 크기보다 더 커지면 (굴절해서 공기 중으로 나오는 빛이 전혀 없이) 모든 빛이 반사되기도 한다. 그런 흥미로운 현상을 **전반사**total internal reflection라고 한다.

전반사가 시작되는 입사각을 알아보기 위해 굴절률 n_1인 물질에서 그보다 작은 굴절률 n_2인 물질 속으로 빛이 굴절하는 경우를 다뤄보자. 스넬의 법칙에 따라 입사각과 굴절각 사이에는 $n_1\sin\theta_1 = n_2\sin\theta_2$ 관계가 성립한다. 그러므로 굴절각 θ_2가 90°가 되는 경우를 생각해보면, 입사각을 θ_c라 할 때 다음 관계가 성립한다.

$$n_1\sin\theta_c = n_2 \tag{22.3}$$

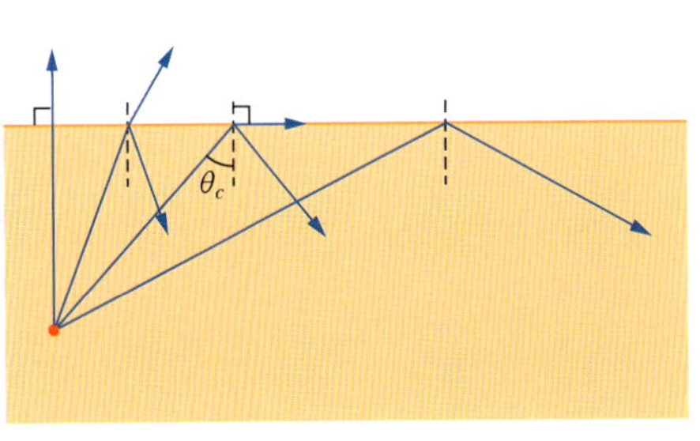

그림 22-12 전반사

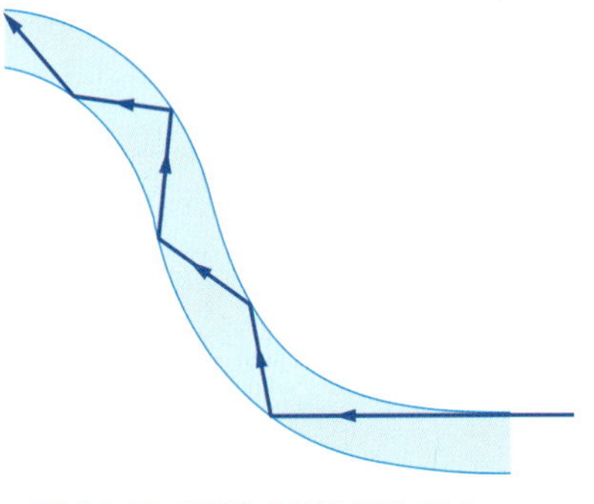

그림 22-13 광섬유에서의 빛의 전파

이런 조건을 만족하는 입사각 θ_c를 **임계각**critical angle이라 하고, 그 이상의 입사각으로 입사하는 빛은 모두 전반사된다. 따라서 물 밖의 관측자로부터 어느 정도 거리 이상 떨어진 곳의 물속에 물체가 놓여 있을 때, 그 물체는 전혀 보이지 않는다. 이런 전반사 현상은 광섬유를 사용해 빛을 전파하는 **광통신**optical communication에서 매우 중요하다.

물음 22-3 어떤 유리 속에서 공기 중으로 진행하는 빛이 전반사하는 임계각이 45°라고 한다.

(a) 공기의 굴절률을 1이라 가정할 때, 그 유리의 굴절률은 얼마인가?

(b) 그 유리보다 굴절률이 더 큰 유리는 45°의 입사각에서 전반사되겠는가?

» 참고 전리층과 라디오파

지구 대기층보다 더 높은 곳에는 공기 분자들이 이온화된 상태로 존재하는 전리층 영역이 있다. 전리층에는 금속 내의 자유전자와 같이 자유로이 이동할 수 있는 전자와 이온들이 존재하는데, 이러한 상태를 플라즈마 상태라 한다.

라디오 방송국의 안테나에서 방출되는 라디오파란 빛은, 중파일 때 그 파장이 수백 m 정도다. 이러한 낮은 진동수 전파는 마치 가시광선이 거울에 반사되듯이 이온층에 의해 반사되는데, 우리가 방송국에서 멀리 떨어진 곳에서도 중파 방송을 들을 수 있는 이유는 이렇게 반사되는 전파 때문이다.

FM 방송이나 텔레비전 방송은 초단파를 이용해 이루어지는데, 초단파의 파장은 대략 수 cm다. 이렇게 진동수가 높은 전파는 이온층이 반사할 수 있는 최대 진동수인 임계진동수보다 크기 때문에 이온층을 통과한다. 따라서 텔레비전을 시청할 수 있으려면 방송국 안테나에서 송출된 전파가 이온층에 반사되지 않고 직접 도달할 수 있는 범위 이내에 있어야만 한다.

22.4 빛의 편광

빛은 전기장과 자기장이 진동하는 현상이기 때문에 당연히 어떤 특정한 진동 방향이 있을 수밖에 없다. 어떤 빛의 전기장 진동 방향을 그 빛의 **편광**polarization 방향이라 부르며, 특히 어떤 특정한 방향으로만 진동하며 빛이 진행하는 경우, 그 빛은 **선형편광**linear polarization이나 **평면편광**plane polarization 또는 줄여서 편광되었다고 말한다.

일반적인 빛은 선형편광된 빛이 아니며, 그 전기장 방향이 계속 변화하며 진행한다. 이때 전기장의 방향은 시계방향이나 반시계방향 중 하나로 회전하며 진행한다. 그 경우 전기장 방향이 회전하기는 하지만, 그 세기가 일정하면 **원형편광**circular polarization되었다고 한다. 한편, 그 편광 방향이 회전하면서 그 전기장 세기도 계속 변화하며 진행할 때, 전기장 세기 변화는 타원 모양을 띤다. 그런 경우 **타원편광**elliptical polarization되었다고 말한다. 흥미로운 점은 원형편광이나 타원편광된 빛도 역시 수직편광과 수평편광된 두 개의 선형편광된 빛의 결합으로 나타낼 수 있다는 것이다. 편광판이라 부르는 얇은 판 모양의 물체에는 특정한 방향으로 편광된 빛만 통과시키는 특성이 있다. 이는 마치 판에 일정 간격으로 틈을 만들어놓았을 때, 그 틈의 방향으로 진동하는 파동만 통과할 수 있는 역학적 모형에 비유할 수 있다.

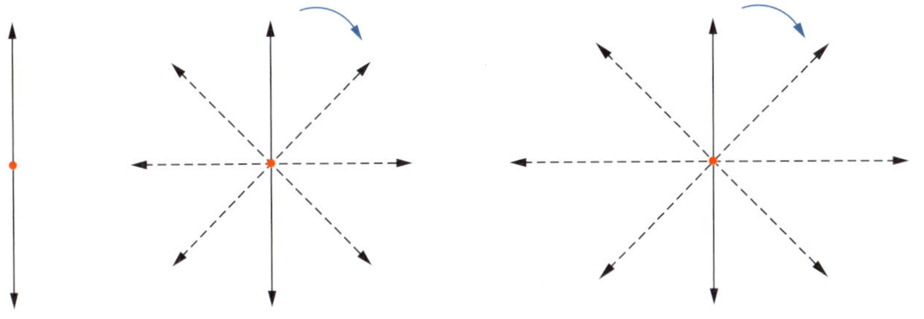

그림 22-14 선형편광의 역학적 파동 비유

빛이 편광판을 지나면 그 편광판이 허용하는 방향으로 진동하는 빛만 남는다. 따라서 편광 처리된 안경을 쓰면 강한 햇빛으로부터 눈을 보호할 수 있다. 또 편광판 두 개를 서로 수직이 되게 겹쳐 놓으면 어떤 빛도 통과하지 못하게 차단할 수도 있다.

일반적인 빛에서 편광된 빛을 얻는 간편한 방법은, 그 빛을 어떤 물질에 특정한 각도로 반사시키는 것이다. 물이나 유리 표면에 빛을 쪼이면, 일부는 반사되고 일부는 굴절해 물질 속으로 들어간다. 이때 **브루스터의 각**Brewster's angle이라 부르는 특정한 입사각 θ_B로 빛이 입사하는 경우, 빛은 전혀 반사되지 않고, 모두 굴절해 들어가는 이상한 현상이 발생한다. 이는 제멋대로인 편광된 빛을 표면에 쪼이면, 특정 각도에서는 입사면에 수직으로 편광된 빛만 반사된다는 뜻과 같다.

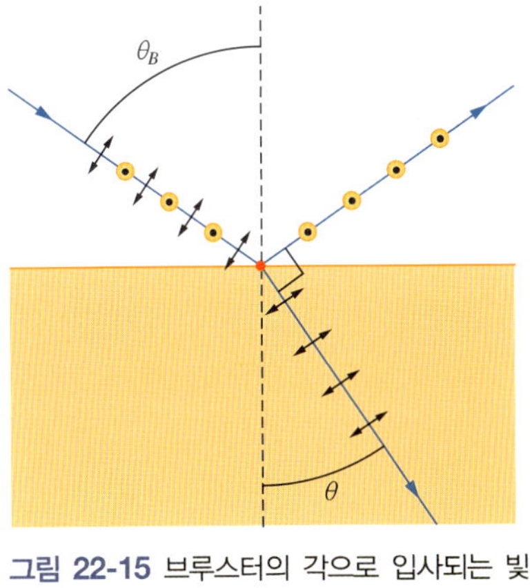

그림 22-15 브루스터의 각으로 입사되는 빛

쉽게 보일 수 있는 사실은 아니지만, 브루스터의 각 θ_B로 입사하는 경우, 굴절각을 θ라 하면 $\theta_B + \theta = \frac{\pi}{2}$ 관계가 성립한다. 따라서 굴절률 n_1인 물질에서 굴절률 n_2인 물질로 빛이 입사하는 경우, 이 관계를 스넬의 법칙에 이용하면 $n_1 \sin\theta_B = n_2 \sin\left(\frac{\pi}{2} - \theta\right)$ 관계로부터 브루스터의 각을 다음과 같이 나타낼 수 있다.

$$\tan\theta_B = \frac{n_2}{n_1} \tag{22.4}$$

이는 해가 어느 적절한 높이에 있을 때 해가 지는 서해 바다에 의해 반사되는 빛은 모두 입사면에 수직인, 즉 수면에 평행한 방향으로 편광된다는 것을 뜻한다. 또한 편광 유리 안경을 쓰면 도로 바닥에서 반사되어 올라오는 빛을 대부분 차단할 수 있다.

22.5 거울과 렌즈

오목거울이나 볼록거울에 의한 반사

우리는 앞에서 평면거울을 다뤘고, 평면거울에서는 입사각과 반사각이 똑같아진다는 것을 알았다. 이런 사실을 바탕으로 평면거울을 구부려 만든 곡면거울에서는 빛이 어떻게 반사되는지 알아보기로 하자.

오목거울concave mirror은 평면거울을 안으로 구부린 형태의 거울로, 커다란 구면 형태의 거울 일부를 떼어낸 것으로 볼 수 있다. 이런 오목거울에서 반사되는 빛은 거울 축에 가까이 나란하게 입사하는 모든 빛살이 반사된 후, 사실상 한 점을 지난다고 봐도 된다. 이때 그 점은 거울축 위에 있게 되는데, 그 점을 거울의 **초점**focal point이라고 부른다. 또한 거울의 중심점에서 초점까지의 거리를 초점거리라 부르고, 문자 f로 나타낸다. 이때 거울이 만드는 구면의 반지름을 R이라 하면(R이 매우 큰 경우), 초점거리는 $f = R/2$로 나타낼 수 있다.

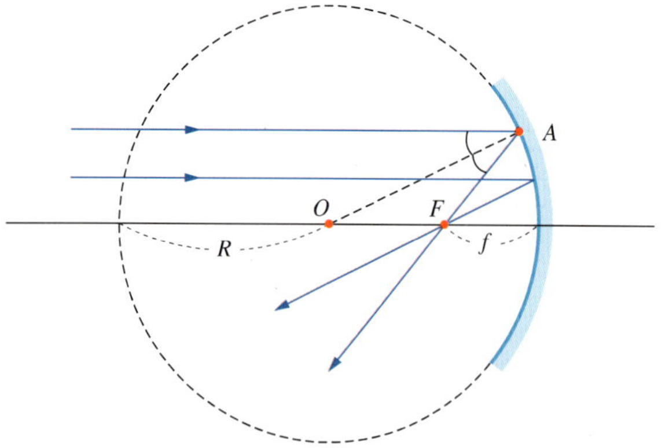

그림 22-16 오목거울에 의한 반사

그러나 이때 그런 초점이 존재하기 위한 조건이 있다는 것을 인식하는 것이 중요하다. 그 조건은 거울의 곡률 반지름이 매우 커서, 거의 평면거울에 가까워야만 그 초점이 정해지고, 그렇지 않으면 거울 축과 나란히 입사해 반사된 빛살들이 한 점에 모이지 않는다는 것이다.

볼록거울convex mirror도 오목거울과 마찬가지로 평면거울을 구부린 형태의 거울이다. 볼록거울의 중심축과 나란히 입사하는 빛살은 오목거울과 달리 한 점에 모이지 않고 퍼진다. 흥미로운 점은 오목거울에서와 마찬가지로, 거울 축에 가까이 나란하게 입사하는 빛살은 반사된 다음 모두 거울 뒤의 거울 축에 있는 한 점에서 빛이 나오듯이 퍼져나간다는 점이다. 그 점을 볼록거울의 초점이라 부르고, 구면의 반지름 R이 매우 크면 볼록거울의 초점거리는 구면의 반지름 R과 $f = R/2$의 관계를 갖는다. 그러나 이때에도 거울의 곡률 반지름이 매우 커서, 즉 거의 평면거울에 가까워야만 이와 같이 초점이 정해진다는 점에 유의해야 한다.

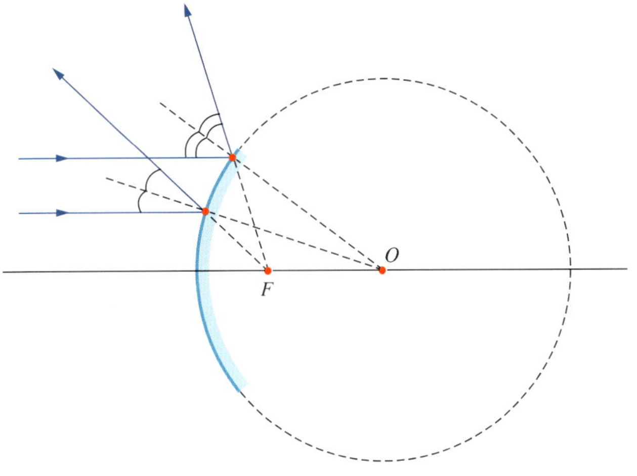

그림 22-17 볼록거울에 의한 반사

오목거울이나 볼록거울의 곡률 반지름이 작아질수록 초점은 정해지지 않고, 즉 결과적으로 물체의 상이 초점 위치에 명확히 만들어지지 못한다. 구면거울에서 생기는 이런 현상을 **구면수차**spherical aberration **현상**이라고 부른다. 거울 축과 나란히 입사하는 모든 빛살을 정확히 한 점에 모이게 하려면 거울 면을 구면 대신 **포물선**parabolic 면으로 만들면 된다. 하지만 그런 거울을 만들기는 어려우므로 대부분은 구면거울을 사용한다.

예제 22-2 오목거울과 볼록거울에 의한 반사

오목거울이나 볼록거울은 커다란 구면거울의 일부로 볼 수 있다. 입사각과 반사각이 같다는 사실을 이용해 다음 사실을 증명하라.

(a) 오목거울이나 볼록거울에서, 구면의 중심점을 지나는 빛살이 반사되어 다시 그 점을 지나가는 것을 보여라.

(b) 오목거울 축과 나란하게 입사하는 빛살은 반사된 후 언제나 그 거울 축을 지나며, 그 축과 만나는 점이 거울의 초점이 된다. 구면거울의 반지름이 R이라 할 때, 반지름이 매우 큰 극한에서 그 초점 위치는 그 거울 중심점에서 $R/2$만큼 떨어진 점임을 보여라.

풀이

(a) 구면 중심점을 지나는 빛살은 거울 면에 수직으로 입사한다. 따라서 입사각과 반사각이 모두 0이므로 수직 방향으로 되돌아간다.

(b) 거울 면에 입사한 빛살의 입사각을 θ라 하면, 반사각도 θ가 된다. 이제 [그림 22-16]에서 보인 것처럼 구의 중심점을 O, 그 빛살이 거울 면과 만난 점을 A, 반사된 빛살이 거울 축과 만나는 점을 F라고 하면, ΔOAF는 이등변삼각형이 된다. 따라서 구의 반지름을 R, 구의 중심에서 점 F까지의 거리를 a라고 하면 $R=2a\cos\theta$ 관계를 얻는다. 한편, 오목거울이 곡률 반지름이 매우 큰 구의 일부라면 $\theta \to 0$으로 취급할 수 있으므로 $R \approx 2a$가 된다. 따라서 $a \approx R/2$이 되고, 오목거울의 중심점에서 점 F까지의 거리인 초점거리도 $R/2$이 된다.

물음 22-4 볼록거울 축과 나란히 입사하는 빛살은 반사된 후 그 축의 한 점에서 나오는 빛살 방향으로 반사되는데, 그 점을 볼록거울의 초점이라 부른다. 구면거울의 반지름이 R이고, 입사각이 충분히 작은 경우(즉 볼록거울이 R이 매우 큰 구의 일부인 경우), 볼록거울의 초점 위치는 그 거울 중심점에서 $R/2$만큼 떨어진 점임을 보여라.

평면거울이 만드는 상

평면거울로부터 a만큼 떨어진 곳에 있는 점 모양의 물체에서 나오는 빛은 거울에 의해 반사되어 퍼지는 모양이 된다. 이때 흥미로운 사실은, 거울에서 반사되어 퍼져나가는 빛살들이 모두 마치 거울에 있는 한 점에서 나오는 빛살 모양이라는 점이다. 이때 거울에서 나오는 그 점을 물체의 **상**^image^이라고 부른다. 이때 유의할 점은 실제로 그 상에서 빛이 나오는 것은 아니며, 단지 그 상에서 빛이 나오는 것처럼 취급할 수만 있다는 사실이다. 그런 상을 **허상**^virtual image^이라고 부른다. 한편, 어떤 경우에는 그 위치에 마치 실제로 있는 물체로부터 빛이 나오는 것처럼 취급할 수 있는데, 그런 위치에 만들어진 상을 **실상**^real image^이라고 부른다.

이때 입사각과 반사각이 같다는 사실을 적용해 평면거울의 경우 그 한 점의 위치를 찾아보면, 그 점은 거울과 물체 사이의 거리와 똑같은 거리 a만큼 떨어진 거울 뒤에 위치한다는 사실을 알게 된다. 즉 평면거울은 거울 앞에 있는 물체까지의 거리와 똑같은 거리에 있는 거울 뒤에 허상을 만든다.

물음 22-5 자신의 전신을 볼 수 있는 평면거울의 길이는 그 사람 키의 1/2 크기라는 것을 상을 그려보아라.

구면거울이 만드는 상

우리는 평면거울이 언제나 허상만 만든다는 사실을 알게 되었다. 이제 오목이나 볼록거울 같은 구면거울이 만드는 상을 다뤄보자. 오목거울이나 볼록거울의 초점거리가 주어지면 거울에 의해 만들어지는 상은 다음과 같은 빛살 추적 방법을 통해 구할 수 있다.

(1) 거울 축과 나란하게 입사하는 빛살은 반사된 후 초점을 지난다.

(2) 초점을 지나 입사하는 빛살은 거울 축과 나란한 방향으로 반사된다.[3]

(3) 구면의 중심점을 지나 입사한 빛살은 반사된 후 다시 그 점을 지난다.

이 방법에 따라 물체의 상을 그려보면, 볼록거울은 실상은 만들 수 없고 허상만 만들 수 있음을 알 수 있다. 그 경우 볼록거울은 넓은 범위의 물체를 모두 보여주므로, 예컨대 자동차 운전자의 시야를 넓혀 주는 데 도움이 된다. 그러나 오목거울은 실상과 허상 모두를 만들 수 있으며, 물체가 초점거리 안에 있을 때 허상을 만들고, 초점거리 밖에 있을 때 실상을 만든다. 평면거울은 초점거리가 무한히 큰 구면거울로 볼 수 있다.

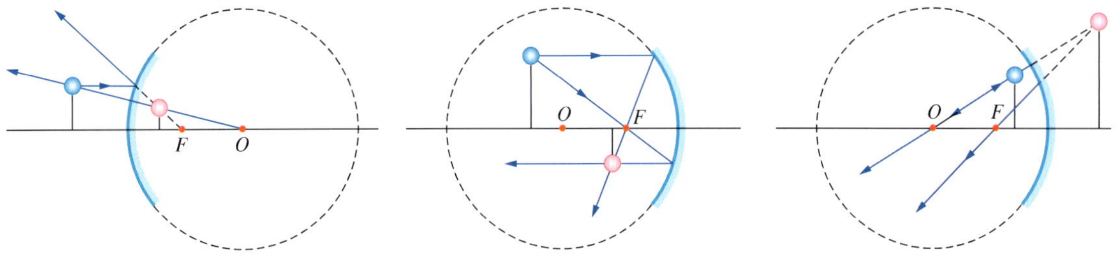

(a) 볼록거울에 의한 허상 (b) 오목거울에 의한 실상 (c) 오목거울에 의한 허상

그림 22-18 볼록거울에 의한 허상, 오목거울에 의한 실상과 허상

흥미로운 점은 거울에 의해 만들어지는 상의 위치는 거울의 종류에 상관없이 다음 식 하나로 얻을 수 있다는 점이다.

$$\frac{1}{a}+\frac{1}{b}=\frac{1}{f} \tag{22.5}$$

여기에서 a는 거울 중심으로부터 물체^{object}까지의 거리를, b는 상의 위치를 나타내며, f는 초점거리를 나타낸다. 그러나 이 식을 이용하려면 다음 두 가지 규칙을 따라야 한다.

(1) 볼록거울의 경우에는 초점거리 f의 부호를 음(−)으로 취급한다.

(2) b의 부호가 음(−)이면 그 상은 허상으로 해석한다.

---

3 이 사실은, 빛의 반사나 굴절에서 한 방향으로 진행한 빛과 반대 방향으로 진행한 빛은 언제나 같은 경로로 진행하는 특징을 가진다는 점에서 (1)과 같은 사실을 뜻한다.

예제 22-3 오목거울에 의한 상

초점거리가 f인 오목거울의 초점거리 밖에 물체가 있다. 거울 중심에서 물체까지의 거리를 a, 상까지의 거리를 b라고 할 때, 그 양들이 $\frac{1}{a}+\frac{1}{b}=\frac{1}{f}$ 관계를 만족하는 것을 보여라.

풀이

물체와 그 상의 높이를 각각 H, H'이라고 하자. 이때 물체 위치에서 초점을 지나 반사하는 빛살과 거울 중심에서 반사하는 빛살을 각각 그리면, 두 개의 닮은 삼각형을 찾아낼 수 있다. 그리고 그 삼각형들의 비례관계로부터 $\frac{H}{H'}=\frac{a}{b}$, $\frac{H}{H'}=\frac{a-f}{f}$ 관계를 얻는다. 이 두 관계식을 정리하면 $\frac{1}{a}+\frac{1}{b}=\frac{1}{f}$을 얻는다.

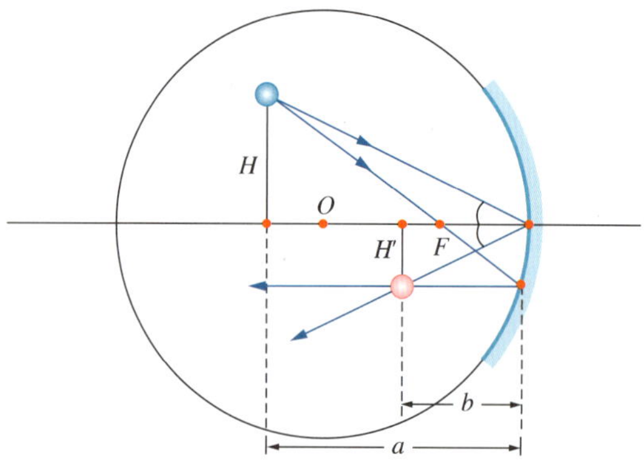

물음 22-6 초점거리가 f인 볼록거울로부터, 거리 a만큼 떨어진 곳에 높이가 H인 화살표 모양 물체가 있다. 빛살 추적 방법을 이용하면 이 물체가 만드는 상은 거울에서 b만큼 떨어진 거울 뒤에 있는 허상이 된다. 거울 중심점으로 입사하는 빛살과 거울을 만든 구의 중심점으로 입사하는 빛살이 각각 반사해 만드는 허상을 고려하고, 그 경우 만들어지는 삼각형들의 닮음 성질을 이용해 그 양들이 $\frac{1}{a}+\frac{1}{(-b)}=\frac{1}{(-f)}$ 관계를 만족하는 것을 보여라.

렌즈가 만드는 상

렌즈[lens]는 유리 같은 투명한 물질의 양면을 원하는 곡률로 깎아 만든다. 거울에는 반사하는 특성이 있는 반면, 렌즈에는 빛을 투과할 수 있는 특성이 있다. 따라서 렌즈는 거울과 다른 방식으로 물체의 상을 만든다. 렌즈의 종류에는 돋보기로 흔히 쓰이는 볼록렌즈와 오목렌즈가 있다. 볼록렌즈는 오목거울처럼 빛을 모으는 특징이 있고, 오목렌즈는 볼록거울처럼 빛을 흩어놓는다. 볼록렌즈에서는 렌즈 축과 나란하게 입사하는 빛이 렌즈에 의해 굴절된 후 한 점에 모이는데, 그 점을 볼록렌즈의 초점이라 한다. 한편, 오목렌즈에서는 렌즈 축과 나란하게 입사하는 빛이 굴절된 후, 마치 한 점에서 나오는 것처럼 퍼져 나가는데, 그 점을 오목렌즈의 초점이라 한다.

렌즈를 이루는 양쪽 면은 어떤 곡률을 가진 커다란 구면의 일부가 되도록 만들어지며, 이때 그 구면의 반지름이 각각 렌즈 양쪽 면의 곡률이 된다. 그 경우 굴절률이 n인 물질로 만든 렌즈의 곡률 반지름을 각각 r_1, r_2라 할 때, 초점거리 f는 다음과 같이 나타낼 수 있다.

$$\frac{1}{f}=(n-1)\left(\frac{1}{r_1}-\frac{1}{r_2}\right) \tag{22.6}$$

이 식을 **렌즈 제작자의 공식** Lens maker's formula 이라 부르며, 렌즈가 얇은 경우 유효하다.

렌즈의 초점거리가 주어지면 거울에서와 마찬가지로 렌즈가 만드는 상도 빛살 추적 방법으로 구할 수 있다. 렌즈가 충분히 얇고, 렌즈 축에 충분히 가까운 거리로 빛이 입사할 때는 다음과 같은 과정으로 빛살을 추적할 수 있다.

(1) 렌즈 축과 나란하게 입사하는 빛살은 렌즈를 통과한 후 초점을 지난다.[4]
(2) 초점을 지나 입사하는 빛살은 렌즈를 통과한 후, 렌즈 축에 나란한 방향으로 진행한다.
(3) 렌즈의 중심점을 지나는 빛살은 직진한다.

이런 원칙에 따라 여러 위치에 놓인 물체의 상을 그려보면, 오목렌즈는 실상을 만들지 못하고, 오직 허상만 만들 수 있음을 알 수 있다. 그러나 볼록렌즈는 실상과 허상 모두를 만들 수 있는데, 초점거리 안에 둔 물체의 상은 언제나 허상이 된다.

흥미로운 점은, 거울에서와 마찬가지로 렌즈에 의해 만들어지는 상의 위치도 식 (22.5)와 같은 $\frac{1}{a}+\frac{1}{b}=\frac{1}{f}$을 통해 얻을 수 있다는 점이다. 여기에서 a는 렌즈 중심에서 물체까지의 거리를, b는 상의 위치를 나타내며, f는 초점거리를 나타낸다. 이 경우에도 물체까지의 거리 a는 물론 언제나 양(+)의 부호를 갖는다. 거울에서와 마찬가지로 이 식을 이용할 때도 두 개의 규칙을 따라야 한다.

(1) 오목렌즈의 초점거리 f의 부호는 음(−)으로 취급해야 한다.
(2) b의 부호가 음(−)이면 그 상은 허상이라고 해석한다.

볼록거울이나 오목렌즈의 초점거리 f의 부호를 음(−)으로 취급해야 한다는 것은 다음과 같이 생각하면 기억하기 쉽다. 즉 볼록거울이나 오목렌즈는 빛을 흩어지게 하는데, 그런 경우에는 그 초점거리를 음(−)의 부호로 정한다고 생각하는 것이다. 한편, 오목거울이나 볼록렌즈는 빛을 모이게 하므로 그 초점거리는 양(+)의 부호로 정한다.

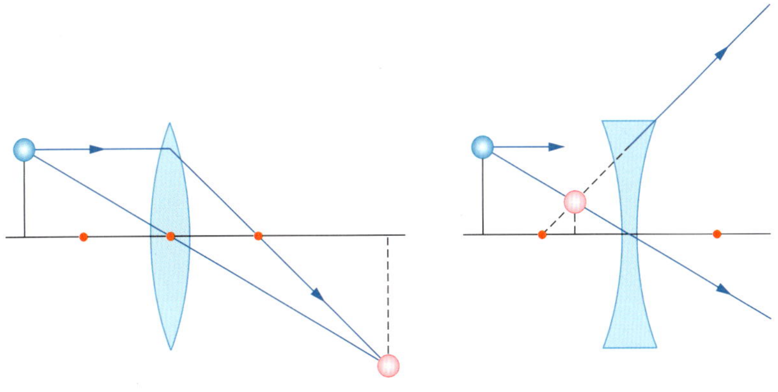

그림 22-19 오목렌즈와 볼록렌즈가 만드는 상

4 이는 초점의 정의다.

예제 22-4 볼록렌즈의 상

초점거리가 f인 볼록렌즈로부터 $a(a>f$라 가정하라)만큼 떨어진 곳에 있는 물체가 맺는 상은 렌즈로부터 b만큼 떨어져 있다. 물체와 상을 각각의 변으로 하는 삼각형을 찾아내고, 그 삼각형들이 닮은꼴임을 이용해 $\frac{1}{a}+\frac{1}{b}=\frac{1}{f}$ 관계가 성립함을 보여라.

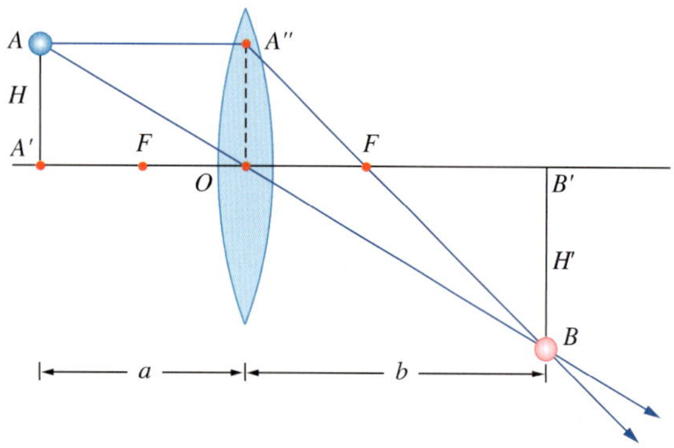

풀이

막대 끝에 구슬이 달린 물체로 가정하고, 렌즈의 중심점을 O, 초점 위치를 F라 하자. 그리고 축 위의 구슬과 막대 끝점을 각각 A, A'이라고 하고, 상의 구슬과 막대 끝점을 각각 B, B'이라고 하자. 이 경우, $\Delta AA'O$와 $\Delta BB'O$는 닮은 삼각형이다. 따라서 물체와 그의 길이를 각각 h, h'이라고 하면 $\frac{h}{h'}=\frac{a}{b}$ 관계가 성립한다. 한편, 구슬에서 나와 축과 나란하게 렌즈에 들어온 빛살이 렌즈와 만난 점을 A''이라고 하면 $\Delta A''OF$와 $\Delta B'BF$도 닮은 삼각형이다. 그로부터 $\frac{h}{h'}=\frac{f}{b-f}$ 관계도 성립한다. 따라서 두 관계를 이용하면 $\frac{1}{a}+\frac{1}{b}=\frac{1}{f}$ 관계를 얻는다.

오목거울이나 볼록렌즈에서는 $f>0$이다. 따라서 b의 부호는 물체까지의 거리 a가 초점거리보다 큰지 아닌지에 따라 달라지고, 이들 도구는 허상과 실상 모두를 만들 수 있다.

상의 크기는 실물보다 더 크거나 작을 수 있는데, 그 경우 **배율**[magnification] m은 다음과 같이 정의한다.

$$m=\left|\frac{b}{a}\right| \tag{22.7}$$

망원경이나 현미경은 거울이나 렌즈를 적절히 배치해 큰 배율을 얻게 하는 장치들이다.

물음 22-7 볼록거울이나 오목렌즈에서는 $f<0$으로 취급한다. 이들 도구가 만드는 상의 위치 b의 부호는 언제나 음수임을 보여라(따라서 언제나 허상만 만든다).

물음 22-8 볼록렌즈에서 물체가 초점 안에 있을 때, 실상과 허상 중 어느 것을 만드는가?

물음 22-9 볼록렌즈 배율은 그 상이 허상이든 실상이든 상관없이, 물체가 초점 위치에 가까울수록 커진다는 것을 보여라.

22.6 광학기기

거울이나 렌즈를 이용하면 매우 편리한 여러 가지 형태의 광학기기를 만들 수 있다. 예컨대, 볼록렌즈는 가장 단순한 기기인데, 작은 물체를 크게 볼 수 있는 확대경 역할을 할 수 있다. 또한 확대경을 이용해 물체를 직접 볼록렌즈로 보는 대신 또 하나의 볼록렌즈를 추가로 사용하면 현미경이나 망원경도 만들 수 있다.

현미경이나 망원경의 원리는 근본적으로 같은데, 그 원리는 볼록렌즈 하나를 사용해 물체의 실상을 만든 다음, 확대경 역할을 하는 다른 볼록렌즈로 그 실상의 매우 큰 허상을 만드는 것이다. 즉 돋보기로 쓰는 볼록렌즈는 물체의 허상을 바로 보는 도구지만, 현미경이나 망원경은 물체 대신 다른 볼록렌즈가 만든 그 물체의 실상을 확대경으로 보는 기기들이다. 이때 **대물렌즈**object lens[5]에 의해 만들어진 실상은 그 자체로부터 빛이 나오는 물체처럼 취급할 수 있기 때문에 그것이 가능하다.

돋보기의 배율

돋보기란 단순한 볼록렌즈를 뜻한다. 물체의 위치를 볼록렌즈의 초점 '바로 안쪽'에 오도록 렌즈를 두면 물체의 허상이 매우 크게 만들어진다. 이제, 그 상을 초점거리가 f인 볼록렌즈로부터 거리 D만큼 떨어진 곳에 있다고 가정하자. 이 경우, 물체의 위치는 사실상 초점 위치에 있다고 할 수 있다. 이제 렌즈로부터 물체까지의 거리는 f이고, 상까지의 거리는 D이므로, 그 돋보기의 배율은 다음과 같이 쓸 수 있다.

$$m \approx \left|\frac{D}{f}\right| \tag{22.8}$$

우리 눈의 수정체는 약 25 cm 떨어진 물체를 볼 때 가장 자연스러운 상태, 즉 피로감을 느끼지 않는다고 한다. 따라서 초점거리 f를 cm 단위로 나타낸다면, 물체의 배율은 $m = \dfrac{25}{f}$로 나타낼 수 있으며, 이 값을 돋보기의 배율로 정한다.

5 망원경이나 현미경 등의 광학 기계에서 물체에 가까운 쪽에 있는 렌즈를 말한다.

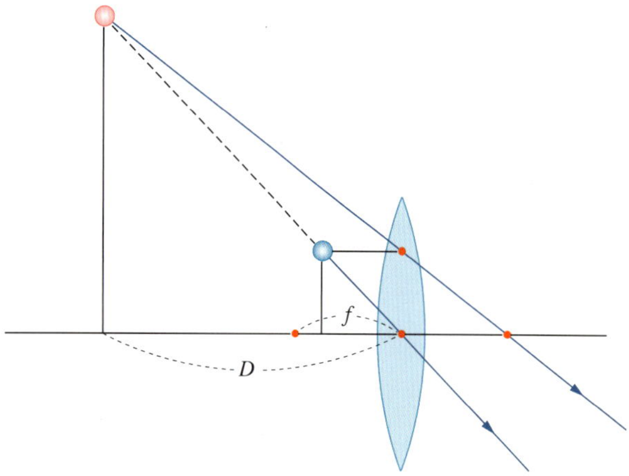

그림 22-20 돋보기의 원리

현미경의 원리

이제 현미경의 배율을 다뤄보자. 현미경에는 두 개의 볼록렌즈를 사용하는데, 물체에 가까운 쪽에 있는 렌즈를 대물렌즈라 부른다. 대물렌즈의 초점거리를 f_{ob}라고 하고, 초점 '바로 바깥쪽'에 확대해서 보려는 물체를 두면 대물렌즈는 매우 큰 실상을 만든다. 이때 물체는 사실상 초점 근처에 있다고 볼 수 있으므로, 렌즈로부터 실상까지의 거리를 D라 하면, 대물렌즈에 의한 배율은 $m_1 = \dfrac{D}{f_{ob}}$로 쓸 수 있다.

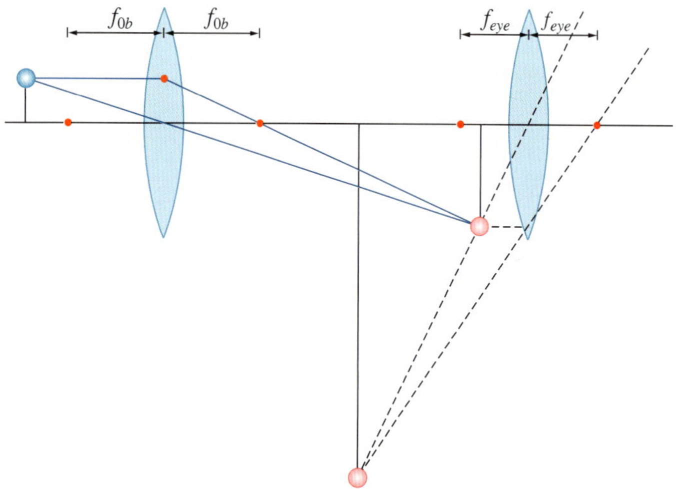

그림 22-21 현미경의 원리

이제 커다랗게 만들어진 그 실상을 돋보기로 확대하는 일만 남았다. 그런 역할을 하는 볼록렌즈, 즉 눈에 가까이 둔 렌즈를 **접안렌즈**라 부른다. 이때 돋보기의 경우에서 가정한 것처럼 허상까지의 거리를 25 cm라 하고, 접안렌즈의 초점거리를 f_{eye}라 하면 접안렌즈 배율은 (초점거리를 cm 단위로 나타냈을 때) $m_2 = \dfrac{25}{f_{eye}}$가 된다.

따라서 두 배율을 곱해 얻은 현미경의 배율은 다음과 같이 나타낼 수 있다.

$$m = \frac{D}{f_{ob}} \cdot \frac{25}{f_{eye}} \tag{22.9}$$

거리 D는 현미경 길이로서 보통 $10 \sim 20\,\text{cm}$ 정도이며, 현미경 배율은 $m \propto \frac{1}{f_{ob}} \cdot \frac{1}{f_{eye}}$이라는 특성으로 나타낼 수 있다.

망원경의 원리

현미경은 가까운 물체를 확대해서 보려고 할 때 사용하는 기기인 반면, 망원경은 먼 거리의 물체를 크게 보려는 기기다. 망원경도 두 개의 볼록렌즈를 사용해 만들 수 있다. 이제 우리가 보려고 하는 물체가 매우 먼 거리에 있고, 그곳까지의 거리를 D라고 하자. 이 경우, 대물렌즈에 의한 실상은 사실상 초점 위치에 만들어지므로, 일차 배율은 $m_1 = \frac{f_{ob}}{D}$라 할 수 있다. 이때 f_{ob} 크기는 (매우 먼 거리) D보다 아주 작으므로, 이 배율은 매우 작다. 그러나 f_{ob}가 클수록 그에 비례해 커진다. 즉 망원경 대물렌즈의 배율은 현미경에서와는 정반대로 초점거리 f_{ob}가 커질수록 높은 배율을 얻는다.

이제 현미경에서와 마찬가지로 그 실상을 돋보기로 확대하면 되는데, 그 방법은 물론 앞에서 다룬 것처럼 접안렌즈의 초점 '바로 안쪽'에 실상이 오도록 접안렌즈 위치를 조정하는 것이다. 이때 접안렌즈가 만든 상(허상)의 배율은 $m_2 = \frac{25\text{cm}}{f_{eye}}$이므로, 두 배율을 곱해 얻은 총 배율을 다음과 같이 쓸 수 있다.

$$m = m_1 m_2 = \frac{f_{ob}}{f_{eye}} \cdot \text{상수} \tag{22.10}$$

상수 $\frac{25\text{cm}}{D}$는 매우 작은 값이지만, 그 상수를 1로 놓아 망원경의 배율을 $m = \frac{f_{ob}}{f_{eye}}$로 나타낸다.

CHAPTER 22 연습문제

1 다음 그림과 같이, 오목거울이 있고 거울에서부터 6 m 떨어진 지점에 물체가 있다. 물체의 상 역시 6 m 지점에 생겼다면, 이 거울의 초점거리는 얼마인가?

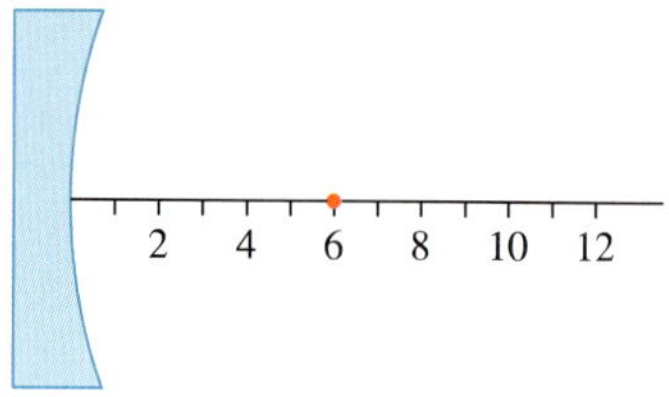

2 물의 깊이가 2 m 인 수영장이 있다. 3 m 길이의 막대를 수영장 바닥에서부터 세워놓았다. 햇빛이 45° 각도로 비추고 있을 때, 수영장 바닥에 드리워진 막대의 그림자 길이는 얼마인가? 공기의 굴절률은 1, 물의 굴절률은 $\sqrt{2}$ 이다.

3 초점거리가 10 m 인 오목거울로부터 15 m 떨어진 지점에 물체가 놓여 있다. 상의 크기는 물체의 몇 배인가?

4 곡률 반지름이 40 cm 인 오목거울이 있다. 거울로부터 60 cm 앞쪽에 물체가 놓여 있을 때, 거울에서부터 상까지의 거리는 얼마인가?

5 깊이가 2.1 m 인 수영장 가장자리에서 키가 1.3 m 인 사람이 수영장 수면 위로 빛을 비추었다. 그 빛이 수면에 닿은 곳은 수영장 가장자리에서 거리 $d = 2.5$ m 만큼 떨어진 곳이고, 빛이 물속에서 굴절하고 진행해 수영장 바닥면을 비추었다고 할 때, 빛이 닿은 곳은 그 사람이 있는 곳의 수영장 바닥면 위치로부터 얼마나 떨어져 있는가? 물의 굴절률은 $n = 1.33$ 이다.

6 오른쪽 그림과 같이, 두께가 $d_1 = 2.0\,\text{cm}$ 이고 굴절률이 $n_1 = 1.62$ 이며 플라스틱으로 만들어진 평면판이, 두께가 $d_2 = 3.0\,\text{cm}$ 이고 굴절률이 $n_2 = 1.47$ 인 유리판 위에 놓여 있다. 플라스틱판을 향해 입사한 빛이 플라스틱과 유리판을 모두 통과해나가는 경우, 통과된 빛의 진행 방향은 처음 입사한 빛과 같지만, 두 광선 경로는 어떤 거리만큼 어긋나게 된다. 입사각이 $45°$ 인 경우, 그 간격 D는 얼마인가?

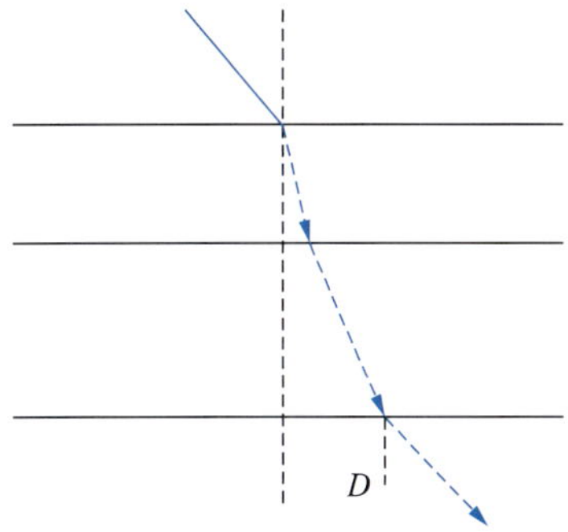

7 오른쪽 그림과 같이, 공기 중에서 두께가 t 이고 굴절률이 n 인 유리판에 입사각 θ 로 입사한 빛은 유리판을 통과한 후 입사광과 평행하지만, 간격 d만큼 벗어나 진행한다.

(a) $d = t \cdot \sin\theta\left(1 - \dfrac{\cos\theta}{\sqrt{n^2 - (\sin\theta)^2}}\right)$ 임을 보여라.

(b) 입사각이 충분히 작으면 $d = t \cdot \theta\left(1 - \dfrac{1}{n}\right)$ 임을 보여라.

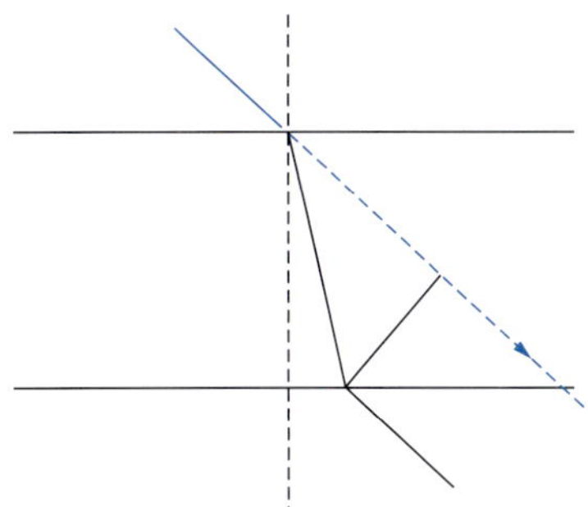

***8** 오른쪽 그림과 같이, 어항 속에서 금붕어가 있는 곳의 깊이는 $1.0\,\text{m}$ 라고 한다. 금붕어를 바로 위에서 내려다보는 경우, 금붕어가 있는 곳의 깊이는 얼마로 보이는가? 단, 공기와 물의 굴절률은 각각 1.00, 1.33이다.

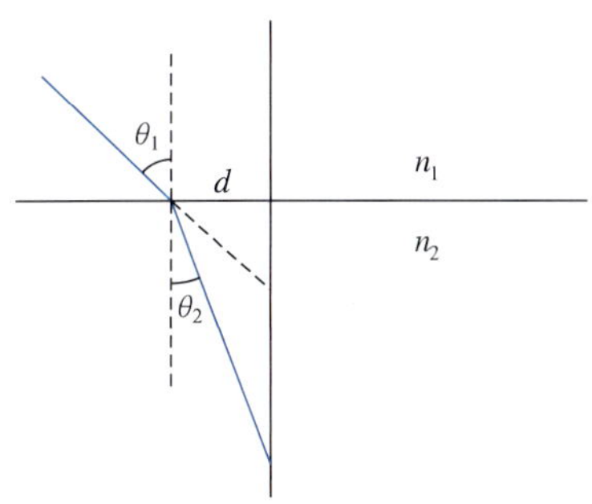

9 오른쪽 그림과 같이, 사잇각이 $90°$ 가 되게 붙여놓은 두 평면거울에 입사하는 빛은 어떤 입사각에서나 입사각과 같은 방향으로 반사됨을 보여라.

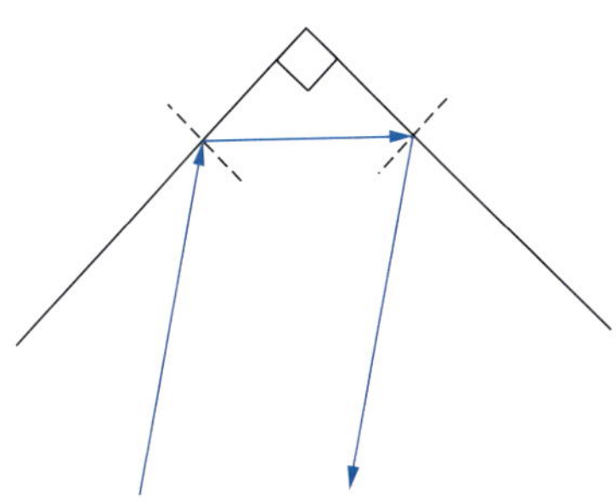

***10** 오른쪽 그림과 같이, 두 개의 평면거울 사이의 각이 ϕ라고 한다. 그 각은 90°보다 작다. 한 거울에서 반사된 빛이 다른 거울에서 다시 반사되어 나오는 경우, 반사되어 나오는 빛은 처음 입사한 빛의 입사 방향과 각 2ϕ만큼 방향이 달라짐을 보여라.

[HINT] $\phi = \pi/2(90°)$인 경우, 거울에 어떤 각도로 입사한 광선이든, 입사한 방향으로 되돌아가는 반사경 역할을 하게 된다.

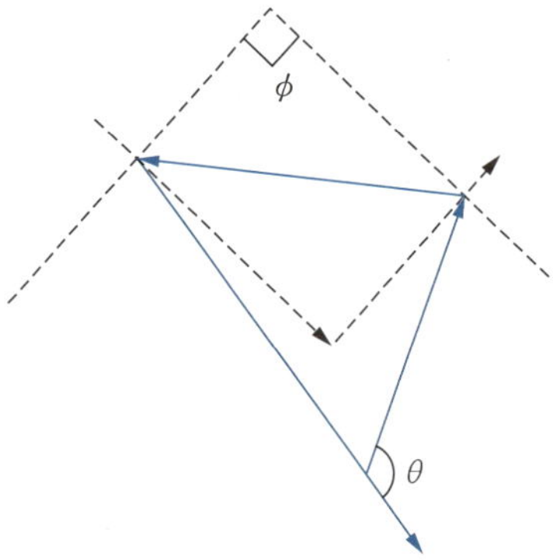

***11** 오른쪽 그림과 같이, 빛이 프리즘을 통과하는 경우, 입사광과 굴절광 방향의 각도 차이는 입사각의 각도에 따라 달라진다. 이때 각도 차이는 입사광 진행 방향이 프리즘 꼭지각 ϕ를 이등분하는 면을 수직으로 통과하는 경우 최소가 됨을 보일 수 있다. 프리즘의 굴절률이 n인 경우, 최소각 δ_m은 $n = \dfrac{\sin[(\phi+\delta_m)/2]}{\sin(\phi/2)}$ 임을 보여라.

[HINT] $\dfrac{d}{d\theta}\sin^{-1}\theta = \dfrac{1}{\sqrt{1-\theta^2}}$ 이다.

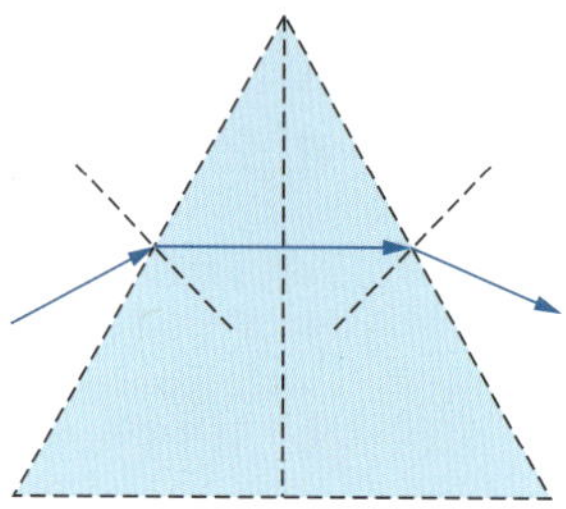

12 굴절률이 n이고 투명한 액체가 있다. 오른쪽 그림과 같이, 이 액체의 표면으로부터 깊이가 d인 곳의 한 점 P에 광원이 있을 때, 액체 표면에 원판을 두어 P에서 나온 빛을 모두 차단하려면 원판의 반지름 r은 최소 얼마 이상이어야 하는가?

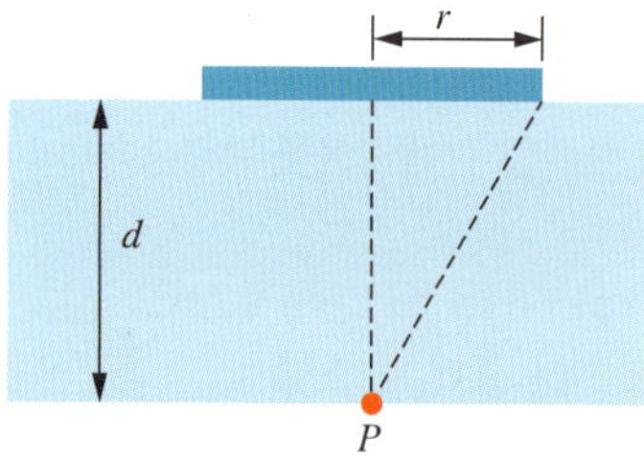

13 오른쪽 그림과 같이, 정육면체 모양의 유리 덩어리 윗면에서 45° 각도로 빛이 입사해 굴절된 후, 유리 덩어리 측면에서 전반사가 일어나려면 유리의 굴절률 n은 얼마 이상이어야 하는가?

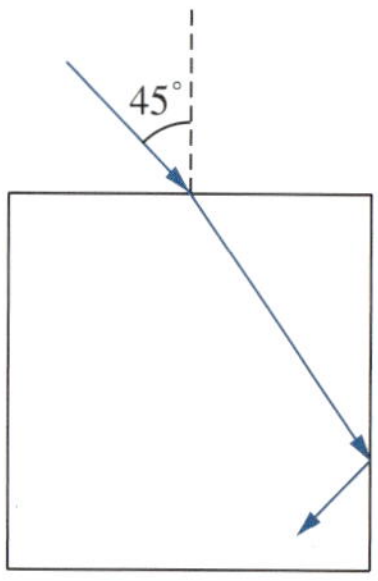

14 굴절률이 n_1인 물질에서 굴절률이 n_2인 물질로 입사각 θ로 입사한 빛이 있다. 경계면에서 반사된 빛의 각도와 굴절된 빛의 각도 차이가 β라면, 두 각도 사이에는 $\tan\theta = \dfrac{n_2 \sin\beta}{n_1 - n_2 \cos\beta}$ 관계가 있음을 보여라.

15 깊이가 72.0 cm 인 수영장 바닥에서 나오는 전구의 빛이 수영장 밖에서 보이지 않게 하려면, 전구가 있는 곳 바로 위의 수면 위치에 중심을 둔 어떤 반지름 r 이상을 가진 원판을 두면 된다. 그 원판의 반지름은 얼마인가? 단, 물의 굴절률은 $n = 1.33$이다.

16 곡률 반지름이 30.0 cm 인 오목거울에서 20.0 cm 떨어진 곳에 높이가 1.50 cm 인 물체가 놓여 있다. 거울이 만드는 상의 위치와 그 상의 높이를 구하라.

17 곡률 반지름이 16.0 cm 이고 볼록거울 모양을 가진 자동차 백미러가 있다. 거울에서 10.0 m 떨어진 물체의 상의 위치와 배율을 구하라.

18 오목거울 앞 6 m 떨어진 곳에 물체가 있다. 그 물체의 상 역시 그 자리에 생겼다면, 거울의 초점거리는 얼마인가?

19 지름이 9.2 cm 이고 반짝이는 둥근 금속 공 표면에서 거리 25.0 cm 만큼 떨어진 곳에 내 얼굴이 있다면, 내 얼굴의 상은 어느 위치에 생기겠는가? 또한 그 상은 실상과 허상 중 어느 것인가?

20 초점거리가 25 cm 인 볼록렌즈가 만드는 실상이 물체의 크기와 똑같은 크기가 되게 하려면, 물체를 렌즈로부터 얼마나 떨어뜨려야 하는가?

21 슬라이드나 영사기의 원리는, 필름을 마치 물체처럼 취급해 렌즈가 만드는 그 물체의 상을 스크린에 만드는 것이다. 초점거리가 105 mm 인 볼록렌즈로부터 거리가 6.50 m 인 곳에 상을 만들려고 한다.

(a) 필름은 렌즈로부터 얼마나 떨어져 있어야 하는가?

(b) 슬라이드 폭이 36 mm 라면 스크린 상의 폭은 얼마인가?

22 렌즈의 물체가 있는 쪽 초점에서 물체까지의 거리를 x, 상이 있는 쪽 초점에서 상까지의 거리를 x'이라고 하면, 초점거리가 f인 경우, $xx' = f^2$(이 식을 뉴턴의 형식[Newtonian form]이라 함) 관계임을 보여라.

23 초점거리가 13 cm 인 볼록렌즈로부터 36 cm 떨어진 곳에 촛불이 놓여 있다. 촛불 위치와 반대쪽으로 그 렌즈로부터 56 cm 떨어진 곳에 초점거리가 16 cm 인 두 번째 볼록렌즈가 있다면, 두 렌즈에 의해 만들어지는 상의 위치와 배율은 각각 얼마인가?

24 굴절률이 $n = \sqrt{3}$ 인 유리에서 반사된 빛의 수평 성분이 사라진다면, 그 경우 입사각과 굴절각은 각각 얼마인가?

25 사파이어에서 공기로 나가는 빛이 전반사를 일으키는 각도가 34.4°라 한다. 빛이 공기 중에서 사파이어로 입사하는 경우, 브루스터의 각은 몇 도가 되는가?

26 빛이 두 개의 편광판을 지날 때, 두 편광판의 편광축이 서로 θ각으로 어긋나 있으면, I_0가 1차 편광판을 지난 빛의 세기일 때, 2차 편광판을 통과한 빛의 세기는 $I = I_0 \cos^2\theta$ 형태로 나타낼 수 있다. 수직 편광된 빛이 수직 방향에 대해 각각 20°, 40°, 60°로 기울어진 세 개의 편광판을 지난 다음의 빛의 세기는 처음 입사광의 몇 %인가?

27 오른쪽 그림과 같이, 사잇각이 90°가 되게 붙여놓은 두 평면거울에 입사하는 빛은 어떤 각으로 입사하든지 입사각과 같은 방향으로 반사됨을 보여라.

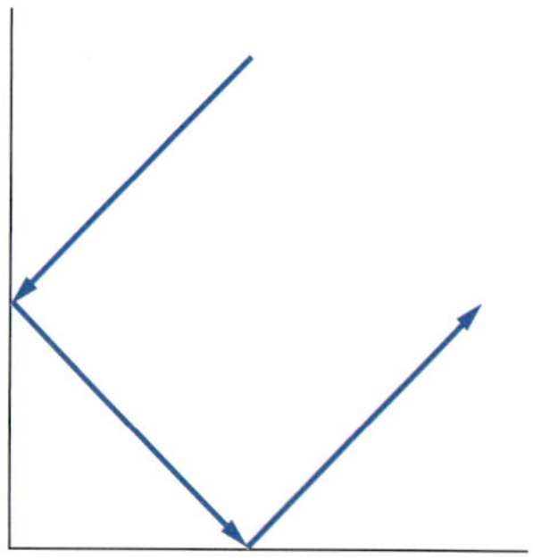

CHAPTER

23 간섭과 에돌이

Interference and Diffraction

23.1 빛의 파동성과 영의 실험

빛의 파동성

빛은 결국 전자기 파동 현상인 것으로 밝혀졌지만, 가시광선이라 부르는 빛은 파장이 매우 짧아서 그 빛이 파동성을 띤다는 사실을 발견하기까지는 꽤 오랜 시간이 걸렸다. 빛은 전기적 진동 현상이므로 물질을 만나면 물질을 이루는 전하들을 뒤흔들어 놓게 되고, 뒤흔들어진 전하들은 또다시 빛을 내는 과정이 계속된다.

중첩 현상은 파동이 가진 매우 중요하면서도 흥미로운 특징이다. 두 파동이 중첩되면 진폭이 더 커지거나 작아지게 된다. 예를 들어 진폭이 각각 E인 두 파동이 같은 위상에서 만나면 그 위치에서의 진폭은 일시적으로 $2E$가 되고, 정반대 위상일 때는 진폭이 0이 된다.

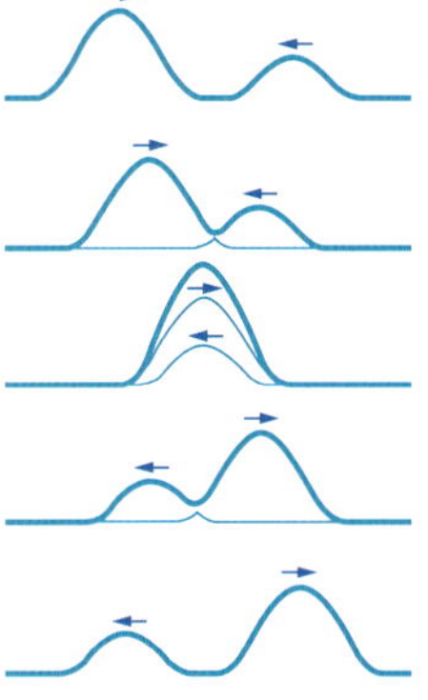

그림 23-1 중첩의 원리

중첩 현상 때문에 모든 파동에는 **간섭**interference이라는 매우 흥미로운 현상이 나타난다. 즉 파동이 중첩되면 진폭이 커지거나 작아지는데, 파동이 가진 에너지의 세기는 그 진폭의 제곱에 비례하므로, 중첩된 파동은 강하거나 약한 세기 분포를 나타낸다. 그런 현상을 간섭이라고 부른다.

파장이 같은 두 파동의 간섭 현상을 보려면 두 파동이 만나는 위치에서 두 파동이 일정한 위상 관계를 유지해야 한다. 두 개의 파동이 일정한 위상 관계를 유지하면서 진행하면 **결맞음**coherence이 있다고 하고, 결맞음이 유지되는 시간을 **결맞음 시간**coherence time이라 부른다. **레이저**laser 빛은 결맞음 시간이 오래 지속되게 만든 빛으로, 매우 먼 거리까지 진행해도 결맞음이 유지되는 특성이 있다.

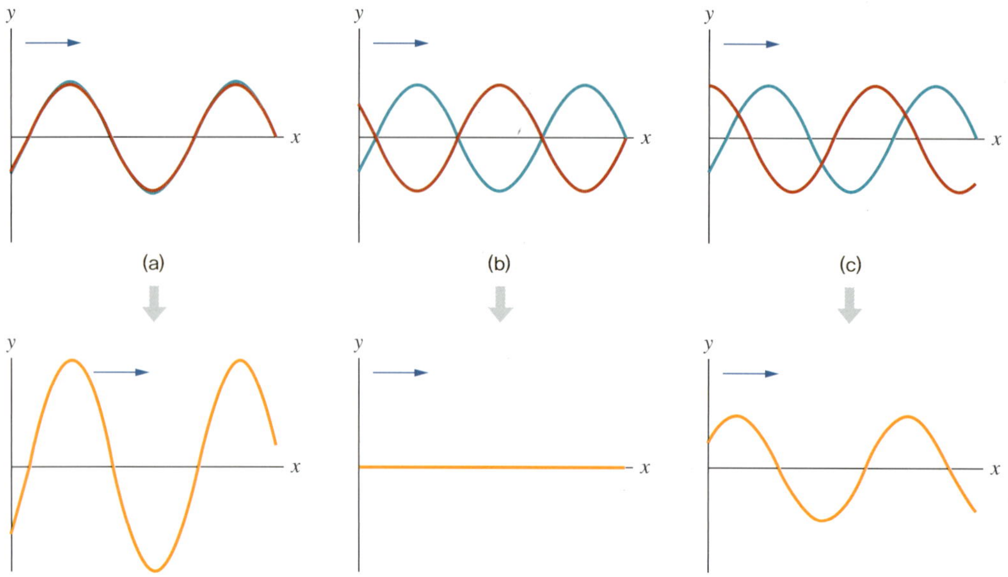

그림 23-2 두 파동의 간섭

≫ 참고 레이저의 원리

하나의 분자에서 어떤 파장을 갖는 전자기 파동이 나온다고 하자. 이때 그 전자기 파동이 다른 분자에 영향을 주어 그 다른 분자에서도 동일한 파장을 띤 파동이 나온다고 할 때, 그 두 파동은 놀랍게도 똑같은 위상을 갖는다. 레이저는 그런 특성을 이용해 진폭이 매우 큰 파동을 만든다. 일반적인 광원은 많은 전하 진동자로 이루어지므로, 각 진동 전하에서 나오는 빛은 제멋대로의 위상을 갖는다. 따라서 정확히 결이 맞는 빛이라고는 볼 수 없다. 그러므로 보통 얻는 빛에서 간섭 현상을 보기는 쉽지 않다.

영의 이중슬릿 실험

그림 23-3 토마스 영, 1773~1829

일반적으로 결이 맞는 광원을 얻기는 어렵다. 또한 가시광선의 파장은 400 nm ~ 700 nm 정도로 매우 짧아서 가시광선의 간섭 현상을 보기는 쉽지 않다. 그러나 1800년경 영국의 토마스 영은 기발한 착상으로 가시광선의 간섭 현상을 관측하는 데 성공했다. 가시광선의 간섭 현상을 보기 위해 영은 두 가지 문제를 해결했는데, 그중 하나가 결이 맞는 두 개의 파동을 얻는 것이다. 이를 위해 영은 **호이겐스의 원리**Huygens's principle를 이용했다. 호이겐스의 원리는 파동의 중요한 특성 중 하나로, 파동의 모든 부분이 각각 새로운 파원처럼 파동을 만들어낸다고 보는 것이다. 예컨대, 좁은 틈을 통과한 빛은, 틈 모양의 새로운 광원에서 빛이 나오는 것처럼 모든 방향으로 퍼져나간다.

영은 단색광을 매우 좁은 틈(슬릿[slit])으로 통과시켜 마치 그 틈이 하나의 광원처럼 보이도록 했다. 그렇게 하면 처음 빛을 만든 광원의 크기에 상관없이, 마치 한 점에서 빛이 나오는 듯한 효과를 얻을 수 있다. 이는 물결이 좁은 구멍을 지나면서 구면파를 만들고, 그 구멍이 좁으면 좁을수록 그 구멍을 통과해 나오는 파동이 더 완전한 구면파가 되는 것과 같은 이치다.

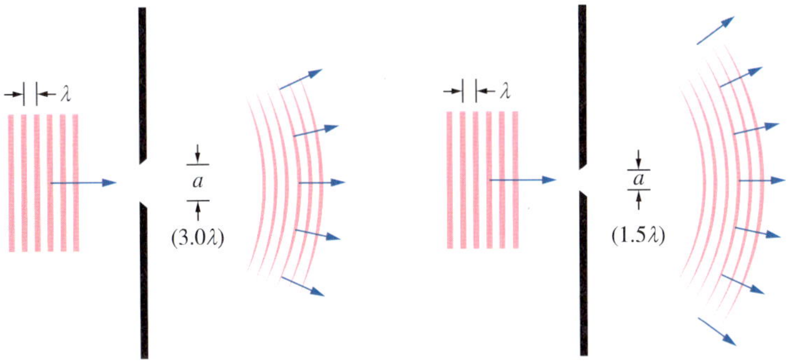

(a) $a = 3.0\lambda$ (b) $a = 1.5\lambda$

그림 23-4 슬릿을 통과하는 광원

영은 1차 슬릿을 통과한 빛을 2차 슬릿이라 부르는 두 개의 슬릿에 또다시 통과시켰는데, 두 개의 슬릿 간격은 단색광의 파장 정도로 매우 작게 만들었다. 이 실험에서 1차 슬릿을 통과한 빛은 매우 작은 크기의 단일 광원과 같으므로, 2차 슬릿의 각 위치에 도달한 빛은 일정한 위상차를 갖는다. 이제 편의상 2차 슬릿 위치에서 두 빛의 위상차가 0이라고 하자. 각 슬릿을 통과하는 빛은 마치 그 슬릿이 새로운 광원이 된 것처럼 모든 방향으로 퍼지고, 두 슬릿을 지나 스크린의 한 점에 도달한 두 빛은 두 슬릿으로부터의 거리에 따라 일정한 위상차를 갖는다. 이제 슬릿 간격을 d, 스크린까지의 거리를 R이라 하자. 슬릿 간격은 매우 작고, 스크린까지의 거리는 상대적으로 멀어서 스크린 위의 한 점이 중심축과 각 θ를 이룰 때 두 슬릿에서 그 점까지의 거리 차이는 $\Delta r = r_2 - r_1 \approx d\sin\theta$로 나타낼 수 있다. 한편, 그 거리 차이가 파동의 파장 λ의 정수 배가 되면 두 파동의 위상차는 다시 0이 된다. 그런 경우 진폭이 매우 커지면서 **보강간섭**[constructive interference]이 일어났다고 한다. 만약 그 거리 차이가 $\frac{\lambda}{2}$, $\frac{3\lambda}{2}$, $\cdots$와 같이 반파장의 홀수 배가 되면 진폭은 최소가 되며 **상쇄간섭**[destructive interference] 또는 **소멸간섭**이 일어났다고 한다.

즉 $\Delta r = \lambda,\ 2\lambda,\ \cdots$와 같이 파장의 정수 배가 되는 각도에서는 빛이 밝아지고, $\Delta r = \frac{\lambda}{2},\ \frac{3\lambda}{2},\ \cdots$와 같이 반파장의 홀수 배가 되는 각도에서는 빛이 어두워지는 간섭 무늬가 나타난다. 예컨대, 첫 번째 어두운 곳은 $y = R \cdot \frac{\lambda}{2d}$ 위치에, 그리고 첫 번째 밝은 곳은 $y = R \cdot \frac{\lambda}{d}$ 위치에 생긴다. 이 결과는 슬릿 간격 d가 파장 λ와 비슷한 크기가 되어야만 간섭 무늬를 쉽게 볼 수 있음을 뜻한다.

이제 스크린 위의 한 점이 중심축과 어떤 각 θ를 이룰 때, 중심축에서 그 점까지의 거리를 y라 하면 $y = R\tan\theta$로 나타낼 수 있다. 한편, 각을 라디안 단위로 나타내 면 각이 충분히 작을 때 ($\tan\theta \approx \theta \approx \sin\theta$로 쓸 수 있으므로) $y = R \cdot \theta$, $\Delta r \approx d \cdot \theta$로 써서 다음과 같이 나타낼 수 있다.

$$y \approx R\theta = R \cdot \frac{\Delta r}{d} \tag{23.1}$$

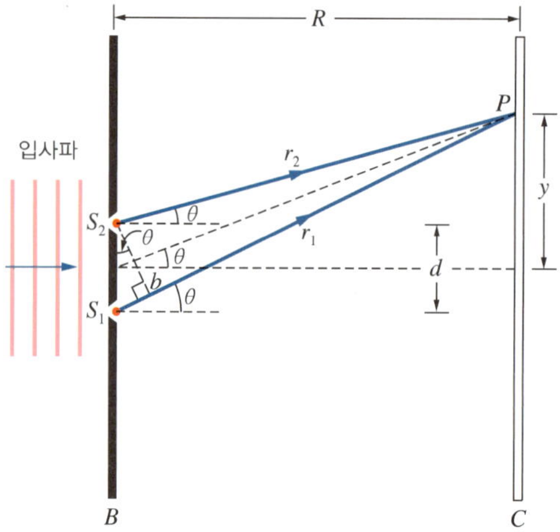

그림 23-5 이중슬릿에 의한 간섭

물음 23-1 $d = 3\lambda$라면 첫 번째 어두운 무늬가 생기는 각 θ는 몇 라디안인가?

23.2 간섭 무늬의 세기 분포

빛의 세기

이중슬릿 간섭 현상 실험에서 빛의 세기는 중심축으로부터의 거리에 따라 밝고 어두운 무늬를 반복해서 만드는데, 그때의 빛의 세기를 어떻게 나타내는지 알아보자. 빛은 전기장의 진동 현상이므로 빛을 $E_0 \cos(kx - \omega t)$ 형태를 가진 전기장의 파동으로 생각해보자. 이때 E_0는 빛의 진폭이다. k, ω는 각각 파수와 각진동수를 나타내며, 파장과 주기와는 $k = \frac{2\pi}{\lambda}$, $\omega = \frac{2\pi}{T}$ 관계를 갖는다.

이제 어떤 시각 t에서 이중슬릿을 통과한 두 광선 중 하나가 스크린 위의 한 점에 도달했을 때, 그 광선의 전기장을 $E_1 = E_0 \cos\omega t$로 나타내기로 하자. 그 경우, 그 점에 도달한 다른 광선의 전기장 E_2는 E_1과 위상차 ϕ를 가지므로 $E_2 = E_0 \cos(\omega t + \phi)$로 쓸 수 있다고 할 수 있다. 이때 그 두 광선의 편광 방향도 같다고 가정하면, 두 빛 파동이 중첩된 전기장은 다음과 같이 쓸 수 있다.

$$E = E_1 + E_2 = E_0[\cos\omega t + \cos(\omega t + \phi)] \tag{23.2}$$

한편, 전기장의 에너지 밀도는 $u_E = \frac{1}{2}\varepsilon_0 E^2$이므로, 그 점에서의 빛의 세기 I는 다음과 같이 나타낼 수 있다.

$$I = < E^2 > = E_0^2(< \cos^2\omega t > + < \cos^2(\omega t + \phi) >) + 2E_0^2 < \cos\omega t \cdot \cos(\omega t + \phi) > \tag{23.3}$$

여기에서 오른쪽 처음 두 항은 각각 두 광선의 (간섭 현상과 상관없는) 빛의 세기를 나타내고, 세 번째 항은 (빛이 $\cos\omega t$ 형태의 파동이기 때문에 생겨난) 간섭 항이다. 우리가 일반적으로 다루는 빛은 진동수가 매우 큰 전기장 파동이다.[1] 따라서 우리에게는 그 시간 평균값이 측정 의미가 있는 양이 된다. 한 주기 동안의 시간 평균값은 $I = E_0^2(1 + \cos\phi)$가 되므로 광선 하나의 평균 세기를 $I_0 = \frac{1}{2}E_0^2$으로 쓰면, 그 위치에서 빛의 평균 세기는 다음과 같다.

$$I = 4I_0\cos^2\left(\frac{\phi}{2}\right) \tag{23.4}$$

이 결과에서 볼 수 있는 흥미로운 사실은, 두 광선이 중첩되어 만든 빛의 세기는 각 빛의 세기에 대해 최대 두 배가 아니라 네 배까지 될 수 있다는 것이다.

물음 23-2 $< \sin^2\omega t > = < \cos^2\omega t > = \frac{1}{2}$, $< \sin\omega t\cos\omega t > = 0$ 관계를 이용해 식 (23.4)의 관계를 증명하라.

간섭 무늬의 세기 분포

한편, 슬릿 간격이 d, 스크린 위의 관측점 위치가 각 θ를 이룰 때 경로차를 Δr로 쓰면 $\Delta r = d\sin\theta$이므로, 위상차는 경로차와 ϕ는 $\frac{\Delta r}{\lambda} = \frac{\phi}{2\pi}$ 관계를 갖는다. 즉 두 슬릿을 통과한 빛의 위상차는 $\phi = \frac{2\pi}{\lambda} \cdot d\sin\theta$로 나타낼 수 있다.

이제 슬릿에서 스크린까지의 거리가 충분히 멀다고 가정하고 그 거리를 R이라고 하면, 스크린 중심축으로부터의 거리를 y라 할 때 $\theta \approx \frac{y}{R}$로 쓸 수 있다. 그러므로 식 (23.4)에 나타낸 세기 분포는 다음과 같이 나타낼 수 있다.

$$I \propto \cos^2\left(\pi\frac{d}{\lambda} \cdot \frac{y}{R}\right) \tag{23.5}$$

당연한 결과지만, 이 식에 의하면 $y = 0$인 중심축 위치는 밝은 곳이 된다.

---

1 가시광선의 진동수는 수백 조 Hz에 이른다.

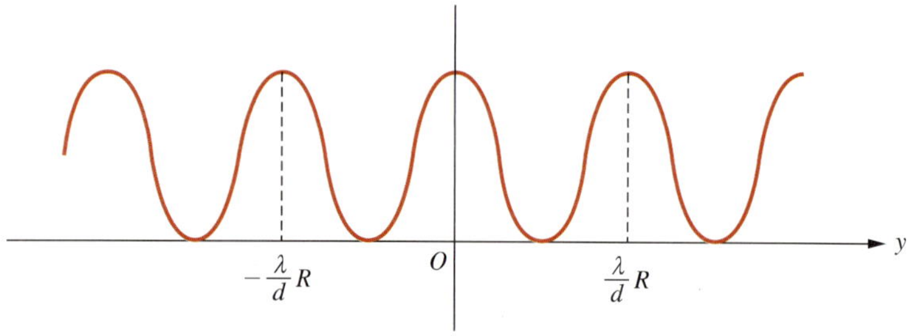

그림 23-6 위상차에 따른 빛의 세기

물음 23-3 다음 물음에 답하라.

(a) 중심축에서 가장 가까운 밝은 곳의 위치 조건은 $y=\frac{\lambda}{d}R$임을 보여라.

(b) $R=1\,\text{m}$, $d=0.1\,\text{mm}$인 조건에서 어떤 파장의 빛을 사용할 때, 중심축에서 가장 가까운 밝은 곳의 위치가 $y=0.5\,\text{cm}$다. 그 빛의 파장은 얼마인가?

위상자 방법

흥미로운 사실은, 중첩의 원리에 의해 중첩된 두 광선의 상태는 각 빛의 전기장을 벡터로 취급해 벡터의 덧셈 연산으로 설명할 수 있다는 점이다. 그 경우 각각의 광선은 위상차만큼 방향 차이가 나는 벡터로 취급되는데, 그렇게 중첩 현상을 다루는 방법을 **위상자**phasor **방법**이라 한다.

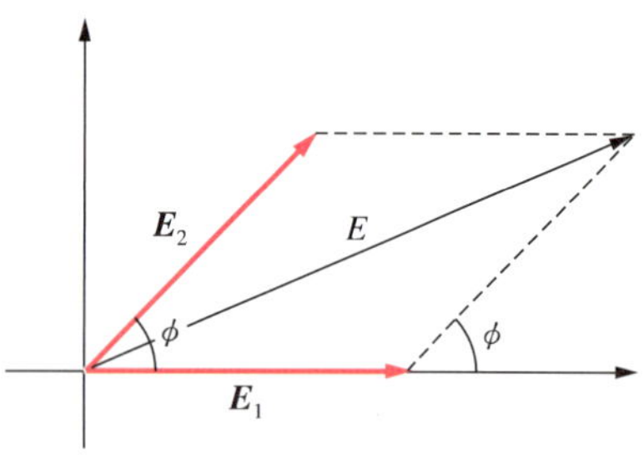

그림 23-7 각도 ϕ만큼 차이가 나는 두 전기장 벡터와 그 합벡터

이제 E_1을 상징하는 벡터가 x축을 향한다고 하고, E_1과 위상차 ϕ를 가지는 E_2를 상징하는 벡터가 x축과 각 ϕ를 이룬다고 하자. 그 경우 각 벡터의 크기를 E_0라 하고, 벡터 덧셈 연산의 결과로 얻은 벡터를 E로 나타낸다고 하면, 코사인 법칙에 따라 그 크기는 다음과 같아진다.

$$E^2 = E_0^2 + E_0^2 - 2E_0^2\cos(\pi - \phi) \tag{23.6}$$

한편, $\cos(\pi-\phi) = -\cos\phi$로 쓸 수 있으므로, 이 결과는 $E^2 = 2E_0^2(1+\cos\phi)$가 되고, 이 값이 두 벡터를 더한 합벡터 크기의 제곱을 나타낸다. 따라서 앞에서 얻은 $I = E_0^2(1+\cos\phi)$ 결과를 다시 얻었다는 사실을 알 수 있다.

≫ 참고 흰 구름과 검은 구름

안개나 구름을 이루는 물방울은 물 분자가 많이 뭉쳐 있는 상태다. 물 분자의 크기는 1nm보다 작아서 수증기의 각 물 분자에 의해 산란되는 가시광선의 위상차는 거의 무시할 만하다(가시광선의 파장은 수백 nm 정도다). 즉 입사광의 파장이 충분히 길기 때문에 두 물 분자 위치에서 입사광의 전기장 크기나 방향은 거의 같다. 따라서 크기가 아주 크지 않은 물방울을 이루는 물 분자들에 의해 산란되는 빛의 진폭은 더해져서 산란광의 세기가 매우 커진다. 빛의 세기는 진폭의 제곱, 즉 물방울에 있는 물 분자의 수에 비례하기 때문이다. 그러므로 안개나 구름은 매우 희게 보인다.

그러나 물방울 크기가 너무 커져서 가시광선의 파장 정도 크기에 이르면, 각 물 분자에 의한 산란광 사이에 상쇄간섭 현상이 생긴다. 따라서 비가 오기 바로 전의 구름은 어두운 색을 띤다.

23.3 박막에서의 간섭

토마스 영은 하나의 광선을 서로 다른 경로로 진행하게 한 다음, 갈라진 광선을 다시 만나게 하면 간섭 현상이 생긴다는 사실을 실험을 통해 보여주었다. 영은 두 개의 틈을 이용해 그런 상황을 만들었지만, 우리 주위에서는 자연적으로 그런 상황이 만들어지기도 한다. 예컨대, 얇은 비눗물막이나 기름 막에 빛이 입사할 때, 일부는 막의 앞 표면에서 반사되고, 다른 일부는 막으로 들어간 다음 막의 뒤 표면에서 반사된다. 그 경우 반사된 두 광선은 간섭 현상을 보이는데, 그 때문에 비눗물이나 기름으로 만들어진 막은 무지개 색을 띤다. 이제 그 경우와 같이 얇은 두께의 막에 의한 간섭 현상을 다뤄보자. 얇은 두께의 막을 **박막**thin film이라 부른다.

빛의 간섭 현상을 잘 이용하면 빛의 반사가 전혀 없는 **무반사 현상**이나 입사된 모든 빛이 반사하는 **고반사 현상**이 일어나게 할 수 있다. 어떤 표면에 특정 물질을 입히는 것을 **코팅**coating이라 부르는데, 무반사나 고반사 현상이 일어나게 하려면 코팅 두께를 매우 얇게 하여 빛의 파장 정도로 만들면 된다.

이제 무반사 현상이나 전반사 현상이 일어나는 조건을 알아보기 위해, 진행하던 광선이 다른 물질을 만나 반사될 때 빛의 위상이 어떻게 변하는지 다뤄보자. 어떤 줄에서 전파하는 역학적 파동에서 밀도가 더 작은 줄을 만나면 파동은 위상 변화 없이 반사된다. 그러나 밀도가 더 큰 줄을 만나면 반사되는 파동의 위상이 뒤집혀 $\pi(180°)$의 위상차를 갖는다.

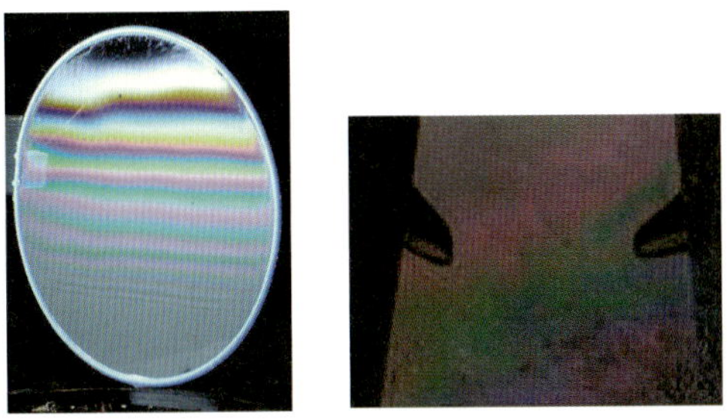

그림 23-8 비눗물막과 기름막에 의한 간섭 무늬

빛의 특성도 이와 유사한데, 굴절률이 더 큰 물질을 만나 반사하면 위상이 뒤집혀 π의 위상차를 보인다. 그러나 굴절률이 더 작은 물질을 만나면 위상차 없이 반사한다.[2]

이제 박막 물질의 굴절률과 바닥면 물질의 굴절률의 상대적 크기 조건을 나누어 생각해보자.

(1) $n' > n$인 경우

박막 물질의 굴절률은 공기의 굴절률보다 크므로, 박막 표면에서 반사된 빛은 입사광과 π의 위상차로 반사된다. 한편, $n' > n$이면 박막으로 들어가 (굴절률이 n'인) 바닥면 물질에서 반사되는 빛도 역시 π만큼의 위상차로 반사된다. 그러므로 반사에 따른 위상차는 두 경우 모두 π가 되므로 그 차이 효과는 무시할 수 있다. 따라서 단지 경로차에 의한 위상차만 고려하면 되므로, 박막 두께가 $t = \frac{\lambda}{4}$일 때(즉 왕복 경로 차가 $\frac{\lambda}{2}$일 때) 소멸간섭을 하게 되어 무반사 상태가 된다. 이때 공기 중에서의 파장을 λ_0라고 할 때, 박막 물질 속에서는 더 이상 λ_0가 아니라는 점에 유의해야 한다. 즉 굴절률이 n인 물질에서의 광속은 $\frac{c}{n}$ 크기로 느려지므로, 공기 중에서의 파장을 λ_0라고 하면, 굴절률이 n인 물질 속에서의 파장은 $\lambda = \frac{\lambda_0}{n}$ 크기를 갖는다.

(2) $n' < n$인 경우

박막으로 들어간 빛은 바닥면에서 반사될 때 위상차 없이 반사된다. 그러므로 반사에 따른 효과에서 이미 박막에서 바로 반사되는 빛과 π만큼의 위상차를 갖는다. 한편, 박막 두께가 $t = \frac{\lambda}{4}$일 때 경로차에 의한 위상차 역시 π가 되므로, 두 효과에 의한 빛의 위상차는 결과적으로 0 또는 2π로 쓸 수 있다. 그러므로 $t = \frac{\lambda}{4}$ 두께에서는 보강간섭이 되어 고반사 상태가 된다. 이 결과로부터 우리는 그 경우 입사광이 모두 반사된다고 생각하기 쉽다. 그러나 입사광 일부가 박막 물질 속으로 투과했듯이 그 투과한 빛의 일부도 바닥면 물질 속으로 투과하므로 100% 반사되지는 않게 된다.

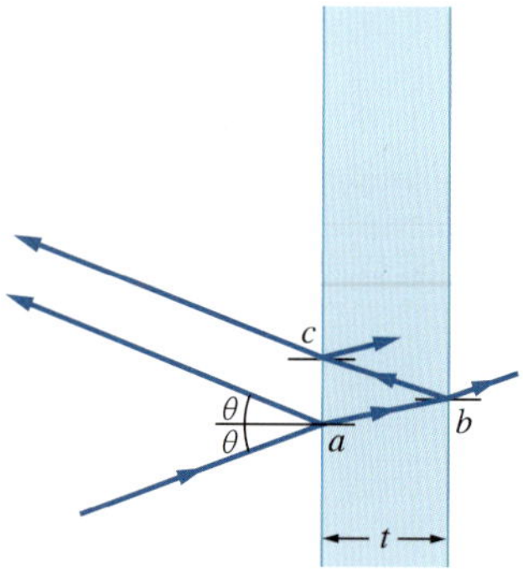

그림 23-9 박막에서의 간섭

2 굴절률이 n인 물질에서 굴절률이 n'인 물질로 전기장이 E인 빛이 입사하는 경우, 반사되는 빛의 전기장을 E'이라 하면, 그 전기장 사이에는 $E' = \frac{n-n'}{n+n'}E$ 관계가 있음을 보일 수 있다. 즉 굴절률이 더 큰 물질에 의해 반사되면 전기장 부호가 바뀌는데, 이는 위상이 180° 변했음을 뜻한다.

예제 23-1 박막에 의한 무반사 조건

굴절률이 1.5인 유리 위에 박막을 입혔다. 박막의 굴절률은 1.3이라고 한다. 박막을 입힌 유리 판 위쪽에서 파장이 λ인 광선이 수직으로 입사하는 경우, 무반사 조건이 되게 하려면 박막 최소 두께는 얼마가 되어야 하는가?

풀이

공기보다 박막의 굴절률이 크고, 박막보다 유리의 굴절률이 크므로, 반사되는 광선들은 모두 180°만큼 위상이 변하므로 반사에 의한 위상 변화 효과는 무시할 수 있다. 한편, 박막 속에서의 파장을 λ'이라 할 때, 두께가 $t = \frac{\lambda'}{4}$이라면 왕복 경로차가 $\frac{\lambda'}{2}$이므로 박막 속을 진행하는 동안 180°만큼 위상 변화가 생긴다. 한편, $\lambda' = \frac{\lambda}{1.3}$이므로, 무반사 조건이 되는 두께 $\frac{\lambda'}{4}$은 $\frac{\lambda}{5.2}$ 크기가 된다.

물음 23-4 물 위에 뜬 기름막이나 비눗물막은 무지개 현상을 보인다. 이는 막의 두께가 매우 얇아 각각 다른 파장의 빛이 간섭 현상을 일으키는 것이다. 이 사실로부터 알 수 있는 비눗물막이나 기름막의 두께는 어느 정도라고 추정되는가? 단, 무지개 빛의 파장은 약 500nm다.

물음 23-5 굴절률이 n인 물질의 박막을 굴절률이 n'인 바닥면에 코팅했다. $n' > n$일 때, 공기 중 파장이 λ_0인 빛이 박막에 수직으로 입사되었다.

(a) 무반사 상태가 되게 하려면 최소 박막 두께는 얼마여야 하는가?
(b) 고반사 상태가 되게 하려면 최소 박막 두께는 얼마여야 하는가?

23.4 에돌이 현상

예를 들어 어떤 사람이 담 뒤에서 소리를 질렀다고 하자. 우리는 소리를 지른 사람을 눈으로 볼 수는 없지만, 소리는 들을 수 있다. 즉 소리 파동은 휘어져서 담을 넘어올 수 있지만, 빛 파동은 그러지 못한다는 뜻이다. 파동에는 어떤 장애물을 돌아서 그 장애물 뒤에까지 전달되는 독특하면서도 흥미로운 특성이 있는데, 이를 **에돌이**(diffraction) **현상** 또는 **회절 현상**이라고 부른다. 에돌이란 장애물을 에워싸고 돌아간다는 뜻이다.

에돌이 현상의 예로, 조그만 틈이 있는 담을 통과하는 파동을 생각해보자. 틈이 좁아질수록 그 틈을 통과한 파동은 더 넓은 각도로 퍼지는데, 이를 에돌이 현상이 더 커진다고 말한다. 이때 틈은 마치 새로운 파동의 시작점인 파원처럼 볼 수 있다.

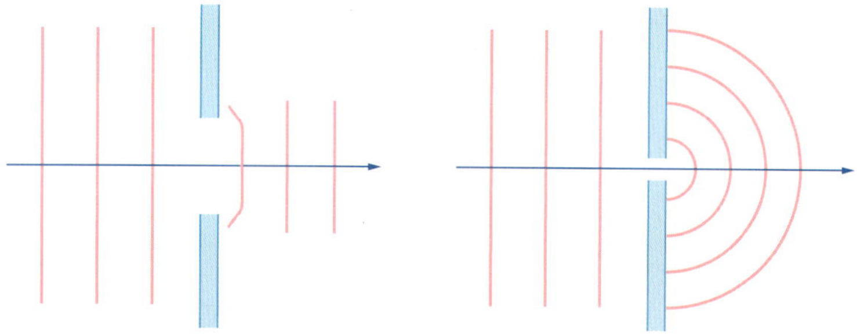

그림 23-10 에돌이 무늬

빛의 경우는 소리와 달리 에돌이 현상을 관측하기가 쉽지 않다. 왜냐하면 에돌이 현상은 파장이 긴 파동일수록 더 잘 일어나기 때문이다. 예컨대, 소리는 가시광선보다 더 큰 에돌이 현상을 보이는데, 그 이유는 소리 파동의 파장은 수 m 지만, 가시광선의 파장은 수백 nm 이기 때문이다. 담 뒤나 문 뒤에서처럼 보이지 않는 사람의 소리를 들을 수 있는 이유도 바로 이 때문이다. 그러나 유심히 보면 우리 주위에서도 빛의 에돌이 현상을 볼 수 있다. 예컨대, 손의 그림자를 자세히 보면 그림자의 경계선이 명확하지 않으며, 두 손가락 틈을 좁혔을 때 실제로 손가락이 붙지 않았어도, 그림자는 손가락이 서로 붙은 것처럼 보인다.

에돌이 현상은 두 종류로 나뉜다. 하나는 파원으로부터 충분히 멀리 있는 장애물과 장애물부터 역시 충분히 멀리 있는 곳에 생기는 에돌이 현상이다. 이를 **원거리 에돌이** 또는 **프라운호퍼 에돌이**Fraunhofer diffraction라 부른다. 이 경우에는 장애물에 입사하는 파동이나 장애물을 지난 파동을 모두 평면파로 취급할 수 있다.

한편, 다른 경우는 파원과 장애물 그리고 관측점 위치 등이 모두 서로 가까운 거리에 있어서, 광선을 평면파로 취급하기가 적절하지 않을 때 생기는 에돌이 현상이다. 이를 **근거리 에돌이** 또는 **프레넬 에돌이**Fresnel diffraction라 부른다. 예컨대, 담 뒤에서 말하는 사람의 소리가 담을 넘어오는 현상은 프레넬 에돌이 현상의 예로 볼 수 있다. 프레넬 에돌이 현상은 다루기가 복잡하므로, 여기에서는 프라운호퍼 에돌이 현상만 다뤄보자.

단일슬릿 에돌이

가장 단순한 예로, 슬릿 하나를 통과한 빛의 에돌이 현상을 먼저 다뤄보자. 이제 슬릿의 틈 폭이 a, 슬릿에서 스크린까지의 거리가 R, 파동의 파장을 λ라 하자. 흥미로운 점은 이 경우에도 이중슬릿에서의 간섭 현상과 같이 스크린의 중심축 위치를 중심으로 어두운 곳과 밝은 곳이 번갈아가며 나타난다는 것이다. 이때 이와 같은 현상이 생기는 원인은 무엇이며, 이때 어두운 곳은 중심축에서 어느 각도만큼 떨어진 위치에 생길까?

이 문제를 다루기 위해 (이미 매우 작은 틈이지만) 틈을 다시 여러 가상 구간으로 나누고, 각 구간을 독립된 슬릿이라고 생각해보자. 이때 스크린에 도달하는 파동을 그 가상슬릿을 지나는 파동들이 중첩된 파동이라고 보면, 각 구간을 지나는 파동들은 각각의 경로차에 따른 위상차에 의한 간섭 효과를 보일 것이다. 에돌이 현상을 간섭 효과로 설명해보려는 이런 시도가 만약 에돌이 현상을 잘 설명할 수 있다면, 그것은 에돌이 현상이 근원적으로는 간섭 현상과 같은 현상임을 뜻한다.

그런 시도에서 슬릿의 틈을 매우 많은 구간으로 나누면, 각 구간을 지나는 파동들의 간섭 과정을 각각 다루기는 매우 어렵다. 그러나 다행히도 어두운 위치가 어디에 있는지는 쉽게 알아낼 수 있는데, 그 방법은 물론 파동이 소멸하는 조건을 찾으면 되기 때문이다. 이제 어떤 두 가상슬릿을 지나는 파동의 소멸간섭 조건을 알아보기 위해 틈의 간격을 둘로 나누어 '위 반쪽' 부분과 '아래 반쪽' 부분으로 나눠 보자.

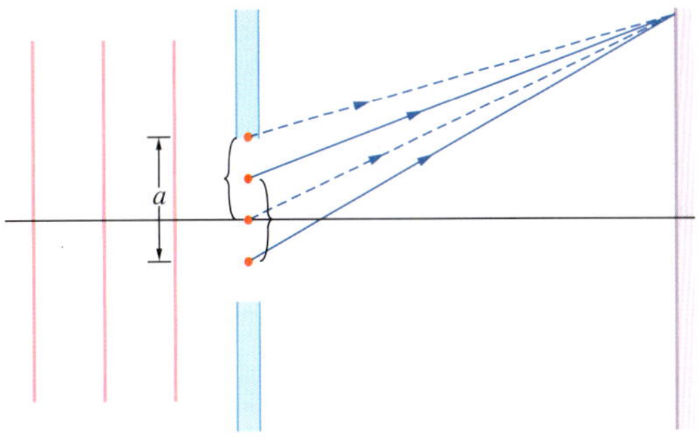

그림 23-11 두 부분으로 나눈 틈 : $\frac{a}{2}$ 차이 구간의 쌍이 모두 상쇄된다

이때 '위 반쪽'의 맨 윗부분 위치와 '아래 반쪽'의 맨 윗부분 위치 간격은 $\frac{a}{2}$가 되며, 중심축에서 각 θ인 방향에 있는 스크린 점까지의 경로차는 $\left(\frac{a}{2}\right)\sin\theta$가 된다. 그리고 그 두 위치로부터의 경로가 스크린 위치에서 반 파장의 차이를 가지면 두 위치를 통과한 파동은 완전히 소멸된다. 그런 소멸 현상은 앞에서 다룬 위치들의 바로 아래 구간의 짝에서도 여전히 성립하고, 그런 짝을 모든 구간으로 확장하면 반 파장 차이 조건을 만족하는 각도 위치에서는 모든 구간의 짝이 만드는 파동이 모두 소멸된다. 즉 어두운 위치에서의 각도는 다음 조건에서 얻을 수 있다.

$$\frac{a}{2}\sin\theta = \frac{\lambda}{2} \tag{23.7}$$

즉 $a\sin\theta = \lambda$ 조건의 각 θ에서 스크린은 어두워진다. 한편, 이제 틈을 네 개의 구간으로 나누어 같은 논리로 다루면 $\frac{a}{4}\sin\theta = \frac{\lambda}{2}$ 조건에서도 역시 소멸간섭이 이루어진다. 그때의 조건은 $a\sin\theta = 2\lambda$가 되므로, 어두운 곳이 되는 각도들을 θ_m이라 하면 그 각도의 조건은 다음과 같이 쓸 수 있다.

$$a\sin\theta_m = m\lambda \ \ (m = 1, 2, \cdots) \tag{23.8}$$

특별한 경우로 틈의 간격이 파장보다 매우 커서 $a \gg \lambda$ 조건이 성립한다면 $\sin\theta = \dfrac{\lambda}{a}$를 만족하는 각 θ에서 첫 번째 어두운 곳이 생기므로, 그 각 θ는 매우 작아진다. 따라서 $\sin\theta \approx \theta$ 관계로부터 어두운 위치의 각도를 다음과 같이 근사할 수도 있다.

$$\theta_m \approx m\frac{\lambda}{a} \tag{23.9}$$

이 결과는 밝은 위치와 어두운 위치가 번갈아 나타난다는 것을 뜻하며, 관측된 에돌이 현상을 잘 기술한다. 즉 에돌이 현상은 간섭 현상의 결과로, 근본적으로 두 현상의 본질이 같다는 사실을 보여준다.

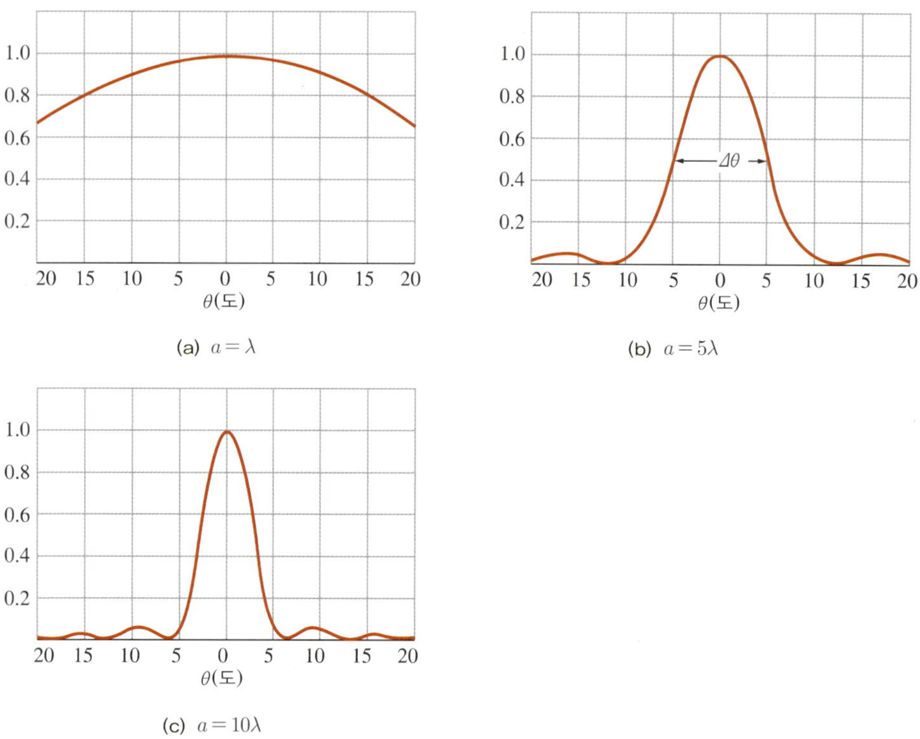

그림 23-12 단일슬릿에 의한 에돌이 무늬

이제 에돌이 현상이 틈의 크기에 따라 어떤 차이를 보이는지 몇 가지 경우를 다뤄보자.

(1) 틈 간격이 파장보다 충분히 길면(즉 $a \gg \lambda$이면), $\theta_m \approx m\dfrac{\lambda}{a}$ 조건으로부터 알 수 있듯이, 매우 작은 각도에서 이미 첫 번째 어두운 곳이 나타난다. 예를 들어 구멍이 있는 담에 입사한 빛은 구멍을 통해 담을 통과하며, 담 뒤의 스크린에 담 구멍 모양의 밝은 무늬를 만들 것이다. 그러나 '매우 작은 각도'에서 어두운 곳이 곧 나타나므로, 자세히 관찰하면 가장자리 바로 밖에 원 모양의 어두운 무늬가 생긴 것을 볼 수 있게 된다.

(2) 구멍이 매우 작아져서 빛의 파장 정도로까지 작아진다고 가정하면, 즉 $a \approx \lambda$ 상태가 되면 첫 번째 어두운 곳의 각도는 거의 90°가 되는 스크린 위치에 만들어진다. 이는 곧 스크린 전체가 밝아진다는 뜻이다. 그 정도로 작은 틈을 통과한 파동은 마치 그 틈이 새로운 파원인 것처럼 전체 각도로 퍼진다.

물음 23-6 단일슬릿에 의한 에돌이 현상에서 우리가 다룬 '어두운 위치'를 찾는 논의 과정을 그대로 따라서 '밝은 위치'를 찾으려고 한다면 다음과 같이 생각할 수도 있다. 즉 틈을 두 부분으로 나누어 각 부분의 짝이 $\frac{a}{2}\sin\theta = \lambda$가 되는 조건이 바로 밝은 곳이 된다는 것이다. 그러나 우리가 이미 다룬 것처럼 그 위치는 실제로 두 번째 어두운 위치 각도를 나타낸다. 이 생각에서 잘못된 점은 무엇인가?

[HINT] 두 부분을 다시 나누어 전체를 네 부분으로 나누었다고 하자. 그 경우 각각의 짝이 또다시 짝을 만나 소멸하는 것이 가능한지 살펴본다.

23.5 에돌이 현상에서의 빛의 세기 심화

에돌이 현상으로 스크린에는 밝거나 어두운 무늬가 생긴다. 이제 그 무늬에서의 빛의 세기를 살펴보자. 에돌이 현상에서 빛의 세기를 계산하기는 어렵지만, 위상자 방법을 이용하면 쉽게 다룰 수 있다.

먼저, 에돌이 현상에 사용된 단일슬릿의 틈 폭을 똑같은 간격 Δa를 가진 매우 많은 구간으로 나누었다고 하자. 그리고 서로 이웃한 두 구간에서 출발한 빛 파동이 각 θ를 이루는 스크린 위치에 도달한 상태에서 가지는 위상차를 $\Delta\beta$라 하자. 이때 틈의 크기는 매우 작으므로, 그 위상차 크기는 (서로 접한) 슬릿의 모든 구간에서 같다고 볼 수 있다.

물음 23-7 그 경우 두 구간의 위상차 $\Delta\beta$는 $\frac{\Delta\beta}{2\pi} = \frac{\Delta a \cdot \sin\theta}{\lambda}$로 나타낼 수 있음을 보여라.

이때 전체 구간의 총 위상차는 작은 위상차 $\Delta\beta$를 모두 더한 값이 된다. 그 값을 β라고 쓰면, 총 위상차는 다음 관계로부터 얻을 수 있다.

$$\frac{\beta}{2\pi} = \frac{a\sin\theta}{\lambda} \tag{23.10}$$

슬릿의 틈을 N개의 구간으로 나누면 이웃한 벡터들 방향이 $\Delta\beta$만큼 차이 나고, 총 위상차는 $\beta = N\Delta\beta$로 나타낼 수 있다. 이제 각각의 구간을 통해 스크린의 어느 한 곳에 도달한 파동을 다음과 같이 나타낸다고 하고, 위상자 방법을 사용해 그 파동들을 [그림 23-13]과 같이 벡터 형식으로 나타내보자.

$$E_1 = E_o\cos\omega t,$$
$$E_2 = E_0\cos(\omega t + \Delta\beta),\ E_3 = E_0\cos(\omega t + 2\Delta\beta),\ \cdots \tag{23.11}$$

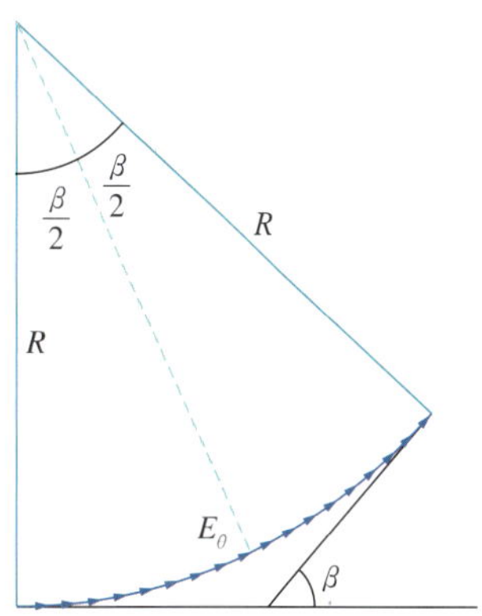

그림 23-13 파동을 벡터로 나타내 덧셈하는 방법

이 상황은 앞서 이중슬릿을 다룰 때와 비슷하지만, 여러 벡터를 더해야 한다는 점이 이중슬릿의 경우와 다르다. 이 경우, 스크린의 어느 한 곳에서의 빛의 세기는 이 모든 벡터들의 합벡터 크기를 제곱해 나타낼 수 있으므로, 우선 합벡터 크기를 구해야 한다.

합벡터 크기를 구하기 위해 여기에서 슬릿의 틈을 N개의 구간으로 나누면, N번째 벡터 방향은 처음 벡터와 각 $N\Delta\beta$만큼, 즉 β만큼 차이가 난다. 이때 틈을 단지 몇 개의 구간으로 나누면 합벡터 크기를 구하기가 불편해진다. 그러므로 틈을 충분히 많은 수의 구간으로 나누어 각각의 벡터들을 덧셈한 경로가 일정한 곡률을 가진 곡선, 즉 원의 일부가 되도록 만들어보자. 이제 벡터를 덧셈 연산한 결과로 얻은 곡선을 반지름이 R인 원의 일부라고 하면, 합벡터를 이루는 마지막 벡터 방향[3]은 처음 벡터와 각도 β만큼 차이가 난다. 한편, 그 각은 [그림 23-13]으로부터 벡터를 덧셈해 만든 원호의 각도와 같다는 것을 알 수 있다.

이때 합벡터는 그 호의 양 끝을 잇는 벡터가 되는데, 호의 각도를 이등분해 합벡터 길이를 나타내면 그 길이는 $2R\sin\left(\frac{\beta}{2}\right)$가 된다. 이 합벡터의 길이가 곧 각도 θ 위치에서의 진폭이 된다. 즉 그 진폭을 E_θ라 쓰면 $E_\theta = 2R\sin\left(\frac{\beta}{2}\right)$로 나타낼 수 있다.

물음 23-8 호 끝점에서의 접선 방향은 x축과 각도 β를 이루는 것을 보여라.

한편, 호의 길이를 E_m이라 하면, 라디안 각의 정의로부터 $E_m = R\beta$로 나타낼 수 있으므로, 진폭 E_θ는 다시 다음과 같이 나타낼 수 있다.

$$E_\theta = 2R\sin\left(\frac{\beta}{2}\right) = E_m\frac{\sin(\beta/2)}{(\beta/2)} \tag{23.12}$$

여기에서 $I_0 = |E_m|^2$으로 쓰면 I_0는 입사 파동의 세기를 나타낸다고 볼 수 있으며, 이제 입사광과 각도 θ를 이루는 위치에서의 빛의 세기 $|E_\theta|^2$은 다음과 같아진다.

$$I(\theta) = I_0\frac{\sin^2(\beta/2)}{(\beta/2)^2} \tag{23.13}$$

여기에서 각 θ는 변수 β와 $\frac{\beta}{2\pi} = \frac{a\sin\theta}{\lambda}$ 관계를 갖는 양이다. 이 식에서 $I(\theta)$가 0이 되는 조건이 어두운 곳의 각도를 나타내므로, $\frac{\beta}{2} = \pi,\ 2\pi,\ \cdots$가 어두운 곳의 각도 조건이 되며, $\frac{\beta}{2\pi} = \frac{a\sin\theta}{\lambda}$ 관계를 이용하면 그 조건은 다음과 같아진다.

$$a\sin\theta = m\lambda \quad (m = 1,\ 2,\ \cdots) \tag{23.14}$$

---

3 충분히 많은 구간으로 나눈 경우, 그 방향은 원의 접선 방향이 된다.

이 결과는 틈을 여러 구간으로 나누는 방법으로 앞부분에서 찾아낸 어두운 위치의 각도 조건과 같다. $I(\theta)$ 표현으로부터 우리는 $\beta=0$ 조건이 되는 각도에서 $I(\theta)$가 0이 된다고 생각하기 쉽다. 그러나 그 조건에서의 각도 $\theta=0$이 되며, 실제로는 그 각도에서 세기가 가장 강하다.

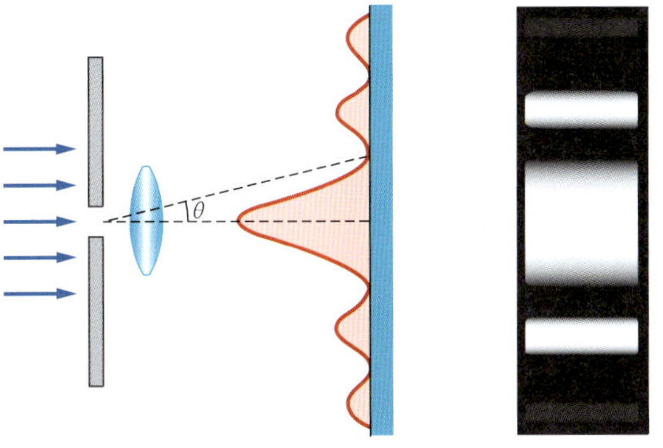

그림 23-14 에돌이 현상에서의 빛의 세기 분포

물음 23-9 $\theta=0$인 곳에서 $\beta=0$이 된다. $\theta=0$인 곳에서의 세기 $I(0)$는 I_0임을 보여라.

[HINT] $\lim_{x\to 0}\frac{\sin x}{x}=1$ 관계를 이용하라.

식 (23.14)에서 가장 밝은 점의 각도를 찾으려면 세기 $I(\theta)$의 극대점 조건을 찾아야 하는데, $\beta=0$(즉 $\theta=0$)인 경우를 제외하고는 단순한 관계로 나타낼 수 없다.

≫ 참고 작은 원형 구멍의 에돌이 무늬와 해상도

우리는 지금까지 매우 좁고 긴 슬릿에 의한 에돌이 현상을 다뤘다. 하지만 벽에 뚫린 구멍처럼 작은 점 모양의 구멍을 통과하는 파동도 에돌이 현상을 보인다. 빛의 파장이 λ일 때, 반지름이 a인 구멍의 에돌이 무늬에서 첫 번째 어두운 위치의 각도 θ는 $a\sin\theta=\lambda$ 조건이 아니라 $a\sin\theta\approx 1.22\lambda$ 조건이 된다.

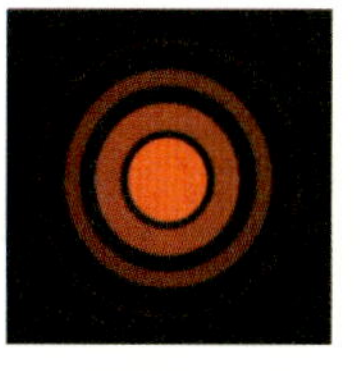

이제 작은 구멍 두 개를 통해 진행하는 빛이 스크린에서 어떤 무늬를 보이는지 생각해보자. 스크린이 필름이라고 할 때 그 구멍의 무늬는 바로 그 구멍의 상이라 할 수 있다. 구멍의 반지름이 a라면, 파장이 λ인 빛을 사용해 사진을 찍을 때 그 상의 첫 번째 어두운 각도는 $a\sin\theta\approx 1.22\lambda$ 조건에서 얻어진다는 것을 보일 수 있다. 이제 그 각도를 θ_R로 나타내 $a\sin\theta_R\approx 1.22\lambda$라고 하자.

θ_R이 매우 커지면 구멍의 상이라고 할 수 있는 중심 부분의 밝은 영역이 넓어지는데, 이는 곧 상이 흐릿하게 만들어진다는 뜻이기도 하다. 반대로 θ_R이 작을수록 구멍을 지난 빛의 밝은 부분의 영역이 좁아져 상이 뚜렷하게 만들어진다. 한편, θ_R이 작은 경우, $a\sin\theta\approx 1.22\lambda$ 조건은 $a\sin\theta\approx 1.22\frac{\lambda}{a}$로 나타낼 수 있으며, 이때의 각도 θ_R을 해상도의 **레일리 기준** Rayleigh's criterion이라 부른다. 즉 레일리 기준

값이 작을수록 해상도가 좋다고 말한다.

이중슬릿에 의한 에돌이 현상

하나의 슬릿으로 인해 생기는 에돌이 현상을 고려하면, 영의 이중슬릿 실험에서 우리가 얻은 간섭 무늬도 다시 해석해볼 필요가 있다. 즉 영의 실험에 사용한 슬릿 두 개가 각각 에돌이 현상을 보이므로 그 효과를 간섭 효과에 반영해야 한다.

이중슬릿 실험에서의 에돌이 효과는 다음과 같이 단순하게 다룰 수 있다. 즉 각 슬릿에 의한 에돌이 효과는 앞에서 다룬 것처럼 슬릿을 잘게 나눈 상태의 간섭 효과이므로, 두 슬릿 모두의 간섭 효과를 다루면 된다. 그 결과는 물론 이중슬릿 간섭 효과에 단일슬릿 에돌이 효과를 중첩한 것과 같아져야 한다.

이제 슬릿 사이의 간격이 d인 이중슬릿 구조에서 각 슬릿의 틈 간격이 a인 경우를 다뤄보자. 먼저, 이중슬릿 간섭 효과에 의한 세기는 $I \propto \cos^2\left(\frac{\phi}{2}\right)$로 나타낼 수 있다. 여기에서 두 슬릿 간의 위상차 ϕ는 $\frac{\phi}{2\pi} = \frac{d\sin\theta}{\lambda}$로 정의한 양이다. 한편, 단일슬릿 에돌이 효과는 $I \propto \frac{\sin^2(\beta/2)}{(\beta/2)^2}$로 나타내며, 여기에서 한 슬릿 내의 위상차 β는 $\frac{\beta}{2\pi} = \frac{a\sin\theta}{\lambda}$로 정의한 양이다. 따라서 두 효과를 중첩하면 그 결과는 다음과 같아진다.

$$I(\theta) = I_0\cos^2(\phi/2) \cdot \frac{\sin^2(\beta/2)}{(\beta/2)^2} \tag{23.15}$$

여기에서 I_0는 $\beta = \phi = 0$인 경우의 세기를 나타낸다. 즉 $\theta = 0$인 경우에 해당한다. 그러므로 I_0는 $\theta = 0$인 위치에서의 세기인 $I(0)$임을 알 수 있다.

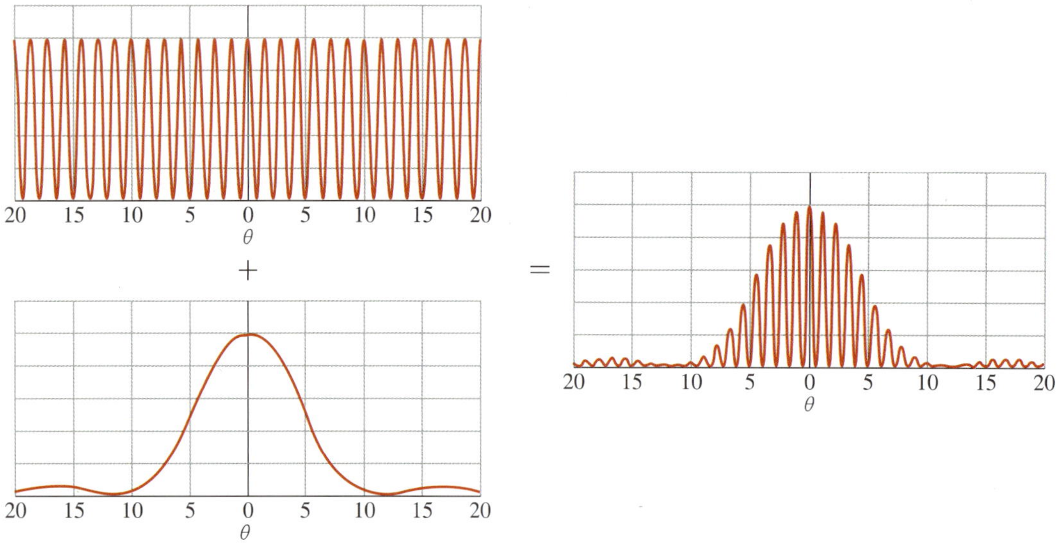

그림 23-15 이중슬릿에 의한 에돌이 현상

물음 23-10 틈 폭이 5파장이고 이중슬릿 간격이 20파장일 때, 에돌이 현상으로 인해 첫 번째 어두워지는 곳까지 간섭으로 생기는 밝은 무늬는 몇 개 정도인가?

슬릿의 폭이 작아질수록 에돌이 현상에 의해 그 슬릿의 상은 흐릿하면서도 더 넓은 범위에 걸쳐 생긴다. 즉 뚜렷하지 않은 상이 넓은 범위에 걸쳐 나타난다. 그러므로 두 슬릿 간격이 좁아지면 넓은 범위에 걸친 각 슬릿의 상이 겹쳐지므로, 두 슬릿의 상이 구별되지 않을 것이다. 즉 스크린이라는 눈으로 볼 때, 슬릿이 두 개인지 하나인지 구별할 수 없는 상태가 될 수도 있다. 그 문제를 해결하려면 슬릿의 에돌이 효과가 작을수록 좋다. 즉 첫 번째 어두운 위치는 $\theta \approx \dfrac{\lambda}{a}$ 조건의 각도에서 나타나므로, 에돌이 효과를 작게 하려면 파장 λ가 짧아지거나 틈 폭 a가 넓어져야 한다. 당연하지만 이 결과는 물체의 크기가 커질수록, 파장이 짧을수록 물체를 더 잘 식별할 수 있다는 것을 뜻한다.

23.6 에돌이 발과 분광기

에돌이 발

슬릿 개수가 많아지면 어떤 에돌이 무늬가 생길까? 매우 좁은 간격으로, 매우 많은 슬릿을 갖게 만든 도구를 **에돌이 발**[diffraction grating] 또는 **회절격자**라 부른다. 에돌이 발에서는 1 mm당 100개 이상의 밀도로 촘촘한 슬릿을 만들기도 한다.

슬릿 간격이 d일 때, 이중슬릿의 무늬는 $d\sin\theta = \lambda,\ 2\lambda,\ \cdots$인 곳에 밝은 띠를 만든다. 보통 에돌이 현상에서는 θ 크기가 작은 경우가 일반적이다. 그러므로 띠 간격은 거의 일정한 간격으로 나타난다. 이때 슬릿 개수가 점점 많아지면서 생기는 무늬에는 다음과 같은 특징이 있다. 첫째, 밝은 띠의 폭이 점점 좁아지며, 띠 경계선이 점점 더 명확해진다. 또한 슬릿 개수가 늘어가면서 띠가 선처럼 가늘어진다. 둘째, 밝은 띠 사이에 폭이 좁은, 조금 밝은 띠들이 더 생겨난다. 한편, 슬릿 수가 늘어감에 따라 추가로 생겨난 띠의 숫자도 늘어가지만, 그 밝기는 약해져 무시될 정도가 된다.

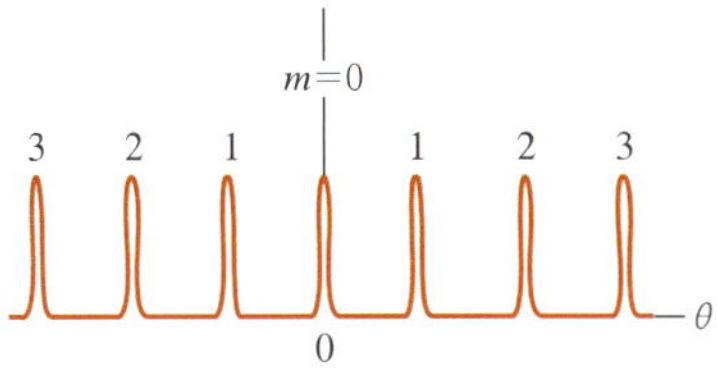

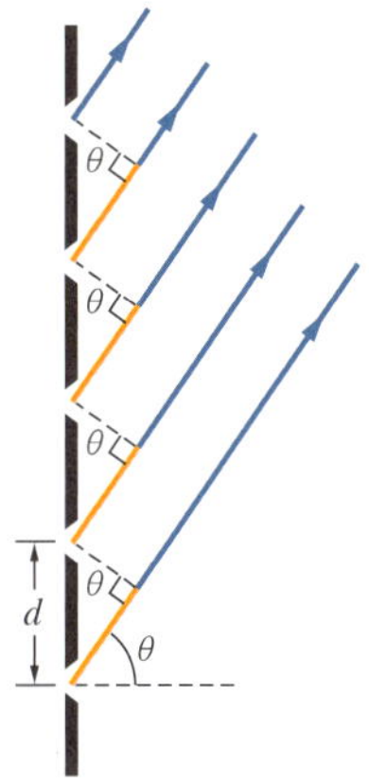

그림 23-16 다중슬릿에 의한 무늬와 다중슬릿 간섭 경로차

이중슬릿의 경우에서 밝은 무늬 띠의 위치를 찾기는 쉽지 않지만, 다중슬릿에 의해 만들어지는 무늬의 밝은 띠의 위치는 인접한 두 슬릿 간의 간섭 현상으로부터 쉽게 알아낼 수 있다. 예를 들어 다중슬릿의 가장 윗부분에 있는 인접한 두 틈으로부터 스크린의 한 곳까지의 경로차가 한 파장인 λ라고 하자. 그 경우 두 틈으로 나오는 빛은 명백히 보강간섭되어 밝은 점을 만든다. 이제 두 틈 바로 아래 틈에서 오는 빛을 고려하면, 그 빛의 경로차는 바로 위의 틈과 여전히 한 파장 차이가 되므로, 그 빛도 역시 보강간섭에 기여한다.

그런 논리로 보면, 인접한 두 틈 사이의 경로차가 λ일 때, 모든 틈에 의한 기여가 모두 보강간섭을 하게 된다. 즉 인접한 두 슬릿에 의한 보강간섭 위치가 바로 다중슬릿의 보강간섭 위치가 된다고 할 수 있다. 이러한 논리는 인접한 두 틈에서 오는 빛의 경로차가 2λ, 3λ, $\cdots$가 되어도 여전히 마찬가지다. 그러므로 슬릿 간의 간격이 d이면 밝은 점이 되는 조건은 결국 이중슬릿 경우와 똑같으므로 다음과 같아진다.

$$d\sin\theta = m\lambda \ \ (m = 0, 1, 2, \cdots) \tag{23.16}$$

한편, 다중슬릿에서는 이 조건 외의 각도에서도 덜 밝은 여러 개의 보강간섭 위치가 생긴다. 그런 의미에서 이중슬릿의 조건인 $d\sin\theta = m\lambda$ 조건이 나타나는 곳들의 각도를 **주 극대**[principal maxima] 위치라 부르고, 그 외의 덜 밝은 나머지 곳들의 각도를 **이차 극대**[secondary maxima] 위치라 부른다.

분광기 심화

여러 파장이 섞인 빛을 다중슬릿에 통과시키면, 파장에 따라 밝은 띠가 생기는 각도가 달라진다. 그러므로 다중슬릿(즉 에돌이 발)은 빛의 파장을 측정하는 데 쓰일 수 있으며, 그 원리를 이용한 기기를 **분광기**[spectroscope]라고 한다.

분광기로 파장을 측정할 때 생길 수 있는 문제는, 차이가 매우 좁은 두 파장이 섞인 경우다. 분광기가 파장이 거의 같은 두 빛을 구별해낼 수 있는 능력을 나타내는 잣대는 **분해능**[resolving power]이라는 양으로 나타낸다. 파장이 λ 정도 크기인 빛에서 $\Delta\lambda$의 파장 차이를 구별해낼 수 있는 분해능 R은 다음과 같이 정의한다.

$$\Delta\lambda = \frac{1}{R}\lambda \tag{23.17}$$

즉 분해능이 클수록 파장 차이가 더 좁은 빛을 구별할 수 있다. 유도 과정이 쉽지 않지만, 에돌이 발의 분해능은 슬릿 개수 N에 비례함을 보일 수 있다.

≫ 참고 분해능 표현식의 유도

분해능 표현식을 유도하기 위해서는 먼저 밝은 무늬의 폭이 얼마가 되는지 알아보는 것이 중요하다. 가장 단순한 경우로 중심축에 생기는 가장 밝은 무늬의 폭이 슬릿 수와 파장에 따라 어떻게 변화하는지 알아보자.

먼저 그 띠의 세기가 0이 되는, 즉 소멸간섭이 되는 조건의 각도를 그 무늬 폭이라고 하자. 그러므로 위상자 그림을 그려보면, 다중슬릿의 모든 틈의 효과를 더한 총 위상차가 2π가 되면 벡터 합이 0이 되므로, 그런 조건에서는 소멸간섭이 된다. 즉 인접한 두 슬릿 사이의 위상차가 $\Delta\phi$라면, 슬릿 수가 N일 때 총 위상차 $N\Delta\phi = 2\pi$ 조건이 첫 번째 어두운 위치 조건이다. 두 번째 어두운 위치는 $N\Delta\phi = 4\pi$ 조건에서 얻을 수 있으며, 슬릿 수가 N일 때 $N-1$개의 어두운 곳이 생긴다.

한편, 슬릿 간격을 d라 할 때, 두 슬릿 사이의 위상차 $\Delta\phi$는 $\frac{d\sin\theta}{\lambda} = \frac{\Delta\phi}{2\pi}$ 관계를 가진다. 그러므로 전체 구간의 경로차가 $Nd\sin\theta$인 사실로부터, 첫 번째 어두운 위치의 각도 θ_1은 $Nd\sin\theta_1 = \lambda$ 조건을 만족한다. 그다음 어두운 각도는 $Nd\sin\theta = 2\lambda, \cdots, (N-1)\lambda$ 등에 생긴다.

이제 중심축 위치로부터 첫 번째 어두운 위치까지의 각도 θ_1를 무늬 폭으로 보고, $\Delta\theta$로 나타내면 $d\sin\Delta\theta = \frac{\lambda}{N}$ 관계를 얻는다. 일반적으로 무늬 폭은 매우 좁으므로, 이 관계는 $d\Delta\theta \approx \frac{\lambda}{N}$로 써도 좋다. 따라서 슬릿 수가 많아질수록 무늬의 폭은 점점 작아져 결국에는 날카로운 선처럼 보이게 된다.

한편, 가장 밝은 띠의 각도는 $d\sin\theta = m\lambda\,(m = 0, 1, 2, \cdots)$ 조건에서 얻을 수 있다. 그러므로 작은 파장 차 $\Delta\lambda$에 따른 각도 변화량 $\Delta\theta$는 이 조건을 미분한 표현인 $d\cos\theta \cdot \Delta\theta = m\Delta\lambda$ 관계로부터 구할 수 있다. θ는 작다고 보므로 이 식은 $d\Delta\theta \approx m\Delta\lambda$로 근사해 쓸 수 있다. 따라서 분해능 R의 정의식 $\Delta\lambda = \frac{1}{R}\lambda$로부터 $R = \frac{\lambda}{\Delta\lambda} \approx Nm$으로 쓸 수 있다. 우리는 중심축 가장 밝은 무늬 폭에 대해 이 결과를 얻었지만, 다른 무늬들의 각도도 크지 않으므로 이 논의 결과는 근본적으로는 여전히 유효하다.

23.7 결정체 : 자연 속에 존재하는 에돌이 발

지금까지 다룬 내용으로, 우리는 슬릿이나 얇은 막 등에서 간섭 현상을 보려면 슬릿 간의 간격이나 막의 두께가 파장과 비슷한 정도가 되어야 함을 알게 되었다. 따라서 파장이 매우 짧은 X선 같은 빛의 간섭 현상을 보려면, X선의 파장과 비슷한 슬릿 간격의 에돌이 발이나 그 정도 두께의 막이 필요하다. X선은 1895년 독일의 뢴트겐이 처음으로 발견했다. X선도 전자기파의 일종이지만, 파장이 0.1 nm(또는 1 Å) 정도로 매우 짧은, 진동수가 매우 큰 빛이다. 에돌이 현상은 파장이 길수록 잘 일어나므로, X선은 에돌이 현상을 거의 보이지 않고, 거의 입자처럼 진행한다. 또한 X선(진동수가 10^{15}Hz 이상인 매우 큰 진동수 빛)은 투과성이 매우 강해서 거의 모든 물질을 투과하므로, 다중슬릿이나 얇은 막 등으로 간섭 현상을 보기가 어렵다.

그림 23-17 빌헬름 뢴트겐, 1845~1923

그러나 자연세계는 우리에게 X선의 에돌이 현상을 볼 수 있는 도구를 마련해주었다. 그것은 바로 원자들이 규칙적으로 배열된 결정체다. 모든 물질은 온도가 낮아지면 고체 상태가 된다. 이때 원자들은 되도록 촘촘하게 규칙적으로 배치되어야 가장 안정된 상태가 된다. 그렇게 규칙적으로 배열된 원자들은 보는 각도에 따라 원자로 이루어진 평면판을 차곡차곡 쌓아놓은 것처럼 보인다.

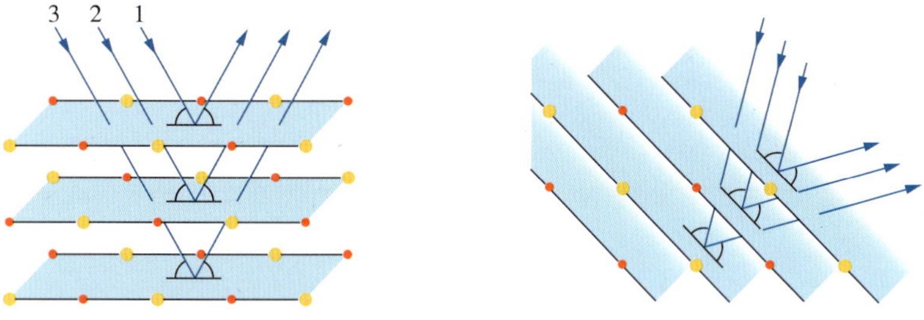

그림 23-18 결정체의 판면 모양들

그림 23-19 막스 폰 라우에, 1879~1960

한편, 원자의 크기는 옹스트롱 정도이므로 원자 사이 간격과 원자 평면판 간격도 역시 그 정도다. 따라서 원자 평면판을 이용하면 파장이 수 옹스트롱 정도인 X선의 간섭 현상을 볼 수 있다. 1912년 독일의 라우에는 결정체에 X선을 쪼일 때 에돌이 현상이 나타난다는 것을 처음으로 발견했다.

원자 평면판은 보는 각도에 따라 다른 형태의 평면판으로 보인다. 어떤 형태의 평면판에서 판면 간격이 d라고 하자. 이때 판면과 각도 θ를 이루며 입사하는 빛을 생각해보면, 첫 번째 판면에 의해 반사되는 빛과 그 아래 판면에 의해 반사되는 빛의 경로차는 $2d\sin\theta$임을 알 수 있다. 따라서 빛은 경로 차이가 파장의 정수 배가 되는 각도에서 보강간섭을 하므로 밝은 무늬를 만든다. 즉 보강간섭이 일어나는 각도 θ는 판면 간격이 d일 때에도 다음과 같으며, 이를 **브래그 조건**[Bragg condition]이라 부른다.

$$2d\sin\theta = m\lambda \ (m = 1, 2, \cdots) \tag{23.18}$$

결정체에 의한 X선 에돌이 현상은 결정체 구조를 알기 위해 중요하며, 지금까지도 많이 쓰이는 매우 중요한 방법이다. 일반적인 실험에서는 얇은 결정체를 지나 스크린에 만들어지는 에돌이 무늬를 관측한다. 이 경우, 결정체를 통과한 X선은 결정체에 입사한 방향과 다른 각도로 나오기도 하는데, 그 빛들은 결정체 안의 특정한 방향을 지닌 원자 평면판 집단에서 반사하는 빛이 보강간섭한 결과로 나온 것이다.

23.8 전파를 이용한 정보 전달 심화

우리가 어떤 신호를 외계인에게 보낸다고 생각해보자. 그 신호가 **조화파**harmonic wave[4]였다고 가정하고, 만약 외계인이 그 신호를 받아볼 수 있다면 그 외계인은 무슨 정보를 얻을 수 있을까? 우리가 보내는 신호는 어떤 정보를 담고 있어야 할 것이다. 그러나 조화파를 받아본 외계인의 입장에서는, 그런 파가 오고 있다는 사실 이외에는 정보라고 할 만한 어떤 것도 얻어낼 수 없을 것이다. 왜냐하면 그 조화파는 언제나 같은 진동수, 같은 진폭으로 계속될 뿐이기 때문이다. 혹시 외계인이 보내는 신호가 아닐까 하고 한때 우리의 관심을 끌었던, 우주로부터 들어오는 주기적 파동도 예외는 아니다. **펄사**pulsar라 불리는 별이 내는 그런 신호는 그런 것이 존재한다는 사실 이외에 다른 어떤 정보도 우리에게 알려주지 못했다.

조화파에 어떤 정보를 실어 보내려면, 그 파를 변조해야만 한다. **변조**modulation란 조화파에 어떤 변화를 추가하는 것을 뜻한다. 예컨대, 조화파의 진폭을 변화시키거나 진동수를 변화시키는 방법이 있다. 이때 정보를 실은 파를 합성시키는 조화파를 **운반파**carrier wave라 부른다. 일정한 진동수와 진폭으로 전달되어 오던 파의 진폭이나 진동수가 일시적으로 변화하면 외계인은 그 변화에 담긴 뜻을 해석하려 할 것이다. 진폭을 변화시키는 변조 방법을 **진폭 변조**AM, Amplitude Modulation, 진동수를 변화시키는 방법을 **주파수 변조**FM, Frequency Modulation라 한다.

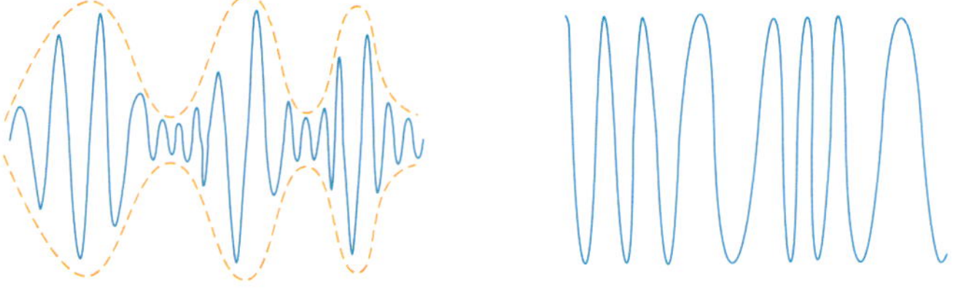

그림 23-20 진폭 변조와 주파수 변조

라디오 방송에는 초단파, 단파 및 중파에 해당하는 전자기파가 사용되는데, 중파를 사용하는 라디오 방송국은 500 Hz ~ 1,600 Hz 구간의 조화파를 만드는 장치가 있다. 이 조화파는 강력한 출력으로 나올 수 있게 만들어지며, 음파를 얹어서 전파되기 때문에 이 조화파의 진동수는 **운반 주파수**carrier frequency라 불린다. **마이크**microphone는 어떤 소리를 전기적 신호로 바꾸는 장치다. 마이크로 얻은 소리 정보를 담은 파동은 이 조화파와 겹쳐지는데(진폭 변조), 방송국의 송신 안테나에서 방출되는 전파가 바로 이 변조파다.

가청 진동수는 약 20 Hz ~ 16,000 Hz인데, 전기적 신호로 바뀐 이 파동을 얹은 변조된 파동의 진동수 영역은 대략 운반 주파수에 가청 주파수를 더하거나 뺀 영역이며, 이 영역의 폭을 **띠 너비** 또는 **띠폭**bandwidth[5]이라 부른다. 띠폭은 대략 40,000 Hz 이내인데, 실제로 우리가 듣는 고음도 5,000 Hz를 넘

4 사인함수의 그래프처럼 규칙적으로 진동하는 파를 의미한다.

지는 않으므로, 보통은 10,000Hz 또는 10kHz 정도라고 봐도 좋다. 따라서 중파 방송국에 허용되는 주파수 간격은 적어도 10kHz 간격을 유지해야 한다. 진폭 변조 방식 대신 주파수 변조 방식을 선택할 때도 있는데, 100MHz 부근의 초단파 영역 방송에서 주로 쓰이고 있다.

텔레비전 방송에 쓰이는 주파수 영역은 약 55MHz ~ 210MHz 구간의 초단파 영역이다. 텔레비전 스크린의 영상은 주사선이 쏘는 전자들이 브라운관 형광 물질에 부딪칠 때 내는 빛으로 만들어진다. 텔레비전 스크린 위의 수많은 점(약 10만 개 정도)을 약 1/30초 간격으로 전자를 쏘아 어떤 정보를 가진 빛으로 보이게 하려면, 1초에 약 천만 개의 신호를 보내야만 한다. 이는 각각의 신호 간격이 약 1/1,000만 초 이내가 되어야 함을 뜻한다. 이러한 간격을 가진 신호를 보내는 데 필요한 진동수는 약 1/1,000만 초가 되어야 하므로, 그 경우에는 약 10MHz의 띠폭이 필요하다.

이렇게 필요한 띠폭은 다시 반으로 줄일 수도 있게 되는데, 방송국마다 5MHz의 띠폭을 허용하면 위에서 말한 영역에서 배정 가능한 방송국 채널 수는 약 30개가 되는 셈이다. 앞에서 본 것처럼 중파(라디오파)를 이용하는 경우보다는 파장이 더 짧은 (또는 진동수가 더 큰) 저 초단파를 이용하는 편이 정보를 더 많이 전달하는 데 유리하다. 그러므로 가시광선을 이용하면 통신에 더 유리해진다.

가시광선의 파장은 매우 짧다. 만약 가시광선 영역의 전파를 사용한다면 텔레비전 채널은 몇 개나 가능할까? 가시광선의 진동수는 약 460조 Hz ~ 660조 Hz 범위이므로, 10MHz 띠폭을 가진 경우를 고려하면 가능한 채널 수는 약 2천만 개나 되는 셈이다. 참으로 엄청난 양의 정보 통로라 할 수 있다. 광통신이란 이러한 가시광선 영역의 빛을 이용한 통신 방법으로, 광통신에서는 가시광선을 전파할 수 있는 유리 섬유를 이용한다. 가시광선을 이용할 때 공기 중에서 전파되는 무선 통신 방법을 쓰지 않고 유리섬유 같은 것을 사용하는 이유는, 가시광선의 파장이 짧아서 공기 중에서 쉽게 산란되기 때문이다.

5 띠폭은 대역폭이라 부르기도 한다.

CHAPTER 23 연습문제

[개념 확인 문제]

(1) 산 뒤에 있는 방송국은 보이지 않지만, 방송국에서 송출하는 라디오는 들을 수 있는 이유는 무엇인가?

(2) 비누막이나 기름막이 무지개 색을 띠는 이유는 무엇인가?

1 다음 그림과 같이, 두 개의 슬릿 S_1과 S_2로부터 나오며 파장이 λ인 빛이 두 슬릿 위치에서 똑같은 위상을 가지며, 거리 R만큼 떨어진 스크린에 도달해 간섭을 일으킨다고 한다. 슬릿 간격 d는 스크린까지의 거리 R보다 매우 작다.

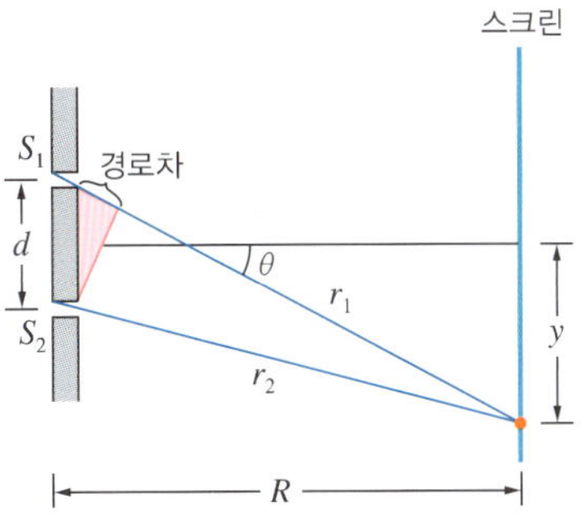

(a) 두 슬릿의 중심 위치에 해당하는 스크린 중심에서 거리 y만큼 떨어진 곳까지 진행한 두 빛의 경로차 $r_1 - r_2$를, d와 θ를 이용해 나타내라. 단, $R \gg y$이다.

(b) θ가 매우 작은 경우 $\tan\theta \approx \sin\theta \approx \theta$임을 이용해, 밝은 무늬와 어두운 무늬 위치까지의 거리 y를 각각 R, d, λ로 나타내라.

[HINT] θ가 매우 작은 경우 $\tan\theta \approx \sin\theta \approx \theta$로 쓸 수 있다.

2 수은 전등으로부터 나오며 파장이 546.1 nm 인 빛을, 슬릿 간격이 0.250 mm 인 이중슬릿에 통과시켰더니, 슬릿으로부터 거리가 1.20 m 떨어진 스크린에 간섭 무늬가 만들어졌다. 이 경우, 간섭 무늬 중심 위치로부터 첫 번째 밝은 위치까지의 거리는 얼마인가?

3 파장이 460 nm 인 빛을 슬릿 간격이 0.30 mm 인 이중슬릿에 통과시켰다. 첫 번째와 두 번째 어두운 무늬의 위치 간격이 4.0 mm 가 되게 하려면 슬릿으로부터 스크린까지의 거리는 얼마가 되어야 하는가?

4 파장이 500 nm 인 빛이 틈 간격이 0.100 mm 인 슬릿을 통과하고 있다. 슬릿으로부터 1.20 m 떨어진 곳에 스크린이 있을 때 스크린 중심 부분은 밝아진다. 스크린 중심의 밝은 부분에서 첫 번째 밝은 위치와 두 번째 밝은 위치 사이의 거리는 각각 얼마인가?

5 이중슬릿 실험에서 두 슬릿 중 한 슬릿에 유리창을 달아 그 슬릿을 통과하는 빛이 유리창을 통과하도록 했다. 그 결과 두 슬릿을 통해 나오는 각각의 빛이 $180°$의 위상차를 가지게 되었다면, 스크린에 생기는 간섭 무늬는 유리창이 없는 경우와 어떻게 달라지는지 설명하라.

6 틈 간격이 $0.50\,\text{mm}$인 슬릿을 통과한 햇빛이 슬릿에서 $2.5\,\text{m}$ 떨어진 곳에 있는 스크린에 간섭 무늬를 만들었다. 그 경우 스크린 중심 부분은 밝아진다. 간섭에 의해 그 중심 위치에서 약 $2\,\text{mm} \sim 4\,\text{mm}$ 떨어진 영역에 무지개 무늬가 생겼다. 중심 위치로부터 $2.0\,\text{mm}$ 떨어진 곳에는 보랏빛이, $3.5\,\text{mm}$ 떨어진 곳에는 붉은빛이 생겼다면, 그로부터 알 수 있는 보랏빛과 붉은빛의 파장은 각각 얼마인가?

7 오른쪽 그림과 같이, 간격이 d만큼 떨어진 두 개의 슬릿을 향해 입사각 θ_1으로 평면파 빛이 입사되었다. 두 슬릿을 통과한 빛이 슬릿 면에 수직 방향으로부터 각 θ_2 방향(단, $\theta_2 > \theta_1$)에 있는 매우 먼 스크린 위치에 밝은 무늬를 만든다면, m이 정수일 때 다음 관계가 성립함을 보여라.

$$d(\sin\theta_1 - \sin\theta_2) = m\lambda$$

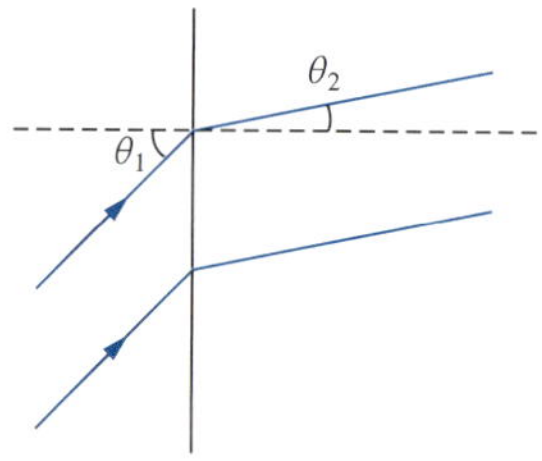

8 비눗방울의 두께가 $120\,\text{nm}$인 경우, 비누막의 굴절률을 1.32라 하면, 백색광을 받는 비눗방울에서 가장 강하게 반사되는 빛의 파장 λ_0는 얼마인가?

[HINT] 표면 반사광 위상은 $180°$ 차이, 뒷면 반사광 빛은 위상차가 없어 두 빛의 위상차는 $180°$이다. 두께가 t면 $2t = \lambda/2$ 빛이 강해지며, $\lambda = \lambda_0/n$이다.

9 햇빛(백색광)을 받은 어떤 비누막의 색이, 파장이 $540\,\text{nm}$인 초록색이라고 한다. 비누막의 굴절률이 1.35라 할 때, 비누막의 최소 두께는 얼마인가?

10 굴절률이 1.50인 유리판에 굴절률이 1.38인 MgF_2를 박막 코팅해 파장이 $550\,\text{nm}$인 빛이 수직 입사할 경우 반사가 없게 하려고 한다. 코팅할 최소 두께는 얼마인가?

11 굴절률이 3.50인 유리판 위에 굴절률이 2.50인 박막을 입혔다. 이 유리판에 수직으로 빛이 입사한 경우, 파장이 $\lambda_1 = 0.600\,\text{nm}$일 때는 소멸간섭이 일어나고 $\lambda_2 = 0.700\,\text{nm}$일 때는 보강간섭이 일어난다면, 박막의 최소 두께는 얼마인가?

12 다음 그림과 같이, 물 위에 뜬 기름막이 물 표면 위치에 따라 다른 두께로 퍼져 있다. 위에서 입사한 빛의 반사광 색이, 기름막이 얇게 퍼진 곳에서는 어둡고 두꺼워질수록 파랑①-노랑①-빨강-파랑②-노랑②의 순서로 보인다고 한다. 공기 중에서의 노란빛의 파장은 580 nm 이다. 물의 굴절률은 1.33이고 기름막의 굴절률은 1.50이다.

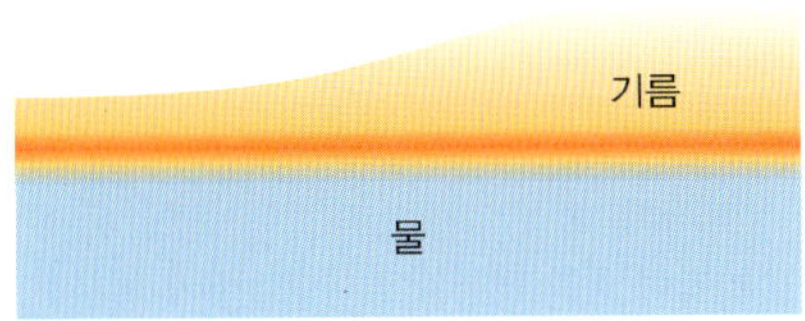

(a) 기름막이 얇게 퍼진 곳은 왜 어둡게 보이는가?

(b) '노랑②'로 보이는 곳의 기름막 두께는 얼마인가?

13 다음 그림과 같이, 길이가 $L = 20\,\text{mm}$ 인 두 개의 매우 얇은 유리판을 겹쳐놓고 유리판 한쪽 끝에 지름이 $d = 0.050\,\text{mm}$ 인 머리카락을 끼워놓았다. 파장이 630 nm 인 빛이 유리판에 수직으로 입사하는 경우에 생기는 간섭 무늬 사이의 간격은 얼마인가?

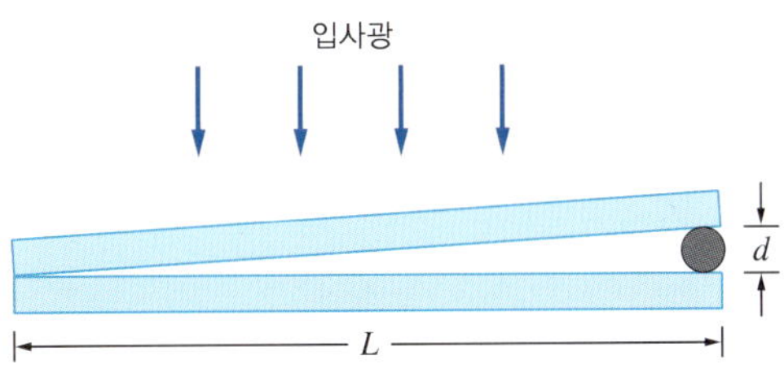

14 실리콘 태양전지 표면에서 빛의 반사를 줄이기 위해서는 보통 산화규소 박막을 코팅한다. 태양전지 표면에 파장이 600 nm 인 빛을 수직으로 입사시켰을 때 반사를 최소화하기 위한 산화규소 박막의 최소 두께는 얼마인가? 단, 실리콘과 산화규소의 굴절률은 각각 3.50, 1.50이다.

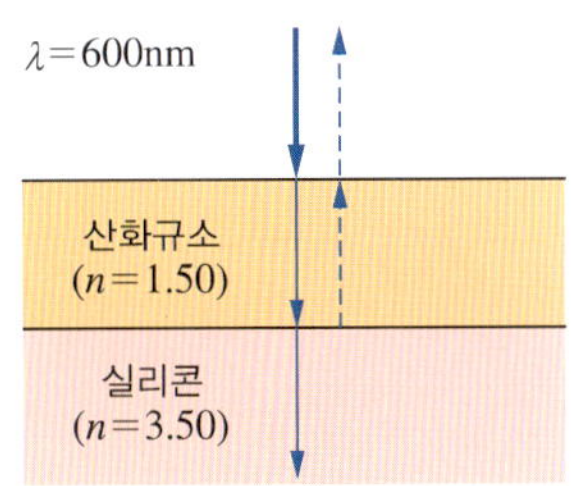

***15** 굴절률이 1.61인 유리판 위에 굴절률이 1.20인 얇은 기름 박막이 덮여 있다. 유리판에 수직으로 입사한 빛의 반사광이, 500 nm 의 파장에서는 소멸간섭을, 750 nm 의 파장에서는 보강간섭을 일으킨다면 기름 박막의 두께 t는 얼마인가?

*16 두 개의 평평한 유리판이 서로 겹쳐져 놓여 있다. 유리판에 수직 방향으로 파장이 580 nm 인 빛을 비추니 반사광이 어두워졌다. 두 유리판의 간격 d를 점점 늘여가자 반사광이 밝아졌다가 다시 어두워졌다. 이 경우, 유리판의 간격 d는 얼마인가?

17 단일슬릿에 파장이 $\lambda = 600\,\text{nm}$ 인 빛이 입사한다. 슬릿에서 $R = 1.00\,\text{m}$ 떨어진 스크린에서 첫 번째와 세 번째 어두운 무늬 사이의 거리가 3.0 mm 라면, 슬릿의 폭 a는 얼마인가?

18 다음 그림과 같이, 파장이 λ인 평행광이 단일슬릿에 입사하고 있다. 점 P에서 첫 번째 극소가 나타났다면 두 광의 경로차 $YP - XP$는 얼마인가?

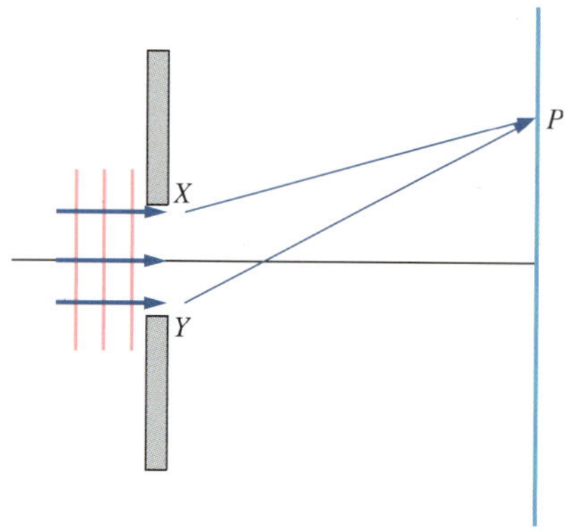

19 파장이 587.5 nm 인 빛을 틈 간격이 0.75 mm 인 단일슬릿에 비추었다. 스크린 중심의 밝은 위치로부터 에돌이 무늬의 첫 번째 어두운 곳까지의 거리가 0.85 mm 가 되게 하려면 슬릿으로부터 스크린까지의 거리는 얼마가 되어야 하는가?

20 슬릿 폭이 a인 슬릿 두 개가 간격 d만큼 떨어져 있다. $d = 6a$라면, 중앙의 밝은 에돌이 무늬 속에 몇 개의 밝은 간섭 무늬가 생기는가?

*21 에돌이 발은 매우 많은 수의 슬릿을 가진 구조를 뜻한다. 슬릿 사이 간격이 d인 에돌이 발에 수직으로 빛이 입사하는 경우, 수직 방향에서 각 θ를 이룬 방향의 스크린에 밝은 무늬가 생기는 조건은 이중슬릿의 경우와 같이 $d\sin\theta = n\lambda$이다. 만약 에돌이 발에 입사한 빛이 수직 방향과 각 ϕ를 이룬다면, 밝은 무늬 조건은 어느 각 θ에서 얻어지겠는가?

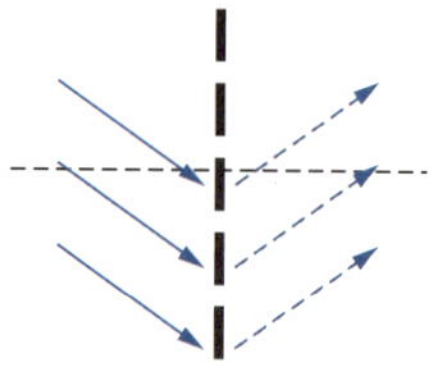

22 격자층 간격이 $d = 0.282\,\text{nm}$ 인 결정체를 이용해 에돌이 현상을 보려면, 그 빛은 X선 파장을 가져야 한다. 그 X선은 어떤 파장보다 짧은 파장을 가져야 하는가?

[HINT] 인접한 두 격자층에 수직으로 입사한 빛이 보강간섭을 하려면 간격이 $2d = n\lambda$ 조건. 즉 $2d = \lambda$ 조건이 최소 파장이 된다.

23 틈 폭이 a인 단일슬릿에 파장이 λ인 빛을 비출 때, 첫 번째 어두운 무늬가 생기는 위치의 각도 θ는 얼마인가?

24 굴절률이 각각 n_1, n_2, n_3인 물질로 이루어진 막들이 배열되어 있다. 이때 굴절률 관계는 $n_1 < n_2 > n_3$이다. 세 번째 층이 충분히 두껍다고 가정하면, 굴절률이 n_2인 물질의 두께 t가 얼마가 될 때 상쇄간섭 조건을 만족하는가? 단, 진공 중에서 빛의 파장은 λ이며, 면에 수직으로 입사한다.

25 굴절률이 1.5인 유리판 위에 굴절률이 1.3인 얇은 박막이 덮여 있다. 이 유리판에 공기 중 파장이 $520\,\text{nm}$인 빛이 수직으로 입사하고 있다. 반사광들이 소멸간섭(무반사)을 일으키는 박막의 최소 두께는 얼마인가?

***26** 파장이 $500\,\text{nm}$ 인 빛을 슬릿 폭이 $0.02\,\text{mm}$, 슬릿 사이의 간격이 $0.05\,\text{mm}$ 인 이중슬릿에 통과시키면 $100\,\text{cm}$ 떨어진 곳에 있는 스크린에 간섭 무늬와 에돌이 무늬가 같이 나타난다.

(a) 간섭 무늬에서 밝은 무늬 사이의 간격은 얼마인가?

(b) 중앙의 밝은 에돌이 무늬의 폭은 얼마인가?

(c) 중앙의 밝은 에돌이 무늬 안에 있는 밝은 간섭 무늬의 개수는 얼마인가?

(d) 스크린에 나타나는 무늬를 스크린 중심으로부터의 거리 함수로 개략적으로 그려라.

27 굴절률이 1.5인 유리판 위에 굴절률이 1.3인 얇은 박막을 입혔다. 박막을 입힌 유리판 위쪽에서 수직으로 파장이 λ인 빛이 입사했다.

(a) 박막 속에서의 파장은 얼마인가?

(b) 무반사 조건이 되는 박막 두께는 얼마인가?

양자론을 접하고서도 놀라지 않는 사람은
그것을 제대로 이해하지 못한 사람이다.
_ 닐스 보어

PART 8

양자론

Quantum Theory

19세기 초에 이르러 천체의 운동을 역학적으로 잘 설명할 수 있게 되자 많은 이들은 물질세계의 모든 것을 이해했다고 생각했다. 그러나 곧이어 전기 현상이 발견되면서 물질세계가 전기적 세계라는 것이 알려지게 되었다. 하지만 19세기 말에 이르러서는 전기 현상도 잘 이해하게 되어, 이제는 정말 우리가 물질세계의 모든 것을 이해하게 되었다고 생각했다. 그러자 또다시 우리가 설명할 수 없는 문제인, '원자가 어떻게 존재할 수 있는가?'라는 문제가 등장했다. 즉 우리가 물질세계의 모든 것을 다 이해했다고 생각하는 단계마다 자연은 우리가 전혀 이해할 수 없는 새로운 세계를 또다시 보여주었던 것이다. 이제 그 새로운 세계를 이해하기 위해 도입된 양자론에 대해 알아보기로 하자.

CHAPTER

24 양자가설과 물질파

Quantum Hypothesis and Matter Waves

24.1 원자는 어떻게 존재하는가?

모든 물질은 100개 정도의 '원자'로 이루어져 있으며, 그 원자들은 또다시 양전기를 띤 원자핵과 그 주위에서 운동하는 전자들로 이루어져 있다. 그렇다면 원자 속의 전자는 어떤 운동을 하고 있을까? 예로부터 원운동은 가장 완전한 운동으로 알려져왔다. 예컨대, 태양에 속한 행성들은 거의 완전한 원운동을 하며, 우주의 다른 모든 천체는 어떤 형태로든 원운동 또는 타원운동을 하므로, 그 상태를 유지할 수 있다. 그러므로 당연히 전자도 원자핵 주위에서 원운동이나 타원운동을 할 것으로 생각할 수 있다. 그러나 그 당시에도 전하가 가속도 운동을 하면 빛을 낸다는 사실이 잘 알려져 있었다. 그러므로 다음과 같은 이유 때문에 전자가 원자핵 주위에서 운동한다는 생각은 옳지 않다.

이는 인공위성이 에너지를 조금씩 잃어 언젠가는 다시 지구로 떨어지는 것과 같은 이치다. 따라서 전자가 원운동을 한다면 전자는 곧 원자핵 속으로 끌려 들어가 한 덩어리가 되어 원자 상태로는 존재할 수 없게 된다. 즉 전자가 원자핵 주위에서 원운동을 한다는 생각은 옳지 않다.

전자가 원운동을 하지 않는다면, 도대체 어떤 운동을 한다는 말인가? 우리가 알고 있는 바로는, 등속도 운동을 제외한 모든 운동에서 전자는 빛을 내어 에너지를 잃어야 한다. 그러므로 우리가 지금까지 쌓은 지식으로는 전자가 어떻게 운동하는지 전혀 상상할 수 없게 되었다. 그런 좌절은 큰 충격이었고, 결국 지난 100여년 동안 '어떻게 원자가 존재할 수 있는가?'라는 의문을 해결하지 못한 채 지내왔다.[1]

원자 속의 전자 운동을 설명할 방법이 없다고 생각하는 사람이 늘어나면서 과학자들은, '어떻게 원자가 존재할 수 있는가?'라는 의문 대신 '원자는 어떤 방식으로 존재하는가?'에 관심을 돌리게 되었다. 그런

---

1 원자 속의 전자가 원자핵 속으로 끌려 들어가 물질이 더 이상 원자 상태로 존재하지 않는 상태는 실제로 존재한다. 예컨대, 중성자별이라고 부르는 별은 원자가 원자 형태로 존재하지 않고, 전자가 원자핵과 결합해 만들어진 중성자들로 이루어졌다고 여겨지고 있다.

방향으로 발전되어 온 물리학 분야를 **양자론**quantum theory이라 부른다. 원자의 안정성을 설명하기 위해 양자론에서 제안한 개념은 전자와 같은 미시적 존재들을 입자로 취급하지 않고, 파동성을 가진 '어떤 것'으로 취급한다는 것이다. 그 파동 같은 '어떤 것'의 특성은 역학적 파동이나 전자기적 파동과는 그 본성이 다른데, 그것을 **물질파**matter wave라 부른다.

우리가 알고 있는 역학적 또는 전자기적 파동은 유한한 공간에 걸쳐 진동한다. 그렇다면 물질파도 유한한 공간에 걸쳐 진동하는가? 파동은 진동수와 파장을 갖는데, 물질파도 진동수와 파장을 가질까? 도대체 입자처럼 생긴 파동이란 어떤 것이며, 파동처럼 행동하는 입자란 어떤 것인가? 물질파의 개념은 우리의 경험세계 밖에서 상상하거나 설명할 수 없으므로 이러한 의문들은 우리를 난처하게 만든다. 파동으로 전자를 나타낸다는 말은 원자 속의 전자 운동을 역학적 질점과 같이 정확히 기술하는 대신, '어느 위치에 전자가 있을 확률은 얼마다'라는 식으로 전자의 운동을 기술한다는 뜻이다. 즉 양자론에서 우리는 전자가 정확히 어느 위치에 있는지를 알기를 포기하기로 자연과 타협한 것이다.

아인슈타인을 포함한 일부 과학자들은 이러한 타협을 받아들이기를 거부했다. 아인슈타인은 "신은 주사위 놀이를 하지 않는다."라며 우리 스스로 정한 인간의 한계에 불만을 표현했다. 그러나 그를 포함한 어느 누구도 더 나은 대안을 제시하지는 못했다. 오늘날에는 물질세계 **실체**reality에 대한 그러한 우리의 인식 한계가 자연의 본래 모습이라는, 매우 겸허한 입장을 대부분의 사람들이 받아들이고 있다.

24.2 흑체복사와 플랑크의 가정

양자론은 물체에서 나오는 빛의 스펙트럼을 설명하는 과제에서부터 시작되었다고 볼 수 있다. 즉 물체에서는 여러 종류의 빛이 나오며, 물체 온도에 따라 그 물체에서 나오는 빛의 스펙트럼 분포가 달라진다. 그런데 그때까지의 물리학적 지식으로는 스펙트럼 분포를 설명할 수 없었기 때문에 양자론이 필요하게 되었던 것이다.

앞에서 우리는 정적 기체온도계를 이용해 온도를 정의했다. 즉 일정 부피의 기체 압력이 그 기체온도계가 있는 계의 온도를 나타낸다고 정의했다. 예를 들어 방 안의 공기 온도나 물의 온도를 측정하려면 기체온도계를 방 안이나 물속에 두고 기체 압력만 측정하면 된다. 그렇다면 갓 쪄낸 뜨거운 감자의 온도는 어떻게 측정할 것인가? 감자가 열적 평형 상태에 도달한다면 감자의 온도는 물론 공기 온도와 같다. 그렇지 않다면 기체온도계로 뜨거운 감자 온도를 측정할 수는 없다.

흑체복사

온도를 측정할 때 나타나는 이런 문제는 우리를 난처하게 만든다. 또 다른 예로 방 안의 뜨거운 난로나 제철소에서 만든 뜨거운 쇳물 온도를 생각해보자. 이런 것들의 온도를 기체온도계로 측정한다는 것은 사실상 불가능하다.

우리는 난로가 붉은색을 띨수록 더 뜨겁다는 것을 경험적으로 안다. 따라서 쇳물이나 난로에서 나오는 빛의 스펙트럼이 쇳물이나 난로 온도와도 관계가 있을 것이라 생각할 수 있다. 쇳물의 온도 정보는 제철 과정에서 매우 중요한데, 20세기 초 독일의 빈[Wien]은 제철소에서 쇳물 온도를 측정하는 임무를 맡아 쇳물 온도와 그 색깔의 관계를 연구하다가 뜨거운 쇳물에서 나오는 여러 파장의 빛이 섞인 빛의 스펙트럼에 주목했다. 그 결과 그 스펙트럼 중에서 색이 가장 강한 빛의 파장이 온도와 연계되며, 쇳물이 내는 가장 강한 빛의 파장 λ_m은 그 쇳물 온도 T와 다음과 같은 관계에 있다는 사실을 알게 되었다.

$$\lambda T = C \tag{24.1}$$

이 식을 **빈의 변위법칙**[Wien's displacement law]이라고 부른다. 여기에서 C는 상수로, 약 $C = 2.9 \times 10^{-3}\,\mathrm{m \cdot K}$로 나타낼 수 있는 크기를 갖는 양이다. 따라서 뜨거운 난로 온도는 난로에서 나오는 빛의 스펙트럼을 통해 결정된다.

물음 24-1 난로에서 나오는 가장 강한 빛의 파장이 $2.0\,\mu\mathrm{m}$다. 난로의 온도는 몇 K인가?

우리 몸은 모든 빛 중에서 적외선을 가장 따뜻하게 인식한다. 그런 이유로 적외선은 **열선**이라고도 부르며, 적외선 중에서도 파장이 긴 **원적외선**[far-infrared]이라 부르는 빛이 우리를 더 따뜻하게 만든다. 예를 들어 뜨거운 난로에서는 적외선이 가장 많이 나오므로, 우리는 난로가 따뜻하다고 느낀다. 난로는 가시광선을 많이 내보내지는 않지만, 온도가 더 올라가면 눈에 보이는 가시광선을 많이 내보내기 시작하는데, 그럴 때 뜨거워진 난로를 보면 붉게 보이는 빛이 많이 나온다.[2]

여기에서 해결해야 할 의문은 난로에서 나오는 빛은 왜 그런 강도 분포를 갖는가 하는 점이다. 즉 수백 도 정도인 난로에서는 왜 적외선이 가장 많이 나오고, 6,000 K 정도의 물체에서는 왜 노란빛이 가장 많이 나오는가 하는 의문이다. 물체로부터 나오는 빛의 진동수 스펙트럼 분포에 관한 이런 문제는 20세기에 들어서면서 이해할 수 없었던 가장 대표적인 현상 중 하나였다. 매우 놀라운 사실이지만, 뜨거운 난로뿐만 아니라 모든 물체가 어떤 형태로든 빛(전자기파)을 낸다. 그 이유는 물론 물질이 전기를 띤 입자인 전하로 이루어져 있고, 또 그 전하들이 쉬지 않고 진동하기 때문이다. 일반적으로 물체로부터는 거의 모든 진동수 빛이 나오지만, 물체 종류에 따라 특정한 몇 가지 진동수 빛을 내는 경우도 있다.

빛은 물체로부터 나오고, 또 물체는 빛을 흡수한다. 그리고 자신에게 들어오는 모든 빛을 흡수할 수 있는 물체를 흑체라고 부른다. **흑체**[blackbody]는 모든 빛을 흡수하므로 당연히 검게 보일 것이다. 이상적인 흑체의 모형은 속이 텅 빈 물체의 구멍 부분이다. 왜냐하면 그 구멍 부분으로 들어가는 모든 빛은 당연히 흡수될 것이기 때문이다. 흑체로부터 나오는 빛을 **흑체복사**[blackbody radiation]라 부른다. 즉 흑체는 모든 진동수의 빛을 흡수할 수도 있고, 내보낼 수도 있다.

---

2 태양의 내부 온도는 수백만 도 이상으로 추정된다. 그러나 햇빛은 태양 표면에서 나오며, 햇빛 중 가장 강한 빛은 초록에 가까운 노란빛이다. 태양의 표면 온도를 6000 K 정도라 추정하는 것은 이런 사실에 따른 것이다.

물체가 내는 빛, 즉 복사열의 양은 물론 물체의 특성 및 온도에 따라 달라진다. 총 복사에너지의 양은 절대 온도 T의 4제곱에 비례하며, 물체의 단위면적당 복사율 R은 다음과 같이 나타낼 수 있다.

$$R = \varepsilon \sigma T^4 \tag{24.2}$$

여기에서 상수 $\sigma = 5.67 \times 10^{-8}\,\mathrm{W/m^2K^4}$이고, ε은 **방출률**emissivity이라 부르는 양으로 흑체의 경우에는 1이지만, 대부분의 물체에서는 1보다 작다. 이를 **스테판-볼츠만의 법칙**Stefan-Boltzmann's law이라고 부르며, 1879년 스테판에 의해 실험적으로 처음 알려졌다. 이 법칙에 의하면 복사열의 양은 온도에 따라 매우 급격히 변하는데, 예컨대 300 K인 온도를 가진 물체는 600 K(섭씨 300℃ 정도)가 되면 $2^4(=16)$배나 많은 에너지를 방출한다. 앞에서 말한 빈의 변위법칙이나 스테판-볼츠만 법칙은 모두 빛이 광자라는 입자처럼 행동한다고 가정해 얻은 플랑크의 복사공식으로부터 유도될 수 있음을 보일 수 있다.

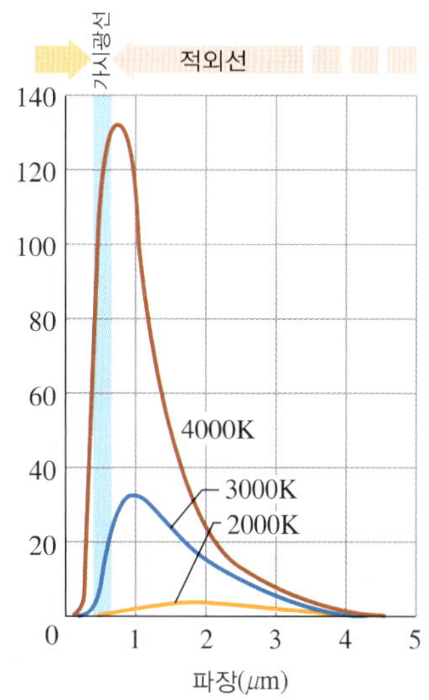

그림 24-1 흑체복사 스펙트럼 곡선

[그림 24-1]은 몇 가지 온도에서의 흑체복사 스펙트럼을 보여준다. 우리는 이상적인 빛의 흡수체이면서 발산체를 흑체라고 했지만, 보통 물체들을 근사적인 흑체라고 봐도 무방하다. 따라서 보통 물체들이 내는 빛의 스펙트럼은 흑체복사 스펙트럼과 크게 다르지 않다.

플랑크의 양자가설

흑체복사 스펙트럼의 곡선 분포를 설명하는 것은 20세기 초의 최대 과제 중 하나였다. 1896년 빈과 1900년 레일리Rayleigh 등은 스펙트럼 분포 곡선의 일부분을 설명할 수 있는 이론을 내놓았지만, 그 누구도 전체 스펙트럼 분포 곡선을 설명하는 이론을 제시하지는 못했다. 그런 답보 상태가 계속되다가, 1900년 독일의 막스 플랑크는 사람들이 받아들이기 어려운 기상천외한 가정을 하면 흑체복사 스펙트럼을 설명할 수 있다는 사실을 발견했다. 그것은 셀 수 있는 지극히 작은 에너지를 가진 단위로 빛이 방출된다는 가정이었다. 이는 빛이 덩어리로 방출된다는 의미의 대담한 가정으로, 빛이 '입자'라고 선언한 것이나 다름없었다.

그림 24-2 막스 플랑크, 1858~1947

플랑크는 물체로부터 나오는 진동수가 ν[3]인 빛은 $h\nu$라는 에너지를 가진 덩어리 단위로 나온다고 가정했는데, 이를 플랑크의 **양자가설**quantum hypothesis이라 부른다. 여기에서 h는 앞에서도 이미 도입되었던

---

3 ν는 그리스 문자로 뉴(nu)라고 발음한다.

플랑크 상수 Planck constant라 불리는 자연계의 기본 상수 중 하나로서, 플랑크가 제안한 h의 크기는 대략 다음과 같다.

$$h = 6.626 \times 10^{-34}\ \mathrm{J/K} \tag{24.3}$$

물음 24-2 6.6 W짜리 전구가 5×10^{14} Hz인 진동수 빛만 낸다고 가정할 때, 1초 동안 그 전구로부터 나오는 광자의 개수는 얼마인가?

진공에서의 광속처럼, 플랑크 상수는 매우 근원적인 물리량 중 하나다. 결과적으로 플랑크는 물체가 내는 빛의 스펙트럼 곡선 분포를 설명하려면 빛을 입자로 취급해야만 가능하다는 사실을 증명한 셈이다. 파동의 성질을 잘 드러내는 빛도 실제로는 덩어리 단위로만 존재하는 입자라는 사실은 우리를 혼란스럽게 한다. 그렇다면 빛의 정체란 과연 무엇인가? 전기적인 진동을 하는 '파동처럼 보이는 입자'란 무슨 뜻인가?

플랑크의 복사 이론 심화

플랑크의 복사 이론은 다음과 같다. 즉 진동수가 ν인 빛은 $h\nu$ 덩어리 단위로만 방출된다. 즉 빛을 내는 물체를 이루는 분자들을 각각 하나의 **진동자**oscillator로 취급할 때, 물체가 $h\nu$, $2h\nu$, $3h\nu$, $\cdots$인 덩어리 단위 에너지를 내는 진동자들로 이루어져 있다는 뜻이다.

한편, 온도가 T인 계에서 입자가 에너지 E인 상태에 있을 확률은 볼츠만 분포인 $e^{-\frac{E}{k_BT}}$ 항에 비례한다. 예컨대, 에너지 $E = h\nu$인 빛을 내는 진동자 수를 $Ae^{-\frac{h\nu}{k_BT}}$라고 나타내면, $E = 2h\nu$인 빛을 내는 진동자 수는 $Ae^{-\frac{2h\nu}{k_BT}}$가 된다. 따라서 전체 진동자가 내는 총 에너지는 다음과 같다.

$$E = h\nu \cdot Ae^{-\frac{h\nu}{k_BT}} + 2h\nu \cdot Ae^{-\frac{2h\nu}{k_BT}} + \cdots \tag{24.4}$$

이제 총 진동자의 수를 N이라고 하면 $N = Ae^{-\frac{h\nu}{k_BT}} + Ae^{-\frac{2h\nu}{k_BT}} + \cdots$로 쓸 수 있으므로, 이 두 식에서 진동자 하나의 평균 에너지는 다음과 같음을 보일 수 있다.

$$\frac{1}{N}E = h\nu \frac{1}{e^{h\nu/k_BT} - 1} \tag{24.5}$$

한편, 진동자의 수는 진동수에 따라 증가하는 것을 보일 수 있는데, $\nu \sim \nu + d\nu$ 사이의 진동자 수는 $\nu^2 d\nu$에 비례한다는 것을 보일 수 있다. 그러므로 $\nu \sim \nu + d\nu$ 사이의 진동수를 내는 빛의 평균 에너지는 다음과 같이 쓸 수 있다.

$$u(\nu)d\nu \propto \frac{\nu^3}{e^{h\nu/k_BT} - 1} d\nu \tag{24.6}$$

한편, $\nu = \dfrac{c}{\lambda}$ 관계로부터 $d\nu = -c\lambda^{-2}d\lambda$이므로, 에너지 밀도 $u(\nu)$는 다음과 같이 나타낼 수 있다.

$$u(\lambda) \propto \frac{1}{\lambda^5} \cdot \frac{1}{e^{hc/(k_B T \cdot \lambda)} - 1} \tag{24.7}$$

24.3 빛의 정체는 무엇인가?

플랑크는 양자가설로 양자론의 문을 열었지만, 그 자신을 포함해 어느 누구도 그런 가정이 의미하는 바를 잘 이해하거나 제대로 받아들이지 못했던 것으로 보인다. 즉 이미 확고하게 파동으로 밝혀진 빛 현상에 대해 감히 빛의 입자성을 진지하게 내세우지는 못했던 것이다. 그러나 플랑크 이전에도 이미 빛의 입자성을 제안한 사람이 있었는데, 바로 뉴턴이었다.

뉴턴은 빛이 파동성을 갖는다는 사실을 누구보다 잘 알고 있었지만, 빛이 '파동적 성질을 가진 입자'라는 입장을 갖고 있었다. 그러나 1800년대에 들어서며 토마스 영과 호이겐스가 각각 간섭 현상과 에돌이 현상을 통해 빛이 파동임을 확실하게 증명함으로써 빛의 입자성 주장은 완전히 묻혀버렸다. 빛이 파동이라는 주장은, 19세기 말 빛이 전자기적 파동 현상이라는 사실이 밝혀지면서 더 확실한 진리로 받아들여졌다. 그러나 1900년에 들어서면서 플랑크는 복사 스펙트럼을 설명하기 위해 양자가설을 세웠고, 곧이어 빛을 파동으로 생각하면 설명할 수 없는 여러 가지 사실들이 잇달아 발견되기 시작했다. 그 당시 발견된 대표적인 현상으로는 다음 두 가지를 들 수 있다.

(1) 광전 효과 : 금속에 빛을 쪼이면 전자가 튀어나온다.
(2) 콤프턴 효과 : 물질에 쬔 X선이 입사 방향과 다른 방향으로 산란되어 나올 때 진동수가 달라진다.

이제 빛의 입자성을 가정하지 않고는 설명할 수 없는 두 가지 현상을 살펴보자.

광전 효과

물질을 이루는 원자 속의 전자는 원자핵에 묶여 있어서 떼어내기가 쉽지 않다. 반면, 금속 상태 물질의 전자는 특정 원자에 묶여 있지 않기 때문에 비교적 자유롭게 운동할 수 있다. 그러므로 금속에서 전자를 떼어내는 일은 다른 물질에 비해 상대적으로 쉽다. 실제로 어떤 금속은 자외선만 쪼여도 전자를 방출하기도 한다.

빛을 쬔 금속에서 전자가 튀어나오는 현상을 **광전 효과**[photoelectric effect]라 부른다. 흥미로운 사실은 어떤 경우에는 아무리 강한 세기의 빛을 쬐어도 전자가 튀어나오지 않지만, 어떤 경우에는 매우 미약한 세기의 빛만 쬐어도 전자가 튀어나온다는 것이다. 즉 전자가 튀어나오는지 아닌지의 차이는, 빛의 세기가 아닌 빛의 색깔에 의해 결정되었던 것이다. 그 말은 빛의 진동수 차이에 따라 결정된다는 뜻이다.

전자가 쉽게 떨어져 나오는 특성이 있는 리튬(Li)이나 칼륨(K) 같은 알칼리 금속들은 진동수가 매우 크지 않아도 광전 효과를 보인다. 금속의 종류에 따라 광전 효과를 보일 수 있는 최저 진동수는 달라진다. 이때 최저 진동수보다 진동수가 더 큰 빛을 쪼이면 튀어나온 전자는 운동에너지까지 갖는데, 이때 전자의 운동에너지는 그 진동수에서 최저 진동수를 뺀 차이에 비례하는 크기를 갖는다.

플랑크의 양자가설이 나오고 5년 후인 1905년, 아인슈타인은 빛이 덩어리 단위로만 존재한다고 가정하면 광전 효과를 설명할 수 있음을 제안했다. 그 덩어리를 **광자**photon 또는 **광양자**라 부른다. 즉 플랑크가 이미 제안한 바와 같이 진동수가 ν인 빛은 그 진동수에 플랑크 상수 h를 곱한 양인 $h\nu$라는 단위의 광자로 이루어져 있다고 제안한 것이다. 따라서 금속에서 전자를 떼어내는 데 필요한 에너지가 E_0라고 할 때, 광자에너지 $h\nu$가 E_0보다 작다면, 광자가 아무리 많아도 전자를 떼어낼 수 없다고 설명할 수 있게 된다. 그러므로 $E_0 = h\nu_0$라고 나타내면 진동수가 ν인 빛을 쪼일 때 튀어나오는 전자의 최대 운동에너지 크기는 $K = h\nu - h\nu_0$와 같아진다. 여기에서 $h\nu_0$ 크기를 그 금속의 **일함수**work function라고 한다.

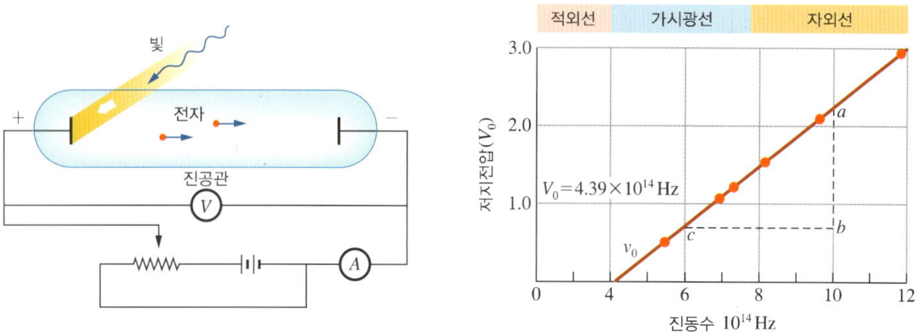

그림 24-3 광전 효과

≫ 참고 빛과 아인슈타인

빛이 얼마나 난해한 존재인지는 "모든 물리학자는 자신이 광자(빛)가 무엇인지 안다고 생각한다. 그러나 나는 일생 동안 광자가 무엇인지 알아보려고 애써왔지만, 여전히 그 정체를 모른다."라는 아인슈타인의 말 속에 잘 드러나 있다. 인간은 그림으로 그려낼 수 없는 자연세계의 새로운 측면과 마주치게 된 것이다.

콤프턴 효과

미국의 콤프턴은 1923년 매우 흥미로운 현상을 발견했다. 그것은 흑연 덩어리를 향해 X선을 쏘았을 때, 원래 방향으로 직진한 X선의 파장은 입사할 때의 파장과 같았으나, 다른 각도로 흩어져 나오는 X선의 파장은 입사할 때의 파장과 달라진다는 점이다. 이를 **콤프턴 효과**Compton effect라 부른다. 입사하는 X선의 파장이 λ일 때, 입사 방향과 각도 θ로 나오는 X선의 파장을 λ'이라고 하면, 그가 얻은 결과는 다음과 같았다.

$$\Delta\lambda = \lambda' - \lambda = \frac{h}{m_0 c}(1 - \cos\theta) \tag{24.8}$$

여기에서 m_0는 전자의 정지질량이고, h는 플랑크 상수다.

그림 24-4 아서 콤프턴, 1892~1962

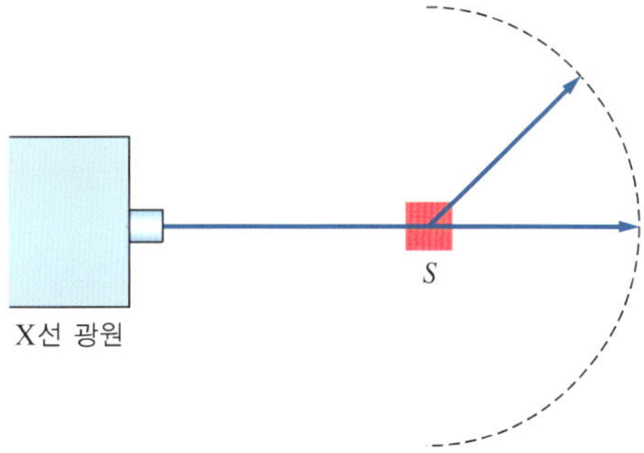

그림 24-5 콤프턴 효과 실험

식 (24.8)은 X선 광자가 흑연 속의 전자와 충돌한다고 가정하는 경우 얻어지는 파장 변화와 같다는 사실이 알려졌다. 즉 입자처럼 취급한 광자가 흑연 속의 전자와 충돌하면 충돌 후 광자의 운동량과 에너지가 변한다. 한편, 진동수가 ν인 광자에너지는 $h\nu$이고, 광자일 때 에너지 E는 운동량 p와 $E = pc$ 관계를 갖는다. 그러므로 광자의 운동량을 진동수로 나타내면 $p = \frac{E}{c} = h\frac{\nu}{c}$가 되므로, 운동량이 변한다는 것은 곧 진동수(또는 파장)가 변한다는 뜻이다.

참고 콤프턴 효과

콤프턴 효과는 전자기파의 일종인 X선을 입자모형에 근거한 광자로 취급해 광자가 물질 속의 전자와 충돌한다고 가정하면 더 잘 이해할 수 있다. 이제 광자의 진동수가 ν, 전자의 정지질량을 m_0라 하고, 두 입자가 충돌하는 경우 에너지보존법칙과 운동량 보존법칙이 성립한다고 하자. 이때 광자나 전자는 모두 상대론적 입자들로 취급해야 한다.

먼저 충돌하기 전의 전자는 정지해 있다고 가정하고, 충돌 후 광자의 진동수를 ν', 충돌 후 전자의 정지질량을 m이라 하면, 충돌 전후의 에너지가 같다는 결과는 다음과 같이 쓸 수 있다.

$$① \ h\nu + m_0 c^2 = h\nu' + mc^2$$

충돌 후 전자의 빠르기를 v라 하면, 이때 질량 m은 $m = \gamma m_0$로 쓸 수 있는데, 이때 $\gamma = \frac{1}{\sqrt{1-(v/c)^2}}$을 뜻하는 양이다.

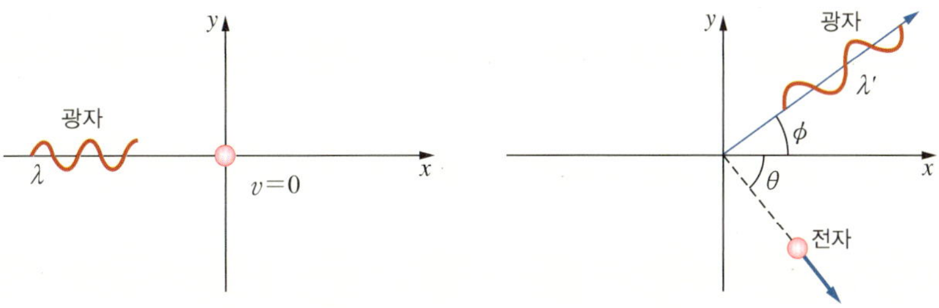

(a) 입사 전 (b) 입사 후

이제 충돌 전 광자의 진행 방향을 x축 방향이라 하고, 충돌 후 광자와 전자가 진행하는 방향이 x축과 각각 ϕ, θ의 각을 이룬다고 하자. 이때 x, y축 방향의 운동량보존법칙은 다음과 같이 나타낼 수 있다.

$$② \ h\nu = h\nu'\cos\phi + mv\cos\theta$$

$$③ \ 0 = h\nu'\sin\phi - mv\sin\theta$$

이 세 가지 식을 이용하면 콤프턴 효과를 설명하는 식을 얻을 수 있다.

상보성 원리

빛 같은 미시적 존재들이 파동성을 갖기도 하고, 입자성을 갖기도 한다는 것을 **파동-입자 이중성**wave-particle duality이라 부른다. 이와 같이 이상하고도 모호한 입장을 설명하기 위해 양자론 발전에 엄청난 업적을 남긴 덴마크의 닐스 보어는 상보성 원리라는 생각을 제안했다.

그림 24-6 닐스 보어, 1885~1962

상보성 원리principle of complementarity란, 물리 현상을 설명할 때 어떤 경우에는 파동성을, 어떤 경우에는 입자성을 취해야 한다는 뜻이다. 즉 미시적 존재들은 파동과 입자의 양면성을 갖고 있으며, 상황에 따라 그중 한 특성이 발현된다고 할 수 있다. 흥미롭게도 두 특성이 동시에 나타나지는 않는다. 예컨대, 빛이 입자성을 드러내면 더는 파동성을 지니지 않으며, 일단 파동성을 드러낸 다음에는 입자성을 잃는다.

24.4 빛의 도플러 효과와 수차 현상 심화

빛을 입자로 보는 입장에서 광자의 에너지는 $E = h\nu$로 나타내지만, 그 광자는 운동량도 가진다. 광자는 상대론적 존재이므로 상대성이론으로 다뤄야 하는데, 상대론에 의하면 그 운동량은 $p = \frac{E}{c}$로 나타낼 수 있다. 그러나 빛을 파동으로 보는 입장에서 빛은 진동수와 파수 ω, k를 갖는 존재로 기술되는데, $\omega = 2\pi\nu$이고, $k = \frac{2\pi}{\lambda} = \frac{\omega}{c}$를 뜻하기 때문에 이것은 흔히 $E = \hbar\omega$와 $p = \hbar k$로 나타낸다. 즉 광자의 에너지와 운동량은 입자로 보는 경우 (E, p)로 나타내지만, 광자를 파동으로 보는 경우에는 (ω, k)로 나타내는 것이다.

우리는 앞에서 도플러 효과를 다루면서, 파동의 진동수는 관측자에 따라 달라진다는 것을 확인했다. 그렇다면 빛의 진동수도 관측자에 따라 달라질 것인가? 빛도 파동이므로 당연히 도플러 효과를 보여야 한다. 그러나 앞에서 이미 다룬 소리 파동은 역학적 파동으로서 상대론적으로 다룰 필요가 없는 것이었는데, 빛은 상대론적 존재이므로 상대론적으로 다뤄야만 한다.

이제 앞에서 도입한 운동량 포벡터 $\left(i\frac{E}{c}, p_x, p_y, p_z\right)$는, 광자를 (ω, k)인 파동성을 가진 입자로 나타낸다면 $\hbar\left(i\frac{\omega}{c}, k_x, k_x, k_y\right)$로 쓸 수 있는데, $\left(i\frac{\omega}{c}, k_x, k_x, k_y\right)$를 **파동 포벡터**wave four-vector라 부른다. 그러므로 $k^2 = k_x^2 + k_y^2 + k_z^2$으로 나타내면, 파동 포벡터의 스칼라곱에서 $-\left(\frac{\omega}{c}\right)^2 + k^2 = 0$ 관계를 얻는다. 따라서, 광자의 진동수는 그 파수와 비례한다는 사실인 $\omega = ck$ 관계를 이 논의로부터 다시 얻을 수 있다.

한편, 파동 포벡터에 로렌츠 변환식을 적용하면, 진동수와 파수는 $\omega' = \frac{\omega - Vk_x}{\sqrt{1-(V/c)^2}}$, $k_x{}' = \frac{k_x - (V/c^2)\omega}{\sqrt{1-(V/c)^2}}$, $k_y{}' = k_y$, $k_z{}' = k_z$ 관계가 있음을 알게 되는데, 이 변환식을 이용해 다음과 같이 빛의 도플러 효과를 다뤄볼 수도 있다.

이제 정지한 기준계(실험실 기준계)에서 관측한 빛의 입사 방향이 x축과 각 θ를 이루어 $k_x = k\cos\theta$로 나타낼 수 있다고 하자. 그 경우 우리는 관계식 $\omega' = \frac{\omega - Vk\cos\theta}{\sqrt{1-(V/c)^2}} = \omega\frac{1-(V/c)\cos\theta}{\sqrt{1-(V/c)^2}}$를 얻는다.

그러므로 $\theta = 0$인 경우, 즉 파동이 $+x$축 방향을 향해 진행하는 경우 $\omega' = \omega\sqrt{\frac{1-V/c}{1+V/c}}$라는 결과가 되어, $+x$축 방향으로 운동하는 관측자는 더 작아진 진동수의 빛을 측정하게 되고, 파동이 그 반대 방향인 $-x$축 방향으로 진행하는 $\theta = \pi$인 경우에는 $\omega' = \omega\sqrt{\frac{1+V/c}{1-V/c}}$가 되어 더 커진 진동수를 측정하게 된다. 이런 효과를 **평행 도플러 효과**longitudinal Doppler effect라 부른다. 한편 x축에 수직 방향으로 입사하는 $\theta = \frac{\pi}{2}$인 파동의 경우 진동수는 $\omega' = \frac{\omega}{\sqrt{1-(V/c)^2}}$로 측정되는데, 이를 **수직 도플러 효과**transverse Doppler effect라 부른다.

그렇다면 고전적인 소리 파동에서는 왜 수직 도플러 효과가 없었을까? 사실 고전적 파동에서 수직 도플러 효과가 없었던 것은 아니다. 근본적으로는 그런 효과가 있지만 상대론적 논의에서 그런 효과가 드러났을 뿐이고, $V \ll c$인 고전적 영역에서는 $\omega' \approx \omega$로 그 효과가 드러나지 않았을 뿐이다.

수직 도플러 효과가 생기는 이유는 운동하는 계에서는 시간 늘어남 효과가 생기기 때문이다. 즉 파동의 진동수는 1초당 관측자를 지나는 파동의 마루 수를 세는 것에 비유할 수 있는데, 운동하는 관측자의 시계는 더 느리게 가므로 자신이 1초 동안에 세는 마루 수는 정지한 관측자가 1초 동안 측정한 마루 수보다 더 많아지게 되는 것이다.

빛은 도플러 효과뿐 아니라 **수차**aberration라고 부르는 현상도 나타낸다. 수차란 별에서 오는 빛이 실제 진행하는 방향이 아니라 다른 각도로 진행하는 것으로 측정된다는 사실을 뜻하는 말이다. 예컨대, 별에서 오는 별빛이 실제로는 지표면에 수직 방향으로 오는 빛이었다면, 지표면이 수평 방향으로 운동하면 수직으로 입사하는 것으로 관측되지 않는다. 즉 지표면이 빠르기 V로 운동하는 경우, 그 빛은

$\cos\theta = \dfrac{V}{c}$로 나타낸 각만큼 수직 방향에서 기울어진 방향에서 오는 빛으로 관측된다. 더 일반적인 각도로 입사하는 빛도 원래 진행 방향과 다른 각도로 입사하는 것으로 관측되는데, 그 관계는 $k_x{}' = \dfrac{k_x - (V/c^2)\omega}{\sqrt{1-(V/c)^2}}$를 이용하면 $\cos\theta' = \dfrac{\cos\theta - V/c}{1-(V/c)\cos\theta}$임을 보일 수 있다.

≫ 참고 수직 도플러 효과의 활용

수직 도플러 효과는 인공위성이나 비행기의 빠르기를 알아내는 데 유용하게 쓰인다. 예컨대, 고공에서 빠르기 V로 나는 비행기에서 나오는 빛을 지상에서 관측하는 경우, 그 상황은 인공위성이 정지해 있고 지표면이 위성과 똑같은 빠르기 V로 수평 이동하는 경우와 상대적으로 같은 상황이다. 그러므로 지상에서 발사된 레이더 빛이 고공에서 운동 중인 인공위성에서 반사되는 경우, 레이더 빛을 지상 수신기가 수신할 때, 그 진동수는 수직 도플러 효과 때문에 미세하지만 발신 진동수와 $\omega' = \dfrac{\omega}{\sqrt{1-(V/c)^2}}$만큼 차이를 보이게 된다.

≫ 참고 위상 불변성을 이용한 도플러 효과 유도

우리는 지금까지 어떤 포벡터가 있을 때 그 자체 스칼라곱만을 고려해왔는데, 어떤 포벡터와 다른 포벡터의 스칼라곱도 여전히 스칼라양이 됨을 보일 수 있다. 예컨대, 사건 포벡터와 파동 포벡터의 스칼라곱은 $-\omega t + \mathbf{k}\cdot\mathbf{r}$인데, 이 양은 좌표계의 선택에 무관한 불변량이므로 $-\omega t + \mathbf{k}\cdot\mathbf{r} = -\omega' t + \mathbf{k}'\cdot\mathbf{r}'$이다. 그런데 이 양은 평면파의 위상을 나타내는 양이므로, 파동 함수의 위상값은 어떤 좌표계에서도 일정한 양임을 알 수 있다.

특별한 경우로 $\mathbf{k} = k\hat{i}$로 x축으로 진행하는 파동의 경우, $-\omega t + kx = -\omega' t' + k'x'$을 이용하면 로렌츠 변환식을 이용해 ω, ω'의 관계식을 얻을 수 있는데 평행 도플러 효과는 이런 방식으로도 다룰 수 있다.

24.5 물질파

여러 광학적 현상에서 확실하게 파동으로 밝혀졌던 빛이 사실은 입자처럼 행동한다는 점은 다음과 같은 상상을 하게 한다.

"그렇다면 우리가 확실하게 입자로 알고 있는 전자 같은 존재도 파동성을 갖는 게 아닐까?"

그림 24-7 루이 드브로이, 1892~1987

이런 생각을 처음 한 사람은 프랑스의 드브로이로, 그런 생각은 매우 대담한 것이었다. 왜냐하면 전자는 음극선 실험으로 그 운동 경로까지 볼 수 있는, 확실하게 입자로 생각한 존재였기 때문이다.[4]

4 드브로이가 그런 제안을 할 당시, 대부분의 사람은 그의 생각을 받아들일 준비가 되지 않았던 것 같다. 그러나 드브로이의 논문을 접한 아인슈타인은 드브로이의 제안이 양자론에서 획기적인 새로운 세계를 열리라는 것을 직감하고, "그는 비밀을 감추고 있는 거대한 베일의 한 자락을 들췄다."라고 평했다고 한다.

1923년 드브로이는 입자로 취급되는 것들도 파동성을 가지며, 그 파장 λ는 입자의 운동량 p와 다음과 같은 관계에 있다고 제안했다.

$$\lambda = \frac{h}{p} \tag{24.9}$$

드브로이가 제안한, 질량을 가진 입자를 기술하는 파동을 **물질파** matter wave 라 부른다. 이 물질파 관계식 $\lambda = \dfrac{h}{p}$는 광자의 경우에도 성립하는데, 드브로이는 광자의 이런 관계로부터 물질파 파장 관계식을 유추했을 것으로 추정된다.

물음 24-3 광자는 정지질량이 없기 때문에 에너지와 운동량 사이에 $E = pc$ 관계가 성립한다. 진동수 ν가 광자에너지와는 $E = h\nu$이고, 파장과는 $\lambda\nu = c$로 나타낼 수 있음을 이용해, 광자가 드브로이 관계를 만족하는 것을 보여라.

이러한 측면에서 보면, 전자가 파동처럼 보이지 않는 이유는 전자의 물질파 파장이 너무 짧기 때문인 것으로 해석할 수 있다. 즉 운동량은 질량에 비례하므로, 유한한 질량을 가진 전자와 같은 존재들의 물질파 파장은 일반적으로 극히 짧을 수밖에 없다. 예컨대, 양성자는 전자보다 질량이 더 크므로 그 파장은 더 짧아진다. 한편, 파장이 매우 짧은 X선 같은 빛은 에돌이 현상을 거의 보이지 않고 직진한다. 그러므로 파장이 매우 짧은 양성자나 전자 등의 물질파 파동도 역시 직진할 것이므로 입자처럼 보일 수밖에 없다. 이제 전자는 파동처럼 다룰 수 있다는 사실을 보여주는 실험들을 살펴보자.

톰슨 실험과 데이비슨-저머 실험

입자로 생각되던 전자와 같은 것들이 파동성을 갖는다는 사실은 여러 가지 실험을 통해 확인되기 시작했다. 예컨대, 전자를 발견한 영국의 톰슨은 1927년 결정체에 전자를 쏘아 전자에 의한 에돌이 무늬를 관측하는 데 성공했는데, 그 무늬는 독일의 라우에가 1912년 X선을 사용해 얻은 에돌이 무늬와 같은 형태로 밝혀졌다.

그림 24-8 조지프 존 톰슨, 1892~1975

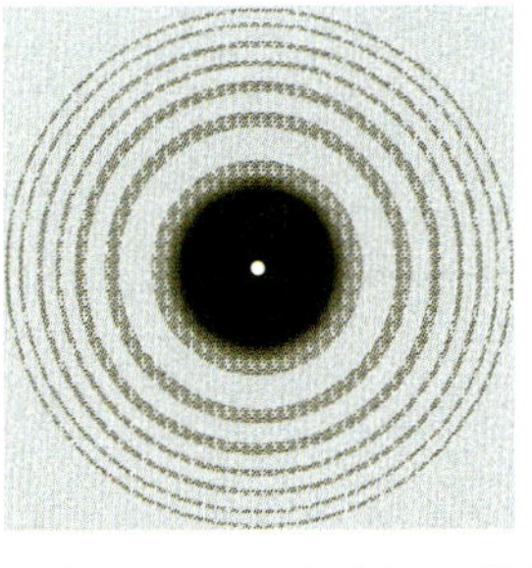

그림 24-9 톰슨의 전자를 이용한 에돌이 무늬

한편, 같은 해인 1927년에 미국의 데이비슨과 저머도 전자를 결정체에 쏘아 산란시킬 때, X선과 마찬가지로 에돌이 무늬가 만들어지는 것을 관측했다.

그림 24-10 클린턴 조지프 데이비슨, 1881~1958

그림 24-11 레스터 핼버트 저머, 1896~1971

참고 전자 현미경

전자를 파동처럼 볼 수 있다는 생각은 전자를 이용해 매우 미세한 구조를 조사하는 현미경을 만들 수 있다는 것을 뜻한다. 그런 현미경을 **전자 현미경**electron microscope이라고 부른다. 전자 현미경에서 주로 사용하는 전자의 물질파 파장은 X선의 파장과 비슷한 정도다.

24.6 불확정성 원리

전자가 입자가 아니라 파동이라는 사실은 우리의 고정 관념을 흔들어놓는다. 예를 들어 입자의 위치는 정확하게 정해져야 하지만, 파동은 그 위치가 정확히 정해지지 않는다. 이제 슬릿에 의한 에돌이 현상에서, 빛을 광자로 본다면 어떤 사실을 말할 수 있을까?

앞에서 다룬 것처럼, 틈 폭이 a인 슬릿에 의해 파장이 λ인 빛이 만드는 에돌이 현상에서 첫 번째 어두워지는 곳의 각 θ는 다음 조건에서 얻어진다.

$$a\sin\theta = \lambda \tag{24.10}$$

이제 빛을 광자로 다뤄 파장과 광자의 운동량 관계를 $\lambda = \dfrac{h}{p}$로 나타내면, $a\sin\theta = \lambda$는 다음과 같아진다.

$$a \cdot p\sin\theta \approx h \tag{24.11}$$

여기에서 스크린에 수직인 방향을 y방향으로 정하고, $a = \Delta y$로 쓰기로 하자. 즉 틈 폭 a를 빛이 틈을 지날 때 y축 방향의 최대 불확정 거리 Δy로 나타내자. 한편, $p\sin\theta$는 y축 방향의 최대 불확정 운동량이므로 $p\sin\theta = \Delta p_y$라고 쓰면, 다음 관계를 얻을 수 있다.

$$\Delta y \cdot \Delta p_y \approx h \tag{24.12}$$

즉 광자가 어느 위치를 지났는지 우리가 더 정확히 알수록 Δy는 더 작아지는데, 그럴수록 광자는 y축 방향으로 더 멀리까지 흩어진다. 위치를 정확히 알면 알수록, 운동량은 더 알 수 없어진다는 이런 관계를 **운동량-위치 불확정성**momentum-position uncertainty이라고 부른다.

입자는 하나의 점으로 볼 수 있지만, 파동은 어떤 공간 범위에 걸쳐 분포하므로 점과 같이 그 위치가 정확히 정해지지는 않는다. 한편, 파동이 더 넓은 공간 범위에 걸쳐 분포할수록(즉 Δy가 커질수록) 그 파장은 더 정확히 측정될 수 있으며, 파장이 더 정확히 측정된다는 것은 드브로이 관계식에서 운동량도 더 정확하게 측정된다는 것(즉 Δp_y가 작아진다는 것)과 같다. 즉 입자를 물질파 파동으로 본다면 운동량-위치 불확정성은 당연한 결과라고 볼 수 있다.

그림 24-12 베르너 하이젠베르크, 1901~1976

독일의 하이젠베르크에 의해 처음으로 알려진 이 사실을 **불확정성 원리**uncertainty principle라고 부르며, 하이젠베르크는 그 관계를 다음과 같이 나타낼 수 있음을 보였다.

$$\Delta y \cdot \Delta P_y \geq \frac{\hbar}{2} \tag{24.13}$$

한편, 에너지와 시간 사이에도 **에너지-시간 불확정성**energy-time uncertainty이라는 불확정성이 존재하는데, 그 관계는 다음과 같다.

$$\Delta E \cdot \Delta t = \frac{\hbar}{2} \tag{24.14}$$

이 관계는 계의 에너지 E를 정확히 측정하려 할수록, 즉 그 측정 에너지 오차 ΔE를 줄이려고 할수록 더 오랜 측정 시간 Δt가 필요하다는 것을 나타낸다. 또는 계의 에너지 측정 시간이 Δt라면, 그 계의 에너지는 $\Delta E \geq \dfrac{\hbar}{\Delta t}$만큼 불확실하다는 뜻으로 해석할 수도 있다. 예컨대, 원자가 높은 에너지 상태에 있다면 얼마 후 결국 낮은 에너지를 가진 상태로 옮겨 갈 수밖에 없으므로, 높은 에너지 상태는 어느 정도의 에너지 불확정성을 갖는다.

예제 24-1 불안정 입자의 수명

1974년에 발견된 $\frac{J}{\psi}$라 부르는 중간자 입자는 매우 불안정해서 만들어지면서 바로 붕괴해 다른 입자로 변한다. 따라서 그 입자의 질량 m을 정확히 측정할 수 없으며, 측정된 질량에너지 mc^2은 (3100 ± 0.00063) MeV 라고 한다. 이 입자의 **수명** lifetime이 에너지 불확정성에 대응하는 측정 시간이라 가정할 때, 그 수명을 구하라.

풀이

에너지 불확정 크기는 $\Delta E = 63\,\mathrm{keV}$이므로, $1\,\mathrm{eV} = 1.6 \times 10^{-19}\,\mathrm{J}$로부터 $\Delta E \approx 10^{-14}\,\mathrm{J}$이다. 따라서 $\Delta t = \frac{\hbar}{\Delta E} \approx 10^{-20}\,\mathrm{s}$가 그 수명이 된다.

24.7 단일입자 간섭 현상

전자가 에돌이 현상을 보이는 실험 결과를 갖고 있다고 해도, 입자로 알고 있던 전자 같은 것이 파동이라고 말하는 것을 우리는 이해하기 어렵다. 이제 미시적 세계에서 일어나는 놀라운 현상들을 통해 미시세계가 우리가 경험적으로 알고 있는 세계와 얼마나 다른지 살펴보자.

전자의 이중슬릿 간섭 실험

전자의 파동성은 간섭 실험을 통해 확인할 수 있다. 예컨대, 영의 실험에서처럼 두 개의 좁은 틈을 통해서만 전자가 지나갈 수 있게 만들면, 두 틈을 통과한 전자들은 스크린에 간섭 무늬를 만든다. 그러나 이 실험에는 이상한 면이 있다. 즉 전자를 하나씩만 쏜다고 하고, 한 번에 하나씩 쏘아 많은 수의 전자를 쏘는 실험을 다시 했다고 하자. 그렇게 하면 각각의 전자는 언제나 독립적이며, 다른 전자와는 서로 아무 상관도 없게 된다. 과연 이때에도 간섭 무늬가 나타날까?

놀랍게도 그 경우에도 간섭 무늬가 나타난다. 물론 서로 무관하게, 다른 시각에 쏘아진 여러 개의 전자가 서로 연관되어 있을 리는 없다. 그렇다면 이 결과는 하나의 전자가 두 틈을 '동시'에 통과해서 자기 자신과 자체 간섭을 일으킨다는 것으로 해석할 수밖에 없다. 이러한 결과를 **단일입자 간섭** single particle interference **현상**이라 부른다. 이때 우리는 전자가 두 틈 중 한 곳으로만 지나간다는 사실을 쉽게 검증할 수 있으며, 따라서 두 틈을 동시에 통과한다는 가정은 상식적으로 받아들일 수 없다. 그러므로 우리는 다음과 같이 다시 생각해야 한다. 즉 전자가 두 틈 중 한 곳으로만 통과한다면, 그 전자는 자신이 통과할 수 있는 다른 틈이 존재하는지 아닌지 알고 있다는 것이다. 그렇다면 전자가 두 틈을 동시에 통과한다는 가정과 무엇이 다르다는 말인가?

이 상황에서는 흥미로운 점이 또 있다. 어떤 사람이 전자가 두 틈 중 어느 곳으로 통과했는지 알아내기 위한 실험을 한다고 하자. 놀라운 사실은 그런 실험을 하게 되면 간섭 무늬는 사라져버린다는 것이다.

즉 일단 입자성이 관측된 전자는 더 이상 관측하기 전의 파동과 같지 않다. 이런 문제 때문에 양자론에서는 **측정**measurement(또는 **관측**)이라는 행위 자체가 실험 결과에 영향을 미치는 문제가 개입된다. 이러한 결과는 전자를 입자가 아닌 물질파 파동으로 생각해야 한다고 우리에게 가르쳐주는 것 같다. 즉 전자가 물질파 파동이라면 그 파동은 두 틈을 동시에 포함하는 공간에 퍼져 있어서 두 틈을 동시에 통과한다고 생각할 수 있다. 그렇다면 전자가 어느 틈을 통과했는지를 관측할 때 나타나는 '입자성'은 어떻게 해석해야 하는가? 양자론에서는 그 경우 전자를 기술하는 파동이 **붕괴**collapse했다고 해석한다. 즉 관측하는 순간, 두 틈에 동시에 걸쳐 있던 전자의 물질파 파동이 갑자기 붕괴해서 입자로 관측된다는 것이다. 양자론에서는 이처럼 관측자의 역할이 중요해진다. 즉 관측 여부에 따라(또는 관측자가 전자의 위치 정보를 갖는지 아닌지에 따라), 계는 전혀 다른 물리적 상태에 있게 된다. 유명한 **슈뢰딩거의 고양이**Schrodinger's cat라고 불리는 가상실험은 관측하는 행위가 개입되는지 그렇지 않은지에 따라 결과가 달라지는 상황을 설명하는 거시적 세계에서의 예에 비유해서 다룬 것이다.[5]

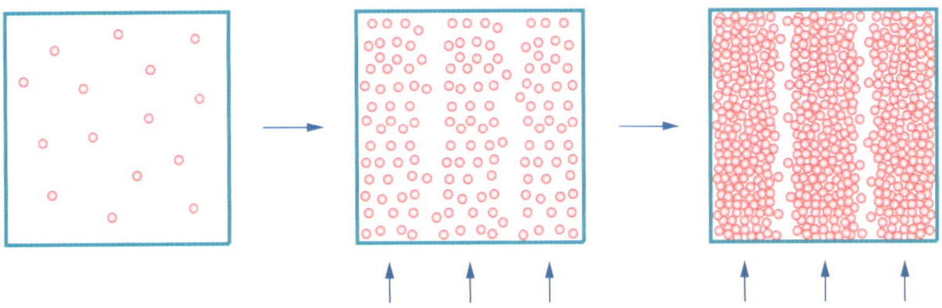

그림 24-13 여러 전자를 독립적으로 쏘는 실험에서 간섭에 의한 입자 분포

마흐-젠더 실험

이제 **마흐-젠더**Mach-Zehnder 실험이라 불리는 단순하고도 흥미로운 실험을 통해 양자 세계의 이상한 특성을 더 살펴보기로 하자. 그 실험의 원리는 다음과 같다. 즉 광자를 하나씩 쏠 수 있다고 가정하고, 그 광자를 **빛살 가르개**beam splitter라 부르는 **반투과 거울**에 입사시킨다. 이때 그 광자는 각각 1/2 확률로 반투과 거울을 투과하거나 혹은 반사된다.

이제 반투과 거울을 투과한 광자를 또다시 다른 반투과 거울에 입사시킨다고 생각해보자. 그 광자는 두 번째 반투과 거울을 또다시 투과하거나 반사될 것이다. 따라서 두 번째 반투과 거울을 투과하거나 반사된 광자를 측정할 확률은 각각 1/2이 된다. 즉 두 번째 거울을 투과하거나 반사된 광자를 관측할 확률이 각각 1/2이라 예상할 수 있다. 그러나 광자가 지나가는 두 경로가 완전히 대칭으로 배치된 실험에서는 두 번째 반투과 거울을 지나간 광자는 놀랍게도 언제나 한 방향에서만 관측된다(처음 광자가 수평 방향으로 입사하면 언제나 수평 방향에서만 관측된다).

5 최근에 많은 이들의 관심을 끄는 주제에 '정보 이론'이라는 것이 있다. 그 이론의 입장에서는 우주의 근본을 정보라고 본다. 정보 이론에서는 관측하는 행위 자체가 계의 상태를 바꾸어놓기 때문에 관측하는 행위는 곧 창조적 행위라고 본다.

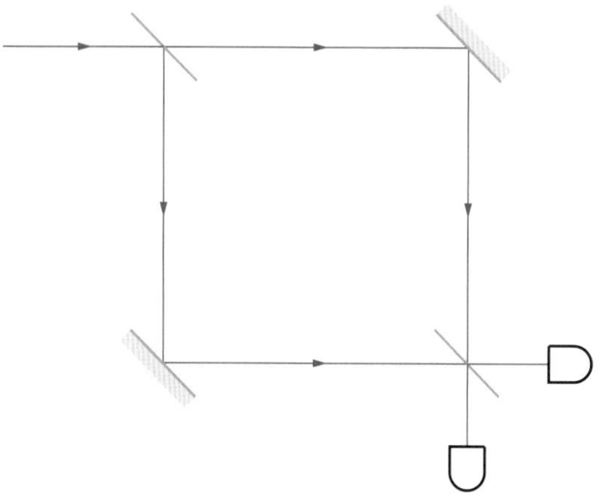

그림 24-14 마흐-젠더 실험

이 실험에서 광자가 진행할 수 있는 두 경로 중 하나를 차단하면, 그 결과는 예상한 대로 각각 1/2 확률로 두 번째 반투과 거울에서 반사되거나 통과한다. 즉 광자가 두 경로 중 어느 곳을 지났는지 관측할 때와 그렇게 하지 않았을 때 다른 결과를 얻는다.

빛이 확실하게 입자(광자)라고 생각하면, 그 광자는 확실히 두 경로 중 하나를 지나간다. 그리고 마치 두 틈을 지나간 전자가 어느 틈을 지나가는지 알 수 있었던 것처럼, 실험을 통해 광자가 두 경로 중 하나를 지나간다는 사실도 알아낼 수 있다. 그러나 우리가 그런 확신, 즉 관측하지는 않았지만 빛이 확실히 어느 한 경로를 지나간다는 확신을 가진다면 이 실험의 결과를 설명할 수 없게 된다. 따라서 이 실험에서도 역시 광자는 파동이어야 하며, 측정하지 않는 상태에서는 광자의 파동이 두 경로를 동시에 지나간다고 생각할 수밖에 없다. 그 파동이 어느 경로를 지나가는지 관측하는 순간, 그 파동은 붕괴해 광자로 관측되었다고 해석해야 하는 것이다. 즉 그 광자가 어느 경로를 지나갔는지 측정한 정보를 우리가 갖고 있는지 여부에 따라 계의 물리적 상태가 달라진다.

CHAPTER 24 연습문제

[개념 확인 문제]

(1) 나트륨과 세슘의 일함수 크기는 각각 2.28 eV, 2.14 eV이다. 어떤 광자에 의해 그 금속들에서 전자가 튀어 나온다면, 어떤 금속에서 나온 전자의 최대 운동에너지가 더 큰가?

(2) X선 광자가 전자와 충돌해 산란되었다고 한다. 충돌한 다음 X선 광자의 에너지는 변한다. 그 에너지는 증가하는가? 아니면 감소하는가?

▶ 24장의 모든 연습문제에서 플랑크 상수는 $h = 6.63 \times 10^{-34}\,\mathrm{J \cdot s}$ 이다.

1 어떤 금속에서 광전자가 방출되기 위한 문턱진동수 파장은 380 nm 이다. 파장이 280 nm 인 빛을 쪼일 때 나오는 전자의 최대 운동에너지는 얼마인가?

2 브롬(Br)의 일함수는 2.48 eV 이다. 파장이 380 nm 인 빛을 쪼일 때 나오는 전자의 최대 운동에너지는 얼마인가?

3 문턱진동수가 f_0 인 어떤 물질에 진동수가 f 인 빛을 입사시켰더니 광전자가 방출되었다. 이때 방출된 광전자의 빠르기는 얼마인가? 단, 전자의 질량과 플랑크 상수는 각각 m 과 h 이고, 상대론적 효과는 무시한다.

4 뮤온 muon 이라 불리는 중간자의 질량은 $105.7\,\mathrm{MeV/c^2}$ 이다. 뮤온의 수명이 $2.2\,\mu s$ 인 사실로부터 뮤온 질량의 불확정도(오차)는 몇 eV 인지 구하라.

5 100 W 인 백열전구가 소비전력의 3%만 빛으로 내고 있다고 한다. 그 빛의 파장이 500 nm 라 가정할 때, 전구가 1 초에 내는 광자수는 몇 개인가?

6 각각 빨강, 초록, 파랑의 단일 파장의 빛을 내는 색 전구가 있다. 색 전구의 일률이 모두 같다면, 단위시간 동안 방출하는 광자수의 비는 얼마인가? 단, 빨강의 파장은 700 Å, 초록의 파장은 550 Å, 파랑의 파장은 450 Å 이다.

7 100 MHz 의 주파수로 방송하는 어떤 FM 방송국의 전파 출력이 2.5 kW 다. 방송국 안테나에서 1초 동안 방출되는 광자의 개수는 얼마인가?

8 HCl 분자의 자유진동수는 8.1×10^{13} Hz 다. 분자에서 나오는 빛의 광자에너지는 몇 eV 인가?

9 1초에 약 10^{19}개의 광자가 한 방향을 향해 진행하다가 장애물에 부딪쳤다. 모든 광자의 파장은 500 nm 이다.

(a) 진행하는 광자들의 총 운동량 p는 얼마인가?

(b) 광자가 물체에 부딪칠 때 작용하는 힘 F의 세기는 얼마인가?

10 파장이 λ미터(m)인 광자에너지를 eV 단위로 나타내면 $E = \dfrac{1.24 \times 10^{-6}}{\lambda}$ 임을 보여라.

11 나트륨, 세슘, 구리, 철 원자의 일함수는 각각 2.3 eV, 2.1 eV, 4.7 eV, 4.5 eV 이다. 가시광선을 쪼일 때, 가시광선이 400 nm ~ 700 nm 구간 파장을 가진다면, 전자가 튀어나오는 금속 원자는 어느 것인가?

12 바륨(Ba)의 일함수는 $W = 2.48\,\text{eV}$ 이다. 파장이 410 nm ~ 750 nm 구간의 빛을 쪼일 때 바륨 원자에서 나오는 전자의 최대 운동에너지 K는 얼마인가?

13 어떤 금속에 진동수가 ν인 빛을 비추어 방출되는 광전자의 저지전압이 V_0라면, 이 금속의 일함수 W는 얼마인가?

14 어떤 X선 관 속에서 전자를 가속시키는 전압 세기가 V_0 V인 경우, 가장 짧은 파장을 가진 X선 파장은 $\lambda = \dfrac{1240}{V_0}$ nm 임을 보여라.

15 어떤 X선 관 속에서 전자를 가속시키는 전압 세기가 50 kV라 한다. 그 경우 전자의 모든 운동에너지가 X선 광자에너지로 전환되는 상태에서 가장 짧은 파장을 가진 X선 광자가 나온다고 할 때, 가장 짧은 파장 λ는 얼마인가?

16 100 V의 전위차로 가속된 전자의 물질파 파장은 얼마인가?

***17** 전자를 50 kV의 전위차로 가속할 수 있는 전자현미경이 있다. 전자현미경에 이용되는 전자의 물질파 파장 λ를 구하라.

***18** 다음 그림과 같이, 파장이 λ인 X선이 정지상태에 있는 자유전자에 의해서 산란된다. 이때 산란된 전자는 파장 λ'을 가지고 $90°$ 방향으로 산란되었다. 플랑크 상수는 h, 전자의 정지질량은 m_0, 전자의 충돌 후 빠르기는 v, 전자의 산란각은 θ이다.

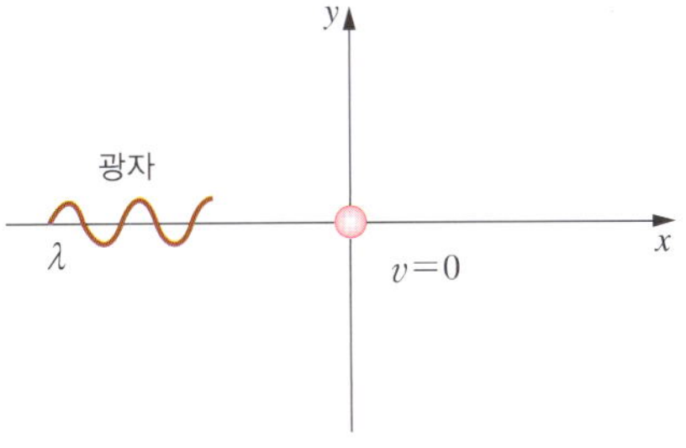

(a) 입사 전

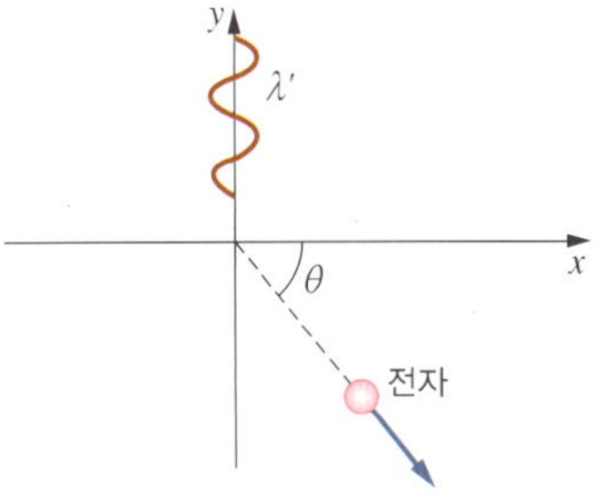

(b) 입사 후

(a) 충돌 전후의 에너지 보존 관계식을 써라.

(b) 충돌 전후의 운동량 보존 관계식을 써라.

(c) 충돌 후 전자의 운동량의 크기를 h, λ, λ'을 이용해 나타내라.

(d) 충돌 후 전자의 산란각을 λ와 λ'을 이용해 나타내라.

19 자유로운 상태의 중성자(질량 $m = 1.67 \times 10^{-27}$kg)의 평균 수명은 900초이다. 중성자 질량의 불확정치를 kg 단위로 나타내라.

20 1985년에 발견된 Z^0라 불리는 입자는 매우 불안정해서 질량은 어떤 오차 범위 안에서만 측정할 수 있다. 측정된 질량을 $(91.9 \pm 2.5)\,\mathrm{GeV/c^2}$이라 할 때, 추정되는 Z^0 입자의 수명은 얼마인가?

21 어떤 방사성 원소 원자가 수명 $12\,\mu\mathrm{s}$를 가지고 알파 붕괴를 한다. 알파입자가 $5.5\,\mathrm{keV}$의 운동에너지를 가진다면, 알파입자의 에너지 불확정도 $\dfrac{\Delta E}{E}$의 크기는 얼마인가?

CHAPTER

25 원자의 구조와 파동함수

Atomic Structure and Wave Functions

25.1 보어의 원자모형

원자에서 나오는 빛은 모든 파장의 빛이 아니라 띄엄띄엄discrete 분포된 파장의 빛으로 이루어져 있고, 이를 **양자화**quantize되었다고 한다. 앞서 흑체복사의 스펙트럼 분포 곡선을 설명하는 것도 어려운 과제였지만, 원자에서 나오는 빛이 양자화되어 있다는 사실을 이해하는 것 또한 어려운 과제였다. 1912년, 보어는 수소 원자에서 나오는 빛의 스펙트럼을 설명하기 위해 다음과 같은 원자모형을 제안했다.

(1) 수소 원자에서 전자는 특정한 각운동량을 가진 궤도로만 원운동을 할 수 있으며, 그 궤도반지름 r은 다음과 같은 각운동량 조건을 만족한다.

$$L = n\hbar \ \ (n = 1, 2, 3, \cdots) \tag{25.1}$$

여기에서 n을 **양자수**quantum number라고 부르고, $\hbar$는 플랑크 상수 h로, $\frac{h}{2\pi} = \hbar$와 같이 정의한 양이다. 이 조건을 **각운동량 양자화 조건**angular momentum quantization rule이라 부른다.

(2) 양자수 n이 다른 궤도로 변하는 운동상태 변화가 일어날 때, 그 에너지 차이에 해당하는 빛이 나온다.

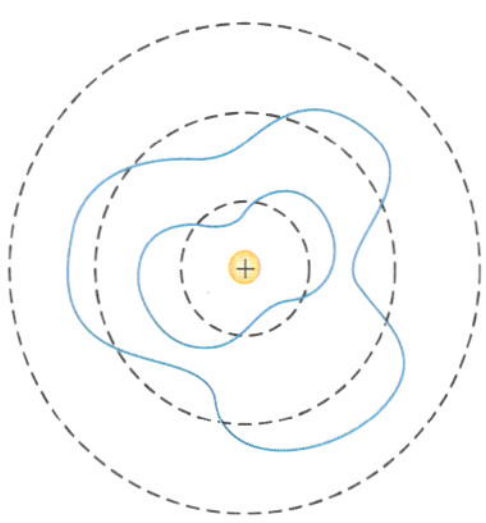

점선으로 나타낸 물질파 파장은 궤도 길이의 정수 배가 돼야 한다.

그림 25-1 보어의 원자모형

이는 아무런 근거도 없이 제안되었지만, 보어는 이 가정을 통해 적어도 수소 원자의 스펙트럼을 설명할 수 있었다. 이는 그 당시에는 엄청난 발견이었다. 보어는 단지 실험 결과를 설명하기 위해 이와 같은 이론을 제안했지만, 그로부터 10년도 더 지난 1923년에 드브로이가 제안한 물질파 개념과 보어의 가정이 관련이 있다는 흥미로운 사실에 주목할 필요가 있다.

전자의 물질파 파장 λ는 그 운동량이 $p=mv$일 때, $\lambda=\dfrac{h}{p}$로 쓸 수 있다. 그 각운동량은 $L=rp$로 쓸 수 있으므로, 보어의 각운동량 양자화 조건인 $L=n\dfrac{h}{2\pi}$와 궤도반지름은 다음과 같은 관계를 만족해야 한다.

$$2\pi r = n\lambda \quad (n=1, 2, 3, \cdots) \tag{25.2}$$

이 조건은 전자를 기술하는 물질파 파장의 입장에서 보면 매우 흥미롭다. 왜냐하면 원자에서 전자의 궤도가, 마치 양 끝이 고정된 줄에서 만들어지는 정상파 파장과 같은 물질파 파장을 갖는 경우에만 허용된다는 것을 의미하기 때문이다.

이제 각운동량 양자화 조건을 따를 때, 어떤 결과를 얻을 수 있는지 알아보자. 질량이 m인 전자가 반지름이 r인 궤도에서 빠르기 v로 도는 경우, 그 각운동량 크기는 $L=mvr$로 나타낼 수 있다. 한편, 전자의 전하량을 e라 할 때, 뉴턴의 운동방정식을 전자에 적용하면 다음과 같아진다.

$$F = ma = m\frac{v^2}{r} = \frac{1}{4\pi\varepsilon_0}\frac{e^2}{r^2} \tag{25.3}$$

여기에서 $\dfrac{1}{4\pi\varepsilon_0}=k$로 쓴다면, $v^2r^2=k\dfrac{re^2}{m}$ 관계를 얻을 수 있으며, 보어가 가정한 $L=mvr=n\hbar$의 각운동량 양자화 조건을 취하면, 궤도반지름 조건은 다음과 같아진다.

$$r_n = \left(\frac{1}{k}\frac{\hbar^2}{me^2}\right)n^2 \quad (n=1, 2, \cdots) \tag{25.4}$$

이 식은 흔히 $r_n=(a_B)\,n^2$으로 나타내는데, 여기에서 $a_B=\dfrac{1}{k}\dfrac{\hbar^2}{me^2}$을 나타내며, 약 0.53 Å (또는 0.53×10^{-10}m) 크기를 갖는다. 이를 **보어 반지름**Bohr radius이라고 부른다.

한편, 반지름이 r일 때 위치에너지는 $U=-k\dfrac{e^2}{r}$이고, 뉴턴의 운동방정식으로부터 운동에너지는 $K=\dfrac{1}{2}mv^2=\dfrac{1}{2}k\dfrac{e^2}{r}$이므로, 양자수가 n인 상태에서의 총 에너지는 다음과 같아진다.

$$E_n = K + U = -k\frac{1}{2}\frac{e^2}{r_n} \tag{25.5}$$

이때 $r_n = \left(\dfrac{1}{k}\dfrac{\hbar^2}{me^2}\right)n^2$이므로, 수치로 나타내면 이 에너지는 $E_n \approx -\dfrac{13.6\ \mathrm{eV}}{n^2}$ $(n = 1, 2, \cdots)$로 쓸 수 있다. 이 사실은 전자는 특정한 에너지를 가진 상태로만 존재할 수 있음을 뜻하는데, 그런 특정 상태의 에너지들을 **에너지 준위**energy level라 부른다. 원자 속 전자가 가질 수 있는 에너지는 이처럼 띄엄띄엄 분포된 준위만 갖도록 제한된 것이다. 이때 에너지가 가장 낮은 상태일 때($n = 1$)를 **바닥상태**ground state라 부르고, 그보다 에너지가 더 높은 상태일 때를 모두 **들뜬상태**excited state라고 부른다.

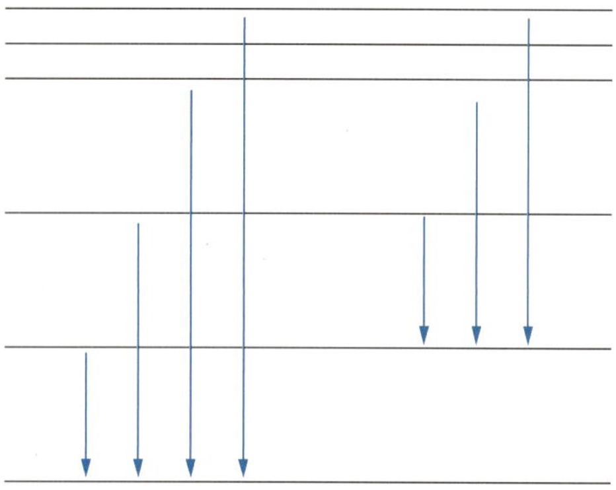

그림 25-2 에너지 준위와 가능한 전이 과정들

한편, 양자수가 n인 상태의 운동에너지와 위치에너지를 총 에너지 E_n으로 나타내면 각각 $K = -E_n$과 $U = 2E_n$이 된다. 따라서 운동에너지와 위치에너지는 다음 관계를 만족시키는데, 이를 **비리알 정리**Virial theorem라 한다.

$$K = -\frac{1}{2}U \qquad (25.6)$$

이러한 위치에너지와 운동에너지의 특별한 관계는 (거리의 제곱에 반비례하는) 쿨롱의 힘을 받으며 운동하는 물체에서는 언제나 성립하는 일반적 특성이다. 중력도 같은 특성을 가지므로 지구궤도를 도는 인공위성의 운동에너지와 위치에너지도 이 관계를 만족시킨다. 보어는 수소 원자에서 나오는 빛이 두 에너지 준위 간의 에너지 차이만큼의 에너지를 갖는다고 가정하면, 수소 원자 스펙트럼을 설명할 수 있음을 보였다. 즉 두 에너지 준위 E_n, E_m이 있을 때, 전자가 하나의 준위에서 다른 준위로 양자상태가 변하면 다음과 같이 나타낸 진동수 ν_{nm}의 빛을 낸다는 것이다.

$$h\nu_{nm} = E_n - E_m \qquad (25.7)$$

전자가 들뜬상태에서 바닥상태로 이동하면서 나오는, $h\nu_{n1} = E_n - E_1$으로 나타낸 진동수 빛들을 **라이만**Lyman 계열의 빛이라 부르고, 첫 번째 들뜬상태로 이동하면서 내는 $h\nu_{n2} = E_n - E_2$ 관계로부터 얻은 진동수 빛들을 **발머**Balmer 계열의 빛이라 부른다.

물음 25-1 바닥상태에서 에너지 $E_1 = -\frac{1}{2}\frac{1}{4\pi\varepsilon_0}\frac{e^2}{r_1}$을 전자질량과 보어 반지름 a_B로 나타내면 $E_1 = -\frac{1}{2}\frac{\hbar^2}{ma_B^2}$임을 보여라. 단, $r_n = 4\pi\varepsilon_0\frac{\hbar^2}{me^2}\cdot n^2 = a_B \cdot n^2$이다.

물음 25-2 다음 물음에 답하라.

(a) 바닥상태에 있는 전자의 빠르기 v의 대략적인 크기를 $mvr_1 = \hbar$ 관계로부터 계산하라.

(b) 그 경우 회전진동수 $\nu = \frac{v}{2\pi r_1}$는 얼마인가?

25.2 슈뢰딩거 파동방정식과 파동함수

수소 원자의 스펙트럼을 설명하기 위한 보어의 가정은 논리적 근거가 전혀 없었지만, 전자를 물질파 파동으로 취급해 문제를 해결하려는 연구에 큰 영향을 주었다. 전자 같은 입자를 물질파 파동이라고 볼 때, 이제 그 파동이 어떤 형태인지 알아보기로 하자.

양자론에서의 연산자와 파동함수

우리는 앞에서 빛이 파동처럼 보이기도 하고 입자처럼 보이기도 한다는 것을 확인했다. 즉 파동처럼 보이는 경우 빛 파동은 $\sin(kx - \omega t)$와 같은 형태의 함수로 나타내고, 입자처럼 보이는 경우에는 에너지와 운동량이 E, p인 입자로 나타내는 것이다. 그리고 그 입자를, 각진동수 ω와 파수 k가 각각 $E = \hbar\omega$와 $p = \hbar k$로 에너지와 운동량으로 연결된 양으로 나타낸 파동으로 보는 것이다. 빛은 입자처럼 보이기도 하고 파동처럼 보이기도 한다. 그리고 데이비슨-저머 실험은 입자처럼 보이는 전자도 파동처럼 행동한다는 것을 보여주었다.

사실 전자 같은 미시적 입자를 작은 알갱이로 본다는 것은 적절하지 않다. 입자로 본다면, 우선 크기와 형태를 기술할 수 있어야 하는데, 그것들에 대해 아무것도 말할 수 없기 때문이다. 즉 전자 같은 미시적 존재는, 파동이기는 하지만 입자처럼 보이는 파동이라고 말하는 수준에서 타협할 수밖에 없다. 물질세계는 작은 입자로 이루어진 것이라고 생각해왔지만, 사실은 어떤 파동 형태의 존재가 입자처럼 보인다고 생각하게 된다. 그러나 미시적 존재를 파동이라고 본다면, 그 파동을 어떻게 기술할 것인지의 문제가 남는다.

1925년 오스트리아의 슈뢰딩거는 조화함수 $\sin(kx - \omega t)$가 자유입자의 물질파 파동함수라고 보고, 그 함수가 어떤 방정식을 만족하는지 다루었다. 즉 가장 단순한 가정으로, 입자가 각진동수와 파수가 각각 ω, k인 물질파 파동으로 보이는 경우 그 파동이 $\sin(kx - \omega t)$와 같은 형태의 함수라고 가정해 본 것이다. 이제 양자론에서는 그 파동을 어떻게 해석하는지 알아보기로 하자.

먼저 양자론에서는 모든 물리량마다 그에 대응하는 **연산자**[operator]가 존재한다고 가정한다. 그리고 그 연산자에 대응하는 특정한 함수들이 존재한다고 가정하며 그 함수들을 **파동함수**[wavefunction]라고 부른다. 이

때 물리량이란 실험적으로 측정 가능한 모든 양들을 뜻하는데, 예컨대 에너지, 운동량, 각운동량의 크기, 어떤 임의의 축 방향으로의 각운동량 성분 등이 있다.

예컨대 물리량 A에 대응하는 연산자를 $\hat{A}$로 나타낼 때, 그 연산자가 $\hat{A}\psi$와 같이 어떤 함수 ψ에 연산되는 경우, $\hat{A}\psi = a\psi$(a는 상수)와 같이 그 결과가 $a\psi$와 같은 형태, 즉 그 함수 ψ에 어떤 상수 a가 곱해진 결과가 얻어진다고 하자. 그런 경우 우리는 값 a를 그 연산자에 대응하는 **고윳값**eigenvalue, 함수 ψ를 그 연산자에 대응하는 함수 또는 **고유함수**eigenfunction라고 부르는 것이다. 이때 고윳값은 관측되는 연산자 $\hat{A}$에 해당하는 물리량을 나타낸다.

연산자 $\hat{A}$는 위치 공간이나 운동량 공간 변수로 나타내는데, 일반적으로는 위치 공간의 변수로 나타내는 경우가 더 흔하다. 그 경우 파동함수 ψ는 위치 함수 $\psi(x)$로 나타내지고, 막스 보른Max Born에 의해 $|\psi(x)|^2$은 위치 x에서 입자가 발견될 **확률밀도**로 해석할 수 있음이 알려지게 되었다. 여기에서 파동함수의 절댓값 표현을 쓴 것은, ψ가 일반적으로 복소함수이기 때문이다. 즉 입자는 파동함수 $\psi(x)$로 기술되지만, 그 함수 자체로는 의미를 부여하지 않고, $|\psi(x)|^2$이 위치 x에서 입자가 발견될 확률을 나타내는 정보를 가진다고 해석한다. 즉 $x \sim x + \Delta x$ 구간에서 입자가 발견될 확률이 $|\psi(x)|^2 \Delta x$라고 해석한다.

이제 각진동수와 파수가 각각 ω, k인 파동인 $\sin(kx - \omega t)$가 어떤 연산자의 고유함수가 될 수 있는지 알아보자. 단순한 연산 중 하나는 미분연산인데, 예컨대 x나 t에 대한 미분이 그 연산자가 될 수 있다. 이제 $\dfrac{d}{dx}$라는 x에 대한 미분 표현의 연산자를 고려해보자. 그 연산자로 연산한 $\dfrac{d}{dx}\sin(kx - \omega t)$는 $\cos(\cdots)$ 함수가 된다. 그러므로 $\sin(kx - \omega t)$는 $\dfrac{d}{dx}$라는 연산자의 고유함수는 될 수 없음을 알 수 있다. 그러나 이 함수를 두 번 미분한 $\dfrac{d}{dx}\left(\dfrac{d}{dx}\right) = \dfrac{d^2}{dx^2}$ 연산자를 고려하면 $\dfrac{d^2}{dx^2}\sin(\cdots) = -k^2\sin(\cdots)$와 같이 다시 $\sin(\cdots)$ 함수를 얻으므로, 이 연산자는 $\dfrac{d^2}{dx^2}$ 연산자의 고유함수가 될 수 있음을 알 수 있다. 한편, 입자의 에너지는 $E = \hbar^2\dfrac{k^2}{2m}$으로 쓸 수 있으므로, $\psi(x) = \sin(kx - \omega t)$라 가정한 경우 다음 식을 얻게 된다.

$$-\frac{\hbar^2}{2m}\frac{d^2}{dx^2}\psi(x) = E\psi(x) \tag{25.8}$$

즉 $-\dfrac{\hbar^2}{2m}\dfrac{d^2}{dx^2}$ 연산자는 '고유함수 $\psi(x) = \sin(kx - \omega t)$'와 '에너지 고윳값 $E\left(= \hbar^2\dfrac{k^2}{2m}\right)$'를 주는 연산자임을 알 수 있다. 이 연산자는 흔히 $\hat{H}$로 나타내고 자유입자 에너지 연산자 또는 **해밀토니안**Hamiltonian **연산자**라고 부른다.

그렇다면 운동량 연산자 표현은 어떤 것일까? $\psi(x) = \sin(kx - \omega t)$가 해밀토니안 연산자의 고유함수 자격은 있지만, 이 함수로부터 운동량 $\hbar k$를 얻는 방법이 있을까? 앞에서 본 것 같이 $\sin(kx - \omega t)$를 한 번 미분하면 $k\cos(\cdots)$ 함수가 얻어지기는 하지만, 한 번 연산한 결과로 똑같은 함수를 얻지는 못하므로 이 함수는 $\dfrac{d}{dx}$ 연산자의 고유함수 자격은 없다. 이제 복소수 함수인 $\cos(\cdots)+i\sin(\cdots)$ 형태의 함수를 고려해보기로 하자. 이 함수를 미분하면 역시 똑같은 형태의 함수가 얻어짐은 쉽게 확인할 수 있다. 흥미로운 점은 $e^x = 1 + x + x^2 + \cdots$로 전개되는 함수이므로 $e^{ix} = \cos x + i\sin x$와 같이 나타낼 수 있는 함수라는 점이다. 그러므로 $\psi(x) = e^{i(kx-\omega t)}$라는 함수를 고려하면, $\dfrac{d}{dx}e^{i(kx-\omega t)} = ike^{i(kx-\omega t)}$가 얻어지므로 $e^{i(kx-\omega t)}$ 함수는 $\dfrac{d}{dx}$ 연산을 통해 운동량 $\hbar k$를 주는 고유함수가 될 수 있음을 알 수 있다. 즉 $\hat{p} = \dfrac{\hbar}{i}\dfrac{d}{dx}$라고 쓰면 $\hat{p}\psi(x) = \hbar k\psi(k)$이므로 **운동량 연산자**를 다음과 같이 정의한다.

$$\hat{p} = \frac{\hbar}{i}\frac{d}{dx} \tag{25.9}$$

이 경우, $e^{i(kx-\omega t)}$는 운동량 고윳값 $\hbar k$를 주는 운동량 연산자 $\hat{p}$의 고유함수라고 말할 수 있으며, 또한 에너지 연산자인 해밀토니안의 고유함수도 될 수 있음을 쉽게 확인할 수 있다. 한편, $\hat{p}^2 = \hat{p}\hat{p}$로 나타내면 자유입자를 기술하는 해밀토니안 연산자는 $\hat{H} = \dfrac{\hbar^2}{2m}\hat{p}^2$으로 나타낼 수도 있다.

우리는 지금까지 자유입자에 대해 다뤘지만, 일반적으로 입자는 위치에너지 공간에서 운동한다. 예컨대, 원자 속의 전자는 원자핵에 의한 전기 위치에너지 공간에서 운동한다.[1] 이때 위치에너지가 $V(x)$인 공간에서 입자가 운동할 때 총 에너지는 $E = \dfrac{p^2}{2m} + V(x)$가 되므로 해밀토니안은 $\hat{H} = \dfrac{\hat{p}^2}{2m} + V(x)$와 같이 나타내야 한다. 즉 위치에너지 $V(x)$인 공간에서 운동하는 입자의 물질파 파동방정식은 $\hat{H}\psi(x) = E\,\psi(x)$ 또는 다음과 같이 쓸 수 있다.

$$-\frac{\hbar^2}{2m}\frac{d^2\psi(x)}{dx^2} + V(x)\psi(x) = E\,\psi(x) \tag{25.10}$$

이 식이 유명한 **슈뢰딩거 방정식**Schrodinger's equation으로, 양자론의 기초가 되는 매우 중요한 식이다. 우리는 이 식을 유도하는 과정에서 에너지와 운동량의 상대론적인 관계식이 아닌 고전적인 관계식을 사용했다. 그러므로 이 식은 고전적classical 또는 비상대론적nonrelativistic이라 불리는 경우에만 유효하다는 사실에 유의하자.

시간 의존 슈뢰딩거 방정식

우리는 슈뢰딩거 방정식을 얻기 위해 $\sin(kx-\omega t)$나 $\cos(kx-\omega t)$ 형태의 파동함수를 고려했는데, 이 함수들은 실수로 나타낼 수 있는 실함수다. 그러나 우리는 앞에서 허수를 허용하는 공간으로 확장해

1 그 위치에너지를 '전기 퍼텐셜' 또는 줄여서 '퍼텐셜'이라 부른다. 이때 그 단어의 의미는 전위가 아니라 전기 위치에너지를 뜻한다는 점에 유의해야 한다.

서, 파동함수를 $\psi(x,t)=e^{i(kx-\omega t)}$ 형태로 나타낸 바 있다. 이 형태의 파동함수를 쓰더라도 앞에서 구한 슈뢰딩거 방정식을 다시 얻을 수 있다는 것은 쉽게 알 수 있다. 한편 이 함수를 시간 t에 대해 한 번 미분하면 $\frac{\partial\psi}{\partial t}=-i\omega\psi$를 얻는데, 광자에서 성립하는 $E=h\nu=\hbar\omega$ 관계가 입자에서도 성립한다고 가정하면 이 식은 $\frac{\partial\psi}{\partial t}=-i\frac{E}{\hbar}\psi$로 다시 쓸 수 있다. 즉 이 식은 $E\psi=i\hbar\frac{\partial\psi}{\partial t}$로 다시 쓸 수 있는데, $\hat{H}\psi=E\psi$이므로 결국 다음과 같이 쓸 수 있다.

$$\hat{H}\psi=i\hbar\frac{\partial\psi}{\partial t} \tag{25.11}$$

이 식을 시간 의존 슈뢰딩거 방정식[time dependent Schrodinger equation]이라 부른다. 한편, 위치 좌표 x를 고정 변수로 본다면 $E\psi=i\hbar\frac{\partial\psi}{\partial t}$는 $E\psi=i\hbar\frac{d\psi}{dt}$로 표기할 수 있으므로 이 방정식의 해는 $\psi(x,t)=Ce^{\left(\frac{E}{i\hbar}\right)t}$로 쓸 수 있음을 보일 수 있다. 그리고 $\psi(x,0)=C$이므로 이 해는 다시 $\psi(x,t)=\psi(x,0)e^{-i\left(\frac{E}{\hbar}\right)t}$ 형태로 나타낼 수 있다. 이 결과에 의하면 $|\psi(x,t)|^2=|\psi(x,0)|^2$이 성립하므로, 우리는 입자가 어떤 시점에 어떤 에너지 고유상태에 있으면 그 확률밀도는 변하지 않고 계속해서 그대로 유지된다는 중요한 사실을 알 수 있다.

자유입자의 파동함수

이제 자유입자의 슈뢰딩거 방정식 해와 그 해가 시간에 따라 어떻게 변화하는지 알아보기로 하자. 1차원계에서 자유입자 해밀토니안은 $H=-\frac{\hbar^2}{2m}\frac{d^2}{dx^2}$이므로 $\frac{d^2\psi}{dx^2}=\psi''$로 쓰고, $k^2=\frac{2mE}{\hbar^2}$로 쓰면 $H\psi=E\psi$는 $\psi''+k^2\psi=0$으로 나타낼 수 있다. 우리는 앞에서 조화진동자의 운동방정식 $m\frac{d^2}{dt^2}x(t)=-kx$를 다룬 바 있는데, 슈뢰딩거 방정식도 형태상 똑같은 특징을 가짐을 알 수 있다.

이런 방정식을 2차 미분방정식이라 부르는데, $\psi''(x)+k^2\psi(x)=0$과 같은 방정식의 해는 일반적으로 $\psi=e^{\alpha x}$(α는 상수) 형태라고 가정한다. 이 경우, $\frac{d^2}{dx^2}e^{\alpha x}=\alpha^2e^{\alpha x}$이므로 우리는 $\alpha^2=-k^2$이며 $\alpha=\pm ik$가 얻어짐을 알 수 있다.

2차 미분방정식 풀이는 두 개의 독립적인 해를 필요로 한다. 따라서 우리는 그 두 해를 e^{+ikx}, e^{-ikx}로 취할 수 있고, 두 개의 상수 A, B를 도입해 그 일반해를 $\psi(x)=Ae^{+ikx}+Be^{-ikx}$나 $\psi=A\sin kx+B\cos kx$ 형태, 또는 두 상수 A, ϕ를 도입해 $\psi=A\cos(kx+\phi)$ 형태로 흔히 나타낸다.

한편, $\psi(x)=Ae^{+ikx}+Be^{-ikx}$ 형태의 해를 나타내면, 그 시간 변화는 $\psi(x,t)=\psi(x,0)e^{-i\left(\frac{E}{\hbar}\right)t}$를 따른다. 그리고 이때 고윳값 $E=\frac{\hbar^2k^2}{2m}$을 $E=\hbar\omega$로 나타내면 그 파동함수는 $\psi(x,t)=Ae^{+i(kx-\omega t)}+Be^{-i(kx+\omega t)}$ 형태가 됨을 알 수 있다. 이 결과는 고전적으로 볼 때 각각 $+x$축 방향과 $-x$축 방향으로 진행하는 입자에 대응하는, 진행하는 파동의 중첩을 나타낸다.

1차원 상자 속의 입자

이제 슈뢰딩거 방정식을 이용해 가장 단순한 문제 중 하나인, 1차원 상자 속에 갇힌 입자의 고유함수와 고윳값을 알아보기로 하자. 폭이 a인 상자 속에 존재하는 질량이 m인 입자가 있다고 하자. 그 경우, 입자는 상자 속 공간에서는 자유입자로 볼 수 있지만, 그 밖에서는 존재할 수 없다. 그러므로 상자 내부에서의 자유입자 파동방정식은 앞에서 이미 다룬 자유입자의 경우와 같다. 편의상 그 일반해로 $\psi(x) = A\sin kx + B\cos kx$ 형태의 해를 쓰기로 하자.

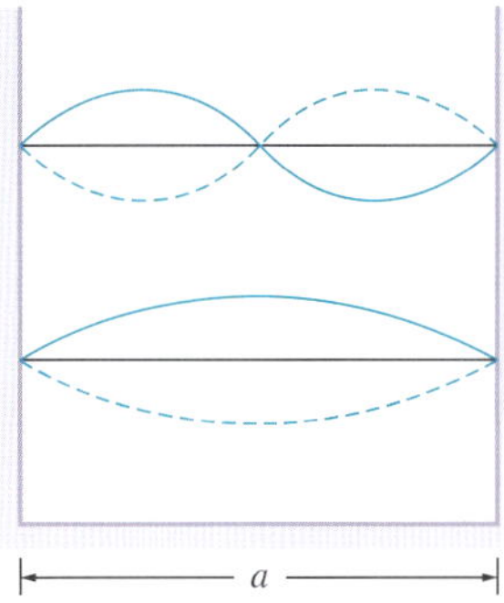

그림 25-3 일차원 상자와 파동함수

미분방정식 풀이에서는 주어진 문제에 해당하는 조건이 주어져야 완전한 풀이가 이루어지는데, 이 경우 상수 A, B는 **경계조건**boundary condition이라 부르는 조건을 통해 결정된다. 이 경우에는 $x = 0$, $x = a$에서 무한 위치에너지 장벽 경계를 만나므로, 경계조건으로는 $\psi(0) = 0$과 $\psi(a) = 0$의 두 조건이 성립한다. 그리고 $\psi(0) = 0$ 조건을 고려하면 $B = 0$이어야 하고 따라서 고유함수는 다음과 같이 쓸 수 있다.

$$\psi(x) = A\sin kx \tag{25.12}$$

한편, 이 파동함수는 $\psi(a) = 0$도 만족해야 하므로, $\sin ka = 0$ 조건이 요구되어 관계식 $ka = n\pi$ $(n = 0, 1, 2, \cdots)$가 얻어진다. 여기에서 $ka = n\pi$ 조건은 고유 에너지들을 결정하는데, $n = 0$은 무의미한 상태이므로, 결국 $n = 1, 2, \cdots$ 등이 가능한 조건이 되어 파동함수와 그 고유에너지는 각각 다음과 같이 쓸 수 있다.

$$\psi_n(x) = A\sin\left(\frac{n\pi}{a}\right)x \tag{25.13}$$

$$E_n = \frac{\hbar^2}{2m}\left(\frac{\pi}{a}\right)^2 n^2$$

즉 에너지 고윳값은 $E = E_n (n = 1, 2, \cdots)$으로 나타낼 수 있으며, 여기에서 n이 양자수, 이 에너지값들은 에너지 준위가 된다. 이와 같이 양자론적 입장에서는 고전적 자유입자와는 달리 띄엄띄엄하게 제한된 에너지들만 가능하다.

우리는 1차원 무한 장벽 퍼텐셜 속 입자의 파동함수는 $\sin kx$ 형태임을 알게 되었지만 그 파동함수 자체를 실험적으로 측정할 수 있는 것은 아니다. 그러나 파동함수는, 위치 x에서 입자를 발견할 확률밀도가 $|\sin kx|^2$에 비례한다는 사실을 알려주며, 따라서 우리는 상자 중심 위치에서 입자가 발견될 확률이 가장 크다는 것을 알게 된다. 그러나 이때 어떤 곳에서 입자를 발견한 경우 그 다음 측정에서도 여전히 그 입자가 그곳에서 발견되기를 기대할 수는 없다. 즉 각 위치에서 입자는 주어진 확률밀도로만 발견되며, 입자가 어떻게 운동하는지는 알 수 없는 것이다.

고유함수 $\sin kx$는 $\left(\frac{1}{2i}\right)(e^{+ikx} - e^{-ikx})$로도 쓸 수 있는데, 그 시간 변화까지 고려하면 $e^{i(kx-\omega t)}$와

$e^{i(kx+\omega t)}$의 두 함수의 중첩임을 알 수 있다. 즉 1차원 상자 내에서 양쪽의 벽에 충돌하며 좌우로 왕복하는 물질파 파동으로 볼 수 있다.

물음 25-3 $|\psi(x)|^2$을 확률밀도로 본다면, 파동함수는 규격화 조건이라 부르는 $\int_0^a |\psi(x)|^2 = 1$ 조건을 만족해야 한다. $\psi(x) = A\sin\left(\frac{n\pi}{a}\right)x$인 경우 $A = \sqrt{\frac{2}{a}}$ 임을 보여라.

물음 25-4 1차원 상자 속의 입자를 기술하는 물질파 파수는 $ka = n\pi \ (n = 1, 2, \cdots)$ 조건을 만족한다.

(a) 이 조건으로 가능한 물질파 파장은 $\frac{2a}{n} \ (n = 1, 2, \cdots)$로 나타낼 수 있음을 보여라.
(b) 그 파장은 양끝이 고정된 길이가 a인 줄에서 가능한 정상파의 파장에 해당함을 보여라.

우리가 다룬 1차원 상자 속 에너지는 입자의 운동에너지라고 볼 수 있고, 이 결과는 가장 낮은 에너지 상태인 바닥상태에서도 입자 운동에너지는 완전히 0이 될 수는 없으며, $E = \frac{\hbar^2}{2m}\left(\frac{\pi}{a}\right)^2$ 크기의 값을 가짐을 보여준다. 또한 그 (운동)에너지 크기는 입자가 갇힌 공간이 좁아질수록 더 커진다는 흥미로운 사실을 알 수 있다. 이런 결과는 1차원 공간이 아닌 3차원 공간에서도 마찬가지로 성립한다.

[참고] 보어 모델에서 우리가 얻은 전자의 바닥상태 에너지는 $E_1 = -\frac{1}{2}\frac{\hbar^2}{ma_B^2} = -\frac{\hbar^2}{2m}\frac{1}{a_B^2}$로서, 그 운동에너지가 $K = E_1 = \frac{\hbar^2}{2m}\frac{1}{a_B^2}$ 임을 고려하면 1차원 상자 속 바닥상태 에너지 $\frac{\hbar^2}{2m}\left(\frac{\pi}{a}\right)^2$과 거의 비슷한 크기임을 알 수 있다. 이 논의로부터 우리가 발견한 흥미로운 사실은, 거시적 크기인 상자 속의 입자는 거의 0이나 다름없는 무한히 작은 에너지를 가질 수 있지만, 원자 크기 정도 공간 속에 묶여 있는 전자나 핵 크기 속에만 묶여 있는 핵자들의 바닥상태 운동에너지는 상당히 커진다는 점이다.

물음 25-5 원자의 크기는 대략 1 Å으로 10^{-10} m 정도이지만 핵의 크기는 그보다 대략 10^5배 더 작다. 핵자 질량이 전자 질량보다 10^3배 크다고 한다면 핵자의 바닥상태 에너지는 전자의 에너지보다 10^7만큼 크다는 것을 보여라.

[HINT] 실제로 원자에서 나오는 빛은 eV 단위로 나타내지만 핵에서 나오는 빛인 감마선 에너지는 MeV 단위로 나타낸다.

입자의 상태를 기술하는 파동함수 ψ가 주어지면, 그 입자에 해당하는 물리량들의 기댓값도 얻을 수 있는데, 연산자 $\hat{A}$로 나타낸 물리량이 있다면 그 기대값은 $\int \psi^* \hat{A}\psi dx$로 정의하며, 이것은 흔히 $(\psi, \hat{A}\psi)$ 형태로도 나타내고 ψ와 $\hat{A}\psi$의 내적inner product이라 부른다. 여기에서 ψ^*는 파동함수 ψ의 **켤레복소수**complex conjugate라 부르는 양이다. 예컨대, 1차원 상자 속 입자 위치 연산자 $\hat{x}$는 x이므로 그 기댓값 $\langle x \rangle$는 $|A|^2\int_0^a x(\sin kx)^2 dx$로부터 구할 수 있고, 운동량 연산자는 $\hat{p} = \frac{\hbar}{i}\frac{d}{dx}$이므로 그 기댓값 $<p>$는 $\frac{\hbar}{i}|A|^2\int_0^a dx \sin kx \frac{d}{dx}(\sin kx)$로부터 구할 수 있다.

물음 25-6 $0 < x < a$ 구간에서 $\psi(x) = A\sin\left(\frac{n\pi}{a}\right)x$, $A = \sqrt{\frac{2}{a}}$ 인 경우 $<x> = \frac{a}{2}$, $<p> = 0$임을 보여라.

물음 25-7 어떤 물리량 A의 불확정도 ΔA는 $(\Delta A)^2 = \langle A^2 \rangle - \langle A \rangle^2$로 정의하므로 입자 위치 불확정도 Δx의 제곱은 $(\Delta x)^2 = \langle x^2 \rangle - \langle x \rangle^2$로 나타낼 수 있다. 그렇다면 1차원 상자 속의 바닥상태 위치 불확정도는 $\sqrt{\frac{a^2}{12}\left(1-\frac{6}{\pi^2}\right)}$ 임을 보여라.

물음 25-8 운동량 불확정도 Δp의 제곱은 $(\Delta p)^2 = <p^2> - <p>^2$로 나타낼 수 있다. 이때 $H = p^2/2m$이므로 $\langle p^2 \rangle = 2m\langle H \rangle$에서 1차원 상자 바닥상태의 경우 $<p^2> = 2mE_1 = \frac{\hbar^2\pi^2}{a^2}$이 된다. 바닥상태에서의 $\Delta x\Delta p$ 크기를 구하라.

유한 퍼텐셜 장벽 속의 입자

앞에서 우리는 무한 높이를 가진 1차원 장벽 퍼텐셜 속의 입자 문제를 다루었다. 그 경우, 무한 높이의 퍼텐셜 영역에 입자가 존재할 수는 없다. 그러나 그 높이가 유한하다면, 그 영역에도 입자가 존재할 가능성이 생긴다.

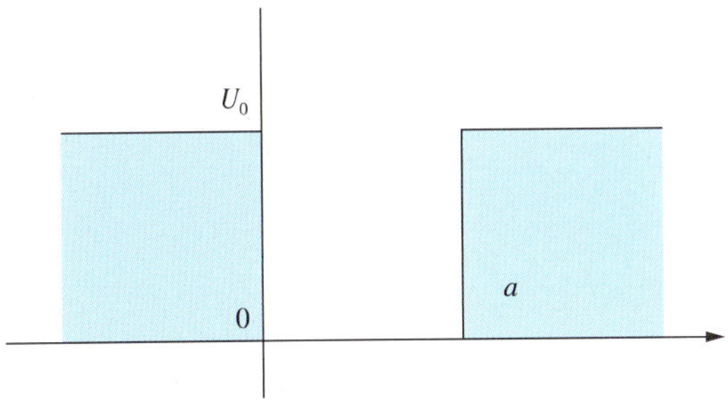

그림 25-4 유한 퍼텐셜 장벽

이제 높이가 U_0인 퍼텐셜 장벽에 의해 막혀 있는 1차원 상자 속의 입자를 다뤄보자. 이 경우, $0 < x < a$ 구간을 구간 I이라 정하면 그 구간에서의 위치에너지는 0이다. 따라서 파동방정식은 $-\frac{\hbar^2}{2m}\frac{d^2}{dx^2}\psi_I = E\psi_I$가 되므로 $\frac{d^2}{dx^2}\psi = \psi''$으로 나타내기로 하면 구간 I에서의 파동방정식은 $\psi_I'' + k^2\psi_I = 0$, $\left(E = \frac{k^2}{2m}\right)$ 형태가 되고, 그 해는 $\psi_I = A\sin kx + B\cos kx$ (A, B는 상수)로 나타낼 수 있다.

그리고 퍼텐셜이 U_0인 장벽 내부인 $x < 0$ 영역이나 $x > a$ 영역을 구간 II로 정하면, 파동방정식은 $\psi_{II}'' - \frac{2m}{\hbar^2}(U_0 - E)\psi_{II} = 0$이 되는데, 에너지 E가 장벽 높이 U_0보다 작아서 $\frac{2m}{\hbar^2}(U_0 - E) = K^2$으로 쓰기로 하면, $\psi''_{II'} - K^2\psi_{II} = 0$ 형태의 파동방정식을 얻는다. 이 방정식의 해를 $e^{\alpha x}$ 형태라 가정하면 $\alpha = \pm K$가 가능한 값이므로 퍼텐셜 장벽 내 영역에서 일반해는 $\psi_{II} = Ce^{+Kx} + De^{-Kx}$ (C, D는 상수)로 나타낼 수 있게 된다.

이렇게 일반해가 얻어지면, 상수 A, B, C, D는 경계조건을 통해 얻어질 수 있다. 예컨대, $x < 0$ 영역에서 ψ_{II}가 의미 있는 해가 되려면 유한한 양이 되어야 하는데, x가 매우 큰 음(−)의 수인 경우 ψ_{II}는 무한에 가까워지므로 $D = 0$이어야 한다. 그러므로 $x < 0$ 영역에서 $\psi_{II} = Ce^{+Kx}$여야 함을 알 수 있다. 마찬가지로 $x > a$ 영역에서는 $\psi_{II} = De^{-Kx}$여야 한다.

한편, 2차 미분방정식의 해는, 경계면 위치에서 양쪽 구간의 해가 똑같은 값이 되는 조건뿐 아니라, 그 해의 1차 미분값도 똑같은 값을 가지는 것이 요구된다. 그러므로 $x=0$에서는, $\psi_I|_0 = \psi_{II}|_0$, $\psi_I'|_0 = \psi_{II}'|_0$ 조건도 성립해 $Ce^0 = A\sin 0 + B\cos 0 = B$와 $KCe^0 = kA\cos 0 - kB\sin 0 = kA$ 조건이 얻어지므로 $A = \frac{K}{k}C$, $B = C$임을 알 수 있다. 그리고 이런 논의는 $x=a$ 위치에서도 같은 방식으로 전개될 수 있어 가능한 고유에너지들을 얻을 수 있지만 여기서는 논의하지 않기로 한다. 그러나 그렇게 해서 얻어진 바닥상태와 몇 들뜬상태 파동함수는 [그림 25-5]와 같이 나타낼 수 있다.

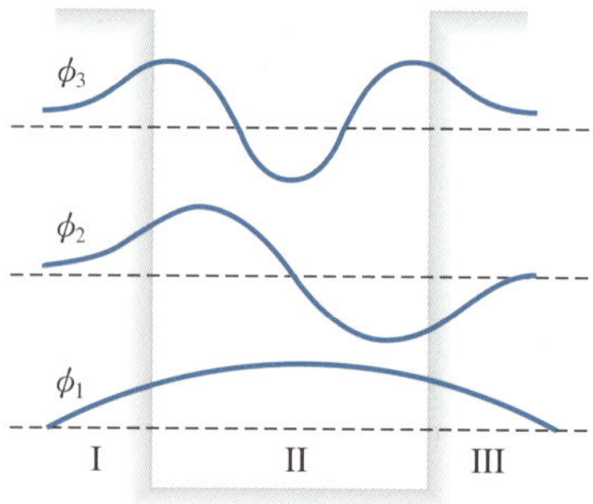

그림 25-5 유한 퍼텐셜 장벽에서의 파동함수

터널링 현상

유한 퍼텐셜 장벽의 논의에서 얻을 수 있는 흥미로운 결과는, 예컨대 장벽 속 어떤 위치인 $x=-d$에서의 파동함수는 $\psi_{II} = Ce^{-Kd}$가 되어 퍼텐셜 장벽 영역에서도 파동함수가 유한해, 장벽 속 영역에서도 입자가 발견될 확률이 존재한다는 것이다. 이런 결과는 고전적으로는 불가능한 것이다. 하지만 이제 조금 더 나아가 유한 높이 장벽이 무한길이가 아니고 유한한 두께 d를 가진다고 하자.

그 경우에는 장벽 속 구간에서 파동함수를 $\psi_{II} = Ce^{-Kd}$로 쓸 수는 없고 더 일반적인 표현인 $\psi_{II} = Ce^{+Kx} + De^{-Kx}$ 형태로 나타내야 한다. 그러나 장벽이 충분히 높거나 구간 길이가 충분히 길어, 무리이기는 하지만 이 경우에도 여전히 장벽이 끝나는 위치인 $x=-d$에서 $\psi_{II}(-d) = Ce^{-Kd}$로 나타낼 수 있다고 가정하기로 하자.

그렇다면 무한 퍼텐셜 장벽의 경우와 같이 $x=0$ 위치에서의 파동함수는 $\psi_I(0) = C$로 쓸 수 있으므로, $|\psi_I(0)|^2$이 장벽 위치에서의 확률밀도이고 $|\psi_{II}(-d)|^2$이 $x=-d$ 위치에서의 확률밀도이다. 따라서 $|\psi_{II}(-d)|^2/|\psi_I(0)|^2$을 장벽이 끝나는 위치인 $x=-d$ 위치에서 입자를 발견할 확률로 해석할 수 있다. 즉 입자가 높이 U_0인 퍼텐셜 장벽을 투과해 나갈 수 있는 확률인 **투과계수**를 T로 나타낸 경우, 그 투과계수는 $T \approx e^{-2Kt_0}$ $\left(K = \sqrt{\frac{2m}{\hbar^2}(U_0 - E)}\right)$로 근사적으로 나타낼 수 있는 것이다.

이중 우물 퍼텐셜 심화

터널링 현상과 연관된 흥미로운 상황은 두 개의 우물 모양 퍼텐셜이 가까이 있는 경우이다. 상황을 단순화하기 위해, 양쪽이 무한 높이 퍼텐셜 장벽으로 막힌 공간 내부의 일부 구간에 유한 높이 장벽이 있다고 하자. 이 상황은 두 개의 우물 모양 퍼텐셜이 서로 인접한 이중 우물 퍼텐셜계로 볼 수 있다.

이런 퍼텐셜 모양에서의 일반적 해를 구하는 것은 매우 어려운 과제다. 그러나 정성적으로 다뤄본다면, 그 파동함수는 무한 장벽을 만나는 위치에서 0이 되지만, 내부에서 유한 장벽을 만나면 장벽 높이에 따라 달라지는 어떤 값을 가지게 된다(이때 내부의 유한 장벽 높이도 사실상 무한히 높아진다면 이 상황은 무한 장벽에 갇힌 독립된 두 우물 형태의 퍼텐셜이 되는데, 각 우물에서의 에너지 고윳값은 이미 앞에서 다룬 바와 같다).

이 경우, 계는 대칭적 퍼텐셜 형태를 가진다. 그러므로 그렇게 해서 얻은 파동함수는 우물을 경계로 해서 대칭적 모양을 가진 해 ψ_S와 반대칭적 모양을 가진 ψ_A로 분류될 수 있는데, 각 경우의 에너지 고윳값이 E_S, E_A라면 $E_A > E_S$임을 보일 수 있다. 즉 독립된 무한 장벽의 경우에는 각각의 두 우물에서의 똑같은 바닥상태 에너지 E_1이지만 두 우물이 서로 영향을 주는 경우에는 두 개의 에너지 고윳값 E_S, E_A로 분리된다고 말할 수 있다.

'한 우물에서의 한 에너지 준위는, 그 우물이 다른 우물 퍼텐셜이 가까이 있으면 두 개의 에너지 준위로 분리된다'는 사실은 여러 우물이 가까이 있는 경우로 확장될 수 있다. 예컨대, 세 개의 우물이 가까이 있으면 원래의 한 에너지 준위는 세 개의 준위로 분리되고 N개의 우물이 있으면 N개로 분리된다고 말할 수 있다. 실제로 수많은 원자가 규칙적으로 배열된 결정체에서는 수없이 많이 분리된 준위들이 연속적인 띠 모양을 이루는데, 그런 모양을 **에너지 띠**[energy band]라고 부른다.

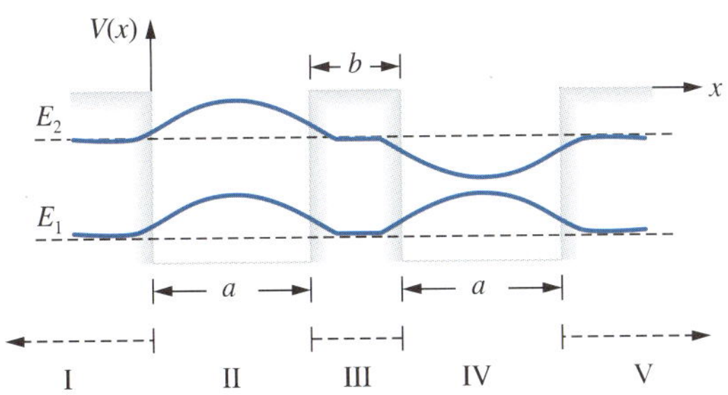

그림 25-6 두 우물 퍼텐셜의 바닥상태의 파동함수

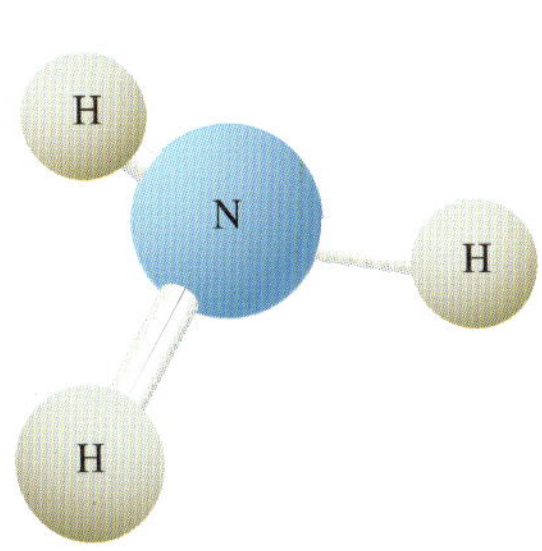

그림 25-7 암모니아 분자

이런 두 우물 퍼텐셜의 실제적 모형으로 존재하는 분자가 암모니아(NH_3) 분자이다. 암모니아 분자는 수소 세 개가 정삼각형 모양의 바닥면을 만들고 그 바닥면에 수직인 어떤 높이에 질소 원자가 있는 구조를 가진다. 이때 질소 원자는 수소 바닥면을 투과해 그 반대쪽으로 이동하더라도 같은 구조를 유지하므로, 질소 원자는 수소 바닥면 양쪽 중 어느 곳에 있든 상관없게 된다. 즉 수소 바닥면이 양쪽의 무한 장벽 내부에 있는 유한 장벽 퍼텐셜 역할을 하는 것이다.

앞에서 말한 대로 이런 상황에서 계의 에너지 고유상태는 대칭적과 반대칭적인 ψ_S, ψ_A인 두 형태 파동함수가 된다. 그러나 현실적으로 질소 원자는 좌우 대칭인 두 우물의 한쪽에 존재한다. 그러므로 예컨대 왼쪽과 오른쪽에 질소 원자가 있는 상태를 각각 ψ_L, ψ_R로 나타내면 $\psi_L = \frac{1}{\sqrt{2}}(\psi_S - \psi_A)$와 $\psi_R = \frac{1}{\sqrt{2}}(\psi_S + \psi_A)$로 나타낼 수 있다.

이제 질소 원자가 $t=0$에서 오른쪽 구간에 있어 ψ_R 상태에 있다고 하면 그 파동함수의 시간 변화는 $\psi_R \approx e^{-iE_S t/\hbar}[\psi_S + e^{-i(E_S - E_A)t/\hbar}\psi_A]$로 나타낼 수 있다. 이 결과는 매우 흥미로운데, 왜냐하면 $\frac{E_S - E_A}{\hbar}$의 일정한 각진동수로 ψ_L, ψ_R이 서로 교환된다는 것을 보이기 때문이다. 이것은 질소 원자가 수소 바닥면을 투과해 주기적으로 양쪽을 왕복한다는 것을 보여준다. 실험에 의하면 그 주기는 약 1 cm의 파장을 갖는 초단파 영역 진동수임이 알려져 있다.

≫ 참고 이중 우물 퍼텐셜에서의 에너지

두 개의 우물 퍼텐셜이 서로 무관할 정도로 멀리 떨어져 있으면, 각각의 우물 퍼텐셜은 이미 다룬 유한 장벽 퍼텐셜의 경우가 된다. 이제 그 경우 한 우물의 해밀토니안을 $\hat{H}_0$라 하고 바닥상태의 고윳값 방정식이 $\hat{H}_0\psi_1 = E_1\psi_1$이 된다고 하자. 이때 다른 우물도 똑같은 상황이므로 그 독립된 다른 우물에서의 바닥상태 파동함수를 ψ_2로 나타낸다면 바닥상태 방정식도 역시 $\hat{H}_0\psi_2 = E_1\psi_2$로 나타낼 수 있다.

이제 두 개의 우물이 더 이상 독립적이 아닐 만큼 가까이 있는 이중 우물 퍼텐셜의 경우, 그 해밀토니안을 $\hat{H}$로 나타낸다고 하자. 그 문제를 다루기는 매우 어렵지만, 정성적으로 다뤄보기 위해 바닥상태 파동함수 ψ를 ψ_1, ψ_2의 선형 결합 형태인 $\psi \approx a\psi_1 + b\psi_2$($a$, b는 상수)로 나타낼 수 있다고 가정하자. 그리고 이때의 파동방정식을 $\hat{H}\psi = E\psi$로 나타내면, 이 식은 $a\hat{H}\psi_1 + b\hat{H}\psi_2 = E(a\psi_1 + b\psi_2)$로 나타낼 수 있다.

ψ_1과 이 식 전체의 스칼라곱(내적)을 구하면 $a(\psi_1, \hat{H}\psi_1) + b(\psi_1, \hat{H}\psi_2) = E[(\psi_1, \psi_1) + (\psi_1, \psi_2)]$를 얻게 되는데, 여기에서 ψ_1, ψ_2가 각각 규격화되어 있다면 $(\psi_1, \psi_1) = 1$이고 $(\psi_1, \psi_2) = 0$이라고 할 수 있다. 이 경우, $(\psi_1, \hat{H}\psi_1)$, $(\psi_1, \hat{H}\psi_2)$값은 알 수 없지만 두 우물이 멀다면 그 크기는 각각 E_1, 0에 가까워질 것이므로 $(\psi_1, \hat{H}\psi_1) = \varepsilon_1$, $(\psi_1, \hat{H}\psi_2) = \Delta$라고 쓰기로 하자.

그 경우 앞의 식은 $a\varepsilon_1 + b\Delta = Ea$로 쓸 수 있고, 또 다시 ψ_2와의 내적을 구해서 같은 과정을 거치면, $a\Delta + b\varepsilon_1 = Eb$를 얻으므로, 이 두 식의 결과를 정리하면 다음과 같은 행렬식으로 나타낼 수 있다.

$$\begin{pmatrix} \varepsilon_1 - E, & \Delta \\ \Delta, & \varepsilon_1 - E \end{pmatrix}\begin{pmatrix} a \\ b \end{pmatrix} = 0$$

이런 경우 a, b의 해가 존재하려면 행렬의 행렬식이 0이 되어야 하므로 $(\varepsilon_1 - E)^2 - \Delta^2 = 0$이 성립하며, 따라서 고윳값 $E = \varepsilon_1 \pm \Delta$의 두 값이 존재하게 된다. 즉 고윳값 E_1을 가진 우물 퍼텐셜 두 개가 서로 무관한 경우에는 두 우물의 바닥상태 에너지가 E_1으로 같다. 하지만 두 우물이 서로 영향을 주는 계에서는 그 고윳값 에너지가 두 개로 분리되며, 각각의 고윳값에 대해 $b = a$와 $b = -a$ 조건이 각각 얻어지게 된다. 즉 두 개의 우물 퍼텐셜이 서로 영향을 주게 되는 이중 우물계는 이제 $\varepsilon_1 \pm \Delta$ 형태의 두 고윳값 에너지와 그에 대응하는 고유함수 $\psi_1 + \psi_2$와 $\psi_1 - \psi_2$를 각각 가지게 되는 것이다.

조화진동자 퍼텐셜

이제 슈뢰딩거 방정식을 이용해 물체를 이루는 원자들이 어떤 에너지를 가질 수 있는지 알아보자. 물체를 이루는 원자들은 서로 용수철로 연결되어 있는 것으로 볼 수 있다. 여기에서는 편의상 1차원에서만 존재할 수 있는 입자의 운동을 다뤄보자. 그 경우에는 원자 사이의 거리가 평형 상태에서 x_0라고 할 때, 위치에너지 함수는 $V(x)=\frac{1}{2}k(x-x_0)^2$으로 나타낼 수 있다. 편의상 $x_0=0$, $V(x)=\frac{1}{2}kx^2$으로 쓰면 슈뢰딩거 방정식은 다음과 같다.

$$-\frac{\hbar^2}{2m}\frac{d^2\psi(x)}{dx^2}+\frac{1}{2}m\omega^2x^2\,\psi(x)=E\,\psi(x) \tag{25.14}$$

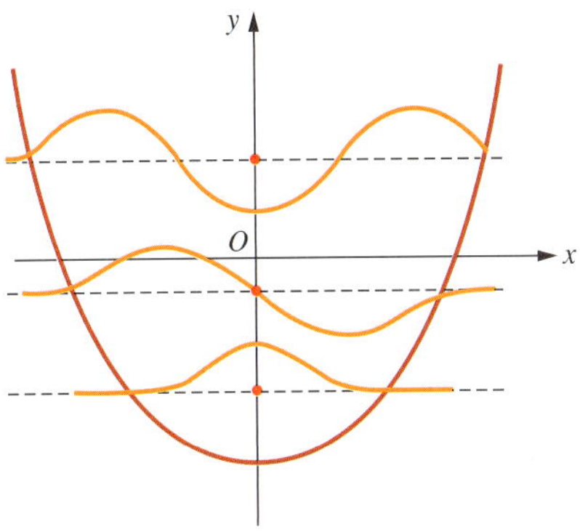

그림 25-8 조화진동자의 위치에너지와 파동함수

여기에서 $\omega=\sqrt{\frac{k}{m}}$로 용수철의 자연진동수를 나타낸다. 이 방정식의 풀이를 얻는 과정은 그리 간단하지는 않지만, 여기에서 중요한 몇 가지 결과를 다뤄보기로 하자. 먼저 가장 낮은 에너지 상태의 고유함수는 $\psi(x)=Ne^{-\alpha x^2}$(N=상수) 형태가 되는 것을 보일 수 있는데, 이때 $\alpha=\frac{m\omega}{2\hbar}$를 나타낸다. 한편, 이 고유함수에 대응하는 고윳값은 $\frac{1}{2}\hbar\omega$임을 보일 수 있고, 다른 가능한 더 높은 에너지들은 다음과 같이 나타낼 수 있다.

$$E_n=\left(n+\frac{1}{2}\right)\hbar\omega \quad (n=1,2,3,\cdots) \tag{25.15}$$

이 결과는 자연진동수 ω로 진동하는 원자들의 진동에너지가, 플랑크가 흑체복사 이론에서 가정했던 바와 같이 $\hbar\omega(h\nu)$ 단위로만 가능하다는 사실을 보여준다.

25.3 원자의 전자 구조

우리 주위의 모든 물질이 겨우 100가지 정도의 원자로 이루어졌다는 것은 매우 흥미로운 사실이다. 원자의 종류는 100가지 정도지만, 실제로 우리 주위에 존재하는 물질들을 이루는 원자들의 종류는 그리 많지 않다. 예컨대, 수소, 산소, 탄소, 질소, 나트륨[2], 칼륨, 염소, 규소, 황, 철, 구리, 금, 은 등이 주로 잘 알려진 원소들이다.

우리 주위에서 가장 흔하게 볼 수 있는 물질인 물은 수소와 산소로 이루어져 있고, 공기는 주로 질소와 산소로 이루어져 있다. 우리 주위의 대부분 물질은 사실상 거의 원자 간의 결합으로 이루어진 화합물이다. 화합물의 특성을 이해하려면 원자의 특성을 이해해야 한다. 화학적 결합에서 원자의 특성은 원자가 가진 전자들에 의해 결정되기 때문이다. 즉 원자의 특성이란 원자의 전자 구조에 따라 결정된다. 한편, 원자의 전자 구조는 원자 속의 전자 개수에 따라 급격히 달라진다. 이제 원자 속의 전자들이 어떤 양자 상태에 있는지 알아보기로 하자.

전자의 파동함수는 슈뢰딩거 방정식에서 얻을 수 있다. 앞에서 다룬 1차원 방정식을 3차원 공간으로 확장해서 나타낸 파동방정식은 다음과 같다.

$$\left[-\frac{\hbar^2}{2m}\left(\frac{\partial^2}{\partial x^2}+\frac{\partial^2}{\partial y^2}+\frac{\partial^2}{\partial z^2}\right)+V(r)\right]\psi(x,y,z)=E\,\psi(x,y,z) \tag{25.16}$$

이 방정식의 해를 얻는 과정은 일반적으로 매우 복잡하고 어렵다. 예컨대, 가장 단순한 원자인 수소 원자에서의 퍼텐셜인 $V(r)=-\frac{1}{4\pi\varepsilon_0}\frac{e^2}{r}$ 경우에도 그 해를 얻기는 쉽지 않다. 그러나 (쉽게 보일 수는 없지만) a_B가 보어 반지름일 때, 수소 원자가 가장 낮은 에너지 상태에 있는 바닥상태의 파동함수는 $\psi(r)=Ne^{-\frac{1}{a_B}r}$ (N=상수) 형태임을 보일 수 있다.

물음 25-9 $\psi(r)=Ne^{-\frac{1}{a_0}r}$ 형태의 파동함수가 파동방정식을 만족함을 보여라.

여러 가지 양자수

한편, 슈뢰딩거 방정식에서 얻을 수 있는 에너지 준위는 흥미롭게도 우리가 보어의 원자모형으로 얻은 다음 형태와 같아진다.

$$E_n=-\frac{1}{(4\pi\varepsilon_0)^2}\frac{me^2}{2\hbar^2}\frac{1}{n^2}\approx-\frac{13.6\text{ eV}}{n^2} \tag{25.17}$$

2 소듐(sodium)이라고도 부른다.

여기에서 $n=1,2,3,\cdots$ 등의 정수만 가능하며, 이 값들을 **주양자수**principle quantum number라고 부른다. 하지만 안타깝게도 수소 원자보다 전자 수가 많은 일반적 원자의 파동함수를 정확한 수식으로 표현할 수는 없으며, 해를 얻으려면 여러 가지 근사법이나 수치적 방법을 이용해야 한다.

한편, 공간의 회전대칭성, 즉 360° 회전해도 물리적 상태는 변하지 않는다는 특성을 이용하면, 각운동량 연산자 $\hat{L}$에 해당하는 물리량도 양자화된다는 것을 보일 수 있는데, 양자화된 각운동량은 다음과 같이 나타낼 수 있다.

$$L=\sqrt{l(l+1)}\,\hbar \tag{25.18}$$

만약 n을 주양자수라 하면, 여기에서 $l=0,1,2,\cdots,n-1$ 등만이 가능한 값들이 된다. 그 값들을 **각운동량 양자수**orbital quantum number라고 부른다. $l=0,1,2,3,\cdots$ 상태는 분광학에서 쓰기 시작한 기호인 s,p,d,f[3], $\cdots$ 등의 기호로 나타내기도 한다. 예컨대, $n=2$인 상태에서는 $l=0,1$의 두 경우가 가능한데, 그 두 상태는 각각 $2s,2p$ 상태로 나타낸다.

한편, 양자론에서 얻은 결과에는 각운동량의 임의의 한 축 성분이 양자화된다는 결과도 있다. 예컨대, 그 축을 z축으로 정하면 L_z는 다음과 같다.

$$L_z=m_l\hbar \tag{25.19}$$

여기에서 l을 각운동량 양자수라 하면 $m_l=-l,-l+1,\cdots 0,\cdots+l$ 등이 가능하며, 그 값을 **자기양자수**magnetic quantum number라고 부른다. 우리는 여기에서 보어의 각운동량 양자화 조건을 슈뢰딩거 파동방정식을 통해 설명할 수 있음을 알 수 있다. 따라서 원자의 양자상태를 다음과 같이 말할 수 있다.

"원자의 양자적 상태는 (n,l,m_l)의 세 가지 양자수로 나타낼 수 있다."

양자론에서 얻은 이상한 결과 중 하나는, 어떤 축을 취해도 그 방향 각운동량 성분이 그 입자의 각운동량 크기에 절대로 도달하지 못한다는 점이다. 예컨대, $l=1$일 때 각운동량의 크기는 $L=\sqrt{2}\,\hbar$지만, 어떤 축에서든 그 축의 성분은 $L_z=\pm\hbar$ 크기만 가능하다.

물음 25-10 주양자수가 n일 때, 각운동량 양자수는 $l=0,1,2,\cdots,n-1$이 될 수 있다. 또한 각각의 l에 대해서는 자기양자수가 $m_l=-l,-l+1,\cdots,0,\cdots,+l$이 될 수 있다. 이로부터 주양자수가 n을 갖는 양자적 상태 (n,l,m_l)의 개수가 n^2임을 보여라.

---

3 s, p, d, f는 각각 sharp, principle, diffuse, fundamental의 머리글자다.

제만 효과

전하량과 질량이 각각 q, m인 전하의 각운동량 $\boldsymbol{L}$의 크기는 그 자기쌍극자 $\boldsymbol{\mu}$와 $\boldsymbol{\mu}=\dfrac{q}{2m}\boldsymbol{L}$ 관계를 갖는다.[4] 한편, 그 자기쌍극자가 자기장 $\boldsymbol{B}$ 속에 있을 때 위치에너지는 $U=-\boldsymbol{\mu}\cdot\boldsymbol{B}$로 나타낼 수 있다.

이때 자기장 방향을 z축이라 정하고, 그 축 방향 각운동량이 양자화되어 $L_z=m_l\hbar$만 가능하다면, 위치에너지는 이제 $U=-m_l\dfrac{q\hbar}{2m}B$가 된다. 그러므로 전자의 전하량을 $q=-e$라고 써서 $\dfrac{e\hbar}{2m}=\mu_B$와 같이 보어 마그네톤인 μ_B 단위로 나타내면, 위치에너지는 다음과 같이 나타낼 수 있다.

$$U=-m_l(\mu_B B)\ (m_l=-l,\cdots,+l) \tag{25.20}$$

따라서 에너지 준위가 주양자수 n에만 의존하고, 각운동량 양자수 l에 의존하지 않는 원자라도, 자기장 속에서는 그 에너지가 $m_l=-l,\cdots,+l$개, 즉 $2l+1$개의 다른 값을 갖는다. 자기장 속에서 에너지 준위가 이처럼 미세하게 분리되는 현상은 제만이 처음 발견했으며, 이를 **제만 효과**Zeeman effect라 부른다. m_l을 자기양자수라고 부른 이유는 이처럼 자기장 속에서 그에 따른 에너지 차이가 드러나기 때문이다.

그림 25-9 피터르 제만, 1865~1943

스핀양자수

원자에서 나오는 빛 중 한 스펙트럼선이 자기장 속에서 미세하지만 여러 개가 겹쳐 있는 제만 효과도 흥미롭지만, 그렇게 갈라져 있는 미세한 선들조차 더 미세한 선이 겹쳐진 상태에 있다는 것이 더 흥미롭다. 제만 효과는 각운동량의 양자화로 설명할 수 있지만, 그와 같은 추가적 선 분리 현상을 어떻게 설명할 수 있겠는가?

그런 현상을 설명할 수 있는 실마리는 원자들이 자성을 띠고 있다는 사실을 발견하면서 얻게 되었다. 1922년 스턴Stern과 겔라크Gerlach가 불균일한 자기장 속을 통과한 **은**silver 원자들 분포가 두 갈래로 갈라지는 현상을 발견했다. 즉 자기장 방향을 z축이라 정할 때, 은 원자는 z축 방향이 N극이나 S극 중 하나인 작은 자석처럼 행동해서, 자기장 속을 지나면서 두 종류의 원자자석이 서로 분리되었던 것이다. 은 원자는 각운동량을 갖지 않으므로 각운동량이 0이다. 그렇다면 은 원자는 어떻게 자기쌍극자가 될 수 있었을까?

---

4 각운동량의 특성에 따라 좀 더 일반화하기 위해 상수 g를 도입해 $\mu=g\dfrac{q}{2m}L$로 나타내기도 한다.

그 이유는 앞에서 다룬 물질의 자성 부분에서 우리가 이미 다룬 사실, 즉 전자가 (자전 운동에 비유할 수 있는) 스핀이라 불리는 고유 각운동량을 갖기 때문이라는 사실이 곧 밝혀졌다. 즉 원자 속 전자의 양자상태를 기술하려면 앞에서 말한 (n, l, m_l) 외에 **스핀양자수**spin quantum number라 부르는 m_s를 추가해야 하는데, $m_s = \pm\frac{1}{2}$이 가능하다. 따라서 이제 스핀양자수를 추가해 다음과 같이 말할 수 있다.

"원자의 양자상태는 (n, l, m_l, m_s)의 네 가지 양자수로 나타낼 수 있다."

물음 25-11 스핀양자수까지 포함한 경우, 주양자수가 n인 총 양자상태의 수는 $2n^2$임을 보여라. 즉 $n=1, 2, 3, \cdots$일 때 주양자수에는 각각 $2, 8, 18, \cdots$개의 양자상태가 가능하다.

똑같은 입자와 배타원리

물질을 이루는 미시적 세계의 입자들은 개성이 없이 모두 똑같아 보인다. 즉 전자나 양성자 같은 기본 입자들은 개성이 없는 똑같은 개체로 보이기 때문에 그런 입자들은 **똑같은 입자**identical particle 또는 **동등 입자**라 불린다. 그러나 두 개의 전자가 있을 때 그것을 몰래 바꿔놓으면 그 사실을 알 수 있을까? 그런 의문에 답하기는 쉽지 않다. 이제 전자를 파동함수로 보는 입장에서 그 상황을 생각해보자.

입자 두 개가 각각 위치 x_1, x_2에 있을 때 파동함수를 $\psi(x_1, x_2)$라고 나타내기로 하자. 이때 그 입자의 확률밀도는 물론 $|\psi(x_1, x_2)|^2$으로부터 알 수 있다. 그리고 두 입자의 위치를 바꿔놓았다고 하면, 파동함수는 $\psi(x_2, x_1)$이 되고 확률밀도는 $|\psi(x_2, x_1)|^2$으로 표현된다. 한편, 입자를 바꿔놓기 전과 후의 확률밀도는 물론 같을 것이므로 $|\psi(x_2, x_1)|^2 = |\psi(x_1, x_2)|^2$ 관계가 성립하며, 따라서 $\psi(x_2, x_1) = \pm\psi(x_1, x_2)$ 관계가 가능하다고 볼 수 있다. 이때 그 파동함수가 $\psi(x_2, x_1) = +\psi(x_1, x_2)$ 관계를 만족시킨다면 두 입자는 모든 면에서 똑같은 입자라고 해도 된다고 볼 수 있다.

그러나 만약 $\psi(x_2, x_1) = -\psi(x_1, x_2)$ 관계를 만족한다면, 그 확률밀도는 변화가 없지만 파동함수에는 음(−)의 부호만큼의 부호 차이가 생기게 된다. -1은 $e^{i\pi}$로 쓸 수 있으므로 이때 파동함수는 π의 위상차를 갖는다고 할 수도 있다. 이러한 위상차는 입자의 확률밀도에는 영향을 안 주지만, 어떤 특정 실험을 통해서는 그 위상차가 측정될 수도 있기 때문에 그 차이는 물리적으로 무시할 수 없다. 이 경우, 문제는 두 입자가 같은 위치에 있다고 보는 경우에 더 잘 드러난다. 즉 두 입자가 같은 위치 x_1에 있다고 가정한다면 그 파동함수는 $\psi(x_1, x_1) = 0$이 되어야 하고, 따라서 두 입자가 같은 위치에 있다고 보는 것은 불가능하다는 것을 뜻하게 되는 것이다.

기본 입자들은 모두 스핀양자수를 갖는데, 스핀양자수가 $1/2$, $3/2$, $\cdots$처럼 반정수인 입자들은 이런 특징을 갖는 것으로 알려졌으며, 그런 입자들을 **페르미온**fermion이라 부른다.

한편, 스핀양자수가 $0, 1, 2, \cdots$과 같이 정수인 경우에는 두 입자의 위치 교환에도 파동함수의 부호가 변하지 않는다. 이러한 입자들을 **보존**boson이라 부른다. 페르미온과 달리 보존은 하나의 양자상태에 여러 입자가 존재할 수 있다.

1925년 파울리는 하나의 양자상태에는 오직 단 하나의 전자만 있을 수 있다는 가정을 하면, 원자 주기율표에 나타낸 원자들의 화학적 성질을 설명할 수 있음을 발견했다. 예컨대, 주양자수가 각각 $n=1, 2, 3, \cdots$ 인 상태에는 각각 $2, 8, 18, \cdots$ 개의 전자가 있을 수 있다는 것이었다. 그런 사실을 **배타원리**exclusion principle라 부른다. 배타원리는 물론 전자가 스핀양자수 1/2인 페르미온이기 때문에 성립한다.

그림 25-10 볼프강 파울리, 1900~1958

25.4 분자와 결정체

주기율표

우리는 앞에서 원자의 양자상태는 (n, l, m_l, m_s)의 네 가지 양자수로 나타낼 수 있다는 사실을 알게 되었다. 그 경우에 허용되는 양자수의 값들을 정리하면 다음과 같다.

$$n = 1, 2, 3, \cdots \tag{25.21a}$$

$$l = 0, 1, 2, \cdots, n-1 \tag{25.21b}$$

$$m_l = -l, -l+1, \cdots, 0, \cdots, +l \tag{25.21c}$$

$$m_s = +1/2, -1/2 \tag{25.21d}$$

이 경우, 전자의 에너지가 자기양자수 m_l이나 스핀양자수 m_s에 의존할 때는 원자가 자기장 속에 있는 경우이므로, 자기장이 없는 상황에서 원자의 에너지 준위는 단지 주양자수 n과 각운동량 양자수 l에만 의존한다고 말할 수 있다. 그러므로 한 양자상태는 단지 하나의 전자만 수용할 수 있다는 배타원리를 적용하면, $m_s = \pm\frac{1}{2}$을 각각 $\uparrow \downarrow$ 으로 표기할 때, 원자 번호가 증가함에 따라 원자의 양자상태는 다음과 같이 나타낼 수 있다.

$$1:\ 1s\uparrow$$
$$2:\ 1s\uparrow 1s\downarrow$$
$$3:\ 1s\uparrow 1s\downarrow 2s\uparrow$$
$$4:\ 1s\uparrow 1s\downarrow 2s\uparrow 2s\downarrow$$
$$5:\ 1s\uparrow 1s\downarrow 2s\uparrow 2s\downarrow 2p\uparrow$$
$$\cdots$$

여기에서 주양자수 n이 작은 상태부터 배열하기 시작한 이유는 일반적으로 주양자수 n이 커질수록, 또한 각운동량 양자수 l이 커질수록 더 높은 에너지 상태가 되기 때문이다. 한편, 자기장이 없는 상황에서 에너지 준위는 스핀양자수에 의존하지 않으므로, 이 상태들은 일반적으로 다음과 같이 나타낼 수 있다.

$$\begin{aligned} &1: 1s \\ &2: 1s^2 \\ &3: 1s^2 2s \\ &4: 1s^2 2s^2 \\ &5: 1s^2 2s^2 2p \\ &\cdots \end{aligned}$$

양자론의 위대한 성공은 이러한 양자상태 순서로 전자 배열을 하면 100여 가지 종류의 모든 원자의 화학적 특성을 설명할 수 있다는 것이다. 즉 전자 수가 $1, 2, 3, \cdots$ 인 원자를 각각 수소, 헬륨, 리튬, $\cdots$ 원자들이 되는데, 그런 원자들이 가지는 화학적 특성은 $1s, 1s^2, 1s^2 2s, \cdots$로 나타낸 전자 구조로 잘 설명할 수 있다.

흥미로운 점은, 어떤 주양자수 n에 해당하는 양자상태가 모두 채워지면, 그 전자들의 확률적 분포는 완전한 구대칭을 이룬다는 사실이다. 예컨대, $n=1$ 준위를 채웠을 때 헬륨(He)이 되고, $n=2$ 준위를 채웠을 때 네온(Ne)이 되는데, 이들 원자는 완전한 구대칭 전자 분포를 보인다. 화학에서는 주양자수 n의 크기에 따라 $n = 1, 2, 3, \cdots$일 때 $K, L, M, \cdots$ **껍질**^shell^이라고 부르는데, 그 껍질이 양자상태로 모두 채워졌을 때 **폐각**^closed shell^을 이루었다고 한다.

한편, 앞에서 다룬 것처럼 폐각된 경우에는 원자 외부에서는 원자에 의한 전기장이 완전히 사라지므로, 이들 원자는 다른 원자가 바로 곁에 있어도 서로의 존재를 인식하지 못해 화학적으로 전혀 반응하지 않는다. 따라서 헬륨, 네온, 아르곤 등은 **불활성 원소**^inert element^라 불린다. 수소나 리튬을 포함한 다른 많은 원자도 각운동량이 없는 전자를 가지므로, 순수하게 전기적 입장에서는 구대칭 형태로 전자가 분포되므로 화학적 반응성이 없어야 한다.

그러나 양자론 입장에서 볼 때 전자 분포는 폐각을 이루지 못한 상태이므로, 그런 원자들은 다른 전자를 더 취해서 완전한 폐각을 이루려는 경향을 띤다. 그런 경향이 생기는 이유는 다음과 같은 논리로 이해해도 좋다. 즉 양자론의 파동함수적 입장에서는 전자 분포가 구대칭 형태이기는 하지만, 실제로는 전자의 입자성 때문에 완전한 구대칭을 이루지는 못한다고 보는 것이다. 그 때문에 대부분의 원자가 화학적 반응성을 갖는다. 리튬, 나트륨, 칼륨 같은 원자들은 헬륨, 네온, 아르곤 등과 같이 전자 분포가 완전한 구대칭을 이루는 원자들보다 전자가 하나 더 많다. 그런 원자들을 **알칼리**^alkali^족 원자라고 부른다. 이때 폐각에 추가된 전자는 이미 구대칭을 이룬 다른 전자들과 어울리지 못하기 때문에 최외각 전자라고 부른다.

따라서 이들 원자로부터는 전자가 매우 쉽게 떨어져 나올 수 있게 되고, 알칼리족 원자들이 뭉쳐서 덩어리를 이루면 금속성을 띠게 된다. 한편, 폐각을 이루기 위해서는 단 한 개의 전자가 더 필요한 불소(F), 염소(Cl) 같은 원자들은 전자를 하나 더 끌어들여 완전한 폐각을 이루려고 한다. 그런 원소들을 **할로겐**halogen족이라 부른다.

분자

대부분 원자가 가진 전자의 전하 분포는 구대칭에 가깝다. 전하 분포가 구대칭이라는 것은 전기적 입장에서 보면 원자의 전기적 성질이 사라진다는 뜻과 같다. 그러나 앞에서 말한 것처럼 원자의 전자 분포가 완전한 폐각을 이루지 않으면, 양자적 효과가 나타나 두 원자가 결합하게 되는 효과를 만든다. 원자들이 결합해 덩어리 상태가 될 때 **분자**molecule가 되었다고 말한다. 분자는 보통 단 두 개의 원자로 이루어진 이원자분자나 수십 개 이내의 원자들로 이루어진 다원자분자를 뜻하지만, 아보가드로수만큼의 원자가 모여 덩어리 상태로 있는 결정체 덩어리도 커다란 분자로 생각할 수 있다.

원자들이 서로 당겨서 원자 덩어리인 분자가 만들어지게 되는 근본 원인은, 일차적으로 원자를 이루는 전자들의 분포가 완전한 구대칭을 이루지 못하거나 또는 구대칭을 이루더라도 전자의 입자성 때문에 순간적으로 구대칭성이 깨지기 때문이다. 순간적으로라도 전자분포가 구대칭성을 잃으면 원자는 순간적으로 전기쌍극자가 되어 자신의 전기적 본성을 드러내게 된다. 그 논의는 16장의 반 데 발스의 힘을 다룰 때 이미 상세히 한 바와 같이, 그 경우 위치에너지 $U \propto -1/r^6$ 특성을 가지며, 따라서 $1/r^7$에 비례하는 힘으로 서로 끌리게 된다. 그러므로 원자들이 서로 뭉치는 근본적인 원인은, 원자들의 순간적인 전기쌍극자 형성에 따른 **반 데 발스의 힘** 때문이라고 말할 수 있다. 두 원자가 너무 가까워지면 두 원자의 핵이 서로 상호작용하는 상태에 이르게 되는데, 그렇게 되면 두 원자는 강력한 힘으로 서로 밀쳐내는 상태가 된다. 그러므로 두 원자 간의 위치에너지는 [그림 25-11]에 나타낸 것처럼 미세한 특징을 가지게 되며, 두 원자 간의 위치에너지는 일반적으로 $U = -\frac{A}{r^6} + \frac{B}{r^{12}}$ 형태로 나타낸다.

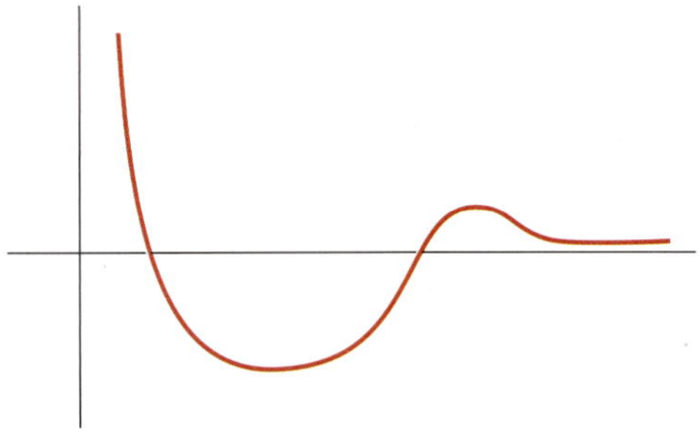

그림 25-11 원자 간 퍼텐셜

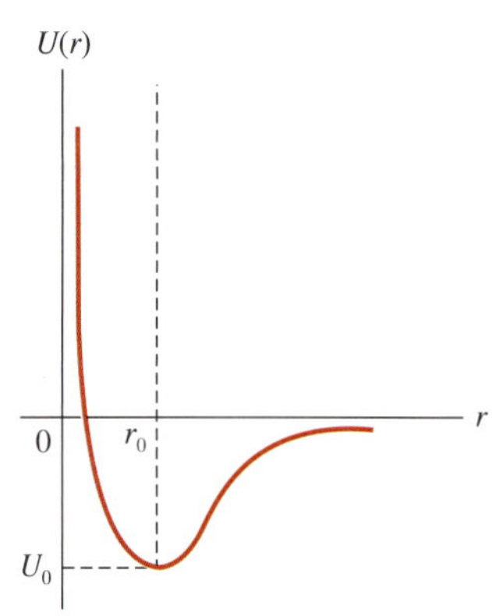

그림 25-12 원자 간 위치에너지

즉 서로 멀리 떨어져 무관한 두 원자가 가까워지면 일단 약하게 서로 밀어내는 힘이 나타나는데, 그 원인은 원자들 외곽의 전자들이 서로 반발하는 힘이라고 해석할 수 있다. 그러나 그 장벽을 넘으면 서로 더 강하게 끌어당기는 힘이 나타나 안정된 분자를 이룰 수 있게 된다. 분자에서의 원자 간 위치에너지에는 공통적 특징이 있는데, 그것은 두 원자의 평형 위치 근처에서 위치에너지가 극소가 되어 원자끼리는 마치 용수철로 연결된 것처럼 근사할 수 있다는 것이다.

일단 원자들이 서로 가까워지면 원자들의 전자들 사이에 전기적 상호작용뿐 아니라 양자적 상호작용도 나타나게 되므로, 분자가 만들어지는 근본 원인은 전기적과 양자적 상호작용 두 가지라고 말할 수 있다. 예컨대, **이온결합**은 대표적 전기적 결합을 나타내고 **공유결합**은 대표적 양자적 결합이라고 할 수 있다.

결정체

원자들은 전기적 또는 양자적으로 결합해 분자가 되는데, 원자들의 에너지가 줄어들면(온도가 낮아지면) 원자들은 서로 끌어당겨 결합한다. 그 경우 원자들은 규칙적으로 배열되기도 하고, 제멋대로 배열되기도 한다. 원자가 규칙적으로 배열된 경우를 **결정체**^crystal^라 부른다. 반면, 원자가 제멋대로 배열되면 아무런 질서가 없이 뭉친 비결정체 형태가 되는데, 비결정체는 마치 액체처럼 취급할 수도 있다. 즉 액체 상태 물질은 형태가 일정하지 않다는 특징이 있는데, 비결정체 상태 고체와 액체를 나누는 기준은 명확하지 않다.

결정체를 이루는 원자 배치는 원자들 간격이 최소가 되도록 배열되는 경향을 띤다. 3차원 공간에서 규칙적으로 배열될 수 있는 기하적 방법은 **브라베 격자**^bravais Lattice^라 부르는 14가지로 알려져 있다. 즉 모든 결정체는 14가지 중 한 가지 격자 구조 형태로 이루어져 있는데, 이때 그 격자 단위는 물론 하나의 원자가 될 수도 있고, 여러 개의 원자 덩어리가 될 수도 있다.

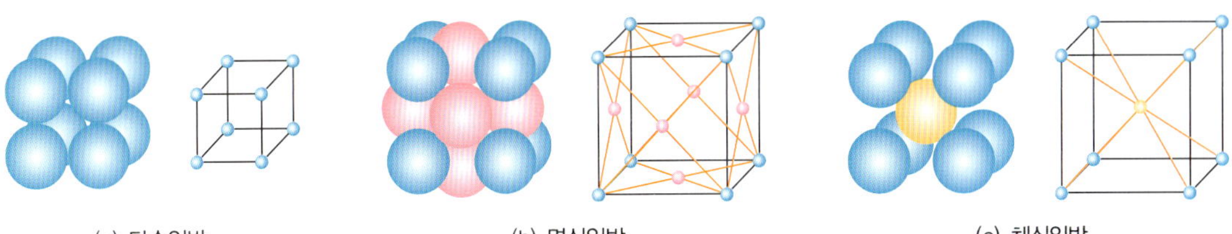

그림 25-13 기본적인 브라베 격자

브라베 격자의 기본 형태는 **입방**^cubic^ 구조의 격자로, 단순^simple^입방, 면심^face-centered^입방, 체심^body-centered^입방 구조의 세 가지가 있다. 이때 정육면체의 한 변의 길이를 늘여서 구조를 약간 변화시키거나 정육면체를 비스듬하게 찌그러뜨린 구조를 만들 수도 있다. 또한 사각형이 아닌 육각형 구조를 가질 수도 있다.

CHAPTER 25 연습문제

[개념 확인 문제]

(1) 원자가 내는 빛에서 라이만 계열 빛의 세기는 발머 계열 빛보다 더 강하다. 왜냐하면 라이만 계열 빛은 들뜬상태에서 바닥상태로 떨어질 때 나오기 때문이다. 그런데도 처음에는 발머 계열 빛이 먼저 발견되었다. 그 이유는 무엇인가?

(2) 모든 물체가 빛을 내고 있다면, 어두운 방에 있는 물체가 보이지 않는 이유는 무엇인가?

(3) 원자번호가 각각 10과 11인 네온과 나트륨 원자를 이온화시키는 데 필요한 이온화 에너지는 각각 21.6 eV, 5.1 eV이다. 두 값이 이렇게 큰 이유는 무엇인가?

▶ 25장의 모든 연습문제에서 플랑크 상수는 $h = 6.63 \times 0^{-34}\,\mathrm{J \cdot s}$, 전자질량은 $m = 9.11 \times 10^{-31}\,\mathrm{kg}$이다.

1 수소 원자의 바닥상태 에너지는 $-13.6\,\mathrm{eV}$다. 첫 번째 들뜬상태에 있는 전자의 이온화 에너지는 얼마인가?

2 보어의 원자모형에서 바닥상태에 있는 수소 원자가 흡수할 수 있는 빛 중 파장이 가장 긴 광자의 파장은 얼마인가?

3 바닥상태에 있는 수소 원자를 이온화하려고 한다. 그 목적에 필요한 빛의 최대 파장 λ는 얼마인가?

4 수소 원자의 발머 계열에서 방출되는 광자의 에너지 중에서 가장 높은 에너지는 몇 eV인가? 단, 수소 원자의 바닥상태 에너지는 $-13.6\,\mathrm{eV}$이다.

5 첫 번째 들뜬상태에서 바닥상태로 천이하는 경우에 나오는 광자(라이만 계열에 속함)의 파장 λ를 구하고, 그 광자는 자외선 영역(UV) 빛임을 보여라.

6 첫 번째 들뜬상태($n = 2$)에 있는 수소 원자가 바닥상태로 되돌아갈 때까지의 평균 시간은 $10^{-8}\,\mathrm{s}$이다.

(a) 첫 번째 들뜬상태의 에너지 불확정도는 대략 얼마인가?

(b) (a)의 값은 천이 에너지 값의 몇 배인가?

(c) 천이 과정에서 나오는 빛의 파장과 그 불확정도는 대략 얼마인가?

***7** 수소 원자가 바닥상태일 때 파동함수는 $\psi(r)=Ne^{-\frac{1}{a_0}r}$ 형태를 보인다.

(a) $|\psi(r)|^2$의 부피 적분이 $\int_0^\infty |\psi(r)|^2 4\pi r^2 dr=1$인 조건을 이용해 N값을 구하라.

(b) 전자가 $r\sim r+dr$의 반지름 구간 영역에 존재할 확률은 $|\psi(r)|^2 4\pi r^2$에 비례한다. 전자를 발견할 확률이 가장 큰 반지름 위치는 $r=a_0$임을 보여라.

(c) 반지름이 $2a_0$ 이내에서 전자를 발견할 확률은 얼마인가?

8 폭이 $L=1.00\times10^{-10}\text{m}$인 1차원 상자 속에 들어 있는 전자가 있다(크기는 원자의 크기 정도임). 바닥상태와 첫 번째 들뜬상태의 고유 에너지를 구하고, 두 상태에서의 천이 과정에서 나오는 빛의 파장을 구하라.

9 폭 길이가 L인 무한 깊이 상자에 갇힌 입자가 가진 운동량을 p라 하면, 그 불확정도는 $\Delta p=2p$라 할 수 있다(입자는 두 방향으로 운동할 수 있기 때문). 위치 불확정도를 $\Delta x=L$로 취급하는 경우, $\Delta x\Delta p$값이 불확정성 원리를 만족하는지 아닌지 답하라.

10 $V(x)=V_0$(상수)일 때(즉 자유입자일 때), $\psi(x,t)=Ne^{i(kx-\omega t)}$ 함수는 시간 의존 슈뢰딩거 방정식의 해가 되지만, $\psi(x,t)=N\cos(kx-\omega t)$나 $\psi(x,t)=N\sin(kx-\omega t)$ 함수는 해가 될 수 없음을 보여라.

11 수소 원자의 각운동량 양자수는 $l=2$이다.

(a) 가능한 최소 주양자수 n은 얼마인가?

(b) 가능한 자기양자수 m_l을 모두 써라.

12 전지의 중요 재료로 사용되는 리튬(Li)의 원자 번호는 3이고, 전자 구조는 $1s^2 2s$와 같이 나타낼 수 있다. 산소(O)와 나트륨(Na)의 원자 번호가 각각 8과 11일 때, 그 전자 구조식을 써라.

13 원자 속 전자나 핵 속의 양성자는 매우 좁은 공간 안에 묶여 있다. 전자나 양성자가 1차원 상자에 갇혀 있는 자유입자이고, 원자 크기는 10^{-10}m, 핵의 크기는 10^{-15}m라고 한다.

(a) 양성자가 바닥상태일 때의 에너지는 전자가 바닥상태일 때 에너지의 몇 배인가? 단, 양성자의 질량은 전자의 질량의 2,000배라고 가정하라.

(b) 전자가 바닥상태일 때 에너지 크기는 eV 정도임을 보여라. 단, $1\text{eV}=1.6\times10^{-10}\text{J}$이다.

CHAPTER 26

핵과 기본 입자

Nucleus and Elementary Particles

26.1 원자핵

원자는 전자와 원자핵으로 이루어져 있는데, 원자핵은 줄여서 **핵**nucleus이라고도 부른다. 우리는 지금까지 원자 속의 전자 운동을 양자론에서는 어떻게 설명하는지 다뤄왔다. 그렇다면 핵은 어떤 상태에 있는 것일까? 지금 우리가 핵이라고 부르는 원자 속의 양전하들이 원자 공간 전체에 골고루 퍼져 있지 않고 집중적으로 분포되어 있다는 사실은, 1911년 영국의 러더퍼드에 의해 처음으로 밝혀졌다.

그림 26-1 어니스트 러더퍼드, 1871~1937

금은 매우 얇게 펴져서 박막을 만들기에 좋으므로, 러더퍼드는 얇은 금박을 만든 후 그곳에 알파입자를 쏘아 알파입자들이 어떻게 흩어지는지 관찰해 원자 속의 양전하 분포를 알아보려고 했다. 만약 양전하와 전자들이 원자 속에 골고루 분포되어 있다면, 알파입자는 금박의 영향을 받지 않은 채로 금박을 투과할 것으로 예상할 수 있다. 그러나 러더퍼드는 알파입자들이 매우 강하게 산란되어 거의 입사한 방향으로 다시 튕겨나오는 경우도 있다는 것을 알게 되었다. 그 사실은 원자 속에 양전하가 매우 집중되어 분포되어 있음을 뜻했던 것이고, 그런 결과로부터 원자 속에 집중적으로 분포된 양전하를 **핵**이라고 부르게 되었다. 실험적으로 알게 된 핵의 크기는 약 10^{-15} m였다. 원자의 크기가 약 10^{-10} m인 사실을 고려하면, 핵의 크기는 원자 크기의 약 10^{-5} 밖에 되지 않았던 것이다.

물음 26-1 핵의 지름을 10^{-15} m, 원자의 지름을 10^{-10} m라 할 때, 핵의 부피는 원자 부피의 몇 배인가?

전하들이 거리 제곱에 반비례하는 쿨롱의 힘으로 상호작용한다는 것을 고려하면, 원자 속의 양전하들이 핵이라 불리는 좁은 공간에 뭉쳐 있다는 사실을 상상하기는 어려웠다. 즉 핵 속의 양전하들은 서로 엄청난 크기의 힘으로 밀어내고 있음에도 불구하고 서로 뭉쳐 있다는 것은 이해하기 어려운 것이었다. 그런데 1932년 영국의 채드윅이 그런 의문을 해결하는 데 도움이 되는 사실을 발견했다. 채드윅은 모든 면에서 양성자와 비슷하지만, 전기적으로만 중성인 입자, 즉 **중성자**neutron라 불리는 입자가 존재한다고 발표했다. 중성자가 핵 속에 포함되어 있으면, 서로 밀어내는 양성자들의 중재자 역할을 한다고 생각할 수 있다. 양성자와 중성자같이 핵 속에 존재하는 입자들을 **핵자**라고 불렀다.

그러나 중성자의 역할만으로는 핵이 안정된 상태로 존재하지 못하므로, 양성자나 중성자들끼리는 매우 가까운 거리에서는 밀어내는 전기력을 극복하고도 남을 강력한 인력이 작용할 것으로 생각할 수밖에 없게 되었다. 1940년 일본의 유카와 히데키는 핵 속에서 핵자들끼리 서로 강력하게 끌어당기는 힘이 존재하며, 그런 힘을 매개하려면 **중간자**meson라는 입자가 있어야 할 것으로 추정했다. 유카와가 추정한 중간자의 질량은 전자의 200배 정도였으며, 그런 입자를 발견한 유카와는 동양인 최초로 노벨 물리학상을 수상하게 되었다.

그림 26-2 유카와 히데키, 1907~1981

동위원소

원자의 특성은 전자에 의해 결정되므로, 그 전자 수에 해당하는 양성자 수에 의해 결정된다고도 할 수 있다. 그러나 원자핵에서는 양성자 수가 같아도 중성자 수가 다른 경우도 있다. 예를 들어 수소원자는 보통 핵 속에 양성자 하나를 갖는데, 매우 드물게 중수소는 중성자를 하나 더, 삼중수소는 중성자를 두 개 더 갖는다. 그러나 전자는 여전히 하나뿐이므로, 원자의 화학적 성질은 달라지지 않는다. 핵을 나타낼 때는 원자 기호에 핵자의 전체 수와 양성자의 수를 동시에 표기한다. 예를 들어 보통 수소 핵은 ${}^{1}_{1}\mathrm{H}$로, **중수소**deutron와 **삼중수소**tritium의 핵은 각각 ${}^{2}_{1}\mathrm{H}$와 ${}^{3}_{1}\mathrm{H}$로 나타낸다. 이렇게 양성자 수는 같지만, 중성자 수가 다른 핵을 가진 원소들을 **동위원소**isotope라 부른다.

핵자를 이루는 두 입자의 질량은 거의 비슷하므로, 핵의 질량은 두 입자 수에 비례한다. **국제단위계**SI에서는 핵자 수가 12개인 탄소 핵 ${}^{12}_{6}\mathrm{C}$의 질량을 12a.u.의 질량 단위로 정하고 있다. 즉 1u 탄소 핵 ${}^{12}_{6}\mathrm{C}$ 질량의 $\frac{1}{12}$을 뜻한다.

탄소 연대 측정법

생명체를 이루는 세포의 분자는 많은 탄소 원자를 포함하고 있다. 그 탄소 원자들은 대부분 ${}^{12}_{6}\mathrm{C}$ 핵을 갖지만, 일정 부분은 ${}^{14}_{6}\mathrm{C}$ 핵을 갖는다. 한편, 그 생명체의 생명 활동이 중지되면, 방사성 동위원소인 ${}^{14}_{6}\mathrm{C}$ 핵을 가진 탄소 원자들이 붕괴해 ${}^{14}_{6}\mathrm{C}$의 수가 상대적으로 줄어든다. 이때 그 붕괴는 매우 천천히 일어나므로, ${}^{14}_{6}\mathrm{C}$의 상대적 비율을 측정하면 화석이 된 생명체가 얼마나 오래전에 그 생명 활동을 중지했는지를 알 수 있다. 그런 방법을 **탄소 연대 측정법**carbon dating method이라 부른다.

26.2 핵반응과 방사능

인간은 매우 오래전부터 금이 아닌 물질에서 금을 만드는 방법을 찾아왔다. 연금술이라 불리는 그 시도들은 결국 성공하지 못했지만, 이를 통해 인간은 원자와 분자에 대해 많은 것을 알게 되었다. 1919년 러더퍼드는 인간 최초로 어떤 원자를 다른 원자로 변환하는 데 성공했다. 즉 연금술에 성공했던 것이다. 러더퍼드는 질소 핵에 알파입자를 충돌시켜 산소 핵을 만들었는데, 알파입자의 정체는 헬륨의 핵이므로, 그 핵반응식은 다음과 같다.

$$ {}^{14}_{7}\mathrm{N} + {}^{4}_{2}\mathrm{He} \rightarrow {}^{17}_{8}\mathrm{O} + {}^{1}_{1}\mathrm{H} \tag{26.1} $$

이처럼 핵반응에서 하나의 원자핵에 다른 핵을 충돌시켜 새로운 원자핵을 얻을 수도 있지만, 자연 속에는 스스로 핵반응을 일으키는 현상들이 있다. 그것은 불안정한 핵이 스스로 분열해 더 안정된 핵으로 변환되는 과정들이다.

예컨대, ${}^{14}_{6}\mathrm{C}$과 같이 중성자 수가 불필요하게 많아 다른 핵으로 변환되는 경우, 원래의 핵은 불안정해 붕괴됐다고 한다. 핵은 붕괴되면서 강력한 입자를 내뿜는데, 그런 핵을 **방사성 핵**radioactive nucleus이라 부른다. 일반적으로 핵자가 매우 많은 핵들이 방사성 핵이 된다. 예컨대, 최초의 원자폭탄을 만든 데 쓰인 방사성 핵인 우라늄 핵은 양성자 수가 무려 92개이고, 핵자 수가 235개나 된다.

핵이 붕괴될 때 뿜어져 나오는 강력한 에너지 입자들을 방사선이라 부르는데, 방사선은 **알파**alpha**선**, **베타**beta**선**, **감마**gamma**선**으로 분류한다. 각 방사선의 정체는 나중에 알려졌는데, 알파선은 헬륨의 핵, 베타선은 전자, 감마선은 광자로 밝혀졌다. 헬륨의 핵은 매우 단단히 결합된 핵자들로 이루어져, 핵 속에서도 헬륨 핵 상태로 뭉쳐 다니다가 그 상태로 튀어나와 알파선이 되는 것으로 생각되고 있다. 알파선은 양전하를 띠고, 베타선은 음전하, 감마선은 전하를 띠지 않으므로, 뿜어져 나오는 세 종류 입자는 자기장 속에서 각각 다르게 휘어져 운동한다. 이제 세 종류의 방사선에 관해 알아보자.

물음 26-2 오른쪽 그림은 자기장 속에 둔 방사성 핵에서 나온 입자의 궤적을 나타낸 것이다. 알파선 입자가 베타선 입자보다 매우 무겁다고 할 때, 각 궤적은 각각 어떤 방사선 궤적을 나타내는가?

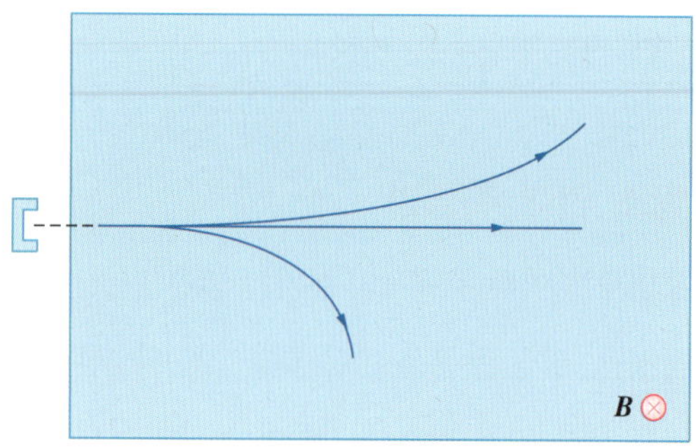

알파붕괴(α 붕괴)

핵자를 너무 많이 가진 핵은 불안정할 수밖에 없다. 왜냐하면 수많은 양성자가 좁은 공간에 몰려 있어서 서로 간의 반발이 매우 심하기 때문이다. 핵자들은 근본적으로는 서로 독립적으로 운동하지만, 앞에서 말한 것처럼 매우 가까운 거리에서는 서로 끌어당기는 힘을 작용한다. 그 결과 작은 덩어리로 돌아다니기도 하는데, 그 대표적인 덩어리가 바로 양성자 두 개와 중성자 두 개가 모여 한 덩어리가 된 상태인 헬륨 원자의 핵이다.

핵자들은 핵 속에서 매우 큰 운동에너지로 운동한다고 볼 수 있는데, 헬륨 핵 덩어리도 마찬가지다. 매우 빠르게 운동하는 헬륨 핵 덩어리는 어느 순간 다른 핵자들이 끌어당기는 힘이 작용하는 공간 범위를 벗어나 핵에서 튀어나올 수도 있는데, 그렇게 튀어나온 덩어리, 즉 헬륨 핵을 **알파**alpha입자라 부른다. 그 과정을 식으로 나타내면 다음과 같다.

$$ {}^{A}_{Z}\mathrm{X} \rightarrow {}^{A-4}_{Z-2}\mathrm{Y} + {}^{4}_{2}\mathrm{He} \tag{26.2} $$

이때 놀라운 사실은, 이 과정을 마친 후 각각의 질량을 측정해보면 다음과 같은 결과를 얻는다는 점이다.

$$ m_X \neq m_Y + m_\alpha \tag{26.3} $$

이는 매우 놀라운 사실로, 물질세계에 있던 질량 일부가 사라졌음을 뜻하며, 아인슈타인의 특수상대성 이론에서 질량이 단지 에너지의 한 형태라는 점을 보이기 전까지는 이해할 수 없는 결과였다.

핵이 알파붕괴할 때 원래의 핵을 **모핵**mother nucleus이라 부르고, 알파입자를 내보내고 남겨진 핵을 **딸핵**daughter nucleus이라 부른다. 예컨대, 앞의 예에서 X, Y는 각각 모핵과 딸핵이 된다. 이때 알파입자는 거의 광속에 가까운 빠르기로 튀어나오지만, 딸핵은 그 반동으로 느린 빠르기로 밀려난다. 이는 마치 빙판 위에서 어른과 아이가 마주 선 상태에서 어른이 아이를 밀치면 어른도 느리게 뒤로 밀려나는 것과 같은 이치다. 핵이 붕괴된 후 딸핵의 빠르기를 v_Y, 알파입자의 빠르기를 v_α라고 하면, 다음과 같은 근사식이 성립한다.

$$ \frac{1}{2}m_Y v_Y^2 + \frac{1}{2}m_\alpha v_\alpha^2 \approx (\Delta m)\, c^2 \tag{26.4} $$

일반적으로 딸핵 입자의 질량은 알파입자 질량보다 매우 무겁다. 따라서 일반적으로 딸핵의 운동에너지는 알파입자 운동에너지에 비해 무시해도 좋다.

물음 26-3 알파붕괴에서 사라진 질량이 Δm이라면, 딸핵의 운동에너지를 무시할 때 알파입자 빠르기는 얼마인가?

우라늄 238 동위원소 핵인 $^{238}_{92}$U 이 알파붕괴할 때 방정식은 다음과 같다.

$$^{238}_{92}\mathrm{U} \rightarrow {}^{234}_{90}\mathrm{U} + \alpha \tag{26.5}$$

물음 26-4 라듐 226 동위원소 핵인 ^{226}Ra이 알파붕괴하면 $^{226}_{88}\mathrm{Ra} \rightarrow {}^{222}\mathrm{Rn}$과 같이 라돈 핵이 된다. 라돈의 원자 번호는 얼마인가?

베타붕괴(β 붕괴)

방사성 핵은 양전하량을 가진 알파입자를 내며 붕괴할 때도 있지만, 어떤 방사성 핵은 음전하량을 가진 베타입자라 부르는 입자를 내며 붕괴하기도 한다. **베타**입자의 정체는 전자로 밝혀졌다. 특이한 점은 전자가 튀어나오면서 반드시 다른 입자도 동시에 튀어나온다는 점이다. 그 다른 입자는 전하도 없고, 질량도 있는지 없는지 모를 정도로 작은 존재인데, 그 입자를 **중성미자**[neutrino]라 부른다. 한편, 중성미자에도 여러 종류가 있다는 사실이 알려졌고, 그중 베타붕괴에서 나오는 중성미자를 **전자 중성미자**라 부른다.

감마붕괴(γ 붕괴)

방사성 핵에서 알파입자나 전자 같은 입자가 튀어나가는 과정에서 핵은 대개 들뜬상태, 즉 불안정한 상태로 남는다. 원자의 경우와 마찬가지로 들뜬상태에 있는 핵은 에너지가 더 낮은 바닥상태로 천이하면서 광자를 내는데, 그 광자는 우리가 보통 알고 있는 빛과는 비교할 수 없을 만큼 엄청난 크기의 에너지를 가진 **감마선**이 된다.

핵에서 나오는 빛인 감마선 광자 에너지는 우리가 보통 빛이라고 말하는 원자에서 나오는 에너지보다 약 100만 배 정도 더 강하다. 그 사실은 핵 속의 핵자들이 원자의 에너지 준위 같은 띄엄띄엄한 에너지 상태에만 존재하며, 그 에너지 차이는 원자 속의 전자가 갖는 에너지 준위보다 대략 100만 배 더 큰 단위임을 보여준다.

다음 핵반응식은 감마붕괴의 한 예다.

$$^{60}\mathrm{Co} \rightarrow {}^{60}\mathrm{Ni}^{*} + e^{-} + \nu \tag{26.6a}$$

$$^{60}\mathrm{Ni}^{*} \rightarrow {}^{60}\mathrm{Ni} + \gamma \tag{26.6b}$$

여기에서 Ni^{*}는 들뜬 에너지 상태의 니켈 핵을 나타낸다.

반감기

방사성 원자핵으로 이루어진 물질 덩어리가 있다면, 그 물질을 이루는 각각의 핵은 언젠가는 붕괴할 것이다. 그러나 우리로서는 어느 핵이 먼저 붕괴할지는 알 수 없다. 그 사실은 모든 것을 확률적으로만 이해할 수 있다는 양자론의 기본 가정과도 일치한다. 즉 양자론에서는 모든 핵이 동등하다고 보므로, 어느 시간이 흐른 후 핵이 붕괴할 확률은 모두 같다.

이제 어떤 물질 덩어리 속에 N개의 방사성 핵이 있다고 하자. 그리고 어느 시간 Δt가 지난 후 그중에서 ΔN개가 붕괴한다고 하자. 이때 Δt가 충분히 작다면 우리는 다음과 같이 그 비례관계를 쓸 수 있다.

$$\Delta N \propto \Delta t \tag{26.7a}$$

$$\Delta N \propto N \tag{26.7b}$$

따라서 $\Delta N \propto N\Delta t$ 관계를 얻는데, 이제 비례상수 λ를 도입하면 다음과 같이 나타낼 수 있다.

$$\Delta N = \lambda N\Delta t \tag{26.8}$$

이제 어떤 시각 t에서의 방사성 핵 수를 $N(t)$라 하고, Δt 시간 후에 남은 방사성 핵 수를 $N(t+\Delta t)$로 나타내기로 하자. 우리는 편의상 ΔN을 양수로 취급해왔는데, 그렇게 하면 $N(t+\Delta t)=N(t)-\Delta N$이 된다. 한편, 미분의 정의식 $\frac{dN}{dt}=\lim_{\Delta t\to 0}\frac{1}{\Delta t}[N(t+\Delta t)-N(t)]$를 적용한다면 $\frac{dN}{dt}=-\lim_{\Delta t\to 0}\frac{\Delta N}{\Delta t}$이 되므로 $\frac{dN}{dt}=-\lim_{\Delta t\to 0}\frac{\Delta N}{\Delta t}$이 되어 다음 식을 얻는다.

$$\frac{dN}{dt}=-\lambda N \rightarrow \frac{dN}{N}=-\lambda dt \tag{26.9}$$

따라서 적분하면 다음 결과를 얻는다.

$$\ln N(t) = -\lambda t + C \tag{26.10a}$$

$$N(t) = N_0 e^{-\lambda t} \tag{26.10b}$$

여기에서 C는 상수로, $N_0 = e^C$으로 정의한 양이다. 즉 방사능 물질 핵의 수는 지수함수적으로 감소함을 알 수 있다. 한편, 핵이 붕괴하면서 방사성 물질의 양이 처음에 비해 정확히 절반이 되기까지 걸리는 시간을 **반감기**[half-life]라고 부른다. 반감기는 τ 기호로 나타내며, τ는 다음 식을 만족해야 한다.

$$e^{-\lambda\tau}=\frac{1}{2} \tag{26.11}$$

물음 26-5 $\tau=\frac{\ln 2}{\lambda}$ 관계임을 보여라.

26.3 핵분열과 핵융합

어떤 핵을 조각내 모든 핵자를 따로 떼어놓았다고 하자. 앞에서 말한 대로 핵자들이 서로 가까운 상태에서는 강하게 끌어당기므로 그렇게 떼어 놓으려면 물론 에너지가 필요하다. 이제 양성자 Z개, 중성자 N개를 가진, 질량이 M인 핵을 분리했다고 하자. 그 경우 우리는 $ZM_p + NM_N = M$ 관계를 예상할 수 있다. 그러나 실제로는 $ZM_p + NM_N > M$ 관계가 성립하는데, 이는 물질세계의 총 질량이 더 늘어난다는 것을 뜻한다. 우리는 이런 경우를 알파붕괴 과정에서도 본 적이 있는데, 그 경우에는 총 질량이 줄어들었다. 하지만 이번에는 핵자들을 떼어낼 때 공급한 에너지가 질량으로 변환된 결과로 해석할 수 있다.

그러므로 양성자와 중성자가 뭉쳐 핵을 이룰 때는 핵의 질량은 각각의 양성자와 중성자의 질량을 더한 크기보다 작아지는데, 그 차이를 나타내는 양을 **질량 결손량**이라 하며, 그 양을 Δ로 나타내면 $\Delta = ZM_p + NM_N - M$이 된다. 상대성이론에 따르면, 이 질량에 해당하는 에너지 크기는 $\Delta \cdot c^2$이 되는데, 이 에너지가 바로 핵을 이루는 핵자들을 다시 떼어내는 데 필요한 에너지가 된다. 이 에너지를 핵의 **결합에너지**binding energy라 부르고, E_b로 나타낸다.

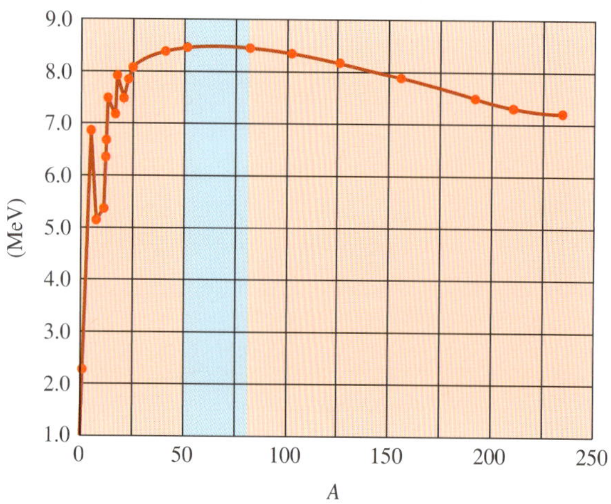

그림 26-3 핵자 하나당 결합에너지

어떤 핵 속의 핵자 수는 $Z+N$개이므로, 핵자 하나당 결합에너지는 $\dfrac{E_b}{(Z+N)}$가 되는데, 이 크기는 핵이 얼마나 단단히 뭉쳐 있는지 알려주는 척도가 된다. [그림 26-3]은 모든 원소의 핵자 하나당 결합에너지를 나타낸 것으로, He, C, O, Fe 등이 특히 큰 결합에너지를 가졌음을 알 수 있다. 또 모든 핵 중에서 철의 핵이 가장 단단하게 뭉쳐진 것을 알 수 있는데, 이 사실은 우리 주위에 왜 철이 흔하게 존재하는지 알려준다.

물음 26-6 중수소 핵의 질량은 2.014u로 알려져 있다. 중수소 핵의 결합에너지가 약 2.2Mev임을 보여라.

핵분열

1938년 독일의 오토 한과 슈트라스만은 매우 흥미로운 사실을 발견했다. 그들은 이탈리아의 페르미가 진행한 연구를 토대로 실험하다가 $^{235}_{92}\mathrm{U}$에 중성자를 충돌시키면 우라늄 핵이 쪼개져서 두 개의 핵으로 갈라진다는 사실을 발견했다. 이런 현상을 **핵분열**nuclear fission 현상이라 부른다. 그들은 우라늄 핵의 분열 과정이 다음과 같이 바륨(Ba)과 크립톤(Kr)이 만들어지는 과정일 수도 있고, 또는 제논(Xe)과 스트론튬(Sr)이 만들어지는 과정일 수도 있다는 사실도 알게 되었다.

$$\begin{aligned} {}^{235}_{92}\mathrm{U} + {}^{1}_{0}\mathrm{n} &\rightarrow {}^{236}\mathrm{U}^{*} \\ &\rightarrow {}^{144}_{56}\mathrm{Ba} + \mathrm{Kr} + 3\,{}^{1}_{0}\mathrm{n} \\ &\rightarrow {}^{140}_{54}\mathrm{Xe} + \mathrm{Sr} + 2\,{}^{1}_{0}\mathrm{n} \end{aligned} \tag{26.12}$$

이 분열 과정에서 발생하는 에너지의 양은 약 210 MeV로 알려져 있다. 이 현상이 흥미로운 이유는 하나의 우라늄 핵이 분열할 때마다 두세 개의 중성자를 다시 내놓는다는 사실 때문이다. 새롭게 나타난 이 중성자들은 다시 옆에 있는 핵과 부딪쳐 또다시 분열시킬 수 있다. 이는 핵분열이 연쇄적으로 일어날 수도 있음을 뜻한다. 주변에 충분한 양의 우라늄 핵이 있다고 할 때 실제로 **연쇄반응**chain reaction이 일어난다면, 막대한 에너지가 거의 순간적으로 발생한다는 뜻이다. 이것은 마치 탈 재료가 충분히 쌓여 있는 장소에 불이 나 걷잡을 수 없이 번지는 상황에 비유할 수 있다.

(왼쪽부터 순서대로)

그림 26-4 오토 한, 1879~1968

그림 26-5 프리츠 슈트라스만, 1902~1980

그림 26-6 엔리코 페르미, 1901~1954

물음 26-7 우라늄 1 kg이 모두 핵분열할 때 발생하는 에너지는 몇 J인가?

핵융합

두 개의 원자가 부딪치면 보통은 전기적 반발력으로 서로 튕겨나간다. 그러나 원자들이 빠른 속도로 부딪치면(이는 원자들이 매우 높은 온도 상태에 있음을 나타낸다), 두 원자는 결합해 새로운 분자, 즉 화합물을 만든다. 이와 마찬가지로 두 핵자가 부딪치면 일반적으로는 다시 튕겨나가지만, 매우 강한 에너지로 부딪칠 때에는 결합해 한 덩어리로 남을 수도 있다. 예를 들어 수소원자로 이루어진 별이 뜨거워져 양성자끼리 서로 반응할 수 있는 온도에 이르면, 한 양성자가 다른 양성자와 다음 핵반응식과 같이 중성자를 포함한 수소 핵인 중수소 핵을 만들고, 결국은 헬륨 원자를 만들 수 있게 된다.

$$
\begin{gathered}
{}_1^1\mathrm{H} + {}_1^1\mathrm{H} = {}_1^2\mathrm{H} + {}_1^0\mathrm{e} \\
{}_1^1\mathrm{H} + {}_1^2\mathrm{H} = {}_2^3\mathrm{He} \ \text{ 또는 } {}_1^2\mathrm{H} + {}_1^2\mathrm{H} = {}_2^3\mathrm{He} + {}_0^1\mathrm{n} \\
{}_2^3\mathrm{He} + {}_2^3\mathrm{He} = {}_2^4\mathrm{He} + {}_1^1\mathrm{H} + {}_1^1\mathrm{H}
\end{gathered}
\tag{26.13}
$$

이런 과정들을 **핵융합**nuclear fusion이라 부르는데, 이 과정의 모든 단계에서는 질량에너지가 열이나 빛 같은 다른 형태의 에너지로 변환된다. 핵융합 반응은 수백만 도 이상의 높은 온도에서만 가능하다. 과학의 위대한 업적 중 하나는 태양이 우리에게 에너지를 공급해주는 방법이 바로 그런 과정을 통해서라는 것을 발견한 데 있다고 볼 수 있다.

26.4 기본 힘과 기본 입자

기본 힘

우리는 앞에서 만유인력과 전기력에 대해 배웠다. 또 핵 속에 있는 핵자들은 매우 가까운 거리에 있을 때만 서로 끌어당기는 힘이 작용할 것으로 추론했다. 이제 이와 같은 힘에 대한 이해를 토대로 우리가 사는 세계를 다시 살펴보기로 하자.

태초의 우주는 어떤 모양이었을까? 빅뱅이론에 따르면, 우주는 하나의 4차원 시공간 점이 폭발한 뒤 팽창되면서 만들어진 것으로 보인다. 이런 추론은 현재의 우주가 3차원 공간에서 계속 팽창한다는 측정 결과로부터 얻어진 것이다.[1]

앞에서 다룬 것처럼 만유인력과 전기력은 모두 거리 제곱에 반비례하는 힘들이다. 전기력의 신호입자는 우리가 빛이라고 알고 있는 광자이며, 만유인력의 신호입자는 **중력자**graviton라고 부른다. 그러나 중력자는 아직 발견되지 않았다. 우리는 이제 눈에 보이지 않는 원자의 세계를 들여다보면서 핵의 존재를 알게 되었고, 그 좁은 공간인 핵 속에 들어 있는 양전하 입자들인 양성자들을 가두려면 매우 짧은 거리에서만 끌어당기는 새로운 힘이 필요하다는 것을 깨달았다. 그런 힘을 **핵력**nuclear force이라 부르는데, 사실상 무한히 멀리 있어도 서로 작용할 수 있는 만유인력이나 전기력과 달리, 핵력은 핵의 크기인 $10^{-15}\,\mathrm{m}$ 정도 거리에서만 작용하는 매우 특이한 힘이다.

---

1 현재 우리의 지식으로는, 우주가 영원히 팽창을 계속할지 아니면 언젠가는 팽창을 멈추고 다시 수축하게 될지 알 수 없다.

한편, 핵붕괴 현상을 설명하려면 이들 힘 외에도 또 다른 힘이 필요한데, 그 힘을 **약력**weak interaction이라 부른다. 현재 우리는 물질세계에 존재하는 기본 입자들이 상호작용하는 힘에는 [표 26-1]에 보인 네 가지 종류가 있다고 보고 있다. 표에는 각 힘에 대응하는 **중개 입자** 이름도 있다. 중개 입자란 두 입자 간에 작용하는 힘을 매개하는 신호 전달자 역할을 하는 입자들이다. 그러나 전기력과 자기력이 근본적으로 같은 힘이라는 사실이 밝혀져 전자기력이라 불리게 된 것처럼, 전자기력과 약력도 근본적으로는 같은 힘이라는 것이 밝혀졌다. 따라서 이 네 가지 기본 상호작용은 근원적으로는 한 가지 힘인데, 다르게 보일 뿐이라고 생각할 수 있다. 물질세계의 모든 힘을 한 가지 기본 상호작용으로 설명하려는 시도를 **대통일장 이론**GUT, Grand Unified field Theory이라 부른다.

표 26-1 기본 힘과 교환자

기본 힘	작용 거리	중개 입자	적용 입자
강력	$\approx 10^{-15}$m	글루온gluon	강입자(하드론)
전자기력	무한대	광자photon	전하
약력	10^{-17}m	$W^{\pm}$와 Z^0	모든 입자
만유인력	무한대	중력자graviton	모든 입자

기본 입자

우리는 양성자, 중성자, 전자 등이 핵을 이루는 기본 입자라고 알고 있다. 사실 이들 입자는 원자를 이루는 기본 입자라 할 만하다. 왜냐하면 원자를 분해하면 언제나 이들 입자를 만나기 때문이다. 이들 입자는 자신의 정체성을 유지하며 영원한 수명을 누리는 것처럼 보인다. 예를 들어 우리는 양성자나 전자가 변해 다른 입자로 변하는 것을 본 적이 없다.[2] 핵 속에서 이들 입자의 수명이 영원하다 하더라도, 우리 세계에서는 이들 입자 외에도 수많은 입자가 만들어졌다가 사라진다. 예를 들어 핵력을 전달하는 중간자는 핵 속에서 끝없이 만들어지고 소멸된다. 그런 입자들의 수명은 수 억분의 1초일 수도 있고, 수 초일 수도 있지만, 어떤 경우에나 영원히 살지는 못한다. 그렇다면 우리 세계에는 무한히 많은 기본 입자가 있다는 뜻일까?

우리 세계를 이루는 기본 입자의 종류가 수를 헤아릴 수 없을 만큼 많다는 사실은 물질세계를 단순하고 아름다운 것으로 이해하려는 사람에게는 불만스러운 것이다. 1963년 미국의 **겔만**M. Gell-Mann과 **츠바이크**G. Zweig는 전하의 기본 전하량이 $\pm e$가 아니라 $\pm\left(\frac{1}{3}\right)e$와 $\pm\left(\frac{2}{3}\right)e$ 단위인 몇 가지 특수 입자라고 가정하면, 모든 입자를 그 특수 입자의 조합으로 만들 수 있다는 사실을 알아냈다. 그들은 그 특수 입자들에 **쿼크**quark란 이름을 붙였는데, 전자 같은 입자들을 제외한 모든 입자를 만드는 데는 단지 6개의 쿼크와 그 쿼크들에 해당하는 **반입자**anti-particle인 **반쿼크**anti-quark만 필요하다는 것을 알게 되었다. 6개의

2 중성자는 핵 속에서는 자신의 정체성을 유지하는 것으로 보인다. 그러나 혼자 떨어져 나온 중성자 하나는 곧 양성자로 붕괴하며 전자와 전자 뉴트리노를 만든다.

쿼크에는 **업**up, **다운**down과 **탑**top, **바텀**bottom 그리고 **참**charm과 **스트레인지**strange라는 이름이 붙여졌는데, 이 중에서 업, 탑, 참 쿼크의 전하량은 $\pm\left(\frac{2}{3}\right)e$ 이고, 바텀, 스트레인지의 전하량은 $-\left(\frac{1}{3}\right)e$ 이다.

[표 26-2]는 쿼크의 종류를 보여준다. 이 표에 나타낸 쿼크에 해당하는 반쿼크는 각 쿼크의 기호 위에 줄을 그려서 나타낸다. 예컨대, 업 쿼크 u의 반쿼크는 $\bar{u}$로 나타낸다.

표 26-2 쿼크의 종류

명칭	기호	전하량
업up	u	$+(2/3)e$
다운down	d	$-(1/3)e$
스트레인지strange	s	$-(1/3)e$
참charm	c	$+(2/3)e$
탑top	t	$+(2/3)e$
바텀bottom	b	$-(1/3)e$

흥미로운 사실은 이들 쿼크가 독립적으로 관측된 적이 없다는 것이다. 즉 이들 쿼크는 자신의 정체를 우리에게 직접 보여준 적이 없으며, 오직 간접적으로만 정체를 드러냈을 뿐이다. 쿼크의 조합으로 만들 수 있는 입자들을 **강입자**hadron라 부르는데, 강입자는 두 개 또는 세 개의 쿼크와 반쿼크로 이루어져 있다. 이때 세 개의 쿼크로 이루어진 입자들을 **바리온**baryon, 두 개의 쿼크로 이루어진 입자들을 **중간자**meson라 부른다. 예컨대, 양성자나 중성자는 uud, udd와 같이 세 개의 쿼크 조합으로 이루어지고, **파이 중간자**pion는 $u\bar{d}$와 같이 쿼크와 반쿼크 조합으로 이루어져 있다.

강입자들은 쿼크로 이루어져 있으므로, 강입자 사이의 힘의 근원은 쿼크 사이에 작용하는 힘에 있다고 볼 수 있다. 쿼크 사이의 힘은 매우 짧은 거리에서만 작용하지만, 매우 강력하므로 **강력** 또는 **강한 상호작용**strong interaction이라 부른다. 강한 상호 작용은 **글루온**gluon이라 불리는 교환자를 통해 작용한다. 핵자들은 쿼크로 이루어져 있으므로, 핵자 사이의 힘인 핵력의 근원은 물론 강한 상호작용이다.

한편, 이들 쿼크의 조합으로도 만들 수 없는 입자가 있는데, 전자가 그 대표적인 입자다. 전자와 **뮤온**muon 그리고 **타우온**tauon이라 부르는 입자들은 모두 $-e$의 기본 전하량을 갖는 입자들인데, 이들 입자는 쿼크와는 전혀 상관이 없는 다른 종류 입자들이다. 이들 입자에는 각각 하나씩의 **중성미자**neutrino라는 입자들이 연계되어, 여섯 가지 입자 모임을 만드는데, 이들 여섯 가지 입자들을 **렙톤**lepton이라 부른다. 이들 여섯 가지의 렙톤 입자들에도 물론 각각의 입자에 해당하는 **반렙톤**anti-lepton 입자가 존재한다. 중성미자는 전기적으로 중성이므로, 물질과 상호작용하지 않아 검출하기가 어려운 입자로서, 거의 광속으로 운동하는 것으로 알려져 있다. 최근 실험 결과에 의하면, 중성미자는 미소하지만 질량을 갖는 입자로 추정된다.

따라서 지금까지 우리가 알게 된 사실을 종합해보면, 물질세계는 6종류의 쿼크와 6종류의 렙톤으로 이루어진 것으로 볼 수 있다. 또한 그에 대응해 6종류의 반쿼크와 6종류의 반렙톤도 존재하므로, 물질세계는 12종류의 쿼크와 12종류의 렙톤, 즉 24종류의 기본 입자로 이루어져 있다고 볼 수 있다.[3]

흥미로운 점은, 모든 기본 입자에는 그 자체의 각운동량인 스핀 spin 특성이 있다는 사실이다. 스핀은 매우 특이한 양자 현상인데, 이미 앞에서 물질이 가진 자성의 원인이 스핀이라고 말한 바 있다. 모든 기본 입자의 스핀양자수는 $\frac{1}{2}$이다. 이는 어떤 기본 입자의 경우에도 자체 각운동량의 임의 방향 성분을 측정하면 그 값이 $+\left(\frac{1}{2}\right)\hbar$ 또는 $-\left(\frac{1}{2}\right)\hbar$ 중 하나가 된다는 뜻이다. 여기에서 (+)와 (−) 부호는 측정하려는 축 방향 또는 그 반대 방향의 각운동량을 갖는다는 사실을 나타낸다.[4]

참고 반입자와 반물질

반입자란 모든 면에서 입자와 같으나 전하의 부호만 반대인 입자를 뜻하며, 영국의 디랙 P.A.M. Dirac 에 의해 처음으로 예언되었다. 예컨대, 전자의 반입자인 양전자는 지구에 들어오는 강력한 우주선 cosmic ray 입자들에 의해 대기권 위에서 끊임없이 만들어지고 있다. 전기를 띠지 않는 중성자조차도 그 자신의 반입자인 반중성자 짝을 갖고 있다. 그러나 반물질은 우리 세계에 남아 있을 수가 없는데, 그 이유는 반물질 입자가 생기더라도 물질 입자와 만나면 곧 빛으로 변하며 사라지는 성질을 띠기 때문이다.

디랙이 본 우리 세계는 특이한 것이었다. 그가 보기에는 아무것도 없는 텅 빈 세계(즉 진공 세계)가 사실 아무것도 없는 것이 아니고, '무엇'이 가득찬 세계였던 것이다. 그 세계를 가득 채운 입자 중 하나가 에너지를 받아 그 세계 밖으로 튀어나오면 그 입자는 예를 들어 전자가 될 수 있고, 그것이 튀어나와 비어 있는 자리는 '양전자'라는 반물질로 그 흔적이 남는다. 디랙은 빛에서 전자−양전자의 쌍이 만들어지는 과정을 그렇게 보았던 것이다. 가득 찬 상태와 텅 빈 상태가 사실상 같은 상태라고 말하는 것은 물리학이 아니라 마치 철학적인 말처럼 들린다.

반입자는 입자와 만나면 바로 소멸되는 특성이 있으므로, 물질세계는 입자들로 이루어진 세계라고 말할 수 있다. 즉 반입자가 어떤 방법으로 만들어진다 하더라도 그 반입자는 입자와 만나 바로 소멸되므로, 우리 세계에서 반입자는 살아남을 수 없는 운명을 갖고 있다.

26.5 대칭성과 보존법칙

우주라는 스케일에서 보면 모든 방향은 동등하므로 방향의 특성을 정할 수 없다. 그러나 어떤 방향을 정하고 나면, 그 방향에 대해 시계방향이나 반시계방향이라는 두 방향을 정할 수 있다. 예컨대, 전자나 양성자 같은 기본 입자들에는 어떤 임의의 방향에 대해서도 시계방향이든 반시계방향이든 두 방향 중 하나로 자전하는 것처럼 비유되는 스핀 특성이 있다.

---

3 물론 그 기본 입자들 사이의 힘을 중개하는 교환자 입자들도 있지만, 교환자 입자들은 끊임없이 만들어지고 없어진다는 점에서 기본 입자로 취급하지 않는다.

4 한편, 기본 입자와 달리 그 상호작용을 매개하는 교환자 입자들의 스핀양자수에는 0, 1, 2, ⋯ 등의 정수가 되는 보존 특성이 있다.

대칭성

3차원 공간에서의 구조물인 분자에도 특정한 방향성이 있다고 할 수 있다. 예컨대, 어떤 분자를 거울에 비춰 만든 상과 똑같은 구조인 분자는 그 구조가 원래 분자와 서로 대칭적이어서 원자의 상대적 위치가 다르다. 이는 거울에 비친 오른손이 마치 왼손처럼 보이는 것에 비유할 수 있다. 즉 3차원 공간 구조물인 분자는 자신이 거울 속에 만든 상이 나타내는 분자와 매우 비슷하지만 다른 분자다.

그러한 분자들의 대칭성 구조 측면에서, 물질세계의 모든 유기물 분자는 모두 특정한 방향성을 갖는다는 흥미로운 특성이 있다. 예컨대, 자연산 설탕 분자를 거울 앞에 두었을 때 보이는 거울 속 분자 모양은 실제 설탕 분자와 방향성이 다른 분자 구조를 갖는다. 이제 식물에서 얻어지는 자연적 설탕 분자를 왼손잡이 분자에, 거울 속 분자들은 오른손잡이 분자에 비유해보자. 그 경우, 오른손잡이 분자는 자연이 만든 유기물 분자 속에는 존재하지 않는다는 놀라운 사실을 발견할 수 있다. 자연은 오른손잡이 분자를 만들지 않지만, 그런 분자를 인공적으로 만들 수는 있다. 인공적으로 만든 설탕 분자에서도 단맛이 느껴진다. 한편, 왼손잡이와 오른손잡이 설탕 분자가 섞여 있는 인공 설탕을 물에 푼 후 박테리아를 그 속에 넣어두면 아주 흥미로운 결과를 얻게 된다. 즉 충분한 시간이 지난 후 설탕물을 분석해보면, 오른손잡이 설탕 분자만 남아 있게 되는데, 이는 박테리아가 자연적인 왼손잡이 설탕 분자만 골라 먹었다는 뜻이다.

일반적으로 생물체가 만들어내는 분자들은 매우 복잡한 구조로 되어 있다. 그러나 그 분자들은 예외 없이 '왼손잡이'라 정한 특정한 방향성을 지닌다. 예컨대, 단백질 구조는 아미노산이 이어진 사슬 구조인데, 생명체를 이루는 단백질의 아미노산은 그와 같은 특정 방향성을 띤 아미노산들로 이루어져 있다.

아미노산 중 하나인 **엘-알라닌**L-alanine(왼쪽이라는 뜻)은 **디-알라닌**D-alanine(오른쪽이라는 뜻)과 짝을 맺고 있다. 탄산가스와 에탄 그리고 암모니아 분자 등으로 아미노산 분자를 합성하면 그 분자들은 화학적으로는 모든 면에서 똑같지만, '오른쪽'과 '왼쪽'의 두 종류 분자들로 나뉜다. 그러나 생명체를 이루는 단백질은 엘-알라닌으로만 이루어져 있다.

화학적으로는 오른쪽이든 왼쪽이든 모두 동등한 것처럼 보이는데, 왜 생물체는 한쪽을 선호하게 되었을까? 이것은 아마도 가장 최초의 생명체, 즉 자기 복제를 할 수 있었던 가장 최초의 분자가 가졌던 방향성 때문이 아니었을까? 즉 최초의 생명체 분자는 오른쪽이든 왼쪽이든 어느 한쪽일 수밖에 없었으며, 그 분자가 지구 온 생명체의 어머니가 되었으리라 추정할 수 있다.

보존법칙

"상호작용 현상은 대칭성의 결과다."

이 말은 유명한 노벨상 수상자인 씨엔 양[C. N. Yang]이 즐겨 하는 말이다. 그는 모든 힘의 특성이 우리 자연 세계의 대칭성으로 인한 결과라고 강조한다. 과학에는 유명한 보존법칙들이 있다. 대표적인 것으로 에너지 보존법칙, 운동량 보존법칙, 각운동량 보존법칙, 전하보존법칙 등을 들 수 있을 것이다. 물론 이들 외에도 많은 보존법칙이 있다. 이러한 보존법칙들은 실험에서 발견된 것들이며, 언제 어디에서나 실험을 통해 검증할 수 있는 법칙들이다. 문제는 현재 우리가 보기에 언제나 옳은 것 같은 이들 법칙이 과연 언제까지나 옳은 진리인가 하는 점이다. 우리 인간은 우주 역사 속에서 보면 극히 짧은 순간에만 존재하고 있으므로, 이들 법칙이 영원히 옳은지를 검증할 도리는 없다. 단지 그 법칙들이 지금 우리가 사는 우주의 제한된 공간 영역에서 매우 잘 검증된다고 말할 수 있을 뿐이다. 이들 보존법칙은 근본적인 중요성이 있는 것들로서, 자연 속의 운동을 기술하는 동역학적 법칙에 따른 결과로 인식됐다. 그러나 20세기에 이르러 우리는 이들 법칙이 모두 대칭성에 그 근원을 두고 있다는 점을 인식하게 되었다.

우리 세계는 어느 정도까지 대칭성을 띠고 있을까? 여러 경험적 사실로부터, 우리는 자연세계가 아름답고도 완전한 대칭성을 갖고 있다고 생각한다. 1950년대에 중국 출신의 두 과학자인 리정다오[T.D.Lee]와 씨엔 양이 '우리 물질세계는 완전한 대칭성을 가지지는 않는다'는 생각을 내놓기까지는 그래 왔다. 그들은 우리 세계가 거의 완전히 대칭적이기는 하지만, 그렇지 않은 경우도 존재하며, 따라서 '완전한' 대칭세계는 아니라고 주장했던 것이다. 그들은 그러한 주장을 뒷받침할 실험도 함께 제안했는데, 그러한 사실은 실험을 통해 검증되었다.

그림 26-7 씨엔 양, 1922~

그림 26-8 리정다오, 1926~

우리는 우리 세계가 시간 대칭성을 띤다고 생각한다. **시간 대칭성**이란 현재 알려진 과학적 사실들이 미래에도 여전히 변함이 없으리라는 것을 뜻한다. 150억 년 우주의 역사 스케일에서는 수백만 년이란 시간은 찰나와 같은 짧은 시간이므로, 우리가 발견한 모든 물리 법칙이 진정한 시간 불변성을 갖는지 확인할 도리는 없다. 그러나 우리가 인지하는 역사의 범위 안에서는 어제 일어났던 일은 다음 날에도 일어난다. 그러나 우리 세계가 진정한 시간 대칭성을 갖는지는 확인할 도리가 없다. 예컨대, 빅뱅이론에서는 우주가 한 점으로부터 시작되었다고 말한다. 따라서 우주의 거대한 시간과 공간 스케일에서 볼 때, 공간 대칭성이나 시간 대칭성은 언제 어디에서나 옳다고 확신할 수는 없을 것으로 생각된다. 그렇다면 에너지 보존법칙과 같이 불멸의 법칙처럼 보이는 것들이 영원한 진리로 남아 있을 수 있을지 의문이 생길 수도 있다.

한편, 시간 대칭성이란 어떤 사건을 찍은 영화 필름을 거꾸로 돌려도 물리적으로 잘못된 점이 없다는 뜻이기도 하다. 우리는 그것이 사실이 아니며, 실제 물리적 세계에서 시간은 한 방향으로 흘러간다는 것을 모두 알고 있다. 즉 지나간 과거를 되돌릴 수는 없다. 물리 법칙은 대칭적인데 반해 우리 세계의 시간 흐름이 왜 비대칭적으로 과거에서 미래로만 흘러가는지에 대한 이해는 불완전한 편이다. 우리는 또한 물질세계가 완전한 병진 대칭성을 띤다고 생각한다. **병진 대칭성**이란 우리가 알고 있는 과학적 사실이 우주 저 먼 곳에서도 여전히 옳다는 것을 뜻한다. 우리는 우주의 중심이 없어서 우주 내의 모든 점은 동등하다고 생각한다. 이는 한 곳에서 옳은 물리 법칙이라면 우주의 다른 곳에서도 옳다는 뜻이다. 운동량 보존법칙은 이러한 병진 대칭성이 존재하는 경우에만 성립한다. 또한 우리는 물질세계가 **방향 대칭성**을 띤다고 생각한다. 밤하늘의 별이 모든 방향으로 골고루 퍼져 있는 것으로 보아 우주의 어느 방향도 특별한 방향은 아닌 것 같기 때문이다. 각운동량 보존법칙은 방향 대칭성이 존재하는 경우에만 성립한다. 아인슈타인의 상대성이론도 대칭성을 기반으로 한 것이다. 특수상대성이론은 서로에게 등속도로 운동하는 모든 계는 동등하다고 가정한다. 이는 '속도 대칭성'이라 볼 수 있다. 또한 일반상대성이론은 중력을 받는 계는 중력이 없는 공간에서 중력가속도와 같은 가속도로 운동하는 계와 동등하다고 가정한다. 이는 '가속도 대칭성'이라 볼 수 있다.

참고 우리 세계는 완전한 대칭성을 띠는가?

"사람들이 쾌락이라고 부르는 것은 정말 이상한 무엇인 것 같더군. 그것은 쾌락의 정반대인 것처럼 보이는, 다시 말하면 고통이라는 것과도 이상한 관계가 있는 모양이야. 그 둘은 동시에 한 인간에게 주어지지는 않으나 마치 둘이면서 하나의 머리에 묶여 있는 것처럼 사람이 그 한쪽을 추구해 잡으면 언젠가는 다시 한쪽을 자연히 붙잡게 되거든."

이것은 플라톤의 파이돈Phaidon에서 소크라테스가 쾌락과 고통의 양면성에 대해 언급한 구절이다. 이런 정신적 세계의 예가 아니더라도 주위를 잘 살펴보면 우리 자연세계는 참으로 다양한 곳에서 대칭성을 띠고 있음을 발견할 수 있다. 예컨대, 우리 인간이나 동물의 신체는 거의 완전한 대칭성을 지니고 있다. 비록 몸속은 비대칭적인 구조지만(심장은 왼쪽, 간은 오른쪽 등), 적어도 외형적으로는 대칭 구조로 되어 있다. 또한 물리적 형체뿐 아니라, 생명체의 성(性)도 일부 아주 원시적인 경우를 제외하고는 암수의 대칭적 구조로 되어 있다. 물질 역시 음이나 양의 전기를 띤 기본 입자들로 이루어져 있다.

물질세계뿐만 아니라 정신세계도 대칭성을 띤 것처럼 보인다. 예를 들어 동양사상은 음과 양을 기본으로 하는 음양설을 토대로 한다. 또한 선과 악, 옳음과 그름, 참과 거짓 등과 같은 관념 역시 대칭성을 띤다. 여러모로 보아 우리 세계는 매우 대칭적으로 보인다. 그러나 자세히 살펴보면 완전히 대칭적인 세계는 아니다. 예컨대, 넓은 의미의 '물질세계'를 고려하면 확실한 비대칭 세계임을 발견할 수 있는데, 그 이유는 물질세계가 반물질 입자가 아닌 물질 입자로 이루어져 있기 때문이다.

우리 세계는 왜 물질로만 이루어져 있을까? 이런 의문은, 우리가 아는 물리 법칙의 한도 내에서는 물질을 선호하고 반물질을 차별해야 할 어떤 이유도 없어 보이므로 설명하기 어려운 것이다.

CHAPTER 26 연습문제

▶ 26장의 모든 연습문제에서 $1\,\mathrm{u} = 931.5\,\mathrm{MeV}$이다.

1 원자와 핵의 크기가 각각 $10^{-10}\,\mathrm{m}$, $10^{-15}\,\mathrm{m}$라 할 때, 핵의 밀도는 원자 밀도의 몇 배인가?

2 ${}^{60}_{27}\mathrm{Co}$ 핵을 가진 코발트 원자에 들어 있는 중성자와 전자의 개수는 각각 몇 개인가?

3 우라늄 ${}^{238}_{92}\mathrm{U}$이 알파붕괴해 토륨(Th)이 되었다. 다음과 같은 핵반응식에서 x와 y에 들어갈 값은 각각 얼마인가?

$$ {}^{238}_{92}\mathrm{U} \rightarrow {}^{y}_{x}\mathrm{Th} + \alpha $$

4 삼중수소 핵은 중성자 두 개를 포함한 수소 핵이며, 기호는 ${}^{3}_{1}\mathrm{H}$이다. 다음과 같은 핵반응에서는 부산물로 어떤 입자가 만들어지는가?

$$ {}^{2}_{1}\mathrm{H} + {}^{3}_{1}\mathrm{H} = {}^{4}_{2}\mathrm{He} + (\quad) $$

5 대기 중에서 ${}^{14}_{7}\mathrm{N}$이 중성자가 반응하면 방사능 물질인 ${}^{14}_{6}\mathrm{C}$이 만들어진다. 그 반응식을 써라.

***6** 핵반응식 $\mathrm{p} + {}^{56}_{26}\mathrm{Fe} \rightarrow {}^{56}_{27}\mathrm{Co} + \mathrm{n}$이 일어나는 경우 어떤 입사에너지에서 그 반응 단면적은 $\sigma = 0.65\,\mathrm{bn}$이다($1\,\mathrm{bn} = 10^{-28}\,\mathrm{m}^2$). 금속 철의 밀도는 $7.8 \times 10^3\,\mathrm{kg/m^3}$이고, 반응에 사용된 철판의 두께는 $2.0\,\mu\mathrm{m}$, 넓이는 $1.5\,\mathrm{cm}^2$인 경우, 1초당 입사되는 양성자 수가 $2.0 \times 10^{13}/\mathrm{s}$라면 1초당 만들어지는 중성자 수는 몇 개인가?

7 두꺼운 장애물을 통과하는 입자의 수는 장애물을 통과한 거리에 따라 지수함수적으로 감소함을 보일 수 있다. 즉 장애물 표면에 단위면적당 입사하는 입자의 수를 N_0라 하면, 거리 x만큼 통과한 후 남은 입자의 수는 $N = N_0 e^{-ax}$(a는 상수)로 나타낸다. $1.0\,\mathrm{cm}$ 두께의 납 판을 통과하면 감마선 입자의 $1/4$만 남는다고 할 때, 입사한 감마선 입자의 $1/10^6$개만 남게 하려면 필요한 납 판의 두께 x는 얼마인가?

8 반감기의 두 배 시간과 세 배 시간이 지난 후에 남아 있는 방사선 원소의 양은 각각 처음의 몇 배인가?

***9** 어떤 시각에서 $N(0)$개의 방사능 핵이 붕괴할 때, 얼마 후 남은 핵은 $N(t) = N(0)e^{-\lambda t}$로 나타낼 수 있으므로 반감기는 $\tau = 0.693/\lambda$로 쓸 수 있다. ${}^{14}_{6}\mathrm{C}$ 핵의 반감기는 5,730년이다. 어떤 물체가 10^{22}개의 ${}^{14}_{6}\mathrm{C}$ 핵을 가지고 있다면, 처음 1초 동안 붕괴하는 핵의 개수는 몇 개인가?

[참고] 1초당 붕괴하는 핵의 수는 흔히 베크렐(Bq) 단위로 나타낸다.

10 어떤 시각에 1.49 μg의 ${}^{13}_{7}\mathrm{N}$ 핵으로 이루어진 물질이 있다.

(a) 물질 속에 든 핵의 수 N_0는 얼마인가?

(b) 핵의 반감기가 10.0분으로 알려져 있을 때, 그 시각에서 1초 동안 붕괴하는 핵의 개수는 얼마인가?

***11** 오래된 화석 숯 5.00 g을 조사한 결과 ${}^{14}\mathrm{C}$이 1분당 63.0 붕괴에 해당하는 방사능이 나왔다. 살아 있는 나무 1.00 g에서는 ${}^{14}\mathrm{C}$이 1분당 15.3 붕괴에 해당하는 방사능이 나온다면, 그 숯은 얼마나 오래된 것인가? 단, ${}^{14}\mathrm{C}$의 반감기는 5,730년이다.

***12** 죽은 동물의 오래된 뼈에 함유된 탄소 질량이 200 g이라 한다. 생명체에 포함된 탄소 중 ${}^{14}_{7}\mathrm{C}$의 수는 전체 탄소 핵 수의 1.3×10^{-12}배이고 그 뼈의 방사성 탄소 방사능이 16 Bq이라 하면, 그 동물은 몇 년 전에 죽은 것인가? 단, 탄소 핵의 $\lambda = 3.83 \times 10^{-12}$/s 이다.

13 오래된 무덤에서 발굴한 나무에서 ${}^{14}_{6}\mathrm{C}$의 비율을 측정해보니, 현재 살아 있는 나무에 존재하는 ${}^{14}_{6}\mathrm{C}$의 25%였다. ${}^{14}_{6}\mathrm{C}$의 반감기가 5,700년이라면, 이 나무는 대략 몇 년 전의 것인가?

14 대기 중 이산화탄소에 포함된 탄소에는 ${}^{12}_{6}\mathrm{C}$과 ${}^{14}_{6}\mathrm{C}$이 일정한 비율로 존재한다. 오래된 무덤의 미라에서 나온 물질의 탄소 함량을 조사한 결과 ${}^{14}_{6}\mathrm{C}$의 존재비(${}^{14}_{6}\mathrm{C}$의 수/전체 탄소원자의 수)가 대기 중 존재비의 1/2밖에 안 된다고 할 때, ${}^{14}_{6}\mathrm{C}$의 반감기는 5,730년임을 고려하면 그 미라는 지금으로부터 얼마 전에 만들어진 것인가?

15 ${}^{60}_{27}\mathrm{Co}$ 핵의 반감기는 5.27년이다. 어떤 상태에서 이 핵을 지닌 물체의 방사능이 4.0×10^{11} Bq이라 할 때, 그 물체의 1년 후 방사능은 얼마인가?

***16** $^{235}_{92}U$이 핵분열하면 그중 5.9%가 ^{137}Cs을 만든다. $^{235}_{92}U$ 핵 하나가 핵분열할 때 나오는 에너지는 200 MeV이다.

(a) 평균 수명이란 핵자의 수가 $1/e \approx 0.37$배로 줄어드는 데 걸리는 시간을 뜻하는데, ^{137}Cs의 평균 수명은 44년이다. 그 반감기는 얼마인가?

(b) ^{137}Cs은 만들어지면서 곧 어떤 확률로 붕괴한다. 그러나 ^{137}Cs이 붕괴하지 않고 그대로 1년간 축적된다고 가정할 때, 1 GW 출력을 가진 핵발전소에서 1년간 만들어진 ^{137}Cs의 방사능을 구하라.

17 원자 질량이 56 u인 철 핵의 질량은 55.935 u이다. 양성자와 중성자 질량이 각각 1.0078 u와 1.0087 u일 때, 1 u = 931.5 MeV이면 철 핵의 결합에너지는 얼마인가?

18 $^{232}_{92}U$는 알파붕괴해 $^{228}_{90}Th$이 되며, 그 과정에서 5.4 MeV의 질량에너지가 감소된다. 그 경우 방출되는 알파입자 운동에너지는 얼마인가?

19 원자 폭탄이 터지면, 30.2년의 반감기로 ^{137}Ba으로 변환하는 ^{137}Cs이 생긴다. 이것은 베타붕괴 과정으로, 전자의 에너지 형태로 에너지가 발생한다.

1 u = 931.5 MeV이고, ^{137}Ba과 ^{137}Cs의 질량이 각각 136.9058 u와 136.9073 u일 때, 변환 과정에서 발생하는 에너지는 몇 MeV인가?

20 200 MW의 발전용량을 가진 발전소에서 1초당 일어나는 핵분열의 수는 몇 개인가? 단, 하나의 핵분열마다 200 MeV의 에너지가 나온다고 한다.

21 우라늄 핵분열을 이용한 1,000 MW 발전용량 원자로가 있다. 우라늄 원자핵 하나가 분열하는 경우 발생되는 에너지는 200 MeV라 한다. 사용된 우라늄의 33%가 핵반응을 하게 된다면, 1년간 발전소를 유지하기 위해 필요한 최소한의 우라늄 양은 얼마인가? 단, 우라늄 235의 원자량은 235 u이고 $1\,u = 1.66 \times 10^{-27}$ kg이다.

부록 A 국제단위계

기본 단위

물리량	명칭	기호
길이	미터	m
질량	킬로그램	kg
시간	초	s
전류	암페어	A
온도	켈빈	K
물질의 양	몰	mol
광도	칸델라	cd

유도단위

물리량	명칭	기호
빠르기, 속도	초당 미터	m/s
각속도	초당 라디안	rad/s
진동수	헤르츠	Hz
힘	뉴턴	N
압력	파스칼	Pa
일, 에너지, 열량	줄	J
일률, 전력	와트	W
전하량	쿨롱	C
전위차, 기전력	볼트	V
전기 저항	옴	Ω
전기 용량	패럿	F
자기장, 자속 밀도	테슬라	T
전기력선속, 자기력선속	웨버	Wb
인덕턴스	헨리	H
엔트로피	줄/켈빈	J/K

추가 단위

물리량	명칭	기호
각도	라디안	rad
입체각	스테라디안	Sr

접두어

접두어	인자	기호
엑사(exa)	10^{18}	E
페타(peta)	10^{15}	P
테라(tera)	10^{12}	T
기가(giga)	10^{9}	G
메가(mega)	10^{6}	M
킬로(kilo)	10^{3}	k
헥토(hecto)	10^{2}	h
데카(deca)	10^{1}	da
데시(deci)	10^{-1}	d
센티(centi)	10^{-2}	c
밀리(milli)	10^{-3}	m
마이크로(micro)	10^{-6}	μ
나노(nano)	10^{-9}	n
피코(pico)	10^{-12}	p
펨토(femto)	10^{-15}	f
아토(atto)	10^{-18}	a

부록 B 물리학의 기본 상수

기본 상수

명칭	기호	상숫값
만유인력 상수	G	$6.673\times10^{-11}\dfrac{Nm^2}{kg^2}$
기체상수	R	$8.314510(70)J/mol\cdot K$
아보가드로수	N_A	$6.0221367(36)\times10^{23}$
볼츠만 상수	k	$1.380658(12)\times10^{-23}J/K$
광속	c	$2.99792458\times10^{8}m/s$
진공 유전율	$\varepsilon_0=\dfrac{1}{l_0c^2}$	$8.8541\times10^{-12}\dfrac{C^2}{Nm^2}$
	$\dfrac{1}{4\pi\varepsilon_0}$	$8.9876\times10^{9}\dfrac{Nm^2}{C^2}$
진공 투자율	μ_0	$4pI\times10^{-7}Wb/A\cdot m$
기본 전하량	e	$1.60219\times10^{-19}C$
전자의 정지 질량	m_e	$9.1100\times10^{-31}kg$
전자의 비전하	e/m_e	$1.7588\times10^{11}C\cdot kg$
양성자의 정지 질량	m_p	$1.6726\times10^{-27}kg$
중성자의 정지 질량	m_n	$1.6759\times10^{-27}kg$
패러데이 상수	F	$9.6485\times10^{4}C\cdot mol$
플랑크 상수	h	$6.626\times10^{-34}J/K$
보어 반지름	a_0, r_B	$0.53\times10^{-19}m$

기타 유용한 상수

명칭	기호	상숫값
열의 일당량	J	$4.1855\times10^{3}J/kcal$
표준 대기 압력	1atm	$1.01325\times10^{5}Pa$
절대영도	0K	$-273.15C$
전자볼트	1eV	$1.60217733(49)\times10^{-19}J$
원자 질량 단위	1u	$1.6605402(10)\times10^{-27}kg$
전자의 정지 에너지	m_ec^2	$0.51099906(15)MeV$
이상기체의 부피(0℃ 1기압)		$22.41410(19)l/mol$
중력가속도	g	$9.80665m\cdot s^{-2}$

천체의 크기와 질량

천체	평균 반지름(km)	질량(kg)
지구	6.38×10^3	5.98×10^{24}
달	1.74×10^3	7.35×10^{22}
태양	6.96×10^5	1.99×10^{30}

천체 간의 거리

천체	평균 거리(km)
지구–달	384×10^3
지구–태양	149.6×10^6

물의 특성

항목	상숫값
밀도(섭씨 4°)	1.000×10^3 kg/m^3
융해열	333kJ/kg(80kcal/kg)
기화열	2260kJ/kg(539kcal/kg)
굴절률	1.33

부록 C 원소 주기율표

그룹 주기	1	2		3	4	5	6	7	8	9	10	11	12	13	14	15	16	17	18
1	Hydrogen 1 H																		Helium 2 He
2	Lithium 3 Li	Berylium 4 Be												Boron 5 B	Carbon 6 C	Nitrogen 7 N	Oxygen 8 O	Fluorine 9 F	Neon 10 Ne
3	Sodium 11 Na	Magnesium 12 Mg												Aluminium 13 Al	Silicon 14 Si	Phosphorus 15 P	Sulfur 16 S	Chlorine 17 Cl	Argon 18 Ar
4	Potassium 19 K	Calcium 20 Ca		Scandium 21 Sc	Titanium 22 Ti	Vanadium 23 V	Chromium 24 Cr	Manganese 25 Mn	Iron 26 Fe	Cobalt 27 Co	Nickel 28 Ni	Copper 29 Cu	Zinc 30 Zn	Gallium 31 Ga	Germanium 32 Ge	Arsenic 33 As	Selenium 34 Se	Bromine 35 Br	Krypton 36 Kr
5	Rubidium 37 Rb	Strontium 38 Sr		Yttrium 39 Y	Zirconium 40 Zr	Niobium 41 Nb	Molybdenum 42 Mo	Technetium 43 Tc	Ruthenium 44 Ru	Rhodium 45 Rh	Palladium 46 Pd	Silver 47 Ag	Cadmium 48 Cd	Indium 49 In	Tin 50 Sn	Antimony 51 Sb	Tellurium 52 Te	Iodine 53 I	Xenon 54 Xe
6	Caesium 55 Cs	Barium 56 Ba	57~70 *	Lutetium 71 Lu	Hafnium 72 Hf	Tantalum 73 Ta	Tungsten 74 W	Rhenium 75 Re	Osmium 76 Os	Iridium 77 Ir	Platinum 78 Pt	Gold 79 Au	Mercury 80 Hg	Thallium 81 Ti	Lead 82 Pb	Bismuth 83 Bi	Polonium 84 Po	Astatine 85 At	Radon 86 Rn
7	Francium 87 Fr	Radium 88 Ra	89~102 **	Lawrencium 103 Lr	Rutherfordium 104 Rf	Dubnium 105 Db	Seaborgium 106 Sg	Bohrium 107 Bh	Hassium 108 Hs	Meitnerium 109 Mt	Darmstadtium 110 Ds	Roentgenium 111 Rg	Ununbium 112 Cn	Ununtrium 113 Uut	Ununquadium 114 Uuq	Ununpentium 115 Uup	Ununhexium 116 Uuh	Ununseptium 117 Uus	Ununoctium 118 Uuo

* Lanthanoids (란탄계)	Lanthanum 57 La	Cerium 58 Ce	Praseodymium 59 Pr	Neodymium 60 Nd	Promethium 61 Pm	Samarium 62 Sm	Europium 63 Eu	Gadolinium 64 Gd	Terbium 65 Tb	Dysprosium 66 Dy	Holmium 67 Ho	Erbium 68 Er	Thulium 69 Tm	Ytterbium 70 Yb
** Actinoids (악티계)	Actinium 89 Ac	Thorium 90 Th	Protactinium 91 Pa	Uranium 92 U	Neptunium 93 Np	Plutonium 94 Pu	Americium 95 Am	Curium 96 Cm	Berkelium 97 Bk	Californium 98 Cf	Einsteinium 99 Es	Fermium 100 Fm	Mendelevium 101 Md	Nobelium 102 No

※ 새로운 원소에 대한 정보는 www.webelements.com을 참조하라.

찾아보기

ㄱ

찾아보기

ㅁ

ㅂ

찾아보기

ㅇ

찾아보기

ㅈ

찾아보기

ㅊ

ㅋ

ㅌ

ㅍ

찾아보기

ㅎ

기타